书房效果图

书房局部效果图1

书房局部效果图2

茶壶效果图

厨房效果图

盘子效果图

军刀侧面效果图

军刀正面效果图

简约沙发效果图

床头灯效果图

台灯效果图

客厅效果图

客厅局部效果图1

客厅局部效果图2

躺椅效果图

双人床效果图

卧室局部效果图1

卧室局部效果图2

卧室效果图

卫生间渲染效果

斜式楼梯效果图

旋转楼梯效果图

钥匙串效果图

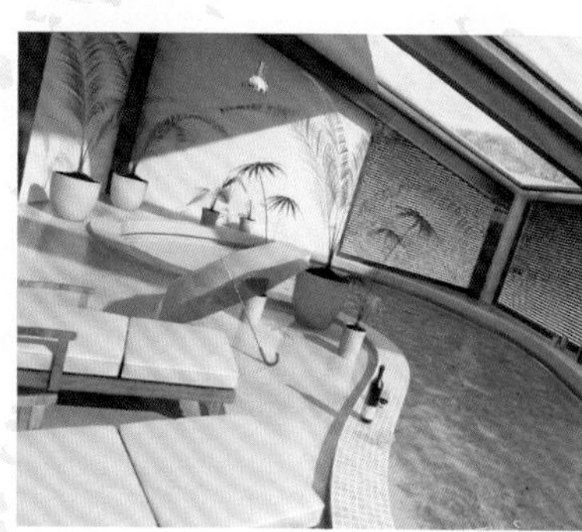

雨伞效果图

长椅效果图

古塔处理后效果图

动画场景最终效果图

办公楼处理前效果图

办公楼处理后效果图

别墅处理前效果图

别墅处理后效果图

中文版

To be a 3ds Max expert? Yes, you can!

融入大量实战经验、知识讲解与设计理念，帮您充分理解3ds Max的精髓！

3ds Max 建筑与室内效果图设计从入门到精通

战会玲 / 编著

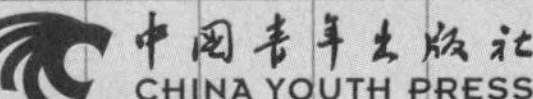

图书在版编目（CIP）数据

3ds Max 建筑与室内效果图设计从入门到精通（中文版）/ 战会玲编著 .
一北京：中国青年出版社，2015.10
ISBN 978-7-5153-3812-5
I. ①3… II. ①战… III. ①建筑设计－计算机辅助设计－三维动画软件－教材
IV. ①TU201.4
中国版本图书馆 CIP 数据核字（2015）第 210750 号

3ds Max 建筑与室内效果图设计
从入门到精通（中文版）
战会玲 编著

出版发行：中国青年出版社
地　　址：北京市东四十二条 21 号
邮政编码：100708
电　　话：（010）50856188 / 50856199
传　　真：（010）50856111
企　　划：北京中青雄狮数码传媒科技有限公司
策划编辑：张　鹏
责任编辑：刘冰冰
封面制作：邱　宏

印　　刷：北京九天众诚印刷有限公司
开　　本：787 × 1092　1/16
印　　张：35.25
版　　次：2015 年 10 月北京第 1 版
印　　次：2015 年 10 月第 1 次印刷
书　　号：ISBN 978-7-5153-3812-5
定　　价：69.90 元（附赠 1DVD，含教学视频与海量素材）

本书如有印装质量等问题，请与本社联系　电话：（010）50856188 / 50856199
读者来信：reader@cypmedia.com　投稿邮箱：author@cypmedia.com
如有其他问题请访问我们的网站：http://www.cypmedia.com

前 言

PREFACE

编写目的

随着经济的飞速增长与城市化建设的大范围开展，国内建筑行业前进的步伐明显加快。计算机技术的普及与软件功能的不断增强，则为建筑设计提供了有效的技术支持。现如今，3ds Max 2015的问世，使效果图设计行业又迈出了历史性的一步，该版本不仅在操作上更加人性化，而且在绘图效果与运行的速度上都有着惊人的表现。

本书特色

全书以案例的形式对理论知识进行阐述，以强调知识点的实际应用性。

上篇以小模型的设计入手，循序渐进地将建筑及室内设计制作技巧逐一呈现。

中、下篇以建筑室内外效果图的设计为主线进行安排，以培养读者的实际应用与操作能力。

所选案例结合了建筑与室内设计的特点，涵盖所有家具装饰以及建筑表现的应用范畴。

典藏的二十多个经典作品，展示了最前沿的技术与解决方案，真正做到绘图技巧毫无保留。

内容提要

篇	章 节	主要内容
上篇	第01～17章	主要介绍了3ds Max 2015的工作界面与基本操作、VRay渲染器的应用，以及一些常见典型小模型的绘制，通过对这些内容的学习，使读者快速掌握新版本软件的使用方法与应用技巧
中篇	第18～21章	主要介绍了室内模型的制作与渲染，其中包括卫生间、卧室、客厅、厨房等不同空间类型的设计和制作过程，旨在提高读者的实际动手能力
下篇	第22～25章	主要介绍了室外效果图的制作与游戏场景的设计，其中包括别墅、办公楼、古代建筑等模型的制作与渲染，同时还讲述了如何利用Photoshop软件对效果图进行后期处理

适用读者群

- 室内外效果图制作与学者
- 室内装修、装饰设计人员与室内效果图设计人员
- 装饰装潢培训班学员与大中专院校相关专业师生
- 图像设计爱好者

本书由淄博职业学院战会玲老师编写，在编写和案例制作过程中力求严谨细致，但由于水平和时间有限，疏漏之处在所难免，望广大读者批评指正。

编 者

目录
CONTENTS

上篇——3ds Max 2015入门必备

Chapter 01 3ds Max 2015轻松入门

在建筑与室内设计领域中，3ds Max可以说是功能最为强大的三维建模与动画设计软件。与其他建模软件相比，3ds Max操作较为简单，容易上手，可以制作出大多数的建筑物模型，且渲染速度相对较快。用户利用该软件可以很好地制作出具有仿真效果的图片和动画。3ds Max是利用建立在算法基础之上并高于算法的可视化程序来生成三维模型的。视觉和娱乐才是3ds Max的定位，正是因为这种非专业性，才使它更加广泛地被人们使用和了解。通过本章的学习，用户可以全面认识和了解3ds Max 2015的新功能以及软件界面中各部分的功能。

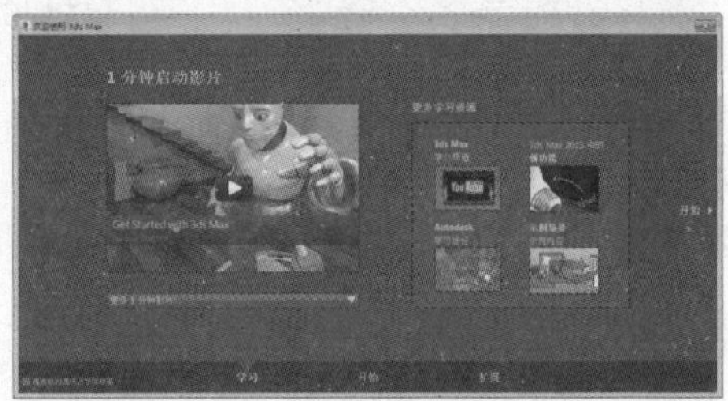

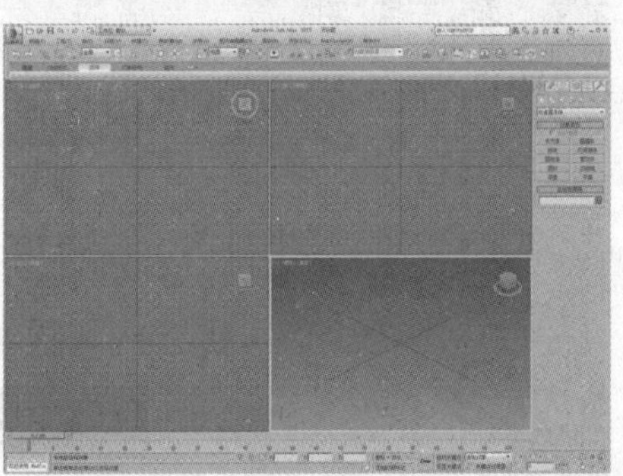

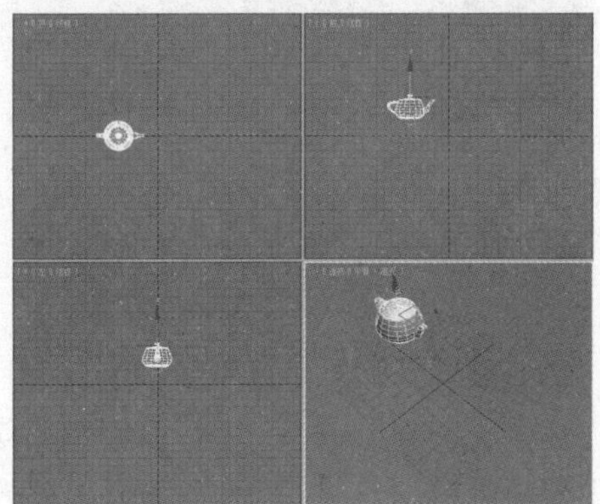

Chapter 02 创建几何体与图形

在3ds Max三维效果表现中，场景中的实体3D对象和用于创建三维模型的对象，称为几何体。用户可以利用软件提供的各种几何体来建立基本的结构，再对它们进行适当的修改，即可完成基础模型的搭建。而在使用3ds Max制作效果图的过程中，许多三维模型都来源于二维图形。本章将介绍几何体和二维图形的创建方法，掌握了本章知识之后，对后面章节的学习将会有很大的帮助。

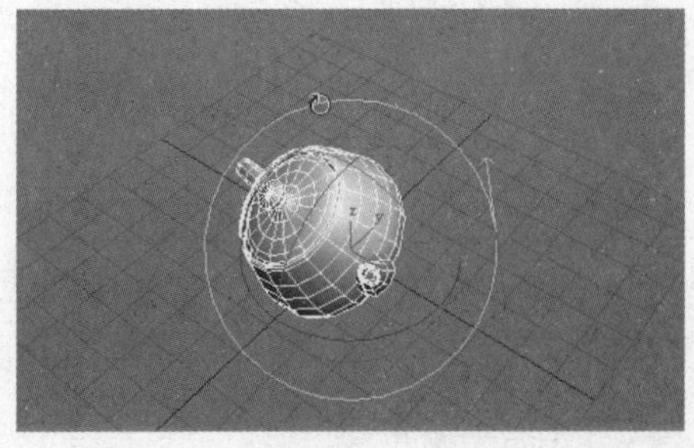

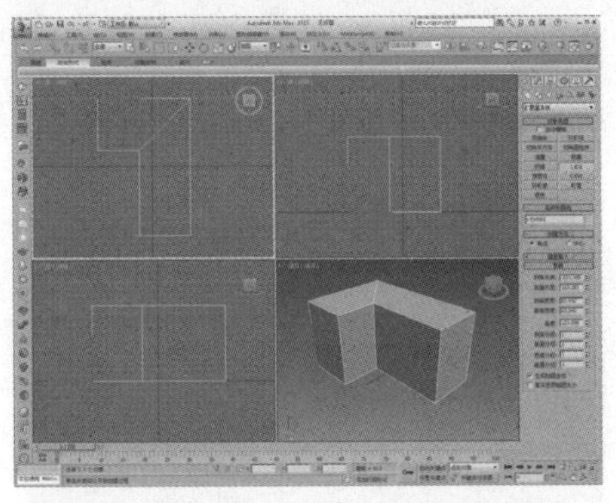

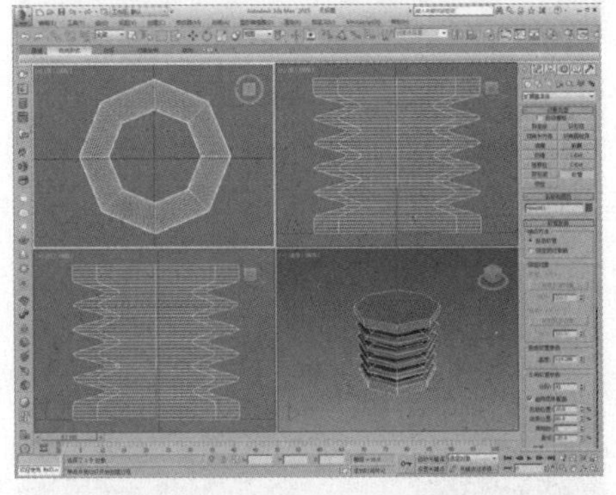

Chapter 03 材质编辑器与VRay渲染器

材质是三维世界的一个重要概念，是对现实世界中各种材质视觉效果的模拟。在3ds Max中创建的模型，其本身不具备任何表面特征，但是通过材质自身的参数控制可以模拟现实世界中的各种视觉效果。VRay渲染器提供了一种特殊的材质——VRayMtl。在场景中使用该材质能够获得更加准确的物理照明（光能分布）、更快的渲染速度、更便捷的反射和折射参数调整。使用VRayMtl材质，可以应用不同的纹理贴图，控制其反射和折射效果。本章将详细介绍VRay渲染器的使用方法和各个功能的含义。

Chapter 04 效果图的后期处理

按照建筑效果图的一般流程，在3ds Max中完成建模、创建灯光、摄像机设置等一系列工作并渲染输出后，要使用平面图像处理软件进行后期处理。Photoshop是进行后期处理的首选软件，其强大的功能赢得了广大设计师的认可和青睐，它可以使效果图更加真实、自然、几近完美，并可以创作出其他软件无法比拟的艺术效果。本章将讲述图像处理软件在建筑效果图后期处理中的重要作用，介绍效果图后期处理的一般流程和制作技巧，并结合实际工作经验，提出效果图后期处理过程中的注意事项。

Chapter 05 制作大桥模型

本章中将介绍一款大桥模型的制作，通过大桥模型的制作过程，我们来练习3ds Max中的一种复制方式——“变换复制”，再通过对模型的更改来练习本章第二个知识点——“FFD修改器”，从而熟练地掌握使用FFD修改器来调节模型形状的方法。

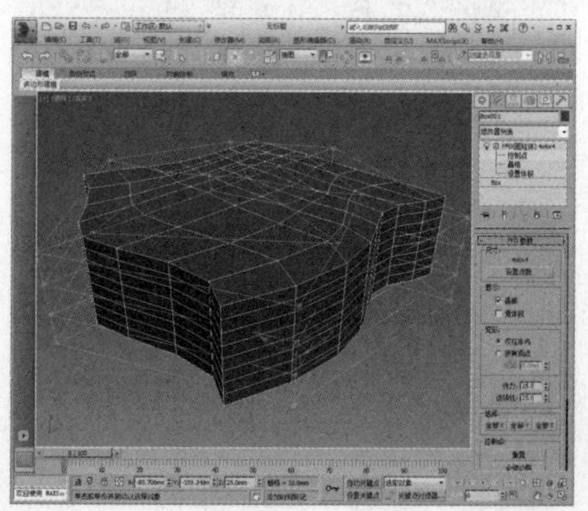

Chapter 06 用放样制作台灯模型

本章中将介绍一款欧式台灯模型的制作，通过对台灯的制作，让我们来练习3ds Max中的放样命令，并掌握利用放样命令创建复杂形体的原则。

Chapter 07 用车削制作灯泡

本章中将介绍白炽灯灯泡模型的制作，通过对灯泡的制作练习，让我们熟练掌握3ds Max中车削和样条线的操作技巧。

Chapter 08 双人床模型的制作

本章中将介绍一款卧室中双人床的制作，其中主要用到了UVW贴图、倒角、挤出修改器等知识点。

Chapter 09 用阵列制作楼梯

本章中将通过对“旋转楼梯”和“室内旋转楼梯”模型制作过程的详细讲解，来练习3ds Max中“阵列”工具的使用。

Chapter 10 用布尔制作钥匙

本章中将通过钥匙串模型的制作，来介绍布尔命令的使用，使读者掌握布尔运算的使用技巧。另外，还涉及将二维图形转换成三维模型的操作，以及FFD修改器的使用。

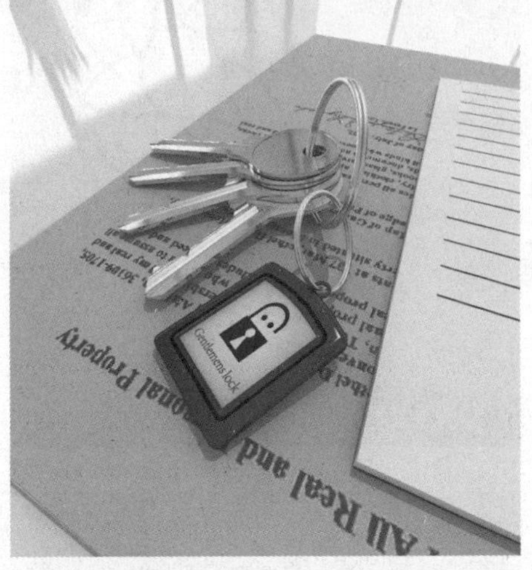

Chapter 11 军刀的制作

本章中将介绍一款军刀模型的制作，通过具体的制作过程，主要向读者介绍样条线的使用、Bezier角点的操作、软选择的作用，以及利用缩放工具改变模型造型的技巧。另外，还涉及细分修改器以及网格平滑修改器的使用。

Chapter 12 NURBS曲线建模

本章中将通过藤艺灯饰以及长椅模型的制作来介绍NURBS曲线和曲面的操作方法，同时也简单介绍了旋转复制和移动复制的使用以及样条线的绘制方法。

Chapter 13 用曲面制作雨伞

本章中将介绍雨伞模型的制作，通过该过程了解曲面修改器的使用以及样条线的使用。

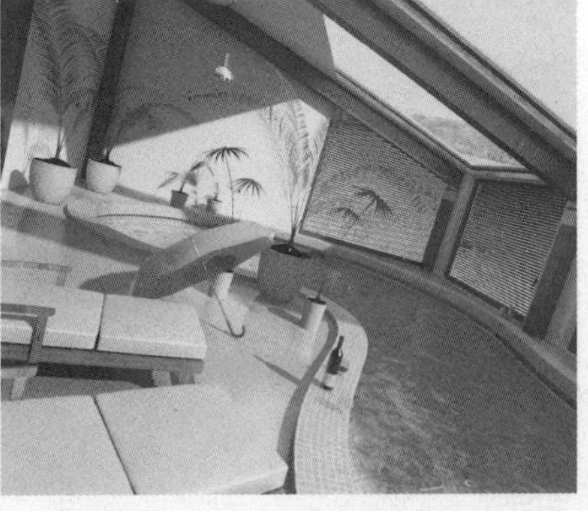

Chapter 14 沙发模型的制作

本章中将介绍一款简约沙发模型的制作，通过具体的制作过程来练习使用3ds Max中的可编辑多边形命令，学习各项编辑功能，并掌握如何使用可编辑多边形创建造型各异的模型。

Chapter 15 养生壶模型的制作

本章中将介绍一款养生壶模型的制作。

Chapter 16 躺椅模型的制作

本章中要创建的是一款造型简洁的欧式躺椅模型，分为主体和支架两部分。躺椅主体模型的创建较为复杂，读者通过该模型的创建过程可以更加熟悉样条线的操作，并了解可编辑多边形中的多个操作命令的使用方法。

Chapter 17 彩色书房的制作

本章主要通过前面所学习的知识，如样条线的绘制、样条线转三维模型以及多边形建模的操作等，创建一个小型的书房模型，其中包括桌椅模型、花瓶杯子模型、箱子模型、盆栽模型以及吊灯模型。

中篇——室内模型的制作与渲染

Chapter 18 卫生间效果的制作

本章中将制作一个现代简约风格的卫生间场景，通过洗手台盆、浴缸、马桶等模型的制作使读者进一步掌握多边形建模的操作知识。

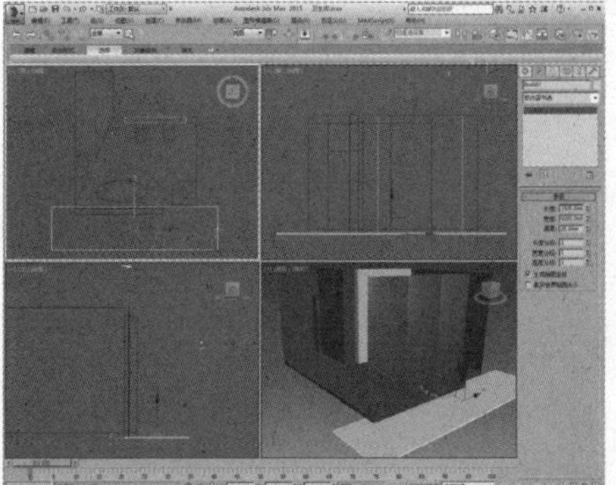

Chapter 19 厨房效果的制作

本章中将制作一个通透的厨房场景，以现代都市高层中的厨房为原型，设计并制作场景效果厨房外带有一个半露阳台，整个场景光线明亮并且温馨。

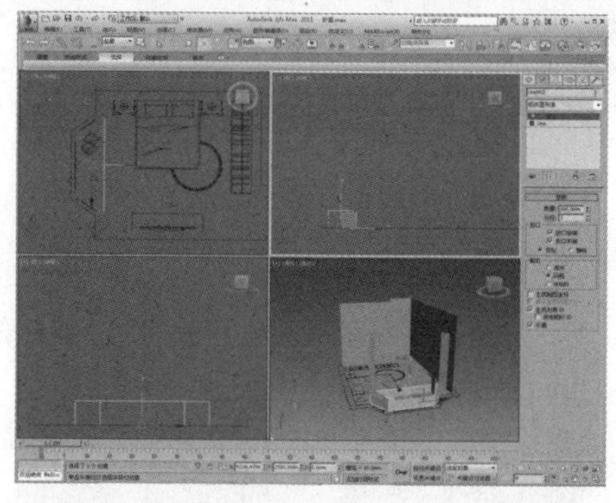

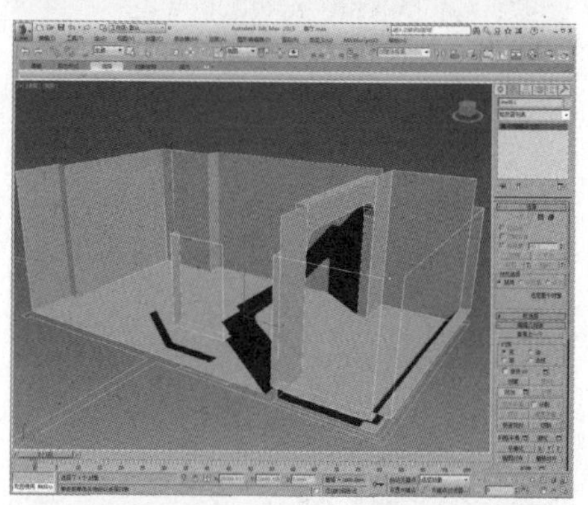

Chapter 20 卧室效果的制作

本章中创建的是一个中式卧室模型，在全部建模过程中，包括了双人床、床头柜、脚凳、电视机等模型的制作。为了保证整体效果的完整性和美观性，最后还导入了部分成品模型，整体呈现出温馨、舒适的家的感觉。

Chapter 21 客厅效果的制作

本章中创建的是一个简欧田园风格的客厅场景，场景中带有一个较大的阳台，从而拥有了充足的光线。为了扮靓客厅区域，在此还创建了很多家具模型，比如沙发、茶几、灯具等。最终该区域呈现出了美观大方、宽敞明亮、色彩统一、出入方便的效果。

下篇——室外模型的制作与渲染

Chapter 22 古塔场景效果图的制作

本章中将创建一个古塔模型，通过对创建流程的讲解，让读者更加熟练地掌握样条线建模的方法。

Chapter 23 别墅场景效果图的制作

本章中将会创建一个别墅群的效果，通过对创建流程的讲解，让读者更加熟练地掌握样条线建模的方法。

Chapter 24 办公楼场景效果图的制作

在本章中，我们来制作一个办公楼场景效果，通过整体模型的创建、后期素材的添加与调整，使读者掌握多边形建模知识、PS后期处理知识。

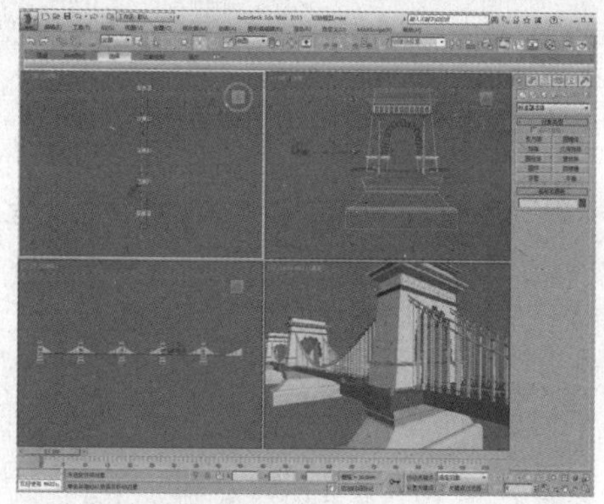

Chapter 25 游戏场景效果图的制作

本章将以一款游戏场景为例，对渲染出的效果图像进行后期处理，通过添加素材、亮度及色彩的调整，来得到一个饱满的场景效果，而整体模型的创建过程将不再赘述。

上　篇

3ds Max 2015入门必备

CHAPTER 01

3ds Max 2015轻松入门

在建筑与室内设计领域中，3ds Max可以说是功能最为强大的三维建模与动画设计软件。与其他建模软件相比，3ds Max操作较为简单，容易上手，可以制作出大多数的建筑物模型，且渲染速度相对较快。用户利用该软件可以很好地制作出具有仿真效果的图片和动画。3ds Max是利用建立在算法基础之上并高于算法的可视化程序来生成三维模型的。视觉和娱乐才是3ds Max的定位，正是因为这种非专业性，才使它更加广泛地被人们使用和了解。通过本章的学习，用户可以全面认识和了解3ds Max 2015的新功能以及软件界面中各部分的功能。

知识点

1. 3ds Max 2015的新功能
2. 3ds Max 2015的工作界面
3. 视图操作
4. 单位设置
5. 3ds Max 2015的三维操作

1.1 3ds Max 2015的新功能

Autodesk 3ds Max 2015软件提供了高效的新工具、更快的性能以及简化的工作流程，可以帮助美工人员与设计师在进行娱乐和可视化设计项目时提高工作效率。

下面就向大家揭开3ds Max 2015的面纱，看看它到底带来了哪些新功能。

1. 人群填充增强

在新版本中人群的创建和填充得到增强，现在可以对人物进行细分，得到更精细的人物模型，有更多的动态如坐着喝茶的动作，走路动画也有修正。还可以给人物变脸，并提供了一些预置的面部选择，但是整体感觉还是比较粗糙。

2. 支持点云系统

创建面板增加了对点云系统的支持，点云就是使用三维激光扫描仪或照相式扫描仪得到的点云点，因为点非常的密集，所以叫作点云。通过点云系统扫描出来的模型，直接用在建模或者渲染，非常的快速有效。

3. ShaderFX着色器

这是对之前dx硬件材质的增强。在载入dx材质的时候可以应用ShaderFX，并且有独立的面板可以调节，能实现一些游戏中实时的显示方式。但是这部分还是英文界面，说明还不太成熟。

4. 放置工具

可以在物体的表面拖动物体，相当于吸附于另一个物体，然后可以进行移动、旋转、缩放。

5. 倒角工具

增加了四边倒角和三边倒角方式，适合制作环形的切线效果。

6．增强的实时渲染

增加了NVIDIA iray和 NVIDIA Mental Ray渲染器的实时渲染效果，可以实时地显示大致的效果，并且随着时间不断更新，其效果越来越好。

7．视口显示速度增强

使用3ds Max 2014显示的场景只有几帧每秒，同样的场景到了3ds Max 2015就变成了二百帧每秒。

8．立体相机

3ds Max 2015中增加了立体相机功能。

9．相套层管理器

增加了相套层管理器，可以更好地管理场景。

10．Python脚本语言

新版3ds Max 2015的脚本语言已经改成了Python语言。Python是一个通用语言，使用它可以快速生成程序结构，提高脚本效率。

1.2 认识3ds Max 2015的工作界面

用户在计算机上安装了3ds Max 2015软件后，在桌面上可以看到软件的启动图标，双击该图标即可打开3ds Max 2015，之后可以看到新版的欢迎界面，界面包括“学习”、“开始”、“扩展”三个面板，如下图所示。

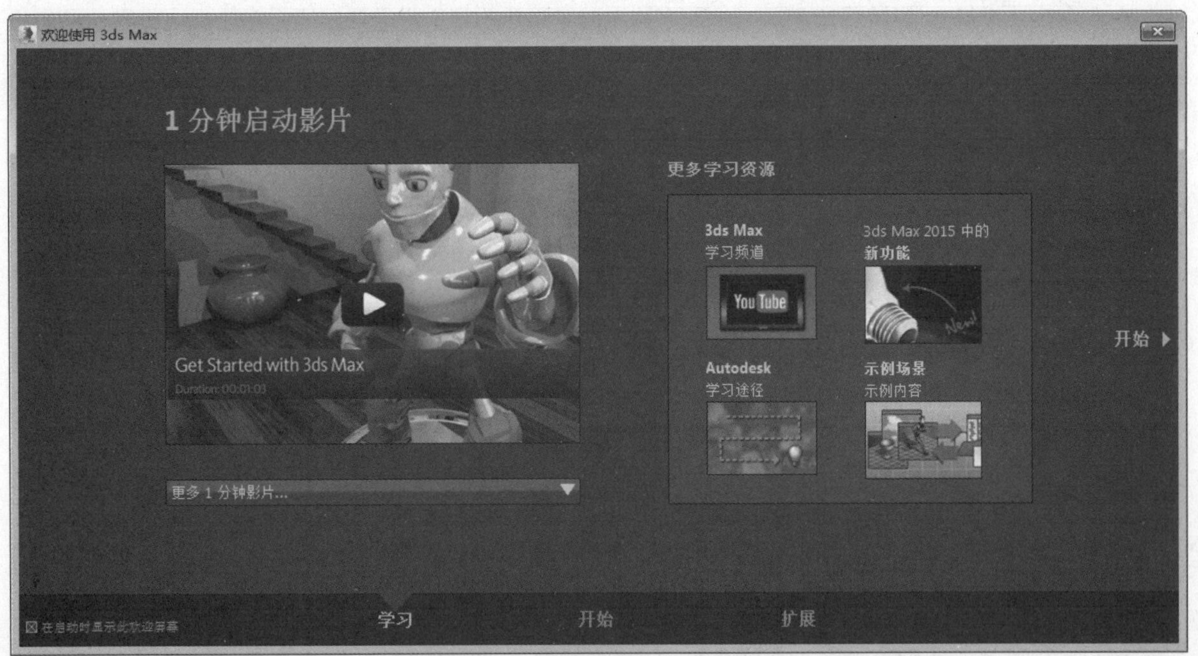

关闭欢迎界面即可进入工作界面，可以看到其工作界面主要由标题栏、菜单栏、主工具栏、命令面板、视图导航区、动画控制区、操作视图区等多个区域组成，如下图所示。

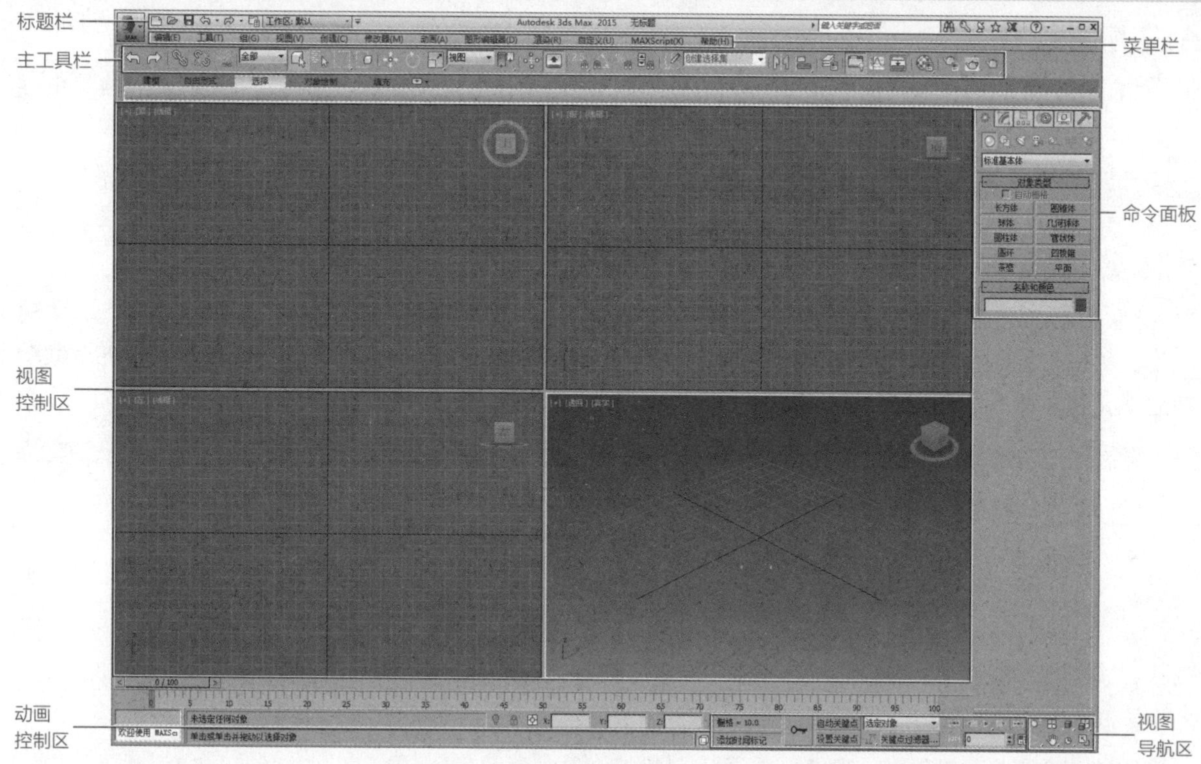

在整个界面中，用户可以方便地找到软件的全部命令选项和工具按钮。了解工作界面中各命令选项和工具按钮的摆放位置及用途，对于在3ds Max中高效地进行编辑与创作工作，是很有帮助的。各个主要组成部分的内容及用途如下表所示。

名　称	内容摘要	用途概要
标题栏	显示文件的标题	可以进行最小化、还原或关闭操作
菜单栏	含有所有命令及其分类菜单	可以执行几乎全部的操作命令
主工具栏	含有各种基本操作工具	执行基本操作
命令面板	包含各种子面板	执行大量高级操作
动画控制区	含有动画的基本设置工具	对动画进行基本设置和操作
视图导航区	含有对视图的操作工具	对视图进行操作
操作视图区	默认包含四个视图	实现图形、图像可视化的工作区域

知识点

视口布局提供了一个特殊的选项卡栏，用于在任何数目的不同布局之间快速切换。“视口布局”选项卡位于左下角，在“预设”菜单按钮下面显示三个选项卡。

首次启动3ds Max时，默认情况下打开“视口布局”选项卡栏。该栏底部的单个选项卡具有一个描述启动布局的图标。通过从“预设”菜单中选择选项卡，可以添加这些选项卡以访问其他布局，将其他布局从预设加载到栏之后，可以通过单击其图标切换到任何布局。

1.2.1 标题栏

3ds Max 2015的标题栏位于界面的最顶部，包括当前编辑的文件名称、快速访问工具栏和信息中心三个非常人性化的部分，如下图所示。

1.2.2 菜单栏

3ds Max 2015的菜单栏包括“编辑”、“工具”、“组”、“视图”、“创建”、“修改器”、“动画”、“图形编辑器”、“渲染”、“自定义”、“MAXScript”、“帮助”12个菜单项，在各个菜单项之下又有多种不同的操作功能，如下图所示。

编辑(E) 工具(T) 组(G) 视图(V) 创建(C) 修改器(M) 动画(A) 图形编辑器(D) 渲染(R) 自定义(U) MAXScript(X) 帮助(H)

下面来介绍菜单栏中的各菜单项：

- “编辑”菜单用于实现对对象的拷贝、删除、选定、临时保存等功能；
- “工具”菜单包括了常用的各种制作工具；
- “组”菜单用于将多个物体组为一个组，或者分解一个组为多个物体；
- “视图”菜单用于对视图进行操作，但是对对象不起作用；
- “创建”菜单包含了3ds Max中所有对象的创建命令；
- “修改器”菜单包含了3ds Max中所有对象的修改命令；
- “动画”菜单包含了3ds Max中所有与动画相关的命令；
- “图形编辑器”菜单用于控制有关物体的运动方向和它的轨迹操作；
- “渲染”菜单用于通过某种算法，体现出场景的灯光、材质和贴图等效果；
- “自定义”菜单包含所有自定义操作命令；
- “MAXScript”菜单包含有关编程的命令，可以将编好的程序放入3ds Max软件中来运行；
- “帮助”菜单用于提供在线帮助，以及插件信息等。

1.2.3 主工具栏

位于菜单栏下方的是3ds Max 2015的主工具栏，如下图所示。右击主工具栏，可以在弹出的快捷菜单中选择不同命令以打开相应的工具栏。

主工具栏中各个按钮的含义如下表所示。

按 钮	含 义	按 钮	含 义	按 钮	含 义
	撤销		重做		选择并链接
	断开当前选择链接		绑定到空间扭曲	全部	选择过滤器
	选择对象		按名称选择		矩形选择区域
	窗口/交叉		选择并移动		选择并旋转
	选择并均匀缩放	视图	参考坐标系		使用轴点中心

（续表）

按　钮	含　义	按　钮	含　义	按　钮	含　义
	选择并操纵		键盘快捷键覆盖切换		捕捉开关
	角度捕捉切换		百分比捕捉切换		微调器捕捉切换
	编辑命各选择集	创建选择集	命名选择集		镜像
	对齐		层管理器		切换功能区
	曲线编辑器		图解视图		材质编辑器
	渲染设置		渲染帧窗口		渲染产品

提示

将鼠标光标移动到主工具栏的边缘，按住鼠标拖动即可将主工具栏拖出，用户可以将主工具栏调整成任意形状，如右图所示。

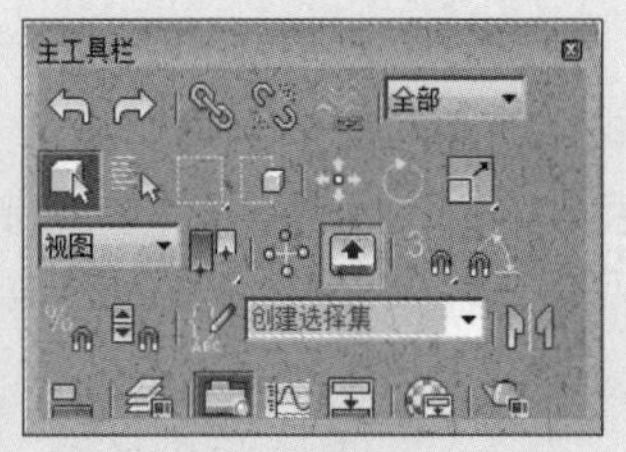

1.2.4 命令面板

命令面板位于3ds Max工作区右侧，共包含“创建”、“修改”、“层次”、“运动”、“显示”、“实用程序”6大面板，各面板下又含有多层指令与分类，最底层的控制对象甚至精确到数据输入与度量控制上，如下图所示。

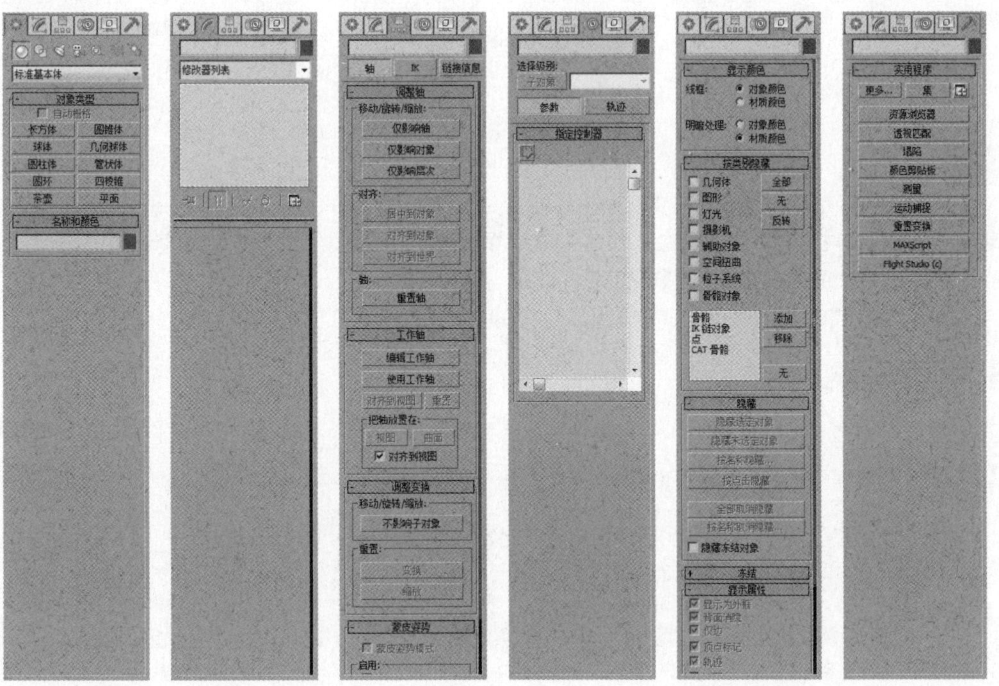

各个面板的主要作用介绍如下表所示。

面板按钮	名　称	说　明
	创建	提供了几乎所有3ds Max的基本模型，基于基本模型的修改器（Modify）便是3ds Max的核心建模原则
	修改	提供了各种对基本模型进行修改的工具，同时提供了修改器堆栈（Modifier Stack），利用它对操作步骤的序列进行操作
	层次	用来建立各对象之间的层次关系，并可以设置IK（反向动力学系统）等高级指令，用于动画制作
	运动	与运动控制器结合，用来设置各个对象的运动方式和轨迹，以及高级动画设置
	显示	用来选择和设置视图中各类对象的显示状况，如隐藏（Hide）、冻结（Freeze）、显示属性（Display Properties）
	实用程序	用来设定3ds Max中各种小型程序，并可以配置各个Plug-in（插件），它是3ds Max系统与用户之间对话的桥梁

1.2.5 动画控制区

3ds Max 2015的动画控制区如下图所示。其中，左上方标有“0/100”的长方形滑块为时间滑块，用鼠标拖动它可以将视图显示到某一帧的位置上，配合使用时间滑块和中部的正方形按钮（设置关键点）及其周围的功能按钮，可以制作最简单的动画。

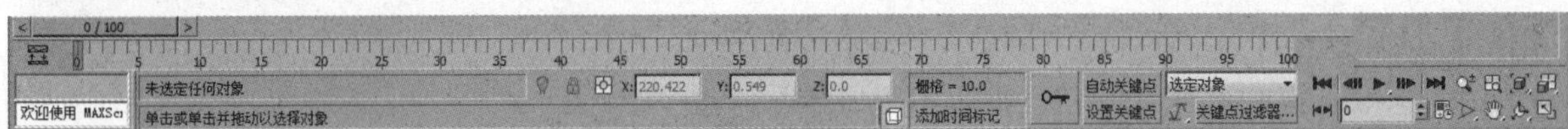

动画控制区中各命令按钮的含义介绍如下表所示。

命令按钮	含　义	命令按钮	含　义
	转至开头		转至结尾
	上一帧		关键点模式切换
	播放动画		时间配置
	下一帧		

知识点

目前，动画制作者可以对动画部分进行重定时，以加快或降低其播放速度。但是不要求对该部分中存在的关键帧进行重定时，并且在生成的高质量曲线中部创建其他关键帧。

1.2.6 视图导航区

视图导航区是对场景进行控制操作的集合，也就是用来调整查看视图的位置和状态。对应不同的视图，视图导航区中的命令按钮也有所不同，如下图所示。

顶、底、左、右、前、后视图　　透视视图　　摄影机视图

各命令按钮的作用如下表所示。

命令按钮	含义
	缩放
	缩放所有视图
	最大化显示
	所有视图最大化
	缩放区域
	平移视图
	弧形旋转
	最大化视图切换
	视野
	推拉摄影机
	透视
	侧滚摄影机
	环游摄影机

1.3 单位设置

设计者经常需要打开不同的文件，每个文件的单位可能都不一样，这样就会影响后面的操作，这时就需要对文件的单位进行设置。具体操作步骤如下：

01 启动3ds Max 2015软件，进入其工作界面，如下图所示。

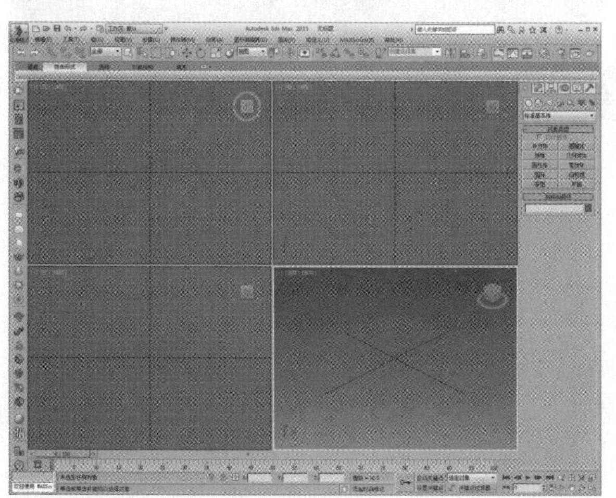

02 在菜单栏中执行“自定义>单位设置”命令，如下图所示。

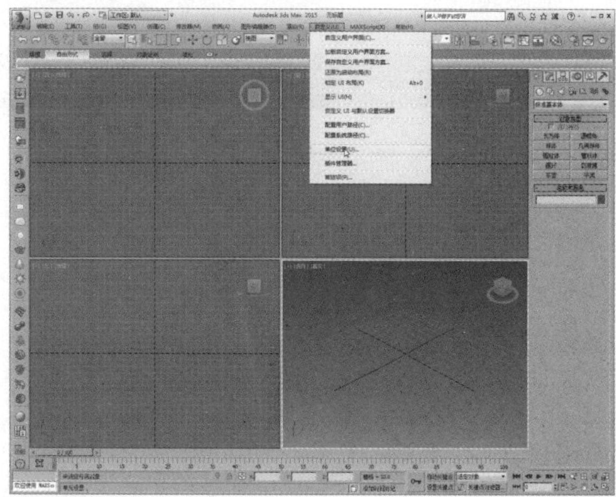

03 打开“单位设置”对话框，设置显示单位比例为“公制毫米”，如下图所示。

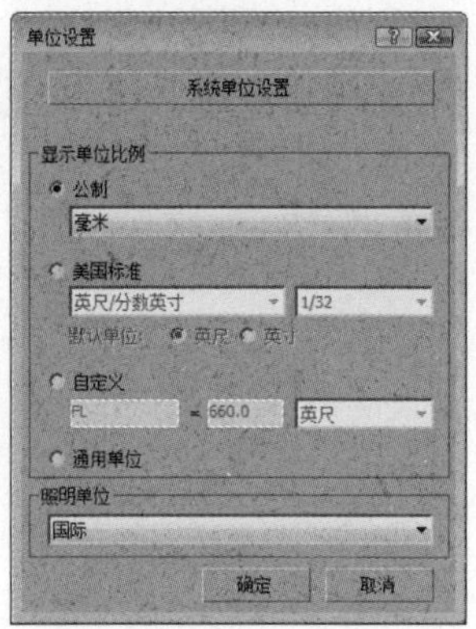

04 单击“系统单位设置”按钮，打开“系统单位设置”对话框，设置系统单位为“毫米”，如下图所示，设置完成后单击“确定”按钮即可。

1.4 视图操作

在软件的使用过程中，用户经常会需要切换各个视图以便于更加细致地观察场景。右击视图左上角的视图名称，即可看到3ds Max所支持的各种角度的视图的名称，如右图所示，单击选择需要的视图名称即可快速切换到相应视图。

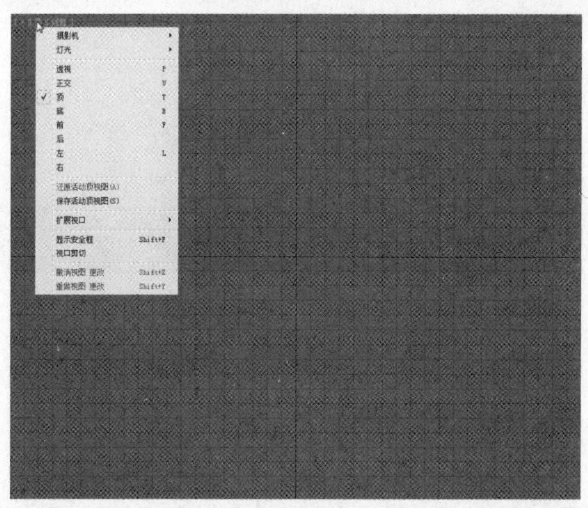

视图切换是比较常用的操作，用户在操作过程中使用快捷键来进行切换可以大大地提高工作效率。默认情况下，视图切换的快捷键一般就是视图名称的首个字母，比较常用的几个视图的快捷键如下表所示。

视　图	快捷键
透视视图	P
正交视图	U
前视图	F
顶视图	T
底视图	B
左视图	L
摄影机视图	C

知识点

3ds Max 2015的工作界面遵循一个核心操作模式，用各种命令对视图中的对象进行操作，最基本的做法就是在面板里单击、选择、输入各种命令以及相关参数，在视图中即可看到操作命令的结果。

更高级的做法是按快捷键Ctrl+X进入专家模式。尽量通过快捷键来调用各个命令，这样可以将各个面板暂时关闭，实现所谓的全屏操作，工作效率会比基本操作提高数倍，如右图所示为专家模式的操作界面。

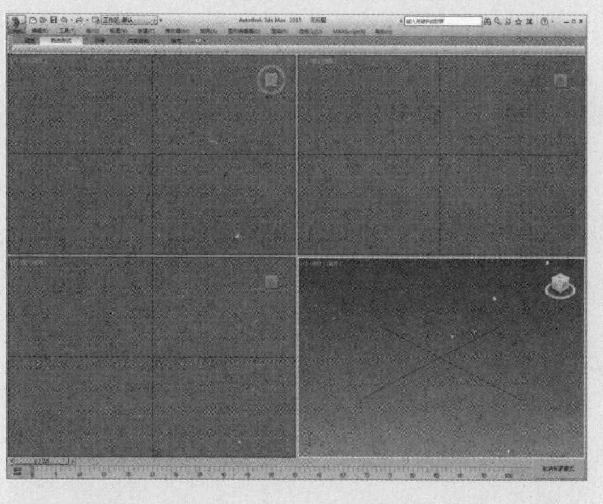

1.5 进入3ds Max的三维世界

3ds Max中最基本的操作有三个：移动对象、旋转对象、缩放对象。用户可通过这三种操作简单地了解3ds Max的三维世界。

1.5.1 移动对象

中央视图区分8种视图角度，这就是3ds Max的三维空间，它可以将对象以不同角度同时展现在用户眼前。操作步骤如下：

01 打开已经创建好的模型，可以看到在视图中产生了顶视图、左视图、前视图及透视视图。默认情况下顶视图处于被选中状态，视图边框显示为黄色，并且模型位于视图的中心，选择模型，可以看到当前的光标显示为红色，如下图所示。

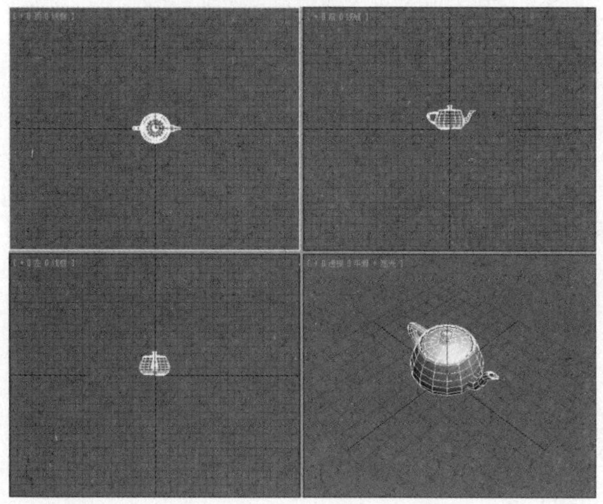

02 单击主工具栏中的“选择并移动”按钮，可以看到当前视图中的光标颜色变为黄色，并且样式发生了变化，如下图所示。

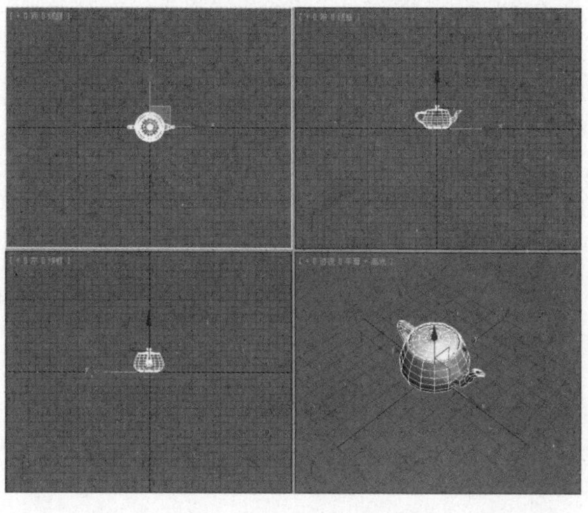

03 将鼠标移动到X轴的箭头上，可以发现Y轴的箭头变成了绿色，如下图所示。

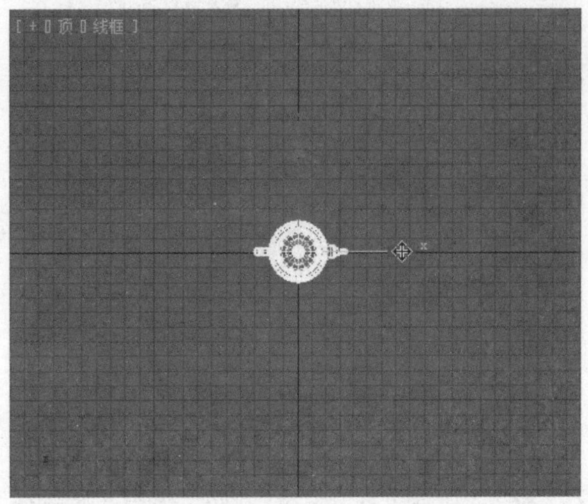

04 按住鼠标左键拖动光标，即可将模型沿X轴移动，可以看到模型在前视图和透视视图中也发生了移动，如下图所示。

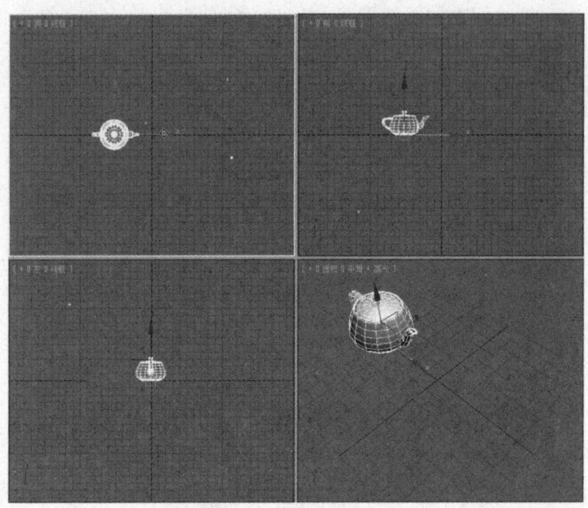

05 切换到透视视图，将光标移动到Z轴上，按住鼠标左键向上移动光标，可以看到，前视图、左视图、透视视图中的模型都发生了移动，如下图所示。

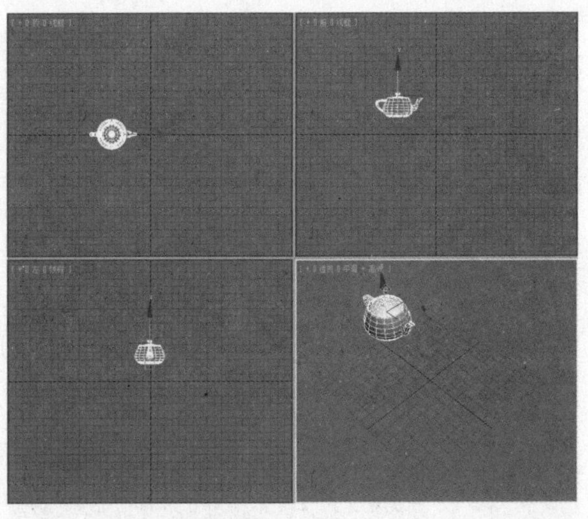

06 也可以直接右击“选择并移动”按钮，打开“移动变换输入”对话框，用户在“偏移”栏的X、Y、Z轴输入框中输入需要移动的数据即可，如下图所示。

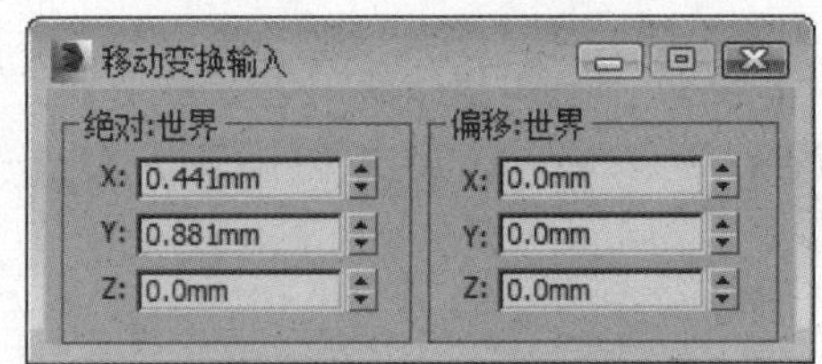

1.5.2 旋转对象

下面介绍旋转对象的方法，操作步骤如下：

01 打开模型文件，切换到透视视图，选择模型并单击“选择并旋转”按钮，在视图中可以看到模型外有四个圆围绕着模型，如下图所示。

02 切换到透视图窗口，将光标移动到模型外侧的圆上，光标的样式就发生了变化，如下图所示。

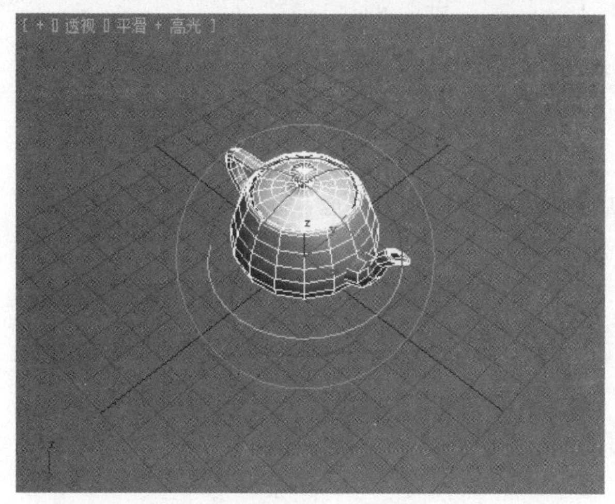

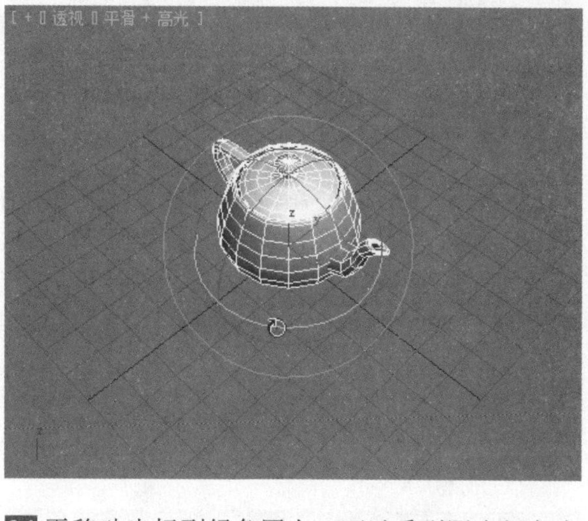

03 按住鼠标左键拖动光标，随着光标的移动，与光标原有位置之间出现一片阴影区域，并在上方显示旋转角度，如下图所示，旋转到需要的角度释放鼠标即可。

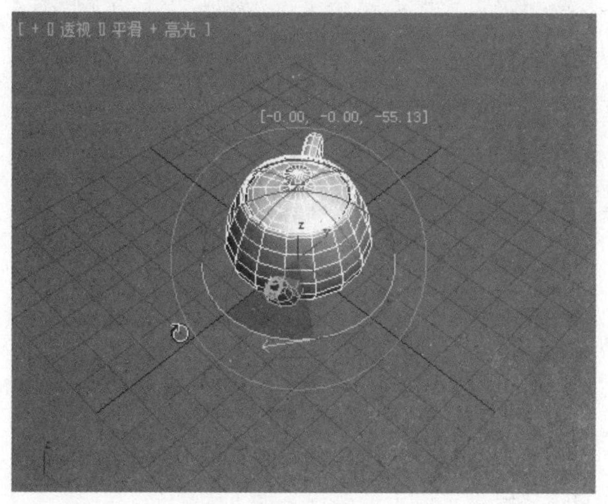

04 再移动光标到绿色圆上，可以看到圆由绿色变为黄色，其他的圆的颜色也发生了变化，如下图所示。

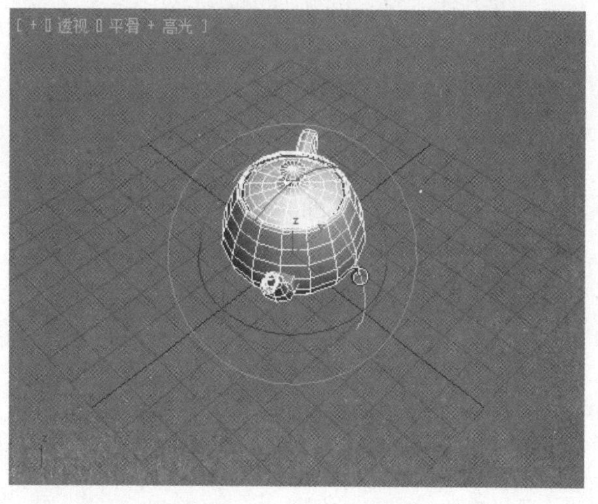

05 用户也可以右击“选择并旋转”按钮，打开“旋转变换输入”对话框，在“偏移”栏中X、Y、Z轴的输入框中输入需要旋转的角度即可沿相应的轴进行旋转，如下图所示。

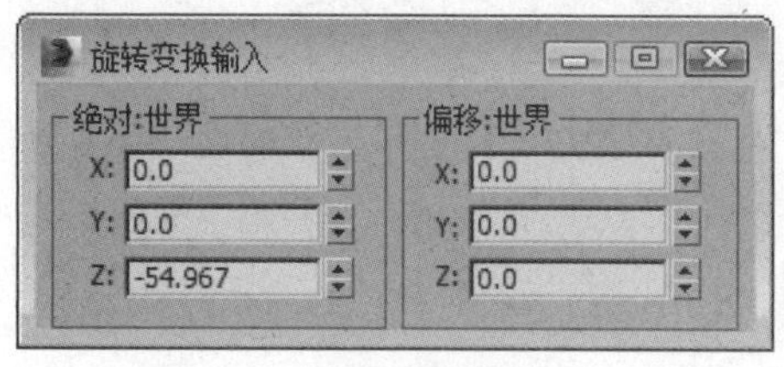

06 将鼠标移动到物体最外侧的灰色圆上进行旋转，可以看到模型仅在当前视图中进行左右旋转，如下图所示。

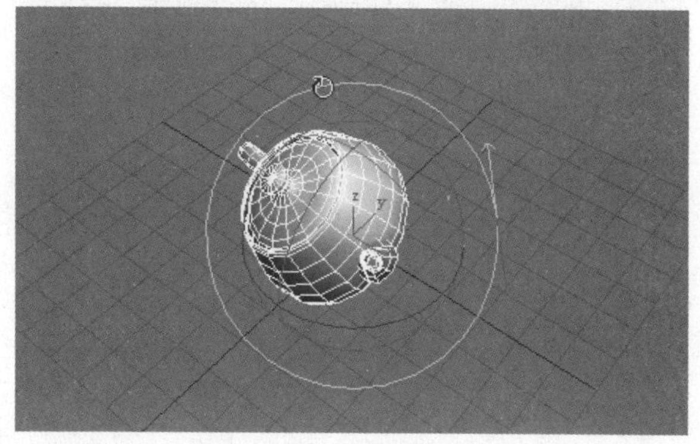

另外还有一种旋转方式，选择对象，按住Alt键不放，再按住鼠标中键拖动光标，即可对物体进行视角上的旋转。

1.5.3 缩放对象

使用“选择并均匀缩放”工具，可以将对象选中后直接进行缩放操作，常用于调整大小比例不合适的物体，使用鼠标按住“选择并均匀缩放”按钮不放，等待两秒钟，就会弹出一个下拉工具菜单，如右图所示，缩放工具有“选择并均匀缩放”、“选择并非均匀缩放”、“选择并挤压缩放”三种模式。下面来介绍缩放工具的使用方法，具体操作步骤如下：

01 选择模型并单击“选择并均匀缩放”按钮，可以看到模型的坐标轴增加了一个三角形的标识，如下图所示。

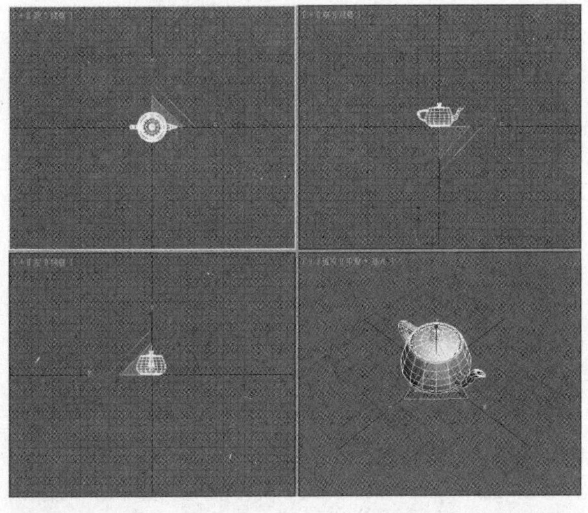

02 将光标移动到X轴上，则X轴变为黄色，且光标的形状发生变化，如下图所示。

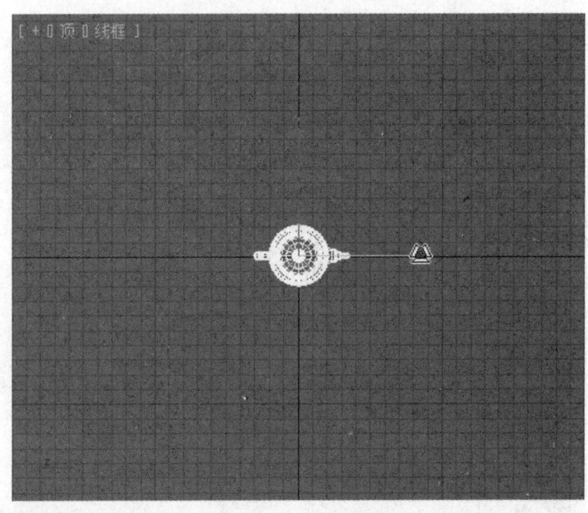

03 按住鼠标左键拖动光标，则模型随着光标的移动发生变化，如下图所示。

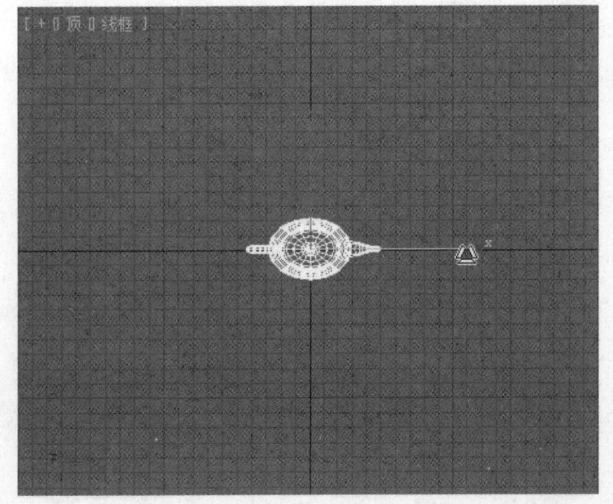

04 按住缩放按钮不放，在弹出的工具菜单中选择“选择并挤压缩放”按钮，将鼠标移动到三角形标识上，向内进行缩放操作，可以看到模型的外观已经发生了巨大的变化，如下图所示。

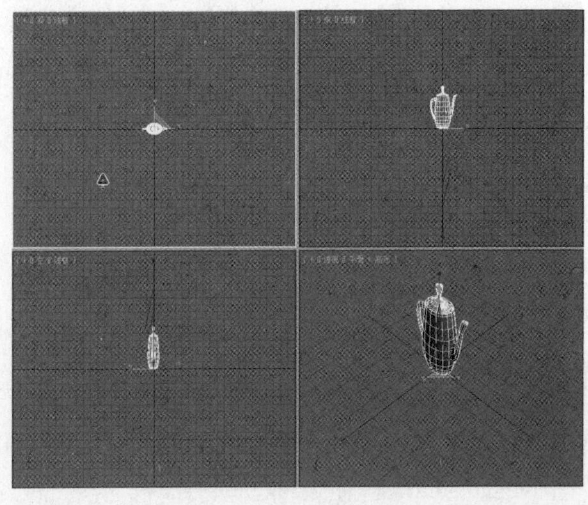

创建几何体与图形

在3ds Max三维效果表现中，场景中的实体3D对象和用于创建三维模型的对象统称为几何体。用户可以利用软件提供的各种几何体来建立基本的结构，再对它们进行适当的修改，即可完成基础模型的搭建。而在使用3ds Max制作效果图的过程中，许多三维模型都来源于二维图形。本章将介绍几何体和二维图形的创建方法，掌握了本章知识之后，对后面章节的学习将会有很大的帮助。

知识点

1．标准基本体的创建
2．扩展基本体的创建
3．复合对象的使用
4．样条线的绘制
5．NURBS曲线的绘制

2.1 标准基本体

在生活中，我们所熟悉的标准基本体有很多，如篮球、乒乓球、水管、立柱、游泳圈、冰激凌杯等对象，其外形具有几何体的特征，像这样的对象都属于标准基本体。在3ds Max中，用户可以使用单个的标准基本体对现实生活中的这些对象建模。

在命令面板中单击“创建按钮>几何体按钮”进入基本体创建面板，默认情况下为“标准基本体”选项，其下方就是标准基本体对象的创建按钮，如右图所示。

2.1.1 创建长方体

长方体是3ds Max中形状最简单、应用最为广泛的基本体，立方体是其惟一变量。用户可以通过改变长方体或立方体的比例来制作不同种类的对象。

1．创建长方体

创建长方体的操作步骤如下：

01 在创建命令面板中单击“长方体”按钮，即会在右侧弹出“长方体”属性面板，主要包括长方体的名称和颜色、参数等设置，如右图所示。

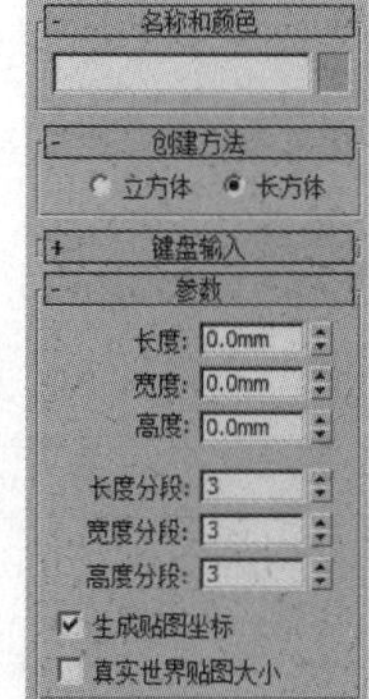

02 在任意视图中，单击并按住鼠标左键拖动定义出矩形底面，以确定长方体的长宽，然后释放鼠标上下移动光标以确定长方体高度，完成长方体的绘制，如下左图所示。

03 此时右侧的设置面板发生了变化，如下中图所示，系统默认该长方体名称为Box001，随机颜色为■，这里单击该颜色按钮，即可打开“对象颜色”对话框，如下右图所示，用户可以为其设置自己喜欢的颜色。

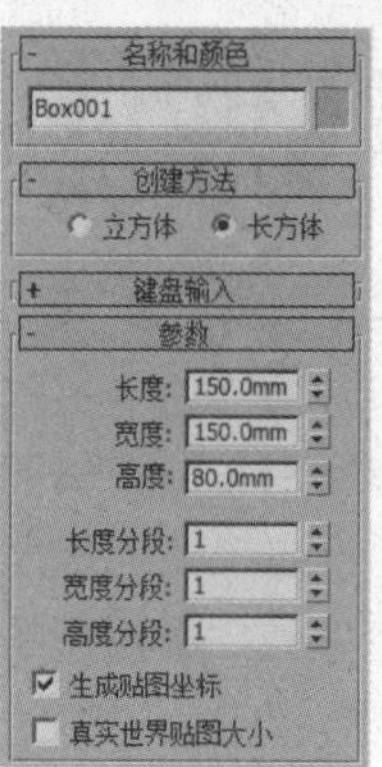

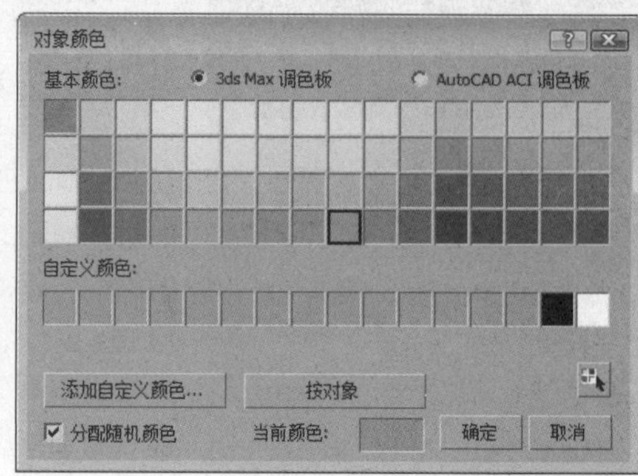

知识点

如果要对基本的长方体进行变形处理，就需要根据变形的复杂程度以及变形的方向，适当增加相应方向上的分段数。例如，对于一个宽度分段数为2的长方体，若是在宽度方向上进行弯曲变形，则弯曲变形后棱角分明。随着分段数的不断增加，弯曲效果越来越趋于光滑。

各卷展栏中各项含义如下。

- 立方体：选择此项可以创建出立方体。
- 长方体：选择此项可以创建出长方体。
- 长度、宽度、高度：设置长方体对象的长度、宽度和高度值。在创建长方体时，这些数值会随着鼠标的拖动而发生变化。
- 长度分段、宽度分段、高度分段：设置对象各个轴向边上的分段数量，用户可以在创建前后随时进行调整。
- 生成贴图坐标：为创建的长方体生成贴图材质坐标，默认为启用状态。
- 真实世界贴图大小：不选中此选项，贴图大小符合创建对象的尺寸；选中此选项后，贴图大小由绝对尺寸决定，与创建对象的尺寸无关。默认为禁用状态。

2. 创建立方体

创建立方体的操作步骤如下：

01 在创建命令面板中单击“长方体”按钮，在下面的“创建方法”卷展栏中选择“立方体”选项，如下图所示。

名称和颜色

创建方法

立方体　长方体

02 在视图中任选一点单击并按住鼠标左键进行拖动即可创建出立方体，此时在右侧的“参数”卷展栏中长度、宽度、高度的数值都是相同的，如下图所示。

参数

长度: 49.289mm

宽度: 49.289mm

高度: 49.289mm

长度分段: 1

宽度分段: 1

高度分段: 1

生成贴图坐标

真实世界贴图大小

另外，使用创建长方体的命令也可以创建出立方体，只需要在长方体创建完成后，在右侧的“参数”卷展栏中将长度、宽度、高度值修改成相同的数值即可。

知识点

在创建较为复杂的场景时，为模型起一个标志性的名称，会为接下来的操作带来很大的便利。

2.1.2 创建球体与几何球体

3ds Max中提供了“球体”和“几何球体”两种球体模型。这两种球体的适用场合不同，并非是可以完全相互替换的两种球体。球体适合基于球体的各种截取变换，水平面截取和垂直平面截取均很方便。几何球体的设置参数较少，在相同节点数的前提下，几何球体如果要产生变形效果要比经纬球体更容易，生成的模型更光滑。因此，用户在利用球体变形时，最好使用几何球体模型。

1. 创建球体

球体表面的细分网格是由一组组平行的经纬线垂直相交组成的，与我们平时见到的地球仪表面一样，所以球体也被称为经纬球体。创建球体的操作步骤如下：

01 在创建命令面板中单击“球体”按钮，即会在右侧弹出“球体”属性面板，如下图所示。

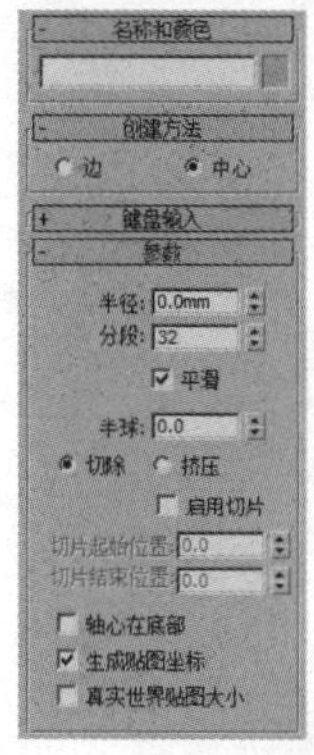

02 在视图中单击鼠标确定球体中心点，按住鼠标左键拖动以确定球体的半径大小，再释放鼠标即可完成球体的创建，如下图所示。

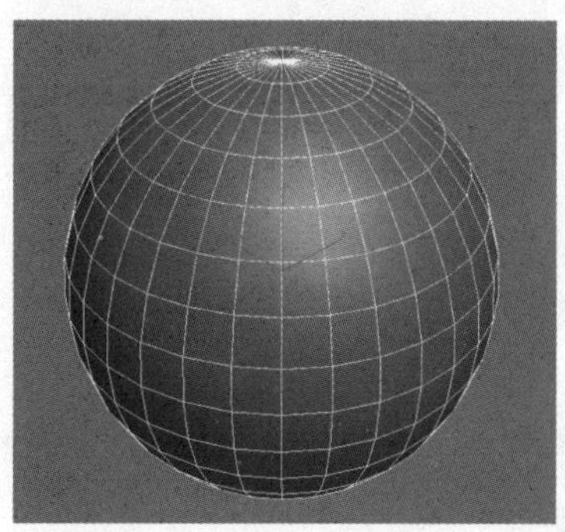

在“参数”卷展栏中可以看到，系统默认新创建的球体名称为Sphere001，颜色为随机，用户可以根据需要修改球体的名称及颜色。各卷展栏中各项含义如下。

- 边：通过定义边的位置来创建球体，移动鼠标可以改变球体中心的位置。
- 中心：通过定义球体中心的位置来创建球体。
- 半径：设置球体半径的大小。
- 分段：设置球体多边形分段的数目，分段越大，几何体顶点和网格数目越多。
- 平滑：混合球体的网格面，在视图中创建平滑的外观。
- 半球：用来创建部分球体，数值范围从0.0到1.0，设置为0.5可以生成半球，而设置为1.0则会使球体消失。
- 切除：通过在半球断开时将球体中的顶点和面去除来减少它们的数量，默认为启用状态。
- 挤压：保持球体的顶点数和面数不变，将几何体向着球体的顶部挤压为半球体的面积。
- 启用切片：使用“切片起始位置”和“切片结束位置”创建部分球体。

- 切片起始位置：设置起始角度。
- 切片结束位置：设置停止角度。
- 轴心在底部：将球体沿着其局部Z轴向上移动，使轴点位于其底部。默认为禁用状态。

2．创建几何球体

几何球体是3ds Max提供的另一种球体模型，它的表面细分网格是由众多的小三角面拼接而成的，形状就如同日常生活中见到的篮球、足球等球体表面一样。其创建步骤同创建球体，效果如右图所示。

在“参数”卷展栏中可以看到，系统默认新创建的几何球体名称为GeoSphere001，颜色为随机，用户可以根据需要修改几何球体的名称及颜色。各卷展栏中各项含义如下。

- 平滑：默认情况下该复选框为启用状态，所创建球体表面是平滑的。禁用该选项，则球体表面会显示为由三角平面拼接而成。
- 半球：用来创建半球体。
- 轴心在底部：将球体沿着其局部Z轴向上移动，使轴点位于其底部。默认为禁用状态。

使用3ds Max创建对象时，在不同的视口创建的物体的轴是不一样的，这样在对物体进行操作时会产生细小的区别。

2.1.3 创建圆柱体

创建圆柱体的操作步骤如下：

01 在创建命令面板中单击“圆柱体”按钮，即会在右侧弹出“圆柱体”属性面板，如下图所示。

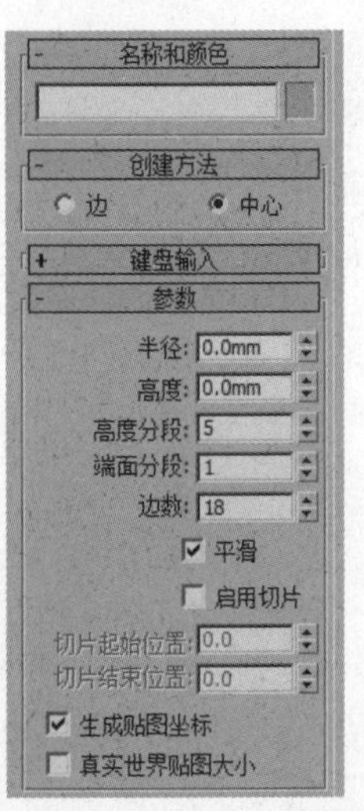

02 在视图中单击确定圆柱体底面圆形的中心，按住鼠标左键拖动以确定圆形的半径，释放鼠标后再移动光标确定圆柱体的高度，单击即可完成圆柱体的创建，如下图所示。

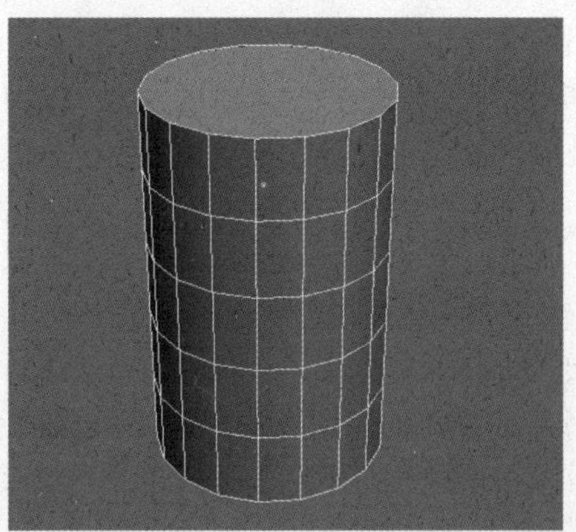

在“名称和颜色”卷展栏中可以看到，系统默认新创建的圆柱体名称为Cylinder001，颜色为随机，用户可以根据需要修改圆柱体的名称及颜色。各卷展栏中各项含义如下。

- 半径：设置圆柱体半径的大小。
- 高度：设置沿中心轴的高度，负值将会在构造平面下创建圆柱体。
- 高度分段：设置沿圆柱体主轴的分段数量。
- 端面分段：设置围绕圆柱体顶面和底面的中心的同心分段数。
- 边数：设置圆柱体周围的边数。
- 平滑：混合圆柱体的网格面，在视图中创建平滑的外观。

2.1.4 创建圆环与管状体

1. 创建圆环

创建圆环的操作步骤如下：

01 在创建命令面板中单击“圆环”按钮，即会在右侧弹出“圆环”属性面板，如下左图所示。

02 在视图中单击确定圆环中心点，按住鼠标左键拖动确定圆环的半径1大小后，释放鼠标。

03 再移动光标调整半径2大小，单击即可完成圆环的创建，如下右图所示。

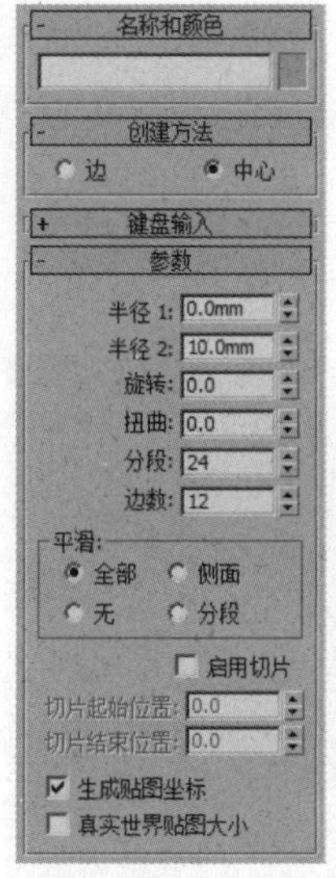

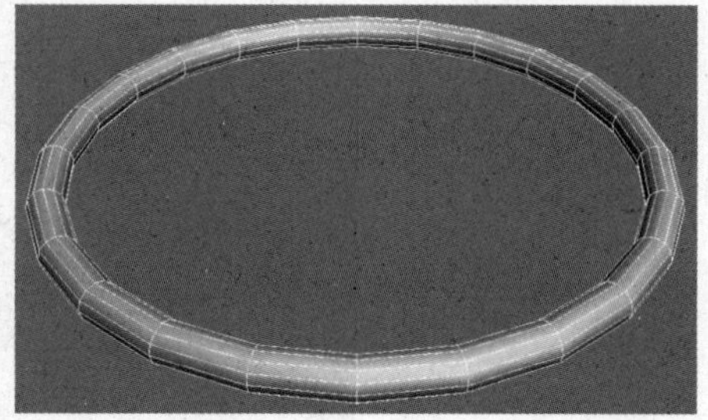

知识点

仔细观察每个物体的基本属性，熟悉每个物体基本属性更改以后所产生的变化，这样有助于之后的建模操作，可以加快建模的速度，提高工作效率。

在“名称和颜色”卷展栏中可以看到，系统默认新创建的圆环名称为Torus001，颜色为随机，用户可以根据需要修改圆环的名称及颜色。

各卷展栏中各项含义如下。

- 半径1：决定圆环中心与截面的中心距离。
- 半径2：决定截面的半径，也就是圆环的粗细。
- 旋转：设置该数值，使圆环顶点围绕通过环形中心的圆形旋转。

- 扭曲：决定每个截面扭曲的角度，产生扭曲的表面。数值设置不当，就会产生只扭曲第一段的情况，此时只需要将扭曲值设为360.0，或者勾选下方的“启用切片”即可。
- 分段：决定圆周上分段数的划分数目，数值越大，得到的圆形越光滑，较少的值可以用来制作几何菱环等物体。
- 边数：决定了圆环上下方向上的边数。
- 平滑：该参数提供了4种针对圆环的平滑选项。其中，“全部”单选项为默认设置，将在圆环的所有曲面上生成完整平滑；“侧面”单选项将平滑相邻分段之间的边生成围绕环形运行的平滑带；“无”单选项完全禁用平滑，从而在环形上生成类似棱锥的面；“分段”单选项将平滑每个分段，沿着环形生成类似环的分段。

2.创建管状体

创建管状体的操作步骤如下：

01 在创建命令面板中单击“管状体”按钮，即会在右侧弹出“管状体”属性面板，如下左图所示。

02 在视图中拖动鼠标左键定义半径1大小，释放鼠标即可确定半径1。

03 移动鼠标确定半径2尺寸，单击确定。

04 再次移动鼠标确定管状体的高度，单击确认即可完成管状体的创建，如下右图所示。

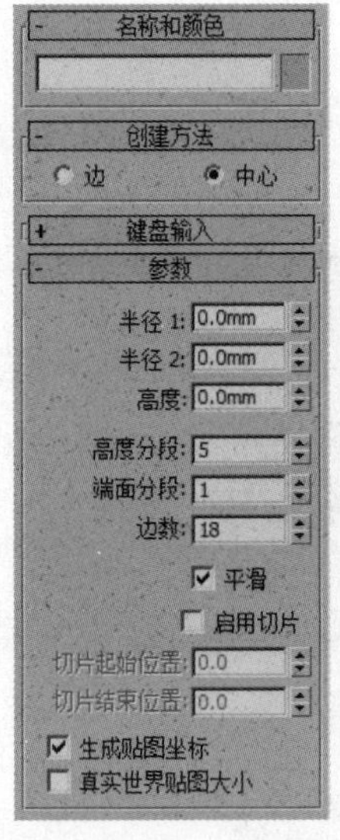

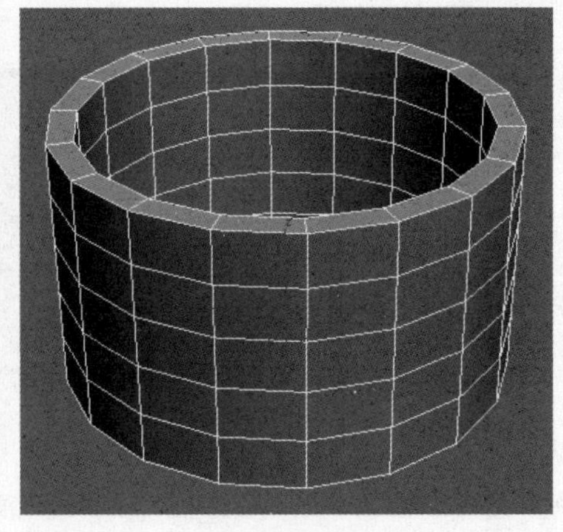

知识点

3ds Max中的三维对象的细腻程度与物体的分段数有着密切的关系。三维对象的分段数越多，物体的表面就越光滑细腻，三维对象的分段数越少，物体的表面就越粗糙。

在“名称和颜色”卷展栏中可以看到，系统默认新创建的管状体名称为Tube001，颜色为随机，用户可以根据需要修改管状体的名称及颜色。

各卷展栏中各项含义如下。

- 半径1、半径2：圆环底面半径的内径和外径的大小。
- 高度：管状体高度。
- 高度分段：管状体高度方向的分段精度，默认情况下为5，一般情况下设置为1就可以。
- 端面分段：管状体端面的分段精度。
- 边数：用于设置边数的多少，值越大，管状体越圆滑。

2.1.5 创建茶壶

创建茶壶的操作步骤如下：

01 在创建命令面板中单击“茶壶”按钮，即会在右侧弹出“茶壶”属性面板，如下图所示。

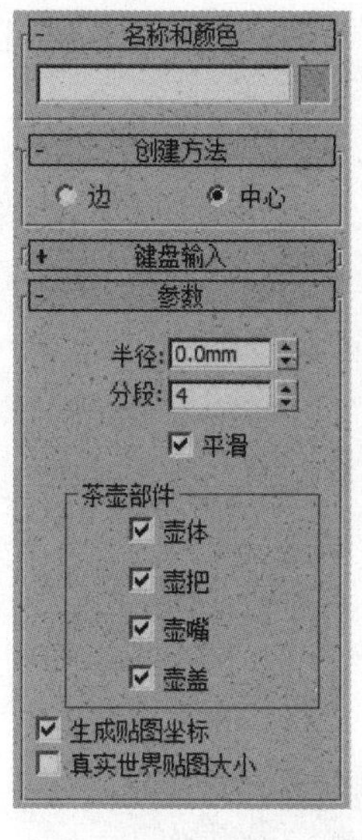

02 在视图中按住鼠标左键并移动光标调整茶壶的大小，释放鼠标即可创建出茶壶，如下图所示。

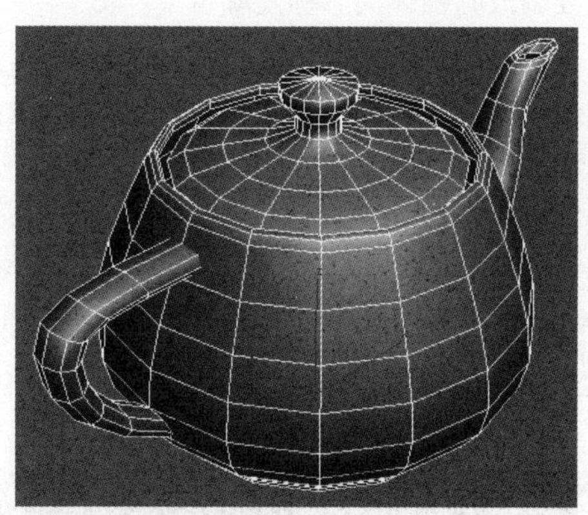

在“名称和颜色”卷展栏中可以看到，系统默认新创建的茶壶名称为Teapot001，颜色为随机，用户可以根据需要修改茶壶的名称及颜色。

各卷展栏中各项含义如下。

- 半径：设置茶壶的半径大小。
- 分段：设置茶壶及其单独部件的分段数。
- 平滑：混合茶壶的网格面，在视图中创建平滑的外观。
- 茶壶部件：茶壶具有四个独立的部件，分别为壶体、壶把、壶嘴及壶盖。用户在创建茶壶时，可以选择性地勾选自己需要的部件。

2.1.6 创建圆锥体

创建圆锥体的操作步骤如下：

01 在创建命令面板中单击“圆锥体”按钮，即会在右侧弹出“圆锥体”属性面板，如下左图所示。

02 在视图中按住鼠标左键拖动以确定底面半径大小，释放鼠标后上下移动光标，单击确定圆锥体高度。

03 再移动光标调整圆锥体顶面半径大小，单击即可创建出圆锥体，如下右图所示。

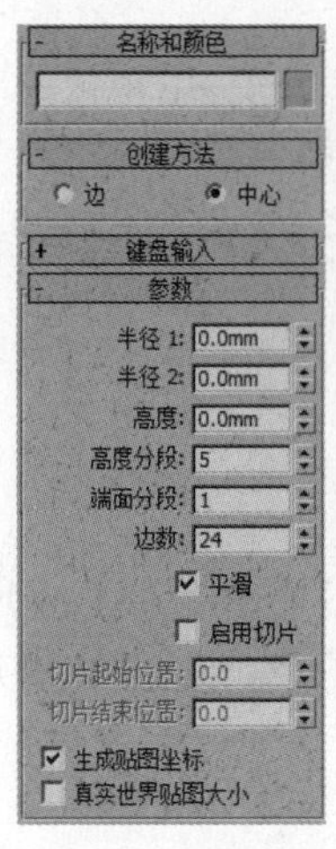

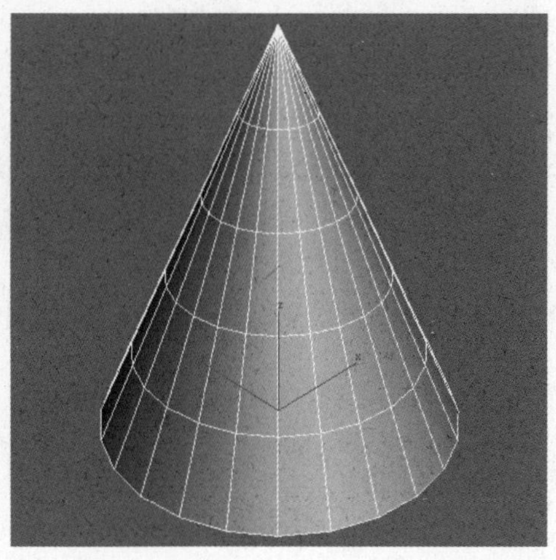

在“名称和颜色”卷展栏中可以看到，系统默认新创建的圆锥体名称为Cone001，颜色为随机，用户可以根据需要修改圆锥体的名称及颜色。

各卷展栏中各项含义如下。

- 半径1、半径2：用于设置圆锥体的第一个底面半径和第二个底面半径，可以创建出尖顶圆锥体和平顶圆锥体。
- 高度：设置圆锥体沿着中心轴的高度。
- 高度分段：设置沿圆锥体主轴的分段数。
- 端面分段：设置围绕圆锥体顶面和底面的中心同心分段数。
- 边数：设置圆锥体周边的边数，也是圆锥体底面的边数。

2.2 扩展基本体

扩展基本体是3ds Max复杂基本体的集合。同标准基本体一样，扩展基本体的创建也位于“创建”命令面板中，3ds Max中的扩展基本体分为普通扩展基本体模型和特殊扩展基本体模型，通过扩展基本体命令的应用，用户可以创建出更多更为复杂的三维模型。

在“几何体”按钮下单击▼按钮，打开选择列表，从中选择“扩展基本体”选项，即可打开“扩展基本体”创建命令面板，如右图所示。

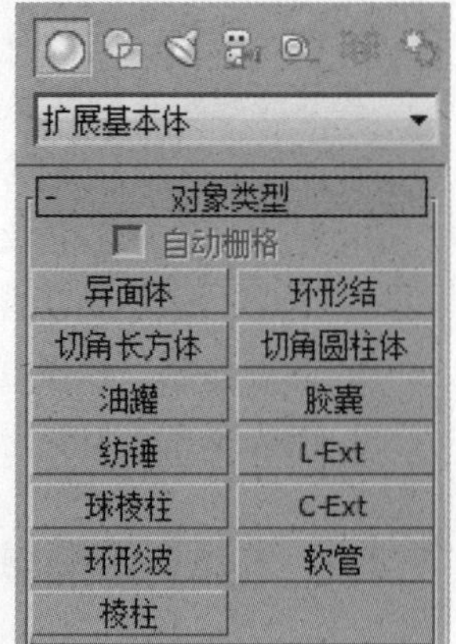

2.2.1 创建异面体和环形结

异面体是一种非常典型的扩展三维形体，具有棱角鲜明的形状特点。而环形结是一种形状较为复杂、形态较为柔美的参数化三维形体，由于其创建参数比较多，因而可以生成多种形态各异的三维形体。

1. 创建异面体

使用“异面体”可以创建出一个异面体造型，由于异面体是参量对象，用户可以选择一次制作整个异面体或者异面体的某一部分，操作步骤如下：

01 在创建命令面板中单击“异面体”按钮，即会在右侧弹出“异面体”属性面板，如下图所示。

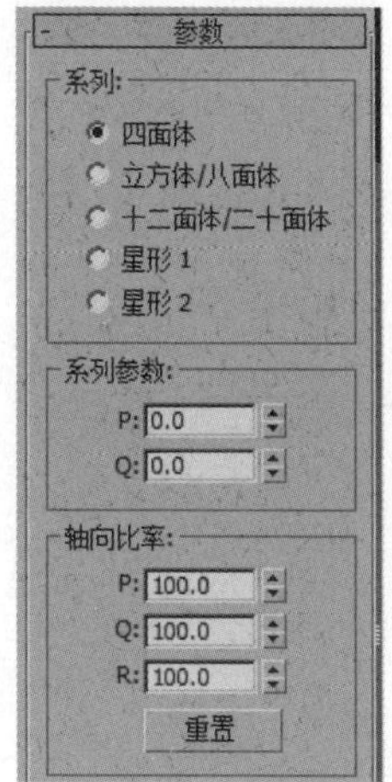

02 在视图中按住鼠标左键拖动确定异面体的半径，释放鼠标后即可完成异面体的创建，如下图所示。

从卷展栏中可以看到，系统默认新创建的异面体名称为Hedra001，颜色为随机，用户可以根据需要修改异面体的名称及颜色。

各卷展栏中各项含义如下。

- 四面体：可以创建一个四面体。
- 立方体/八面体：可以创建一个立方体或八面多面体，用户可以进行参数设置。
- 十二面体/二十面体：可以创建一个十二面体或二十面体，用户可以进行参数设置。
- 星形1/星形2：可以创建两个不同的类似星形的多面体。
- （系列参数）P/Q：为创建的多面体顶点和面之间提供两种方式变换的关联参数。
- （轴向比率）P/Q/R：控制多面体一个面反射的轴，默认设置为100。
- 基点：面的细分不能超过最小值。
- 中心：通过在中心放置另一个顶点（其中边是从每个中心点到面角）来细分每个面。

2. 创建环形结

使用“环形结”可以创建出一个环形结造型，由于环形结是参量对象，用户可以选择一次制作整个环形结或者环形结的某一部分，操作步骤如下：

01 在创建命令面板中单击“环形结”按钮，即会在右侧弹出“环形结”属性面板，如右图所示。

02 在视图中按住鼠标左键拖动，用来确定环形结基础曲线的半径。

03 释放鼠标后再移动光标以确定横截面的半径，即可完成环形结的创建，如最右侧图所示。

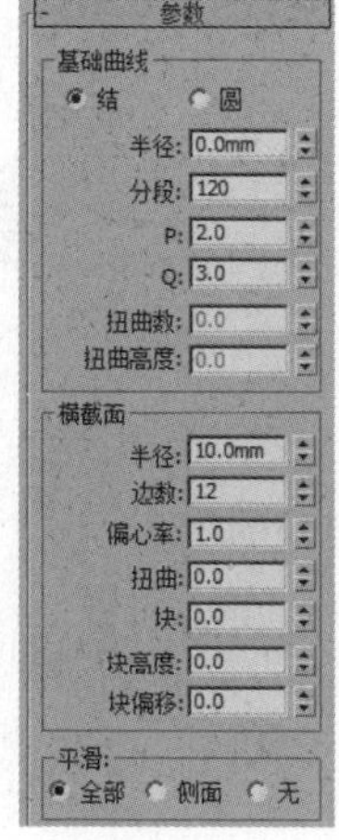

从卷展栏中可以看到，系统默认新创建的环形结名称为Torus Knot001，颜色为随机，用户可以根据需要修改环形结的名称及颜色。

各卷展栏中各项含义如下。

- 结/圆：使用“结”时，环形将基于其他各种参数自身交织；使用“圆”时，基础曲线是圆形，如果在默认设置中保留“扭曲”和“偏心率”这样的参数，则会产生标准环形。
- （基础曲线）半径：设置基础曲线的半径。
- 分段：设置围绕环形周界的分段数。
- P、Q：描述上下（P）和围绕中心（Q）的缠绕数值。
- 扭曲数：设置曲线周期星形中的点数。
- 扭曲高度：设置指定为基础曲线半径百分比的点的高度。
- （横截面）半径：设置横截面的半径。
- 边数：设置横截面周围的边数。
- 偏心率：设置横截面主轴与副轴的比率。
- 扭曲：设置横截面围绕基础曲线扭曲的次数。
- 块：设置环形结中的凸出数量。
- 块高度：设置块的高度，作为横截面半径的百分比。
- 块偏移：设置块起点的偏移，以度数来测量。
- 平滑：提供用于改变环形结平滑显示或渲染的选项。这种平滑不能移动或细分几何体，只能添加平滑组信息。

2.2.2 创建切角长方体和切角圆柱体

在建模时，很多情况下我们需要的不是纯粹的长方体和圆柱体，而是带有圆角棱的几何体，在3ds Max 2015中可以直接创建这种几何体。切角长方体和切角圆柱体的创建同标准基本体的创建基本上相同，只是多了一步圆角的设置。

1. 创建切角长方体

切角长方体实际上就是为长方体的各条棱定义了切角，使用“切角长方体”可以创建出具有倒角或圆形边的长方体，操作步骤如下：

01 在创建命令面板中单击 “切角长方体”按钮，即会在右侧弹出“切角长方体”属性面板，如右图所示。

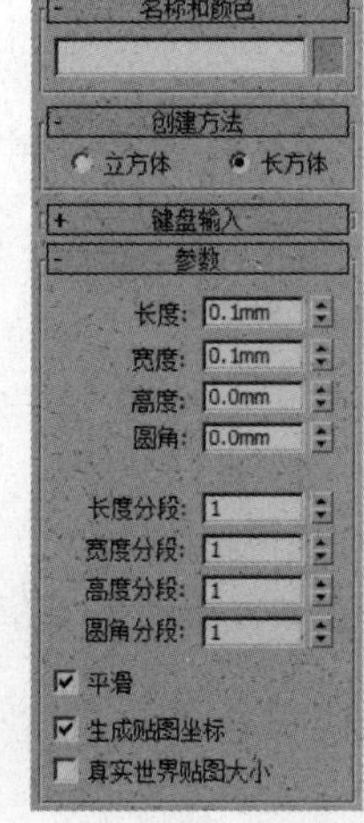

02 在视图中按住鼠标左键拖出切角长方体的底面，释放鼠标后上下移动光标确定切角长方体的高度，单击鼠标确定。

03 再移动光标调整切角长方体圆角或切角的宽度，调整完毕后单击鼠标确认即可完成切角长方体的创建，如最右侧图所示。

从卷展栏中可以看到，系统默认新创建的切角长方体名称为ChamferBox001，颜色为随机，用户可以根据需要修改切角长方体的名称及颜色。

各卷展栏中各项含义如下。

- 长度、宽度、高度：设置切角长方体的长宽高值。
- 圆角：设置切角边上圆角的半径，值越高切角越光滑，当值为0时，变成长方体。
- 长度分段、宽度分段、高度分段：切角长方体在长度、宽度、高度上的分段数量。
- 圆角分段：设置切角边上的圆角的分段数，值越高越光滑。

2. 创建切角圆柱体

使用“切角圆柱体”可以创建出具有切角或圆形封口边的圆柱体，操作步骤如下：

01 在创建命令面板中单击“切角圆柱体”按钮，即会在右侧弹出“切角圆柱体”属性面板，如下左图所示。

02 在视图中单击并拖动鼠标绘制切角圆柱体的底面，释放鼠标后移动光标，调整到合适的高度，单击鼠标确认高度。

03 再移动光标调整圆角或切角的大小，再次单击鼠标确认即可完成切角圆柱体的创建，如下右图所示。

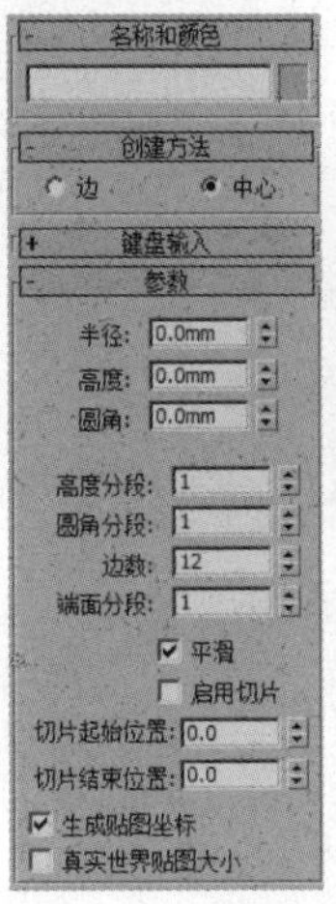

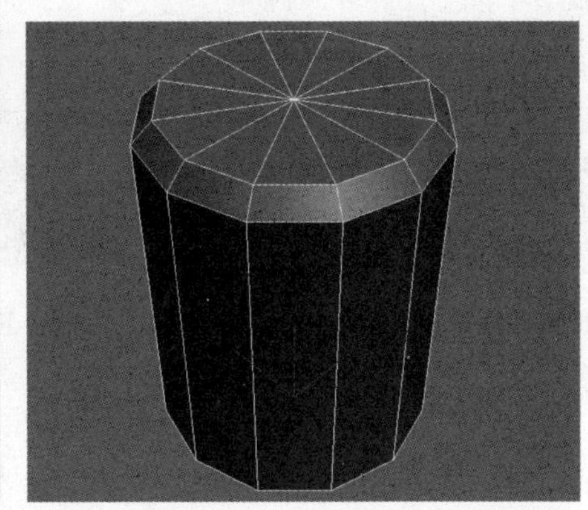

从卷展栏中可以看到，系统默认新创建的切角圆柱体名称为ChamferCyl001，颜色为随机，用户可以根据需要修改切角圆柱体的名称及颜色。

“参数”卷展栏中各项含义如下。

- 半径、高度：设置切角圆柱体的半径和高度。
- 圆角：决定切角圆柱体圆角半径的圆化程度，效果与切角长方体相同。当数值为0时，变为圆柱体。
- 高度分段：同圆柱体。
- 圆角分段：设置切角边上的圆角的分段数，值越高越光滑。
- 端面分段：决定两个底面沿半径轴的片段划分数。

知识点

3ds Max中的三维对象的细腻程度与物体的分段数有着密切的关系。三维对象的分段数越多，物体的表面就越光滑细腻；三维对象的分段数越少，物体的表面就越粗糙。

2.2.3 创建油罐、胶囊、纺锤

纺锤体、油罐和胶囊三者的创建方法基本类似，且参数大致相仿，在此主要介绍一下纺锤体的创建步骤以及参数含义。其操作步骤如下：

01 在创建命令面板中单击“纺锤”按钮，即会在右侧弹出“纺锤”属性面板，如下左图所示。

02 在视图中单击并拖动鼠标绘制纺锤的横截面，释放鼠标确认纺锤的半径，再上下移动鼠标，确认纺锤的高度。

03 确认高度后单击鼠标左键，左右移动鼠标设置封口高度，再次单击鼠标确认即可完成纺锤体的创建，如下右图所示。

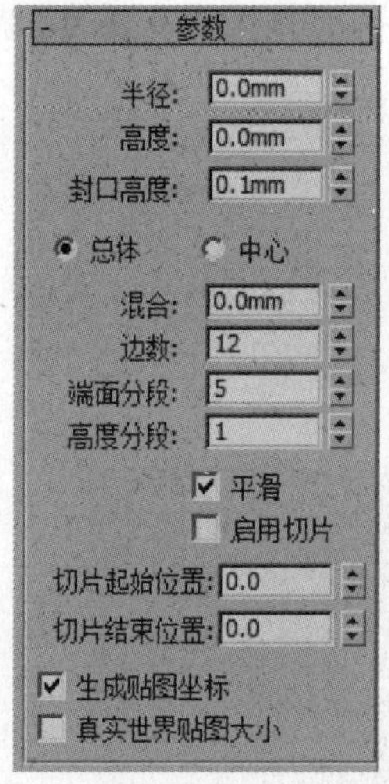

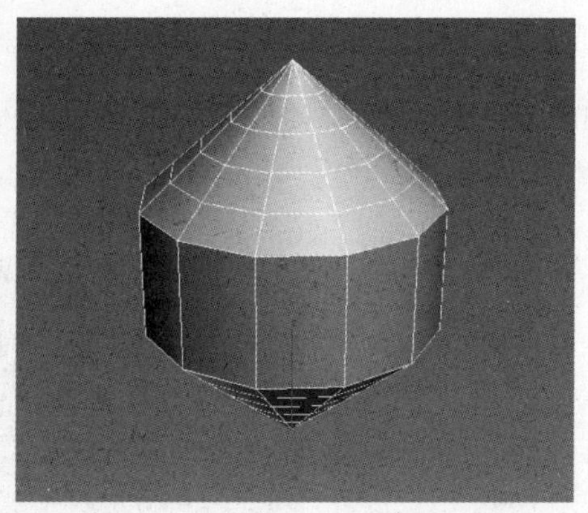

从卷展栏中可以看到，系统默认新创建的纺锤体名称为Spindle001，颜色为随机，用户可以根据需要修改纺锤体的名称及颜色。

“参数”卷展栏中各项含义如下。

- 半径：设置纺锤的半径。
- 高度：设置沿着中心轴的维度。负数值将在构造平面下方创建纺锤。
- 封口高度：设置纺锤圆锥形封口的高度。最小值是0.1，最大值是“高度”设置绝对值的一半。
- 总体/中心：决定“高度”值指定的内容。“总体”指定对象的总体高度。“中心”指定纺锤中部圆柱体的高度，不包括其圆锥形封口。
- 混合：大于0时将在纺锤主体与封口的会合处创建圆角。
- 边数：设置纺锤周围边数。启用“平滑”时，较大的数值将着色和渲染为真正的圆。禁用“平滑”时，较小的数值将创建规则的多边形对象。
- 端面分段：设置沿着纺锤顶部和底部的中心，同心分段的数量。
- 高度分段：设置沿着纺锤主轴的分段数量。
- 平滑：混合纺锤的面，从而在渲染视图中创建平滑的外观。
- 启用切片：启用“切片”功能。默认设置为禁用状态。
- 切片起始位置、切片结束位置：设置从局部X轴的零点开始围绕局部Z轴的度数。

知识点

在3ds Max中无论是标准基本体模型还是扩展基本体模型，都具有创建参数，用户可以通过这些创建参数对几何体进行适当的变形处理。

2.2.4 创建其他扩展基本体

同标准三维形体的讲述方法相同，在此只是列举了几种比较有特点的扩展三维形体进行了讲述，除了前面几节中讲述的几种扩展三维形体外，3ds Max中还包含L-Ext、C-Ext、球棱柱、环形波、棱柱、软管6种扩展三维形体，其具体创建步骤如下：

01 在创建命令面板中单击“扩展基本体”下的L-Ext按钮，在视图区中单击并拖动鼠标，到合适的位置释放左键，此时可以确定平面对角线的位置，如下图所示。

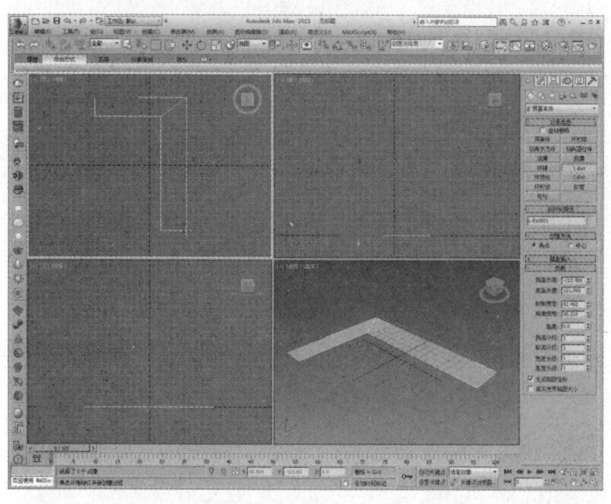

02 上下移动鼠标，确认L-Ext的高度后单击鼠标左键，如下图所示。

03 继续向反方向移动鼠标，确认L-Ext的厚度，如下图所示。

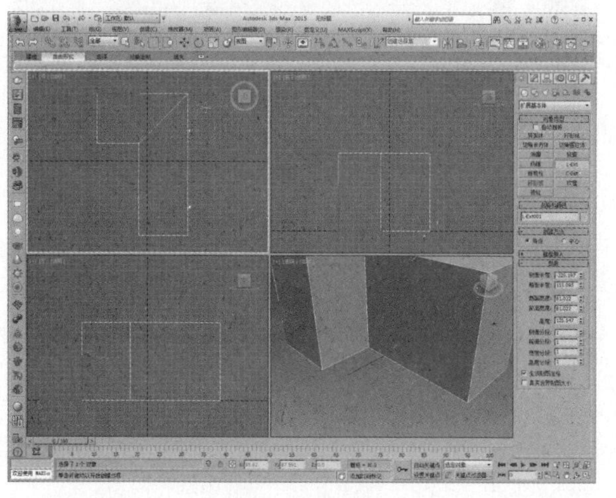

04 最后单击鼠标即可完成L-Ext的创建，如下图所示。

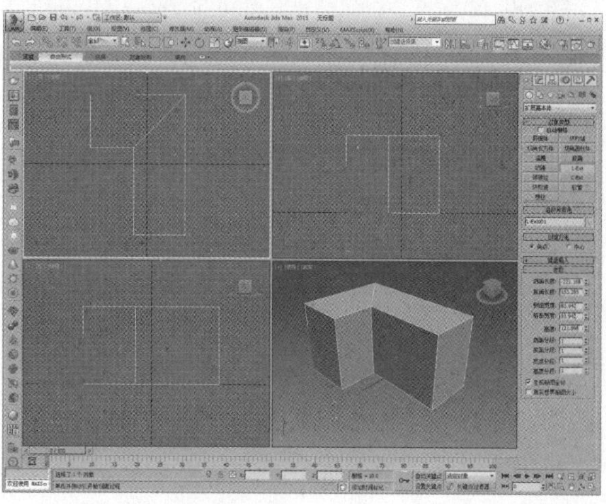

05 新建场景，在创建命令面板中单击“扩展基本体”下的“球棱柱”按钮，创建一个多变倒角棱柱，该功能常用于创建花样形状，如地毯、墙面饰物等，其关键参数有“边数”、“半径”、“圆角”、“高度”、“侧面分段”、“高度分段”和“圆角分段”，如下图所示。

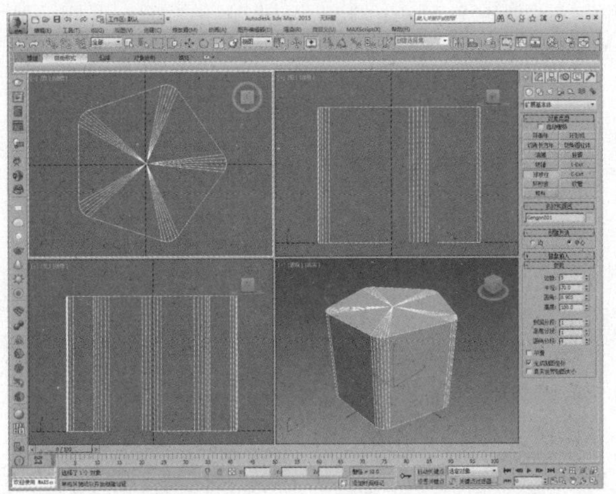

06 新建场景，在创建命令面板中单击“扩展基本体”下的C-Ext按钮，创建C形体，该功能常用于室内墙壁、屏风等的建模，其参数有“背面长度”、“侧面长度”、“前面长度”、“背面宽度”、“侧面宽度”、“前面宽度”、“高度”、“背面分段”、“侧面分段”、“前面分段”和“高度分段”，如下图所示。

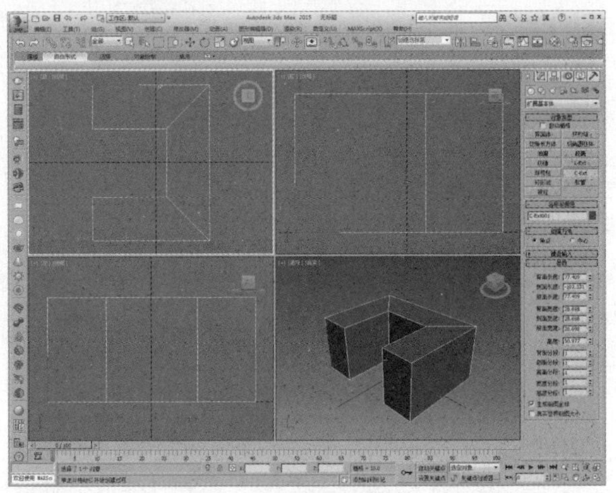

07 新建场景，在创建命令面板中单击“扩展基本体”下的“环形波”按钮，创建环波体，该功能常用于室内花饰的建模，其关键参数有“半径”、“径向分段”、“环形宽度”、“边数”、“高度”和“高度分段”，如下图所示。

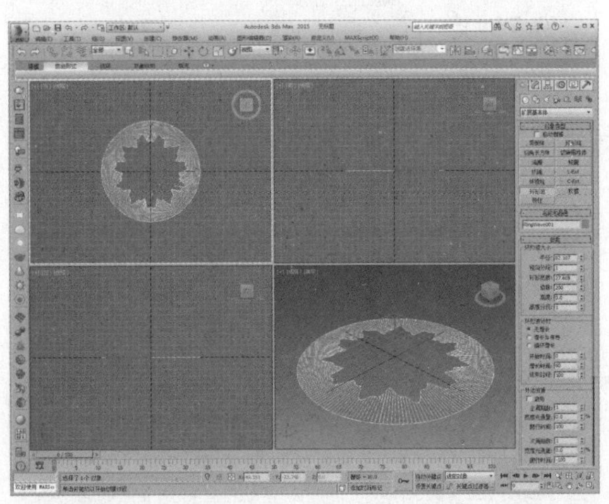

08 在“环形波计时”选项组中有“无增长”、“增长并保持”、“循环增长”、“开始时间”、“增长时间”、“结束时间”6个参数可以进行设置，选择“增长并保持”单选按钮，此时拖动时间滑块则对象在第0到60帧产生动画，如下图所示。

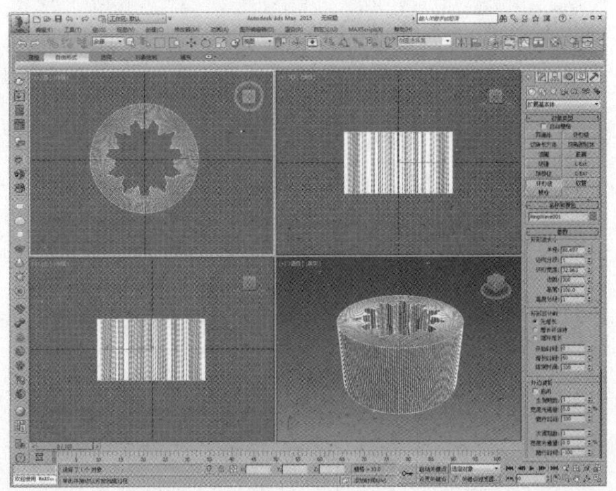

09 在“外边波折”和“内边波折”选项组中都有“主周期数”、“次周期数”、“宽度波动”、“爬行时间”参数可以进行设置，在“曲面参数”选项组中有“纹理坐标”、“平滑”参数可以进行设置，如下图所示。

10 新建场景，在创建命令面板中单击“扩展基本体”下的“棱柱”按钮，创建三棱柱，该功能常用于简单形体家居的建模，其关键参数有各侧面长度、宽度、高度，以及各侧面分段，如下图所示。

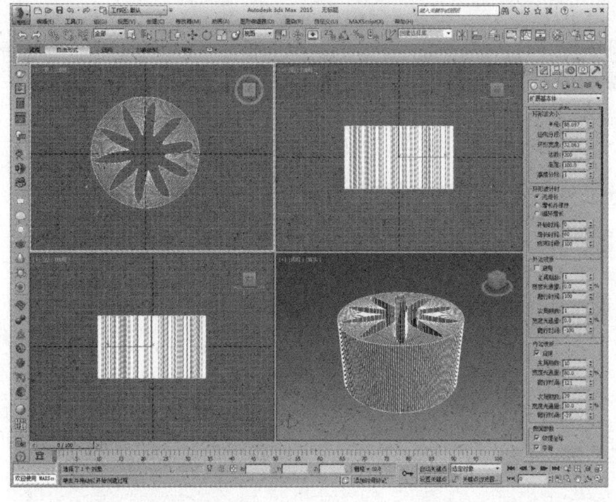

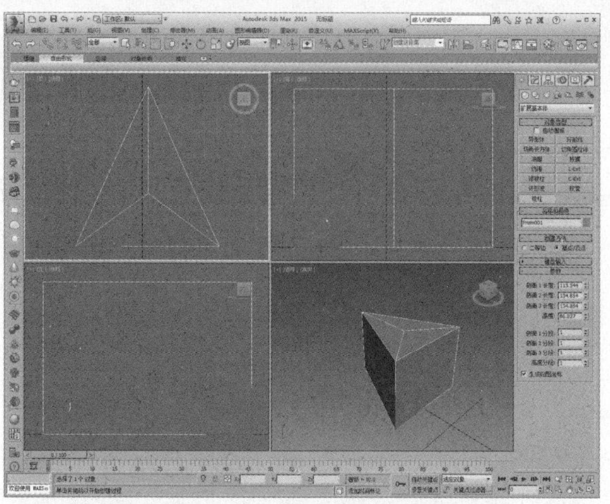

11 新建场景，在创建命令面板中单击“扩展基本体”下的“软管”按钮，创建一个软管体，该功能常用于喷淋管、弹簧等物体的建模，在“绑定对象”选项组中有“顶部”、“拾取顶部对象”、“张力”等参数可以进行设置，如右图所示。

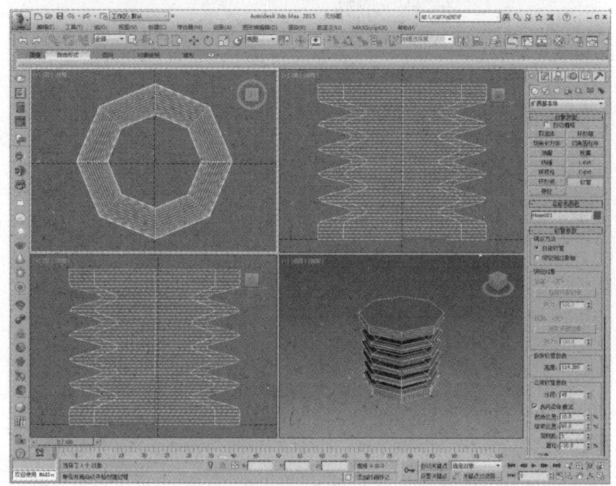

2.3 复合对象

在日常生活中，许多对象都是由基本形状的对象加以演变而得到的，或者是由不同的基本形状的对象复合在一起而形成的。复合对象是指将已有的对象复合，构成新的对象模型。在“几何体”按钮下单击▼按钮，打开选择列表，从中选择“复合对象”选项，即可打开“复合对象”创建命令面板。

其中各命令按钮的用途如下表所示。

类　型	说　明
变形	在一段时间内，将一个对象的形状逐渐转化为另一个对象的形状
散布	将单一对象复制并散布在指定对象的表面
一致	将一个对象的顶点投射到另一个对象上
连接	将两个具有敞开表面的对象连接成一个整体
水滴网格	将许多球体连接成模拟水滴聚合的过程
图形合并	将图形对象投影到网格对象上，形成独立的多边形并可以继续编辑
布尔	将相互交叉的两个对象进行合集/交集等运算

（续表）

类　型	说　明
地形	将多条处于不同高度的图形线条整合为一个类似山地的形体
放样	将图形沿某一路径进行放样

建筑及室内设计常用到的复合对象包括布尔和图形合并，下面将对其使用方法进行详细介绍。

01 创建一个正方体和一个环形波体，选中正方体后再单击创建命令面板中“复合对象”列表下的“布尔”按钮，如下图所示。

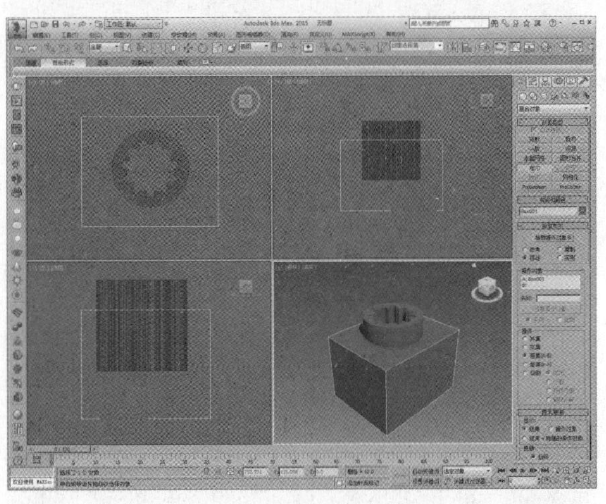

02 在“拾取布尔”卷展栏中单击“拾取操作对象B”按钮，然后在视图中单击选择环形波体，将其抠掉，在正方体中将会出现一个缺口，如下图所示。

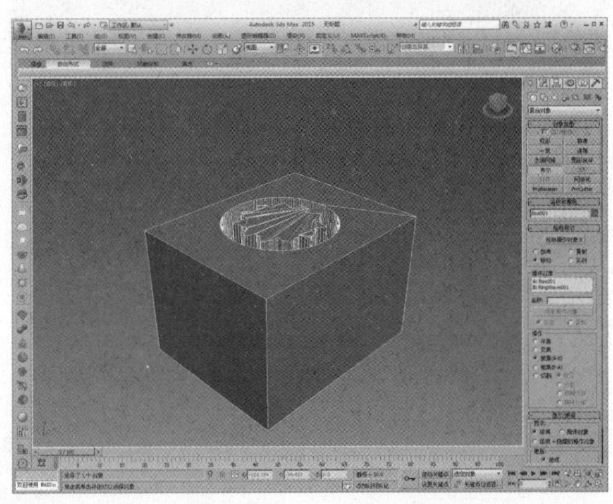

03 在“参数”卷展栏中可以看到当前在“操作”选项组中选择的是“差集”单选按钮，下面我们来选择“并集”选项，则操作后的结果是二者合并为一体，如下图所示。

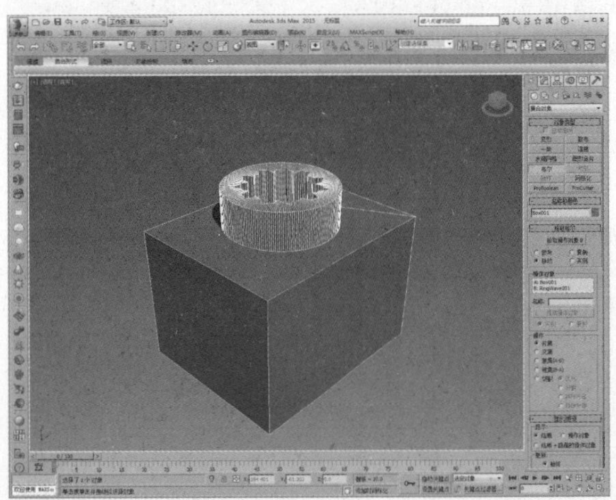

04 若选择“交集”单选按钮，则结果是经过布尔运算后二者重合的部分，如下图所示。

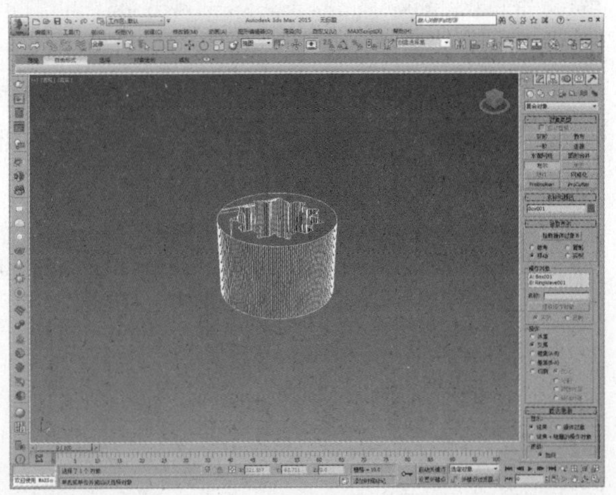

05 将一个二维图形放置在一个三维模型的表面，如下图所示。

06 经过图形合并的操作，二维图形将会被整合到三维模型的表面上，成为多边形的子对象，删除原有二维图形，如下图所示。

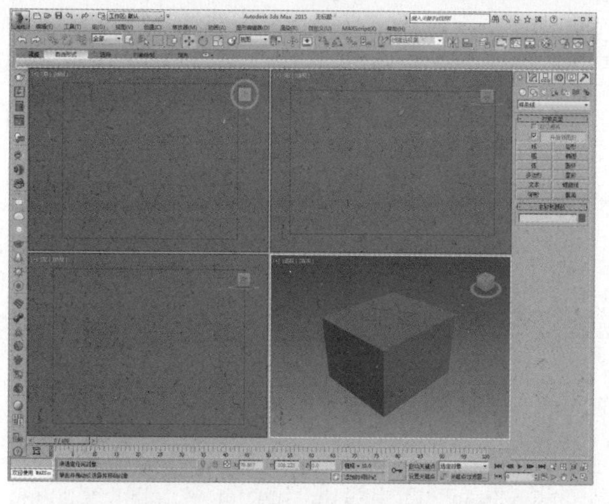

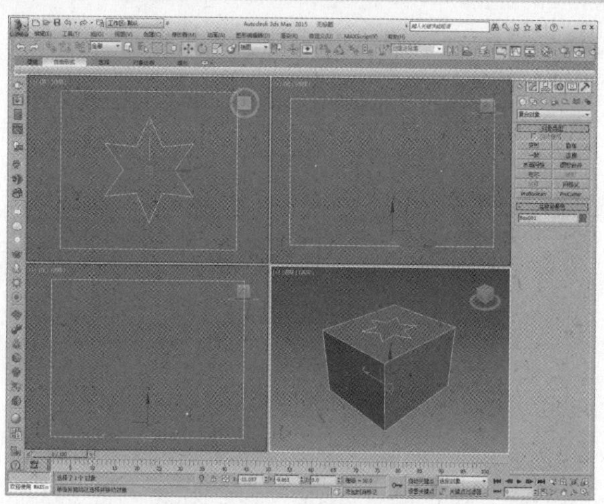

2.4 样条线

样条线是指由两个或两个以上的顶点及线段所形成的集合线。利用不同的点线配置以及曲度变化，可以组合出任何形状的图案，样条线包括线、矩形、圆、椭圆、弧、圆环、多边形、星形、文本、螺旋线、卵形、截面12种。建筑及室内设计中常用到的样条线就是线，下面将详细讲解线的创建和使用方法。

2.4.1 线的创建

在图形中，线是比较特殊的，它没有可以编辑的参数。它的每个顶点和顶点之间构成线段，线段与线段之间构成样条线，这些全部被称为二维线形的子对象。使用“线”命令可以创建一条或多条直线段或曲线段连接的样条线。绘制的样条线可以是闭合的也可以是开放的。下面来介绍线的绘制方法。

01 在创建命令面板中单击“线”按钮，在视图中的不同位置单击，即可生成一条线，然后单击鼠标右键即可结束绘制，如下图所示。

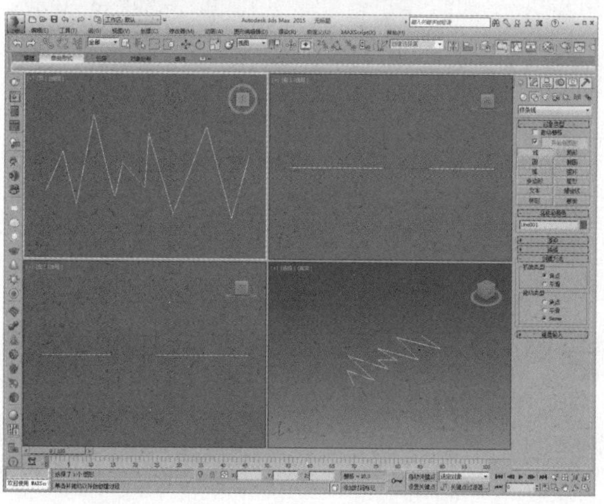

02 在绘制线的过程中鼠标单击的位置就会记录为样条线的顶点，点是控制样条线的基本元素，如下图所示。

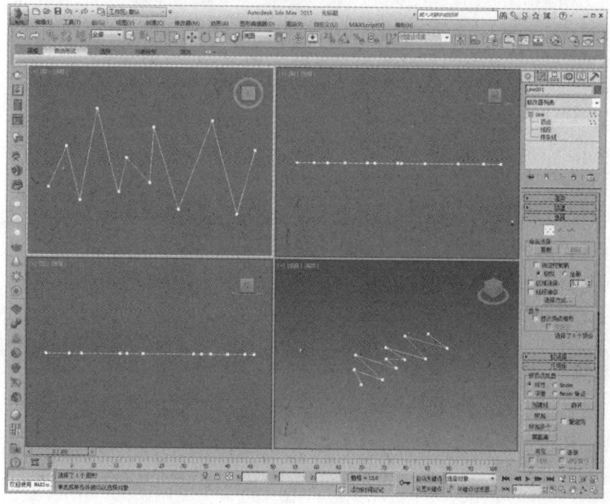

03 由“角点”所定义的点形成的线是非常严格的折线，如下图所示。

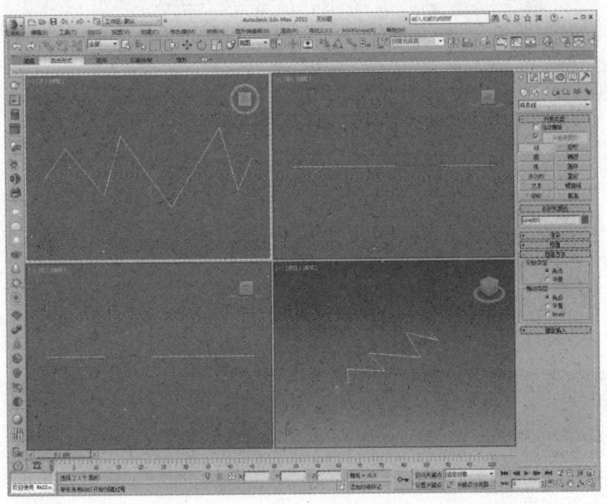

04 由“平滑”所定义的点形成的线可以是圆滑相接的曲线。单击时若立刻松开即可形成折线，若是继续拖动一段距离再松开鼠标即可形成圆滑的线，如下图所示。

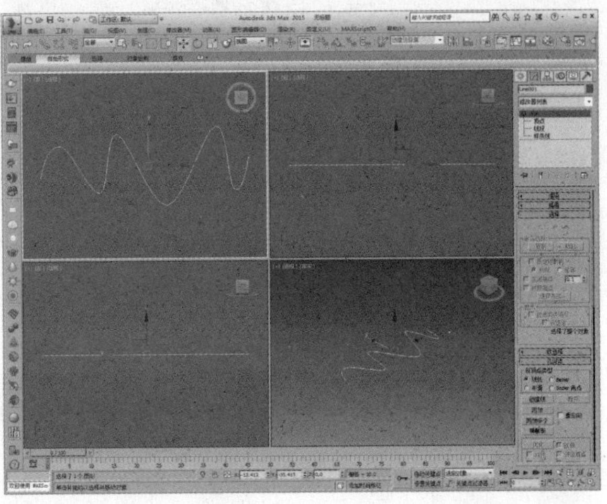

05 由Bezier所定义的点形成的线是依照Bezier算法得出的曲线，使用与步骤4相同的鼠标操作方法，可通过移动一点的切线控制柄来调整经过该点的曲线形状，如下图所示。

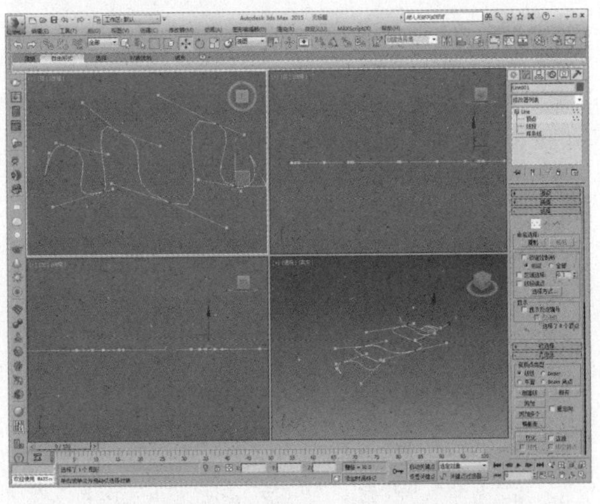

06 线所对应的“创建”面板其余各项如下图所示。样条线中的几种图形的控制面板内容非常相似，均含有“渲染”、“插值”、“选择”、“软选择”等卷展栏。

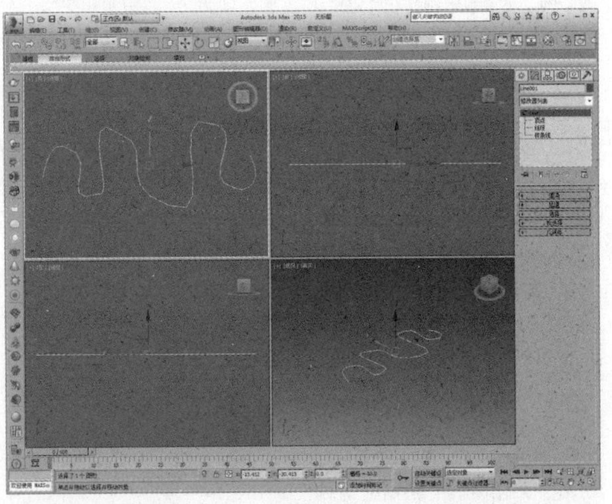

2.4.2 其他样条线的创建

其他样条线绘制操作如下：

01 “矩形”常用于创建简单家居的拉伸原型，关键参数有“渲染”、“步数”、“长度”、“宽度”和“角半径”，如下图所示。

02 “圆”常用于创建室内家居的简单形状的拉伸原型，关键参数有“步数”、“渲染”和“半径”，如下图所示。

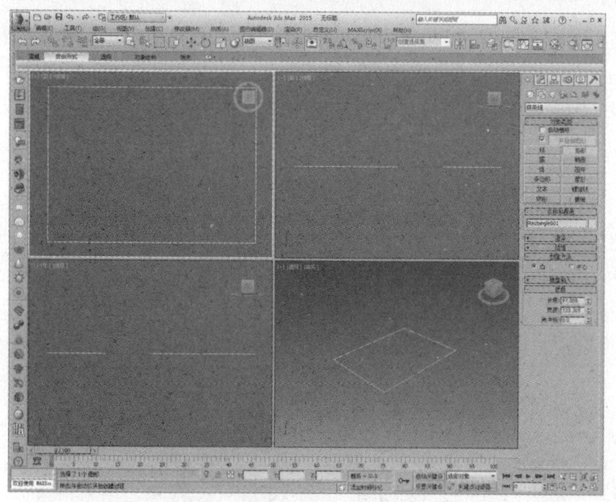

03 “椭圆”常用于创建以原型为基础的变形对象，关键参数有“渲染”、“步数”、“长度”和“宽度”，如下图所示。

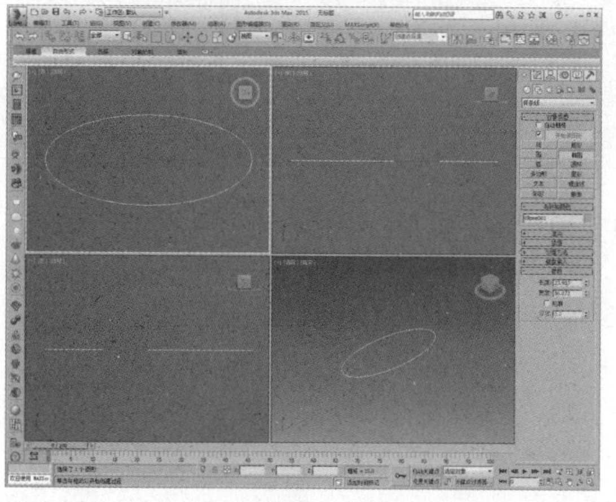

05 “圆环”选项的关键参数有“渲染”、“步数”、“半径1”和“半径2”，如下图所示。

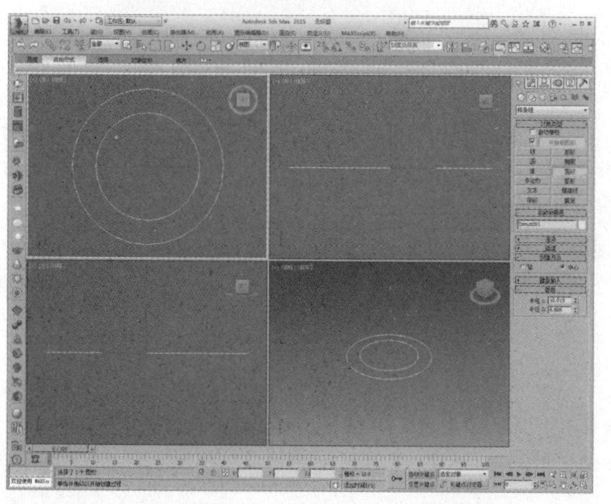

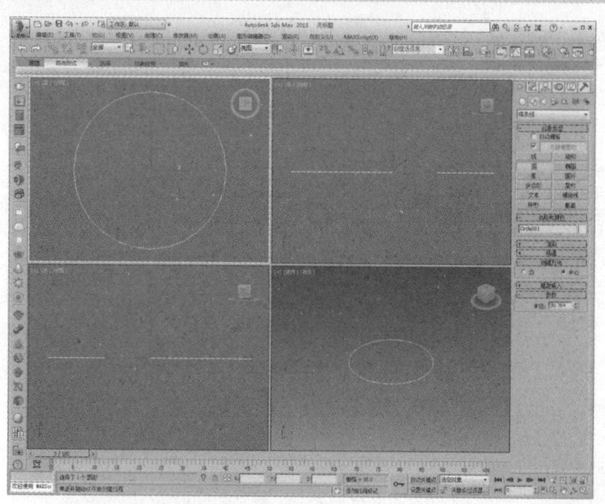

04 “弧”选项的关键参数有“端点-端点-中央”、“中央-端点-端点”、“半径”、“起始角度”、“结束角度”、“饼形切片”和“反转”，如下图所示。

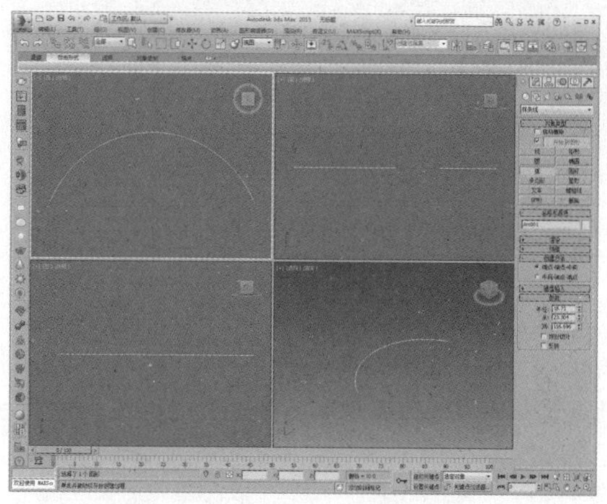

06 “多边形”选项的关键参数有“半径”、“内接”、“外接”、“边数”、“角半径”和“圆形”，如下图所示。

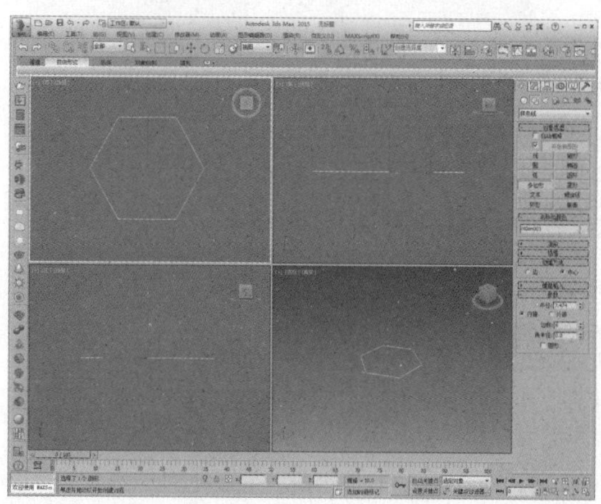

知识点

圆环图形是两个圆叠加在一起所产生的图形，在创建图形的时候要注意半径1与半径2之间的距离，以方便我们对图形的下一步操作。

07 “文本”选项的关键参数有“大小”、“字间距”、“更新”和“手动更新”，如下图所示。

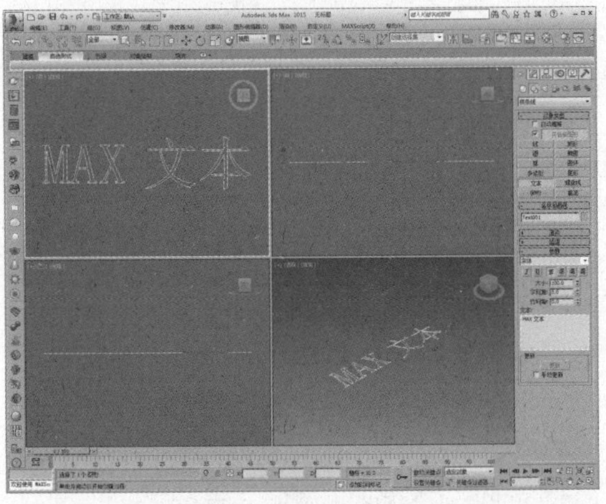

08 “螺旋线”选项的关键参数有“半径1”、“半径2”、“点”、“扭曲”、“圆角半径1”和“圆角半径2”，如下图所示。

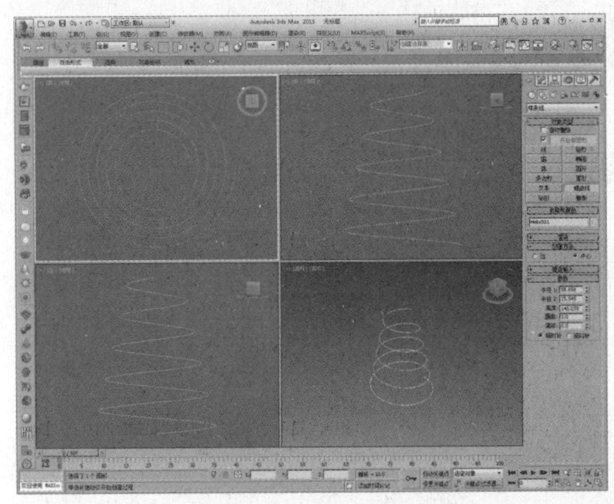

09 截面，即从已有对象上截取的剖面图形作为新的样条线，如下图所示，在所需位置创建剖切平面。关键参数有“创建图形”、“移动截面时”更新、“选择截面时”更新、“手动”更新、“无限”和“截面边界”。

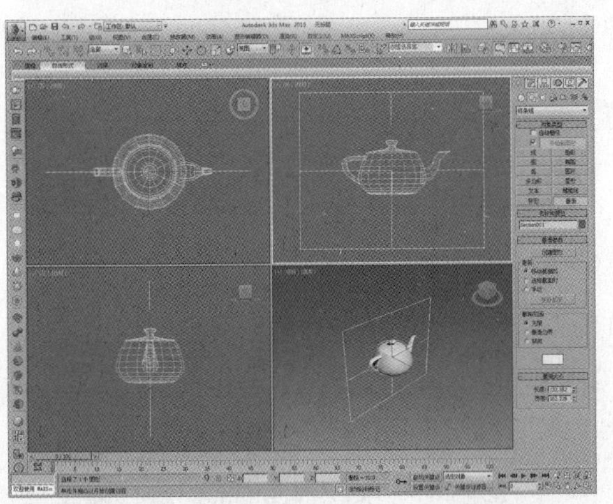

10 在“截面参数”卷展栏中单击“创建图形”按钮，在弹出对话框中输入名称，并单击“确定”按钮即可。删除作为原始对象的茶壶，截面效果如下图所示。

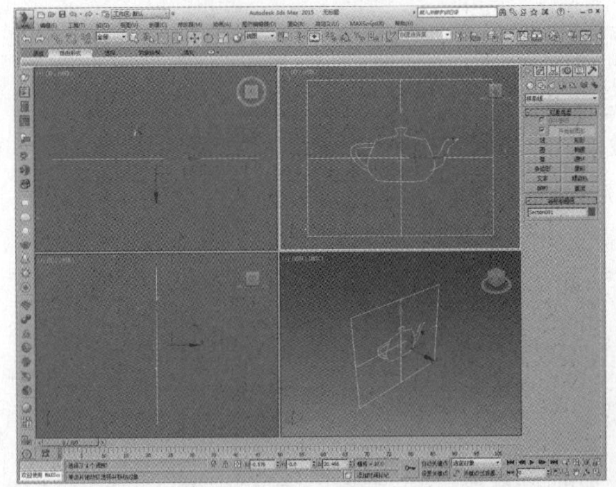

知识点

在图形中，还包含其他的图形形状，这些形状与线的区别就是我们无法直接进入到它们的子命令中进行操作，如顶点、线段、样条线。在创建其他图形的时候要注意它们与线之间的区别。

2.4.3 编辑样条线

在二维图形中，除了对现有“顶点”、“线段”、“样条线”等子物体层级进行编辑外，其他的二维图形就不能那么随意地编辑了，只能靠改变参数的方式来改变形态。如果想将其连接为一体或者想像线那样方便自如地调整，就只能利用修改器列表中的“编辑样条线”命令或者将其转换为可编辑样条线。

1. 编辑样条线

选择二维图形，单击“修改”按钮进入修改命令面板，在修改器列表中选择“编辑样条线”修改器即可。下面介绍“编辑样条线”修改器的使用方法。

01 在视图中创建任意几个图形，选择其中一个，进入修改命令面板，如下图所示。

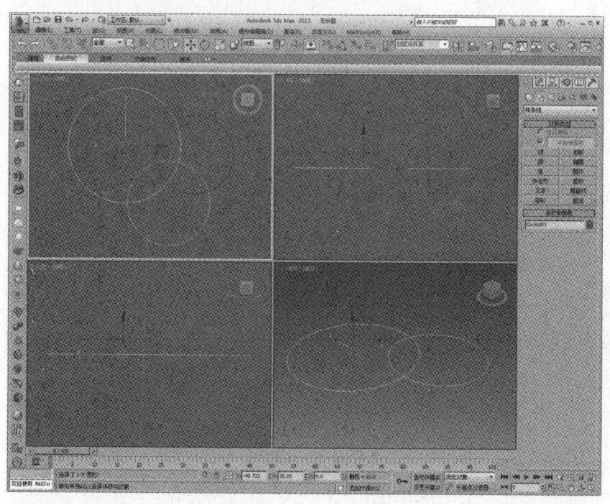

02 在修改器列表中单击选择“编辑样条线”命令，这时可以看到在图形原本的命令层级上方又增加了“编辑样条线”选项，如下图所示。

03 单击“几何体”卷展栏中的“附加”按钮，此时光标的形状会变成，依次单击另外的图形，即可将其连接在一起，如下图所示。

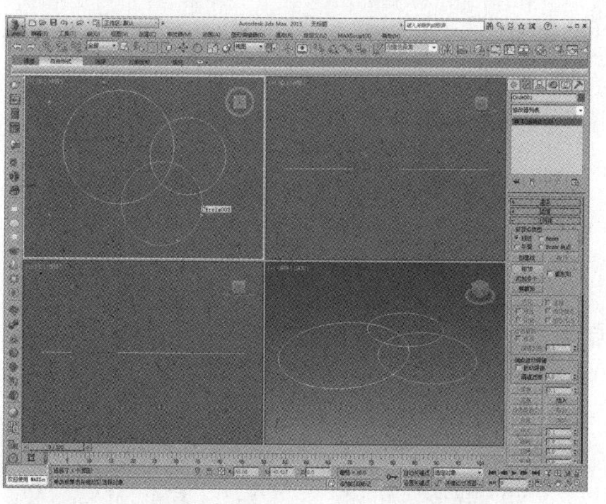

04 也可以单击“几何体”卷展栏中的“附加多个”按钮，打开“附加多个”对话框，选择要附加的图形名称，单击“附加”按钮即可，如下图所示。

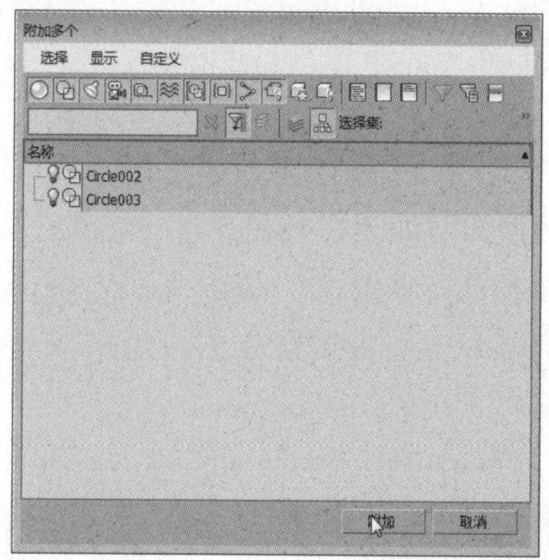

05 激活“可编辑样条线”下的“样条线”选项，先在视图中选择大圆形，再单击“几何体”卷展栏中的“布尔”命令右侧的“合集”按钮，如下图所示。

06 接着单击“布尔”按钮，在视图中单击其他圆形，即可看到布尔合集运算后的效果，如下图所示。

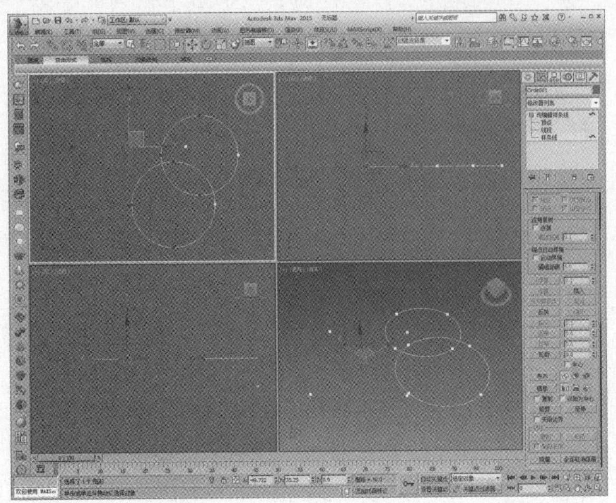

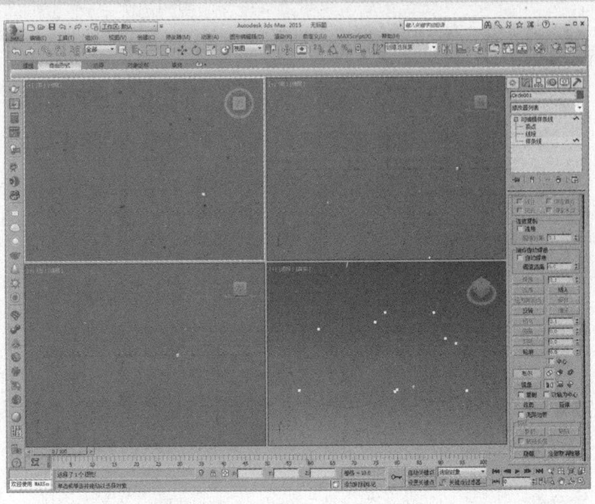

07 撤销本次操作，在“几何体”卷展栏中先单击“差集”按钮，再单击“布尔”按钮，在视图中单击其他图形，差集运算后的效果如下图所示。

08 再次撤销操作，单击“相交”按钮，执行相交运算，操作步骤同上步，效果如下图所示。

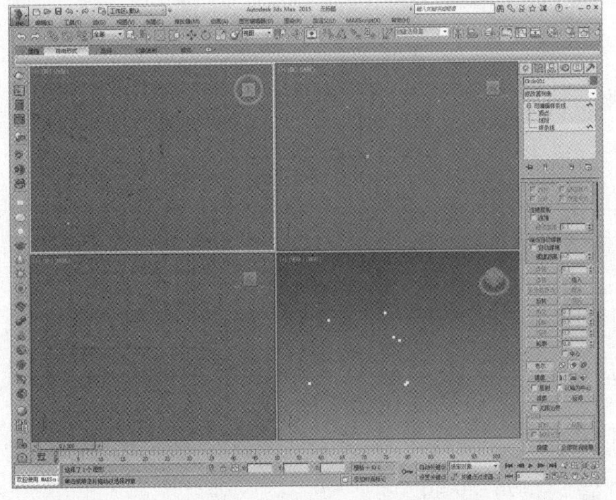

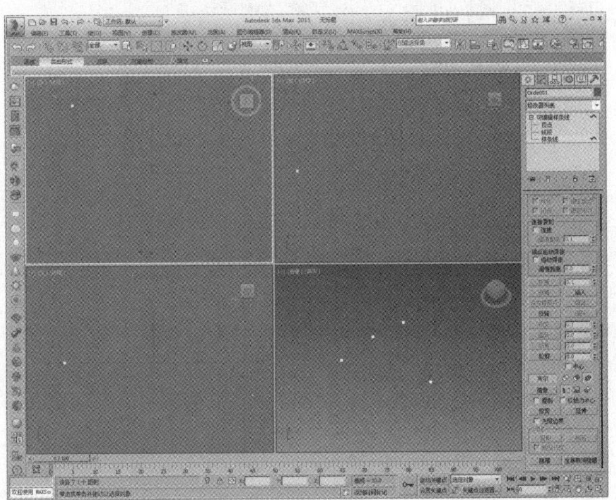

对图形执行“编辑样条线”命令后，图形的原始命令层级依然保留，如果用户觉得绘制出的图形不满意，还可以在原始命令层级面板中修改图形的参数。

2. 将二维图形转换为可编辑样条线

选择需要转换的二维图形，单击鼠标右键，在弹出的的快捷菜单中选择“转换为＞转换为可编辑样条线”命令即可。

进入修改命令面板，可以看到原始命令层级不见了，变成了名为“可编辑样条线”的选项。在下面的修改面板中也比“编辑样条线”的多出了“渲染”与“插值”卷展栏。

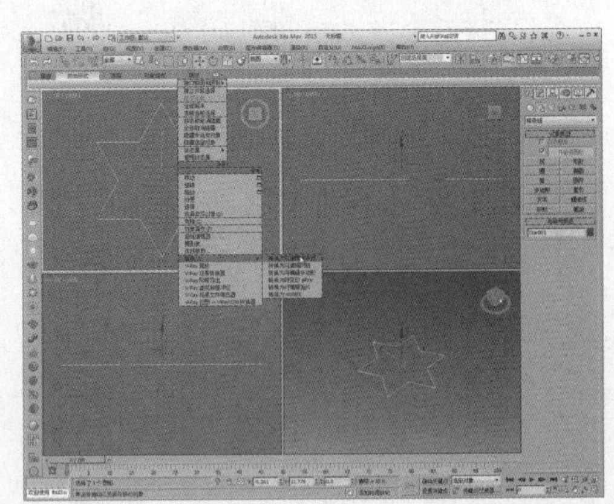

“可编辑样条线”面板中的命令与“编辑样条线”面板的功能是完全一样的，这里就不多做介绍。

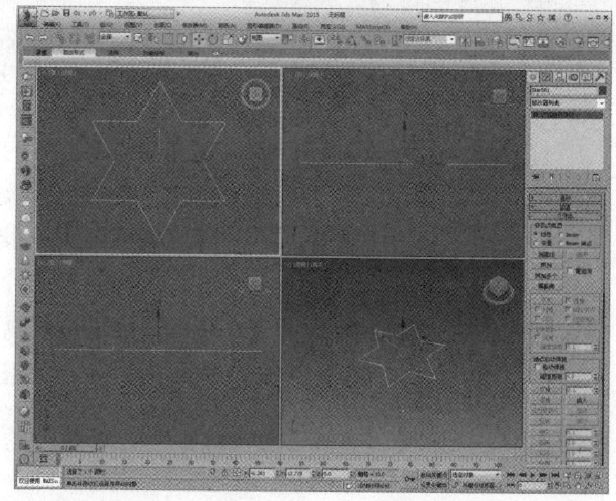

2.5 NURBS曲线

NURBS即统一非有理B样条曲线。这是完全不同于多边形模型的计算方法，这种方法以曲线来控制三维对象表面（而不是用网格），非常适合于拥有复杂曲面对象的建模。

NURBS曲线从外观上来看与样条线相当类似，而且二者可以相互转换，但它们的数学模型却是大相径庭的。NURBS曲线控制起来比样条线更加简单，所形成的几何体表面也更加光滑，对NURBS曲线的具体说明如下表所示。

类 型	说 明
点曲线	以点来控制曲线的形状，节点位于曲线上
CV曲线	以CV控制点来控制曲线的形状，CV点不在曲线上，而在曲线的切线上

材质编辑器与VRay渲染器

材质是三维世界的一个重要概念，是对现实世界中各种材质视觉效果的模拟。在3ds Max中创建一个模型，其本身不具备任何表面特征，但是通过材质自身的参数控制可以模拟现实世界中的各种视觉效果。VRay渲染器提供了一种特殊的材质——VRayMtl。在场景中使用该材质能够获得更加准确的物理照明（光能分布）、更快的渲染速度、更便捷的反射和折射参数调整。使用VRayMtl材质，可以应用不同的纹理贴图，控制其反射和折射效果。本章将详细介绍VRay渲染器的使用方法和各个功能的含义。

知识点

1．了解VRay材质与渲染器的基本概念
2．熟悉VRay材质和渲染器的工作界面
3．熟练掌握VRay材质和渲染器的使用方法

3.1 材质的基础知识

材质主要用于描述对象如何反射和传播光线，材质中的贴图主要用于模拟对象质地、提供纹理图案、表现反射和折射等其他效果（贴图还可以用于环境和灯光投影）。本节就对材质的相关知识，以及材质在实际操作中的运用、管理等内容进行介绍。

3.1.1 设计材质

在3ds Max 2015中，材质的具体特性都可以进行手动控制，如漫反射、高光、不透明度、反射/折射以及自发光等，并允许用户使用预置的程序贴图或外部的位图贴图来模拟材质表面纹理或制作特殊效果，如下图所示为赋予材质后的对象效果。

1．材质的基本知识

材质用于描述对象如何反射或透射灯光，其属性也与灯光属性相辅相成，最主要的属性为漫反射颜色、高光颜色、不透明度和反射/折射，其中，各属性的含义介绍如下。

- 漫反射：颜色是对象表面反映出来的颜色，就是通常提及的对象颜色，其受灯光和环境因素的影响会产生偏差。
- 高光：是指物体表面高亮显示的颜色，反映了照亮表面灯光的颜色。在3ds Max中可以对高光颜色进行设置，使其与漫反射颜色相符，从而产生一种无光效果，降低材质的光泽性。
- 不透明度：可以使3ds Max中的场景对象产生透明效果，并能够使用贴图产生局部透明效果。

- 反射/折射：反射是光线投射到物体表面，根据入射的角度将光线反射出去，使对象表面反映反射角度方向的场景，如平面镜。折射是光线透过对象，改变了原有光线的投射角度，使光线产生偏差，如透过水面看水底。

2. 材质编辑器

在3ds Max 2015 中，材质的设计制作是通过“材质编辑器”来完成的，在材质编辑器（如右图所示）中，用户可以为对象选择不同的着色类型和不同的材质组件，还能使用贴图来增强材质，并通过灯光和环境使材质产生更逼真自然的效果。

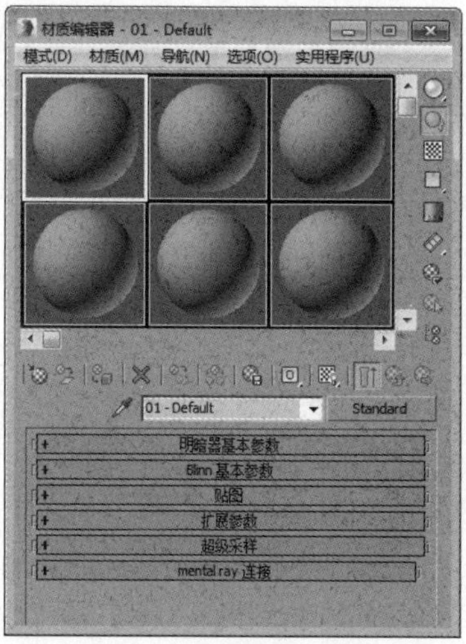

“材质编辑器”提供创建和编辑材质、贴图的所有功能，通过材质编辑器可以将材质应用到3ds Max的场景对象。

3. 材质的着色类型

材质的着色类型是指对象曲面响应灯光的方式，只有特定的材质类型才可以选择不同的着色类型。

4. 材质类型组件

每种材质都属于一种类型，默认类型为“标准”，其他的材质类型都有特殊的用途。

5. 贴图

使用贴图可以将图像、图案、颜色调整等其他特殊效果应用到材质的漫反射或高光等任意位置。

6. 灯光对材质的影响

灯光和材质组合在一起使用，才能使对象表面产生真实的效果，灯光对材质的影响因素主要包括灯光强度、入射角度和距离，各因素的影响介绍如下。

- 灯光强度：灯光在发射点的原始强度。
- 入射角度：物体表面与入射光线所成的角度。入射角度越大，物体接收的灯光越少，材质表面表现越暗。
- 距离：在真实世界中，光线随着距离会减弱，而在3ds Max中可以手动控制衰减的程度。

7. 环境颜色

在制作材质时，只有当选择的颜色和其他属性看起来如同真实世界中的对象时，材质才能给场景增加更强的真实感，特别是在不同的灯光环境下。

- 室内和室外灯光：室内场景或室外场景，不仅影响选择材质颜色，还影响设置灯光的方式。
- 自然材质：大部分自然材质都具有无光表面，表面有很少或几乎没有高光颜色。
- 人造材质：人造材质通常具有合成颜色，例如塑料和瓷器釉料均具有很强的光泽。
- 金属材质：金属具有特殊的高光效果，可以使用不同的着色器来模拟金属高光效果。

知识点

制作材质时，除了要应用符合真实世界的原理，还要通过灯光、环境等各种因素来使材质达到真实效果。

3.1.2 材质编辑器

“材质编辑器”是一个独立的窗口，通过“材质编辑器”可以将材质赋予3ds Max的场景对象。“材质编辑器”可以通过单击主工具栏中的按钮，或“渲染”菜单中的命令打开。

1. 示例窗

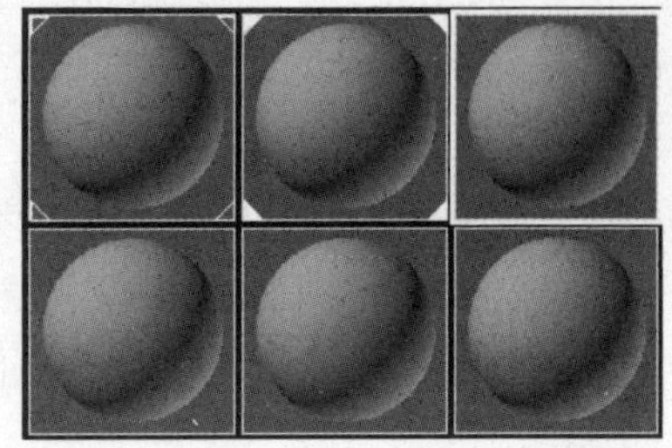

使用示例窗可以预览材质和贴图，每个窗口可以预览单个材质或贴图。将材质从示例窗拖动到视口中的对象，可以将材质赋予场景对象。

示例窗中样本材质的状态主要有3种。其中，实心三角形表示已应用于场景对象且该对象被选中，空心三角形则表示应用于场景对象但对象未被选中，无三角形表示未被应用的材质，如右图所示。

2. 工具栏

工具栏位于示例窗下面，右侧是用于管理和更改贴图及材质的按钮。为了帮助记忆，通常，将位于示例窗下面的工具栏称为水平工具栏，将示例窗右侧工具栏称为垂直工具栏。

（1）垂直工具栏

下面将对垂直工具栏中的选项进行介绍。

- 采样类型：使用该按钮可以选择要显示在活动示例窗中的几何体。在默认状态下，示例窗显示为球体。当按住按钮，将会展开工具条，在展开工具条上提供了三种几何体显示类型，如下图所示。

- 背光：用于切换是否启用背光，使用背光可以查看调整由掠射光创建的高光反射，此高光在金属上更亮，如下左图所示。
- 背景：用于将多颜色的方格背景添加到活动示例窗中，该功能常用于观察透明材质的反射和折射效果，如下右图所示。也可以使用“材质编辑选项”对话框指定位图用做自定义背景。

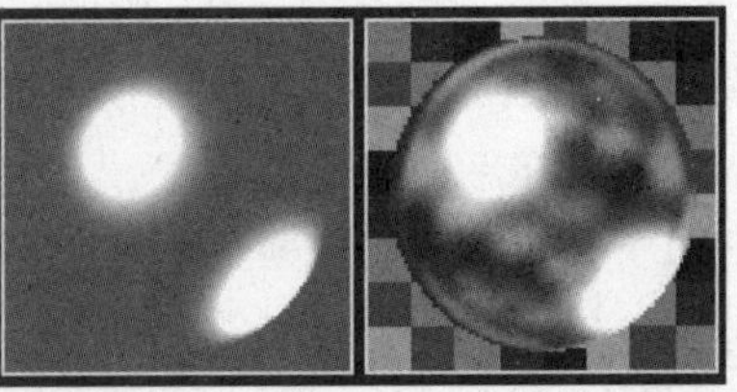

- 采样UV平铺：可以在活动示例窗中调整采样对象上的贴图重复次数，使用该功能可以设置平铺贴图显示，对场景中几何体的平铺没有影响。按住“采样UV平铺”按钮，将会展开工具条，工具条上提供了四种贴图重复类型。
- 视频颜色检查：用于检查示例对象上的材质颜色是否超过安全NTSC和PAL阀值。
- 生成预览：可以使用动画贴图向场景添加运动。单击“生成预览”按钮，将会打开“创建材质预览”对话框，如下左图所示。从中可以设置预览范围、帧速率和输出图像的大小。

- 选项：单击该按钮可以打开“材质编辑器选项”对话框，如下右图所示，在该对话框中提供了控制材质和贴图在示例窗中显示方式的选项。

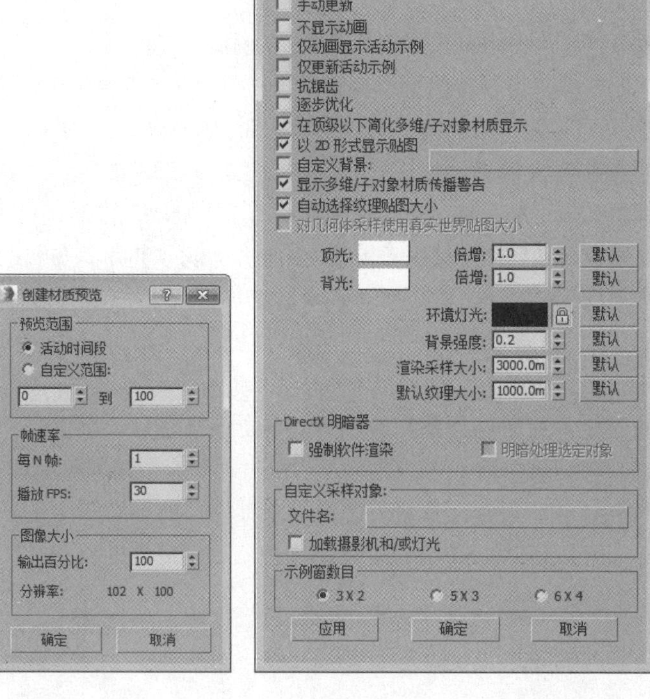

- 按材质选择：该选项能够选择被赋予当前激活材质的对象。单击该按钮，可以打开“选择对象”对话框，如左图所示，所有应用该材质的对象都会在列表中高亮显示。另外，在该对话框中不显示被赋予激活材质的隐藏对象。
- 材质/贴图导航器：单击该按钮，即可打开“材质/贴图导航器”对话框，如下右图所示。在该对话框中可以选择各编辑层级的名称，同时“材质编辑器”中的参数区也将跟着切换结果，随时切换到所选择层级的参数区域。

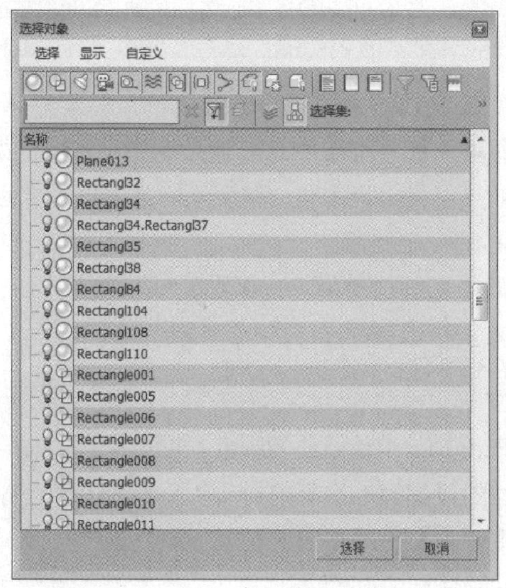

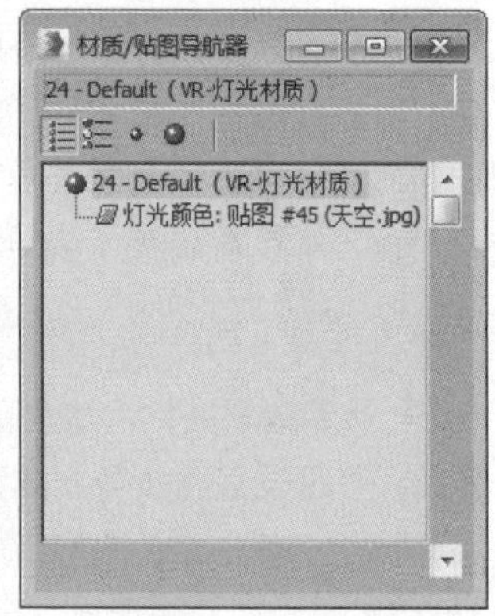

（2）水平工具栏

下面将对水平工具栏中的选项进行介绍。

- 获取材质：单击该按钮可以打开“材质/贴图浏览器”对话框，如下左图所示。在该对话框中可以选择材质或贴图。
- 将材质放入场景：可以在编辑材质之后更新场景中的材质。
- 将材质指定给选择对象：可以将活动示例窗中的材质应用于场景中当前选定的对象。
- 重置贴图/材质为默认设置：用于清除当前活动示例窗中的材质，使其恢复到默认状态。
- 复制材质：通过复制自身的材质生成材质副本，“冷却”当前热示例窗。示例窗不再是热示例窗，但材质仍然保持其属性和名称，可以调整材质而不影响场景中的该材质。如果获得了想要的内容，可单击“将材质放入场景”按钮更新场景中的材质，再次将示例窗更改为热示例窗。
- 使惟一：可以使贴图实例成为惟一的副本，还可以使一个实例化的材质成为惟一的独立子材质，可以为该子材质提供一个新的材质名。该命令可以防止对顶级材质实例所做的更改影响“多维/子材质”材质中的子对象实例。
- 放入库：可以将选定的材质添加到当前库中。单击该按钮后，可以打开“放置到库”对话框，如下中图所示。在该对话框中输入材质名称，单击“确定”按钮即可完成操作。
- 材质ID通道：按住该按钮可以打开材质ID通道工具栏，如下右图所示。选择相应的材质ID将其指定给材质，该效果可以被Video Post过滤器用来控制后期处理的位置。

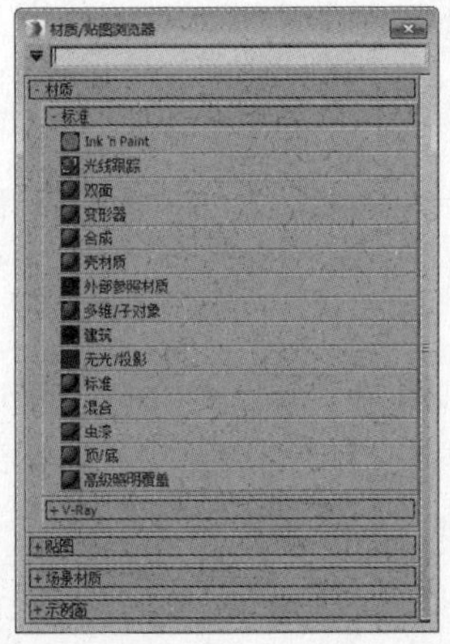

- 在视口中显示明暗处理材质：可以使贴图在视图中的对象表面显示。
- 显示最终效果：可以查看所处级别的材质，而不查看所有其他贴图和设置的最终结果。当激活该按钮，材质示例窗中会显示材质的最终效果；关闭该按钮，材质示例窗中显示所处层级的效果。
- 转到父对象：可以在当前材质中向上移动一个层级。
- 转到下一个同级项：将移动到当前材质中相同层级的下一个贴图或材质。
- 从对象拾取材质：可以在场景中的对象上拾取材质。

3．参数卷展栏

在示例窗的下方是材质参数卷展栏，这是在3ds Max中使用最为频繁的区域，包括明暗模式、着色设置以及基本属性的设置等，不同的材质类型具有不同的参数卷展栏。在各种贴图层级中，也会出现相应的卷展栏，这些卷展栏可以调整顺序，如右图所示为标准材质类型的卷展栏。

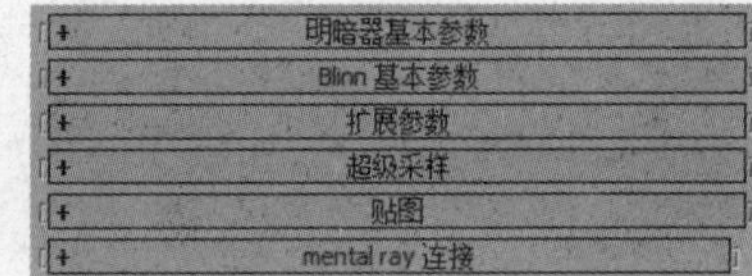

下面将通过具体的操作来介绍示例窗的编辑方法。

01 打开3ds Max 2015应用程序，然后单击主工具栏中的“材质编辑器”按钮，如下图所示。

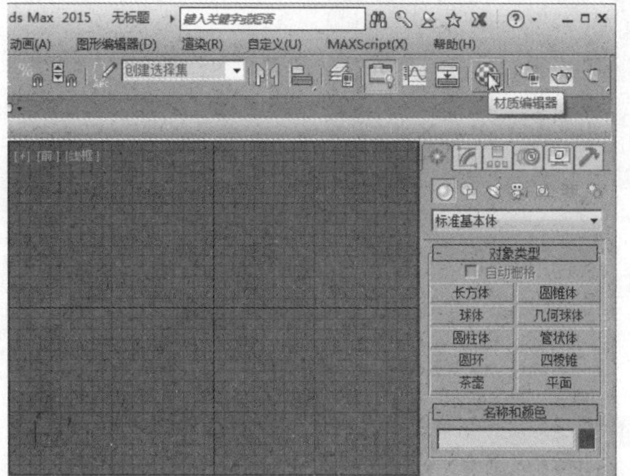

02 打开“材质编辑器”窗口，在该窗口中可以设置场景中的所有材质，如下图所示。

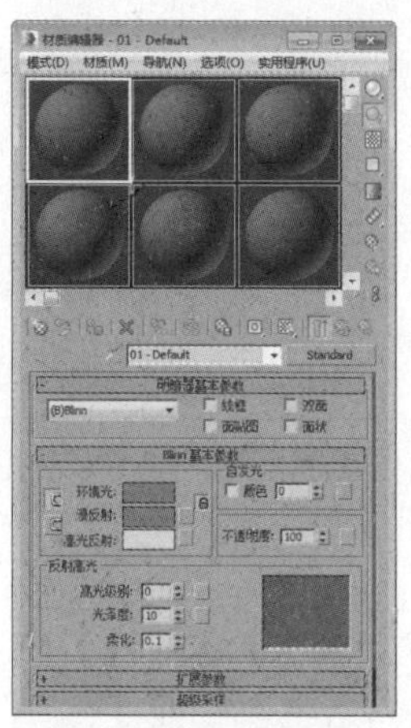

03 选择第一个样本材质球，单击“漫反射”选项颜色条后的方形按钮，打开“材质/贴图浏览器”对话框，这里选择“泼溅”程序贴图，如下图所示。

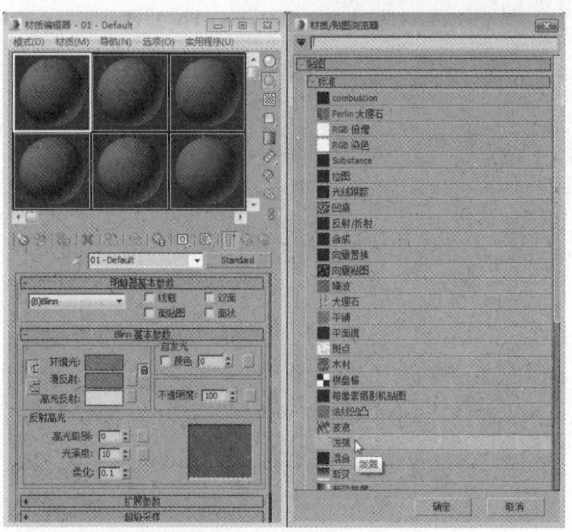

04 为“漫反射”选项指定“泼溅”程序贴图后，样本材质球将显示出该贴图效果，如下图所示。

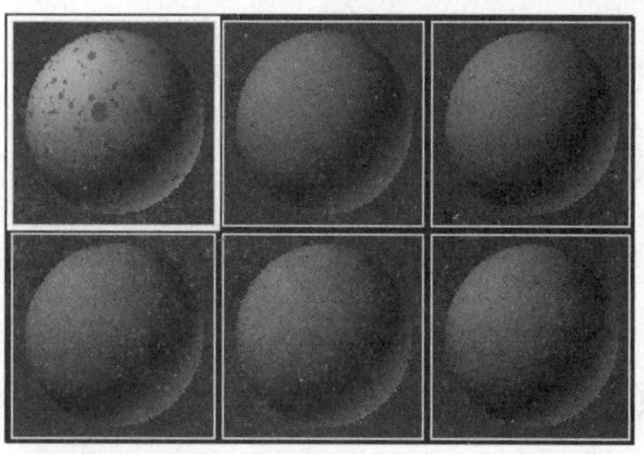

05 在示例窗中的样本材质球上单击鼠标右键，在弹出的快捷菜单中可以看到“拖动/复制”命令处于被选中状态，如下图所示。

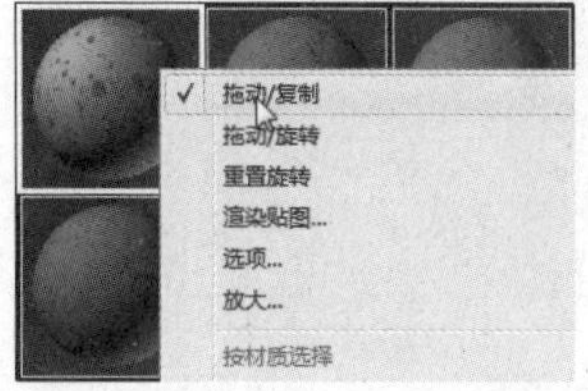

06 按住鼠标左键即可将第一个样本材质球拖动到第二个样本材质球上，对材质进行复制。此时将鼠标光标放置在材质球上，会发现材质球的名称也被复制了过来，如下图所示。

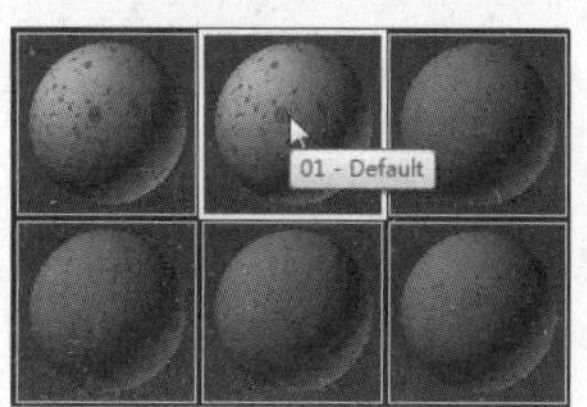

07 继续在示例窗中的样本材质球上单击鼠标右键，在弹出的快捷菜单中选择“拖动/旋转”命令，如下图所示。

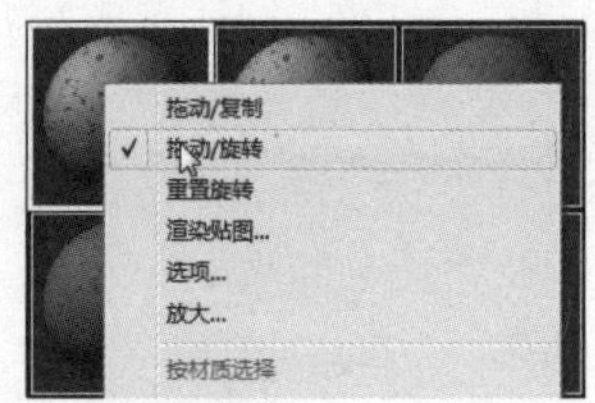

08 在示例窗中按住鼠标左键并拖动，即可旋转相应的样本材质球，如下图所示。

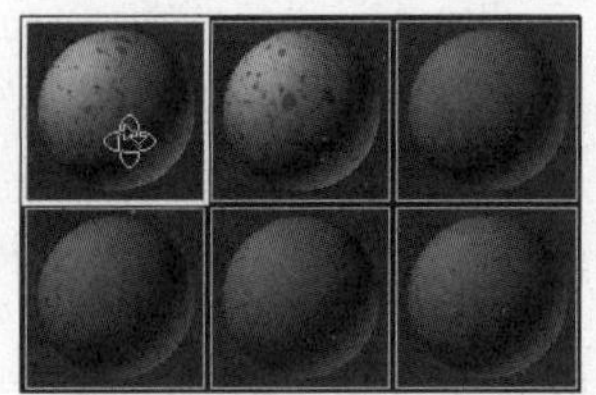

知识点 拖动技巧

如果先按住Shift键，然后在中间拖动，那么旋转就被限制在水平或垂直轴上，方向取决于初始拖动的方向。

09 在示例窗中的样本材质球上单击鼠标右键，在弹出的快捷菜单中选择“6×4示例窗”命令，如下图所示。

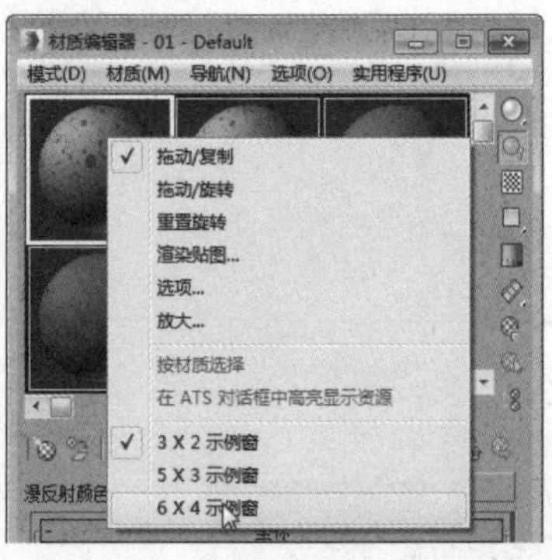

10 完成上一步操作后，在“材质编辑器”窗口的示例窗中将显示所有24个样本材质球，如下图所示。

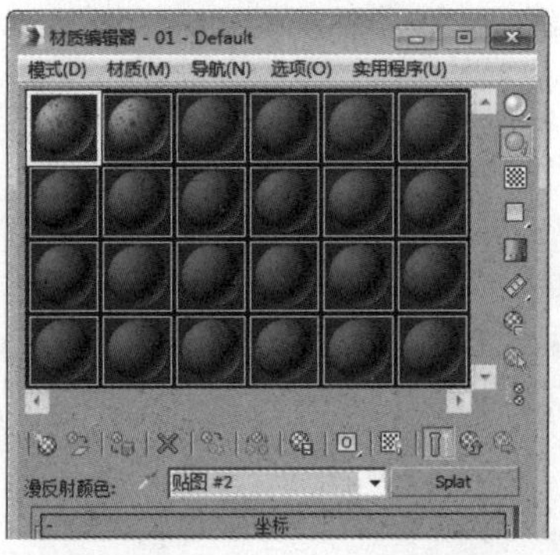

知识点 示例窗显示方式

示例窗中的样本材质球共有3×2、5×3和6×4三种显示方式。

3.1.3 材质的管理

材质的管理主要通过“材质/贴图浏览器”对话框实现，可执行制作副本、存入库、按类别浏览等操作，如右图所示即为“材质/贴图浏览器”对话框。

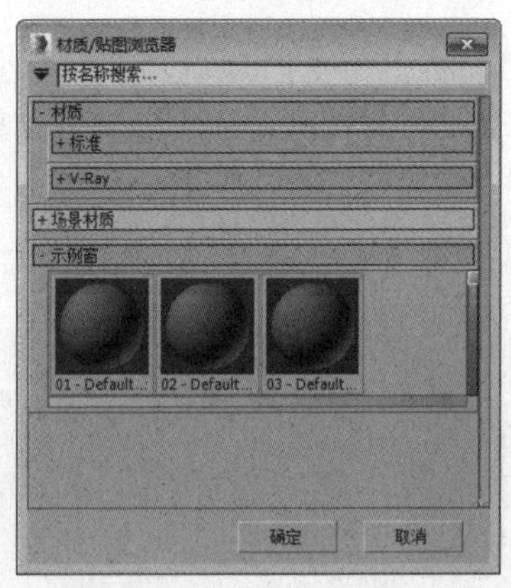

对话框中各选项的含义介绍如下。

- 文本框：在文本框中可输入文本，便于快速查找材质或贴图。
- 示例窗：当选择一个材质类型或贴图时，示例窗中将显示该材质或贴图的原始效果。
- 浏览自：该选项组提供的选项用于选择材质/贴图列表中显示的材质来源。

- 显示：可以过滤列表中的显示内容，如不显示材质或不显示贴图。
- 工具栏：第一部分按钮用于控制查看列表的方式，第二部分按钮用于控制材质库。
- 列表：在列表中将显示3ds Max预置的场景或库中的所有材质或贴图，并允许显示材质层级关系。

知识点 **“材质 / 贴图浏览器”示例窗的应用**

“材质/贴图浏览器”的示例窗无法显示“光线跟踪”或“位图”等需要环境或外部文件才有效果的材质或贴图。

3.2 认识VRayMtl材质

VRayMtl材质是VRay渲染系统的专用材质，使用这个材质能在场景中得到更好的照明、更快的渲染、更方便控制的反射和折射参数。在VRayMtl中，用户能够应用不同的纹理贴图，更好地控制反射和折射，添加凹凸贴图和位移贴图，促使直接GI计算，对于材质的着色方式可以选择 BRDF（毕奥定向反射分配函数）。

在选择VRayMtl材质之前，要首先将当前软件运行的渲染器更改为V-Ray Adv 3.00.07版本。

01 执行“渲染>渲染设置”命令，打开“渲染设置”对话框，在“公用”选项卡的“指定渲染器”卷展栏中设置产品级为V-Ray Adv 3.00.07，如下图所示。

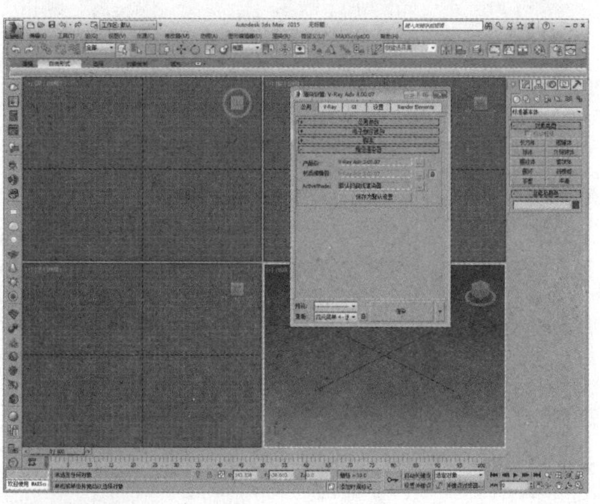

02 更改了渲染器之后，按M键打开Slate材质编辑器，即可在材质编辑器窗口中调用VRayMtl材质，如下图所示。

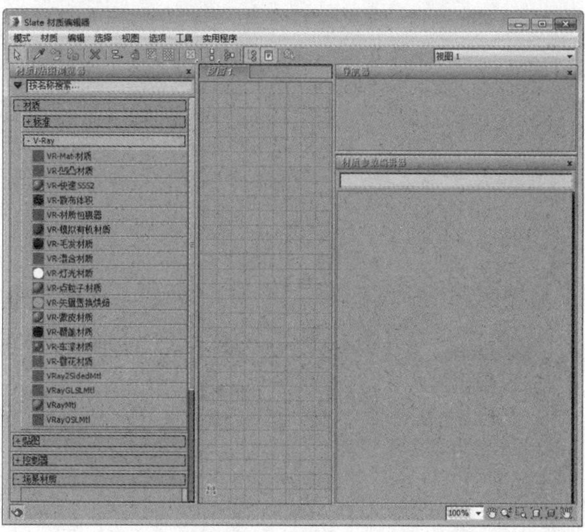

知识点

在3ds Max中可以使用多种渲染器，利用不同的渲染器渲染得到的效果图品质也不一样。这里我们讲解的VRay渲染器在同类型渲染器中，渲染图像质量较高，渲染时间较短。

03 在材质编辑器中执行“模式>精简材质编辑器”命令，如下图所示。

04 将材质编辑器改为精简模式后，单击Standard按钮，在弹出的“材质/贴图浏览器”对话框中选择VRayMtl选项，如下图所示。

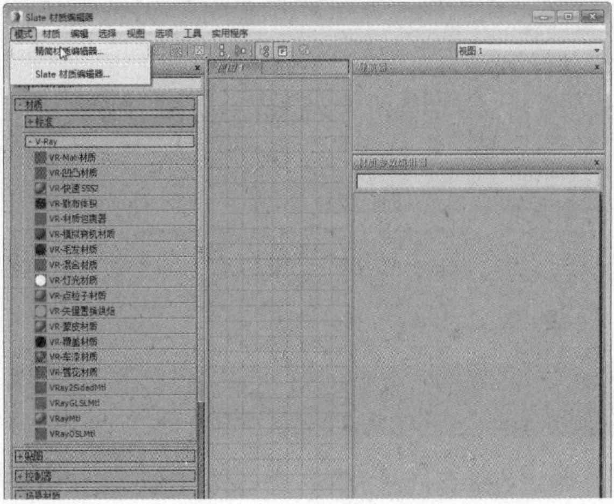

05 此时，材质编辑器示例窗口中的参数面板也随之变换为VRay基本参数设置界面，如下图所示。

06 在材质编辑器窗口中进行设置时，有些情况下需要开启材质背景，以便于更加详细地看到材质的反应，如下图所示。

知识点

HDI高动态贴图的使用：展开“环境”卷展栏，打开环境设计窗口，单击“环境贴图”打开“材质/贴图浏览器”对话框，在其中双击VRayHDRI，即可为环境贴图选项贴上VRayHDRI贴图。打开材质编辑器，将环境贴图里的VRayHDRI贴图直接拖曳到一个空白材质球上，即可对其进行编辑。

下面将对VRayMtl材质参数面板上的各参数进行介绍。

漫反射：用于设置材质的颜色。

粗糙度：用于设置材质表面的粗糙程度，默认值为0。

反射：用于设置材质表面的反射效果。通过颜色的深浅来设置材质表面的反射效果，颜色越亮反射效果越强，反之越弱。下面两张图反映的是“漫反射”和“反射”参数的应用情况。

高光光泽度：用于控制材质的高光状态。默认情况下该项是关闭的，打开高光光泽度将增加渲染时间。高光光泽度值越高，反射越强，表面越光滑；值越小，反射越弱，表面越粗糙，如下图所示。

反射光泽度：用于设置反射的锐利效果。其值为1时，物体呈现出完美的镜面反射效果。值越小反射则越模糊，如下图所示。

细分：控制发射的光线数量来估计光滑面的反射。但反射光泽度为1时，这个细分值会失去作用（VRay不会反射光线去估量反射光泽度）。值越大参与反射的光线越多，表面越光滑；反之亦然。

折射：用于设置材质的折射效果。通过颜色的深浅来设置材质的透明效果，颜色越亮透明效果越好，颜色越暗，透明效果越差，如下图所示。

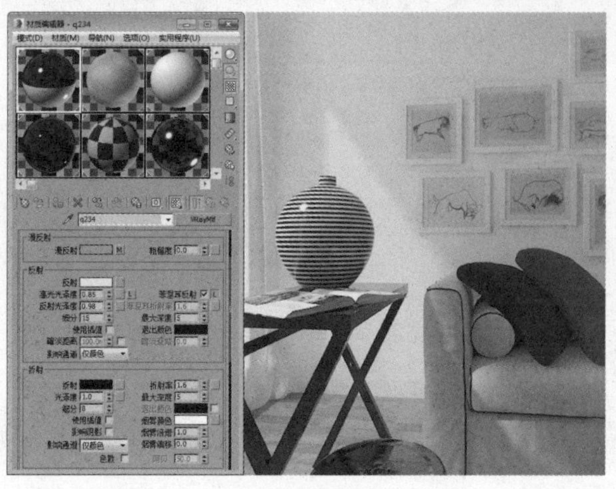

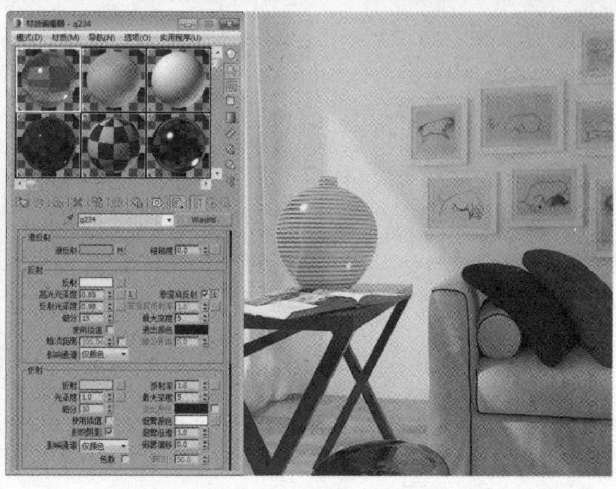

光泽度：用于设置折射的模糊效果。当光泽度为1时，材质显示为完全透明效果（VRay将产生一种特别尖锐的折射），值越小折射的效果越模糊。

折射率：该值取决于材质的折射率。

3.3 VRay渲染器

VRay是目前业界最受欢迎的渲染引擎。基于VRay内核开发的有VRay for 3ds Max、Maya、SketchUp、Rhino等多个版本，为不同领域的优秀3D建模软件提供了高质量的图片和动画渲染。该渲染器材质效果与光影效果表现真实，操作简便，参数可控性强，可以根据需要控制渲染速度与质量，广泛应用于室内设计、建筑设计、工业造型设计及动画表现等领域。

在使用VRay渲染器之前，我们需要按3ds Max默认快捷键F10来打开渲染参数面板，在“指定渲染器”卷展栏中指定需要的渲染器，这里我们选择的是V-Ray Adv 3.00.07，如下左图所示。单击“保存为默认设置”按钮即可将其作为默认渲染器，如下中图所示。VRay渲染器参数主要包括公用、V-Ray、GI、设置和Render Elements（渲染元素）5个选项卡。在此，将着重对V-Ray选项卡中的各主要卷展栏进行详细介绍，如下右图所示。

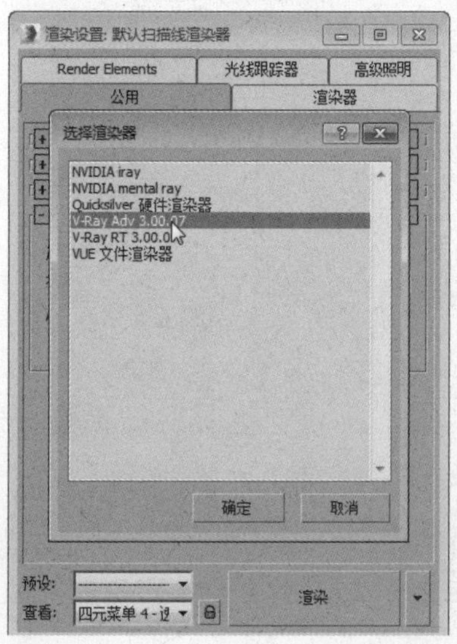

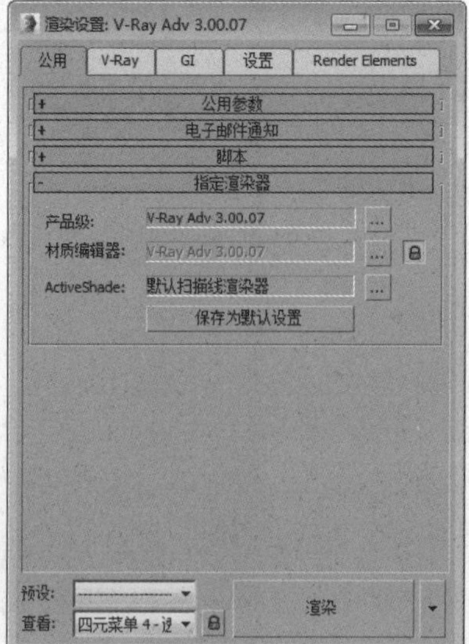

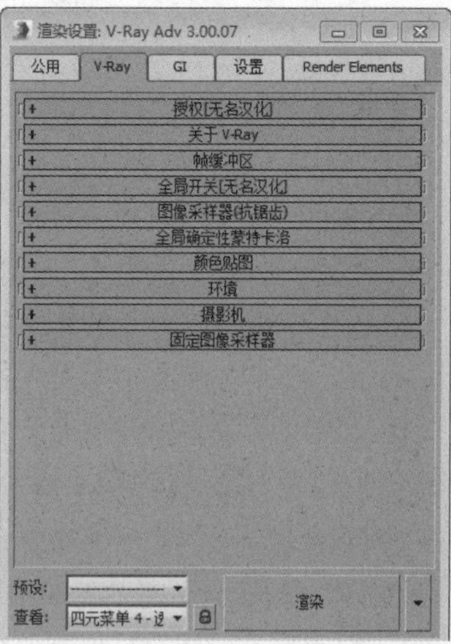

3.3.1 全局开关

这个卷展栏主要是对场景中的灯光、材质、置换等进行全局设置，比如是否使用默认灯光、是否打开阴影、是否打开模糊等。其参数面板如右图所示。

全局开关[无名汉化]
置换 专家模式
强制背面消隐
灯光 隐藏灯光
阴影 默认灯光 关闭全局
仅显示全局照明(GI) 概率灯光 8
不渲染最终的图像
反射/折射 贴图
覆盖深度 2 过滤贴图 过滤 GI
光泽效果 覆盖材质 排除...
最大透明级别 50 无
透明中止 0.001
最大光线强度 20.0 二次光线偏移 0.0
传统阳光/天空/摄影机模型 3ds Max 光度学比例

置换：用于控制场景中的置换效果是否打开。在VRay的置换系统中，一共有两种置换方式：一种是材质的置换；另一种是VRay置换的修改器方式。当取消勾选该项时，场景中的这两种置换都不会有效果。

灯光：勾选此项时，VRay将渲染场景的光影效果，反之则不渲染。默认为勾选状态。

默认灯光：选择“开”时，VRay将会对软件默认提供的灯光进行渲染，选择“关闭全局照明”时则不渲染。

隐藏灯光：用于控制场景是否让隐藏的灯光产生照明。

阴影：用于控制场景是否产生投影。

仅显示全局照明：当勾选此选项时，场景渲染结果只显示GI的光照效果。尽管如此，渲染过程中也是计算了直接光照。

反射/折射：用于设置是否打开场景中材质的反射和折射效果。

覆盖深度：用于控制整个场景中的反射、折射的最大深度，其后面的输入框中的数值表示反射、折射的次数。

覆盖材质：用于控制是否给场景赋予一个全局材质。单击右侧按钮，选择一个材质后，场景中所有的物体都将使用该材质渲染。在测试灯光时，这个选项非常有用。

3.3.2 图像采样器（抗锯齿）

在VRay渲染器中，图像采样器（抗锯齿）是指采样和过滤的一种算法，并产生最终的像素数组来完成图形的渲染。

VRay渲染器提供了几种不同的采样算法，尽管会增加渲染时间，但是所有的采样器都支持3ds Max 2015的抗锯齿过滤算法。可以在“固定”采样器、“自适应”采样器和“自适应细分”、“渐进”采样器中根据需要选择一种进行使用。

该卷展栏用于设置图像采样和抗锯齿过滤器类型，其界面如右图所示。

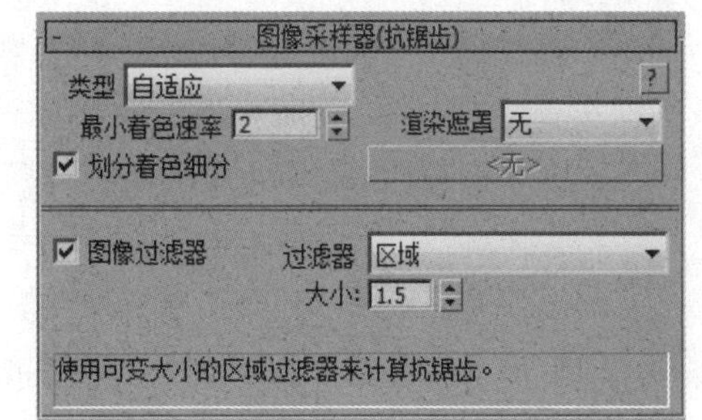

固定：对每个像素使用一个固定的细分值。该采样方式适合场景中拥有大量的模糊效果或者具有高细节纹理贴图时。在这种情况下，使用“固定”方式能兼顾渲染品质和渲染时间。细分越高，采样品质越高，渲染时间越长，其渲染效果如下左图所示。

自适应：此采样方式根据每个像素以及与它相邻像素的明暗差异，不同的像素使用不同的样本数量。在角落部分使用较高的样本数量，在平坦部分使用较低的样本数量。该采样方式适合场景中拥有大量的模糊效果或者具有高细节的纹理贴图和大量几何体面时。自适应渲染效果如下右图所示。

自适应细分：是具有负值采样的高级抗锯齿功能，适用于没有或者仅有少量模糊效果的场景中。在这种情况下，它的渲染速度会更慢，渲染品质最低，这是因为它需要去优化模糊和大量的细节，这样就需要对模糊和大量的细节进行预算，从而降低渲染速度。同时，该采样方式是几种采样类型中最占内存资源的一个，而“固定”采样方式占的内存资源最少。“自适应细分”采样渲染效果如下左图所示。

除了不支持平展类型外，VRay支持所有3ds Max 2015内置的图像过滤器，如下右图所示。

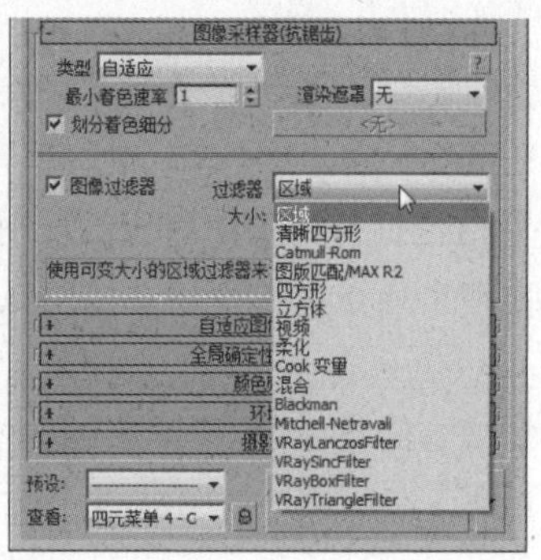

3.3.3 全局确定性蒙特卡洛

“全局确定性蒙特卡洛”采样器可以说是VRay的核心，贯穿于VRay的每一种“模糊”计算中（抗锯齿、景深、间接照明、面积灯光、模糊反射/折射、半透明、运动模糊等），一般用于确定获取什么样的样本，最终哪些样本被光线追踪。与那些任意一个“模糊”计算使用分散的方法来采样不同的是，VRay根据一个特定的值，使用一种独特的统一的标准框架来确定有多少以及多精确的样本被获取，这个标准框架就是“全局确定性蒙特卡洛”采样器。其参数面板如右图所示。

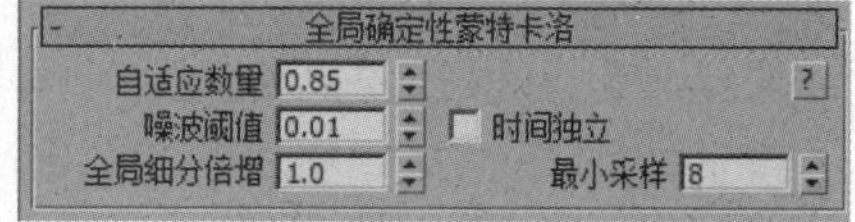

自适应数量：用于控制重要性采样使用的范围。默认值为1，表示在尽可能大的范围内使用重要性采样；0则 表示不进行重要性采样，换句话说，样本的数量会保持在一个相同的数量上，而不管模糊效果的计算结果如何。减少这个值会减慢渲染速度，但同时会降低噪波和黑斑。

最小采样：确定在使用早期终止算法之前必须获得的最少的样本数量。较高的取值将会减慢渲染速度，但同时会使早期终止算法更可靠。

噪波阈值：在计算一种模糊效果是否足够好的时候，控制VRay的判断能力。在最后的结果中直接转化为噪波。较小的取值表示较少的噪波、使用更多的样本并得到更好的图像质量。

全局细分倍增：在渲染过程中使用这个选项会倍增任何地方任何参数的细分值。可以使用这个参数来快速增加或减少任何地方的采样质量。在使用DMC采样器的过程中，可以将它作为全局的采样质量控制。

3.3.4 环境

VRay的GI环境包括VRay天光、反射环境和折射环境，其参数面板如右图所示。

全局照明环境：VRay的天光。当启用该选项后，3ds Max默认环境面板的天光效果将不起作用。

倍增 1.0：亮度的倍增。值越高，亮度越高。

反射/折射环境：勾选此项后，当前场景中的反射环境由它来控制。

贴图通道：单击“贴图”右侧的按钮，可以选择不同的贴图来作为反射环境的天光。

折射环境：勾选此项后，当前场景中的折射环境由它来控制。

3.3.5 全局照明

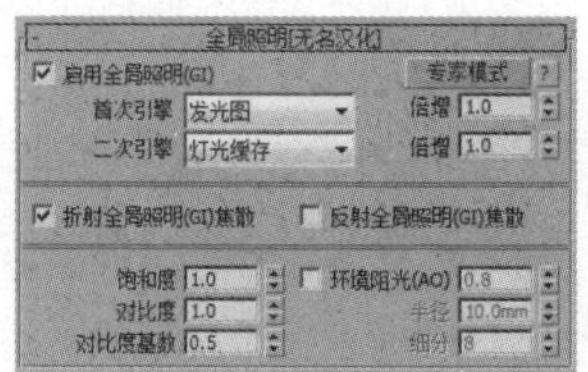

“全局照明”卷展栏是VRay的核心部分，在该卷展栏中可以打开全局光效果。全局光照引擎也是在该卷展栏中选择的，不同的场景材质对应不同的运算引擎，正确设置可以使全局光计算速度更加合理，使渲染效果更加出色。其参数面板如右图所示。

全局照明焦散：全局照明焦散描述的是GI产生的焦散这种光学现象。但是由直接光照产生的焦散不受这里参数的控制，可以使用“焦散”卷展栏中的参数控制直接光照的焦散。

反射全局照明焦散：间接光照射到镜像表面的时候会产生反射焦散。默认情况下它是关闭的，因为它对最终的GI计算影响很小，而且还会产生一些不希望看到的噪波。

折射全局照明焦散：间接光穿过透明物体（如玻璃）时会产生折射焦散。注意，这与直接光穿过透明物体而产生的焦散是不一样的。

全局照明引擎：这里选择一次反弹的GI引擎，包括发光贴图、光子贴图、BF算法和灯光缓冲4个。

在VRay中，全局照明被分成两大块来控制： 首次引擎和二次引擎 。当一个点在摄像机中可见或者光线穿过反射/折射表面的时候，就会产生首次引擎。当点包含在GI计算中的时候就产生二次引擎。

倍增：该参数决定为最终渲染图像提供多少初级反弹。默认的取值1.0可以得到一个最准确的效果。

3.3.6 发光图

当“全局照明引擎”的类型改为“发光图”时，软件便出现“发光图”卷展栏。它描述了三维空间中的任意一点以及全部可能照射到这点的光线。发光图引擎参数界面如右图所示。

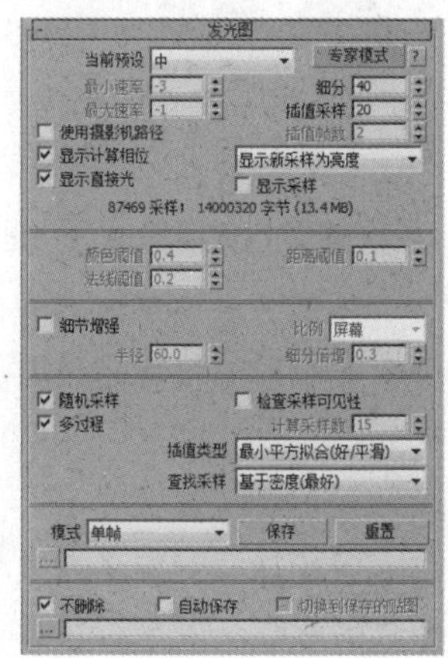

当前预设：当前选项的模式，其包括8种模式：自定义、非常低、低、中、中－动画、高、高－动画、非常高。应用这8种模式，可以根据用户的需要，渲染不同质量的效果图。

基本参数：主要控制样本数量、采样分布以及物体边缘的查找精度。

最小比率：用于控制场景中平坦区域的采样数量。0表示计算区域的每个点都有样本，-1表示计算区域的1/2是样本，-2表示计算区域的1/4是样本。

细分：该参数决定单独的GI样本质量。较小的取值可以获得较快的速度，但可能会产生黑斑，较高的取值可以得到平滑的图像。细分并不代表被追踪光线的实际数量，光线的实际数量接近于该参数的平方值，并由QMC采样器相关参数控制。

插值采样：定义用于插值计算的GI样本数量。较大的取值会趋向于模糊GI的细节，虽然最终的效果很光滑；较小的取值会产生更光滑的细节，但是也可能会产生黑斑。

颜色阈值：该参数主要让渲染器分辨哪些是平坦区域，哪些是不平坦区域。它是按照颜色的灰度来区分的。其值越小，区分能力越强。

法线阈值：该参数主要让渲染器分辨哪些是交叉区域，哪些不是交叉区域，它是按照法线的方向来区分的。其值越小，对法线方向的敏感度越高，区分能力越强。

距离阈值：该参数确定发光贴图算法对两个表面距离变化的敏感程度。

显示计算过程状态：勾选该选项后，就可以看到渲染帧里面的GI预计算过程，同时会占用一定的内存资源。

显示直接光：在预计算时显示直接光照，方便用户观察直接光照的位置。

半径：表示细节部分有多大区域使用细部增强功能，半径越大，使用细部增强功能的区域也就越大，渲染时间也就越长。

细分倍增：这里主要控制细部的细分，但是这个值与发光贴图里的模型细分有关系。例如，0.3就代表细分是模型细分的30%，1就代表和模型细分的值一样。

3.3.7 灯光缓冲

当“全局照明引擎”的类型改为“灯光缓存”时，软件便出现“灯光缓存”卷展栏。它采用了发光贴图的部分特点，在摄像机可见部分跟踪光线的发射和衰减，然后把灯光信息存储在一个三维数据结构中。灯光缓存参数界面如右图所示。

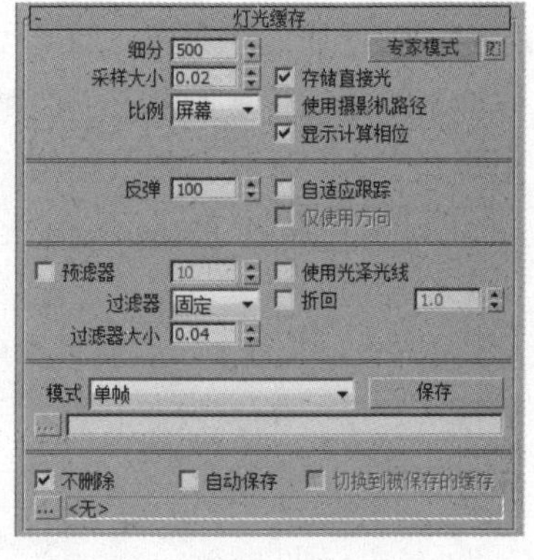

细分：定义准蒙特卡洛的样本数量，值越大效果越好，速度越慢；值越小，产生的杂点会更多，速度相对快些。

采样大小：用来控制灯光缓存的样本大小。比较小的样本可以得到更多的细节，但是同时需要更多的样本。

屏幕：这个单位是依据渲染图的尺寸来确定样本大小的。越靠近摄像机的样本越小，越远离摄像机的样本越大。

3.3.8 系统

下面介绍VRay渲染器“系统”卷展栏中的参数设置。在这个卷展栏中，可以设置多种VRay参数，其参数面板如下图所示。

1.（渲染区域划分）区域

在该区域中可以设置渲染区域（块）的各种参数。渲染块的概念是VRay分布式渲染系统的精华部分，一个渲染块就是当前渲染帧中被独立渲染的矩形部分，它可以被传送到局域网中其他空闲机器中进行处理，也可以被几个CPU进行分布式渲染。

（1）渲染块宽度

当选择分割方法为大小模式的时候，以像素为单位确定渲染块的最大宽度。当选择分割大小为计数模式的时候，以像素为单位确定渲染块的水平尺寸。

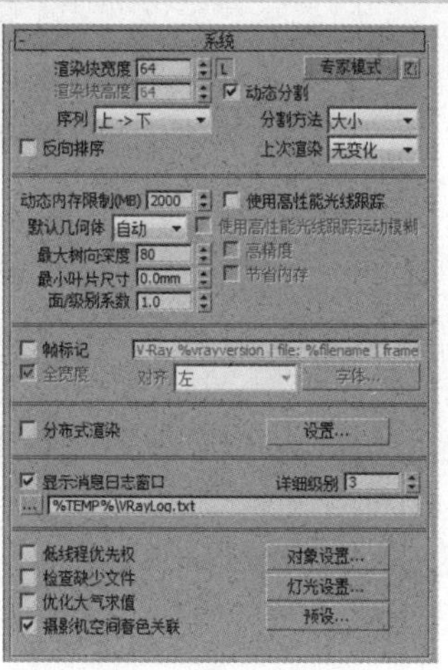

（2）渲染块高度

当选择分割方法为大小模式的时候，以像素为单位确定渲染块的最大高度。当选择分割方法为计数模式的时候，以像素为单位确定渲染块的垂直尺寸。

（3）序列

确定在渲染过程中块渲染进行的顺序。如果场景中具有大量的置换贴图物体、VRayProxy或VRayFur物体，默认的三角形次序是最好的选择，因为它始终采用一种相同的处理方式，在后一个渲染块中可以使用前一个渲染块的相关信息，从而加快渲染速度。

（4）反向排序

激活的时候，按照与前面设置的排序的反方向进行渲染。

（5）上次渲染

该参数用于确定在渲染开始的时候，在VFB窗口中以什么样的方式处理先前渲染图像。

2. （光线投射参数）区域

该区域允许用户控制VRay的光影追踪设置。

（1）动态内存限制（MB）

消耗的全部内存可以被限定在某个范围内。

（2）最大树向深度

较大的值将占用更多的内存，但是在超过临界点前渲染会很快，超过临界点（每一个场景不一样）以后开始减慢。

（3）最小叶片尺寸

定义枝叶节点的最小尺寸，通常该值设置为0，表示VRay将不考虑场景尺寸来细分场景中的几何体。如果节点尺寸小于设置的参数值， VRay将停止细分。

（4）面/级别系数

控制一个节点中的最大三角形数量。如果该参数取值较小，渲染将会很快。

3. （对象设置）按钮

单击该按钮会弹出“VRay对象属性”对话框，在该对话框中可以设置VRay渲染器中每一个物体的局部参数，这些参数都是在标准的3ds Max2015物体属性面板中无法设置的，例如GI 属性、焦散属性等。

（1）对象属性

（对象属性）区域：设置被选择物体的几何学样本、GI和焦散的参数。

（2）（无光属性）区域

VRay目前没有完全支持3ds Max 2015的Matte/Shadow类型材质。但是VRay有自己的不可见系统，既可以在物体层级通过物体参数设置对话框设定物体的不可见参数，也可以在材质层级通过特别的VRayMtlWrapper材质来设定。

（3）（直接光）区域

在该区域可设置阴影、颜色、亮度等。

（4）反射/折射/全局照明（GI）区域

在该区域可设置反射/折射/全局照明相关参数。

效果图的后期处理

按照建筑效果图的一般流程，在3ds Max中完成建模、创建灯光、摄像机设置等一系列工作并渲染输出后，要使用平面图像处理软件进行后期处理。Photoshop是进行后期处理的首选软件，其强大的功能赢得了广大设计师的认可和青睐，它可以使效果图更加真实、自然、几近完美，并可以创作出其他软件无法比拟的艺术效果。本章将讲述图像处理软件在建筑效果图后期处理中的重要作用，介绍效果图后期处理的一般流程和制作技巧，并结合实际工作经验，提出效果图后期处理过程中的注意事项。

知识点

1. 效果图后期处理流程
2. 配景素材的添加方法
3. 效果图的表现手法

4.1 效果图后期处理概述

效果图的后期处理主要包括对渲染图的色彩、明暗的调整，配景的添加，以及对渲染中出现的错误进行修改等。

4.1.1 效果图后期处理的必要性

模型是骨骼，渲染是皮肤，后期处理就是服饰，一张效果图的好坏和后期处理有着很直接的关系。效果图本身就是一种追求精致和真实的艺术，对效果图的整体明暗、色彩对比的调整，可使效果图变得更加真实、自然；通过添加配景人物、植物、天空等，可使效果图更具生气及表现力，如下图所示。后期处理不但可以大大提高效果图的整体效果，还可以在效果图中补充一些细节，使效果更加真实、完善。

4.1.2 效果图后期处理的一般流程

效果图后期处理的一般流程主要包括以下几个方面。

（1）修改缺陷

这是效果图后期处理的第一部分，主要是修改模型的缺陷或由于灯光设置所形成的错误。

（2）调整图像的品质

通常是使用“亮度/对比度”、“色相/饱和度”等进行调整，以得到更加清晰、富有层次感的图像。

（3）添加配景

配景的添加可以使建筑效果图更加真实、生动。通俗地讲，配景即指建筑效果图的环境配置。

（4）制作特殊效果

特殊效果包括光晕、光带等，在制作特殊效果的过程中，要时刻注意效果图的整体构图。所谓构图，即指将画面的各种元素进行安排，使之成为一个和谐完美的整体。

知识点 建筑效果图的构图

就建筑效果图来说，要将形式各异的主体与配景元素统一成整体。首先应使主体建筑突出醒目，能起到统领全局的作用；其次，主体与配景之间应形成对比关系，使配景在构图、色彩等方面起到衬托作用。需要注意的是，在后期处理时所添加的配景，无论是人物还是车子，都必须保证其透视角度与建筑物的透视角度一致，光影效果与建筑物的光影效果一致。

4.1.3 效果图后期处理的色彩常识

现实中，照片、印刷品等或多或少都会存在色彩偏差，同样3D渲染效果图也不例外。因此，3D效果图后期处理首先应当对效果图整体的色调明暗、色彩倾向进行确定，从而为局部修正及配景添加定下基调。

效果图的色彩校正通常包含以下两种情况。

第一种是要真实体现建筑物室内外环境色，并进行适当美化，使用户可以感受到环境的舒适，如天空要蓝，草地要绿，鲜花要艳，这时可以利用色彩校正命令调整色相及色彩饱和度。

第二种是要制作成特殊的色彩效果，如室内有特殊色彩的灯光或大面积的某种色彩配景，这些都会对室内物品或环境造成影响，在效果图后期处理中一定要注意。

无论是哪一种情况，都需要应用到色彩调整的一些命令，例如，纠正整体图像偏色，可以使用“曲线”命令；调整颜色的色调、饱和度等，可使用“色相/饱和度”命令；局部调整色彩，可以使用“替换颜色”等命令。下图所示是效果图色彩校正前后的对比。

4.2 配景素材的添加技法

在建筑效果图中，除重点表现的建筑物是画面的主体之外，还有大量的配景要素，建筑物是主体，但它不是孤立的存在，须安置在协调的配景之中，才能使一幅建筑效果图完善。因此，配景是一个好的室内设计效果图或建筑效果图所必备的核心要素。下面将介绍一些关于处理建筑效果图中配景的实战技巧。

4.2.1 室外配景的添加

配景，即建筑效果图的环境配置，协调的配景是根据建筑物设计所要求的地理环境和特定的环境而定的。常见的配景有：天空、配景楼、树木、花草、车人等，这些都是为了创造一个真实的环境，增强画面的气氛，这些配景在建筑效果图中起着多方面的作用，能充分表达画面的气氛与效果。接下来简单了解一下配景中最为常见也是最为主要的两大元素：树木、天空。

1. 树木

树木是表现大自然环境的主要内容，人们对它有特殊的偏爱，它是美和富于生命力的象征。树木丛林作为建筑效果图的主要配景之一，起着充实与丰富画面的作用，树木组合要自如，或相连、或孤立、或交错，如下图所示。草坪花圃则可以使环境显得幽雅宁静，大多铺设在路边或广场中，在表现时只作为一般装饰，不要过分刻画，以免冲淡建筑物的造型与色彩主体感染力。树木无一定的具象，故有主观衬景作用。由于地势和气候的差异，树木的种类丰富繁多，所以在建筑效果图上能够体现建筑物的地域性。

在建筑效果图中，树木素材的添加对建筑物的主体部分不应该有遮挡。首先，中景的树木，可在建筑物的两侧或前面。在建筑物的前面时，应布置在既不挡住重点部位，又不影响建筑物的完整性的位置。其次，远景的树木，往往在建筑物的后面，起烘托建筑物和增强空间感的作用。色调和明暗与建筑物要有对比，形体和明暗变化应予以简化。

2. 天空

每张室外建筑效果图都少不了天空，天空是透视图中表现时间和天气的主要因素。 晴天白云，使建筑物显露在强烈的日光之下，有闪烁夺目之感；朝雾晚霞，使建筑物沐浴在彩云之下，深沉稳重。

当要表现造型简洁、体积较小的室外建筑物项目时，如果没有过多的配景楼、树木与人物等衬景，可以使用浮云多变的天空图，以增加画面的景观；如果是造型复杂、体积庞大的室外建筑物项目，可以使用平和宁静的天空图，以突出建筑物的造型特征，缓和画面的纷繁。若是地处闹市的商业建筑项目，要表现其繁华热闹的景象，可以使用夜景天空图。下图所示为不同的天空背景对场景效果带来的改变。

天空在室外建筑效果图中所占画面比例较大，但主要起陪衬作用，因此，不宜过分雕琢，必须从实际出发，合理运用，以免分散主体。

4.2.2 配景倒影效果的设计

在室内外效果图中，我们经常能够看到图中河边或反射特别强烈的石材旁边有人物、植物等的倒影，这种场景中的实物倒影可以通过在3ds Max等软件中添加光影跟踪/平面镜反射等材质效果来实现。而后期制作中用Photoshop添加人物、植物等配景时该如何添加倒影效果呢？下面将以一个制作人物倒影的实例介绍倒影效果的制作方法。

01 打开Photoshop，新建一个文件，并填充浅蓝色，如下图所示。

02 将素材中的人物图片拖动到当前文件，调整位置，如下图所示。

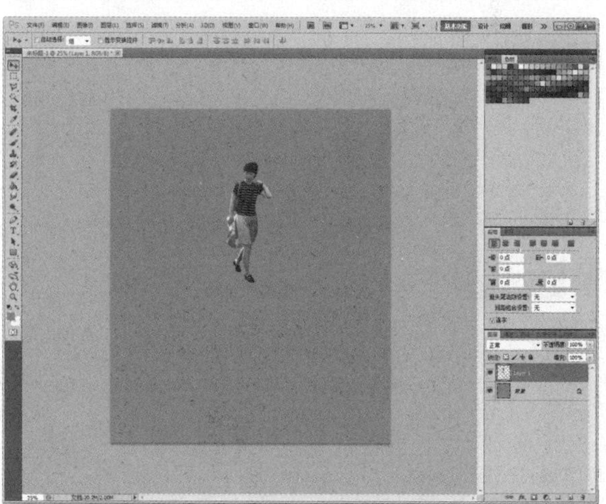

03 拖动人物图层到图层面板下方的“创建新图层”按钮上，复制人物图层，如下图所示。

04 执行“编辑>变换>垂直翻转”命令翻转图像，并将图像移至下方，如下图所示。

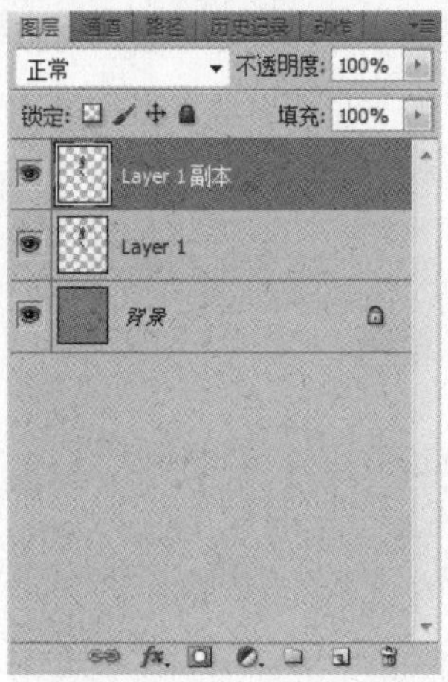

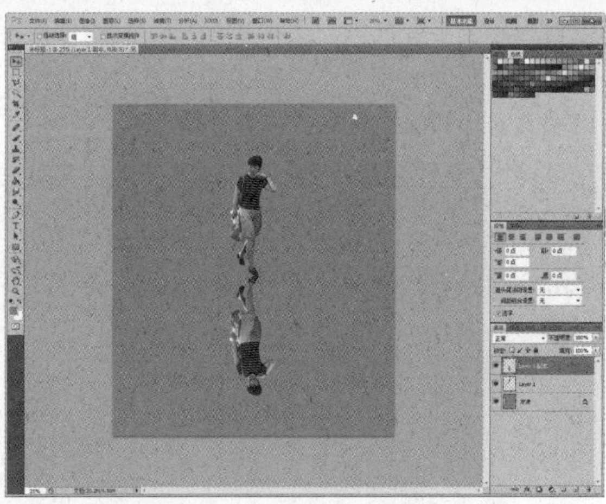

05 设置图层的不透明度为20%，效果如下图所示。

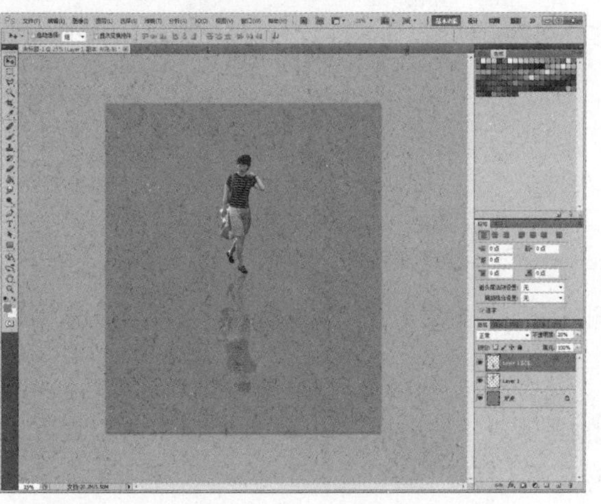

06 执行“滤镜＞模糊＞表面模糊”命令，打开“表面模糊”对话框，调整模糊半径及阈值，如下图所示。

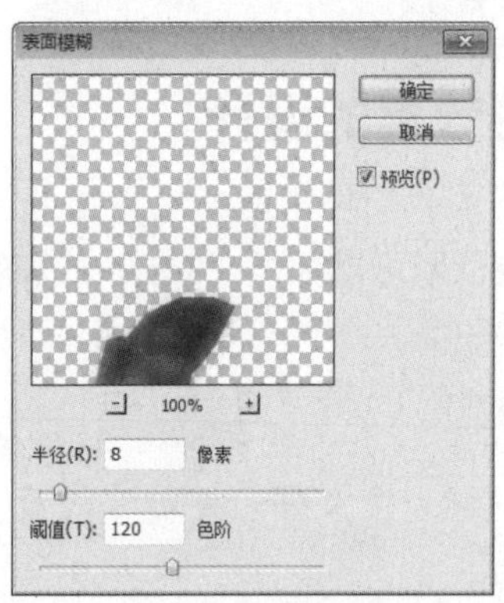

07 最后制作出的倒影效果如右图所示。

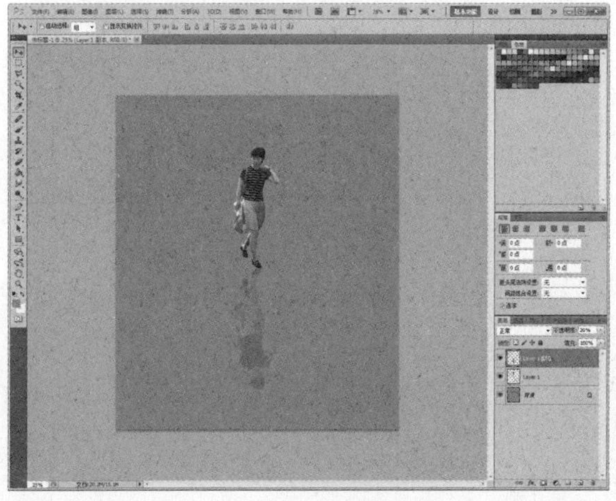

知识点

倒影多指较为平滑、反射率较高的地平面、水面、镜面等的反射倒影。本小节中是以人物倒影的制作为例，那么其他诸如植物、器物、汽车、花草等的倒影，皆可参照此方法制作。

4.2.3 配景投影效果的设计

为了增强真实效果，无论是在室内还是室外，只要场景中有光源，一般都会有投影存在，也只有这样才能使得虚拟场景更加真实。下面将以一个实例来介绍投影效果的制作方法。

01 新建文件，为图层填充浅紫色，如下图所示。

02 将素材中的人物图片拖动到当前文件，调整位置，如下图所示。

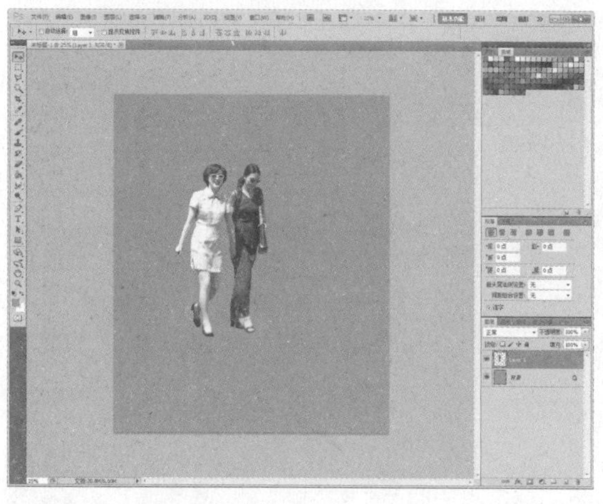

03 拖动人物图层到图层面板下方的“创建新图层”按钮上，复制人物图层，如下图所示。

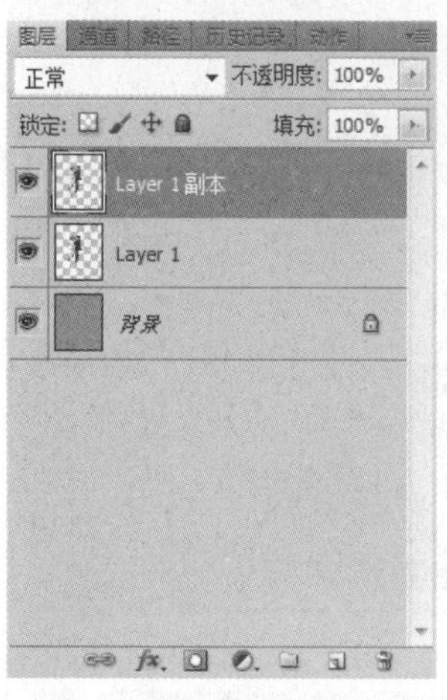

04 执行“选择＞载入选区”命令，将图形载入选区，如下图所示。

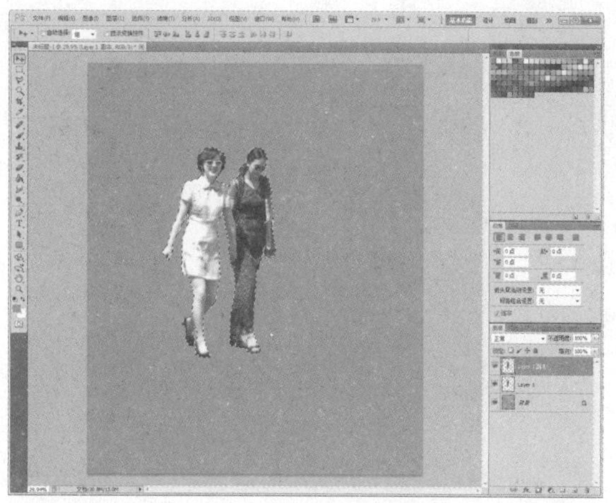

05 为选区填充黑色，并按快捷键Ctrl+D取消选择，如下图所示。

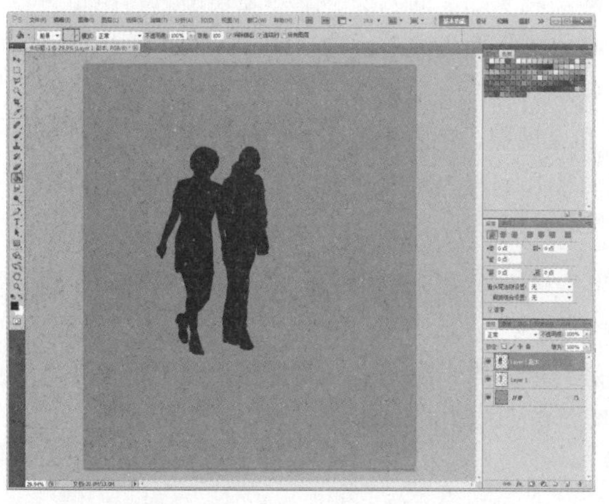

06 根据人物所受光线的投射角度，执行“编辑＞变换＞扭曲”命令，对图像进行调整，如下图所示。

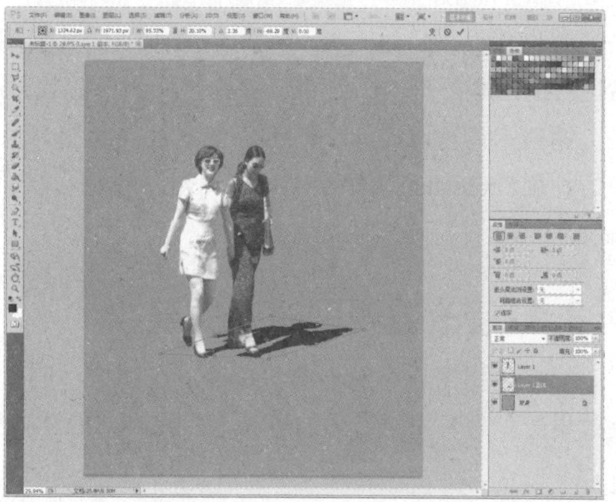

07 按Enter键完成图像调整，在图层面板中设置图层不透明度为35%，如下图所示。

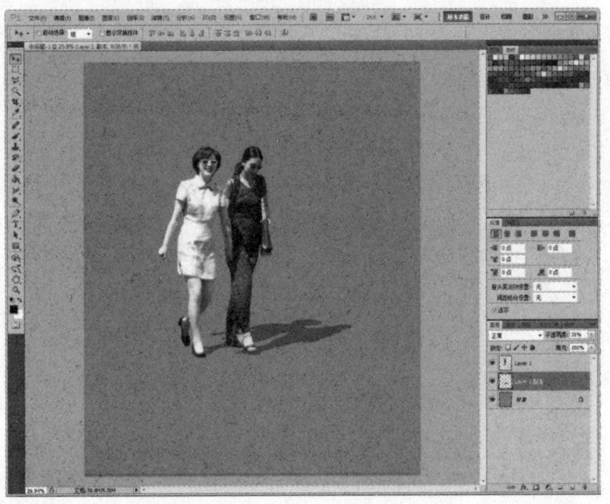

08 执行“滤镜＞模糊＞高斯模糊”命令，打开“高斯模糊”对话框，调整参数，如下图所示。

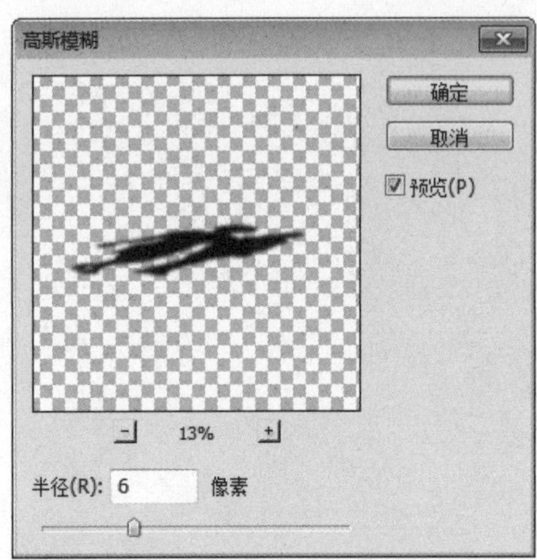

09 将投影进行模糊操作后，即完成投影效果的创建，最终效果如右图所示。

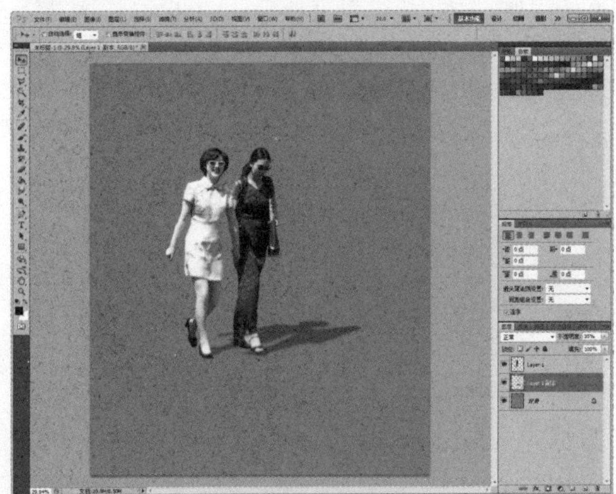

4.3 效果图特殊效果的打造

Photoshop是室内外效果图制作过程中不可缺少的工具，越来越多的人能够娴熟地使用它，但是制作出的效果却并不尽如人意。在实际工作中，效果图的后期制作分为两种：一种是最常见的，即建模渲染后进行的后期处理；二是将已有的照片调整成效果图。

调整图片色调的方法包括亮度/对比度调整、色相/饱和度调整、色彩平衡调整、曲线调整、颜色替换等。利用Photoshop软件不仅可以调整图片色彩，还可以将图片处理为特殊效果，下面具体介绍如何使用Photoshop软件打造效果图特殊效果。

4.3.1 修改效果图明暗关系

明暗是指图片中的亮部和暗部，在图像中明暗关系是其重要的表现元素，调整图片的明暗关系是后期效果图处理首先要考虑的事。下面将具体介绍效果图明暗关系的调节方法。

01 在Photoshop中打开效果图，可以看到效果图中的光线偏暗，如下图所示。

02 在图层面板中单击“创建新的填充或调整图层”按钮，在弹出的列表中选择“亮度/对比度”命令，打开调整面板，如下图所示。

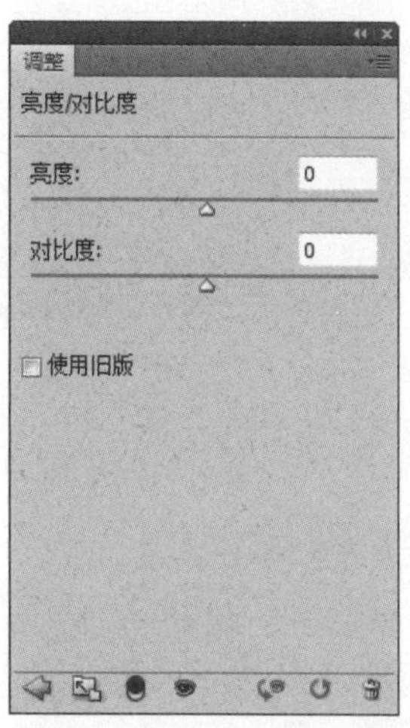

03 在面板中调整亮度及对比度，如下图所示。

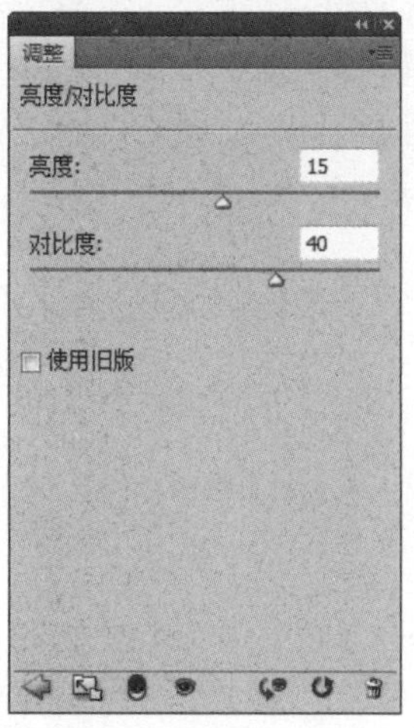

04 调整后的效果如下图所示。

05 继续打开“曲线”调整面板，如下图所示。

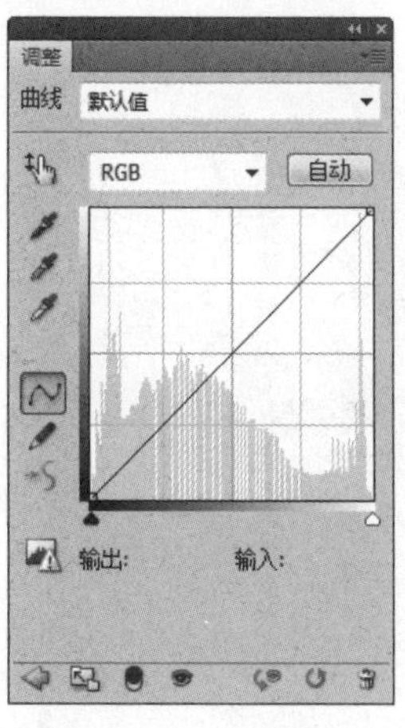

06 调整曲线形状，如下图所示。

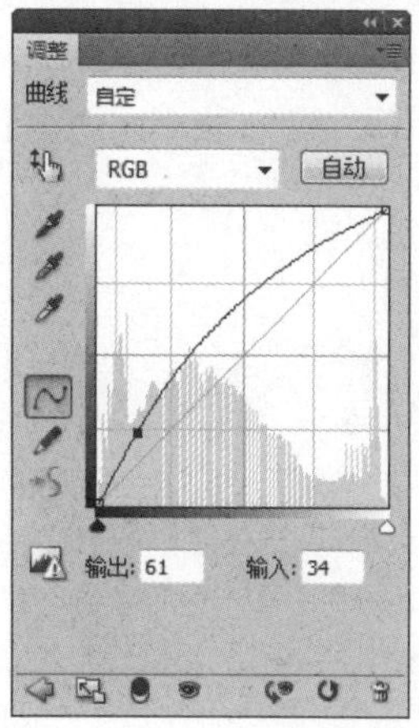

07 最终的调整效果如右图所示。

4.3.2 调整效果图的整体色调

修改效果图色调的方法有许多，例如通过色相/饱和度、色彩平衡、替换颜色等命令。由于每张效果图的具体情况不同，所以使用的方法也不尽相同，下面介绍如何修改效果图的整体色调。

01 在Photoshop中打开效果图，初始效果如下图所示。

02 在图层面板中单击“创建新的填充或调整图层”按钮，在弹出的列表中选择“亮度/对比度”命令，打开“亮度/对比度”调整面板，在面板中调整亮度及对比度，如下图所示。

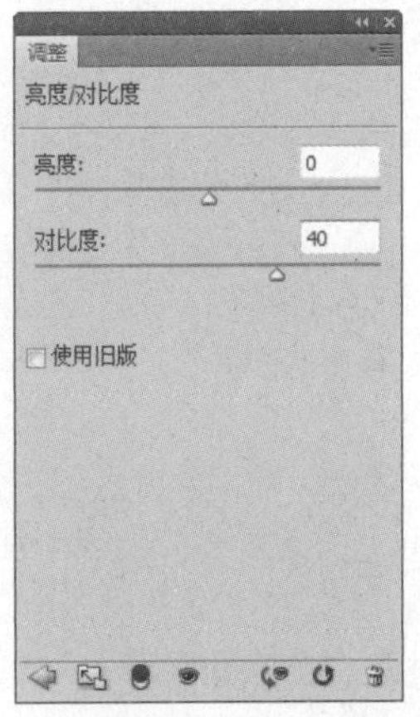

03 调整后的效果如右图所示。

04 打开“曲线”调整面板调整曲线，如下图所示。

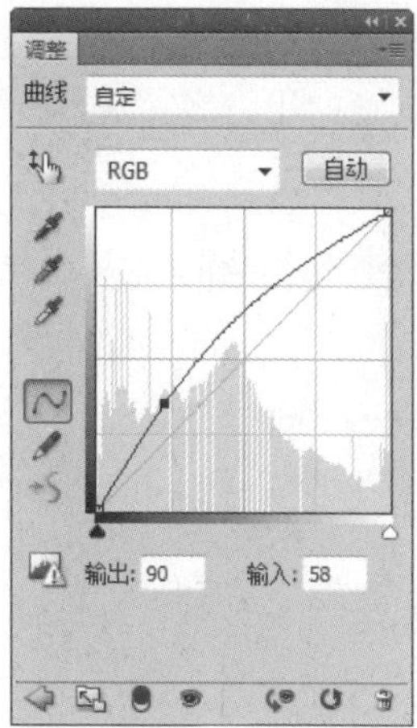

05 调整效果如下图所示。

06 打开“色彩平衡”调整面板，调整色彩，如下图所示。

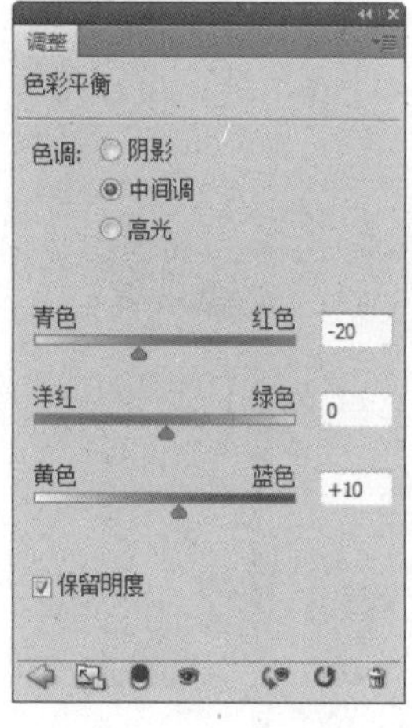

07 调整效果如下图所示。

08 再打开“色相/饱和度”调整面板，调整黄色的饱和度，如下图所示。

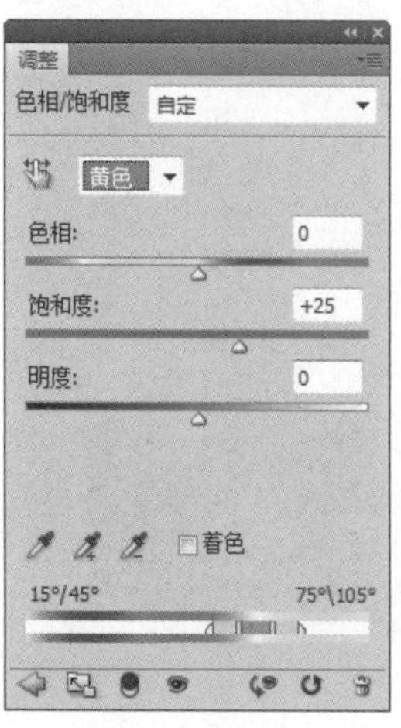

09 最后的调整效果如下图所示。

4.3.3 纸质颗粒效果处理

有些时候，为了表现设计师的主观意图，更好地体现设计风格，需要表达一种特殊的意境，让人们更深切地了解设计师对该建筑项目的设计思想，以使那些对常规表现方法不是很满意的甲方眼前豁然一亮。下面就来介绍一种特殊的处理效果。

01 打开效果图，初始效果如下图所示。

02 按快捷键Ctrl+J复制背景图层，如下图所示。

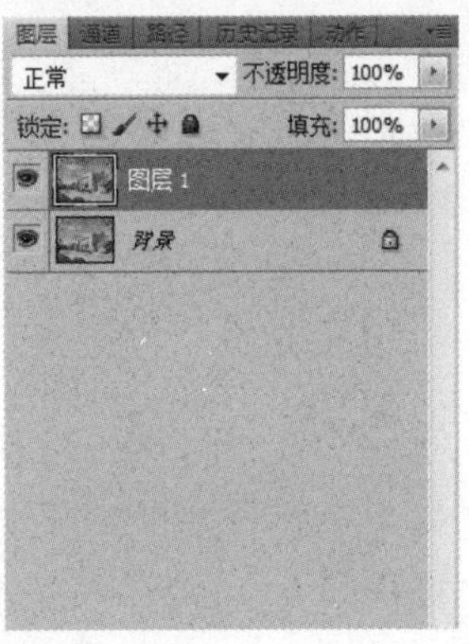

03 执行“滤镜>素描>便条纸”命令，打开“便条纸”对话框，调整参数，如下图所示。

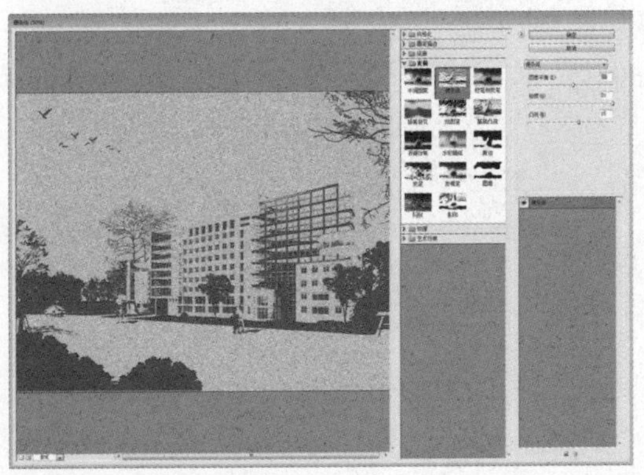

04 单击“确定”按钮，效果如下图所示。

05 设置图层混合模式为“浅色”，如下图所示。

06 按快捷键Ctrl+Alt+Shift+E盖印可见图层，最后效果如下图所示。

4.3.4 油画效果处理

油画是西洋画的一种，其主要使用快干性的植物油调和颜料，在画布、亚麻布、纸板或木板等媒介上进行创作。油画画面所附着的颜料有较强的硬度，当画面干燥后，能长期保持光泽，色彩丰富，立体质感强。

01 打开效果图，初始效果如下图所示。

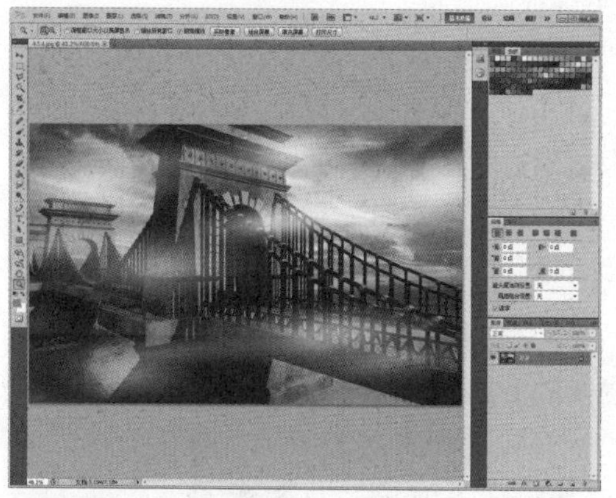

02 双击背景图层，打开对话框，单击“确定”按钮，为背景图层解锁，如下图所示。

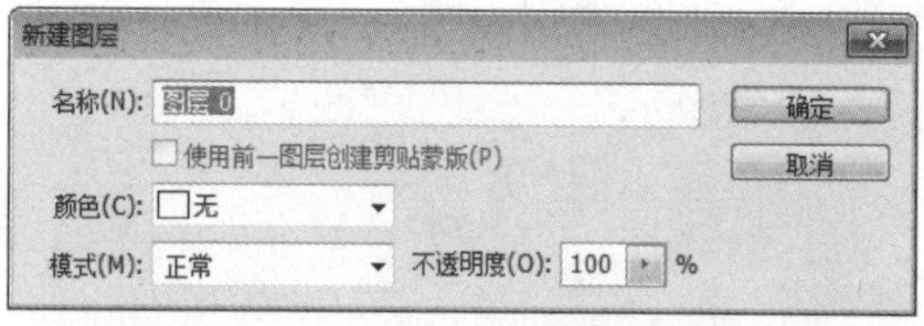

03 新建“色阶”调整图层，调整参数，如下图所示。

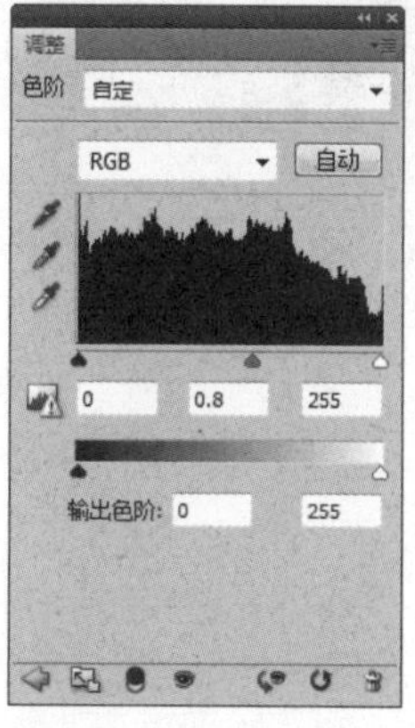

04 调整效果如下图所示。

05 添加“色相/饱和度”调整图层，调整饱和度，如下图所示。

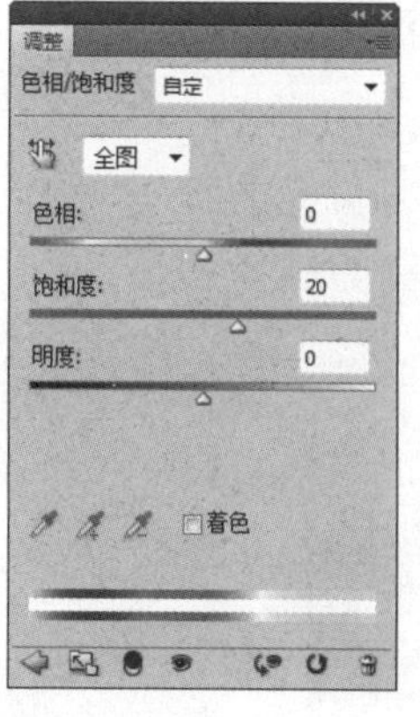

06 调整效果如下图所示。

07 新建图层，如下图所示。

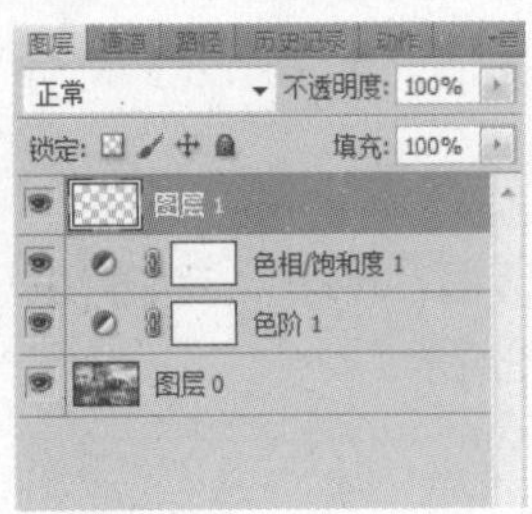

08 按快捷键Ctrl+Alt+Shift+E盖印可见图层，如下图所示。

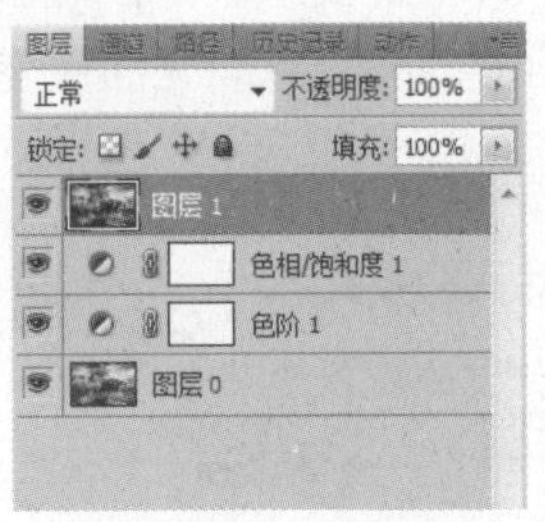

09 执行“滤镜>艺术效果>干画笔”命令，打开“干画笔”对话框，调整参数，如下图所示。

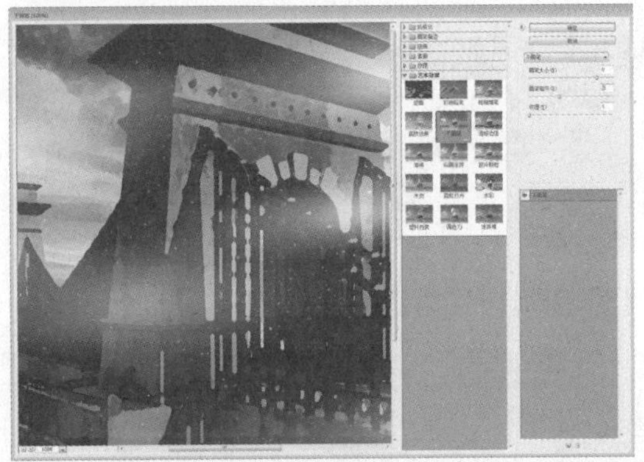

10 调整效果如下图所示。

11 执行“滤镜>纹理>纹理化”命令，打开“纹理化”对话框，调整参数，如下图所示。

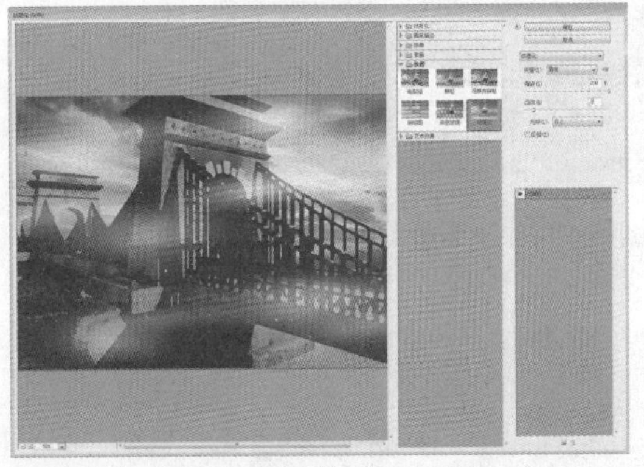

12 新建图层，按快捷键Ctrl+Alt+Shift+E盖印可见图层，并调整图层混合模式为“滤色”，如下图所示。

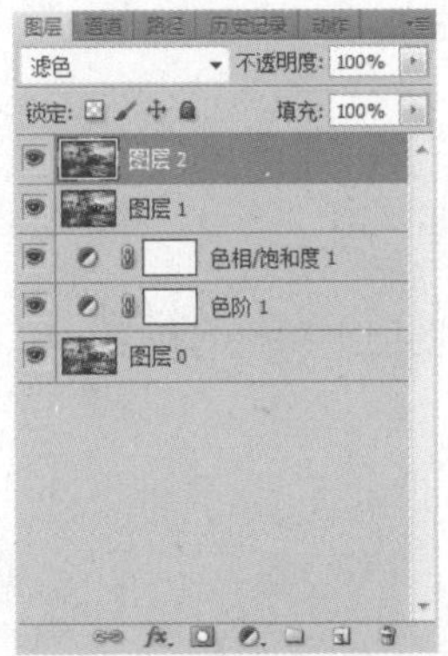

13 最终效果如右图所示。

制作大桥模型

本章中将介绍一款大桥模型的制作，通过大桥模型的制作过程，我们来练习3ds Max中的一种复制方式——“变换复制”，再通过对模型的更改来练习本章第二个知识点——“FFD修改器”，从而熟练地掌握使用FFD修改器来调节模型形状的方法。

知识点

1. 变换复制
2. FFD修改器

5.1 变换复制

变换复制是3ds Max中的一种复制方式，我们在对物体进行移动、旋转、缩放操作时，按住Shift键就可以同时对物体进行克隆。3ds Max中提供了三种复制类型：复制、关联复制、参考复制。

复制命令为常见的复制方式，比如将a物体复制，出现复制品b物体，那么b物体与a物体完全相同，而且两者之间在复制结束后再没有任何联系。

关联复制命令可以使原物体和复制物体之间存在联系，比如用a物体关联复制出b物体，两个物体之间就会互相影响，这些影响主要发生在子物体级别，若进入a物体的点层级进行修改，那么b物体也会相应地被修改，鉴于此，关联复制经常用在制作左右对称的模型上，例如制作生物体。

参考复制命令与关联复制有一些类似，不过参考复制的影响是单向的，比如用a物体参考复制出b物体，这时对a物体的子层级进行修改时会影响到b物体，但修改b物体却不会影响到a物体，也就是说只能a影响b，这种复制类型有自己的特点，例如，我们可以对b物体添加一个修改命令，这时再要调整b的子层级，就要回到b物体级别，显然很麻烦，其实我们只要修改a物体的子层级就可以了，b物体会相应地变化。

5.2 FFD修改器

FFD修改器是对网格对象进行变形修改的最重要的修改器之一，其特点是通过控制点的移动带动网格对象表面产生平滑一致的变形。下面来详细介绍FFD修改器的意义和作用。

（1）FFD修改器使用晶格框包围选中几何体。通过调整晶格的控制点，可以改变封闭几何体的形状。

（2）这是三个FFD修改器，每一个提供不同的晶格解决方案：2×2×2、3×3×3与4×4×4。2×2修改器提供具有两个控制点（控制点穿过晶格每一方向）的晶格或在每一个侧面有一个控制点（共4个），3×3修改器提供具有三个控制点（控制点穿过晶格每一方向）的晶格或在每一个侧面有一个控制点（共9个），4×4修改器提供具有四个控制点（控制点穿过晶格每一方向）的晶格或在每一个侧面有一个控制点（共16个）。此外，还有两个FFD相关修改器，它们提供原始修改器的超集。用户使用FFD（长方体/圆柱体）修改器，可在晶格上设置任意数目的点，这使它们比基本修改器功能更强大，如下图所示。

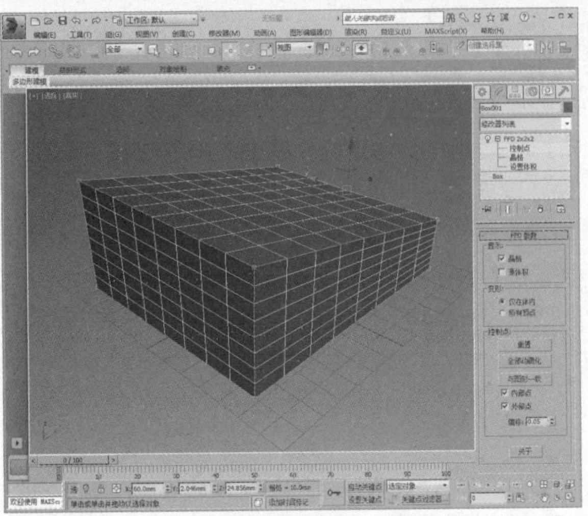
FFD 2×2×2

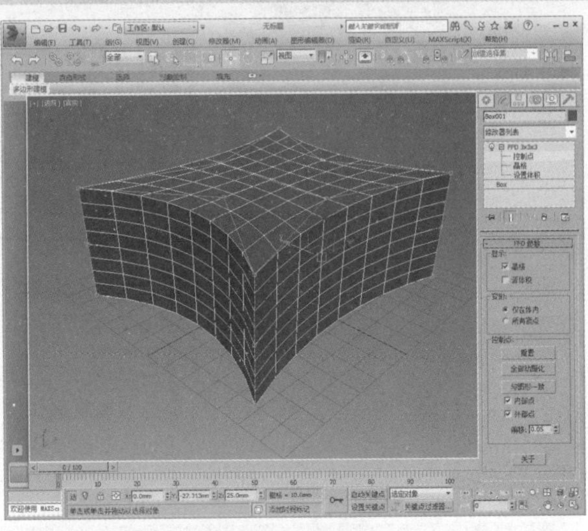
FFD 3×3×3

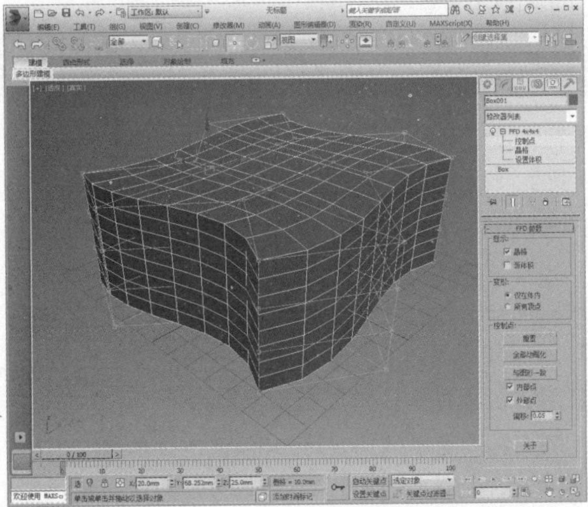
FFD 4×4×4

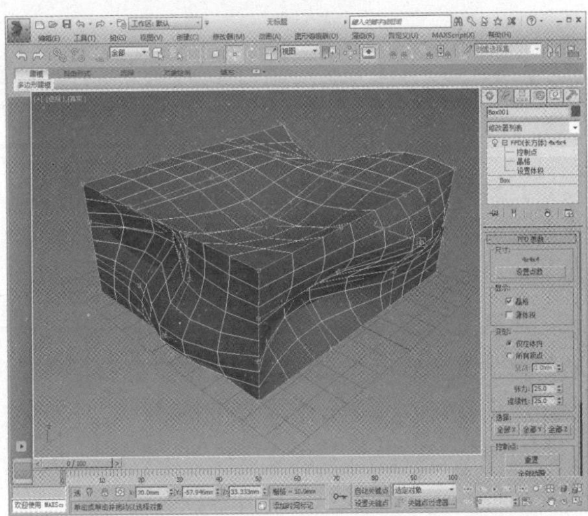
FFD（长方体）4×4×4

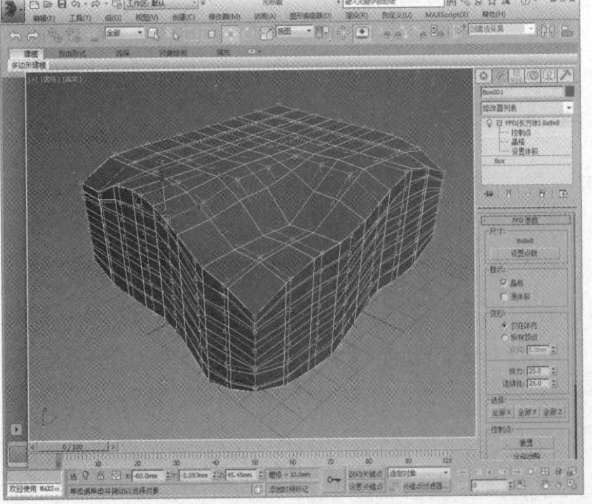
FFD 8×8×8

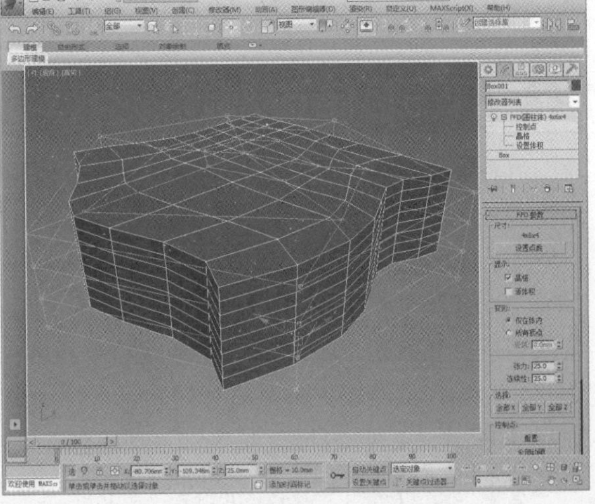
FFD（圆柱体）4×6×4

下表中列出了FFD（长方体）修改器参数设置卷展栏中所有选项的名称及意义。

名称	意义
尺寸	设置点数：设置控制点个数
显示	晶格：只显示控制点形成的矩阵
	源体积：显示初始矩阵
变形	仅在体内：只影响处在最小单元格内的面
	所有顶点：影响对象的全部节点
	衰减：影响力衰减
	张力：张力参数控制
	连续性：连续性参数控制
选择	全部X：选择与被选择对象在一条X轴上的所有的点
	全部Y：选择与被选择对象在一条Y轴上的所有的点
	全部Z：选择与被选择对象在一条Z轴上的所有的点
控制点	重置：回到初始状态
	全部动画：将“点 3”控制器指定给所有控制点，这样它们在“轨迹视图”中立即可见。默认情况下，FFD 晶格控制点将不在“轨迹视图”中显示出来，因为没有给它们指定控制器。但是在设置控制点动画时，给它指定了控制器，则它在“轨迹视图”中可见。使用“全部动画化”，也可以添加和删除关键点和执行其他关键点操作
	与图形一致：转换为图形
	内部点：仅控制受“与图形一致”影响的对象内部点
	外部点：仅控制受“与图形一致”影响的对象外部点
	偏移：设置偏移量

（3）控制点——在此子对象层级，可以选择并操纵晶格的控制点，可以一次处理一个或以组为单位处理（使用标准方法选择多个对象）。操纵控制点将影响基本对象的形状。 可以给控制点使用标准变形方法。如果修改控制点时启用了“自动关键点”按钮，此点将变为动画。

（4）晶格——在此子对象层级，可从几何体中单独地摆放、旋转或缩放晶格框。 如果启用了“自动关键点”按钮，此晶格将变为动画。当首先应用FFD时，默认晶格是一个包围几何体的边界框。 移动或缩放晶格时，仅位于体积内的顶点子集合可应用局部变形。

设置体积——在此子对象层级，变形晶格控制点变为绿色，可以选择并操作控制点而不影响修改对象。这使晶格能够更精确地符合不规则形状对象，当变形时这将提供更好的控制。“设置体积”主要用于设置晶格原始状态。如果控制点已是动画或启用“自动关键点”按钮时，“设置体积”与子对象层级上“控制点”的使用一样，当操作点时将改变对象形状。

5.3 制作大桥模型

大桥模型分为桥身和护栏两部分，在制作过程中需要利用到变换复制和FFD修改器命令，用户可以通过本次模型的制作，了解这两种命令的使用方法。另外，为了方便模型操作，本案例中的模型尺寸将会被缩小100倍。

5.3.1 制作桥身

大桥的桥身由路面、大梁、基座三部分组成。下面将对桥身的制作过程进行介绍。

01 在创建命令面板中单击“长方体”按钮，创建一个尺寸为100×400×5的长方体，如下图所示。

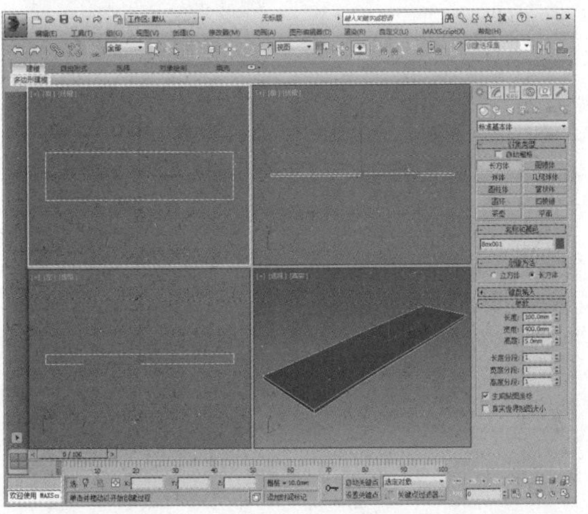

02 继续创建一个尺寸为5×350×20的长方体，并调整位置，如下图所示。

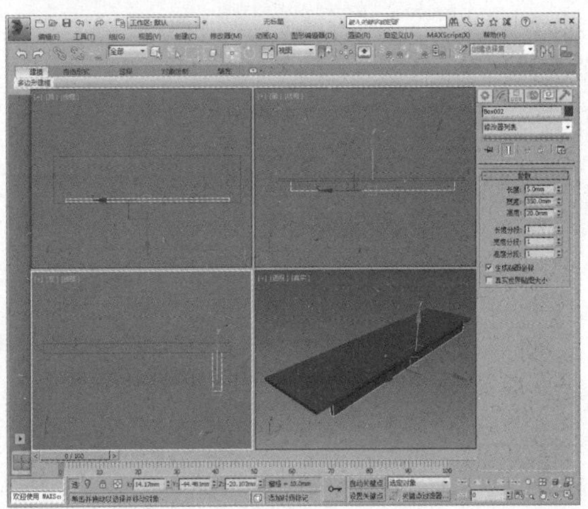

03 对新建的长方体进行复制，单击“选择并移动”工具，按住Shift键拖动，选择实例复制方式，设置副本数量为1，调整位置，如下图所示。

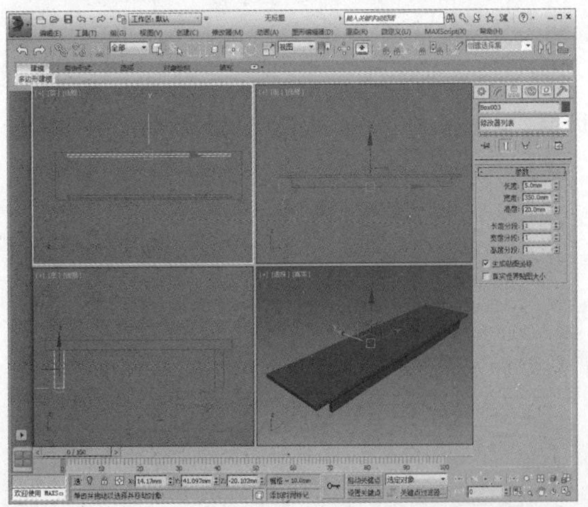

04 在创建命令面板中单击“圆柱体”按钮，在左视图中绘制一个半径为1、高度为400的圆柱体，如下图所示。

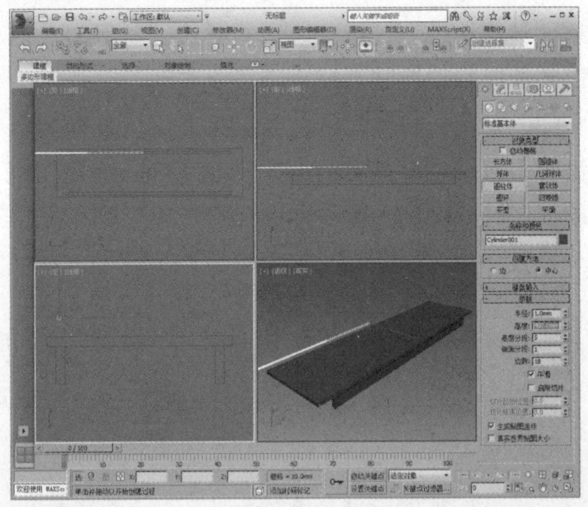

05 利用移动工具调整圆柱体位置，如下图所示。

06 继续创建一个半径为0.6、高度为3.5的圆柱体，如下图所示。

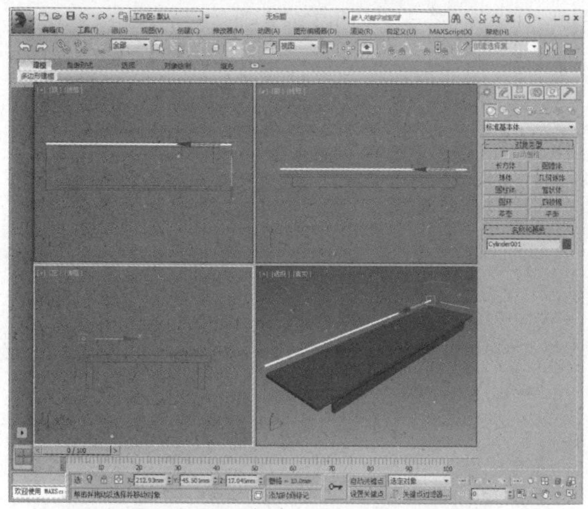

07 利用移动工具调整圆柱体位置，如下图所示。

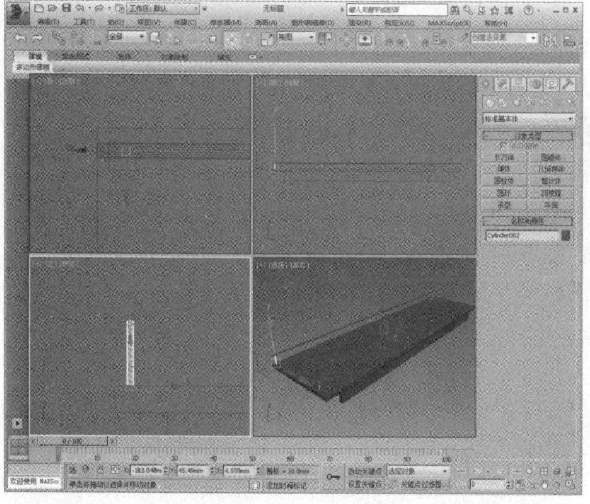

09 选择一侧栏杆及扶手，向另一侧进行复制，并调整位置，如下图所示。

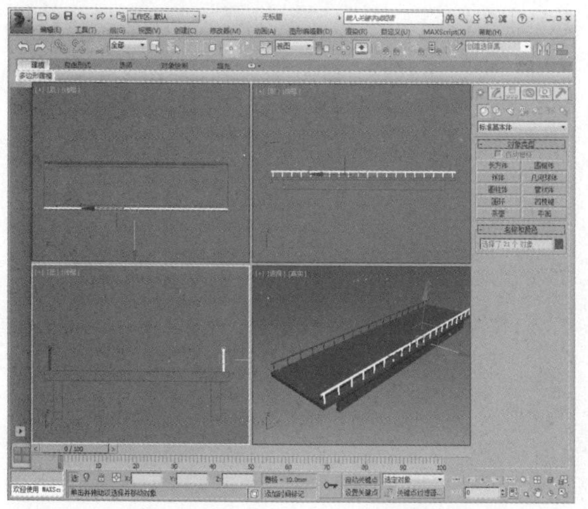

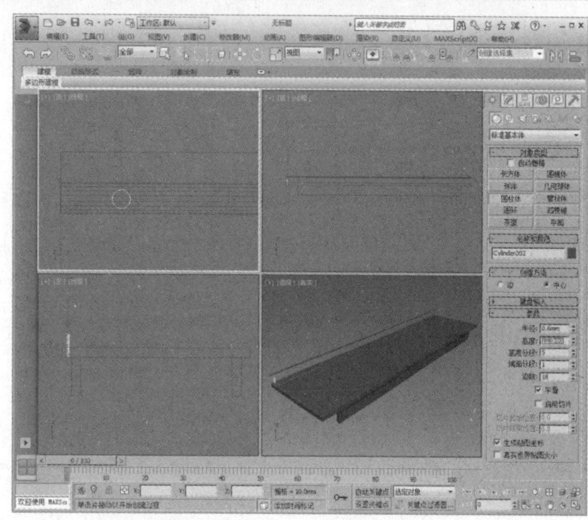

08 对新创建的圆柱体进行实例复制，共复制出19个，制作出一侧栏杆，如下图所示。

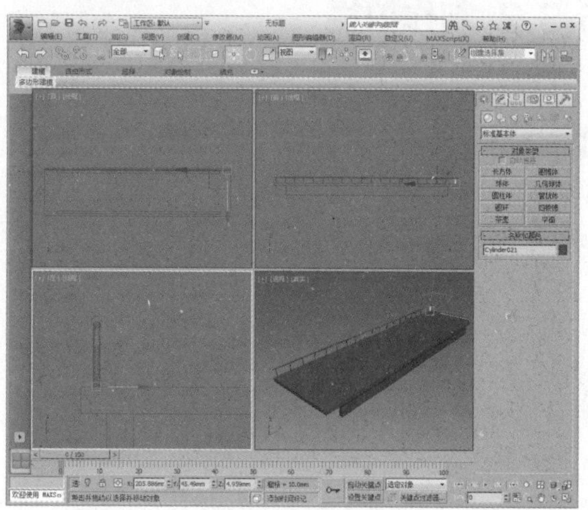

10 在创建命令面板中单击“长方体”按钮，创建一个尺寸为80×30×30的长方体，如下图所示。

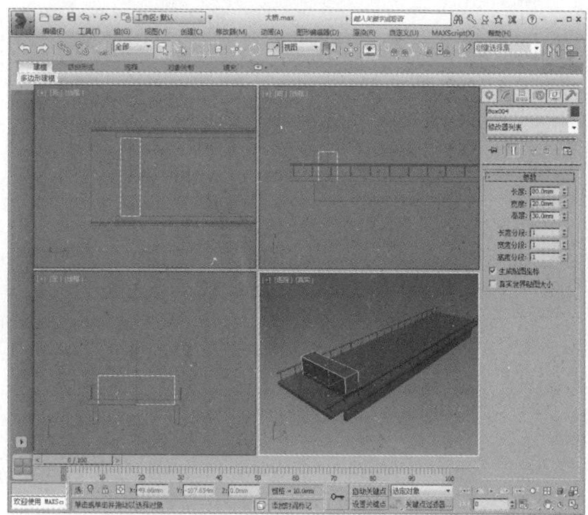

11 利用移动命令调整长方体的位置，如下图所示。

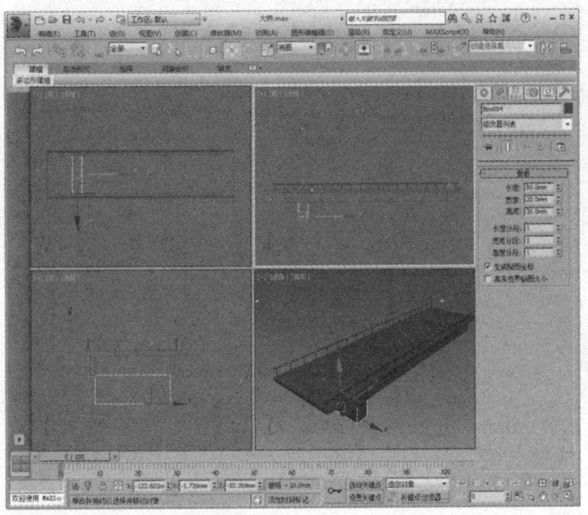

12 实例复制长方体，设置副本数量为3，并调整位置，如下图所示。

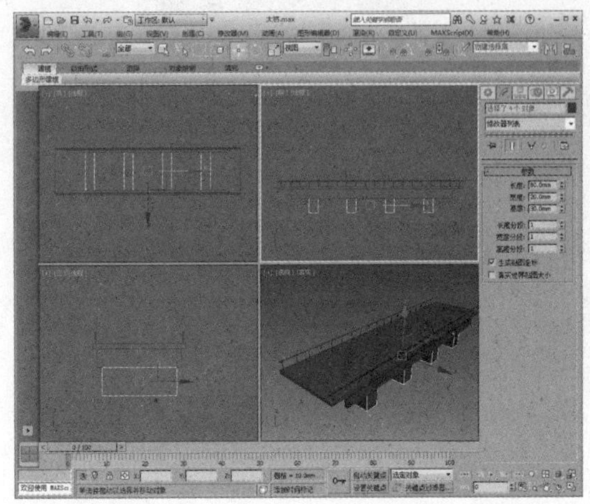

5.3.2 制作护栏

下面来介绍护栏的制作过程。

01 在创建命令面板中单击“弧”按钮，在左视图中创建一个弧，参数如下图所示。

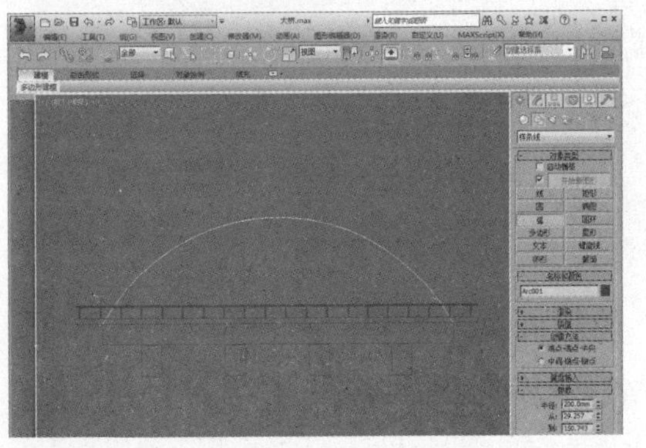

02 右击弧线，将其转换为可编辑样条线，如下图所示。

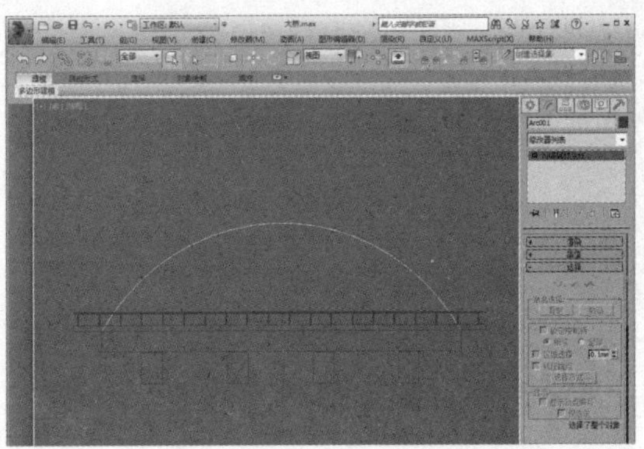

03 进入可编辑样条线的“样条线”子层级，如下图所示。

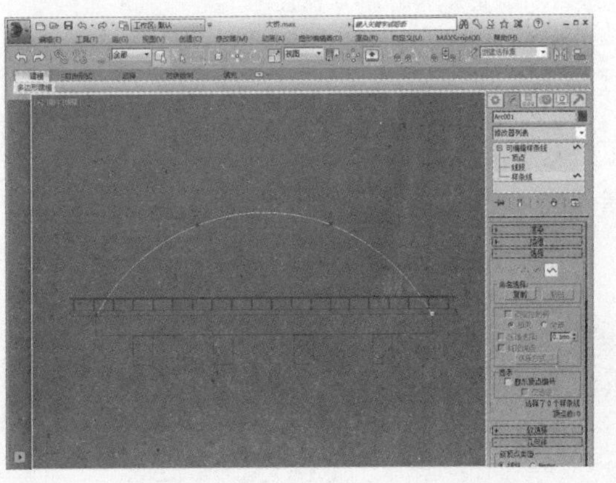

04 在“几何体”卷展栏中设置轮廓值为4，然后按Enter键确认，如下图所示。

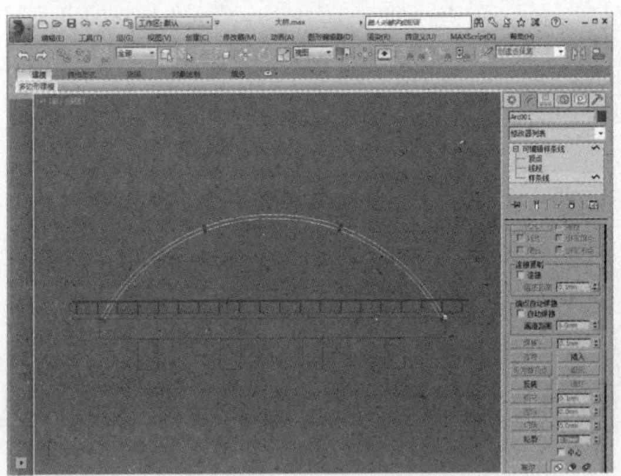

知识点

使用3ds Max图形面板中的“弧”命令，可以快速绘制一些有弧度的物体。

05 在修改器列表中单击选择“挤出”选项，如下图所示。

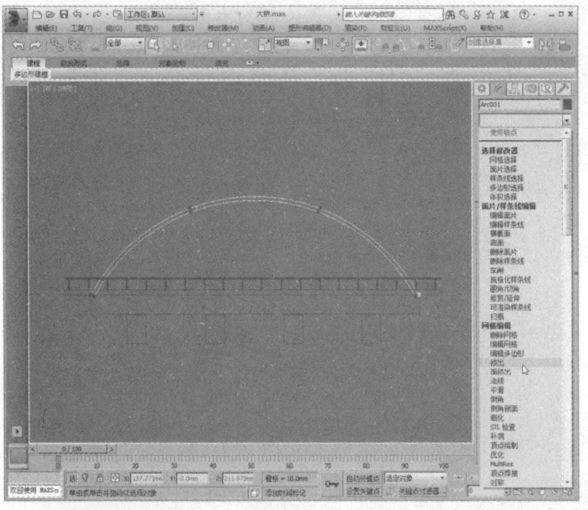

06 在挤出修改器的数量选项中，设置挤出参数为2，调整模型位置，如下图所示。

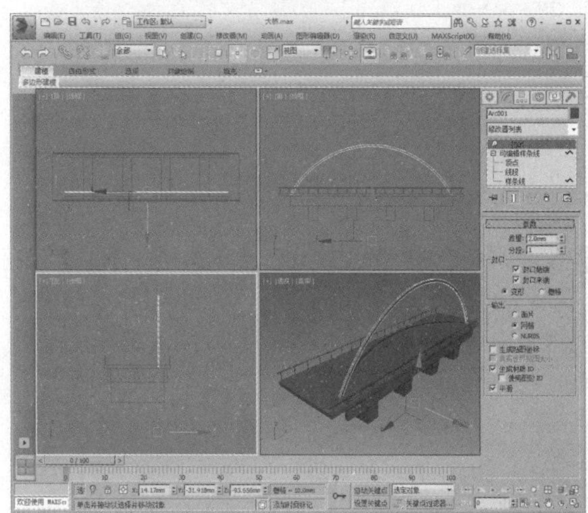

知识点

“挤出”修改器是我们在模型制作过程中经常使用的修改器之一，使用它可以快速地将二维图形转换为三维几何物体，运算快，且修改方便。

07 在创建命令面板中单击“线”按钮，在左视图中按住Shift键绘制直线，如下图所示。

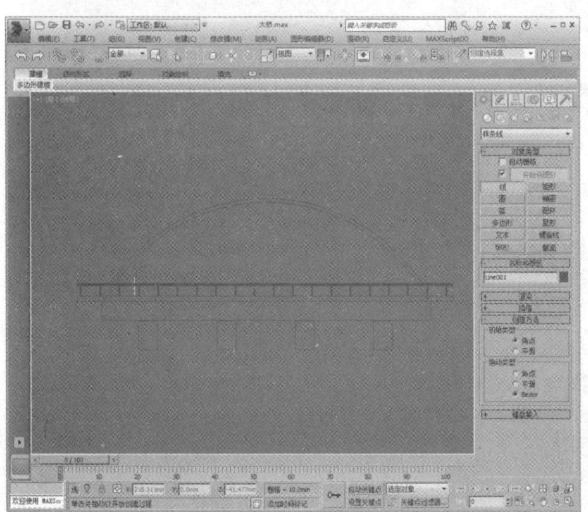

08 按住Shift键，移动并复制直线，如下图所示。

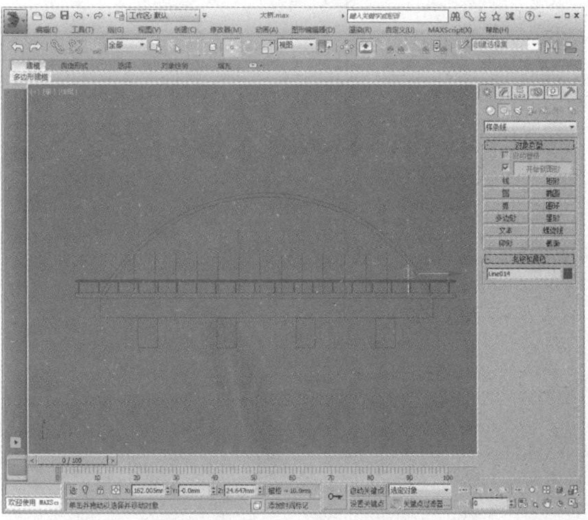

09 在“几何体”卷展栏中单击“附加”按钮，将所有的直线附加到一起，如下图所示。

10 进入样条线的“顶点”层级，移动顶点位置，调整图形，如下图所示。

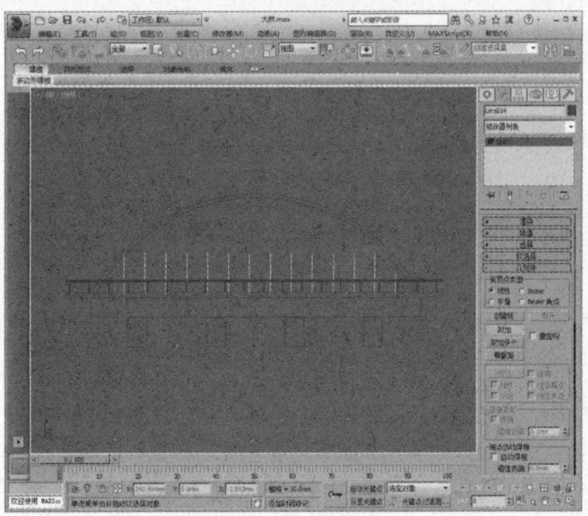

11 在“渲染”卷展栏中勾选“在渲染中启用”及“在视口中启用”两个选项，并设置径向厚度值为1.5，即可看到直线的轮廓发生了改变，如下图所示。

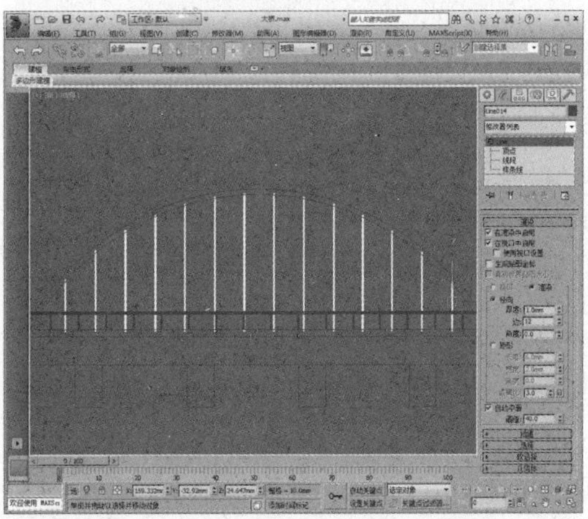

13 选中物体，并将其成组，如下图所示。

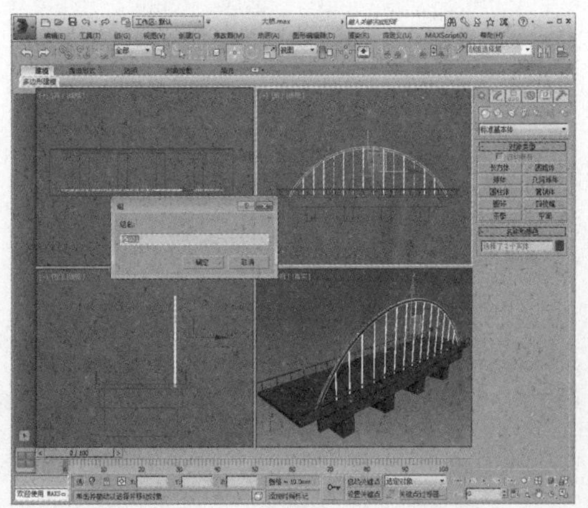

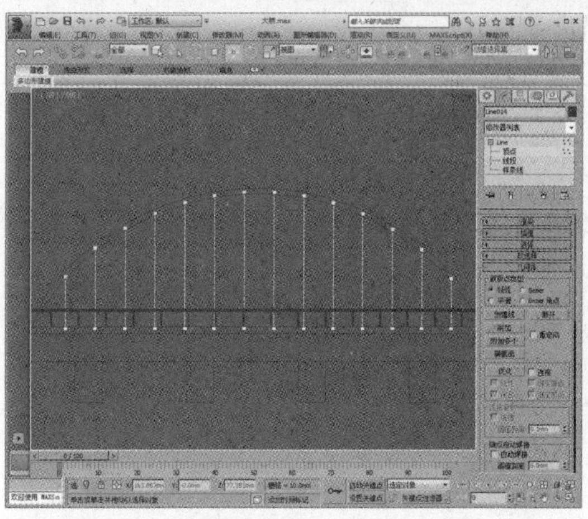

12 调整样条线的位置，如下图所示。

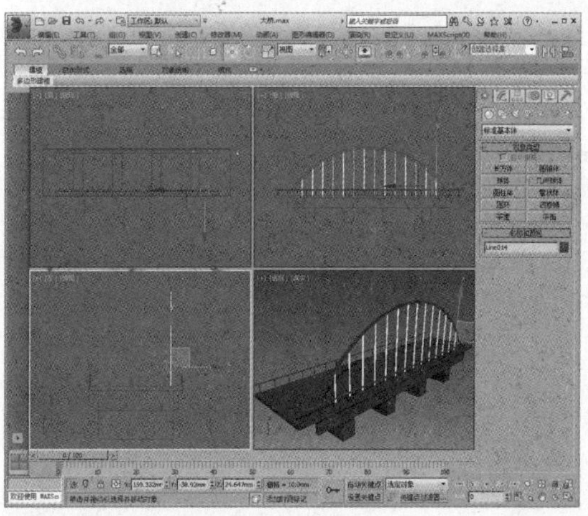

14 对成组的模型进行实例复制，并调整到合适位置，如下图所示。

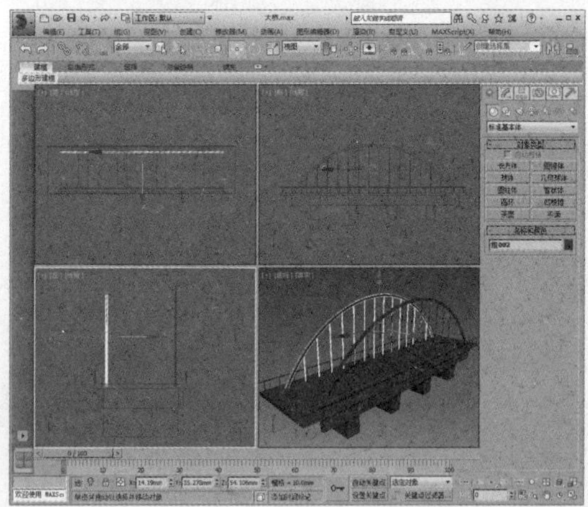

15 选择两侧的护栏，在修改器列表中单击选择“FFD 2×2×2”选项，如下图所示。

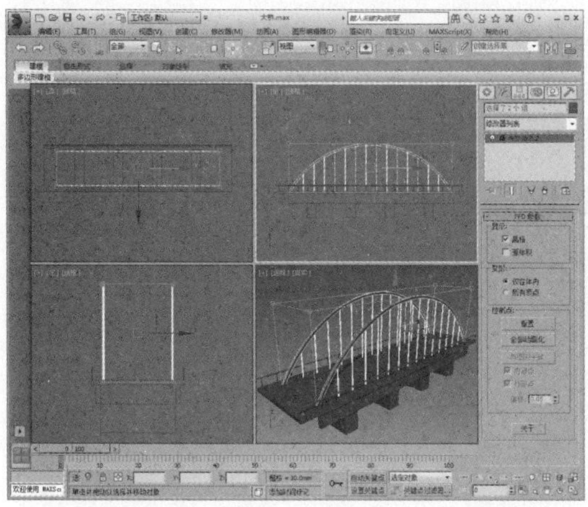

16 进入“FFD 2×2×2”的“控制点”层级，在左视图中选择上方的控制点，如下图所示。

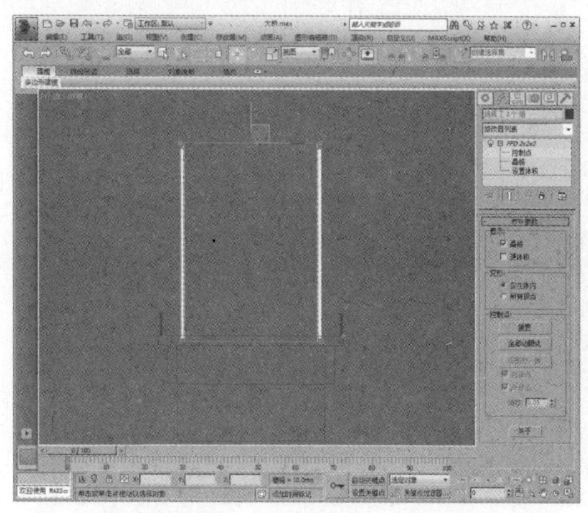

17 使用缩放工具将选择的控制点沿X轴进行缩放，如下图所示。

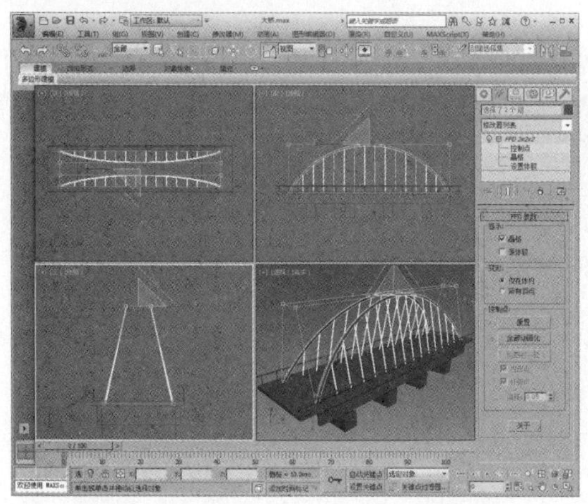

18 在创建命令面板中单击“矩形”按钮，绘制一个矩形，如下图所示。

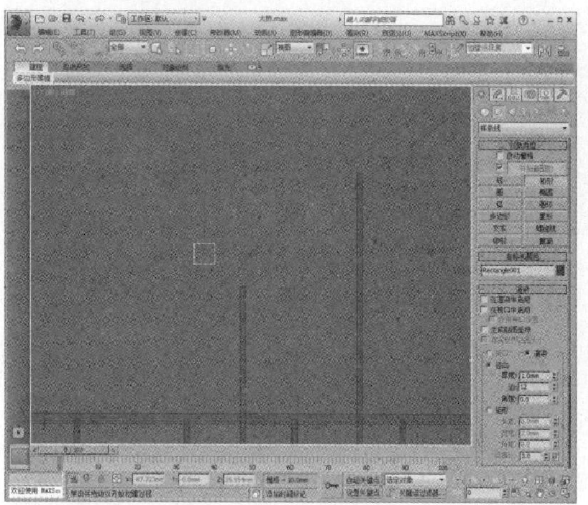

19 调整矩形位置并将其转换为可编辑样条线，进入“顶点”层级，如下图所示。

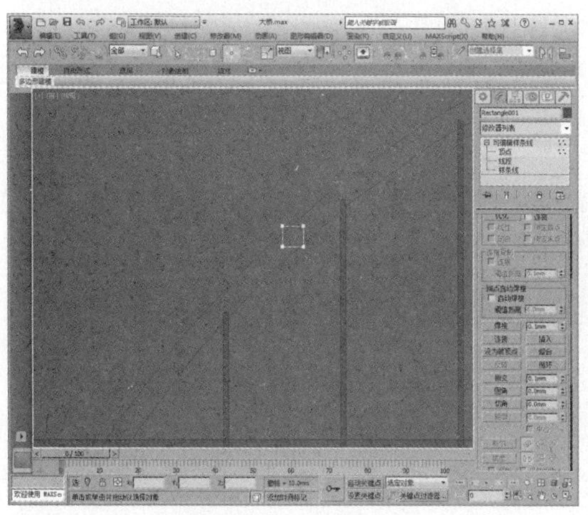

20 调整顶点位置，如下图所示。

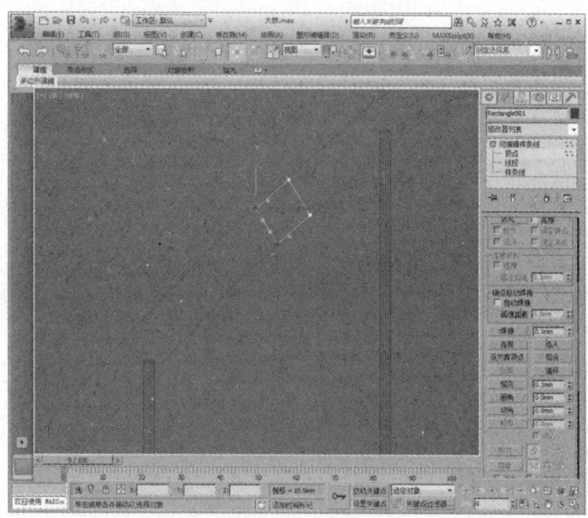

21 在修改器列表中单击选择“挤出”选项，并设置挤出值为50，调整位置，如下图所示。

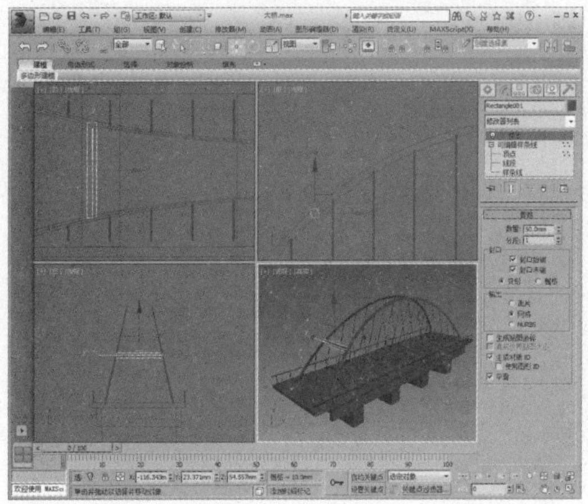

22 复制模型，调整挤出值与模型位置，如下图所示。

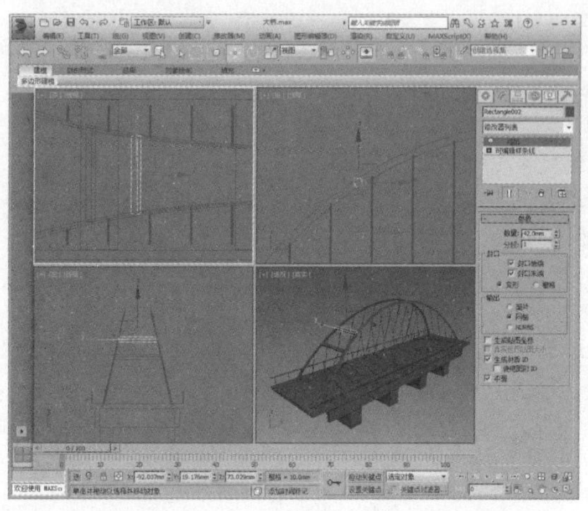

23 选择两个模型并成组，将其进行实例复制，如下图所示。

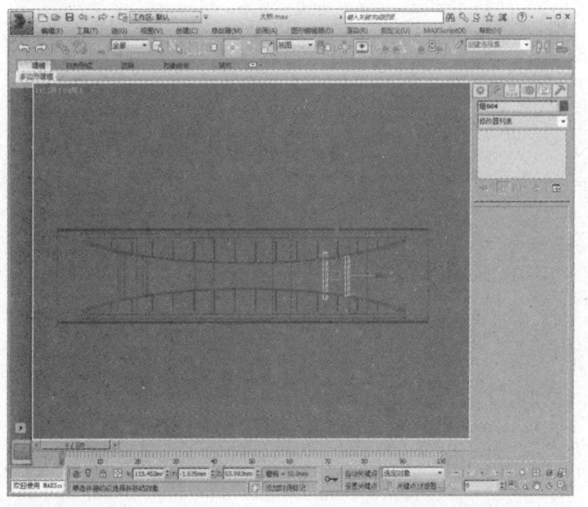

24 单击“镜像”按钮，在打开的对话框中选择镜像轴为X轴，单击“确定”按钮即可，如下图所示。

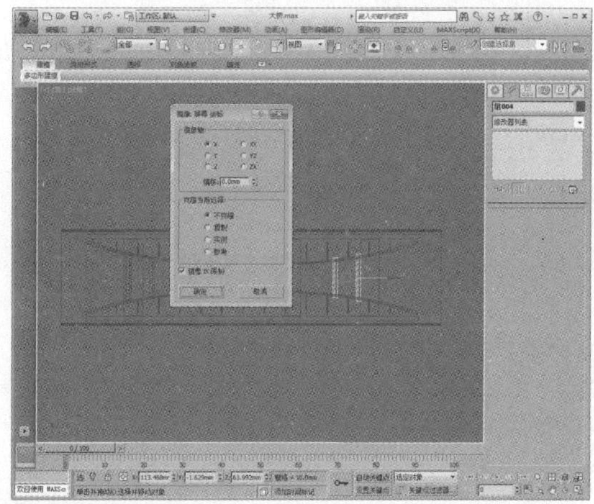

25 使用移动工具，调整模型，如下图所示。

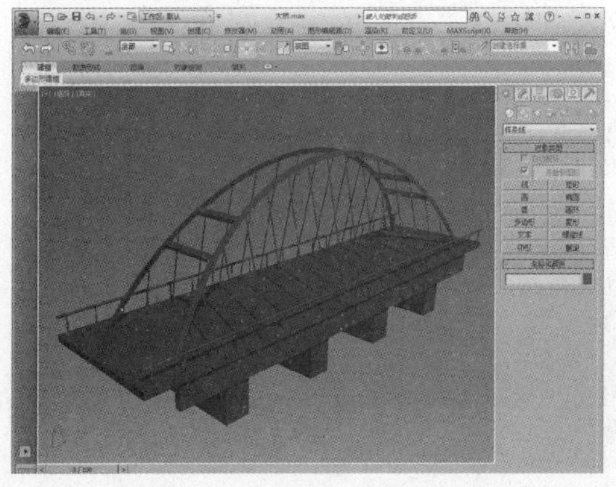

26 最后按M键打开材质编辑器，为场景中的大桥模型赋予一个标准材质，即可完成本次大桥模型的制作，如下图所示。

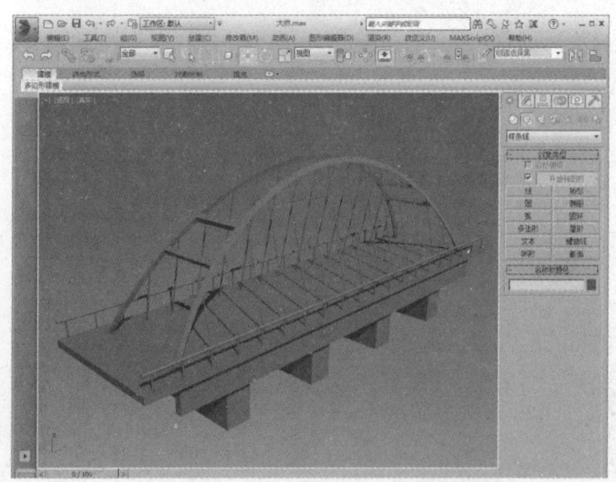

用放样制作台灯模型

在3ds Max中有大量的标准几何体用于建模，使用它们建模方便快捷、易学易用，一般只需要改变几个简单的参数，并通过旋转、缩放和移动把它们堆砌起来就能建成简单美观的模型，这对于初学者来说无疑是最好的建模方法。但当经过一段时间学习以后，我们会发现很多物体并不能通过上述方法实现，而对于3ds Max刚有一些认识的学习者来说，面片建模过于复杂，而NURBS建模又显得高深莫测，这时放样法生成物体模型则是最简单易行的办法。本章中将介绍一款欧式台灯模型的制作，通过对台灯的制作，让我们来练习3ds Max中的放样命令，并掌握利用放样命令创建复杂形体的原则。

知识点

1. 放样命令的介绍
2. 放样工具的使用方法
3. 放样工具的使用要点

6.1 放样

放样功能是3ds Max内嵌的最古老的建模方法之一，也是最容易理解和操作的建模方法。这种建模概念甚至在AutoCAD建模中都占据重要地位。它源于一种对三维对象的理解：截面和路径。

放样建模是截面图形在一段路径上形成的轨迹，截面图形和路径的相对方向取决于两者的法线方向。路径可以是封闭的，也可以是敞开的，但只能有一个起始点和终点，即路径不能是两段以上的曲线。所有的截面图形皆可用来放样，当某一截面图形生成时，其法线方向也随之确定，即在物体生成窗口垂直向外，放样时图形沿着法线方向从路径的起点向终点放样。对于封闭路径，法线向外时从起点逆时针放样，在选取图形的同时按住Ctrl键则图形反转法线放样。

放样是通过将一系列的二维图形截面沿一条路径排列并缝合连续表皮来形成相应的三维对象的建模方式。放样相关参数设置卷展栏中的选项介绍如下表所示。

卷展栏: 创建方法	获取路径	
	获取图形	
	关联方式	
卷展栏: 曲面参数	平滑	平滑长度
		平滑宽度
	贴图	应用贴图
		长度重复
		宽度重复
		规格化

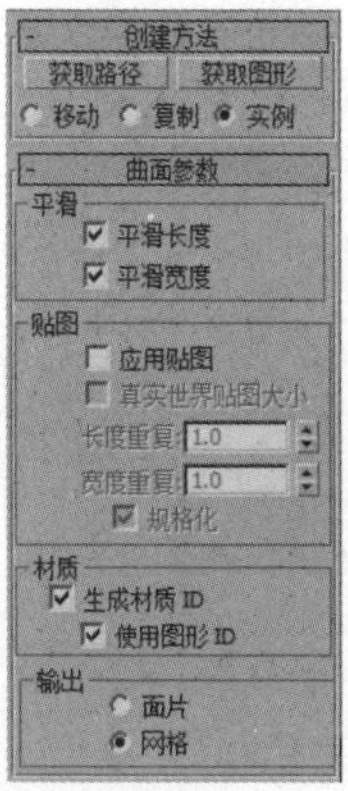

（续表）

卷展栏: 曲面参数	材质	生成材质ID	
		使用图形ID	
	输出	面片: 输出为面片对象	
		网格: 输出为网格对象	
卷展栏: 路径参数	路径: 当前截面处于路径位置的百分比		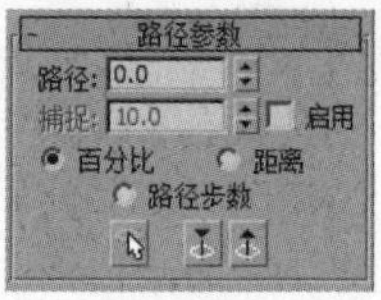
	捕捉: 捕捉面片的节点		
	百分比: 以百分比方式		
	距离: 以距离方式		
	路径步数: 设置步数		
卷展栏: 蒙皮参数	封口	封口始端/封口末端	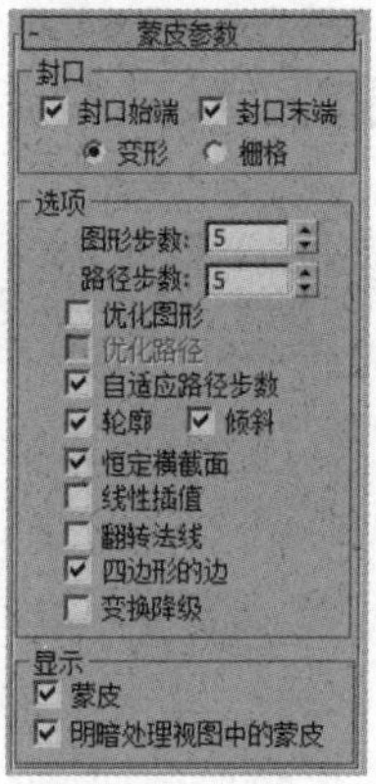
		变形/栅格	
	选项	图形步数	
		路径步数	
		优化图形	
		优化路径	
		自适应路径步数	
		轮廓/倾斜	
		恒定横截面	
		线性差值	
		翻转法线	
		四边形的边	
		变换降级	
	显示	蒙皮	
		明暗处理视图中的蒙皮	
卷展栏: 变形	缩放: 在路径X、Y轴上进行缩放		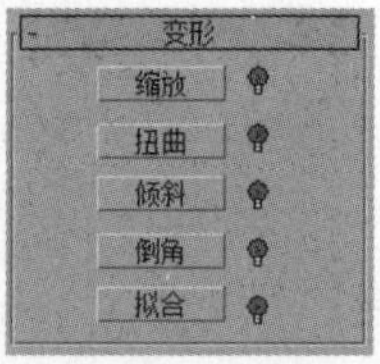
	扭曲: 在路径X、Y轴上进行扭曲		
	倾斜: 在路径Z轴上进行旋转		
	倒角: 产生倒角，多用在路径两端		
	拟合: 在路径X、Y轴上进行三视图拟合放样		

知识点

在3ds Max中放样是一种针对二维图形的建模工具，与其他的二维建模工具不同，它可以在一条路径上拾取多个不同的截面，并且能够根据不同的位置拾取不同的截面，从而使模型产生不同的效果。

6.2 制作台灯模型

通过上面对放样法建模的学习，我们简单地了解了放样法建模的一般原理和过程，但对于如何完整地建模和建模过程中所遇到的问题如何解决，以及在什么样的时候选择放样法建模，还需要有一个深入学习的过程，接下来将通过一个台灯模型的制作来完成这个学习过程。

本案例中的台灯模型分为灯罩和灯座两个部分，结合基础建模技术以及放样修改器的使用来创建。

6.2.1 制作台灯灯罩

在创建物体的时候，首先要确定物体的大体形状，再去建模。下面将对台灯灯罩的制作过程进行介绍。

01 在创建命令面板中单击“线”按钮，绘制一条样条线作为灯罩的轮廓，如下图所示。

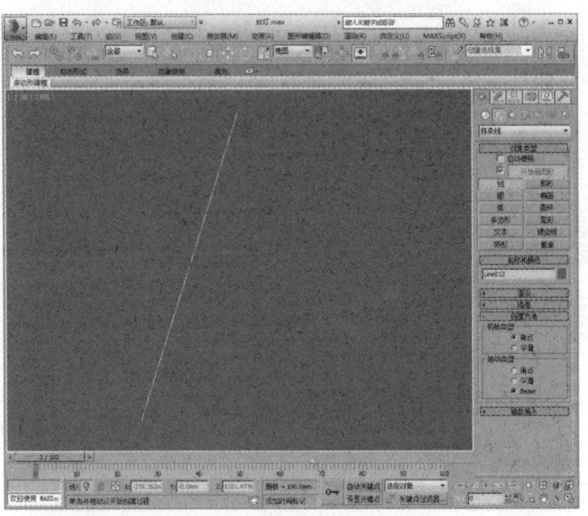

02 在修改器堆栈中进入“样条线”子层级，设置样条线轮廓值为2，如下图所示。

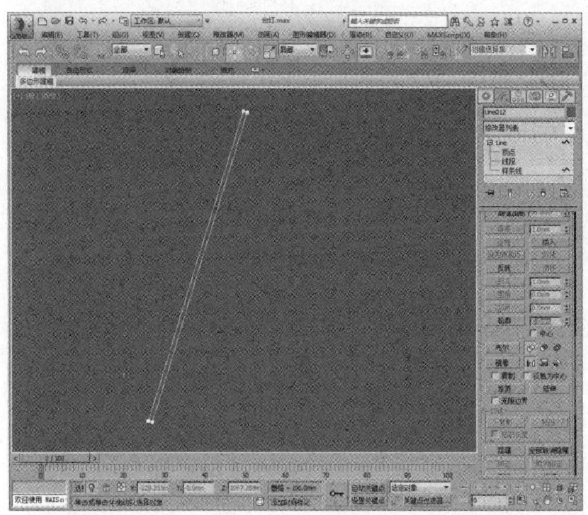

03 在创建命令面板中单击“圆”按钮，绘制一个半径为90的圆形，如下图所示。

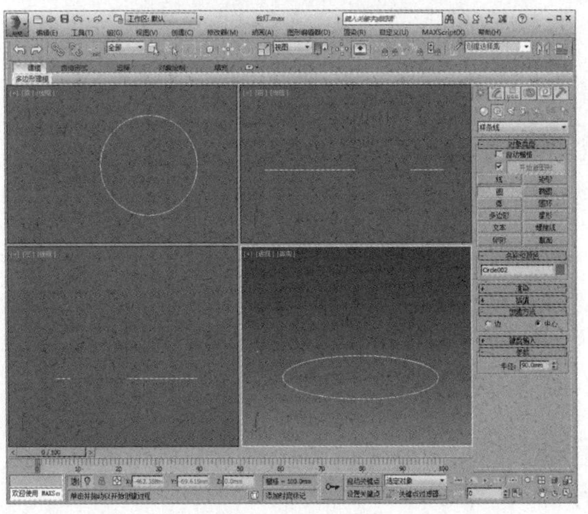

04 选择样条线，在复合对象创建面板中单击“放样”按钮，在下面的“创建方法”卷展栏中单击“获取路径”按钮，接着在视口中单击圆，如下图所示。

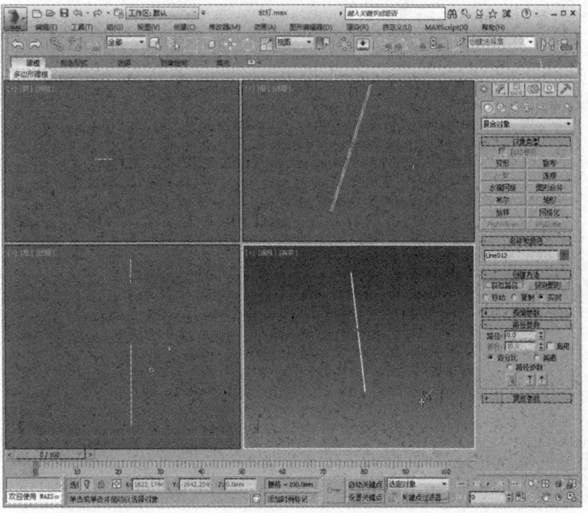

知识点

进行放样操作之前必须先创建作为路径和截面形状的形体对象。

05 单击确定选择，即可创建出灯罩造型，如下图所示。

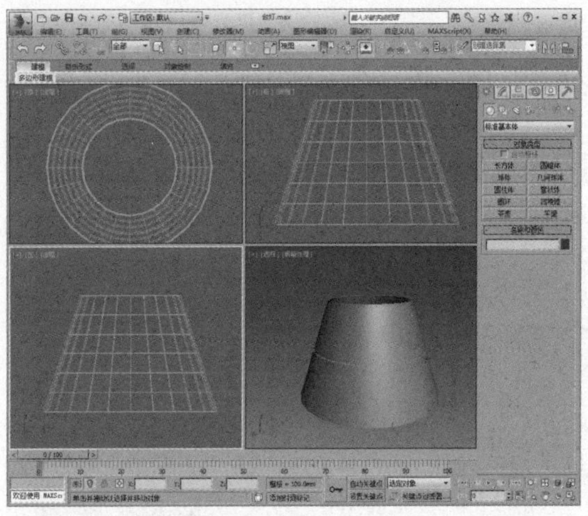

06 在创建命令面板中单击“圆”按钮，分别创建半径为65和半径为113的圆，并在“渲染”卷展栏中设置其参数，调整到合适位置，如下图所示。

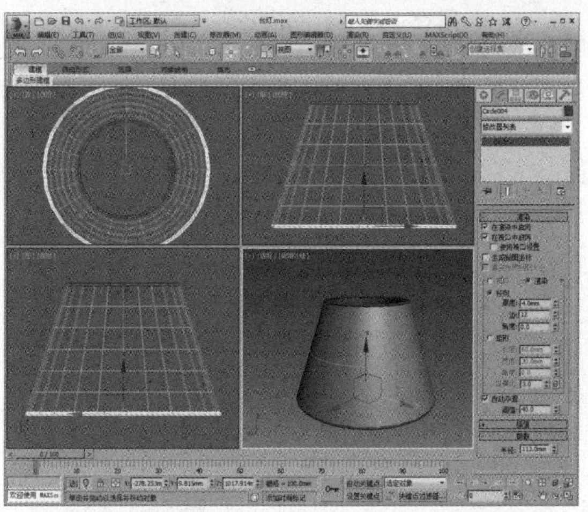

07 在创建命令面板中单击“圆柱体”按钮，创建4个参数相同的圆柱体，调整位置及角度，如下图所示。

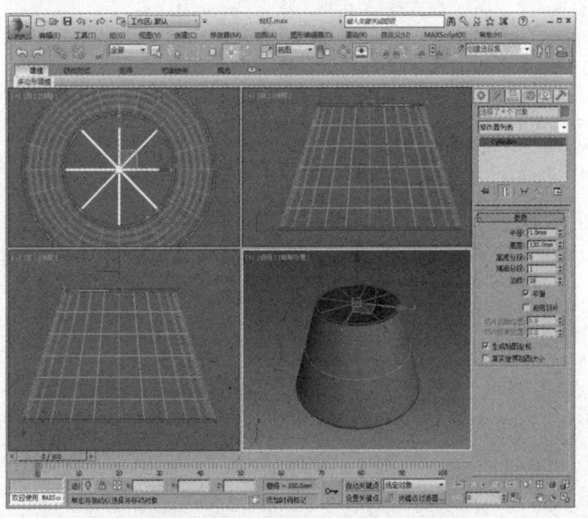

08 在创建命令面板中单击“球体”按钮，创建一个半径为12的球体，调整位置，作为灯罩的顶珠，即可完成灯罩的创建，如下图所示。

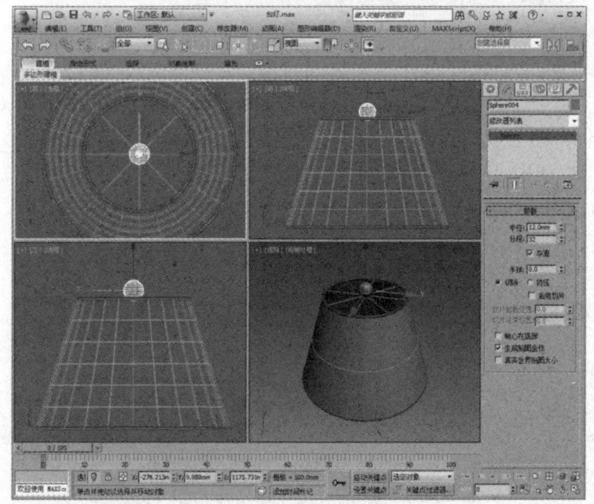

6.2.2 制作台灯灯柱及底座

本案例中所绘制的为欧式台灯，灯柱造型较为复杂，在制作轮廓时需要多加注意，轮廓制作得精细，制作出的模型才会更加精美，下面来介绍台灯灯柱及底座的制作过程。

01 在创建命令面板中单击“线”按钮，在前视图中创建一个弧，参数如下图所示。

02 进入“顶点”子层级，调整顶点平滑及角度等，如下图所示。

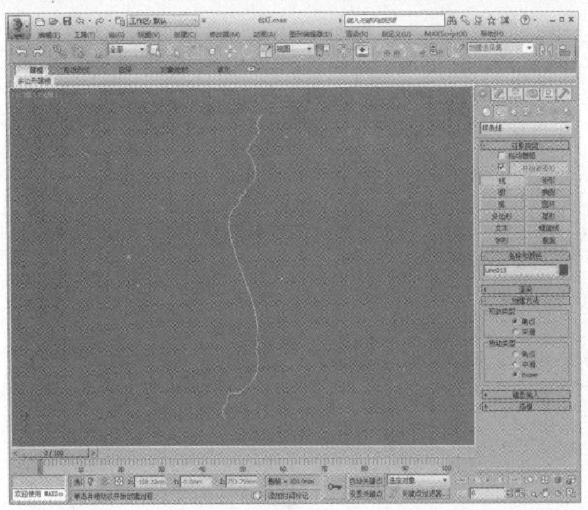

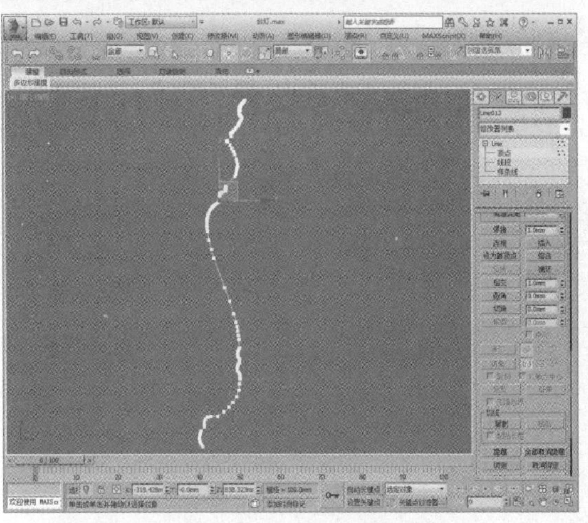

03 在创建命令面板中单击“圆”按钮，绘制一个半径为18的圆，如下图所示。

04 选择圆，在复合对象面板中单击“放样”按钮，然后在“创建方法”卷展栏中单击“获取图形”按钮，在视口中选择灯柱轮廓样条线，如下图所示。

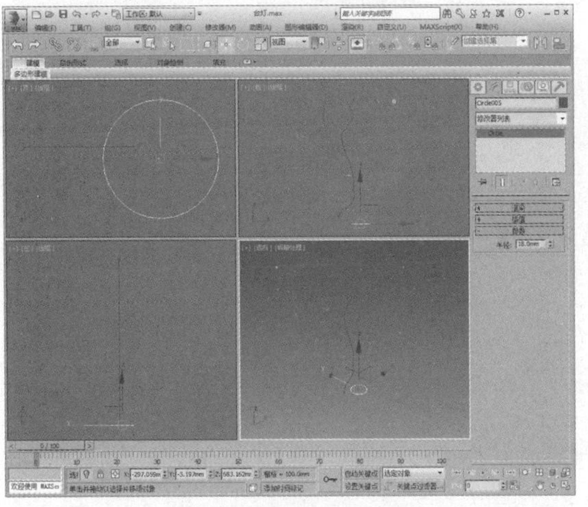

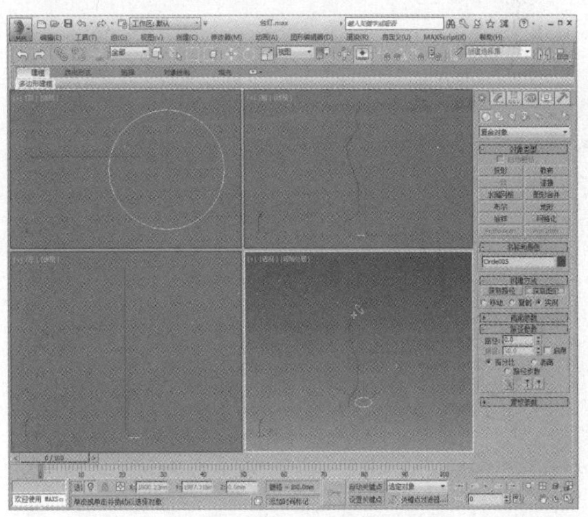

05 单击鼠标确定，即可完成放样操作，制作出灯柱造型，如下图所示。

06 在创建命令面板中单击“线”按钮，绘制一条直线，如下图所示。

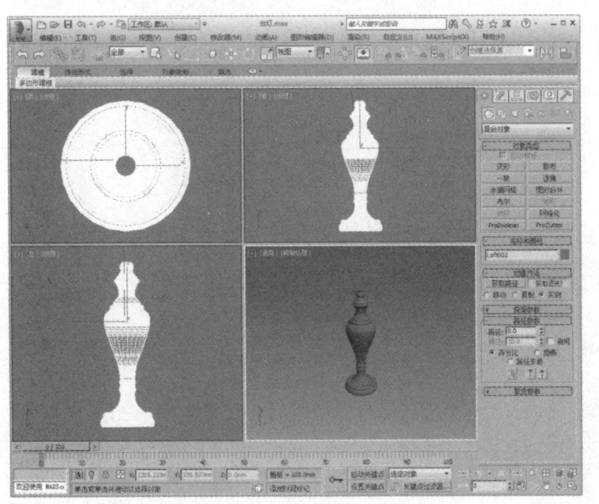

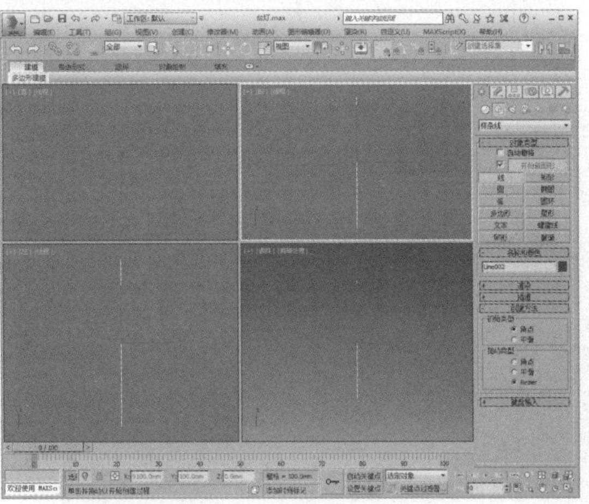

07 在创建命令面板中单击“多边形”按钮，绘制一个半径为10、边数为20，并勾选“圆形”选项的多边形，如下图所示。

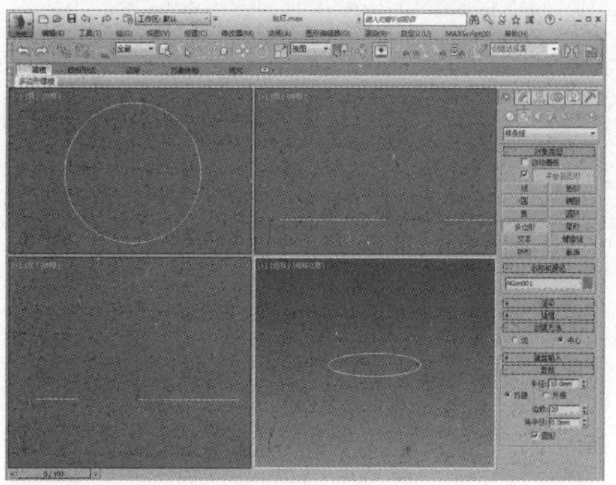

08 单击鼠标右键，在弹出的快捷菜单中选择命令将多边形转换为可编辑样条线，如下图所示。

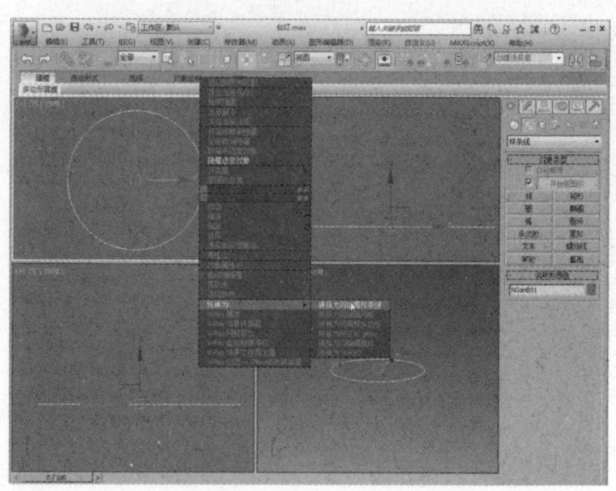

09 进入“顶点”层级，选择如下图所示的顶点。

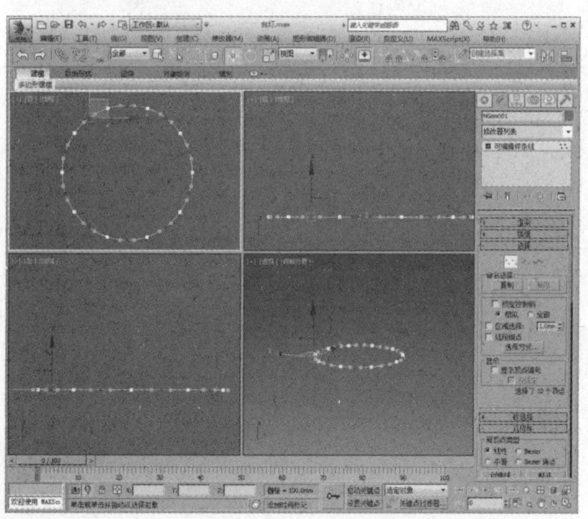

10 单击“选择并缩放”按钮，并单击“使用选择中心”按钮，调整顶点位置，如下图所示。

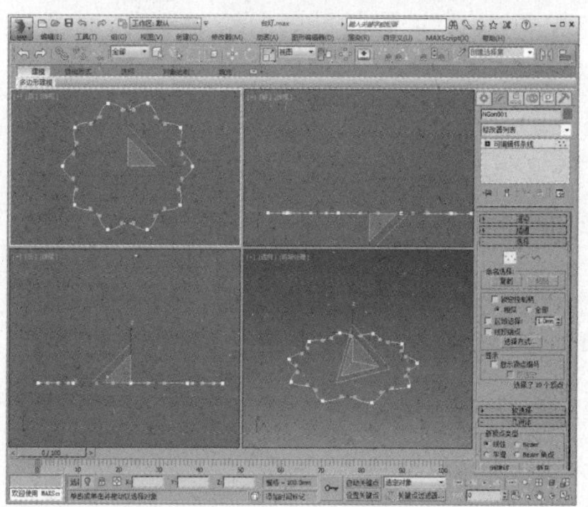

11 进入“样条线”层级，设置样条线轮廓为0.5，制作出样条线宽度，如下图所示。

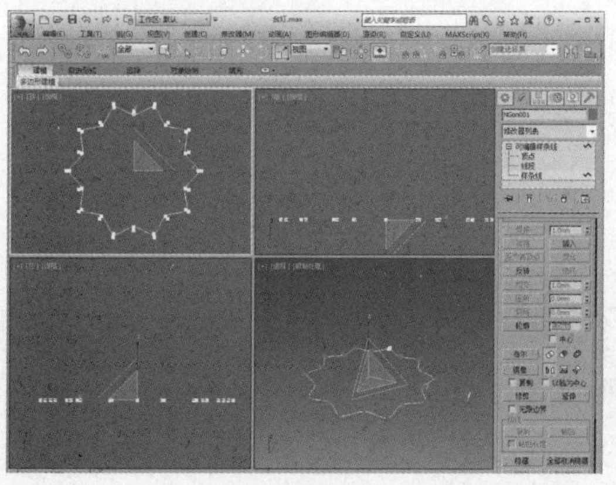

12 在复合对象面板中单击“放样”按钮，在“创建方法”卷展栏中单击“获取路径”按钮，再选择之前创建的直线，如下图所示。

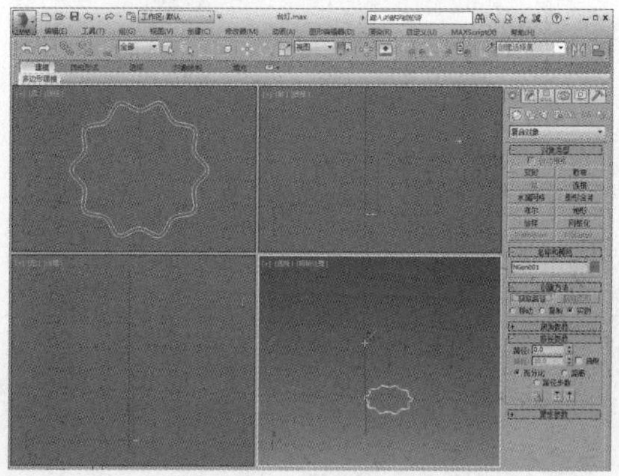

13 单击鼠标确定，即可完成放样操作，制作出模型，如下图所示。

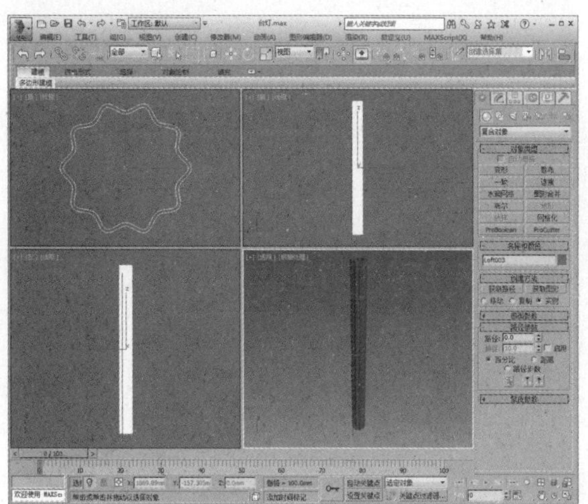

14 在“变形”卷展栏中单击“扭曲”按钮，打开“扭曲变形”窗口，插入控制点并进行调整，如下图所示。

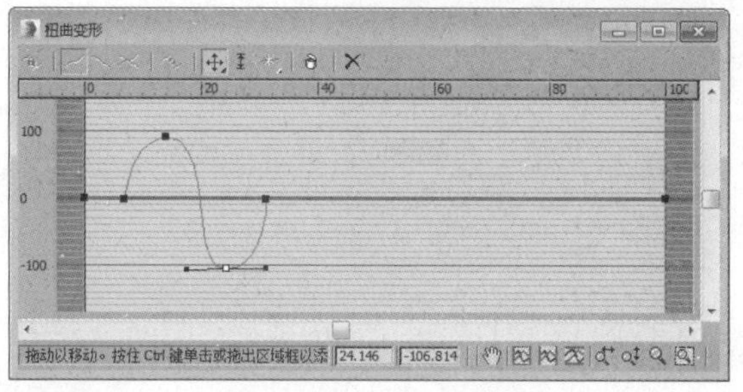

15 调整完毕即可将其关闭，可以看到制作出的模型发生了变化，如下图所示。

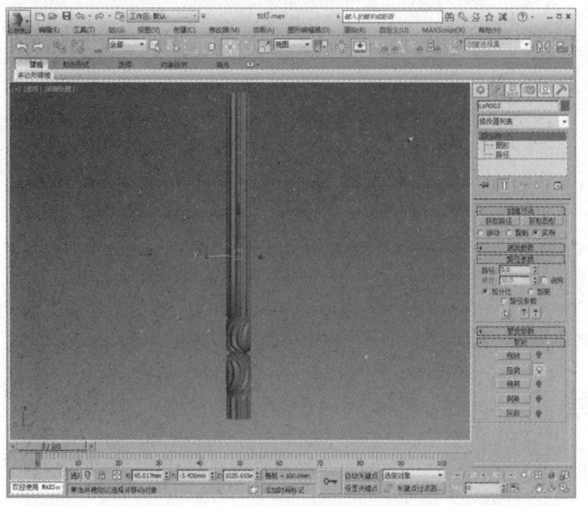

16 将已创建出的模型组合起来，如下图所示。

17 在创建命令面板中单击“圆柱体”按钮，绘制一个半径为60、高度为15的圆柱体，并调整位置作为台灯底座。至此，完成台灯模型的制作，如右图所示。

18 按M键打开材质编辑器，选择一个空白材质球，设置为VRayMtl材质，再设置漫反射颜色及折射颜色，并设置折射参数，如下图所示。

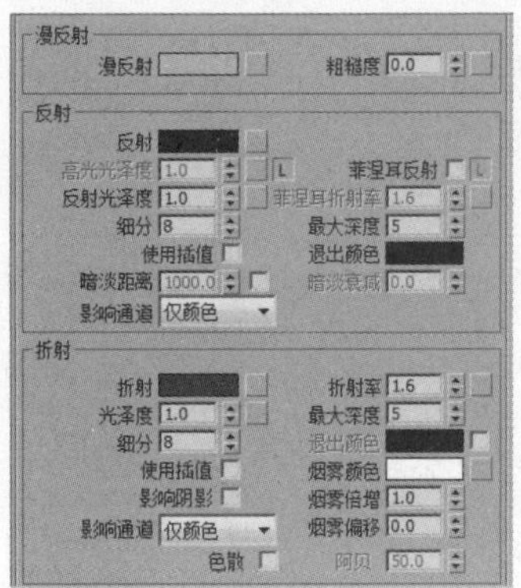

19 漫反射颜色及折射颜色设置如下图所示。

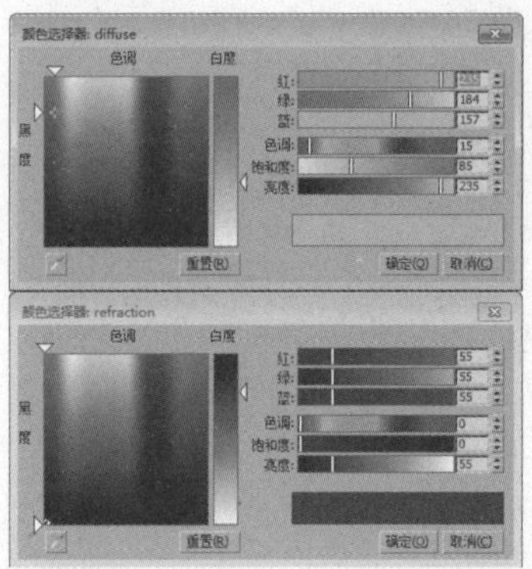

20 创建好的灯罩材质球示例窗效果如下图所示。

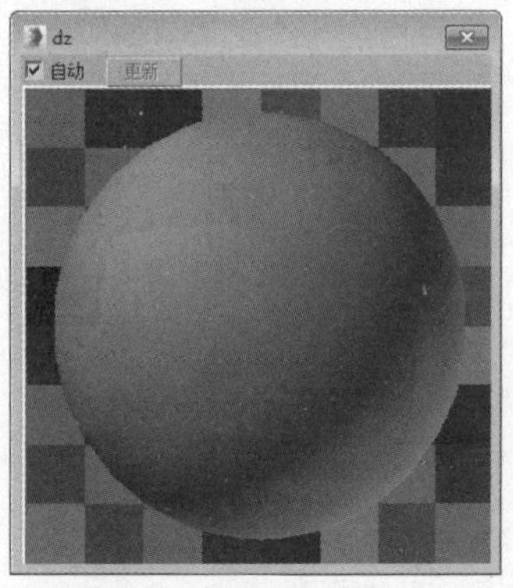

21 选择一个空白材质球，设置为VRayMtl材质，再设置漫反射颜色及反射颜色，并设置反射参数，如下图所示。

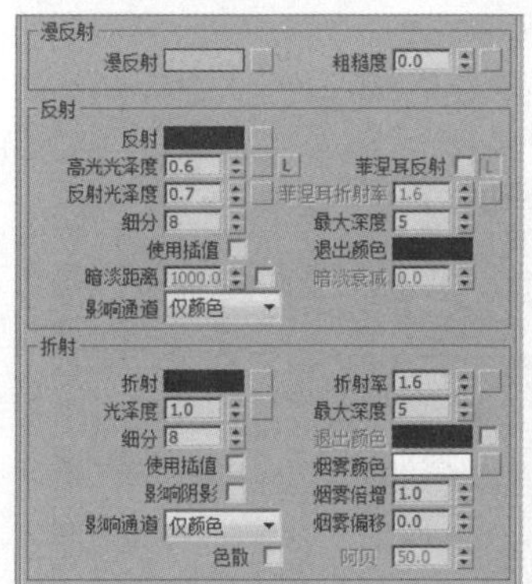

22 漫反射颜色及反射颜色设置如下图所示。

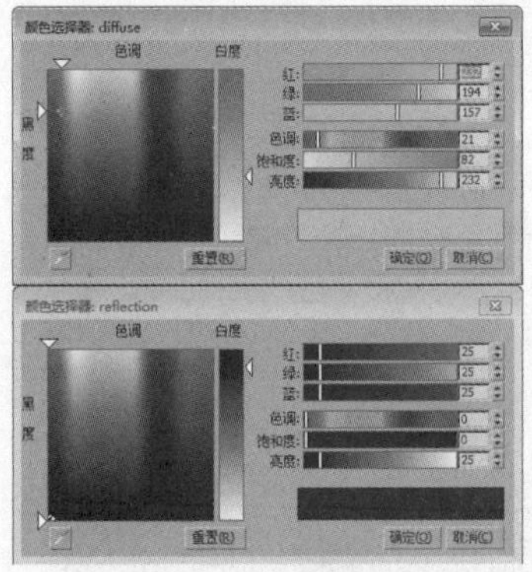

23 创建好的灯罩支架材质球示例窗如下图所示。

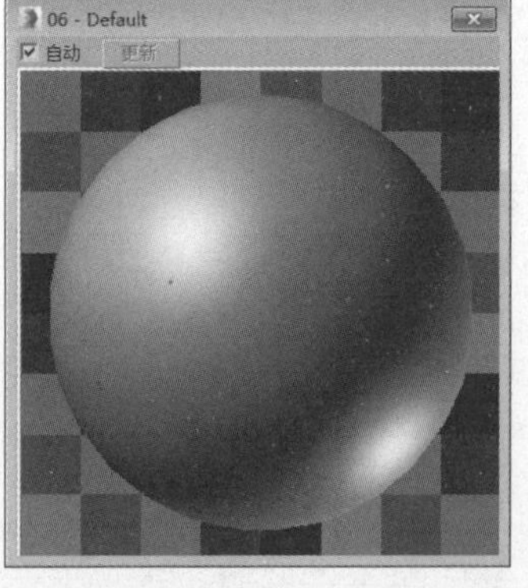

24 选择一个空白材质球，设置为VRayMtl材质，再设置漫反射颜色及反射颜色，并设置反射参数，如下图所示。

25 漫反射颜色及反射颜色设置如下图所示。

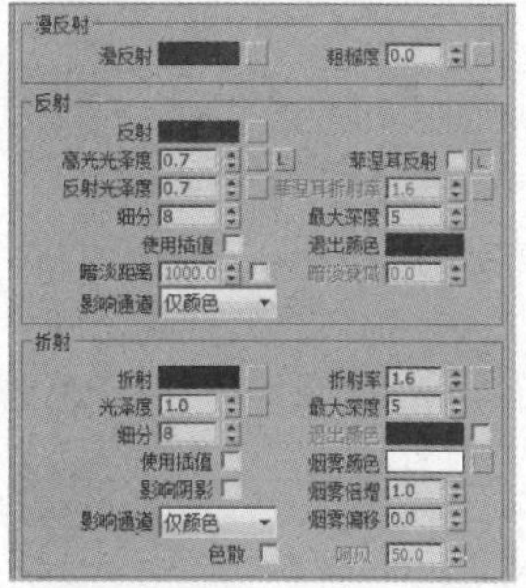

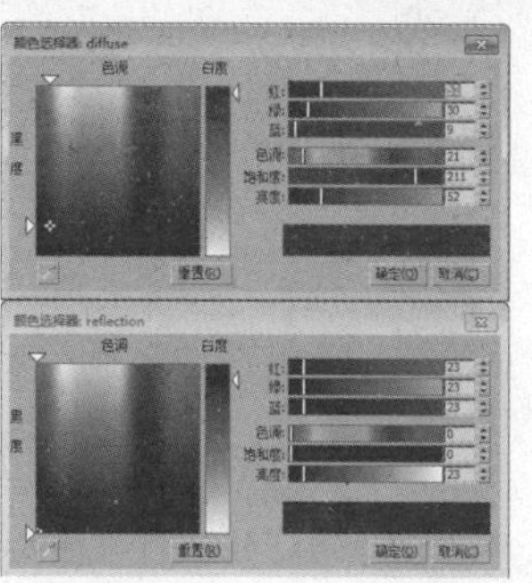

26 创建好的台灯灯柱材质球1示例窗效果如下图所示。

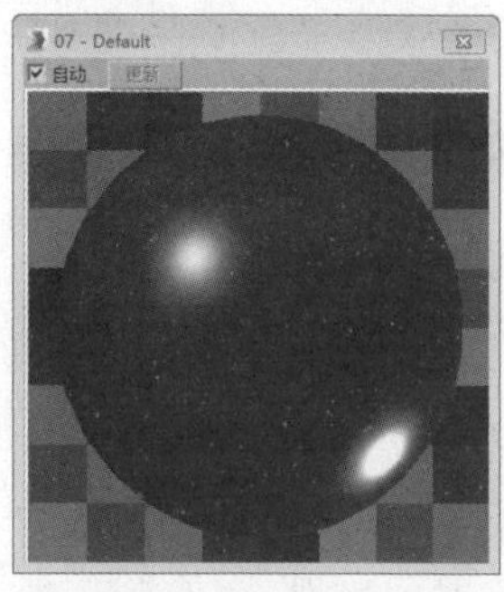

27 选择一个空白材质球，设置为VR混合材质，再设置材质1与材质2为VRayMtl材质，并为遮罩通道添加位图贴图，并设置反射参数，如下图所示。

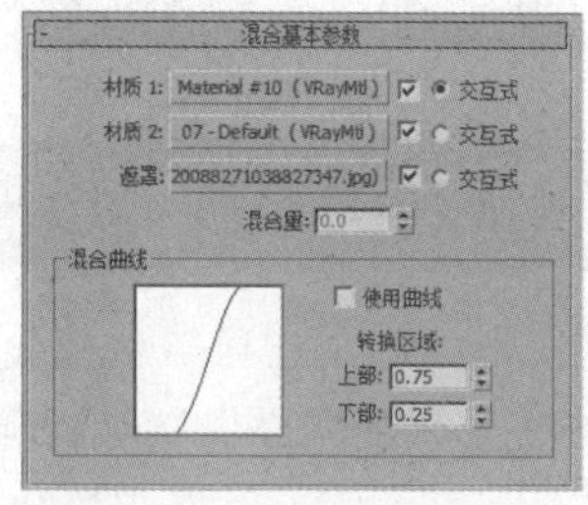

28 设置材质1漫反射颜色为黑色，其余参数保持默认，再设置材质2漫反射颜色与反射颜色，如下图所示。

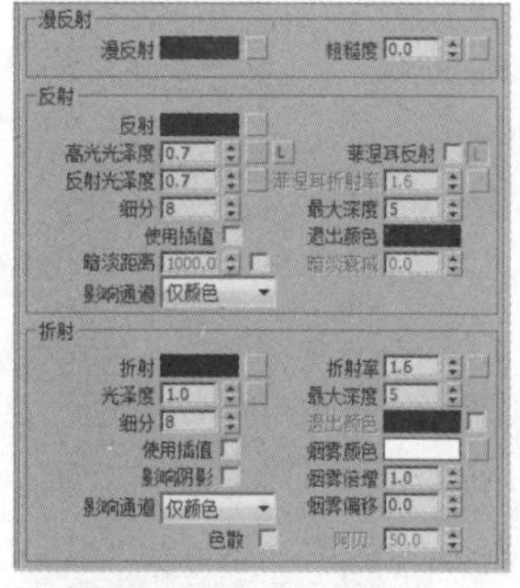

29 材质2漫反射颜色与反射颜色设置如下图所示。

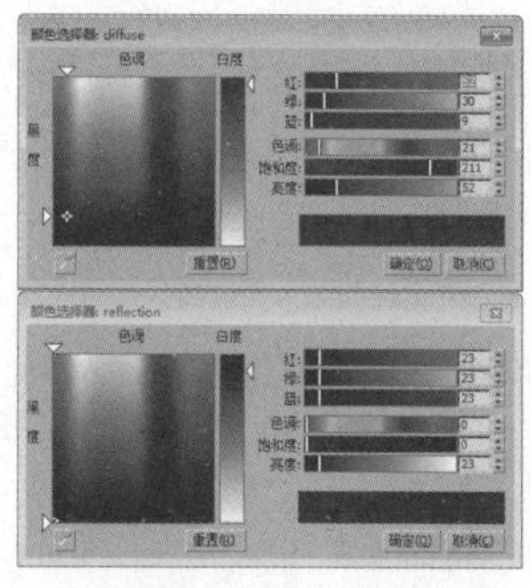

30 设置完成后的台灯灯柱材质球2示例窗效果如下图所示。

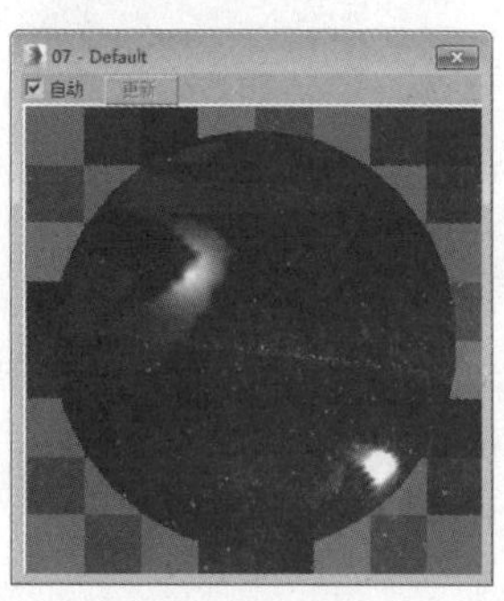

31 将创建的材质分别指定给台灯各个部位，并添加场景，效果如下图所示。

CHAPTER 07

用车削制作灯泡

本章将介绍白炽灯灯泡模型的制作，通过对灯泡的制作练习，让我们熟练掌握3ds Max中车削和样条线的操作技巧。

知识点

1. 车削工具的含义
2. 车削工具的使用方法
3. 样条线的使用

7.1 车削

车削命令适用于二维图形，利用它可以创建出很多轴心对称的物体，一般围绕一个轴旋转360°所形成的物体我们都利用车削命令来完成，例如：苹果、瓶子、酒杯等。通常我们在前视图创建物体的剖面，在Y轴方向上车削，给最小值，这样我们建模时不容易出错，符合我们平时的习惯。“车削”参数设置卷展栏中各选项介绍如下表所示。

度数	确定对象绕轴旋转多少度（范围为0～360，默认值是 360）。可以给“度数”设置关键点，来设置车削对象圆环增强的动画。“车削”轴自动将尺寸调整到与要车削图形同样的高度
焊接内核	通过将旋转轴中的顶点焊接来简化网格。如果要创建一个变形目标，禁用此选项
翻转法线	依赖图形上顶点的方向和旋转方向，旋转对象可能会内部外翻。此时勾选“翻转法线”复选框来修正它
分段	在起始点之间，确定在曲面上创建多少插值线段。此参数也可设置动画，默认值为16
封口始端	封口设置的“度”小于360°的车削对象的始点，并形成闭合图形
封口末端	封口设置的“度”小于360°的车削的对象终点，并形成闭合图形
变形	根据创建变形目标的需要，以可预测的、可重复的模式排列封口面。渐进封口可以产生细长的面，而不像栅格封口需要渲染或变形。如果要车削出多个渐进目标，主要使用渐进封口的方法
栅格	在图形边界上的方形修剪栅格中安排封口面。此方法产生尺寸均匀的曲面，可使用其他修改器轻松地将这些曲面变形
方向	X /Y/Z——相对对象轴点，设置轴的旋转方向
对齐	最小/中心/最大——将旋转轴与图形的最小、中心或最大范围对齐
输出	面片——产生一个可以折叠到面片对象中的对象
	网格——产生一个可以折叠到网格对象中的对象
	NURBS——产生一个可以折叠到NURBS对象中的对象
生成贴图坐标	将贴图坐标应用到车削对象中。当“度”的值小于360并启用“生成贴图坐标”时，将另外的图坐标应用到末端封口中，并在每一个封口上放置一个1×1的平铺图案

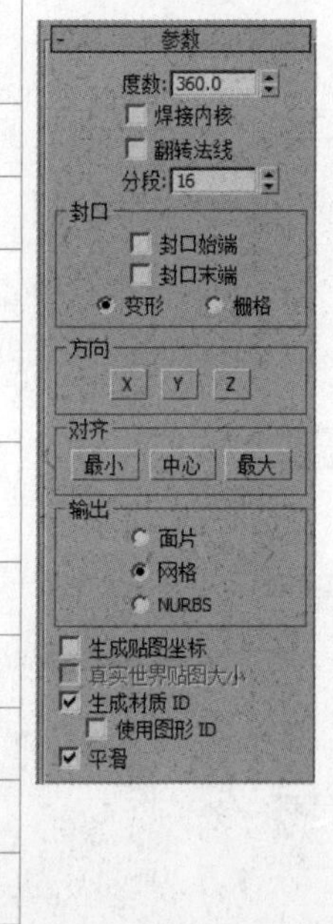

（续表）

生成材质 ID	将不同的材质ID指定给车削对象侧面与封口。特别是，侧面ID为3，封口ID为1和2。默认设置为启用
使用图形 ID	将材质ID指定给车削产生的样条线中的线段，或指定给NURBS车削产生的曲线子对象。仅当启用“生成材质 ID”时，“使用图形ID”才可用
平滑	将平滑应用于车削图形

7.2 制作灯泡模型

不同用途和要求的白炽灯，其结构和部件不尽相同。本案例中所要创建的是最常见到的类型。白炽灯灯泡使用耐热玻璃制成玻璃罩，内装钨丝，其外形优美，配合形状和造型，引领我们生活的环境。

7.2.1 制作灯泡外部造型

灯泡外部造型由玻璃罩、金属底座组成，弧度较多，在绘制样条曲线时应注意造型的美观。下面将对灯泡外部造型的制作过程进行介绍。

01 在创建命令面板中单击“线”按钮，绘制一条样条线作为灯泡的玻璃罩轮廓线，如下图所示。

02 进入修改命令面板的“顶点”子层级，选择顶点，单击鼠标右键，在弹出的快捷菜单中选择“平滑”命令，如下图所示。

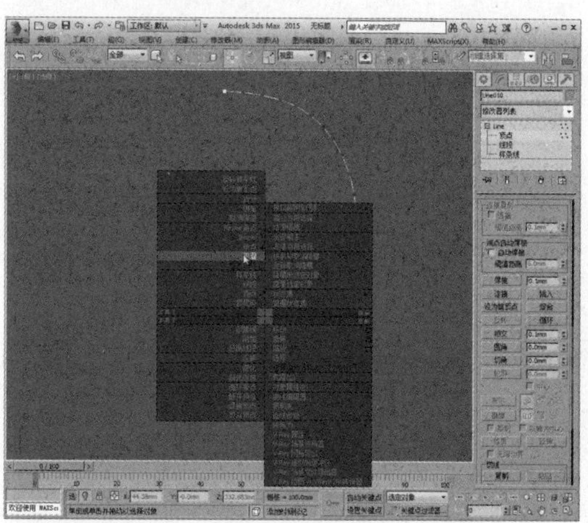

03 接着进入“样条线”子层级，在“几何体”卷展栏中设置轮廓参数值为3，如右图所示。

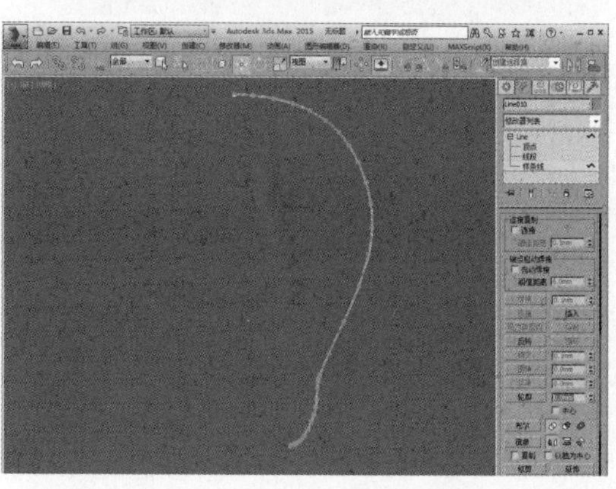

04 在修改器列表中为其添加“车削”修改器，效果如下图所示。

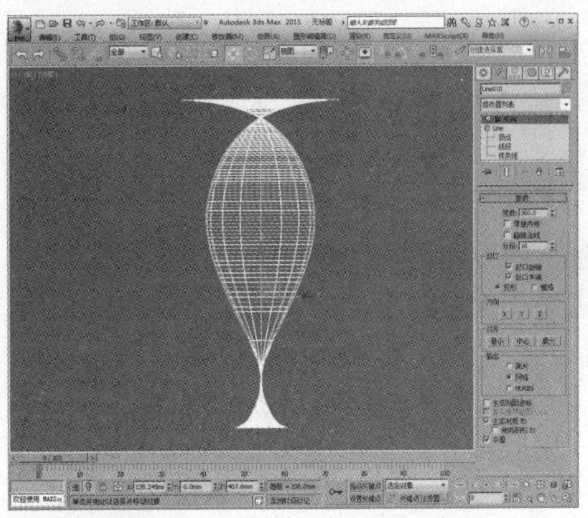

05 在“参数”卷展栏的对齐面板中单击“最小”按钮，即可创建出灯泡玻璃罩造型，如下图所示。

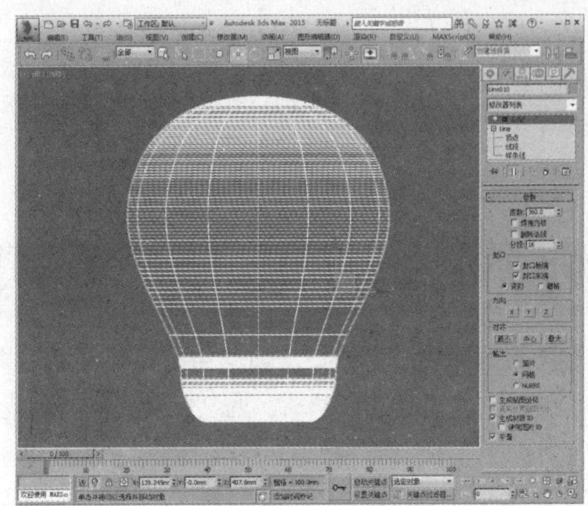

知识点

车削面板上输出栏里的网格是按网格大小和形状进行车削的，而面片是以旋转的方式车削。

06 在“参数”卷展栏中设置分段数，调整灯泡玻璃罩表面的光滑度，如下图所示。

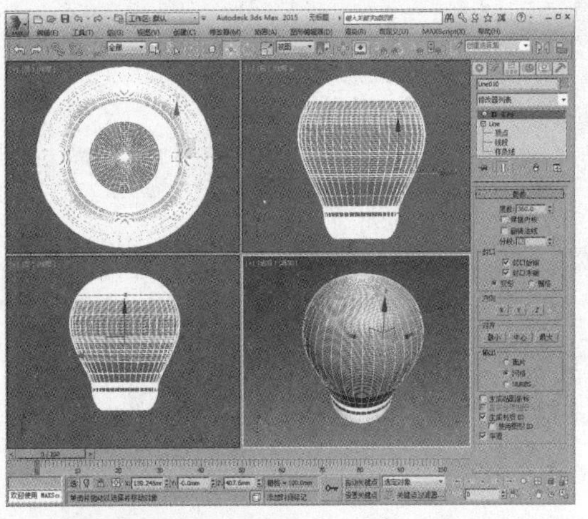

07 在创建命令面板中单击“线”按钮，绘制一条曲线作为灯泡底座轮廓造型，如下图所示。

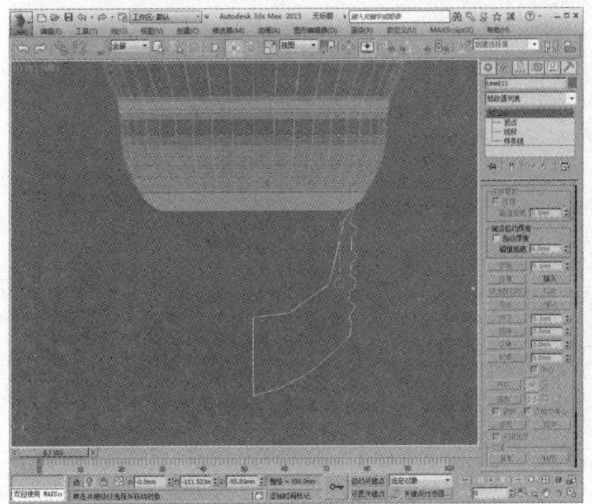

知识点

在使用车削功能时，很多时候我们无法直接选择物体需要围绕其旋转的轴，如“最小”、“中心”“最大”按钮无法使用，这时就需要我们手动调整物体的轴，从而调整物体的形状。

08 为其添加车削修改器，单击“最小”按钮完成金属底座的制作，如下图所示。

09 调整底座位置，与玻璃罩对齐，如下图所示。

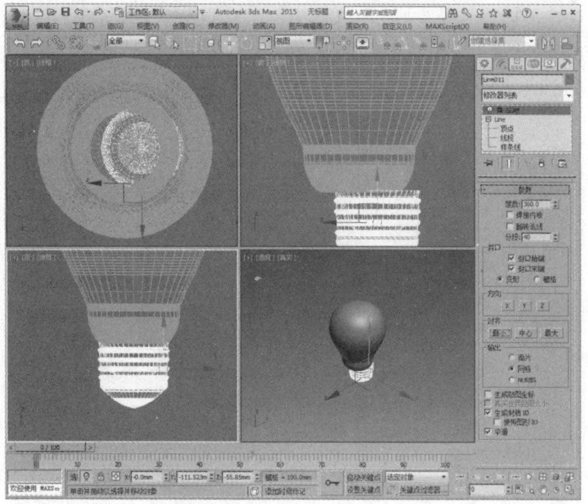

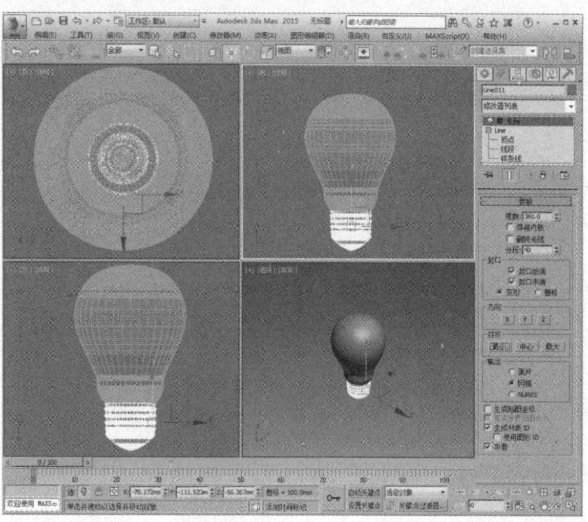

10 在创建命令面板中单击“线”按钮，在底座位置绘制一条曲线，如下图所示。

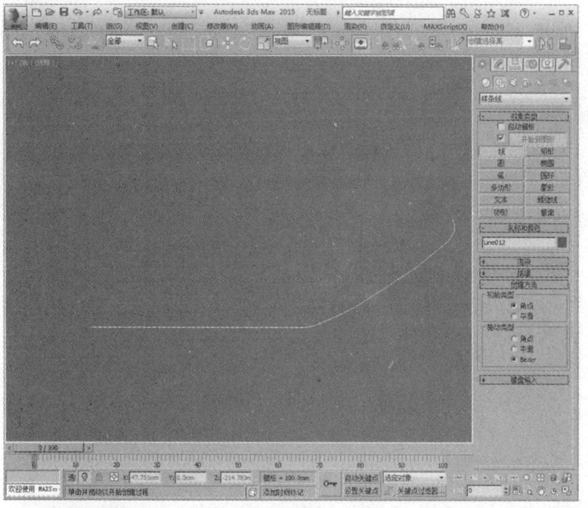

11 为样条线添加车削修改器，单击“最小”按钮即可完成整个灯泡外观造型的创建，如下图所示。

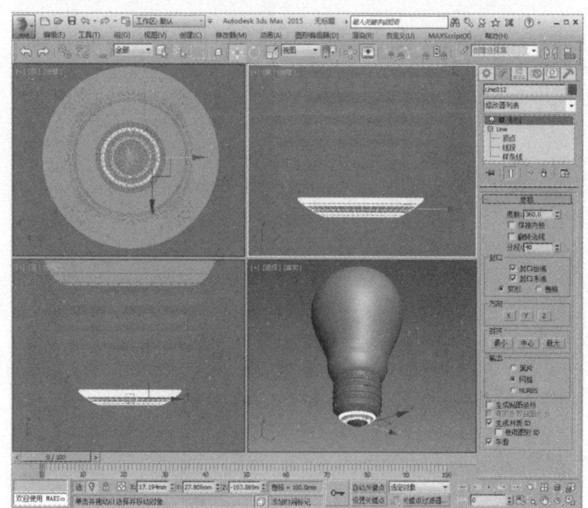

知识点

在调整样条线位置时，要注意设置点的类型，以便于对物体形状的进一步调整。

7.2.2 制作灯泡内部构件

灯泡内部包括芯柱、灯丝支架、灯丝三部分，下面来介绍其制作过程。

01 首先来制作芯柱。在创建命令面板中单击“线”按钮，在视图中创建一个样条线轮廓，参数如下图所示。

02 为其添加车削修改器，制作出芯柱模型，如下图所示。

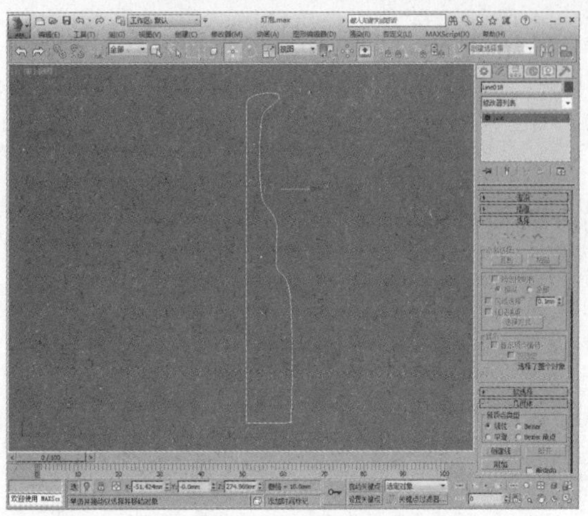

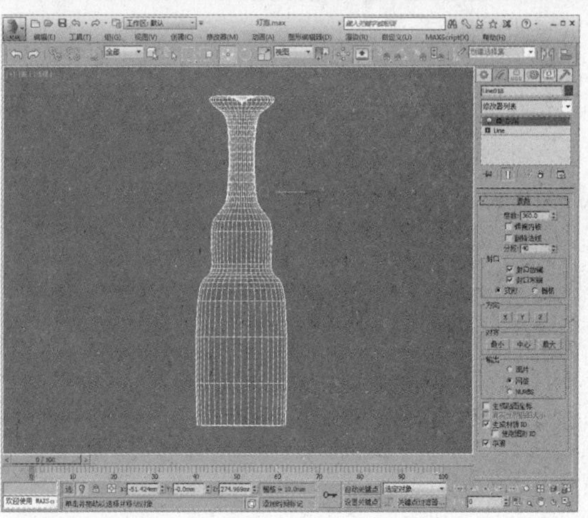

03 接下来制作灯丝支架。在创建命令面板中单击“线”按钮，绘制一段样条线，如下图所示。

04 进入修改命令面板，打开“渲染”卷展栏，勾选“在渲染中启用”及“在视口中启用”选项，可以看到样条线显示出了厚度，如下图所示。

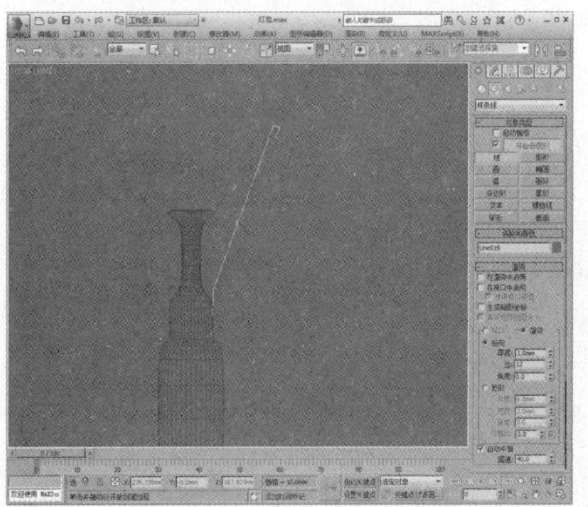

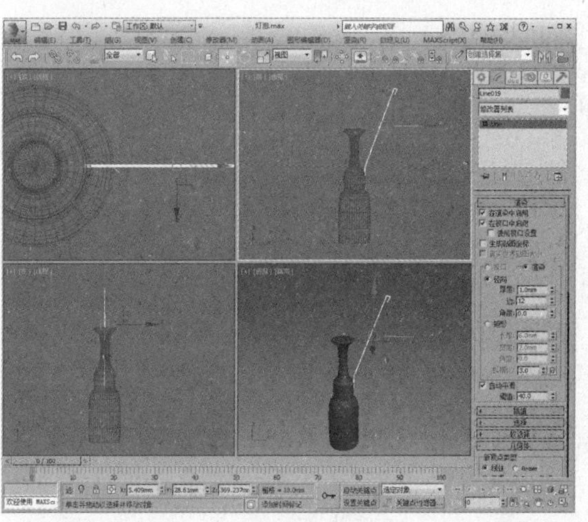

05 在创建命令面板中单击“线”按钮，继续绘制一段样条线，并调整角度及位置，如下图所示。

06 复制样条线模型并调整角度位置，如下图所示。

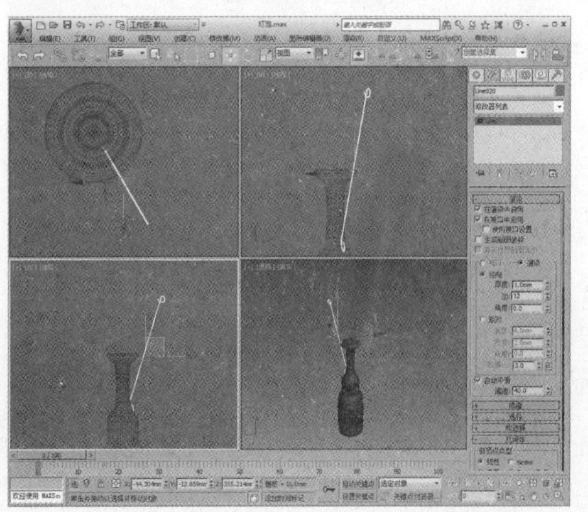

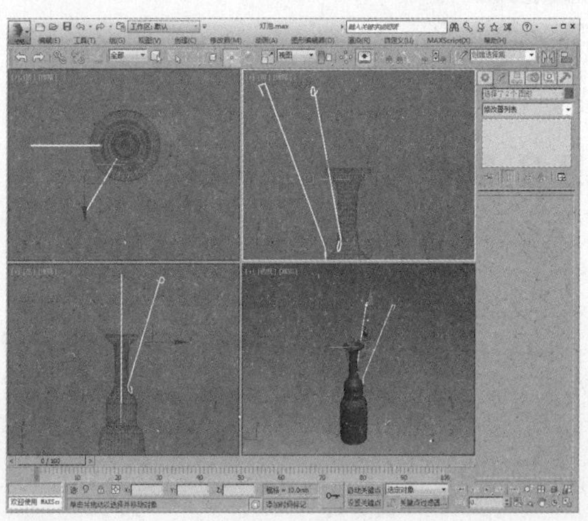

07 在创建命令面板中单击“螺旋线”按钮，在视图中绘制一条螺旋线，调整其位置，如下图所示。

08 复制螺旋线，完成钨丝的制作，如下图所示。

知识点

灯丝是用比头发还细得多的钨丝，并制作成螺旋形。在模型的制作中，为了方便观察以及满足显示效果，螺旋圈数以及钨丝直径都做了适当的调整。

09 制作完成后，将模型拼合到一起，如下图所示。

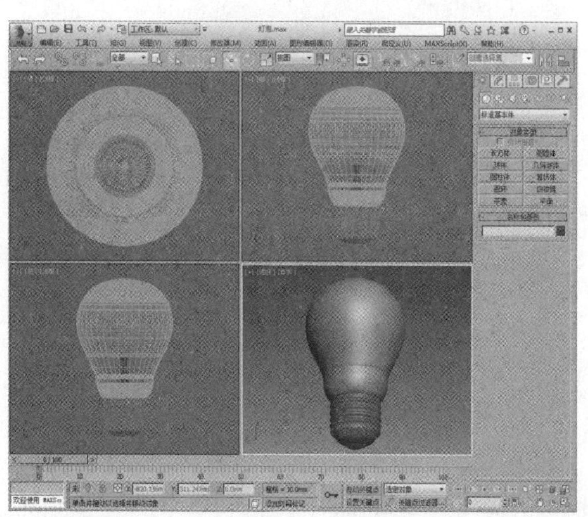

10 按M键打开材质编辑器，选择一个空白材质球，设置为VRayMtl材质，设置漫反射颜色、反射颜色、折射颜色以及烟雾颜色，再设置反射参数及折射参数，如下图所示。

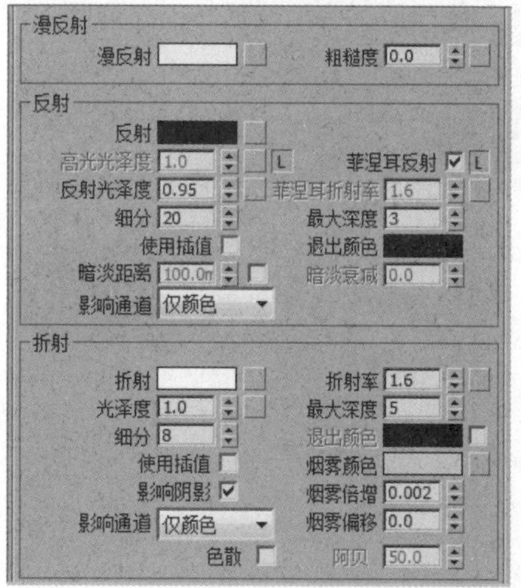

知识点

白炽灯灯泡的玻璃罩一般使用透明玻璃制成，但是为了避免灯丝眩光，后期会对玻璃罩进行内涂覆或磨砂处理，以形成光的漫反射，因而完全透明的玻璃灯泡的数量已很少。

11 漫反射颜色及反射颜色设置如下图所示。

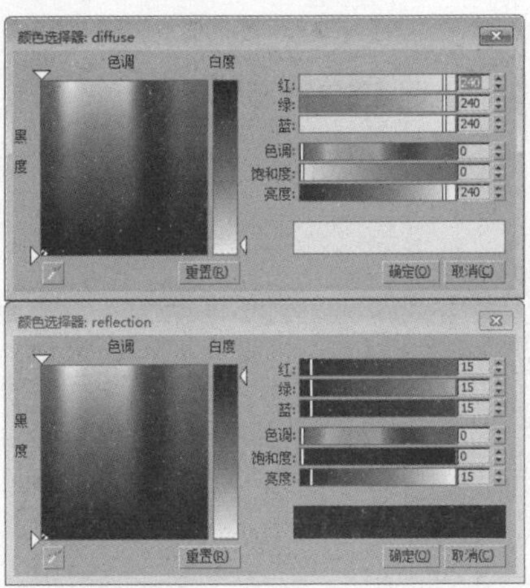

12 折射颜色及烟雾颜色设置如下图所示。

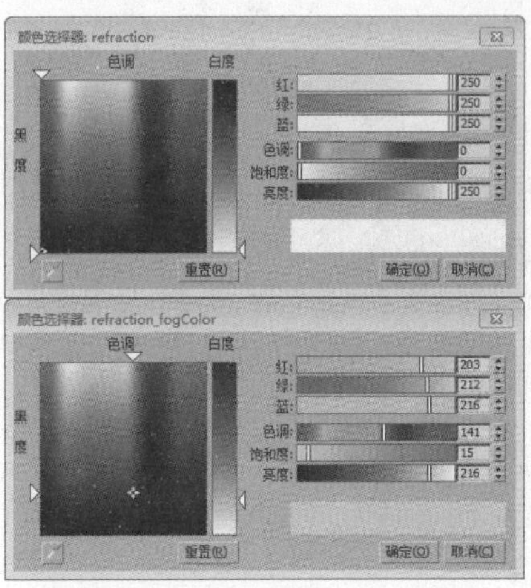

13 创建完成的玻璃材质示例窗效果如下图所示。

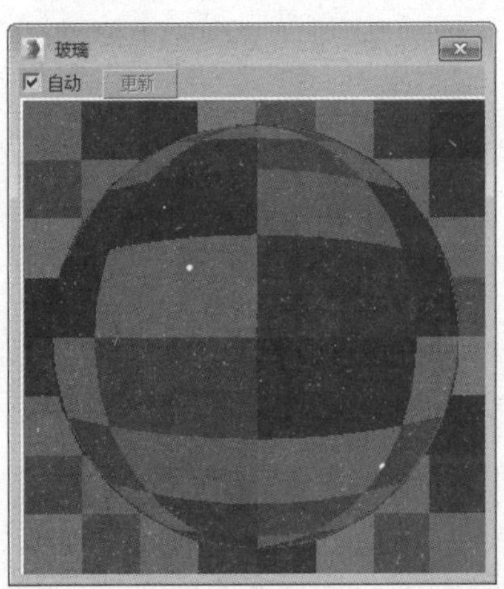

14 选择一个空白材质球，设置为VRayMtl材质，设置漫反射颜色及反射颜色，并设置反射参数，如下图所示。

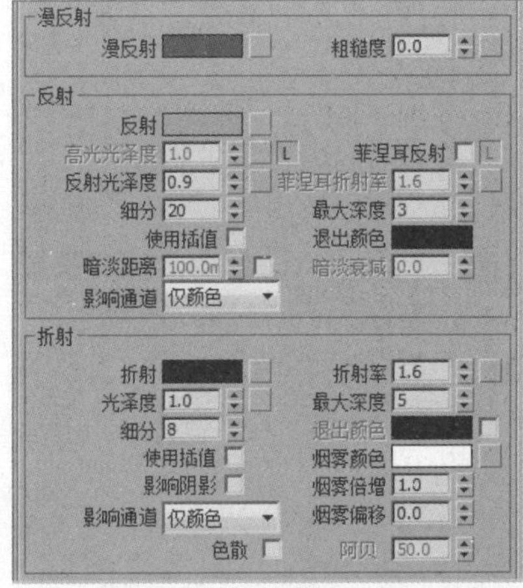

15 漫反射颜色及反射颜色设置如下图所示。

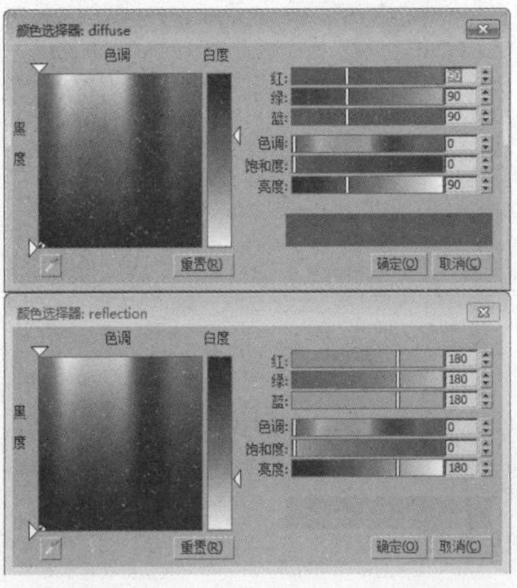

16 创建好的不锈钢材质1示例窗效果如下图所示。

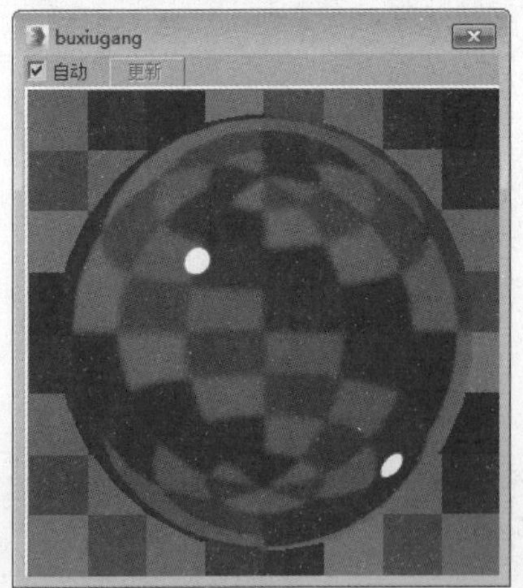

17 选择一个空白材质球，设置为VRayMtl材质，设置反射颜色，并为反射通道及反射光泽通道添加位图贴图，设置反射光泽值，如下图所示。

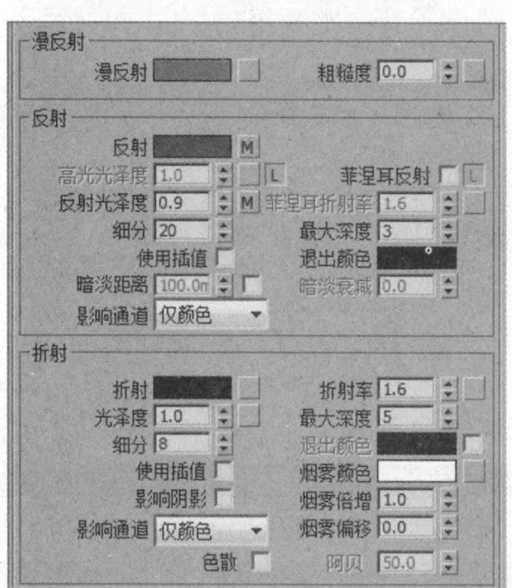

18 反射颜色设置如下图所示。

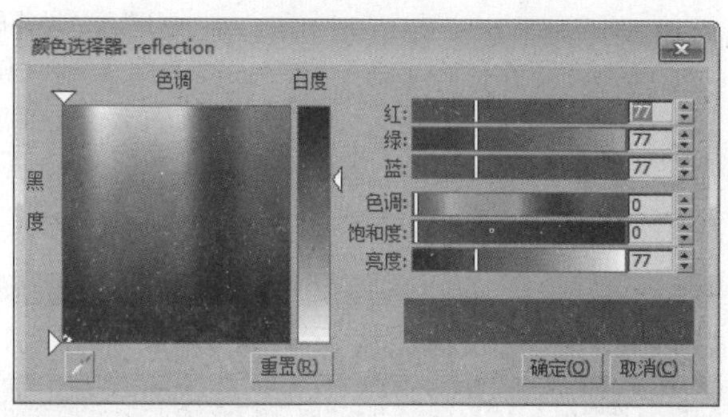

19 创建好的不锈钢材质2示例窗效果如下图所示。

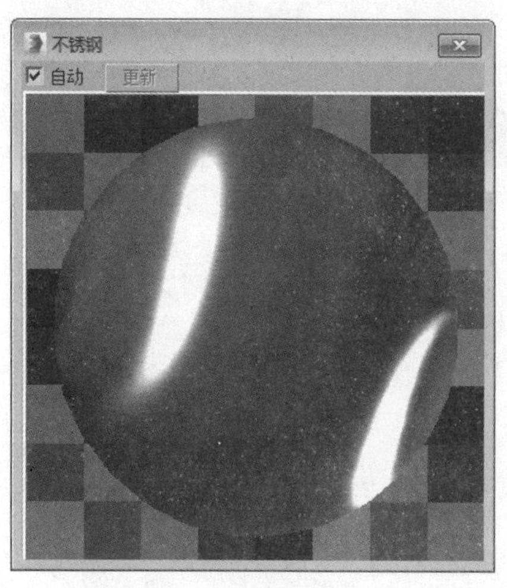

20 将创建好的材质分别指定给灯泡的各部位，并为其添加场景，最终效果如下图所示。

CHAPTER 08

双人床模型的制作

本章中将介绍一款卧室中双人床的制作，其中主要用到了UVW贴图、倒角、挤出修改器等知识点。

知识点

1. 掌握UVW贴图的使用方法
2. 熟练使用倒角和挤出修改器

8.1 UVW贴图

UVW贴图即贴图坐标，它定义一张二维图像贴到三维对象的表面之上，被称为贴图方式，实际上又是一种投影方式。因此，也可以说UVW贴图是用来定义如何将一张二维贴图投射到另一个三维物体上的修改器，其参数详解如下表所示。

名 称	含 义	图 片
平面	平面投影	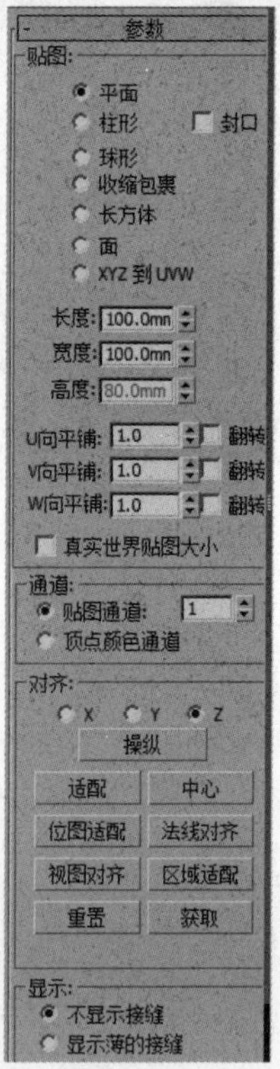
柱形	柱形投影	
球形	球形投影	
收缩包裹	收缩包裹投影	
长方体	长方体投影	
面	面片投影	
XYZ到UVW	使坐标轴的三个方向与贴图坐标的三个方向一致	
长度/宽度/高度	长、宽、高	
U/V/W向平铺	U/V/W方向重复次数	
翻转	向不同的方向反转	
贴图通道	设置贴图通道	
顶点颜色通道	节点颜色	
对齐X/Y/Z	对齐到X/Y/Z轴	
适配	与对象轮廓大小一致	
中心	使贴图坐标中心与对象中心一致	
位图匹配	保持图像原大小	

（续表）

名 称	含 义	图 片
法线对齐	使贴图坐标与选择面的坐标一致	
视图对齐	使贴图坐标与当前视图对齐	
区域适配	与所选区域大小一致	
重置	贴图坐标自动恢复初始状态	
获取	获取其他对象的贴图坐标信息	

UVW贴图包括平面、柱形、球形、收缩包裹、长方体、面、XYZ到UVW七种贴图方式，下表中是对各种贴图方式的效果进行介绍。

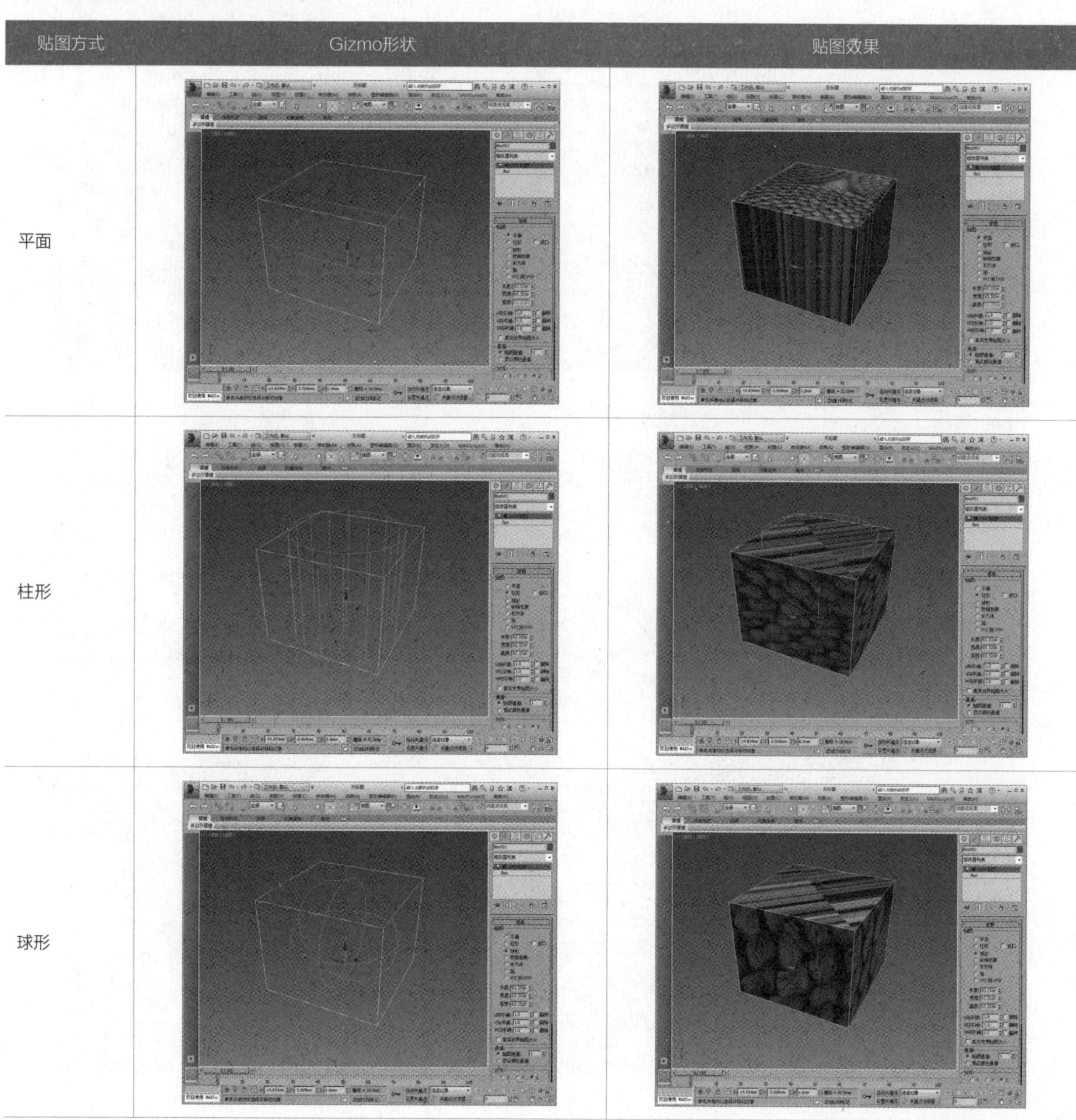

贴图方式	Gizmo形状	贴图效果
平面		
柱形		
球形		

（续表）

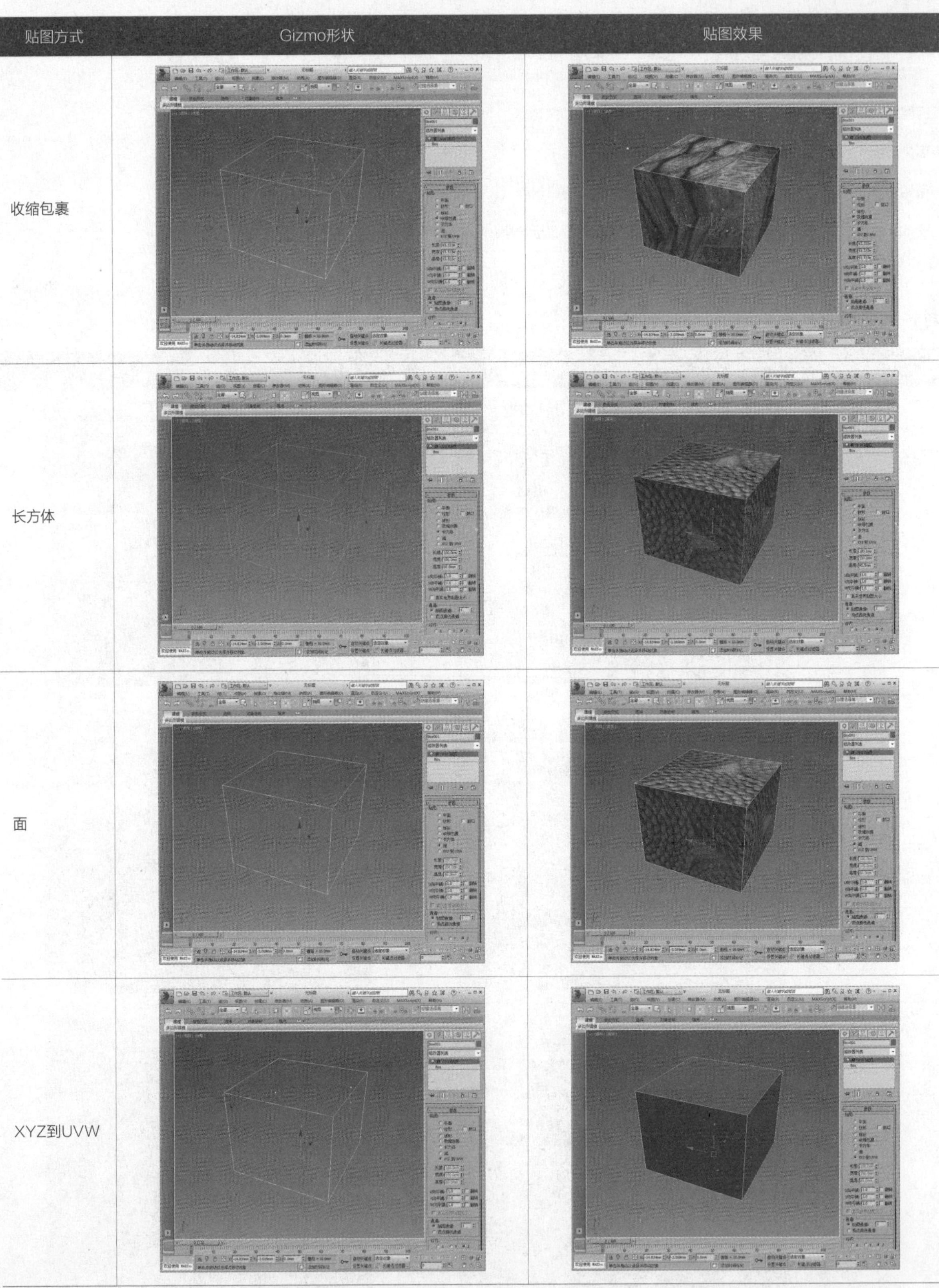

贴图方式	Gizmo形状	贴图效果
收缩包裹		
长方体		
面		
XYZ到UVW		

8.2 制作双人床模型

本案例中制作的双人床分为床垫、床身、床头柜、枕头四个部分。

8.2.1 制作床垫

下面将对床垫模型的制作过程进行介绍。

01 在创建命令面板中单击“线”按钮，按住Shift键在顶视图中创建一个有8个顶点的图形，如下图所示。

02 进入修改命令面板的“顶点”子层级，选择如下图所示的四个顶点，如下图所示。

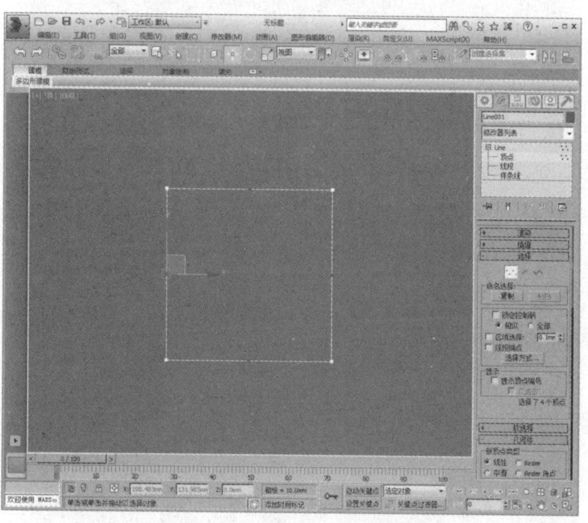

03 单击鼠标右键，在弹出的快捷菜单中设置当前点的类型为Bezier，如下图所示。

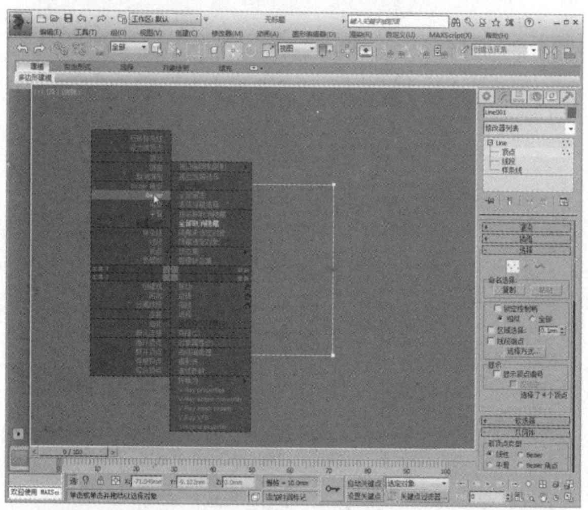

04 利用移动工具与旋转工具对控制柄进行调节，改变图形形状，如下图所示。

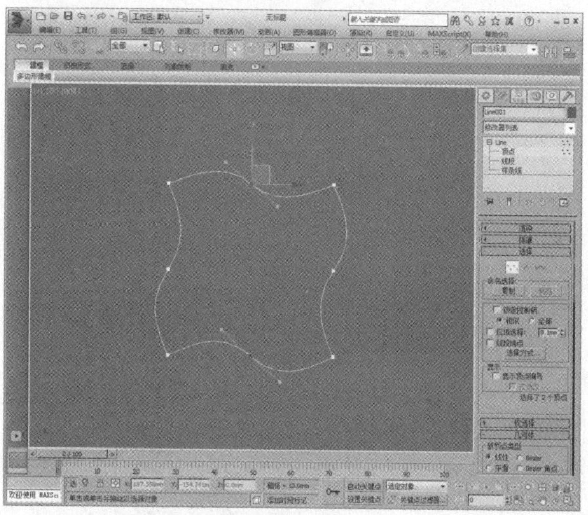

05 在“渲染”卷展栏中勾选“在渲染中启用”、“在视图中启用”复选框，设置“厚度”值为2，如下图所示。

06 按住Shift键向下复制图形，如下图所示。

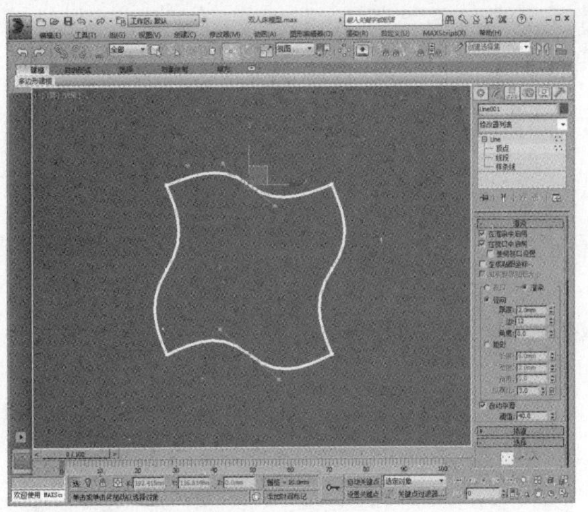

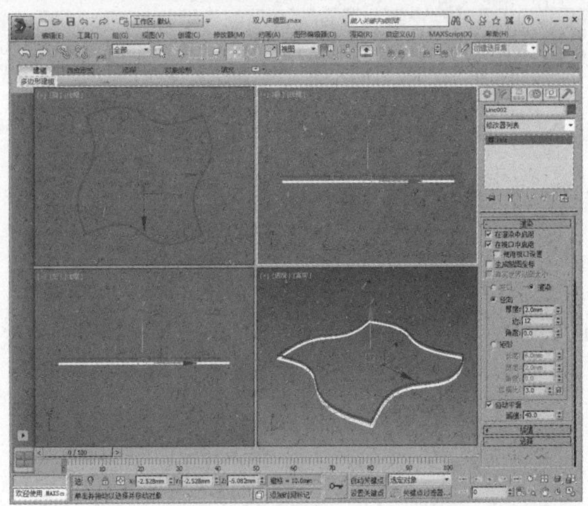

07 为复制的图形添加“挤出”修改器，设置挤出数量为0，再调整模型位置，如下图所示。

08 按M键打开材质编辑器，选择一个空白材质球，在漫反射通道中添加渐变贴图，如下图所示。

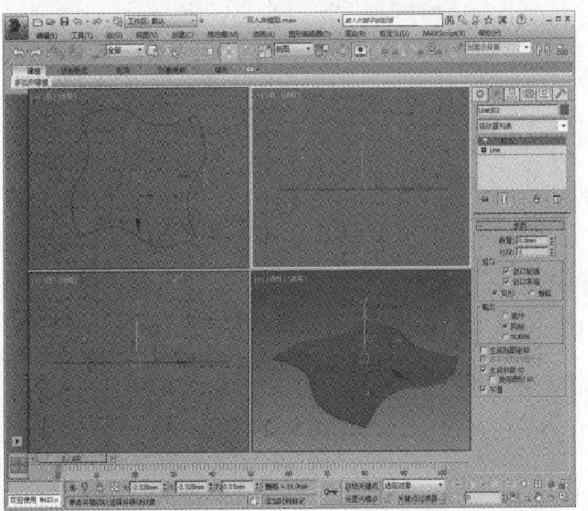

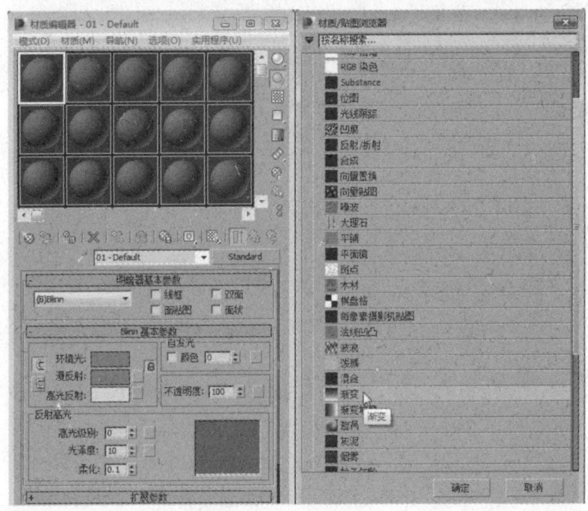

09 设置渐变类型为“径向”，将材质赋予模型，如下图所示。

10 按住Shift键沿X轴方向复制模型，如下图所示。

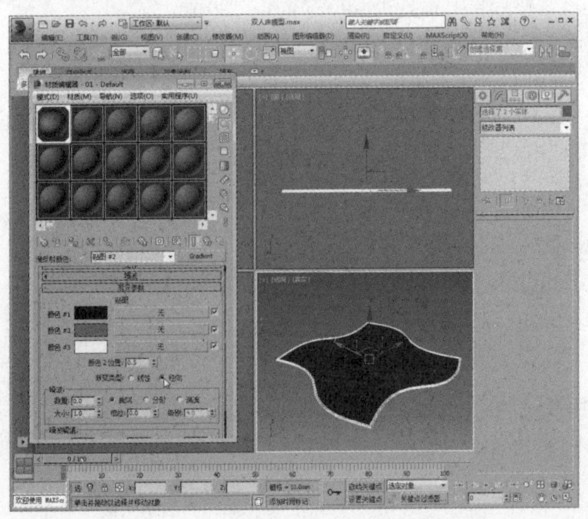

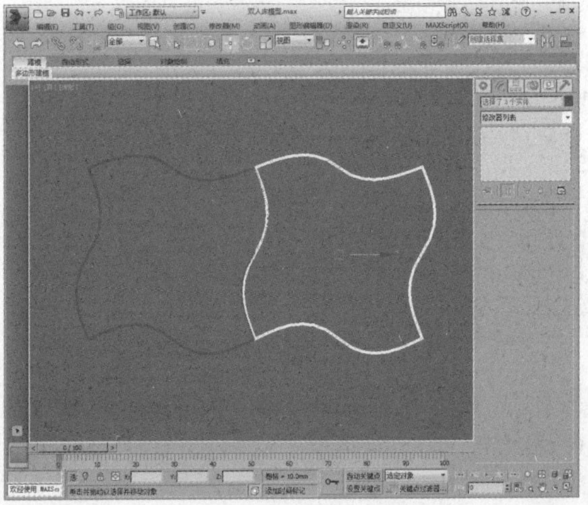

11 继续进行复制，如下图所示。

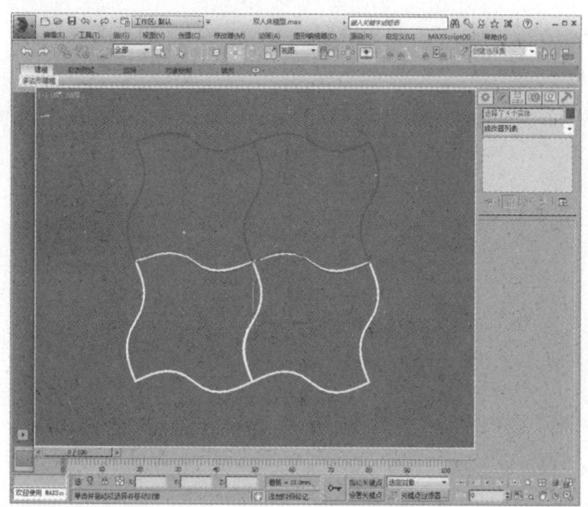

12 按F10键打开“渲染设置”窗口，设置输出尺寸为1000×750，如下图所示。

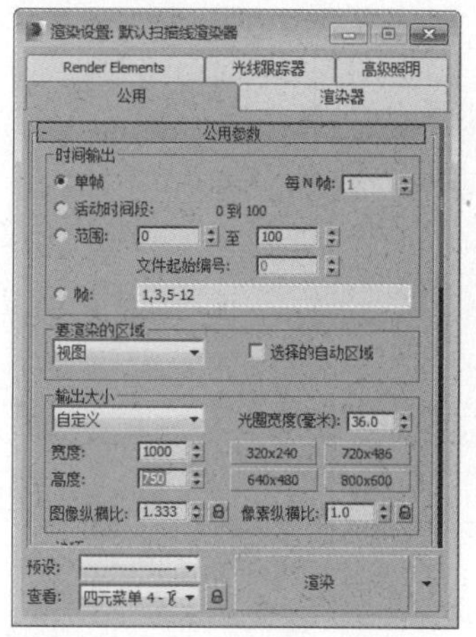

13 按F9键对顶视图进行渲染，将得到的图片保存到硬盘中，图片效果如下图所示。

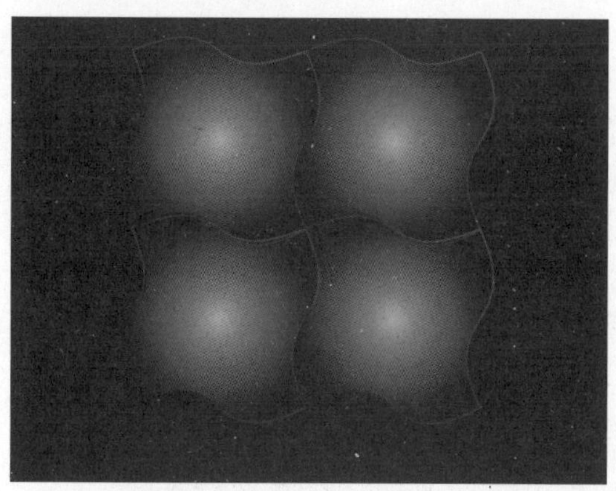

14 在创建命令面板中单击“切角长方体”按钮，创建一个尺寸为1600×2200×300的切角长方体，设置圆角为40，如下图所示。

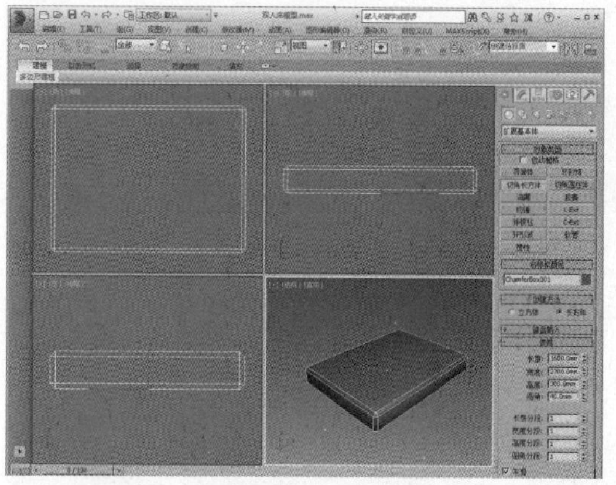

15 在创建命令面板中单击“截面”按钮，在顶视图中绘制一个截面，如下图所示。

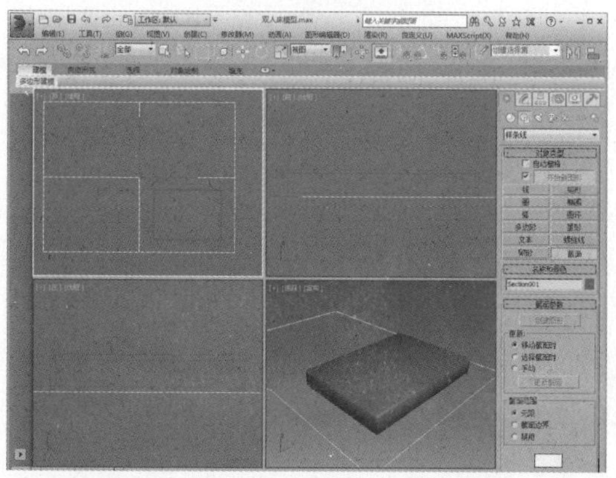

16 调整截面位置，并在“截面参数”卷展栏中单击“创建图形”按钮，删除截面后即可看到在切角长方体边上创建了一个图形，如下图所示。

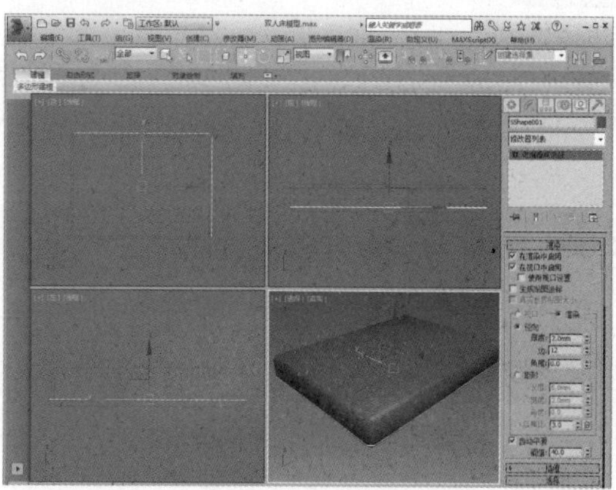

17 选择图形，在“渲染”卷展栏中设置径向厚度值为10，如下图所示。

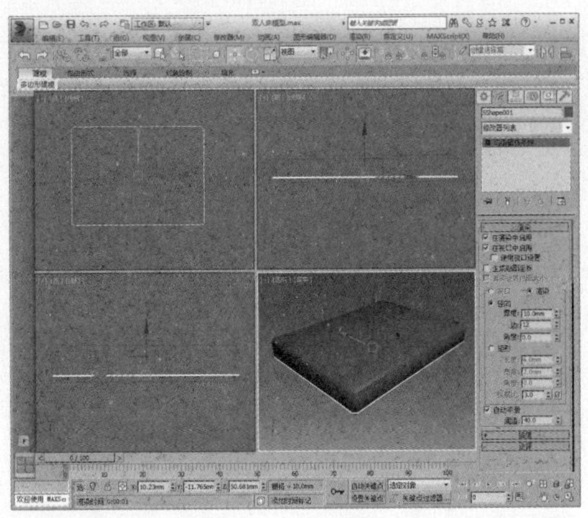

18 向上复制图形，如下图所示。

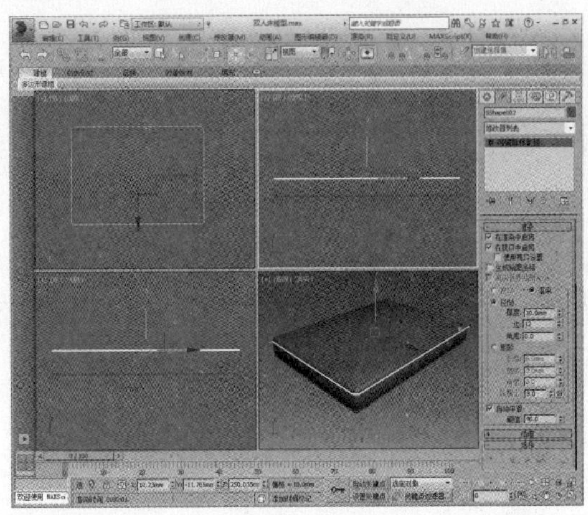

19 打开材质编辑器，选择一个空白材质球，设置漫反射颜色为白色，在凹凸贴图通道中添加第13步中保存的图片，裁剪图片大小，并设置凹凸值为60，如下图所示。

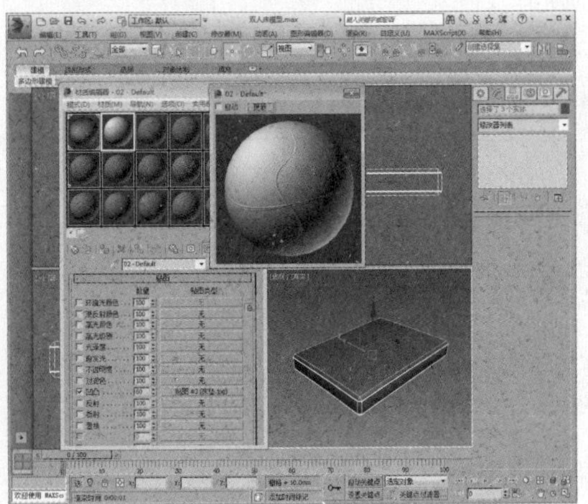

20 将材质赋予模型，为其添加UVW贴图修改器，设置贴图方式为“长方体”，并调整贴图大小，如下图所示。

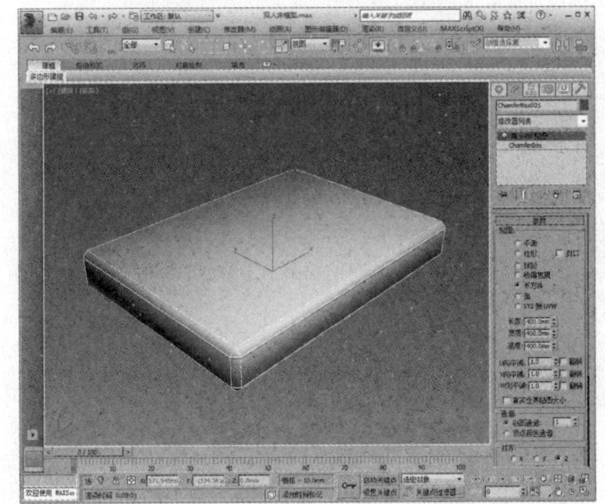

知识点

物体表面的颜色和纹理在3ds Max中是通过材质球的漫反射表现出来的，所以我们在为物体添加表面颜色和纹理时，是在材质球的漫反射贴图设置添加合适的贴图类型。

8.2.2 制作床身与床头柜

下面来介绍床身与床头柜的制作过程。

01 在创建命令面板中单击“线”按钮，在前视图中创建一个样条线，如下图所示。

02 进入“顶点”子层级，调整部分角点为平滑，并调整角点位置，如下图所示。

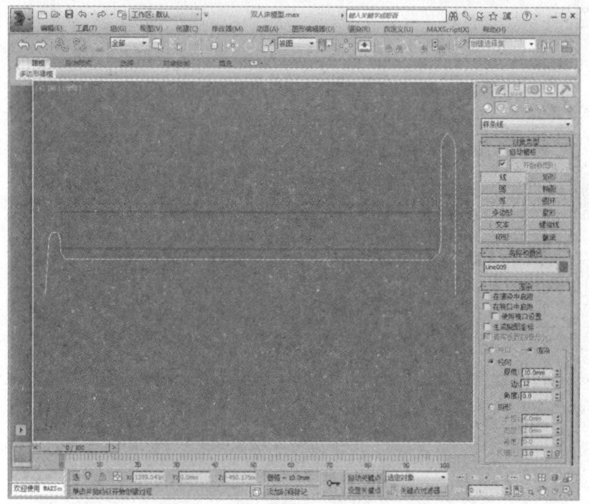

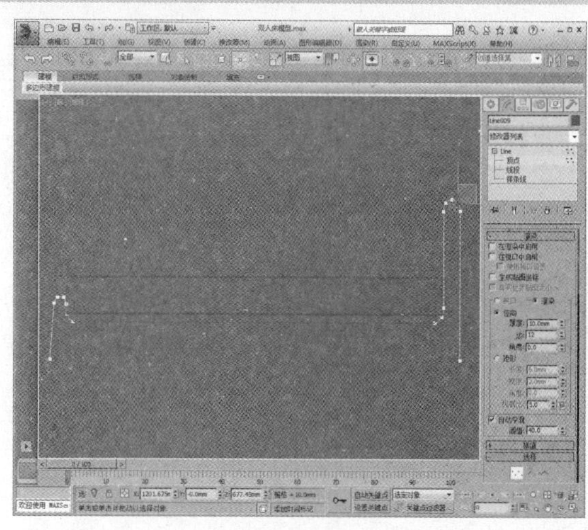

03 进入“样条线”子层级，在“几何体”卷展栏中设置轮廓值为-20，如下图所示。

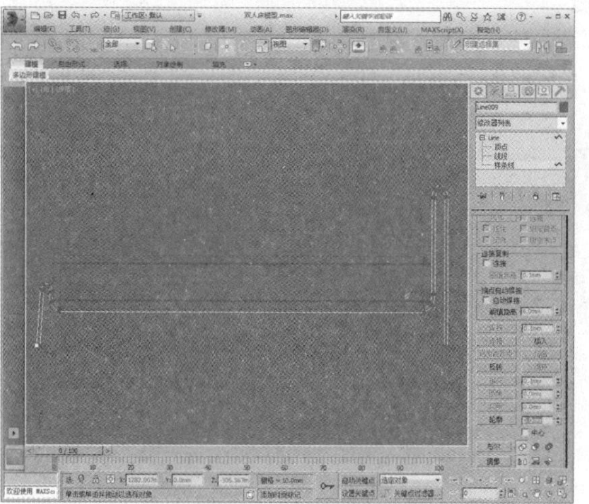

04 在“几何体”卷展栏中设置轮廓值为4，然后按Enter键确认，如下图所示。

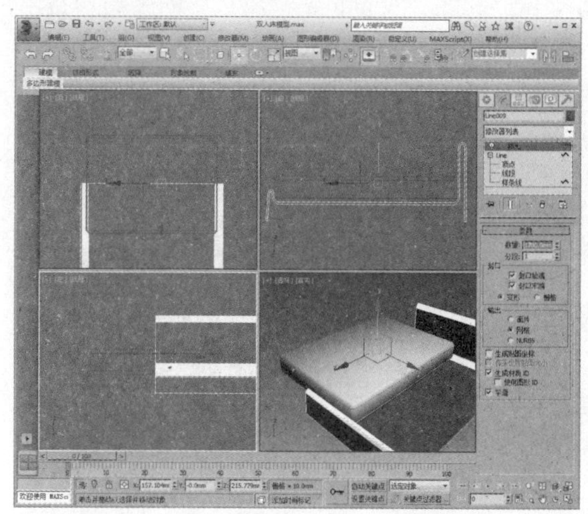

05 使用移动工具调整模型位置，如下图所示。

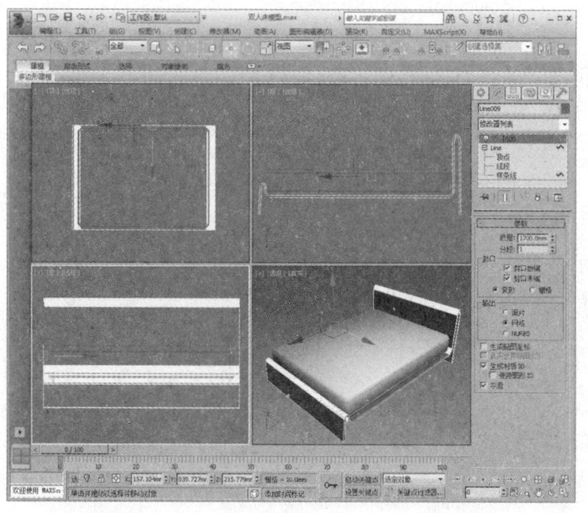

06 在创建命令面板中单击“切角长方体”按钮，创建一个切角长方体，参数设置如下图所示。

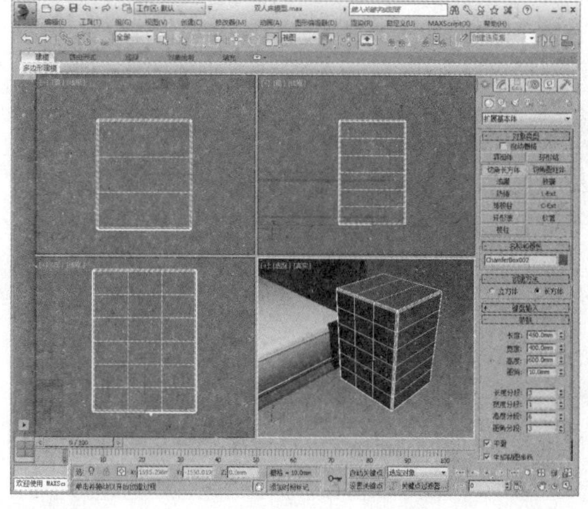

07 将其转换为可编辑多边形，进入“顶点”子层级，调整顶点位置，如下图所示。

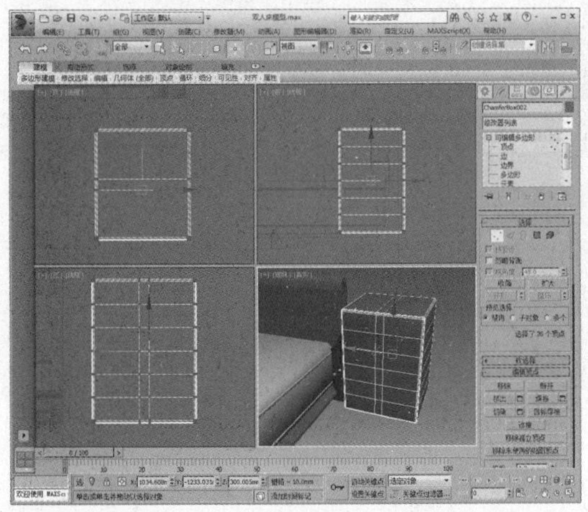

08 进入“多边形”子层级，再单击“插入”按钮，如下图所示。

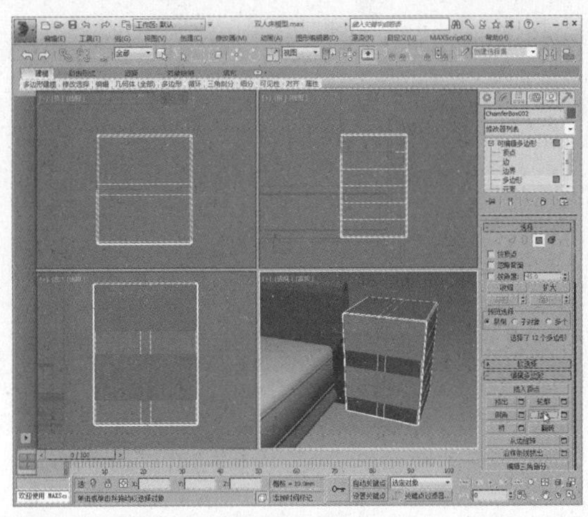

09 单击“挤出”设置按钮，将选中的多边形挤出一定的厚度，如下图所示。

10 进入“边”子层级，选择四条边，单击“连接”设置按钮，如下图所示。

11 设置分段数为2、收缩值为15，单击“确定”按钮即可，如下图所示。

12 进入“顶点”子层级，调整顶点位置，如下图所示。

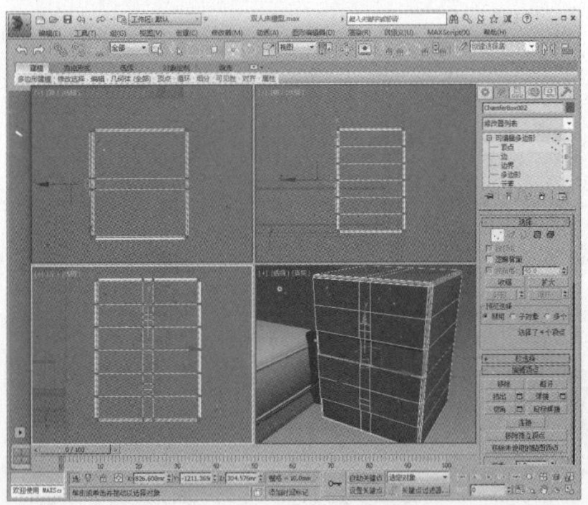

13 进入“多边形”子层级，选择两处多边形，单击“挤出”设置按钮，向内挤出一定数量，如下图所示。

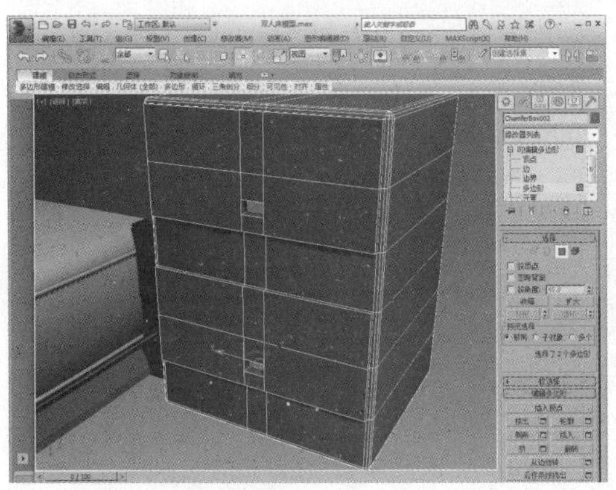

14 调整床头柜位置，如下图所示。

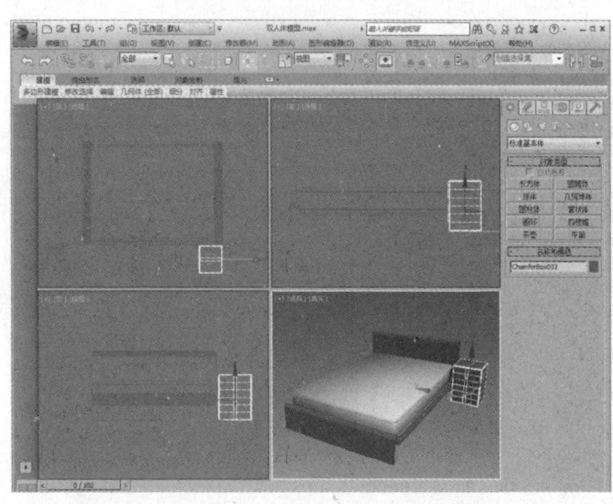

15 向另一侧实例复制一个模型，完成床头柜模型的创建，如下图所示。

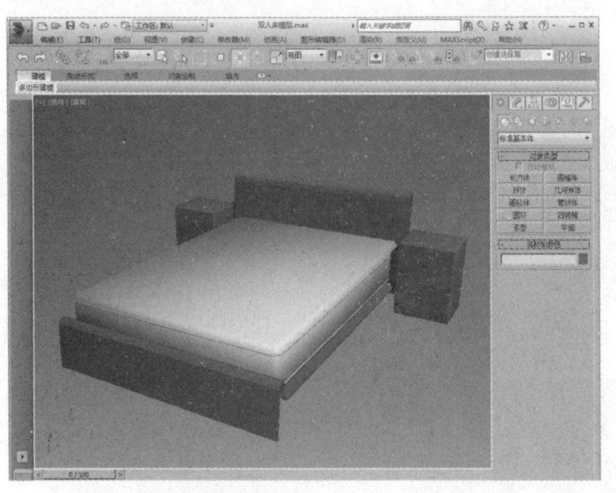

16 最后为床身和床头柜赋予适当的材质，效果如下图所示。

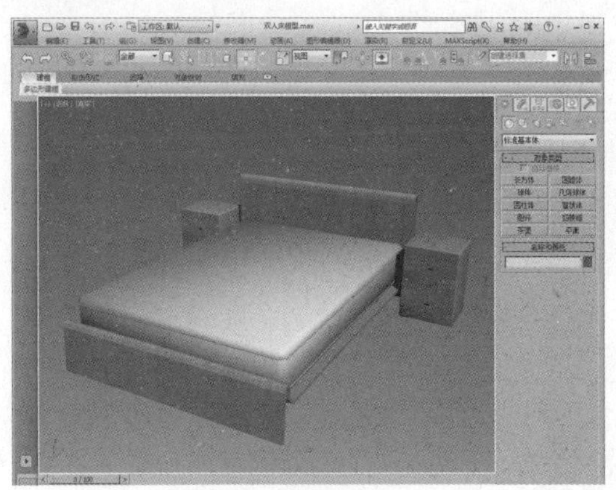

8.2.3 制作枕头

下面将对枕头模型的制作进行具体介绍。

01 在创建命令面板中单击“长方体”按钮，创建一个长方体，如下图所示。

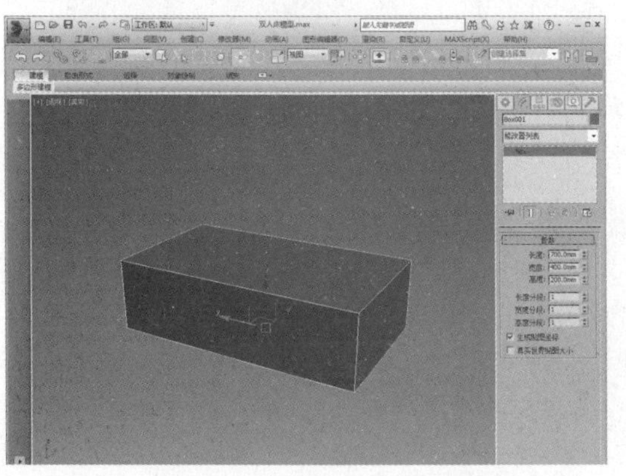

02 调整长方体参数，如下图所示。

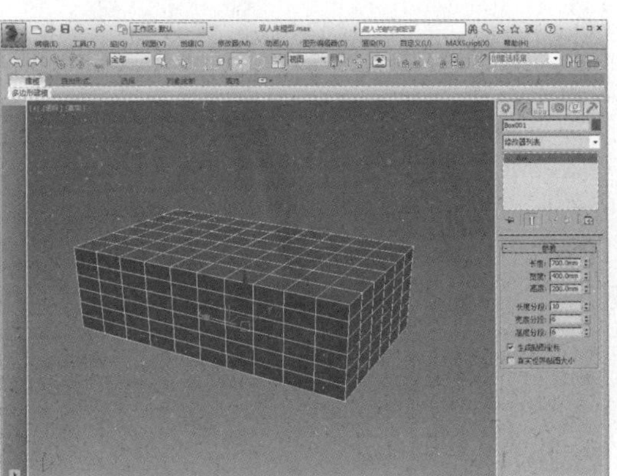

03 将其转换为可编辑多边形，并进入“顶点”子层级，如下图所示。

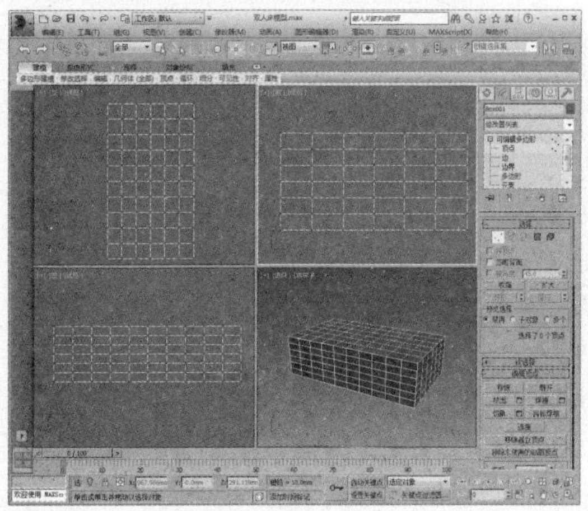

04 选择顶点，通过调整顶点调整出枕头的造型，如下图所示。

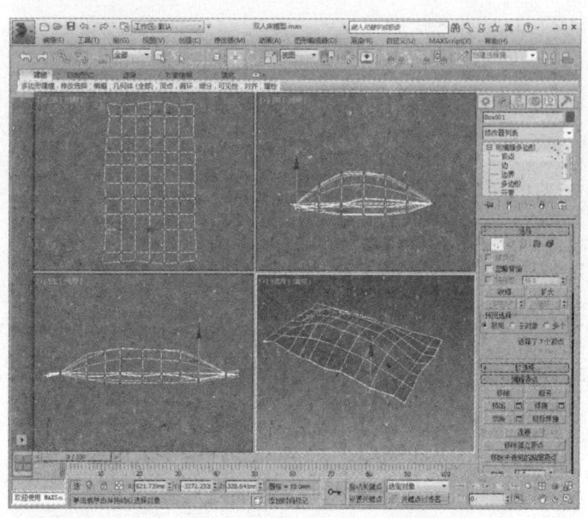

05 在修改器列表中单击选择“网格平滑”修改器，在“细分量”卷展栏中设置“迭代次数”为1，并设置细分方法为“经典”，效果如下图所示。

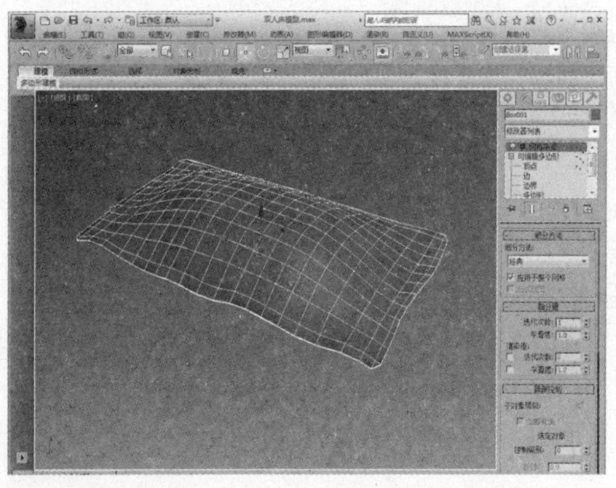

06 按住Shift键复制一个枕头，然后调整枕头位置，如下图所示。

07 为枕头赋予材质，并添加UVW贴图，设置参数，如下图所示。

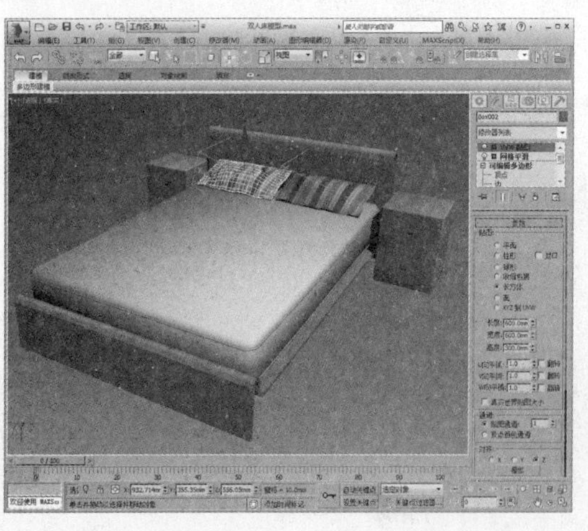

08 再为双人床添加场景，效果如下图所示。

CHAPTER 09

用阵列制作楼梯

本章中将通过对“旋转楼梯”和“室内旋转楼梯”模型制作过程的详细讲解，来练习3ds Max中“阵列”工具的使用。

知识点

1. 阵列工具的含义
2. 熟练使用阵列工具
3. 掌握螺旋线图形的创建和参数调节

9.1 认识阵列工具

阵列是3ds Max中进行批处理的理想工具。尤其是在建筑和室内建模时，它能大大减少建模人员的工作量。与AutoCAD中的阵列功能如出一辙，3ds Max中陈列工具能将对象移动阵列和旋转阵列，同时还可以进行缩放阵列，如下图所示。

移动阵列

旋转阵列

缩放阵列

用户可通过在主工具栏上单击鼠标右键，在弹出的快捷菜单中选择“附加”命令的方式打开“陈列”工具栏，或者在菜单栏中选择“工具>阵列”命令打开“阵列”对话框。

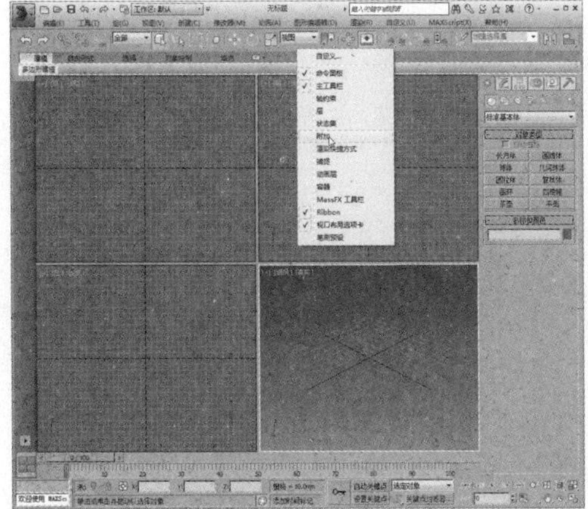

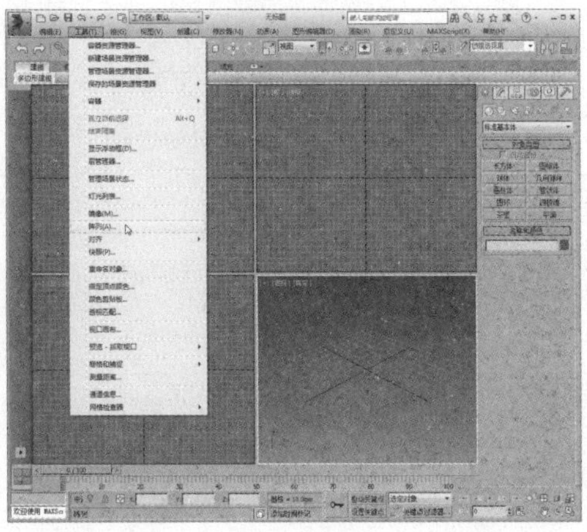

下面介绍如下图所示的“阵列”对话框中各选项的意义和作用，如下表所示。

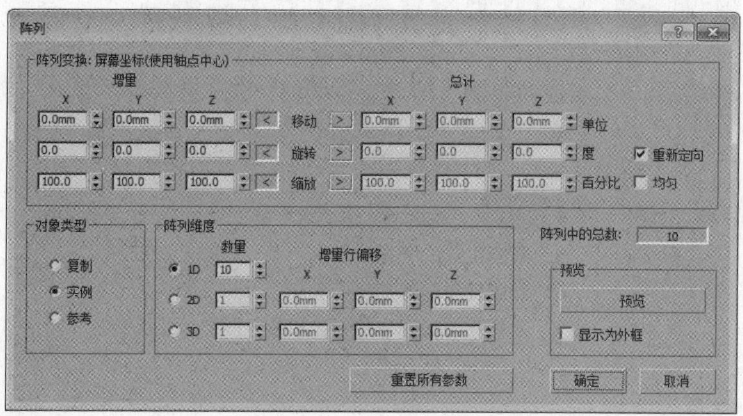

选项名称	功能描述
阵列变换	即阵列+变换，是这两种计算模式的叠加
增量	即下一个对象相对于前一个对象所发生的变换增量
移动	下一个对象相对于前一个对象所发生的相对位移
旋转	下一个对象相对于前一个对象所发生的相对旋转角度
缩放	下一个对象相对于前一个对象所发生的相对缩放差
总计	与“增量”相对，指每一个对象发生的总的变换量
单位	每一个对象发生的总的位移量
度	每一个对象发生的总的旋转量
百分比	每一个对象发生的总的缩放量
对象类型	经阵列后得到的对象之间的克隆关系
复制	各对象之间互相没有控制关系
实例	各对象之间具有互相控制关系
参考	原始对象与复制对象之间为单向控制关系
阵列维度	阵列所发生的维度，分为一维（1D）、二维（2D）和三维（3D）
数量	在相应维度上产生的对象总数
增量行偏移	在2D和3D维度下，各行（或列）之间发生的增量
重新定向	以某一个轴为中心进行旋转阵列
均匀	以按比例缩放的方式进行阵列
阵列中的总数	阵列得到的对象总数(包括原始对象在内)
重置所有参数	将所有控制参数恢复到默认值

9.2 阵列工具的使用

9.2.1 制作楼梯模型

下面将对楼梯模型的制作过程进行介绍。

01 在创建命令面板中单击“长方体”按钮，创建一个长方体，设置其参数，如下图所示。

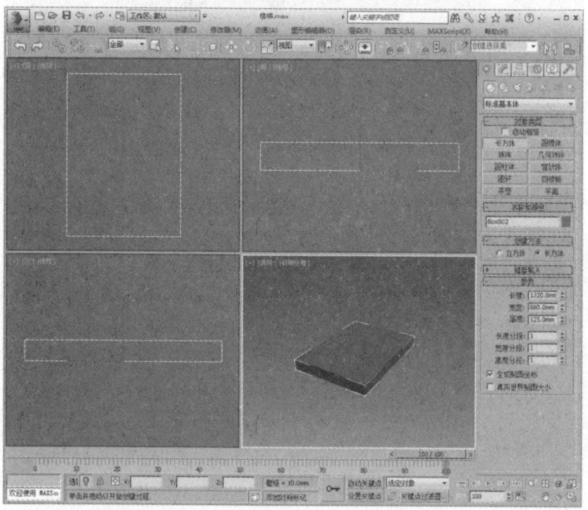

02 按住Shift键向上复制模型，并调整模型参数及位置，如下图所示。

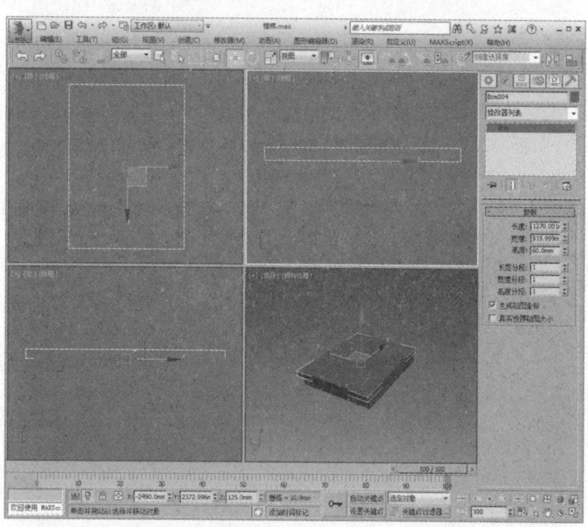

03 继续按住Shift键向上复制模型，并调整模型参数及位置，如下图所示。

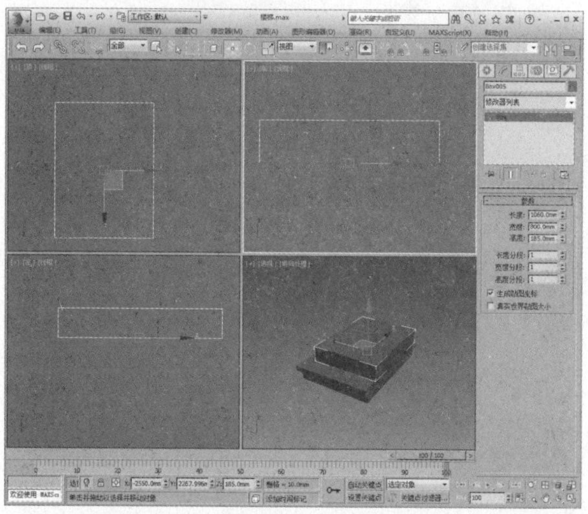

04 继续按住Shift键向上复制模型，并调整模型参数及位置，如下图所示。

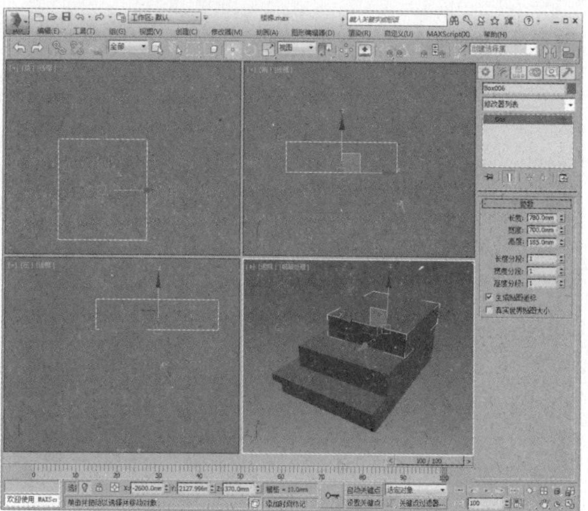

05 在创建命令面板中单击“线”按钮，捕捉绘制一个三角形的样条线，如下图所示。

06 在修改器列表中选择“挤出”命令，将样条线挤出为三维模型，设置挤出值，如下图所示。

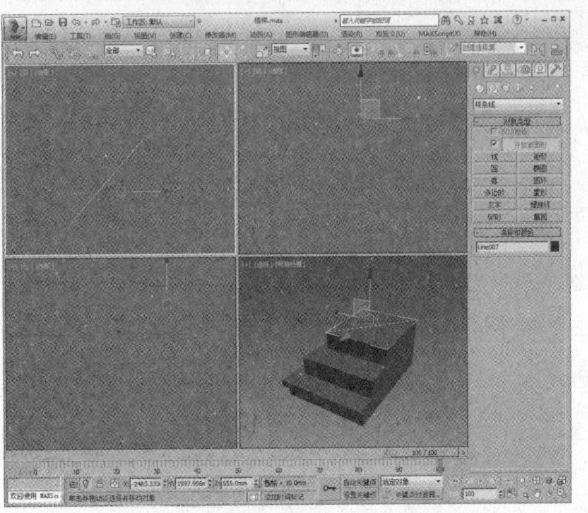

07 在创建命令面板中单击“长方体”按钮，创建一个长方体，设置参数及位置，如下图所示。

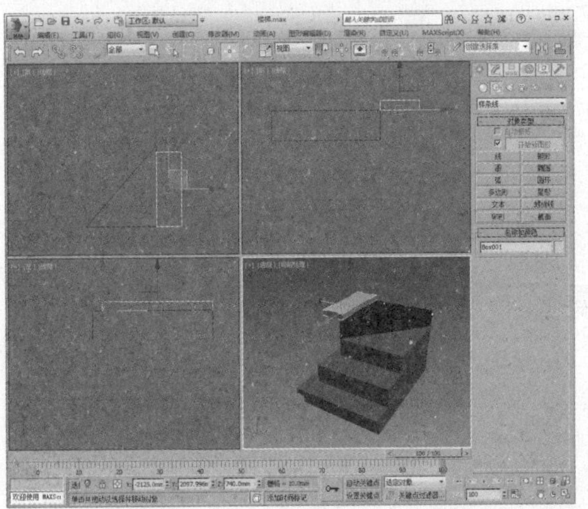

09 按Enter键确认，即可对长方体进行预定的移动，如下图所示。

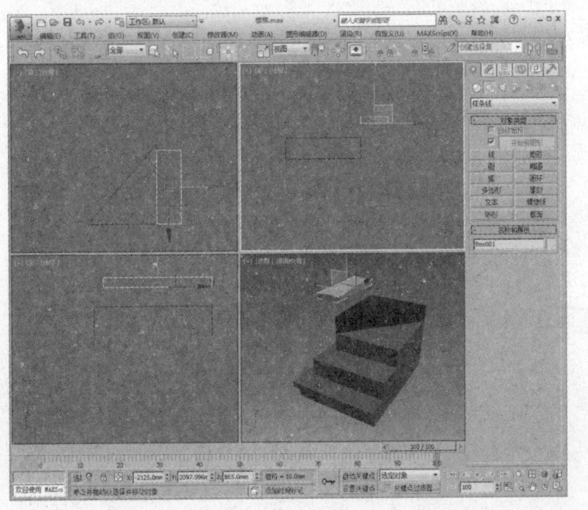

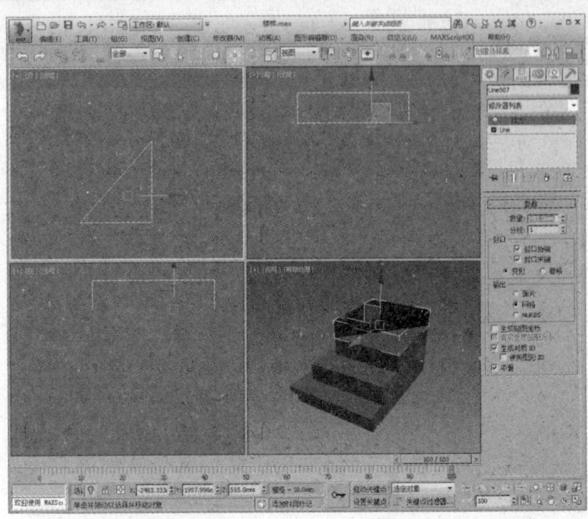

08 切换到前视图，右击“选择并移动”按钮，即会弹出“移动变换输入”对话框，在Y轴偏移输入框中输入数值，如下图所示。

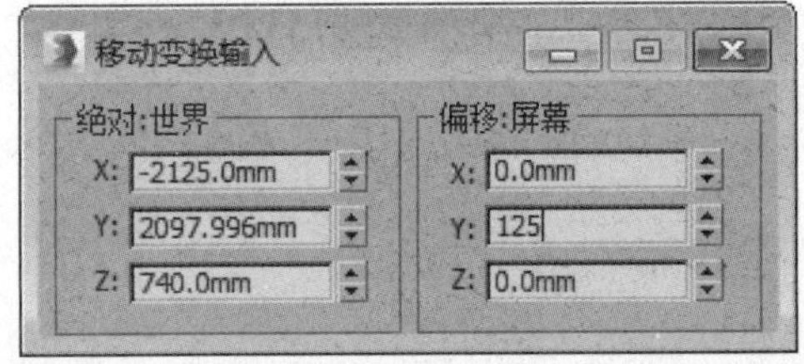

10 保持前视图，执行“工具>阵列”命令，打开“阵列”对话框，设置“移动>Y=185mm”、“移动>X=250mm”、“数量1D=9”、“对象类型=实例”，如下图所示。

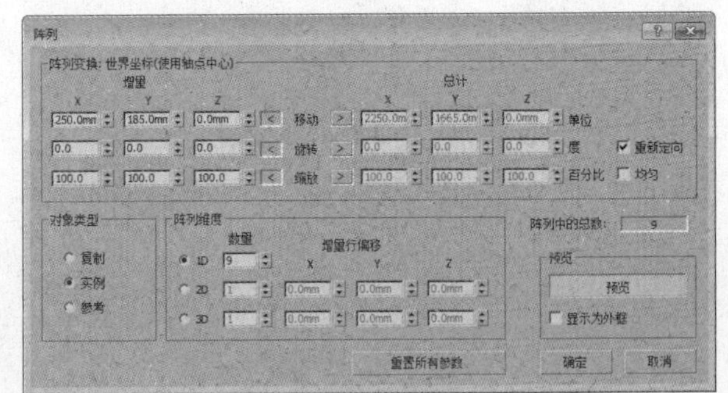

11 单击“确定”按钮即可完成阵列，效果如下图所示。

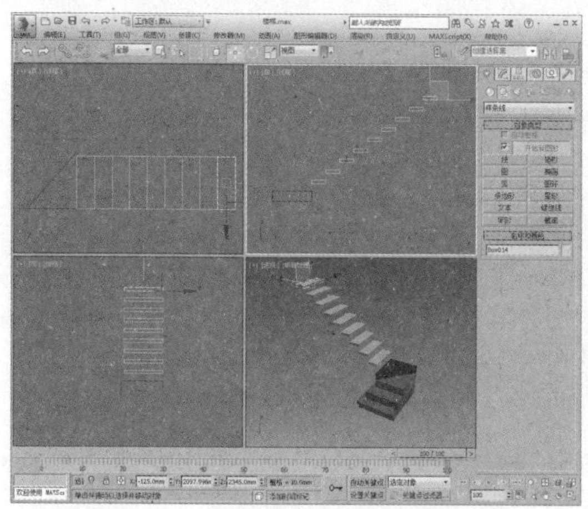

12 在创建命令面板中单击“线”按钮，在前视图中创建一个二维图形，效果如下图所示。

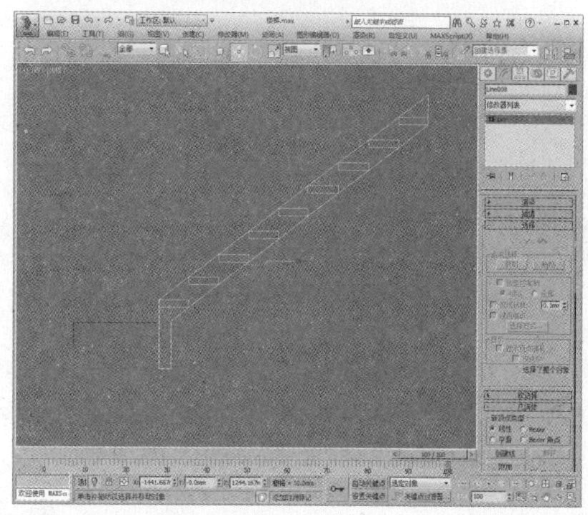

13 为其添加“挤出”修改器，设置挤出值为60，调整位置，如下图所示。

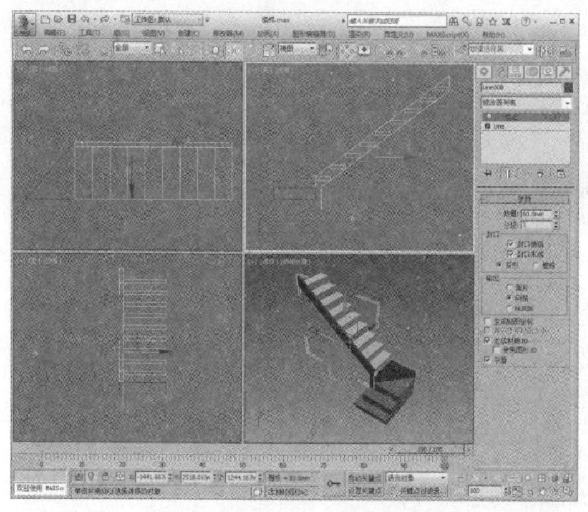

14 在创建命令面板中单击“线”按钮，继续创建样条线，如下图所示。

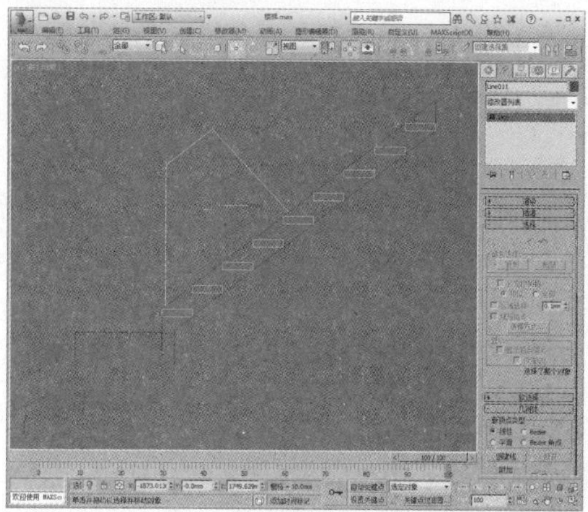

15 在修改命令面板中进入“样条线”子层级，设置样条线轮廓值为10，按Enter键确认，如下图所示。

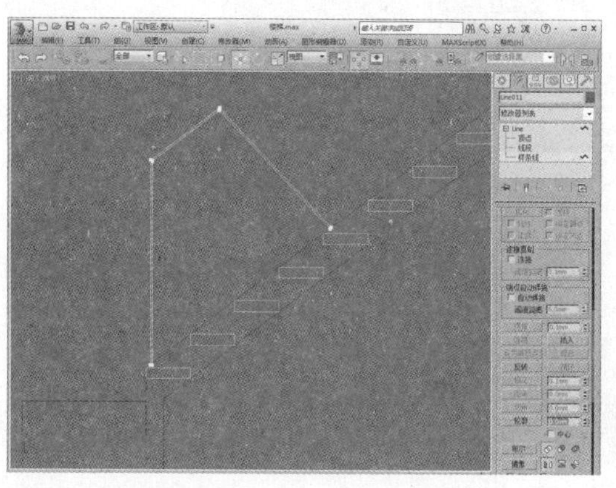

16 为样条线添加“挤出”修改器，设置挤出值为60，调整模型位置，制作出不规则形状的楼梯扶手，如下图所示。

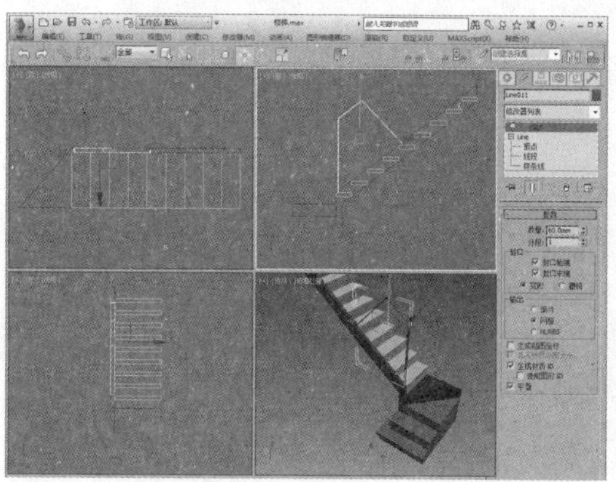

17 照此操作方法完成楼梯扶手模型的制作，至此完成楼梯模型的制作，如下图所示。

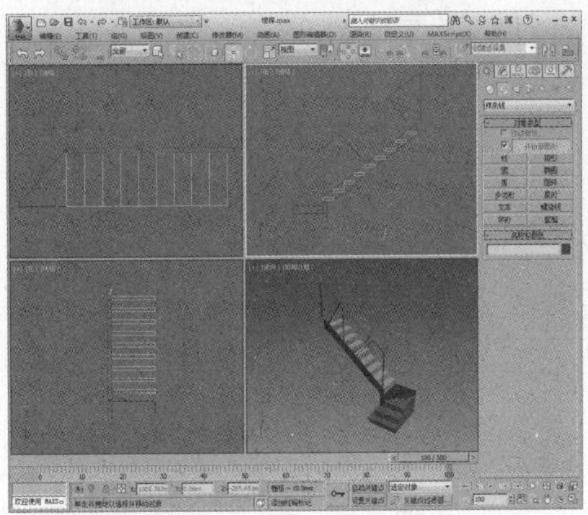

18 按M键打开材质编辑器，选择一个空白材质球，设置漫反射颜色与反射颜色，并设置反射参数，如下图所示。

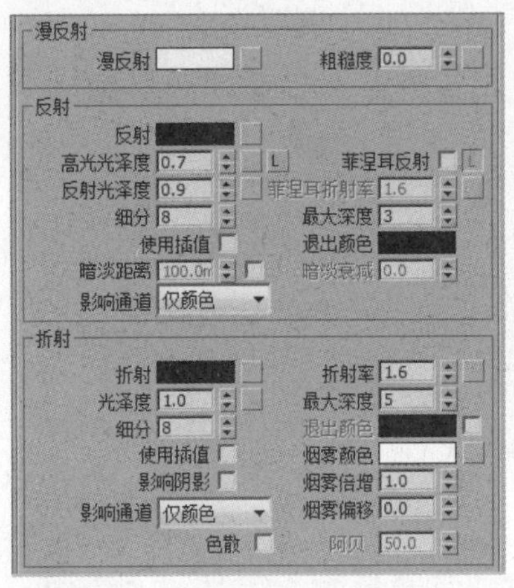

19 漫反射颜色及反射颜色设置如下图所示。

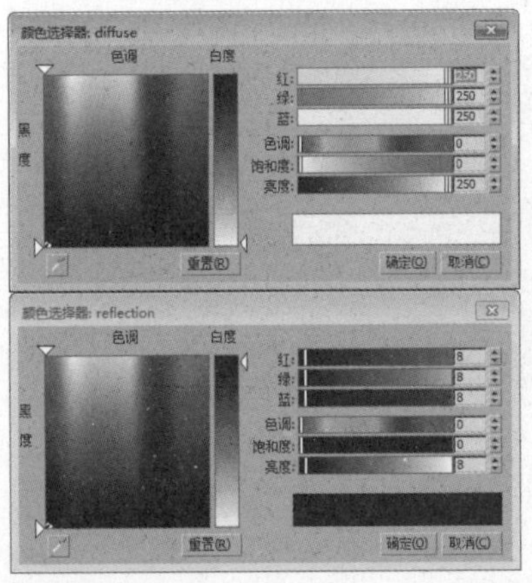

20 创建好的白色烤漆材质球示例窗效果如下图所示。

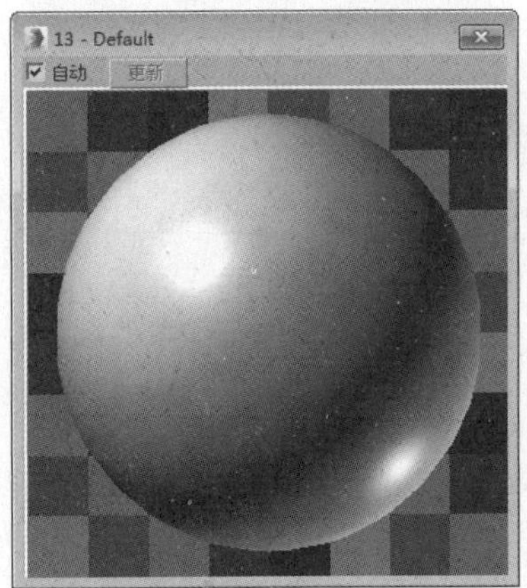

21 选择一个空白材质球，设置漫反射颜色及反射颜色，并设置反射参数，如下图所示。

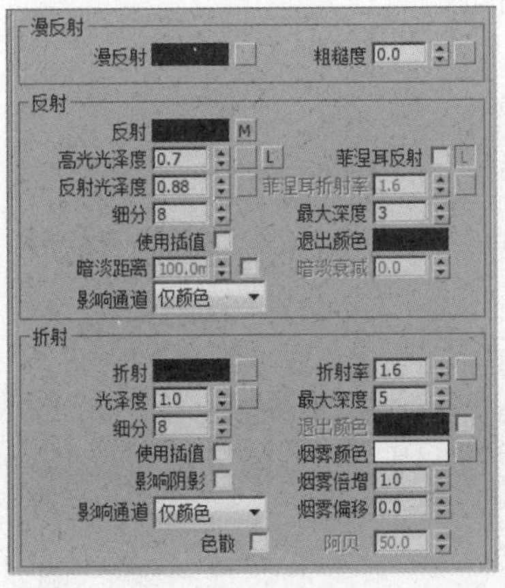

22 漫反射颜色及反射颜色设置如下图所示。

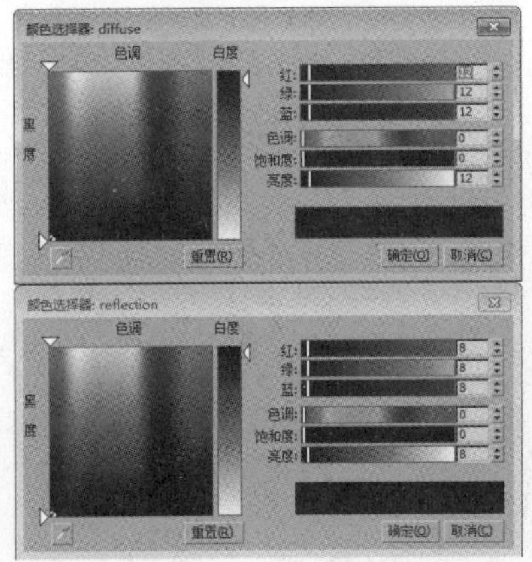

23 为反射通道添加衰减贴图，为凹凸通道添加位图贴图，如下图所示。

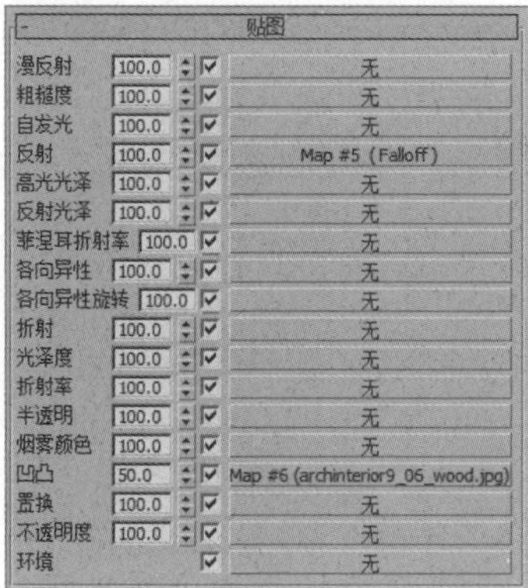

24 打开“衰减参数”卷展栏，设置衰减颜色及衰减类型，如下图所示。

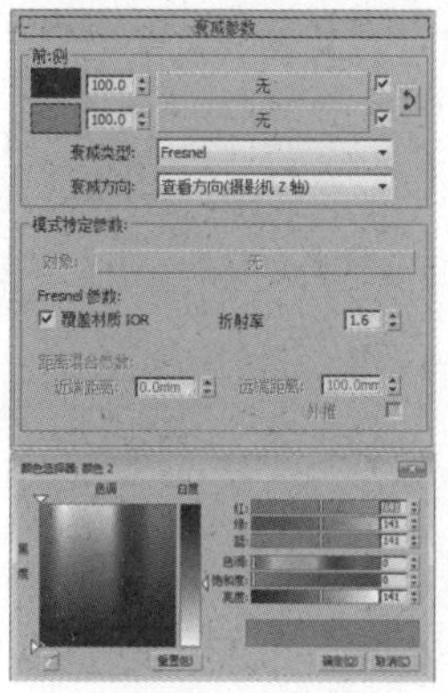

25 创建好的黑色木质烤漆材质球示例窗效果如下图所示。

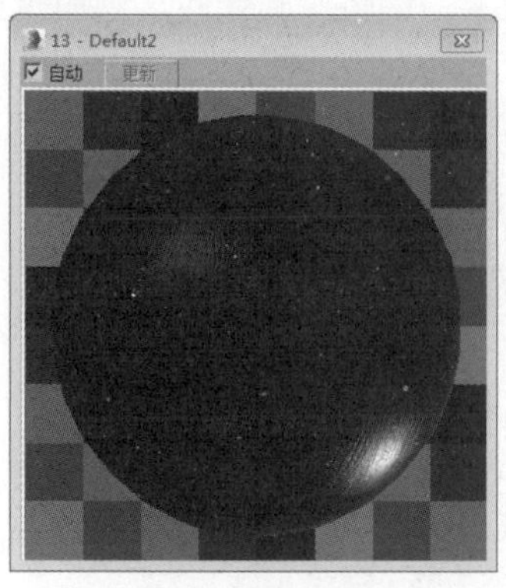

26 将材质分别指定给楼梯各部位，并为其添加场景，效果如下图所示。

9.2.2 制作旋转楼梯模型

下面将对旋转楼梯模型的制作过程进行介绍。

01 在创建命令面板中单击“切角长方体”按钮，创建一个切角长方体，设置其参数，如下图所示。

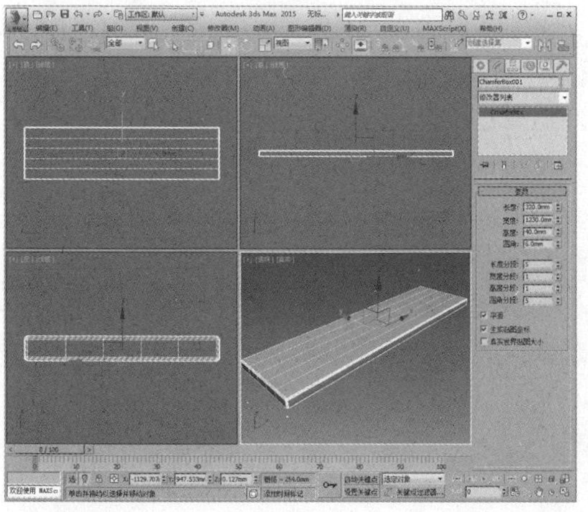

02 在修改器列表中为其添加“FFD（长方体）”修改器，如下图所示。

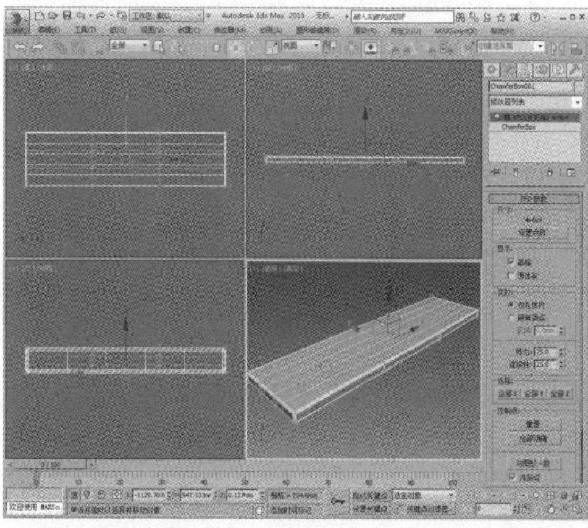

03 单击“设置点数”按钮，打开“设置FFD尺寸”对话框，设置点数，如下图所示。

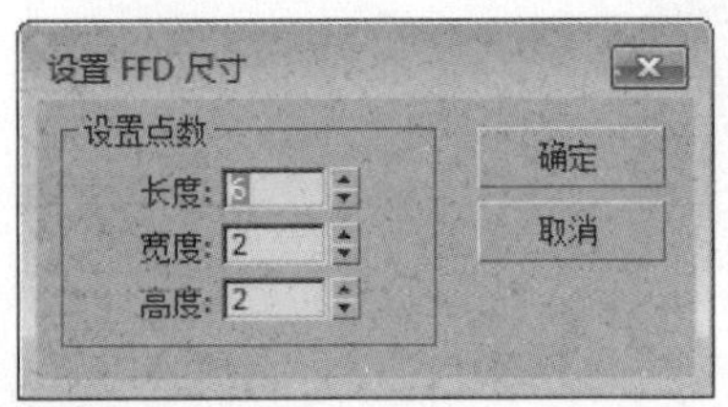

04 单击“确定”按钮，可以看到视图中的晶格数发生了改变，如下图所示。

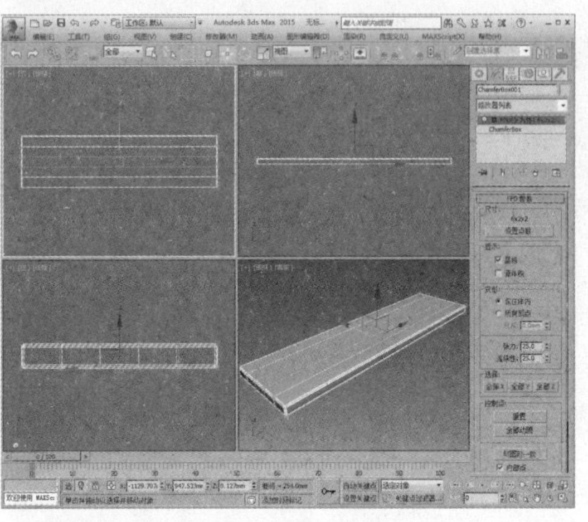

05 在修改器堆栈中进入“控制点”子层级，在视图中选择控制点，单击“选择并缩放”按钮，对晶格点进行缩放，如下图所示。

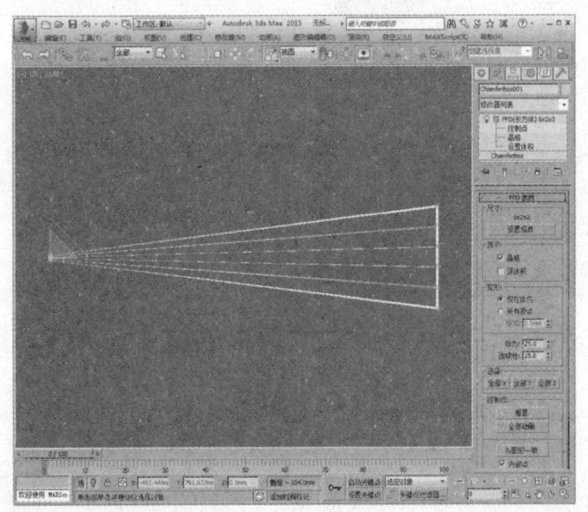

06 再单击“选择并移动”按钮，调整另一侧晶格点位置，如下图所示。

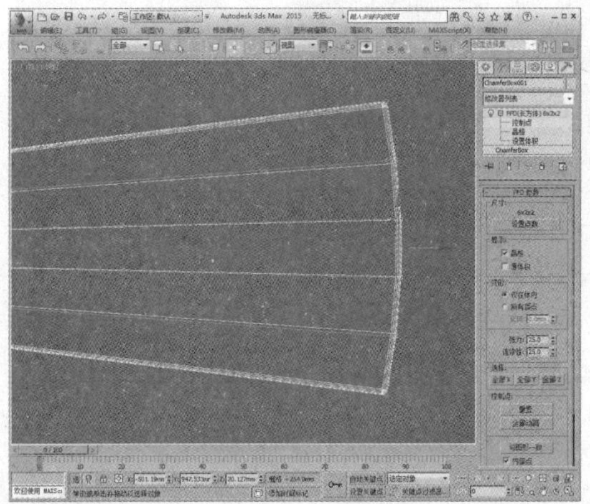

07 在创建命令面板中单击“矩形”按钮，在前视图中创建一个矩形，设置参数，如下图所示。

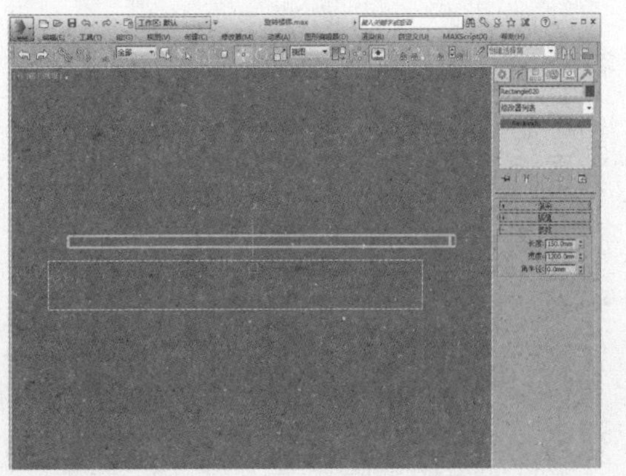

08 将矩形转换为可编辑样条线，进入“顶点”层级，调整顶点位置以及控制柄，如下图所示。

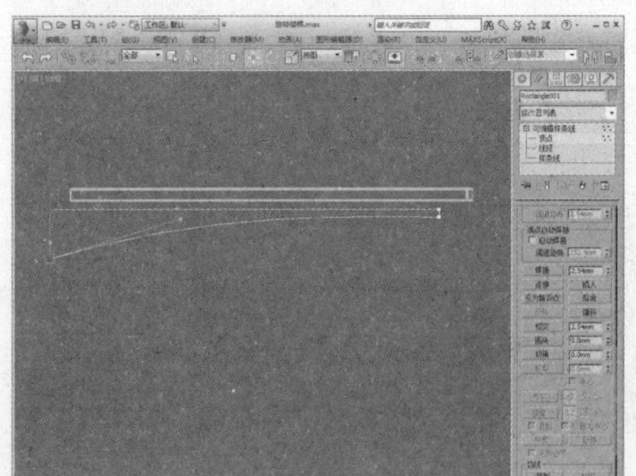

知识点

用二维样条线去调整物体的大致形状，然后利用适当的修改命令使二维图形成为三维物体，是我们经常用到的建模方法。

09 在修改器堆栈中单击“挤出”选项，设置挤出量为20，调整模型位置，如下图所示。

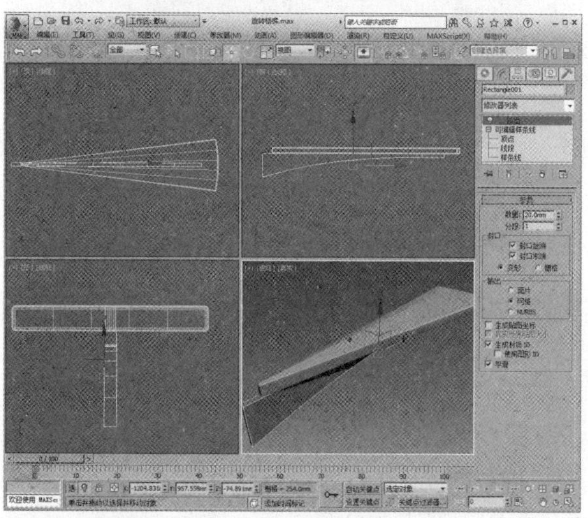

10 单击“使用变换坐标中心”按钮，在顶视图中调整图形位置，如下图所示。

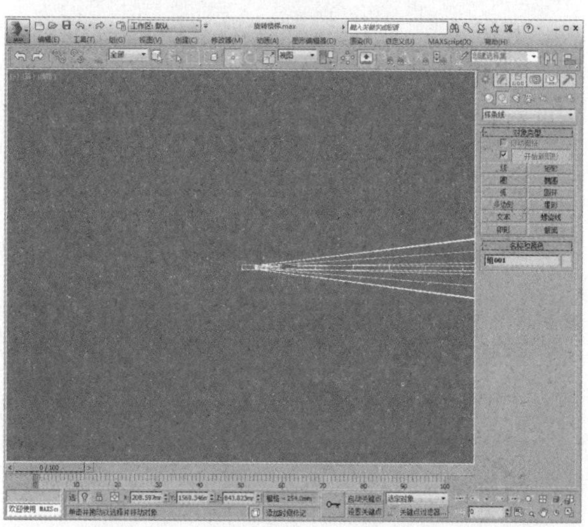

11 在菜单栏中执行“工具>阵列”命令，打开“阵列”对话框，设置“移动>Z=190mm”、“旋转>Z=14”、“数量1D=19”、“对象类型=实例”，如下图所示。

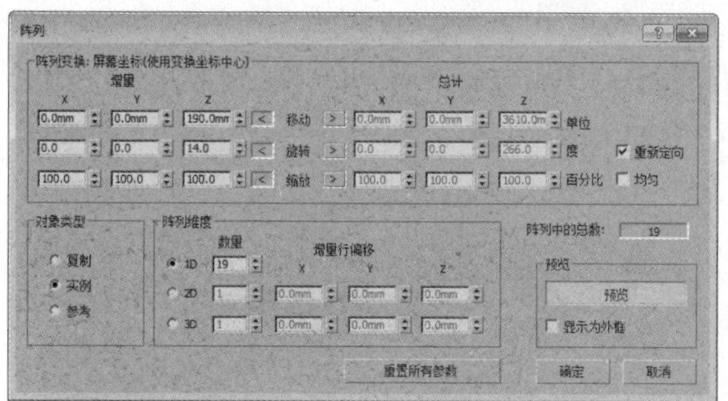

12 单击“确定”按钮即可完成阵列，效果如下图所示。

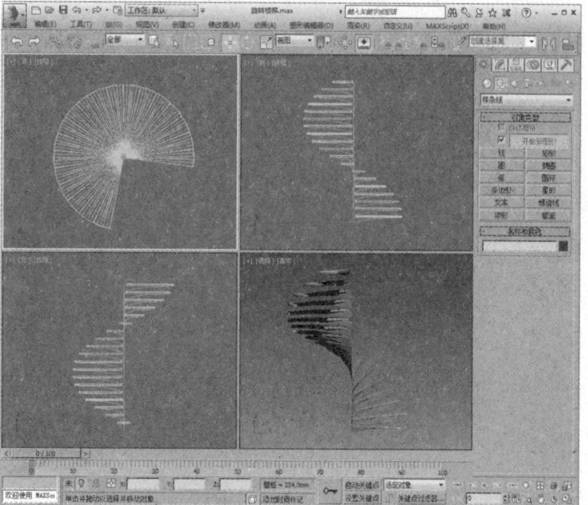

知识点

在3ds Max中对物体进行旋转复制的时候，我们首先要确定物体是围绕哪个轴进行旋转复制的，然后在旋转的同时还要确定物体旋转的半径，旋转半径的确定其实就是确定物体围绕该轴进行旋转的轴心，调整好要旋转的轴心后我们就可以对物体进行旋转复制了。

13 在创建命令面板中单击“圆柱体”按钮，创建一个圆柱体，设置参数并调整位置，如下图所示。

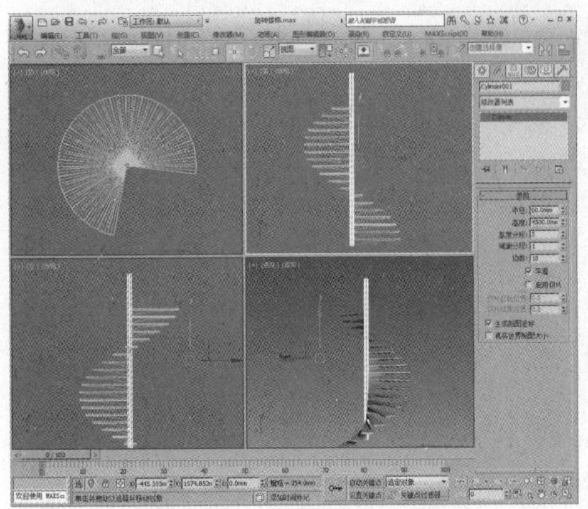

14 继续绘制一个圆柱体，设置参数并调整位置，如下图所示。

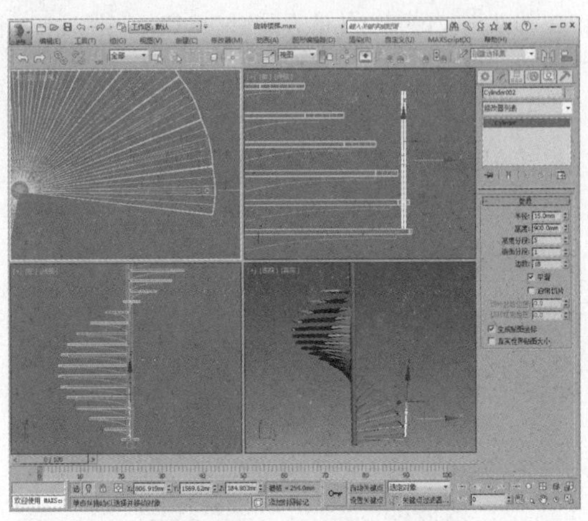

15 单击“使用变换坐标中心”按钮，在顶视图中调整图形位置，如下图所示。

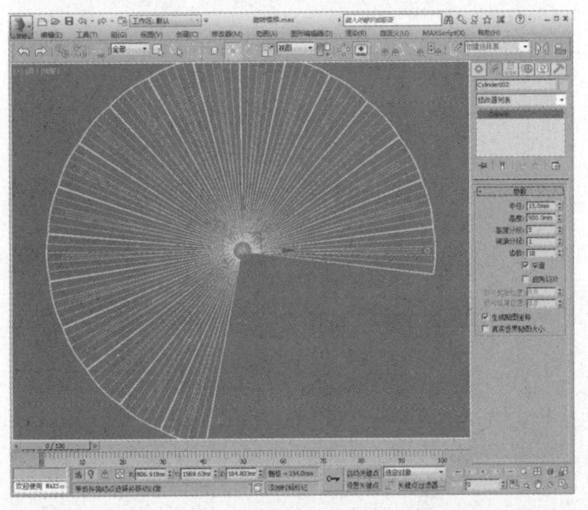

16 在菜单栏中执行“工具>阵列”命令，打开“阵列”对话框，设置“移动>Z=380mm”、“旋转>Z=28”、“数量1D=10”、“对象类型=实例”，如下图所示。

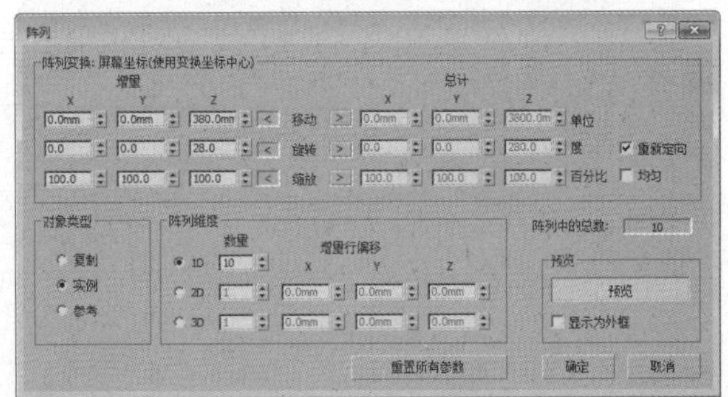

17 单击“确定”按钮即可完成阵列，效果如下图所示。

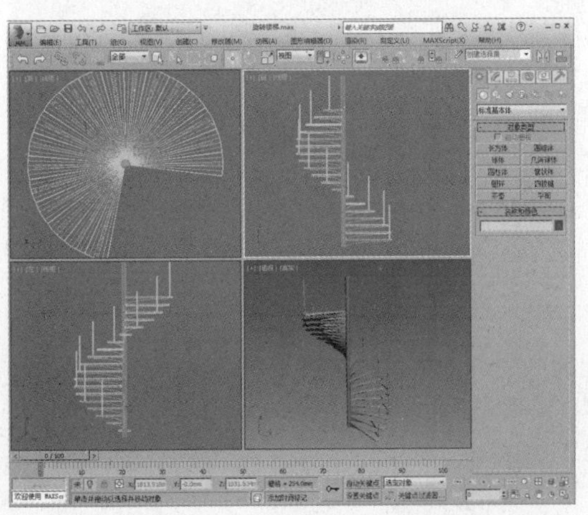

18 在创建命令面板中单击“螺旋线”按钮，创建一条螺旋线，设置参数并调整位置，如下图所示。

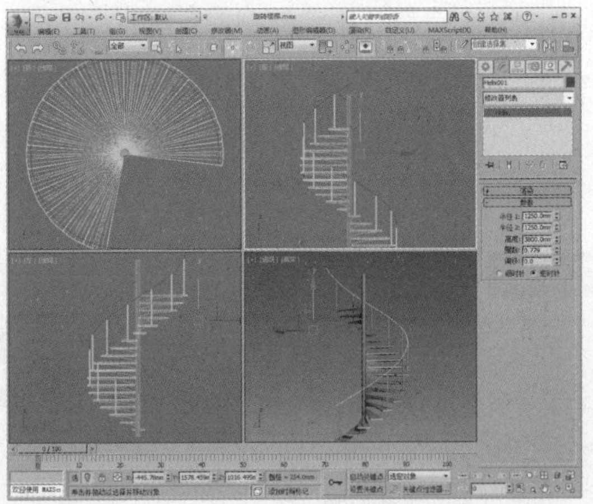

知识点

3ds Max中的阵列工具是将“移动”、“旋转”、“缩放”命令附加在一个修改命令中，我们在使用阵列工具调整物体的同时，可以使用“移动”、“旋转”、“缩放”这三个命令进行调整。

19 在“渲染”卷展栏中勾选“在渲染中启用”、“在视口中启用”选项，并设置径向厚度，完成旋转楼梯的制作，如下图所示。

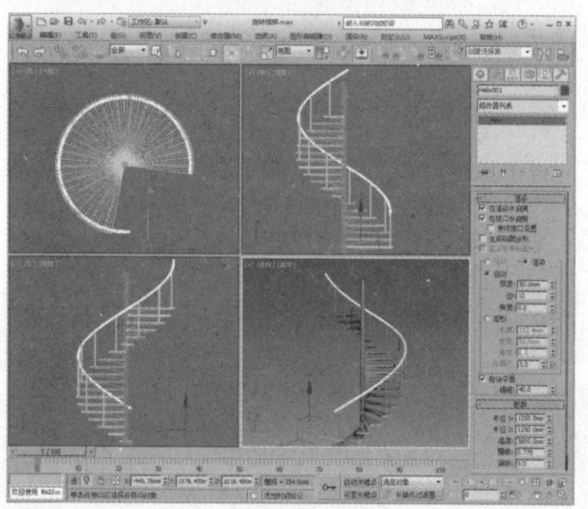

20 按M键打开材质编辑器，选择一个空白材质球，设置漫反射颜色及反射颜色，并设置反射参数，如下图所示。

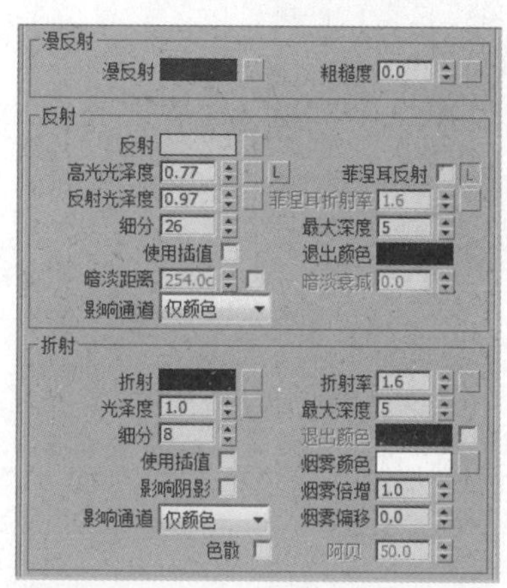

21 漫反射颜色及反射颜色设置如下图所示。

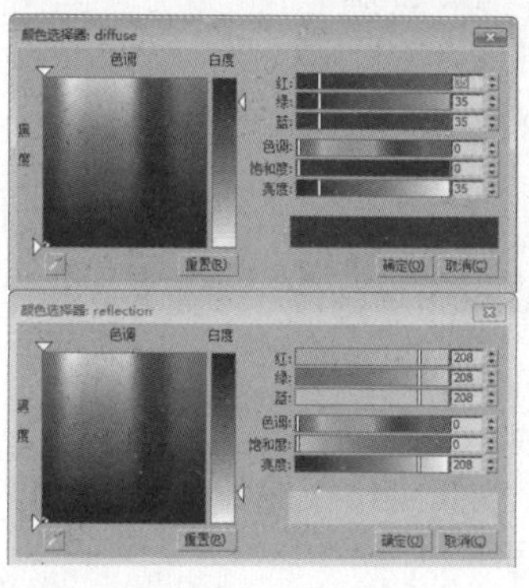

22 创建好的不锈钢材质示例窗效果如下图所示。

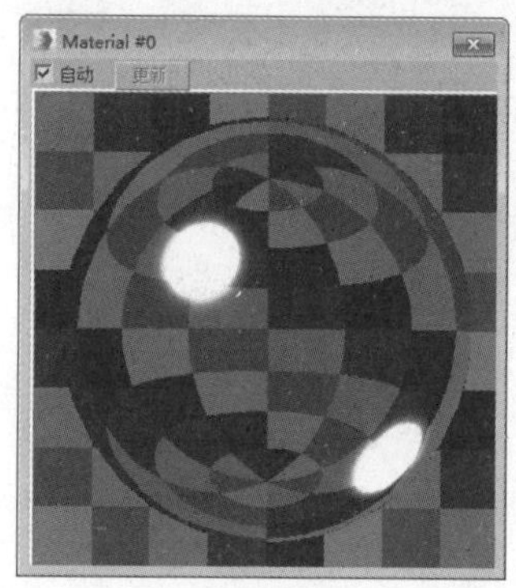

23 选择一个空白材质球，设置漫反射颜色及反射颜色，并设置反射参数，如下图所示。

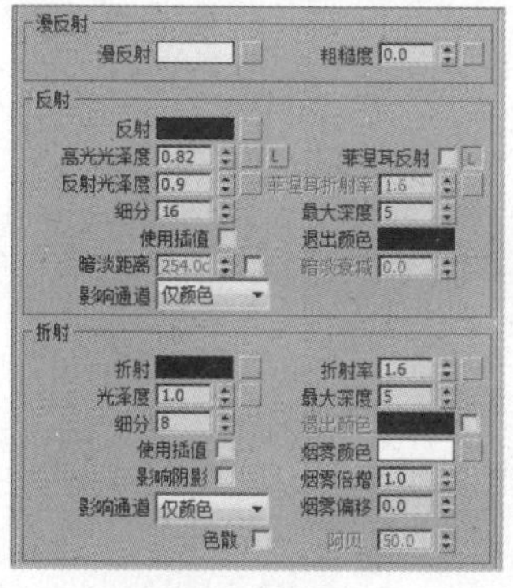

24 漫反射颜色及反射颜色设置如下图所示。

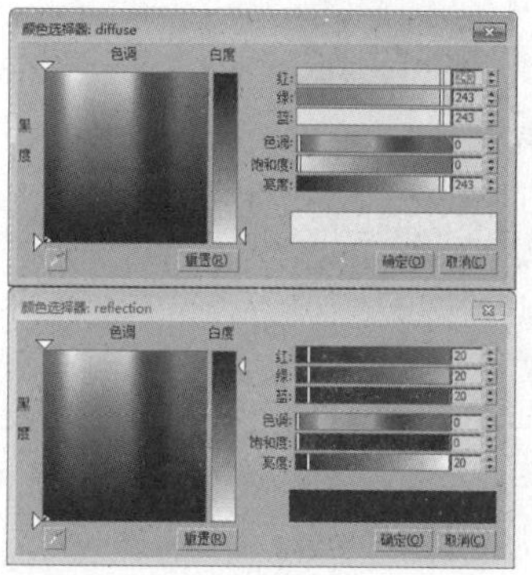

25 设置好的白色烤漆材质示例窗效果如下图所示。

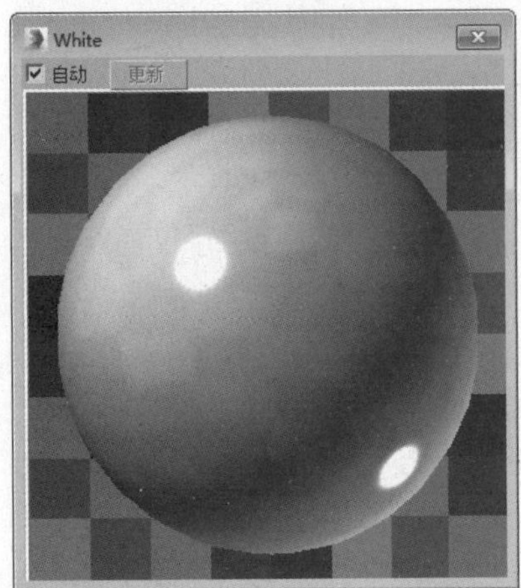

26 选择一个空白材质球，设置反射颜色，并设置反射参数，如下图所示。

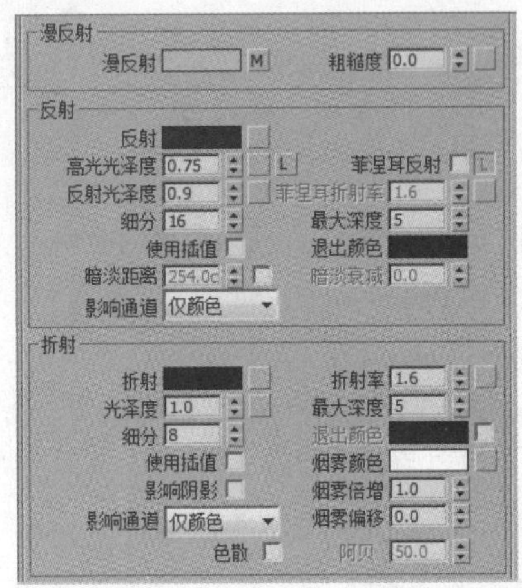

27 反射颜色设置如下图所示。

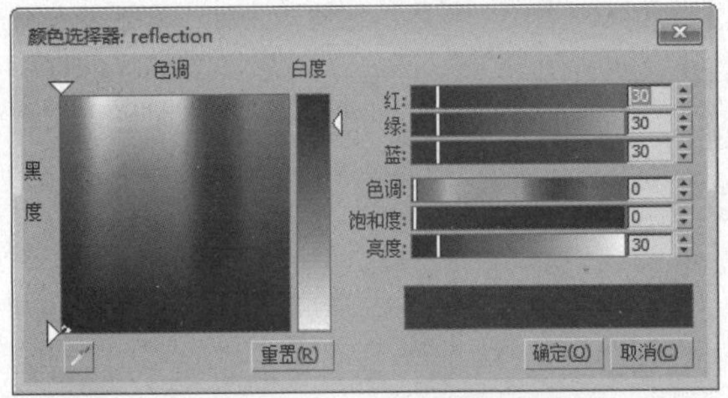

28 为漫反射通道及凹凸通道添加位图贴图，并设置凹凸值，如下图所示。

29 创建好的黑色木板材质示例窗效果如下图所示。

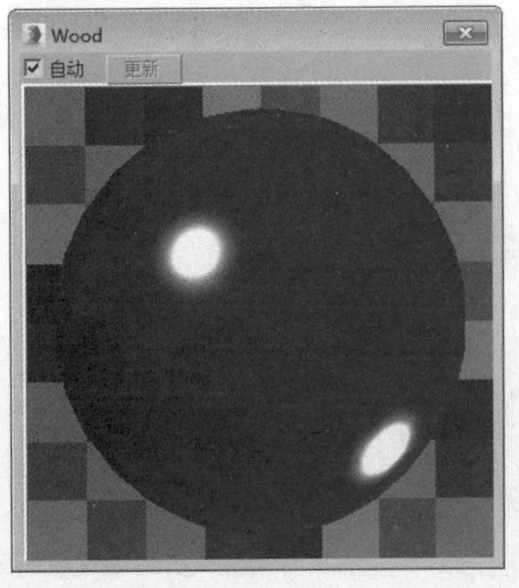

30 将创建好的材质分别指定给楼梯各个部位，再添加场景，效果如下图所示。

CHAPTER 10

用布尔制作钥匙

本章中将通过钥匙串模型的制作，来介绍布尔命令的使用，使读者掌握布尔运算的使用技巧。另外，还涉及到将二维图形转换成三维模型的操作，以及FFD修改器的使用。

知识点

1. 了解布尔命令的基本知识
2. 熟悉FFD修改器的使用以及扩展基本体的使用
3. 掌握布尔运算的操作

10.1 认识布尔命令

通过布尔运算，用户可以得到并集、交集、差集、切割的结果。布尔主要用于一些复杂的开洞，主要缺点是会产生很多线，这个问题我们再给它一个网格选择的命令就可以解决了。当我们使用布尔命令的时候，最好用超级布尔，这样不容易出现问题。操作对象A即先选择的对象，操作对象B即拾取的对象。布尔命令参数设置卷展栏中各选项介绍如下表所示。

名 称	含 义	图 片
并集	两者相融的效果	
差集	最为常见的一种，又称为“雕刻”	
交集	用于单一构件的创建	
显示	控制布尔运算的显示结果	
切割	使用一个物体剪切另一个物体，类似于相减运算	
结果	显示布尔运算的最终结果	
操作对象	显示布尔合成物体	
结果+隐藏的操作对象	显示布尔运算的最终结果，且被隐藏的物体用选框显示	
始终	布尔计算结果随时更新	
渲染时	只有在最后渲染时才显示结果	
手动	选中此项，想要显示布尔计算结果时，单击下面的“更新”按钮，即可看到最终结果，即何时显示由用户掌握	
更新	该按钮用于更新布尔对象，若选择“始终”选项，则该按钮处于未启用状态	

10.2 布尔运算的使用

引用几何学中的布尔运算的操作原理，将两个交叠在一起的物体结合成一个布尔复合对象，完成布尔运算操作。上述原理中的两个物体称为操作对象，而布尔物体本身就是布尔运算的结果。

10.2.1 制作钥匙串模型

下面将对钥匙串模型的制作过程进行介绍。

01 在创建命令面板中单击“圆柱体”按钮，创建一个圆柱体，设置其参数，如下图所示。

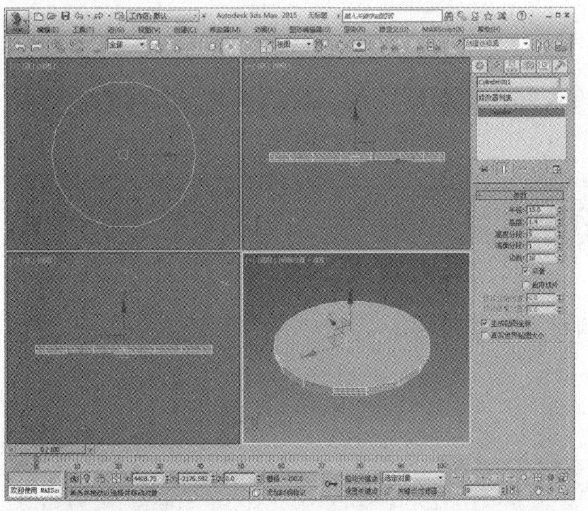

02 调整边数，可以发现圆柱体变得平滑，如下图所示。

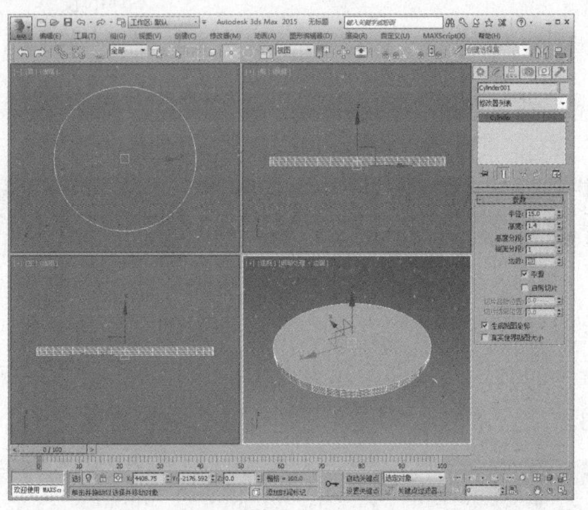

03 在创建命令面板中单击“管状体”按钮，创建一个管状体，设置参数并与之前创建的圆柱体居中对齐，如下图所示。

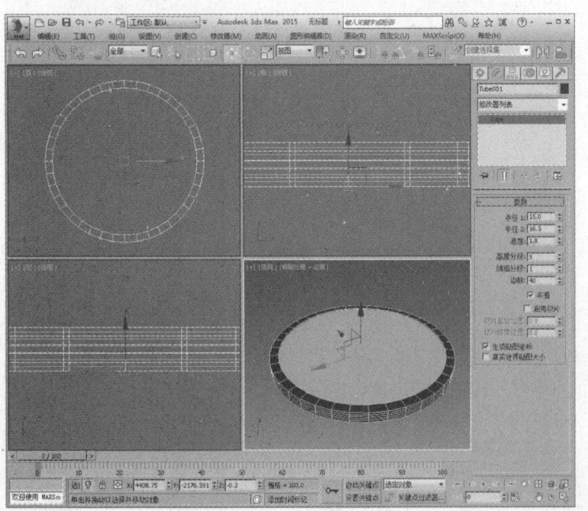

04 在创建命令面板中单击“圆柱体”按钮，创建一个圆柱体，调整参数及位置，如下图所示。

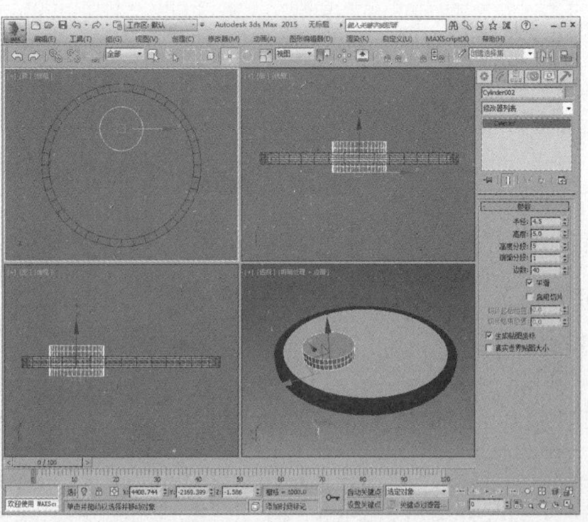

05 选择大的圆柱体，在“复合对象”面板中单击“布尔”按钮，接着单击“拾取操作对象B”按钮，在视图中单击新创建的圆柱体，如下图所示。

06 单击确定即可完成布尔差集运算，如下图所示。

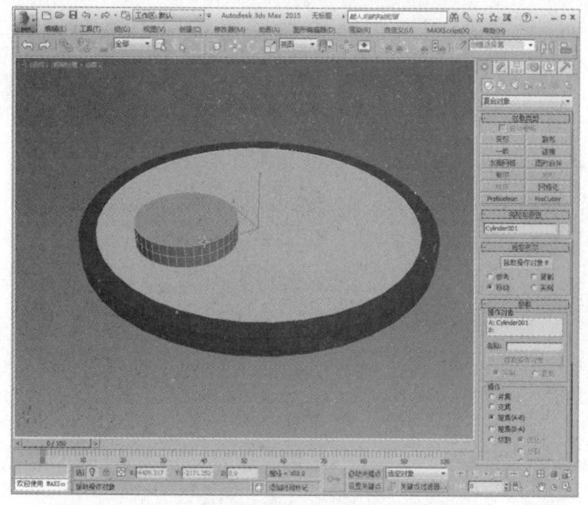

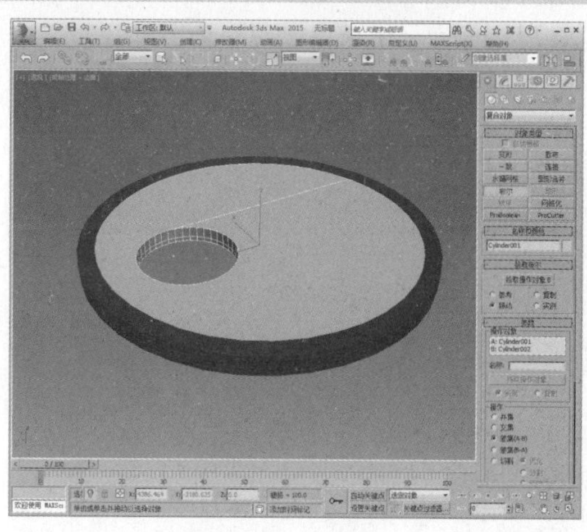

07 在创建命令面板中单击“管状体”按钮，创建一个管状体，调整参数及位置，制作出钥匙把手，如下图所示。

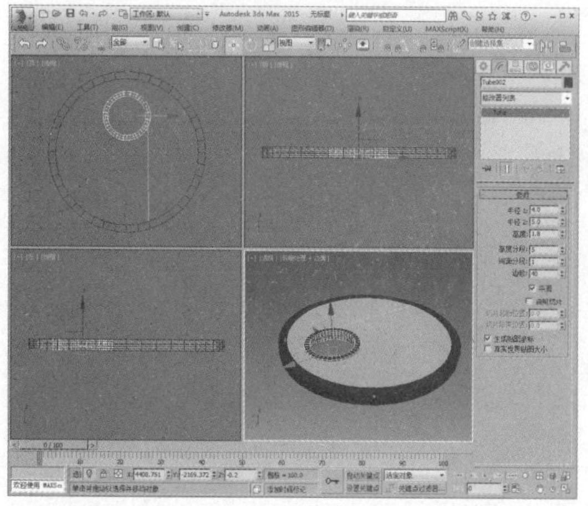

08 在创建命令面板中单击“线”按钮，在顶视图中绘制钥匙的齿状样条线，如下图所示。

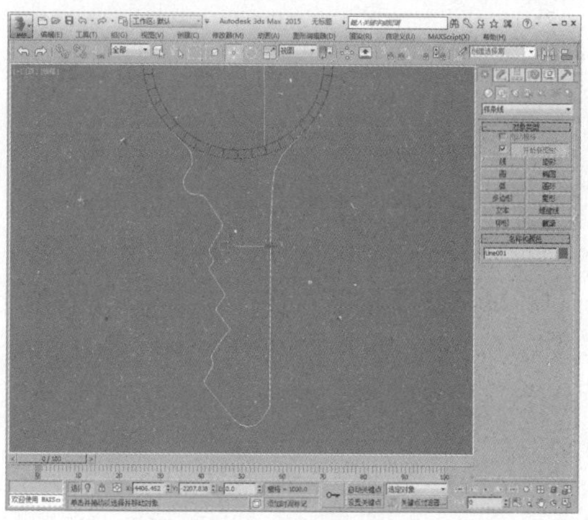

09 在修改命令面板中选择“顶点”层级，选择部分顶点，单击鼠标右键，在快捷菜单中选择“平滑”命令，再适当调整顶点位置，如下图所示。

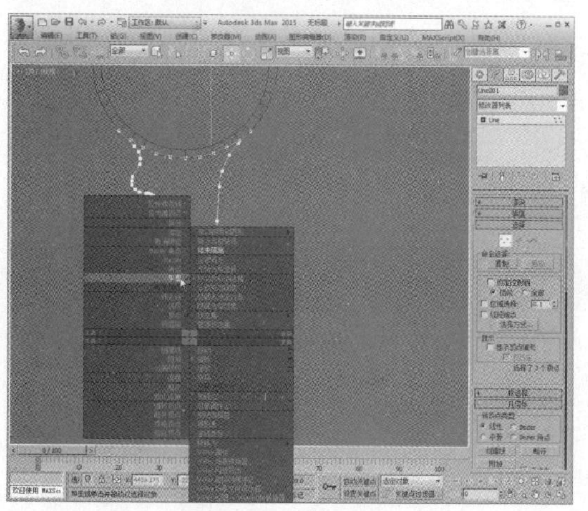

10 在修改器列表中为其添加挤出修改器，设置挤出值，如下图所示。

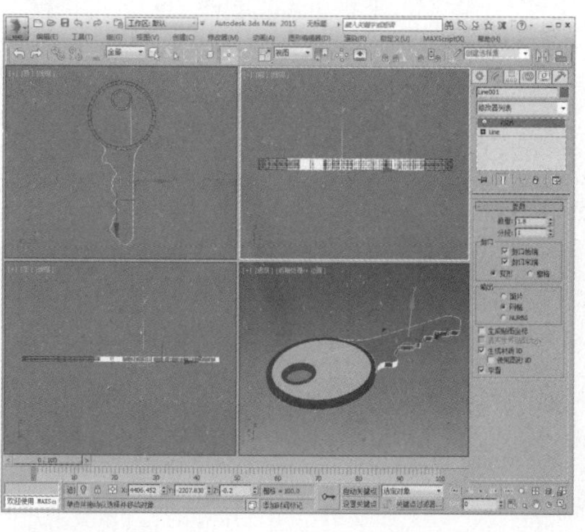

11 在创建命令面板中单击“线”按钮，在前视图中绘制一个样条线图形，效果如下图所示。

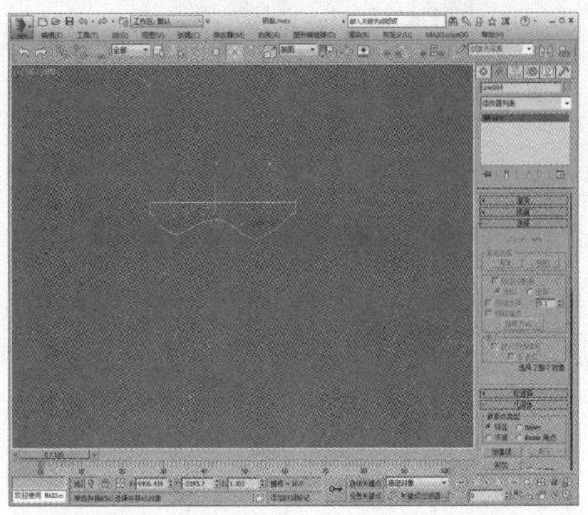

12 为样条线添加挤出修改器，设置挤出值并调整模型位置，效果如下图所示。

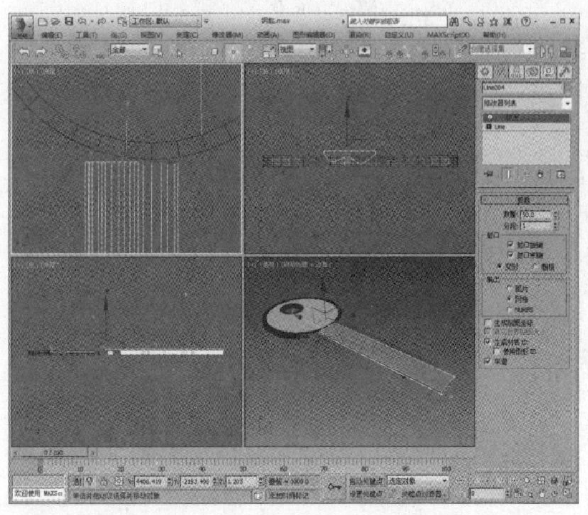

13 选择钥匙齿模型，执行布尔命令，拾取新创建的模型，如下图所示。

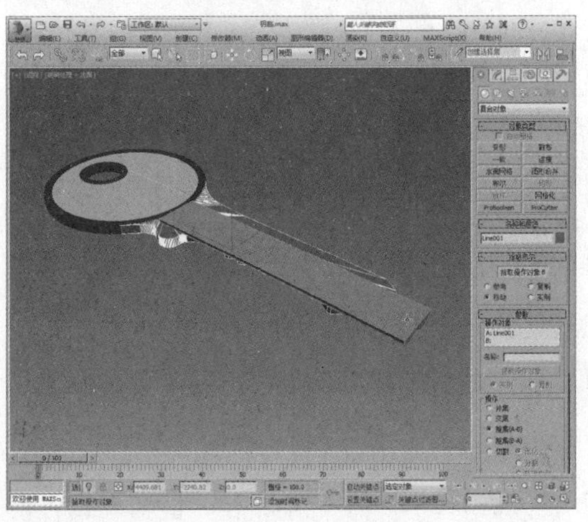

14 单击即可完成差集运算，如下图所示。

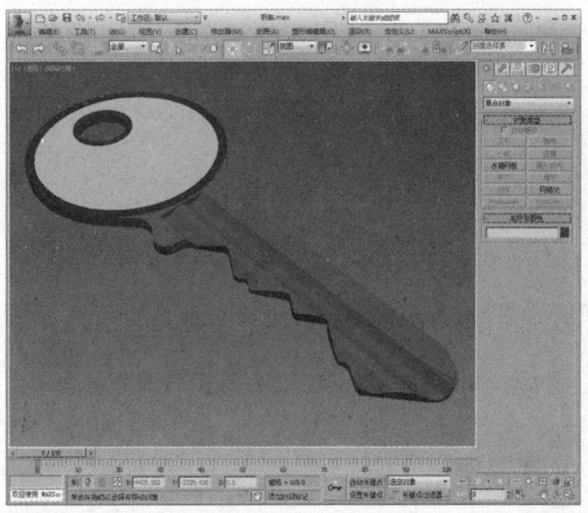

15 在创建命令面板中单击“圆柱体”按钮，在前视图中绘制一个圆柱体，设置参数并调整到合适位置，如下图所示。

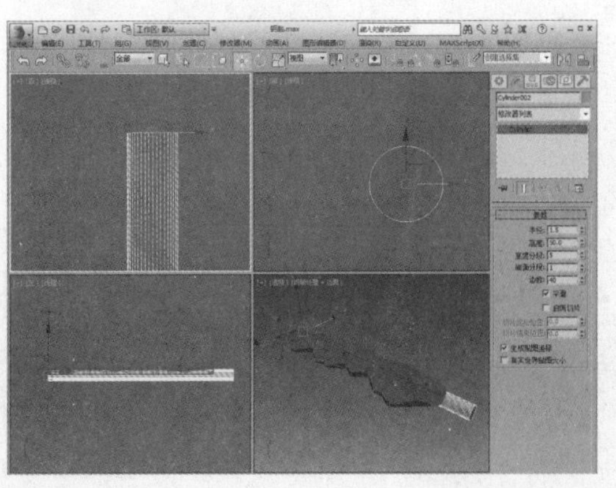

16 再次执行布尔命令，进行差集运算，完成钥匙齿模型的制作，如下图所示。

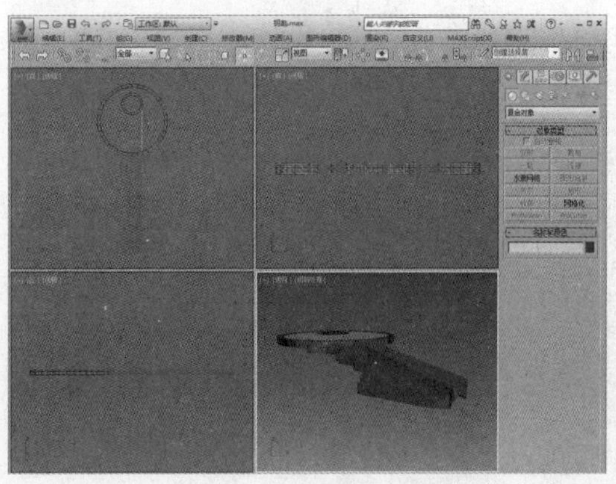

17 继续执行布尔命令，进行合集运算，将创建的模型合并为一个整体，如下图所示。

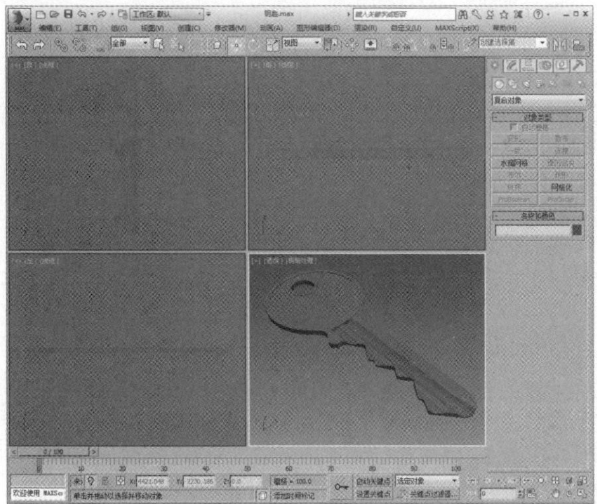

18 在创建命令面板中单击“圆环”按钮，创建一个圆环，效果如下图所示。

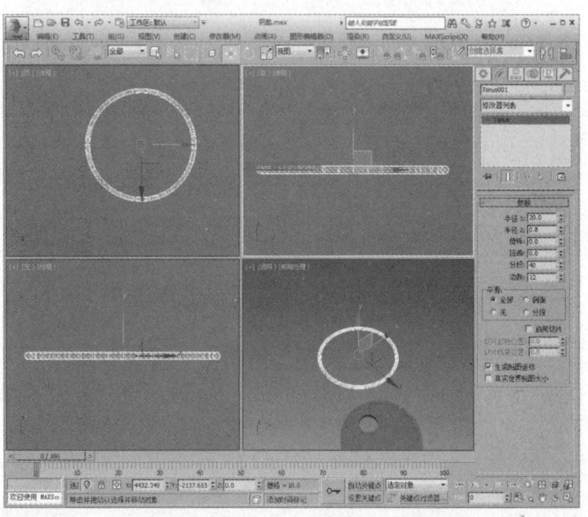

19 向上复制一个圆环，调整位置，如下图所示。

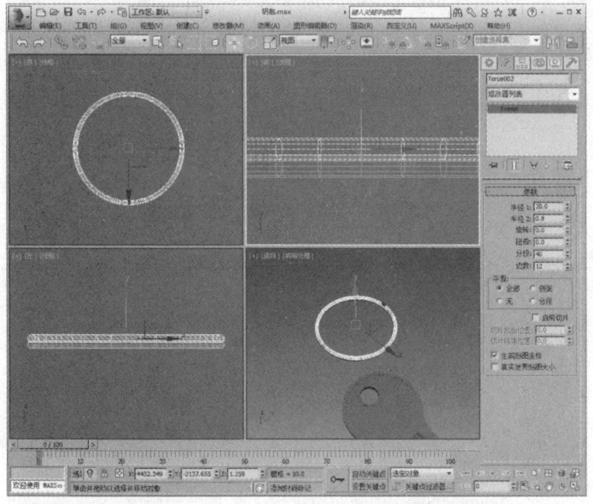

20 进行布尔合集运算，如下图所示。

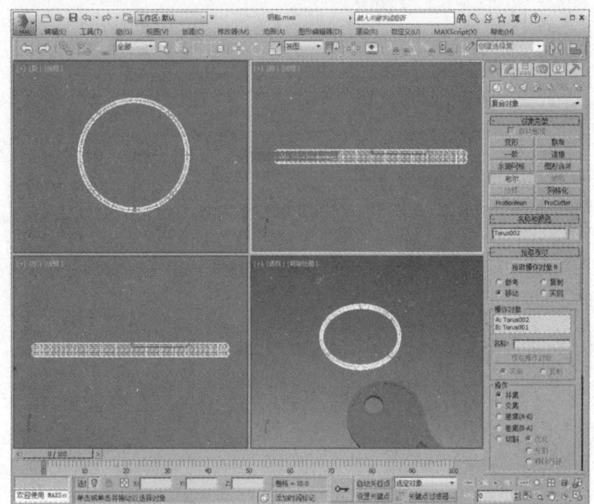

21 复制钥匙模型，调整钥匙及钥匙圈的角度及位置，完成钥匙串模型的制作，如右图所示。

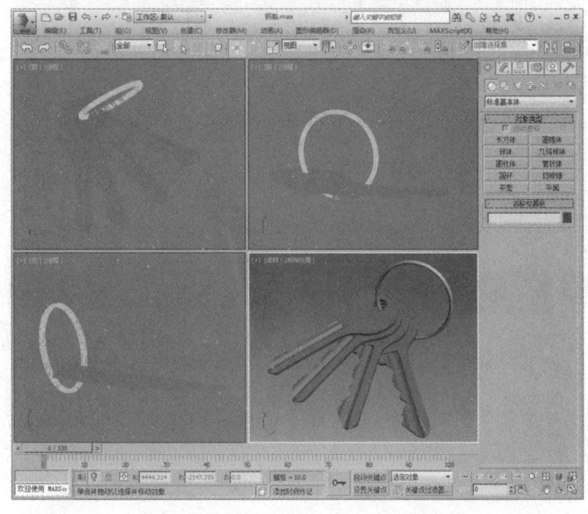

10.2.2 制作钥匙扣挂件模型

钥匙扣是人们常见的随身小挂件，我们常常会看到一些钥匙扣上贴着自己的照片或者喜爱的图片，这样很有创意和个性。其实我们可以用3ds Max随心所欲地设计一款自己喜爱的钥匙扣，其制作并不复杂，下面我们就一起来看看它的制作过程。

01 在创建命令面板中单击“切角长方体”按钮，创建一个切角长方体，设置参数，如下图所示。

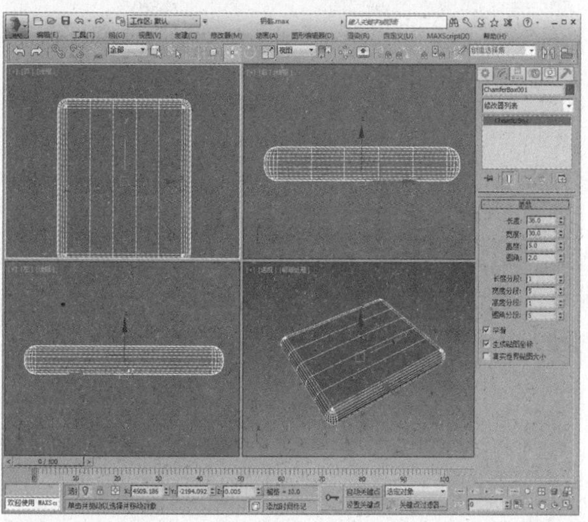

02 为其添加FFD网格修改器，并修改晶格点数，如下图所示。

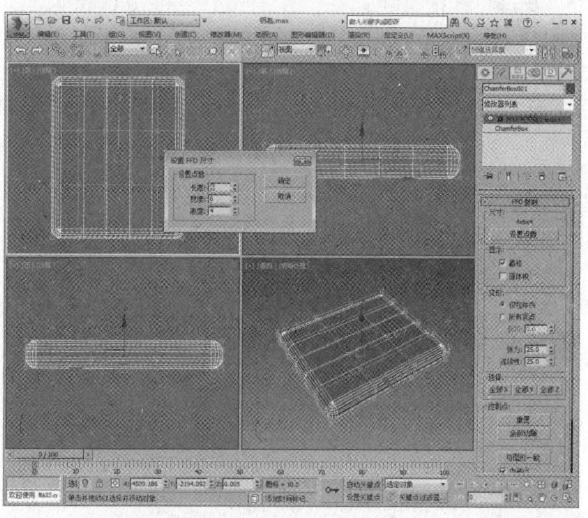

03 进入“控制点”子层级，调整控制点位置从而调整模型形状，如下图所示。

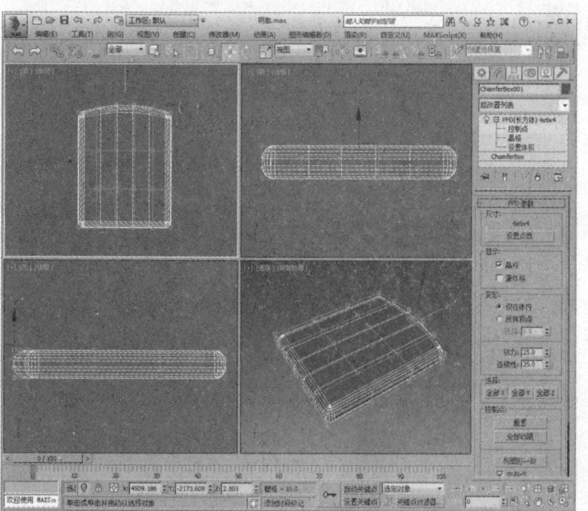

04 向上复制模型，如下图所示。

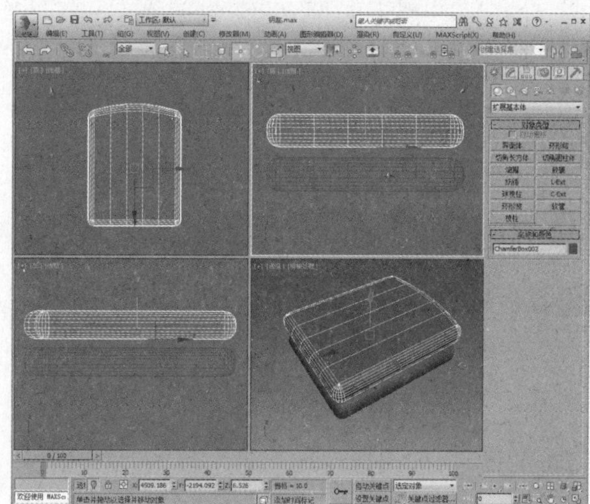

知识点

在3ds Max中创建物体模型时，首先需要在其自带的基本模型中找到我们所要创建的物体模型的大体形状，然后再通过一些修改器来适当地调整物体的形状，所以用户一定要熟悉3ds Max中自带的模型的形状，以便于后期对物体进行创建。

05 单击“选择并缩放”按钮，在顶视图中调整模型大小，如下图所示。

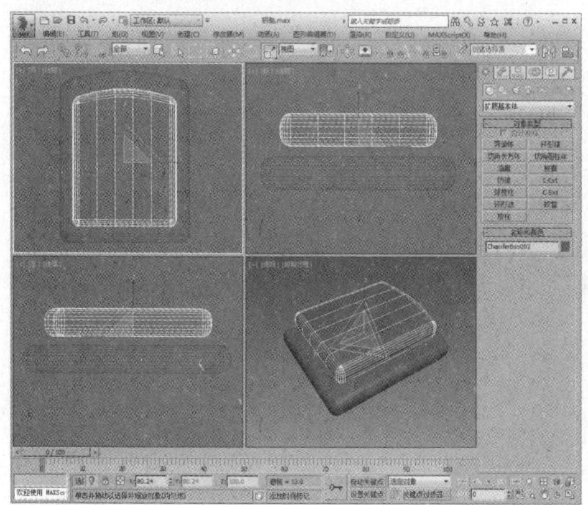

06 复制模型，将其调整到合适的位置，如下图所示。

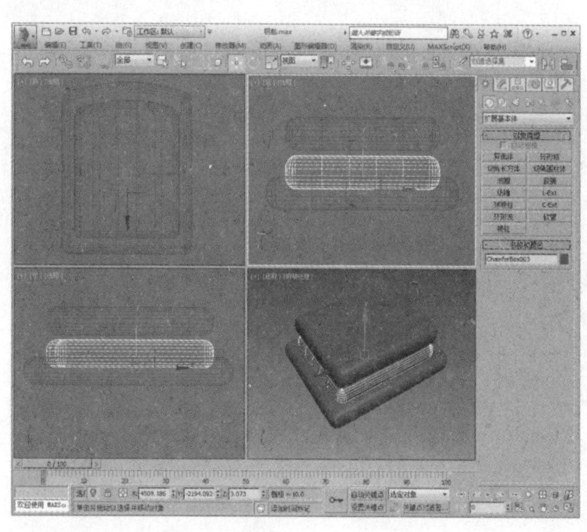

07 对相交的两个模型进行布尔差集运算，如下图所示。

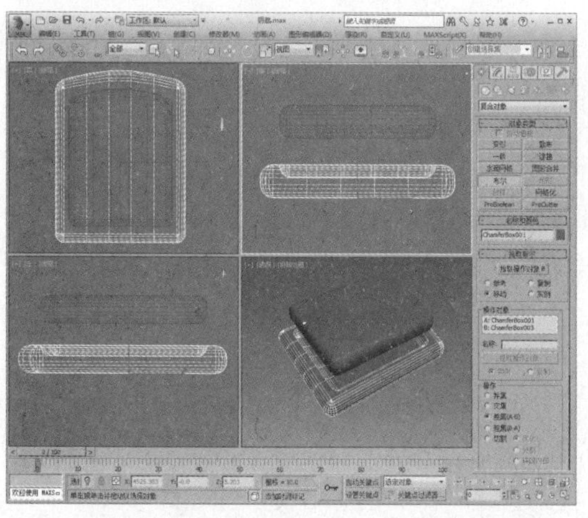

08 选择上方的模型，进行缩放操作并调整到合适位置，如下图所示。

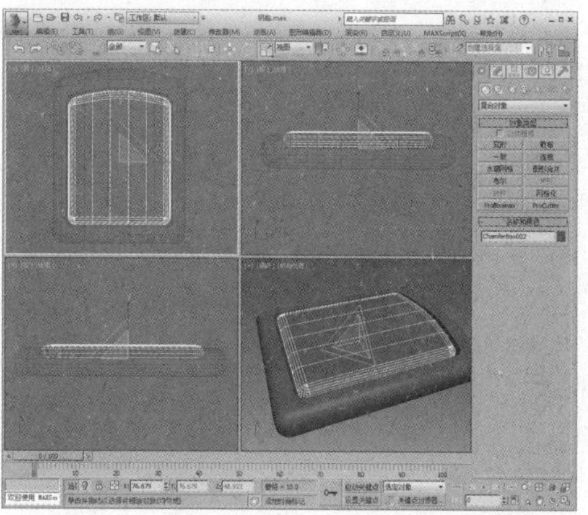

09 在创建命令面板中单击“长方体”按钮，创建一个长方体模型，调整参数及位置，如下图所示。

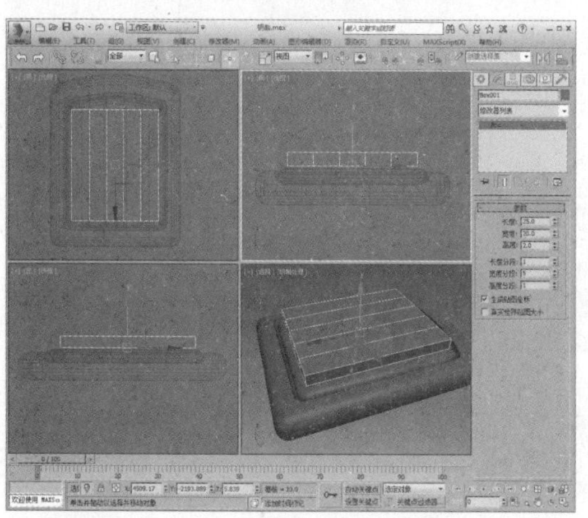

10 为其添加FFD网格修改器，调整点数并调整模型形状，如下图所示。

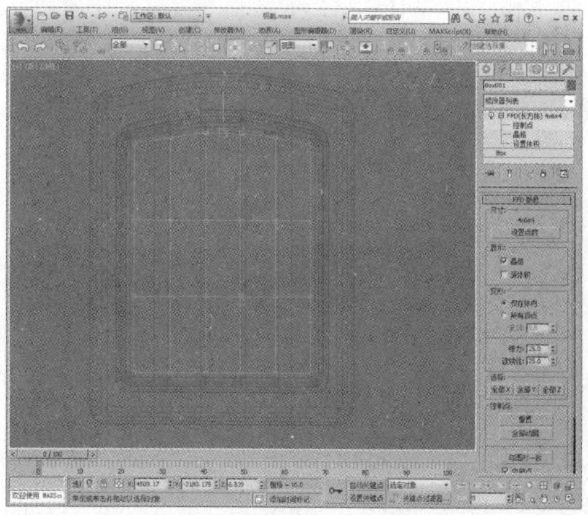

11 调整模型位置并进行布尔差集运算，如下图所示。

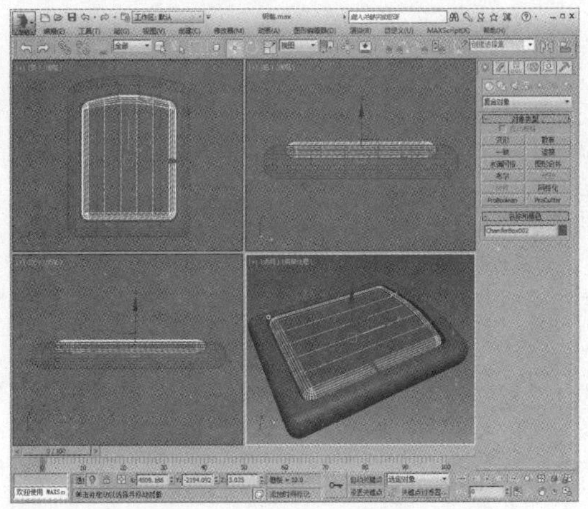

12 在创建命令面板中单击“圆环”按钮，创建一个圆环，设置参数并调整到合适位置，如下图所示。

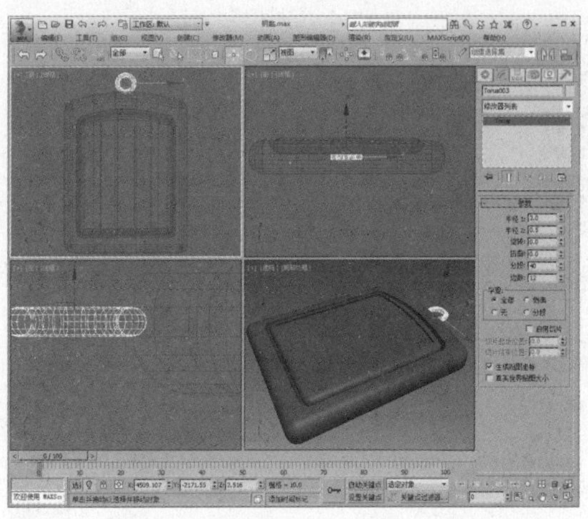

13 对创建好的模型进行布尔合集运算，完成挂件模型的制作，如下图所示。

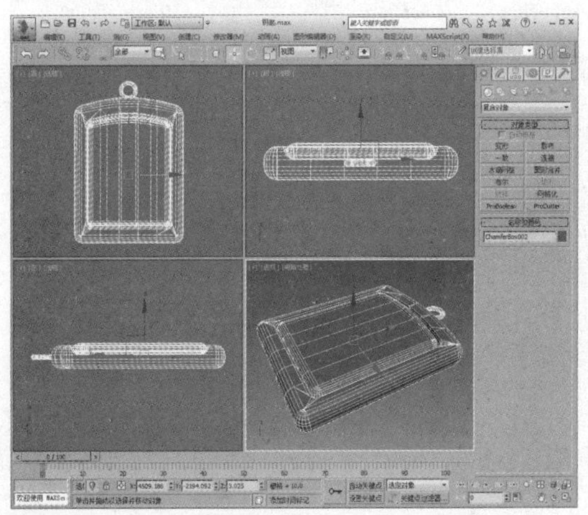

14 依照前面的操作方法为挂件制作一个钥匙环模型，并将其与钥匙串摆放到一起，如下图所示。

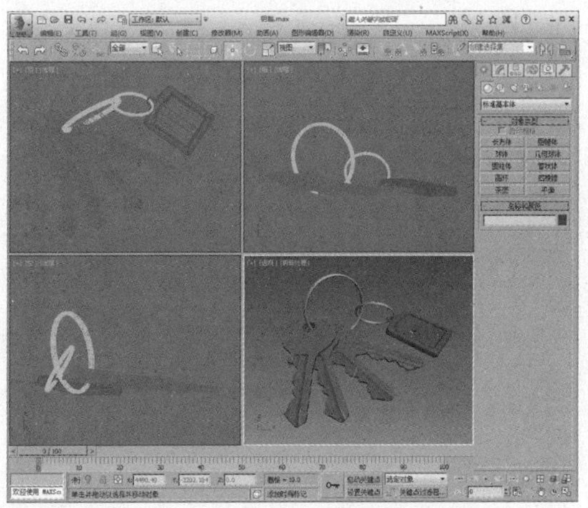

15 按M键打开材质编辑器，选择一个空白材质球，设置为VRayMtl材质，再设置漫反射颜色及反射颜色，并设置反射参数，如下图所示。

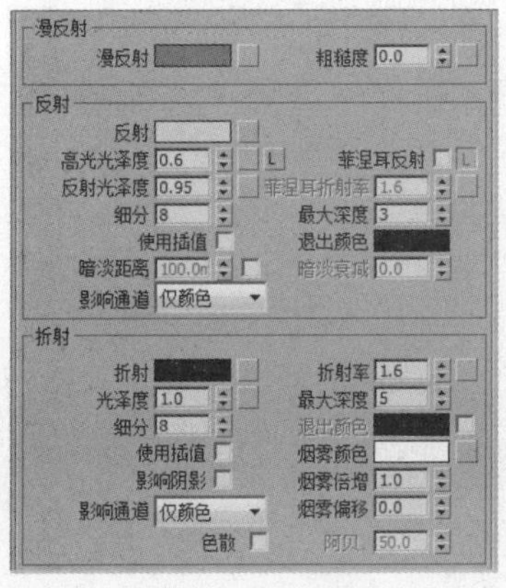

16 漫反射颜色及反射颜色设置如下图所示。

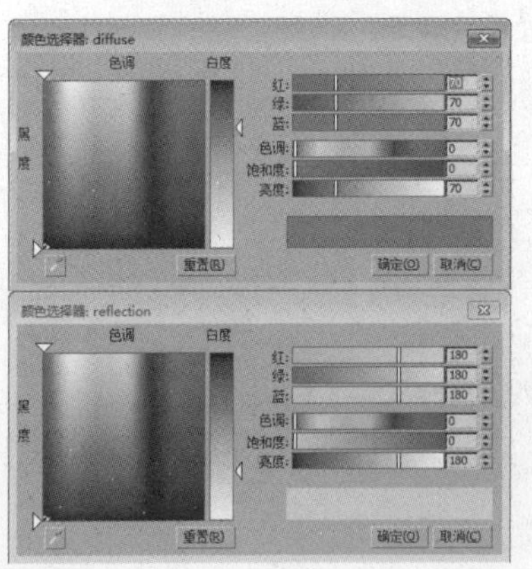

17 创建完成的不锈钢材质示例窗效果如下图所示。

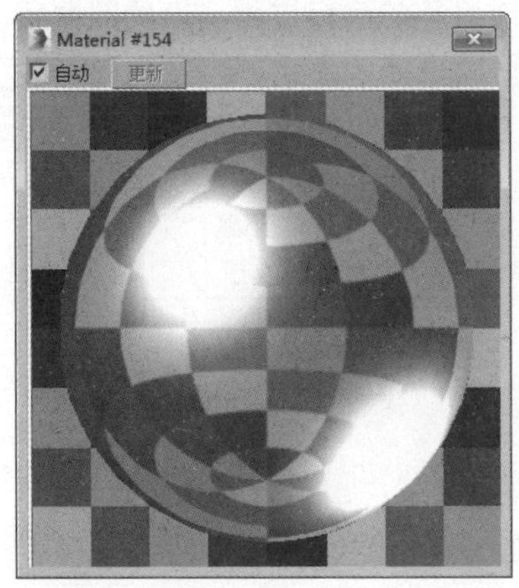

18 选择一个空白材质球，设置为VRayMtl材质，再设置漫反射颜色及反射颜色，并设置反射参数，如下图所示。

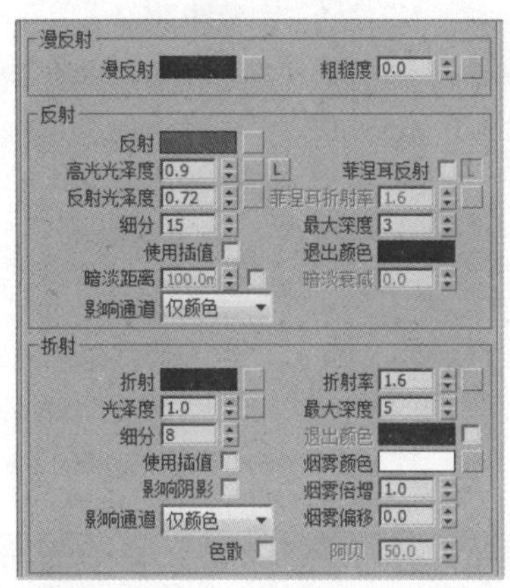

19 漫反射颜色及反射颜色设置如下图所示。

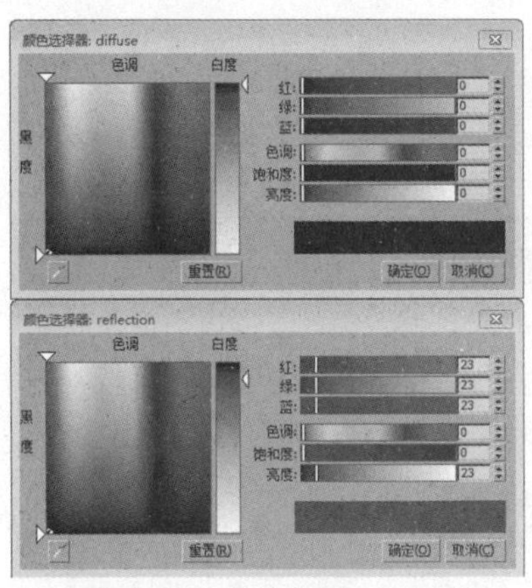

20 创建完成的黑色烤漆材质示例窗效果如下图所示。

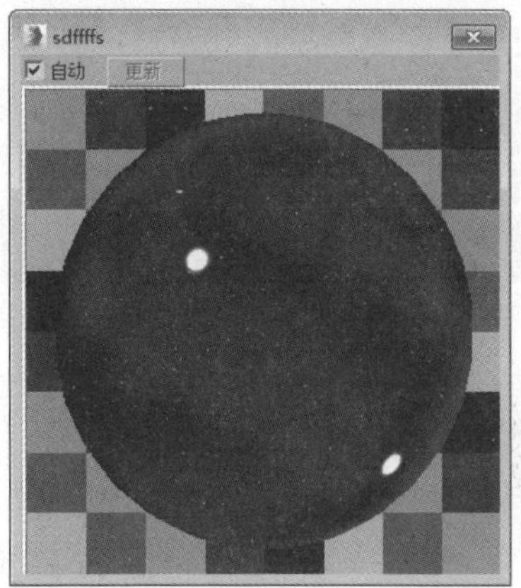

21 选择一个空白材质球，设置为VRayMtl材质，为漫反射通道添加位图贴图，创建完成的材质示例窗效果如下图所示。

22 将创建好的材质指定给钥匙模型，并添加场景，效果如下图所示。

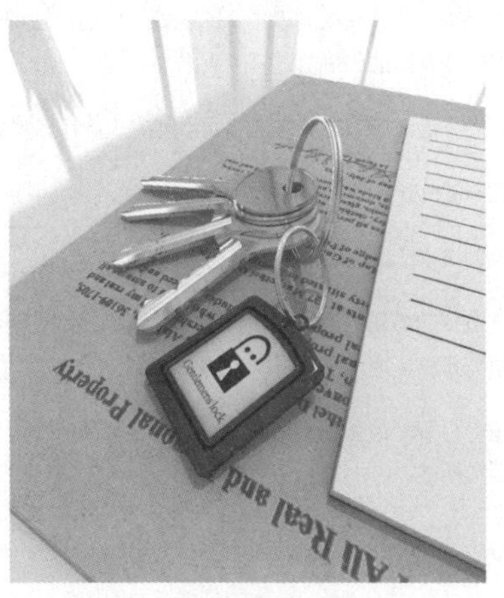

军刀的制作

本章中将介绍一款军刀模型的制作，通过具体的制作过程，主要向读者介绍样条线的使用、Bezier角点的操作、软选择的作用，以及利用缩放工具改变模型造型的技巧。另外，还涉及细分修改器以及网格平滑修改器的使用。

知识点

1. 熟悉样条线的使用
2. 了解软选择的作用
3. 掌握可编辑多边形的使用

11.1 认识软选择

软选择是针对编辑网格模型的节点来说的，其最大作用就是过渡自然。如果不使用软选择，模型过渡会显得比较突兀，如果达不到需要的效果就还要使用其他的命令对模型进行圆滑，这样会增加模型的复杂度。“软选择”卷展栏中的各项参数介绍如下表所示。

名称	含义	图片
边距离	将选择限制到连续面的顶点上，该选择在进行选择的区域和软选择的最大范围之间	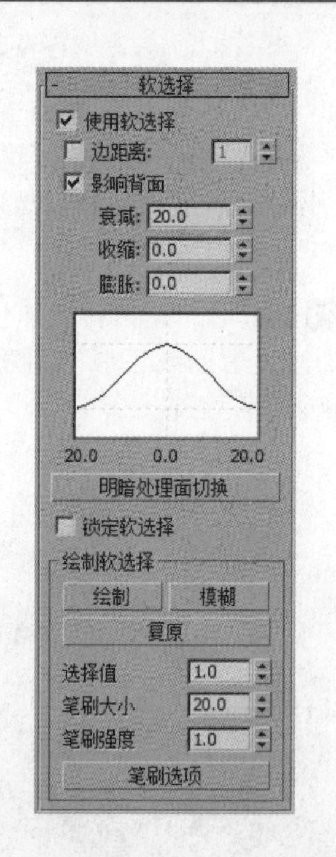
影响背面	取消勾选该选项后，那些法线方向与选定子对象平均法线方向相反的、取消选择的面就会受到软选择的影响	
衰减	用以定义影响区域的距离，它是用当前单位表示的从中心到球体的边的距离。使用较高的衰减设置以获得更平缓的倾斜，这取决于几何体的比例。默认设置为20	
收缩	沿着垂直轴升高或降低曲线的最高点	
膨胀	沿着垂直轴展开和收缩曲线	
绘制	可以在使用当前设置的活动对象上绘制软选择	
模糊	可以通过绘制来软化现有绘制软选择的轮廓。单击该按钮，然后通过手工绘制方法对选择的轮廓进行柔化处理，以达到平滑选择的效果	
复原	单击该按钮后，通过手工绘制方法复原当前的软选择，其作用类似于橡皮	
选择值	绘制的或还原的软选择的最大相对选择程度	
笔刷大小	用以设置绘制选择的圆形笔刷的半径	
笔刷强度	设置绘制软选择的笔刷的影响力度。高的“笔刷强度”值可以快速地达到完全值，而低的“笔刷强度”值需要重复地应用才可以达到完全值	
笔刷选项	单击该按钮可打开“绘制选项”对话框，在该对话框中可自定义笔刷的形状、镜像、压力灵敏度设置等相关属性	

11.2 制作军刀模型

军刀的刀身稍弯，但与曲剑不同，凸侧为刃，前端战斗部分为双刃，刀柄通常无护手盘。本案例中所制作的军刀为战术突击刀，造型曲线优美，完美地利用了样条线以及软选择工具。

11.2.1 制作刀身

下面将对刀身模型的制作过程进行介绍。

01 在创建命令面板中单击“线”按钮，绘制刀身轮廓样条线，如下图所示。

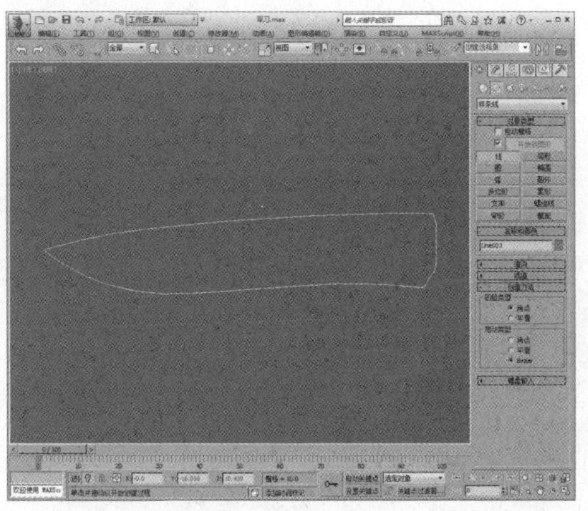

02 在修改命令面板中进入“顶点”子层级，选择部分顶点，单击鼠标右键，在弹出的快捷菜单中设置顶点类型为Bezier角点，如下图所示。

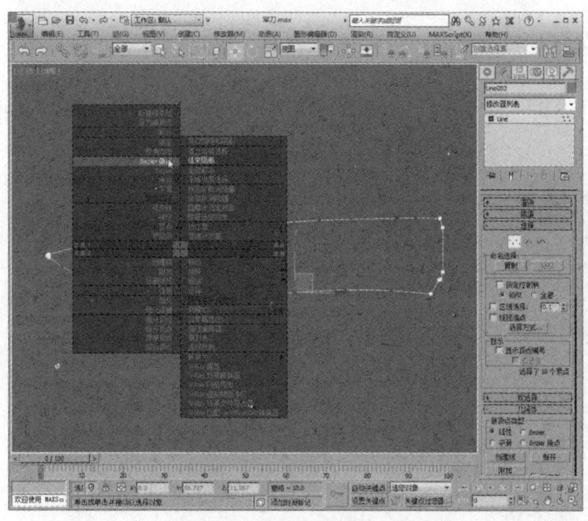

03 利用控制柄调整刀身形状，使其光滑圆润，如下图所示。

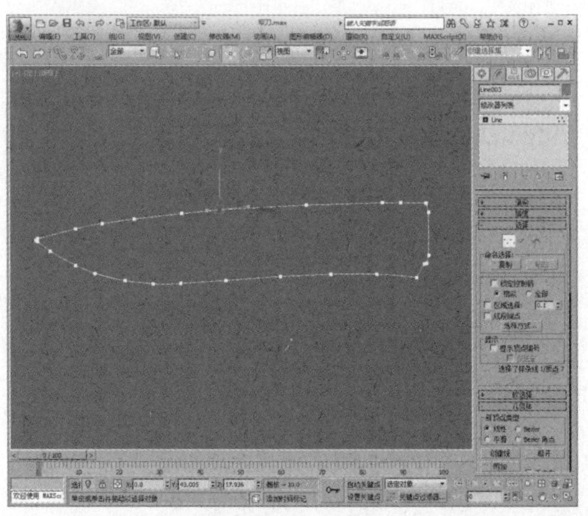

04 在修改器列表中为其添加挤出修改器，设置挤出值为1.5，如下图所示。

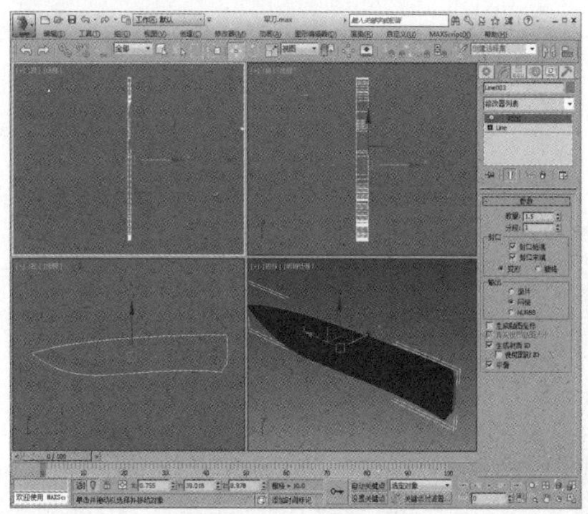

05 将其转换为可编辑多边形，并选择顶点，如下图所示。

06 打开“软选择”卷展栏，勾选“使用软选择”选项，设置衰减值，如下图所示。

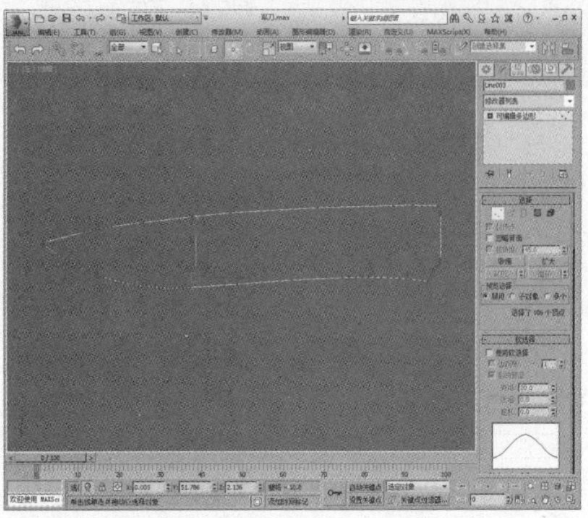

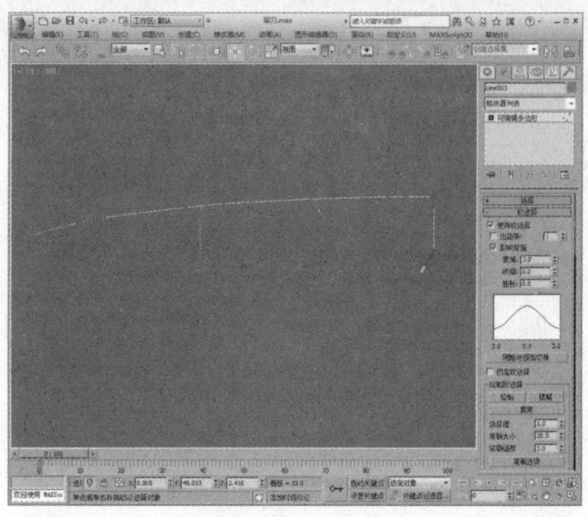

07 在透视视图中使用“移动并缩放”工具缩放模型，制作出刀刃形状，如下图所示。

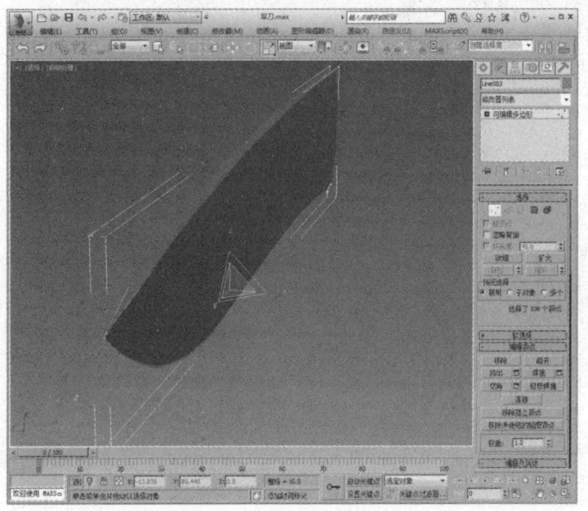

08 在创建命令面板中单击“圆柱体”按钮，创建一个圆柱体，调整参数及模型位置，如下图所示。

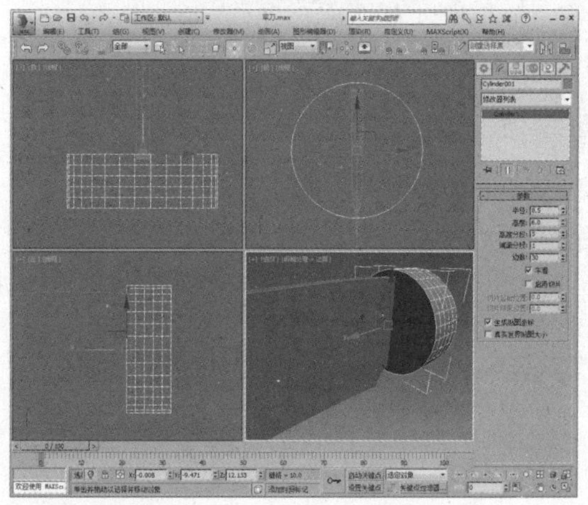

09 使用“移动并缩放”工具，在前视图中缩放圆柱体模型，如下图所示。

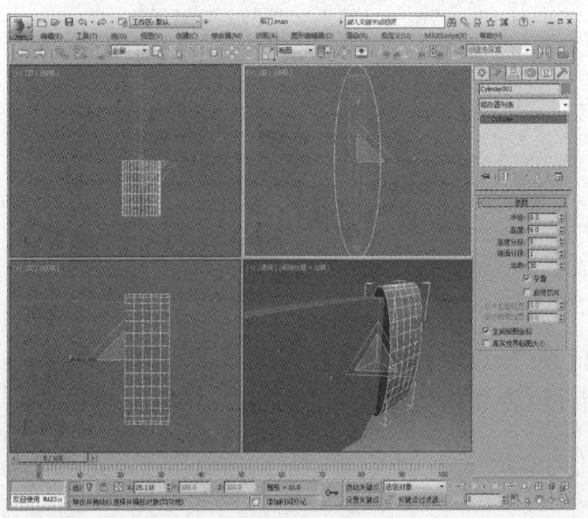

10 将圆柱体转换为可编辑多边形，进入“顶点”子层级，选择顶点，再打开“软选择”卷展栏，勾选“使用软选择”选项，设置衰减值，如下图所示。

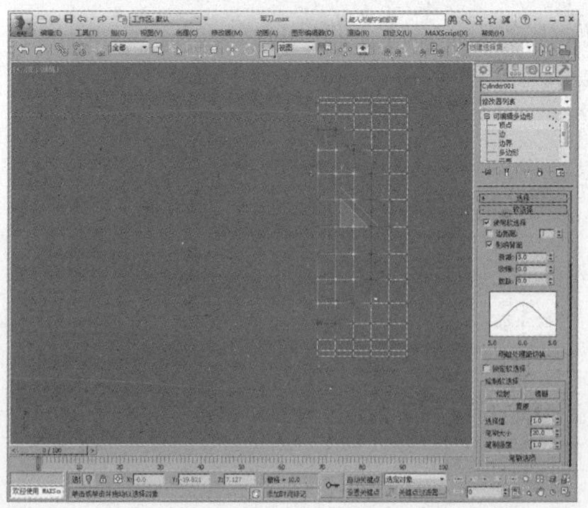

11.2.2 制作刀柄

下面将对刀柄模型的制作过程进行介绍。

01 在透视图中对模型顶点进行缩放调整，如下图所示。

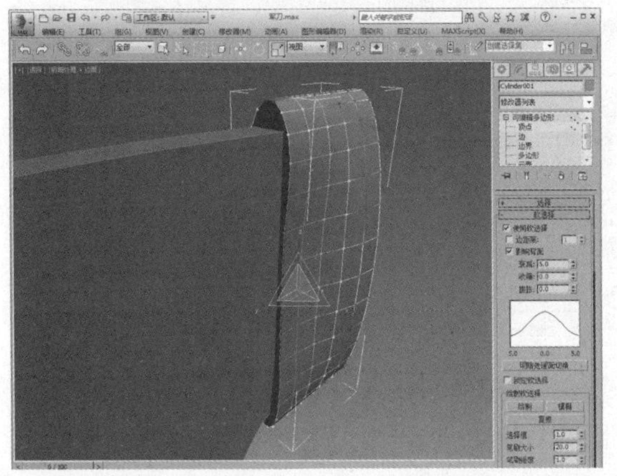

02 在创建命令面板中单击“圆柱体”按钮，创建一个圆柱体，调整参数及模型位置，如下图所示。

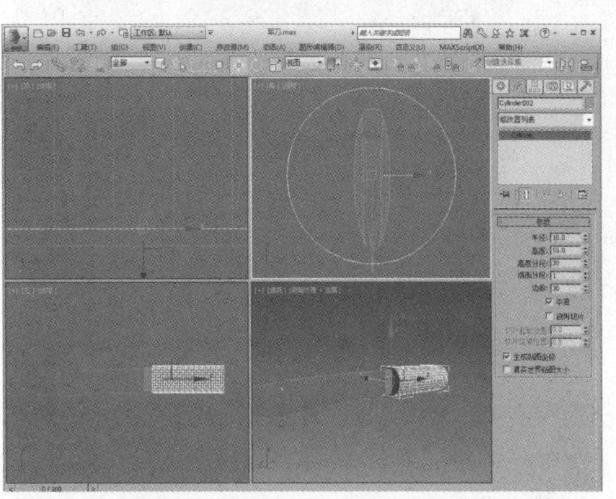

03 使用“选择并缩放”工具，缩放模型，如下图所示。

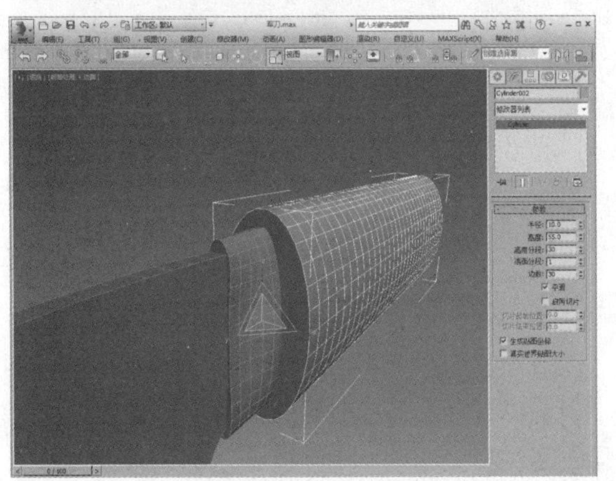

04 将其转换为可编辑多边形，进入“顶点”子层级，选择部分顶点，再打开“软选择”卷展栏，勾选“使用软选择”选项，设置衰减值，如下图所示。

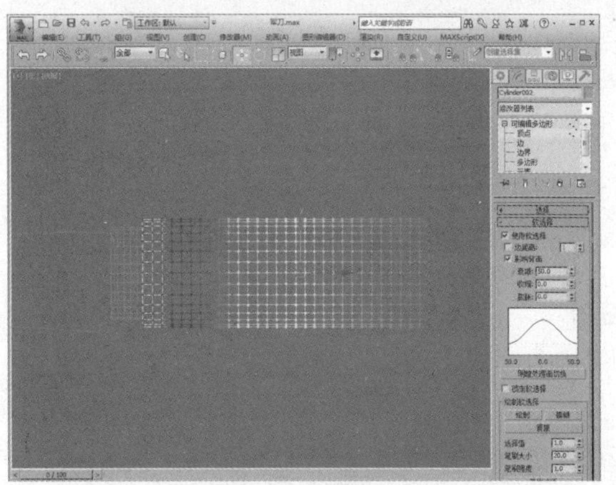

05 移动顶点，可以看到模型发生了变化，如右图所示。

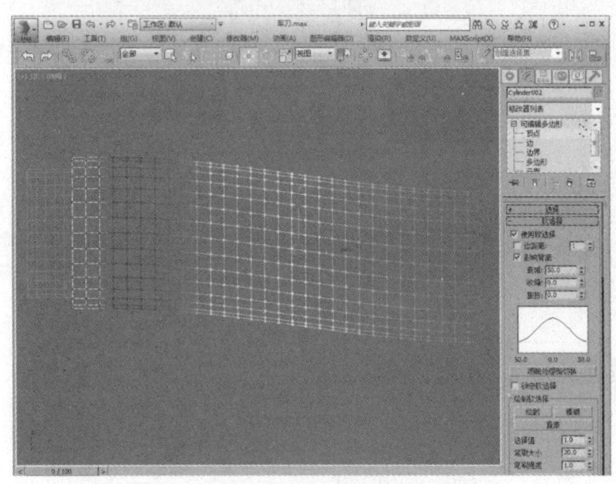

06 继续利用顶点调整模型大致形状，调整出刀柄轮廓，如下图所示。

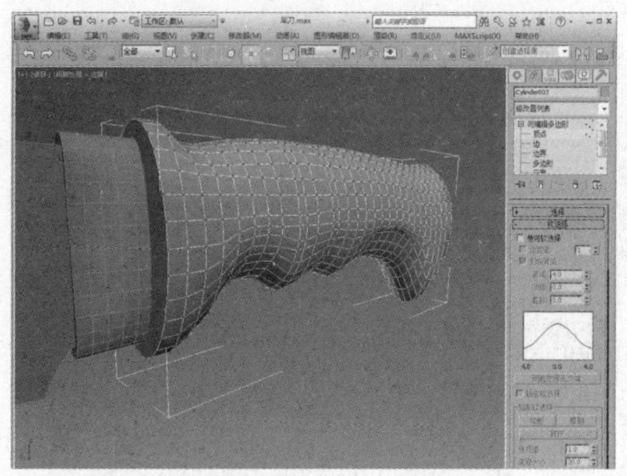

07 切换到左视图，选择刀柄头部顶点，利用“移动并旋转”工具旋转顶点，调整刀柄头部造型，如下图所示。

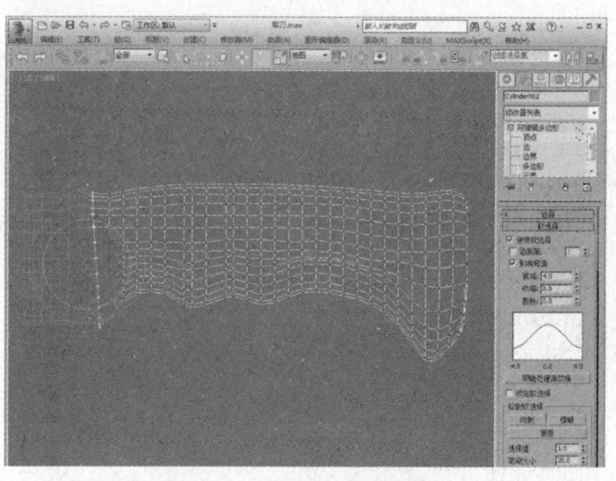

08 旋转整个刀柄模型，调整到合适位置，如下图所示。

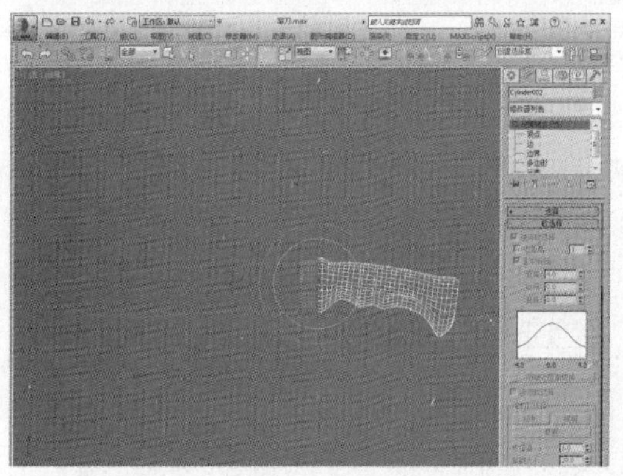

09 为刀柄添加细分修改器，设置细分值大小，如下图所示。

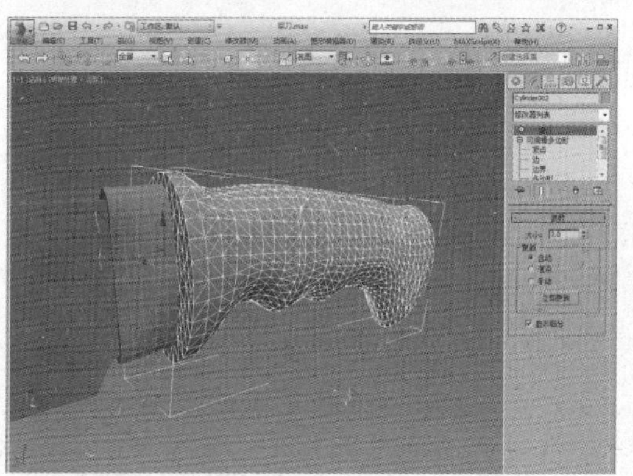

10 再为其添加网格平滑修改器，设置迭代次数，如下图所示。

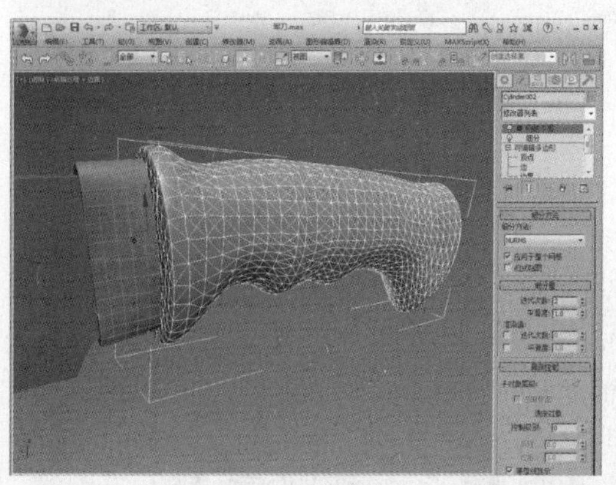

11 制作完成的军刀模型如下图所示。

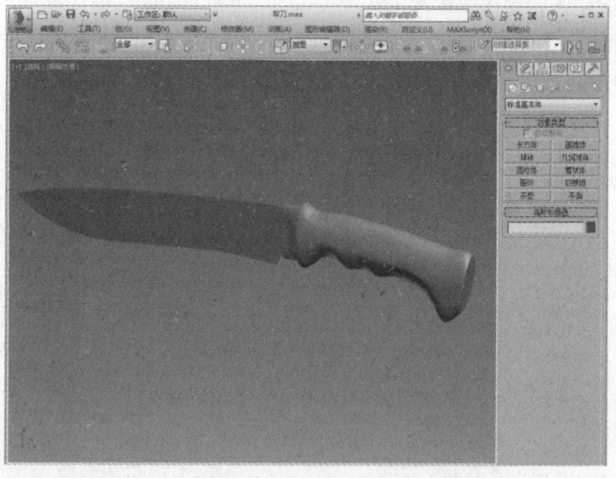

12 按M键打开材质编辑器，选择空白材质球，设置为VRayMtl材质，再设置漫反射颜色及反射颜色，取消勾选“菲涅耳反射”选项，如下图所示。

13 漫反射颜色及反射颜色设置如下图所示。

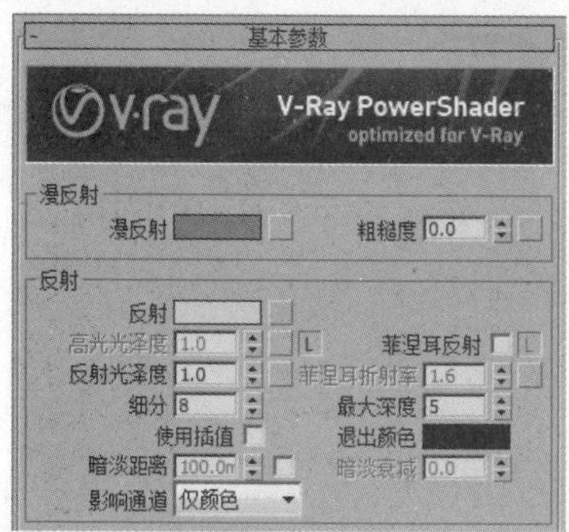

14 创建好的不锈钢材质示例窗效果如下图所示。

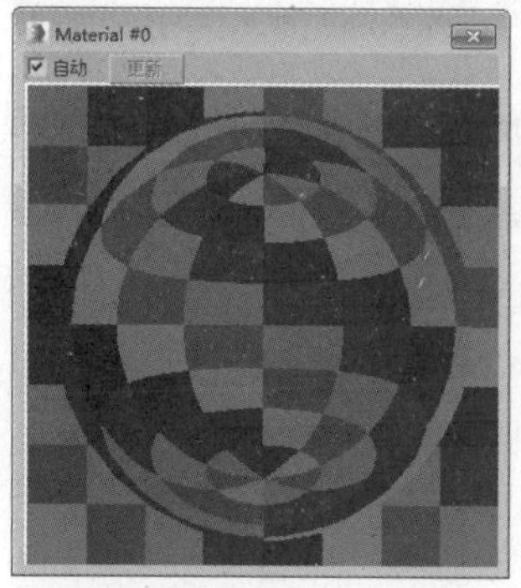

16 设置反射参数及折射参数，如下图所示。

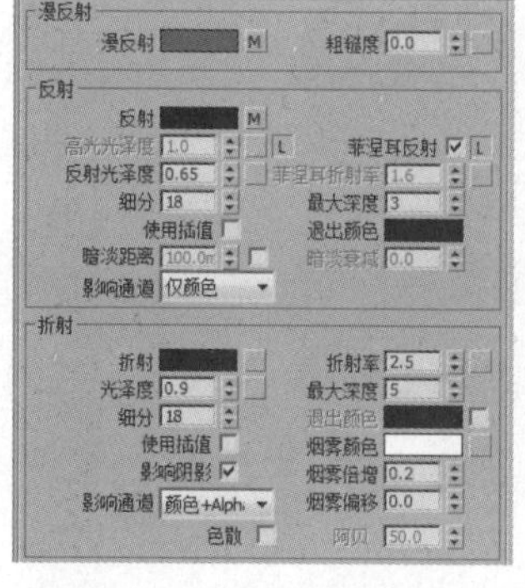

18 将制作好的材质指定给军刀各部位，并为其添加场景，最终效果如右图所示。

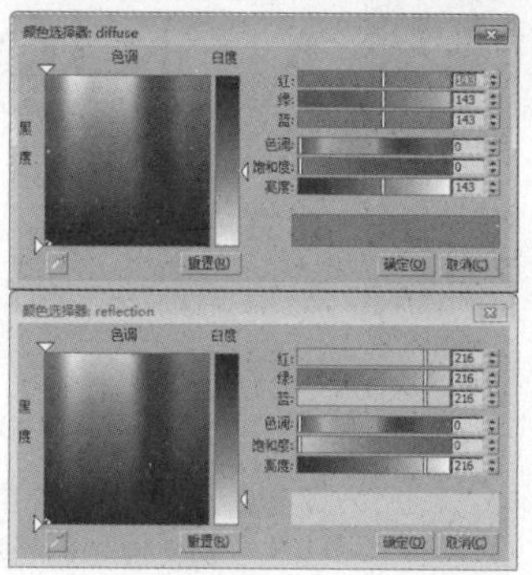

15 继续选择一个空白材质球，设置为VRayMtl材质，为漫反射通道、反射通道及凹凸通道添加位图贴图，并设置凹凸值，如下图所示。

贴图			
漫反射	100.0	☑	#16 (20120312015758938246.jpg)
粗糙度	100.0	☑	无
自发光	100.0	☑	无
反射	100.0	☑	#17 (20120312015758939306.jpg)
高光光泽	100.0	☑	无
反射光泽	100.0	☑	无
菲涅耳折射率	100.0	☑	无
各向异性	100.0	☑	无
各向异性旋转	100.0	☑	无
折射	100.0	☑	无
光泽度	100.0	☑	无
折射率	100.0	☑	无
半透明	100.0	☑	无
烟雾颜色	100.0	☑	无
凹凸	20.0	☑	#18 (20120312015758939595.jpg)
置换	100.0	☑	无
不透明度	100.0	☑	无
环境		☑	无

17 设置好的木质材质球示例窗效果如下图所示。

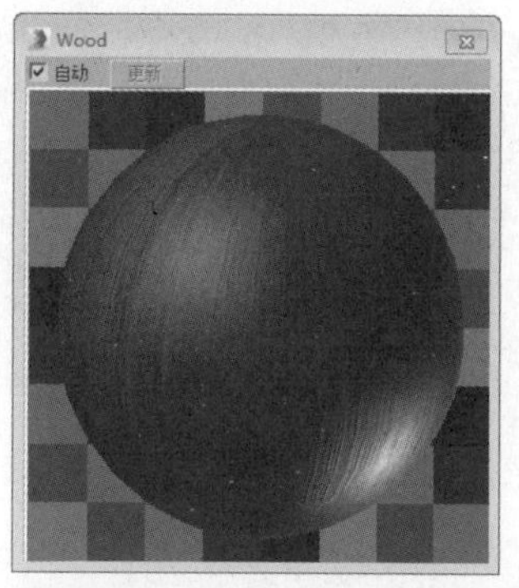

NURBS曲线建模

本章中将通过藤艺灯饰以及长椅模型的制作来介绍NURBS曲线和曲面的操作方法，同时也简单介绍了旋转复制和移动复制的使用以及样条线的绘制方法。

知识点

1. 熟悉样条线的绘制
2. 了解旋转复制和移动复制
3. 掌握NURBS曲线和曲面的创建方法

12.1 认识NURBS

NURBS模型是由曲线和曲面组成的，NURBS建模也就是创建NURBS曲线和NURBS曲面的过程，使用它可以使以前实体建模难以达到的圆滑曲面的构建变得简单方便。NURBS造型系统由点、曲线和曲面3种元素构成，曲线和曲面又分为标准型和CV型，创建它们既可以在创建命令面板内完成，也可以在一个NURBS造型内部完成。

在创建命令面板的图形列表中选择NURBS曲线，即会出现NURBS曲线命令面板，如右图所示。

分别单击“点曲线”和“CV曲线”按钮在视图中绘制，可以得到如下图所示的结果。

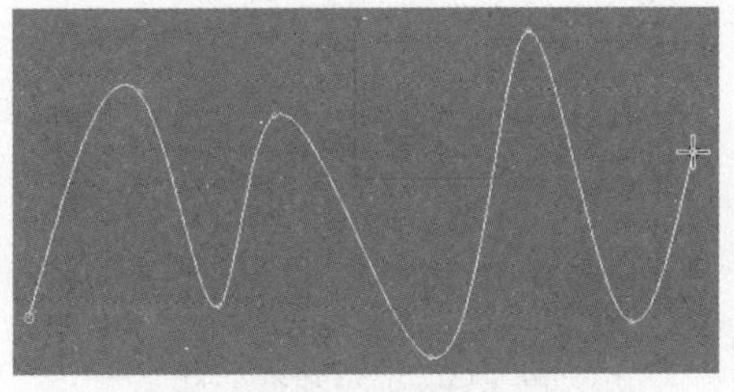

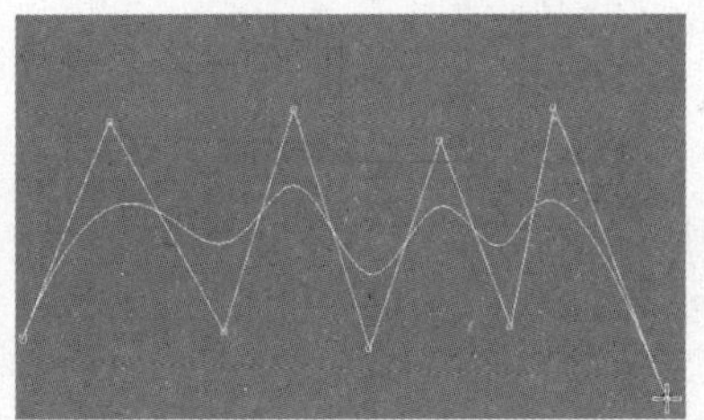

在创建命令面板的几何体列表中选择NURBS曲面，即会出现NURBS曲面命令面板，如右图所示。

NURBS曲面与NURBS曲线一样，都是通过多个曲面的组合形成最终要创建的造型，同NURBS曲线一样也有两种调节点。

另外在3ds Max中还有一种创建NURBS曲面的方法：创建一个几何体，将其转换为NURBS曲面，就可以利用NURBS工具箱对该对象进行编辑。在“常规”卷展栏中单击“NURBS创建工具箱”按钮即可打开NURBS工具箱，如右图所示。

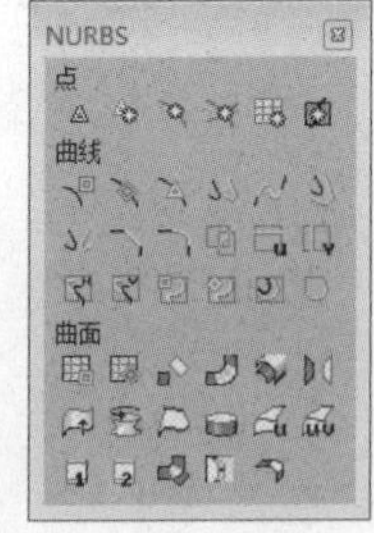

从图中可以看出NURBS工具箱包含3个部分：点、曲线、曲面。下面的表格中详细介绍了各个编辑工具的作用。

名 称	含 义
创建点	创建一个独立自由的顶点
创建偏移点	在距离选定点一定的偏移位置创建一个顶点
创建曲线点	创建一个依附在曲线上的顶点
创建曲线-曲线点	在两条曲线交叉处创建一个顶点
创建曲面点	创建一个依附在曲面上的顶点
创建曲面-曲线点	在曲面和曲线的交叉处创建一个顶点
创建CV曲线	创建可控曲线，与创建面板中的“CV曲线”按钮功能相同
创建点曲线	创建点曲线
创建拟合曲线	即可以使一条曲线通过曲线的顶点、独立顶点，曲线的位置与顶点相关联
创建变换曲线	创建一条曲线的备份，并使备份与原始曲线相关联
创建混合曲线	在一条曲线的端点与另一条曲线的端点之间创建过渡曲线
创建偏移曲线	创建一条曲线的备份，当拖动鼠标改变备份与原始曲线之间的距离时，随着距离的改变，其大小也随之改变
创建镜像曲线	创建镜像曲线
创建切角曲线	创建倒角曲线
创建圆角曲线	创建圆角曲线
创建曲面-曲面相交曲线	创建曲面与曲面的交叉曲线
创建U向等参曲线	偏移沿着曲面的法线方向，大小随着偏移量而改变
创建V向等参曲线	在曲线上创建水平和垂直的ISO曲线
创建法向投影曲线	以一条原始曲线为基础，在曲线所组成的曲面法线方向上曲面投影
创建向量投影曲线	它与创建标准投影曲线相似，只是投影方向不同，矢量投影时在曲面的法线方向上向曲面投影，而标准投影是在曲线所组成的曲面方向上曲面投影
创建曲面上的CV曲线	这与可控曲线非常相似，只是曲面上的可控曲线与曲面关联
创建曲面上的点曲线	创建曲面上的点曲线
创建曲面偏移曲线	创建曲面上的偏移曲线
创建曲面边曲线	创建曲面上的边曲线
创建CV曲面	创建可控曲面
创建点曲面	创建点曲面
创建变换曲面	所创建的变换曲面是原始曲面的一个备份
创建混合曲面	在两个曲面的边界之间创建一个光滑曲面
创建偏移曲面	创建与原始曲面相关联且与原始曲面的法线方向存在指定距离的曲面
创建镜像曲面	创建镜像曲面

（续表）

名称	含义
创建挤出曲面	将一条曲线拉伸为一个与曲线相关联的曲面
创建车削曲面	即旋转一条曲线生成一个曲面
创建规则曲面	在两条曲线之间创建一个曲面
创建封口曲面	在一条封闭曲线上加上一个盖子
创建U向放样曲面	在水平方向上创建一个横穿多条NURBS曲线的曲面，这些曲线会形成曲面水平轴上的轮廓
创建UV放样曲面	创建水平垂直放样曲面，与水平放样曲面类似，不仅可以在水平方向上放置曲线，还可以在垂直方向上放置曲线，因此可以更精确地控制曲面的形状
创建单轨扫描	这需要至少两条曲线，一条做路径，一条做曲面的交叉界面
创建双轨扫描	这需要至少三条曲线，其中两条做路径，其他曲线作为曲面的交叉界面
创建多边混合曲面	在两个或两个以上的边之间创建融合曲面
创建多重曲线修剪曲面	在两个或两个以上的边之间创建剪切曲面
创建圆角曲面	在两个交叉曲面结合的地方建立一个光滑的过渡曲面

12.2 通过NURBS曲线创建模型

曲面建模是一种使用非常频繁且重要的建模方法，其优点在于能够使制作出来的模型表面非常平滑、自然。我们可以通过在视口中交互地调整构成曲面的点来完成复杂曲面造型的构建。

12.2.1 制作藤艺灯饰

下面将利用NURBS创建工具箱中的“创建曲面上的点曲线”命令来制作藤艺灯饰，并对其操作步骤进行介绍。

01 在创建命令面板中单击“球体”按钮，创建一个半径为200的球体，如下图所示。

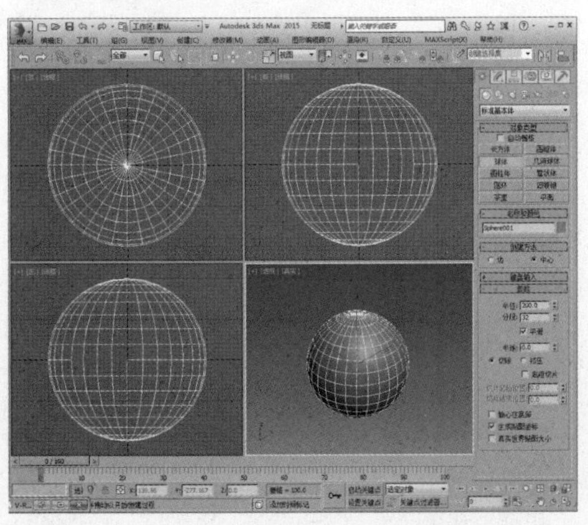

02 单击鼠标右键，在弹出的快捷菜单中选择命令将其转换为NURBS，如下图所示。

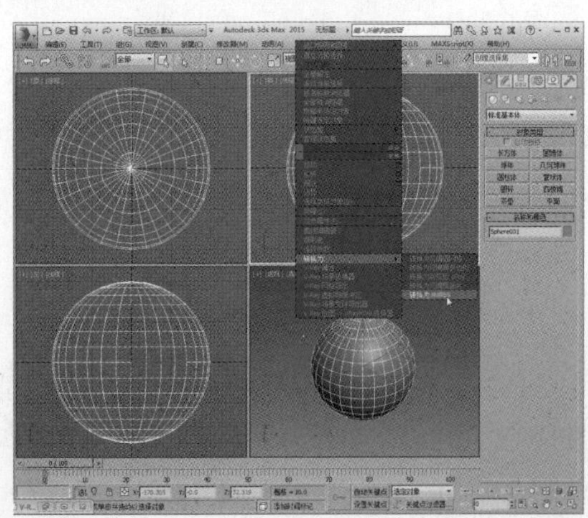

03 在“常规”卷展栏中单击“NURBS创建工具箱”按钮，打开NURBS创建工具箱，如下图所示。

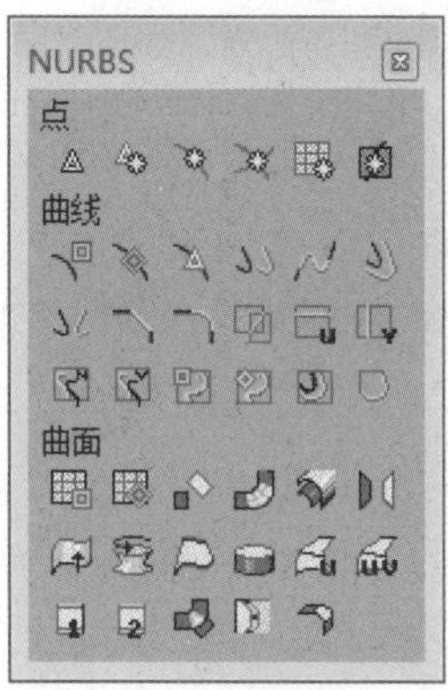

04 在工具箱中单击“创建曲面上的点曲线”按钮，在球体表面创建曲线，造型可随意，如下图所示。

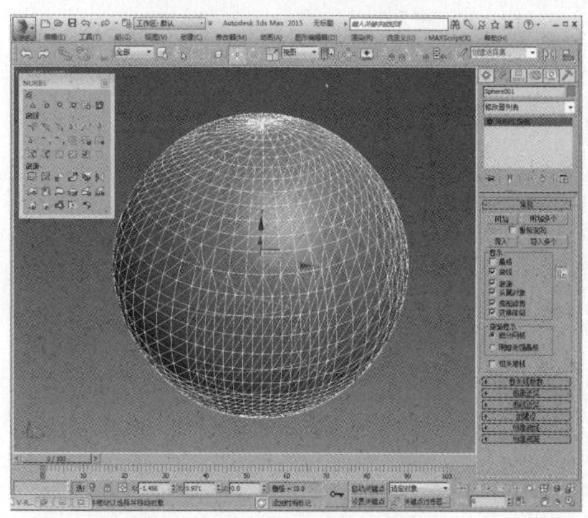

05 进入NURBS曲面的“曲线”子层级，在视口中选择曲线，曲线显示为红色，如下图所示。

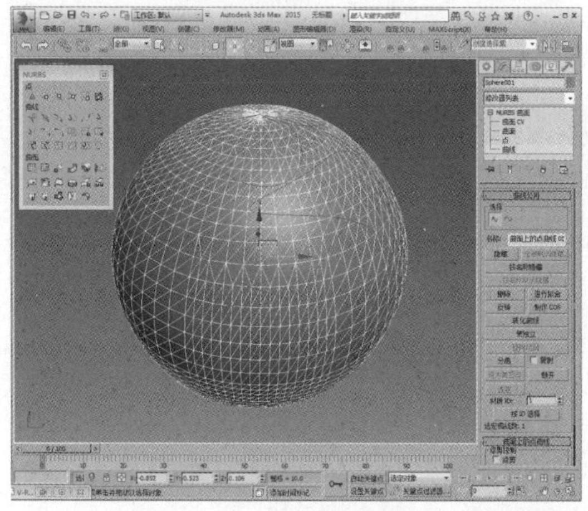

06 在“曲线公用”卷展栏中单击“分离”按钮，打开“分离”对话框，取消勾选“相关”复选框，单击“确定”按钮，如下图所示。

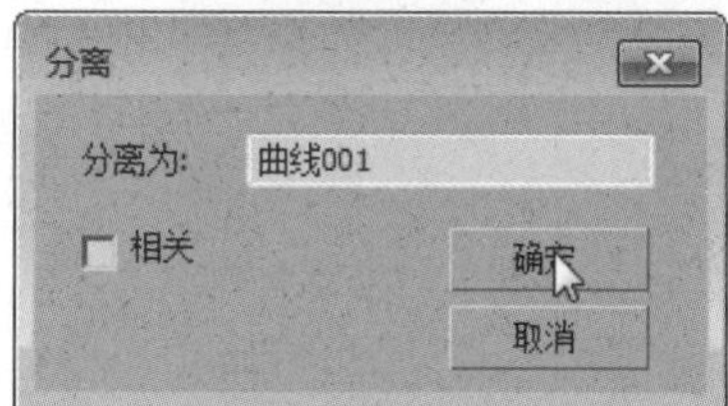

07 如此即可将曲线分离出来，如下图所示。

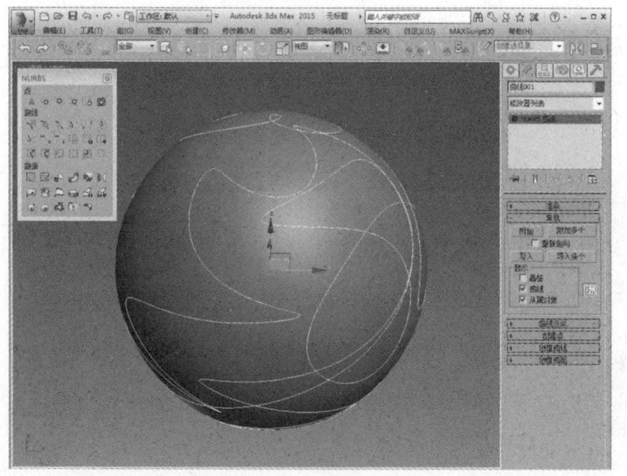

08 在“渲染”卷展栏中勾选“在渲染中启用”及“在视口中启用”复选框，设置径向厚度，渲染透视视口，效果如下图所示。

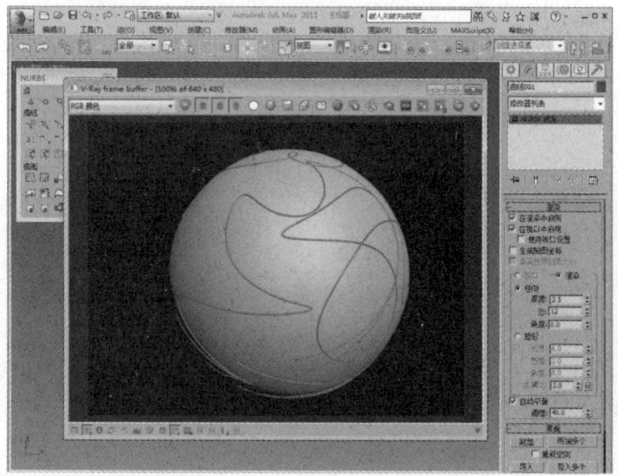

09 选择“移动并旋转”工具，按住Shift键旋转复制曲线并向各个方向进行旋转调整，渲染摄影机视口，效果如下图所示。

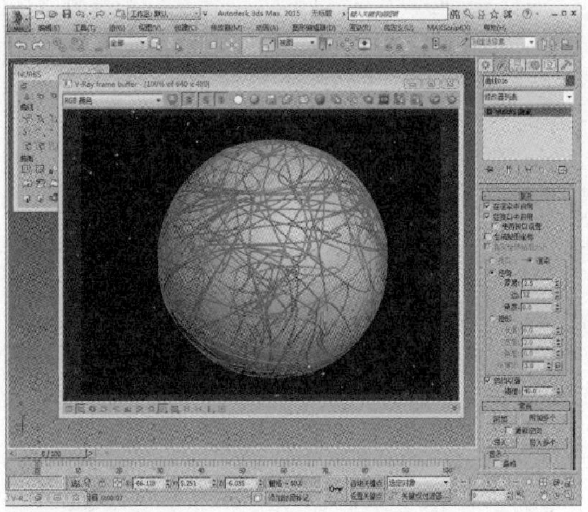

10 删除球体，如下图所示。

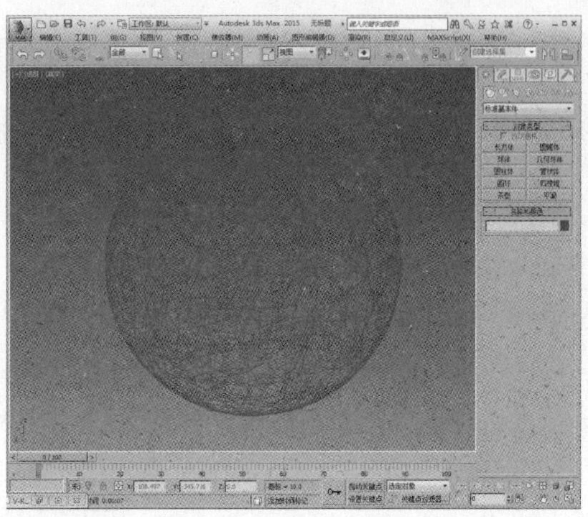

11 渲染摄影机视口，效果如下图所示。

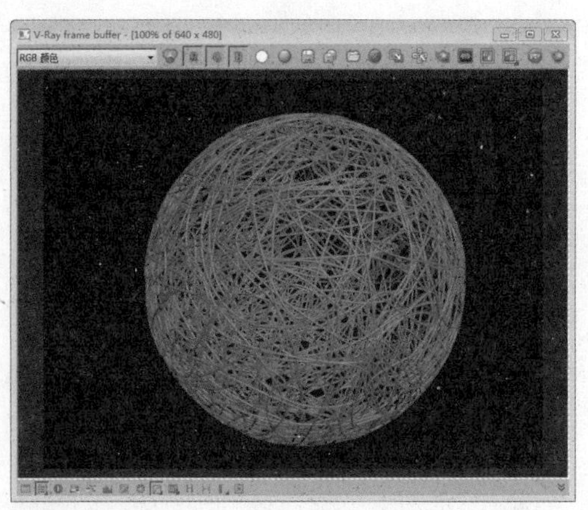

12 按M键打开材质编辑器，选择一个空白材质球并设置为VRayMtl材质，再设置反射颜色及反射参数，如下图所示。

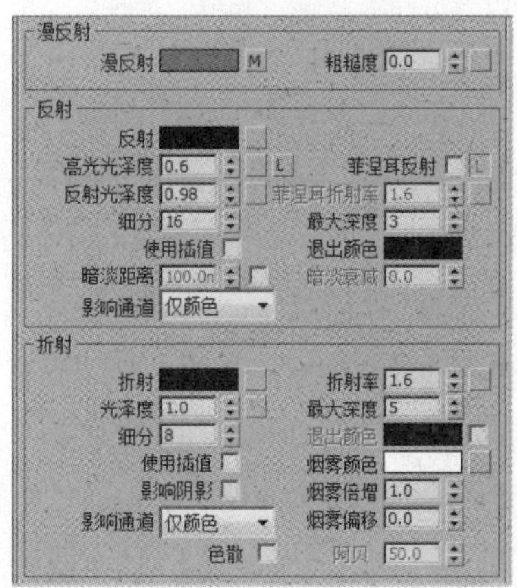

13 反射颜色设置如下图所示。

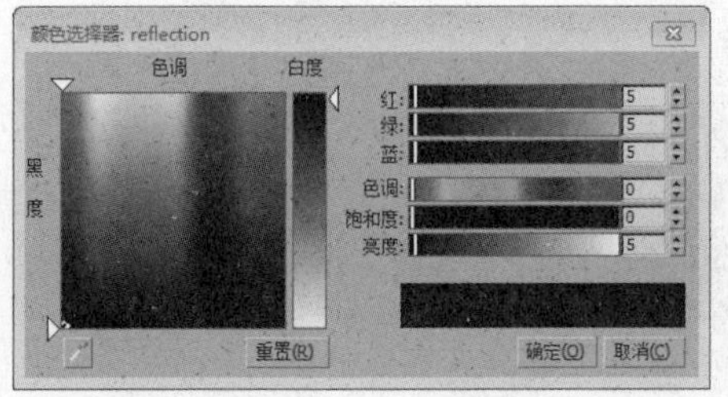

14 为漫反射通道及凹凸通道添加位图贴图，并设置凹凸值，如下图所示。

贴图			
漫反射	100.0	✓	贴图 #0 (15.jpg)
粗糙度	100.0	✓	无
自发光	100.0	✓	无
反射	100.0	✓	无
高光光泽	100.0	✓	无
反射光泽	100.0	✓	无
菲涅耳折射率	100.0	✓	无
各向异性	100.0	✓	无
各向异性旋转	100.0	✓	无
折射	100.0	✓	无
光泽度	100.0	✓	无
折射率	100.0	✓	无
半透明	100.0	✓	无
烟雾颜色	100.0	✓	无
凹凸	50.0	✓	贴图 #1 (15.jpg)
置换	100.0	✓	无
不透明度	100.0	✓	无
环境		✓	无

15 创建好的材质球示例窗效果如下图所示。

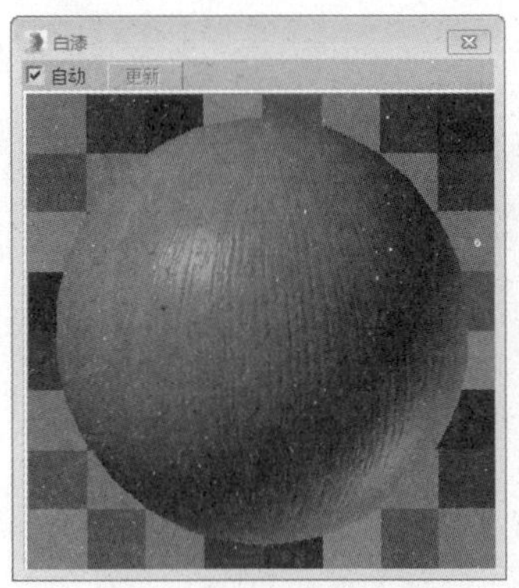

16 将材质指定给灯饰模型，渲染摄影机视口，效果如下图所示。

12.2.2 制作创意造型长椅

下面将利用NURBS创建工具箱中的“创建U向放样曲面”命令并结合“壳”修改器来制作创意造型长椅，下面对其制作过程进行介绍。

01 在创建命令面板中单击“线”按钮，在前视图中绘制一个靠椅的轮廓样条线，如下图所示。

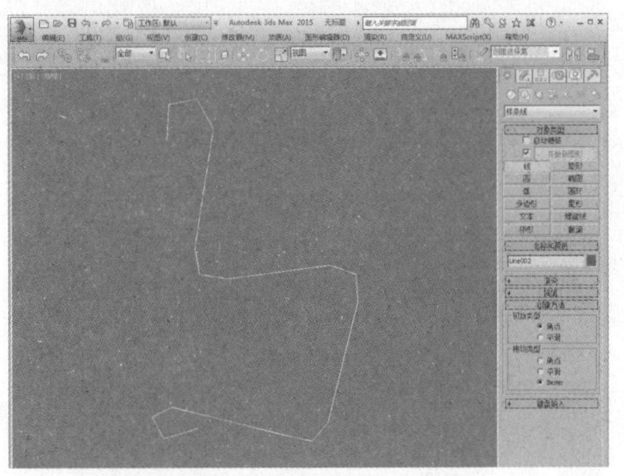

02 进入“顶点”子层级，设置顶点类型并调整样条线形状，如下图所示。

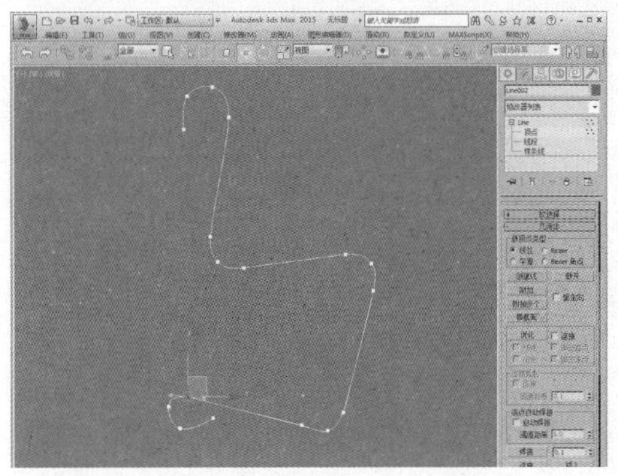

03 切换到顶视图，按住Shift键，拖动样条线，实例复制对象，如下图所示。

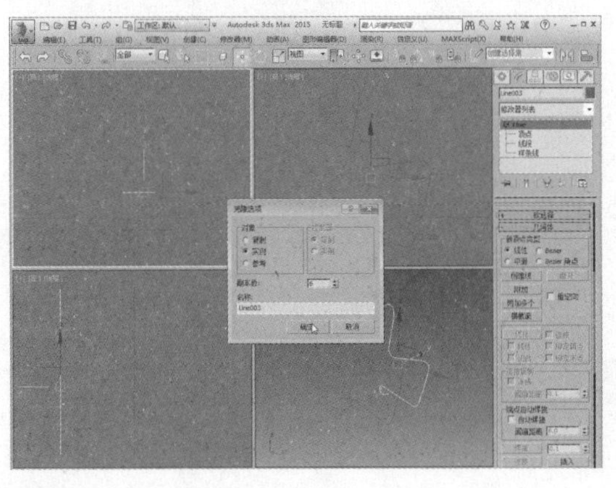

04 调整样条线位置，使其错落有致，如下图所示。

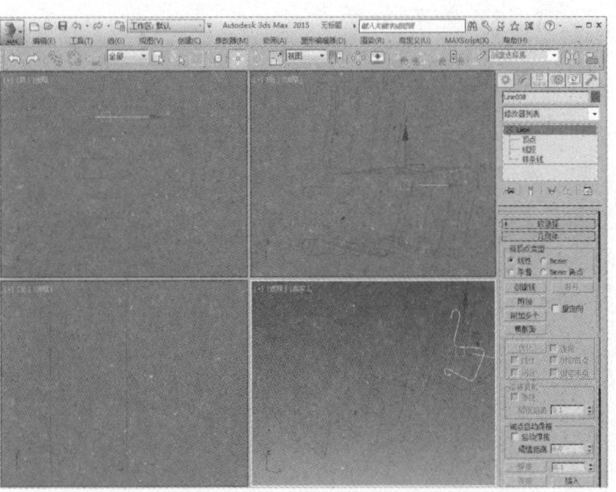

05 选择所有样条线，单击鼠标右键，在弹出的快捷菜单中选择命令将其转换为NURBS，如下图所示。

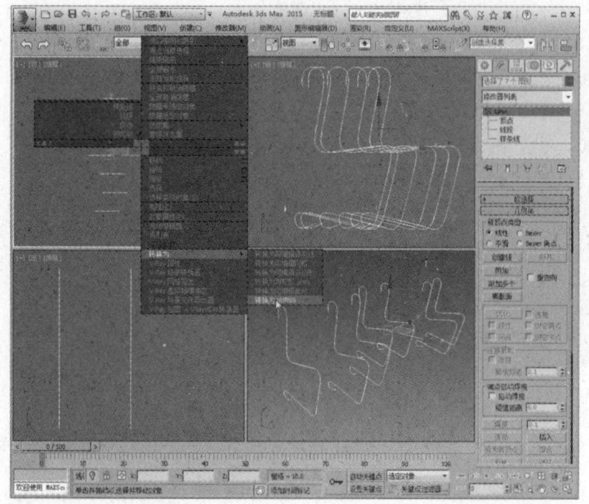

06 选择一个曲线，在“常规”卷展栏中单击“NURBS创建工具箱”按钮，打开NURBS创建工具箱，如下图所示。

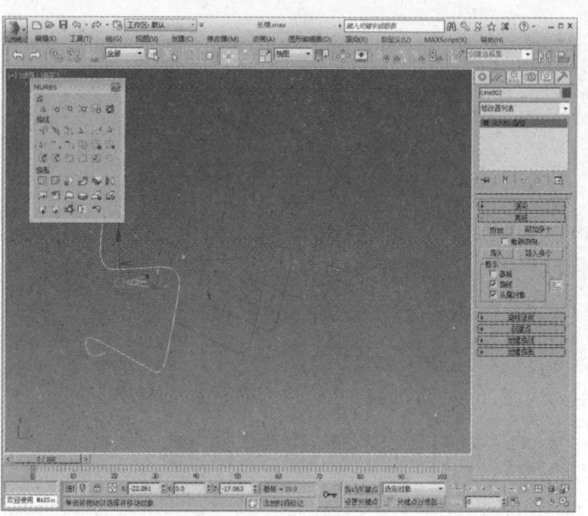

07 在NURBS创建工具箱中单击“创建U向放样曲面”按钮，按照顺序单击选择样条线，制作出曲面，如下图所示。

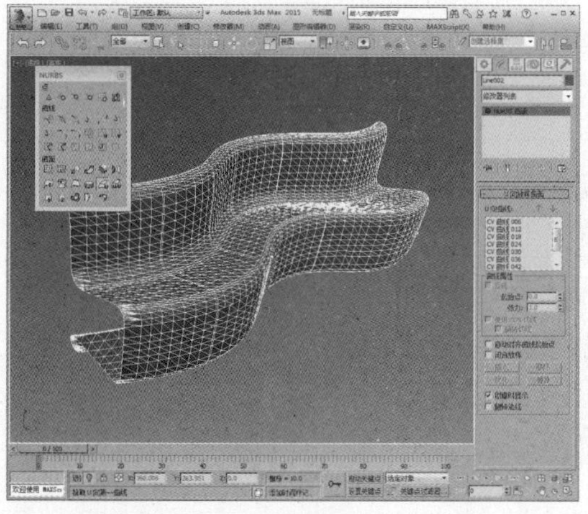

08 关闭NURBS创建工具箱，为曲面添加壳修改器，并设置外部量为10，制作出长椅模型厚度，如下图所示。

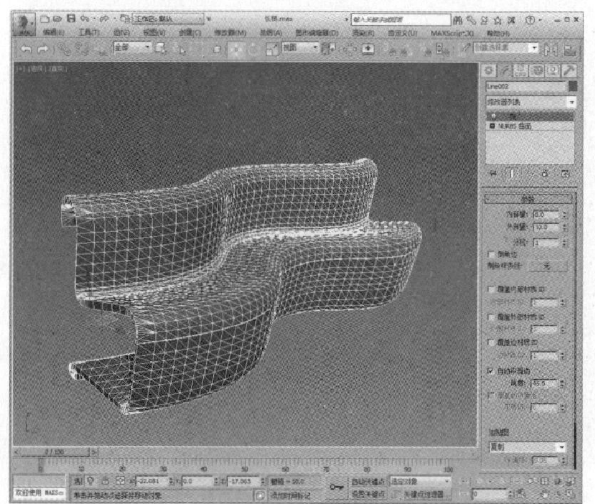

09 在创建命令面板中单击“线”按钮，在前视图中创建样条线，如右图所示。

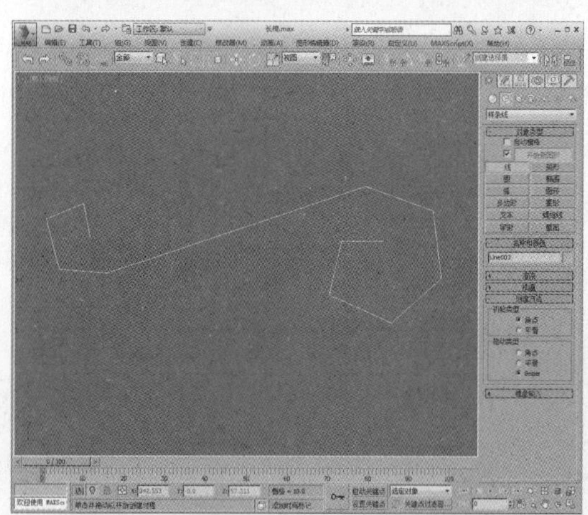

10 进入“顶点”子层级，调整顶点类型以调整样条线轮廓，如下图所示。

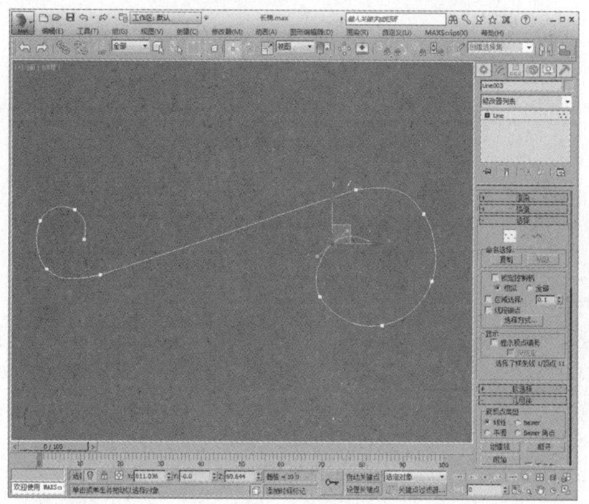

11 进入“样条线”子层级，设置轮廓值为1，为样条线添加轮廓，如下图所示。

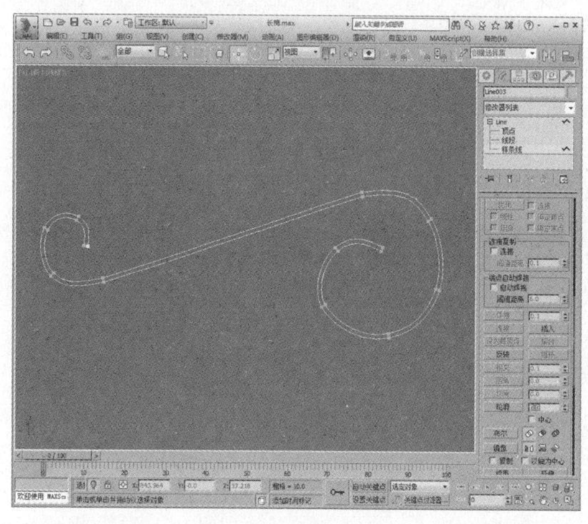

12 添加挤出修改器，设置挤出值为8，如下图所示。

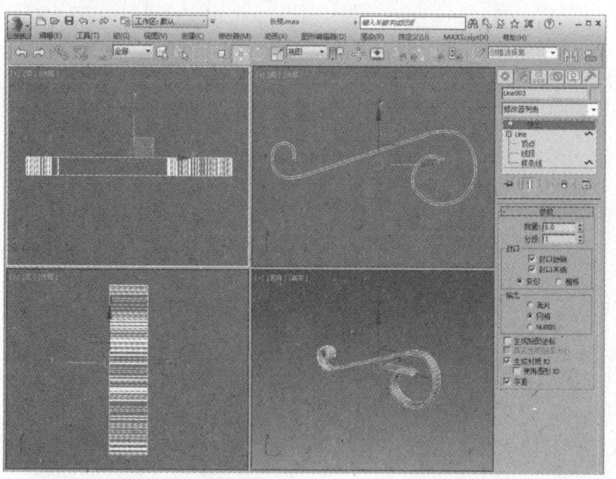

13 照此操作方法再创建一个模型，调整位置，制作出扶手模型，如下图所示。

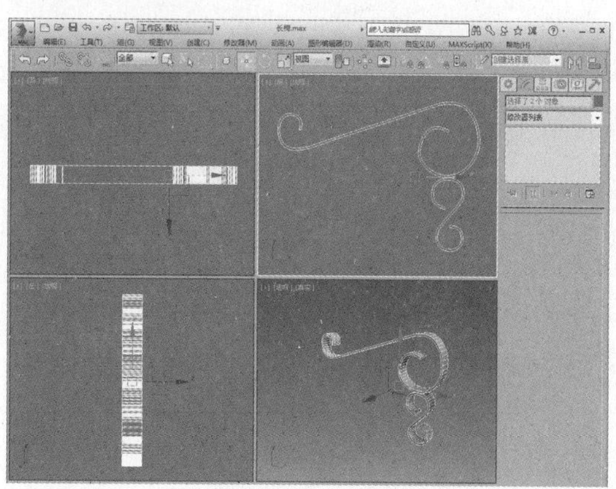

14 复制模型并调整位置，完成长椅模型的制作，如下图所示。

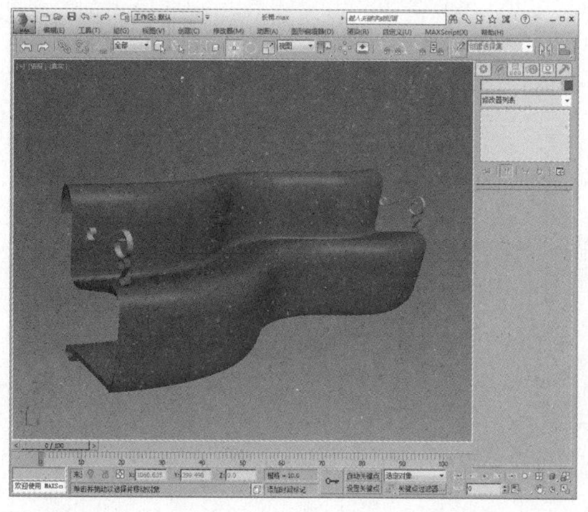

15 按M键打开材质编辑器，选择一个空白材质球，设置漫反射颜色为黑色，再设置反射颜色及反射参数，如下图所示。

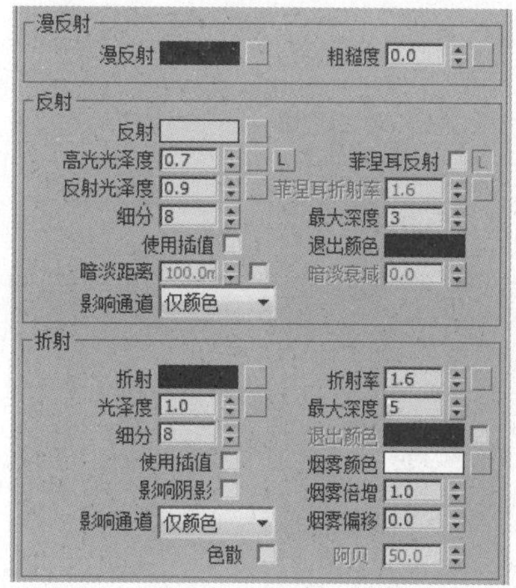

16 反射颜色设置以及“双向反射分布函数”卷展栏参数设置如下图所示。

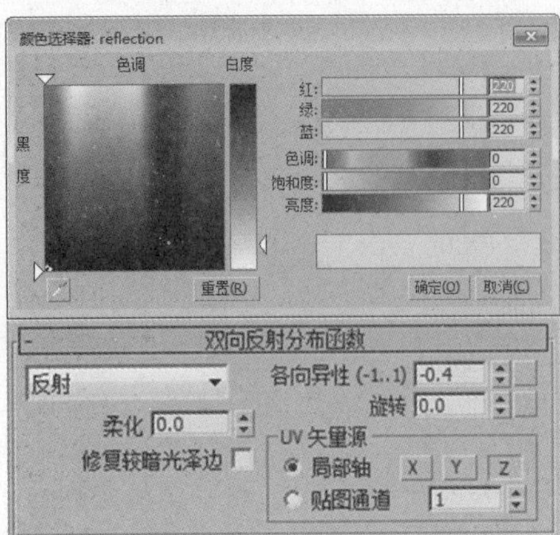

17 创建好的不锈钢材质示例窗效果如下图所示。

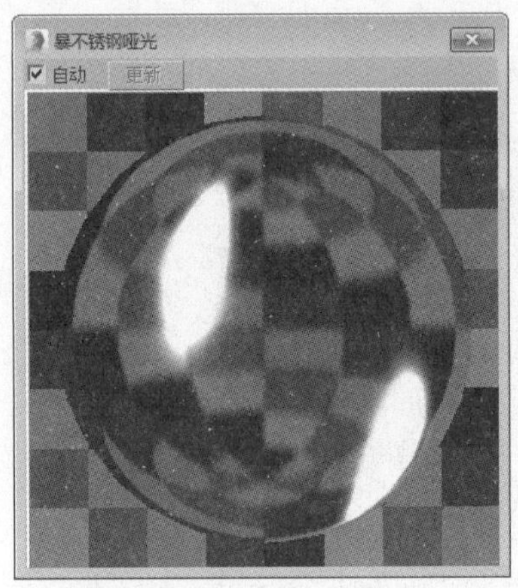

18 选择一个空白材质球，设置漫反射颜色为白色，再设置反射颜色及反射参数，如下图所示。

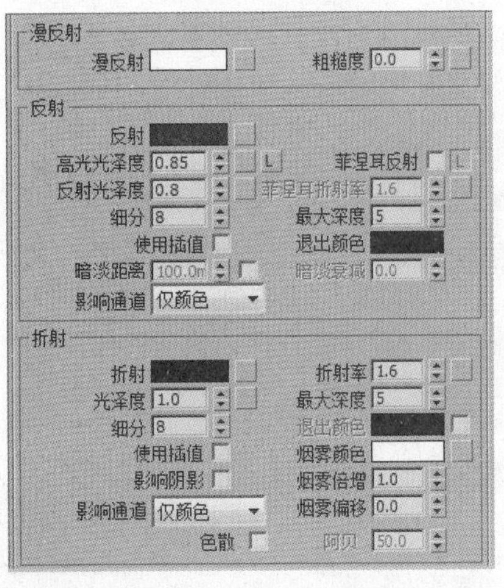

19 反射颜色设置如下图所示。

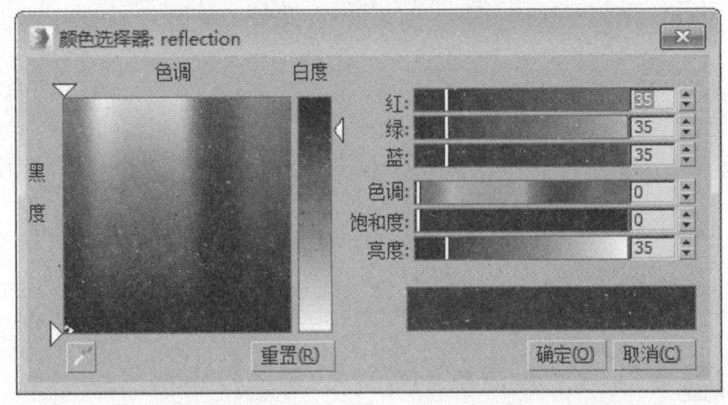

20 创建好的材质示例窗效果如下图所示。

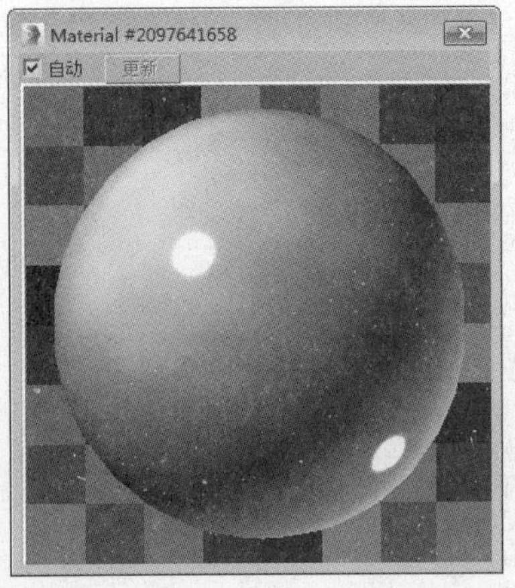

21 将创建好的材质分别指定给长椅模型，并为模型添加场景，效果如下图所示。

用曲面制作雨伞

本章中将介绍雨伞模型的制作，通过该过程了解曲面修改器的使用以及样条线的使用。

知识点

1. 了解曲面的含义
2. 熟悉曲面使用的限制条件
3. 掌握曲面的应用

13.1 认识曲面修改器

曲面修改器只能作用于二维图形，用户可以自行在场景中创建样条线，在创建或移动样条线的顶点时，应保证顶点存在于样条线上，也可以使用3D捕捉工具或者“熔合”命令将样条线之间的相交顶点熔合在一个空间中的同一位置。

1.“曲面”修改器的创建参数

“曲面”修改器的创建参数介绍如下表所示。

名 称	含 义	图 片
阈值	确定用于焊接样条线对象顶点的总距离。如果顶点的间距小于该数值框内的参数，在将拓扑线转换为面片时，这些顶点将被焊接在一起。需要注意的是，用于控制样条线的控制柄也将被视为顶点，因此设置较高的阈值级别极有可能会产生错误的面	参数 样条线选项 阈值: 1.0 翻转法线 移除内部面片 仅使用选定分段 面片拓扑 步数: 5
翻转法线	勾选该复选框后，会将面片表面的法线方向翻转	
移除内部面片	勾选该复选框后，将移除由于多余计算产生的不需要面片，一般情况下，这些面片是看不到的	
仅使用选定分段	勾选该复选框后，“曲面”修改器只是用样条线对象中选定的分段来创建面片，先选择样条线的一部分“线段”次对象，然后应用“曲面”修改器，并勾选该复选框生成模型	
步数	该参数决定了组成面的顶点的步数。步数值越高，生成的面的密度也就越大，从而所得到的顶点之间的曲线就越平滑	

2. 使用“曲面”修改器时的限制条件

在使用“曲面”修改器时，对拓扑线有如下要求。

（1）拓扑线的面最多不能超过4个顶点，如果超过4个顶点，将无法转换为面片对象。3个顶点定义的面将转换为三角形面片，4个顶点定义的面将转换为四边形面片。（2）不同的拓扑线之间重合的顶点距离必须在限定的阈值范围之外，如果顶点间的距离过大，拓扑线将无法转换为面片。（3）如果出现两条线段相交的情况，每条线段必须在角点的位置有一个顶点，如果没有顶点，在定义曲面时，将会忽略该点，使定义的面超过4个，从而导致无法形成面。

3. “横截面”命令

在使用“曲面”修改器之前，必须首先使用二维线框创建对象的拓扑线，这些拓扑线类似于地球仪表面的经纬线，复杂对象的拓扑线的创建过程非常复杂。

使用“横截面”命令可以简化拓扑线的创建工作，它的工作方式是连接3D样条线的顶点形成蒙皮。使用了“横截面”命令后，用户还可以在修改命令面板中对新创建的样条线的曲线类型做出调整。

13.2 制作雨伞模型

下面将对雨伞模型的创建过程进行介绍。

01 在创建命令面板中单击“多边形”按钮，创建一个半径为80、边数为7的多边形，如下图所示。

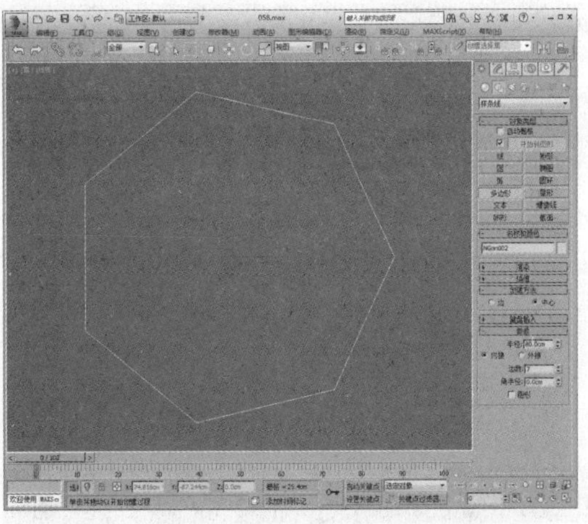

02 单击鼠标右键，在弹出的快捷菜单中选择命令将其转换为可编辑样条线，如下图所示。

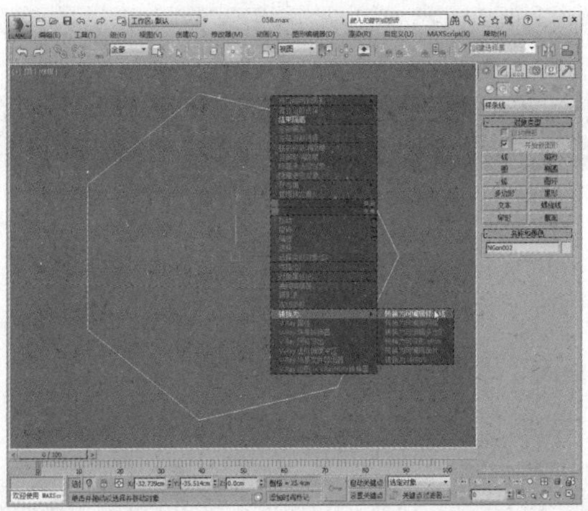

03 进入“样条线”层级，选择样条线并向上复制，如下图所示。

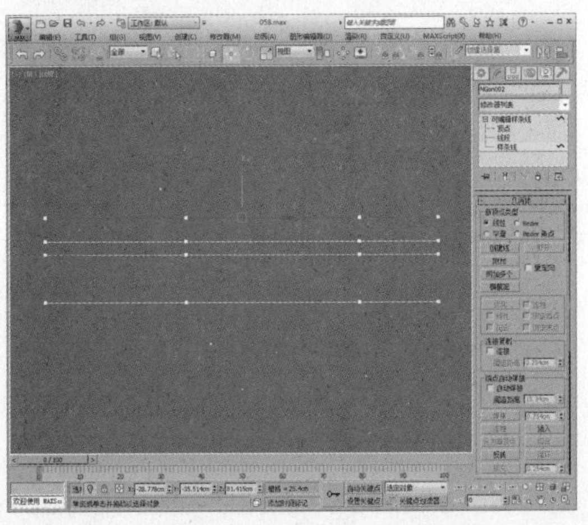

04 选择“选择并缩放”工具，在顶视图中缩放样条线，如下图所示。

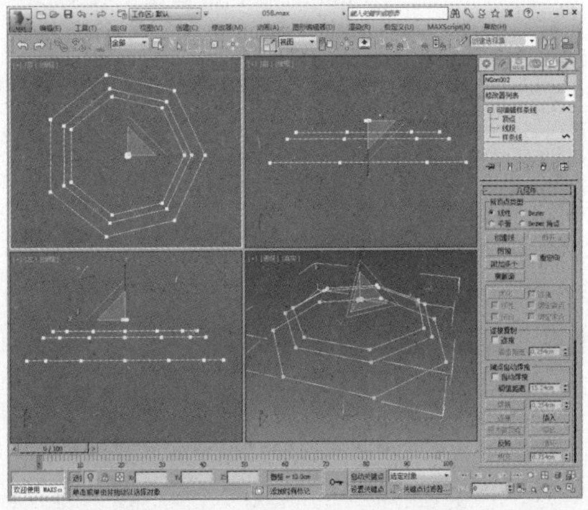

05 进入“顶点”子层级，在“选择”卷展栏中勾选“显示顶点编号”选项，可以看到顶点上显示出相应的编号，每一个边角上的编号相同，如下图所示。

06 切换到顶视图，调整顶点控制柄，改变样条线形状，如下图所示。

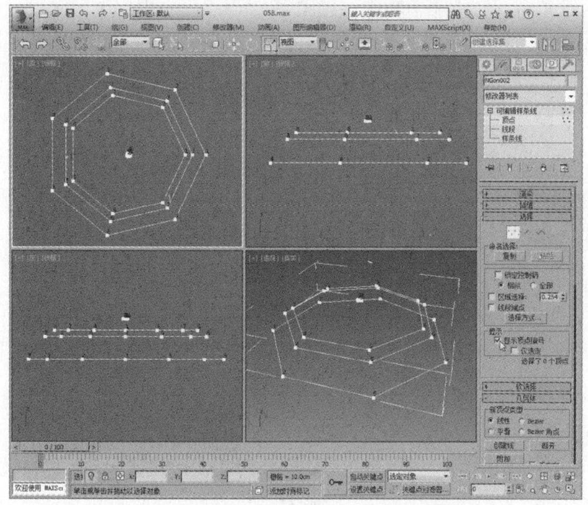

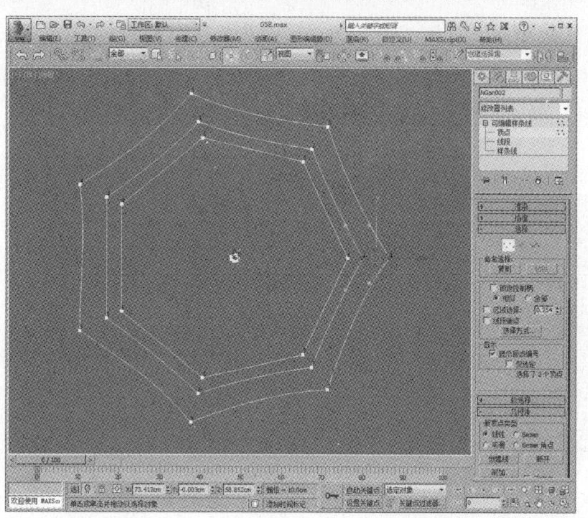

07 进入“样条线”子层级，在“几何体”卷展栏中单击“横截面”按钮，再依次单击选择样条线，如下图所示。

08 选择完毕后，单击鼠标右键结束操作，如下图所示。

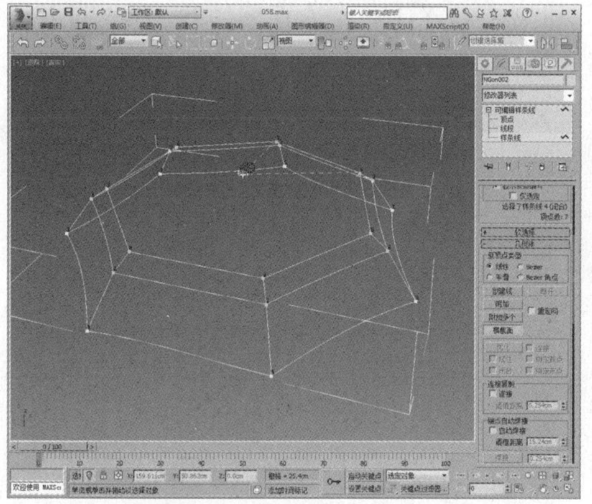

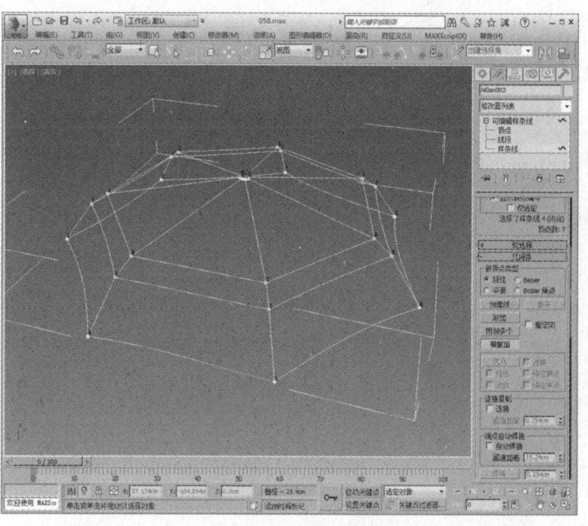

09 为其添加曲面修改器，可以看到样条线生成了伞状的曲面模型，如下图所示。

10 在“参数”卷展栏中设置阈值以及步数，可以发现伞面变得光滑，如下图所示。

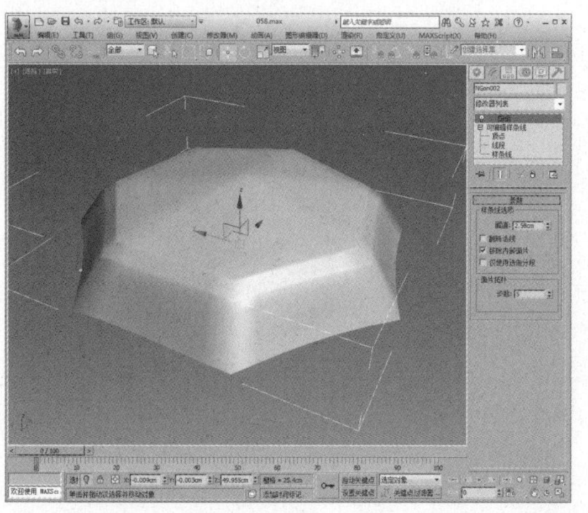

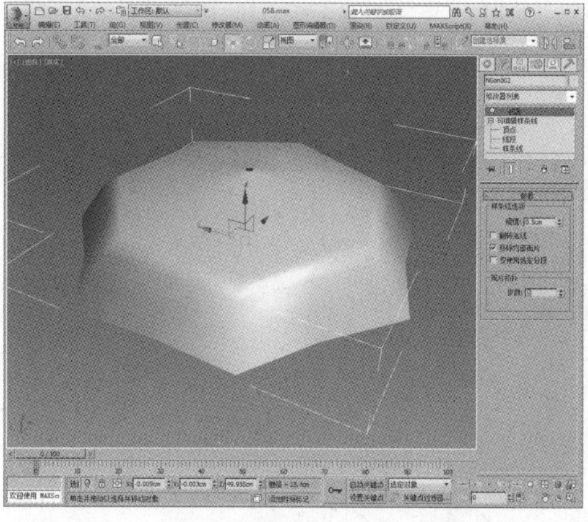

11 在创建命令面板中单击“切角圆柱体”按钮，创建两个参数相同的切角圆柱体，将其调整到合适位置作为伞帽，如下图所示。

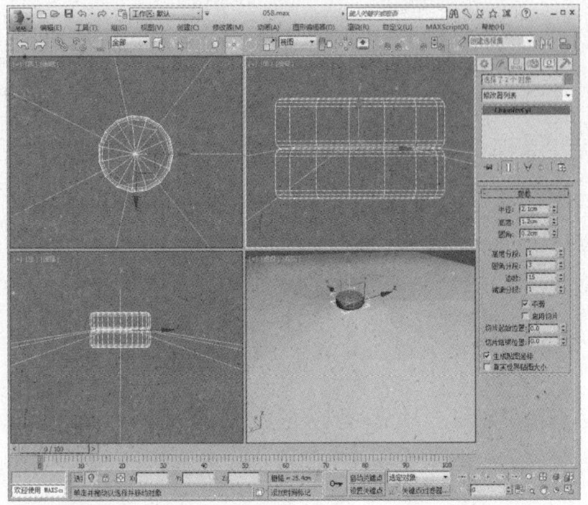

12 在创建命令面板中单击“圆柱体”按钮，创建一个圆柱体并调整到合适位置，作为伞杆，如下图所示。

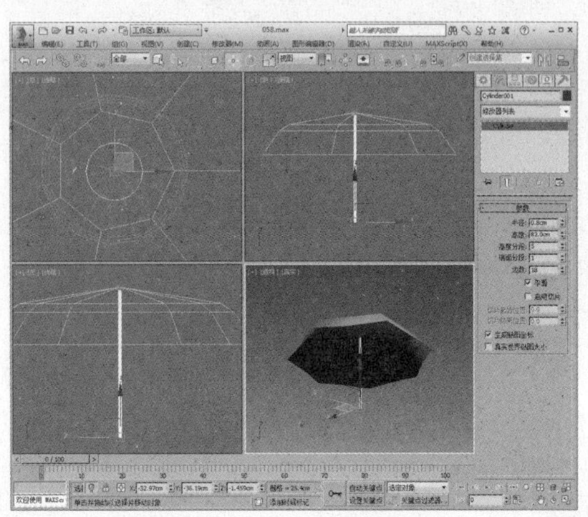

13 继续创建切角圆柱体，作为连接件1，将其调整到合适位置，如下图所示。

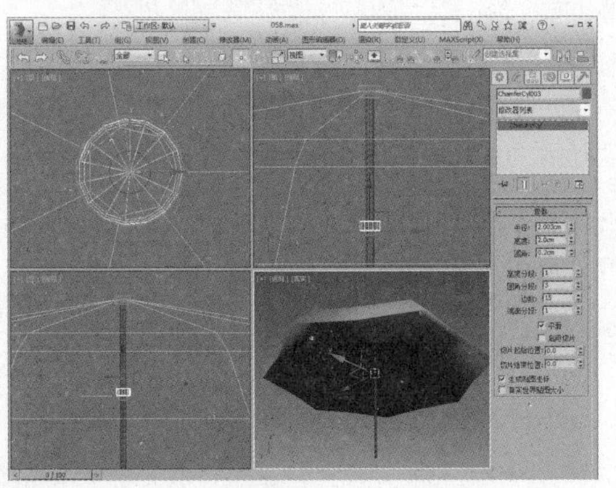

14 创建切角圆柱体，作为连接件2，将其调整到合适位置，如下图所示。

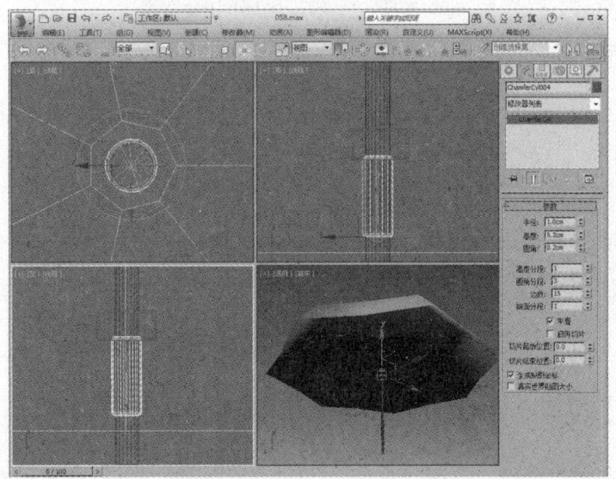

15 在创建命令面板中单击“线”按钮，在前视图中沿着伞面轮廓创建两条样条线，如下图所示。

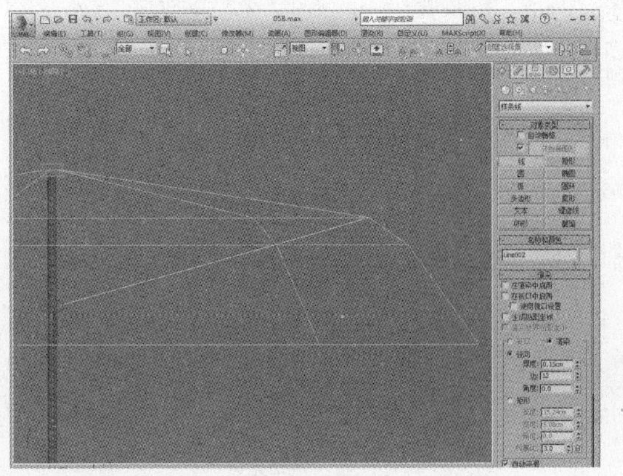

16 打开“渲染”卷展栏，勾选“在渲染中启用”以及“在视口中启用”选项，再适当调整样条线位置，作为伞骨，如下图所示。

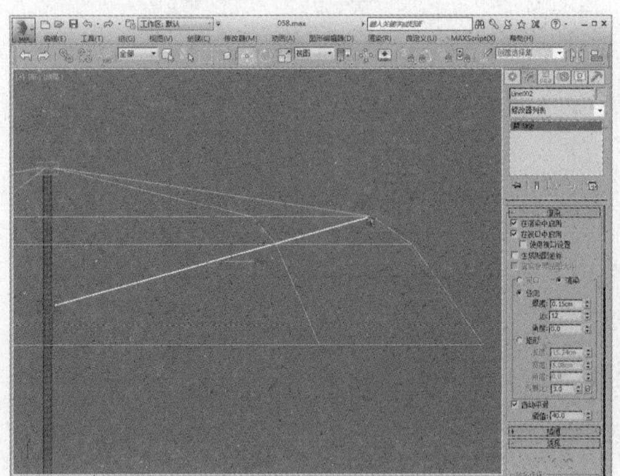

17 对伞骨进行旋转复制，调整位置，如下图所示。

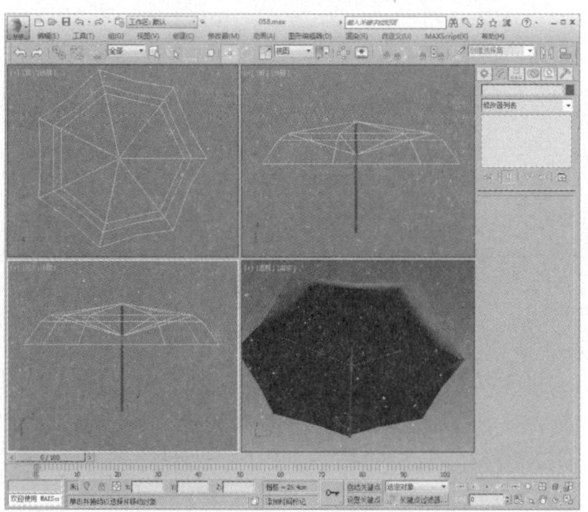

18 在创建命令面板中单击“线”按钮，创建样条线，如下图所示。

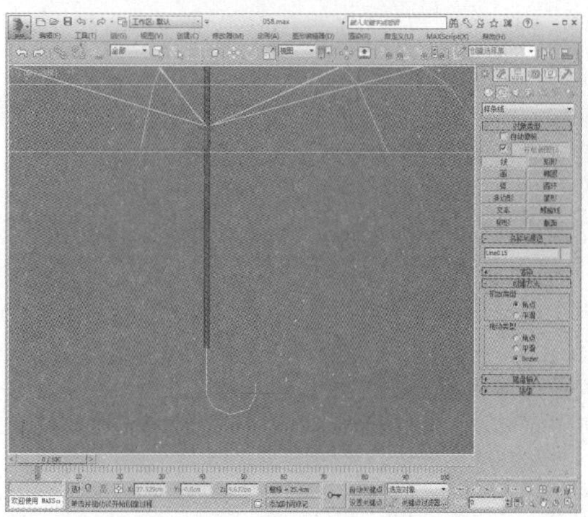

19 进入“顶点”子层级，调整顶点平滑度及位置，如下图所示。

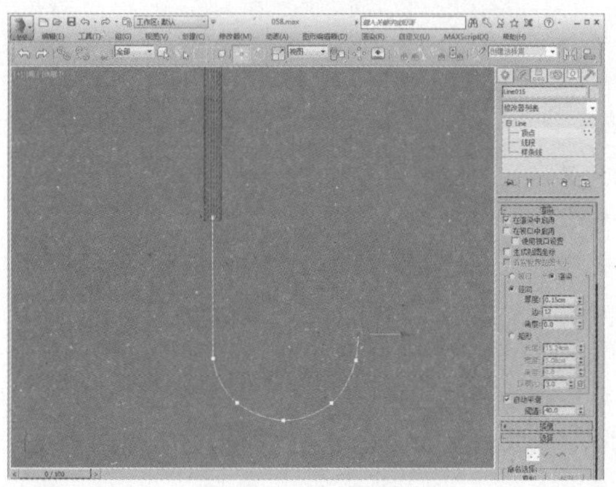

20 在“渲染”卷展栏中勾选“在渲染中启用”以及“在视口中启用”选项，并调整模型位置，如下图所示。

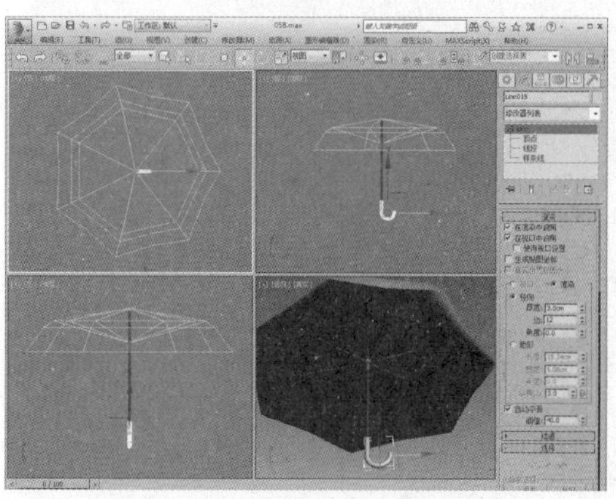

21 单击创建命令面板中的“切角圆柱体”按钮，创建一个切角圆柱体，调整尺寸及位置，如下图所示。

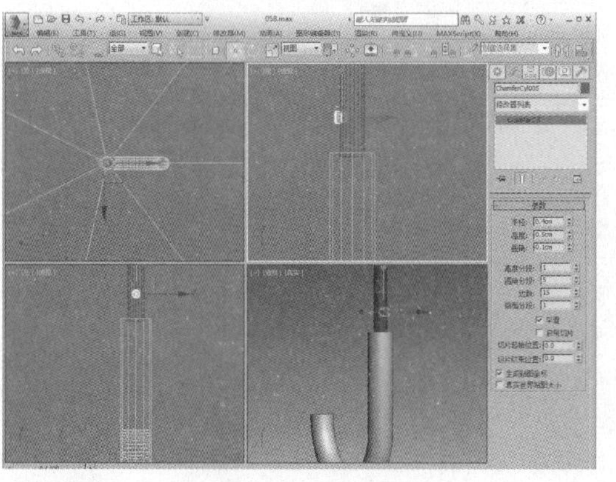

22 按M键打开材质编辑器，选择一个空白材质球并设置为VRayMtl材质，再设置漫反射颜色及反射颜色，设置反射参数，如下图所示。

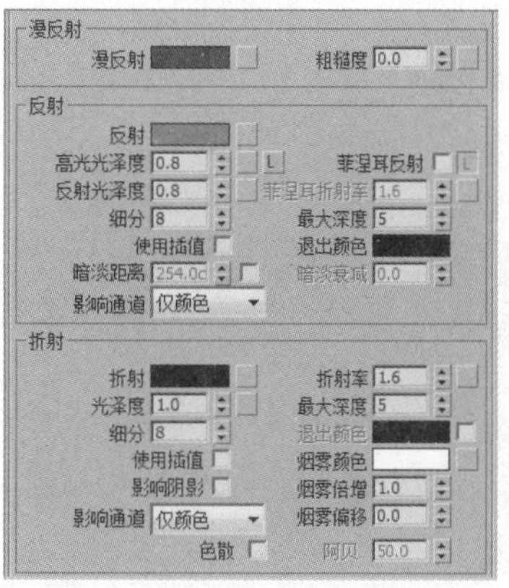

23 漫反射颜色及反射颜色设置如下图所示。

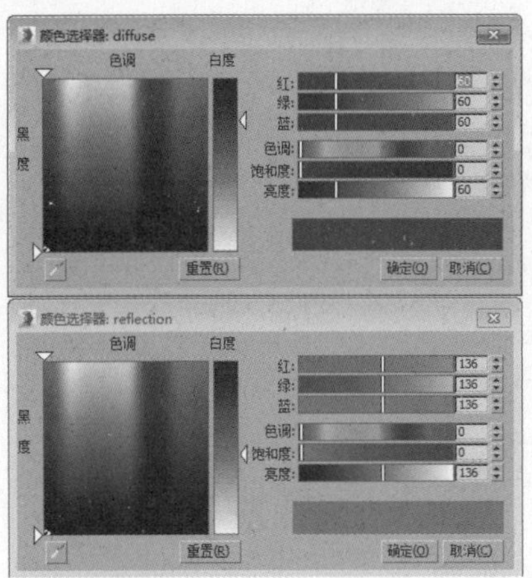

24 在“双向反射分布函数”卷展栏中设置参数，如下图所示。

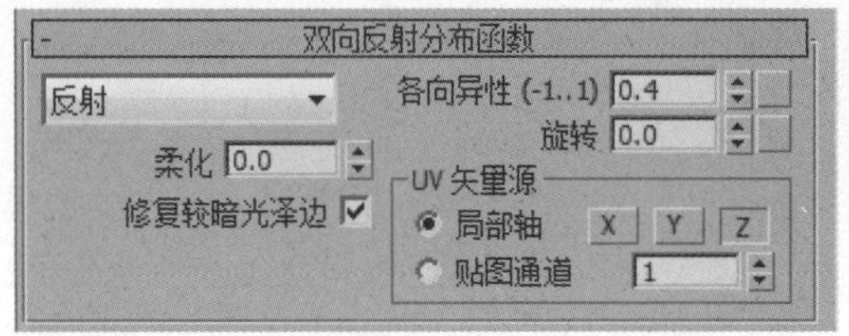

25 创建好的不锈钢材质示例窗效果如下图所示。

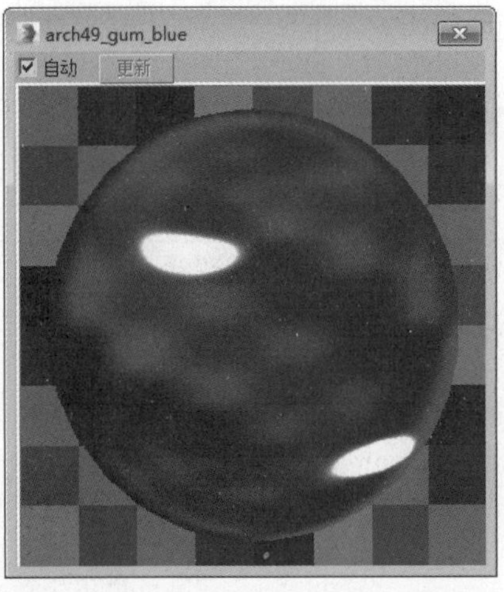

26 选择空白材质球，设置为VRayMtl材质，再设置漫反射颜色及反射参数，并为反射通道添加衰减贴图，如下图所示。

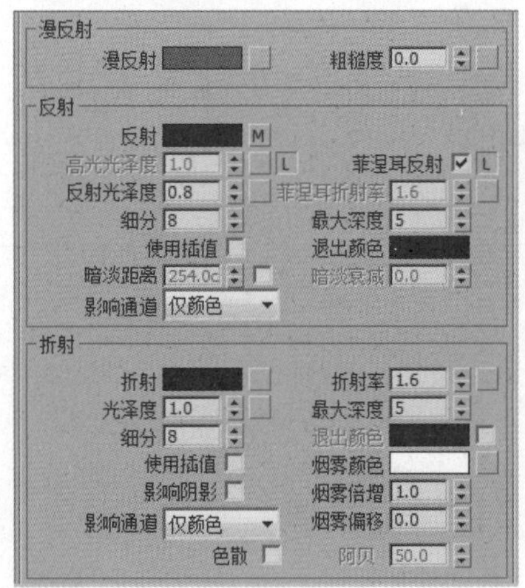

27 漫反射颜色设置如下图所示。

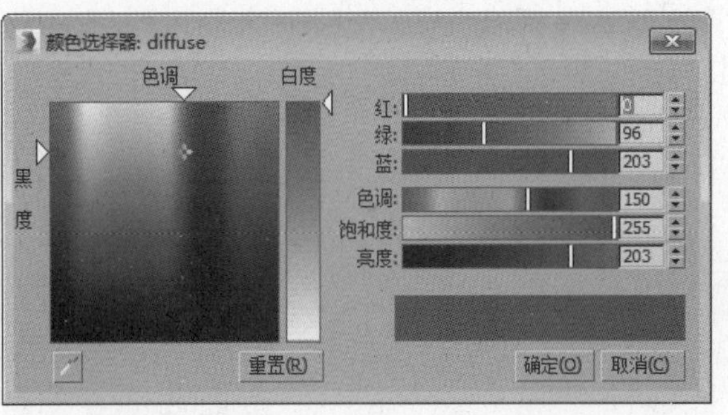

28 在“衰减参数”卷展栏中设置衰减类型，如下图所示。

29 创建好的蓝色塑料材质示例窗效果如下图所示。

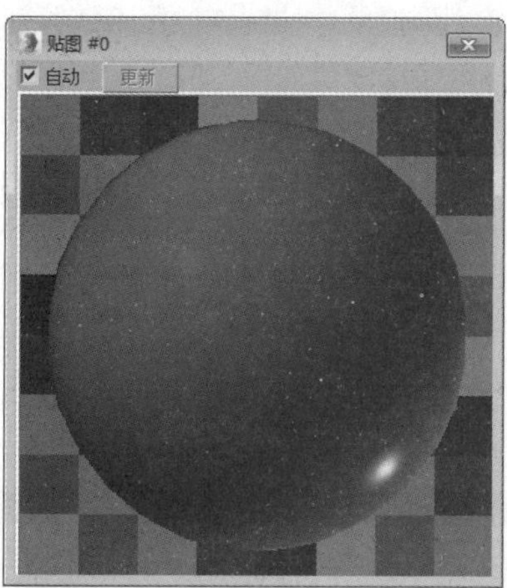

30 选择空白材质球，设置为VRayMtl材质，为漫反射通道添加衰减贴图，设置折射颜色及参数，如下图所示。

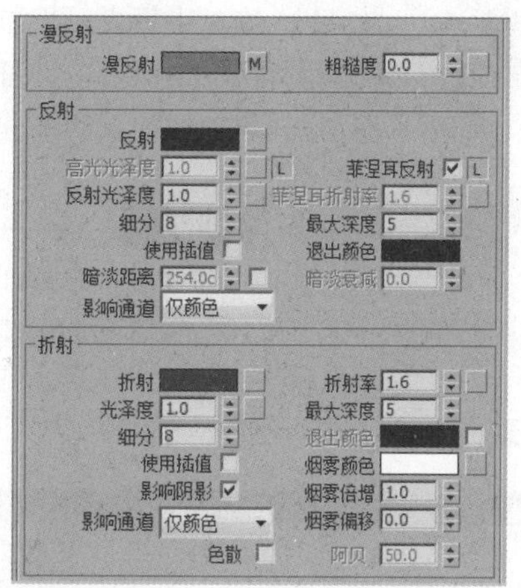

31 “衰减参数”卷展栏设置如下图所示。

32 衰减颜色设置如下图所示。

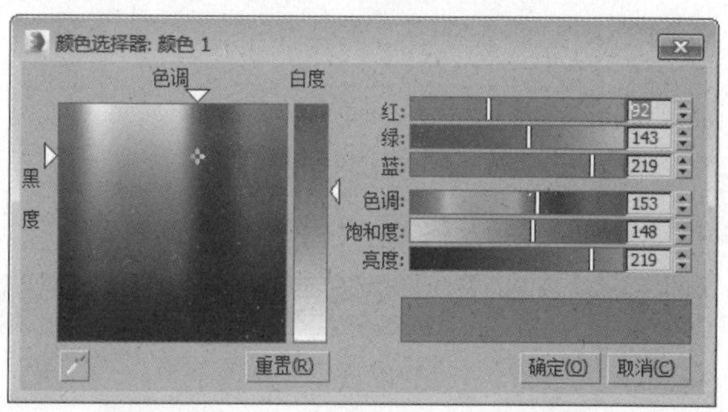

33 创建好的伞布材质示例窗效果如下图所示。

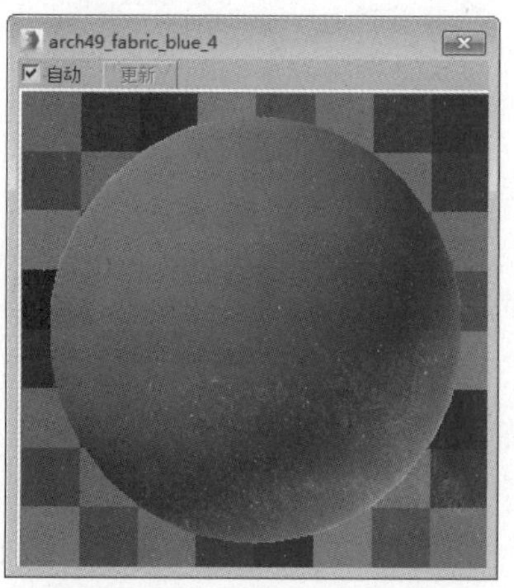

34 将创建好的材质指定给伞模型各部位，并为其增加场景，效果如下图所示。

沙发模型的制作

本章中将介绍一款简约沙发模型的制作，通过具体的制作过程来练习使用3ds Max中的可编辑多边形命令，学习各项编辑功能，并掌握如何使用可编辑多边形创建造型各异的模型。

知识点

1. 了解可编辑多边形命令
2. 熟悉可编辑多边形命令的操作
3. 掌握“切角”命令以及“网格平滑”修改器的使用

14.1 认识可编辑多边形

可编辑多边形是3ds Max中又一强大的建模工具，可用于动物、人物、植物、机械工业产品的建模，目前已经作为3d Max的标准建模工具。

所有的物体都是由点、线段、边界、面、元素组成的，将物体转换为可编辑多边形就是为了利用这些元素，从而对物体进行编辑。

1.“选择”卷展栏

该卷展栏提供了各种工具，用于访问不同的子对象层级和显示设置，以及创建与修改选定内容，此外还显示了与选定实体有关的信息。“选择”卷展栏中各项参数含义介绍如下表所示。

名 称	含 义	图 片
按顶点	启用时，只有通过选择所用的顶点，才能选择子对象。单击顶点时，将选择使用该选定顶点的所有子对象	选择 按顶点 忽略背面 按角度: 45.0 收缩 扩大 环形 循环 预览选择 禁用 子对象 多个 选择了0个边
忽略背面	启用后，选择子对象将只影响朝向用户的那些对象	
收缩	此选项用于收缩减少次物体元素	
扩大	此选项用于扩展增加次物体元素	
环形	选择平行于所选边或边界的次物体	
循环	选择与所选边或边界相一致的次物体	

2.“软选择”卷展栏

该卷展栏参数允许部分地显式选择邻接处中的子对象。“软选择”卷展栏中各项参数的含义介绍如下表所示。

名 称	含 义	图 片
边距离	启用该选项后，将软选择限制到指定的面数，该选择在进行选择的区域和软选择的最大范围之间	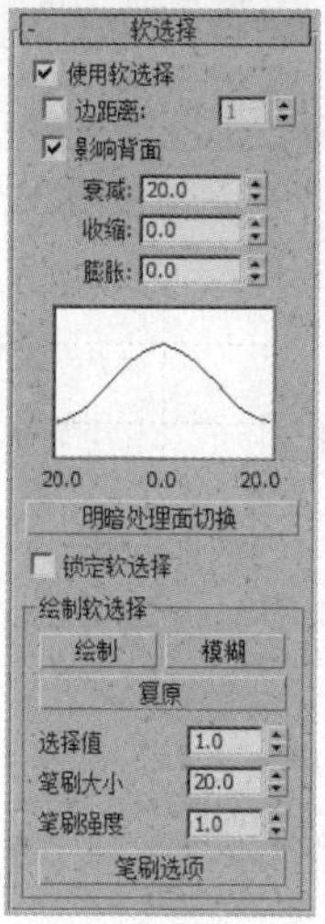
影响背面	启用该选项后，那些法线方向与选定子对象平均法线方向相反的、取消选择的面就会受到软选择的影响	
衰减	定义影响区域的距离	
收缩	沿着垂直轴提高并降低曲线的顶点	
膨胀	沿着垂直轴展开和收缩曲线，设置区域的相对“丰满度”	
明暗处理面切换	显示颜色渐变，它与软选择范围内面上的软选择权重相对应。只有在编辑面片和多边形对象时才可使用	
绘制	可以在使用当前设置的活动对象上绘制软选择	
模糊	可以通过绘制来软化现有绘制软选择的轮廓	
复原	可以通过绘制在使用当前设置的活动对象上还原软选择	

3.“编辑几何体”卷展栏

在顶层级或子对象层级，“编辑几何体”卷展栏提供了用于更改多边形网格几何体的全局控制。该卷展栏中的参数介绍如下表所示。

名 称	含 义	图 片
重复上一个	重复最近使用的命令	
保持UV	启用此选项后，可以编辑子对象，而不影响对象的UV贴图	
创建	创建新的几何体。该按钮的使用方式取决于活动的级别	
塌陷	通过将选定的顶点与选择中心的顶点焊接，使连续选定子对象的组产生塌陷	
附加	用于将场景中的其他对象附加到选定的可编辑多边形中	
分离	将选定的子对象和附加到子对象的多边形作为单独的对象或元素进行分离	
切片平面	为切片平面创建Gizmo，可以定位和旋转它来指定切片位置	
切片	在切片平面位置执行切片操作	
重置平面	将“切片”平面恢复到其默认位置和方向	
快速切片	可以将对象快速切片，而不操纵Gizmo	
切割	用于创建一个多边形到另一个多边形的边，或在多边形内创建边	
网格平滑	使用当前设置平滑对象	
细化	根据细化设置细分对象中的所有多边形	
平面化	强制所有选定的子对象成为共面。该平面的法线是选择的平均曲面法线	
视图对齐	使对象中的所有顶点与活动视口所在的平面对齐	
栅格对齐	使选定对象中的所有顶点与活动视图所在的平面对齐	
松弛	使用“松弛”对话框设置，可以将“松弛”功能应用于当前的选定内容。“松弛”可以规格化网格空间，方法是朝着邻近对象的平均位置移动每个顶点	

4. “编辑顶点”卷展栏

该卷展栏包含了用于编辑顶点的命令，具体如下表所示。

名 称	含 义	图 片
移除	删除选中的顶点，并接合起使用它们的多边形	
断开	在与选定顶点相连的每个多边形上，都创建一个新顶点，这可以使多边形的转角相互分开，使它们不再相连于原来的顶点上	
挤出	可以手动挤出顶点，方法是在视口中直接操作	
焊接	对“焊接”对话框中指定的公差范围之内连续的、选中的顶点，进行合并	
切角	单击此按钮，然后在活动对象中拖动顶点。要用数字切角顶点，请单击“切角”设置按钮，然后使用“切角量”值	
连接	在选中的顶点对之间创建新的边	
移除孤立顶点	将不属于任何多边形的所有顶点删除	

5. “编辑边/边界”卷展栏

该卷展栏包含了用于编辑边/边界的命令，具体如下表所示。

名 称	含 义	图 片
插入顶点	用于手动细分可视的边	
分割	沿着选定边分割网格	
桥	使用多边形的“桥”连接对象的边	
连接	使用当前的“连接边缘”对话框中的设置，在每对选定边之间创建新边	
利用所选内容创建图形	选择一个或多个边后，单击该按钮，通过选定的边创建样条线形状	
编辑三角形	用于修改绘制内边或对角线时多边形细分为三角形的方式	
旋转	用于通过单击对角线修改多边形细分为三角形的方式	

6. “编辑多边形/元素”卷展栏

该卷展栏包含了用于编辑多边形/元素的命令，具体如下表所示。

名 称	含 义	图 片
轮廓	用于增加或减小每组连续的选定多边形的外边	
倒角	通过直接在视口中操纵执行手动倒角操作	
插入	执行没有高度的倒角操作，即在选定多边形的平面内执行该操作	
翻转	反转选定多边形的法线方向，从而使其面向用户	
从边旋转	通过在视口中直接操纵执行手动旋转操作	
沿样条线挤出	沿样条线挤出当前的选定内容	
编辑三角剖分	可以通过绘制内边修改多边形细分为三角形的方式	
重复三角算法	允许软件对当前选定的多边形执行最佳的三角剖分操作	

14.2 制作沙发主体

下面将对沙发主体模型的创建过程进行介绍。

01 在创建命令面板中单击“长方体”按钮，创建一个长方体，设置参数，如下图所示。

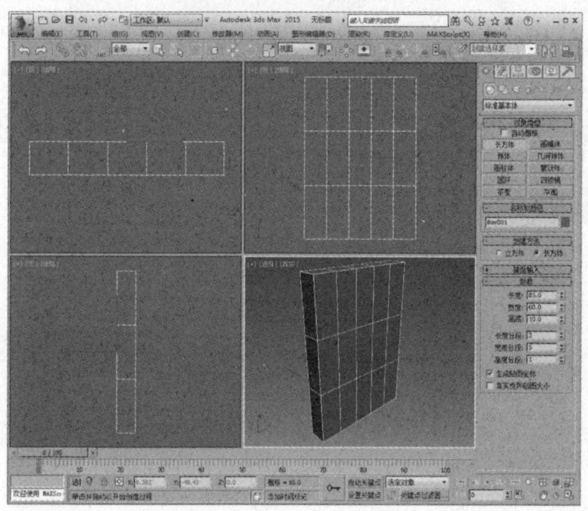

02 单击鼠标右键，在弹出的快捷菜单中选择命令将其转换为可编辑多边形，如下图所示。

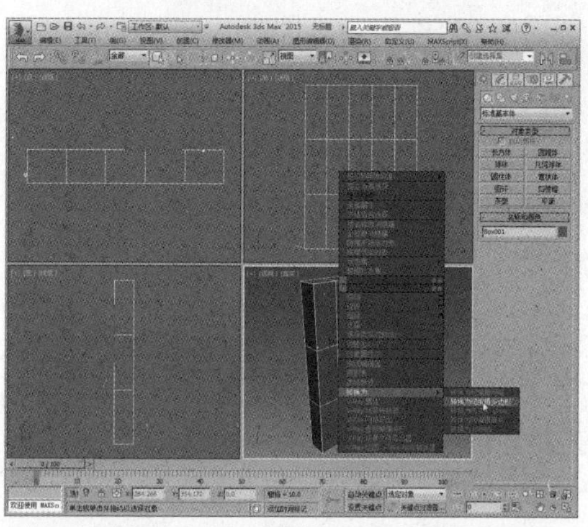

03 进入“顶点”子层级，通过调整顶点来调整多边形的形状，如下图所示。

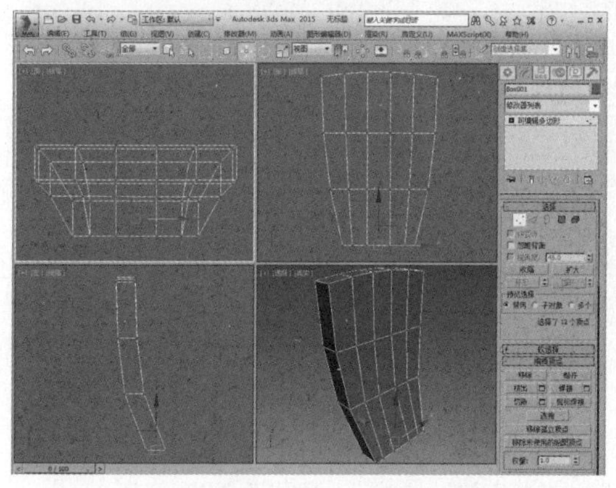

04 进入“边”子层级，选择多边形两面的边，如下图所示。

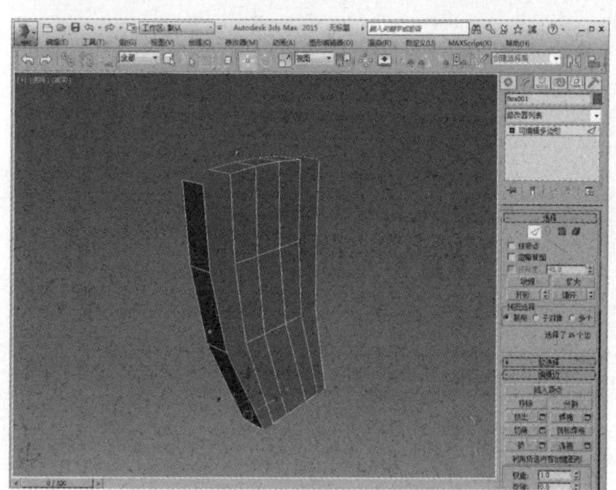

05 在“编辑边”卷展栏中单击“连接”设置按钮 ，设置连接边为1，将所选边分成两段，如右图所示。

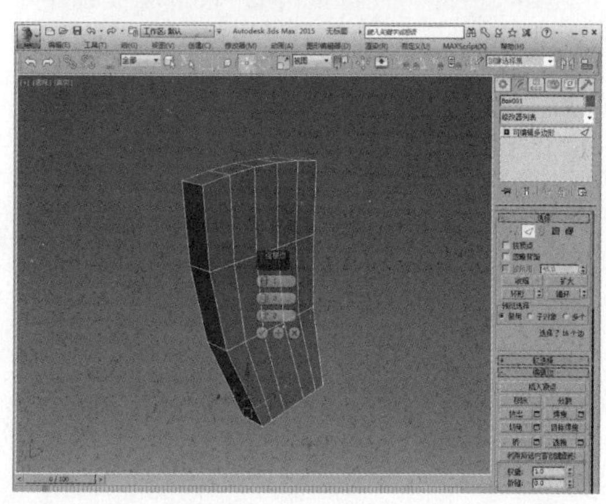

06 进入“多边形”子层级，然后选择面，如下图所示。

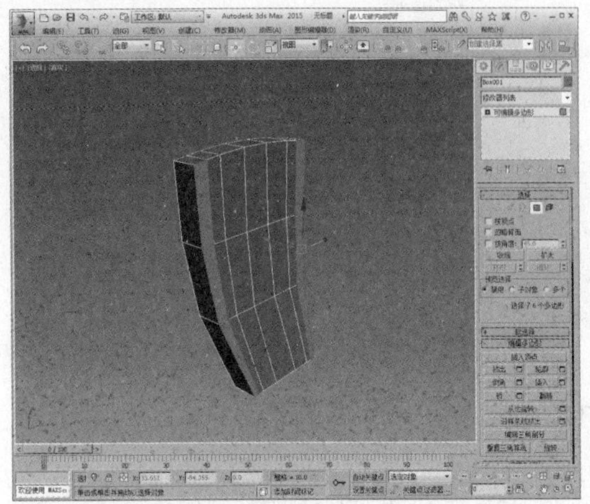

07 在“编辑多边形”卷展栏中单击“挤出”设置按钮，设置挤出类型为“局部法线”、挤出值为60，将所选多边形挤出，如下图所示。

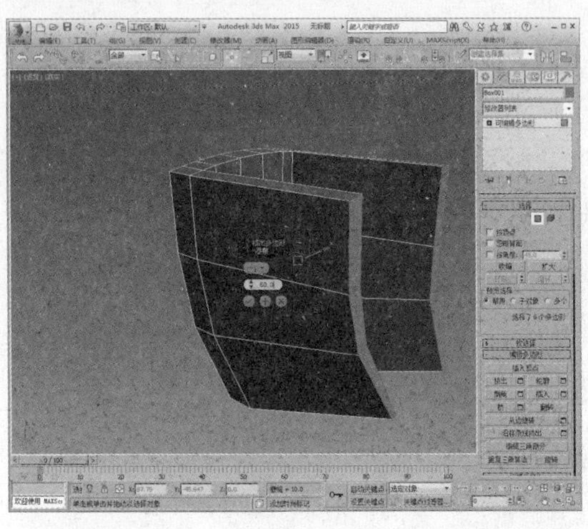

08 操作完毕后单击“选择并移动”按钮，在左视图中调整所选多边形位置，如下图所示。

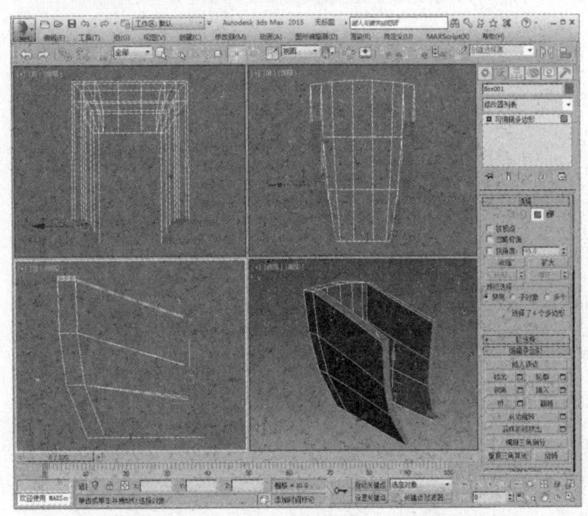

09 进入“顶点”子层级，在左视图中调整顶点，如下图所示。

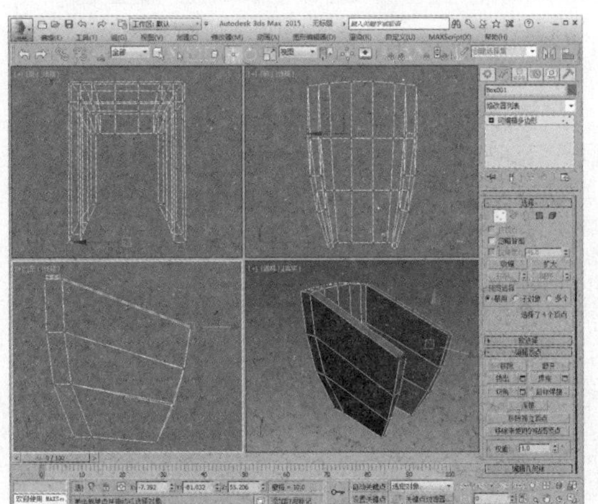

10 进入“边”子层级，在左视图中选择上下两侧的边，单击“连接”设置按钮，设置连接边数为2，如右图所示。

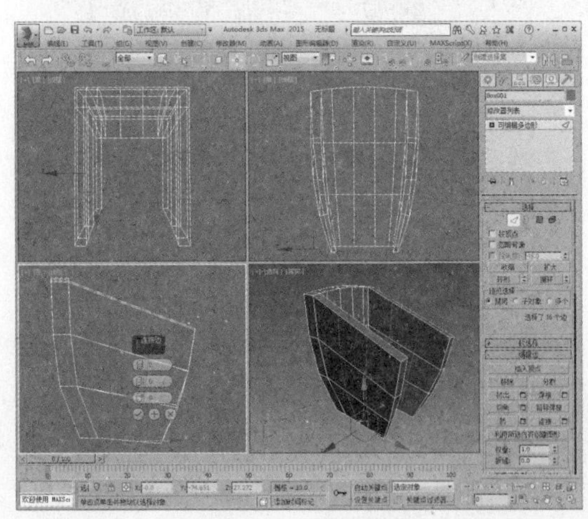

11 进入“顶点”子层级，调整顶点位置，再次对模型进行调整，如下图所示。

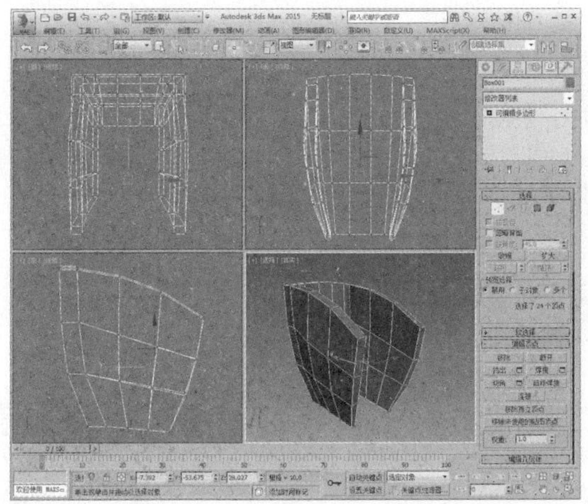

12 进入“边”子层级，选择模型外侧的边，如下图所示。

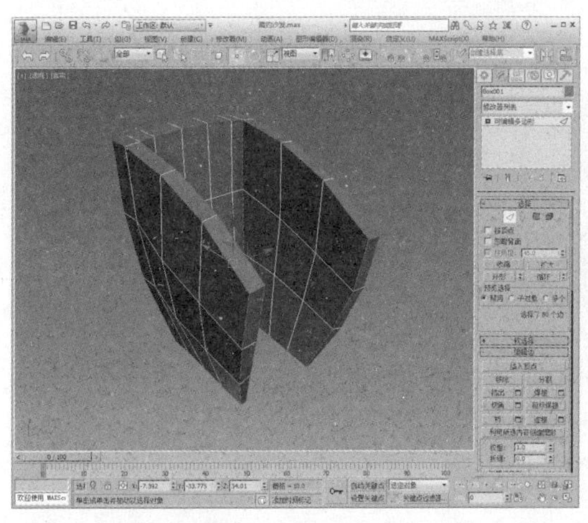

13 在“编辑边”卷展栏中单击“切角”设置按钮▣，设置切角量与平滑阈值，可以看到模型边发生了变化，如下图所示。

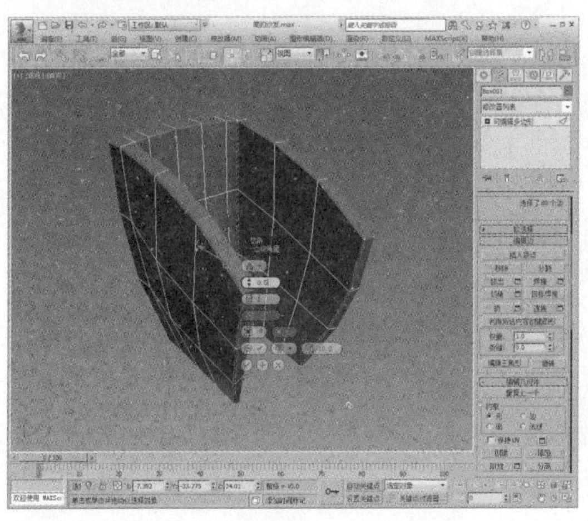

14 为其添加网格平滑修改器，完成沙发靠背及扶手部分模型的制作，如下图所示。接着还要制作沙发坐垫模型。

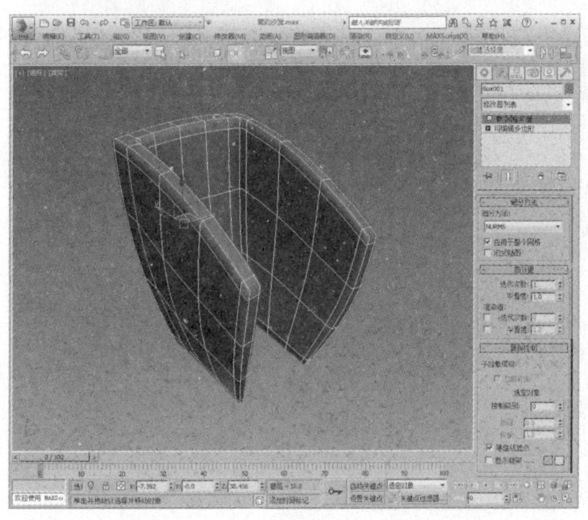

15 在创建命令面板中单击“长方体”按钮，创建一个长方体，调整参数，如下图所示。

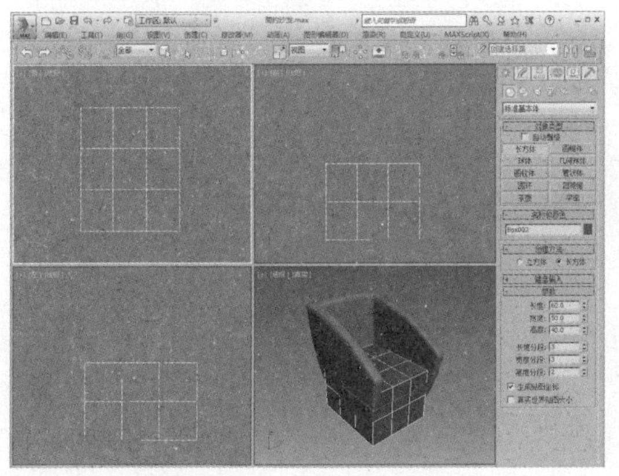

16 单击鼠标右键，将其转换为可编辑多边形，如下图所示。

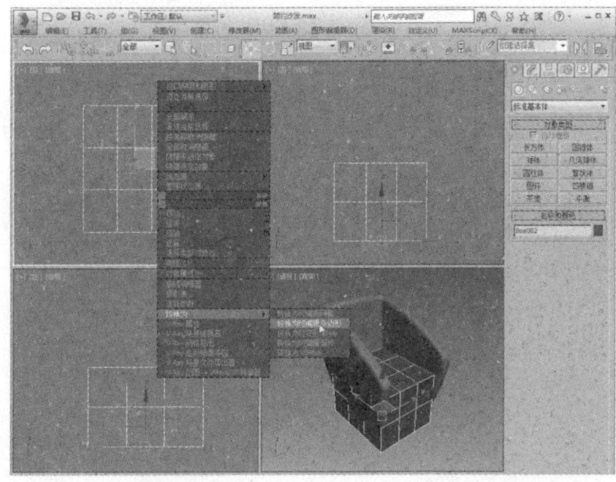

17 进入“顶点”子层级，通过顶点调整模型形状，如下图所示。

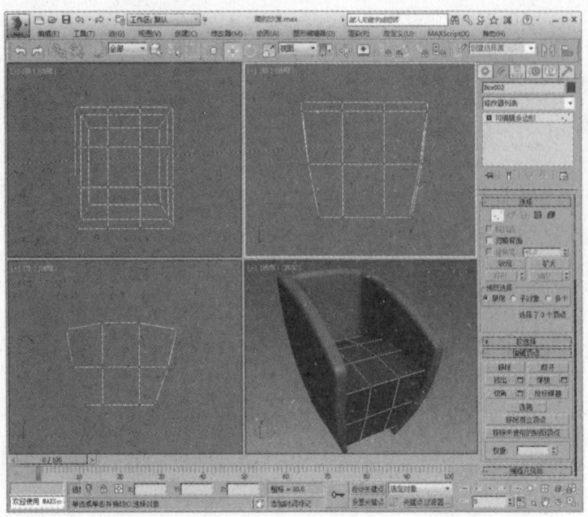

18 隐藏沙发靠背及扶手部分的模型，如下图所示。

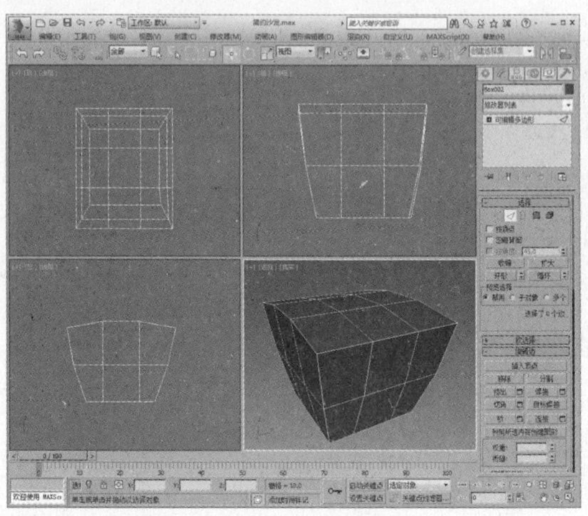

19 进入“边”子层级，选择边，如下图所示。

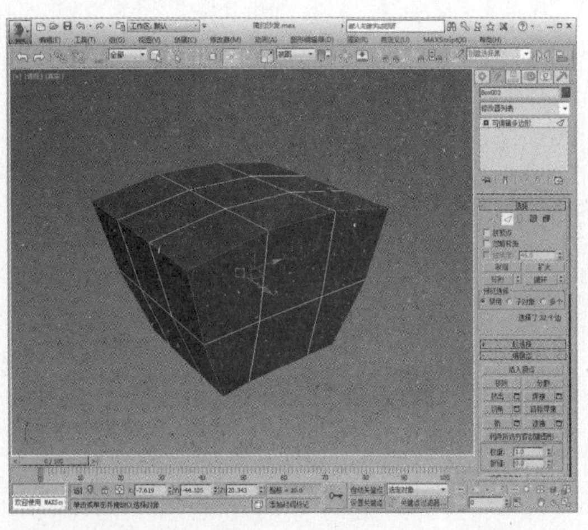

20 在“编辑边”卷展栏中单击“切角”设置按钮▣，设置切角量与平滑阈值，可以看到模型发生了变化，如下图所示。

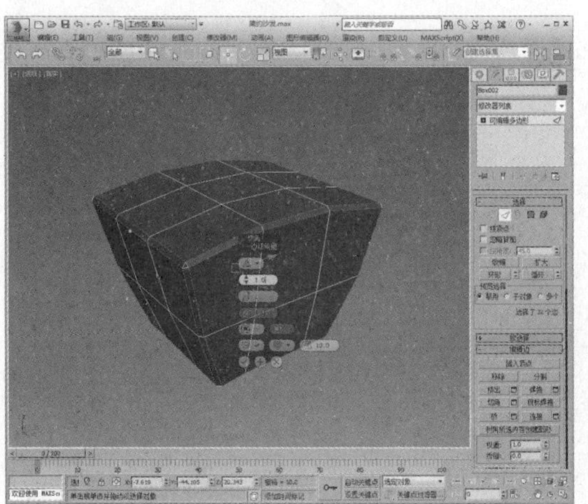

21 为模型添加网格平滑修改器，完成沙发坐垫的制作，如下图所示。

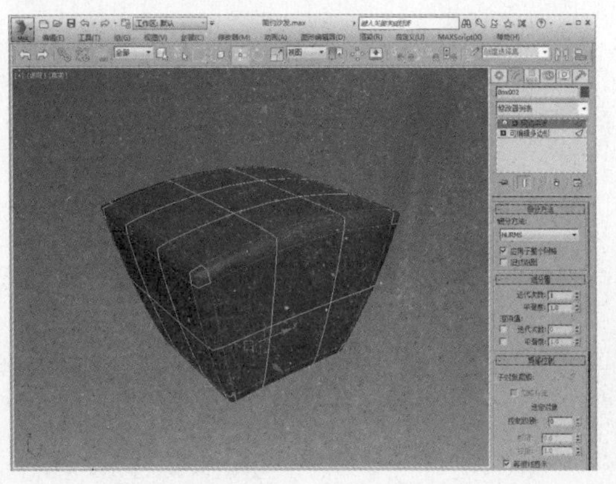

22 取消隐藏模型，如下图所示。至此，沙发主体模型制作完成。

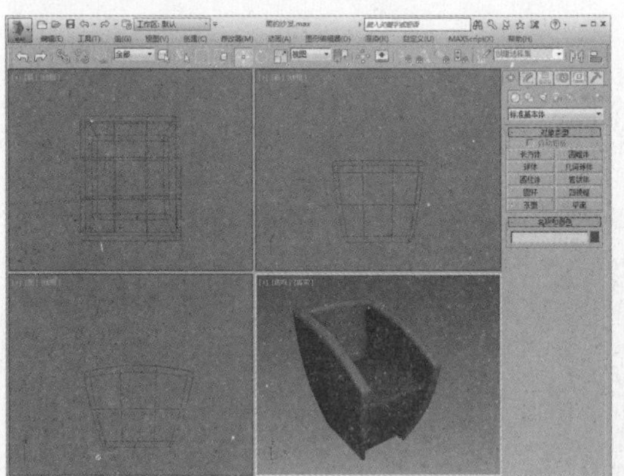

14.3 制作沙发腿

接下来利用样条线的特性来制作沙发腿造型，利用“阵列”命令对其进行环形复制，并且为沙发模型创建相应的材质。具体操作过程如下。

01 在创建命令面板中单击“线”按钮，在前视图中创建样条线，如下图所示。

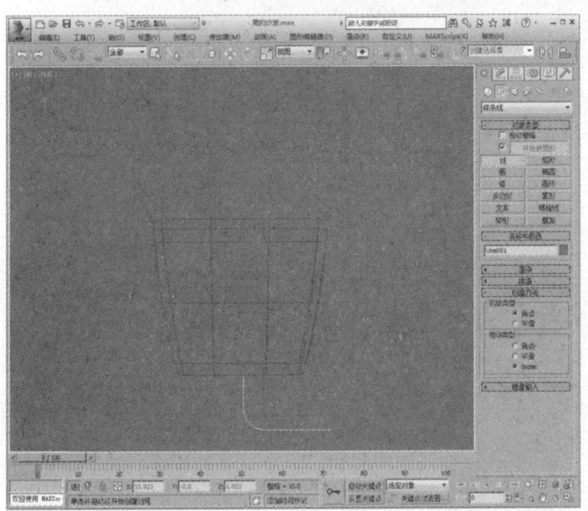

02 设置顶点为平滑型，调整样条线形状，如下图所示。

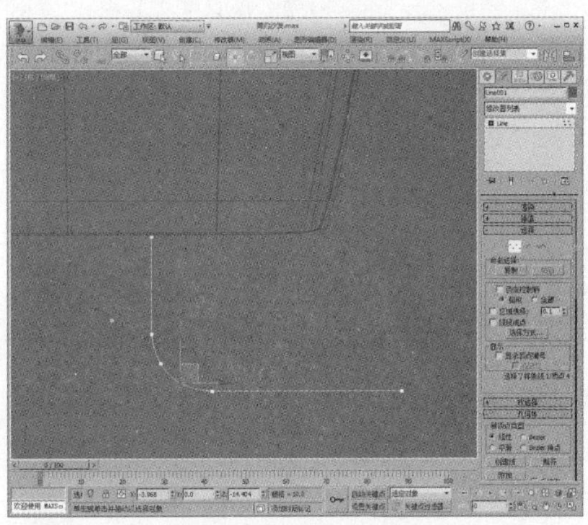

03 打开“渲染”卷展栏，勾选“在渲染中启用”和“在视口中启用”选项，设置径向厚度，如下图所示。

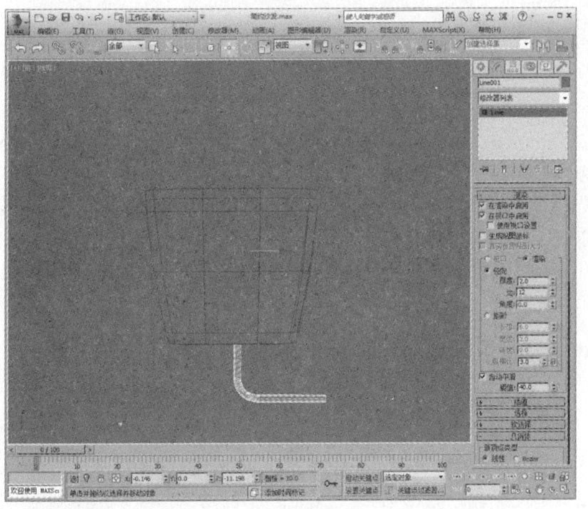

04 切换到顶视图，单击“使用变换坐标中心”按钮，按住鼠标中键调整图形位置，如下图所示。

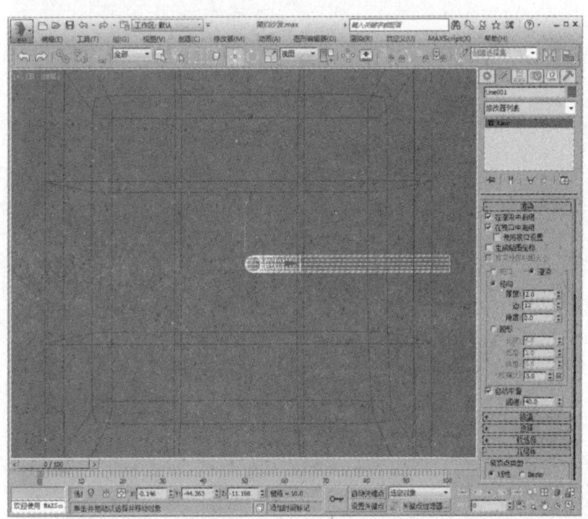

05 执行“工具>阵列”命令，打开“阵列”对话框，设置Z轴增量旋转>=90、1D阵列数量为4，如右图所示。

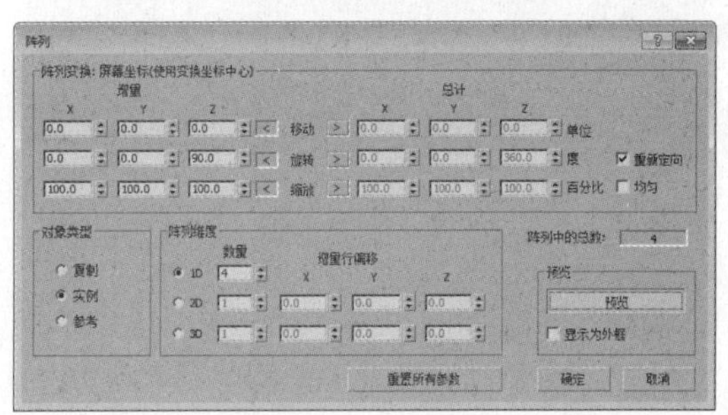

06 单击“确定”按钮，调整沙发腿对象到合适位置，完成简约单人沙发模型的制作，如下图所示。

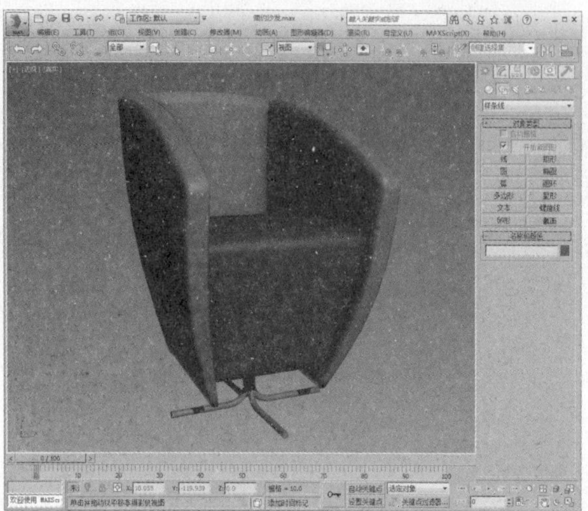

08 漫反射颜色设置如下图所示。

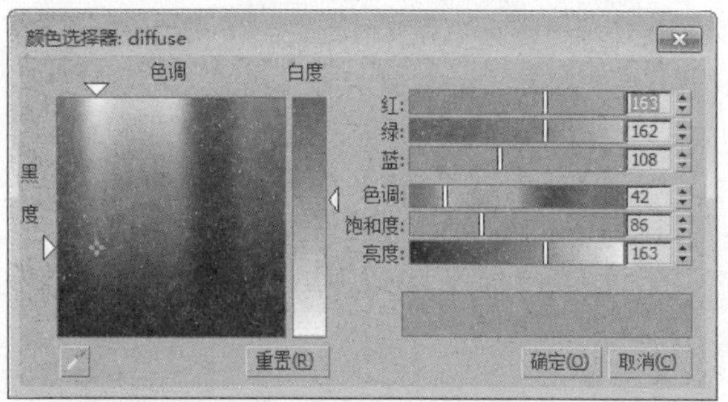

10 “衰减参数”卷展栏设置如下图所示。

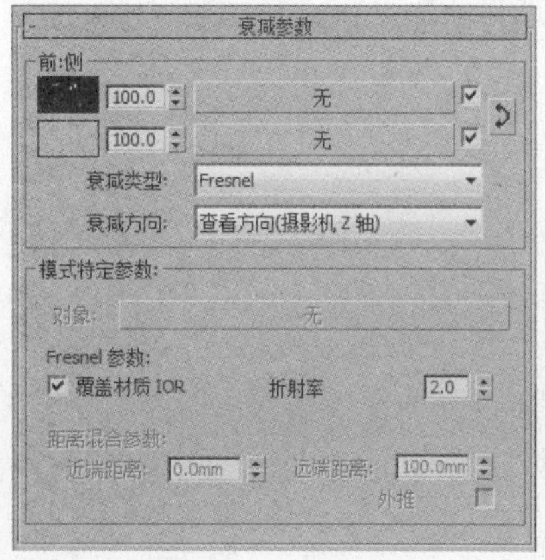

07 按M键打开材质编辑器，选择空白材质球并设置为VRayMtl材质，再设置漫反射颜色及反射参数，如下图所示。

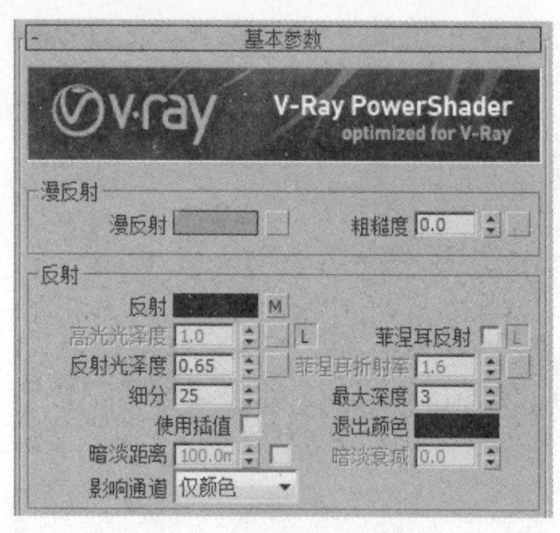

09 在“贴图”卷展栏中为反射通道添加衰减贴图，为凹凸通道添加位图贴图，如下图所示。

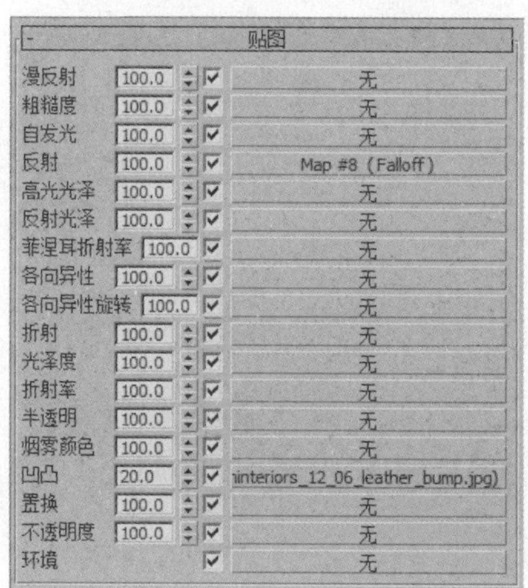

贴图		
漫反射	100.0	无
粗糙度	100.0	无
自发光	100.0	无
反射	100.0	Map #8（Falloff）
高光光泽	100.0	无
反射光泽	100.0	无
菲涅耳折射率	100.0	无
各向异性	100.0	无
各向异性旋转	100.0	无
折射	100.0	无
光泽度	100.0	无
折射率	100.0	无
半透明	100.0	无
烟雾颜色	100.0	无
凹凸	20.0	ıinteriors_12_06_leather_bump.jpg)
置换	100.0	无
不透明度	100.0	无
环境		无

11 衰减颜色设置如下图所示。

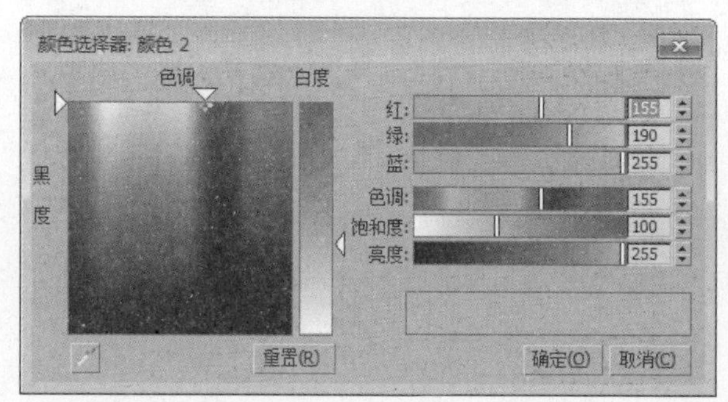

12 设置好的材质示例窗效果如下图所示。

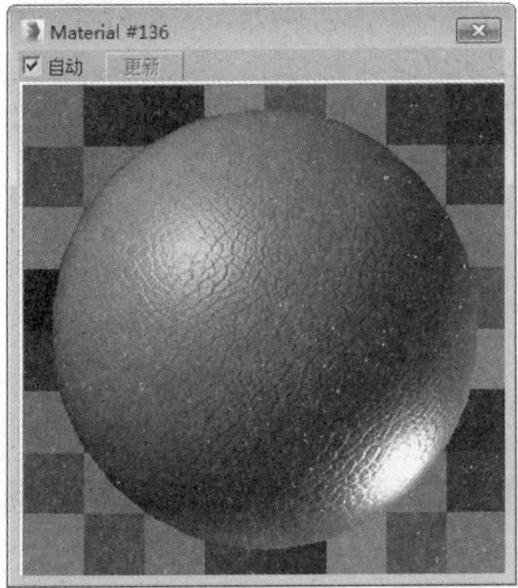

13 选择空白材质球，设置为VRayMtl材质，再设置漫反射颜色与反射颜色，并设置反射参数，如下图所示。

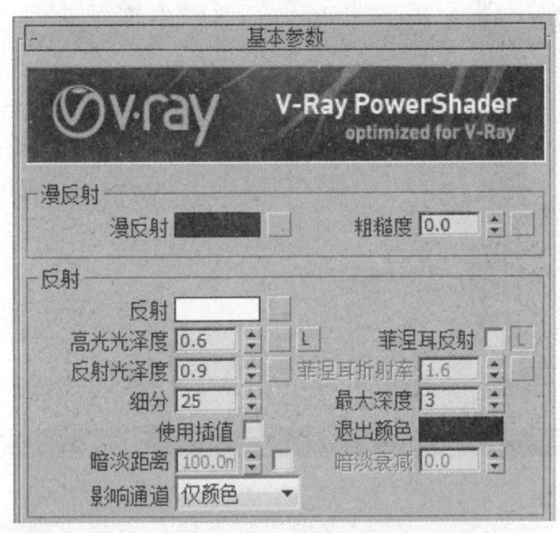

14 漫反射颜色与反射颜色设置如下图所示。

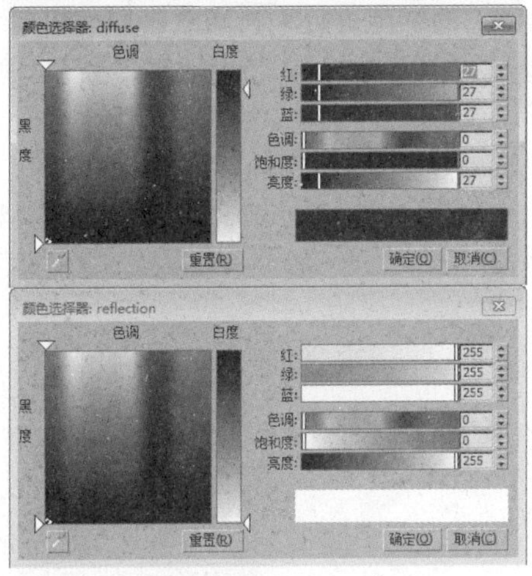

15 设置好的材质示例窗效果如下图所示。

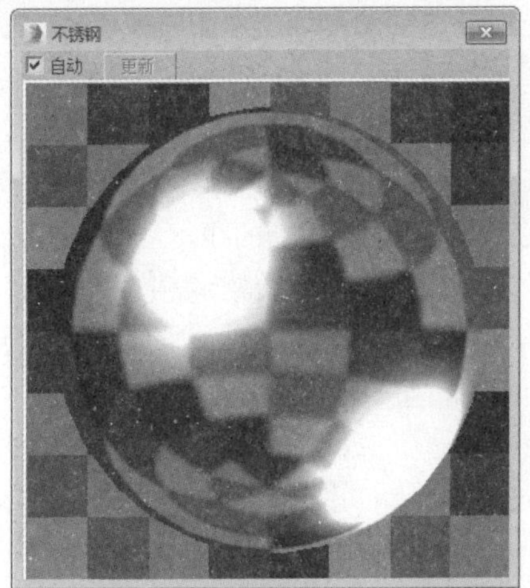

16 将创建好的材质指定给沙发模型，并为其添加场景，效果如右图所示。

CHAPTER 15

养生壶模型的制作

本章中将介绍一款养生壶模型的制作。

知识点

1. 了解编辑样条线命令
2. 熟悉编辑样条线的相关操作
3. 掌握“切角”命令以及“网格平滑”修改器的使用

15.1 编辑样条线

编辑样条线是二维图形最基本的修改器，主要是对二维图形模型的线型进行编辑修改。样条线图形分为三个子对象元素，分别是顶点、分段、样条线，每个子对象元素下都有其相应的修改命令按钮。而顶点包括角点、平滑、Bezier、Bezier角点四种类型。

二维图形父对象常用的修改命令按钮如右图所示，各按钮含义介绍如下。

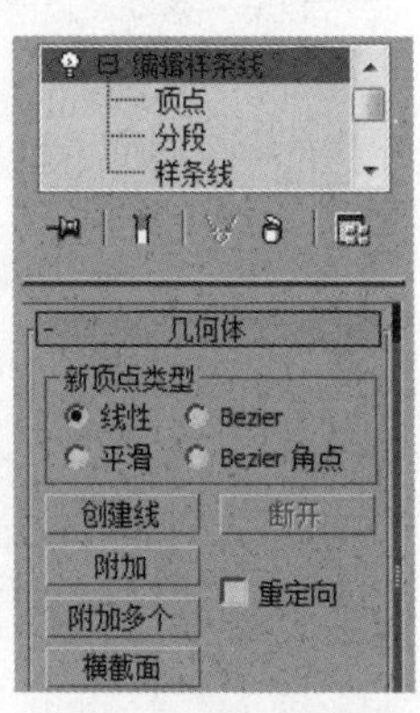

- 创建线：可用于创建出新的线，常用来增加线使线型闭合。
- 附加：附加多个二维图形成为一个二维图形。
- 附加多个：从附加列表中选择要附加的二维图形，列表中包含了场景中所有的其他图形（精确选择）。

二维图形“顶点”子对象常用的修改命令按钮如右下图所示，其中，各按钮含义介绍如下。

- 优化：又称“创建点”，可以在已有线型上任意增加点，而不改变线型的曲度。
- 自动焊接：自动焊接在阈值设定范围内的移动的点。
- 焊接：选择任意两点进行焊接，只要两点间的距离在后面阈值设定的范围内即可。
- 连接：在两点之间画一条线连接。
- 插入：可在已有线型上任意增加点，但是要改变线型的曲度。
- 熔合：将两点对齐到一点，但还是保持两点，而不是成为一点。
- 圆角：将一点圆滑成圆弧形状。
- 切角：将一点柔化成直线形状。

二维图形“分段”子对象常用的修改命令按钮如下左图所示，各按钮含义的介绍如下。

- 拆分：通过添加后面微调器指定的定点数来细分所选线段。拆分不等于均分或等分，所拆分的顶点之间的距离取决于线段的相对曲率。

- 分离：将选择的线段分离出来构成一个新的图形。
- 设置材质ID：可将多维/子对象材质应用到样条线上，使同一条线段具有不同的材质。
- 选择ID：通过已经设置好的ID号来选择所要的线段。

二维图形“样条线”子对象常用的修改命令按钮如下右图所示，各按钮含义介绍如下。

- 轮廓：通过一定的偏移量来制作样条线的副本，偏移量由后面的“轮廓宽度”微调器指定。若样条线是开口的，则生成的样条线及其轮廓将生成一个闭合的样条线。
- 布尔：对二维图形进行布尔运算。
- 镜像：对二维图形进行镜像复制。
- 修剪：可清理图形中的多余重叠部分。
- 延伸：可清理图形中的开口部分，使端点延伸到所要到达的界限上。
- 闭合：快速将没有闭合的样条线闭合。

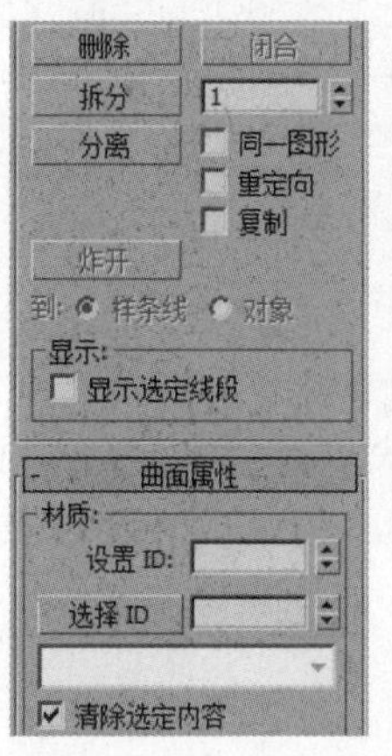

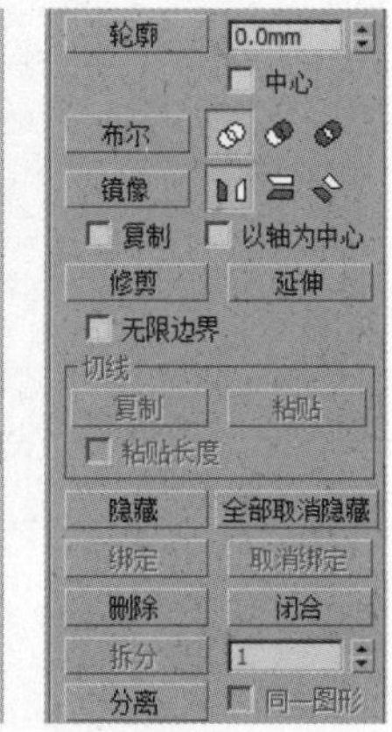

15.2 制作养生壶模型

在下面的制作过程中，我们将该模型分为壶盖、壶身、底座、把手和内胆几个部分来分别讲解。

15.2.1 制作壶身

本章中所制作的养生壶模型主要表现在带有厚度的壶身模型和茶壶嘴造型的制作，利用到样条线编辑功能、车削工具和软选择。下面将对壶身模型的创建过程进行介绍。

01 在创建命令面板中单击“圆”按钮，在前视口中创建一个圆，设置半径为60、步数为30，如下图所示。

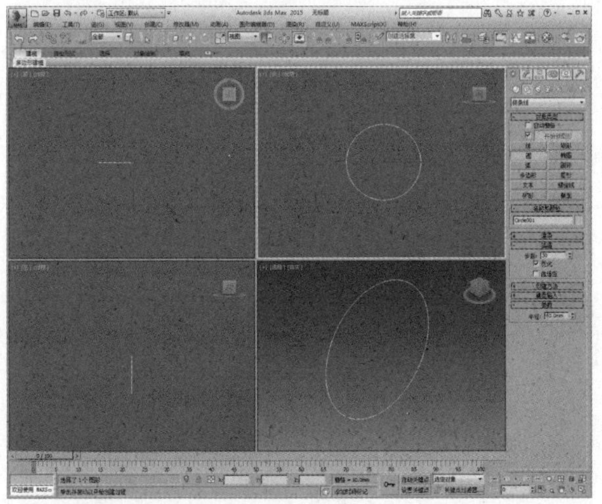

02 在创建命令面板中单击“矩形”按钮，继续创建一个尺寸为40×80的矩形，如下图所示。

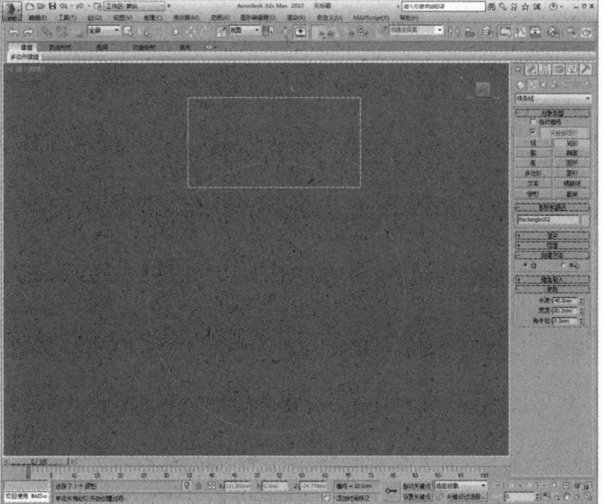

03 在修改器列表中为圆形添加一个“编辑样条线”修改器，如下图所示。

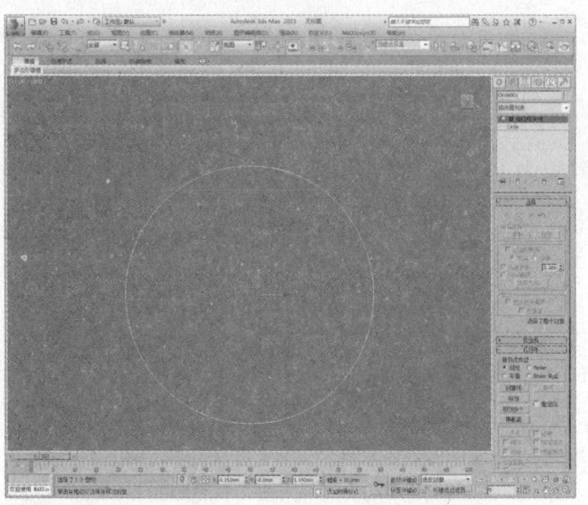

04 在“几何体”卷展栏中单击“附加”按钮，选择附加矩形，如下图所示。

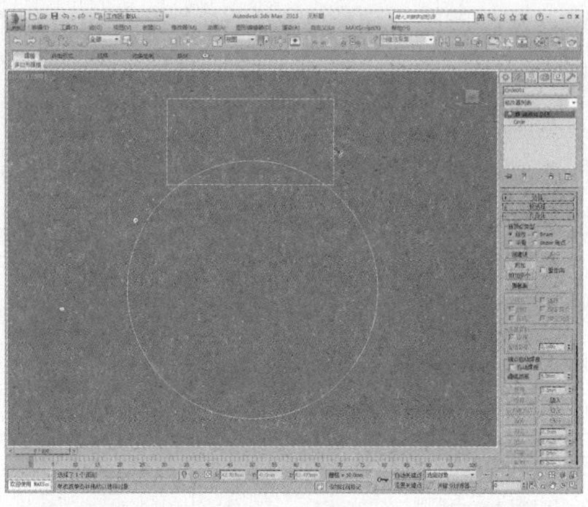

05 再单击“修剪”按钮，修剪样条线，效果如下图所示。

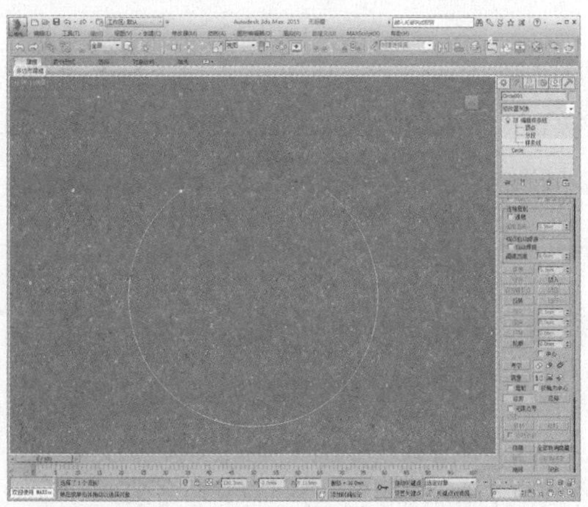

06 保持选择，输入轮廓值为-1，为样条线制作出轮廓，如下图所示。

07 为样条线添加“车削”修改器，设置中心对齐，并设置分段数为100，制作出罐状模型，如下图所示。

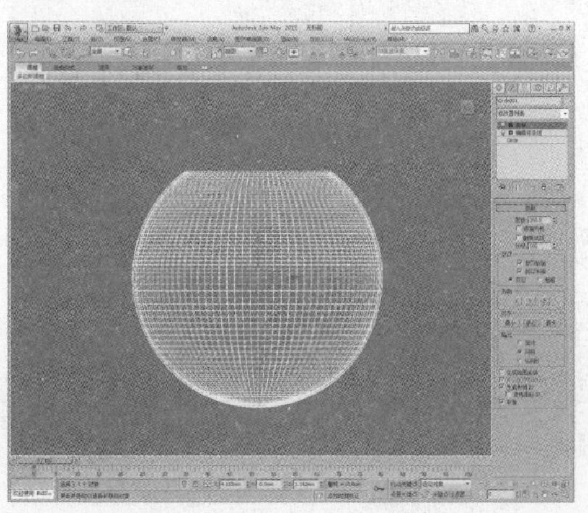

08 再为其添加“编辑多边形”修改器，进入“顶点”子层级，选择模型的两个顶点，如下图所示。

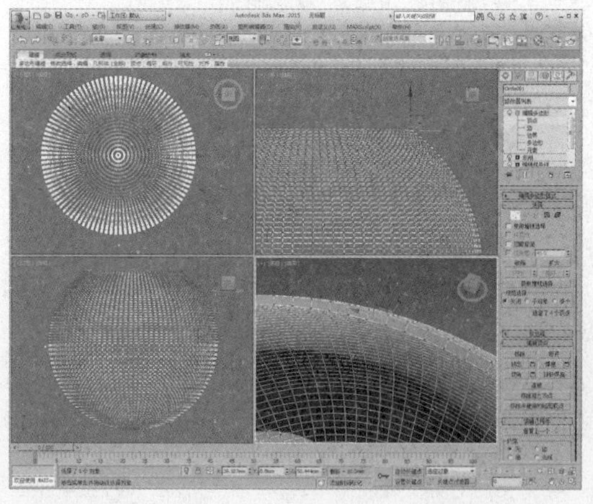

09 在“软选择”卷展栏中勾选“使用软选择”选项，设置衰减值，如下图所示。

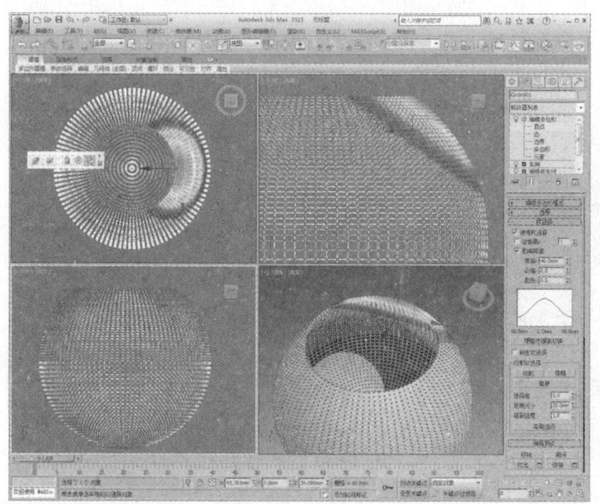

10 单击“选择并移动”按钮，移动顶点，逐渐减少衰减值并移动顶点，如下图所示。

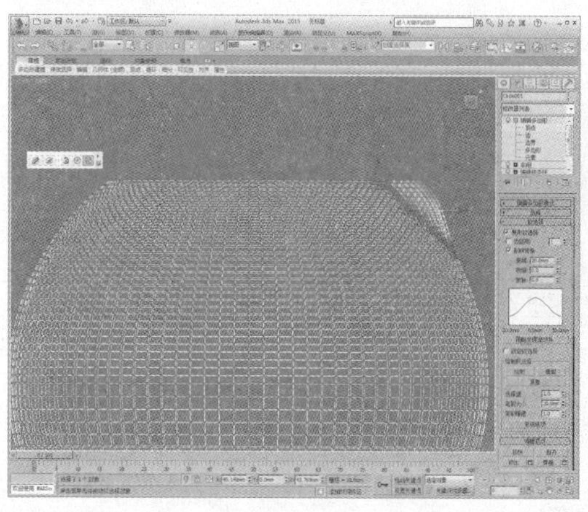

11 继续减少衰减值，调整顶点，调整出壶嘴轮廓，如下图所示。

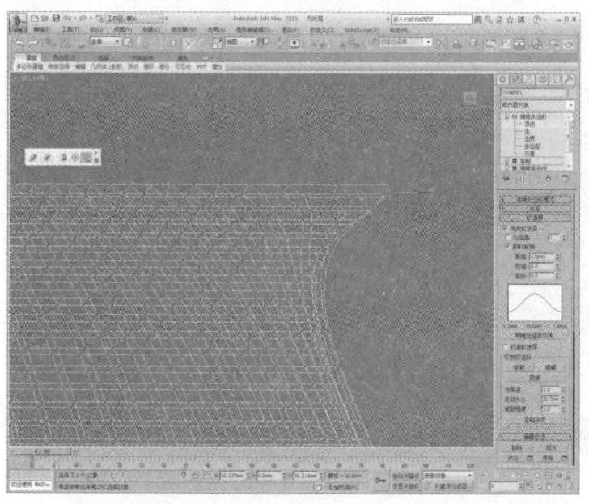

12 取消勾选“使用软选择”选项，继续移动顶点位置，调整壶嘴造型，如下图所示。

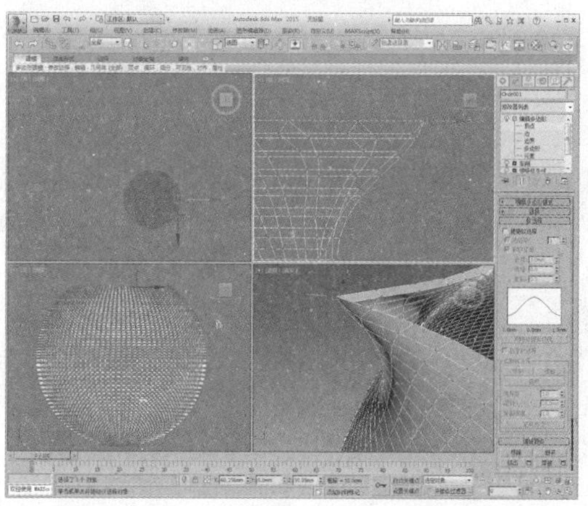

13 为模型添加“网格平滑”修改器，保持默认设置，可以看到边缘区域都变得光滑。至此，完成壶身主体的制作，如下图所示。

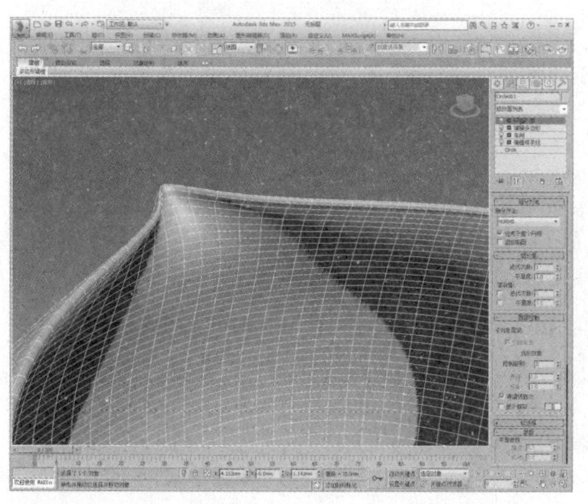

14 在创建命令面板中单击“圆”按钮，在前视图中创建一个半径为61的圆形，调整圆形位置，如下图所示。

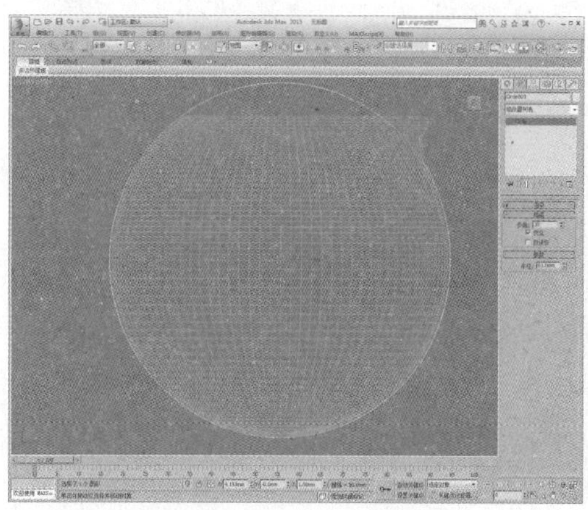

15 为圆形添加“编辑样条线”修改器，并进入“分段”子层级，如下图所示。

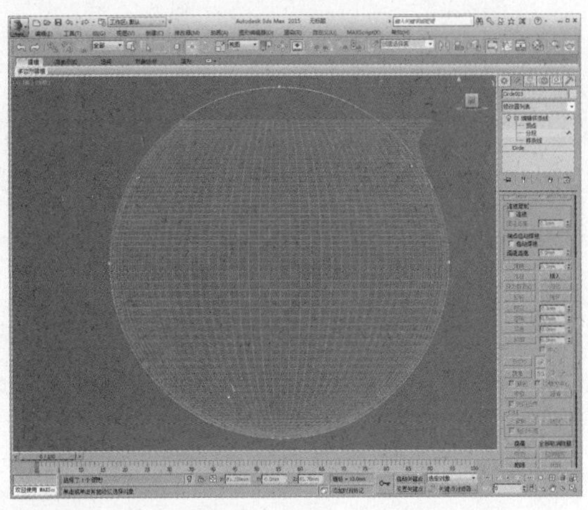

16 选择上方分段并删除，如下图所示。

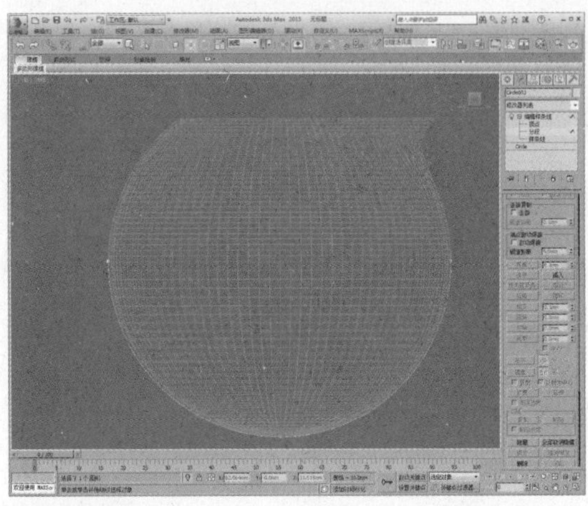

17 进入“样条线”子层级，设置轮廓值为-2，为剩下的半圆形制作出轮廓，如下图所示。

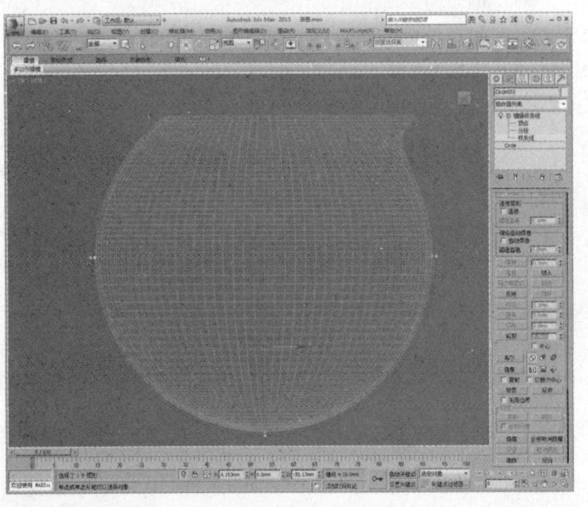

18 为样条线添加“车削”修改器，制作出壶身外壳模型，如下图所示。

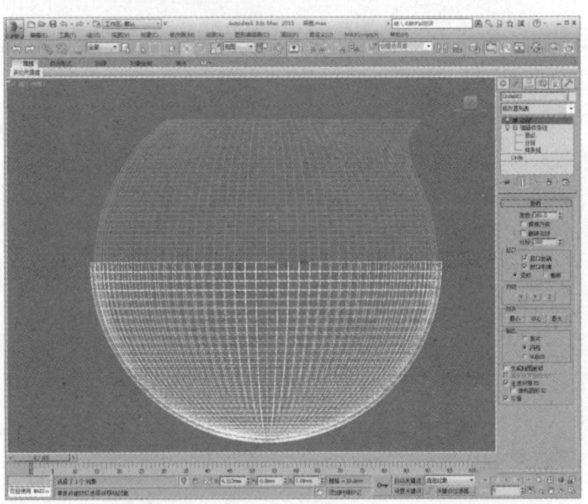

19 在前视图中将外壳模型沿Z轴进行-45°旋转，如下图所示。

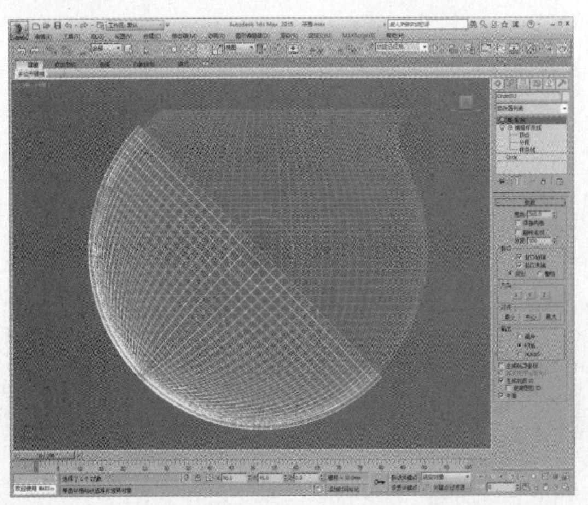

20 在创建命令面板中单击“圆”按钮，创建一个半径为59的圆形，调整位置，如下图所示。

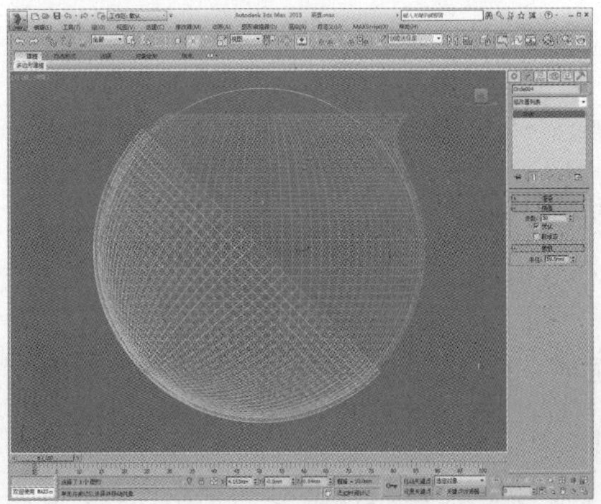

21 在创建命令面板中单击“矩形”按钮，创建一个矩形，将其调整到合适位置，如下图所示。

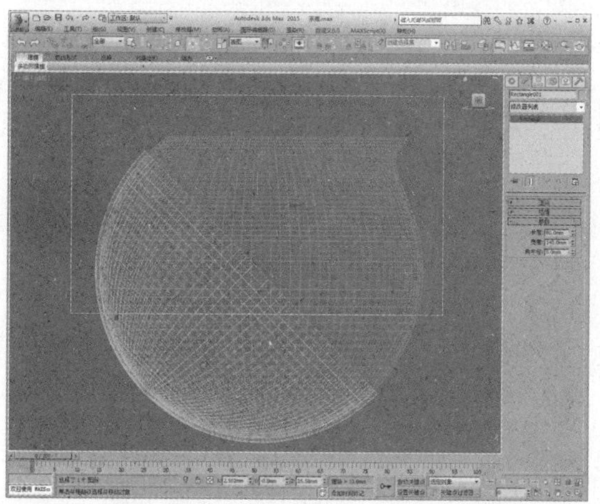

22 为圆形添加“编辑样条线”修改器，并附加选择矩形，如下图所示。

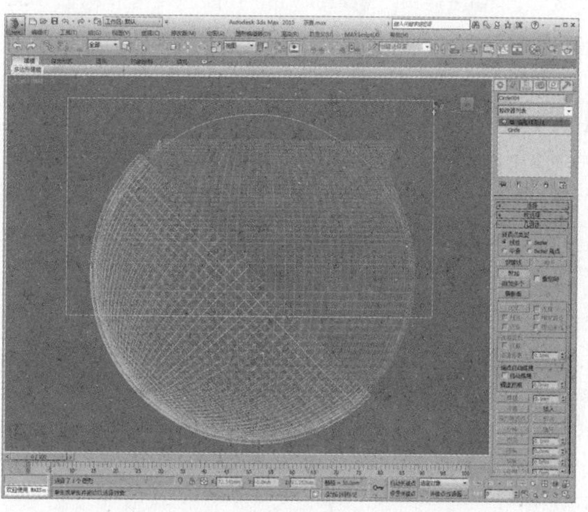

23 进入“样条线”子层级，单击“几何体”卷展栏下的“修剪”按钮，修剪样条线，使其仅剩下一个小半圆，如下图所示。

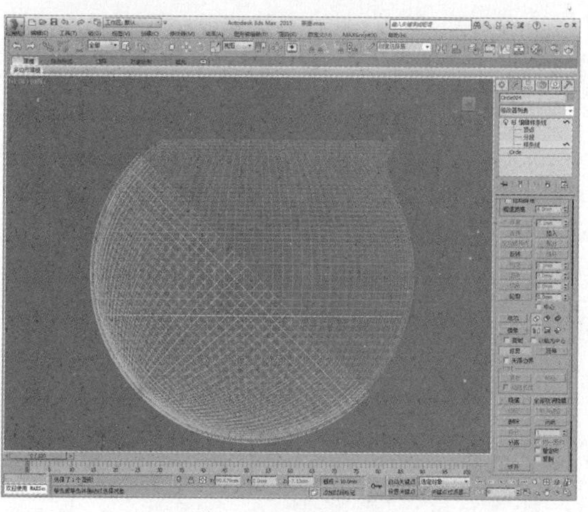

24 进入“顶点”子层级，选择全部顶点，单击“焊接”按钮，如下图所示。

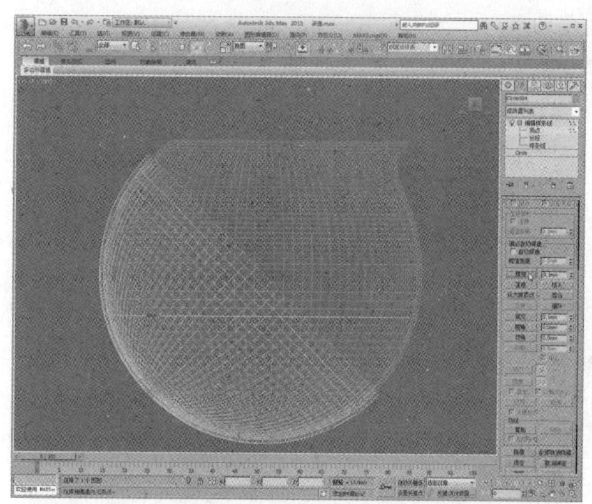

25 为样条线添加“车削”修改器，制作出壶中液体模型，完成壶身模型的制作，如右图所示。

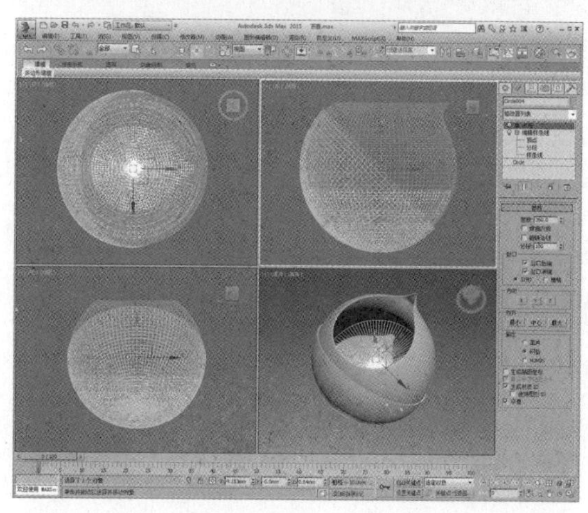

15.2.2 制作底座、把手

接下来制作养生壶的底座和把手，制作时要利用到车削命令以及放样工具，这里也可以了解一下倒角矩形的绘制方法。具体的操作过程介绍如下。

01 在创建命令面板中单击“线”按钮，在前视口中绘制一段样条线，如下图所示。

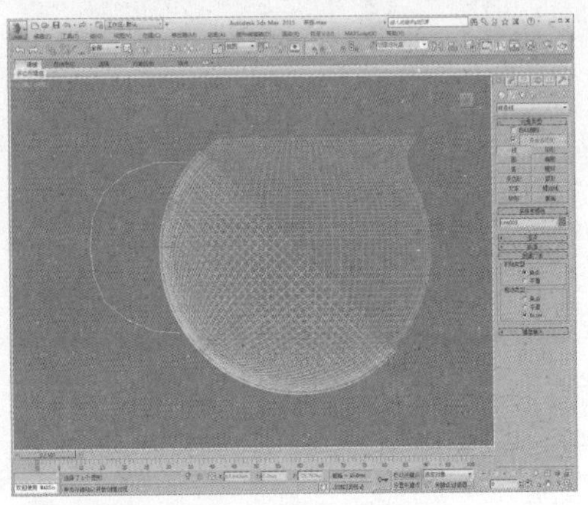

02 进入“顶点”子层级，调整顶点属性及位置，使样条线变得平滑，如下图所示。

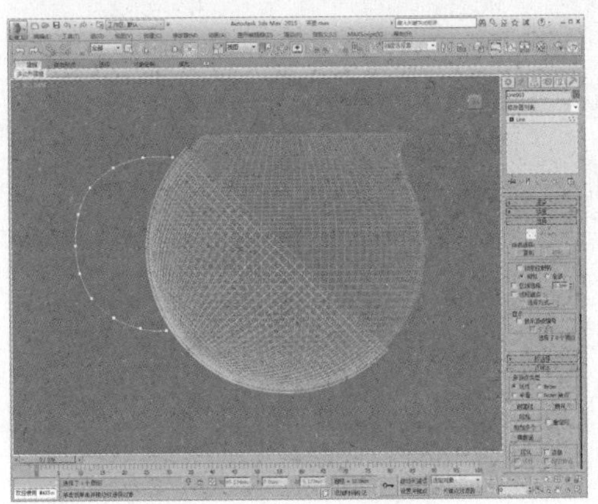

03 在创建命令面板中单击“矩形”按钮，在顶视口中绘制一个矩形，设置长度、宽度及角半径值，如下图所示。

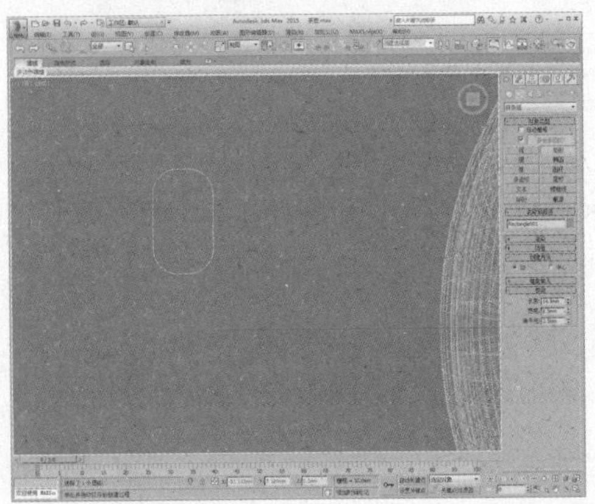

04 保持选择矩形，在复合对象命令面板中单击“放样”按钮，接着单击“获取路径”按钮，在视口中单击样条线，如下图所示。

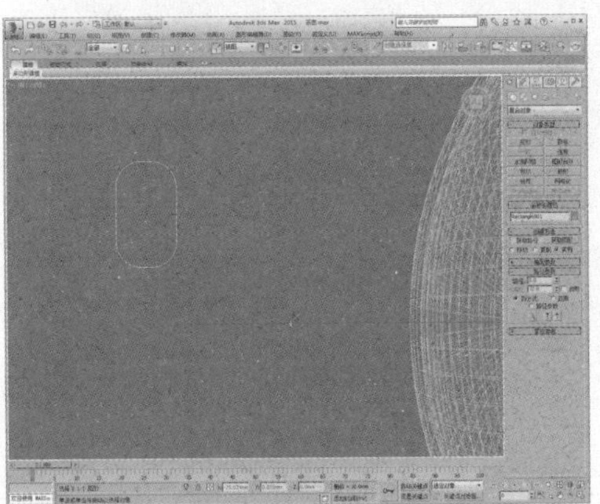

05 这样就创建出了把手模型，调整角度及位置，如右图所示。

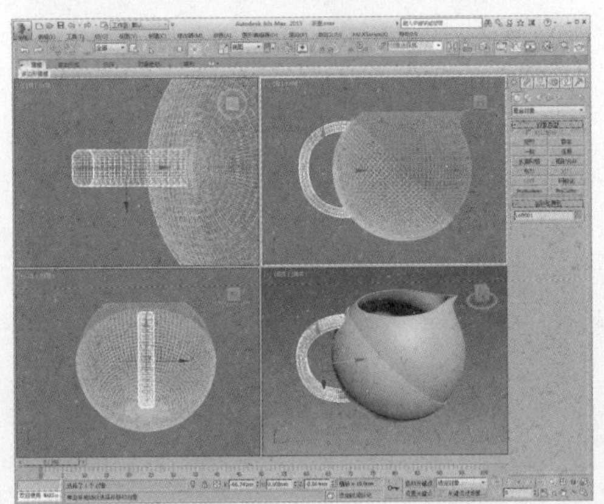

06 在创建命令面板中单击“线”按钮，创建底座轮廓样条线，如下图所示。

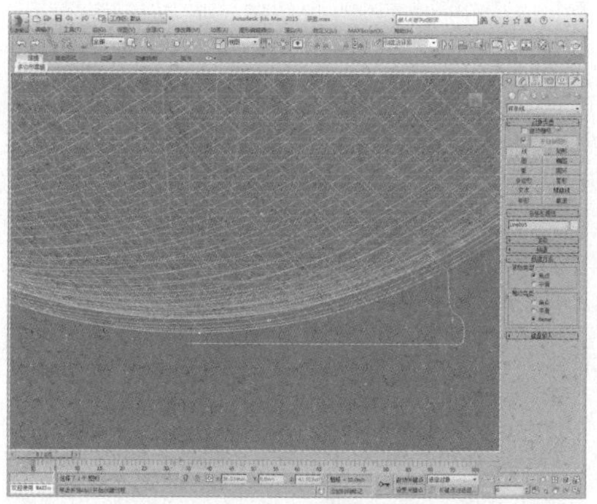

07 进入“顶点”子层级，调整顶点为平滑型，如下图所示。

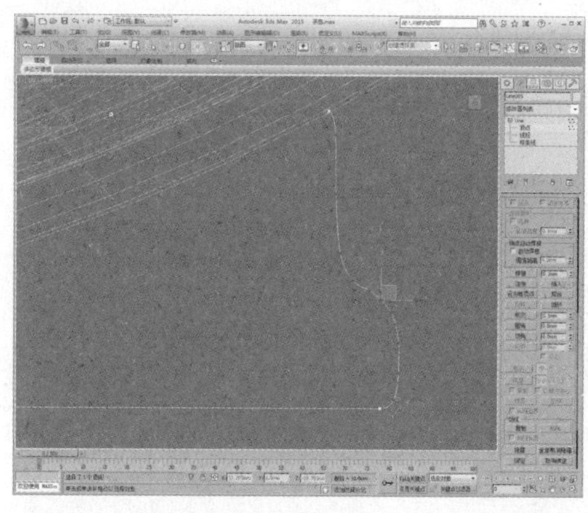

08 进入“样条线”子层级，设置轮廓值为0.3，如下图所示。

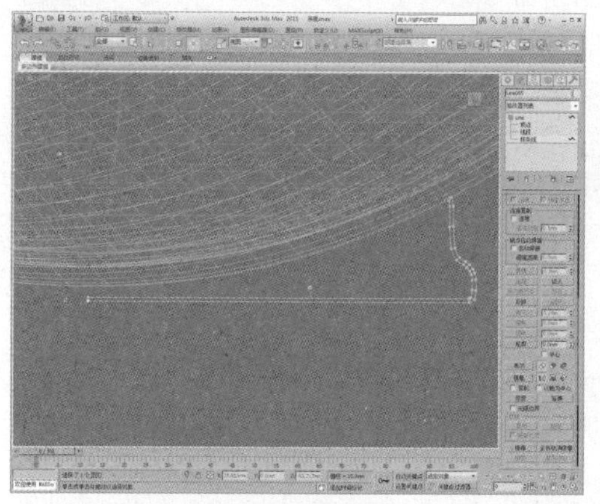

09 为其添加“车削”修改器，制作出养生壶底座模型，如下图所示。

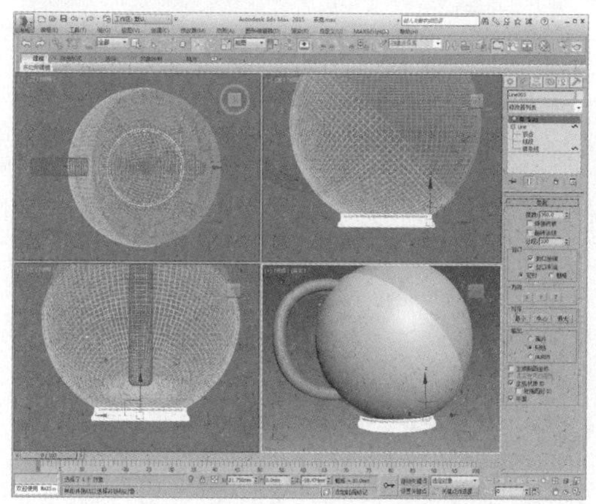

15.2.3 制作养生壶内胆及壶盖

本小节来制作养生壶内胆以及壶盖模型，壶内胆用圆柱体表现，壶盖仍然用样条线以及车削命令来制作，具体操作过程如下。

01 在创建命令面板中单击“圆柱体”按钮，创建一个半径为25、高度为75的圆柱体，设置边数为40，如右图所示。

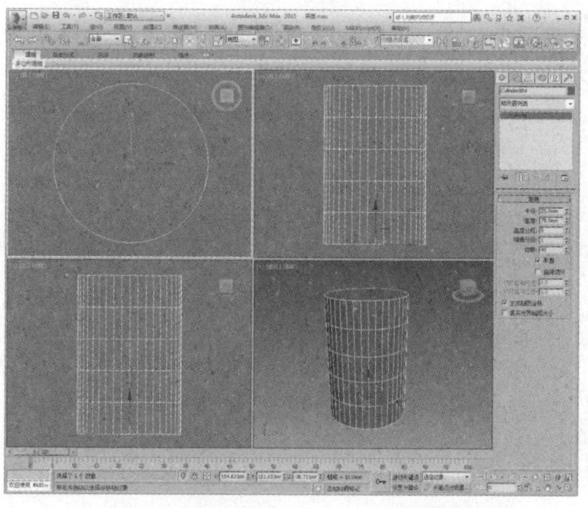

02 继续创建一个半径为35、高度为12的圆柱体，设置边数为40，调整到合适位置，如下图所示。

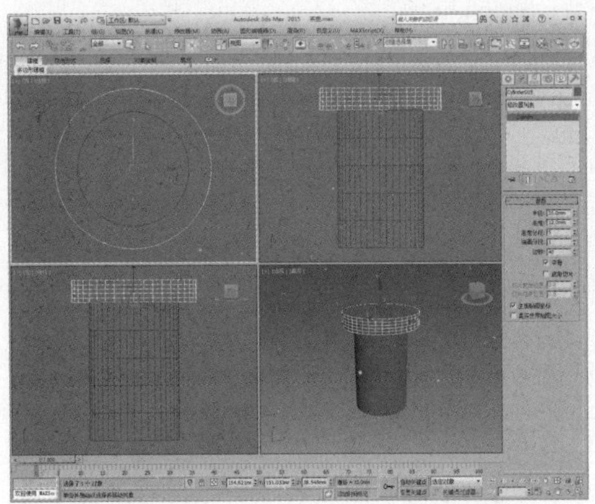

03 在创建命令面板中单击“圆环”按钮，在顶视口中绘制一个圆环，设置半径1与半径2尺寸，再设置边数与分段数值，调整到合适位置，如下图所示。

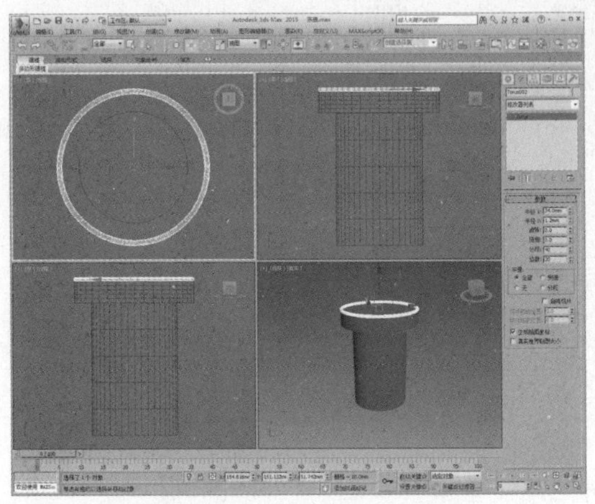

04 在创建命令面板中单击“圆”按钮，在前视口中创建一个圆形，调整位置，如下图所示。

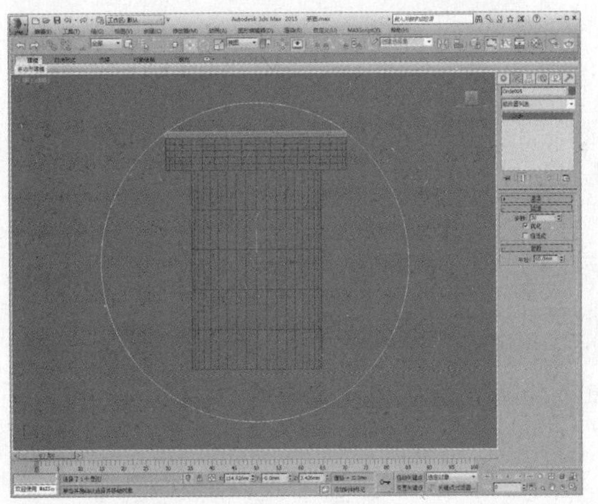

05 在创建命令面板中单击“矩形”按钮，在前视口中创建一个矩形，调整位置，如下图所示。

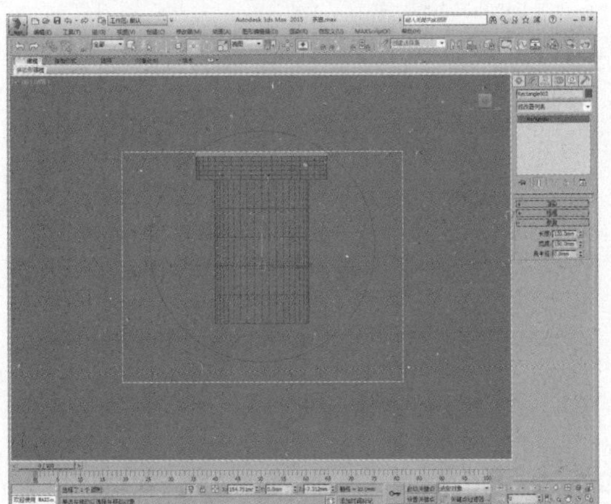

06 为矩形添加“编辑样条线”修改器，进入“样条线”子层级，如下图所示。

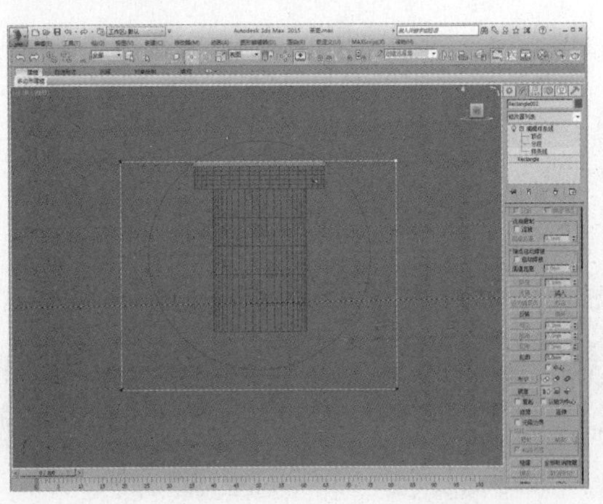

07 单击“附加”按钮，附加选择步骤04中创建的圆形，如下图所示。

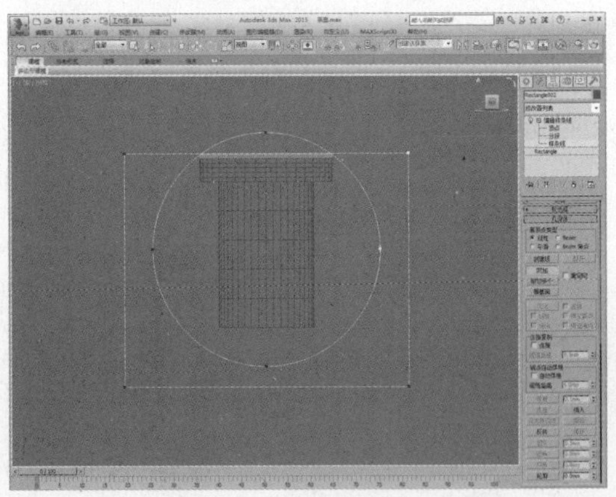

08 单击“修剪”按钮，修剪样条线，如下图所示。

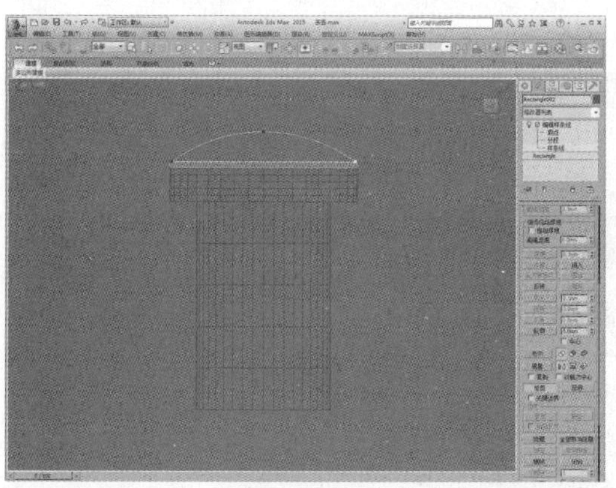

09 为样条线添加“车削”修改器，设置默认，调整到合适位置，如下图所示。

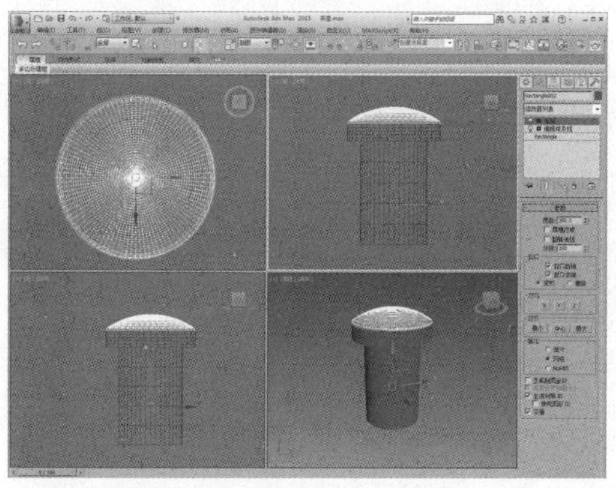

10 在创建命令面板中单击“线”按钮，在前视口中创建一个样条线，如下图所示。

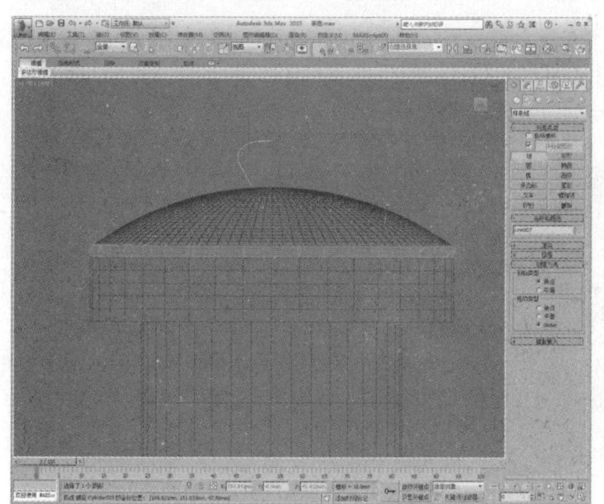

11 为样条线添加“编辑样条线”修改器，进入“样条线”子层级，如下图所示。

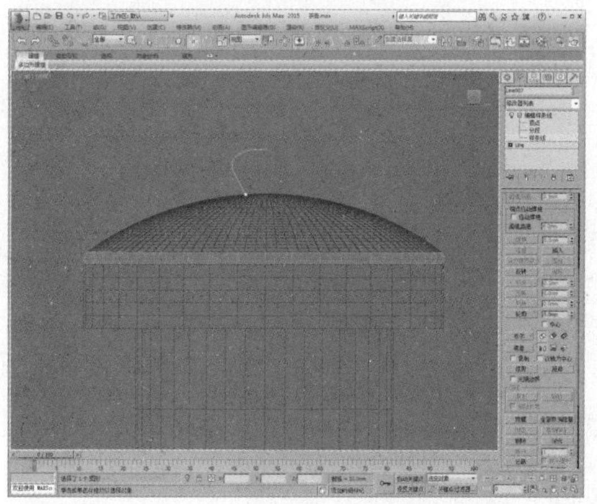

12 设置轮廓值为-0.2，如下图所示。

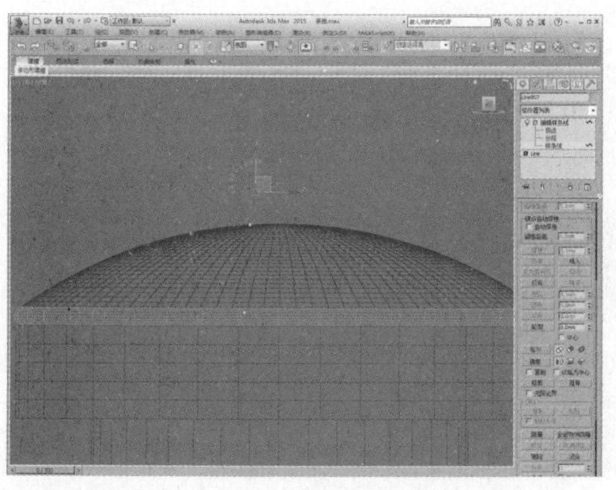

13 为样条线添加“车削”修改器，在“参数”卷展栏中单击“最大”按钮，完成养生壶壶盖的制作，再将制作的模型移动位置并对齐，完成养生壶模型的制作，如下图所示。

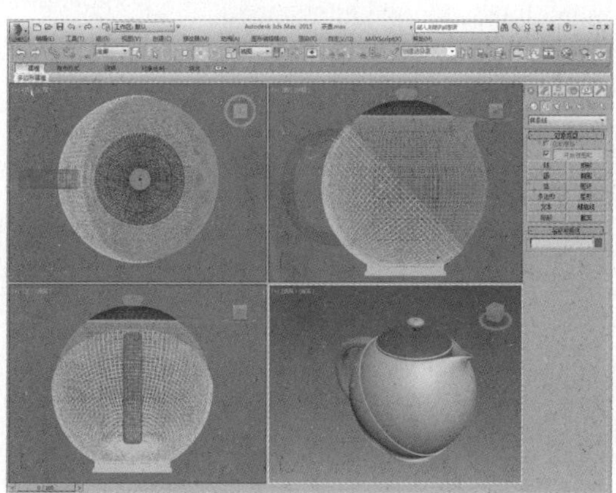

14 按M键打开材质编辑器，选择一个空白材质球，设置为VRayMtl材质，再设置漫反射及反射颜色，并设置反射参数，如下图所示。

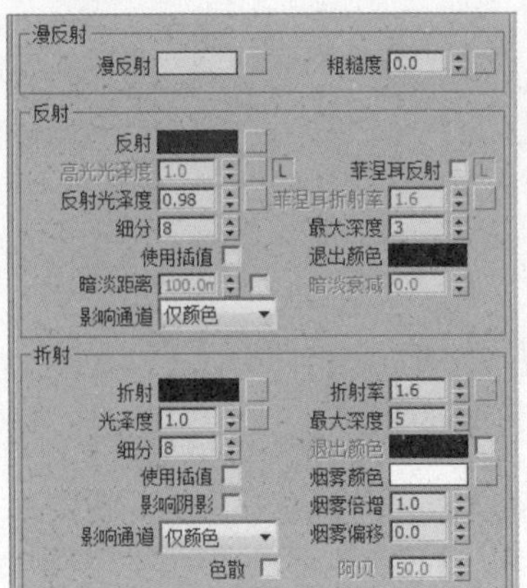

15 漫反射颜色及反射颜色设置如下图所示。

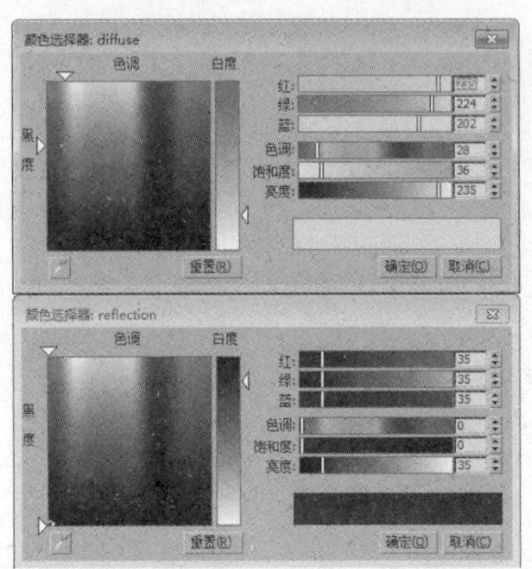

16 创建好的茶壶壳材质球示例窗效果如下图所示。

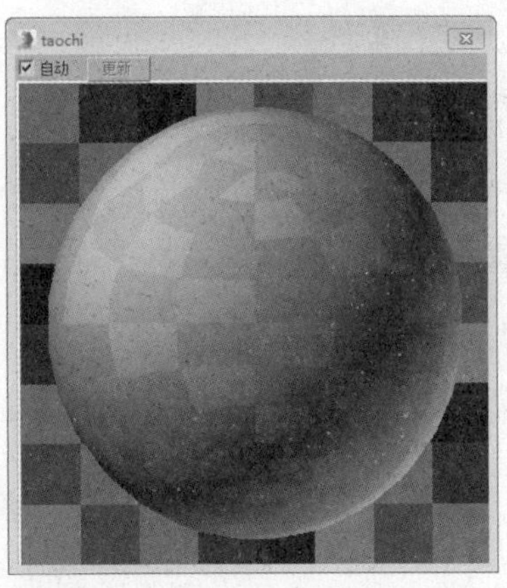

17 选择一个空白材质球，设置为VRayMtl材质，调整漫反射颜色、反射颜色，设置折射颜色为白色，再设置反射参数并勾选“折射”选项区中的“影响阴影”选项，如下图所示。

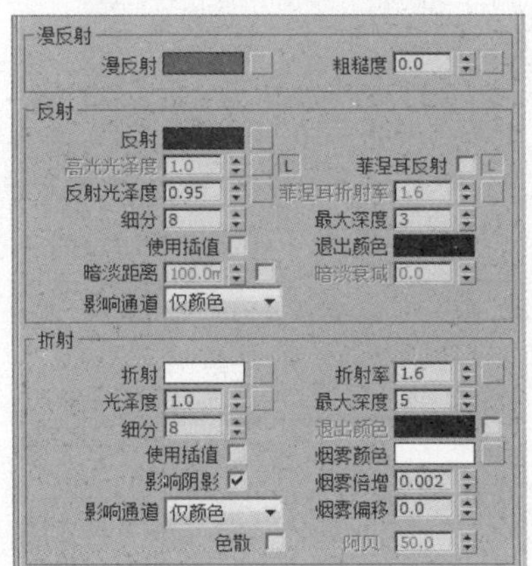

18 漫反射颜色及反射颜色设置如下图所示。

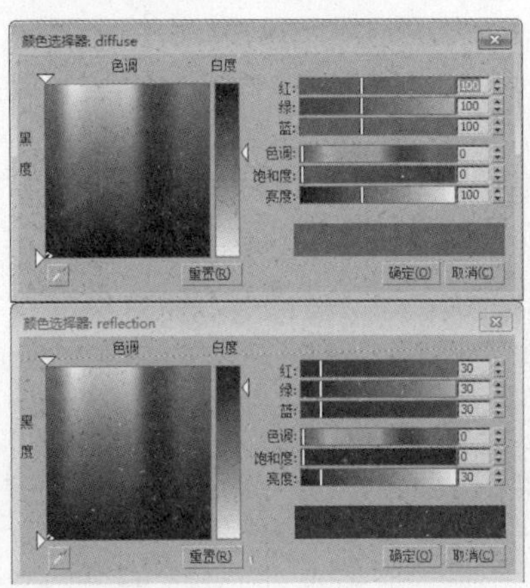

19 创建好的玻璃材质球示例窗效果如下图所示。

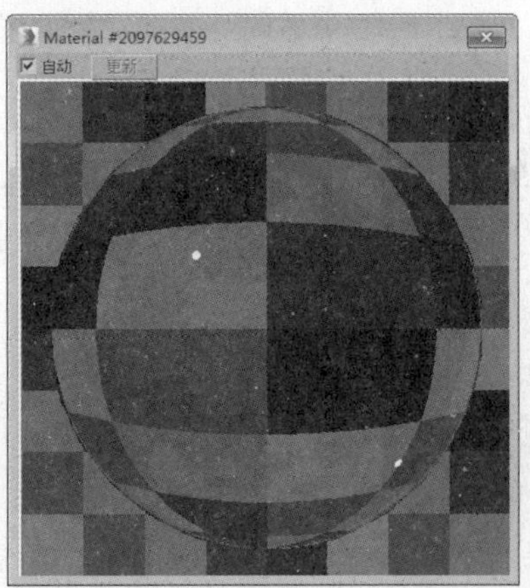

20 选择一个空白材质球，设置为VRayMtl材质，调整漫反射颜色为黑色、反射颜色及折射颜色为白色，再设置折射烟雾颜色，设置反射参数及折射参数，如下图所示。

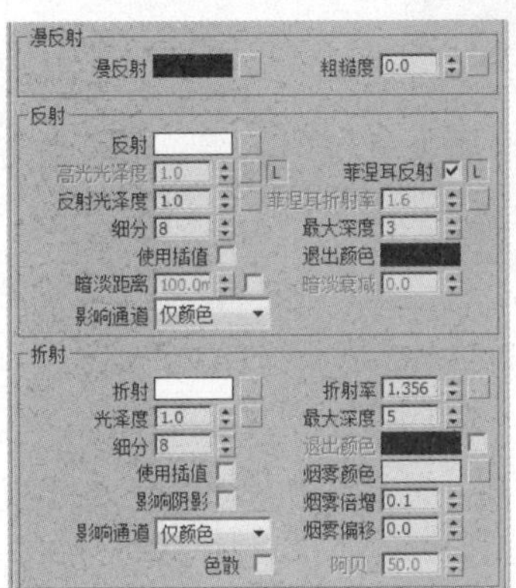

22 创建好的红酒材质示例窗效果如下图所示。

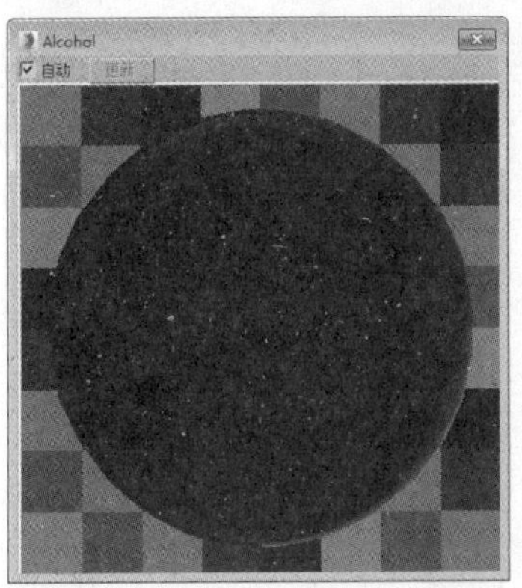

24 漫反射颜色及反射颜色设置如下图所示。

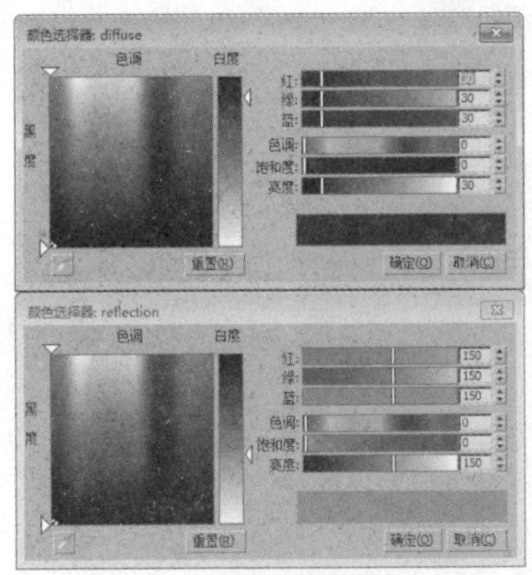

26 噪波颜色#1与颜色#2设置如下图所示。

21 折射烟雾颜色设置如下图所示。

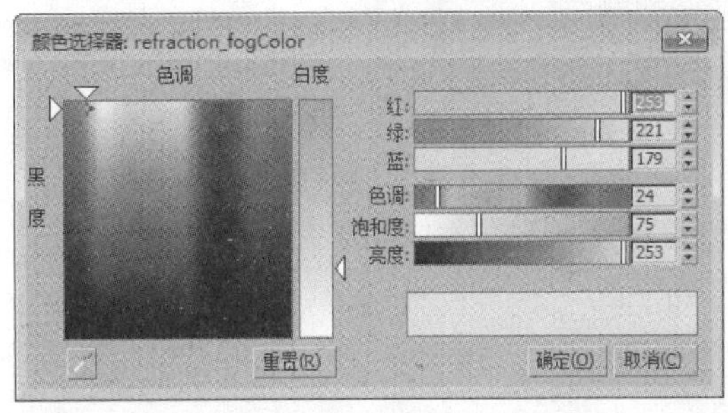

23 选择一个空白材质球并设置为VRayMtl材质，设置漫反射颜色与反射颜色，为反射通道添加噪波贴图，再设置反射参数，如下图所示。

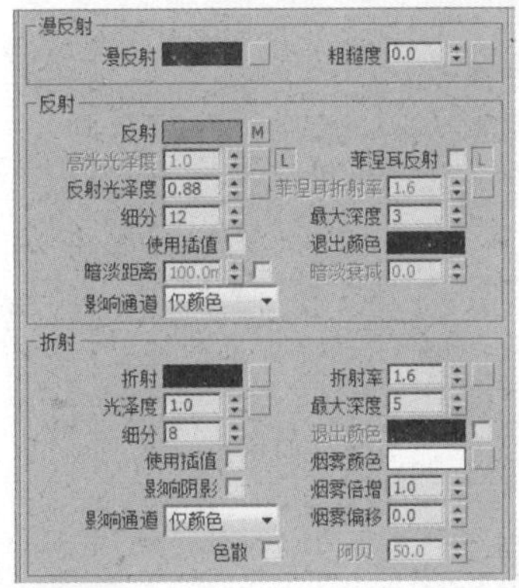

25 打开噪波设置面板，设置坐标参数与噪波参数，再设置噪波颜色，如下图所示。

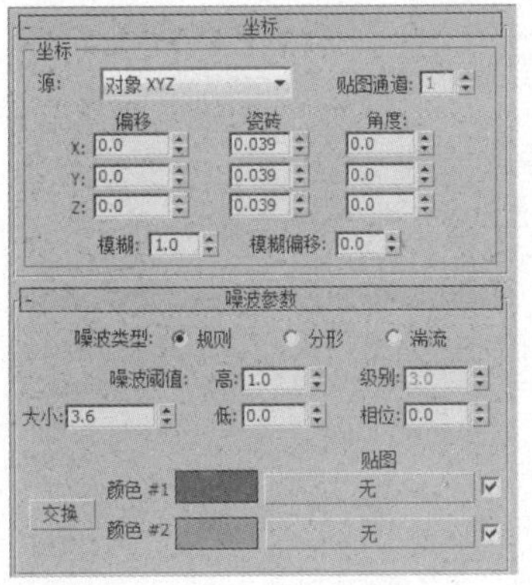

27 创建好的壶胆材质1示例窗效果如下图所示。

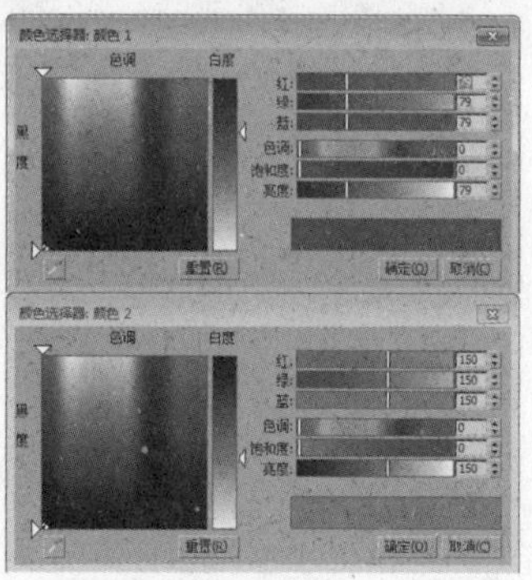

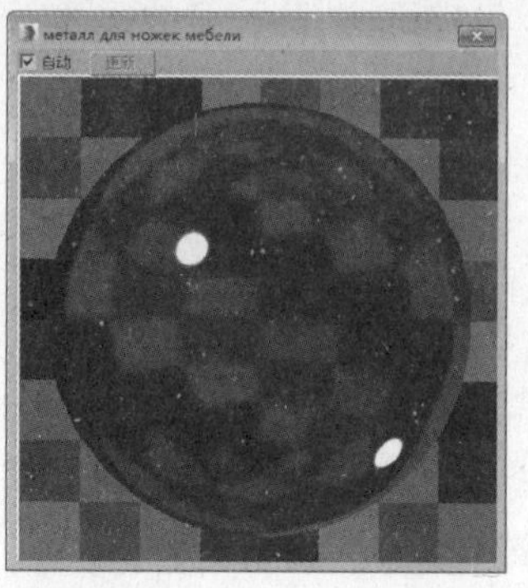

28 选择一个空白材质球并设置为VRayMtl材质，设置漫反射颜色与反射颜色，再设置反射参数，如下图所示。

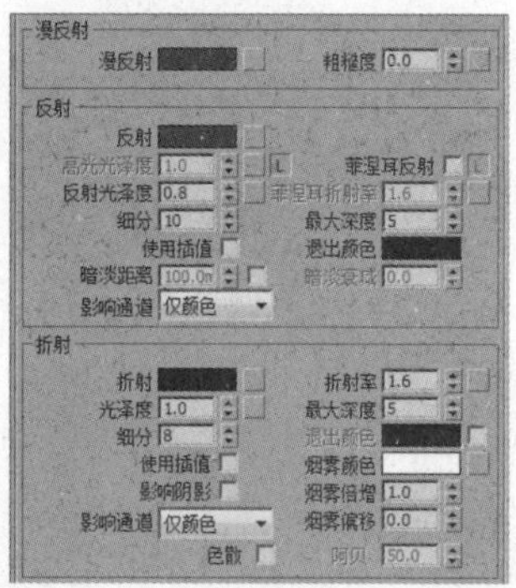

29 漫反射颜色与反射颜色设置如下图所示。

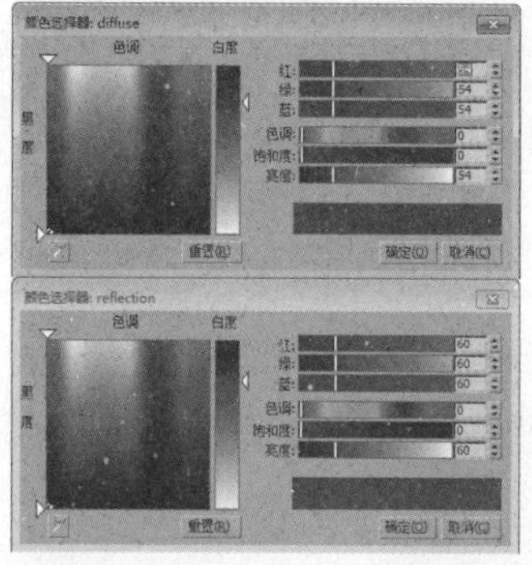

30 为不透明度通道添加位图贴图，如下图所示。

31 创建好的壶胆材质2示例窗效果如下图所示。

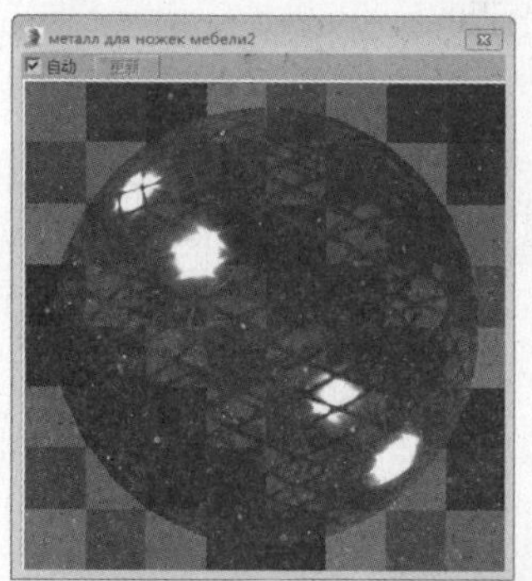

32 将创建好的材质分别指定给养生壶的各个部位，再为其添加一个场景，效果如右图所示。

CHAPTER 16

躺椅模型的制作

本章中要创建的是一款造型简洁的欧式躺椅模型，分为主体和支架两部分。躺椅主体模型的创建较为复杂，读者通过该模型的创建过程可以更加熟悉样条线的操作，并了解可编辑多边形中的多个操作命令的使用方法。

知识点

1. 掌握样条线的操作
2. 熟悉剪切、挤出、插入、倒角命令的使用
3. 熟练使用NURMS切换

16.1 制作躺椅主体

下面开始制作躺椅主体模型部分，这里需要利用到样条线的编辑以及可编辑多边形的编辑操作，包括可编辑多边形中的剪切命令、挤出命令、插入命令、倒角命令以及NURMS切换功能。下面将对躺椅主体模型的创建过程进行介绍。

01 在创建命令面板中单击“线”按钮，在前视口中绘制一个躺椅剖面轮廓，如下图所示。

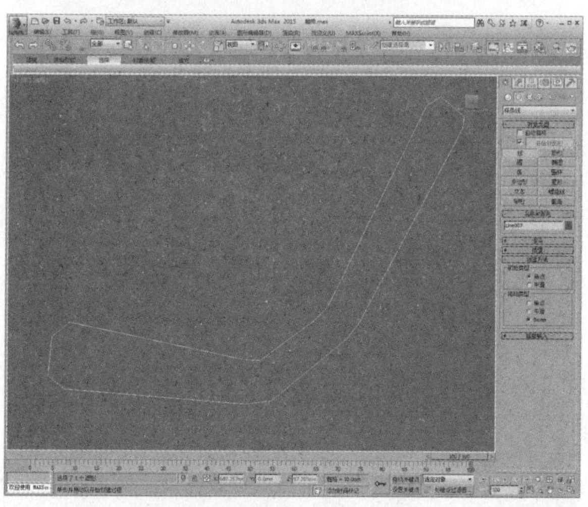

02 进入“顶点”子层级，选择全部顶点，如下图所示。

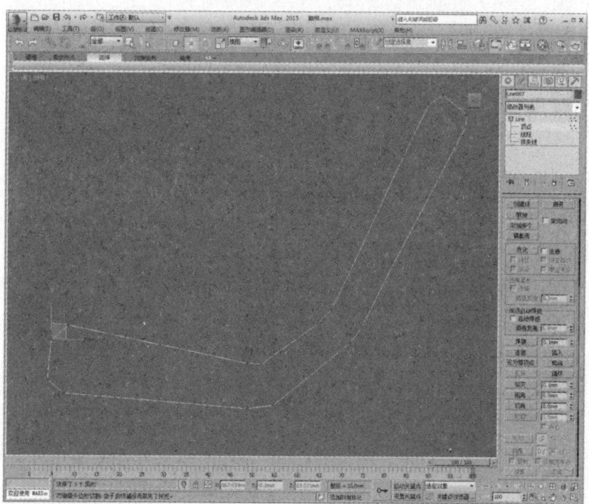

03 将所有顶点设置为Bezier角点，如下图所示。

04 拖动角点控制柄以调整样条线轮廓，如下图所示。

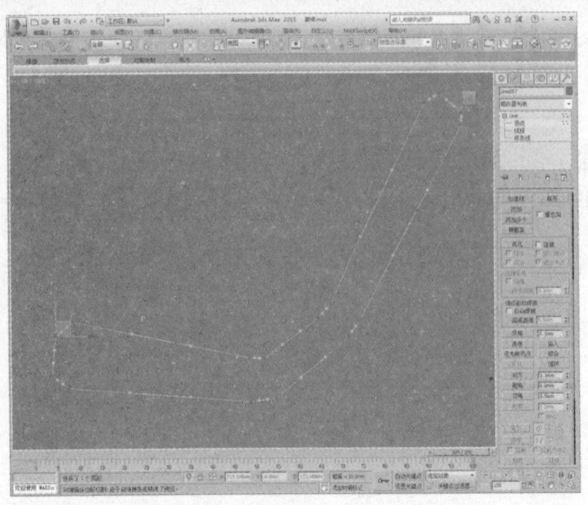

05 为样条线添加“挤出”修改器，设置挤出值为600，如下图所示。

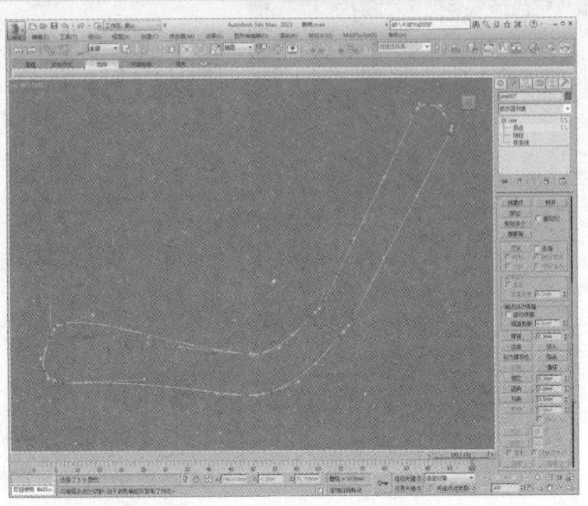

06 将模型转换为可编辑多边形，并将透视视口设置为“线框”模式，如下图所示。

07 进入“边”子层级，选择边，如下图所示。

08 单击“连接”设置按钮，设置数量为7，如下图所示。

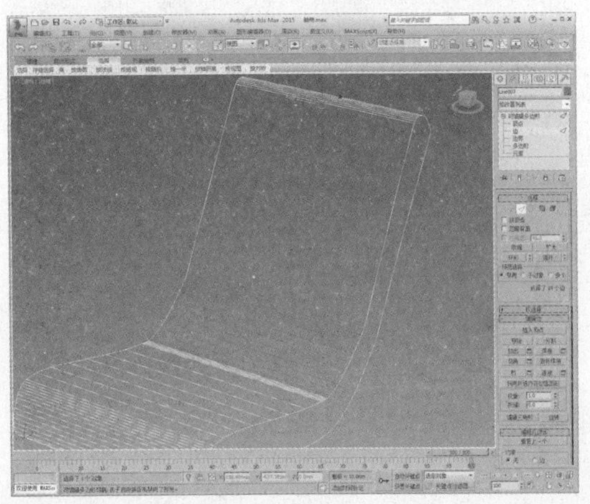

09 继续选择边，如下图所示。

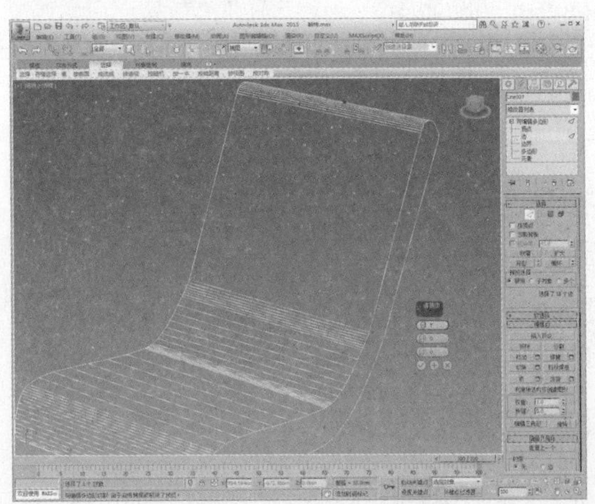

10 单击“连接”设置按钮，设置连接数为6，如下图所示。

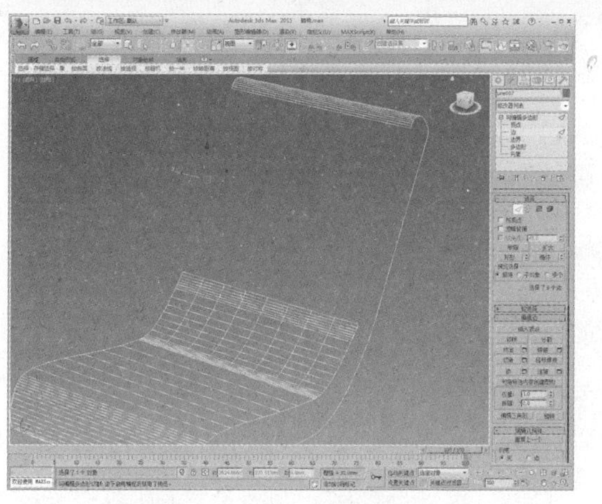

11 进入“顶点”子层级，选择如下图所示的点。

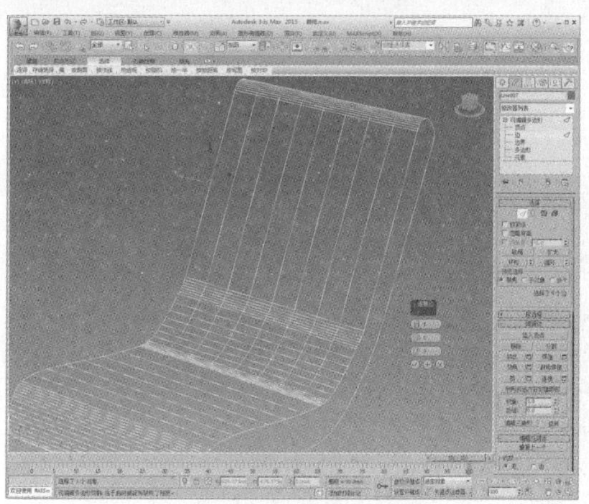

12 单击“挤出”设置按钮，设置挤出量，如下图所示。

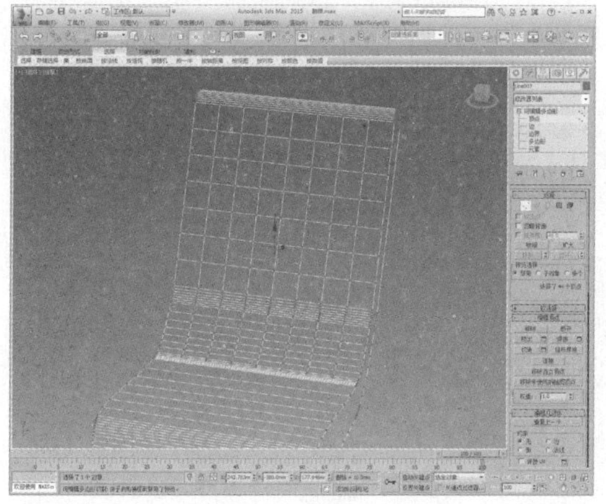

13 开启捕捉开关，单击鼠标右键，选择“剪切”命令，沿顶点剪切出如下图所示的线条。

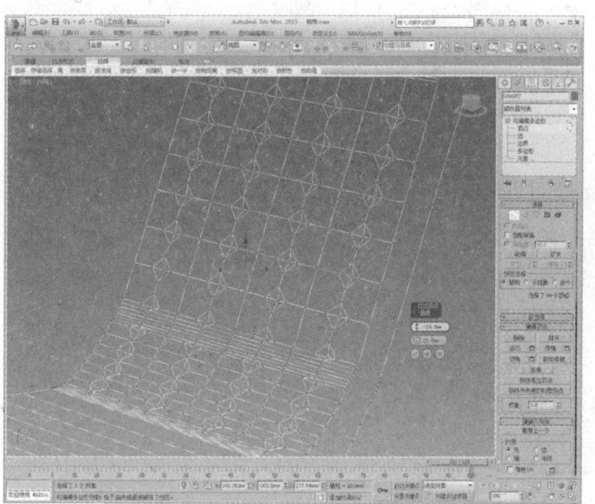

14 关闭捕捉开关，进入“多边形”子层级，选择多边形并单击“分离”按钮，在弹出的“分离”对话框中勾选“以克隆对象分离”选项，单击“确定”按钮即可，如下图所示。

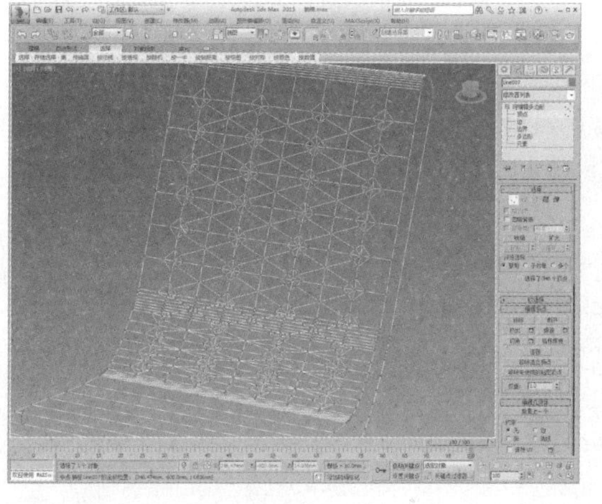

15 进入“边”子层级，选择如下图所示的边。

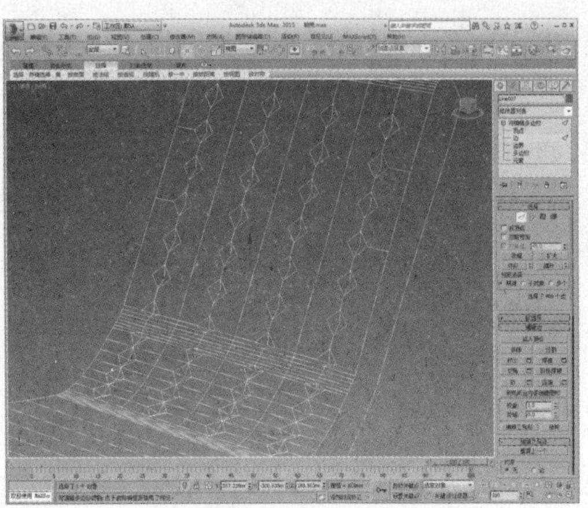

16 单击“挤出”设置按钮，设置挤出量，并设置透视视口显示为“真实+边面”模式，如下图所示。

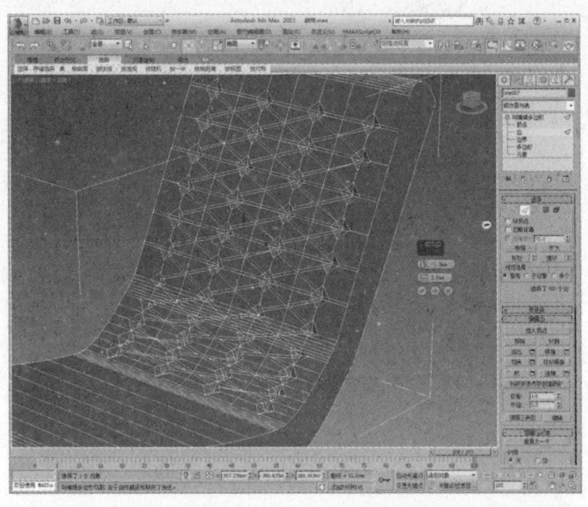

17 单击鼠标右键，选择“剪切”命令，在模型两侧剪切出如下图所示的线条。

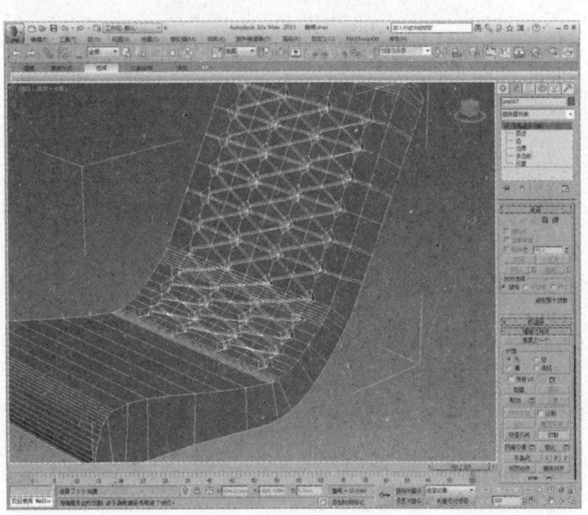

18 单击鼠标右键进行NURMS切换，如下图所示。

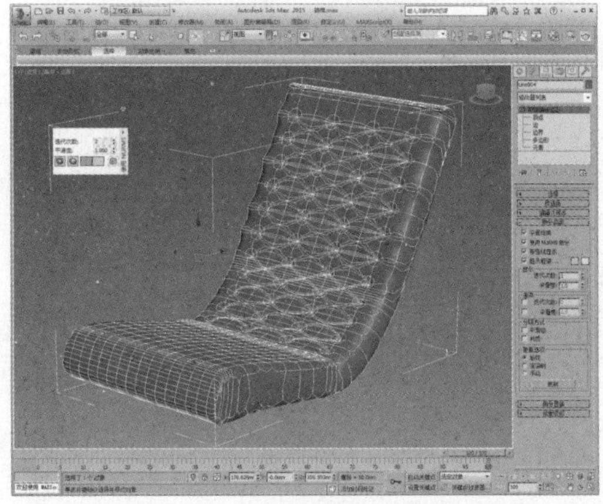

19 在创建命令面板中单击“球体”按钮，创建一个半径为6的球体，如下图所示。

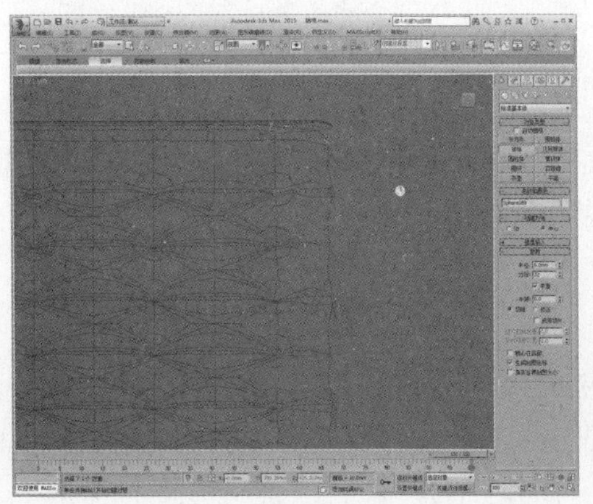

20 按快捷键Alt+Q将球体孤立，在“参数”卷展栏中设置半球值为0.5，可以看到球体变为半球，如下图所示。

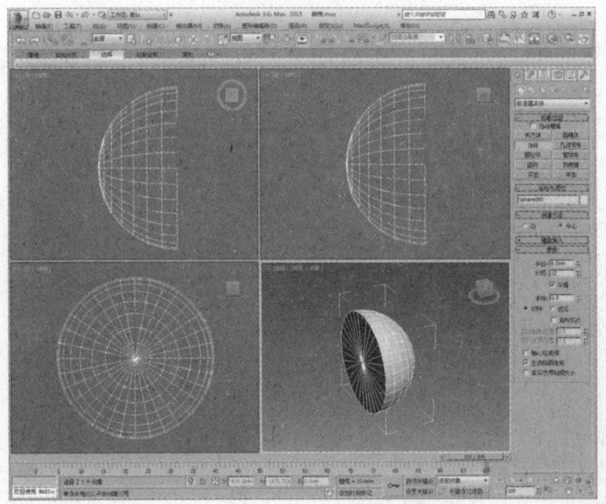

21 将半球转换为可编辑多边形，进入“多边形”层级，选择如下图所示的多边形。

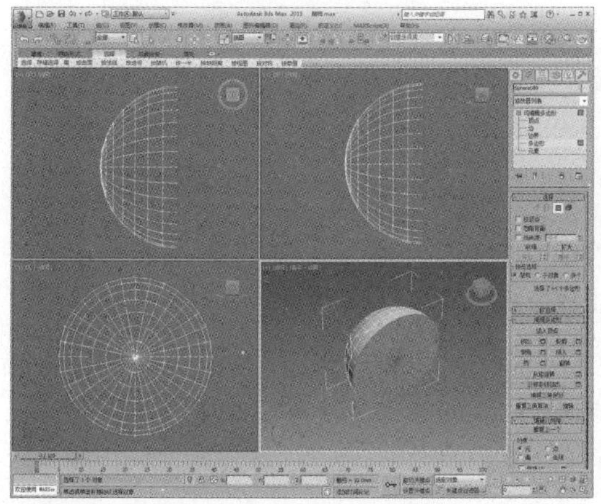

22 单击“倒角”设置按钮，设置倒角参数值，如下图所示。

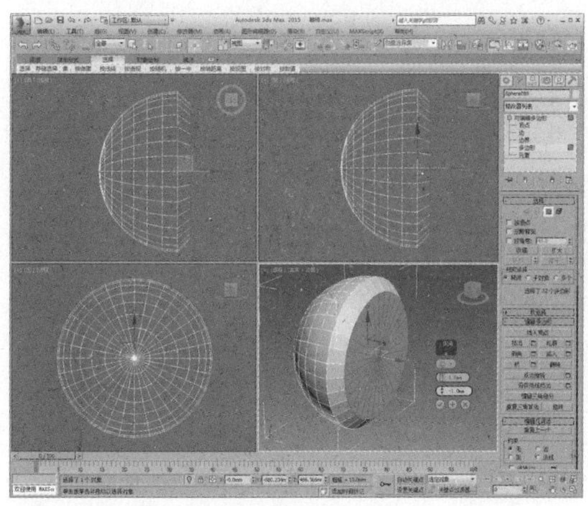

23 单击设置框中的“应用并继续”按钮⊕，继续设置倒角参数，制作出扣子模型，如下图所示。

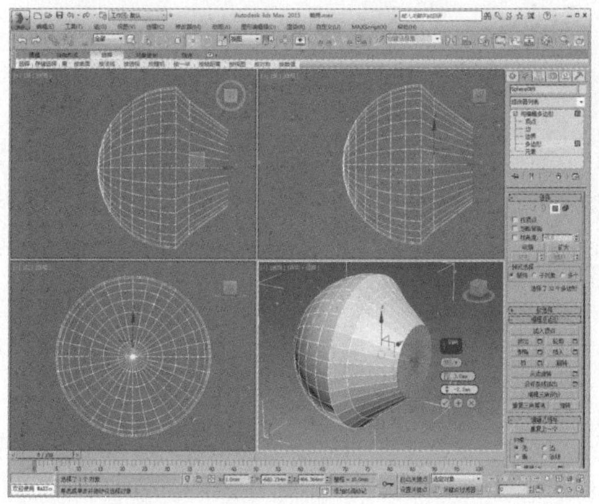

24 取消孤立，将扣子模型移动到合适位置，如下图所示。

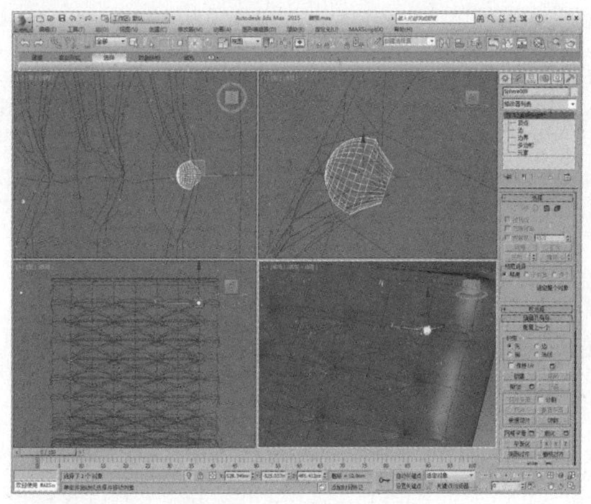

25 复制模型，并调整到合适的位置和角度，如下图所示。

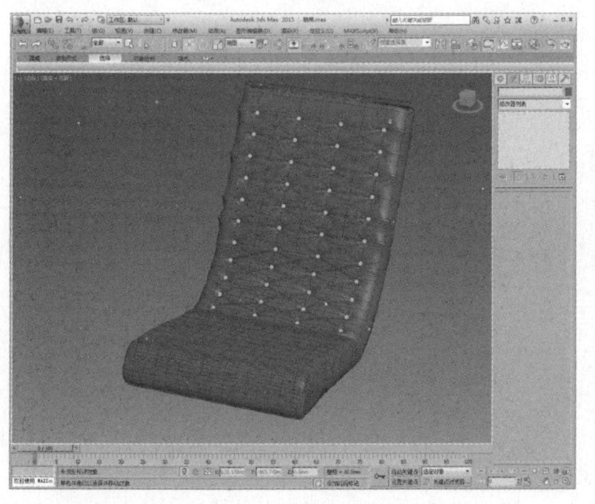

26 取消隐藏分离出的面，为其添加“面挤出”修改器，设置挤出值为8，如下图所示。

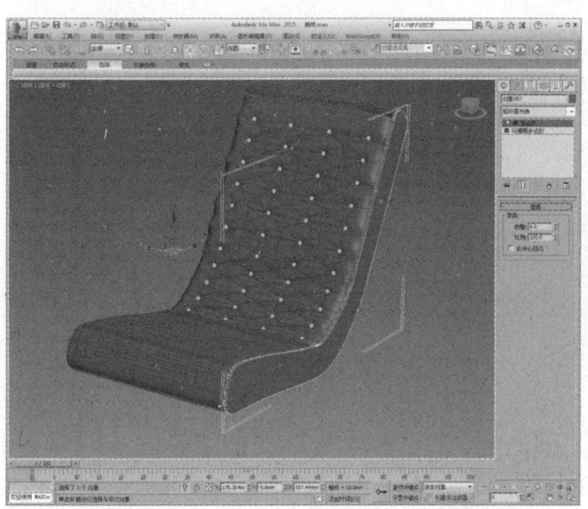

27 按快捷键Alt+Q孤立对象，将其转换为可编辑多边形，如下图所示。

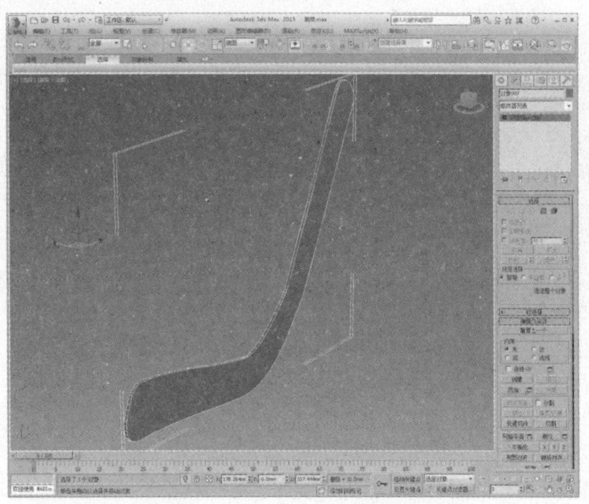

28 将模型转到另一侧，进入“边界”子层级，选择边界，如下图所示。

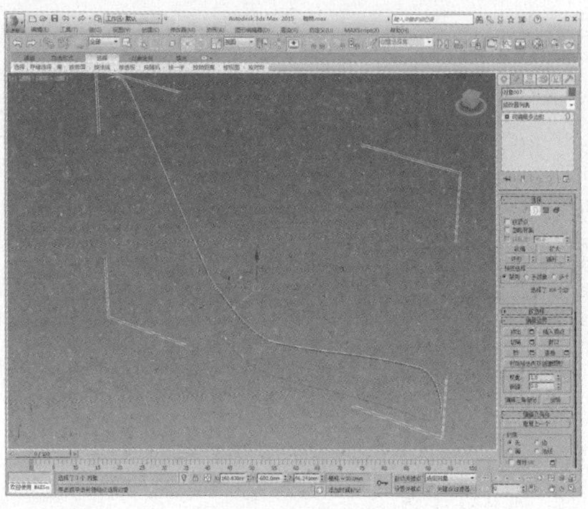

29 单击“封口”按钮，将该面封闭，如下图所示。

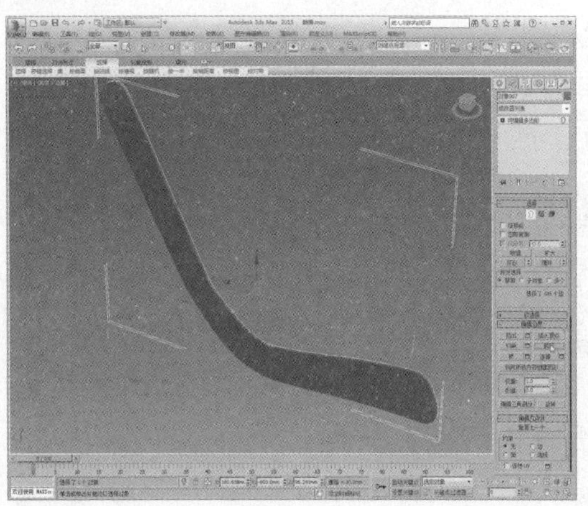

30 进入“多边形”子层级，选择如下图所示的多边形。

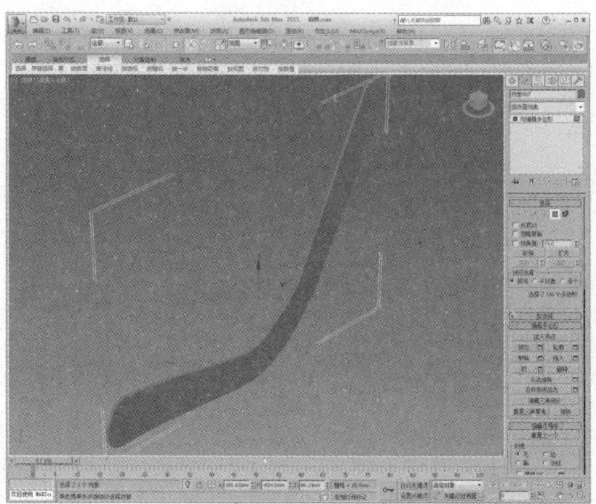

31 单击“插入”设置按钮，设置插入数量为1.5，如下图所示。

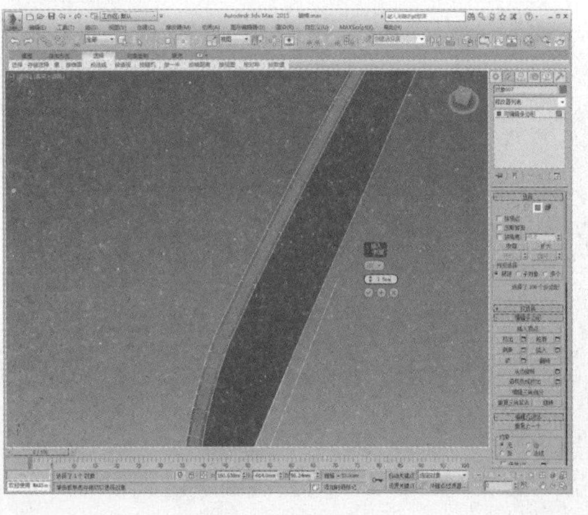

32 单击“挤出”设置按钮，以局部法线方式进行挤出，设置挤出量为-2.5，如下图所示。

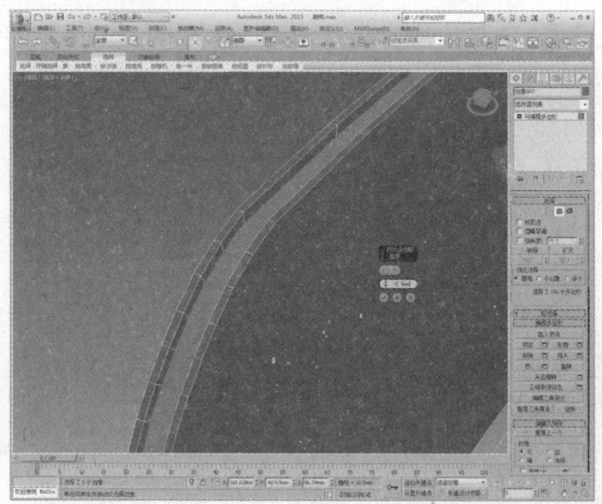

33 再次单击“插入”设置按钮，设置插入值为0.5，如下图所示。

34 再次单击“挤出”设置按钮，以局部法线方式进行挤出，设置挤出量为3，如下图所示。

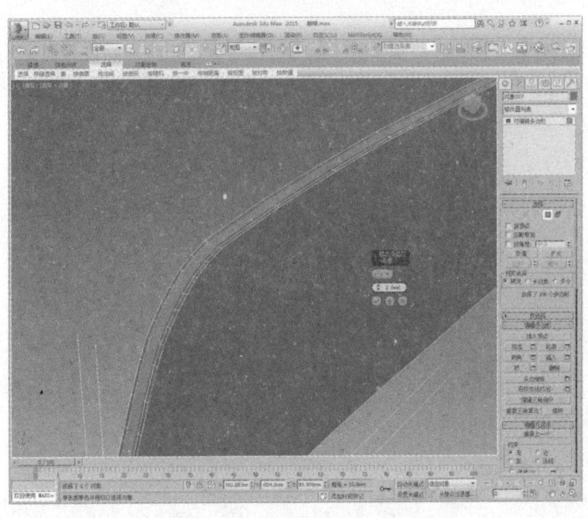

35 单击鼠标右键，选择“剪切”命令，为模型连接线条，如下图所示。

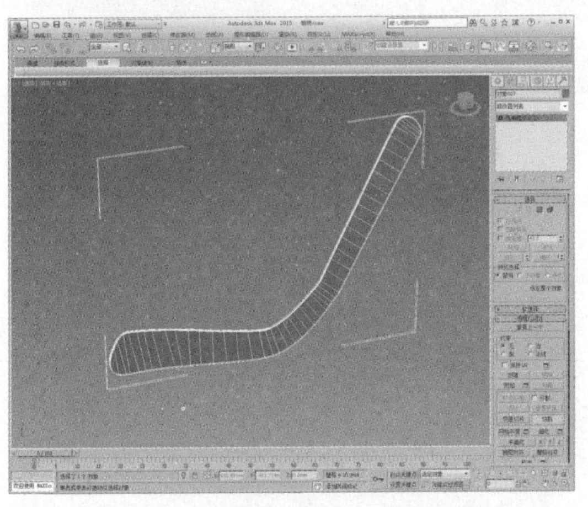

36 单击鼠标右键，选择NURMS切换选项，设置迭代次数为2，如下图所示。

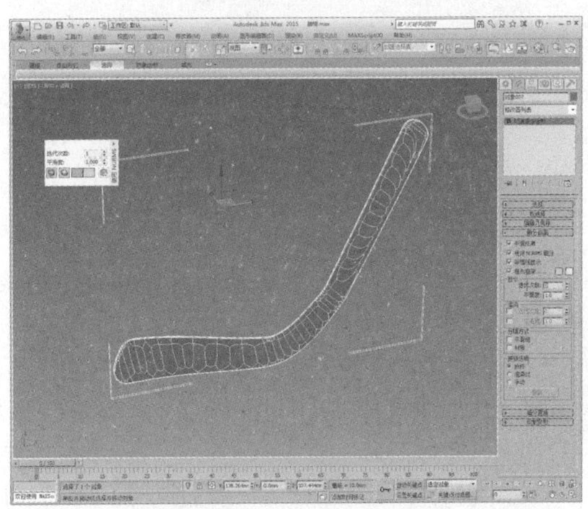

37 取消孤立模型，调整模型，如下图所示。

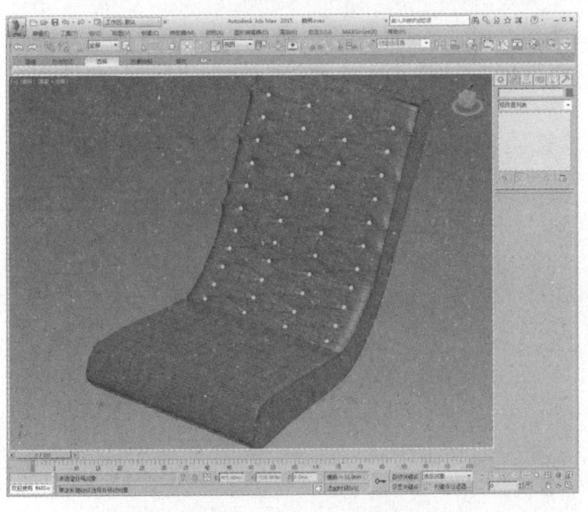

38 复制模型到另一边，如下图所示。

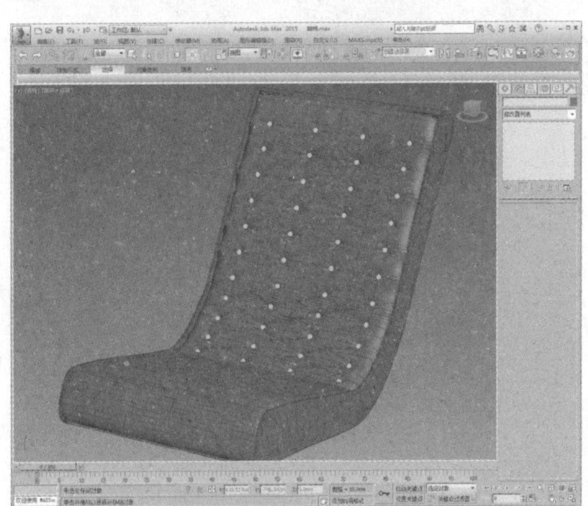

16.2 制作躺椅支架

接下来制作躺椅的支架，本案例中的躺椅扶手及底部支架为一体成型，造型简单优美。制作时利用到了样条线的编辑、“挤出”修改器以及可编辑多边形的编辑操作，具体的操作过程如下。

01 在创建命令面板中单击“线”按钮，绘制样条线，如下图所示。

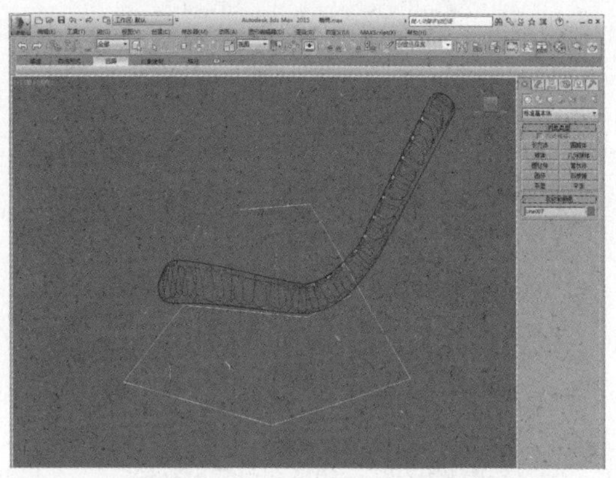

02 进入“顶点”子层级，将顶点类型更改为Bezier角点，并调整控制柄改变样条线轮廓，如下图所示。

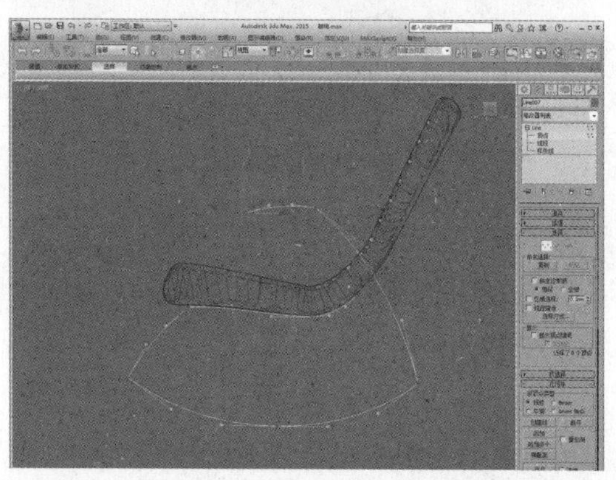

03 单击“圆角”按钮，对样条线的顶点进行圆角操作，使样条线更加平滑，如下图所示。

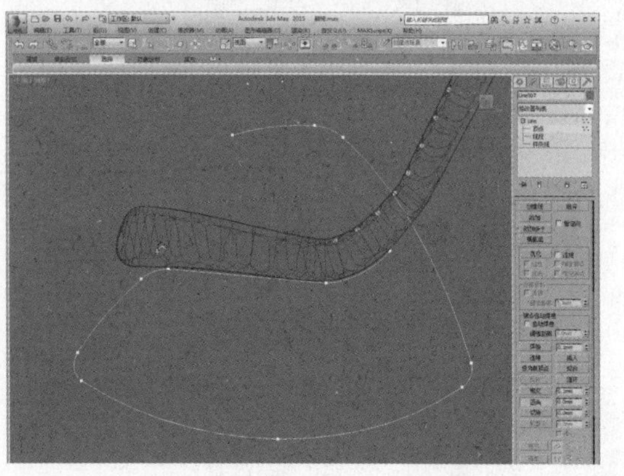

04 进入“样条线”子层级，设置轮廓值为10，使样条线出现厚度，如下图所示。

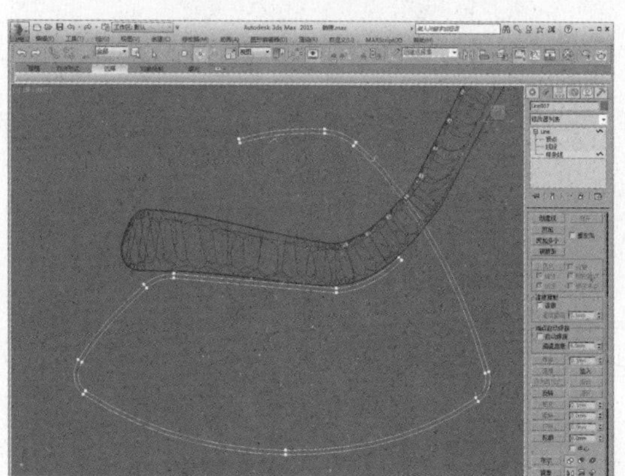

05 添加“挤出”修改器，设置挤出值为20，调整模型位置，如右图所示。

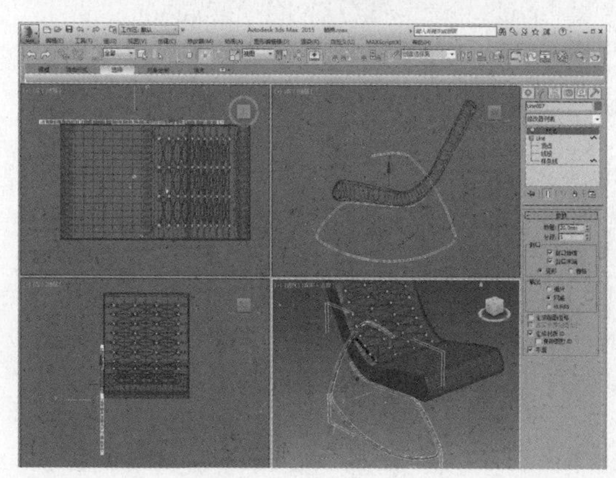

06 将其转换为可编辑多边形，进入“元素”子层级，并选择元素，如下图所示。

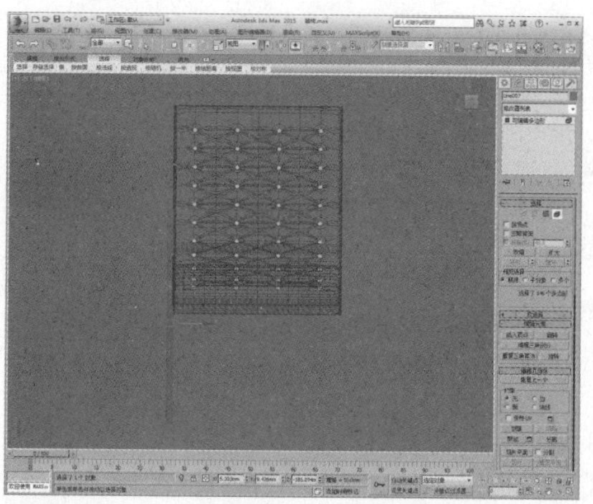

07 按住Shift键向右复制元素，在弹出的对话框中选择“克隆到元素”选项，单击“确定”按钮，如下图所示。

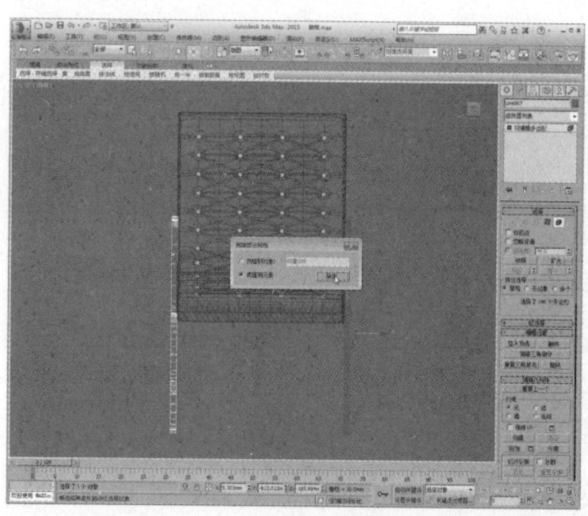

08 至此，完成躺椅模型的制作，如下图所示。

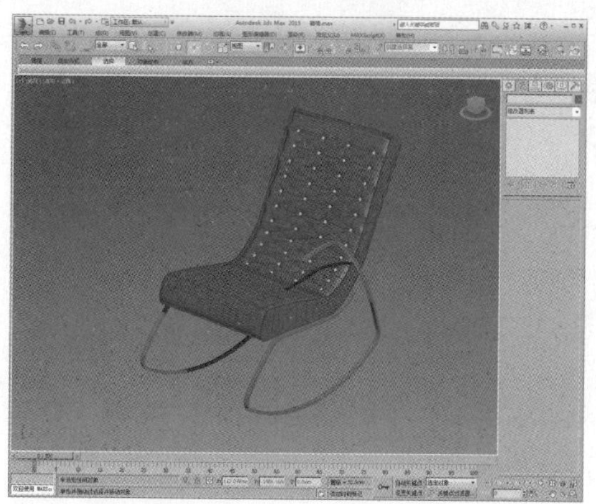

09 按M键打开材质编辑器，选择一个空白材质球并设为VRayMtl材质，设置漫反射颜色及反射颜色，设置反射参数，取消勾选“菲涅耳反射”选项，再设置折射细分值，如下图所示。

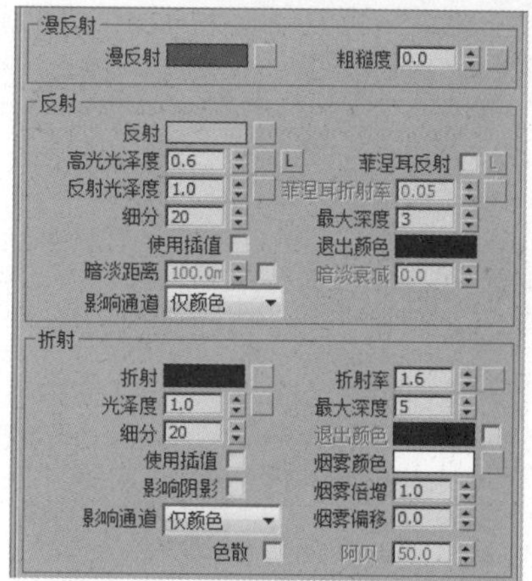

10 漫反射颜色及反射颜色设置如右图所示。

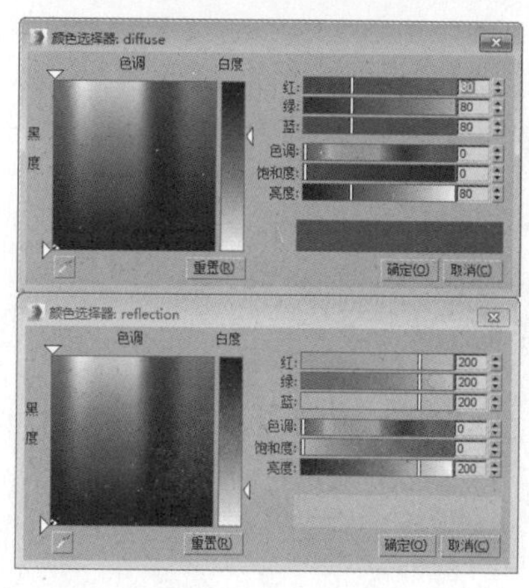

11 设置好的不锈钢材质示例窗效果如下图所示。

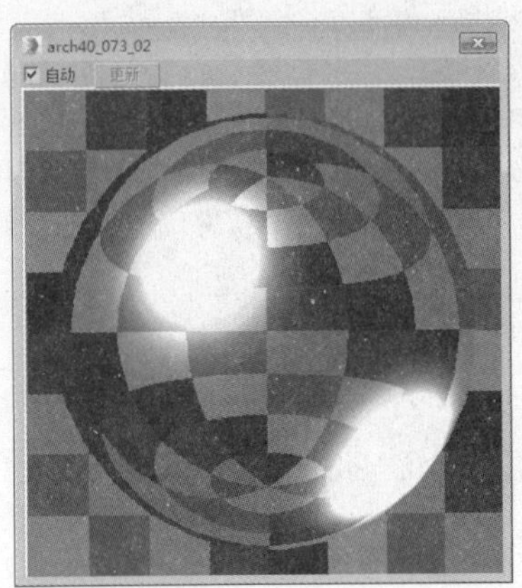

12 选择一个空白材质球并设为VRayMtl材质，设置漫反射颜色与反射颜色，设置反射参数，取消菲涅耳反射，再设置折射细分值，如下图所示。

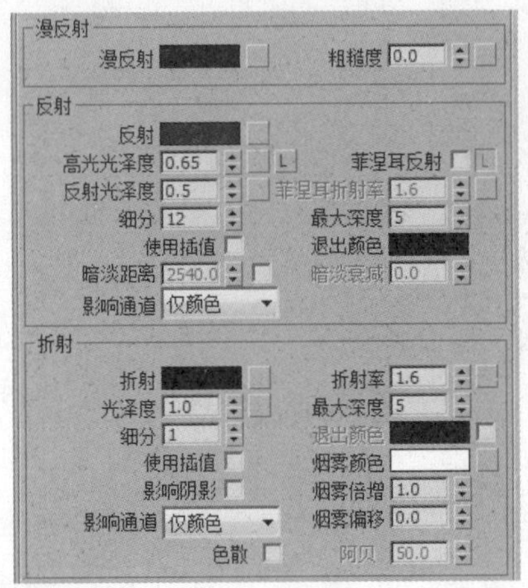

13 漫反射颜色及反射颜色设置如下图所示。

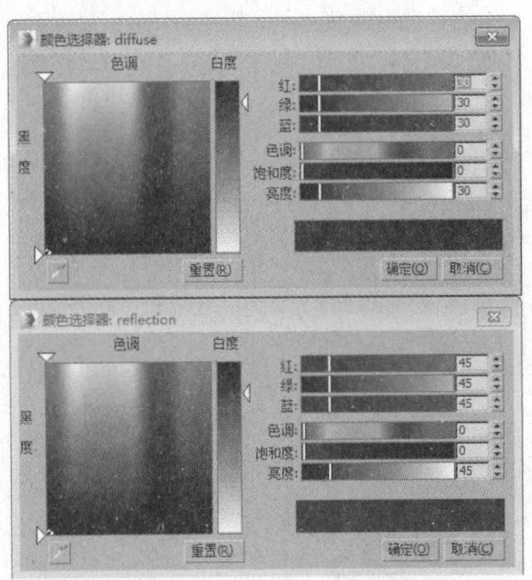

14 在“贴图”卷展栏中为凹凸通道添加位图贴图，并设置凹凸值，如下图所示。

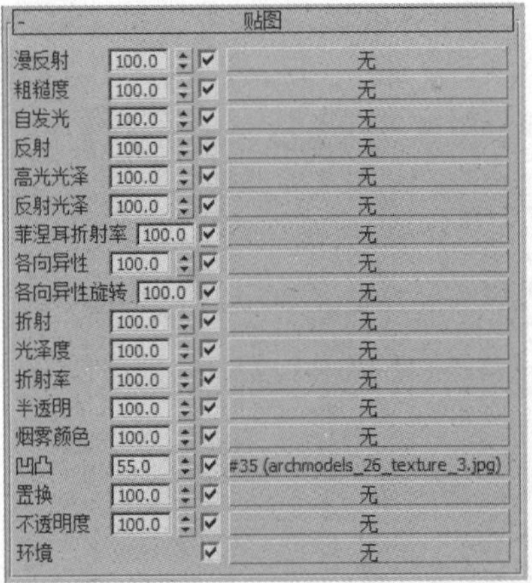

15 创建好的皮质材质示例窗效果如下图所示。

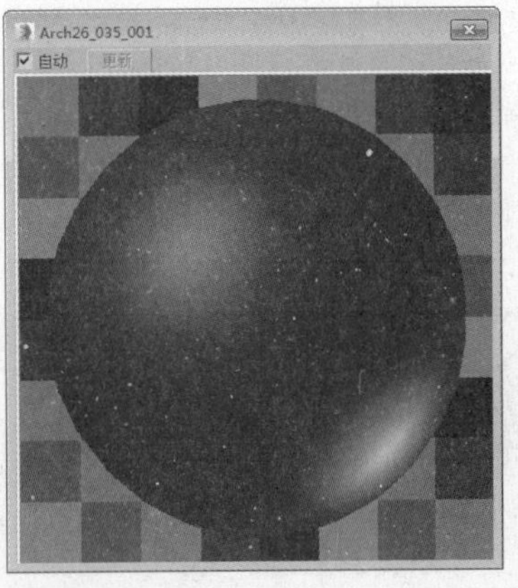

16 将创建好的材质分别指定给躺椅模型，并为躺椅添加场景，渲染效果如下图所示。

彩色书房的制作

本章主要通过前面所学习的知识，如样条线的绘制、样条线转三维模型以及多边形建模的操作等，创建一个小型的书房模型，其中包括桌椅模型、花瓶杯子模型、箱子模型、盆栽模型以及吊灯模型。

知识点

1. 掌握样条线的绘制
2. 熟悉多边形建模的操作
3. 熟练使用样条线转换为三维模型的操作

17.1 制作书房模型

下面首先来制作书房建筑模型，本案例中的房子模型非常简单。下面对创建过程进行介绍。

01 在创建命令面板中单击“长方体”按钮，在顶视图中创建一个长方体，设置长宽高参数，如下图所示。

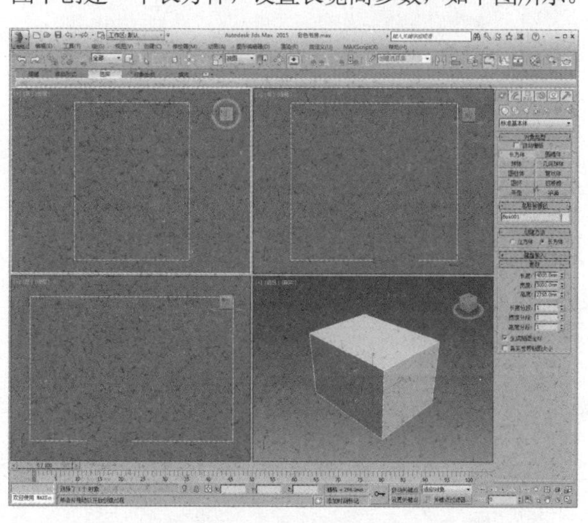

02 将其转换为可编辑多边形，如下图所示。

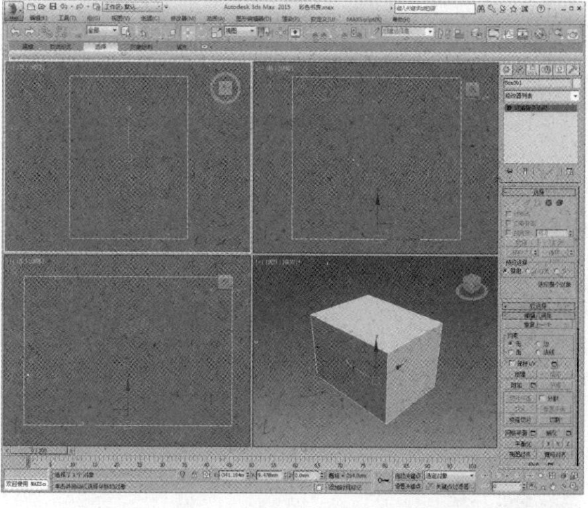

03 设置透视视口为“线框”显示模式，进入“边”子层级，选择两条边，如下图所示。

04 单击“连接”设置按钮，设置连接边数为2，如下图所示。

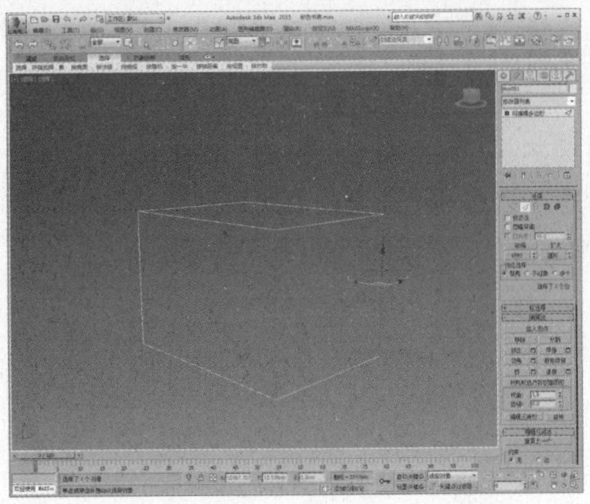

05 沿Z轴调整两条边的高度，如下图所示。

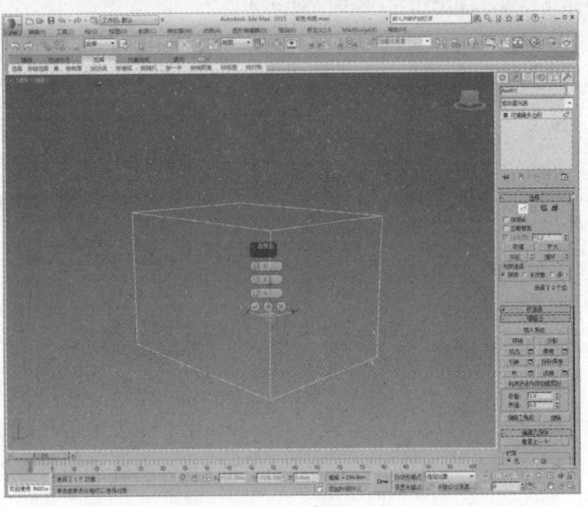

06 选择两条边，继续单击“连接”设置按钮，设置连接边数为2，如下图所示。

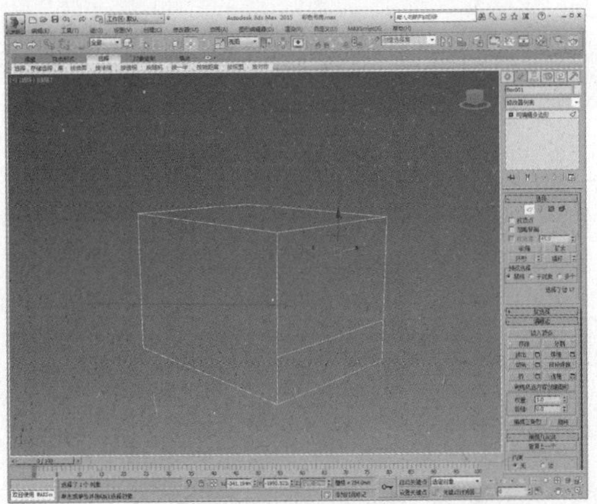

07 沿X轴调整边的位置，如下图所示。

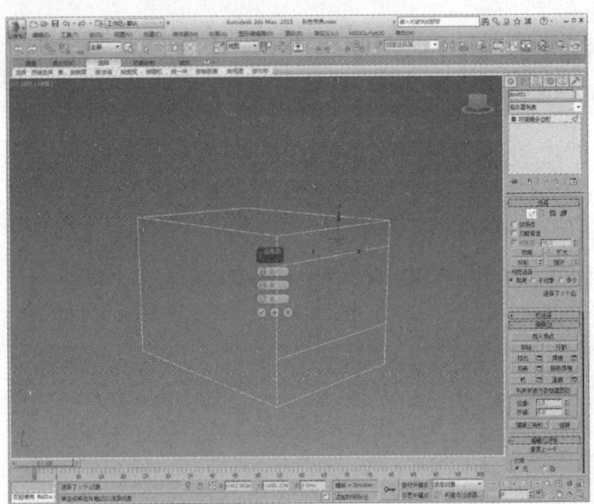

08 进入“多边形”子层级，选择多边形，如下图所示。

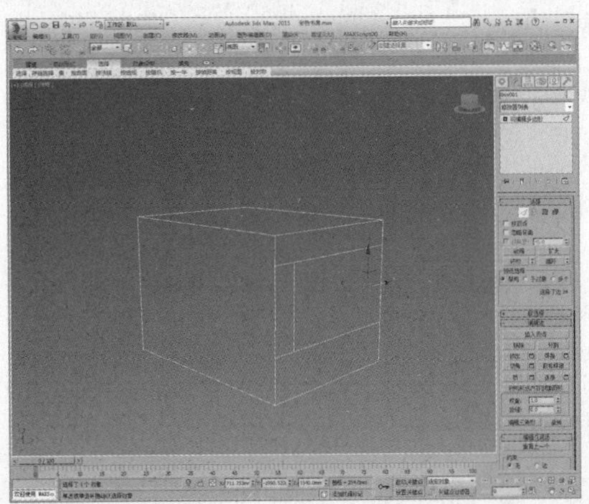

09 单击“挤出”设置按钮，设置挤出高度为250，如下图所示。

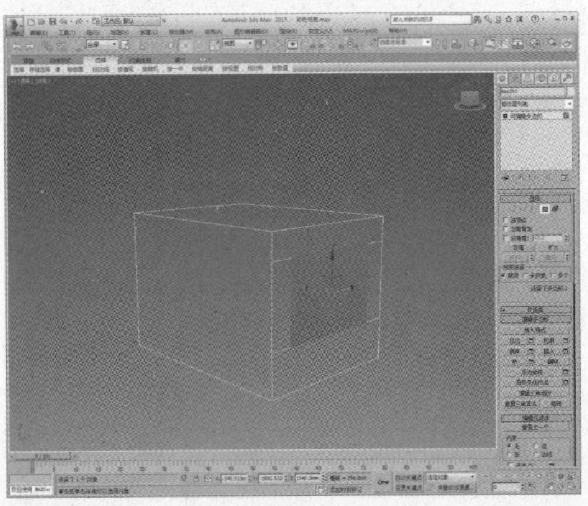

10 按Delete键删除选择的多边形，将透视视口设置为“真实”显示模式，如下图所示。

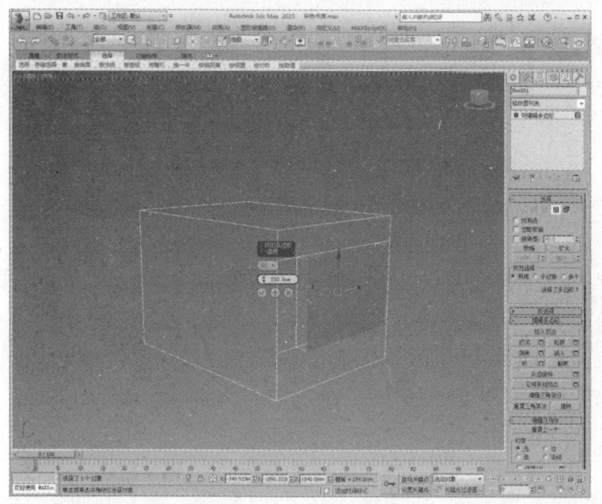

11 保持当前子层级，全选多边形，在“编辑多边形”卷展栏中单击“翻转”按钮，模型进入可透视状态，完成建筑主体的制作，如下图所示。

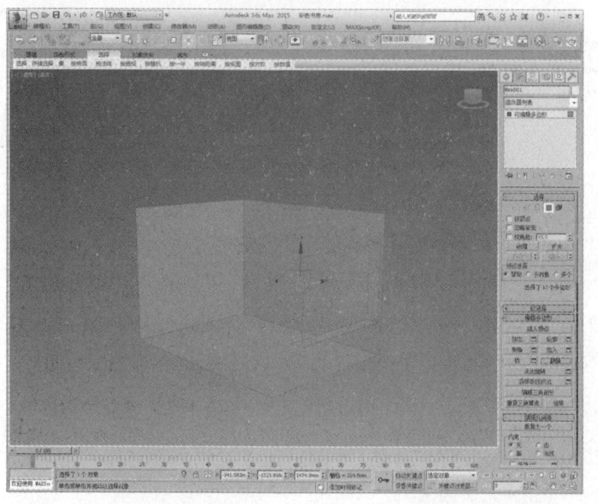

12 在创建命令面板中单击“矩形”按钮，在顶视图中捕捉绘制一个矩形，如下图所示。

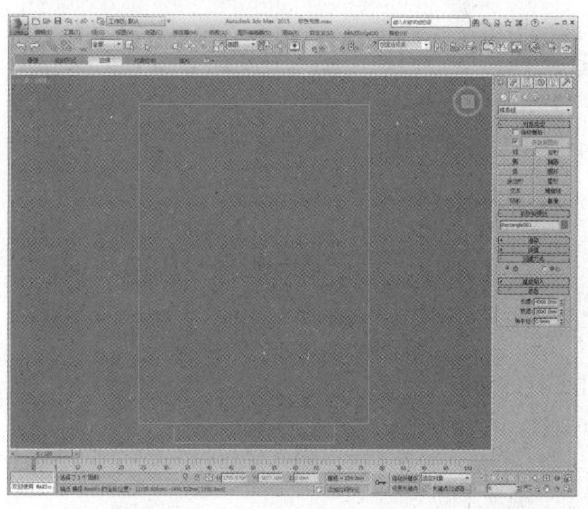

13 将其转换为可编辑样条线，进入“样条线”子层级，如下图所示。

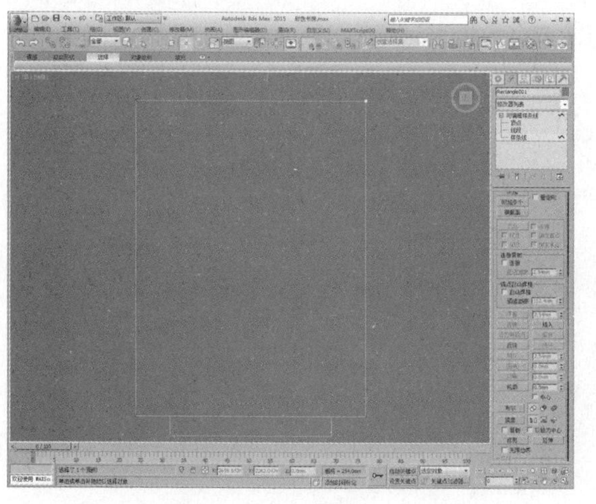

14 关闭捕捉开关，设置轮廓值为10，如下图所示。

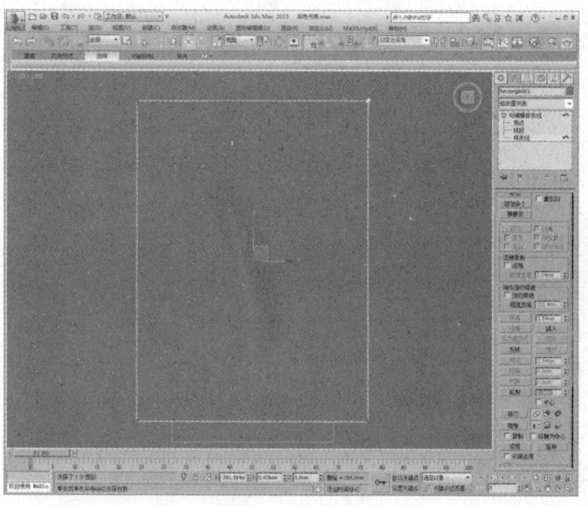

15 为其添加“挤出”修改器，设置挤出值为100，完成踢脚线模型的制作，如右图所示。

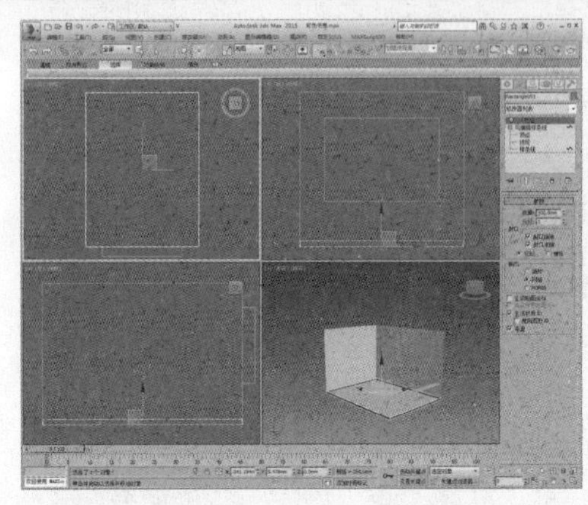

17.2 制作铁皮箱子模型

书房里有大大小小的多个箱子模型，其构造相同，只是存在尺寸上的差别，这里我们只需要制作一只箱子模型，然后进行缩放操作即可，具体的操作过程介绍如下。

01 在创建命令面板中单击“切角长方体”按钮，在顶视图中创建一个尺寸为500×350×180、圆角为5的切角长方体，如下图所示。

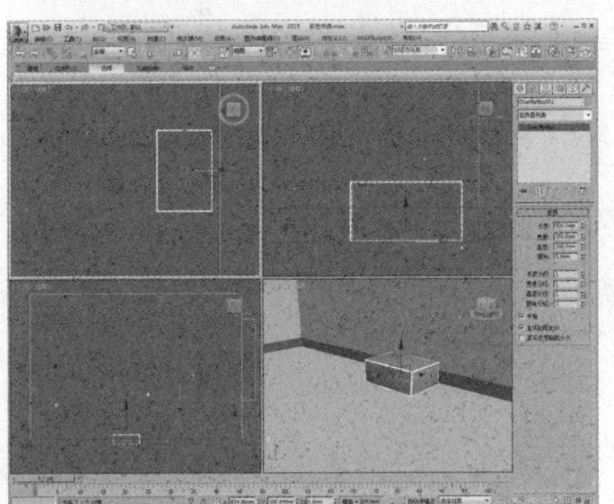

02 将其转换为可编辑多边形，进入“多边形”子层级，选择多边形，如下图所示。

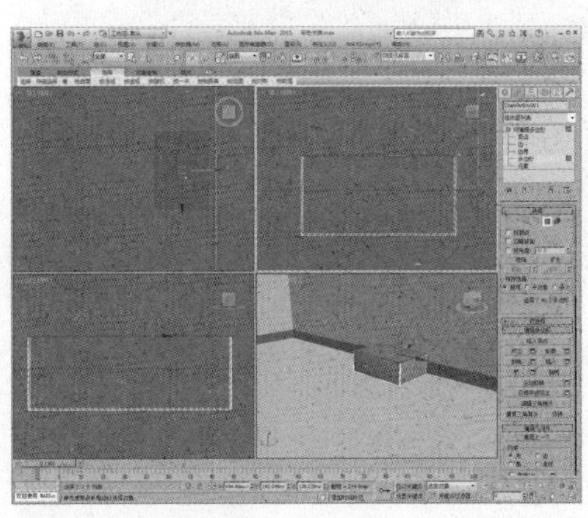

03 按Delete键将其删除，如下图所示。

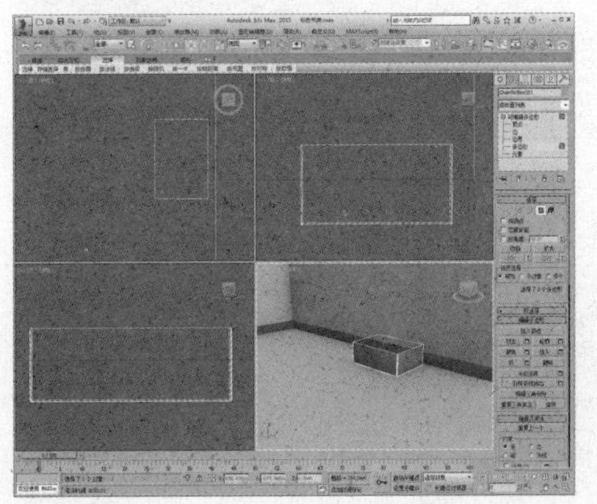

04 将可编辑多边形向上复制，如下图所示。

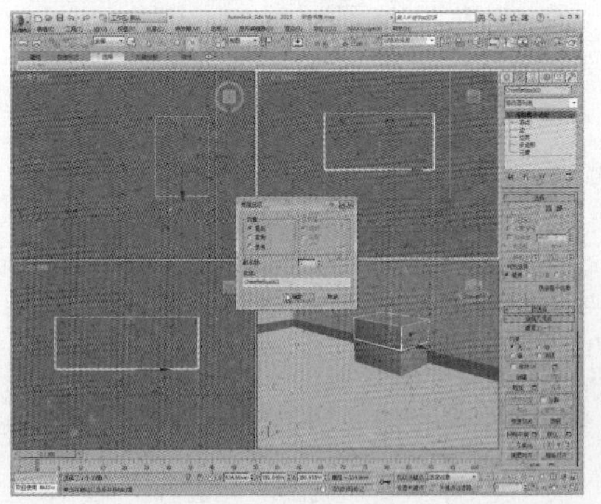

05 进入“顶点”子层级，调整顶点位置，再调整整个模型的位置，如下图所示。

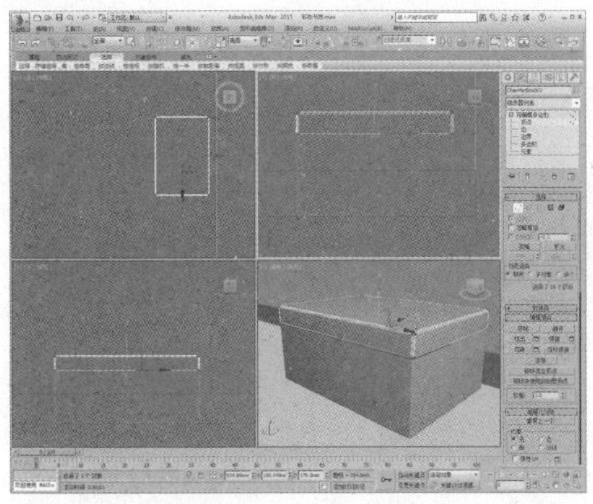

06 单击“长方体”按钮，创建一个尺寸为35×60×2的长方体，调整位置，如下图所示。

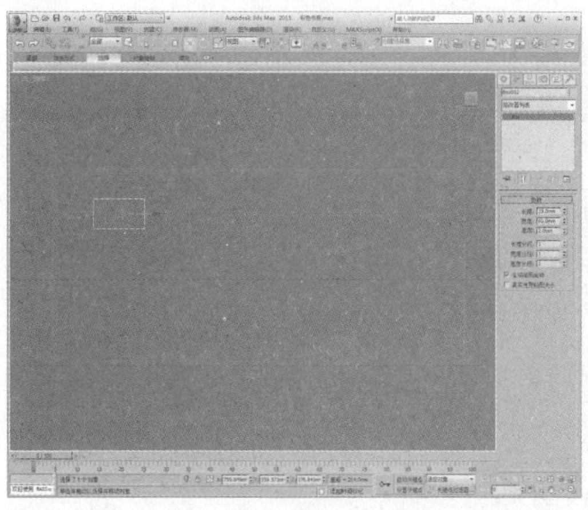

07 在创建命令面板中单击“圆柱体”按钮，在左视图中创建一个半径为2.5、高度为1的圆柱体，调整位置并进行实例复制，如下图所示。

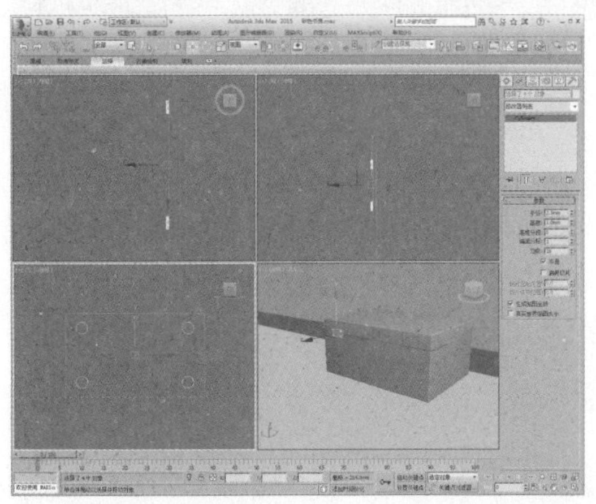

08 再次在创建命令面板中单击“圆柱体”按钮，在前视图中创建一个半径为1.5、高度为60的圆柱体，调整位置，完成折页的制作，如下图所示。

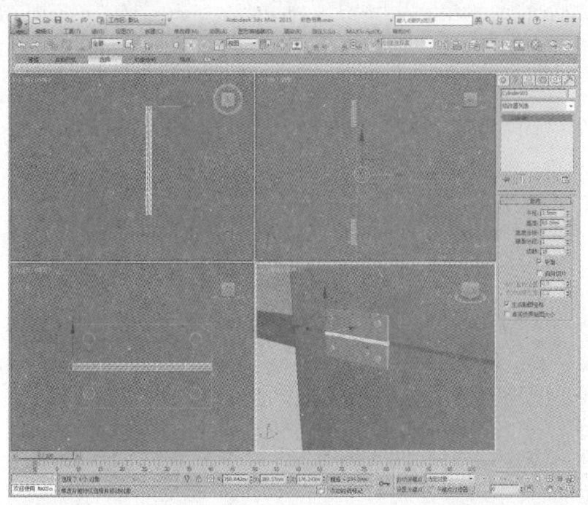

09 选择折页并将其成组，向另一侧复制模型，完成铁皮箱子模型的制作，如下图所示。

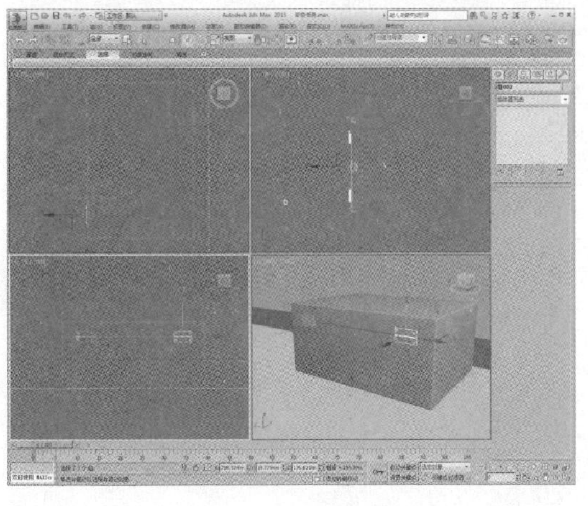

10 将箱子模型成组，调整位置并进行复制，如下图所示。

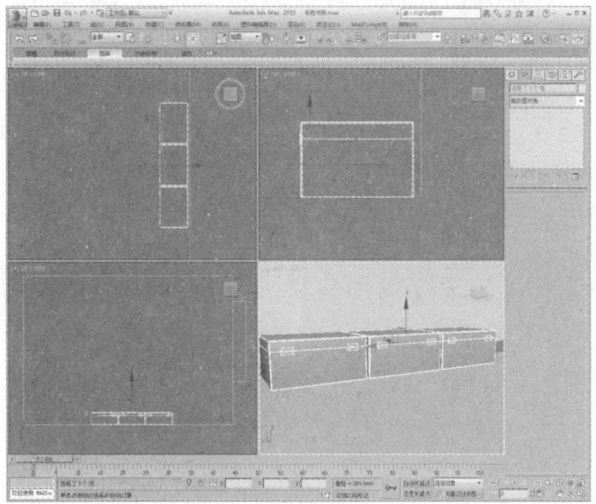

11 单击“选择并缩放”按钮，在透视视口中对其中一个箱子模型进行缩放，如下图所示。

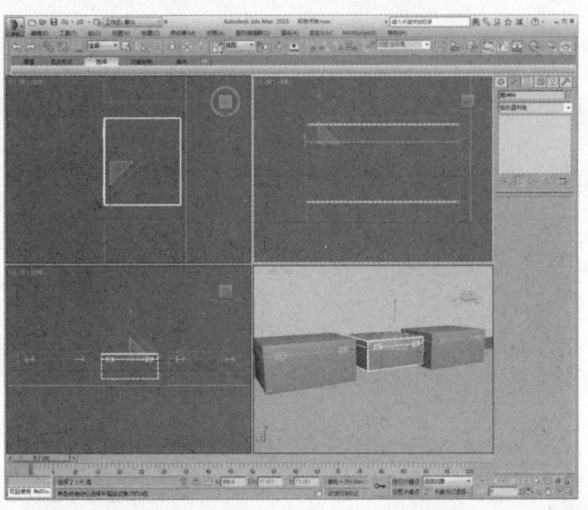

12 调整箱子位置，并沿Z轴向上进行实例复制，如下图所示。

17.3 制作桌椅模型

本场景中较为复杂的就是桌椅模型的创建，制作时使用到了多边形建模中的操作命令以及挤出、放样、车削等修改器，具体的操作过程如下。

01 在创建命令面板中单击“切角长方体”按钮，在顶视图中创建一个尺寸为550×1000×30、圆角为15、圆角分段为5的切角长方体，如下图所示。

02 在创建命令面板中单击“矩形”按钮，在顶视图中捕捉绘制一个矩形，如下图所示。

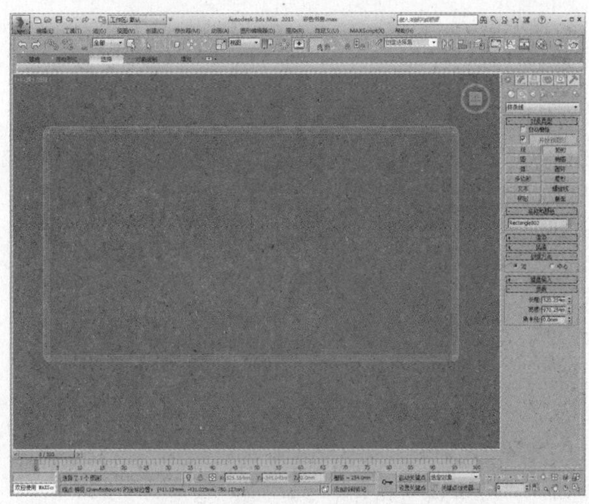

03 将其转换为可编辑样条线，进入“样条线”子层级，如下图所示。

04 在“几何体”卷展栏中设置轮廓值为60，如下图所示。

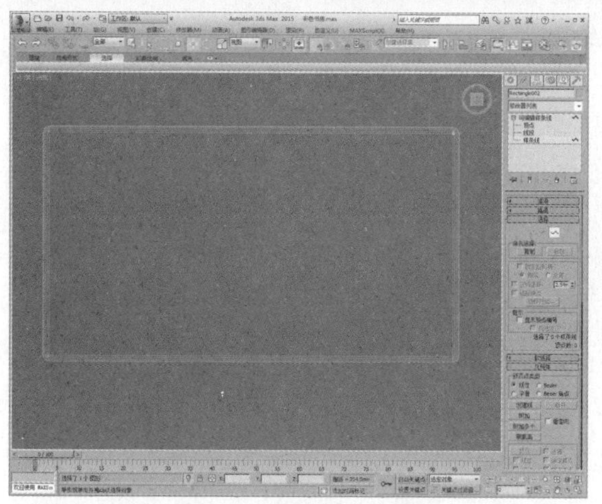

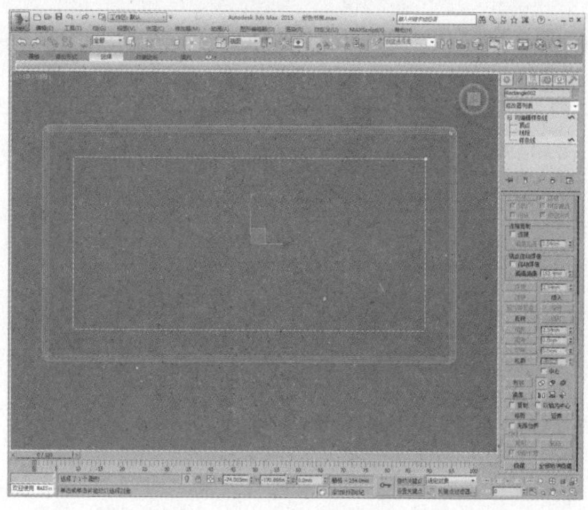

05 为其添加“挤出”修改器，设置挤出值为100，如下图所示。

06 孤立模型，如下图所示。

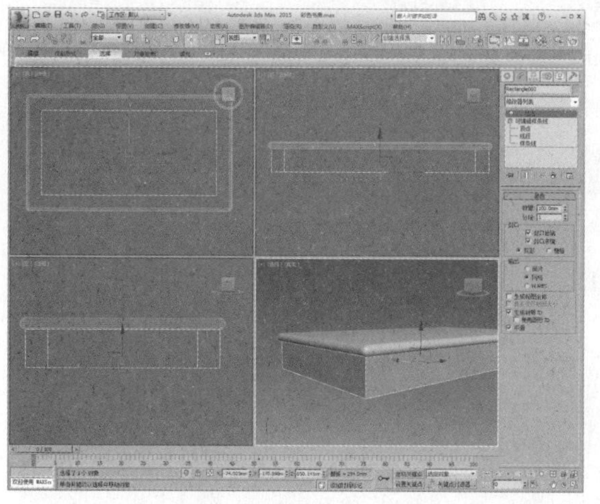

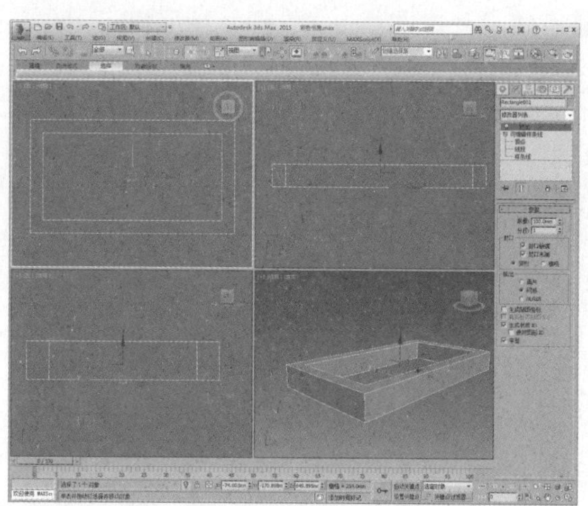

07 开启捕捉开关，在创建命令面板中单击“长方体”按钮，捕捉创建一个尺寸为60×60×650的长方体，作为一条桌子腿，如下图所示。

08 用同样的方法创建另外三条桌子腿，如下图所示。

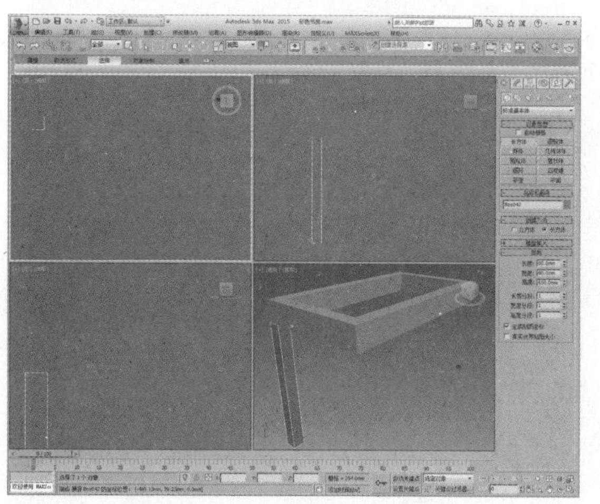

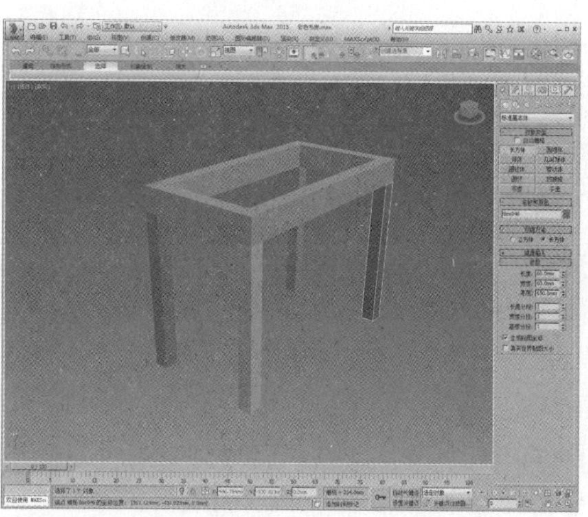

09 关闭捕捉开关，选择挤出模型，将其转换为可编辑多边形，如下图所示。

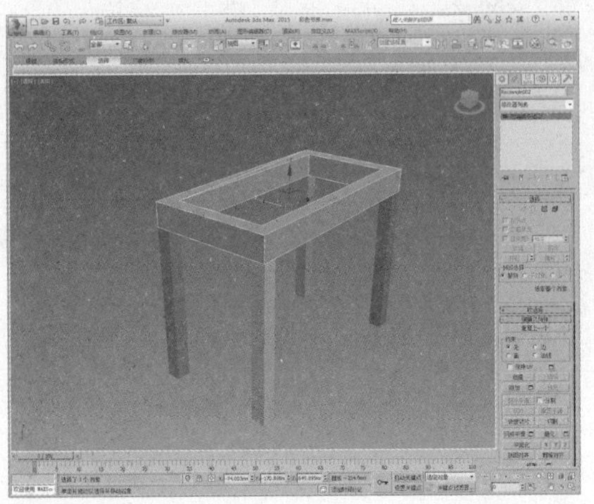

10 在“编辑几何体”卷展栏中单击“附加”按钮，附加选择四条桌子腿模型，如下图所示。

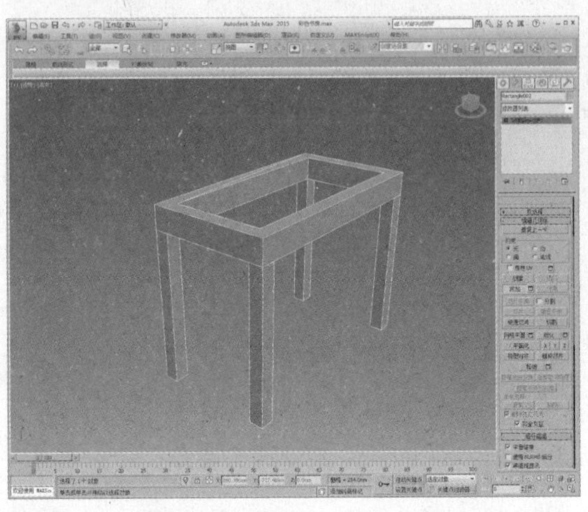

11 将透视视口设置为“线框”显示模式，进入“边”子层级，选择两条边，如下图所示。

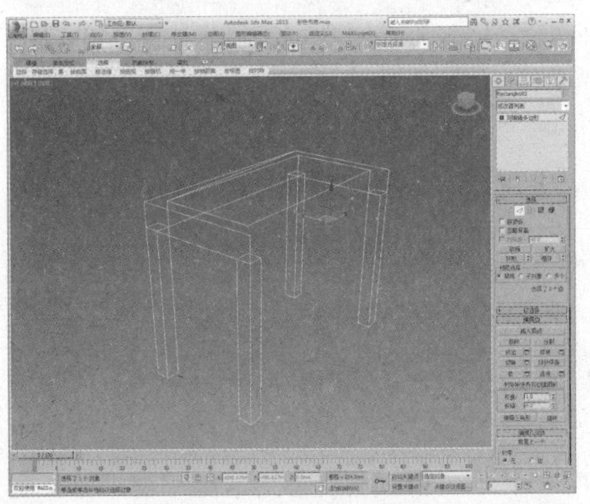

12 单击“连接”设置按钮，设置连接边数值为 2，如下图所示。

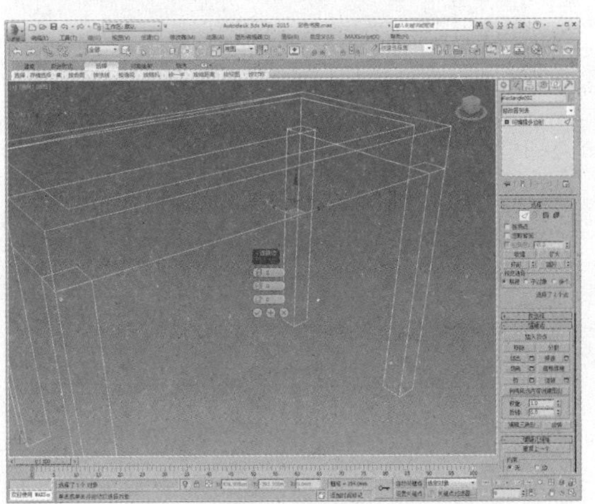

13 将两条边各自沿 X 轴向两侧移动 300，如下图所示。

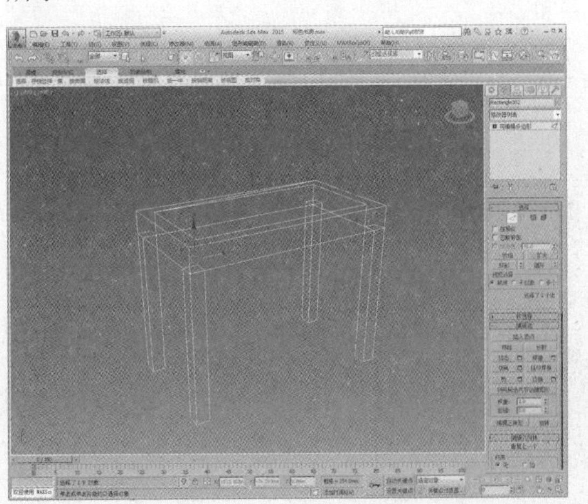

14 进入“顶点”子层级，移动顶点位置，如下图所示。

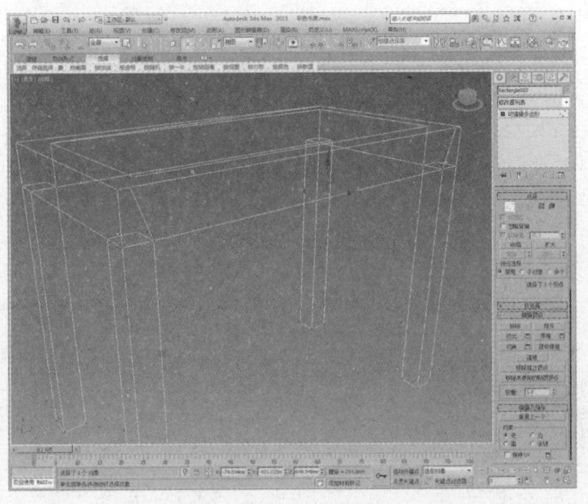

15 按照前面介绍的操作方法为另外三面各自制作两条斜线，如下图所示。

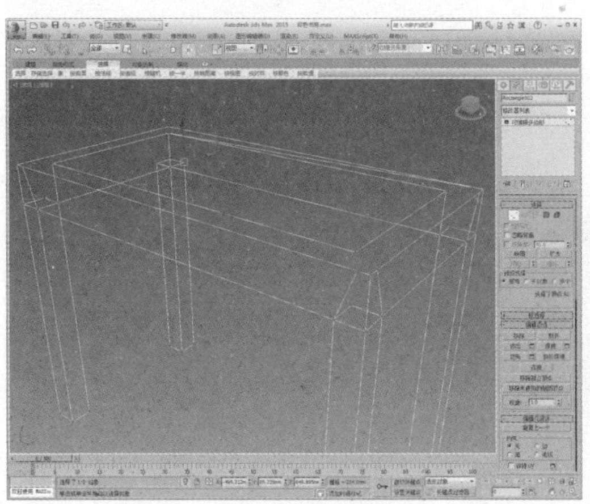

16 选择创建的斜线，如下图所示。

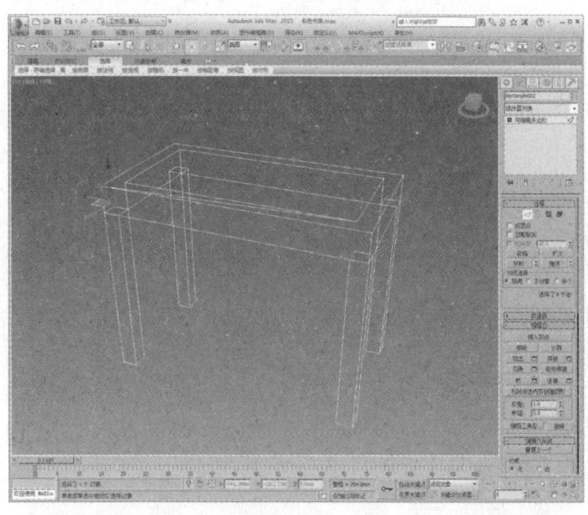

17 单击“挤出”设置按钮，设置挤出边的高度及宽度值，设置透视视口为“真实”显示模式，如下图所示。

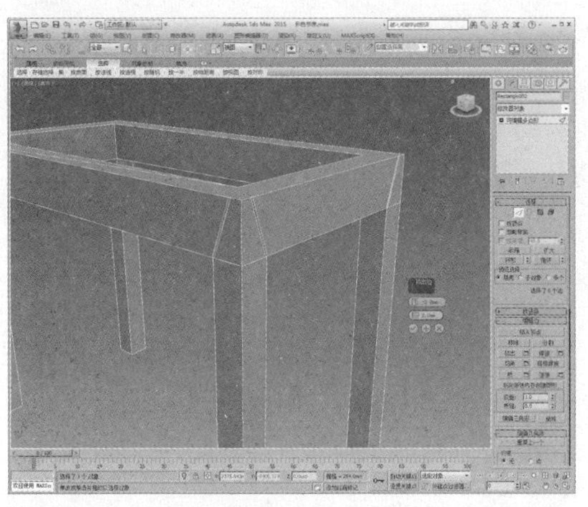

18 进入“顶点”子层级，选择桌子腿部的顶点进行调整，如下图所示。

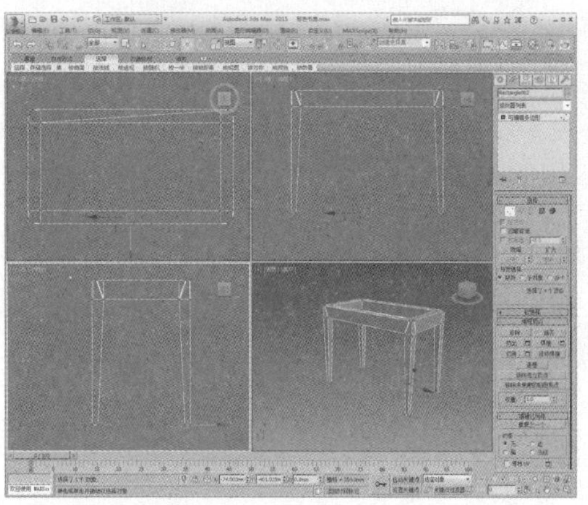

19 在创建命令面板中单击“切角长方体”按钮，创建一个切角长方体，如下图所示。

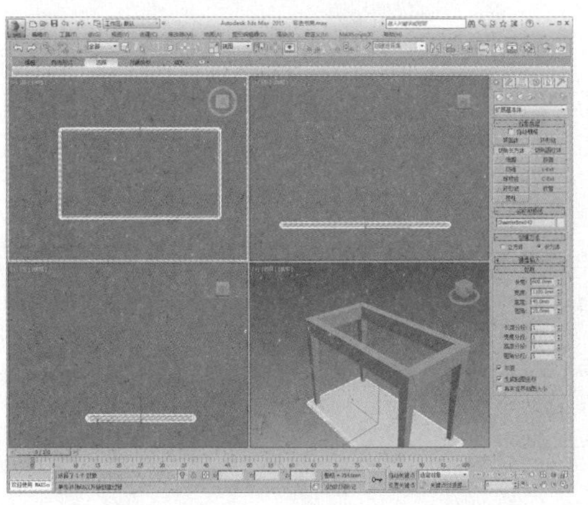

20 调整切角长方体到合适位置，完成桌子模型的创建，如下图所示。

21 接下来制作椅子模型。在创建命令面板中单击“线”按钮，创建椅子坐垫靠背的造型样条线，如下图所示。

22 进入“顶点”子层级，选择部分顶点并将其转换为Bezier角点，如下图所示。

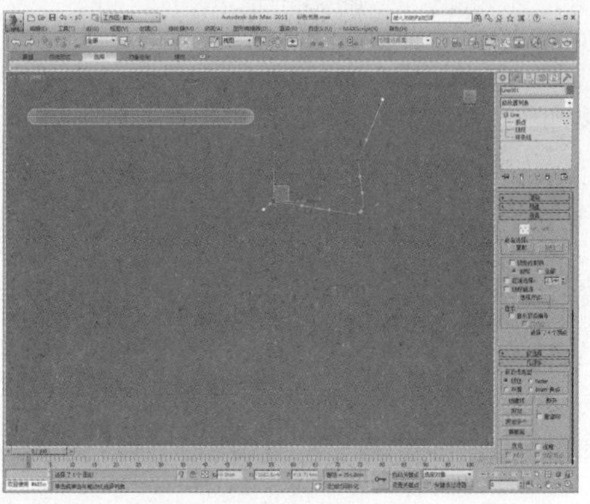

23 通过控制柄调整样条线形状，如下图所示。

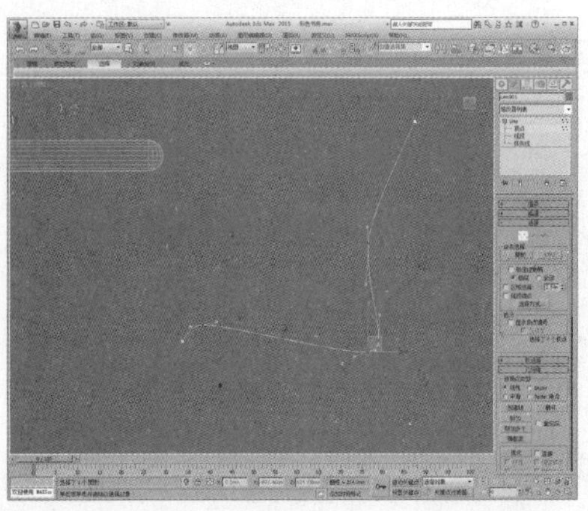

24 进入“样条线”子层级，设置轮廓值为8，使样条线具有厚度，如下图所示。

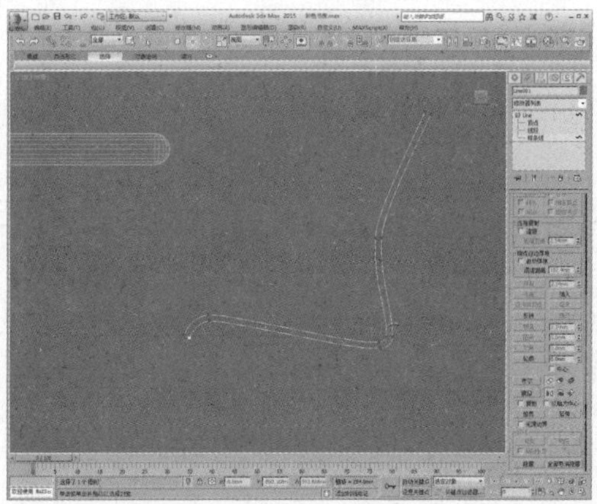

25 进入“顶点”子层级，单击“圆角”按钮，对两端的顶点进行圆角处理，使造型变得平滑，如下图所示。

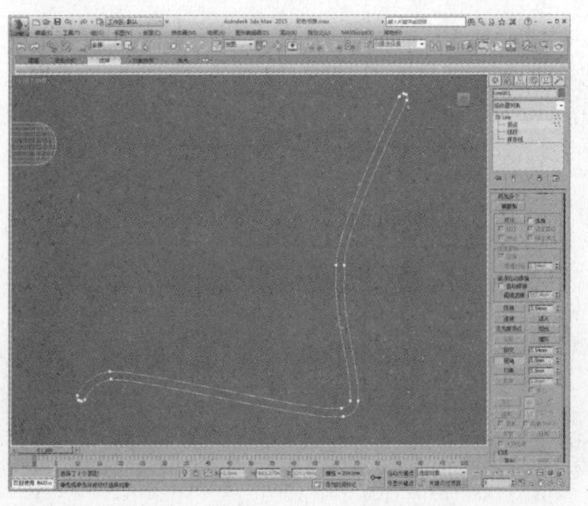

26 为其添加“挤出”修改器，设置挤出值为100，如下图所示。

27 实例复制两个模型，如下图所示。

28 在创建命令面板中单击“长方体”按钮，在前视图中创建一个长方体，如下图所示。

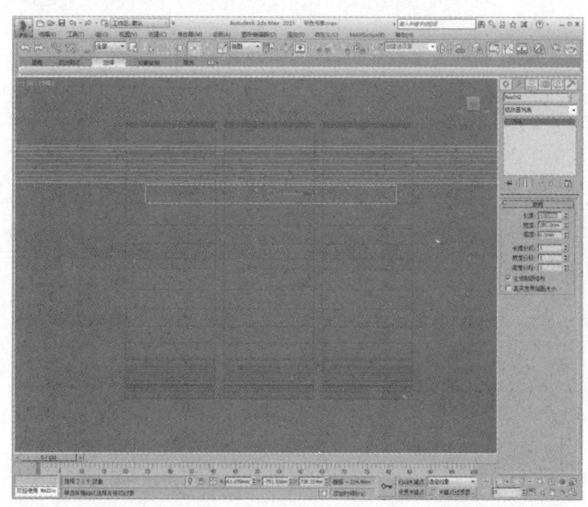

29 调整长方体位置及角度，如下图所示。

30 在创建命令面板中单击“线”按钮，在左视图中创建样条线，如下图所示。

31 进入“顶点”子层级，选择部分顶点并将其转换为Bezier角点，如下图所示。

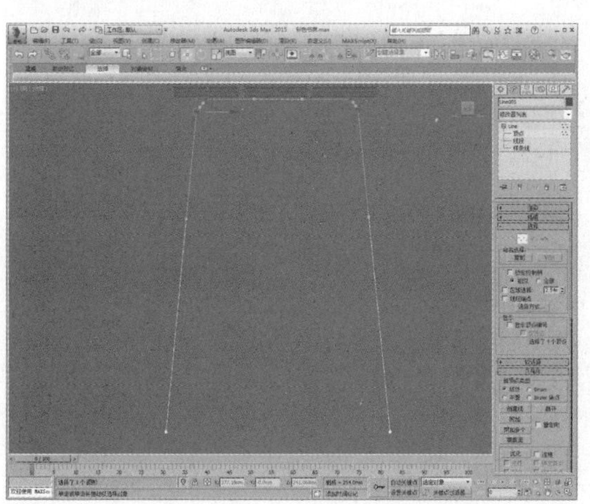

32 通过控制柄调整样条线形状，如下图所示。

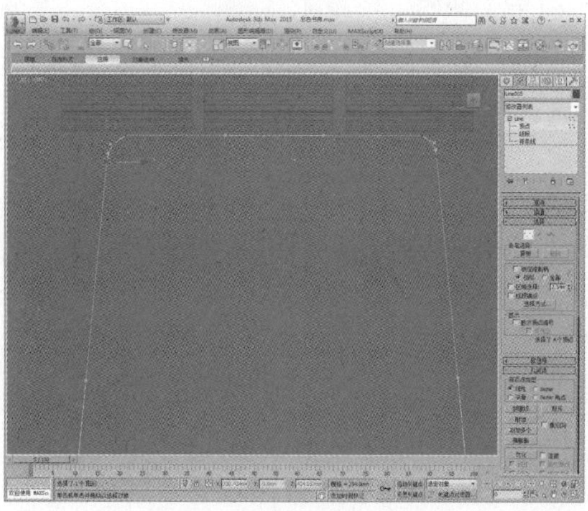

33 在创建命令面板中单击“圆”按钮，在顶视图中创建一个半径为5的圆形，如下图所示。

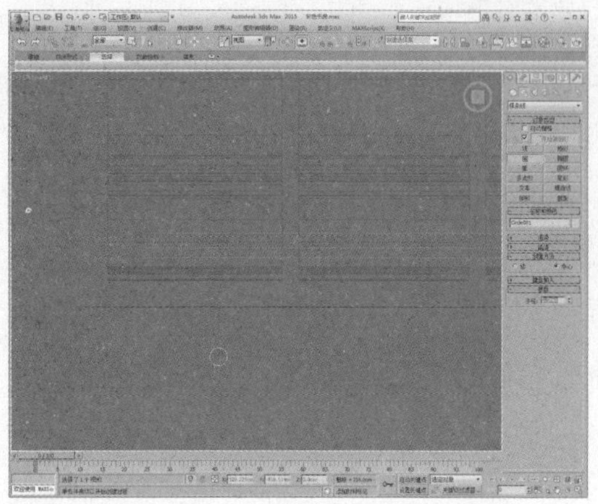

34 选择样条线，在复合对象创建面板中单击“放样”按钮，然后在“创建方法”卷展栏中单击“获取图形”按钮，在视图中单击选择圆形，如下图所示。

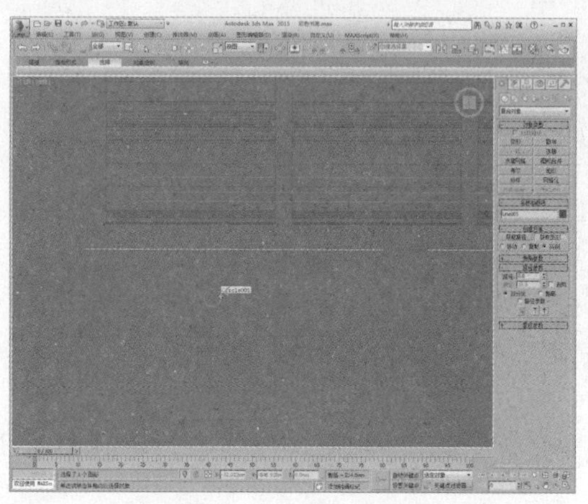

35 放样操作后即可得到一条椅子腿的模型，如下图所示。

36 在左视图中复制椅子腿模型，如下图所示。

37 进入“路径>顶点”子层级，调整椅子前腿的形状，如下图所示。

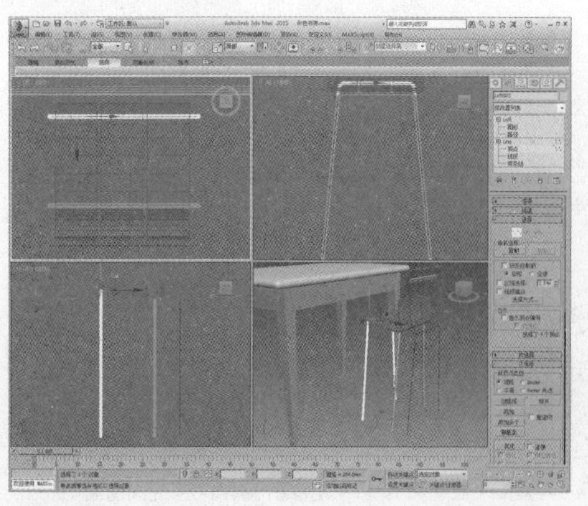

38 旋转并调整椅子腿模型的角度及位置，如下图所示。

39 在创建命令面板中单击“线”按钮，在顶视图中创建样条线，如下图所示。

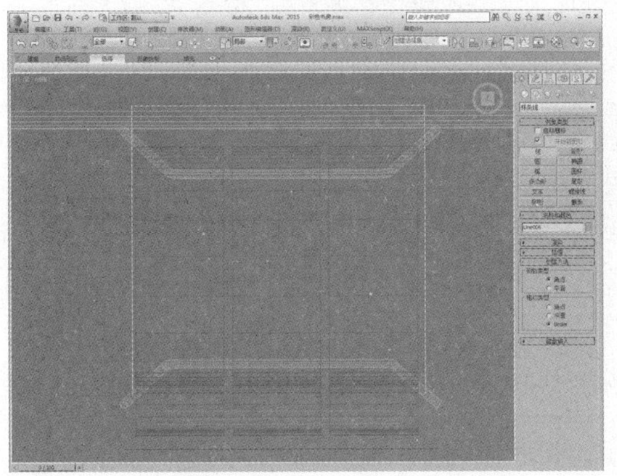

40 进入“顶点”子层级，在修改命令面板中单击“圆角”按钮，设置圆角尺寸为15，对样条线的顶点进行圆角操作，如下图所示。

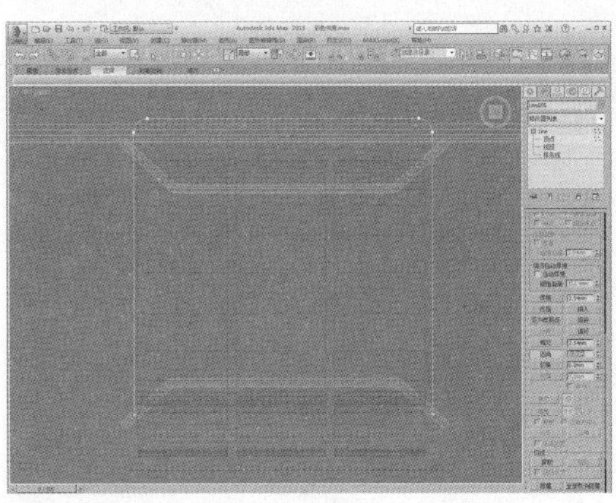

41 在前视图中创建一个半径为5的圆形，如下图所示。

42 选择样条线，在复合对象面板中单击“放样”按钮，然后在“创建方法”卷展栏中单击“获取图形”按钮，在视图中单击选择圆形，制作出椅子腿上的横橧模型，如下图所示。

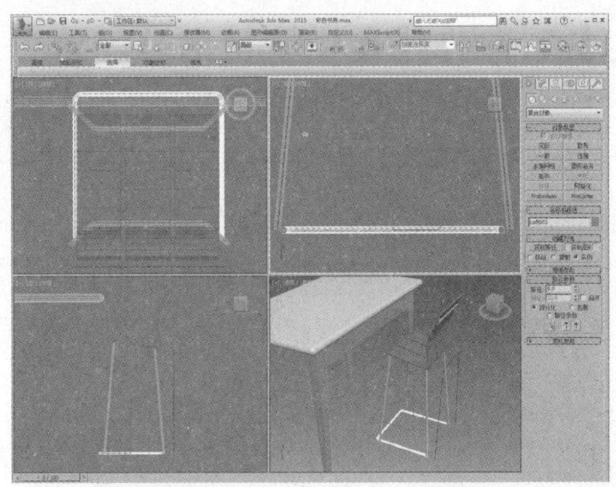

43 调整模型造型及位置，如下图所示。

44 在创建命令面板中单击“切角圆柱体”按钮，创建一个切角圆柱体，如下图所示。

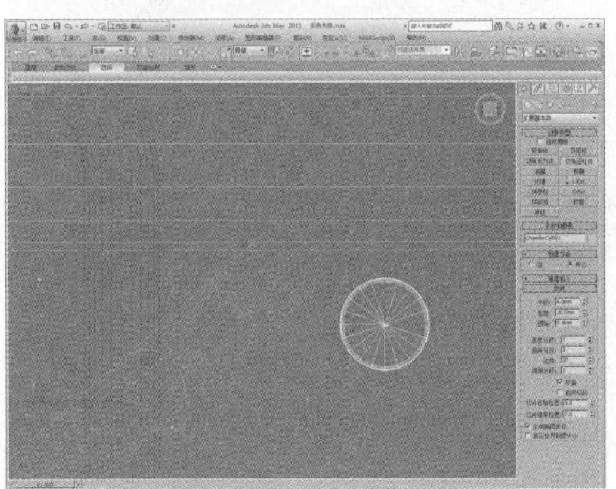

45 调整切角圆柱体的角度及位置，作为椅子腿垫，如下图所示。

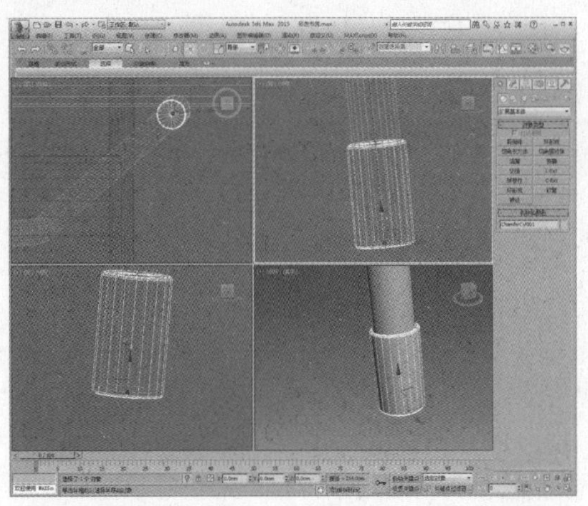

46 复制并调整腿垫模型，完成椅子模型的制作，隐藏二维图形，将椅子模型成组，如下图所示。

17.4 制作装饰模型

场景中有一些花瓶、盆栽等装饰品，本小节中将介绍这些装饰品模型的制作过程。

17.4.1 制作托盘模型及吊灯模型

这里需要创建椭圆形的托盘、水杯、花瓶等模型，托盘模型制作需要利用到多边形建模中的操作命令，花瓶模型制作则需要利用到软选择，另外还有“车削”命令的使用。

01 首先创建一个木制托盘模型。在创建命令面板中单击“椭圆”按钮，在顶视图中创建一个椭圆形，设置其长度、宽度，并设置步数，如下图所示。

02 为其添加“挤出”修改器，设置挤出值为20，调整模型位置，如下图所示。

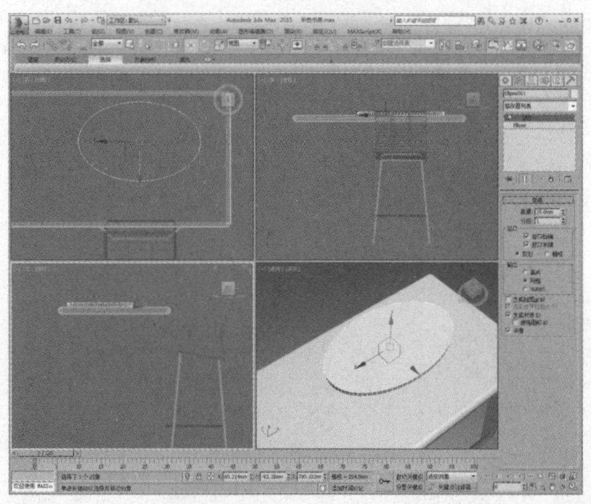

03 将其转换为可编辑多边形，进入“多边形”子层级，选择多边形，如下图所示。

04 单击“倒角”设置按钮，设置高度值和轮廓值，如下图所示。

05 单击“插入”设置按钮，设置插入值为8，如下图所示。

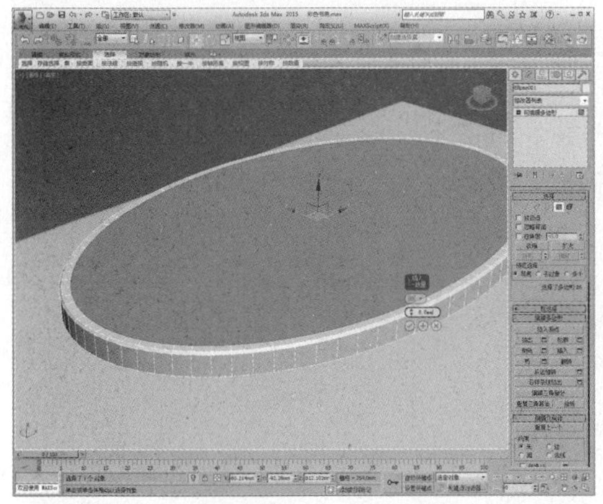

07 单击“挤出”设置按钮，设置挤出值为-15，如下图所示。

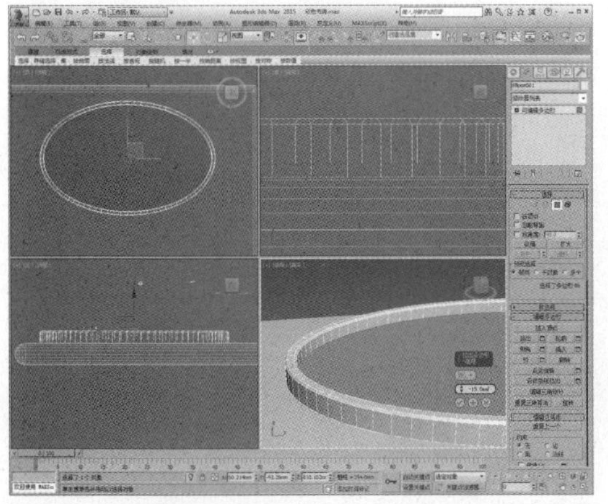

09 在创建命令面板中单击“线”按钮，在左视图中创建一个样条线，如下图所示。

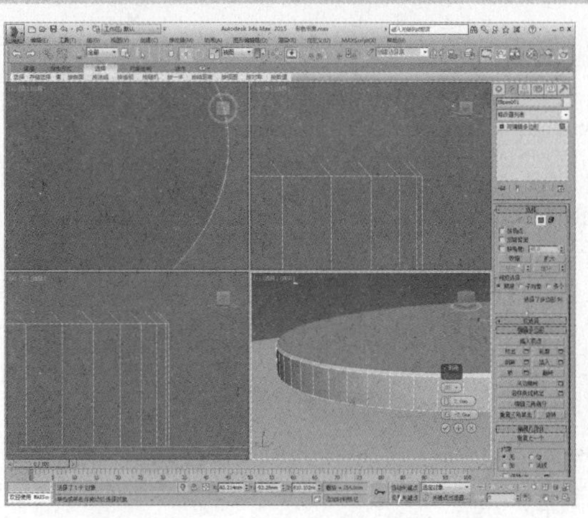

06 再单击“倒角”设置按钮，设置高度值和轮廓值，如下图所示。

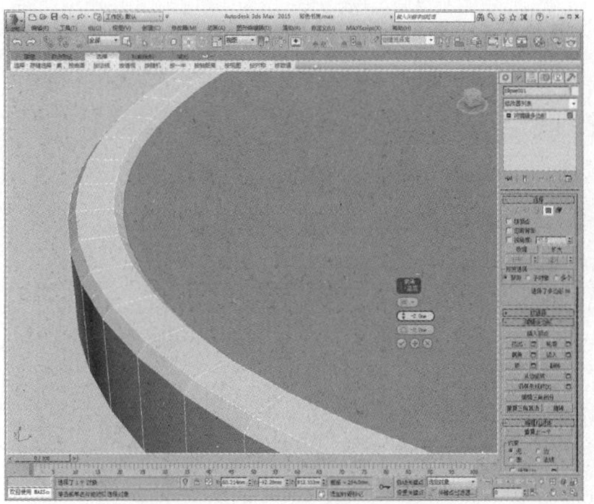

08 至此，完成托盘模型的制作，如下图所示。

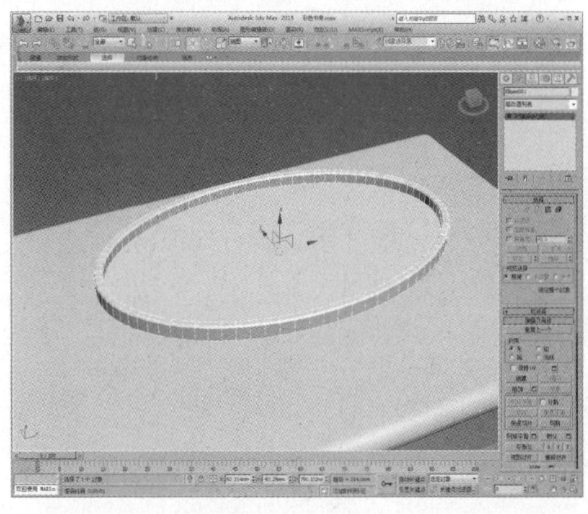

10 进入“样条线”子层级，设置轮廓值为2，如下图所示。

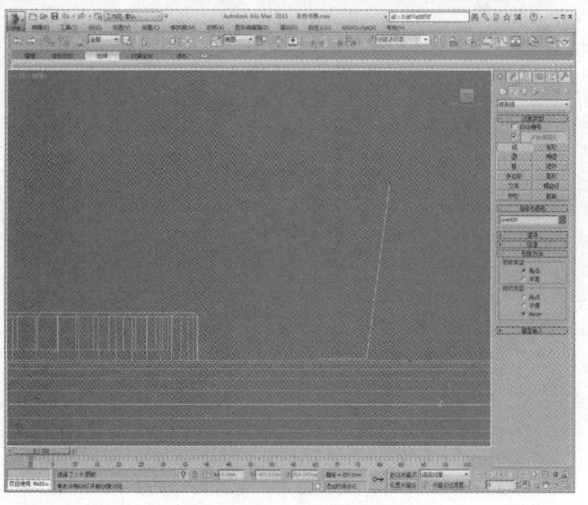

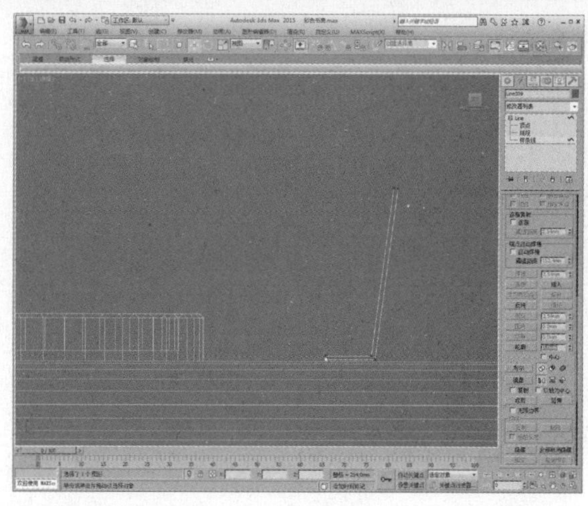

11 进入“顶点”子层级，选择顶点，并进行圆角操作，如下图所示。

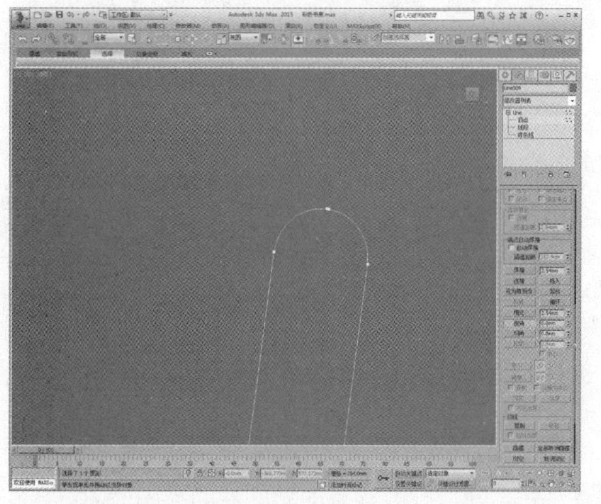

12 为其添加“车削”修改器，设置分段数为4，完成杯子模型的创建，如下图所示。

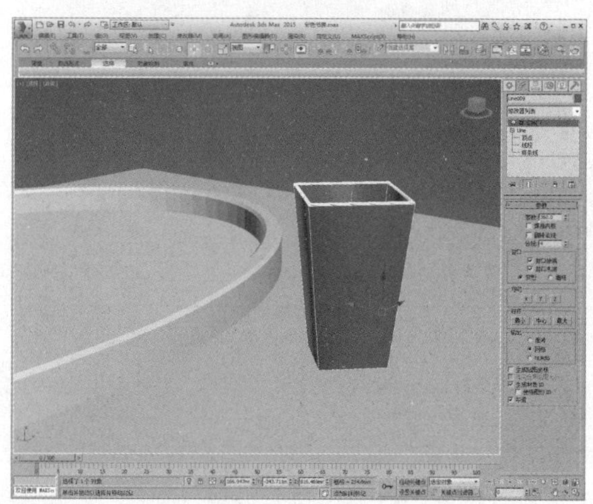

13 制作长颈花瓶模型。在创建命令面板中单击“线”按钮，在左视图中创建一个样条线，如下图所示。

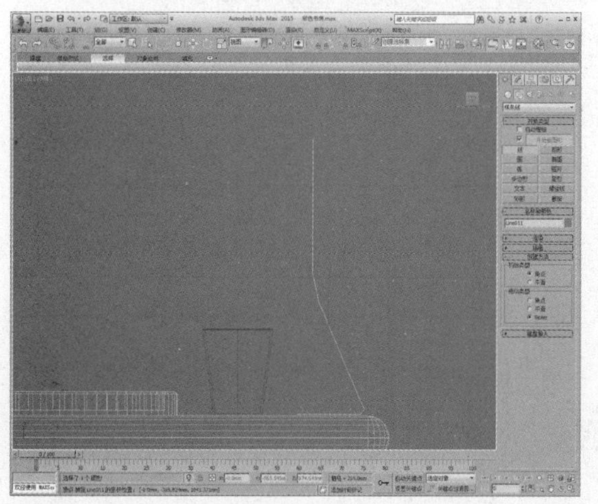

14 进入“顶点”子层级，设置部分顶点为Bezier角点，如下图所示。

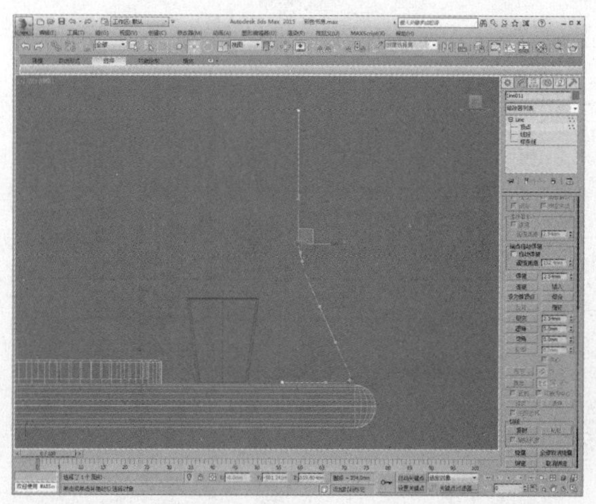

15 调整控制柄改变样条线的形状，如下图所示。

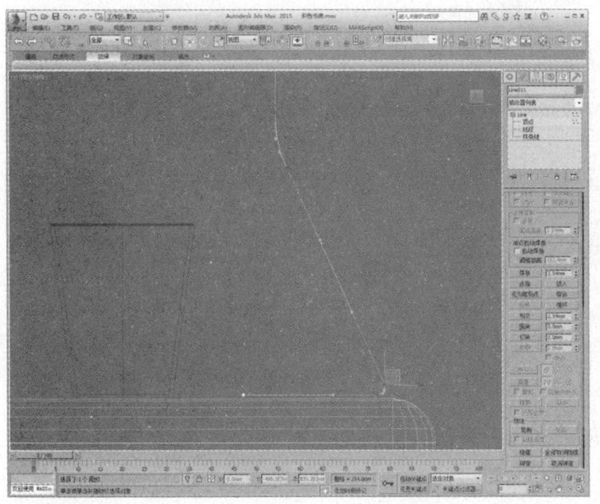

16 进入“样条线”子层级，设置轮廓值为2，如下图所示。

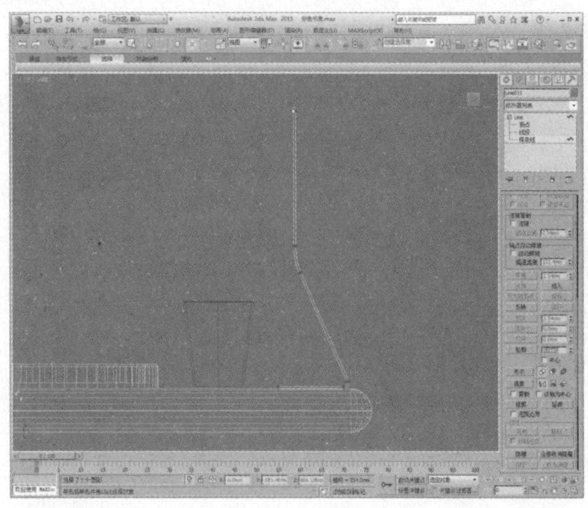

17 进入“顶点”子层级，对顶点进行圆角操作，如下图所示。

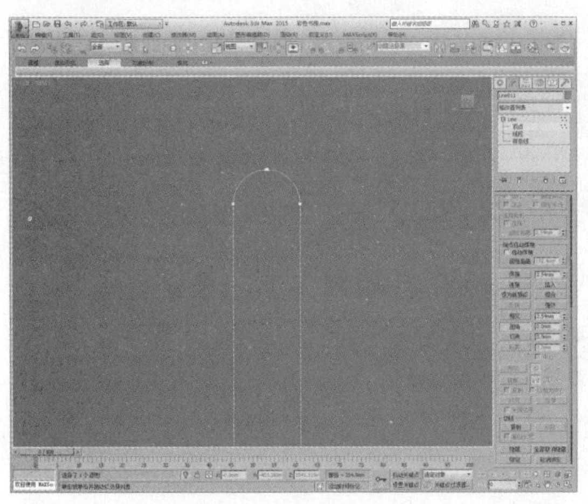

18 为其添加“车削”修改器，设置分段值为40，如下图所示。

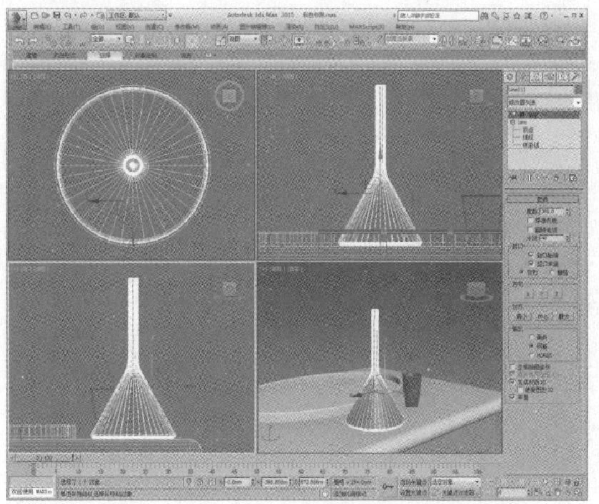

19 将模型转换为可编辑多边形，进入“顶点”子层级，选择瓶口处的顶点，如下图所示。

20 打开“软选择”卷展栏，勾选“使用软选择”选项，设置衰减值为15，如下图所示。

21 单击“选择并移动”按钮，移动顶点，改变瓶口的造型，如下图所示。

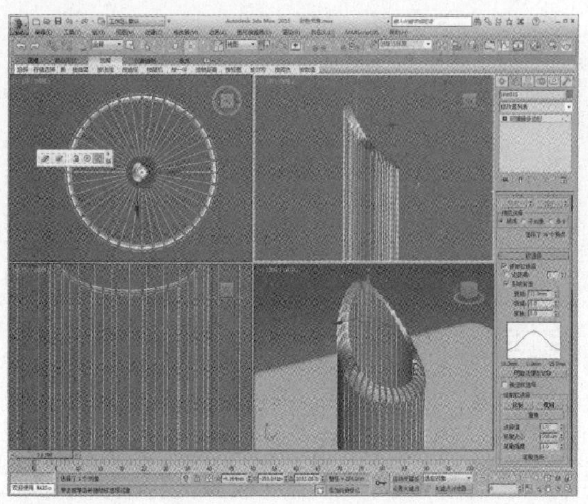

22 制作完成的长颈花瓶模型如下图所示。

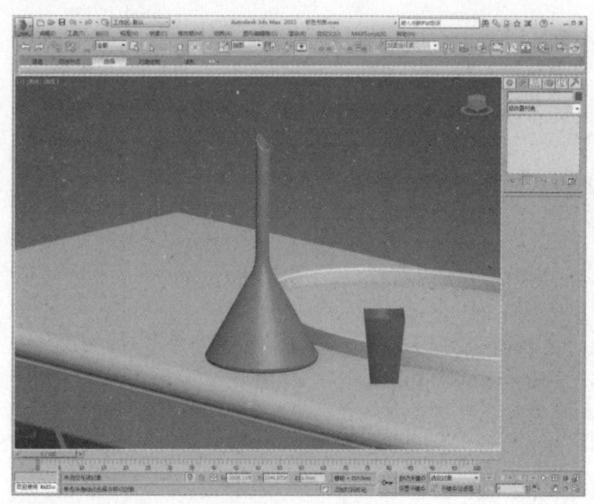

23 制作花边瓷盆。利用前面制作水杯的方法先制作一个模型，设置分段数为120，如下图所示。

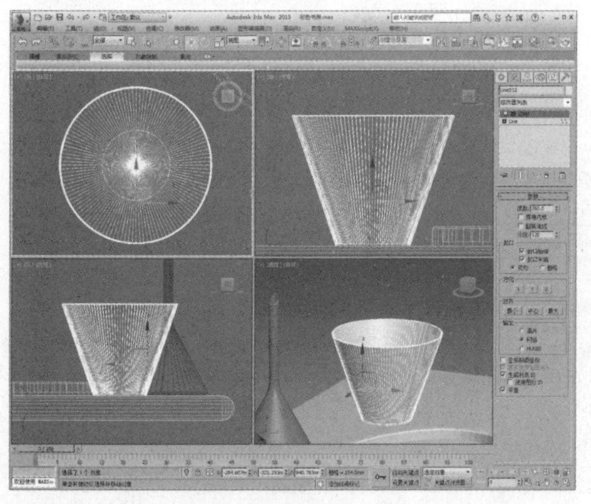

24 将其转换为可编辑多边形，进入“顶点”子层级，选择如下图所示的顶点。

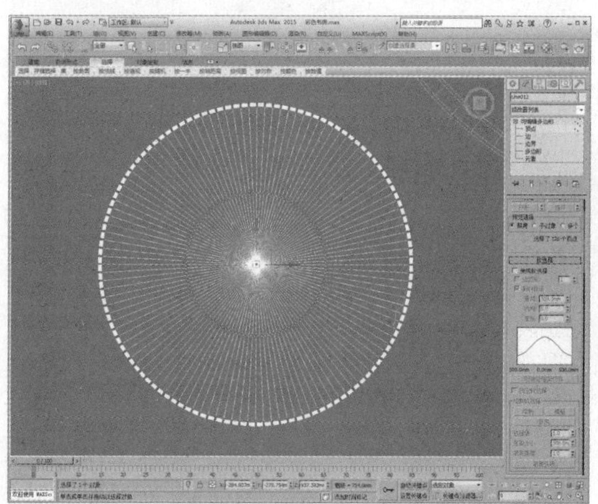

25 在“软选择”卷展栏中勾选“使用软选择”选项，设置衰减值为40，如下图所示。

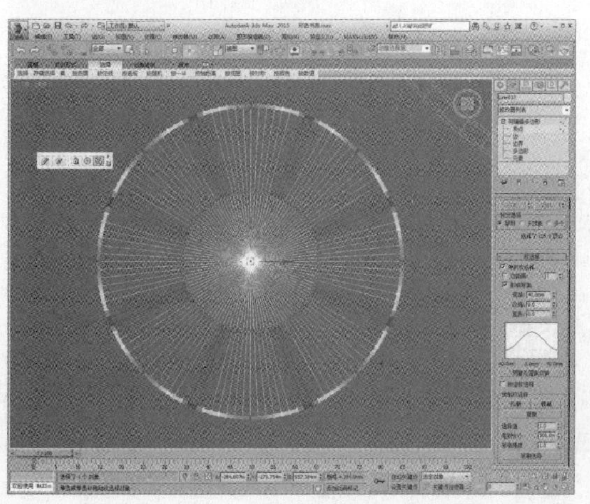

26 向上移动顶点位置，改变花盆边的造型，如下图所示。

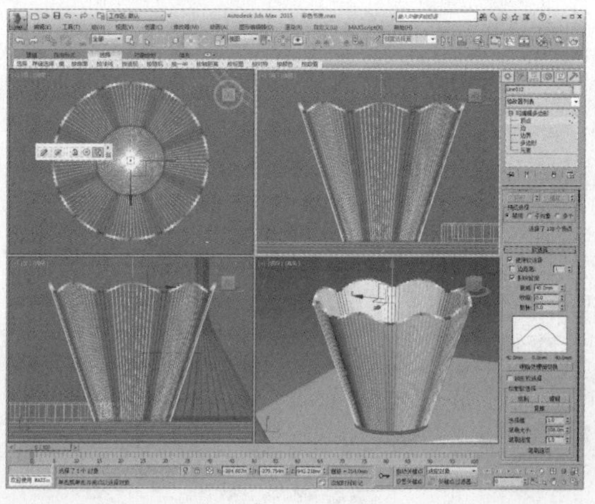

27 再复制一个水杯模型，并调整各个模型的位置，如下图所示。

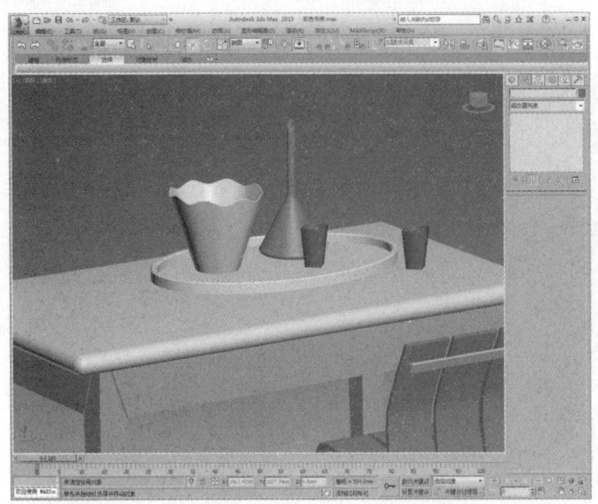

28 制作吊灯模型。在前视图中创建一个半径为40的圆形，如下图所示。

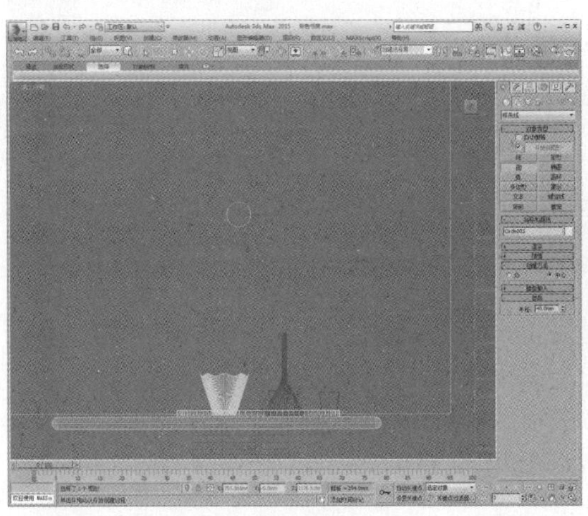

29 继续创建两个矩形，如下图所示。

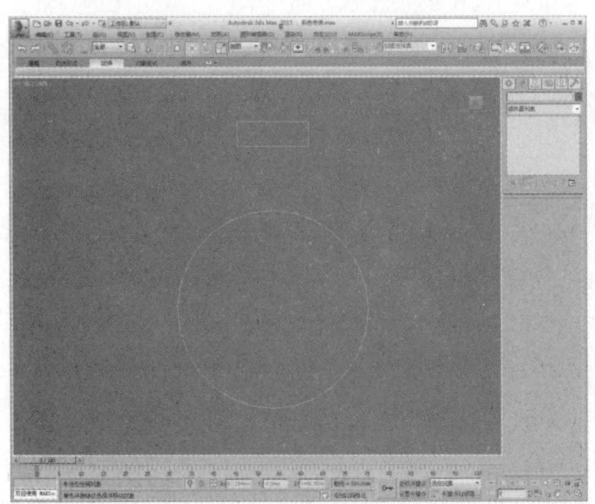

30 将圆形转换为可编辑样条线，并附加选择两个矩形，如下图所示。

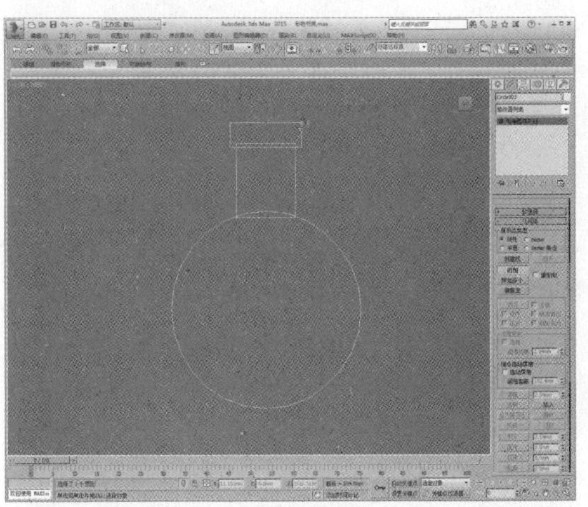

31 进入“样条线”子层级，单击“修剪”按钮，修剪样条线，如下图所示。

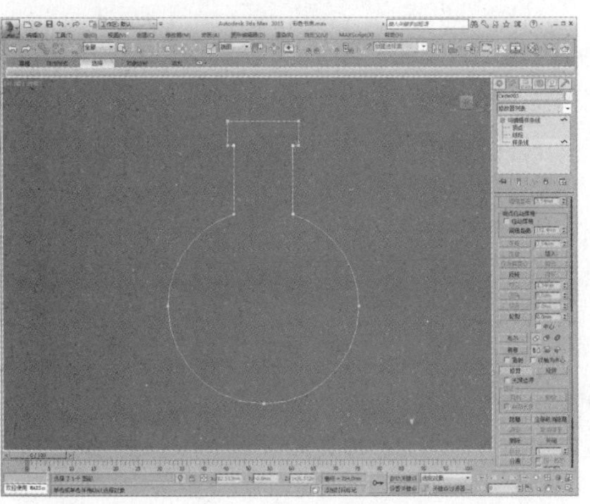

32 进入“线段”子层级，删除圆形下方线段，如下图所示。

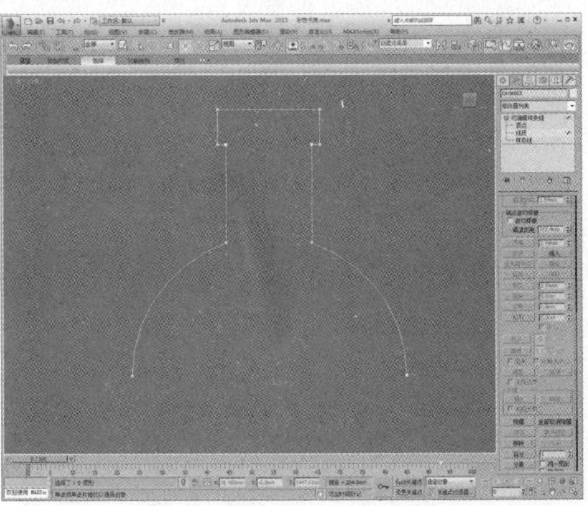

33 进入“顶点”子层级，选择顶点依次进行焊接，如下图所示。

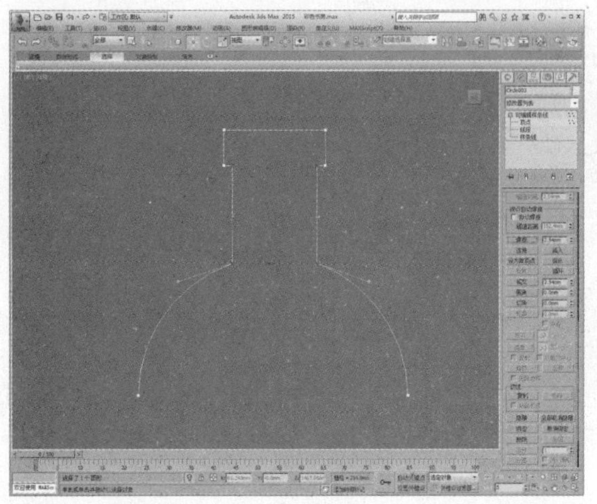

34 进入“样条线”子层级，设置轮廓值为1，如下图所示。

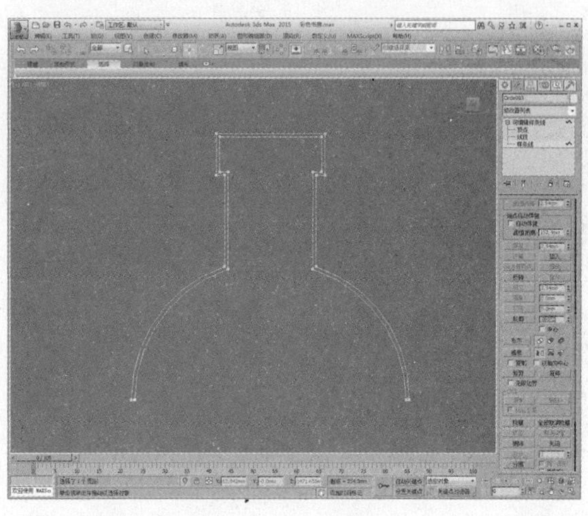

35 为其添加“车削”修改器，如下图所示。

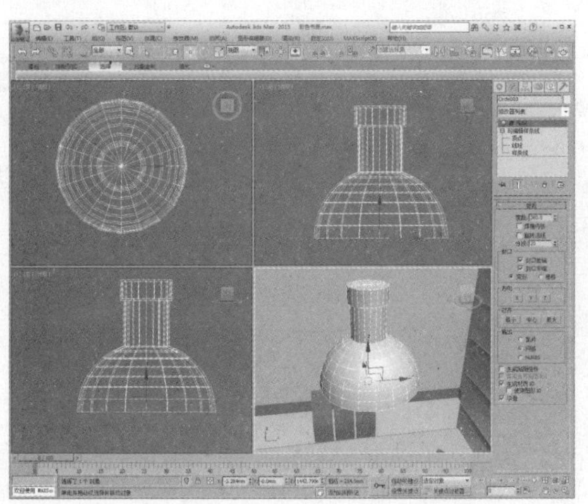

36 单击“球体”按钮，创建一个半径为40的球体，调整到合适位置，如下图所示。

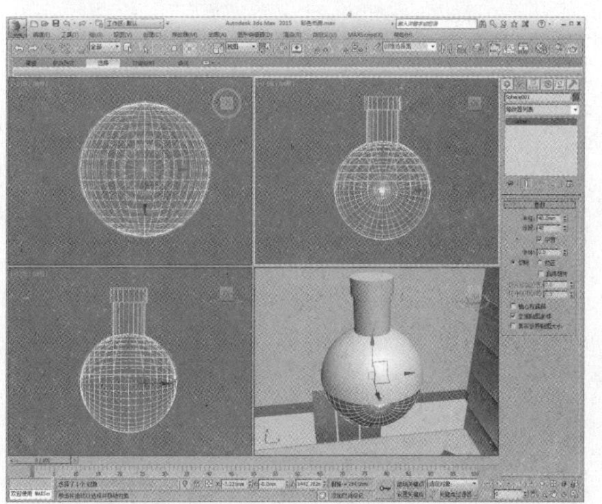

37 在创建命令面板中单击“圆柱体”按钮，在顶视图中创建一个圆柱体并调整位置，完成吊灯的制作，如右图所示。

17.4.2 制作盆栽模型

盆栽模型分为花盆和绿植两部分，花盆模型需要利用到“车削”命令，而绿植模型则需要使用样条线的渲染特性。下面介绍具体的操作过程。

01 在创建命令面板中单击“线”按钮，在前视图中创建样条线，如下图所示。

02 进入“顶点”子层级，选择顶点并将其转换为Bezier角点，然后调整控制柄以改变样条线的形状，如下图所示。

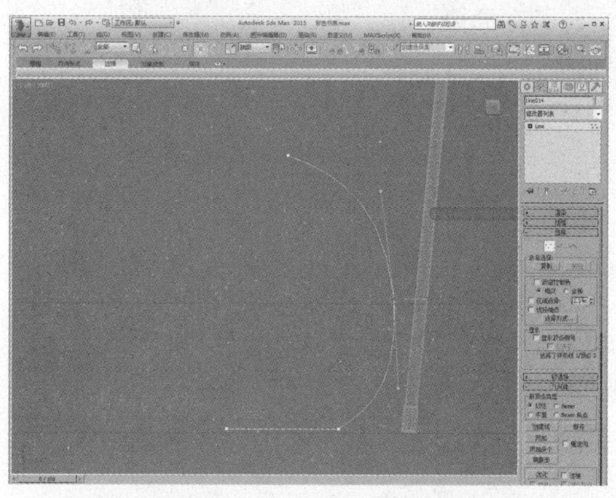

03 进入“样条线”子层级，设置轮廓值为3，使样条线具有厚度，如下图所示。

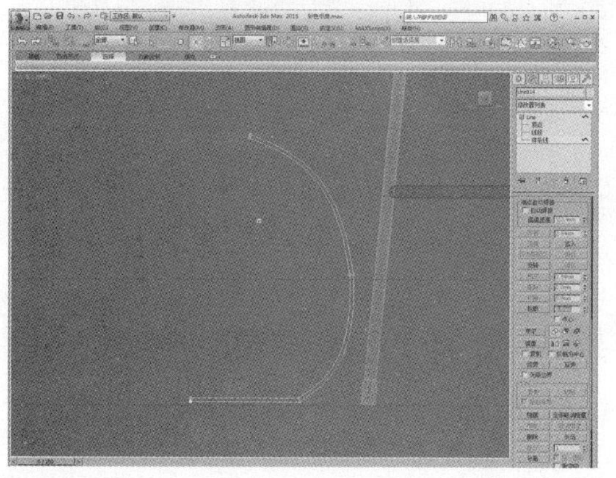

04 进入“顶点”子层级，为顶点进行圆角操作，如下图所示。

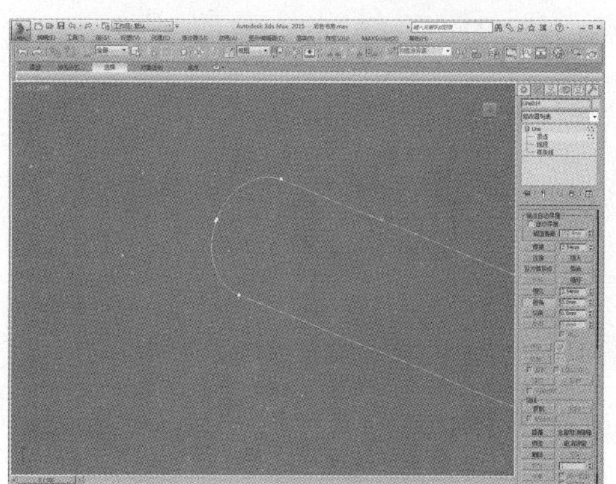

05 为其添加“车削”修改器，制作出花盆模型，如右图所示。

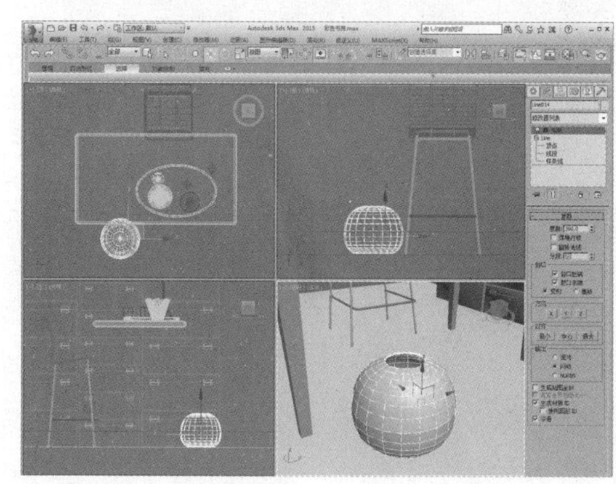

06 创建植物模型。在创建命令面板中单击“线”按钮，在前视图中创建样条线，如下图所示。

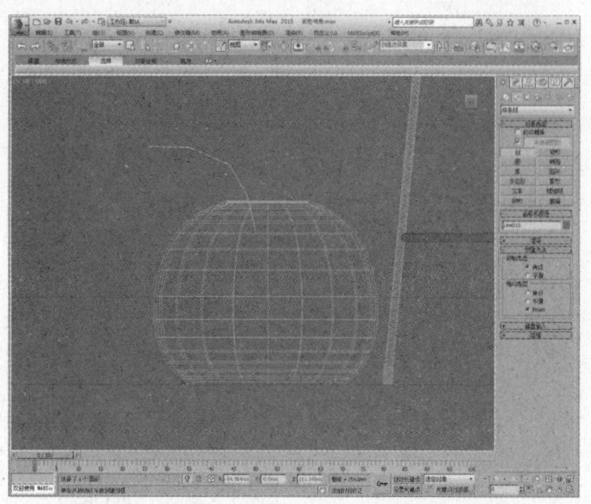

07 进入“顶点”子层级，设置部分顶点为平滑，调整顶点使样条线变得平滑，如下图所示。

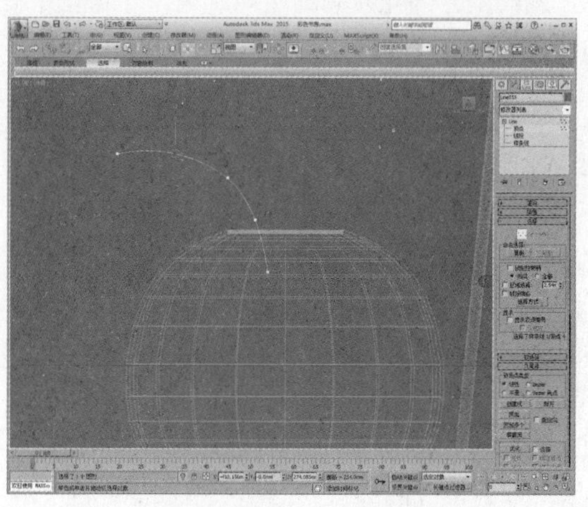

08 打开“渲染”卷展栏，勾选“在渲染中启用”和“在视口中启用”选项，设置径向厚度值为3，可以看到样条线发生了变化，如下图所示。

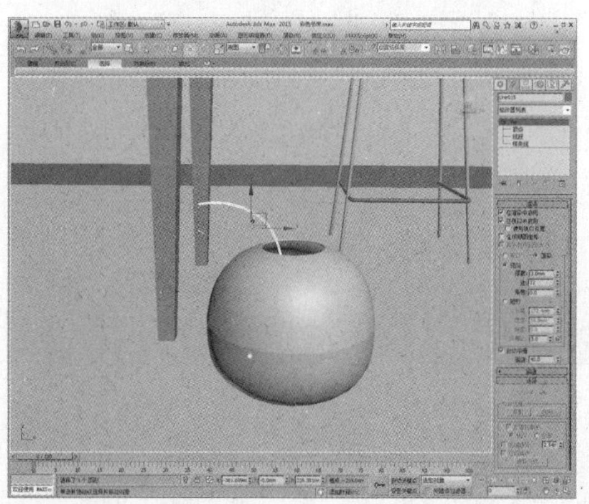

09 在创建命令面板中单击“平面”按钮，创建一个平面，如下图所示。

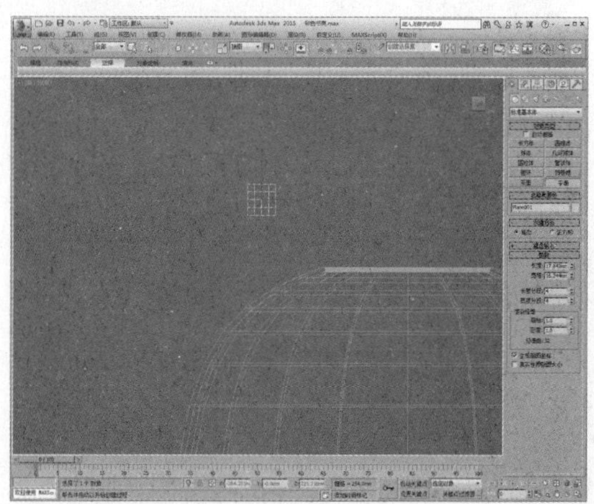

10 将其转换为可编辑多边形，进入“顶点”子层级，在前视图中调整顶点，如下图所示。

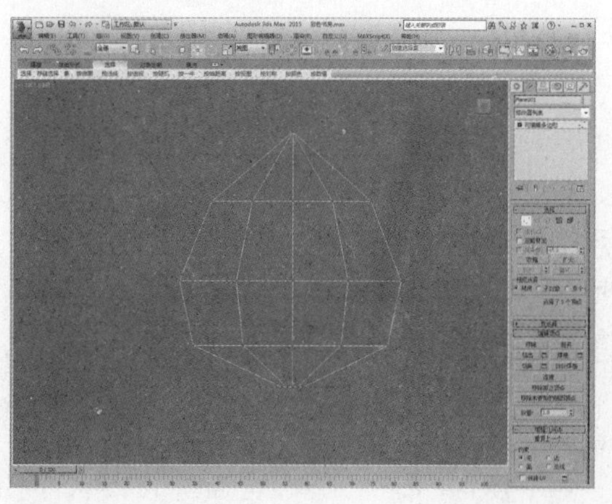

11 继续在左视图中调整顶点，调整出叶子的初步形态，如下图所示。

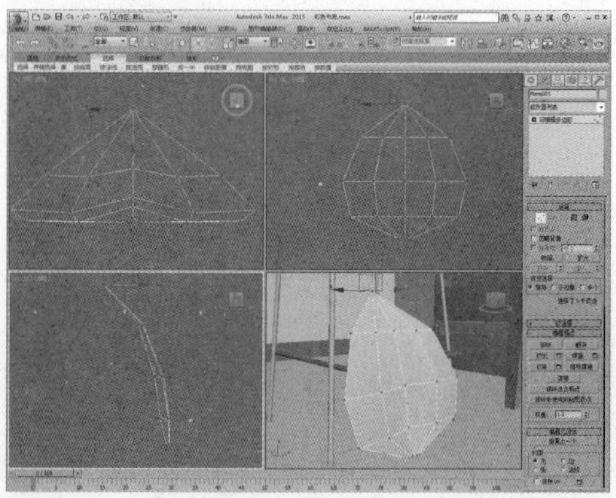

12 为其添加“网格平滑”修改器，完成一片叶子模型的创建，如下图所示。

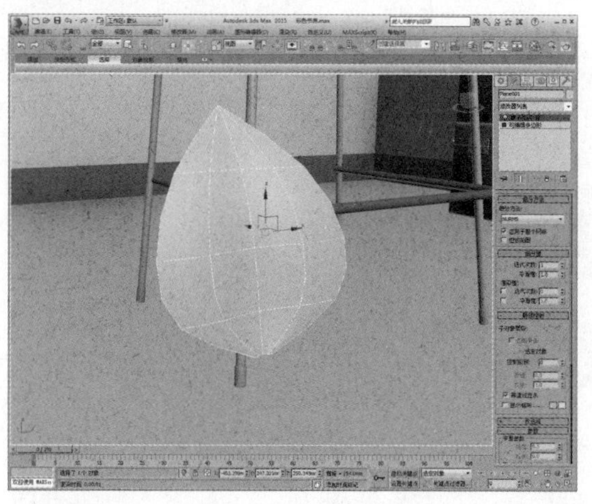

13 复制叶子模型并调整位置，如下图所示。

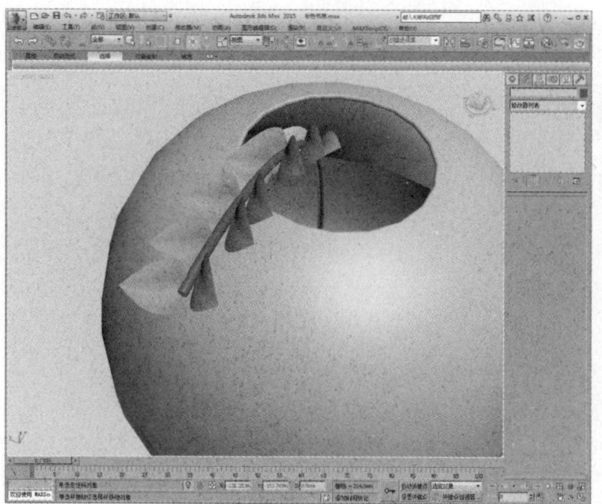

14 将枝干与叶子模型成组，进行复制，完成盆栽模型的制作。至此，书房模型创建完毕，如右图所示。

17.5 创建摄影机并制作材质

接下来要创建摄影机以及模型材质，以便于后期渲染出图，具体操作过程介绍如下。

01 在顶视图中创建一架目标摄影机，如右图所示。

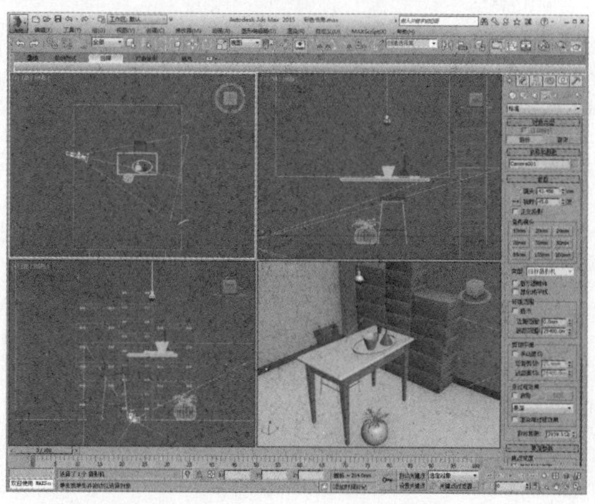

02 在修改命令面板中调整摄影机参数，再调整摄影机角度及高度，如下图所示。

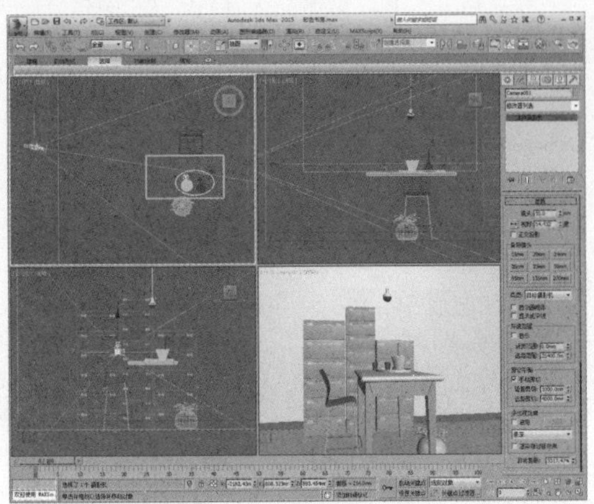

03 在“渲染设置”窗口中设置图像输出大小，如下图所示。

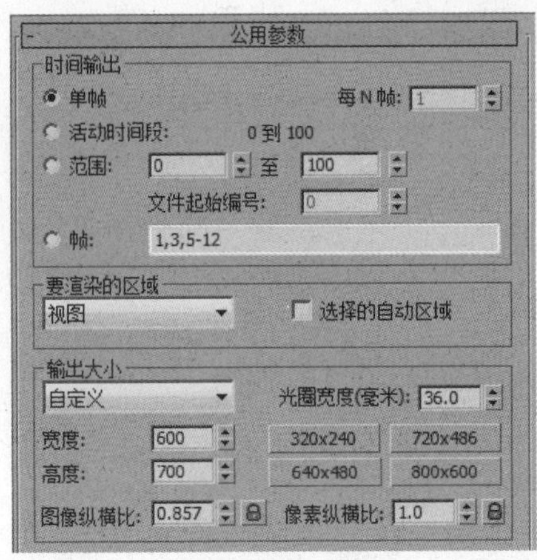

04 在透视视口中按C键转到摄影机视口，并设置视口显示安全框，如下图所示。

05 再次对摄影机位置进行调整，如下图所示。

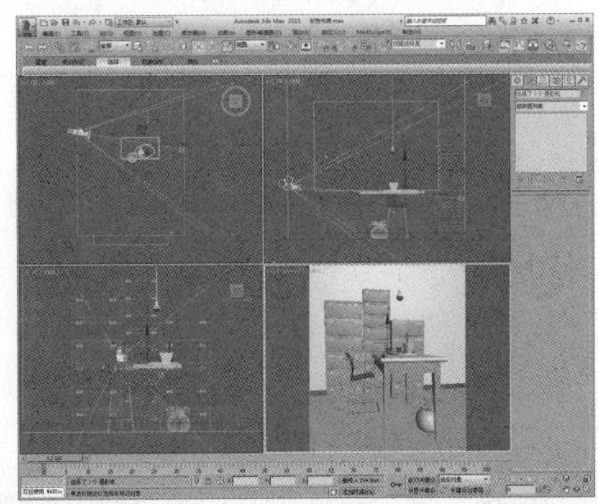

06 按M键打开材质编辑器，选择一个空白材质球，将其设置为VRayMtl材质，再设置漫反射颜色，如下图所示。

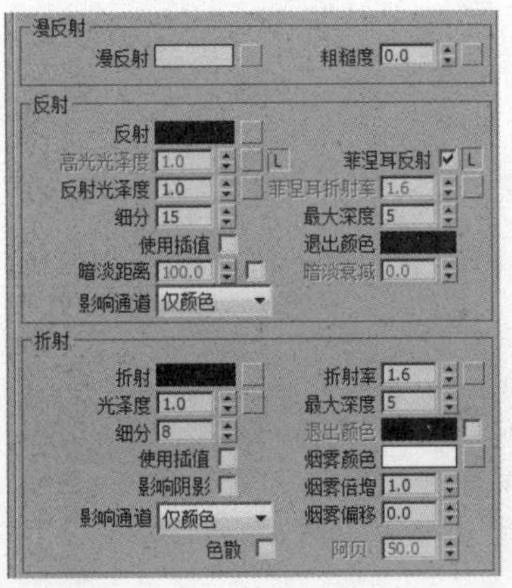

07 漫反射颜色设置如下图所示。

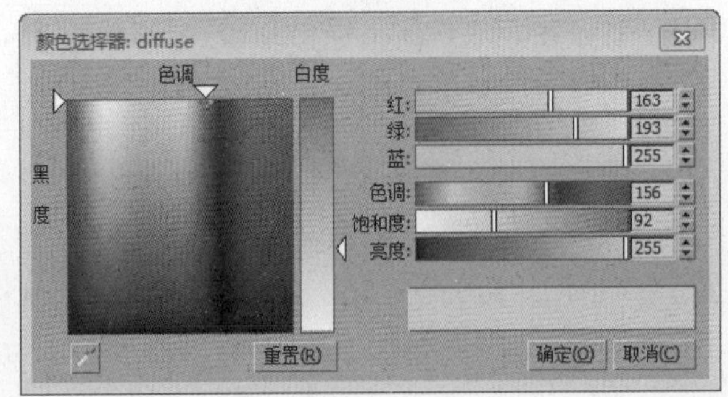

08 创建好的蓝色乳胶漆材质示例窗效果如下图所示。

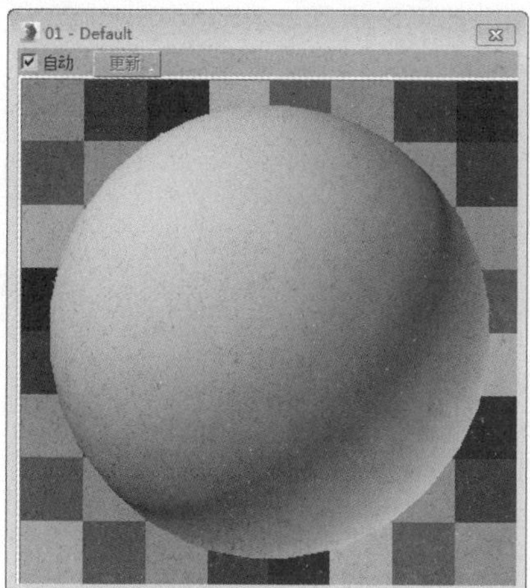

09 选择一个空白材质球，将其设置为VRayMtl材质，再设置反射颜色及反射参数，如下图所示。

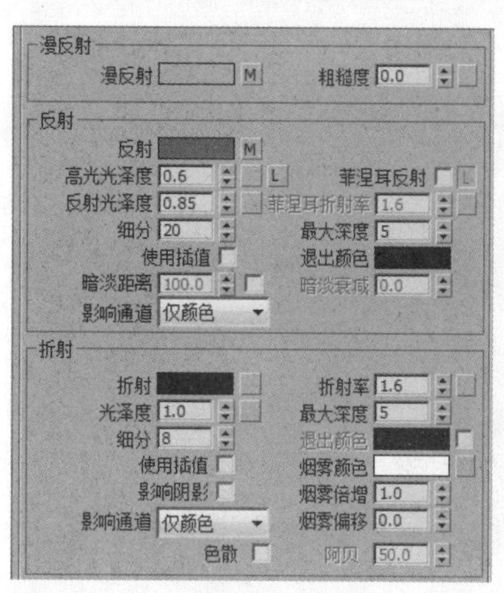

10 反射颜色设置如下图所示。

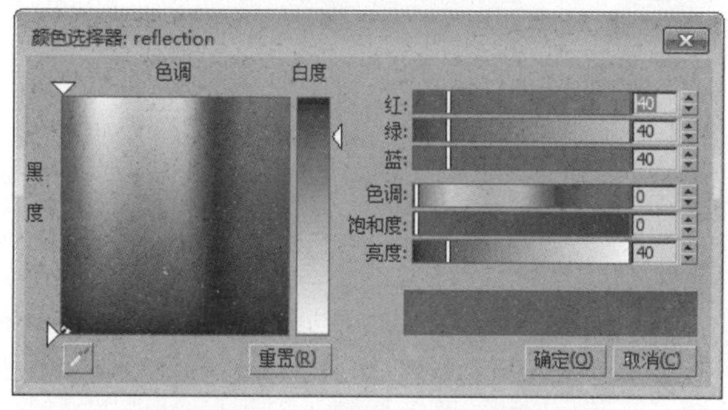

11 在“贴图”卷展栏中为漫反射通道添加位图贴图，为反射通道添加衰减贴图，如下图所示。

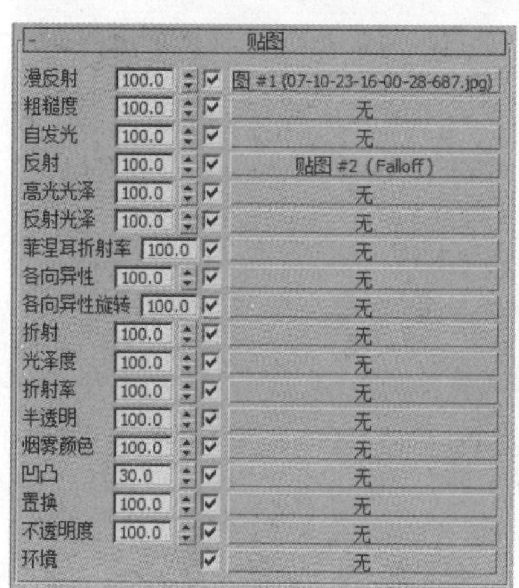

12 在“衰减参数”卷展栏中设置衰减颜色，并设置衰减类型，如下图所示。

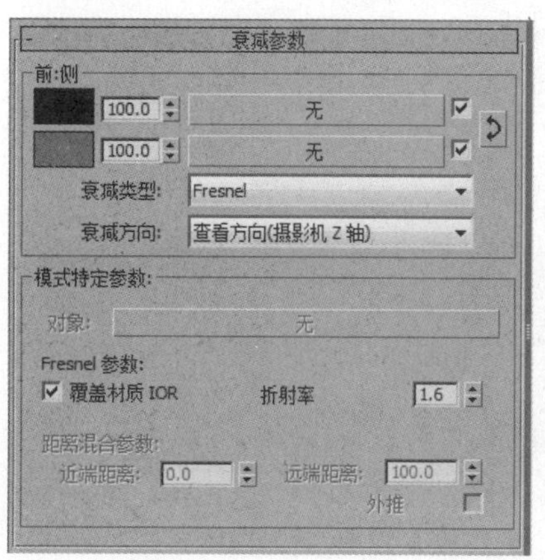

13 衰减颜色2设置如下图所示。

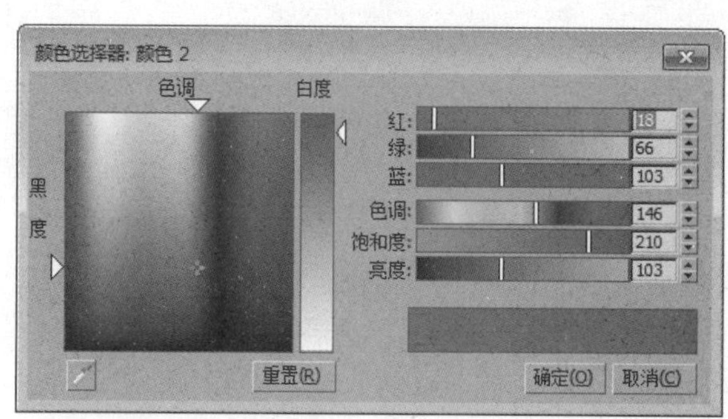

14 创建好的地板材质示例窗效果如下图所示。

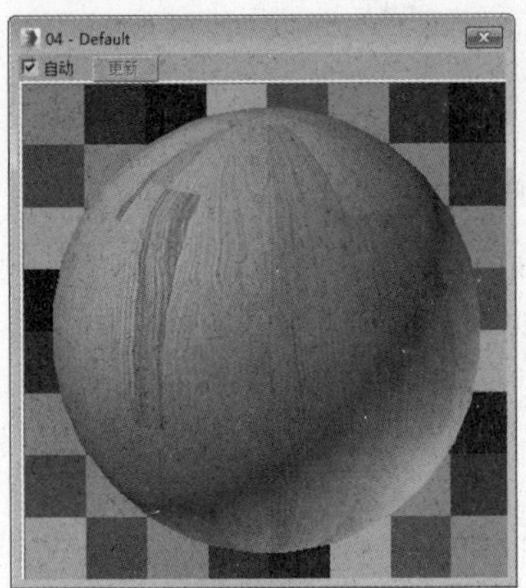

15 选择一个空白材质球，将其设置为VRayMtl材质，再设置漫反射颜色及反射参数，并为反射通道添加衰减贴图，如下图所示。

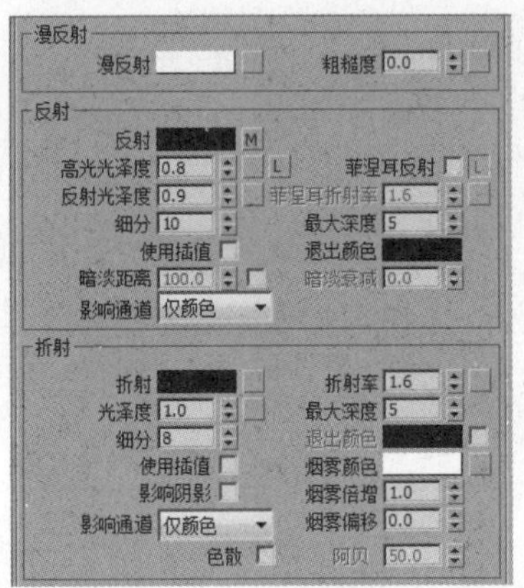

16 漫反射颜色设置如下图所示。

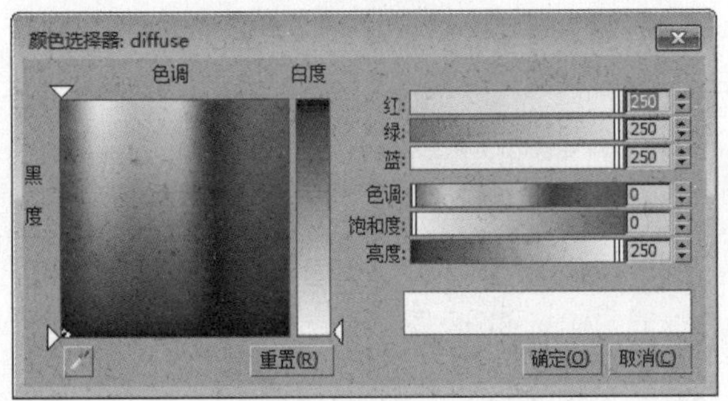

17 创建好的白色铁皮材质示例窗效果如下图所示。同白色铁皮材质的设置一样，再创建其他几个颜色的铁皮材质和椅子的材质。

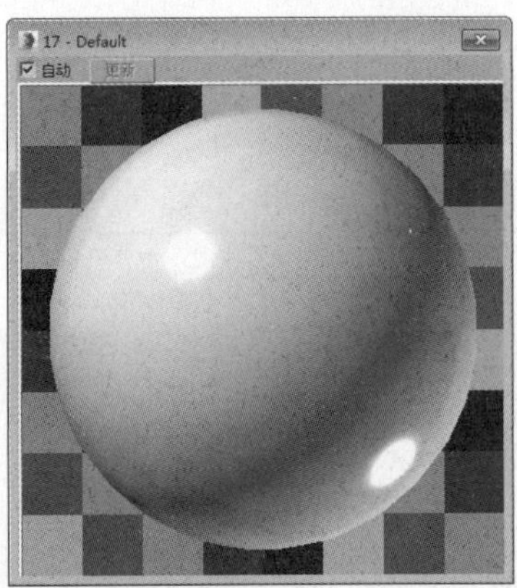

18 选择一个空白材质球，将其设置为VRayMtl材质，再设置漫反射颜色及反射颜色，并设置反射参数，如下图所示。

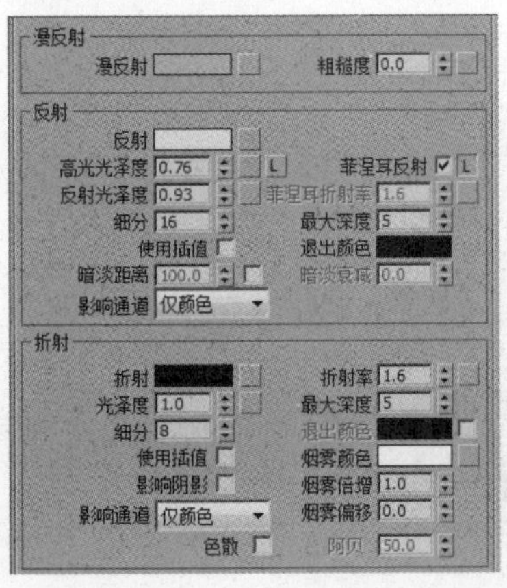

19 漫反射颜色及反射颜色设置如下图所示。

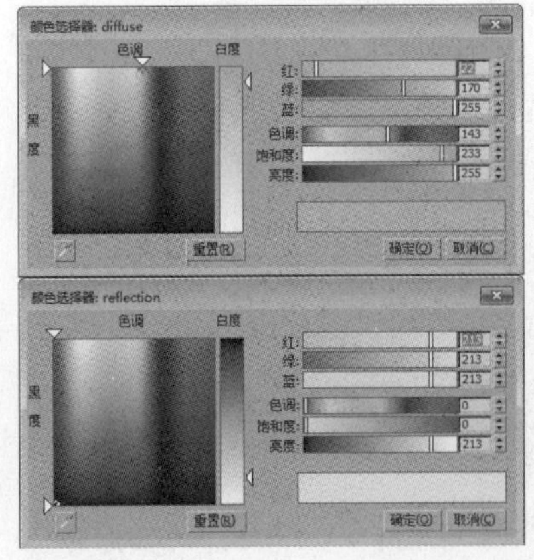

20 创建好的蓝色光面油漆材质示例窗效果如下图所示。

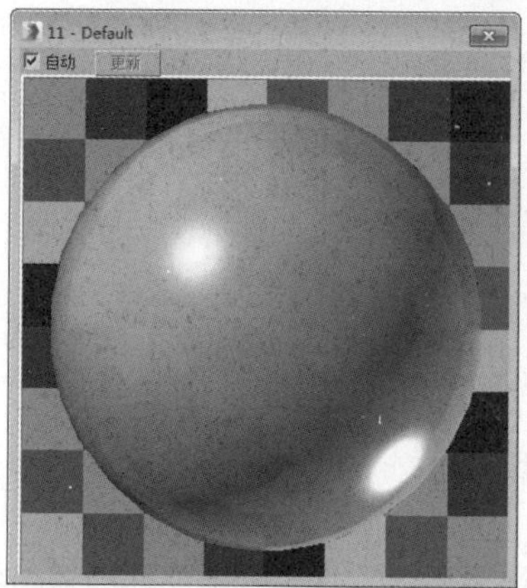

21 选择一个空白材质球，同样创建蓝色纹理油漆材质，在“贴图”卷展栏中为凹凸通道添加位图贴图，并设置凹凸值，如下图所示，其余设置同蓝色光面油漆材质。

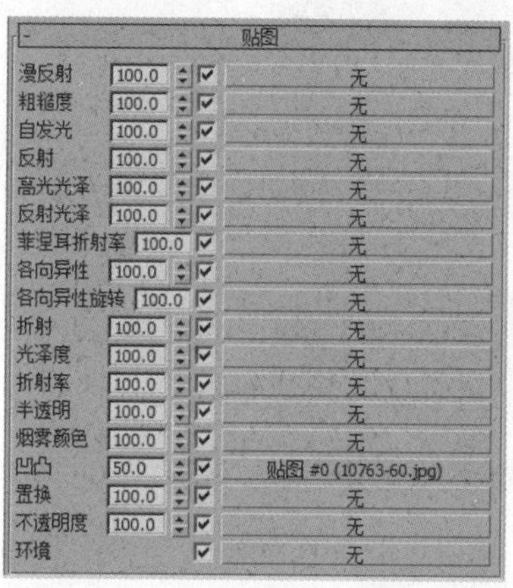

22 创建好的蓝色纹理油漆材质示例窗效果如下图所示。

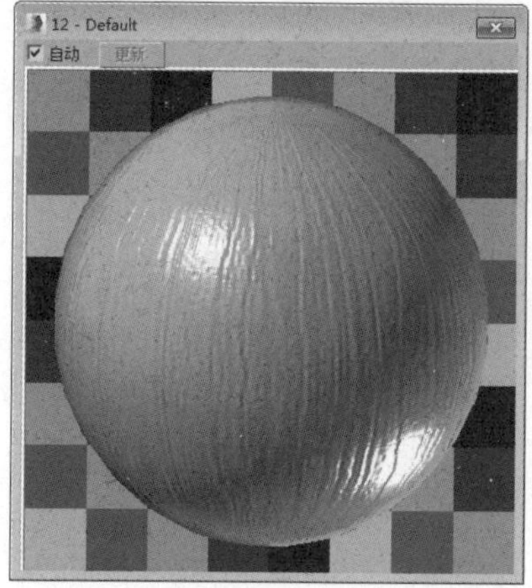

23 选择一个空白材质球，将其设置为VRayMtl材质，再设置反射颜色及反射参数，如下图所示。

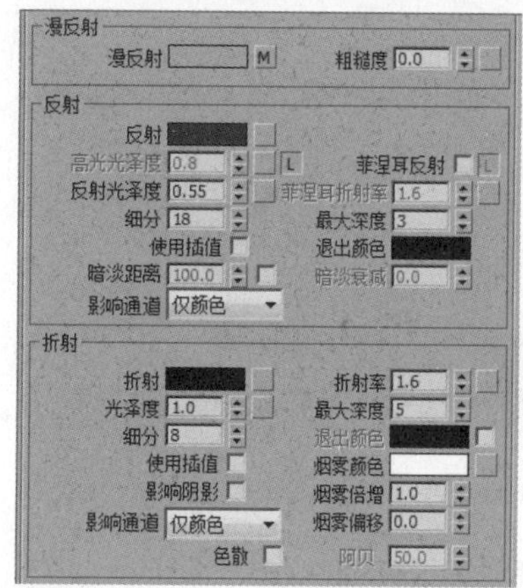

24 反射颜色设置如下图所示。

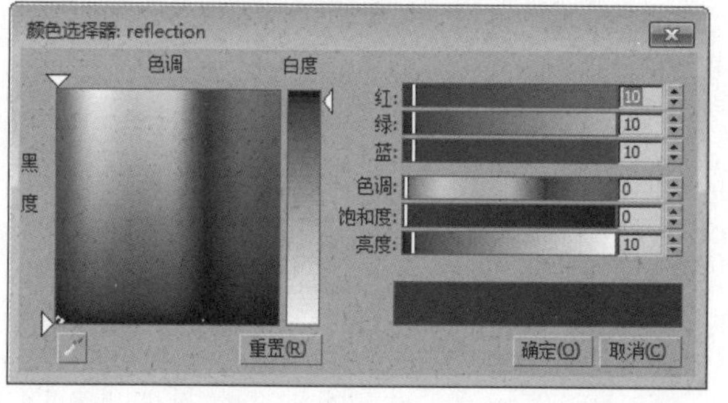

25 在“贴图”卷展栏中为漫反射通道及凹凸通道添加相同的位图贴图，并设置凹凸值，如下图所示。

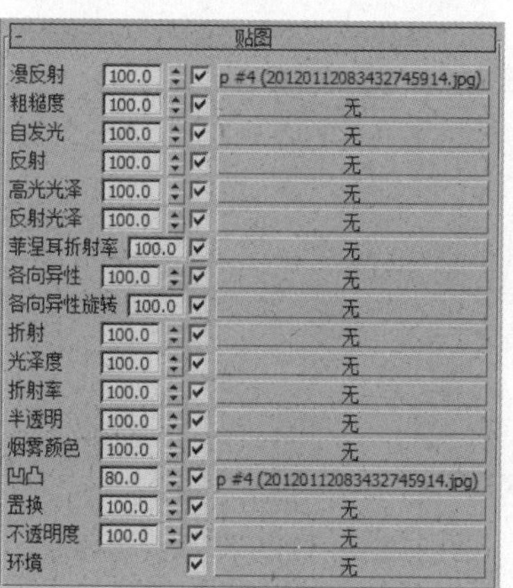

26 创建好的藤编材质示例窗效果如下图所示。

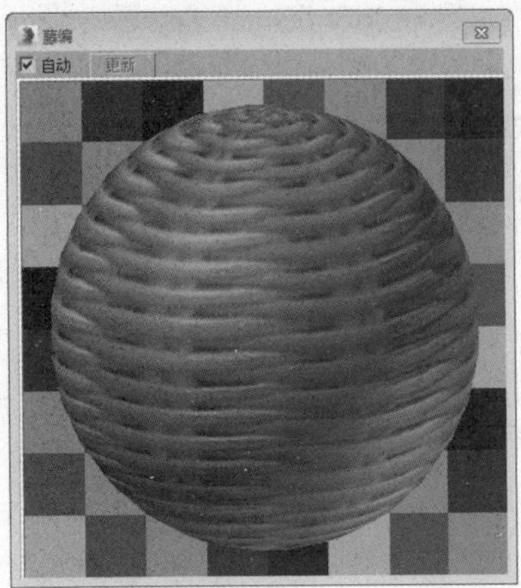

27 选择一个空白材质球，将其设置为VRayMtl材质，再设置反射颜色及反射参数，如下图所示。

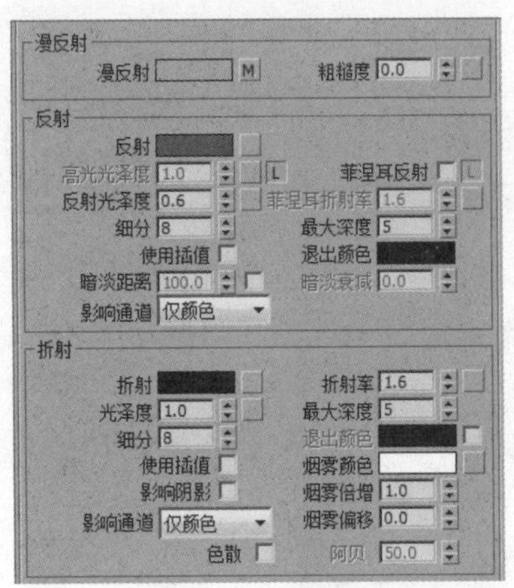

28 反射颜色设置如下图所示。

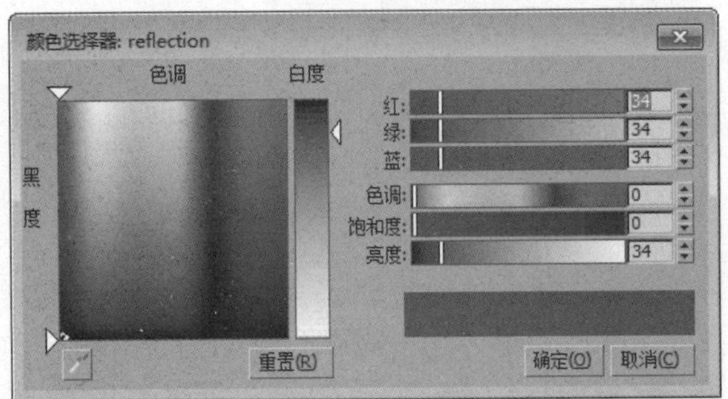

29 在“贴图”卷展栏中为漫反射通道及凹凸通道添加位图贴图，如下图所示。

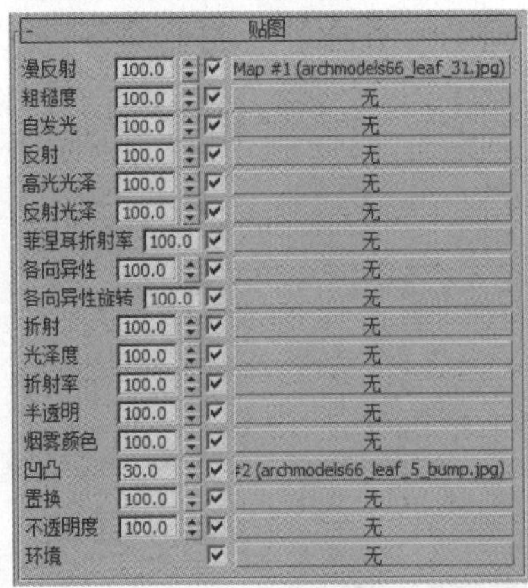

30 创建好的绿植材质示例窗效果如下图所示。

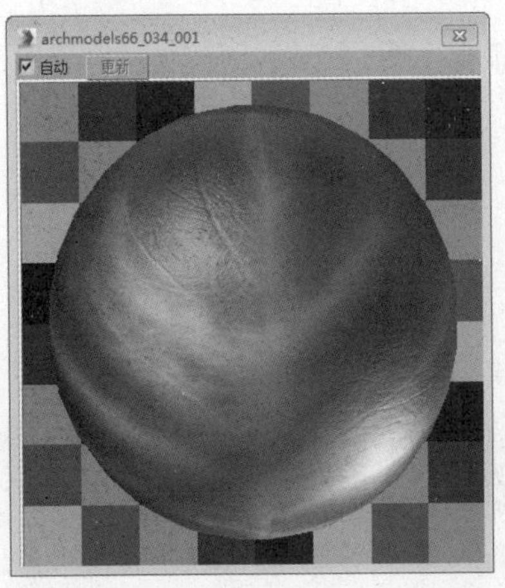

31 选择一个空白材质球，将其设置为VRayMtl材质，设置漫反射颜色为白色，为反射通道添加衰减贴图，再设置反射参数，如下图所示。

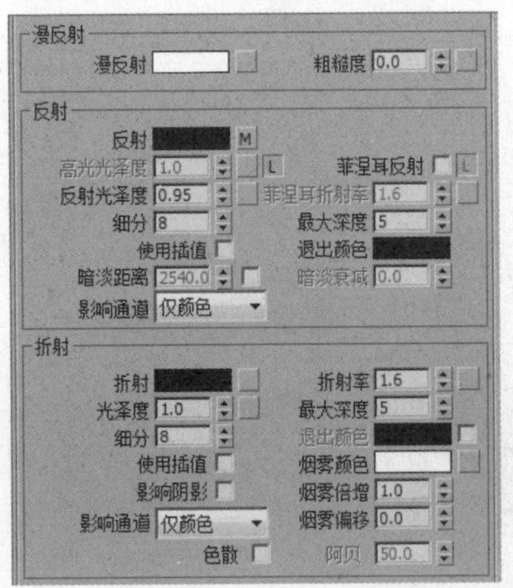

32 “衰减参数”卷展栏参数设置情况如下图所示。

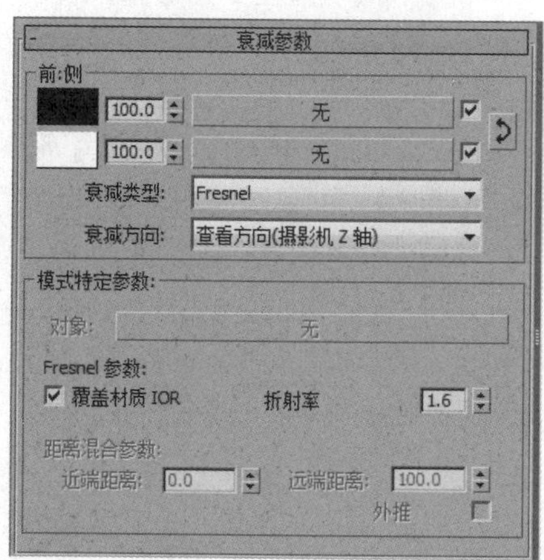

33 创建好的白瓷材质示例窗效果如下图所示。选择空白材质球，参数设置同白瓷材质，再创建其他颜色的瓷器材质。

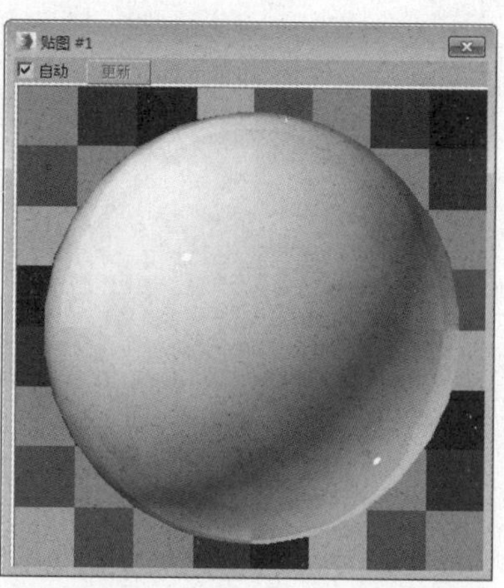

34 最后创建一个VR灯光材质，参数保持默认，示例窗效果如下图所示。

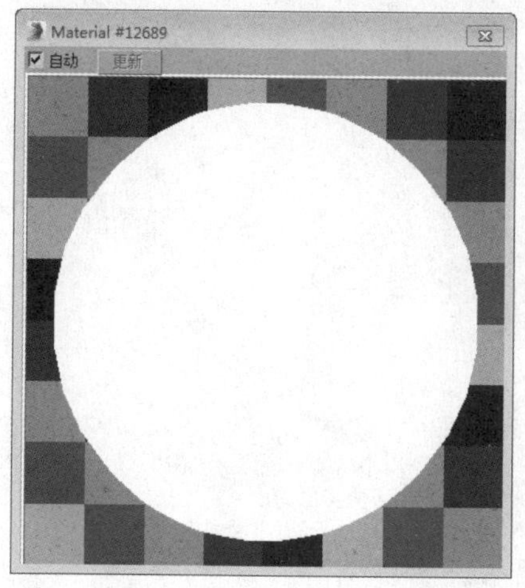

35 将创建好的材质分别指定给场景中的各个对象，再为场景添加灯光效果，最终渲染效果如下图所示。

中　篇

室内模型的制作与渲染

CHAPTER 18

卫生间效果的制作

本章中将制作一个现代简约风格的卫生间场景，通过洗手台盆、浴缸、马桶等模型的制作使读者进一步掌握多边形建模的操作知识。

知识点

1. 样条线的使用
2. 布尔运算的使用
3. Vray灯光的使用

18.1 制作卫生间主体建筑模型

下面首先来制作卫生间主体建筑模型，本案例中的整体布局简单大方，造型上没有特别复杂的地方。下面对创建过程进行介绍。

01 执行“文件>导入>导入”命令，导入卫生间CAD平面图，如下图所示。

02 将平面图导入到当前视图中，如下图所示。

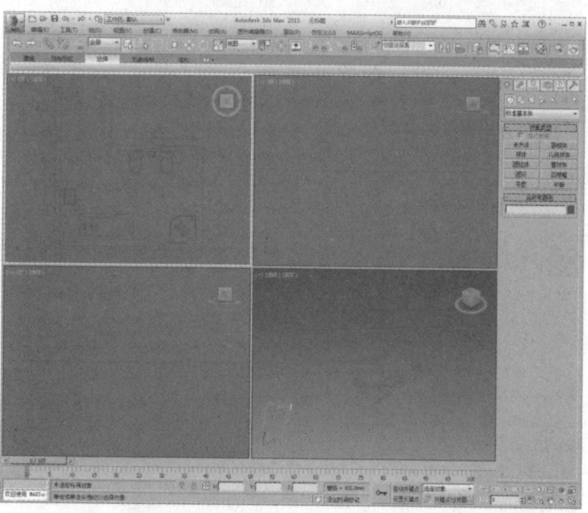

03 开启捕捉开关，在创建命令面板中单击“线”按钮，然后在顶视图中捕捉绘制室内框线，如下图所示。

04 关闭捕捉开关，为其添加“挤出”修改器，设置挤出值为3000，如下图所示。

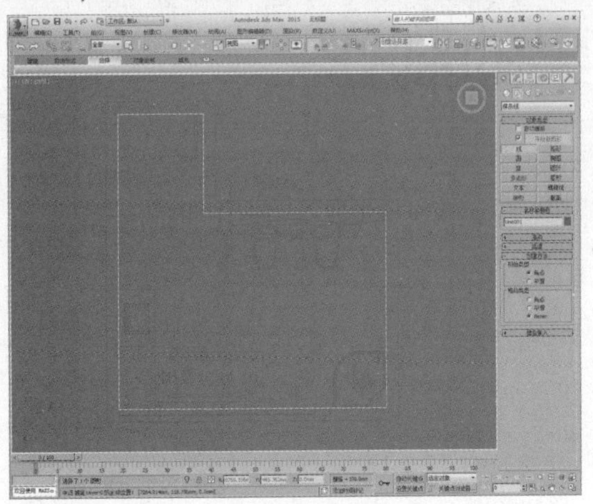

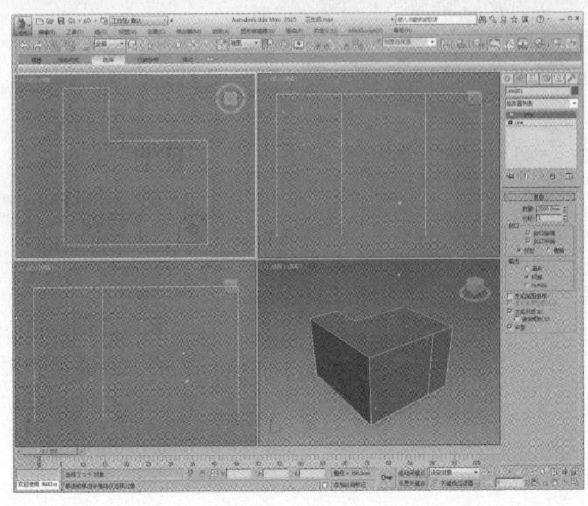

05 将其转换为可编辑多边形，进入“边”子层级，选择两条边，如下图所示。

06 单击“连接”设置按钮，设置连接边数为1，如下图所示。

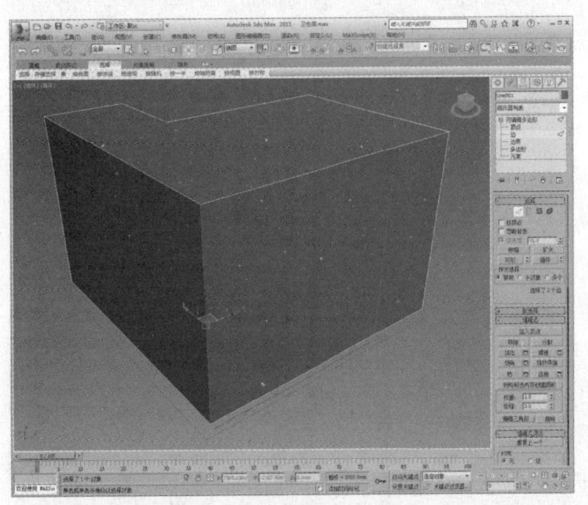

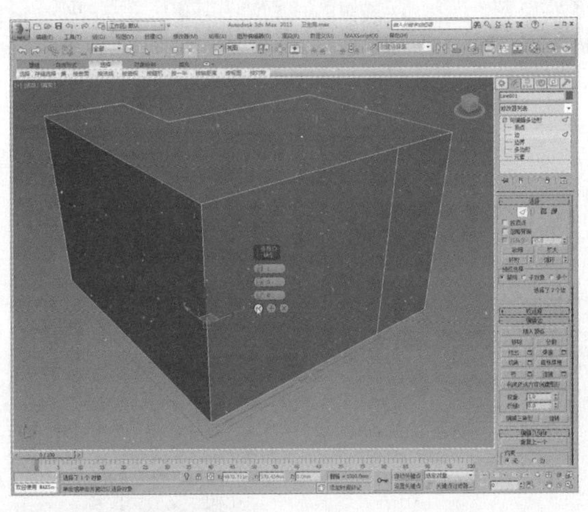

07 将新创建的边的Z轴坐标高度设置为2800，如下图所示。

08 将视角转到另一侧，选择两条边，单击“连接”设置按钮，设置连接边数为1，如下图所示。

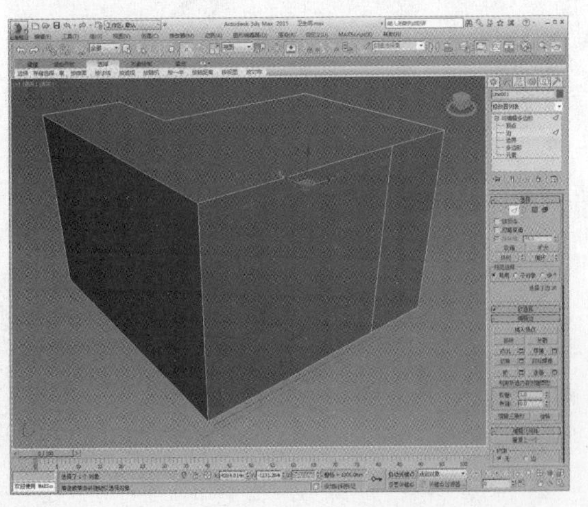

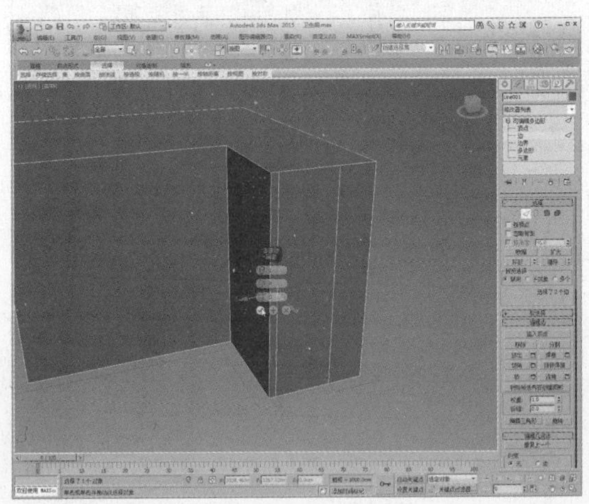

09 设置边的Z轴坐标高度为2100，如下图所示。

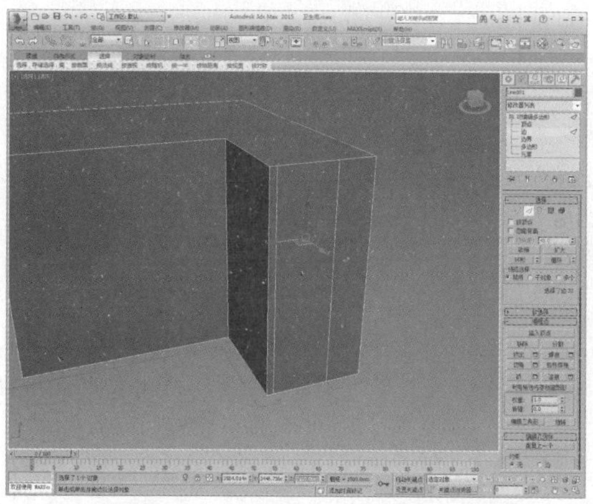

10 进入“多边形”子层级，选择一面多边形，如下图所示。

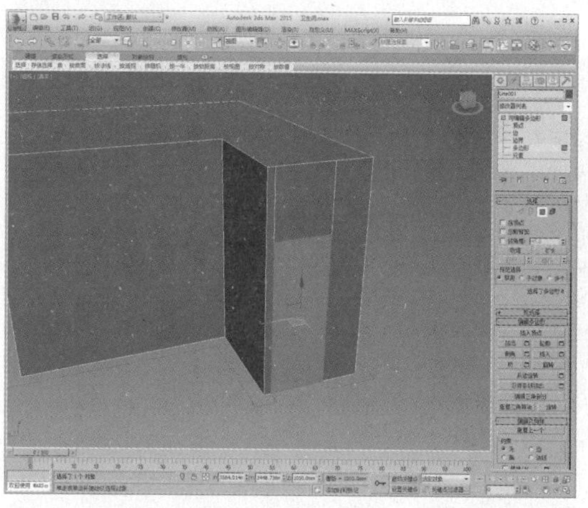

11 单击“挤出”设置按钮，设置挤出值为300，如下图所示。

12 将视角转到另一侧，选择一面多边形，并挤出300，如下图所示。

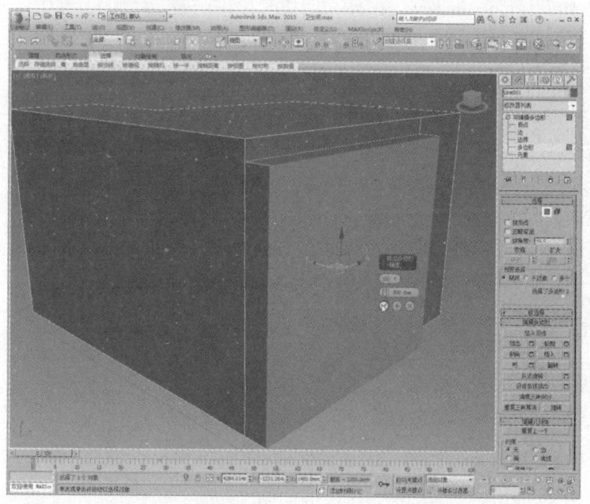

13 按Delete键将门窗位置的多边形删除，如下图所示。

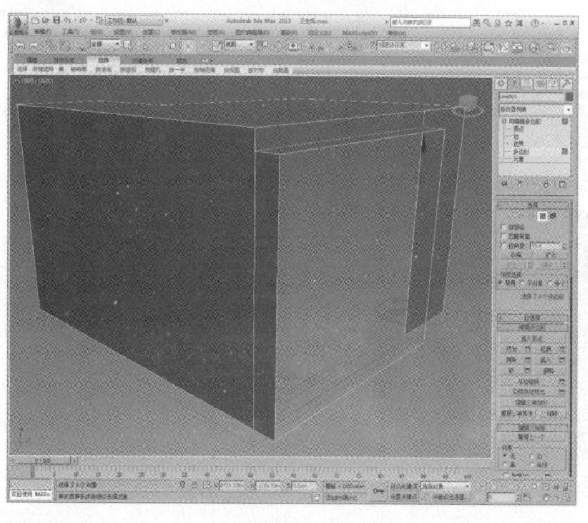

14 将视角转到建筑底部，选择底部的多边形，如下图所示。

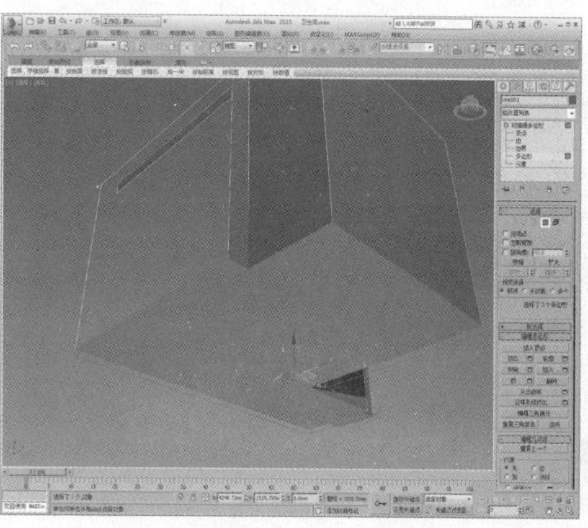

15 单击“挤出”设置按钮，设置挤出值为-100，如下图所示。

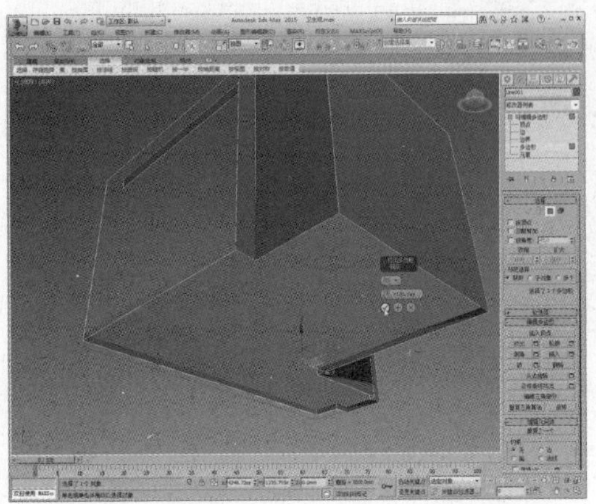

16 开启捕捉开关，单击创建命令面板中的“长方体”按钮，在顶视图中捕捉平面图创建一个长方体，如下图所示。

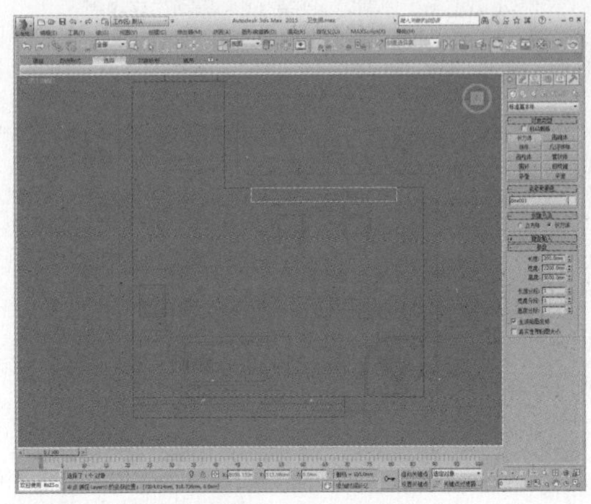

17 在创建命令面板中单击“切角长方体”按钮，捕捉创建切角长方体，设置圆角值为5，如下图所示。

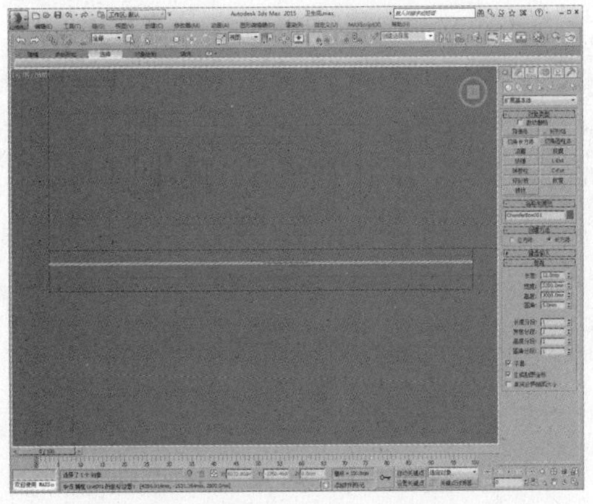

18 调整宽度值为1070，如下图所示。

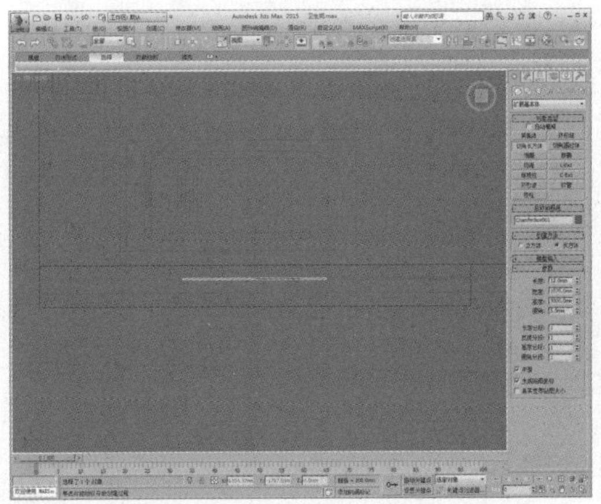

19 将切角长方体向两侧进行实例复制，如下图所示。

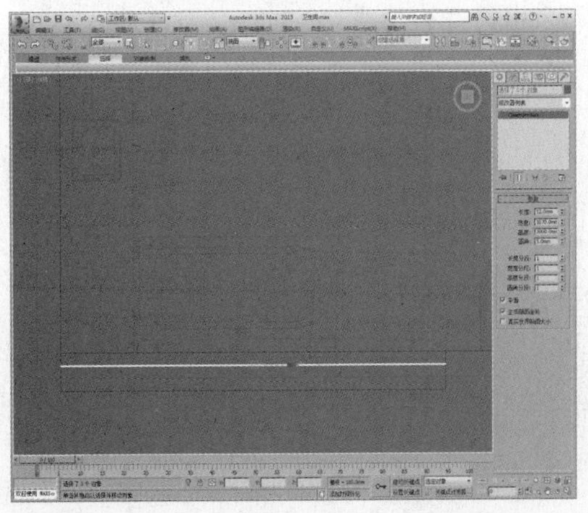

20 选择墙体模型，进入“多边形”子层级，然后全选模型，单击“翻转”按钮，如下图所示。

21 在创建命令面板中单击“长方体”按钮，创建一个长方体作为室外地面模型，如右图所示。

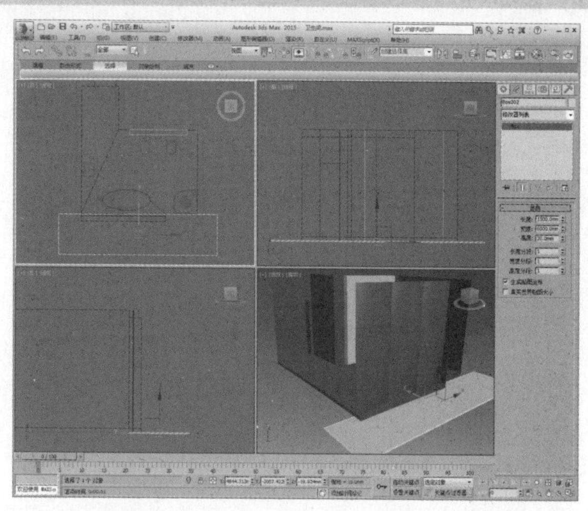

18.2 制作洗手台盆模型

洗手台盆包括洗手台、洗手盆、水龙头、肥皂盒、装饰画框等多个模型，读者可以自行创建模型，也可以加载现有的成品模型。模型的创建主要利用到“挤出”、“放样”、“网格平滑”等多个修改器，具体的操作过程介绍如下。

01 首先来制作洗手台模型。在创建命令面板中单击“线”按钮，在左视图中创建一个洗手台轮廓样条线，如下图所示。

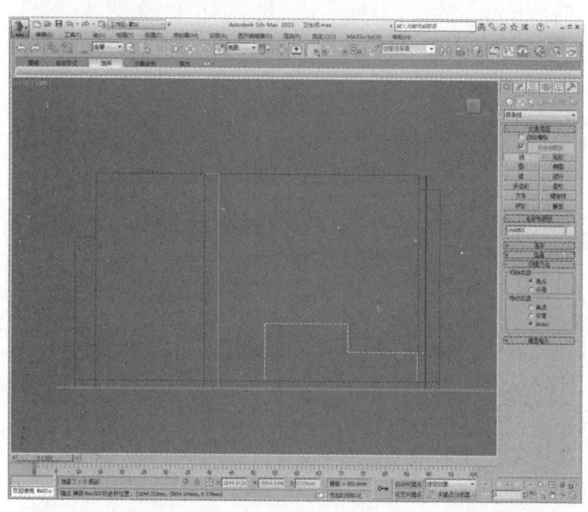

02 进入“样条线”子层级，设置轮廓值为100，如下图所示。

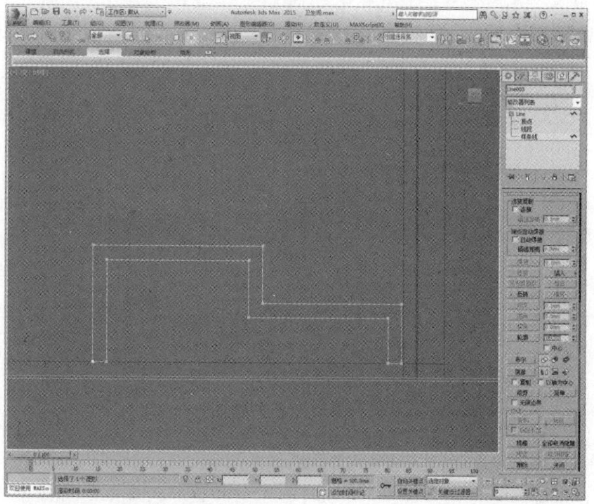

03 为其添加“挤出”修改器，设置挤出值为600，如下图所示。

04 将其转换为可编辑多边形，选择两条边，如下图所示。

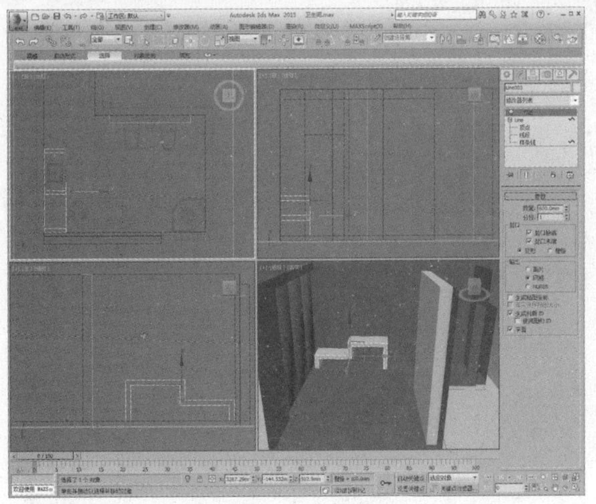

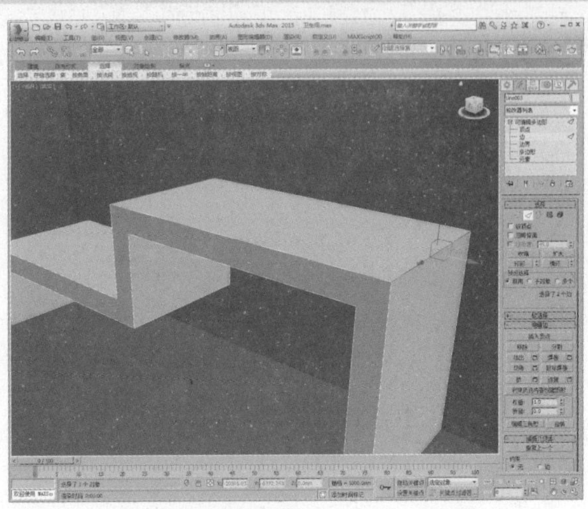

05 单击“连接”设置按钮，设置连接数为2，如下图所示。

06 调整边位置，如下图所示。

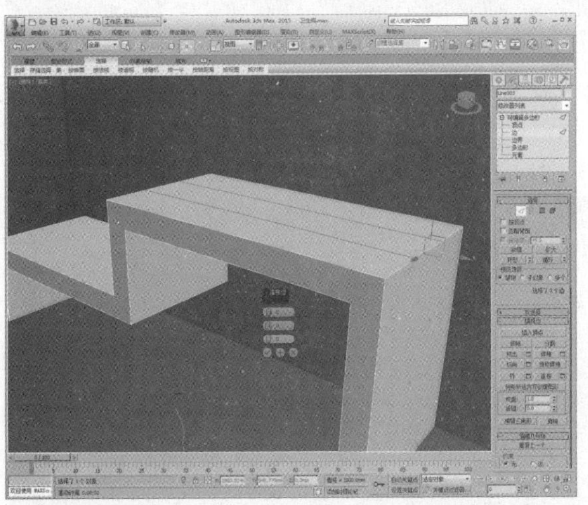

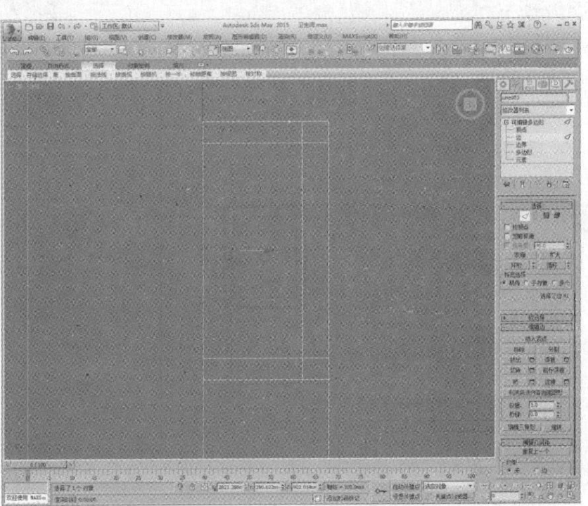

07 选择两条边，继续单击“连接”设置按钮，设置连接数为2，如下图所示。

08 调整边的位置，如下图所示。

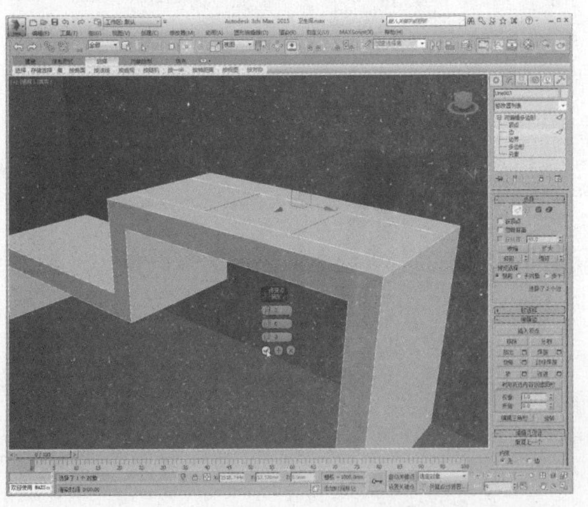

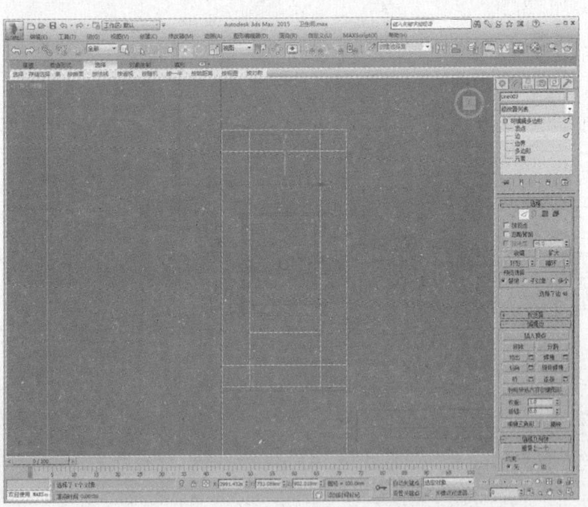

09 进入“多边形”子层级，选择多边形，如下图所示。

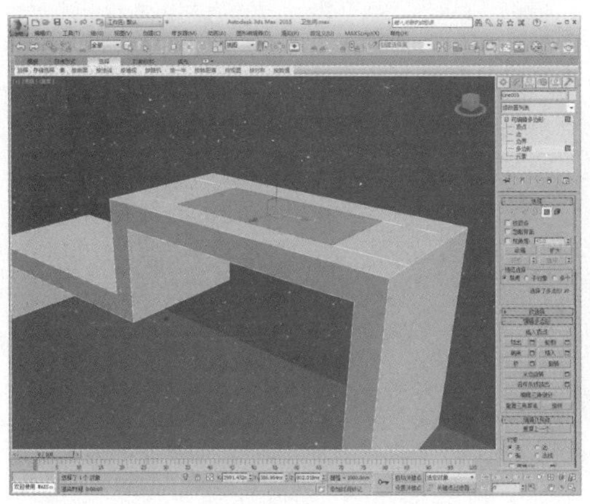

10 单击“挤出”设置按钮，设置挤出值为-50，向下挤出，完成洗手台模型的制作，如下图所示。

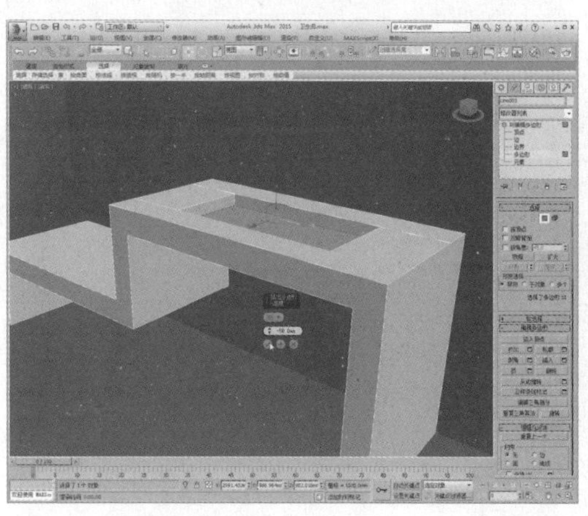

11 制作洗手盆模型。在创建命令面板中单击“切角长方体”按钮，在顶视图中创建一个切角长方体，如下图所示。

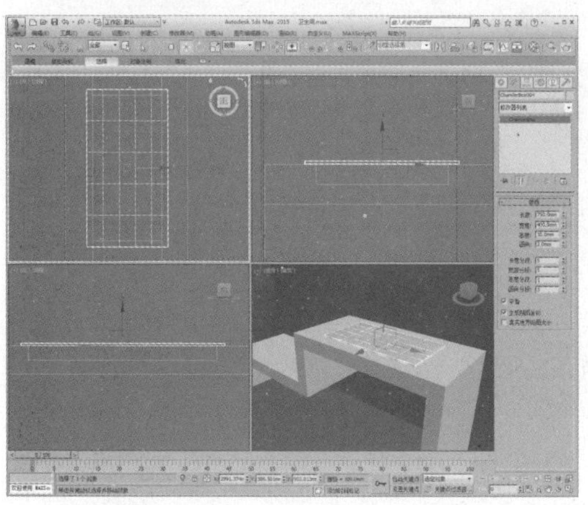

12 将其转换为可编辑多边形，进入“顶点”子层级，在顶视图中调整顶点位置，如下图所示。

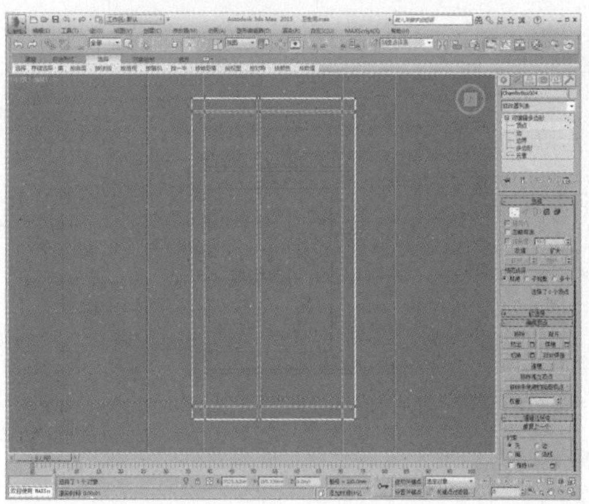

13 在顶视图中选择顶点，如下图所示。

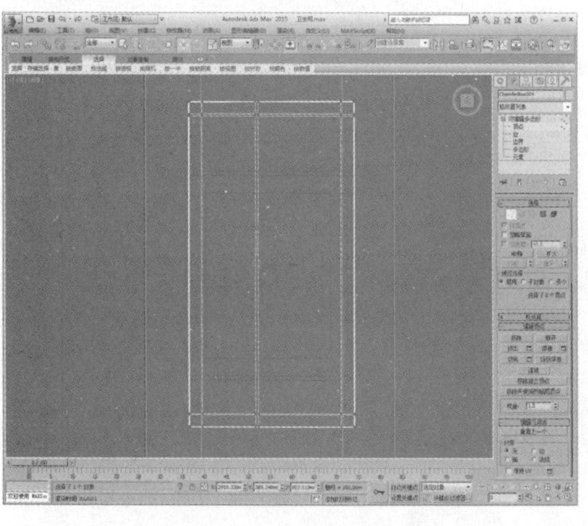

14 在前视图中调整顶点位置，完成洗手盆模型的制作，如下图所示。

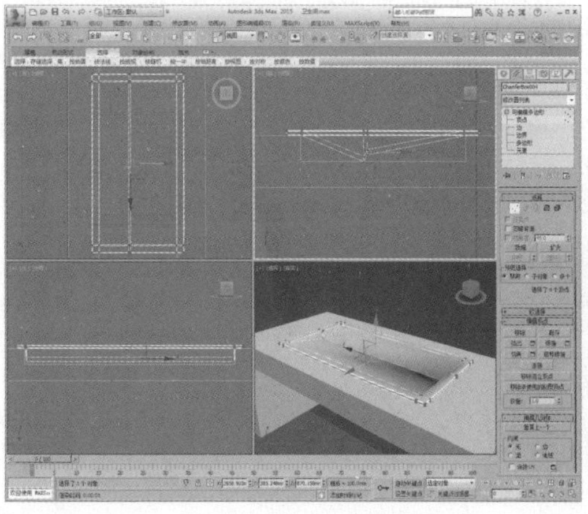

15 制作水龙头模型。在创建命令面板中单击“线”按钮，绘制水龙头侧面轮廓样条线，如下图所示。

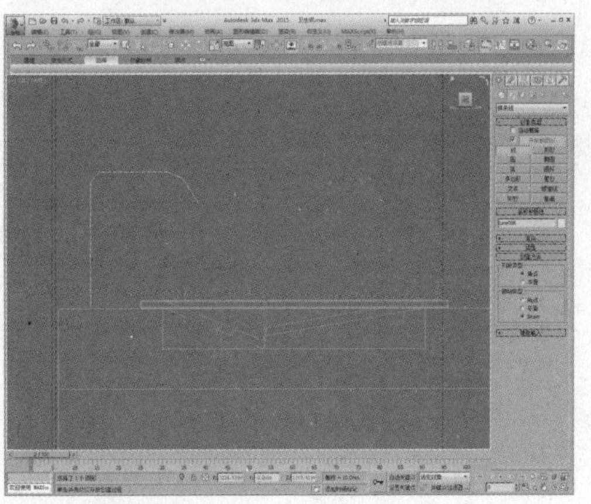

16 进入“顶点”子层级，选择顶点并将其转换为Bezier角点，如下图所示。

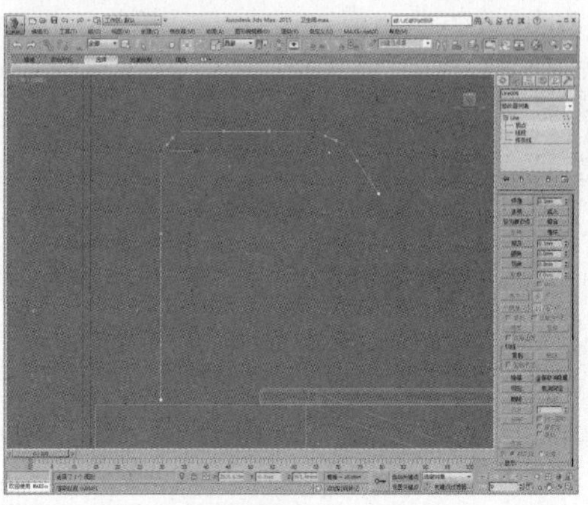

17 根据控制柄调整样条线形状，如下图所示。

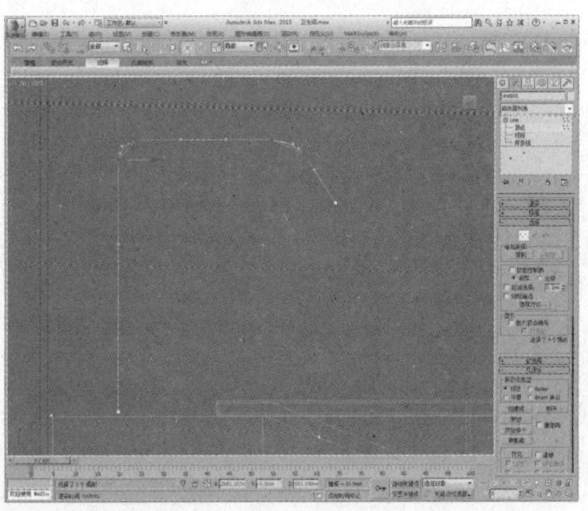

18 在创建命令面板中单击“矩形”按钮，在顶视图中绘制一个矩形，设置长度、宽度以及角半径值，如下图所示。

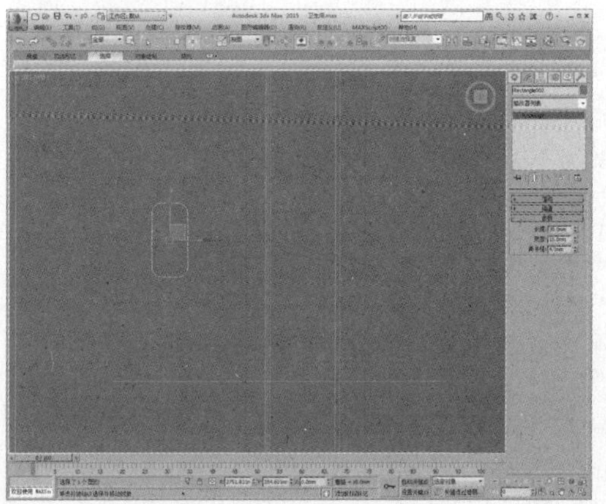

19 将其转换为可编辑样条线，进入“样条线”子层级，设置轮廓值为2，如下图所示。

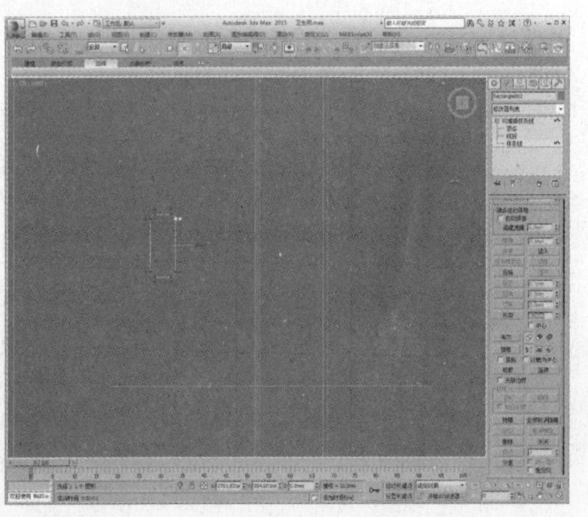

20 选择样条线，在复合对象面板中单击“放样”按钮，然后在“创建方法”卷展栏中单击“获取图形”按钮，单击选择矩形样条线，如下图所示。

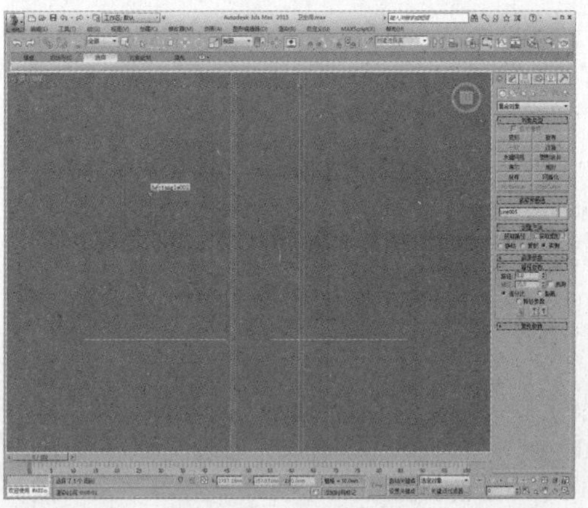

21 水龙头出水口造型如下图所示。

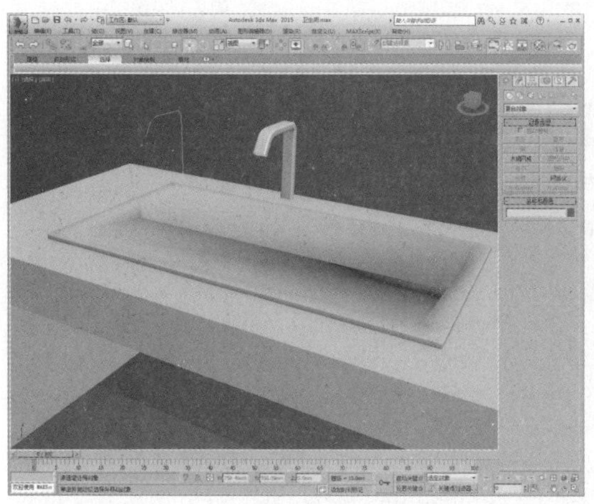

22 将其转换为可编辑多边形，进入“多边形”子层级，选择出水口处的多边形，如下图所示。

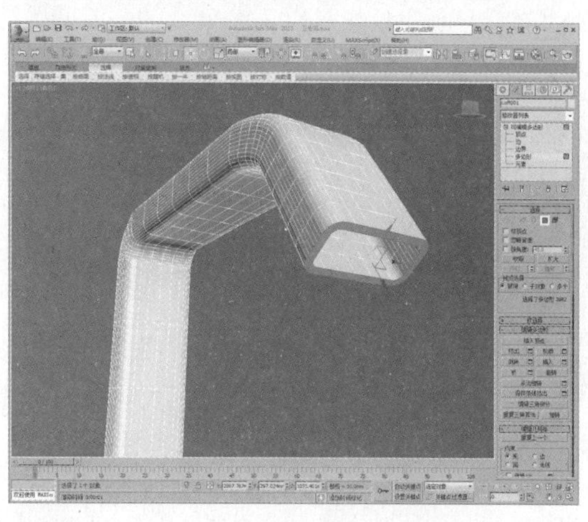

23 单击“倒角”按钮，设置倒角高度值和轮廓值，如下图所示。

24 进入“顶点”子层级，调整顶点位置，如下图所示。

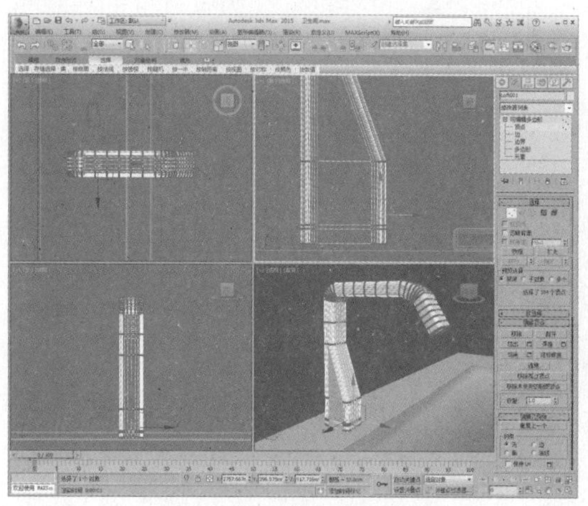

25 进入“边”子层级，选择模型上的边，如下图所示。

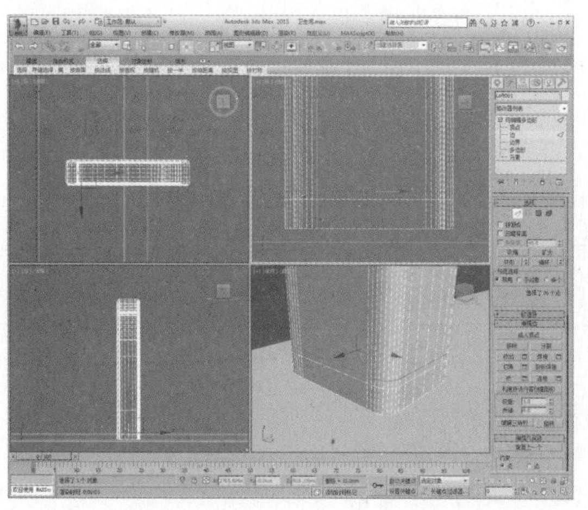

26 单击“挤出”设置按钮，设置挤出高度和宽度值，如下图所示。

27 在创建命令面板中单击“切角长方体”按钮，在顶视图中创建一个切角长方体，调整位置，如下图所示。

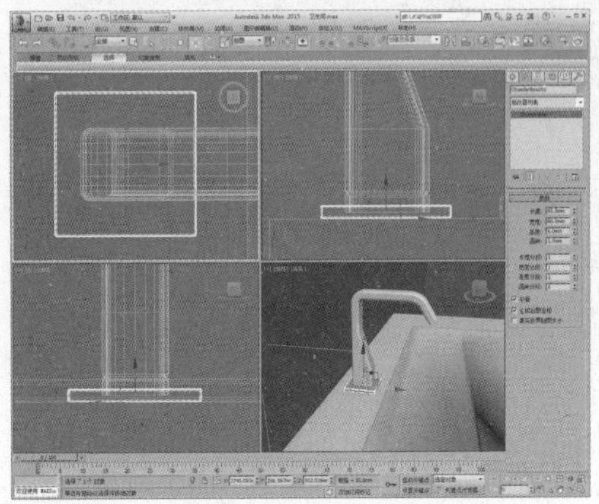

28 在创建命令面板中单击“切角圆柱体”按钮，在前视口中创建一个切角圆柱体，并调整位置，如下图所示。

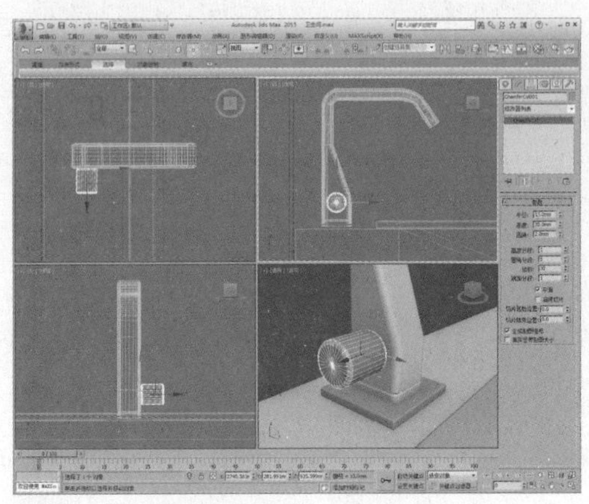

29 在创建命令面板中单击“切角长方体”按钮，在顶视图中创建一个切角长方体，调整位置，完成水龙头模型的制作，如下图所示。

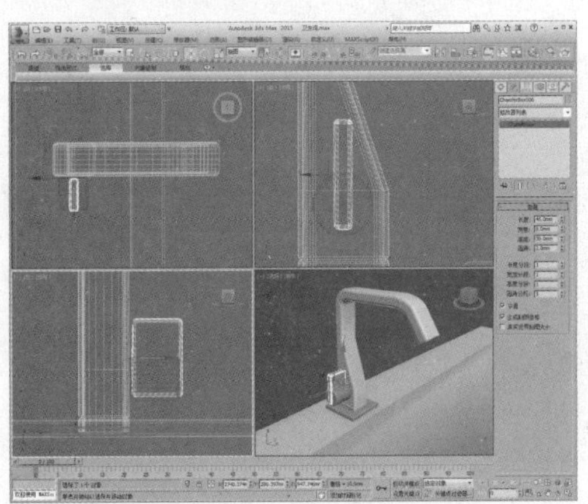

30 制作肥皂盒模型。在创建命令面板中单击“长方体”按钮，创建一个长方体，设置高度分段，如下图所示。

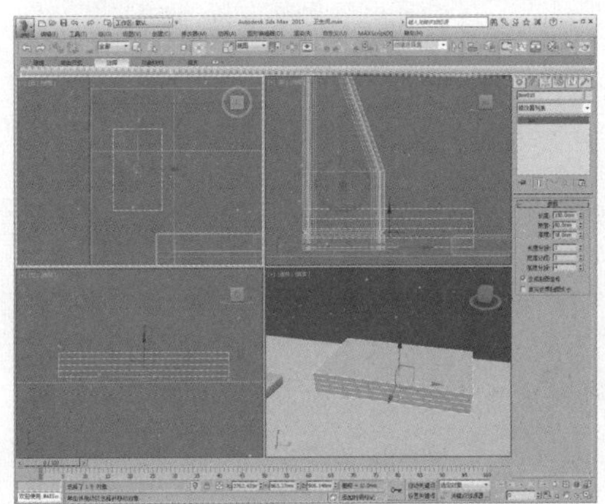

31 将其转换为可编辑多边形，进入“多边形”子层级，选择多边形，如下图所示。

32 单击“插入”设置按钮，设置插入值为13，如下图所示。

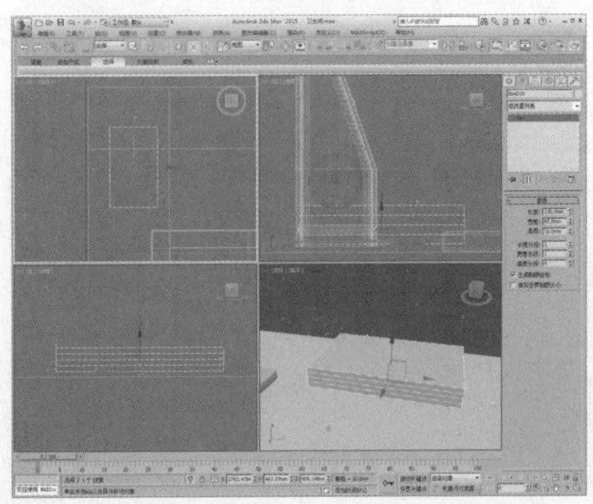

33 再单击“挤出”设置按钮，设置挤出值为-15，如下图所示。

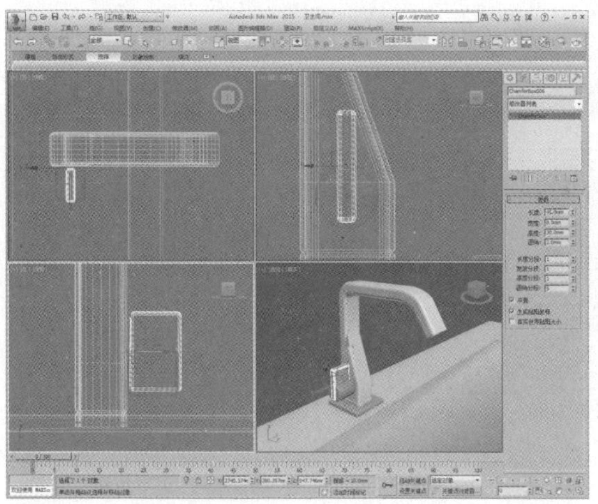

34 进入“顶点”子层级，在左视图中调整顶点，如下图所示。

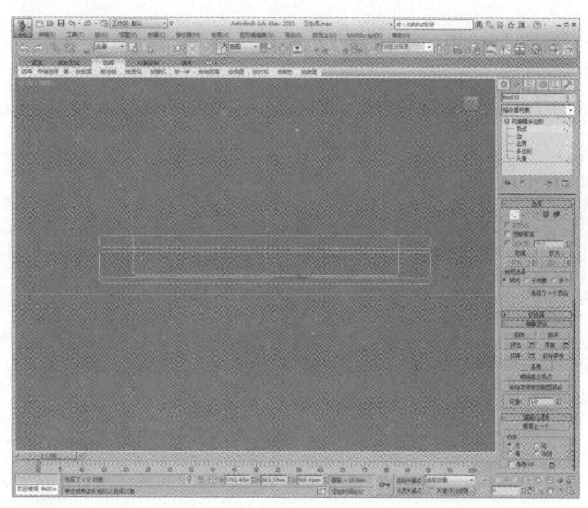

35 继续调整顶点以改变模型的造型，此时，肥皂盒的初步轮廓已经显现，如下图所示。

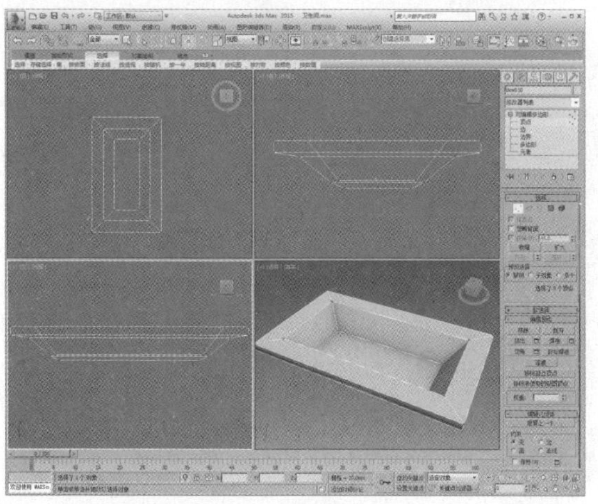

36 为其添加“网格平滑”修改器，设置迭代次数为5，完成肥皂盒模型的制作，如下图所示。

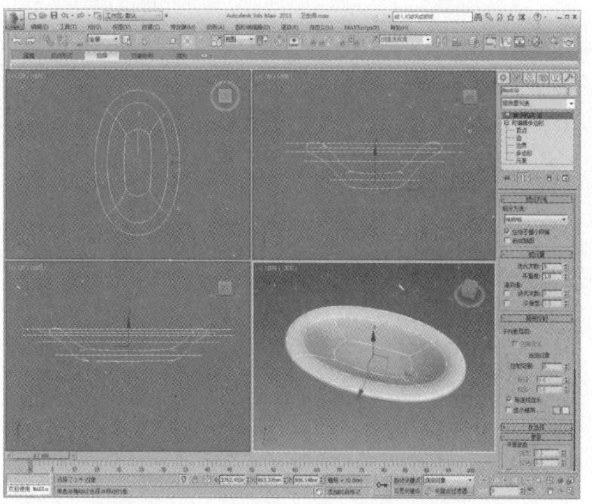

37 制作肥皂模型。创建一个长方体，如下图所示。

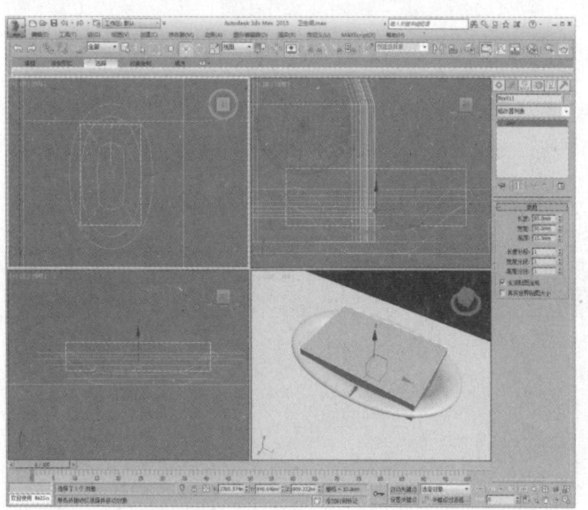

38 将其转换为可编辑多边形，如下图所示。

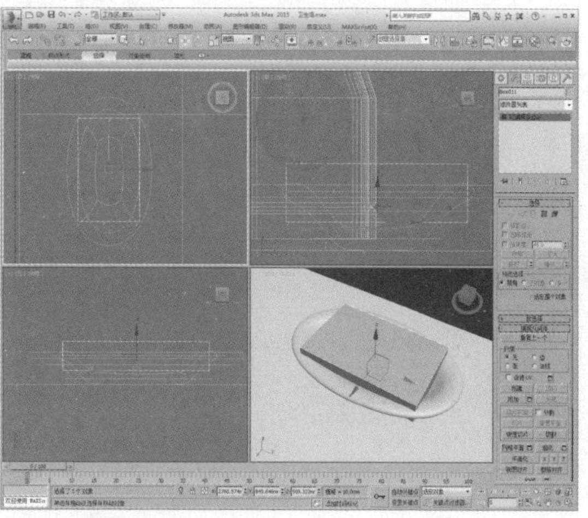

39 单击鼠标右键进行NURMS切换，如下图所示。

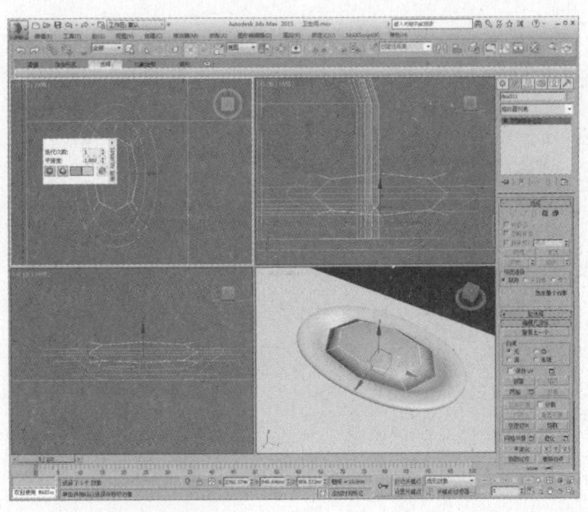

40 设置迭代次数为5，完成肥皂模型的制作，如下图所示。

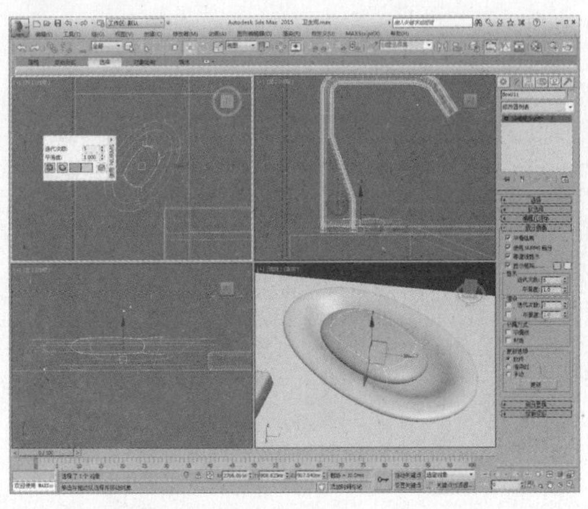

41 制作画框模型。在创建命令面板中单击“矩形”按钮，在左视图中创建一个尺寸为800×800的矩形，如下图所示。

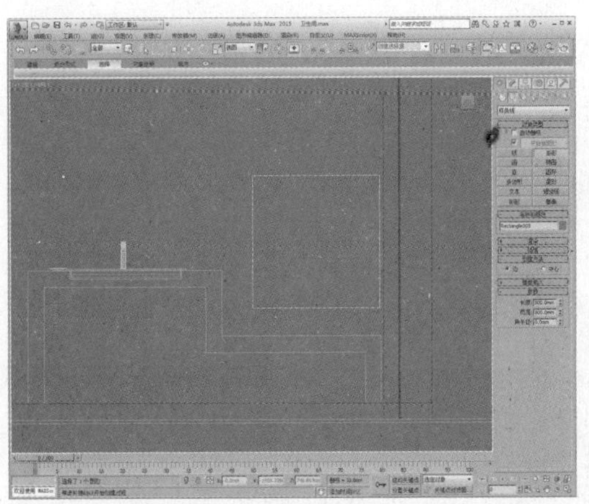

42 进入“样条线”子层级，设置轮廓值为50，如下图所示。

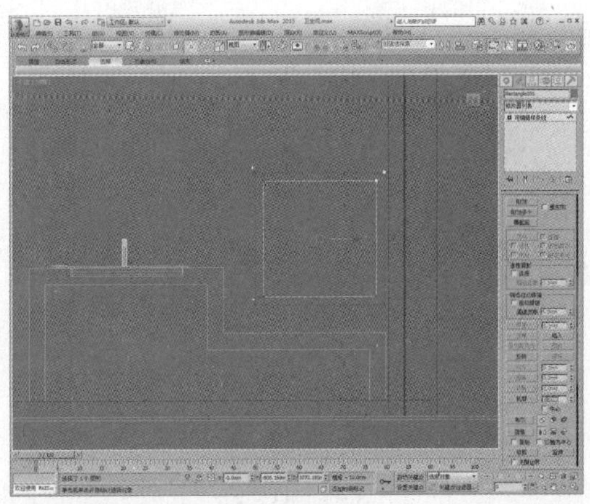

43 为其添加“挤出”修改器，设置挤出值为40，如下图所示。

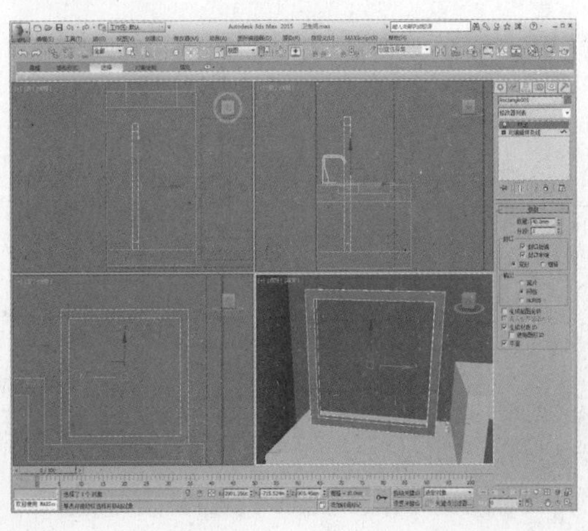

44 将其转换为可编辑多边形，进入“多边形”子层级，选择多边形，如下图所示。

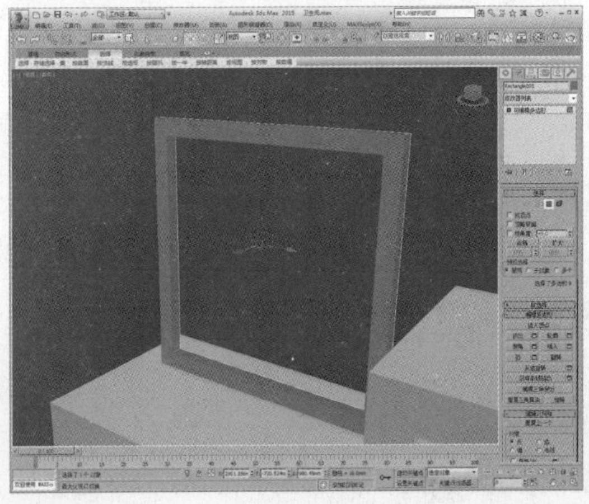

45 单击“倒角”设置按钮，设置倒角宽度及高度，如下图所示。

46 捕捉创建一个长方体，然后调整位置，如下图所示。

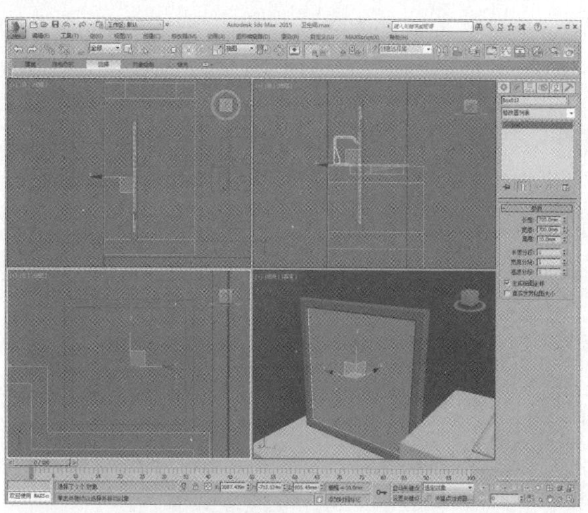

47 将其转换为可编辑多边形，进入“多边形”子层级，选择多边形，如下图所示。

48 单击“插入”设置按钮，设置插入值为80，如下图所示。

49 调整模型位置及角度，完成画框模型的制作，如右图所示。

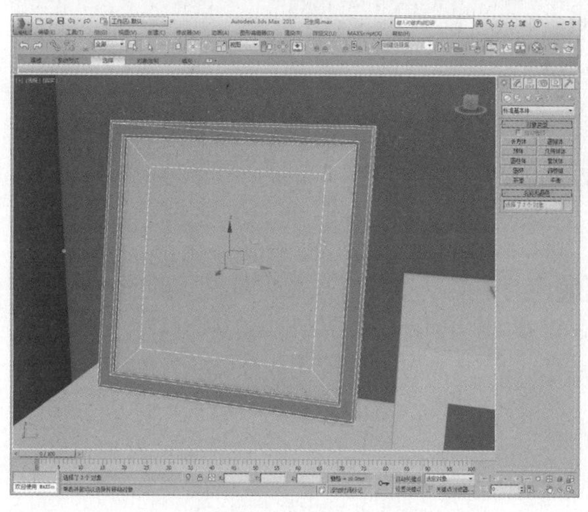

18.3 制作浴缸模型

浴缸模型的造型简洁利落，缸体模型的制作较为复杂，这里我们利用多边形建模中的操作命令以及NURMS切换操作进行模型的制作，具体的操作过程介绍如下。

01 在创建命令面板中单击“切角长方体”按钮，在顶视图中创建一个切角长方体，并将其调整到合适位置，如下图所示。

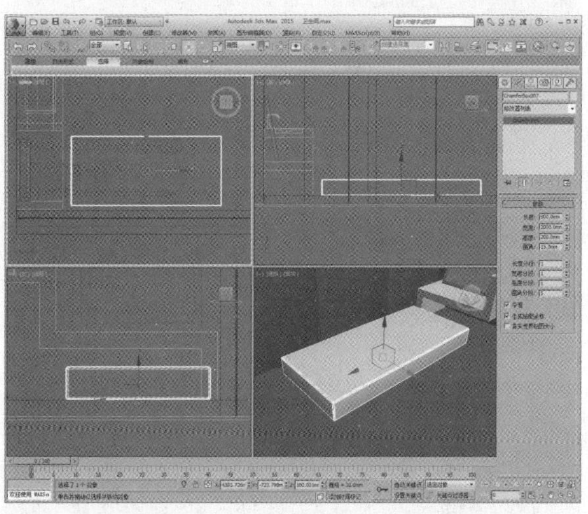

02 在创建命令面板中单击“椭圆”按钮，在顶视图中绘制一个椭圆，再将其调整成与切角长方体居中对齐，如下图所示。

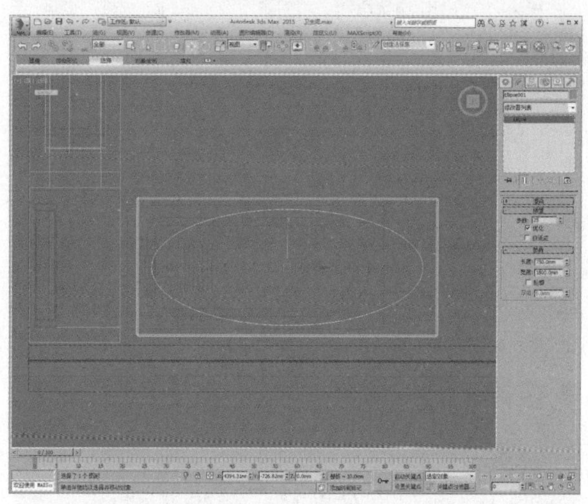

03 为其添加“挤出”修改器，设置挤出值为400，制作出一个椭圆柱体模型，如下图所示。

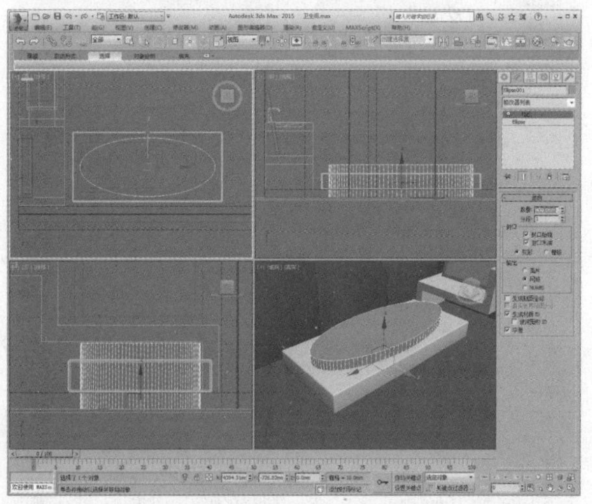

04 向上复制模型，如下图所示。

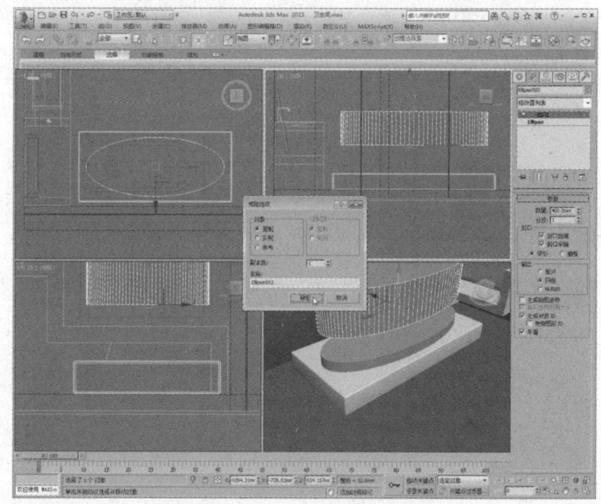

05 选择切角长方体，在复合对象面板中单击“布尔”按钮，拾取选择与其相交的椭圆柱体，如下图所示。

06 完成布尔差集运算，如下图所示。

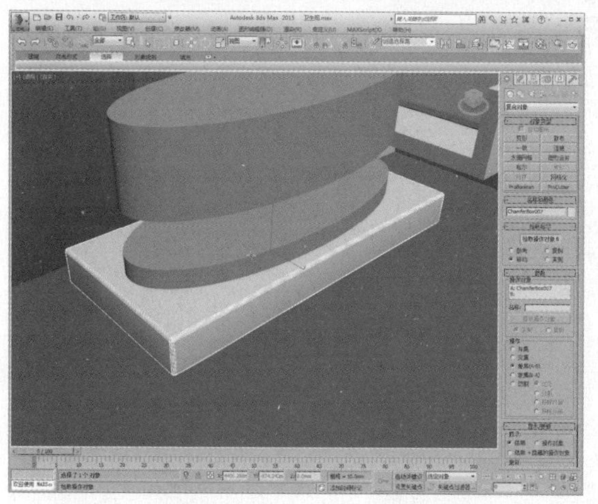

07 选择建筑模型，进入“多边形”子层级，选择地面，单击“分离”按钮，将其分离，如下图所示。

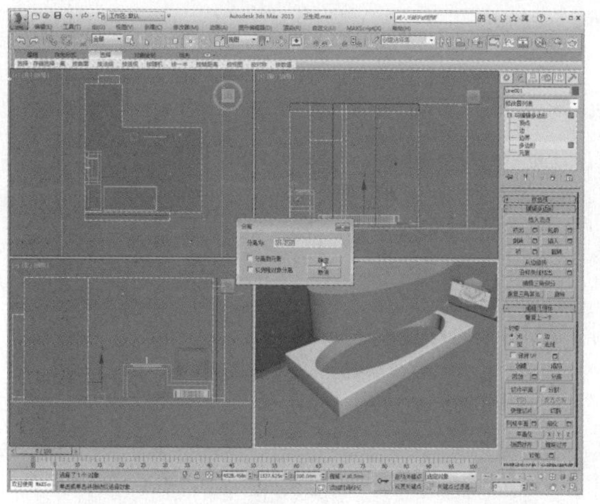

09 选择分离出的地面模型，在复合对象面板中单击“布尔”按钮，在视口中拾取选择椭圆柱体模型，如下图所示。

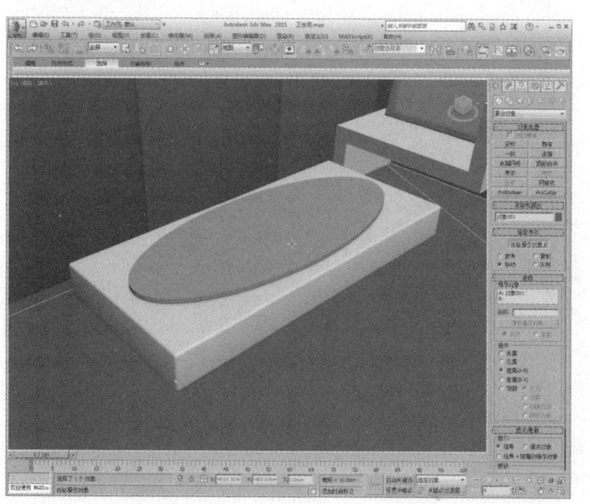

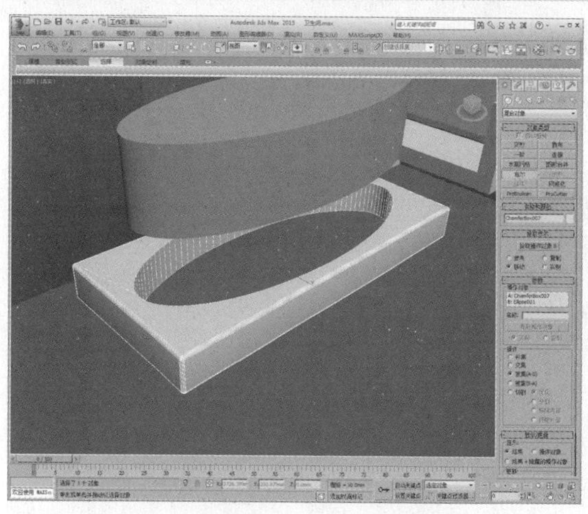

08 将上方的椭圆柱体模型向下调整位置，与分离出的地面模型相交，如下图所示。

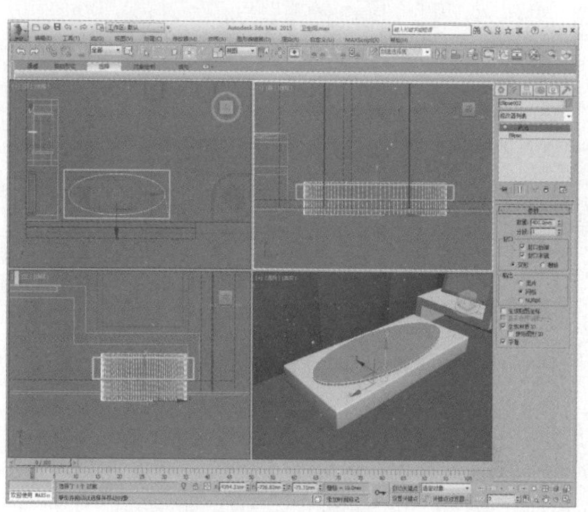

10 布尔差集运算效果如下图所示。

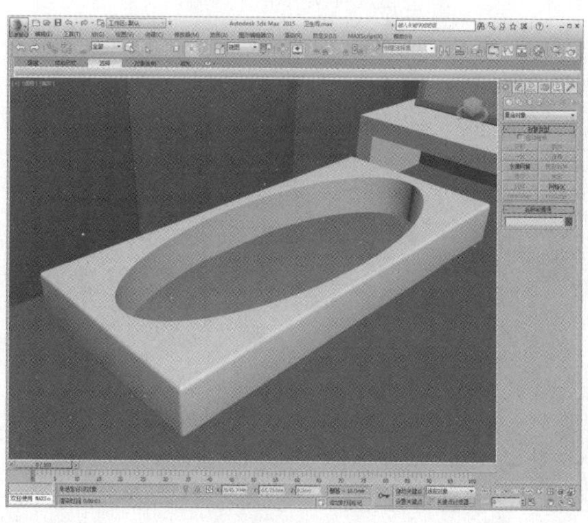

11 在创建命令面板中单击“切角圆柱体”按钮，创建一个切角圆柱体，如下图所示。

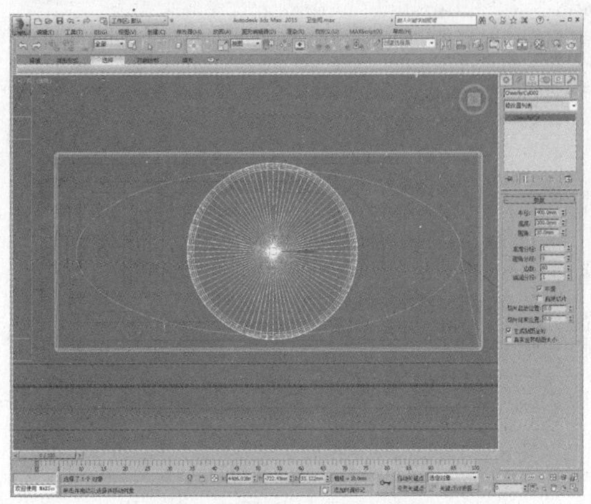

12 单击“选择并缩放”按钮，对切角圆柱体进行缩放调整，如下图所示。

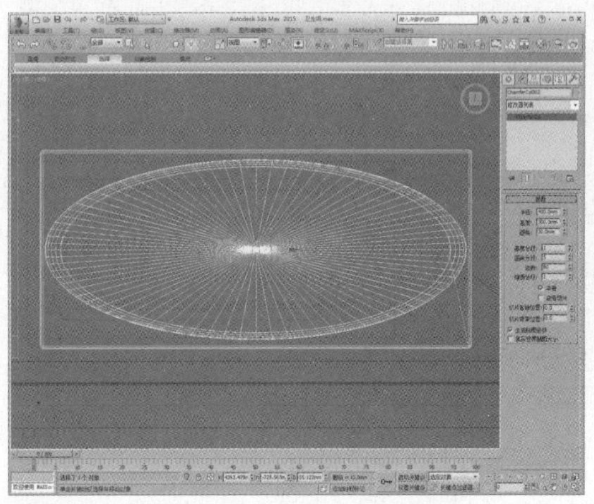

13 将其转换为可编辑多边形，进入“多边形”子层级，选择切角以下的多边形，如下图所示。

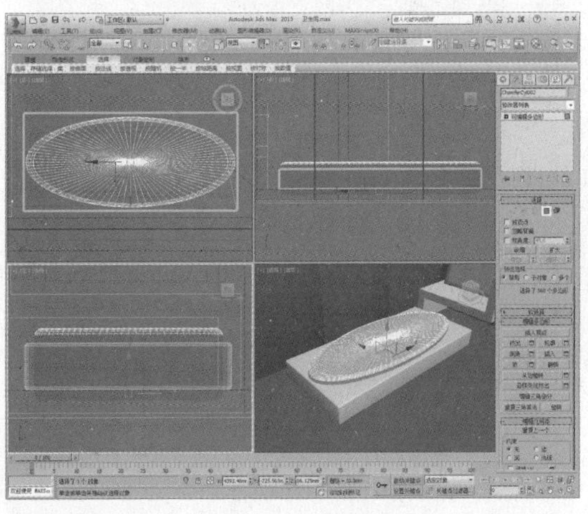

14 按Delete键删除，如下图所示。

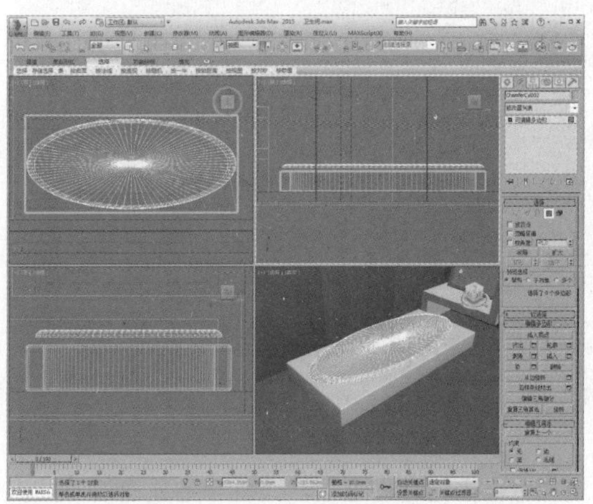

15 选择如下图所示的多边形。

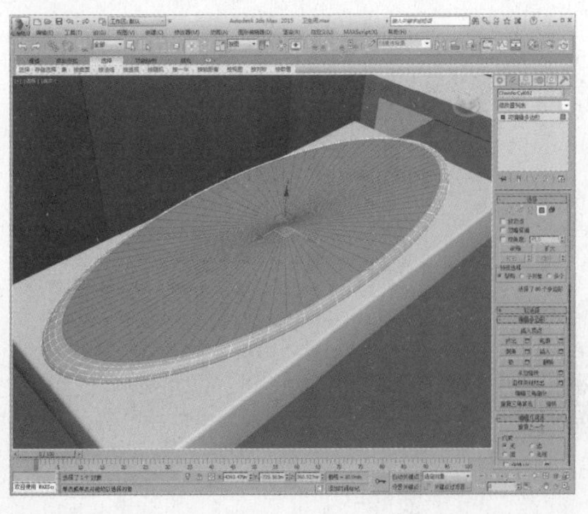

16 单击“挤出”设置按钮，设置挤出值为-1，如下图所示。

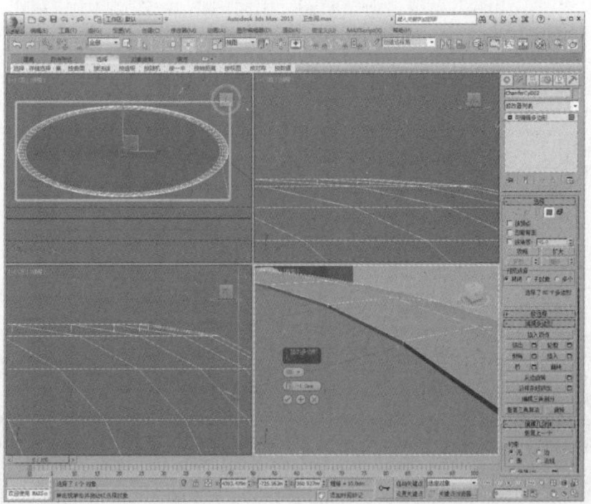

17 右击“选择并均匀缩放”按钮，在弹出的对话框中设置偏移量为99%，如下图所示。

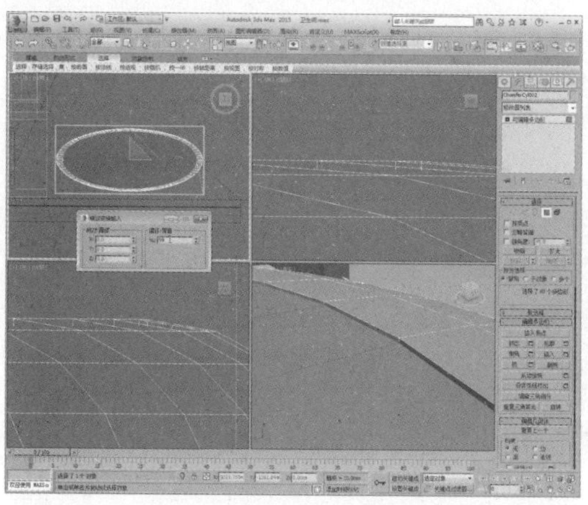

18 缩放偏移效果如下图所示。

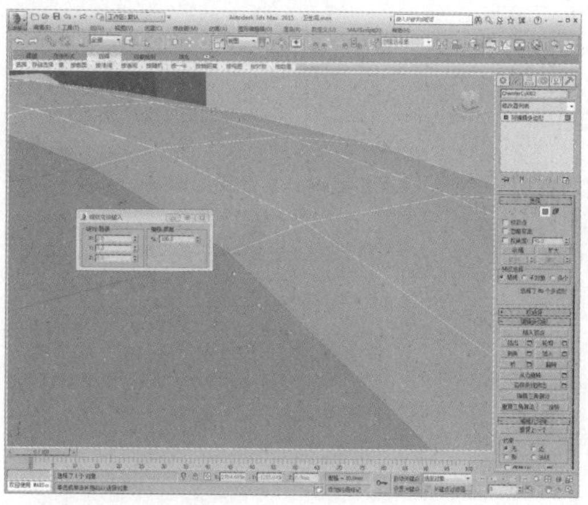

19 继续单击“挤出”设置按钮，设置挤出量为-1，如下图所示。

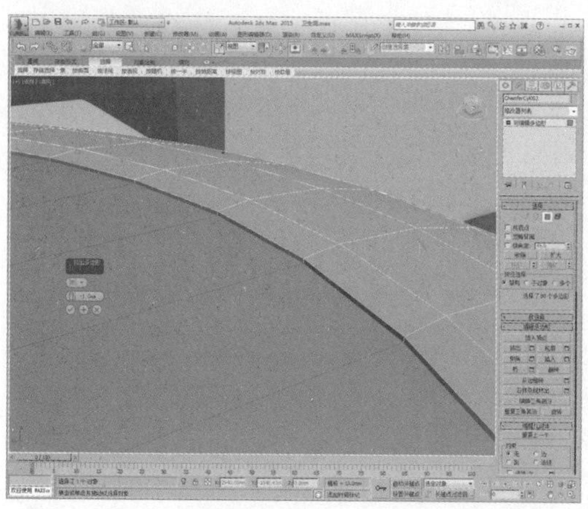

20 右击“选择并均匀缩放”按钮，在弹出的“缩放变换输入”对话框中设置偏移量为99.5%，效果如下图所示。

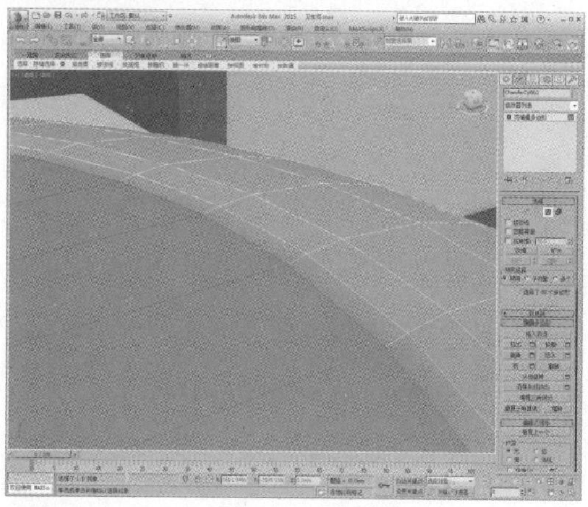

21 单击“挤出”设置按钮，设置挤出量为-500，如下图所示。

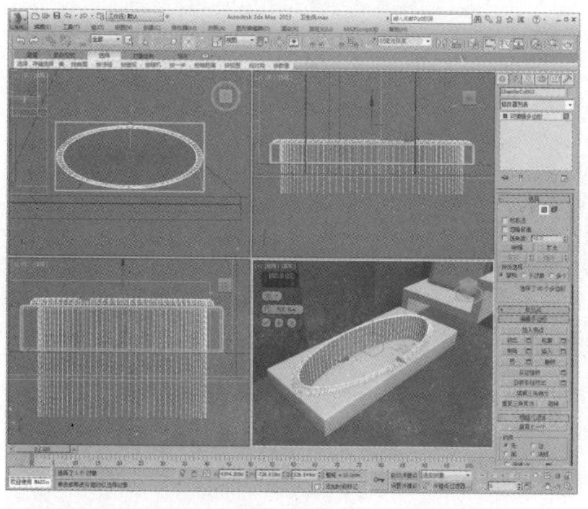

22 单击“选择并均匀缩放”按钮，在顶视图中对多边形进行缩放，如下图所示。

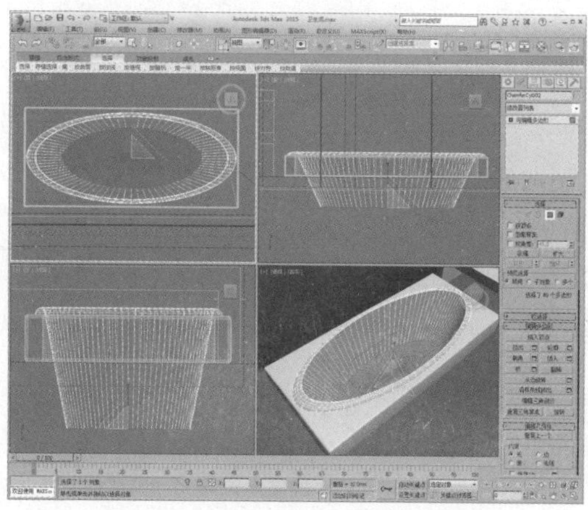

23 单击鼠标右键，选择NURMS切换，设置迭代次数为5，如下图所示。

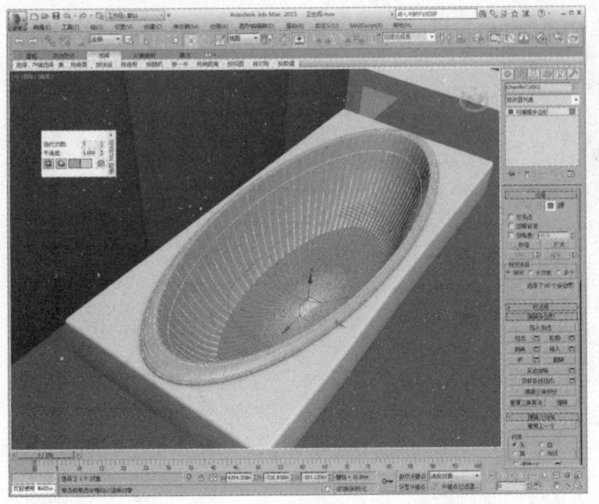

24 制作浴缸龙头。在创建命令面板中单击“线”按钮，在前视图中创建样条线，如下图所示。

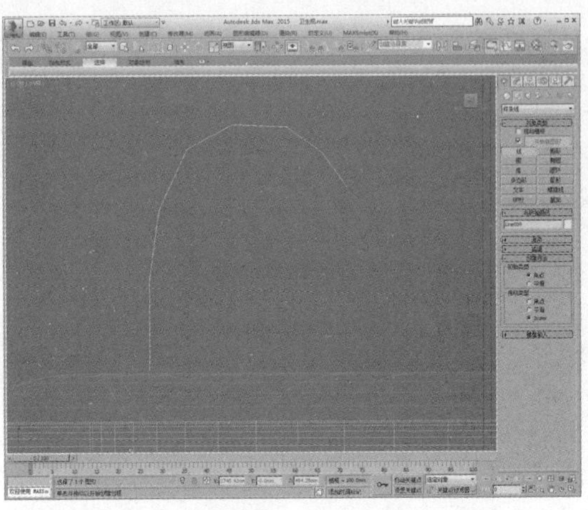

25 进入“顶点”子层级，选择顶点并将其转换为Bezier角点，如下图所示。

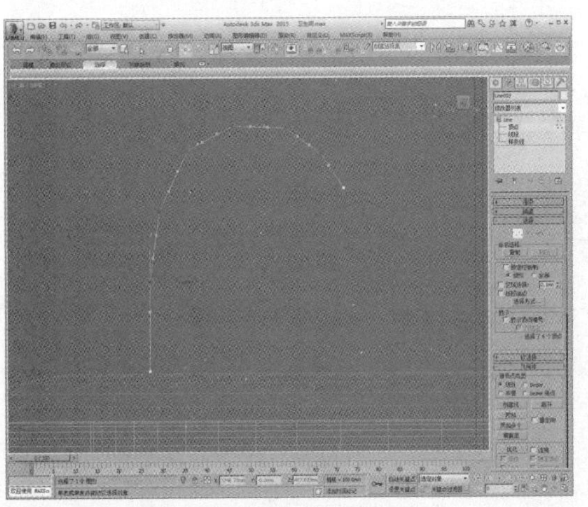

26 通过控制柄调整样条线轮廓，如下图所示。

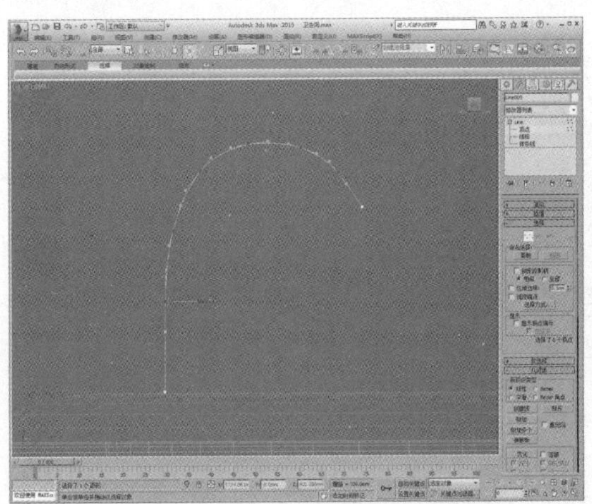

27 在顶视图中绘制一个半径为15的圆，设置步数为10，如下图所示。

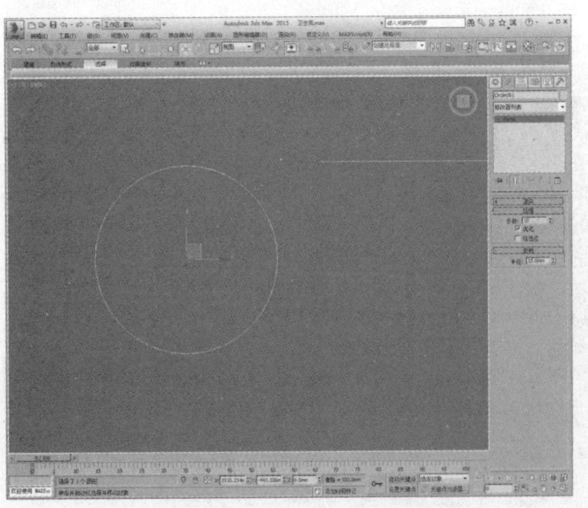

28 将圆形转换为可编辑样条线，进入“样条线”子层级，设置轮廓值为2，如下图所示。

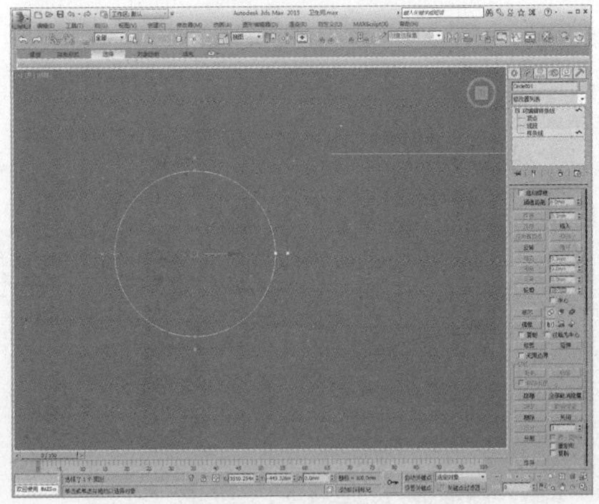

29 选择样条线，在复合对象面板中单击“放样”按钮，再拾取视口中的同心圆图形，如下图所示。

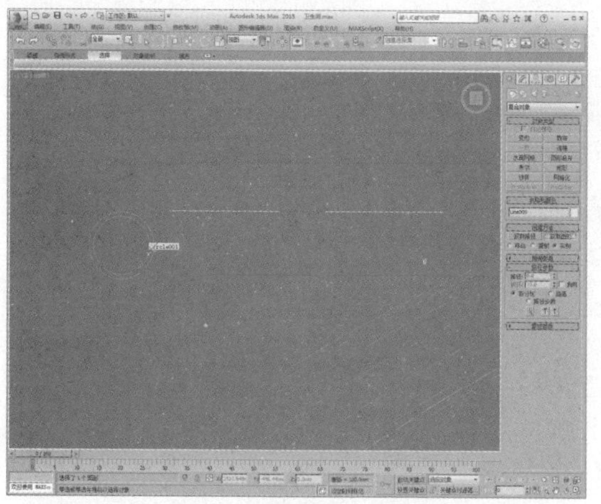

30 创建出龙头初步造型，如下图所示。

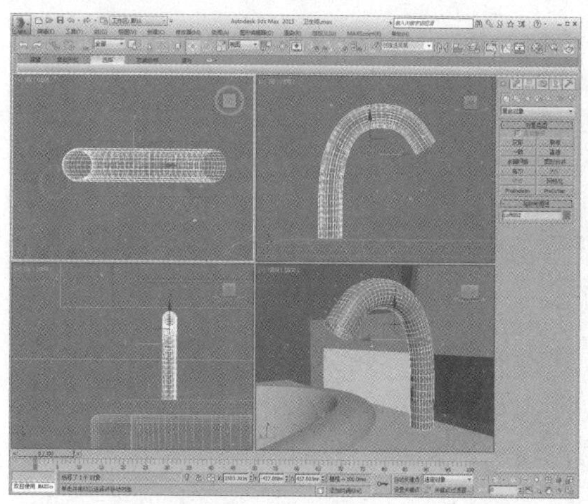

31 将其转换为可编辑多边形，进入“顶点”子层级，选择顶点，如下图所示。

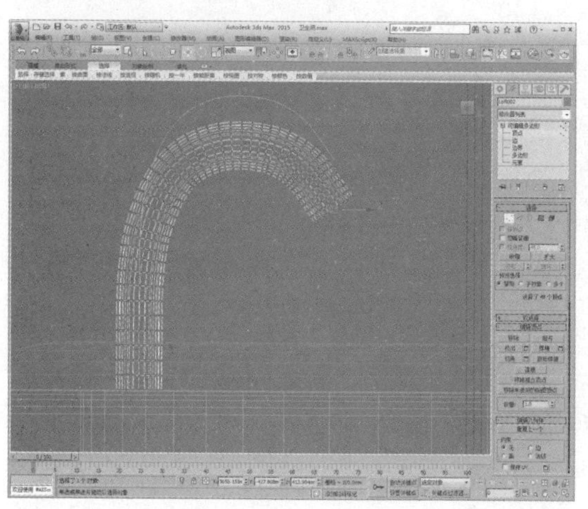

32 打开“软选择”卷展栏，勾选“使用软选择”选项，设置衰减值为50，如下图所示。

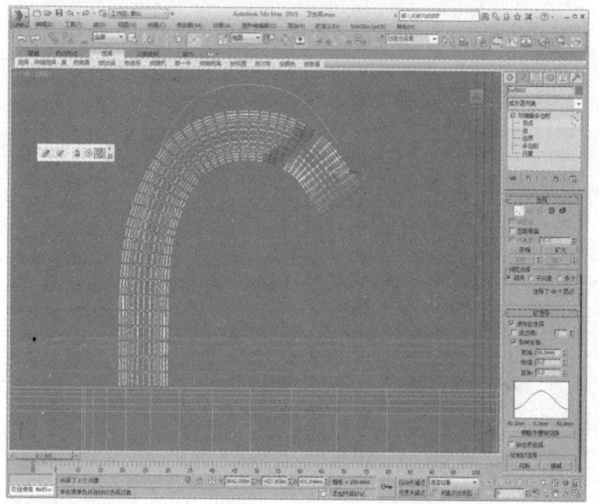

33 单击“选择并均匀缩放”按钮，在顶视图中对顶点进行缩放，如下图所示。

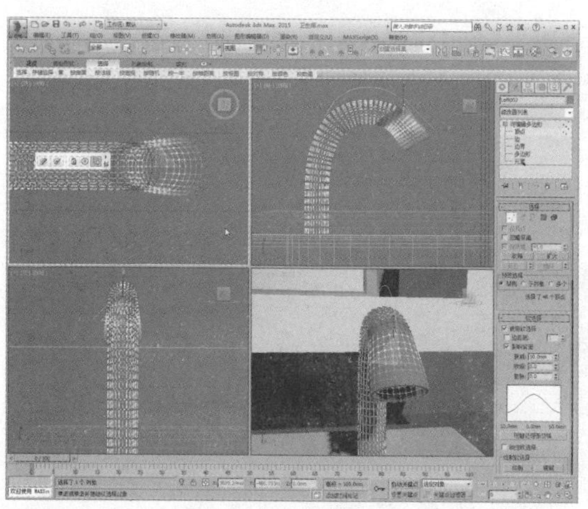

34 继续选择下方顶点，设置衰减值为80，如下图所示。

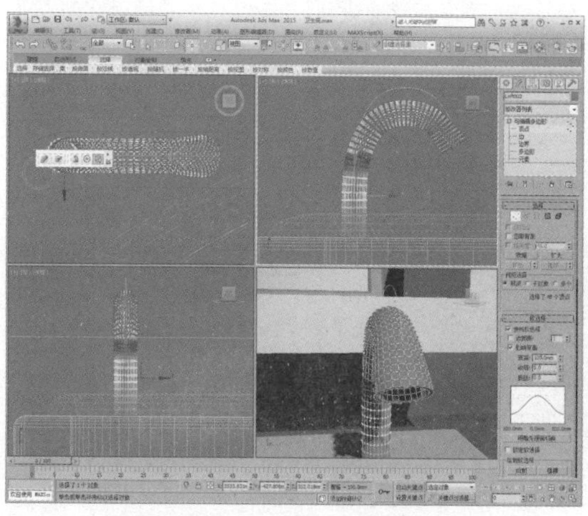

35 再次对顶点进行缩放，如下图所示。

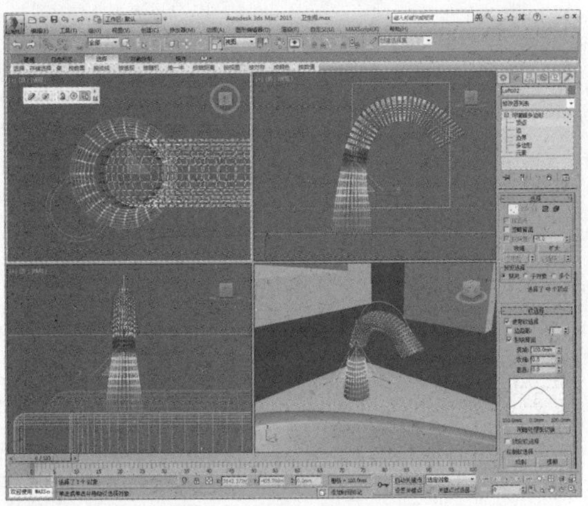

36 在创建命令面板中单击“切角圆柱体”按钮，创建一个切角圆柱体，如下图所示。

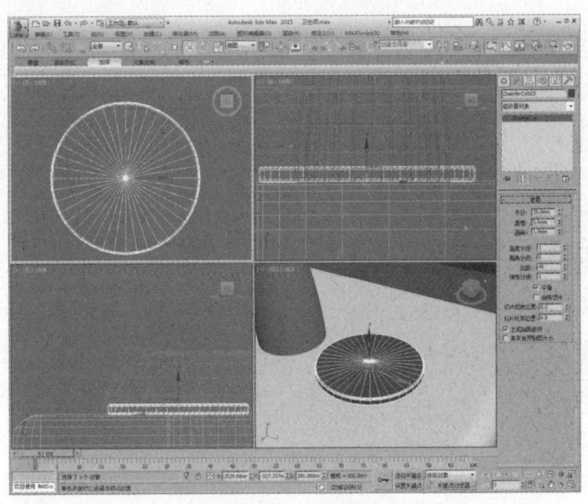

37 向上复制模型，并调整参数，如下图所示。

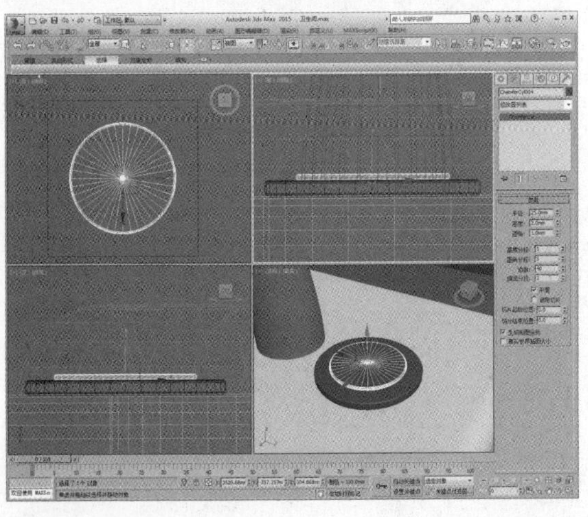

38 继续向上复制模型并调整位置，如下图所示。

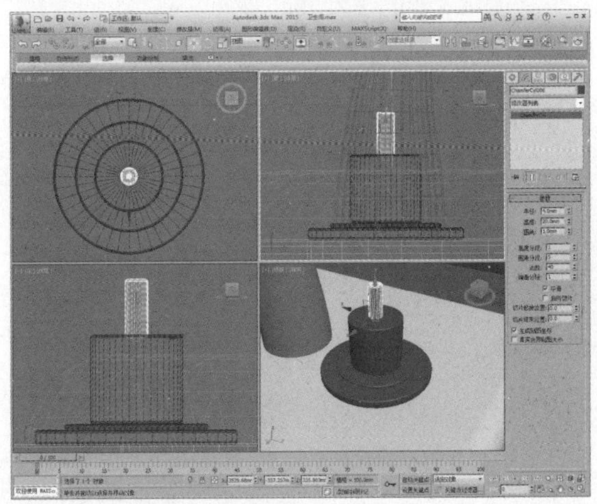

39 继续创建一个切角圆柱体，调整位置，完成一个水龙头开关模型的制作，如下图所示。

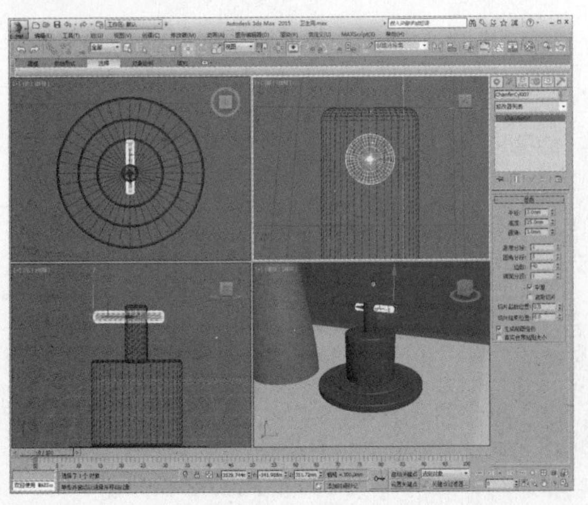

40 复制模型，并调整角度，完成浴缸模型的制作，如下图所示。

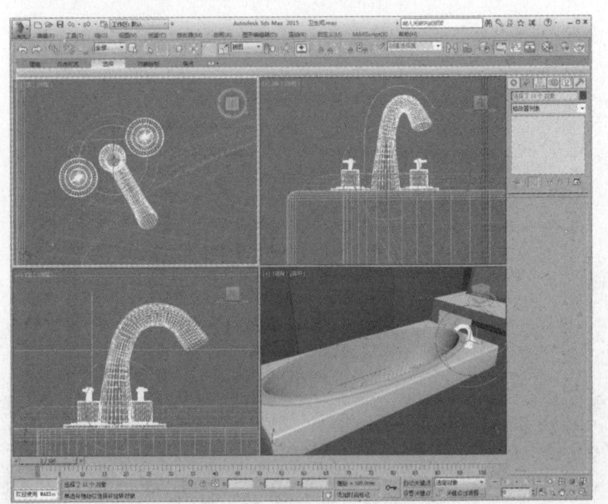

18.4 制作马桶模型与书本模型

这里的马桶模型分为净身器和马桶，另外还有手纸架模型以及补充的书本模型。净身器模型及马桶模型造型基本相同，同样是简洁大方的造型，制作起来较为简单。下面来介绍模型的具体制作过程。

01 创建净身器模型。在创建命令面板中单击“切角长方体”按钮，在顶视图中创建一个切角长方体，如下图所示。

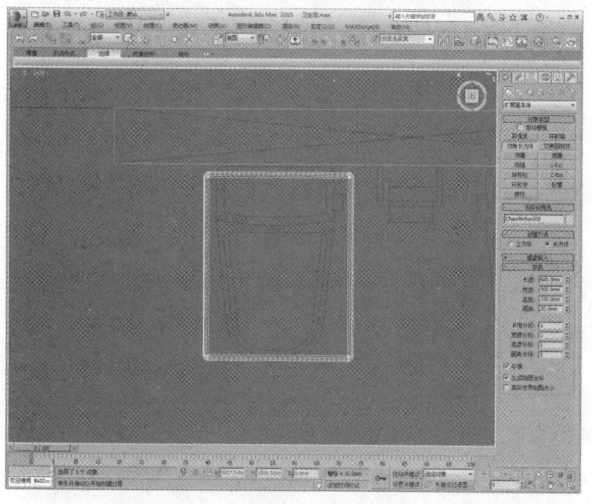

03 单击“插入”设置按钮，设置插入值为50，如下图所示。

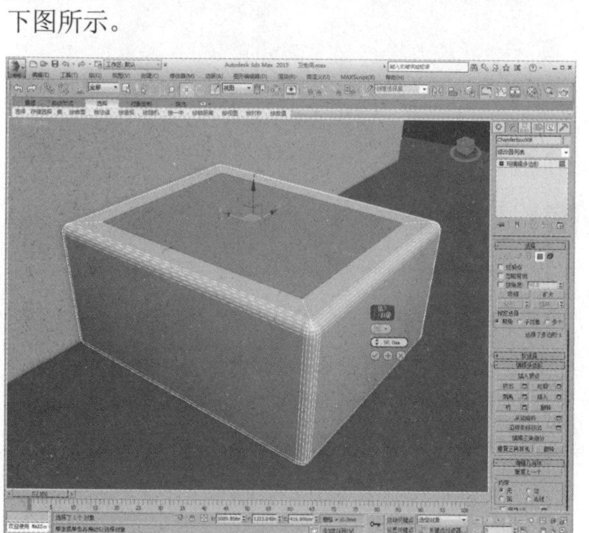

05 再次进入到“多边形”子层级，选择多边形，如下图所示。

02 将其转换为可编辑多边形，进入“多边形”子层级，选择多边形，如下图所示。

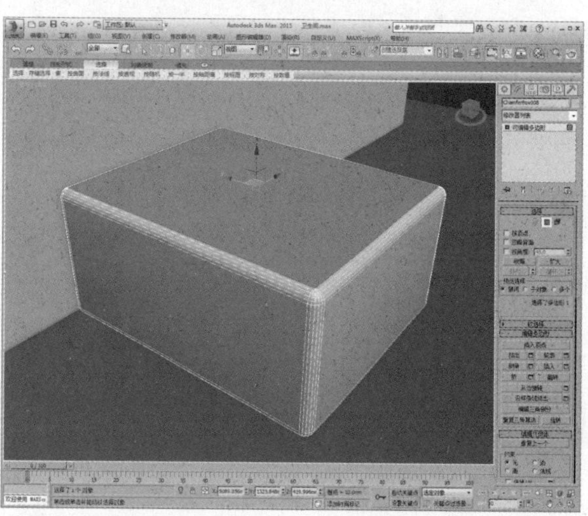

04 进入“顶点”子层级，在顶视图中调整顶点位置，如下图所示。

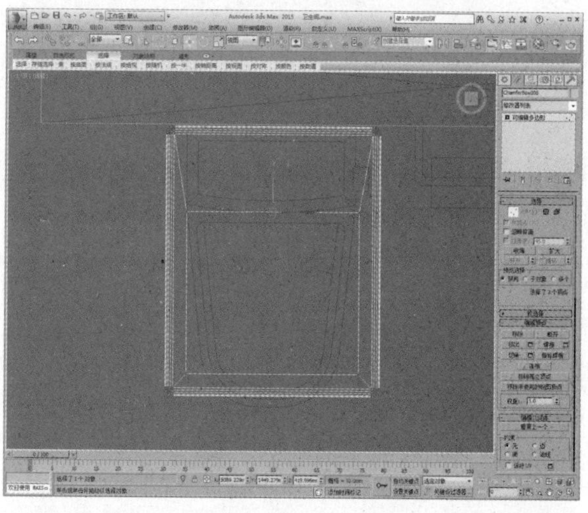

06 单击“挤出”设置按钮，设置挤出值为-200，如下图所示。

07 进入“顶点”子层级，在左视图中调整顶点位置，如下图所示。

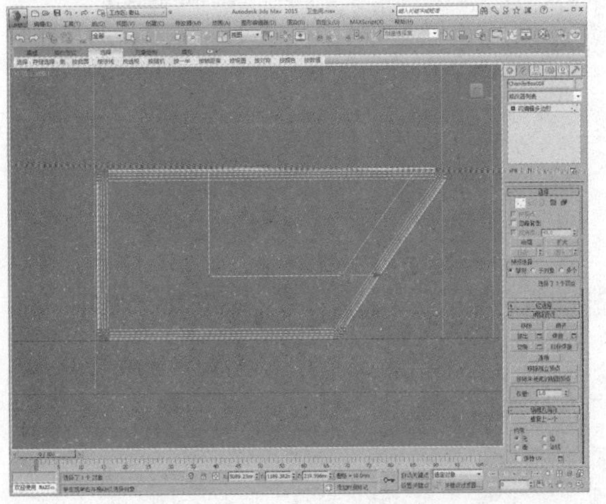

08 进入“边”子层级，选择四条边，如下图所示。

09 单击“切角”设置按钮，设置边切角量为25、连接边分段为5，其余保持默认。至此，完成净身器模型的制作，如下图所示。

10 制作马桶模型。复制净身器模型到另一侧，如下图所示。

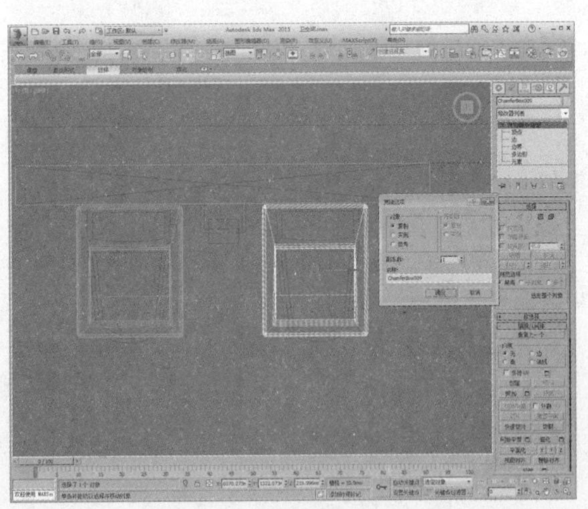

11 在创建命令面板中单击“切角长方体”按钮，在顶视图中创建一个切角长方体，并调整位置作为马桶盖模型，完成马桶模型的制作，如下图所示。

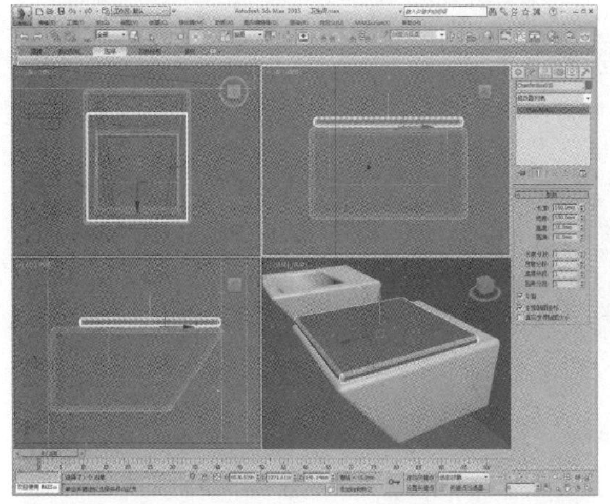

12 制作手纸架以及手纸模型。在创建命令面板中单击“矩形”按钮，在顶视图中绘制一个矩形，调整尺寸及角半径，如下图所示。

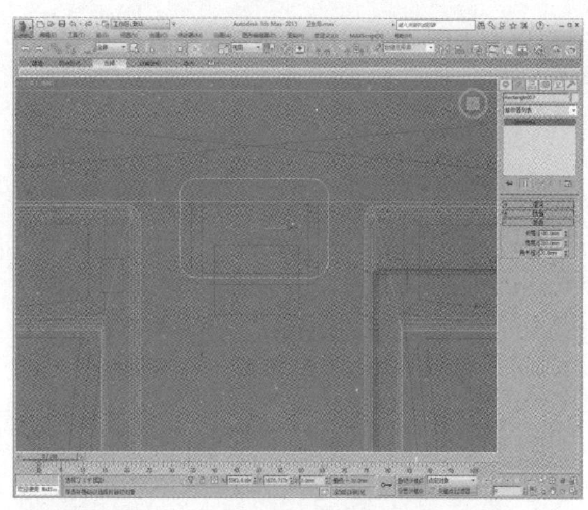

13 在“渲染”卷展栏中勾选“在渲染中启用”及“在视口中启用”选项，并设置径向厚度为25，调整模型位置，如下图所示。

14 在左视图中创建一个管状体模型并调整位置，如下图所示。

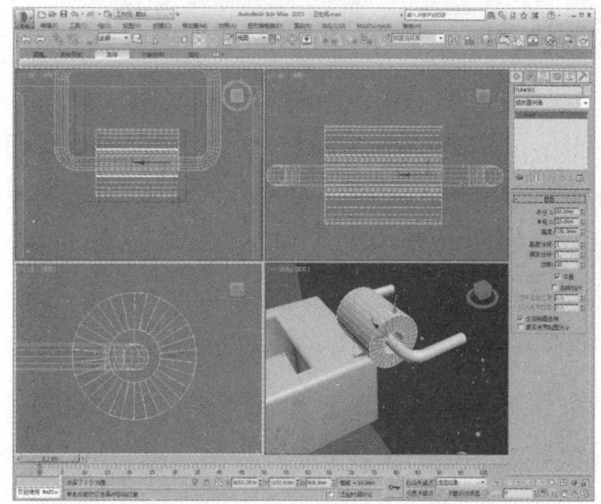

15 再创建一个管状体模型并调整参数，然后与另一个管状体对齐，如右图所示。

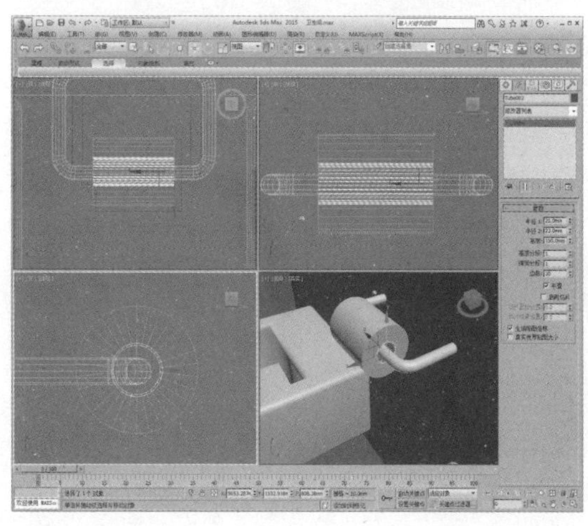

16 在前视图中创建一个平面，调整位置与管状体外侧相切，如下图所示。

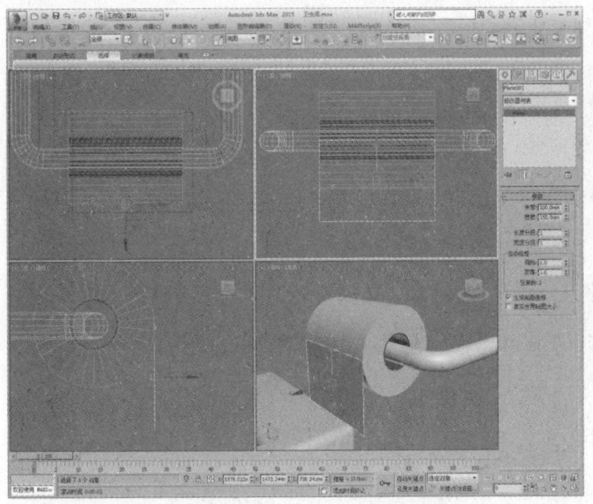

17 将管状体转换为可编辑多边形，单击“附加”按钮，附加选择平面，如下图所示。

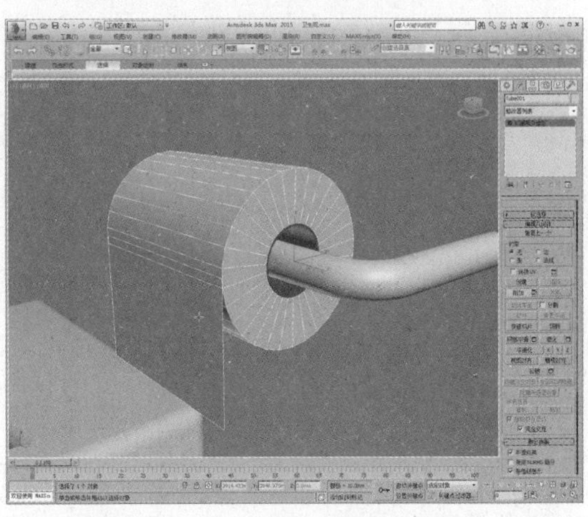

18 调整卷纸模型位置，完成马桶区域模型的制作，如下图所示。

19 在创建命令面板中单击“矩形”按钮，在前视图中绘制一个矩形，如下图所示。

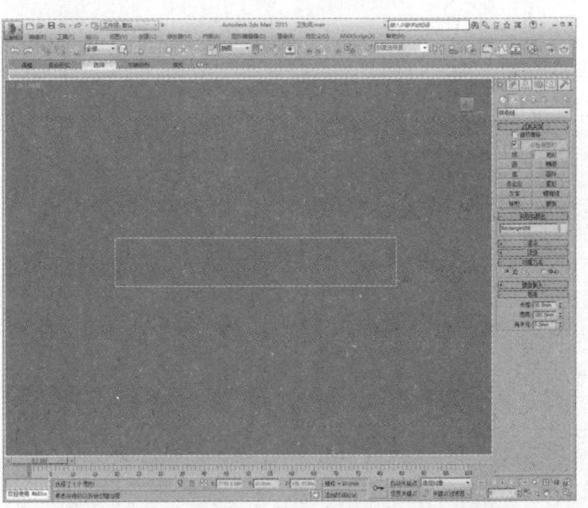

20 将其转换为可编辑样条线，进入“线段”子层级，选择一条线段并删除，如下图所示。

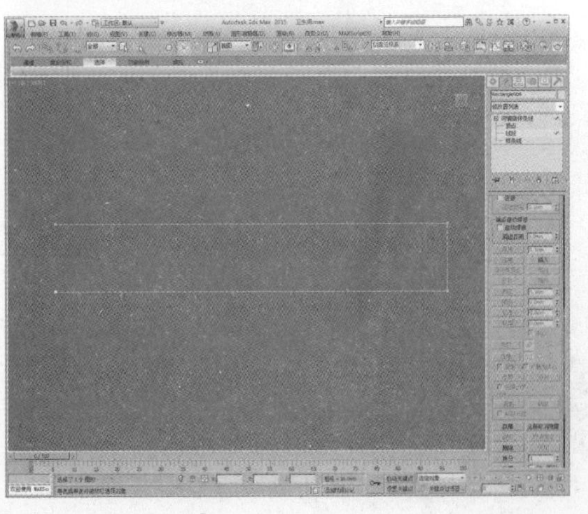

21 进入“样条线”子层级，设置轮廓值为5，效果如下图所示。

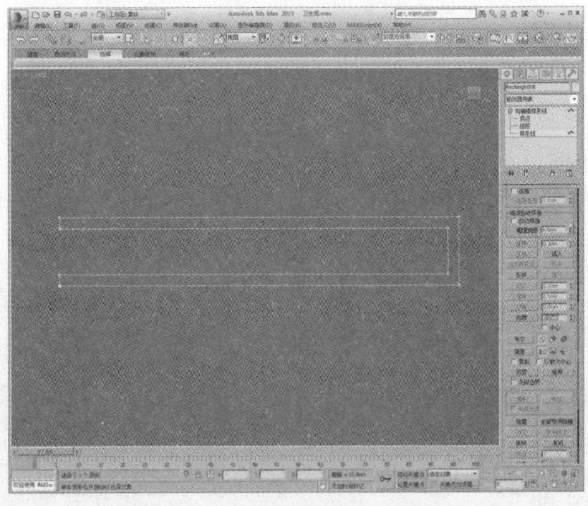

22 进入“顶点”子层级，选择顶点并调整控制柄，如下图所示。

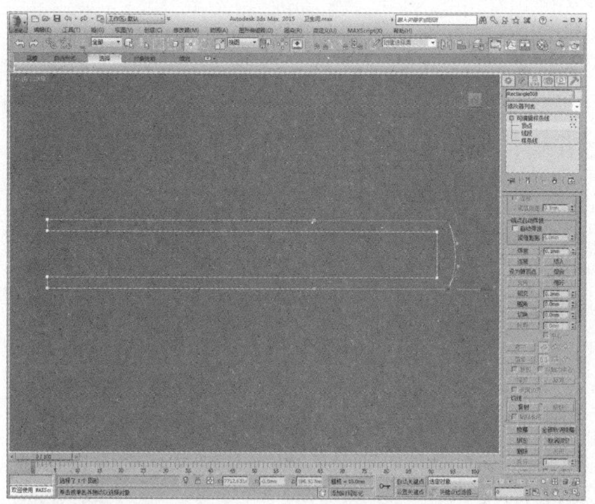

23 为其添加“挤出”修改器，设置挤出值为250，制作出书籍的外壳，如下图所示。

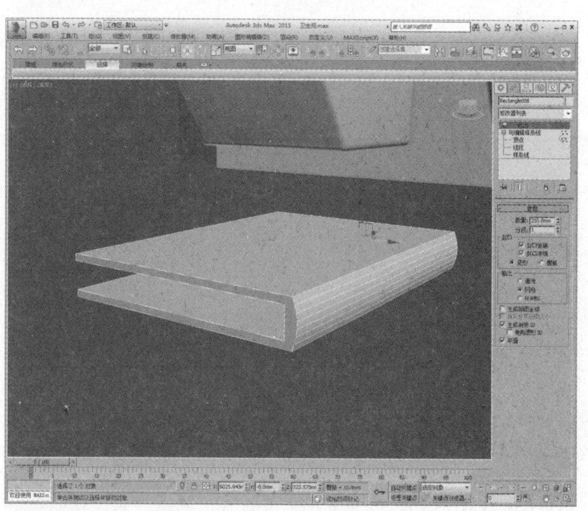

24 创建一个长方体，调整位置，将其作为书籍内部，如下图所示。

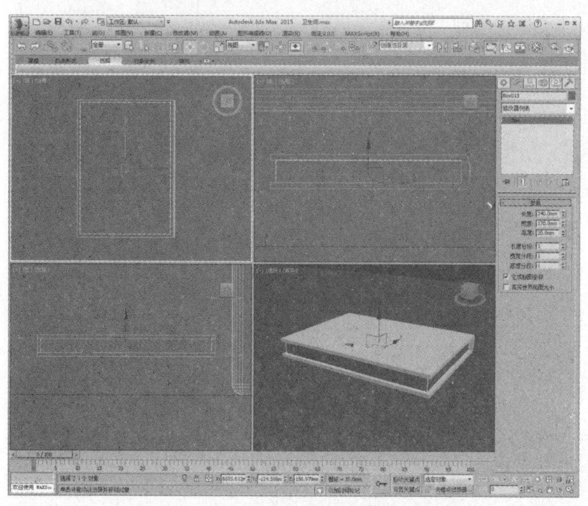

25 复制书籍模型，并旋转角度，调整到合适位置，如下图所示。

26 执行“文件>导入>合并”命令，合并花瓶、洗浴用品、植物等模型，完成卫生间场景模型的创建，如右图所示。

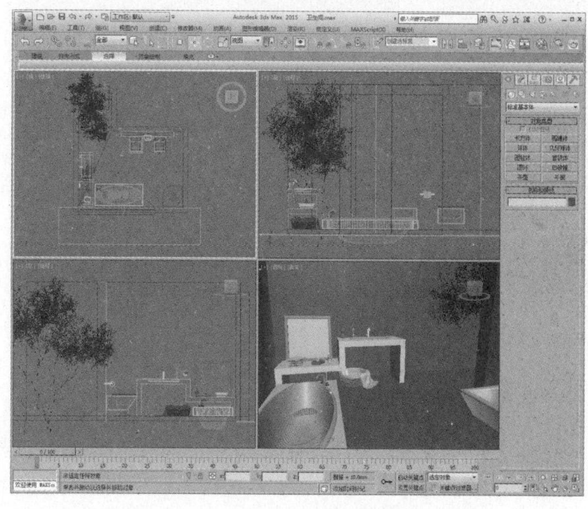

18.5 创建摄影机并制作材质

接下来要创建摄影机以及模型材质，以便于后期渲染出图。所导入的成品模型本身具有材质，这里就只对新创建的模型材质进行创建，具体操作过程如下。

01 在顶视图中创建一架目标摄影机，效果如下图所示。

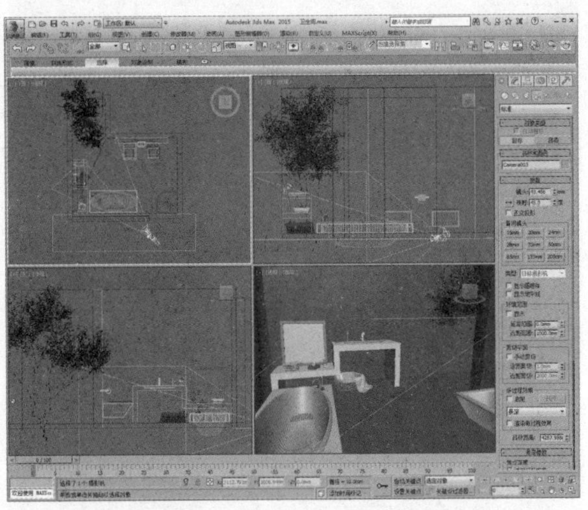

02 在修改命令面板中调整摄影机参数，再调整摄影机角度及高度，如下图所示。

03 在“渲染设置”窗口中设置图像输出大小，如下图所示。

04 在透视视口中按C键转到摄影机视口，并设置视口显示安全框，如下图所示。

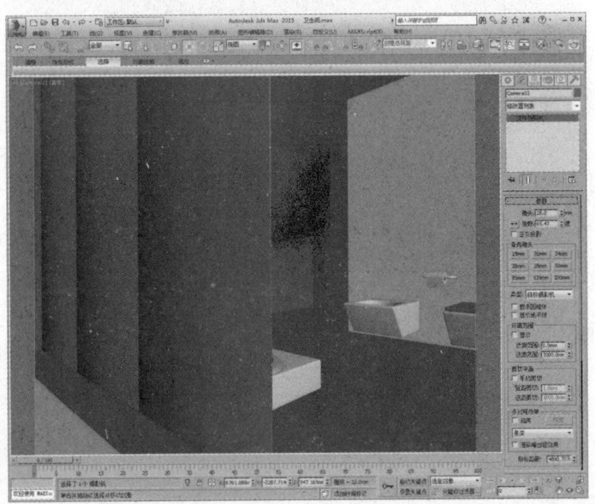

05 隐藏玻璃模型，再对模型进行调整，优化摄影机效果，如下图所示。

06 按M键打开材质编辑器，选择一个空白材质球，将其设置为VRayMtl材质，再设置漫反射颜色、反射颜色及折射颜色，并设置反射参数及折射参数，如下图所示。

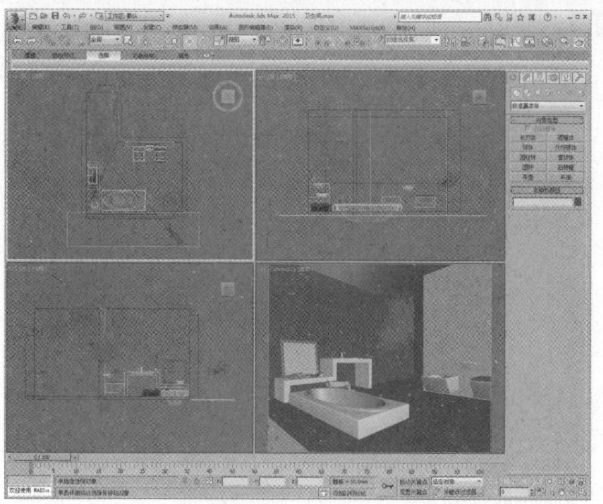

漫反射
漫反射　　粗糙度 0.0
反射
反射
高光光泽度 1.0　L　菲涅耳反射
反射光泽度 1.0　菲涅耳折射率 1.6
细分 8　最大深度 5
使用插值　退出颜色
暗淡距离 100.0m　暗淡衰减 0.0
影响通道 仅颜色
折射
折射　折射率 1.52
光泽度 1.0　最大深度 5
细分 8　退出颜色
使用插值　烟雾颜色
影响阴影 ☑　烟雾倍增 1.0
影响通道 仅颜色　烟雾偏移 0.0
色散　阿贝 50.0

07 漫反射颜色、反射颜色及折射颜色设置如下图所示。

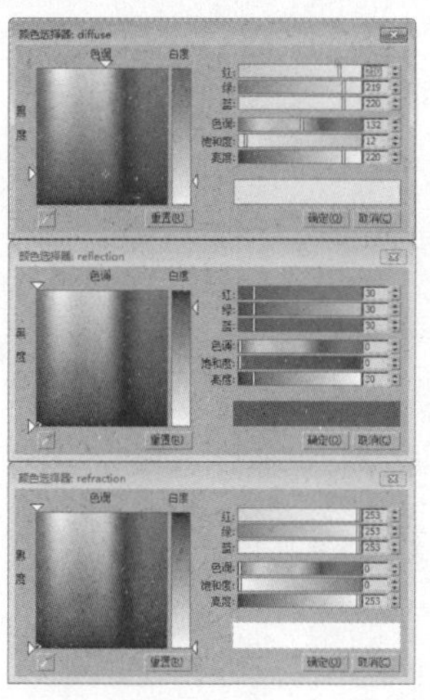

08 创建好的玻璃材质示例窗效果如下图所示。

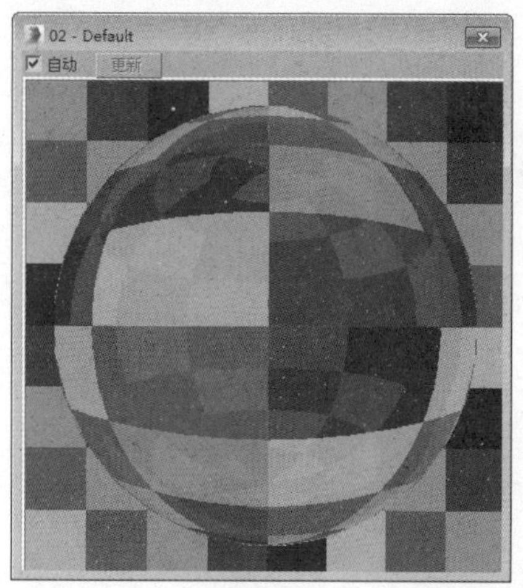

09 将玻璃材质指定给当前场景中的窗户玻璃，如下图所示。

10 选择一个空白材质球，将其设置为VRayMtl材质，设置漫反射颜色及反射参数，如下图所示。

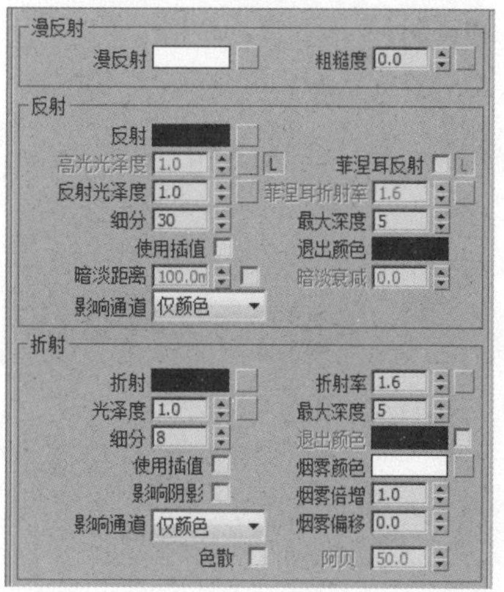

11 漫反射颜色设置如下图所示。

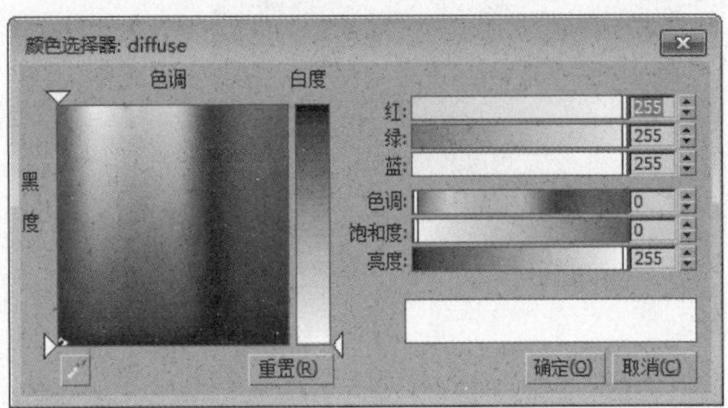

12 创建好的白色乳胶漆材质效果如下图所示。

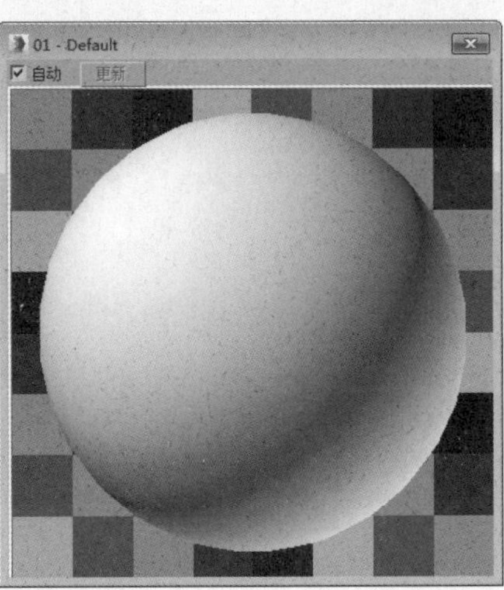

13 选择一个空白材质球，将其设置为VRayMtl材质，再设置漫反射颜色及反射颜色，并设置反射参数，如下图所示。

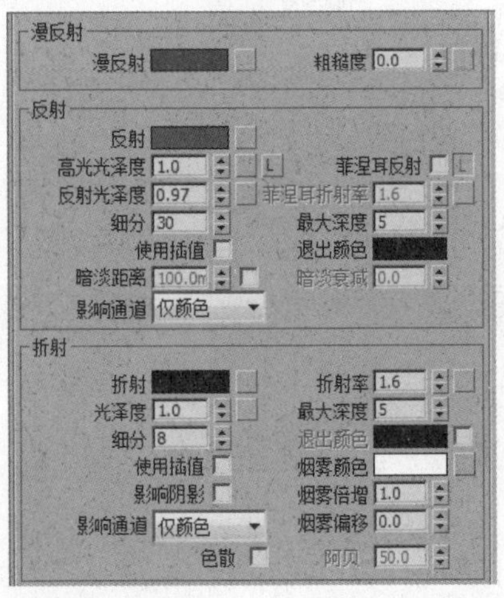

14 漫反射颜色及反射颜色设置如下图所示。

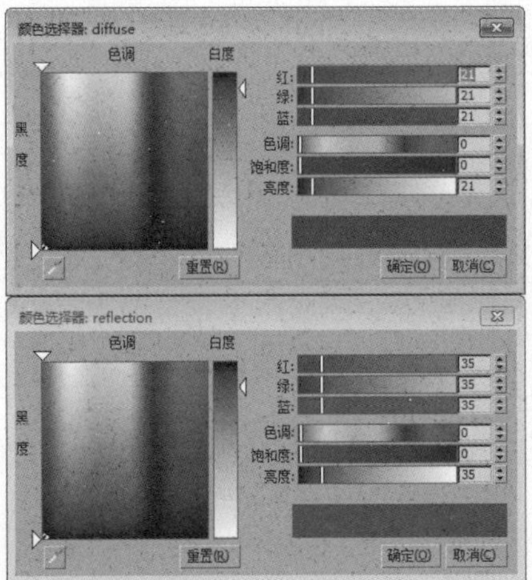

15 创建好的镜面材质示例窗效果如右图所示。

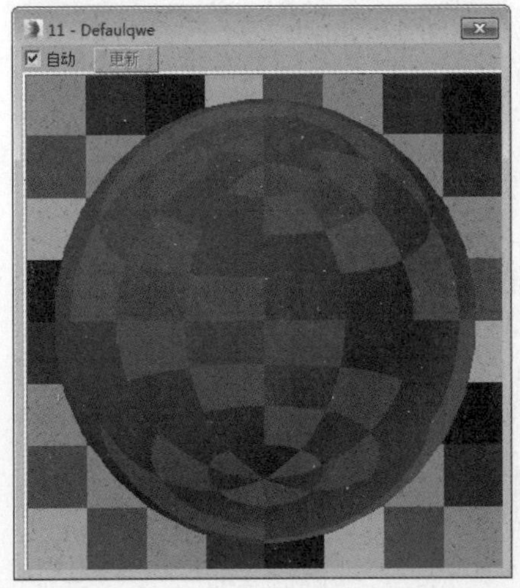

16 选择一个空白材质球，将其设置为VRayMtl材质，设置反射颜色及反射参数，如下图所示。

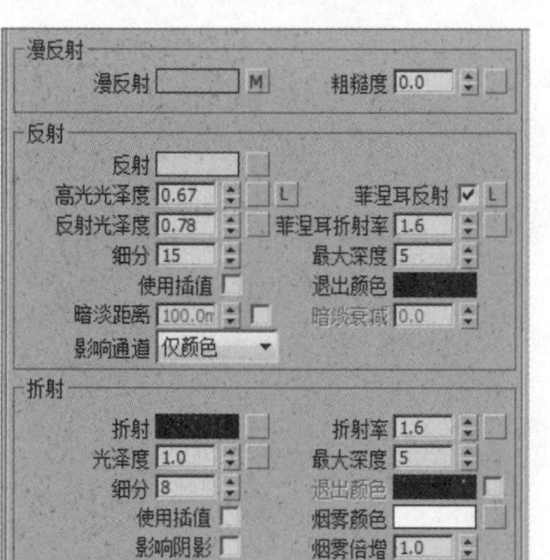

17 反射颜色设置如下图所示。

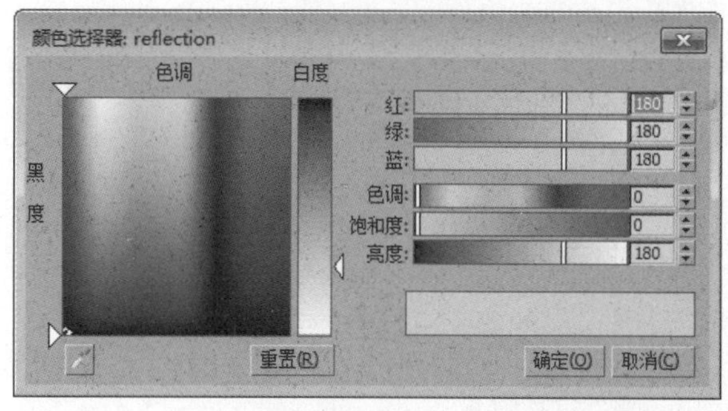

18 在“贴图”卷展栏中为漫反射通道添加位图贴图，为凹凸通道添加噪波贴图，并设置凹凸值，如下图所示。

19 创建好的水泥材质示例窗效果如下图所示。

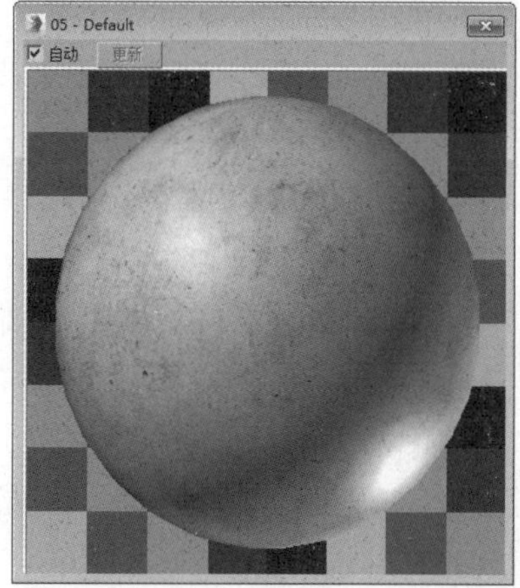

20 将创建好的墙顶地材质分别指定给场景中的模型，并为地面模型添加UVW贴图，设置贴图参数，如右图所示。

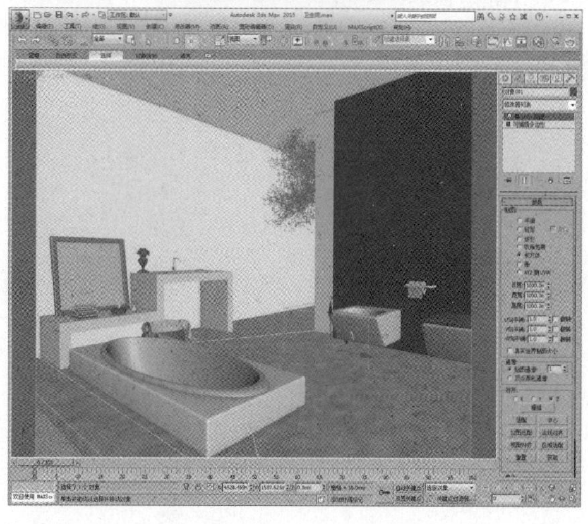

21 选择一个空白材质球，将其设置为VRayMtl材质，再设置漫反射颜色及反射颜色，并设置反射参数，如下图所示。

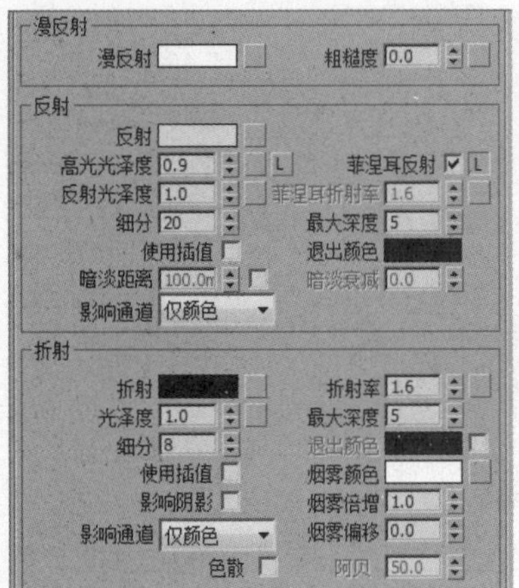

22 漫反射颜色及反射颜色设置如下图所示。

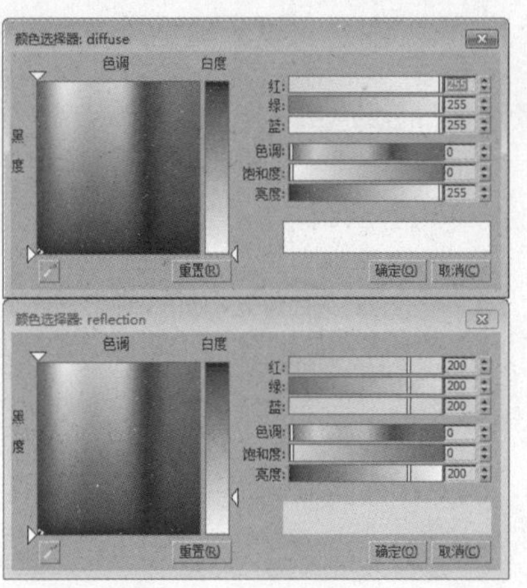

23 设置好的白色陶瓷材质示例窗效果如下图所示。

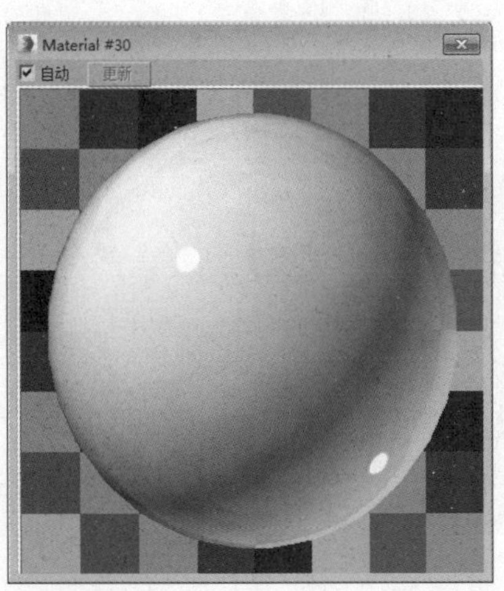

24 选择一个空白材质球，将其设置为VRayMtl材质，再设置漫反射颜色及反射颜色，并设置反射参数，如下图所示。

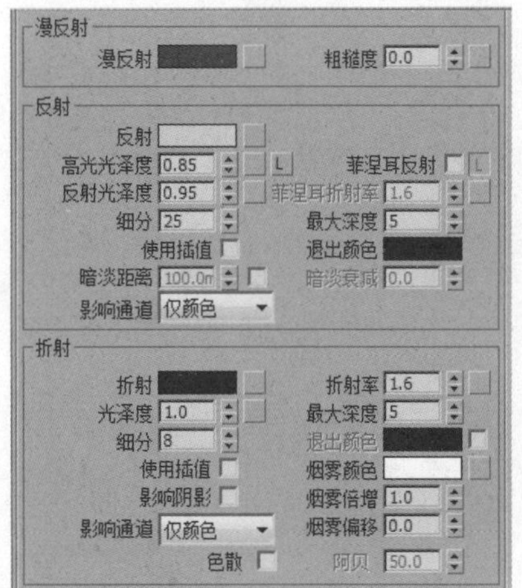

25 漫反射颜色及反射颜色设置如右图所示。

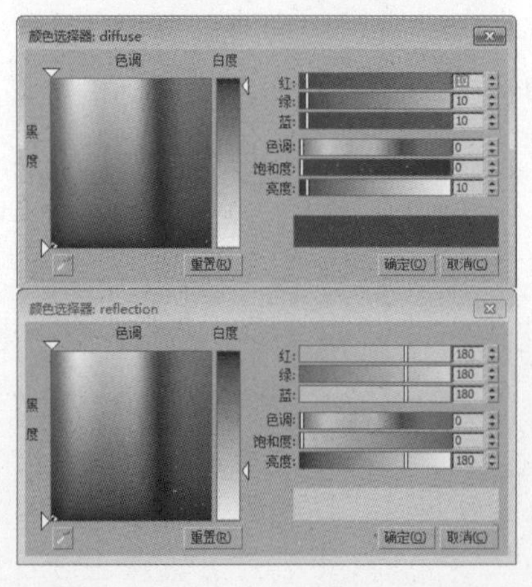

26 创建好的不锈钢材质示例窗效果如下图所示。

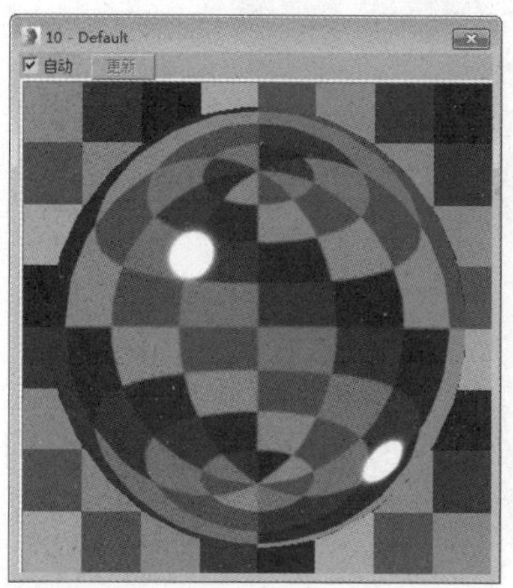

27 选择一个空白材质球，将其设置为VRayMtl材质，设置漫反射颜色为纯白色，取消勾选“菲涅耳反射”选项。其余设置保持默认，将其作为卷纸材质，示例窗效果如下图所示。

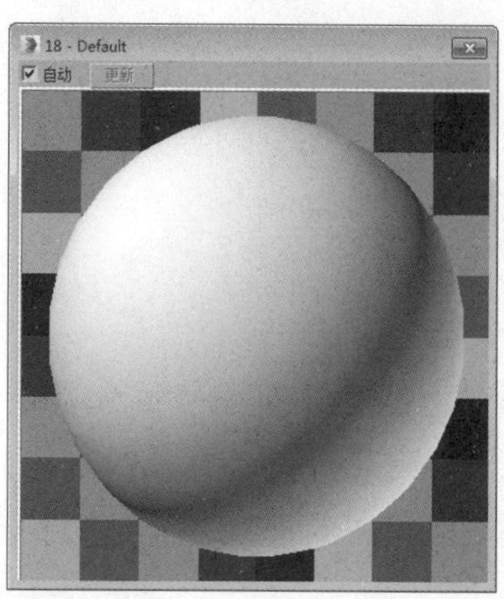

28 将材质分别指定给场景中的对象，如下图所示。

29 选择一个空白材质球，将其设置为VRayMtl材质，再设置漫反射颜色及反射颜色，并设置反射参数，如下图所示。

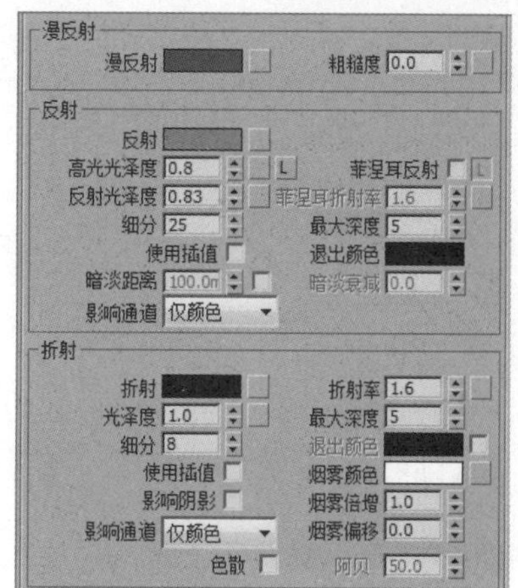

30 漫反射颜色及反射颜色设置如右图所示。

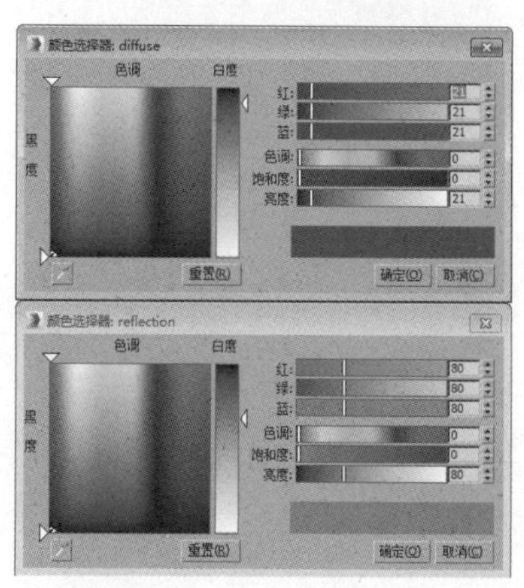

31 创建好的装饰画框材质示例窗效果如下图所示。

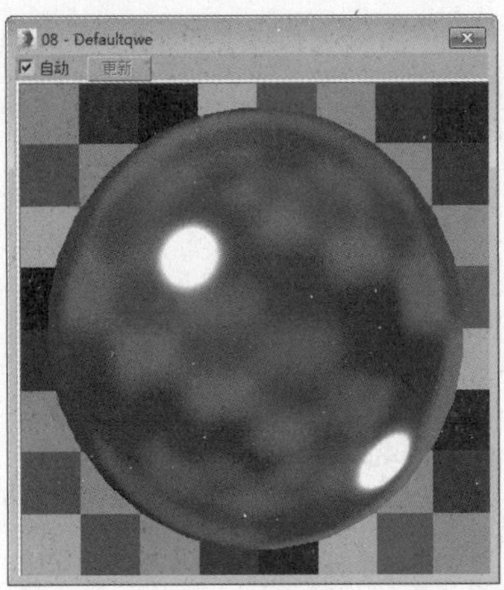

32 选择一个空白材质球，将其设置为VRayMtl材质，为漫反射通道添加位图贴图，其余设置保持默认，示例窗效果如下图所示。

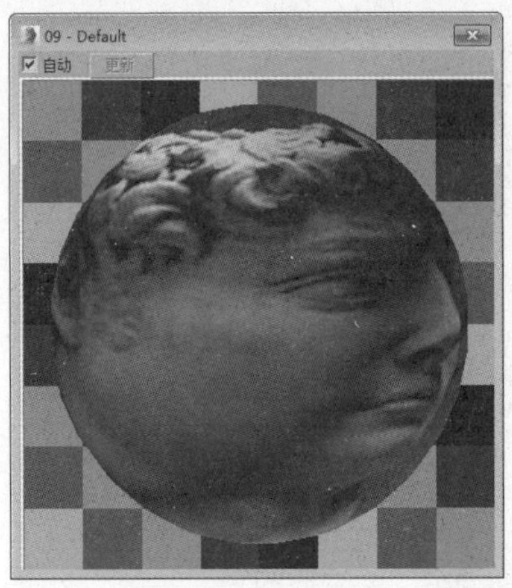

33 选择一个空白材质球，将其设置为VRayMtl材质，为漫反射通道添加位图贴图，设置反射颜色，再设置反射参数，如下图所示。

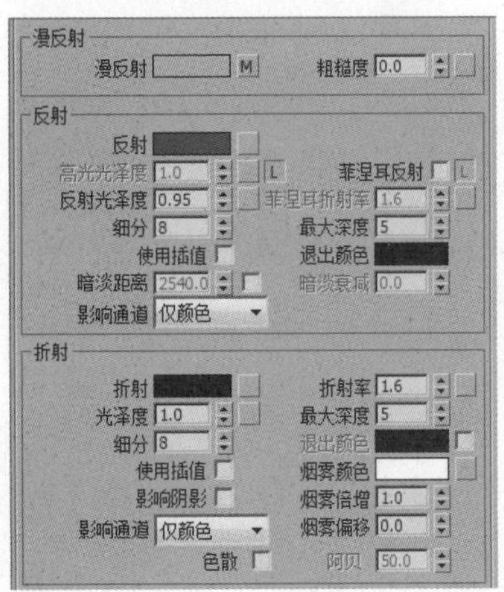

34 反射颜色设置如下图所示。

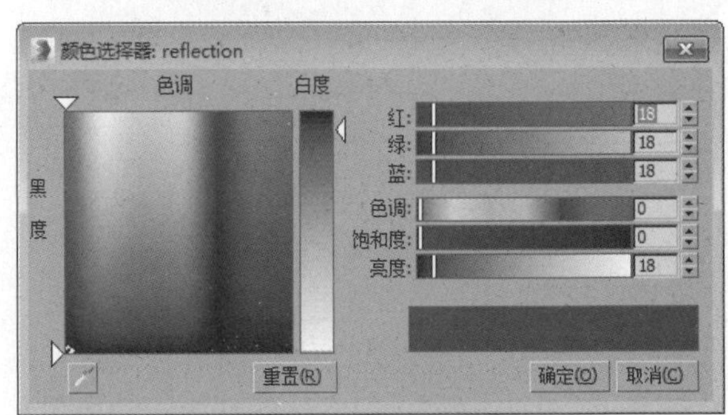

35 创建好的材质示例窗效果如右图所示。

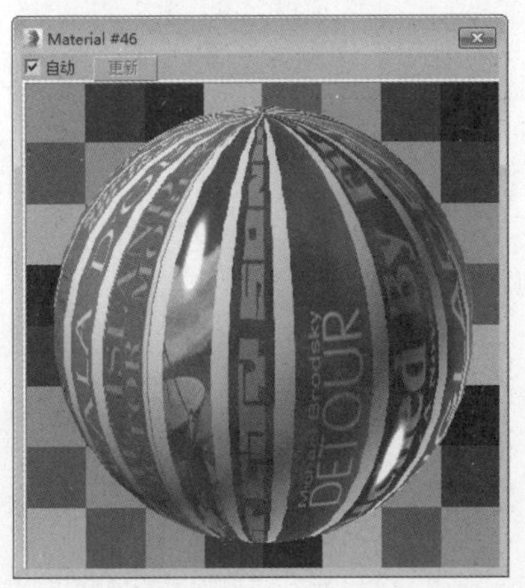

36 选择一个空白材质球，将其设置为VR覆盖材质，设置基本材质和全局照明材质为VRayMtl材质，如下图所示。

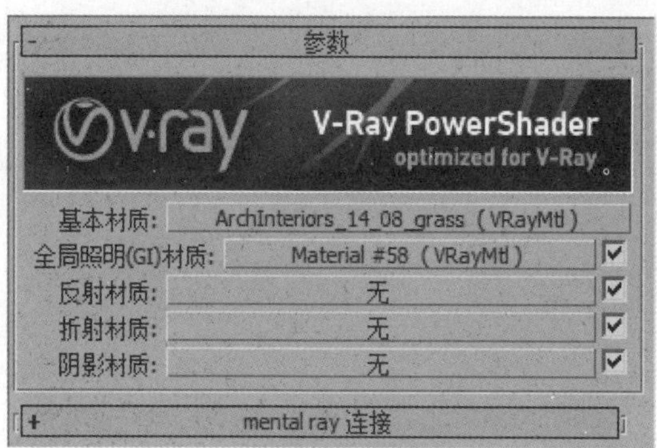

37 打开基本材质设置面板，设置漫反射颜色，取消勾选“菲涅耳反射”选项，如下图所示。

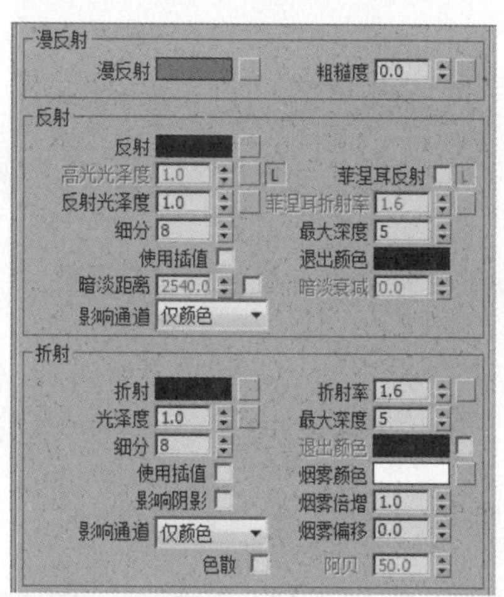

38 漫反射颜色设置如下图所示。

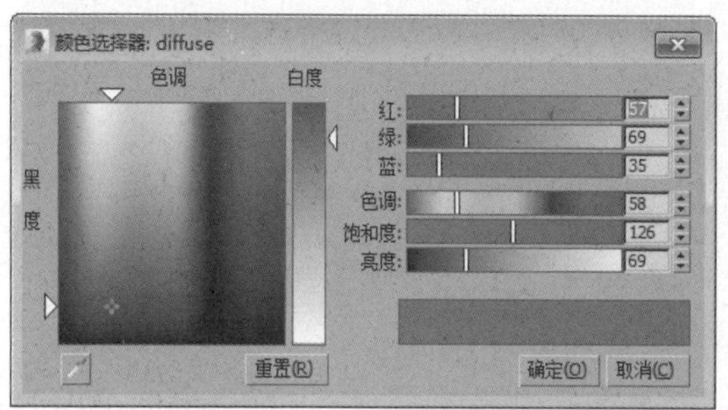

39 打开全局照明材质面板，设置漫反射颜色，取消勾选“菲涅耳反射”选项，如下图所示。

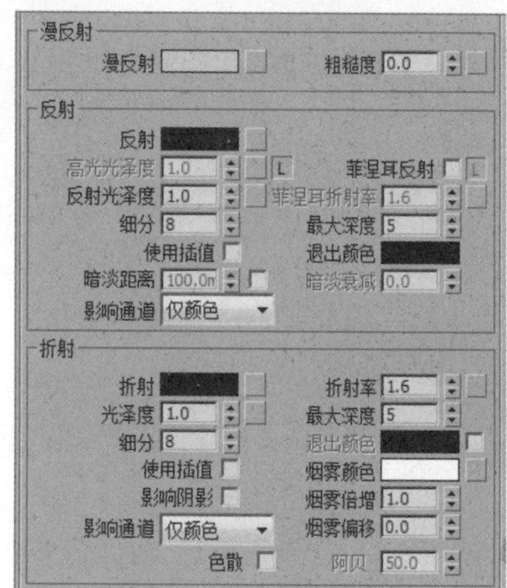

40 漫反射颜色设置如下图所示。

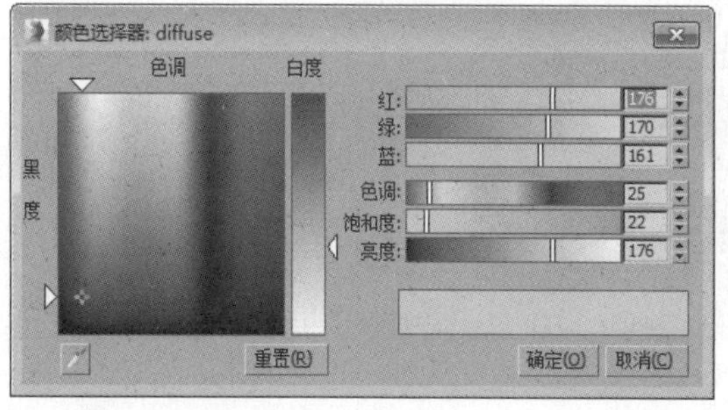

41 创建好的材质示例窗效果如下图所示。

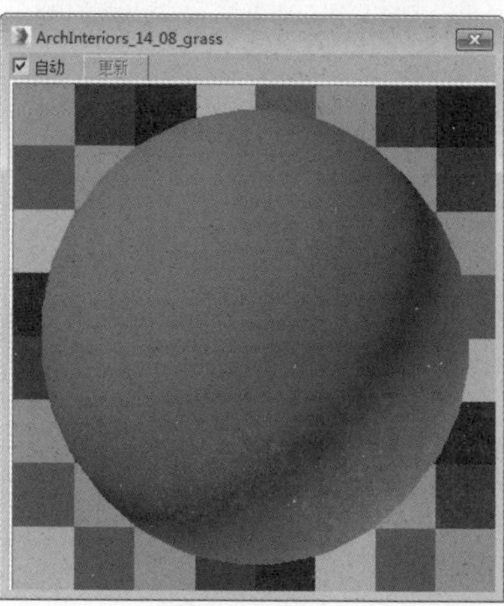

42 将创建好的材质分别指定给场景中的对象，如右图所示。

18.6 创建场景光源以及渲染设置

本小节中对场景进行室内和室外光源的创建，另外再进行测试渲染参数的设置，操作过程如下。

01 在顶视图中创建一盏VRay灯光，设置灯光类型为球体，如下图所示。

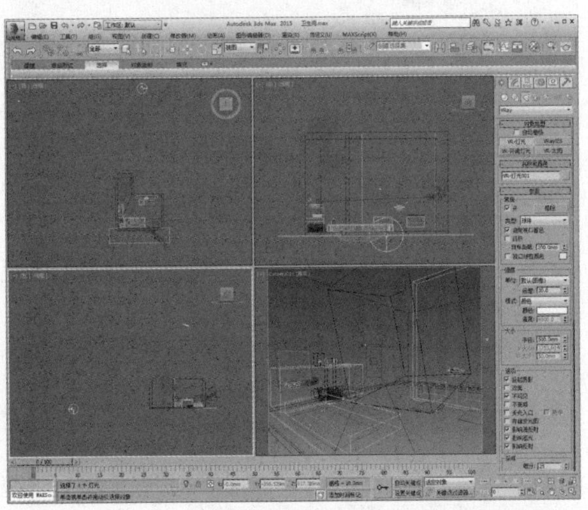

02 调整灯光位置，再调整灯光强度、颜色、半径等参数，如下图所示。

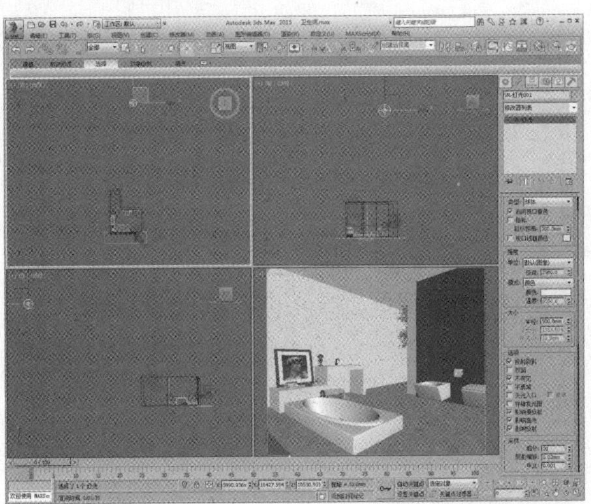

03 灯光颜色设置如右图所示。

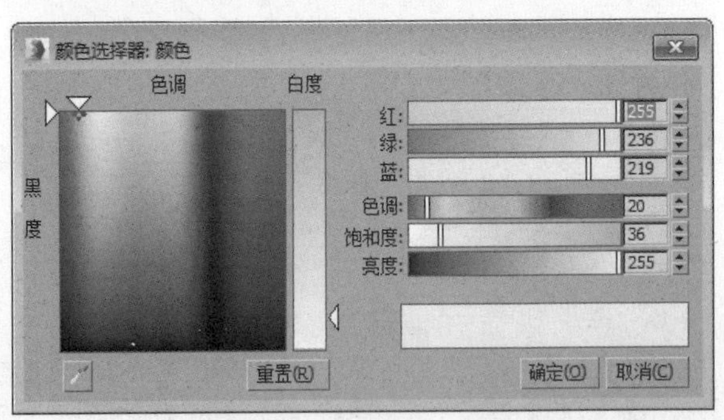

04 打开“渲染设置”窗口，设置图像输出尺寸，如下图所示。

05 在“帧缓冲区”卷展栏中取消勾选“启用内置帧缓冲区”选项，在“图像采样器”卷展栏中设置采样器类型为“自适应”、最小着色速率为1、过滤器类型为“Catmull-Rom”，如下图所示。

06 在“颜色贴图”卷展栏中设置类型为“指数”，如下图所示。

07 开启全局照明，设置二次引擎为“灯光缓存”，设置发光图当前预设模式为“非常低”，并设置细分值及插值采样，如下图所示。

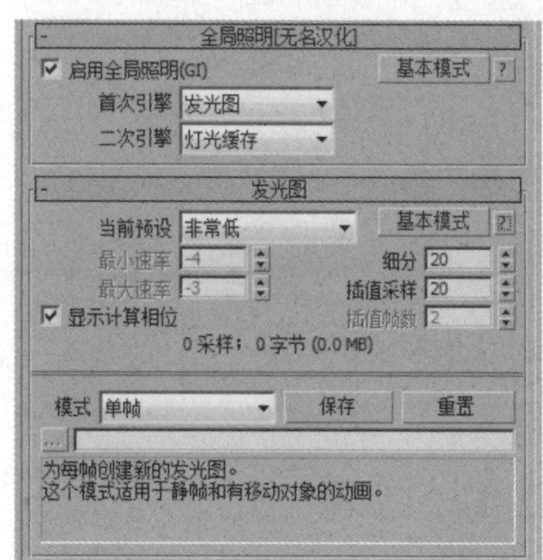

08 在“灯光缓存”卷展栏中设置细分值为200，勾选“存储直接光”及“显示计算相位”复选框，如右图所示。

09 在“系统”卷展栏中设置序列类型为“上->下”、“动态内存限制”为2000，如下图所示。

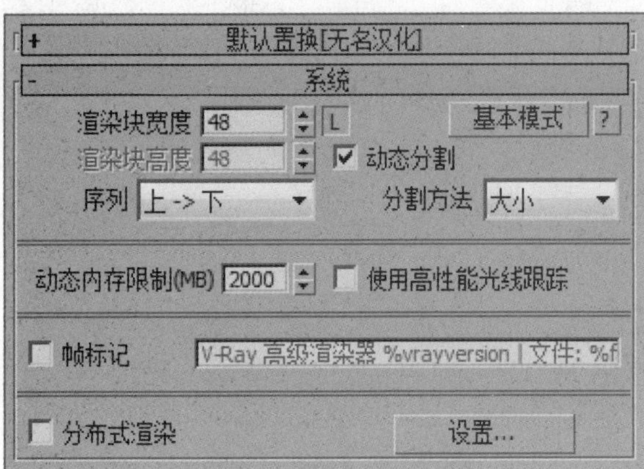

10 渲染摄影机视口，效果如下图所示。

11 在前视图中创建VRay灯光，设置灯光类型为平面，如下图所示。

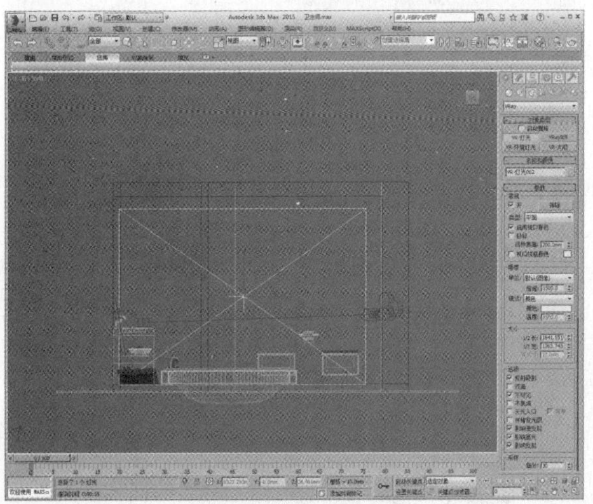

12 调整灯光位置及角度，再调整灯光强度、颜色等参数，如下图所示。

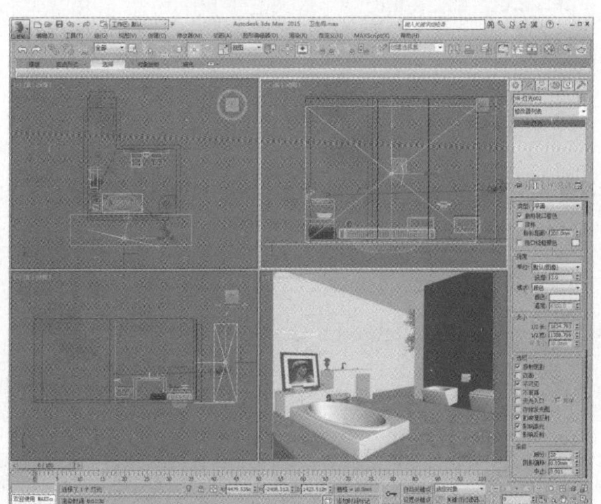

13 灯光颜色设置如下图所示。

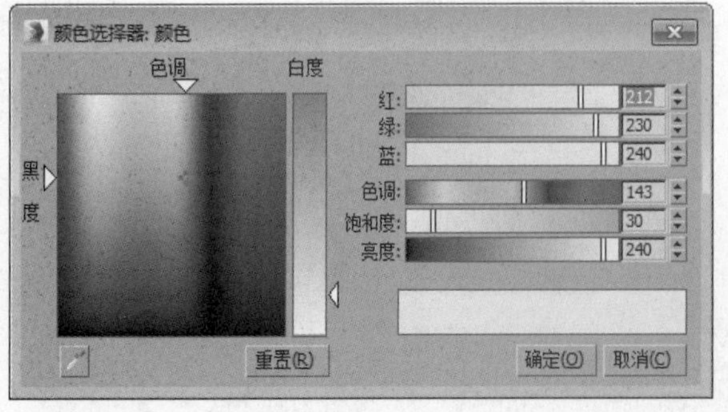

14 渲染摄影机视口，效果如下图所示。

15 在前视图中创建一个目标灯光，如下图所示。

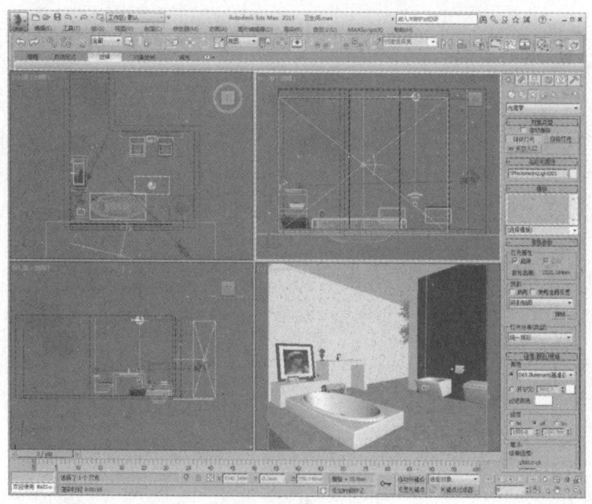

16 调整灯光位置及角度，再调整灯光颜色类型、强度，并启用阴影，如下图所示。

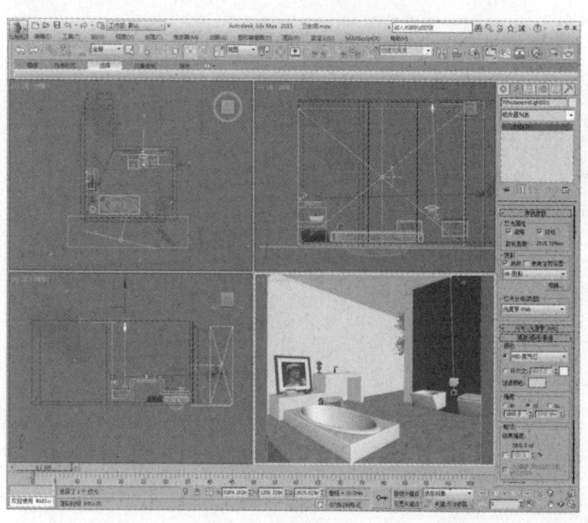

17 灯光颜色设置如下图所示。

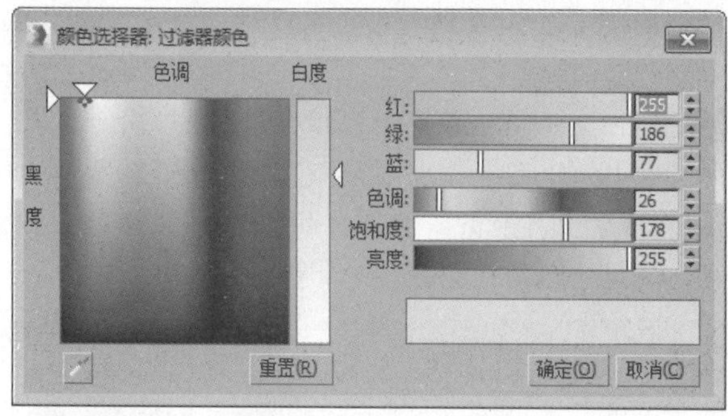

18 渲染摄影机视口，最终测试渲染效果如下图所示。

19 重新设置出图尺寸，如下图所示。

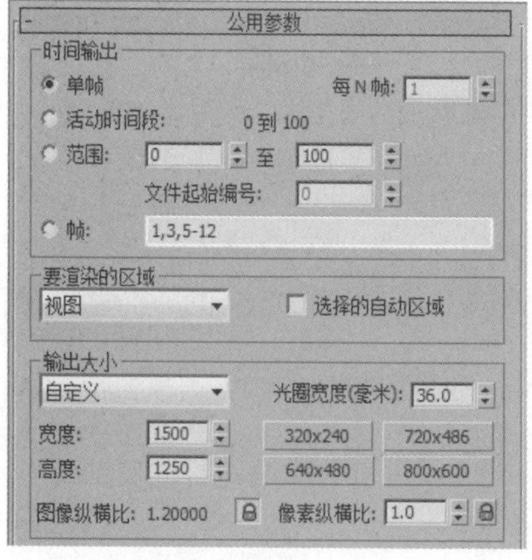

20 在“全局确定性蒙特卡洛”卷展栏中设置噪波阈值以及最小采样，勾选“时间独立”选项，如下图所示。

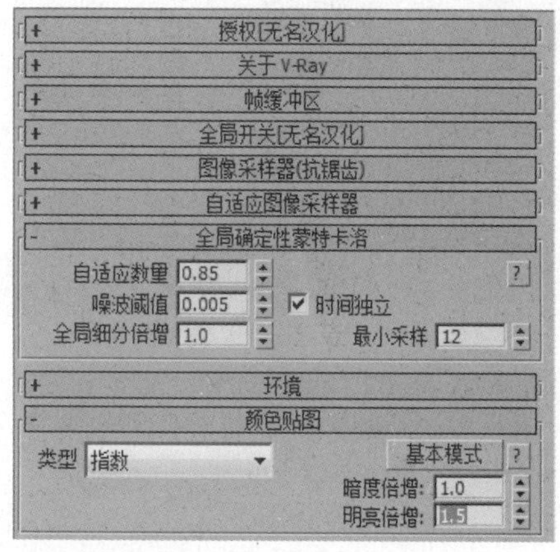

21 重新设置发光图预设模式及细分采样值，再设置灯光缓存细分值，如下图所示。

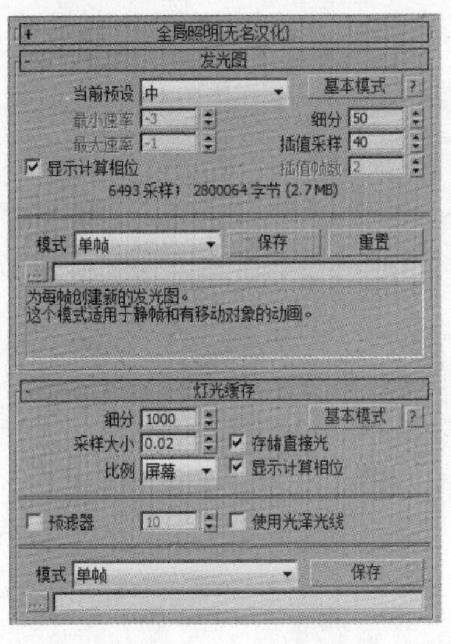

22 渲染最终效果如下图所示。

18.7 效果图后期处理

后期处理是效果图制作过程中较为重要的一个部分，可以弥补渲染效果中的一些不足，比如整体亮度、颜色饱和度以及一些瑕疵的处理，这需要用户对Photoshop软件有一定的掌握。下面介绍具体操作步骤。

01 打开渲染效果图，如下图所示。

02 执行“图像＞调整＞亮度/对比度”命令，打开“亮度/对比度”对话框，调整增加亮度及对比度，勾选“预览”选项，可以看到整体效果变亮，并且明暗对比增强，如下图所示。

03 执行“图像＞调整＞曲线”命令，打开“曲线”对话框，调整曲线形状，可以看到场景效果整体变亮，如下图所示。

04 单击魔棒工具，选择图片左下位置的绿色部分，如下图所示。

05 执行“图像>调整>色相/饱和度”命令，打开“色相/饱和度”对话框，调整饱和度及明度，如下图所示。

07 再次打开“色相/饱和度”对话框，调整绿色饱和度，再调整黄色饱和度，调亮树木色调以及马桶位置光线的色调，如下图所示。

06 关闭对话框，单击鼠标右键，选择“选择反向”命令，如下图所示。

08 调整完毕后得到的最终效果如下图所示。

CHAPTER 19

厨房效果的制作

本章中将制作一个通透的厨房场景，以现代都市高层中的厨房为原型，设计并制作场景效果厨房外带有一个半露阳台，整个场景光线明亮并且温馨。

知识点

1. 放样工具的使用
2. 样条线的使用
3. VR灯光材质的使用

19.1 制作厨房主体建筑模型

本场景为一个厨房空间，外通一个阳台，光线较好，建筑主体模型的创建较为简单。下面对创建过程进行介绍。

01 执行“文件>导入>导入”命令，导入厨房CAD平面图，如下图所示。

02 将平面图导入到当前视图中，如下图所示。

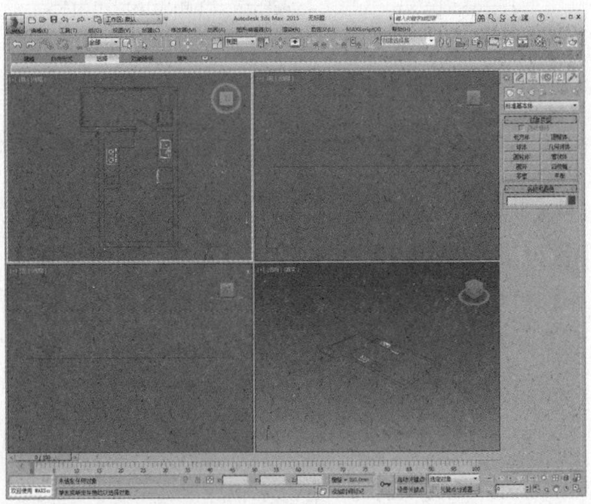

03 开启捕捉开关，单击“线”按钮，在顶视图中捕捉绘制室内框线，如下图所示。

04 关闭捕捉开关，为其添加“挤出”修改器，设置挤出值为3000，如下图所示。

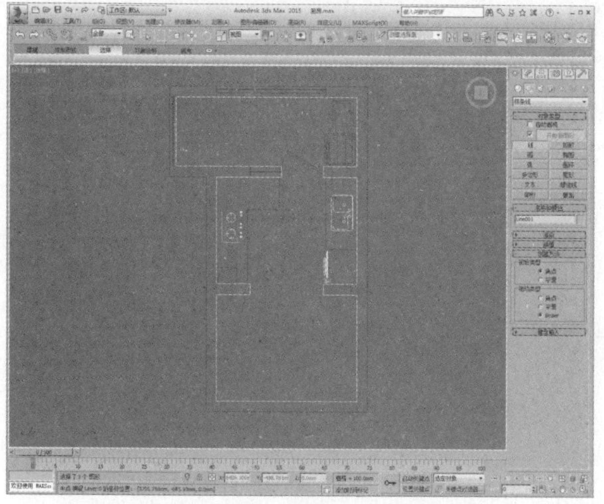

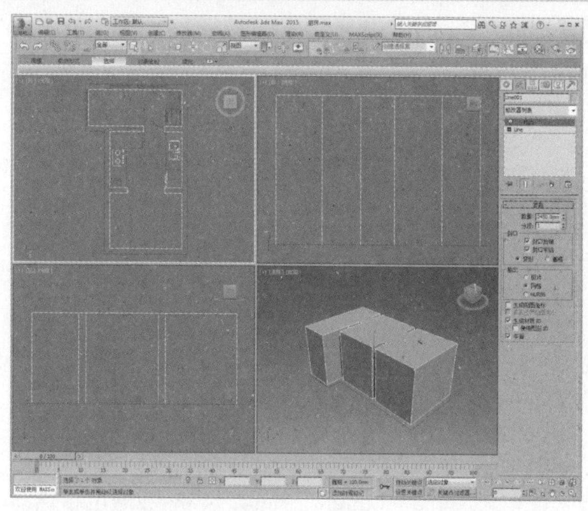

05 将其转换为可编辑多边形，进入“边”子层级，选择两条边，如下图所示。

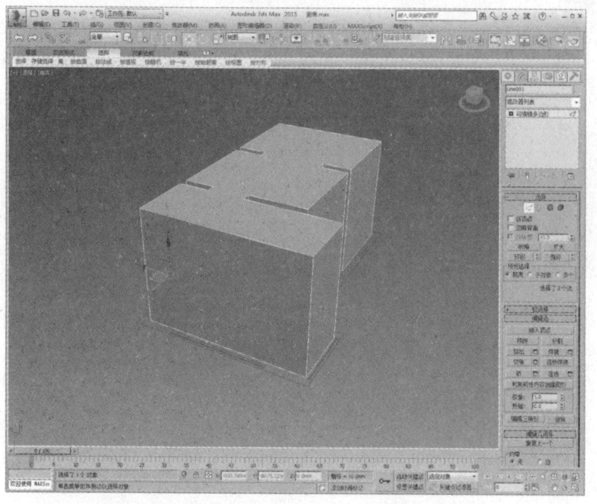

06 单击“连接”设置按钮，设置连接边数为2，如下图所示。

07 调整新创建的两条边的高度，如下图所示。

08 进入“多边形”子层级，选择多边形，如下图所示。

09 单击“挤出”设置按钮，设置挤出值为300，如下图所示。

10 按照上述操作步骤制作挤出另一侧多边形，如下图所示。

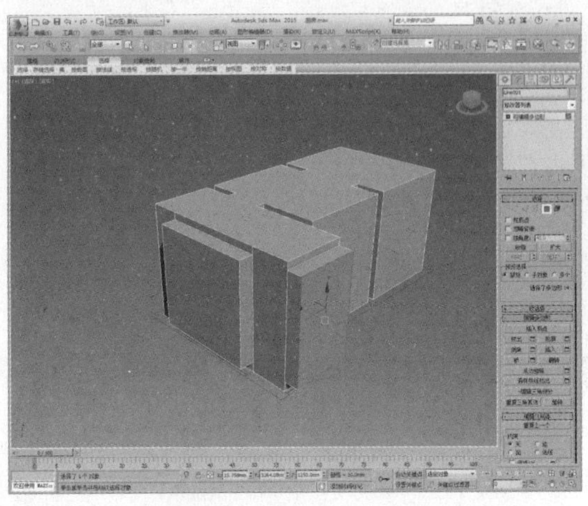

11 选择并删除两处挤出的多边形，形成窗口，如下图所示。

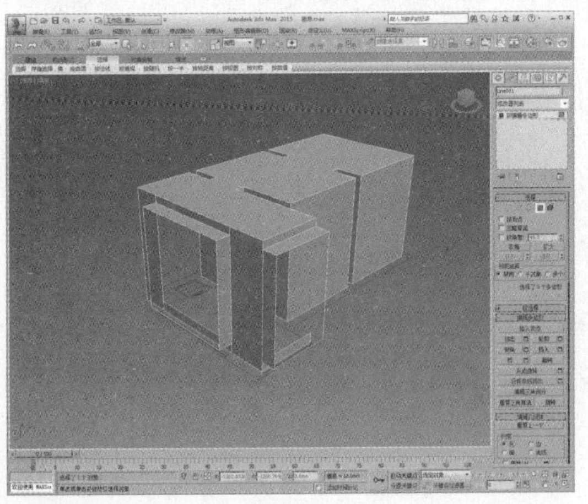

12 将视口设置为“线框”模式，进入“边”子层级，选择如下图所示的四条边。

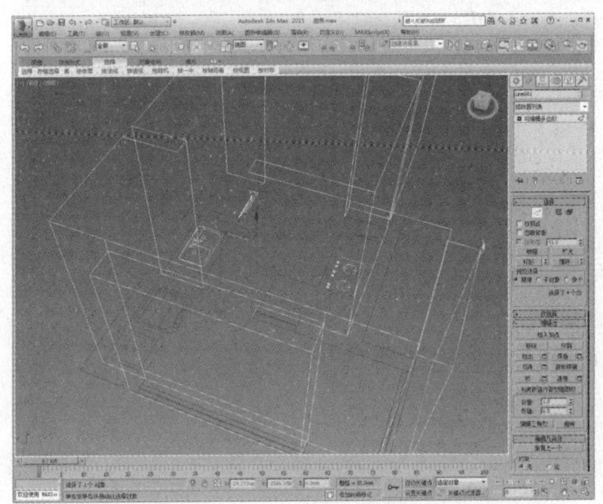

13 单击“连接”设置按钮，设置连接值为2，如下图所示。

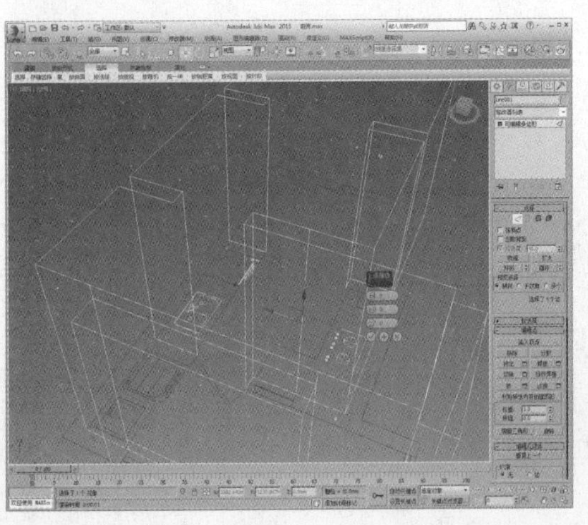

14 调整边的高度，如下图所示。

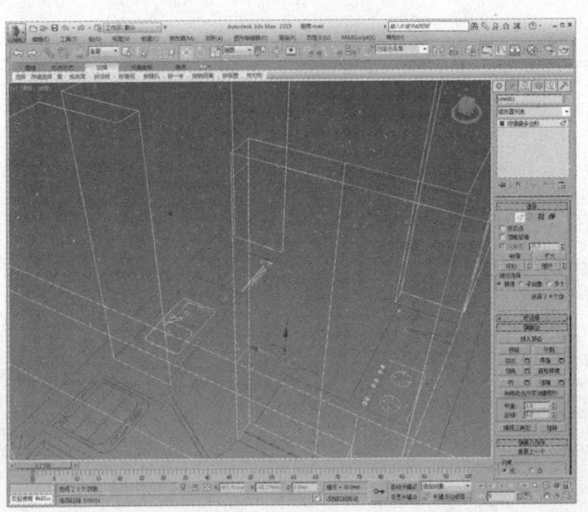

15 选择边，继续单击“连接”设置按钮，设置连接值为1，如下图所示。

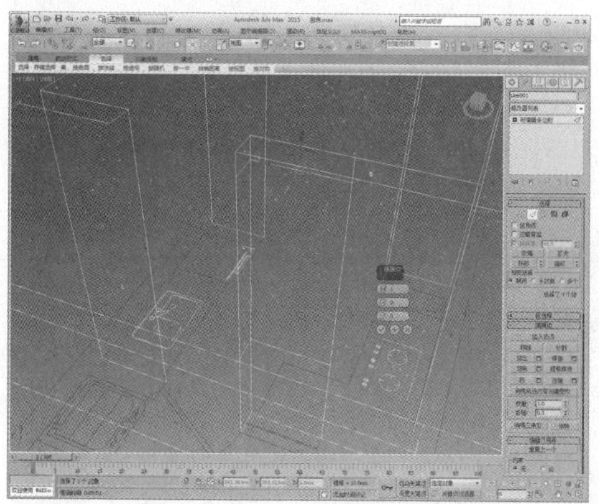

16 在前视图中调整边的位置，如下图所示。

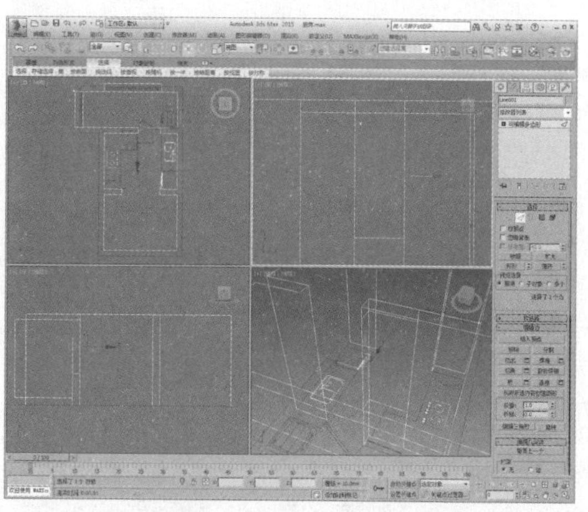

17 进入“多边形”子层级，选择相对的两个多边形，如下图所示。

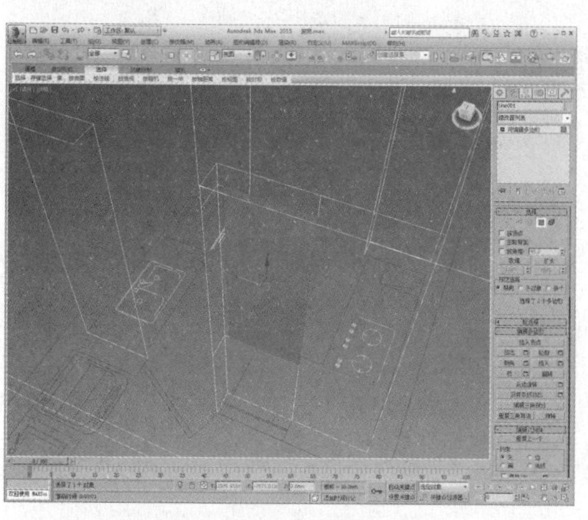

18 单击“桥”按钮，如下图所示。

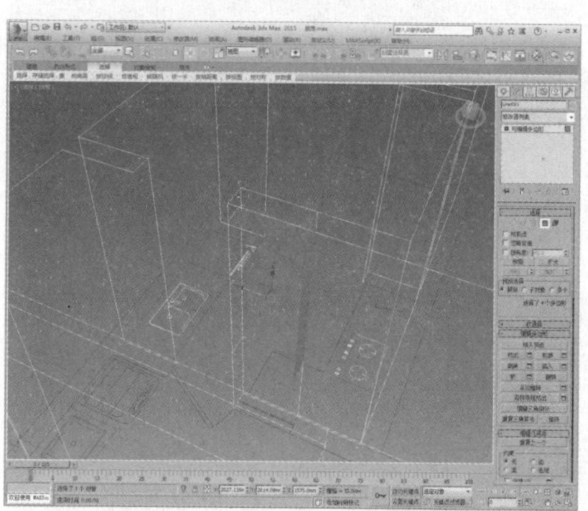

19 按快捷键Ctrl+A全选多边形，单击“翻转”按钮，再将视图设置为“真实”模式，如下图所示。

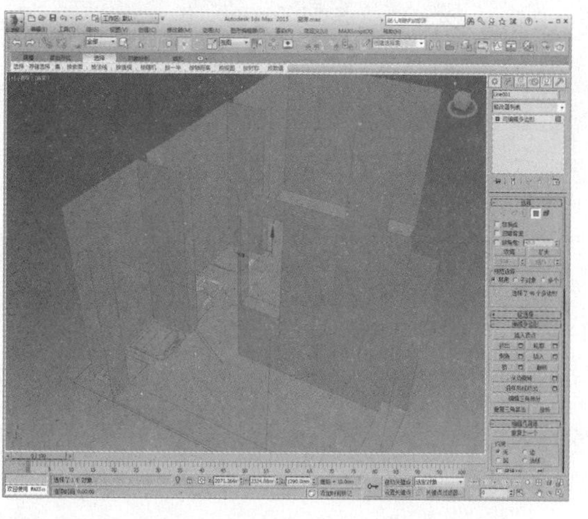

20 在创建命令面板中单击“长方体”按钮，捕捉创建一个长方体封闭阳台位置的门洞，如下图所示。

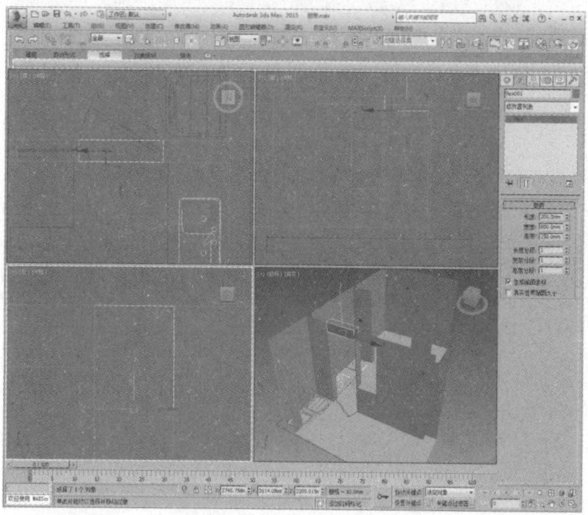

19.2 制作门窗及栏杆模型

场景中包含门窗模型各一个，另外还有阳台位置的栏杆模型的制作，主要利用到挤出修改器以及放样工具，具体的操作过程如下。

01 在创建命令面板中单击“矩形”按钮，在前视图中捕捉门洞绘制一个矩形，如下图所示。

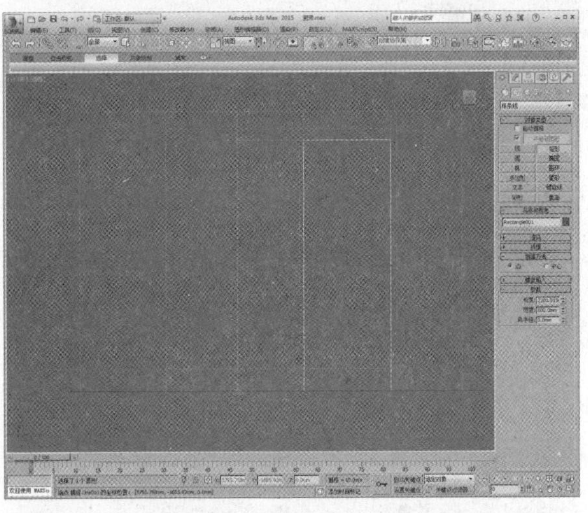

02 将其转换为可编辑样条线，进入“线段”子层级，选择线段，如下图所示。

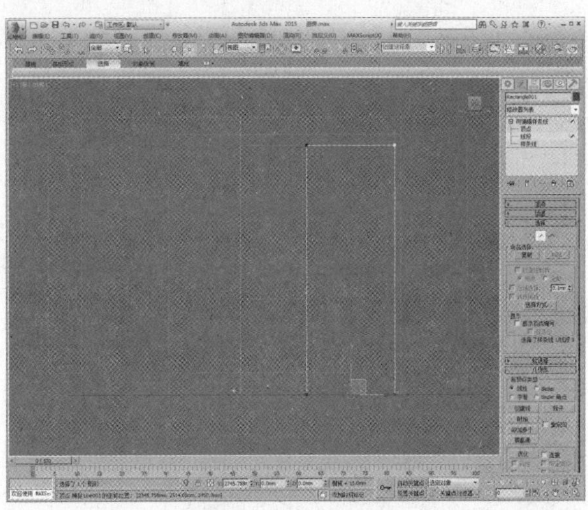

03 按Delete键删除，如下图所示。

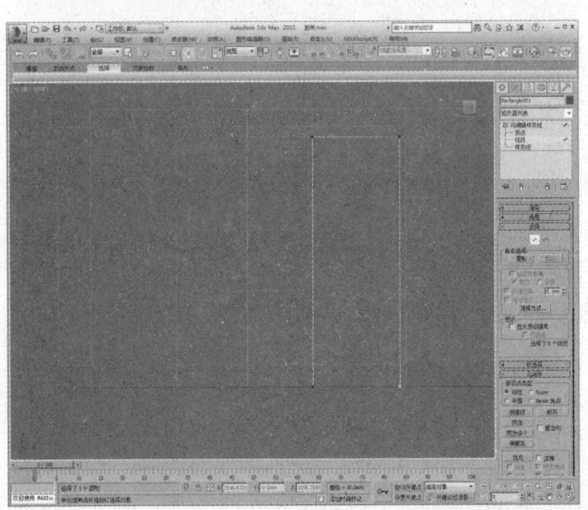

04 在创建命令面板中单击“线”按钮，在顶视图中绘制样条线作为门套截面轮廓，如下图所示。

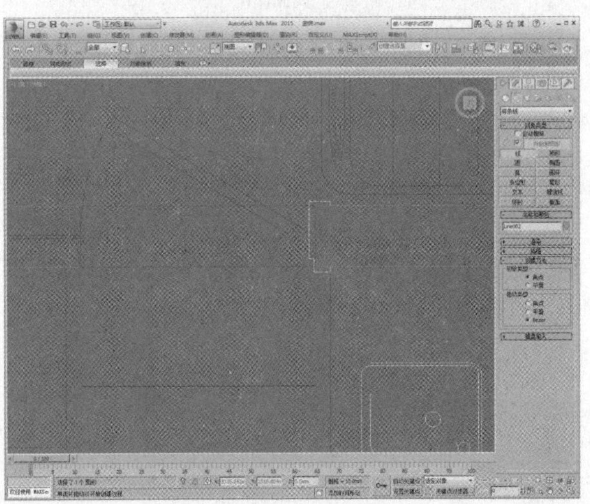

05 选择矩形样条线，再单击复合对象面板中的“放样”按钮，接着单击“获取图形”按钮，单击拾取视图中的样条线，如下图所示。

06 调整边位置，如下图所示。

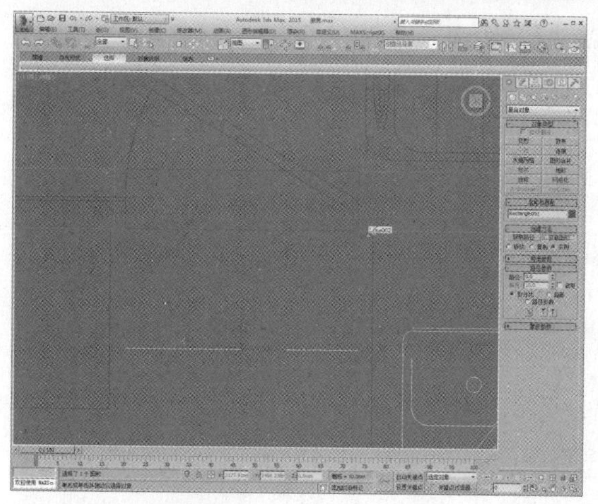

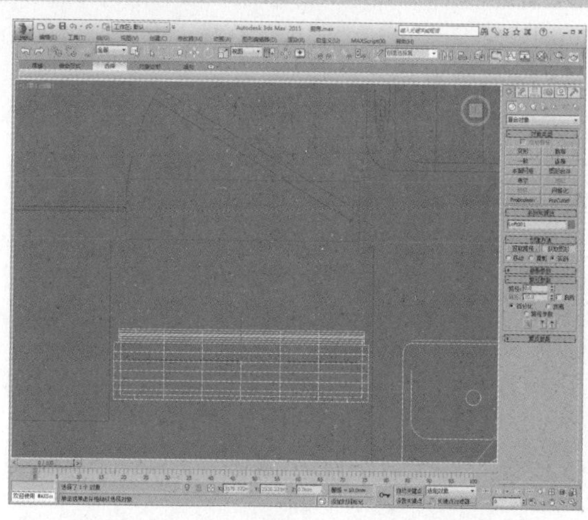

07 进入“图形”子层级，单击“选择并旋转”按钮，选择图形并旋转180°，制作出门套模型，如下图所示。

08 调整门套模型的位置，如下图所示。

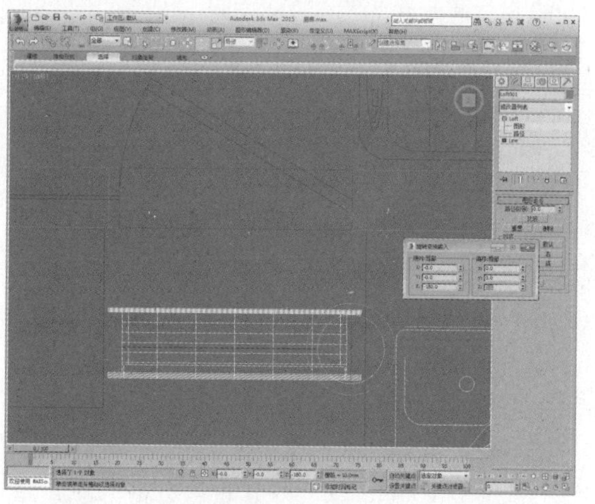

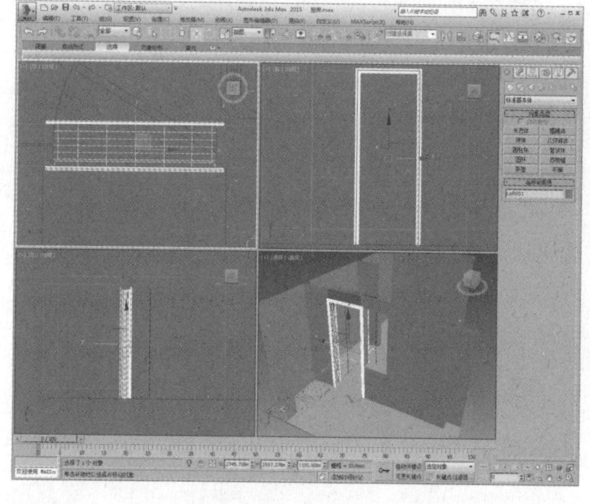

09 在创建命令面板中单击“矩形”按钮，在前视图中捕捉绘制一个矩形，如下图所示。

10 将其转换为可编辑样条线，进入“样条线”子层级，设置轮廓值为60，如下图所示。

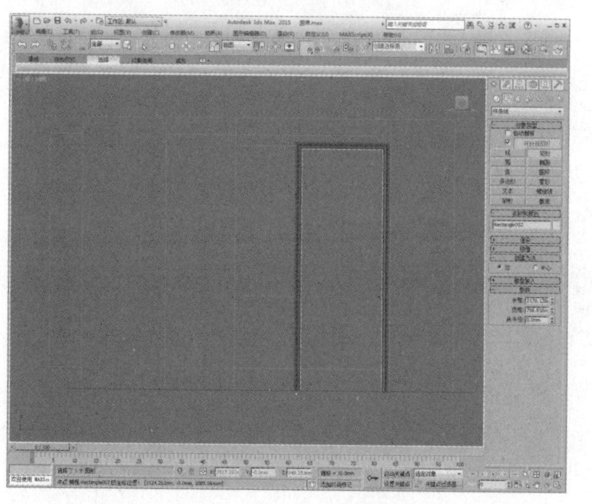

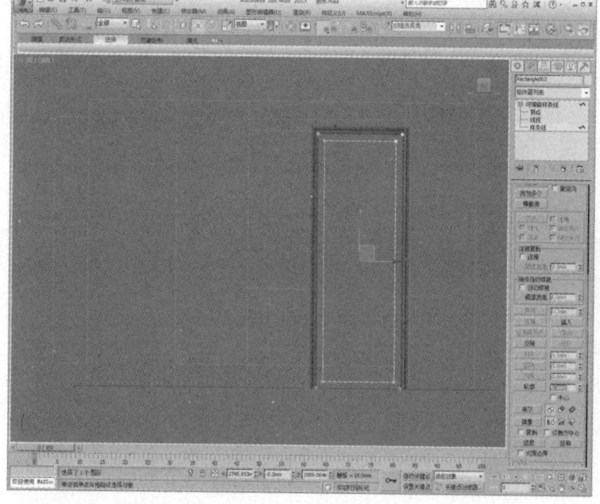

11 为其添加挤出修改器，设置“挤出”值为80，并调整模型位置，如下图所示。

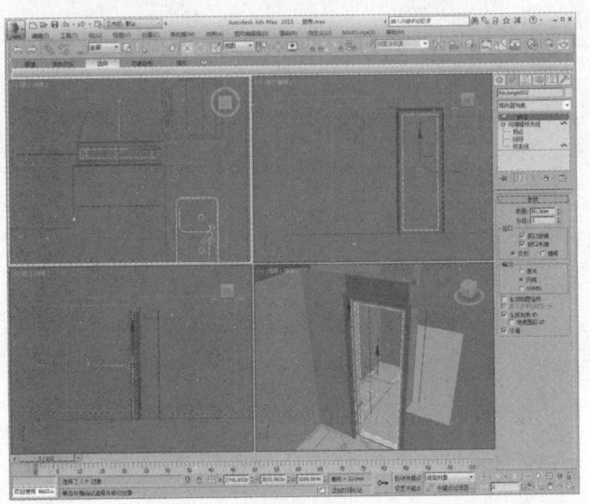

13 将其转换为可编辑样条线，进入“样条线”子层级，设置轮廓值为20，如下图所示。

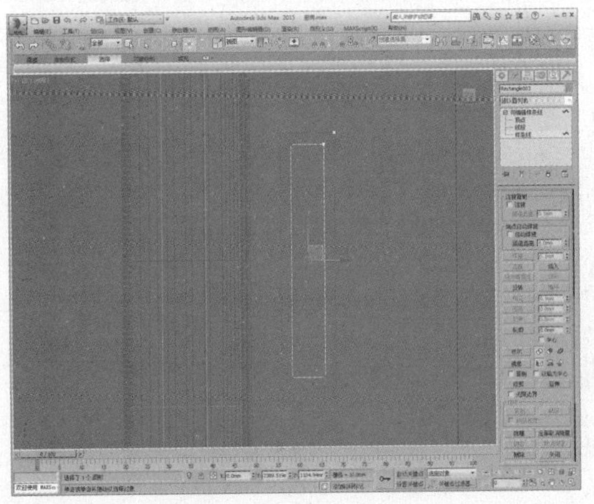

15 在创建命令面板中单击“矩形”按钮，在前视图中捕捉门框绘制矩形，如下图所示。

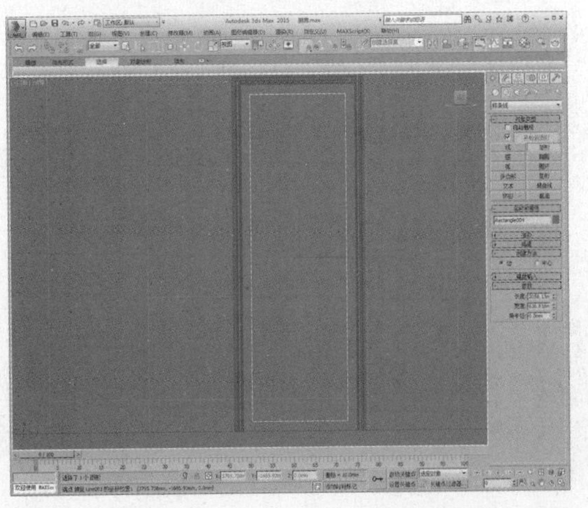

12 在左视图中绘制一个矩形，如下图所示。

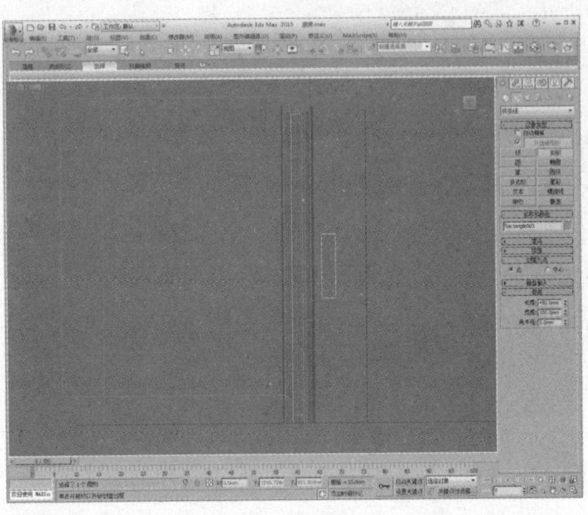

14 为其添加“挤出”修改器，设置挤出值为40，调整模型位置，作为门把手，如下图所示。

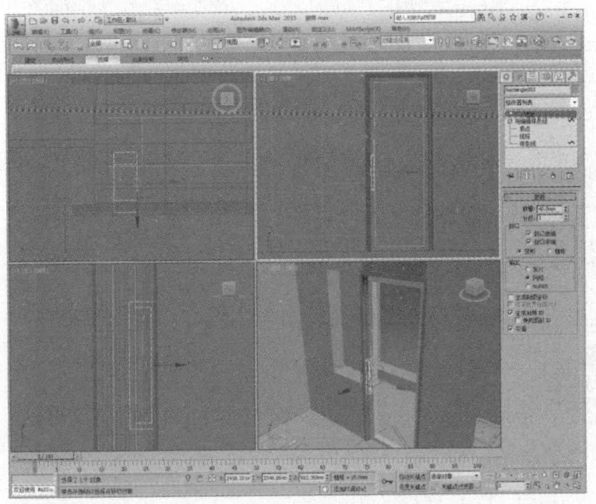

16 为其添加“挤出”修改器，设置挤出值为12，调整位置，作为门玻璃，如下图所示。

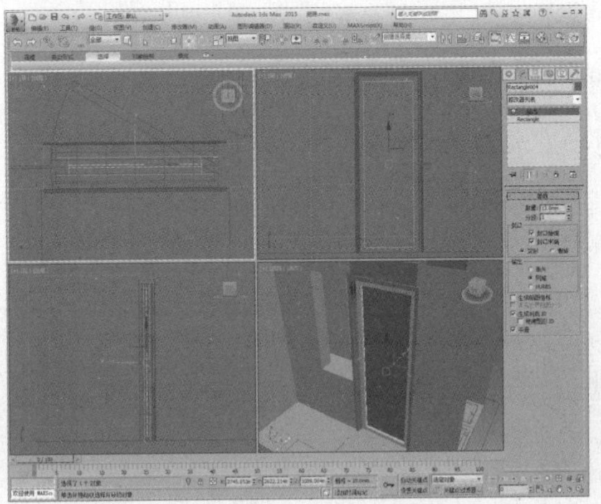

17 将门模型成组，并旋转角度，如下图所示。

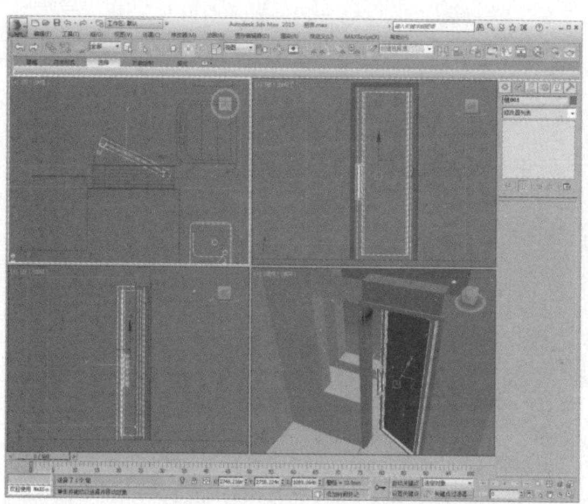

18 按照上述制作门模型的方法再制作宽度、厚度为40的窗户模型，将其成组，如下图所示。

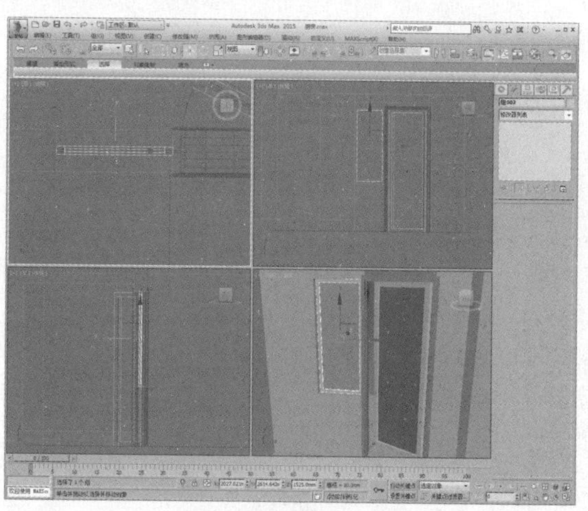

19 在创建命令面板中单击“长方体”按钮，在顶视图创建一个长方体，调整位置，如下图所示。

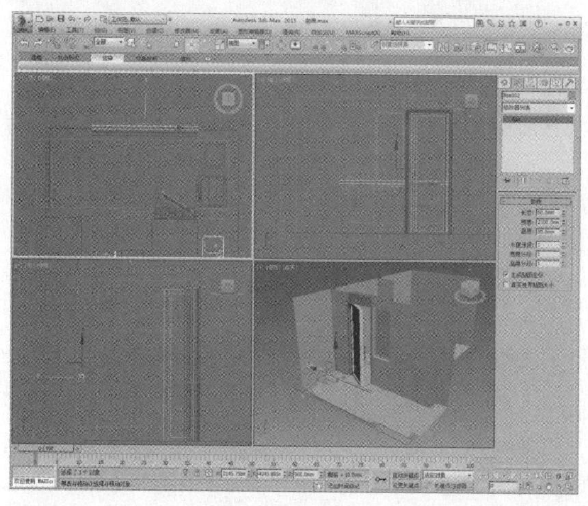

20 在前视图中捕捉绘制一个矩形，如下图所示。

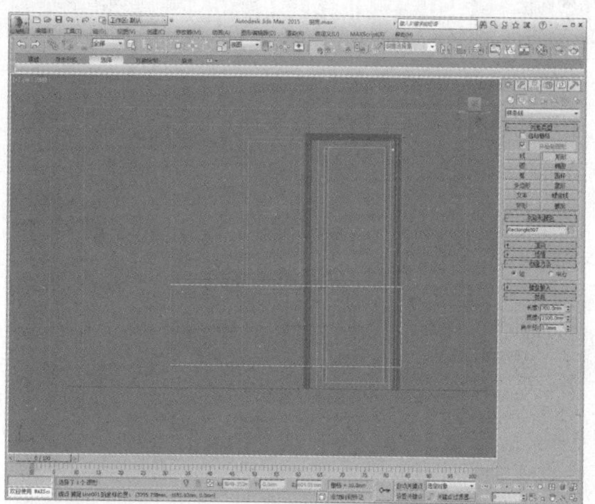

21 添加挤出修改器，设置挤出值为12，如下图所示。

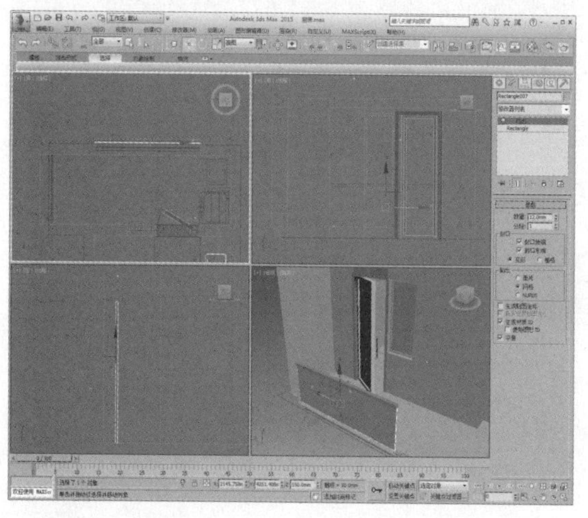

22 再制作阳台另一侧栏杆模型，如下图所示。

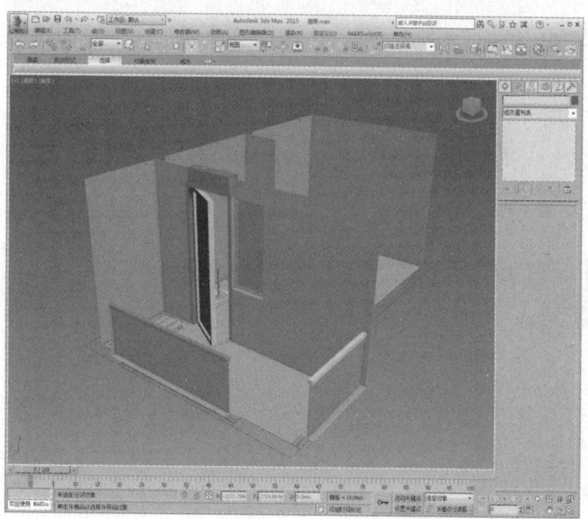

23 选择墙体多边形，单击“附加”按钮，附加选择门洞上方的长方体，如下图所示。

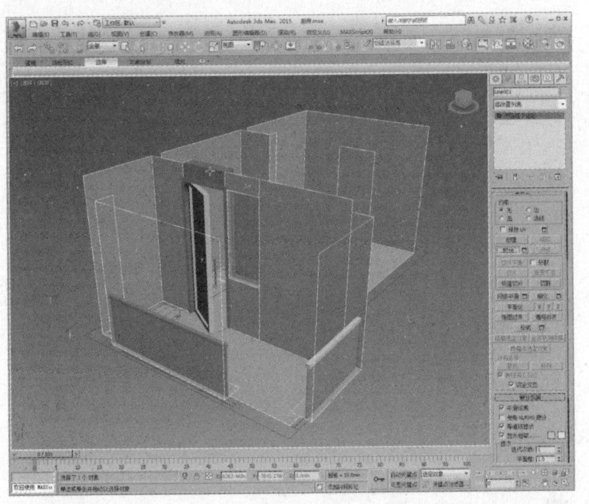

24 如此完善了墙体模型，门窗模型也已经完成，如下图所示。

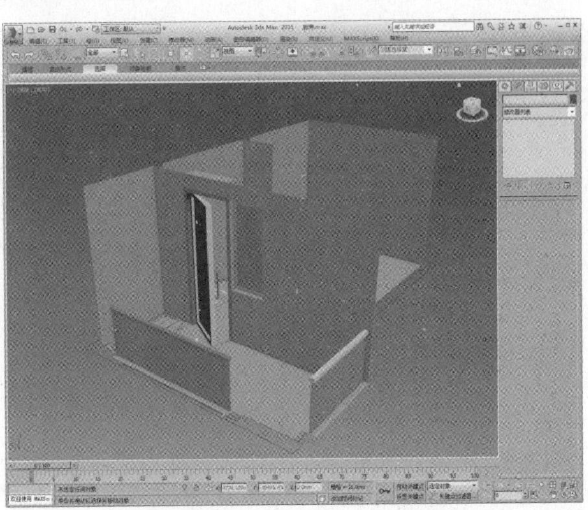

19.3 制作橱柜模型

橱柜分为地柜和吊柜两种，地柜又分为柜体、台面、隔水板三个部分，吊柜门分为实体不透明与半透明式两种，在一侧的地柜上需要制作洗菜盆模型，具体的操作过程如下。

01 在创建命令面板中单击“线”按钮，在顶视图中捕捉绘制样条线，如下图所示。

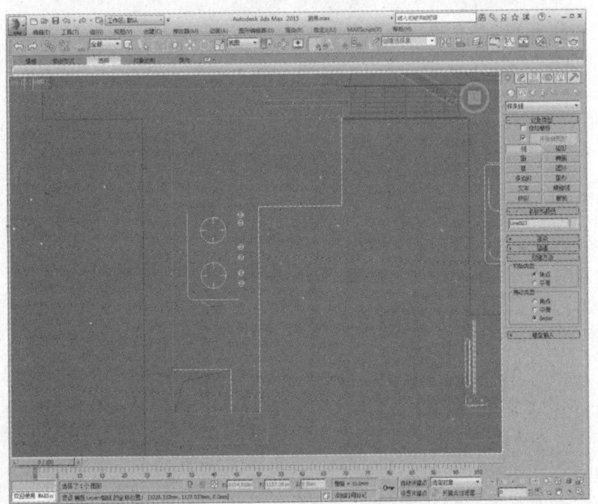

02 进入“顶点”子层级，选择两个顶点，如下图所示。

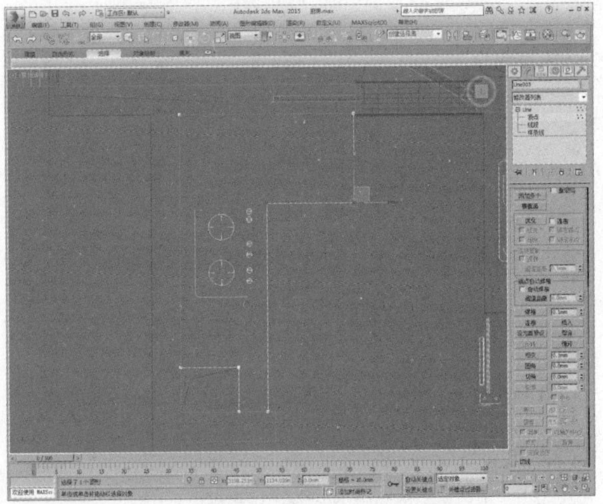

03 设置圆角量为20，对顶点进行圆角操作，如下图所示。

04 为其添加“挤出”修改器，设置挤出值为50，调整模型高度，如下图所示。

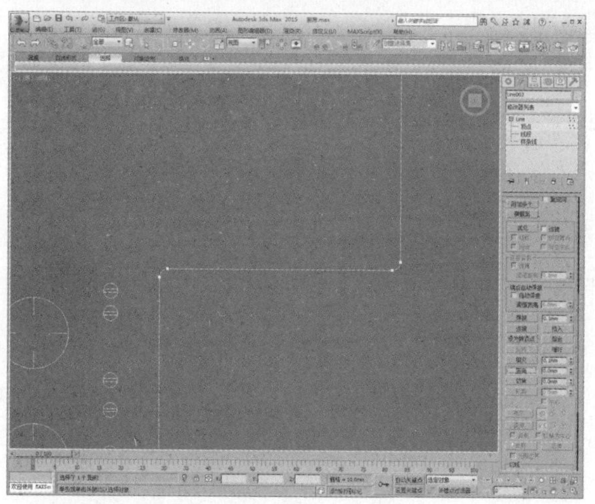

05 将模型转换为可编辑多边形，进入“边”子层级，选择边，如下图所示。

07 在创建命令面板中单击“线”按钮，在左视图中绘制一个轮廓，如下图所示。

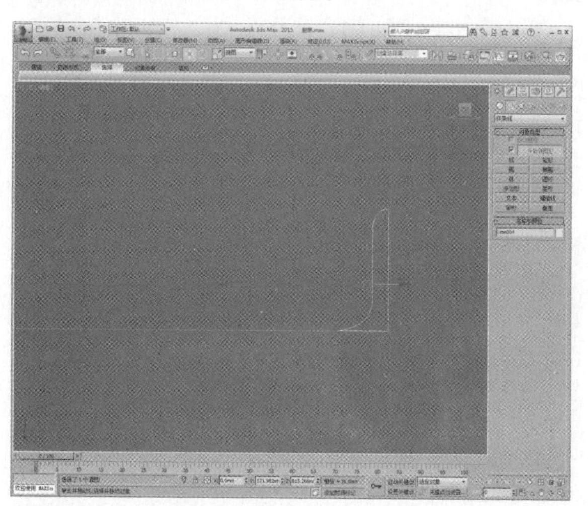

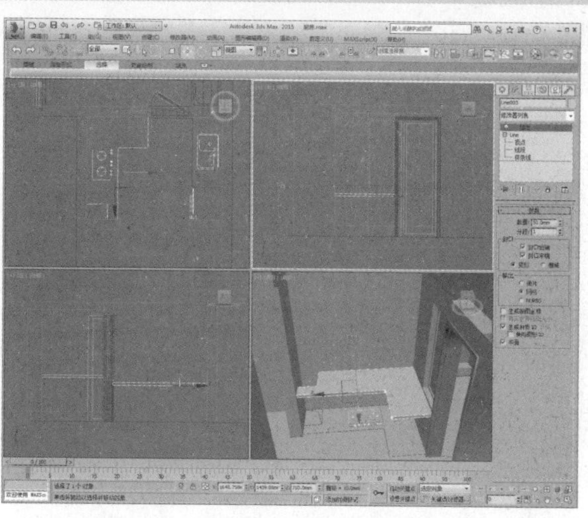

06 单击“切角”设置按钮，设置切角量为5，创建出橱柜台面模型，如下图所示。

08 进入“顶点”子层级，设置顶点类型为Bezier角点，调整样条线轮廓，如下图所示。

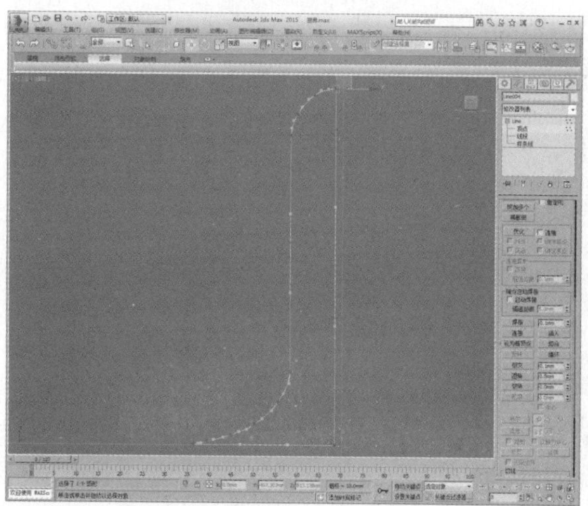

09 在顶视图中绘制样条线，如下图所示。

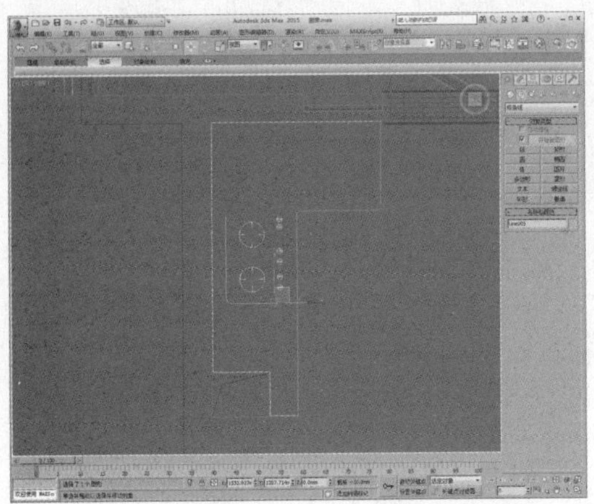

10 为其添加“挤出”修改器，设置挤出值为750，调整模型位置，如下图所示。

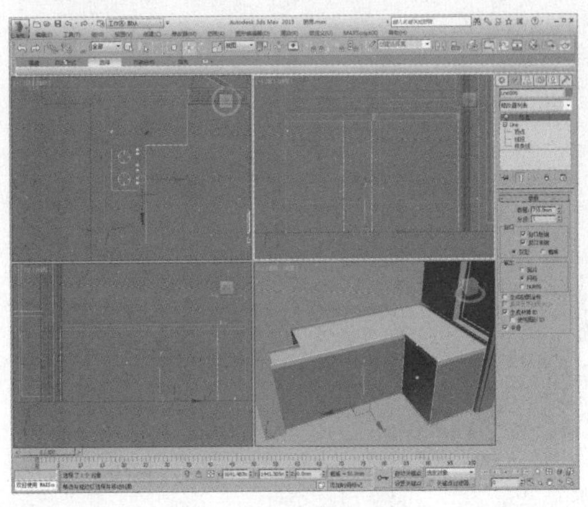

11 将其转换为可编辑多边形，进入“边”子层级，选择多条边并单击“连接”设置按钮，设置连接数为3，如下图所示。

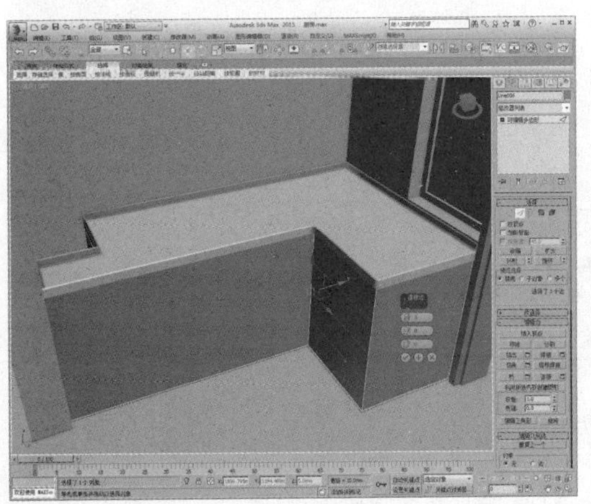

12 进入“顶点”子层级，在前视图中选择顶点并调整位置，如下图所示。

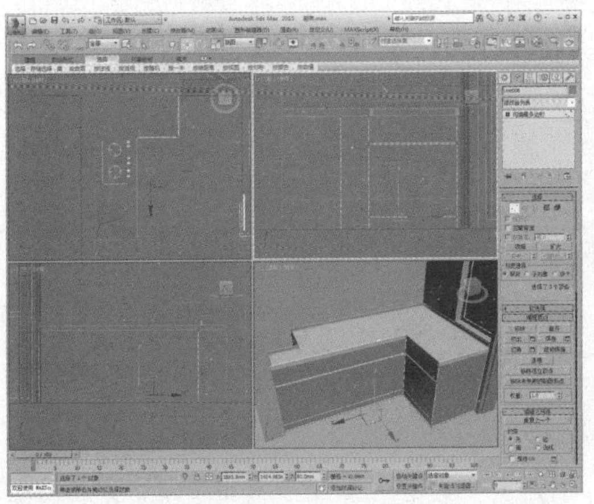

13 进入“多边形”子层级，选择多边形，如下图所示。

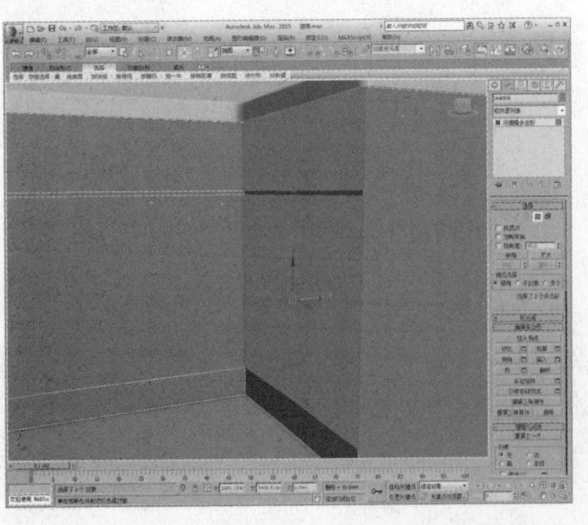

14 单击“挤出”设置按钮，设置挤出值为8，挤出橱柜门造型，如下图所示。

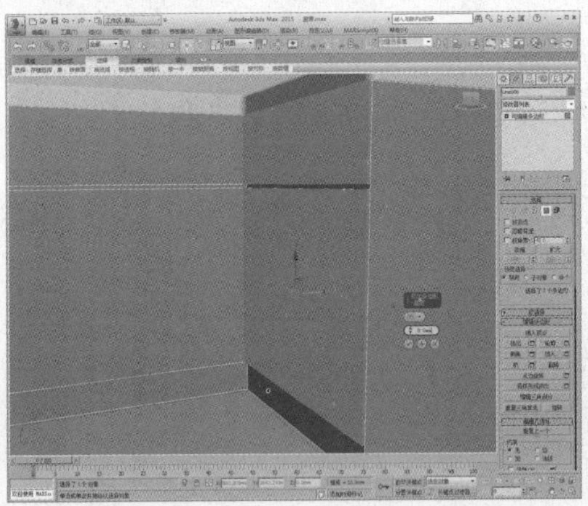

15 再挤出另一侧橱柜门造型，如下图所示。

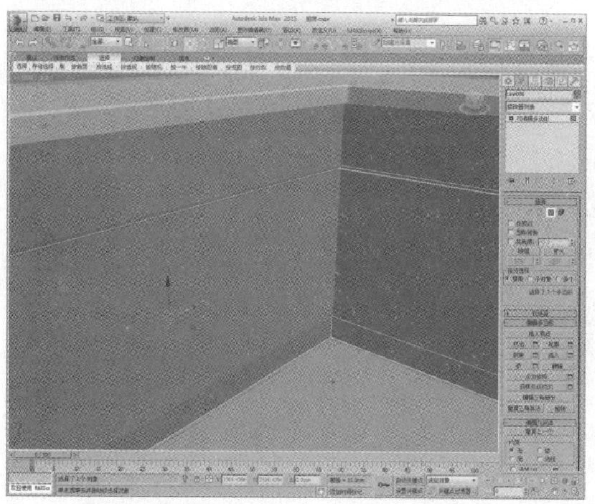

16 选择踢脚区域的多边形，单击“挤出”设置按钮，设置挤出值为-10，如下图所示。

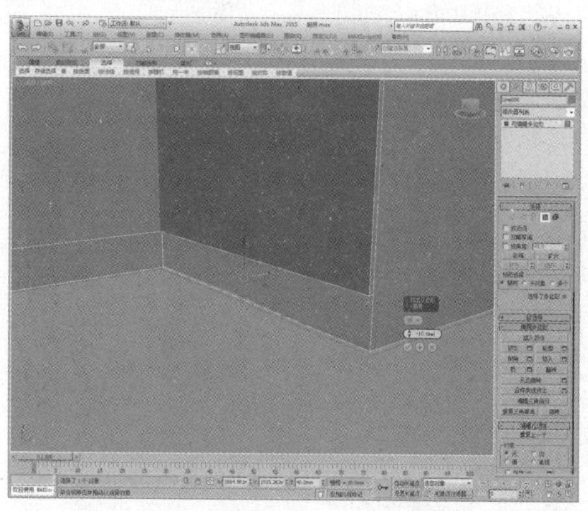

17 再挤出另一侧踢脚，如下图所示。

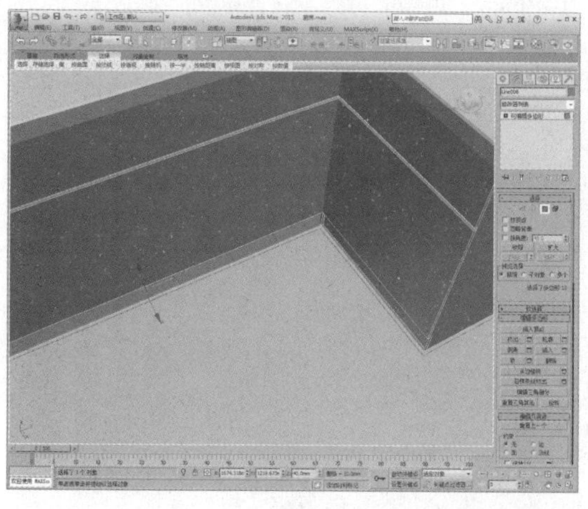

18 进入“边”子层级，选择柜门上的边，如下图所示。

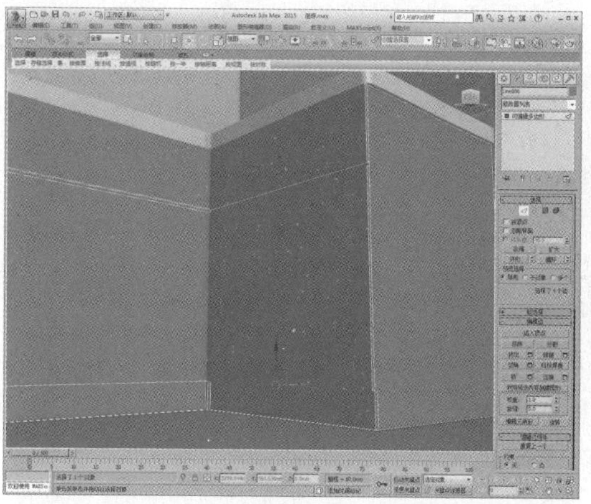

19 单击“连接”设置按钮，设置连接数为1，如下图所示。

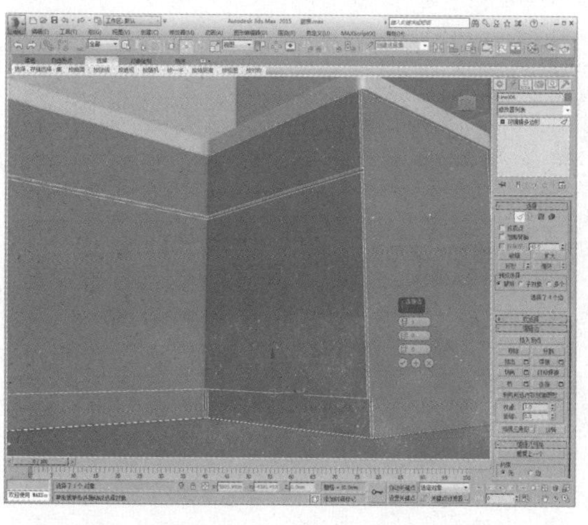

20 选择橱柜另一侧的边，单击“连接”设置按钮，设置连接边数为3，如下图所示。

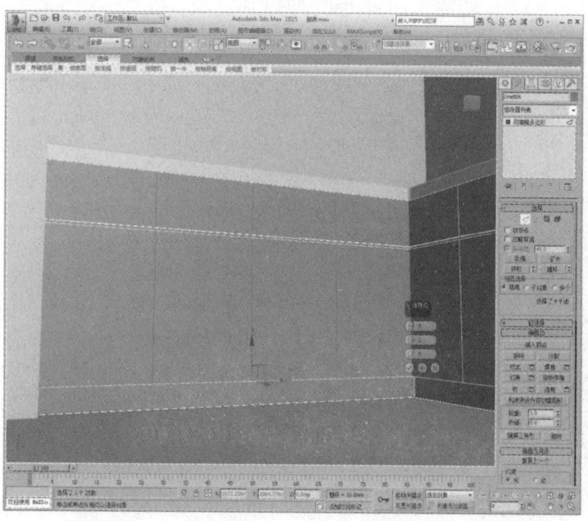

21 选择多条边，单击“挤出”设置按钮，设置挤出高度为-10、挤出宽度为3，完成一侧地柜模型的创建，如下图所示。

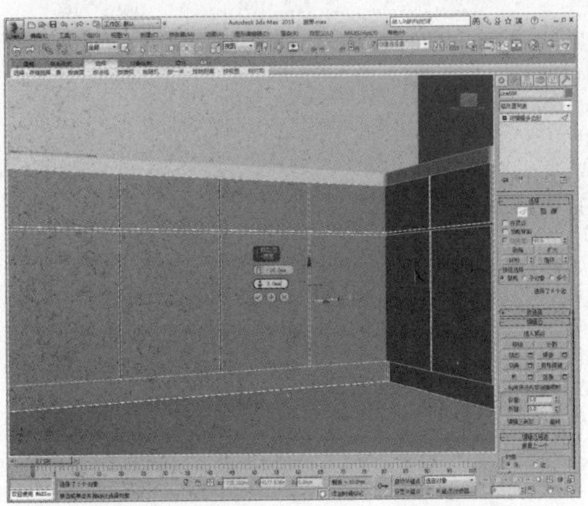

22 按照上述创建橱柜的操作方法，创建另一侧地柜的模型，如下图所示。

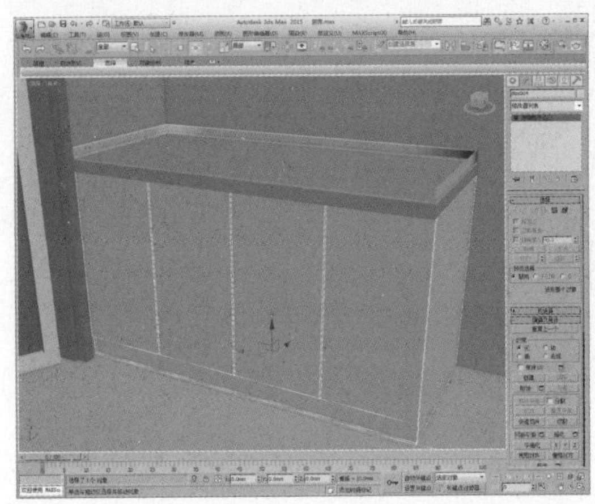

23 在前视图中绘制样条线，如下图所示。

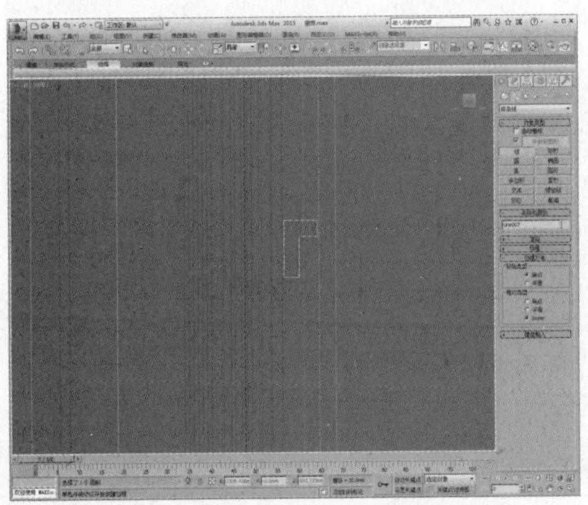

24 为其添加“挤出”修改器，设置挤出值为330，制作出柜门把手模型，调整到合适位置，如下图所示。

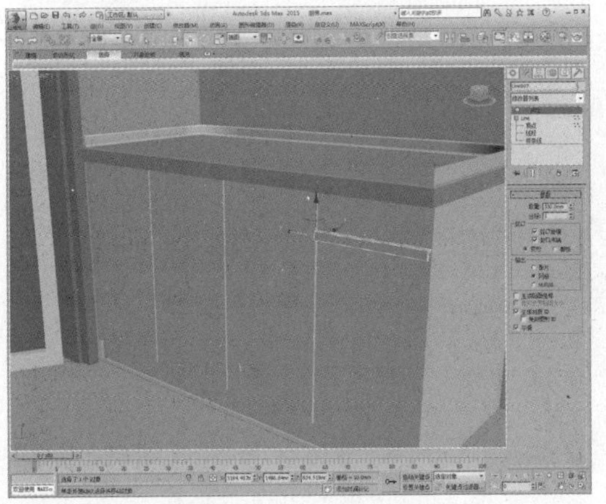

25 复制把手模型并调整部分模型的挤出尺寸，如下图所示。

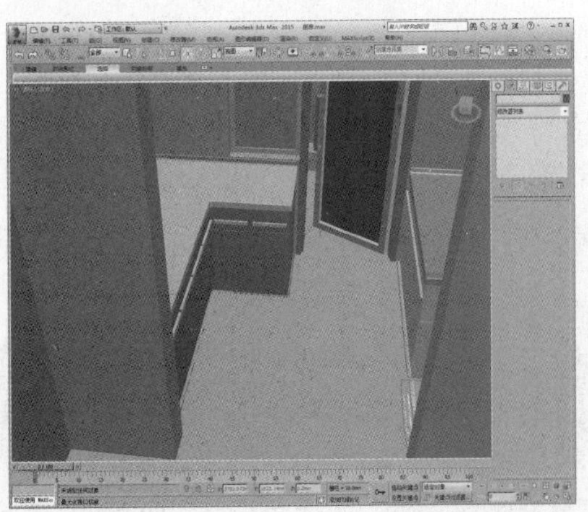

26 制作洗菜盆模型。单击“矩形”按钮，创建一个尺寸为820×480的矩形，如下图所示。

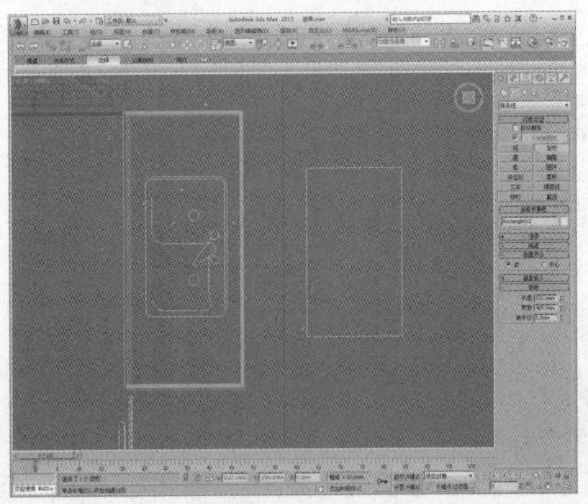

27 在创建面板中取消勾选“开始新图形”，继续创建矩形，调整尺寸为320×320，如下图所示。

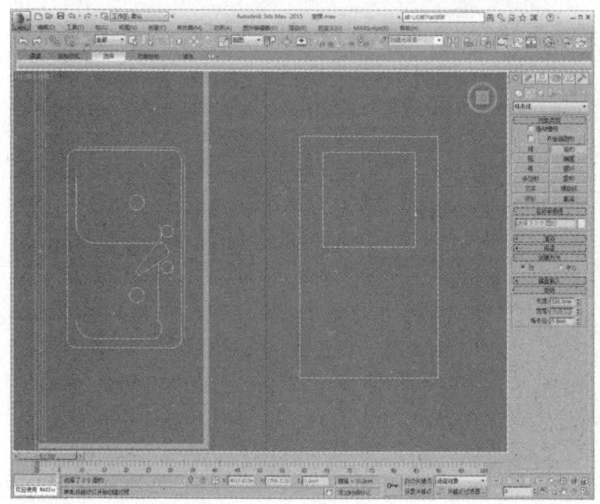

28 进入“样条线”子层级，选择内部的矩形样条线，如下图所示。

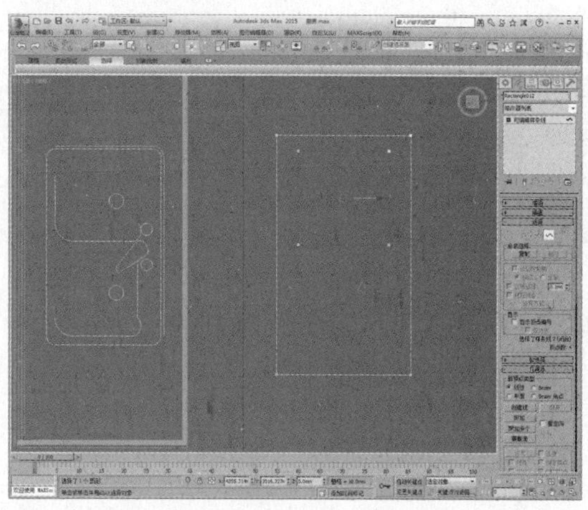

29 按住Shift键向下进行复制，调整样条线位置，如下图所示。

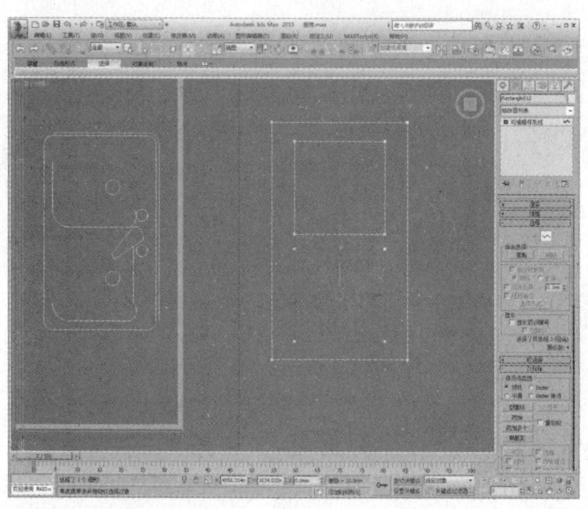

30 进入“顶点”子层级，选择所有顶点，将Bezier角点转换为角点，如下图所示。

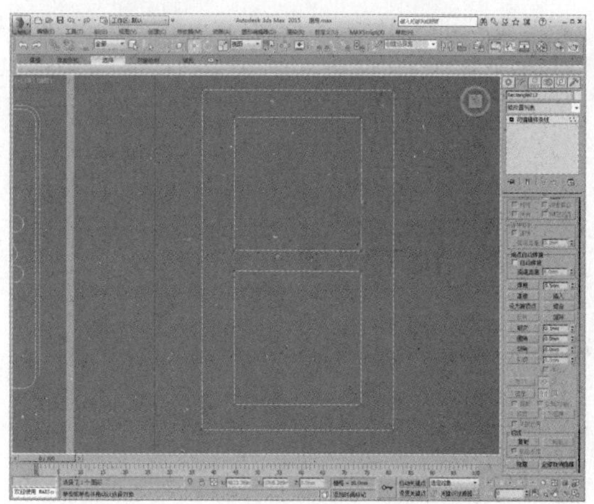

31 设置圆角尺寸为10，单击“圆角”按钮，如下图所示。

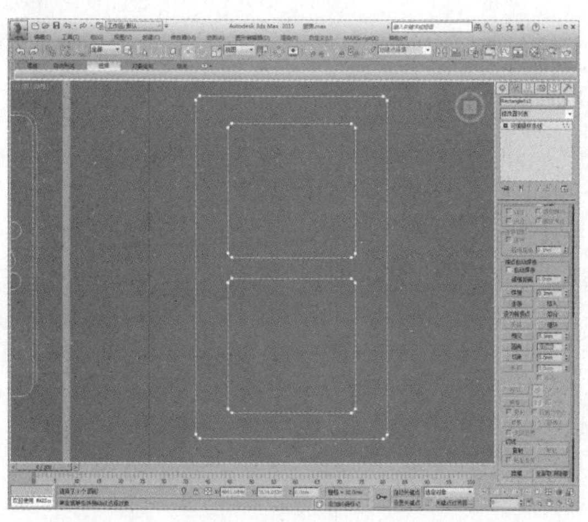

32 为其添加“挤出”修改器，设置挤出值为22，如下图所示。

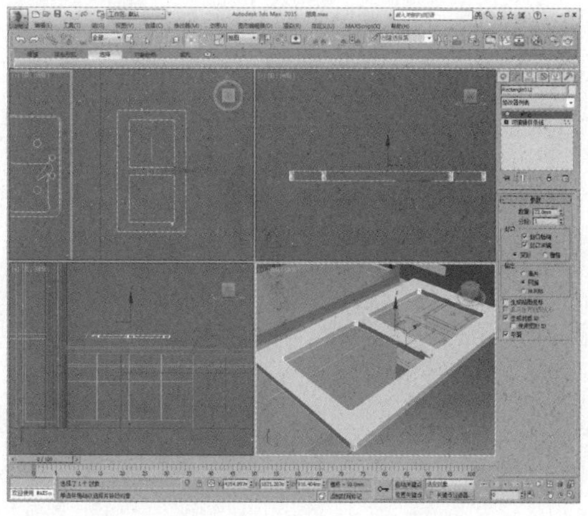

33 进入“边”子层级，选择上方的周边，如下图所示。

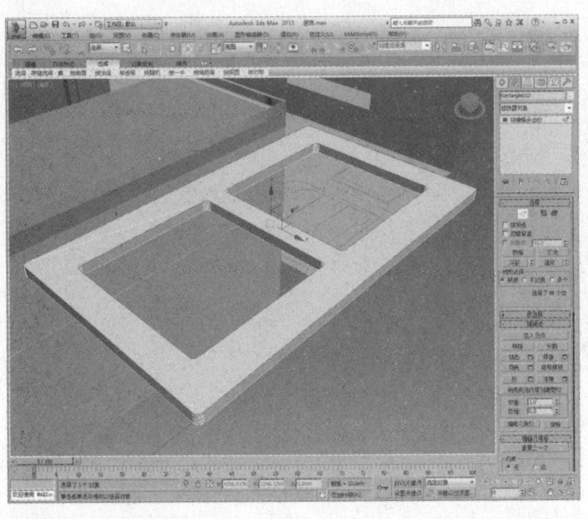

34 继续选择下方顶点，设置衰减值为80，如下图所示。

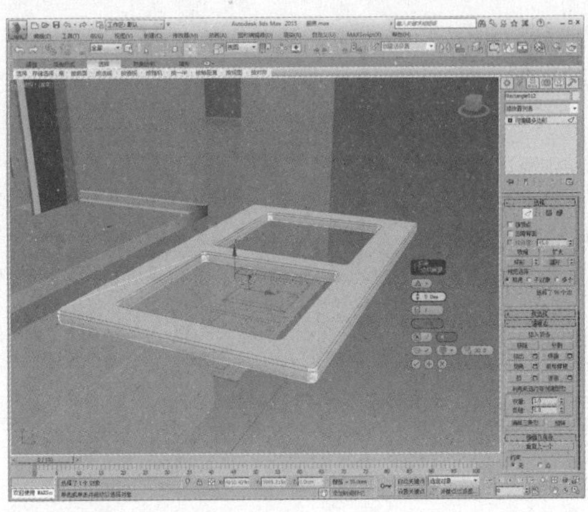

35 单击“长方体”按钮，创建一个尺寸为320×320×150的长方体，调整位置，如下图所示。

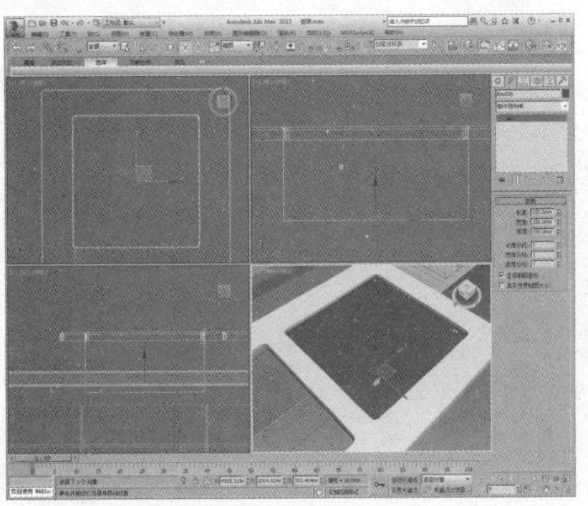

36 将长方体转换为可编辑多边形，进入“多边形”子层级，选择多边形，如下图所示。

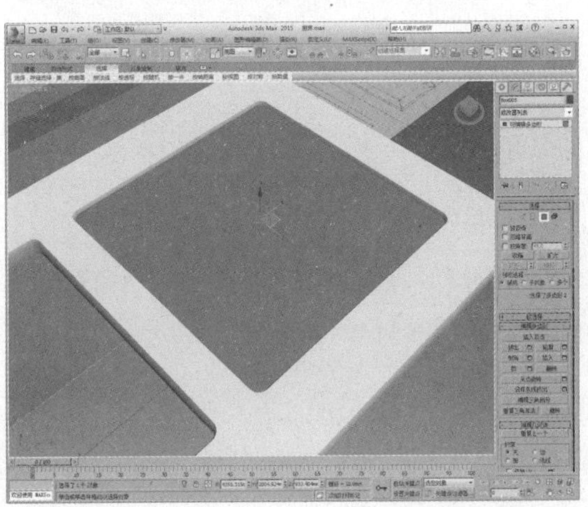

37 单击“插入”设置按钮，设置插入值为8，如下图所示。

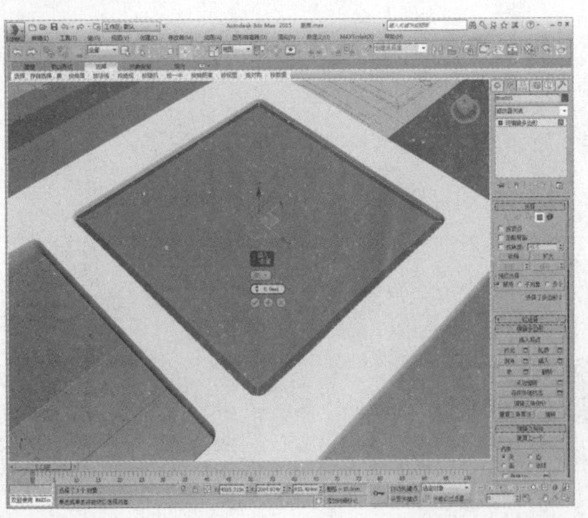

38 单击“挤出”设置按钮，设置挤出值为-140，如下图所示。

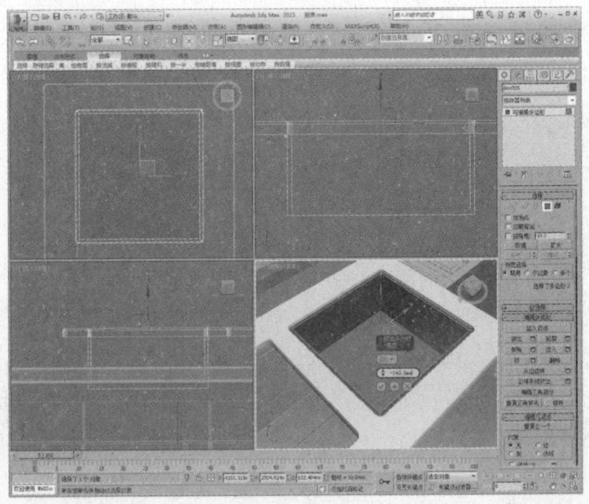

39 进入“边”子层级，选择边，如下图所示。

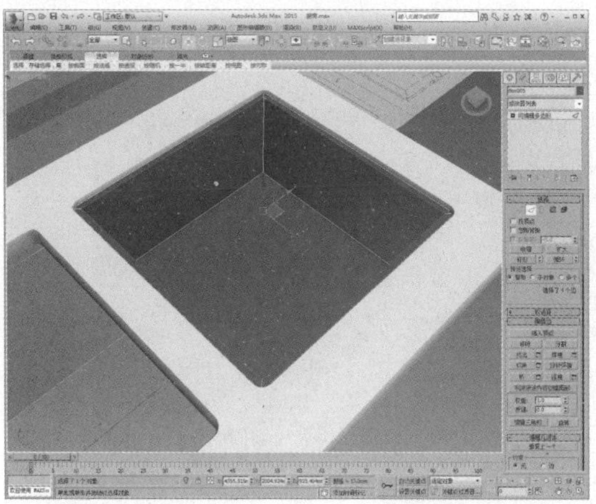

40 单击“切角”设置按钮，设置边切角量为3，如下图所示。

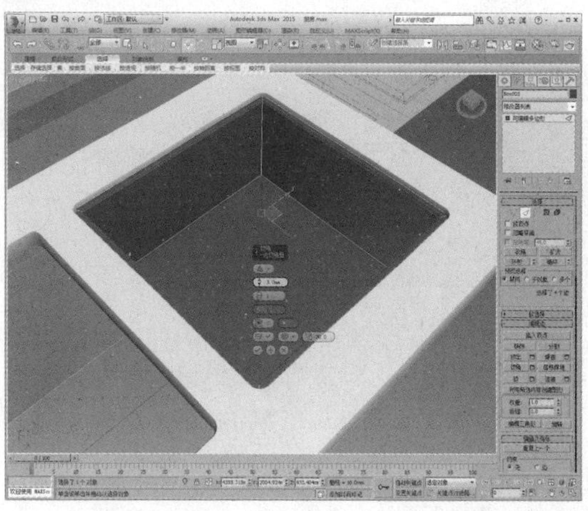

41 复制模型到另一侧，如下图所示。

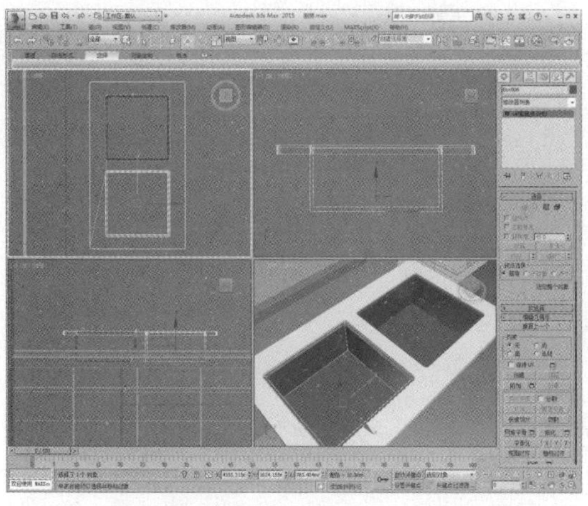

42 选择外部模型，单击“附加”按钮，附加选择新创建的两个模型，如下图所示。

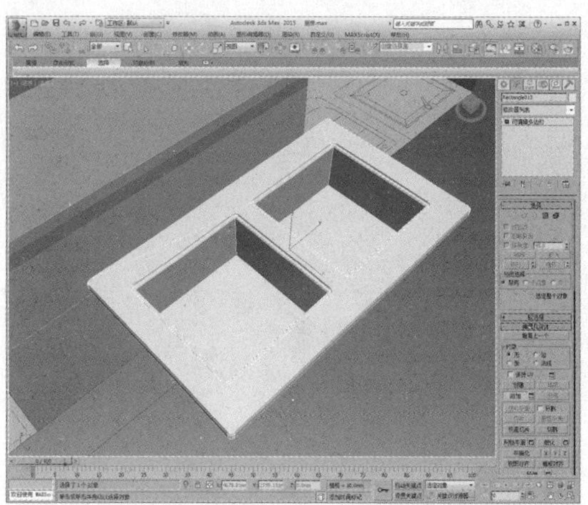

43 在前视图中绘制一段样条线，如下图所示。

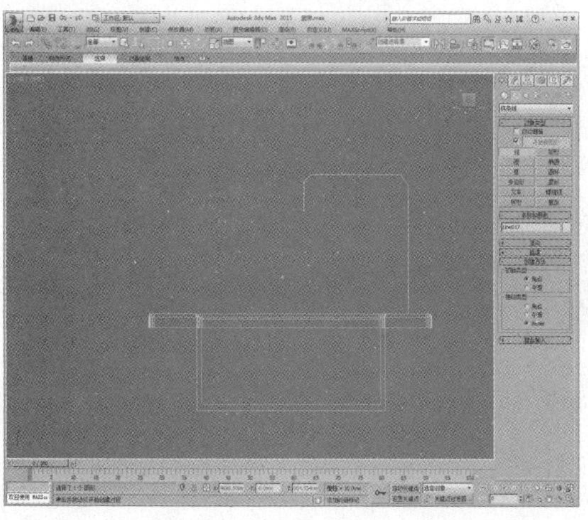

44 进入“顶点”子层级，设置部分顶点为Bezier角点，调整控制柄，如下图所示。

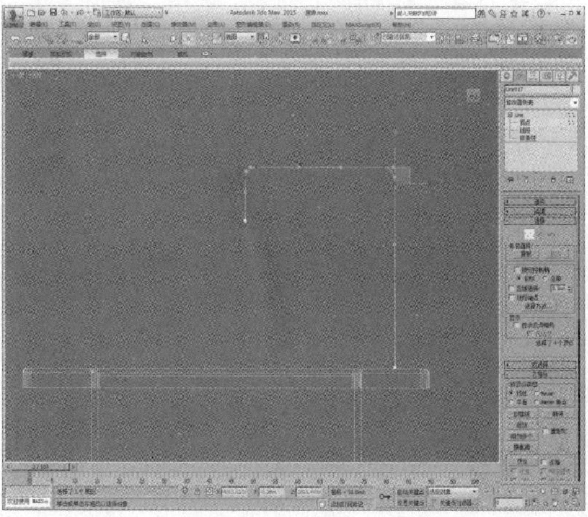

45 在顶视图中绘制一个半径为10的圆，如下图所示。

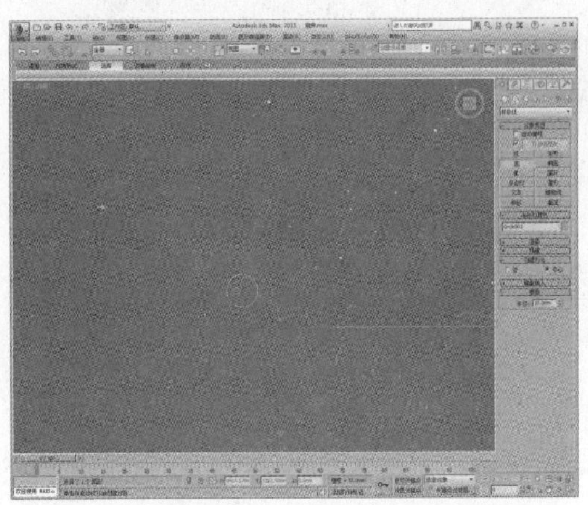

46 将圆形转换为可编辑样条线，进入“样条线”子层级，设置轮廓值为3，制作出同心圆图形，如下图所示。

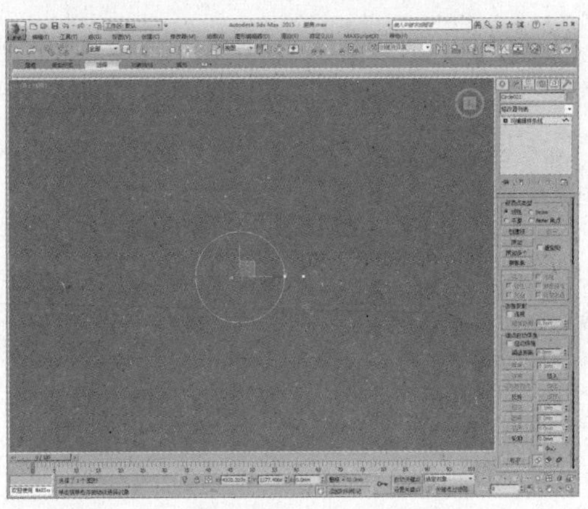

47 选择同心圆，在复合对象面板中单击“放样”按钮，再单击“获取路径”按钮，在视图中选择样条线，制作出水龙头造型，如下图所示。

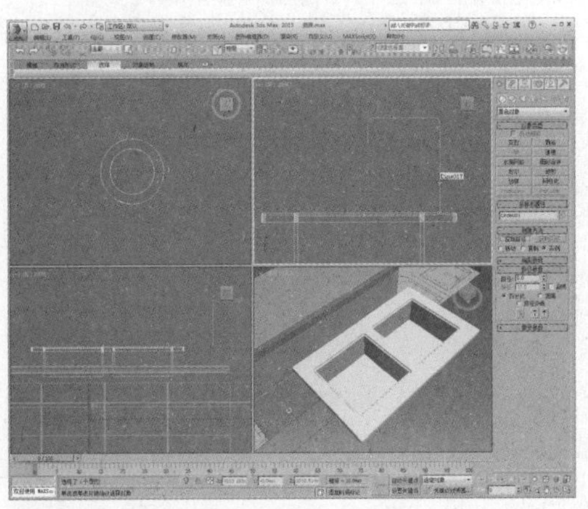

48 移动模型到合适位置，如下图所示。

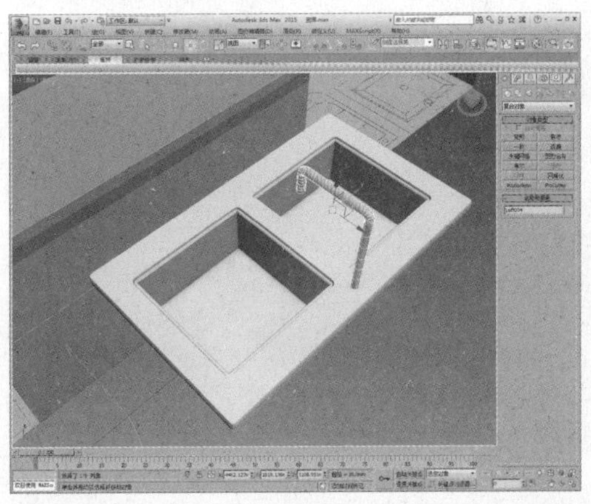

49 将其转换为可编辑多边形，进入“边”子层级，选择如下图所示的边。

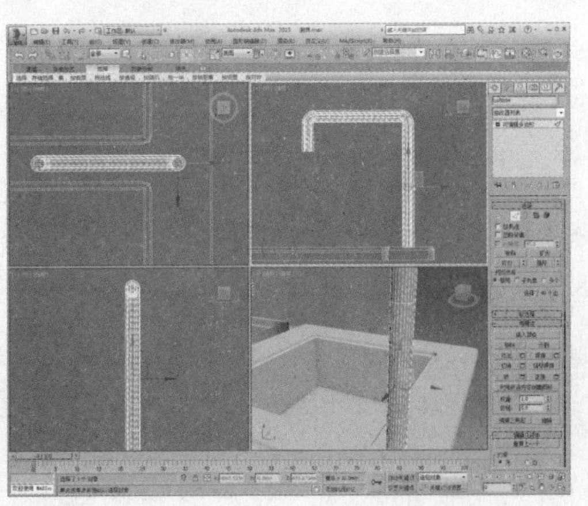

50 单击“挤出”设置按钮，设置挤出高度为-1、挤出宽度为2，如下图所示。

51 在创建命令面板中单击“切角圆柱体”命令，创建一个切角圆柱体，设置参数并调整到合适位置，如下图所示。

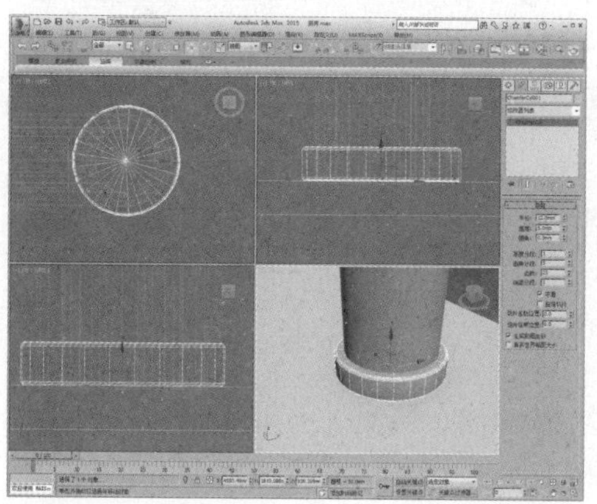

52 再次创建切角圆柱体，设置参数并调整到合适位置，如下图所示。

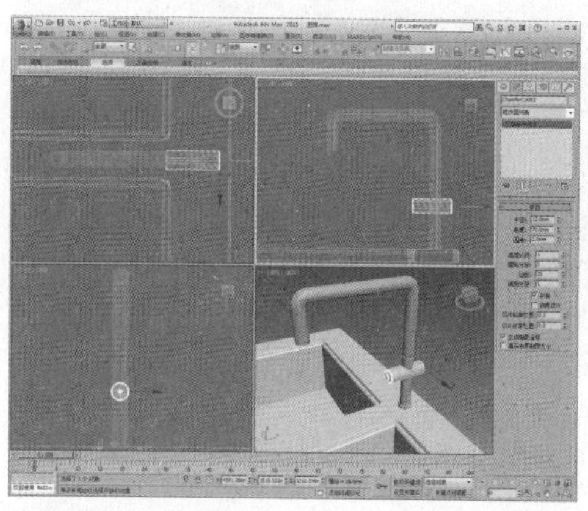

53 继续创建切角圆柱体，调整参数及位置，如下图所示。

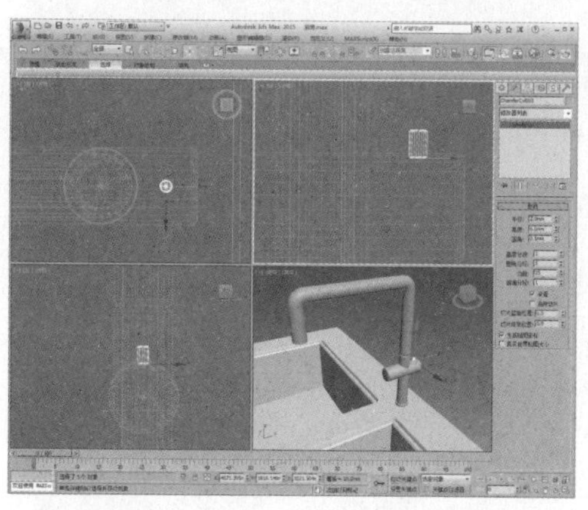

54 创建一个矩形，设置长度、宽度及角半径，再勾选“在渲染中启用”、“在视口中启用”选项，设置径向厚度，如下图所示。

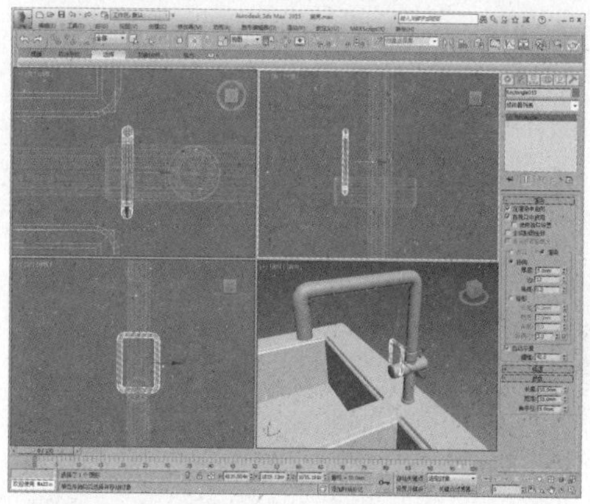

55 选择水龙头主体模型，单击“附加”按钮，附加选择水龙头其他部位，使其成为一个整体。至此，洗菜盆模型制作完成，如下图所示。

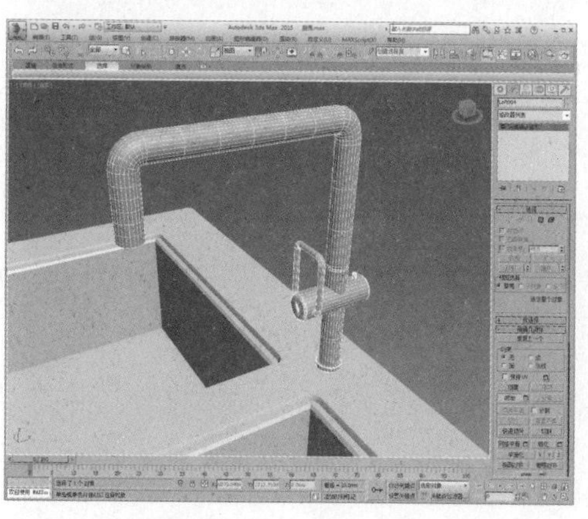

56 将模型移动到合适位置，如下图所示。

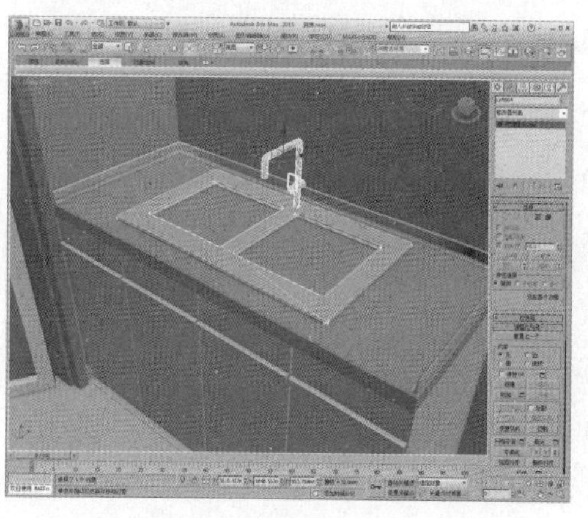

57 创建一个长方体，移动到合适位置，如下图所示。

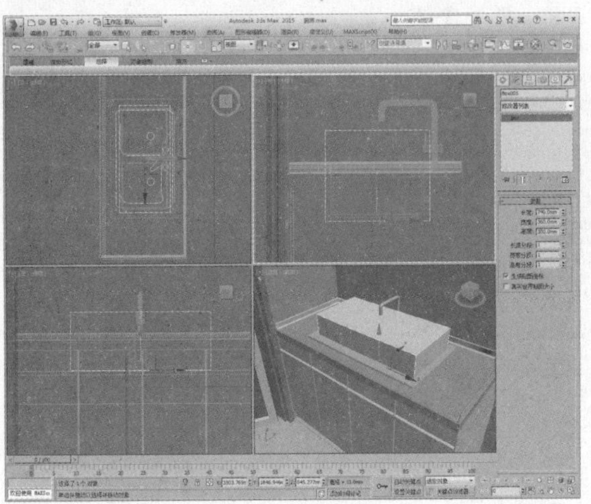

58 向上复制模型，如下图所示。

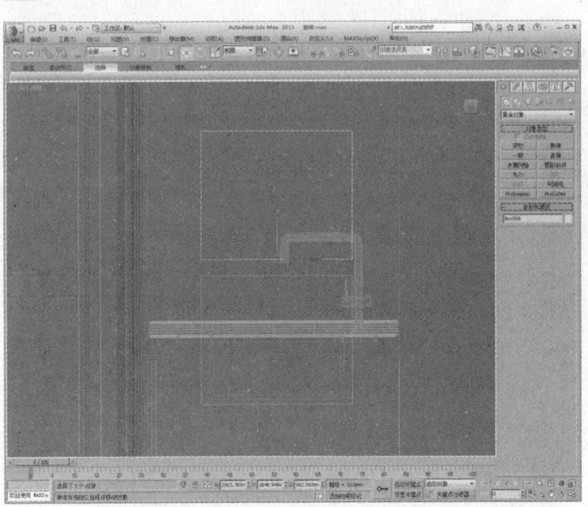

59 选择橱柜台面，在复合对象面板中单击“布尔”按钮，拾取长方体模型，如下图所示。

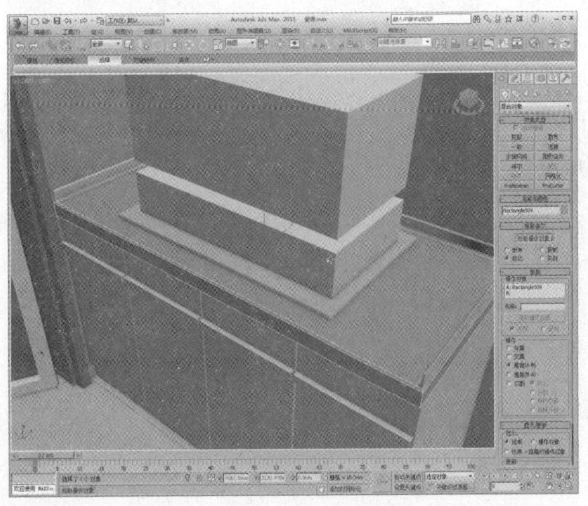

60 对橱柜台面进行布尔运算操作，如下图所示。

61 将长方体向下移动，如下图所示。

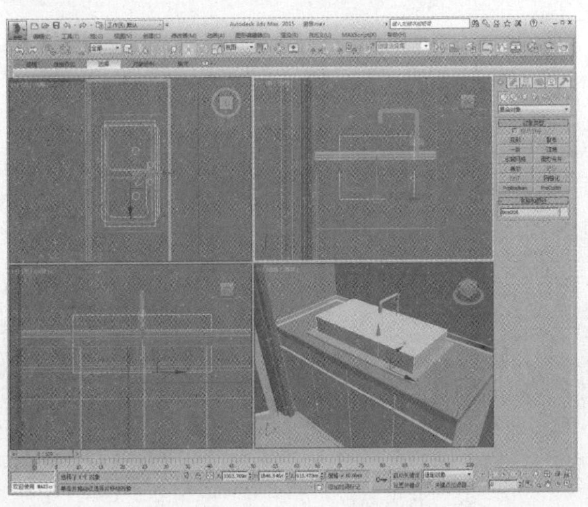

62 再对橱柜柜体进行布尔运算操作，如下图所示。

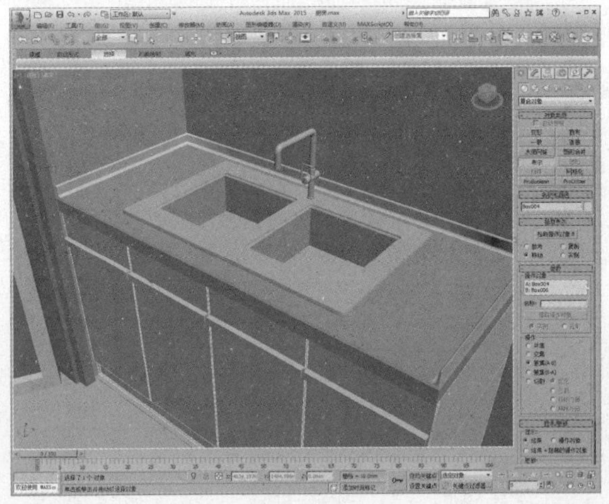

63 制作吊柜模型。创建一个长方体模型，移动到合适的位置，如下图所示。

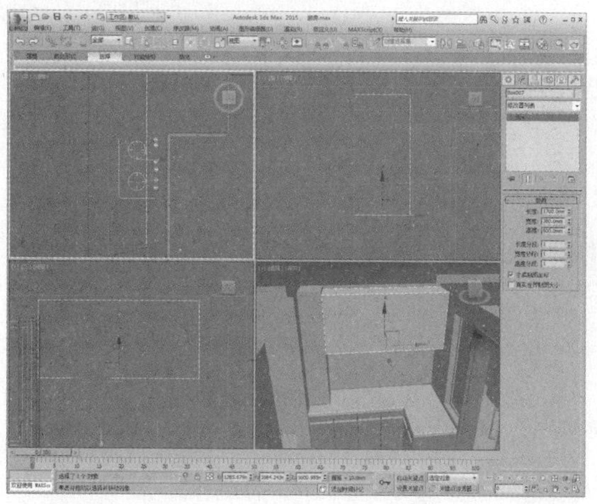

64 将其转换为可编辑多边形，进入“边”子层级，选择横向的边，如下图所示。

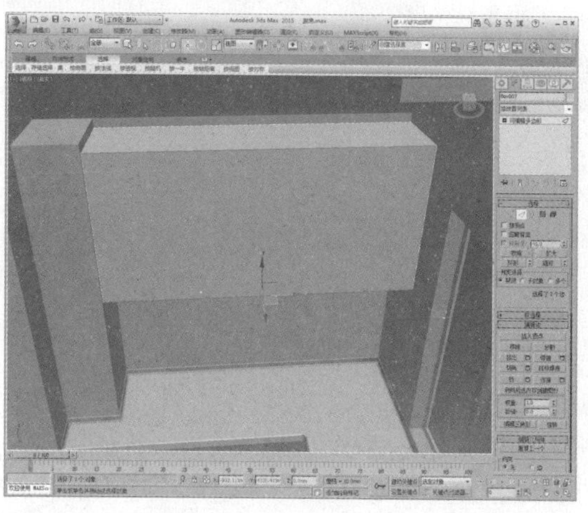

65 单击“连接”设置按钮，设置连接边数为2，如下图所示。

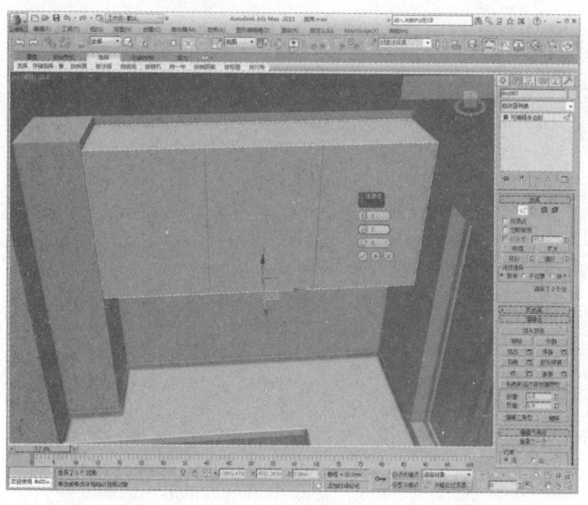

66 沿Y轴移动边的位置，如下图所示。

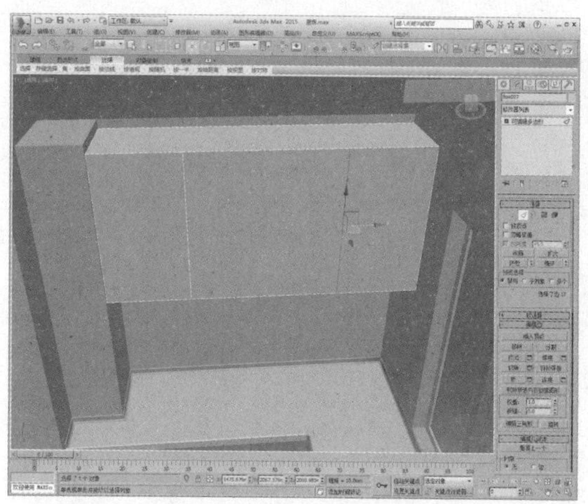

67 选择两条边，如下图所示。

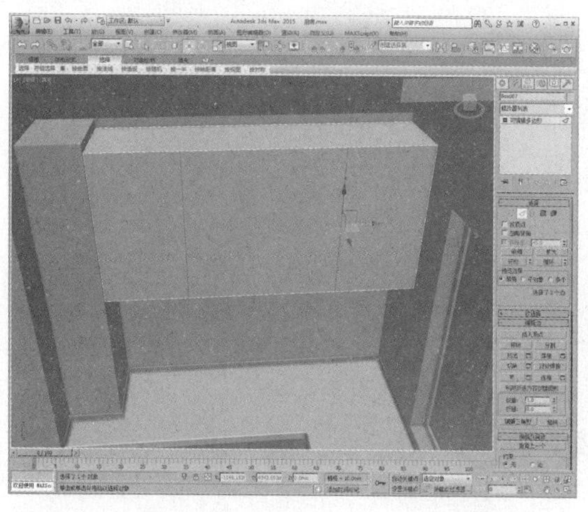

68 单击“连接”设置按钮，设置连接数为1，并沿Z轴调整边的位置，如下图所示。

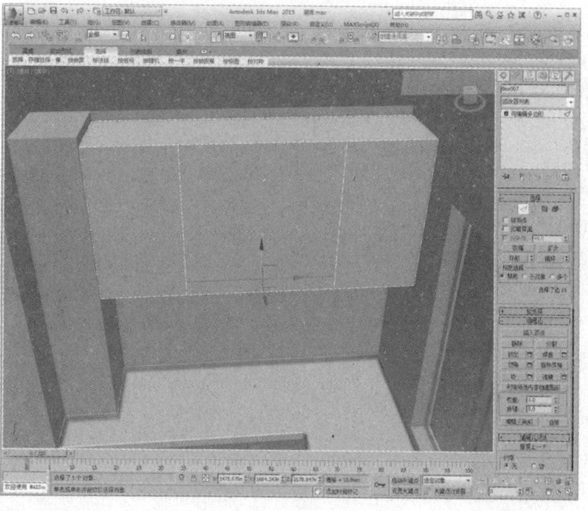

69 调整边的位置，如下图所示。

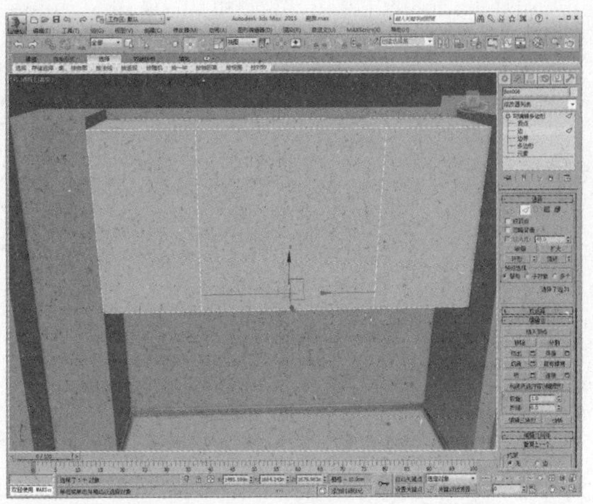

70 进入“多边形”子层级，选择多边形，再单击“挤出”设置按钮，设置挤出值为-360，如下图所示。

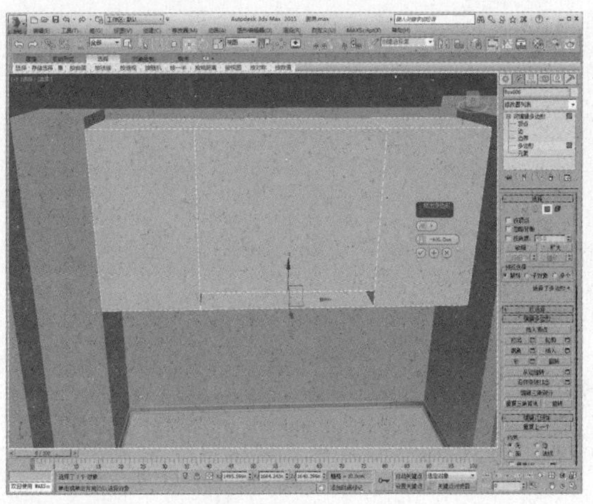

71 删除多余的多边形和边，如下图所示。

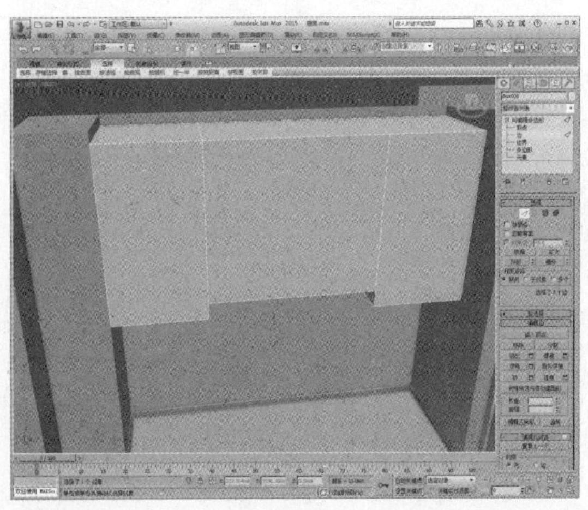

72 进入“多边形”子层级，选择多边形，如下图所示。

73 单击“插入”设置按钮，设置插入值为20，如下图所示。

74 单击“挤出”设置按钮，设置挤出值为-360，如下图所示。

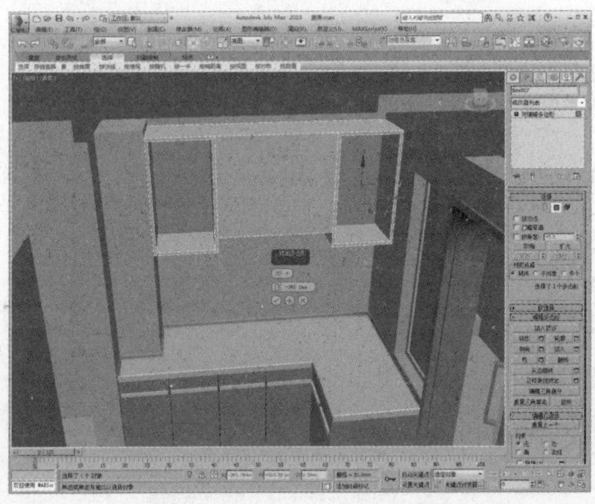

75 进入“边”子层级，然后选择两条边，如下图所示。

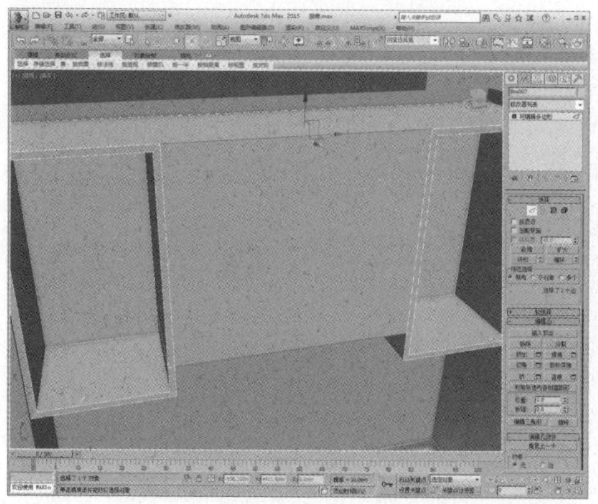

76 单击“连接”设置按钮，设置连接边数为2，如下图所示。

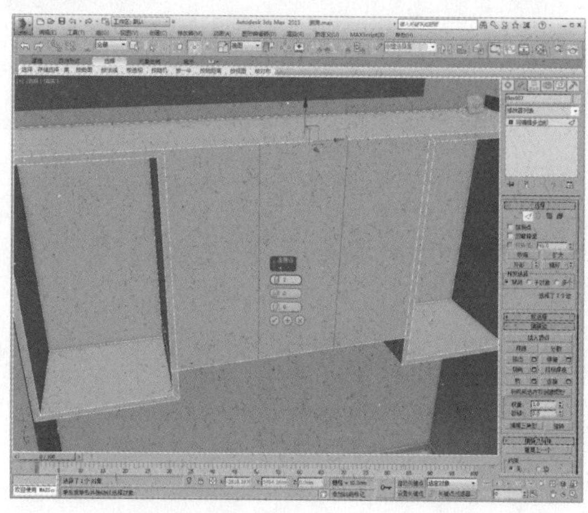

77 调整两条边的位置，如下图所示。

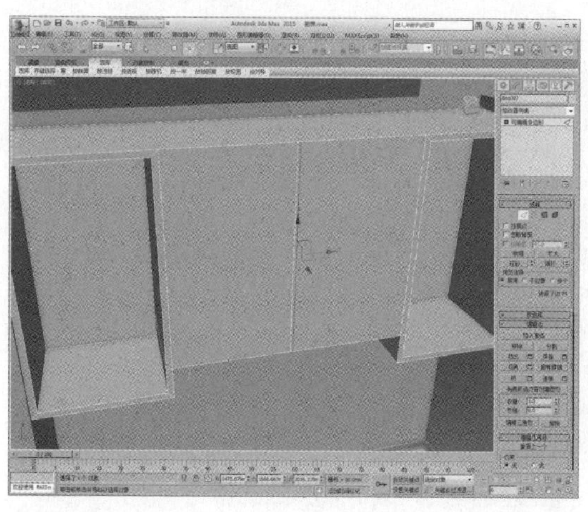

78 进入“多边形”子层级，选择两个多边形，如下图所示。

79 单击“挤出”设置按钮，设置挤出值为18，如下图所示。

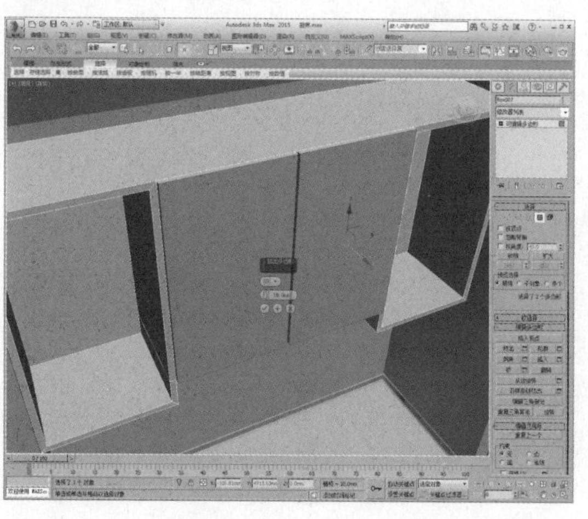

80 创建一个长方体，调整参数及位置，如下图所示。

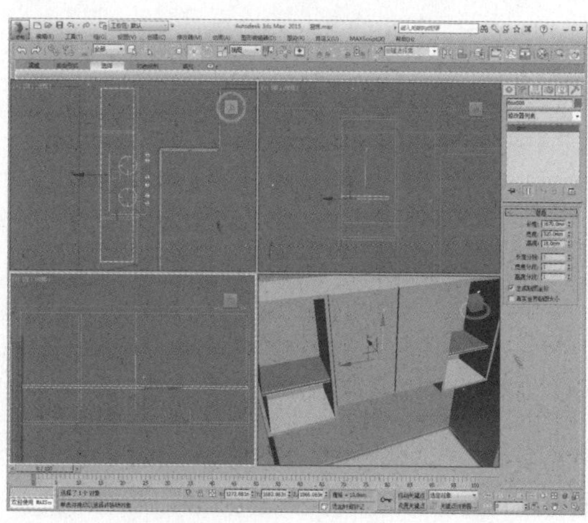

81 向上复制模型，调整位置，如下图所示。

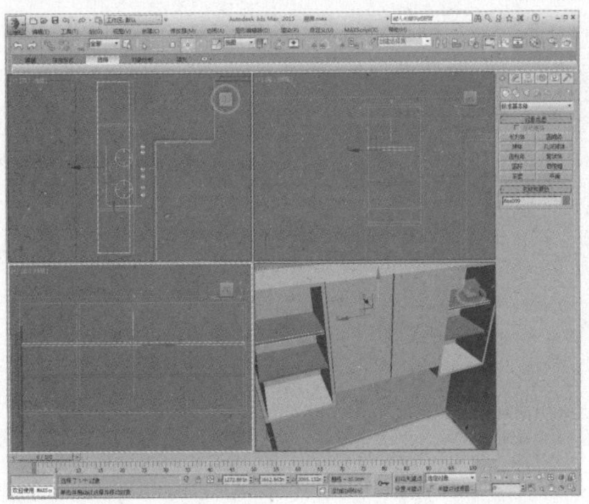

82 在吊柜位置捕捉绘制一个矩形，如下图所示。

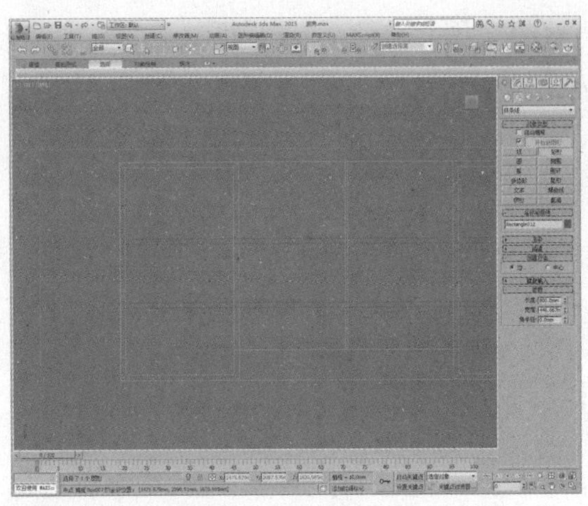

83 将其转换为可编辑样条线，进入“样条线”子层级，设置轮廓值为20，如下图所示。

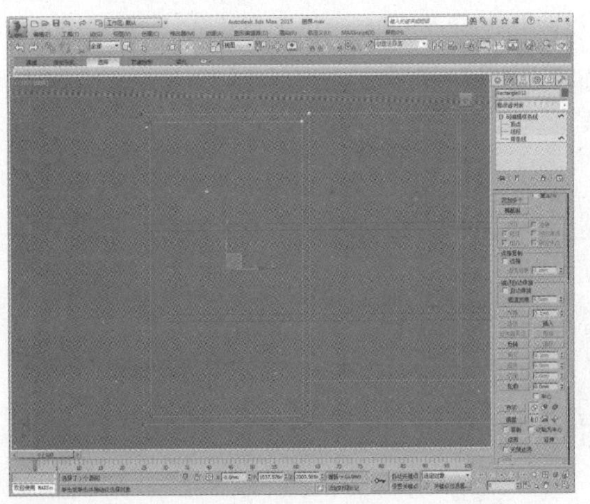

84 为其添加“挤出”修改器，设置挤出值为20，调整模型位置，如下图所示。

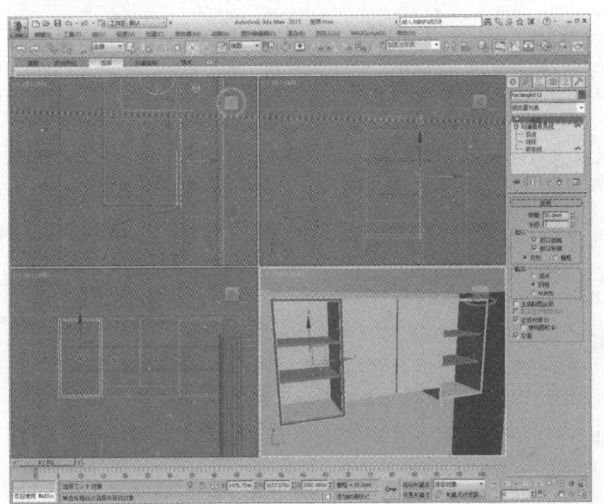

85 将其转换为可编辑多边形，进入“多边形”子层级，选择多边形，如下图所示。

86 单击“倒角”设置按钮，设置倒角高度及倒角轮廓值，如下图所示。

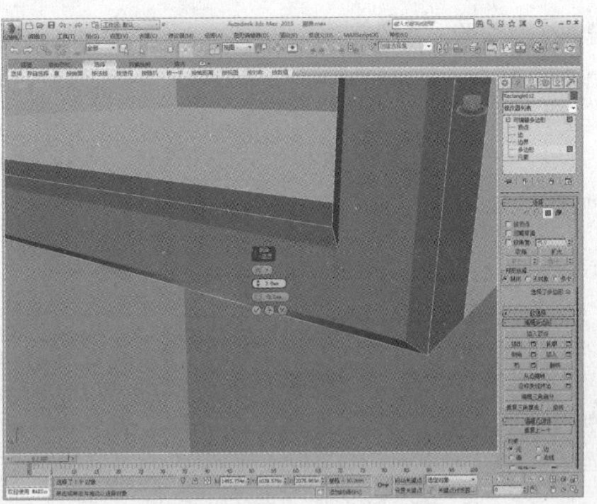

87 捕捉内框创建一个矩形，如下图所示。

88 为其添加“挤出”修改器，设置挤出值为10，调整到合适位置，如下图所示。

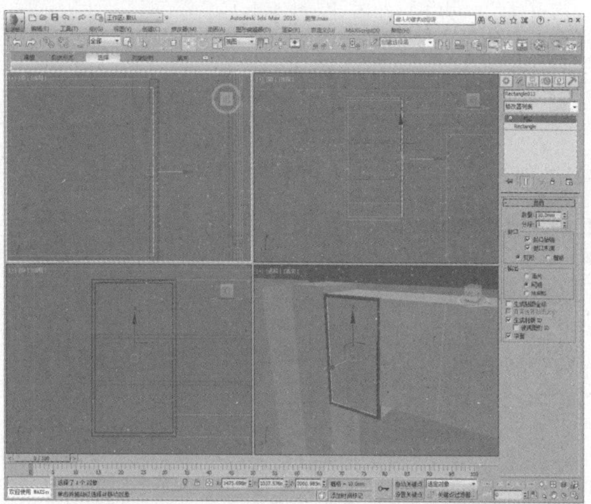

89 复制模型到另一侧，如下图所示。

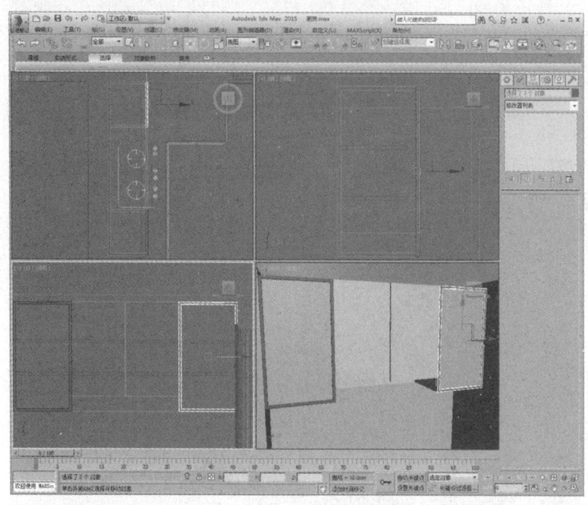

90 再复制柜门拉手模型到吊柜，如下图所示。

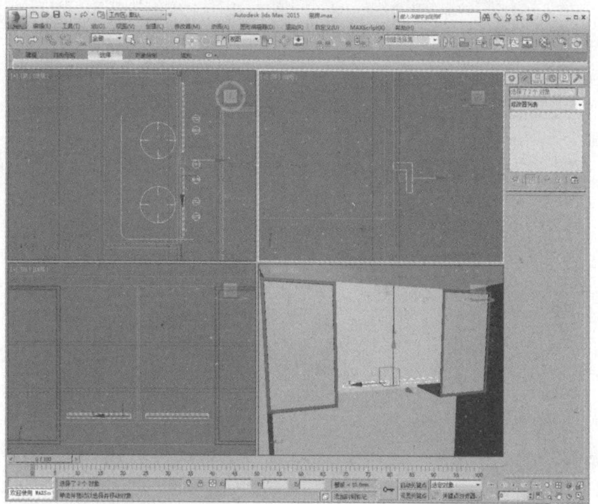

91 按照前面介绍的操作步骤，制作洗菜盆上方的吊柜模型，完成厨房橱柜模型的制作，效果如右图所示。

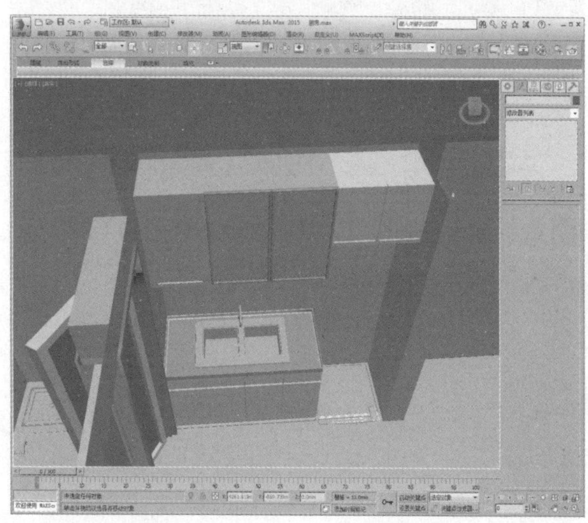

19.4 制作电器模型

厨房中的电器包括抽油烟机、冰箱，还有顶部位置的筒灯照明，具体的操作过程介绍如下。

01 首先来制作冰箱模型。在创建命令面板中单击“长方体”按钮，在顶视图中创建一个长方体，如下图所示。

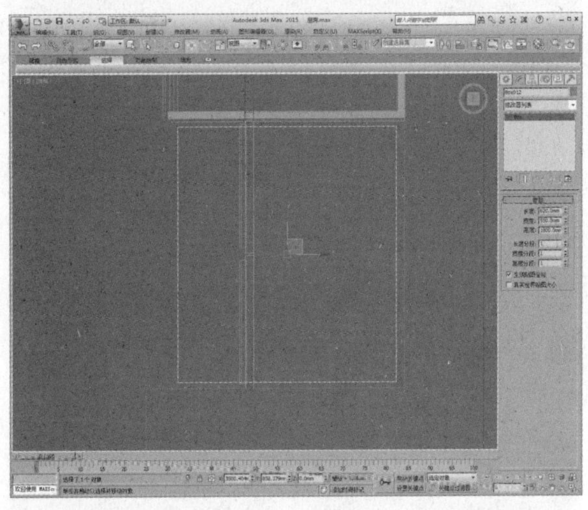

02 再创建一个切角长方体，如下图所示。

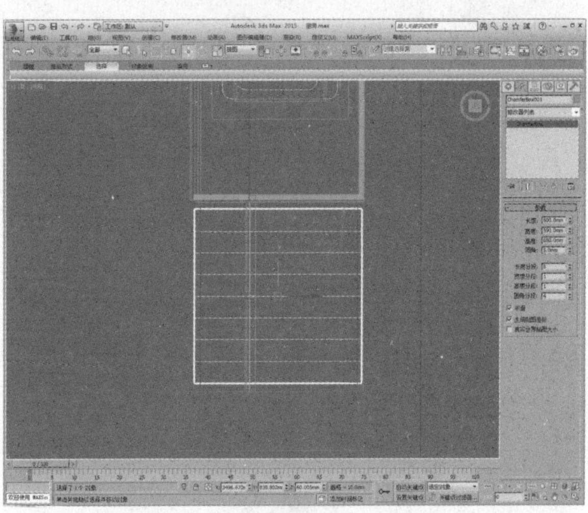

03 将模型向上移动60，如下图所示。

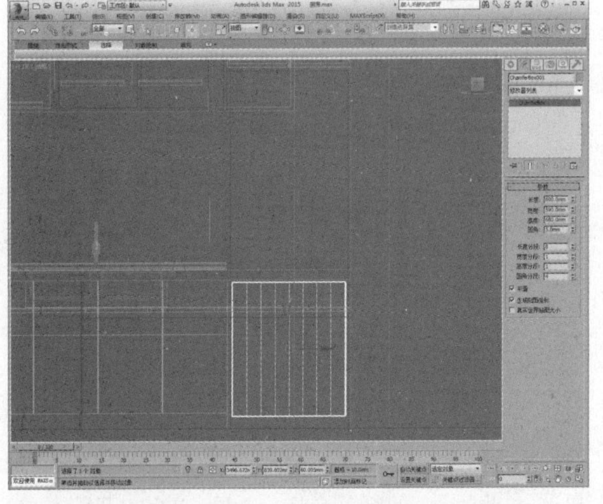

04 向上复制模型，调整高度为950，如下图所示。

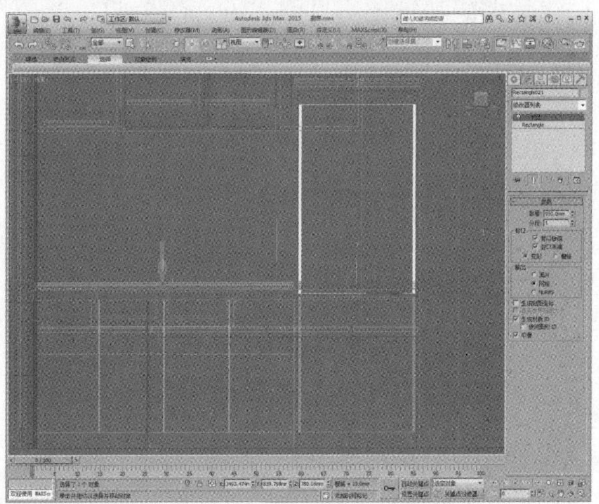

05 继续向上复制模型，调整高度为45，如下图所示。

06 选择三个模型，为其添加“FFD 4×4×4”修改器，如下图所示。

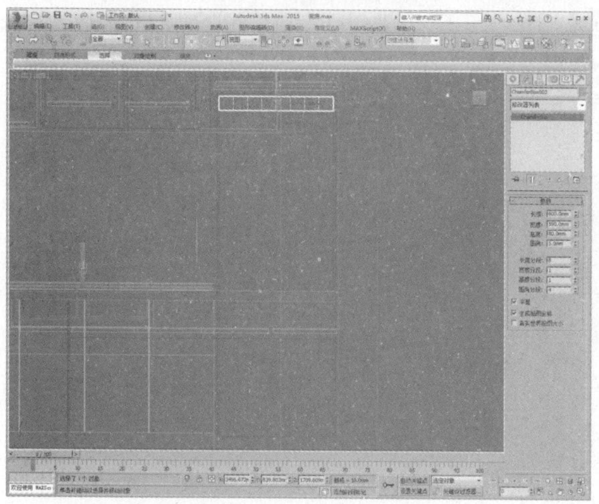

07 进入“控制点”子层级，选择控制点并沿X轴调整位置，改变模型形状，如下图所示。

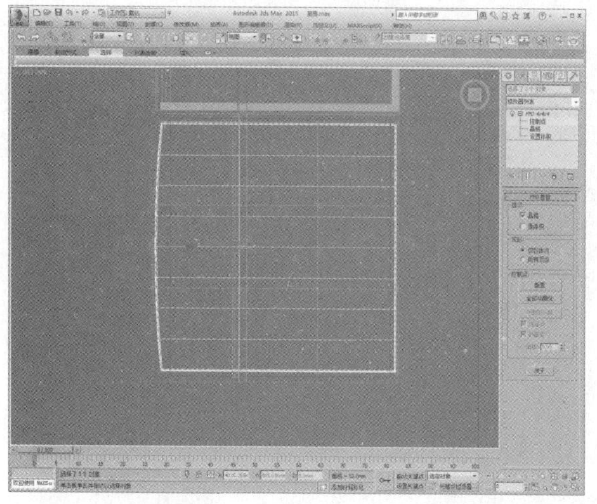

09 进入“顶点”子层级，将顶点设置为Bezier角点类型，调整控制柄，如下图所示。

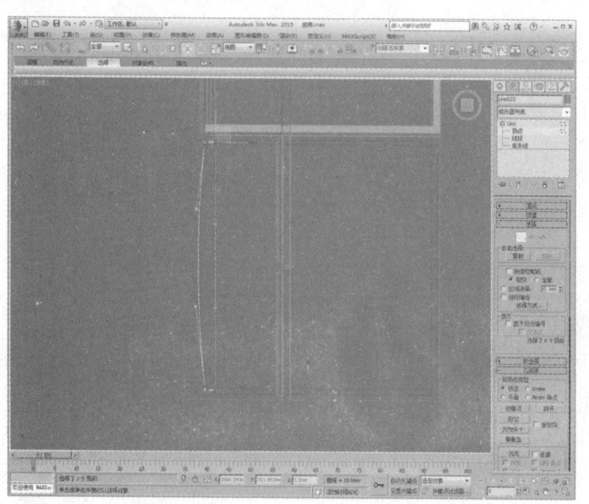

08 在顶视图中绘制一个样条线，如下图所示。

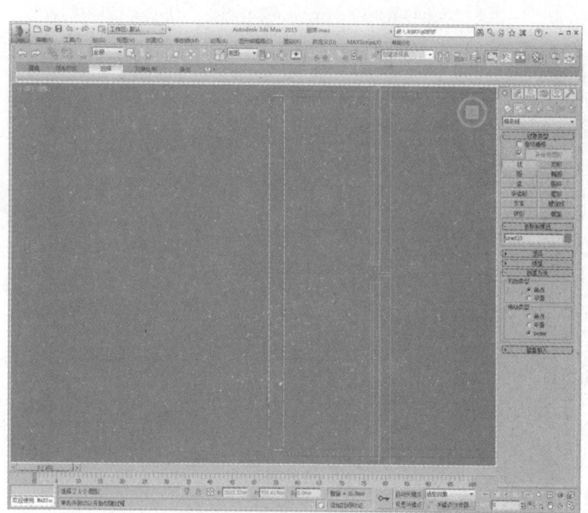

10 为其添加“挤出”修改器，设置挤出值为20，调整模型位置，如下图所示。

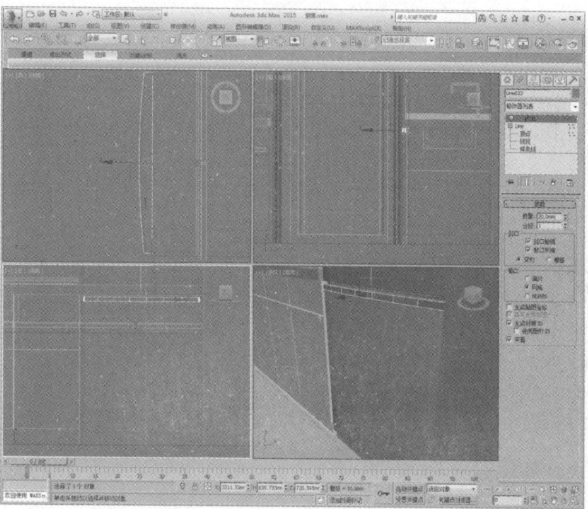

11 向上复制模型，调整位置，如下图所示。

12 在顶视图中绘制一段样条线，如下图所示。

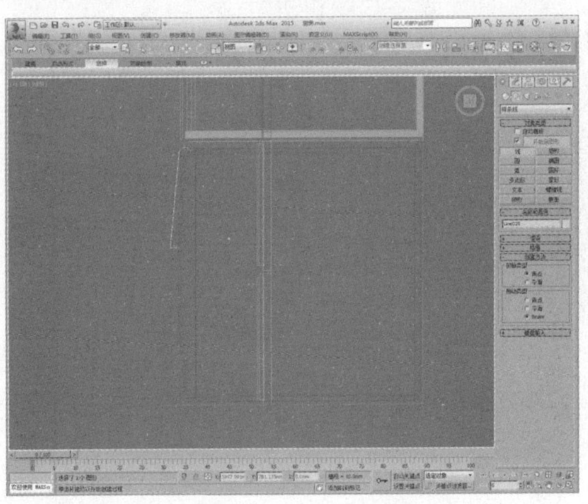

13 进入“顶点”子层级，将顶点设置为Bezier角点类型，调整控制柄改变样条线形状，如下图所示。

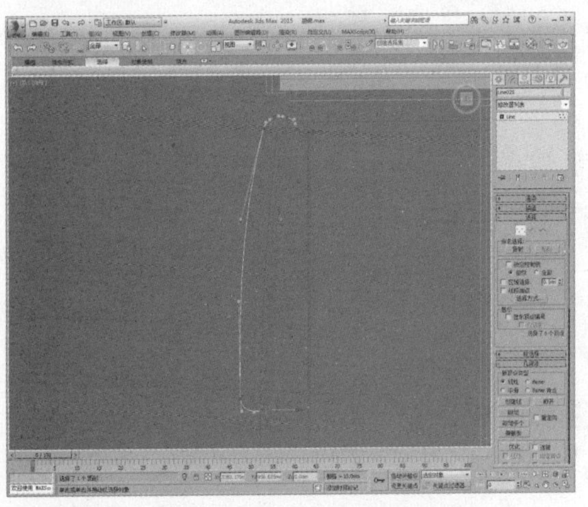

14 在左视图中绘制一个矩形，设置长度、宽度以及角半径，如下图所示。

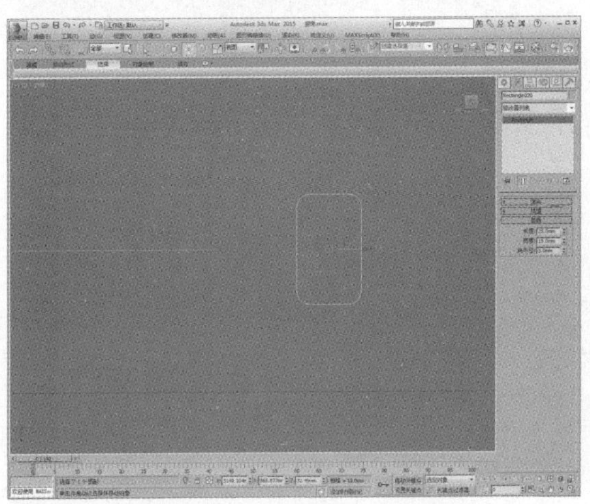

15 在复合对象面板中单击“放样”按钮，再单击“获取路径”按钮，选择样条线，如下图所示。

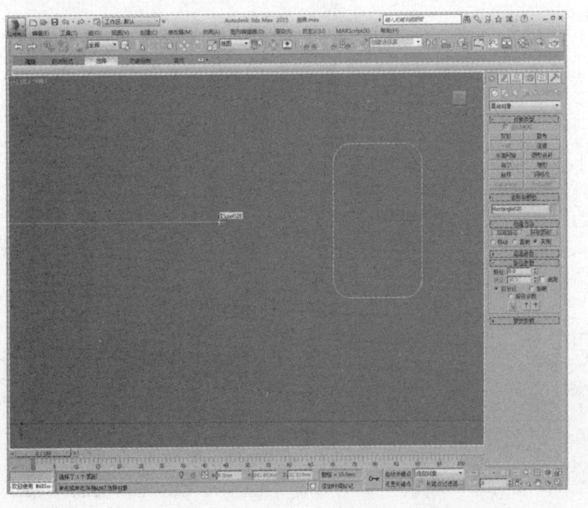

16 这样就制作出了冰箱柜门把手模型，调整到合适位置，并向上复制，如下图所示。

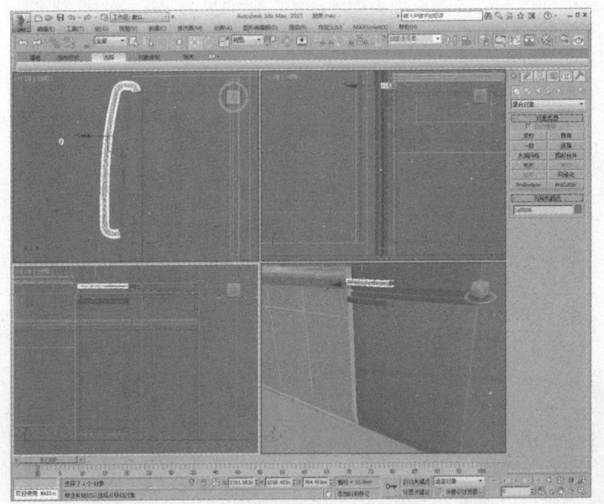

17 在左视图中创建文本，如下图所示。

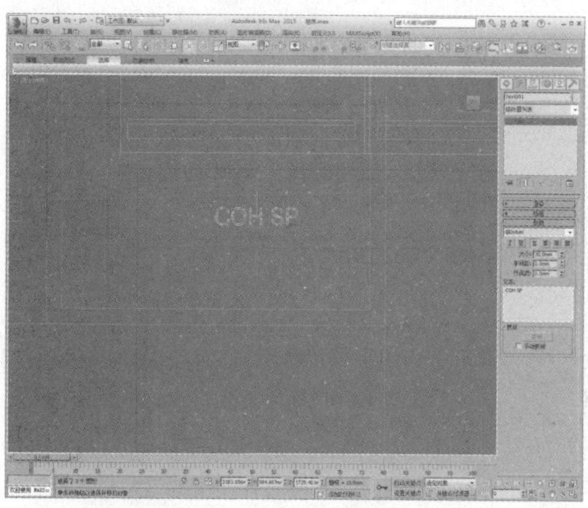

18 为其添加“挤出”修改器，设置挤出值为5，调整位置，完成冰箱模型的制作，如下图所示。

19 接下来制作抽油烟机模型。在顶视图中抽油烟机位置绘制一个矩形，设置长度、宽度及角半径，如下图所示。

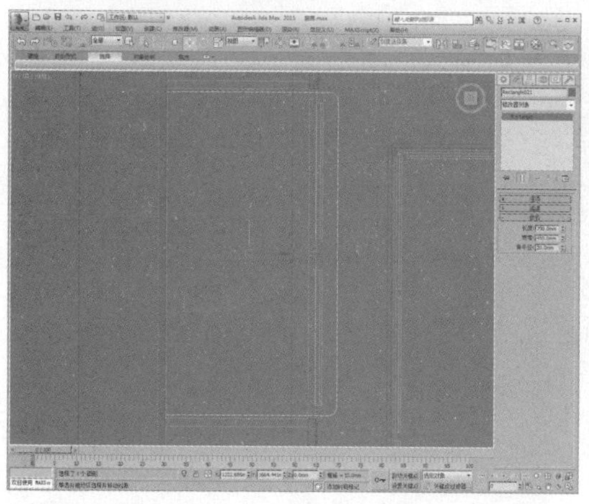

20 为其添加“挤出”修改器，设置挤出值为70，调整到合适位置，如下图所示。

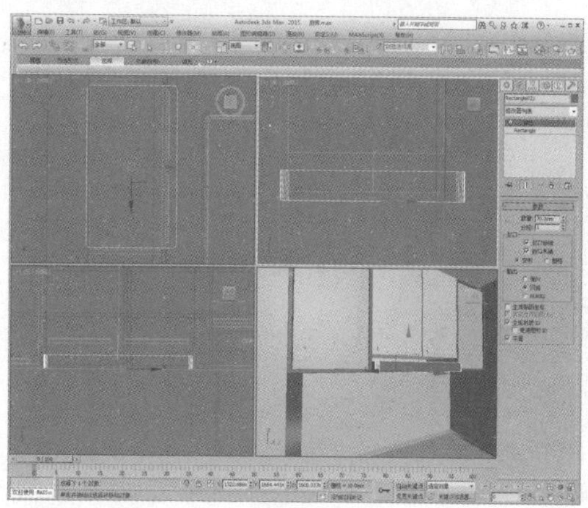

21 将其转换为可编辑多边形，进入“边”子层级，选择两侧的边，如下图所示。

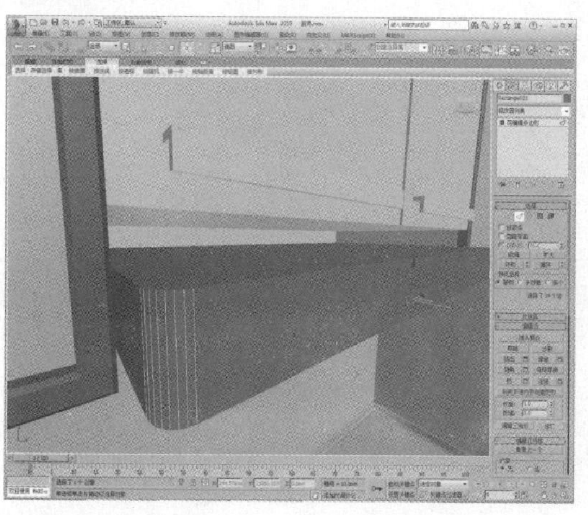

22 单击“切角”设置按钮，设置边切角量为5，如下图所示。

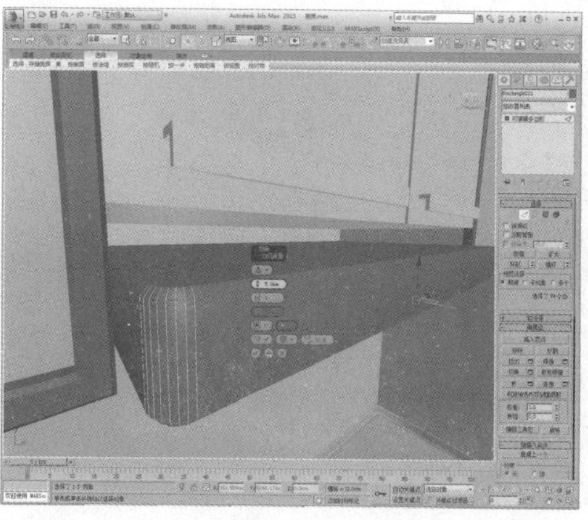

23 在前视图中绘制样条线，如下图所示。

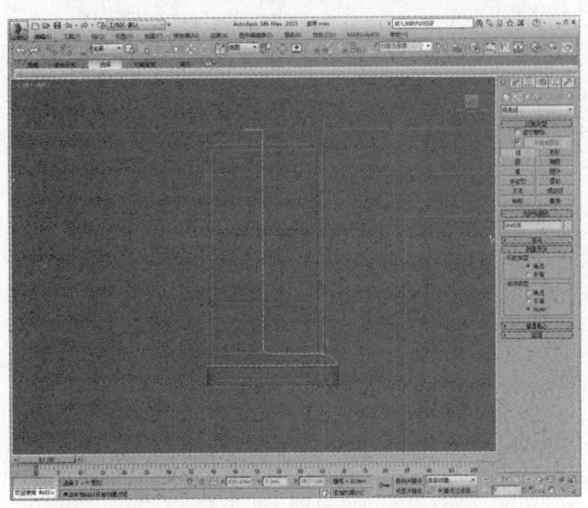

24 进入“顶点”子层级，将顶点类型设置为Bezier角点，调整控制柄以调整样条线形状，如下图所示。

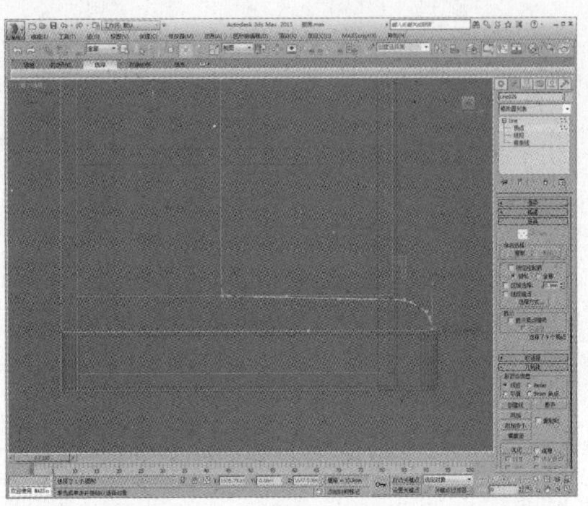

25 为其添加“挤出”修改器，设置挤出值为775，调整模型位置，如下图所示。

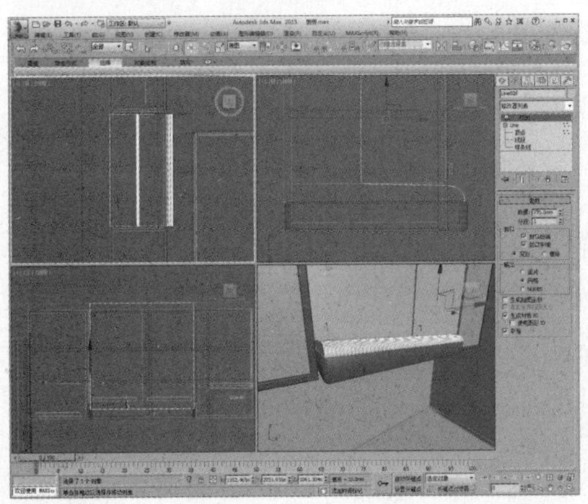

26 孤立模型，将其转换为可编辑多边形，进入“边”子层级，选择两侧的边，如下图所示。

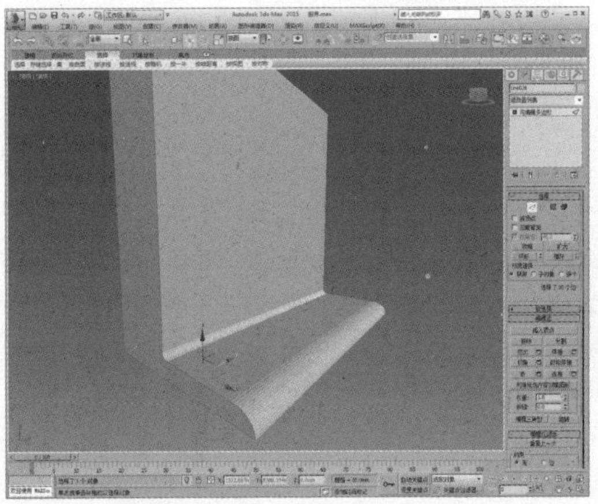

27 单击“切角”设置按钮，设置边切角量为6，如下图所示。

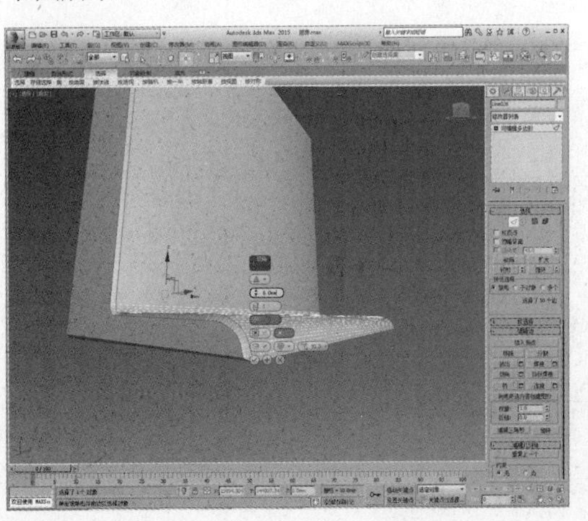

28 取消孤立，在右视图中创建文本，如下图所示。

29 为其添加“挤出”修改器，设置挤出值为5，调整位置，完成抽油烟机的制作，如下图所示。

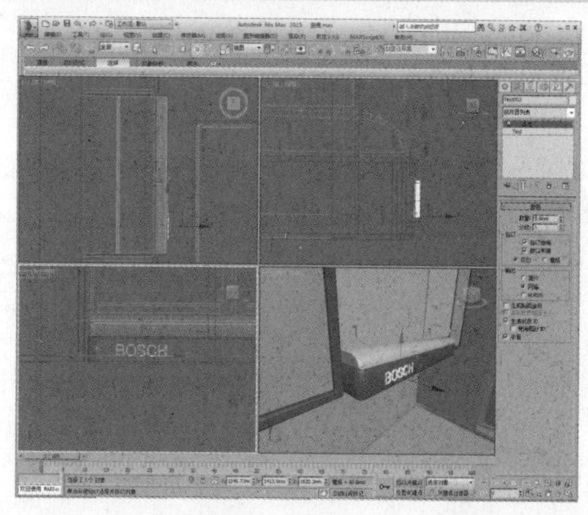

19.5 制作厨具模型

接下来需要制作厨具模型，本场景中的厨具包括煤气灶、炒锅、餐具等，具体制作步骤如下。

01 制作煤气灶模型。在创建命令面板中单击“矩形”按钮，在顶视图中绘制一个矩形，设置长度、宽度以及角半径，如下图所示。

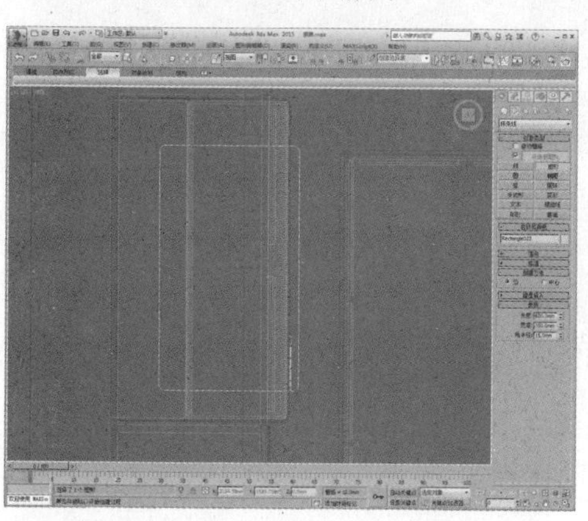

02 为其添加“挤出”修改器，设置挤出值为6，调整模型位置，如下图所示。

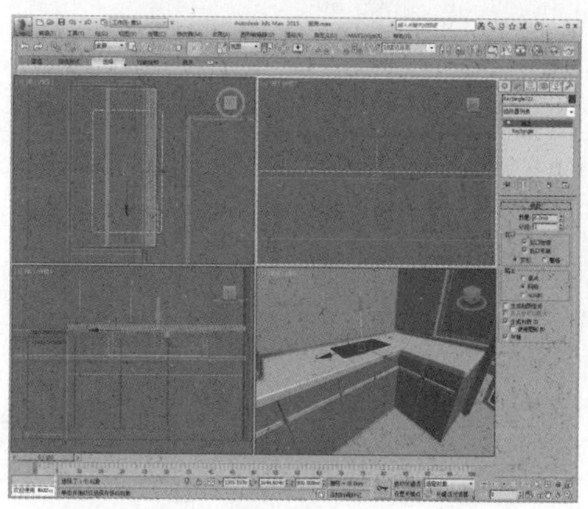

03 将其转换为可编辑多边形，进入“边”子层级，选择上方的边，如下图所示。

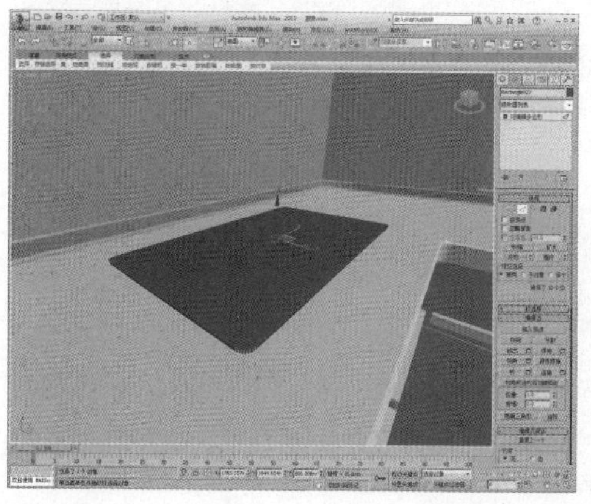

04 单击“切角”设置按钮，设置边切角量为2，如下图所示。

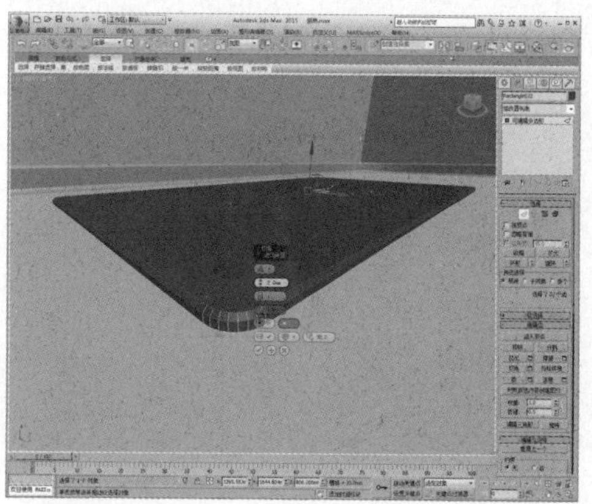

05 在顶视图中创建圆柱体，如下图所示。

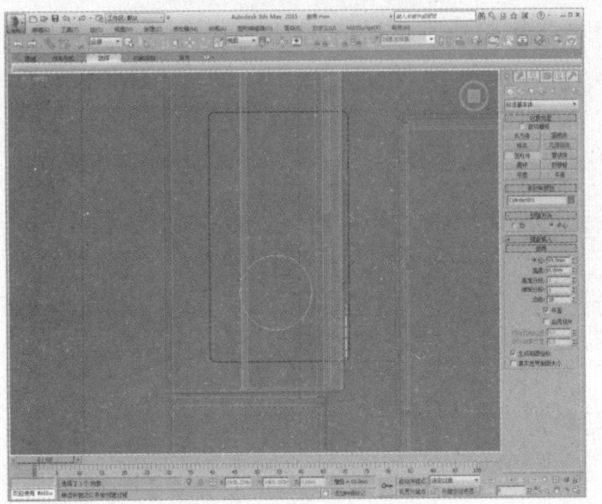

06 移动模型到合适位置，将其转换为可编辑多边形，如下图所示。

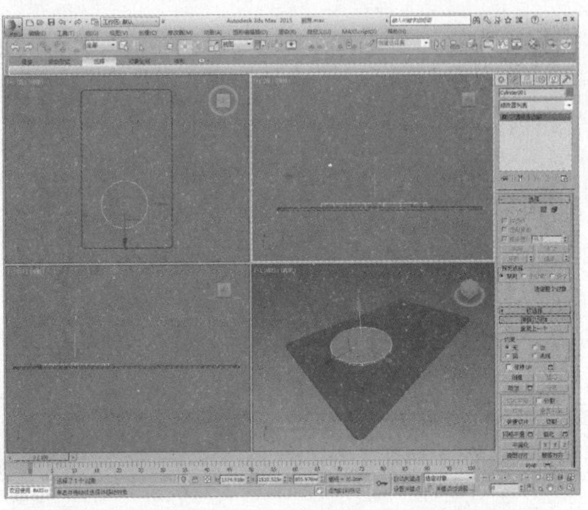

07 进入“边”子层级，选择上方的边，如下图所示。

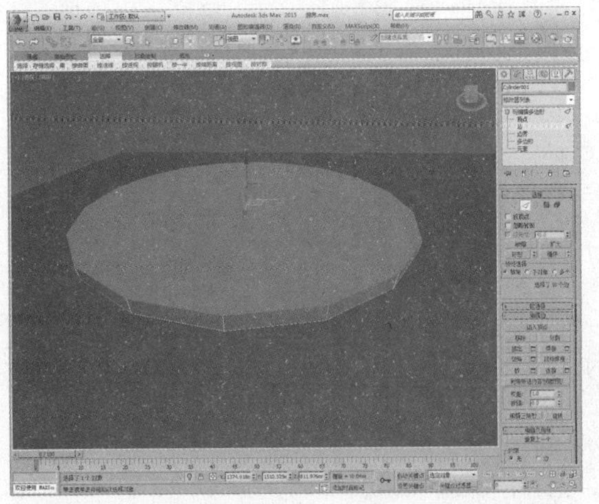

08 在顶视图中绘制一个样条线，如下图所示。

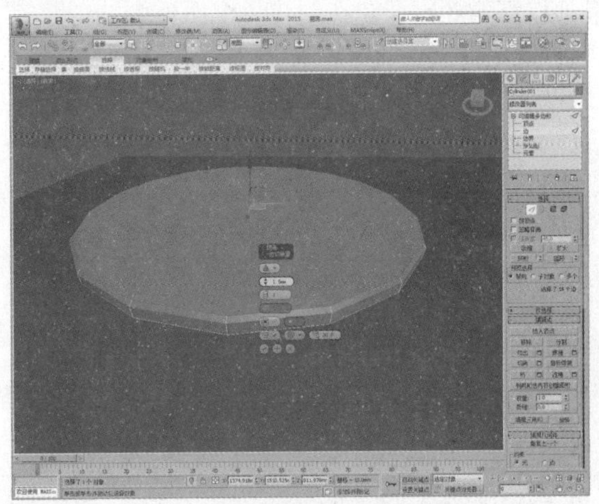

09 进入“多边形”子层级，选择多边形，如下图所示。

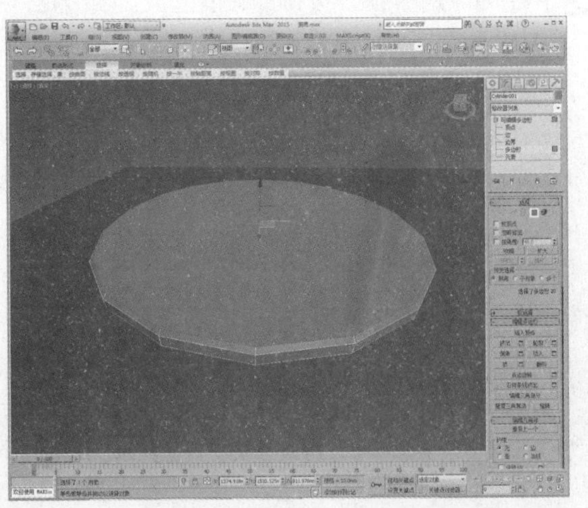

10 单击“插入”设置按钮，设置插入值为5，如下图所示。

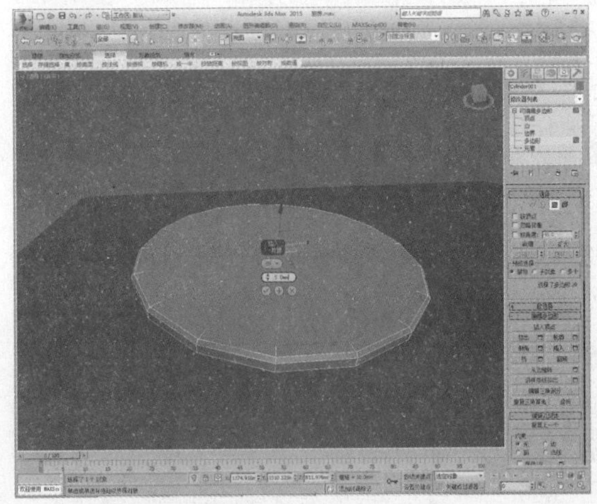

11 单击“挤出”设置按钮，设置挤出值为-2，如下图所示。

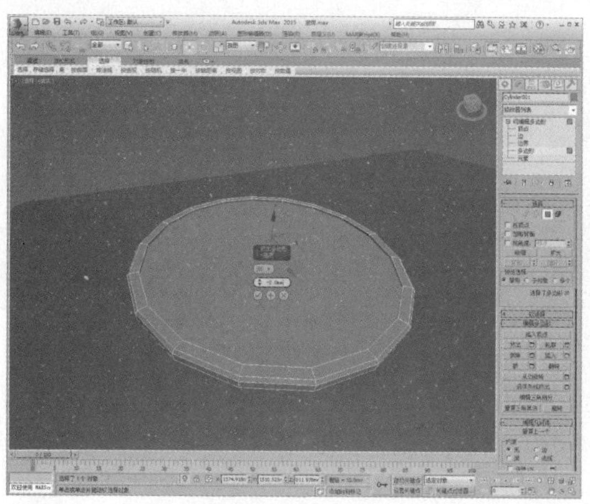

12 重复插入和挤出的操作，如下图所示。

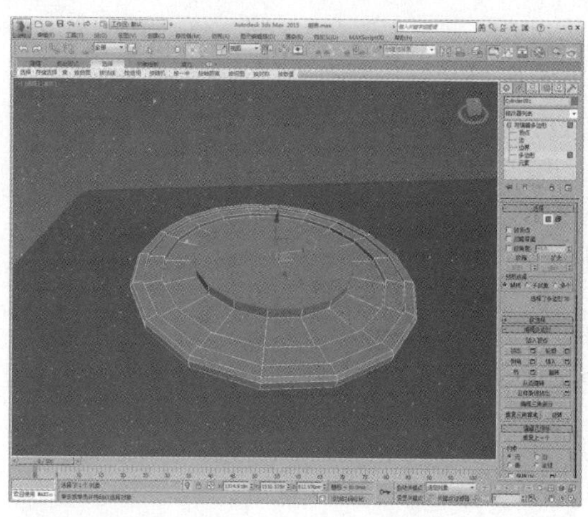

13 单击“倒角”设置按钮，设置倒角高度为1、轮廓值为-2，如下图所示。

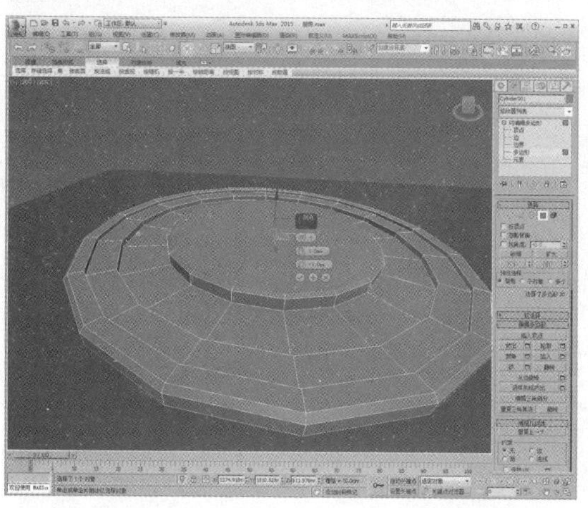

14 继续执行插入和挤出的操作，如下图所示。

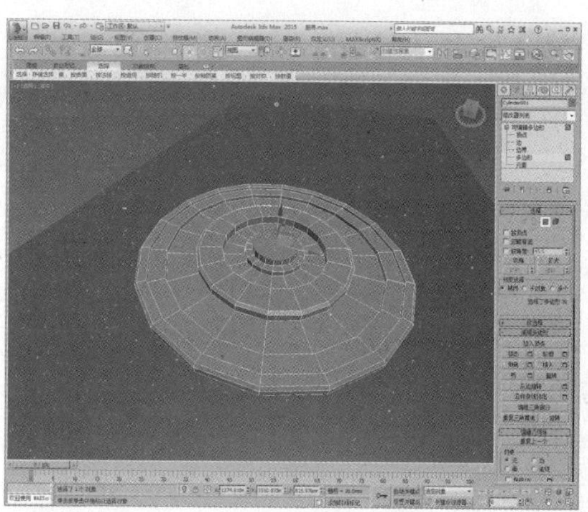

15 进入“边”子层级，选择两条边，如下图所示。

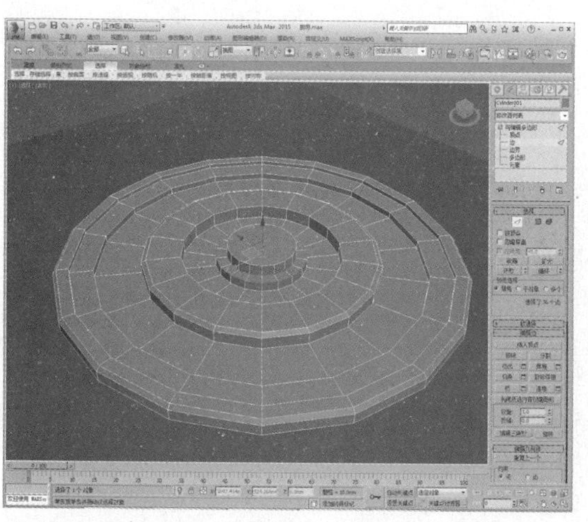

16 单击“切角”设置按钮，设置边切角量为1，如下图所示。

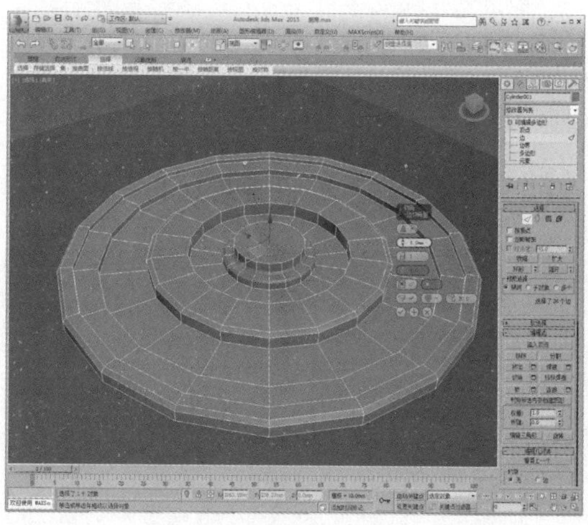

17 在顶视图中创建一个管状体，设置参数并调整位置，如下图所示。

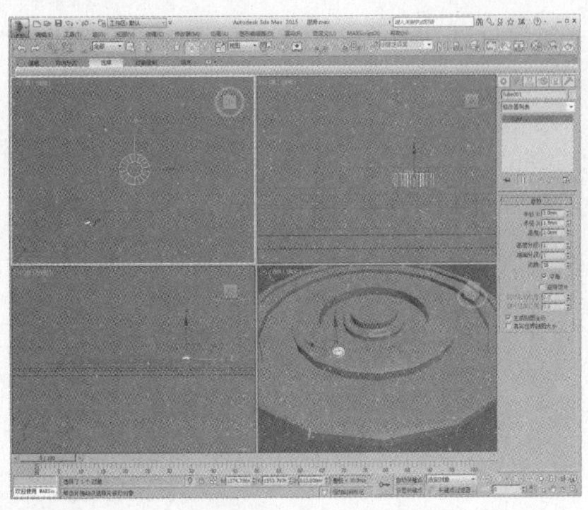

18 复制模型，如下图所示。

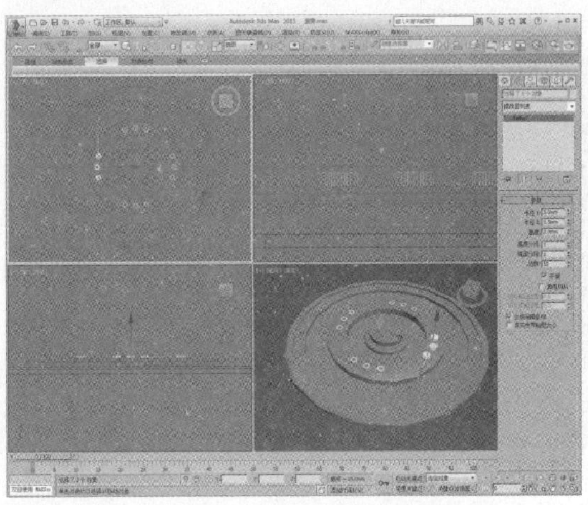

19 再在顶视图中创建一个管状体，设置参数并调整位置，如下图所示。

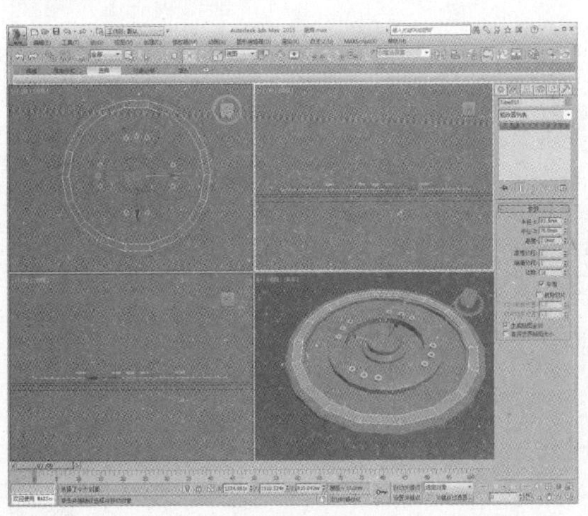

20 在前视图中绘制一条样条线，如下图所示。

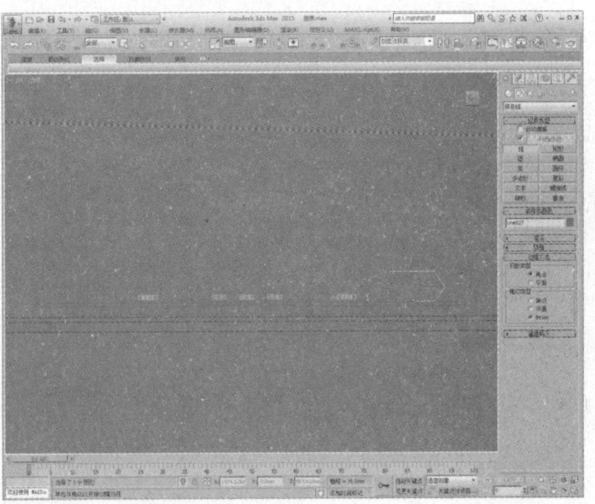

21 进入“顶点”子层级，设置顶点类型为Bezier角点，调整控制柄，如下图所示。

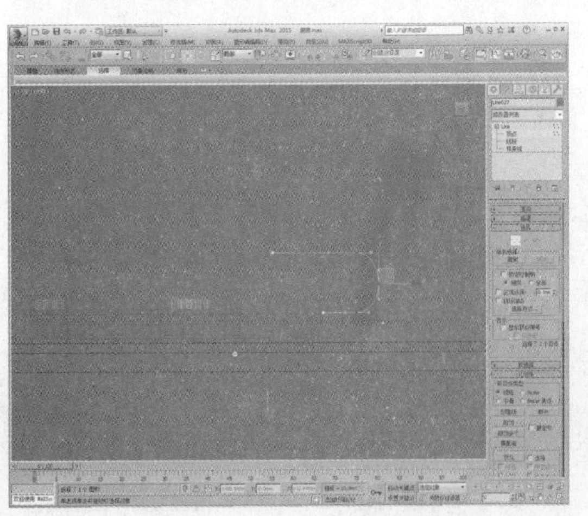

22 再在右视图中绘制一个矩形，如下图所示。

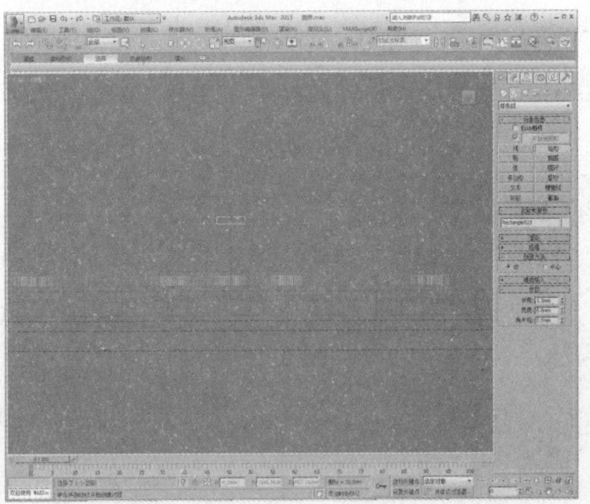

23 在复合对象面板中单击“放样”按钮，再单击“获取图形”按钮，拾取视图中的矩形，如下图所示。

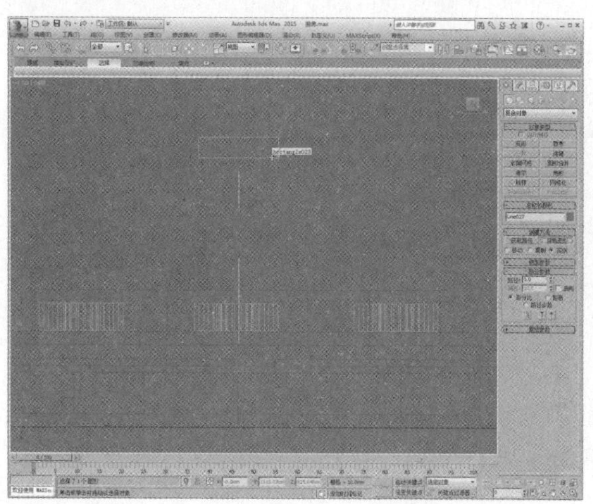

25 设置“使用变换坐标中心”，执行“工具＞阵列”命令，打开“阵列”对话框，设置“旋转＞Z20”，再设置数量为18，如下图所示。

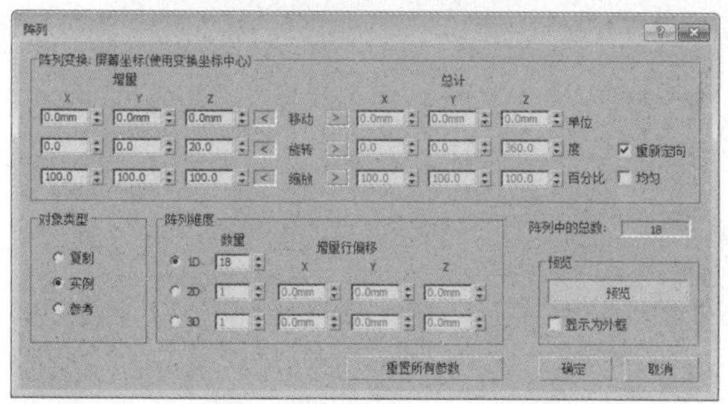

27 选择删除模型，如下图所示。

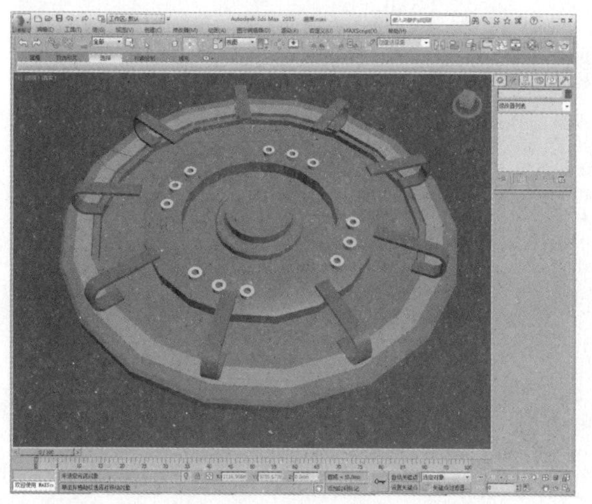

24 将制作出的模型移动到合适位置，如下图所示。

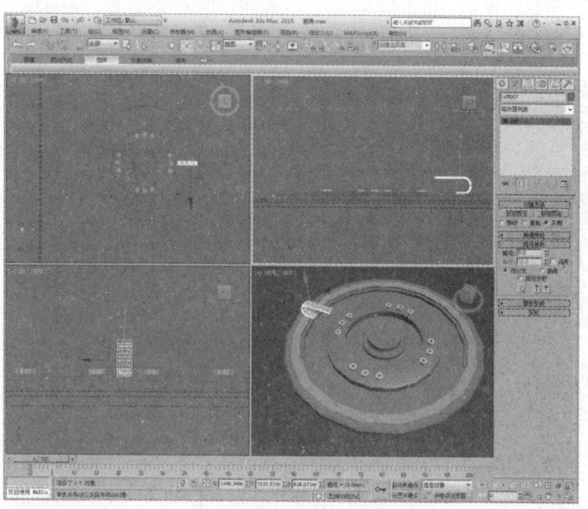

26 阵列复制出多个模型，如下图所示。

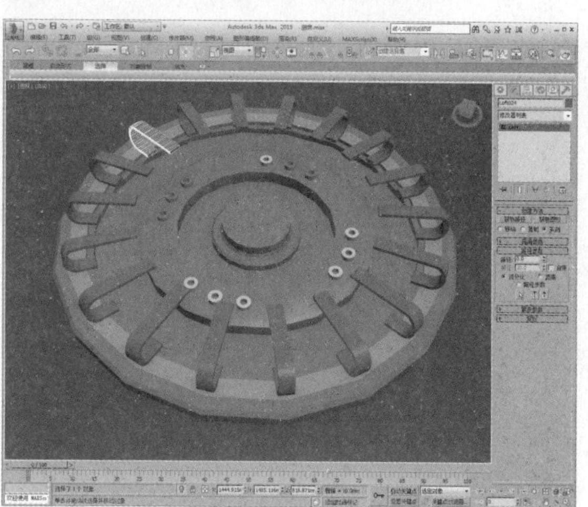

28 在顶视图中复制模型，如下图所示。

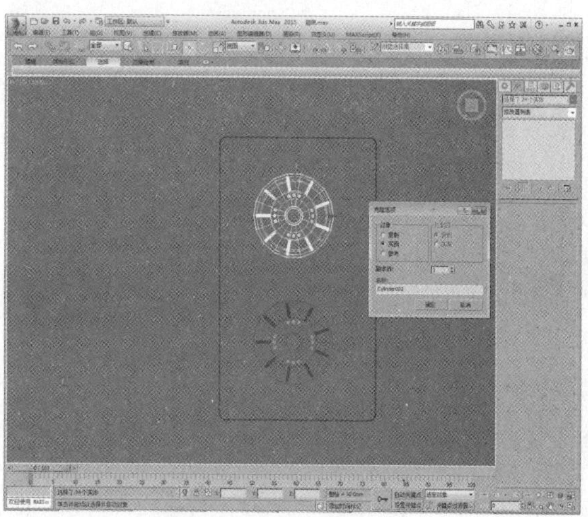

29 在顶视图中创建一个圆柱体，如下图所示。

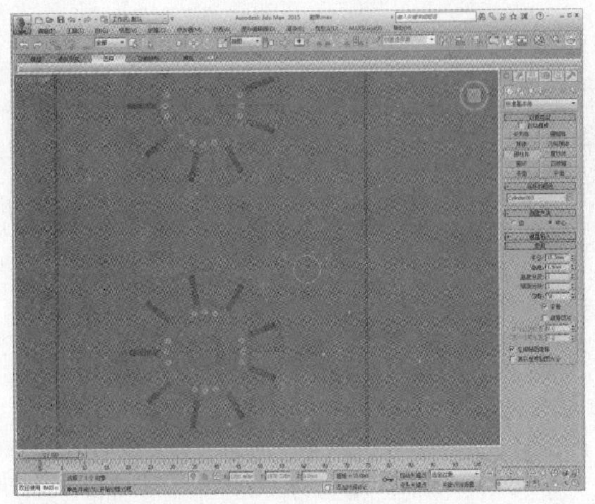

30 移动模型位置，将其转换为可编辑多边形，进入“多边形”子层级，选择多边形，如下图所示。

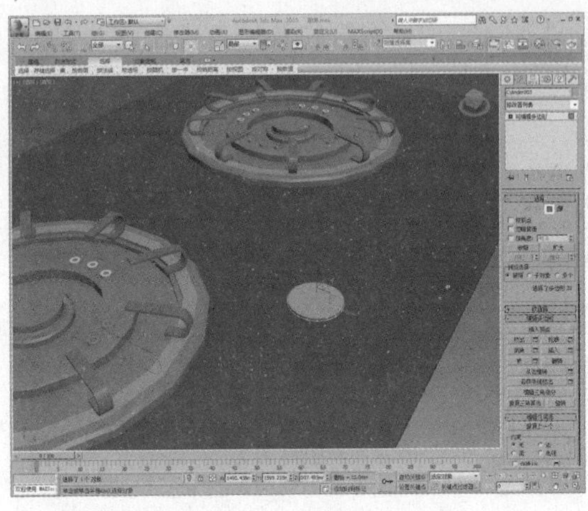

31 创建一个切角长方体，设置参数并移动到合适位置，制作出打火开关，如下图所示。

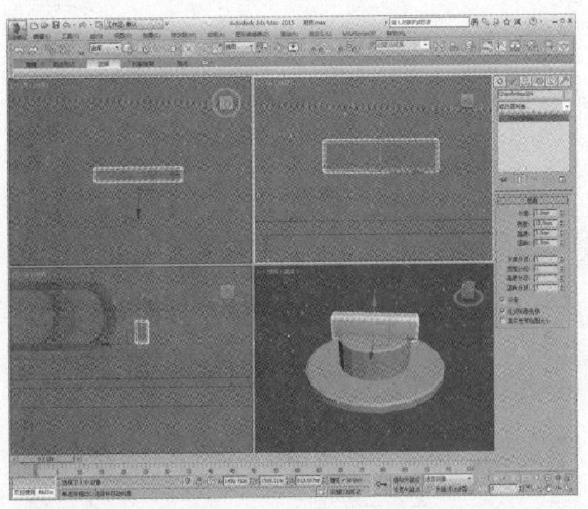

32 复制模型，完成煤气灶的制作，取消孤立，如下图所示。

33 制作炒锅模型。在前视图中绘制一段样条线，如下图所示。

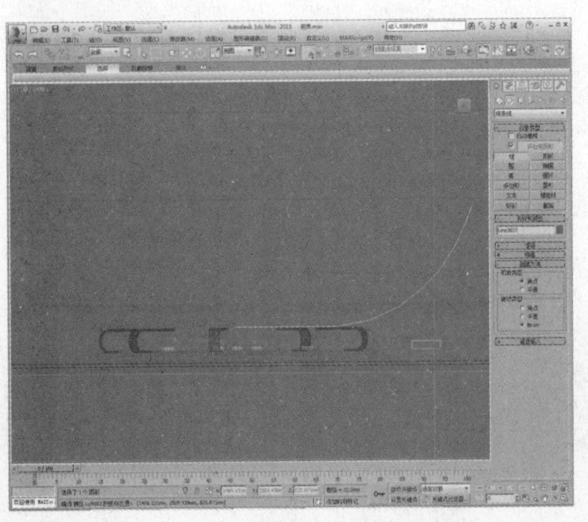

34 进入“顶点”子层级，设置顶点类型为Bezier角点，调整控制柄，如下图所示。

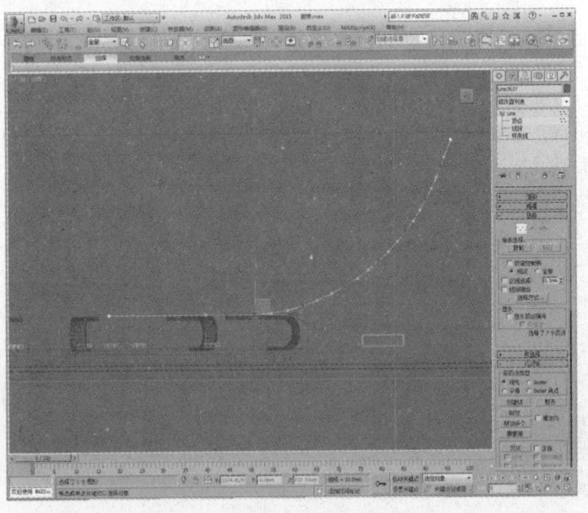

35 进入“样条线”子层级，设置轮廓值为2，使样条线具有厚度，如下图所示。

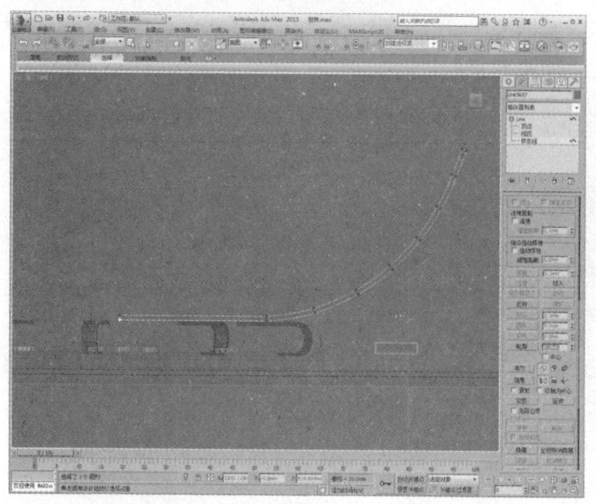

36 进入“顶点”子层级，对样条线顶部的两个顶点进行圆角处理，如下图所示。

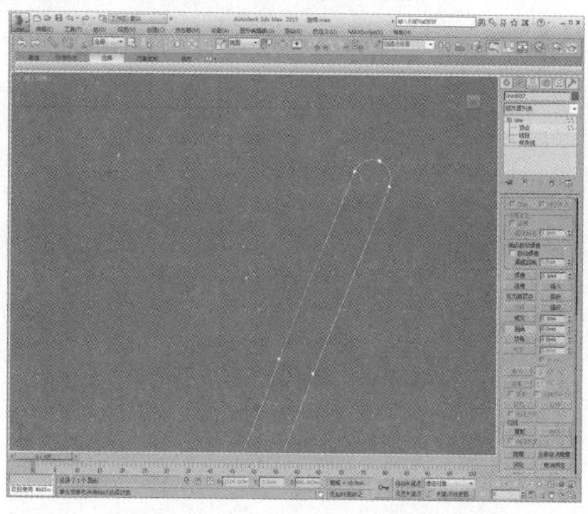

37 为其添加“车削”修改器，设置分段数为80，如下图所示。

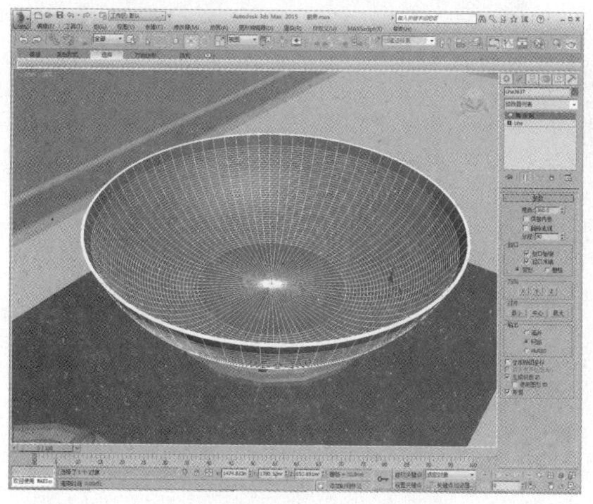

38 创建一个圆环模型，调整参数以及位置，作为锅底的边缘，如下图所示。

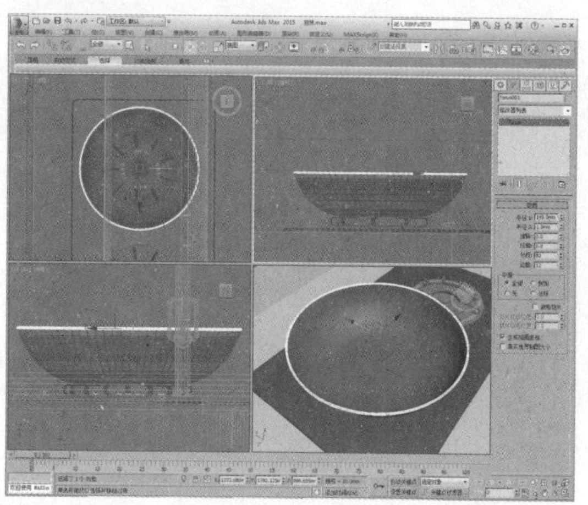

39 继续在前视图中绘制一个样条线，如下图所示。

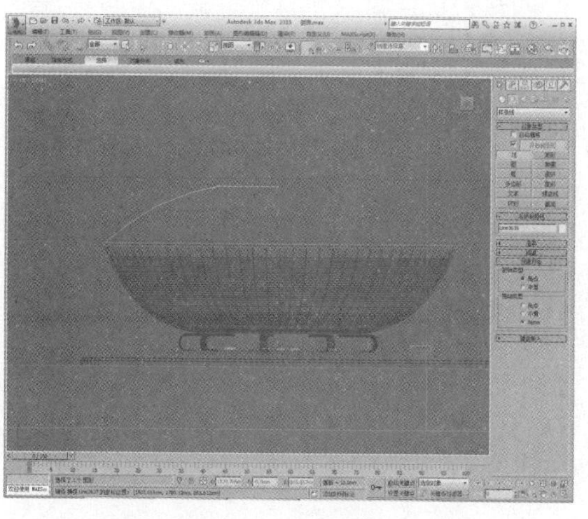

40 进入“顶点”子层级，设置顶点类型为Bezier角点，调整控制柄，如下图所示。

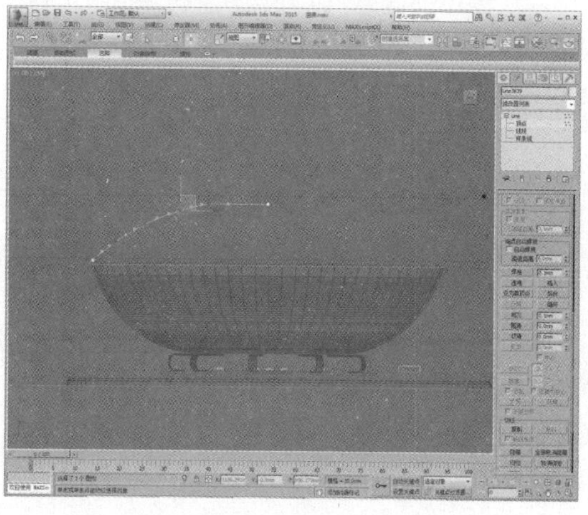

41 进入“样条线”子层级，设置轮廓值为-1，使样条线具有厚度，如下图所示。

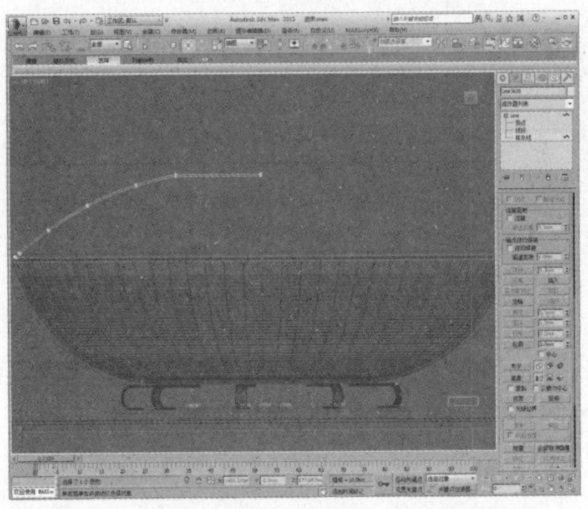

42 为样条线添加“车削”修改器，设置分段数，如下图所示。

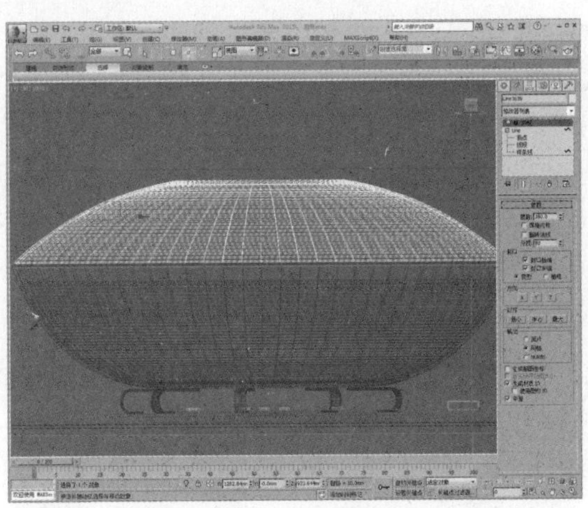

43 在顶视图中创建一个圆柱体，设置参数，如下图所示。

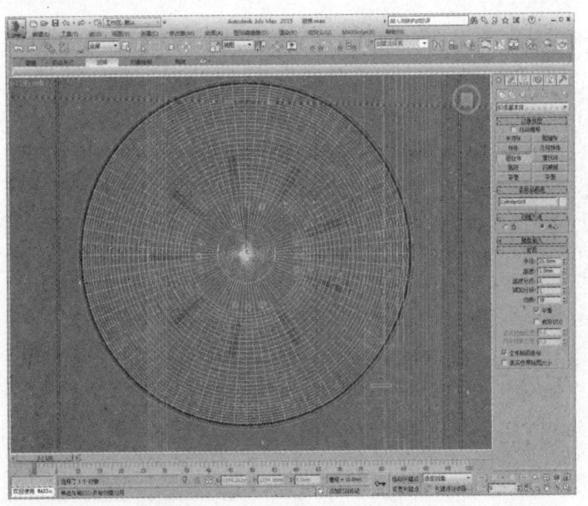

44 调整位置并将圆柱体转换为可编辑多边形，如下图所示。

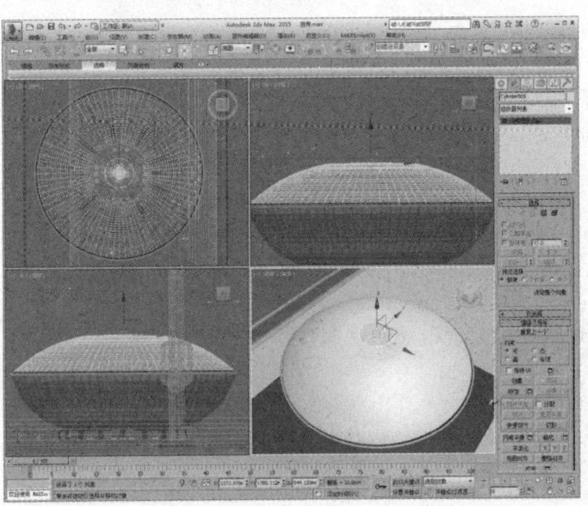

45 进入“多边形”子层级，选择多边形，单击“插入”设置按钮，设置插入值为8，如下图所示。

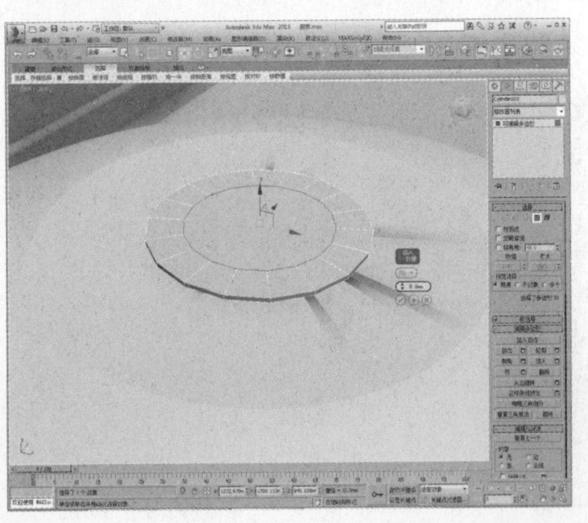

46 单击“挤出”设置按钮，设置挤出值为12，如下图所示。

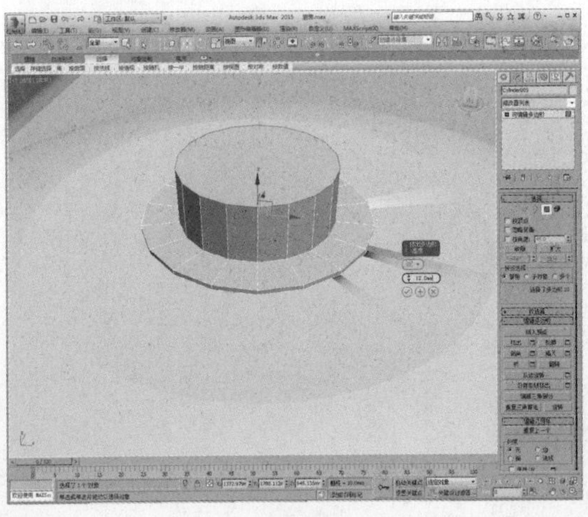

47 单击“倒角”设置按钮，设置倒角高度为1、倒角轮廓为-1，如下图所示。

48 取消勾选“开始新图形”选项，在顶视图中绘制样条线，如下图所示。

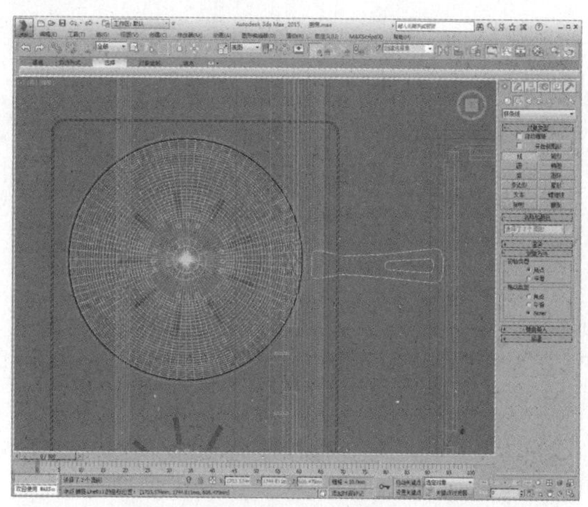

49 为其添加“挤出”修改器，设置挤出值为12，如下图所示。

50 将其转换为可编辑多边形，进入“顶点”子层级，调整顶点。

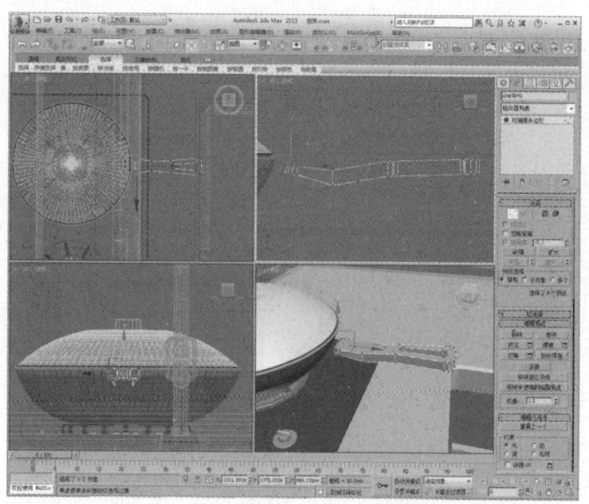

51 进入“边”子层级，选择边，如下图所示。

52 单击“切角”设置按钮，设置边切角量为2，如下图所示。

53 在前视图中创建一个长方体，调整位置，如下图所示。

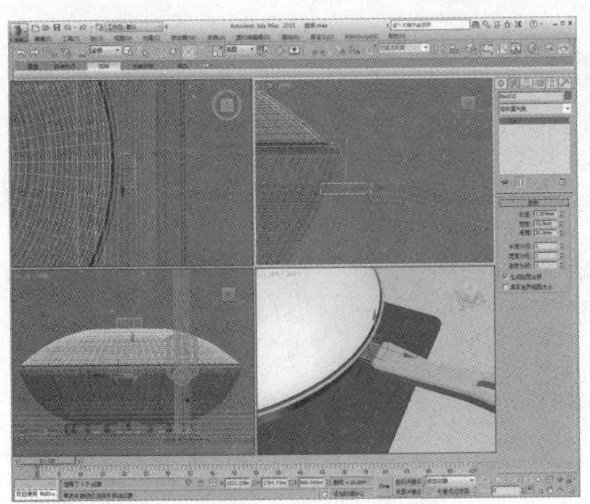

54 旋转把手角度，调整锅盖位置，再将模型成组，旋转合适角度，完成炒锅模型的制作，如下图所示。

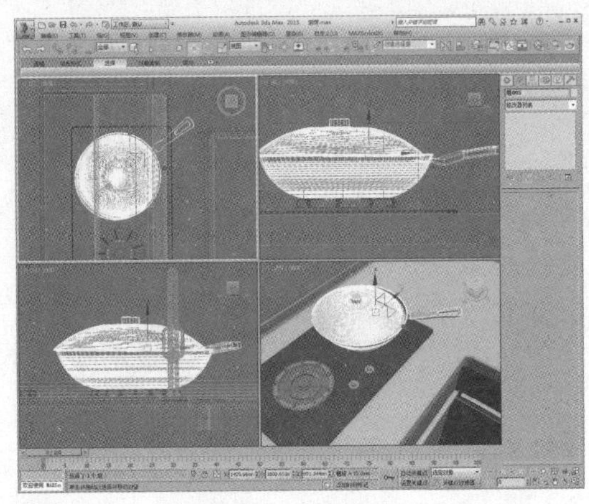

55 隐藏橱柜门模型，如下图所示。

56 在创建命令面板中单击“线”按钮，在右视图中创建一个样条线，如下图所示。

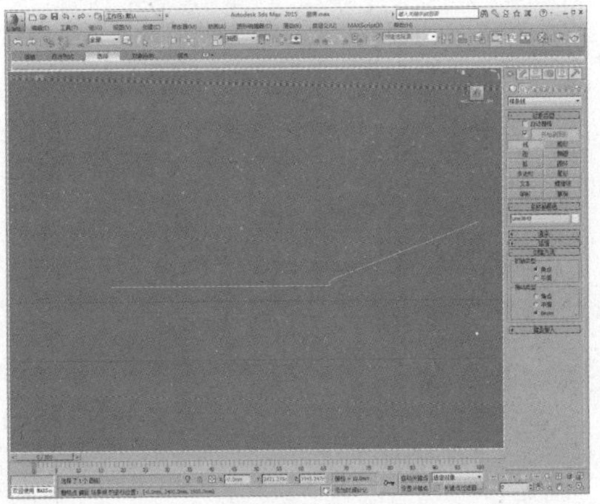

57 进入“样条线”子层级，设置轮廓值为2，如下图所示。

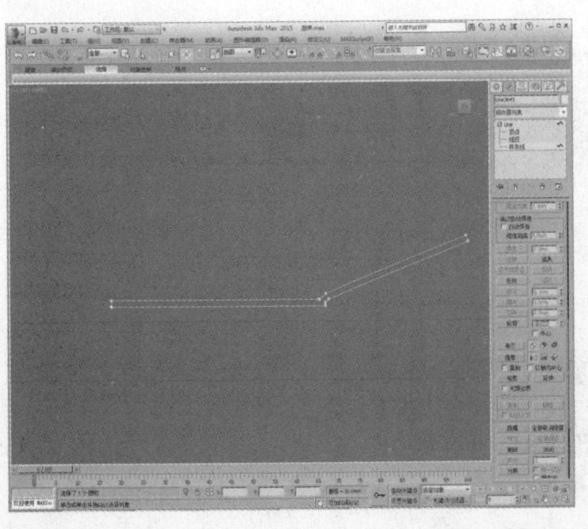

58 进入“顶点”子层级，对边缘的两个顶点进行圆角处理，如下图所示。

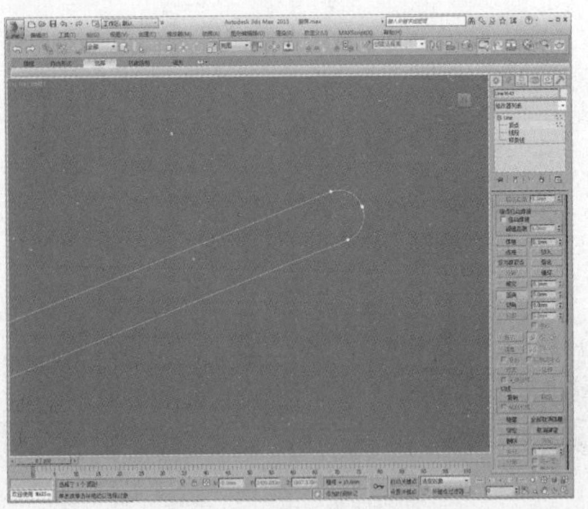

59 为其添加“车削”修改器，设置分段数，并调整模型位置，制作出盘子模型，如下图所示。

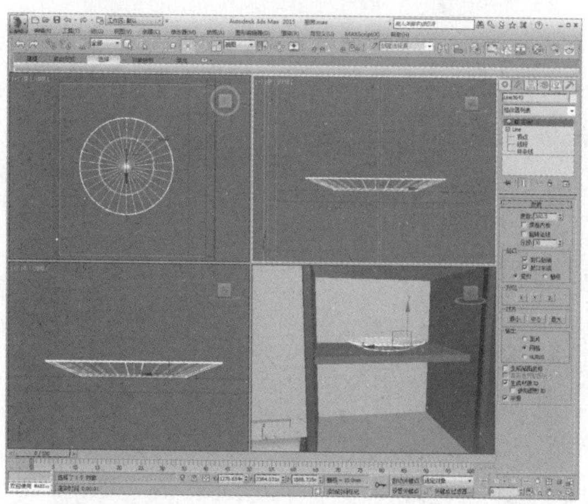

60 向上复制多个模型，如下图所示。

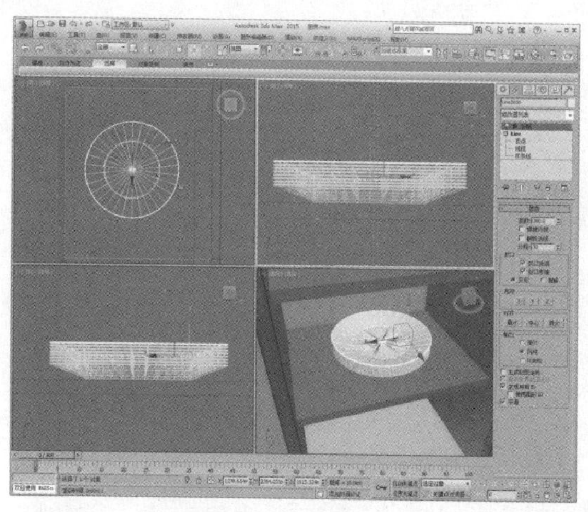

61 向上复制一个模型，单击“选择并均匀缩放”按钮，缩放盘子模型的大小，如下图所示。

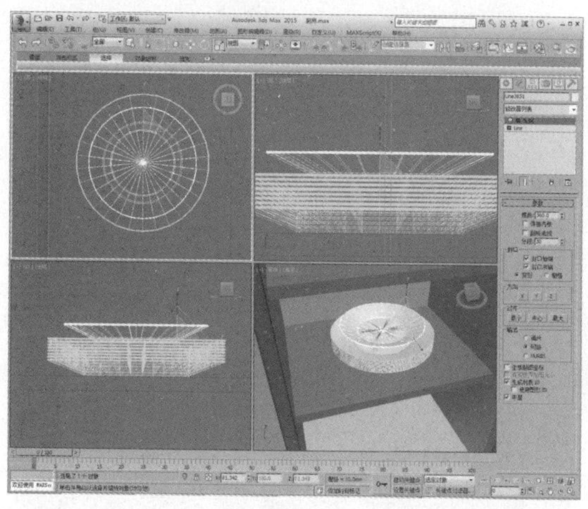

62 复制盘子模型，如下图所示。

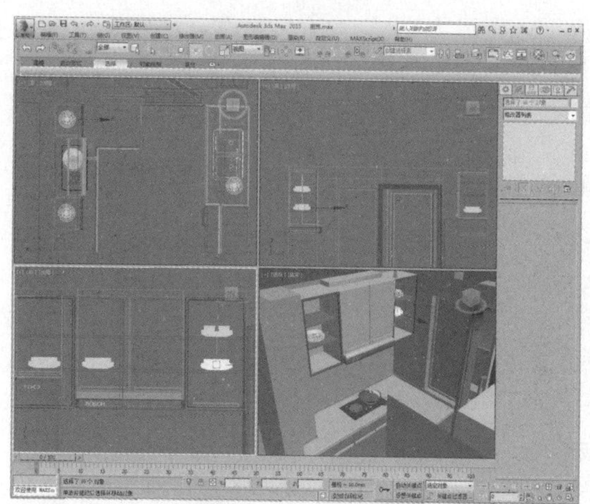

63 在顶视图中捕捉创建一个长方体，调整位置，如下图所示。

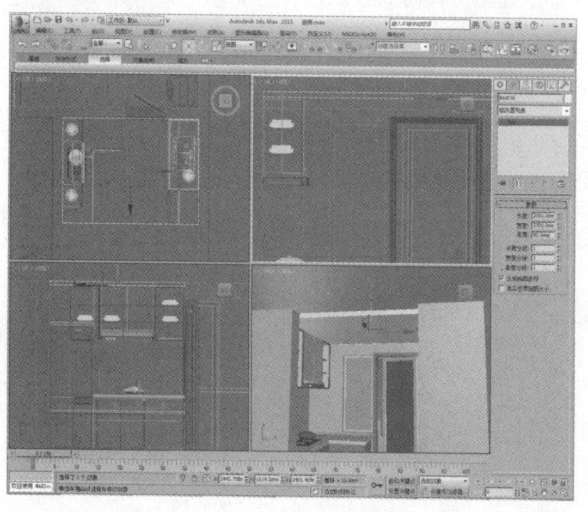

64 再创建一个圆柱体，将其调整到合适位置，如下图所示。

65 将圆柱体转换为可编辑多边形，进入“元素”子层级，复制元素，如下图所示。

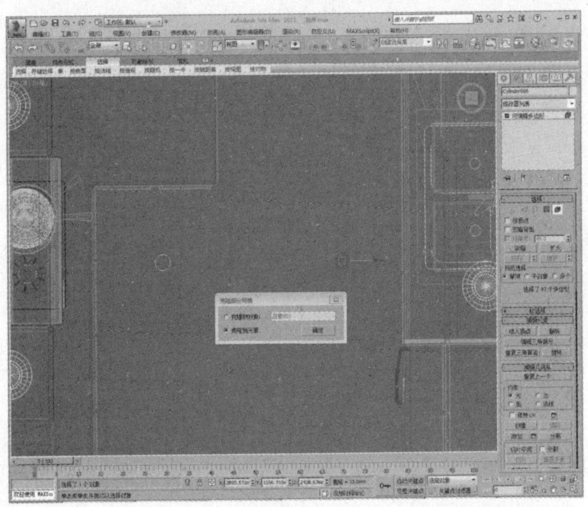

66 选择长方体，在复合对象面板中单击“布尔”按钮，对长方体以及圆柱体进行差集运算，如下图所示。

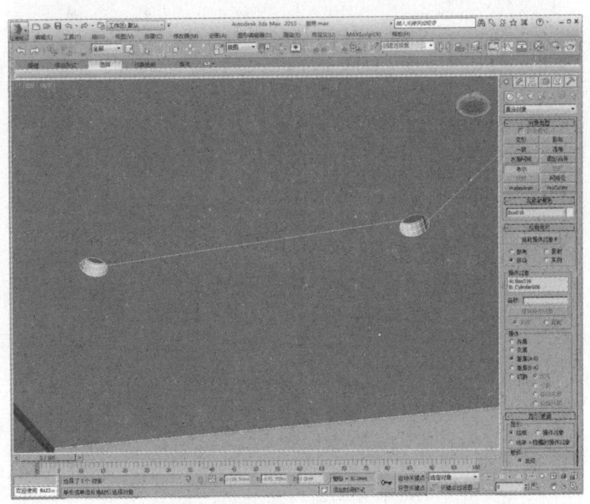

67 执行“文件>导入>合并”命令，合并成品筒灯模型，将其调整到合适位置并复制模型，如下图所示。

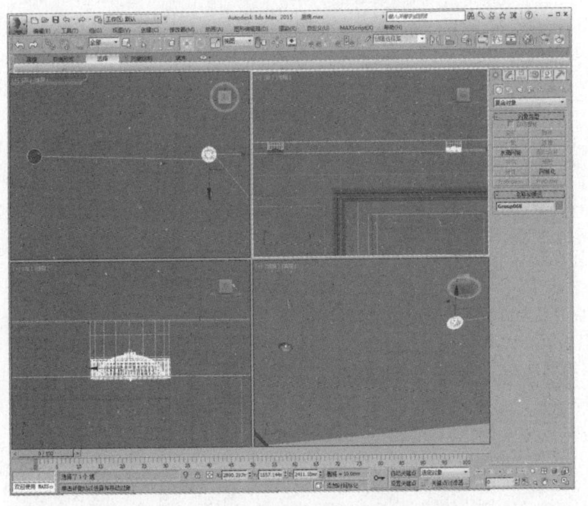

68 继续为厨房内部合并其他模型，如盘子架、菜板、调味瓶等模型，完成厨房基础模型的制作，如下图所示。

19.6 创建摄影机并制作材质

接下来要创建摄影机以及模型材质，以便于后期渲染出图。所导入的成品模型本身具有材质，这里就只对新创建的模型材质进行创建，具体操作过程如下。

01 在“显示”面板中勾选“图形”选项，隐藏图形类别，如下图所示。

02 在顶视图中创建一架摄影机，如下图所示。

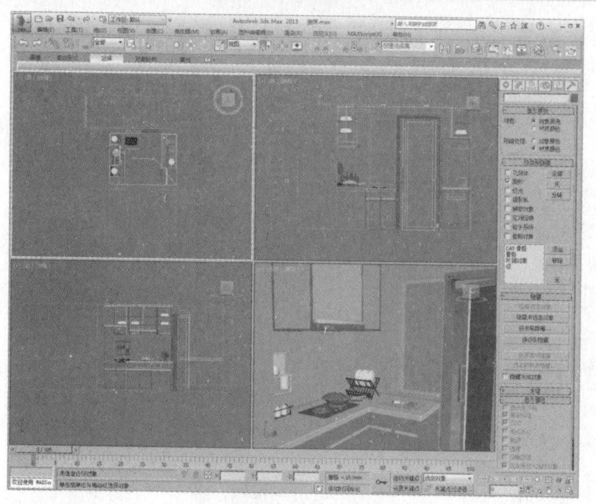

03 在修改命令面板中调整摄影机参数，再调整摄影机角度及高度，如下图所示。

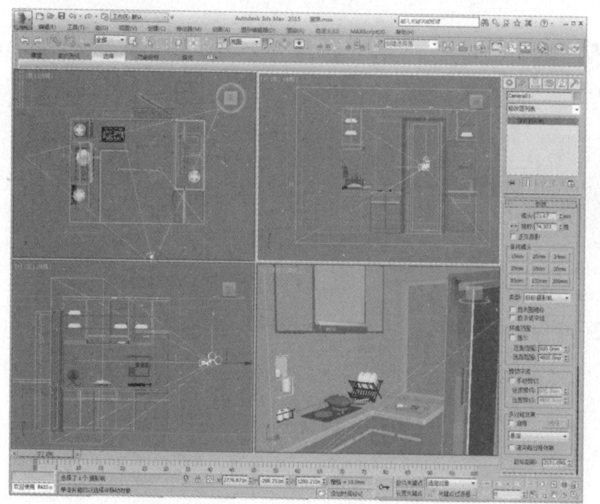

05 在透视视口中按C键转到摄影机视口，并设置摄影机视口显示安全框，如下图所示。

04 在“渲染设置”窗口中设置图像输出大小，如下图所示。

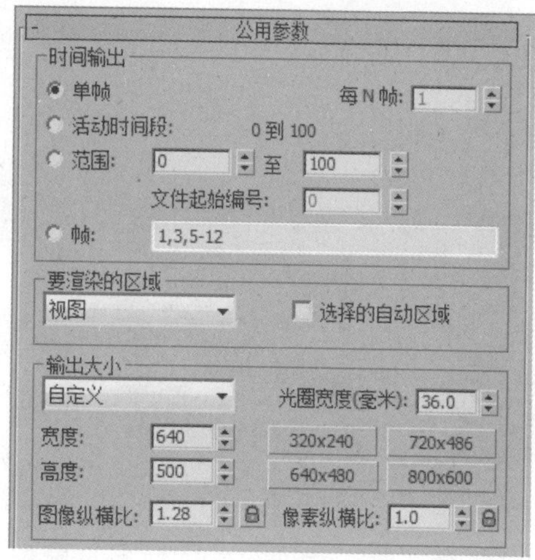

06 按M键打开材质编辑器，选择一个空白材质球，将其设置为VRayMtl材质，设置漫反射颜色为白色，再设置反射细分值，如下图所示。

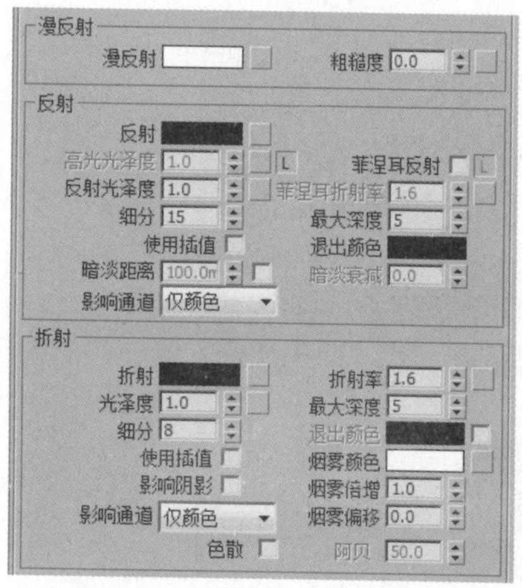

07 创建好的白色乳胶漆材质球示例窗效果如下图所示。

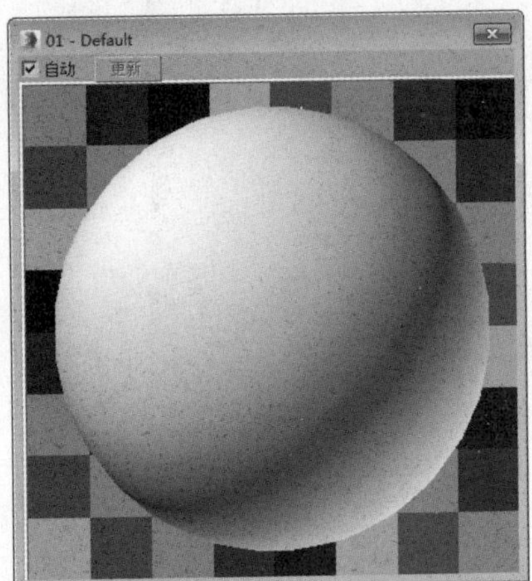

08 选择一个空白材质球，将其设置为VRayMtl材质，为漫反射添加瓶坯贴图，设置反射颜色及反射参数，如下图所示。

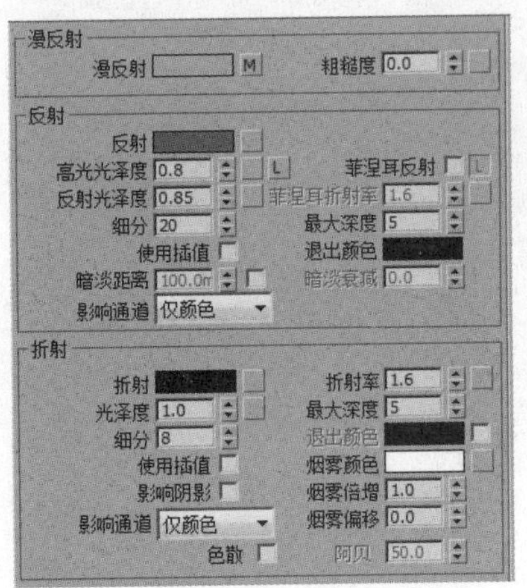

09 反射颜色设置如下图所示。

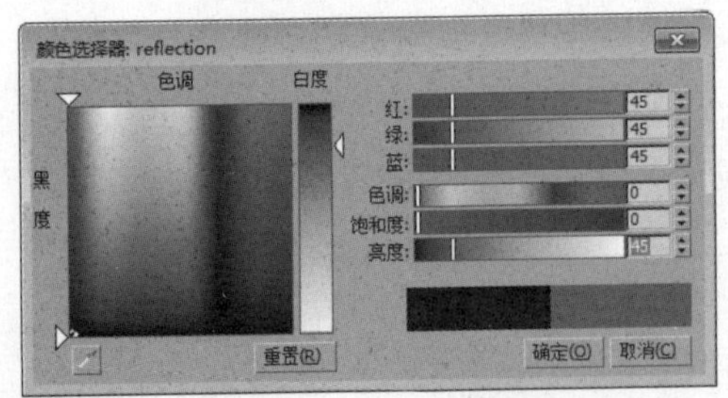

10 在“双向反射分布函数”卷展栏中设置函数类型为“多面”，如下图所示。

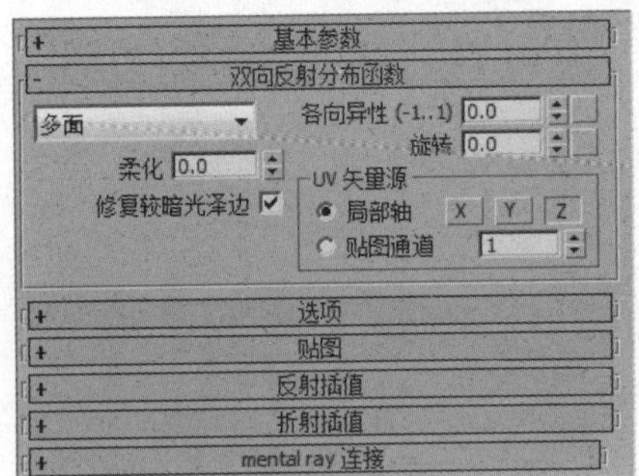

11 进入平铺贴图设置，在“高级控制”卷展栏中为平铺设置添加位图贴图，设置水平数与垂直数，再设置砖缝纹理颜色，以及随机种子量，如下图所示。

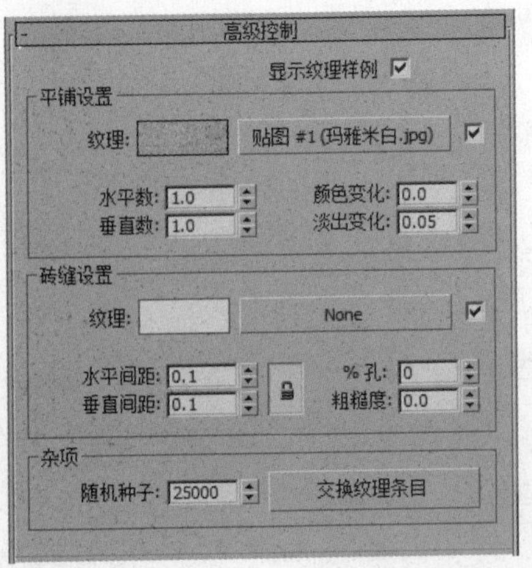

12 砖缝纹理颜色设置如下图所示。

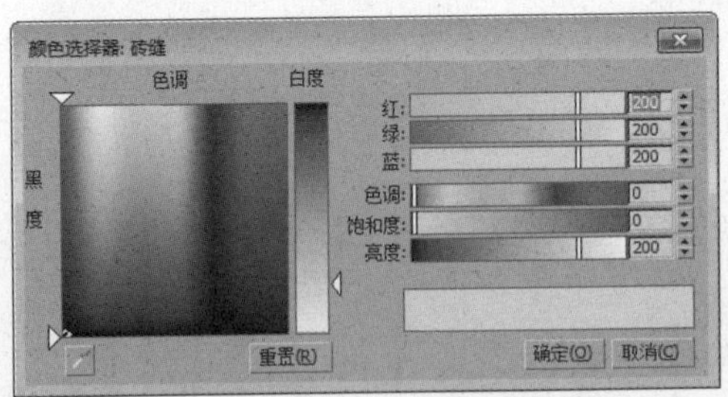

13 创建好的墙砖材质示例窗效果如下图所示。

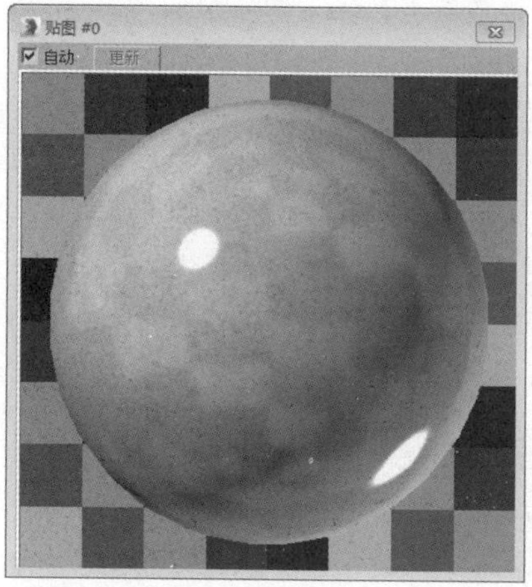

14 选择一个空白材质球，将其设置为VRayMtl材质，设置反射颜色及参数，如下图所示。

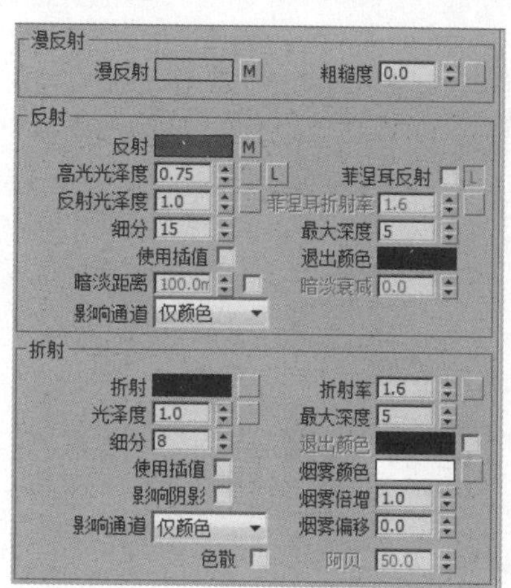

15 在“双向反射分布函数”卷展栏中设置函数类型为“多面”，如下图所示。

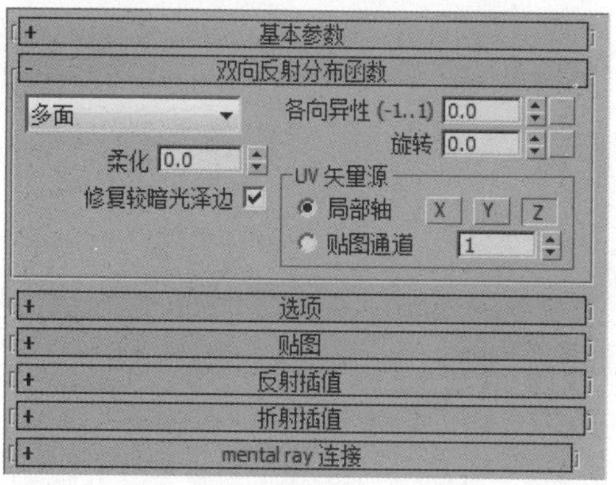

16 进入平铺贴图设置，在“高级控制”卷展栏中为平铺设置添加位图贴图，设置水平数与垂直数，再设置砖缝纹理颜色，以及随机种子量，如下图所示。

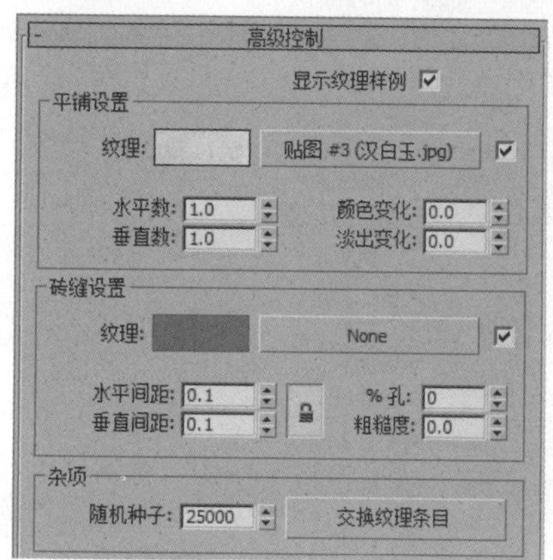

17 在“衰减参数”卷展栏中设置衰减颜色，如下图所示。

18 衰减颜色设置如下图所示。

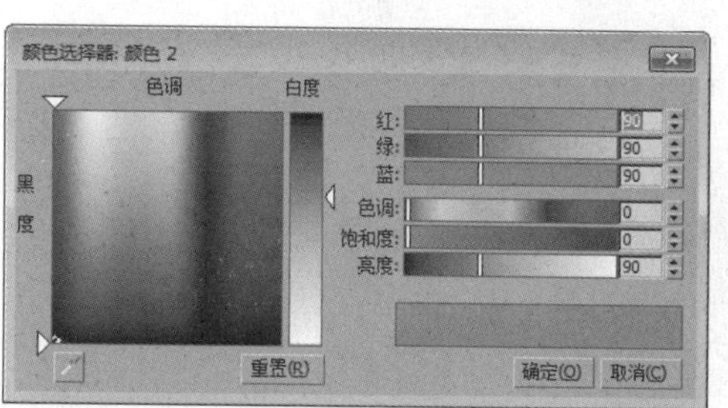

19 创建好的地面材质示例窗效果如下图所示。

20 将地面多边形从模型中分离出来，再将所创建的材质分别指定给场景中的对象，并分别为其添加UVW贴图，设置参数，如下图所示。

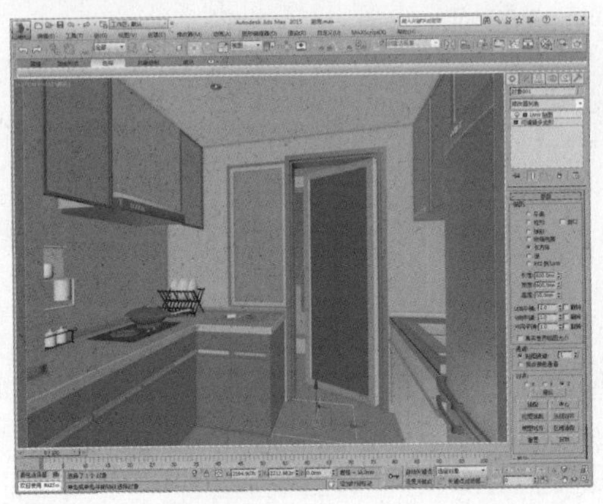

21 选择一个空白材质球，将其设置为VRayMtl材质，设置漫反射颜色与折射颜色为白色，设置反射颜色、反射参数及折射参数，如下图所示。

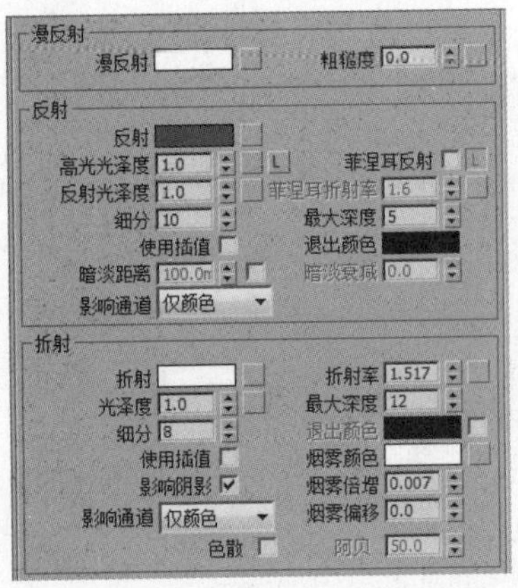

22 反射颜色设置如下图所示。

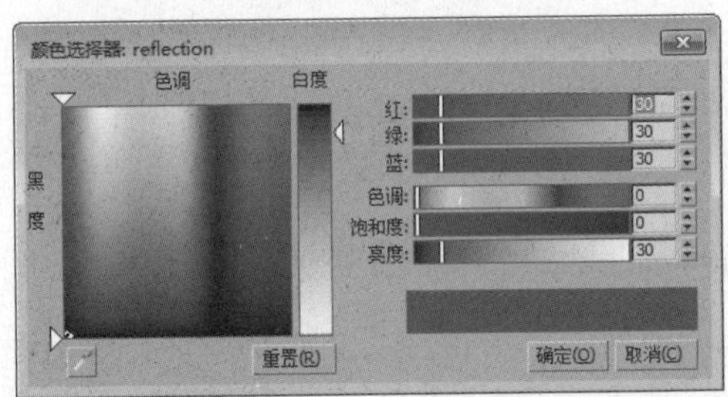

23 设置好的玻璃材质示例窗效果如下图所示。

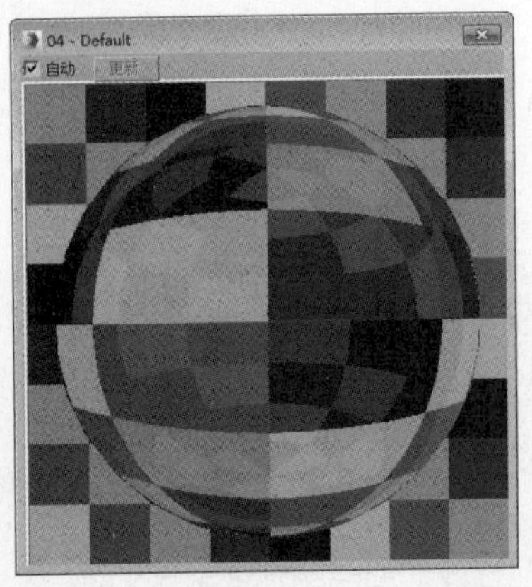

24 选择一个空白材质球，将其设置为VRayMtl材质，设置漫反射颜色及反射颜色，再设置反射参数，如下图所示。

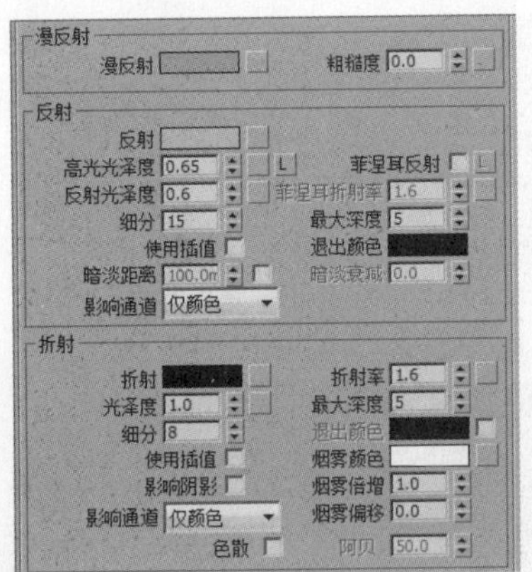

25 漫反射颜色及反射颜色设置如下图所示。

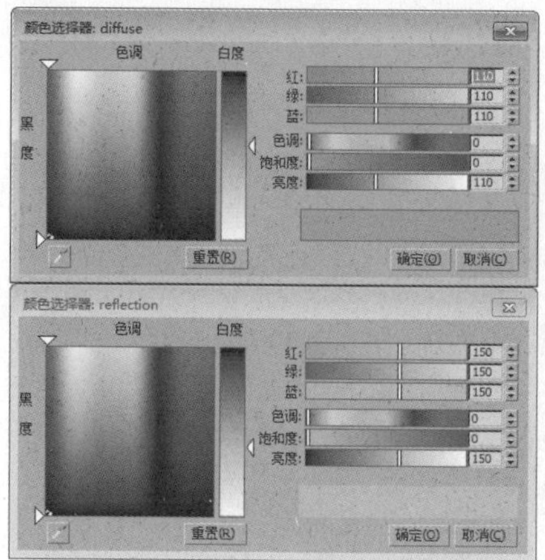

26 创建好的窗框材质示例窗效果如下图所示。

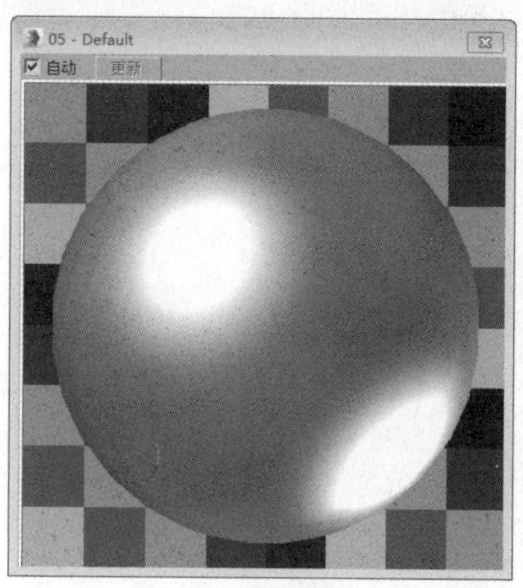

27 选择一个空白材质球，将其设置为VRayMtl材质，设置反射颜色及反射参数，如下图所示。

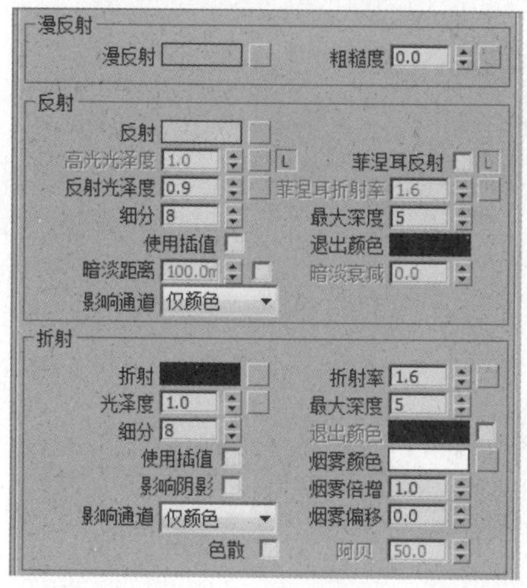

28 反射颜色设置如下图所示。

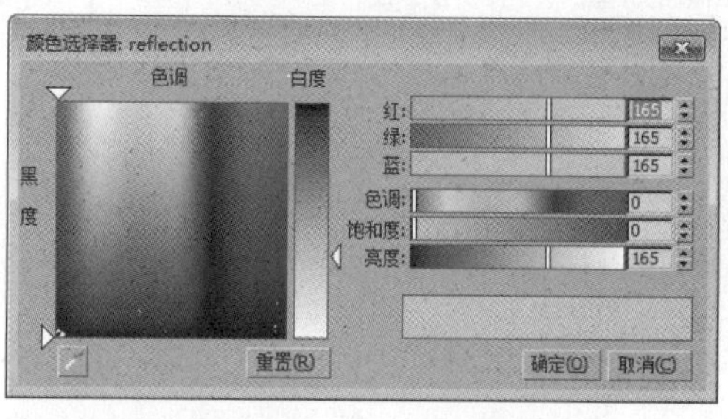

29 在“双向反射分布函数”卷展栏中设置参数，如下图所示。

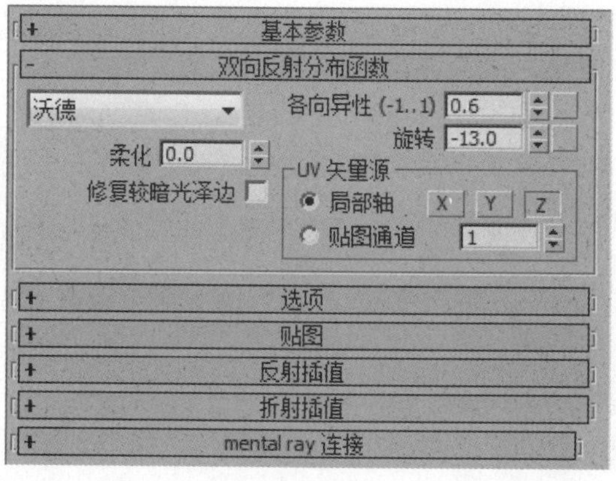

30 创建好的橱柜门拉丝不锈钢材质示例窗效果如下图所示。

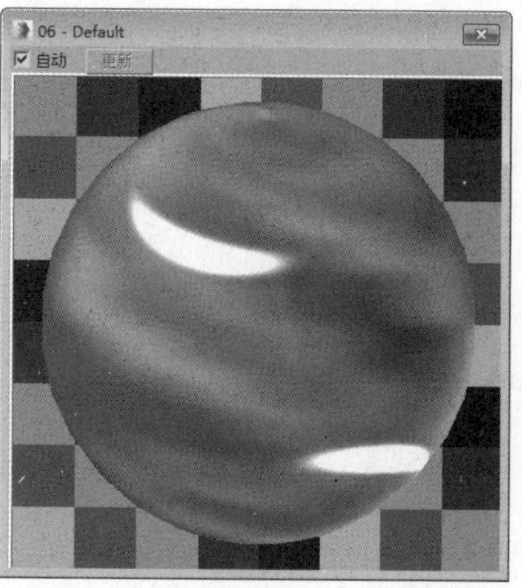

31 选择一个空白材质球，将其设置为VRayMtl材质，设置漫反射颜色及反射颜色，再设置反射参数，如下图所示。

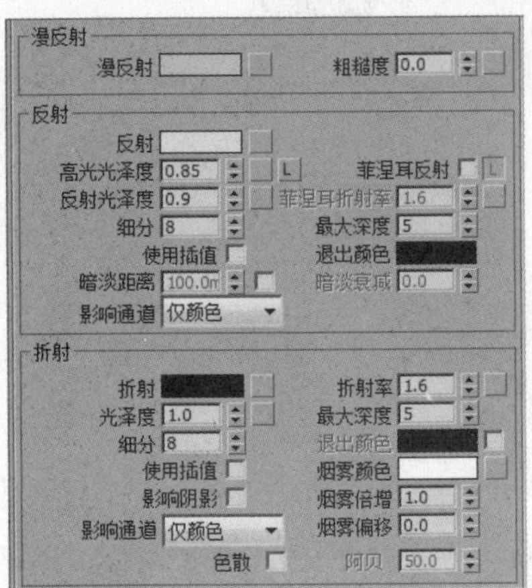

32 漫反射颜色及反射颜色设置如下图所示。

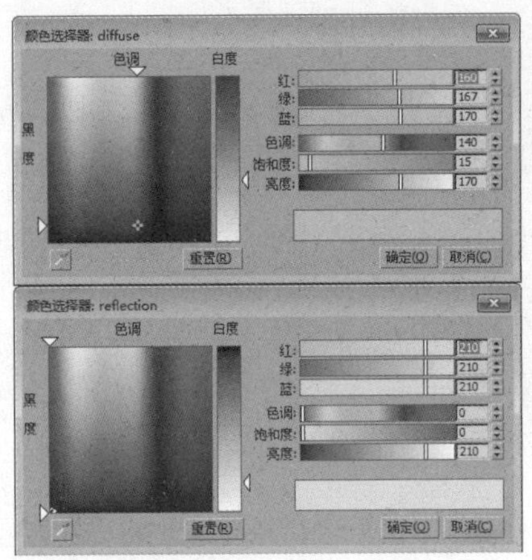

33 在“双向反射分布函数”卷展栏中设置参数，如下图所示。

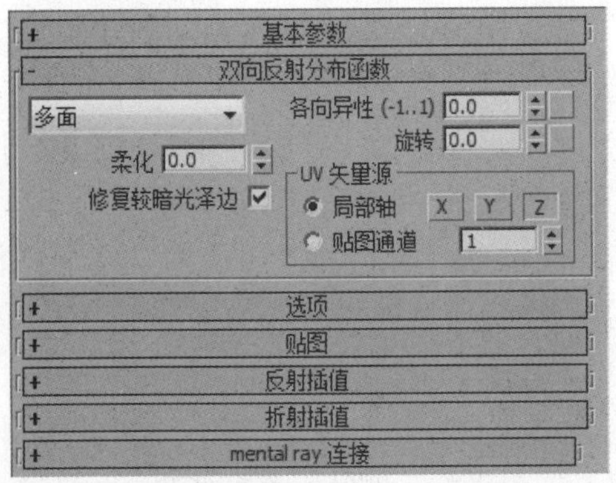

34 创建好的镜面不锈钢材质效果如下图所示。

35 选择一个空白材质球，将其设置为VRayMtl材质，设置反射颜色及反射参数，再设置折射细分值，如下图所示。

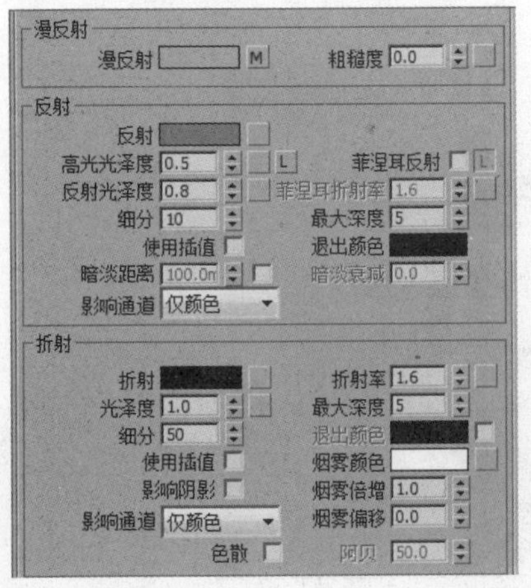

36 反射颜色设置如下图所示。

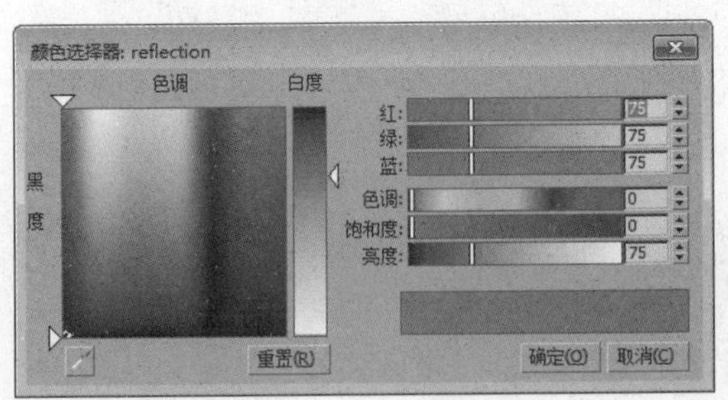

37 在“贴图”卷展栏中为漫反射通道及凹凸通道添加位图贴图，再设置反射值及凹凸值，如下图所示。

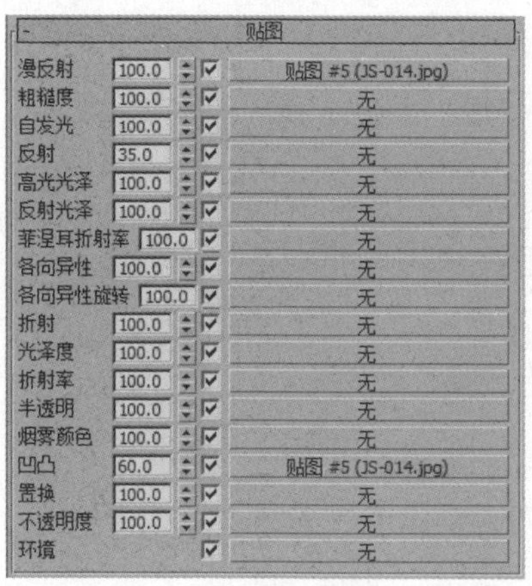

38 在位图贴图“坐标”卷展栏中设置瓷砖V向值，以及W向角度值，如下图所示。

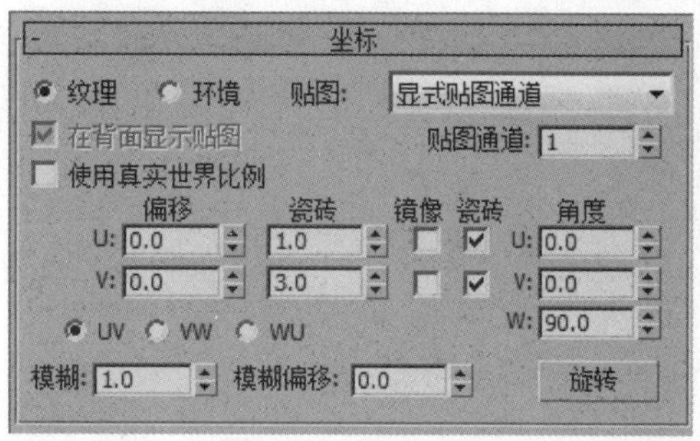

39 创建好的抽油烟机亚光不锈钢材质示例窗效果如下图所示。

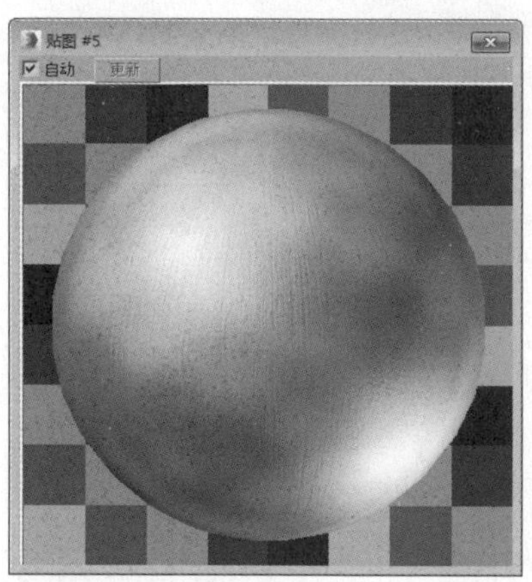

40 选择一个空白材质球，将其设置为VRayMtl材质，设置漫反射颜色及反射颜色，再设置反射参数，如下图所示。

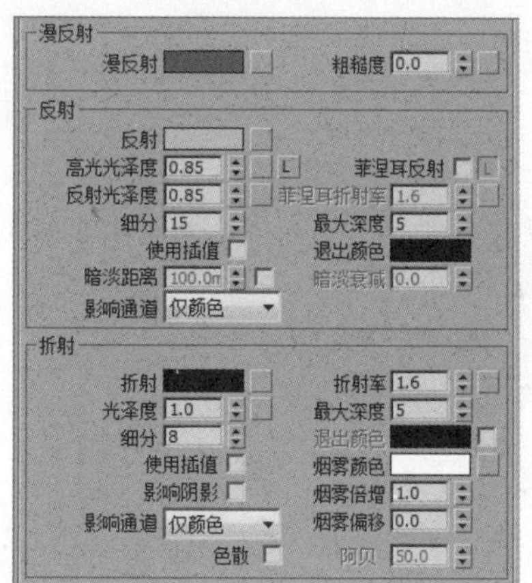

41 漫反射颜色及反射颜色设置如下图所示。

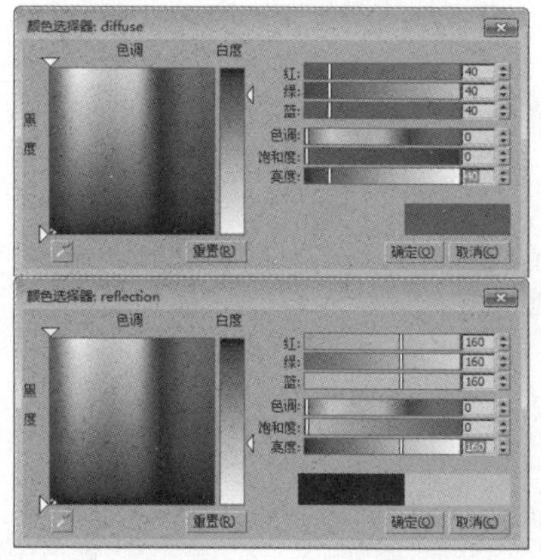

42 创建好的抽油烟机磨砂不锈钢材质示例窗效果如下图所示。

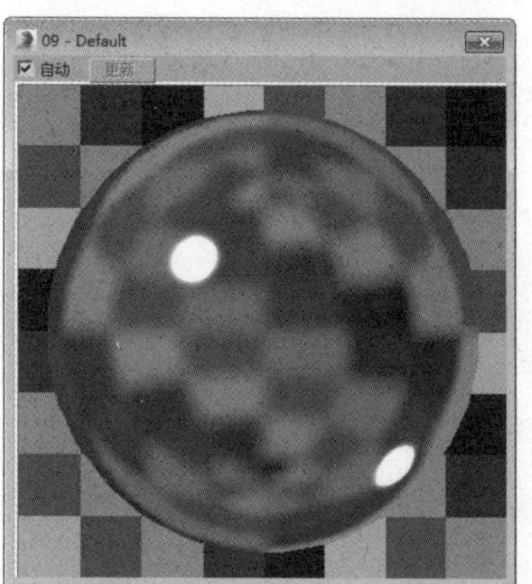

43 将创建好的各种不锈钢材质指定给场中的模型对象，如下图所示。

44 选择一个空白材质球，将其设置为VRayMtl材质，设置漫反射颜色，为反射通道添加衰减贴图，再设置反射参数，如下图所示。

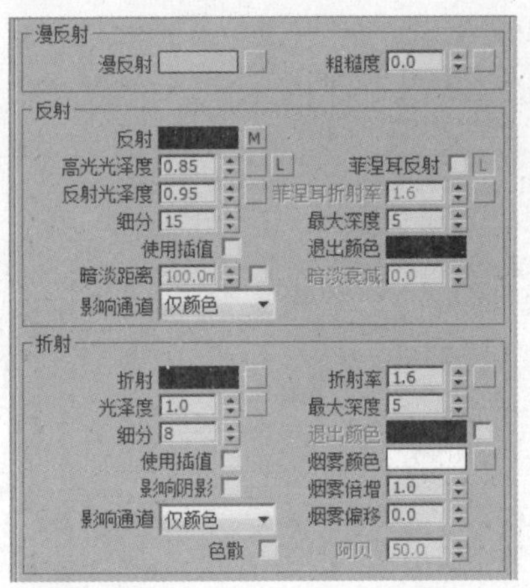

45 漫反射颜色设置如下图所示。

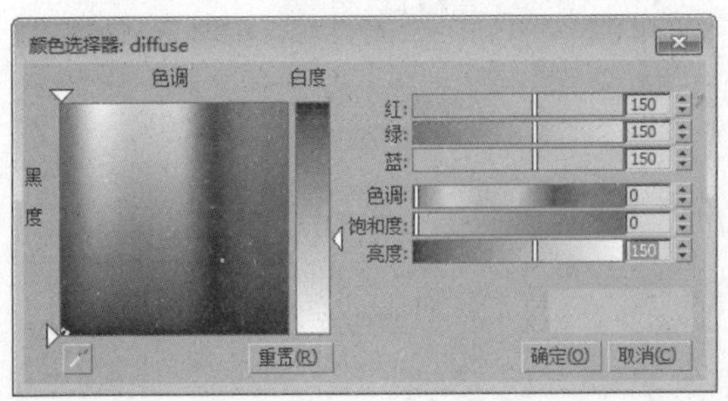

46 在“衰减参数”卷展栏中设置衰减类型，其余设置保持默认，如下图所示。

47 创建好的冰箱上的塑料材质示例窗效果如下图所示。

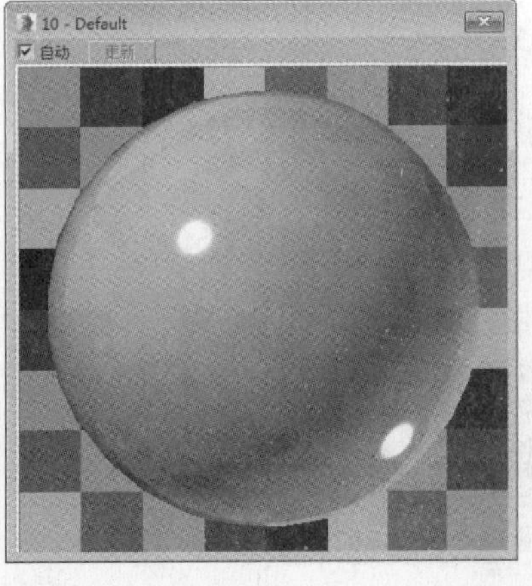

48 选择一个空白材质球，将其设置为VRayMtl材质，设置漫反射颜色，再设置反射参数，如下图所示。

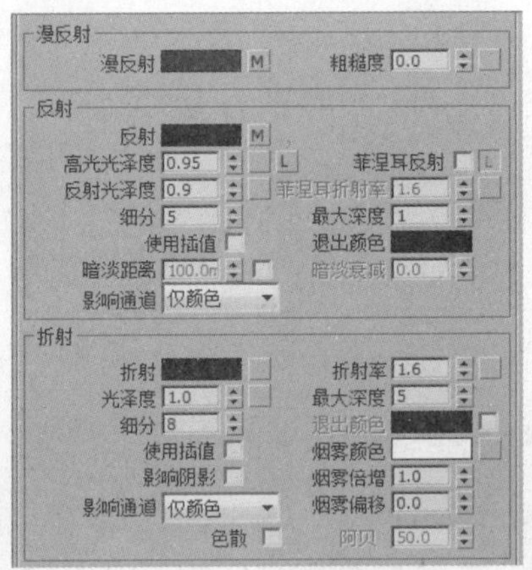

49 漫反射颜色设置如下图所示。

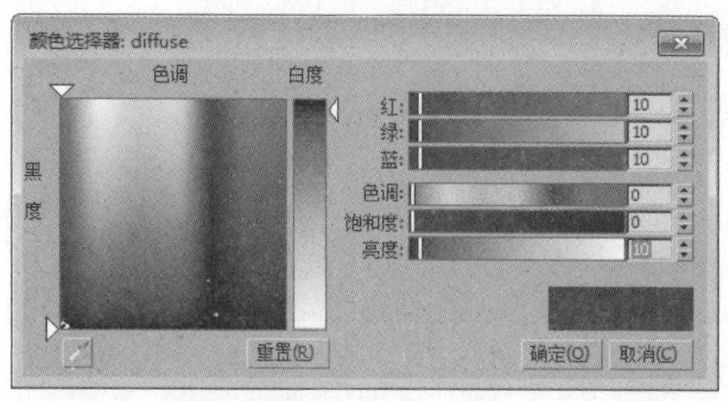

50 在“贴图”卷展栏中为漫反射通道、环境通道添加输出贴图，再为反射通道添加衰减贴图，如下图所示。

贴图			
漫反射	100.0	☑	贴图 #8（输出）
粗糙度	100.0	☑	无
自发光	100.0	☑	无
反射	100.0	☑	贴图 #9（Falloff）
高光光泽	100.0	☑	无
反射光泽	100.0	☑	无
菲涅耳折射率	100.0	☑	无
各向异性	100.0	☑	无
各向异性旋转	100.0	☑	无
折射	100.0	☑	无
光泽度	100.0	☑	无
折射率	100.0	☑	无
半透明	100.0	☑	无
烟雾颜色	100.0	☑	无
凹凸	30.0	☑	无
置换	100.0	☑	无
不透明度	100.0	☑	无
环境		☑	贴图 #10（输出）

51 打开漫反射通道的“输出参数”卷展栏，设置输出量，如下图所示。

输出参数

贴图: 无 ☑

输出

☐ 反转　输出量: -9999

☐ 钳制　RGB 偏移: 0.0

☐ 来自 RGB 强度的 Alpha　RGB 级别: 1.0

☐ 启用颜色贴图　凹凸量: 1.0

52 再打开环境通道的“输出参数”卷展栏，设置输出量，如下图所示。

输出参数

贴图: 无 ☑

输出

☐ 反转　输出量: 1.5

☐ 钳制　RGB 偏移: 0.0

☐ 来自 RGB 强度的 Alpha　RGB 级别: 1.0

☐ 启用颜色贴图　凹凸量: 1.0

53 打开“衰减参数”卷展栏，设置衰减类型，如下图所示。

54 创建好的煤气灶黑色烤漆材质示例窗效果如下图所示。

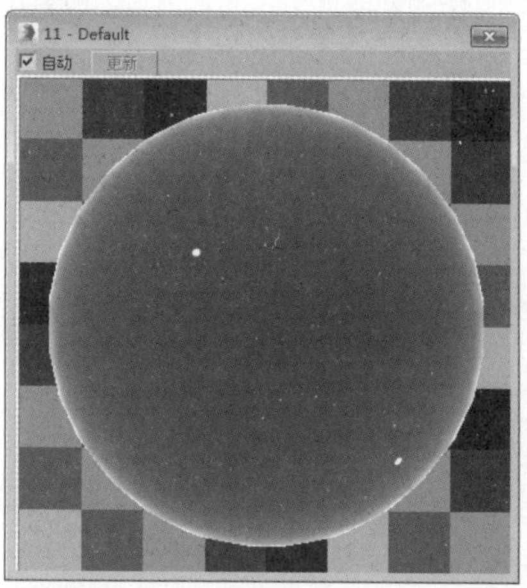

55 选择一个空白材质球，将其设置为VRayMtl材质，为漫反射通道添加位图贴图，为反射通道添加衰减贴图，设置反射参数，如下图所示。

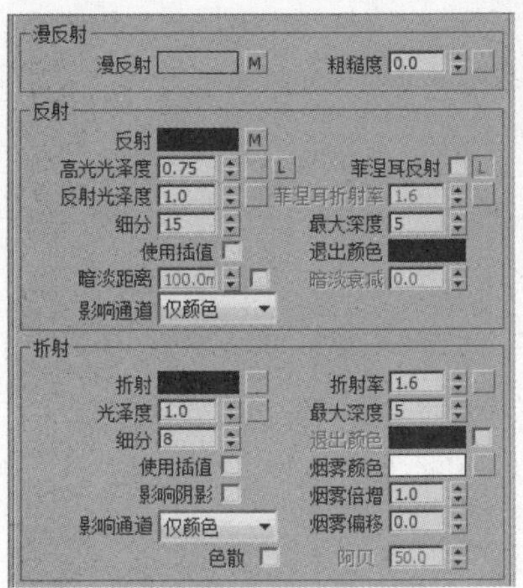

56 在“衰减参数”卷展栏中设置衰减颜色，如下图所示。

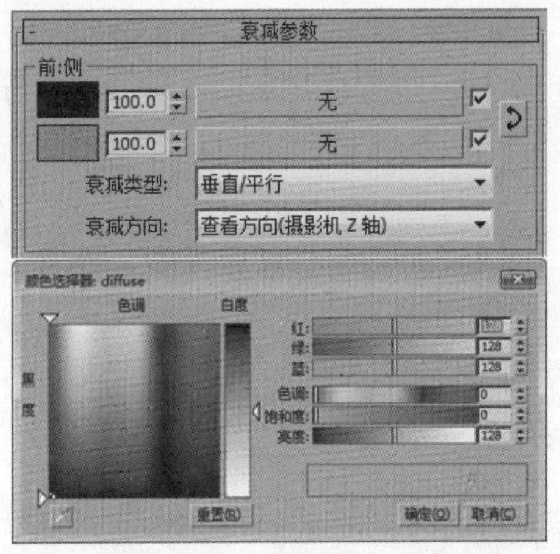

57 在“双向反射分布函数”卷展栏中设置参数，如下图所示。

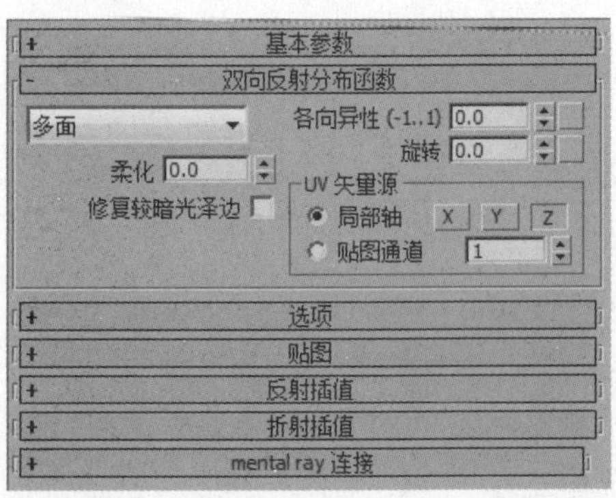

58 创建好的橱柜台面材质示例窗效果如下图所示。

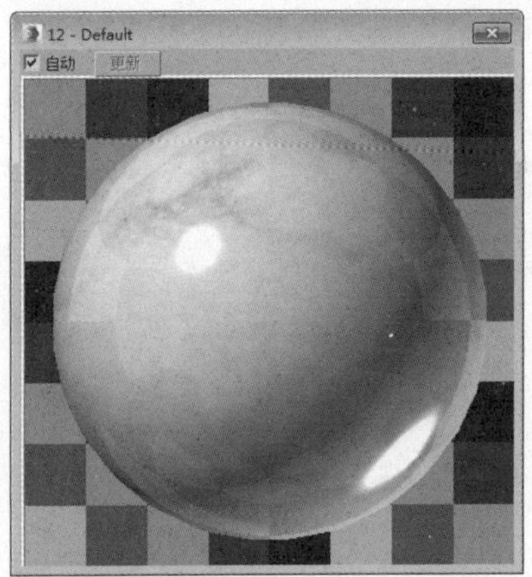

59 选择一个空白材质球，将其设置为VRayMtl材质，为漫反射通道添加位图贴图，设置反射颜色及反射参数，如下图所示。

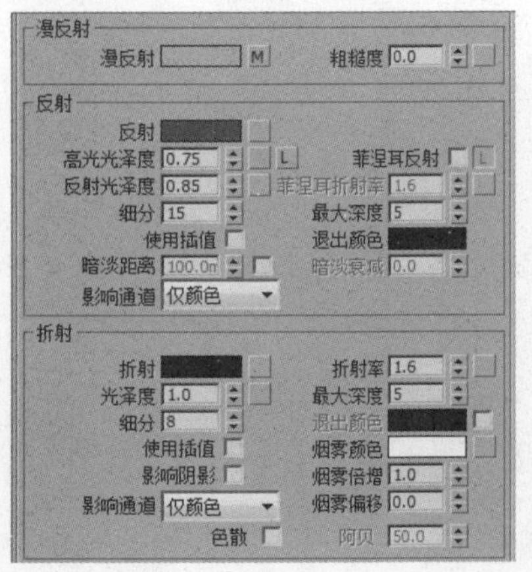

60 反射颜色设置如下图所示。

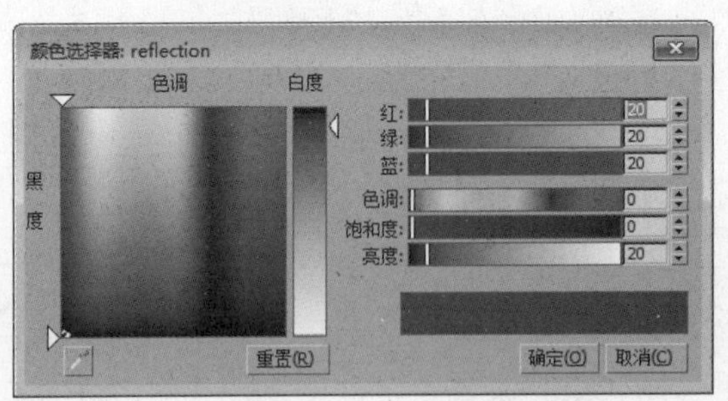

61 创建好的橱柜柜门木纹材质示例窗效果如下图所示。

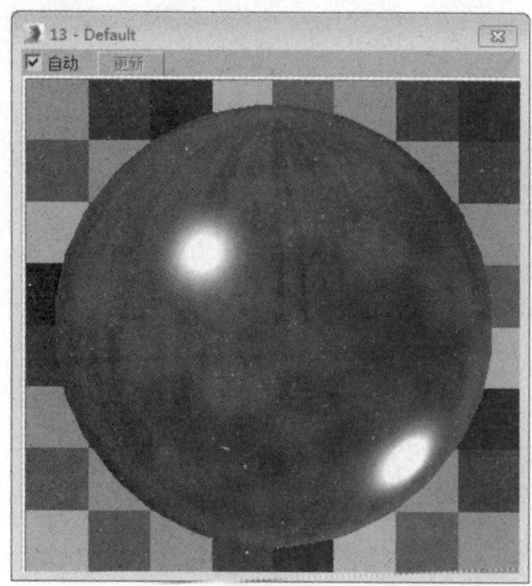

62 将创建好的材质指定给场景中的橱柜、煤气灶等模型，如下图所示。

63 选择一个空白材质球，将其设置为VRayMtl材质，设置漫反射颜色为白色，为反射通道添加衰减贴图，再设置反射参数，如下图所示。

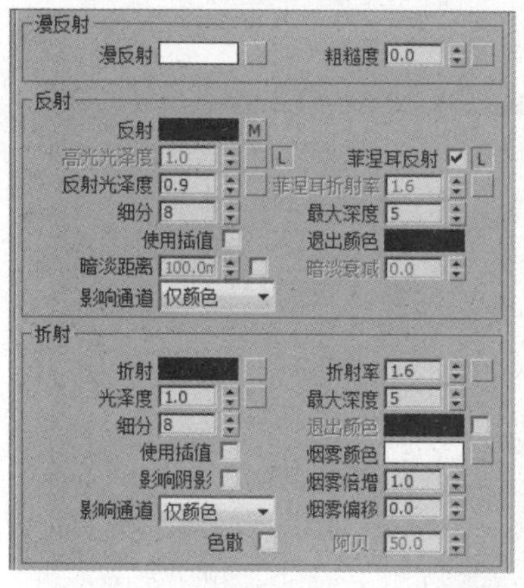

64 在“衰减参数”卷展栏中设置衰减类型，如下图所示。

65 创建好的白瓷材质示例窗效果如下图所示。

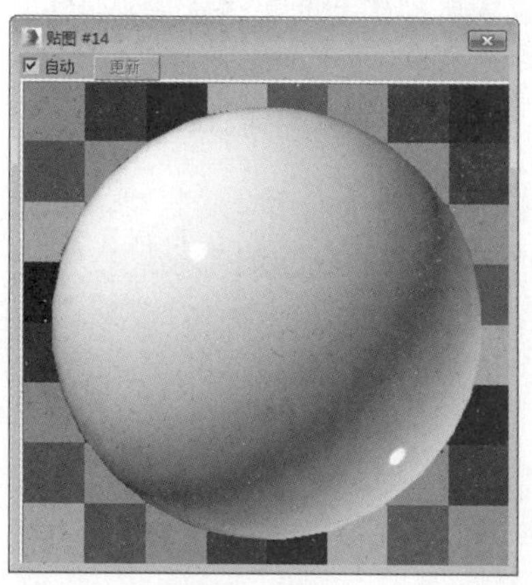

66 选择一个空白材质球，将其设置为VRayMtl材质，设置漫反射颜色及反射颜色，再设置反射参数，如下图所示。

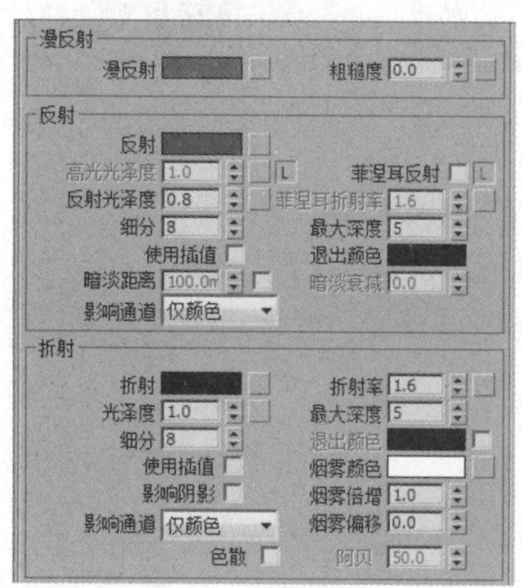

67 漫反射颜色及反射颜色设置如下图所示。

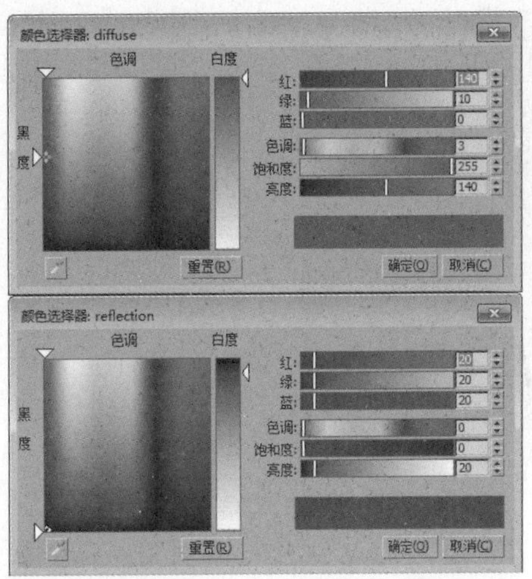

68 创建好的炒锅红色烤漆材质示例窗效果如下图所示。

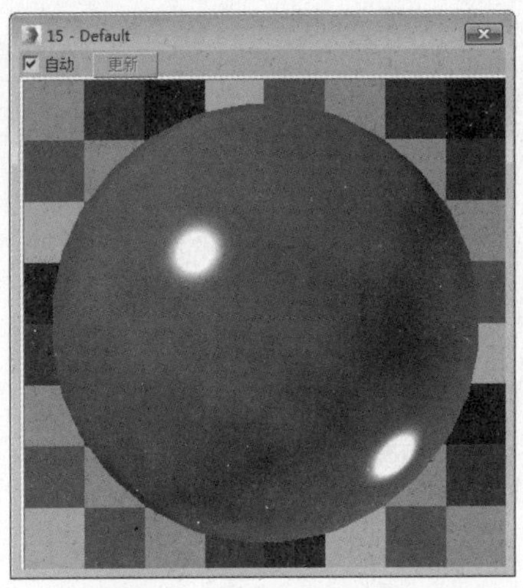

69 将创建好的材质指定给场景中的模型，效果如下图所示。

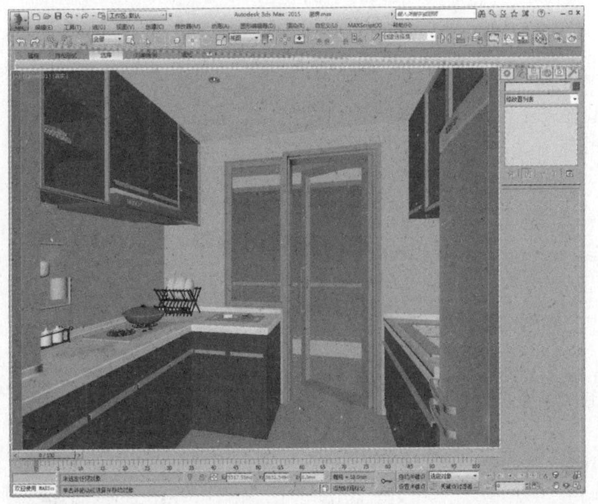

70 渲染摄影机视口，效果如下图所示，这是未对场景设置光源以及渲染设置下的效果。

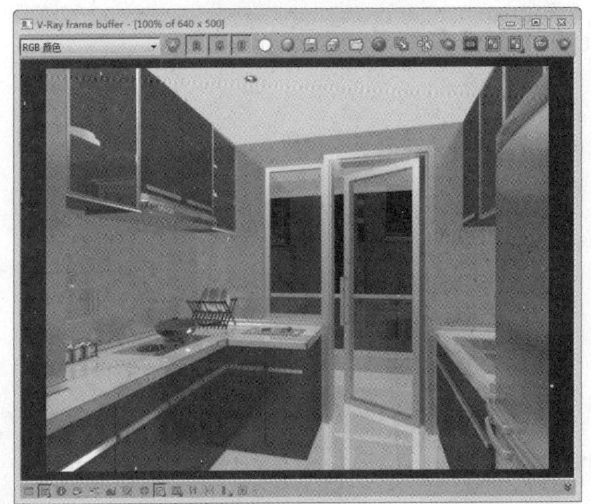

19.7 创建场景光源以及渲染设置

本小节中将对场景进行室内和室外光源的创建，另外再进行测试渲染参数的设置，操作过程如下。

01 打开“渲染设置”窗口，在“帧缓冲区”卷展栏中取消勾选“启用内置帧缓冲区”选项，在“图像采样器”卷展栏中设置最小着色速率为1，设置过滤器类型，如下图所示。

02 在“全局照明”卷展栏中启用全局照明，设置二次引擎为灯光缓存，在“发光图”卷展栏中设置预设值模式及细分采样值等，在“灯光缓存”卷展栏中设置细分值，如下图所示。

03 在“系统”卷展栏中设置序列模式以及动态内存限制值，如下图所示。

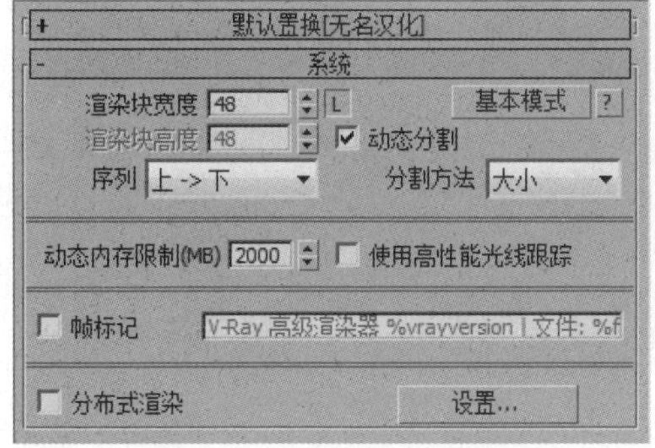

05 渲染摄影机视口，效果如右图所示。

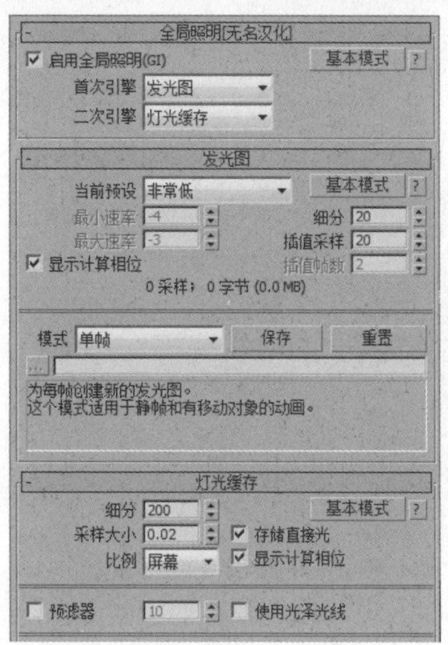

04 在前视图中创建一盏VRay灯光，调整到合适位置，如下图所示。

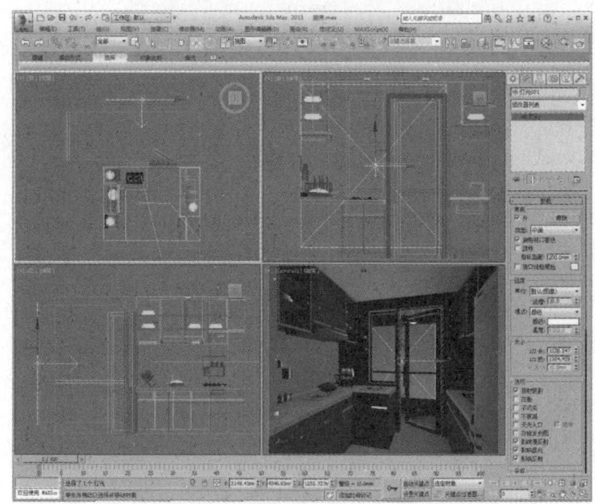

06 设置灯光颜色及倍增强度，勾选“不可见”选项，再设置采样细分值，如下图所示。

07 灯光颜色设置如下图所示。

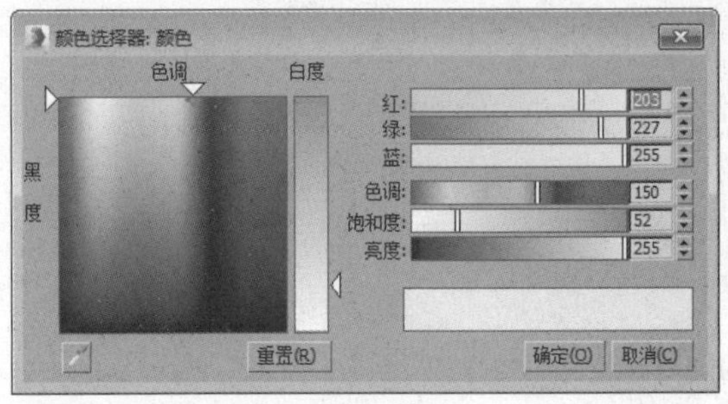

08 再次渲染摄影机视口，效果如下图所示。

09 继续在前视图中创建VRay灯光，设置灯光参数并调整到合适位置，如下图所示。

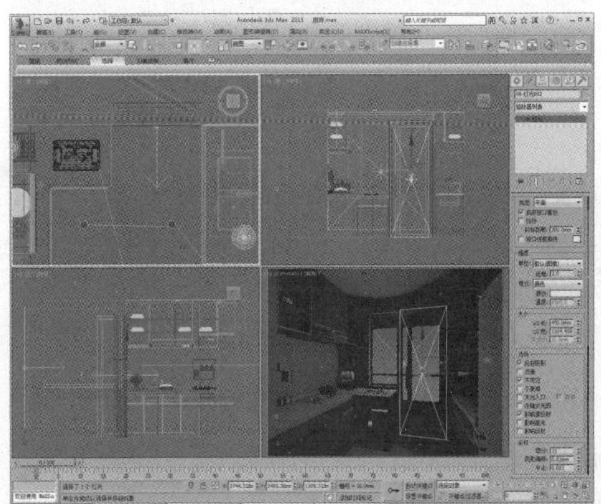

10 渲染摄影机视口，效果如下图所示。

11 在摄影机后方创建一个VRay灯光，设置灯光颜色及强度等参数并调整位置，如下图所示。

12 灯光颜色设置如下图所示。

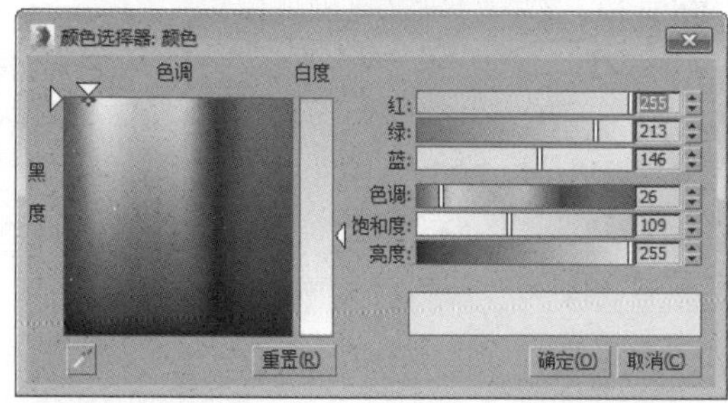

13 渲染摄影机视口，效果如下图所示。

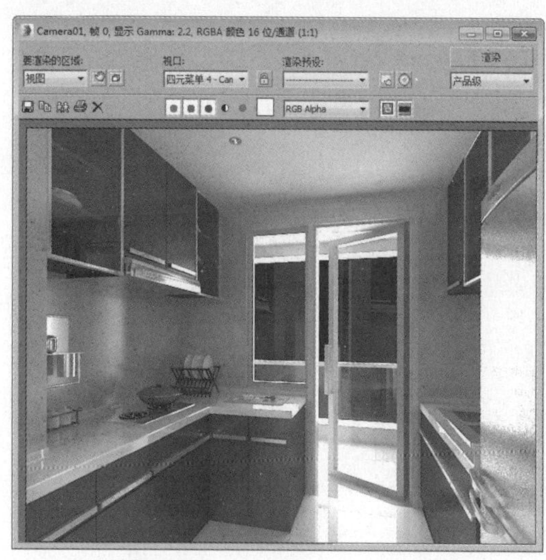

14 在前视图中创建一个自由灯光，调整灯光位置，如下图所示。

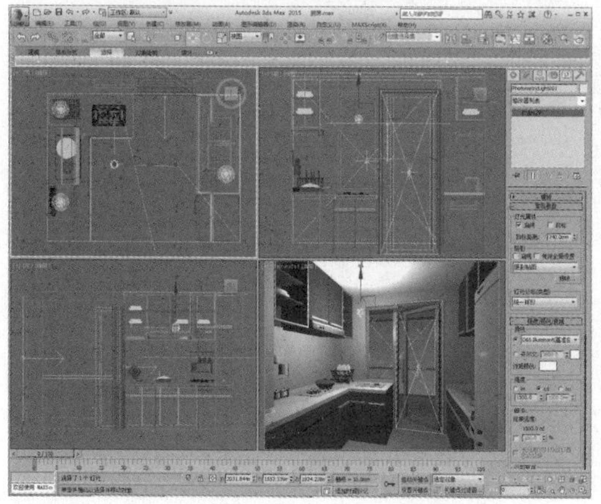

15 启用VR阴影，为其添加光域网，并调整灯光颜色，如下图所示。

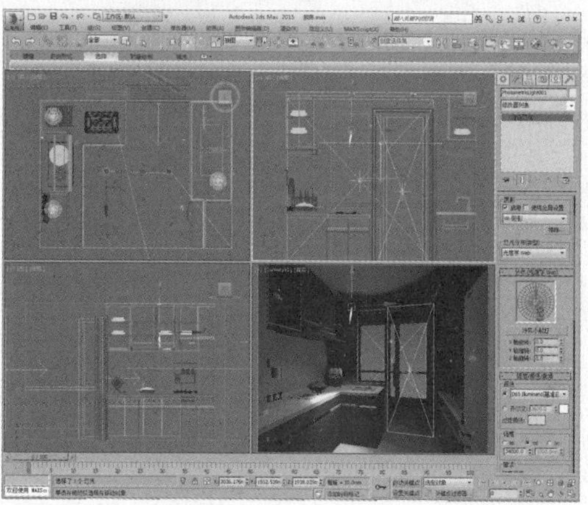

16 渲染摄影机视口，效果如下图所示。

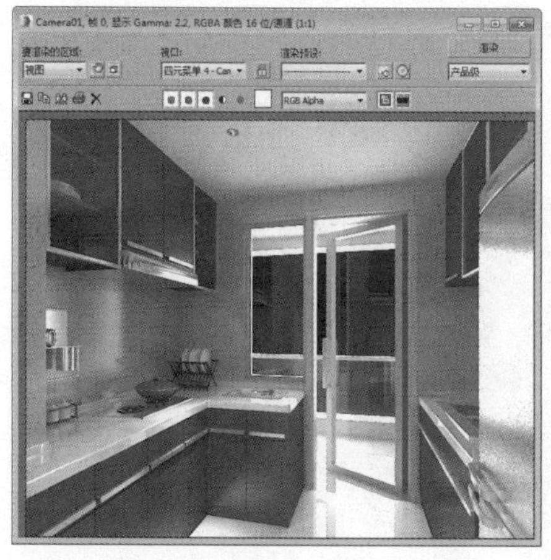

17 从效果图中可以看到，自由灯光的亮度较强，这里调整灯光强度，如下图所示。

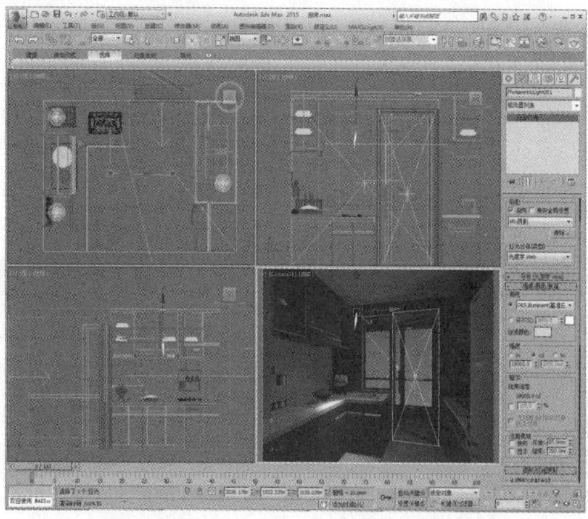

18 渲染摄影机视口，效果如下图所示。

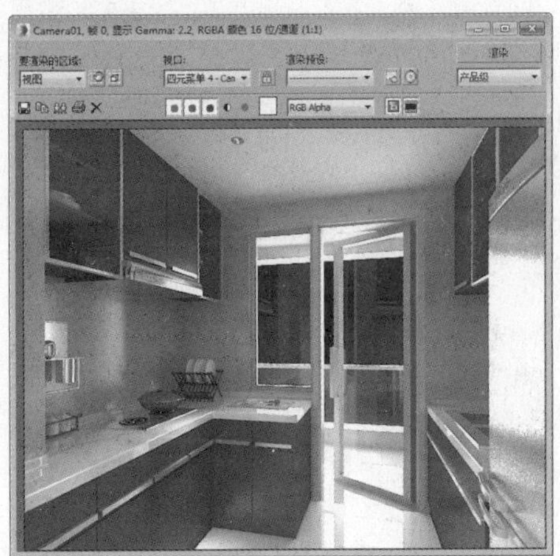

19 复制灯光到另一侧，调整角度，如下图所示。

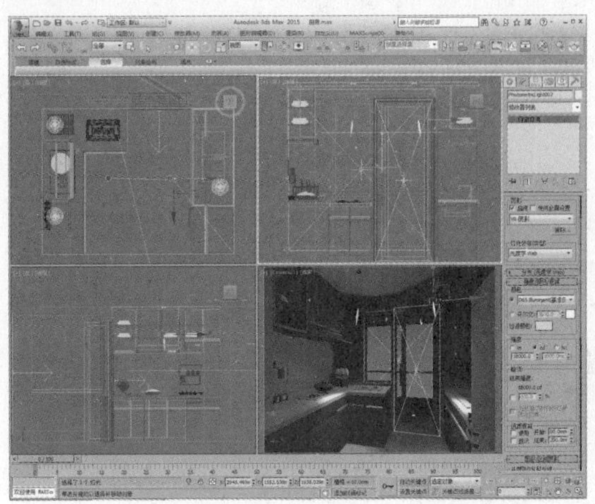

20 渲染摄影机视口，效果如下图所示。

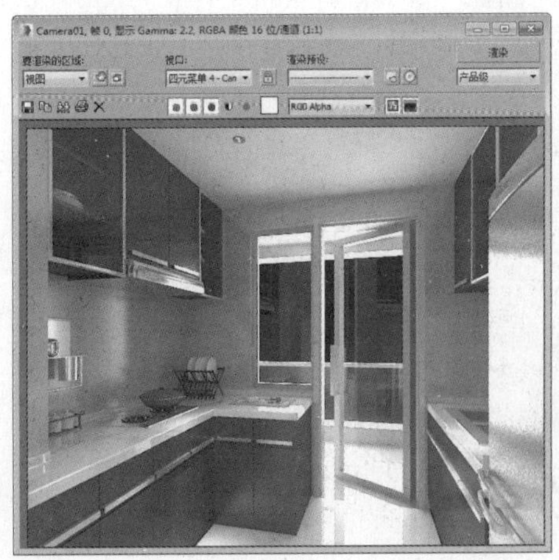

21 打开材质编辑器，选择一个空白材质球，设置为VR灯光材质，为其添加位图贴图，再设置颜色强度值，如下图所示。

22 材质示例窗效果如下图所示。

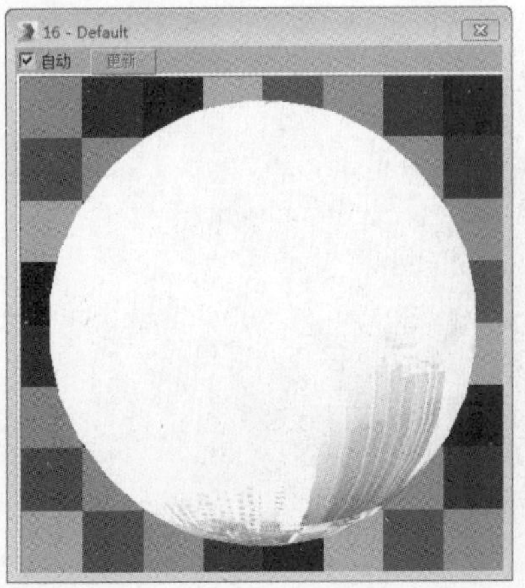

23 在前视图中创建一个长方体，调整到室外合适位置，如下图所示。

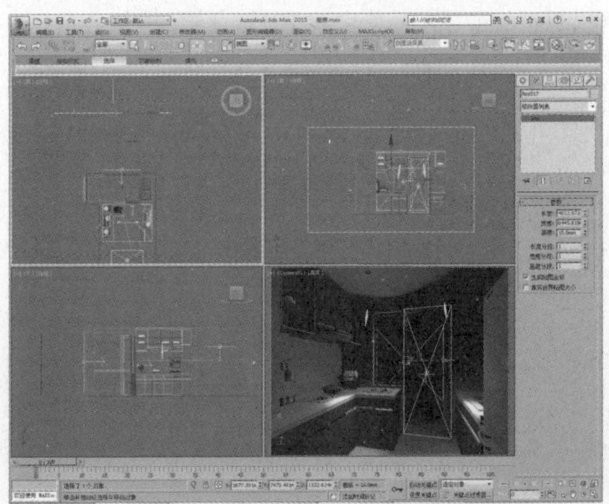

24 将材质指定给室外的模型，渲染摄影机视口，效果如下图所示。

25 打开“渲染设置”窗口，重新设置输出尺寸，如下图所示。

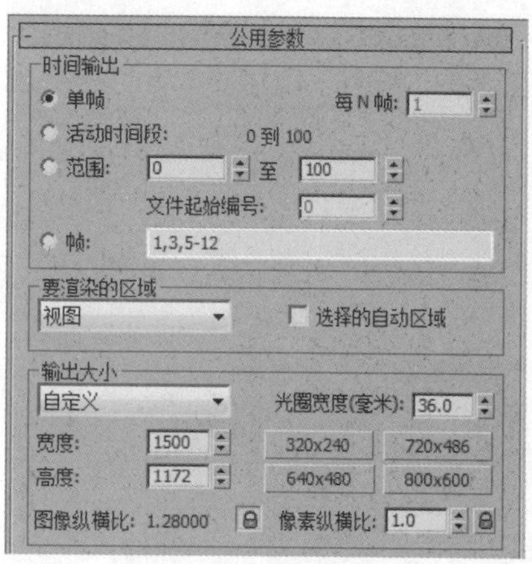

26 在“全局确定性蒙特卡洛”卷展栏中设置噪波阈值及最小采样值，勾选“时间独立”选项，如下图所示。

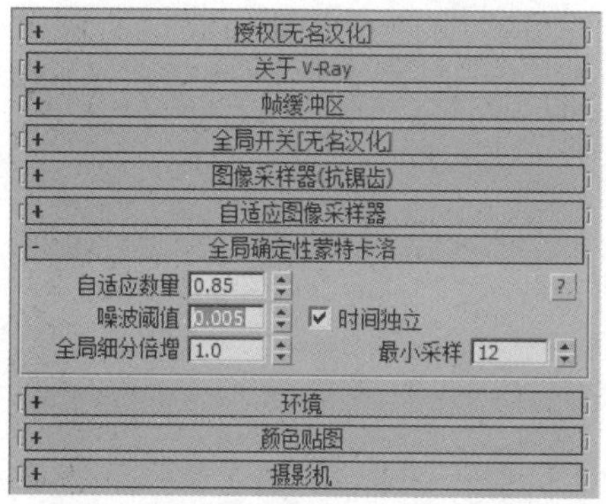

27 在“发光图”卷展栏中设置预设登记，再设置细分及采样值，接着在“灯光缓存”卷展栏中设置细分值，如下图所示。

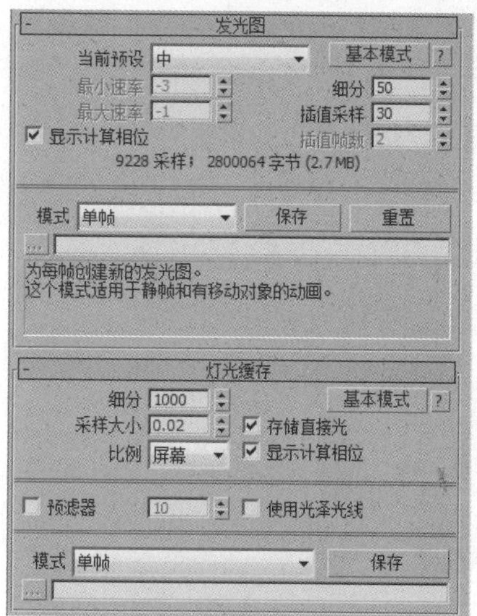

28 渲染摄影机视口，最终效果如右图所示。

19.8 效果图后期处理

效果图后期处理是效果图制作较为重要的一个部分，可以弥补渲染效果中的一些不足，比如整体亮度、颜色饱和度以及一些瑕疵等，这需要读者对Photoshop软件有一定的操作基础。下面介绍操作步骤。

01 打开渲染效果图，如下图所示。

02 执行“图像＞调整＞亮度/对比度”命令，打开“亮度/对比度”对话框，调整增加亮度以及对比度，勾选“预览”选项，可以看到整体效果变亮，并且明暗对比增强，如下图所示。

03 执行“图像＞调整＞色相/饱和度”命令，在打开的对话框中调整黄色的饱和度，如下图所示。

04 执行“图像＞调整＞曲线”命令，打开“曲线”对话框，调整曲线形状，如下图所示。

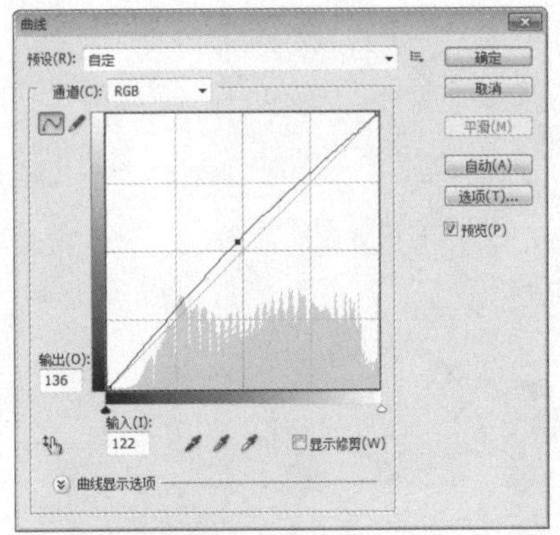

05 复制图层，设置图层不透明度为30%，再设置图层混合模式为“正片叠底”，完成效果图的调整，最终效果如右图所示。

卧室效果的制作

本章中创建的是一个中式卧室模型，在全部建模过程中，包括了双人床、床头柜、脚凳、电视机等模型的制作。为了保证整体效果的完整性和美观性，最后还导入了部分成品模型，整体呈现出温馨、舒适的家的感觉。

知识点

1. 多边形建模
2. 插入块的操作
3. Vray灯光的使用

20.1 制作卧室主体建筑模型

本场景为一个简约的中式风格卧室，并且其中式元素融合了现代风格的简单大方。下面对创建过程进行介绍。

01 执行“文件>导入>导入”命令，导入卧室CAD平面图，如下图所示。

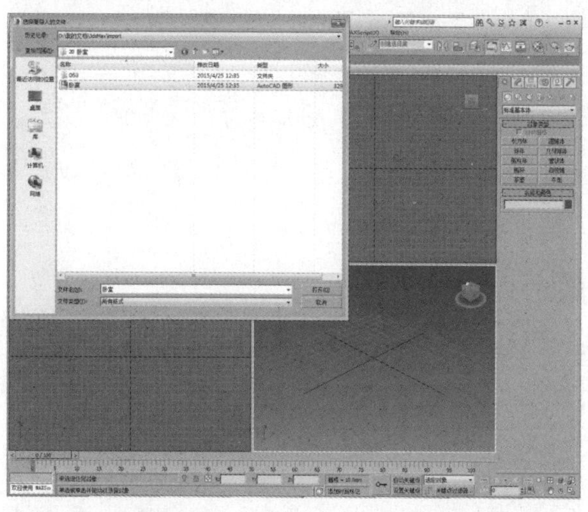

02 将平面图导入到当前视图中，如下图所示。

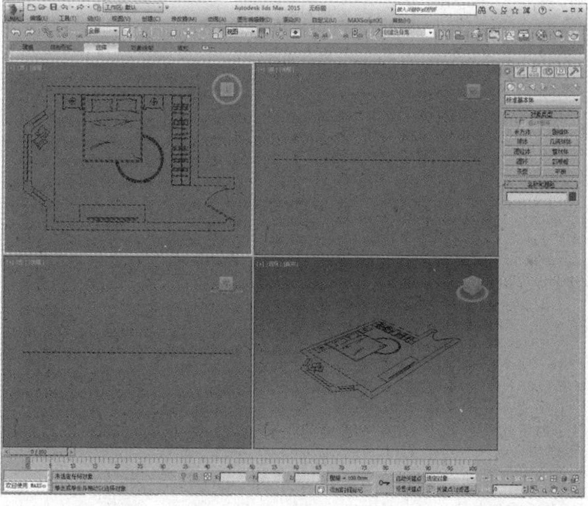

03 开启捕捉开关，在创建命令面板中单击“线”按钮，在顶视图中捕捉绘制室内框线，如下图所示。

04 关闭捕捉开关，为其添加“挤出”修改器，设置挤出值为3000，如下图所示。

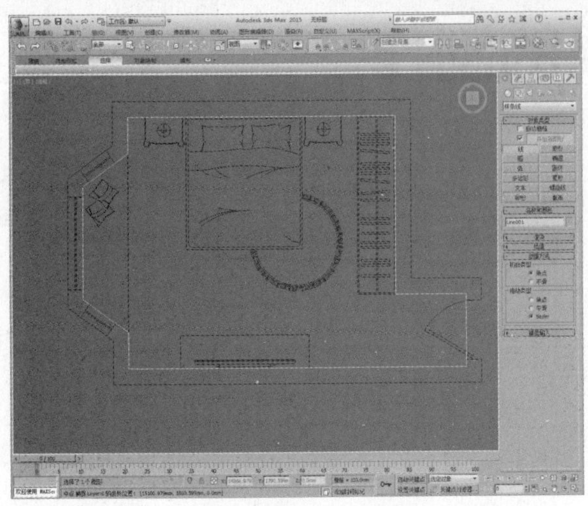

05 将其转换为可编辑多边形，进入“边”子层级，选择两条边，如下图所示。

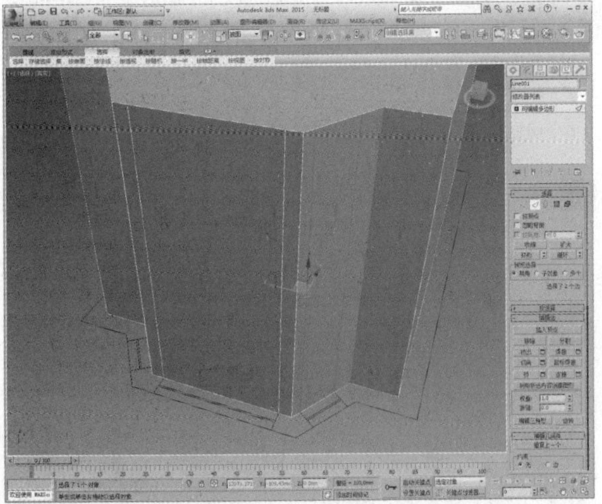

06 单击“连接”设置按钮，设置连接边数为2，如下图所示。

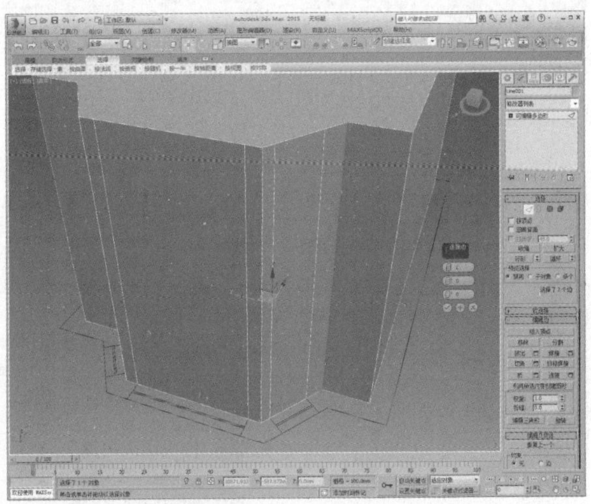

07 调整新创建的两条边的高度，如下图所示。

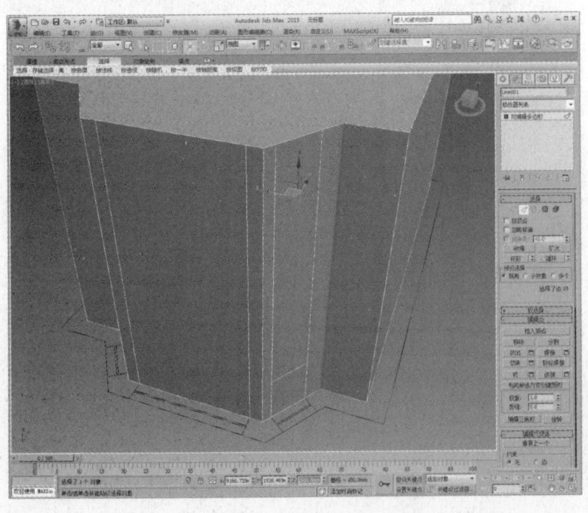

08 再调整另外两侧的边，如下图所示。

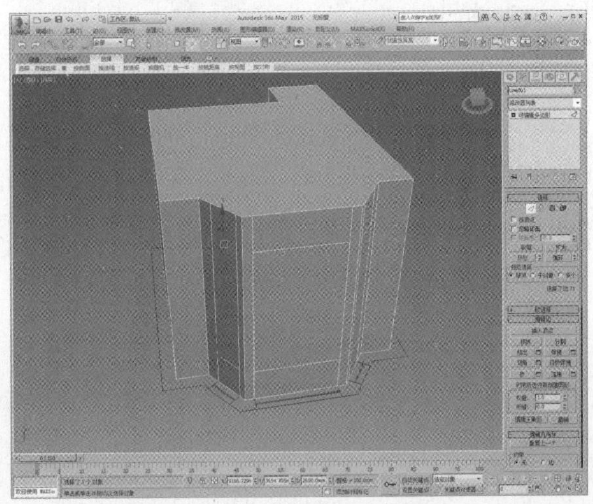

09 进入“多边形”子层级，选择多边形，如下图所示。

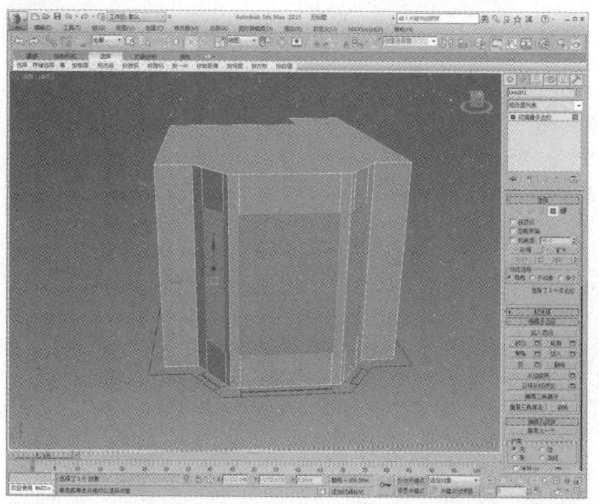

10 按照上述操作步骤挤出另一侧多边形，如下图所示。

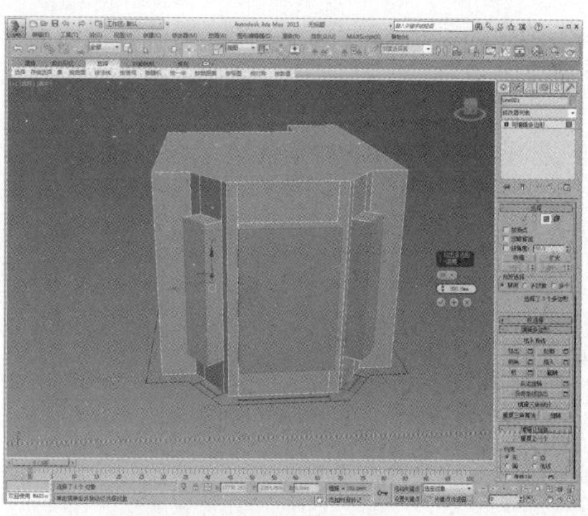

11 按Delete键删除多边形，如下图所示。

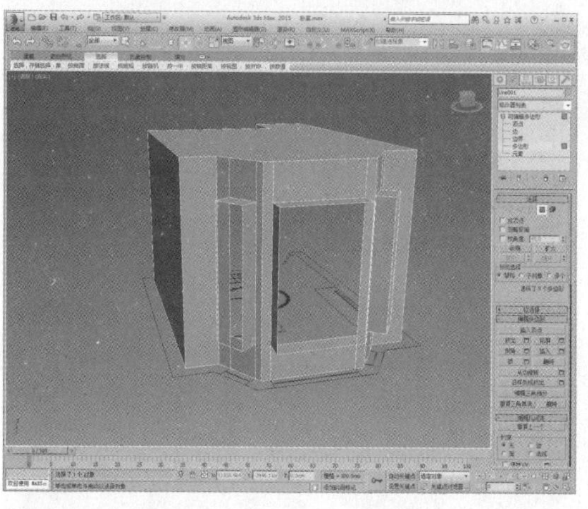

12 按快捷键Ctrl+A全选所有多边形，再单击“翻转”按钮，如下图所示。

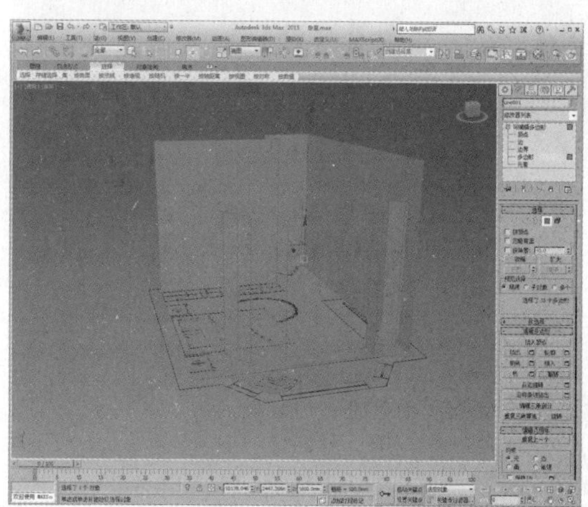

13 在顶视图中捕捉绘制一个样条线，如下图所示。

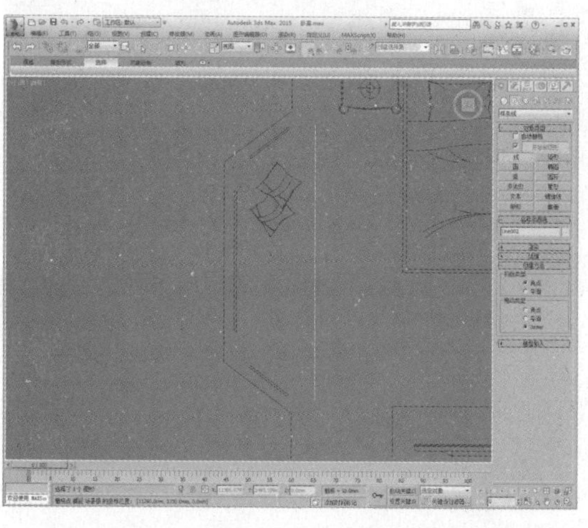

14 为其添加“挤出”修改器，设置挤出值为500，如下图所示。

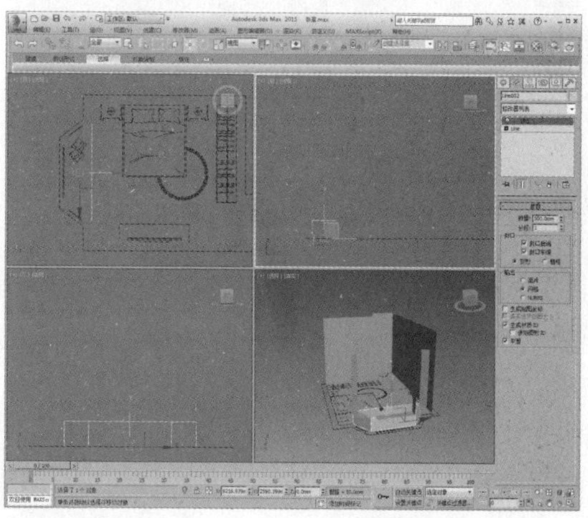

20.2 制作飘窗窗户模型

场景中的窗户为梯形的飘窗造型，有三面窗户，采光很好，接下来制作整个飘窗的模型，具体的操作过程如下。

01 首先制作飘窗窗台。在创建命令面板中单击“线”按钮，在顶视图中绘制一个样条线，如下图所示。

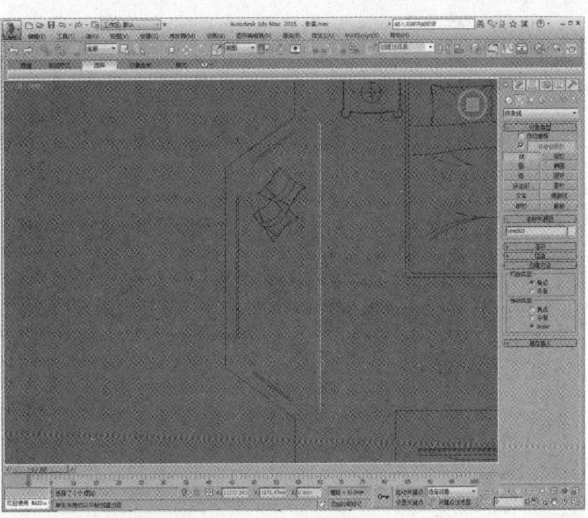

02 为其添加“挤出”修改器，设置挤出值，调整到合适位置，如下图所示。

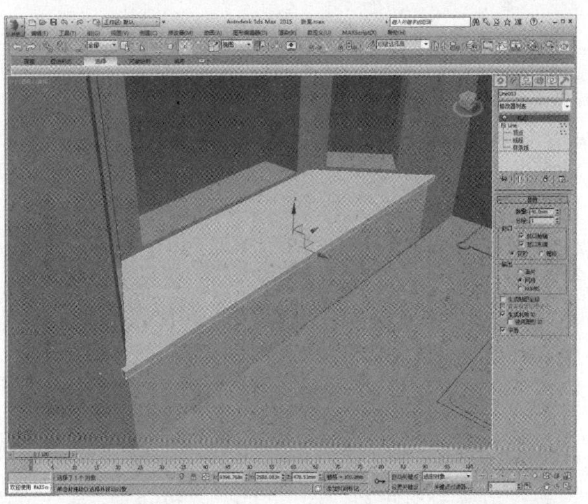

03 将其转换为可编辑多边形，进入“边”子层级，选择如下图所示的边。

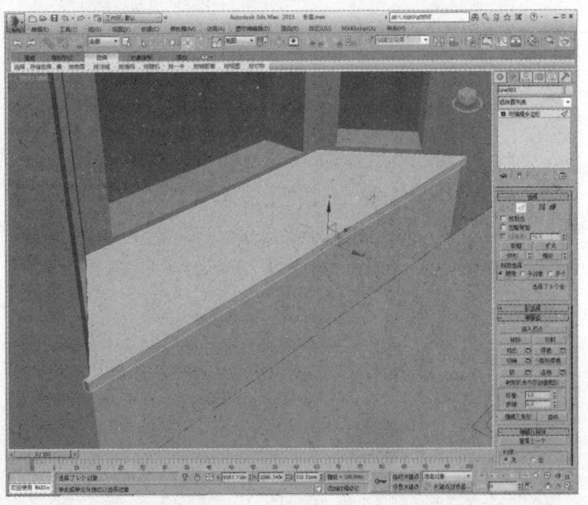

04 单击“切角”设置按钮，设置边切角量为5，如下图所示。

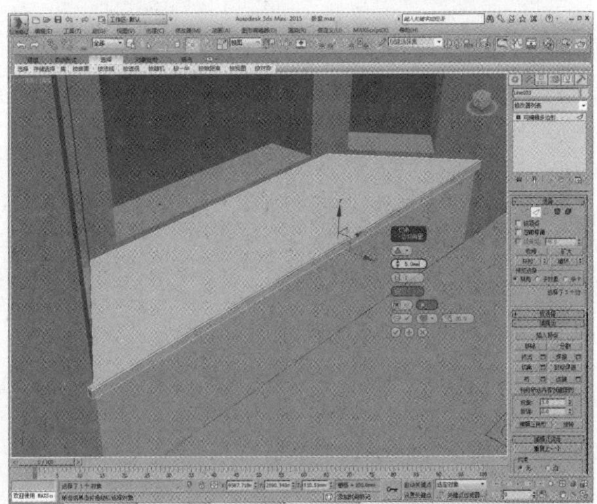

05 制作窗户模型。在左视图中捕捉绘制一个矩形，如下图所示。

06 取消勾选“开始新图形”选项，继续绘制矩形，如下图所示。

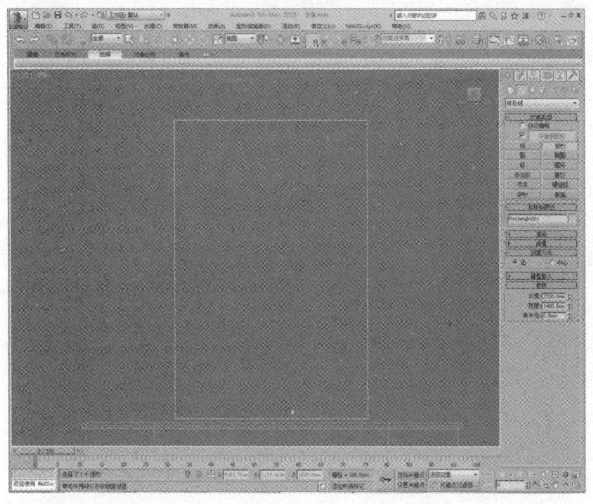

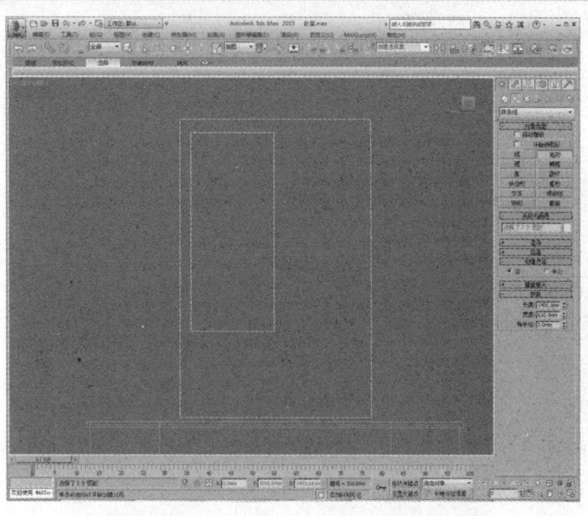

07 进入“样条线”子层级，选择样条线并进行复制，调整图形，如下图所示。

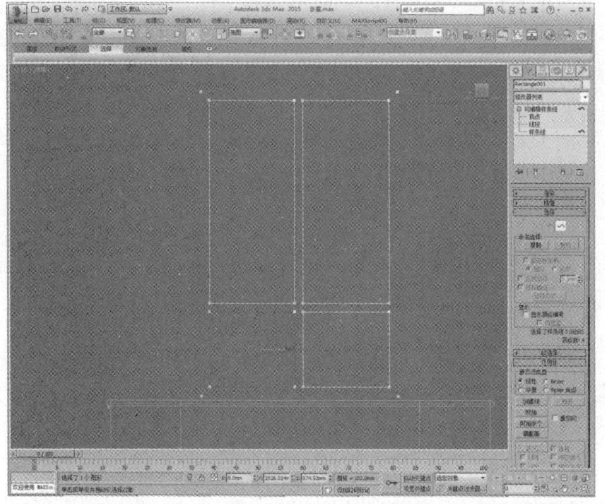

08 为其添加“挤出”修改器，设置挤出值为60，调整模型到合适位置，如下图所示。

09 在左视图中绘制一个矩形，如下图所示。

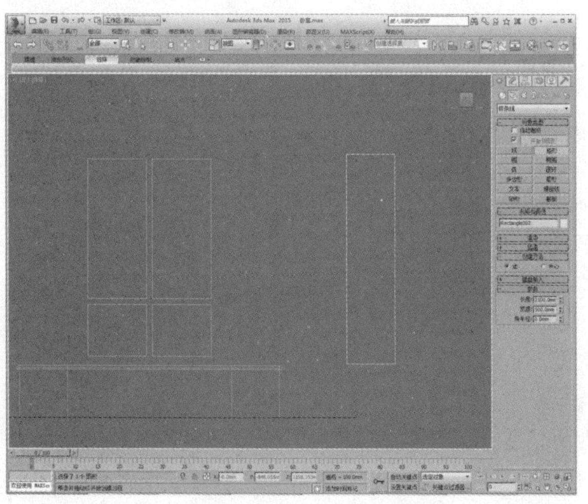

10 取消勾选“开始新图形”选项，继续绘制矩形，如下图所示。

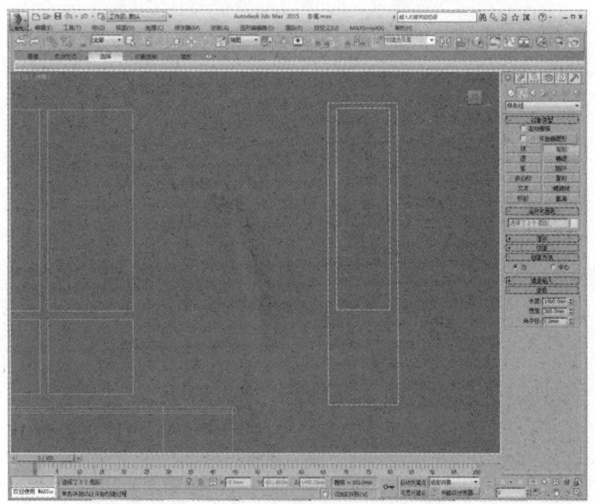

11 进入“样条线”子层级，复制样条线，并通过顶点调整图形，如下图所示。

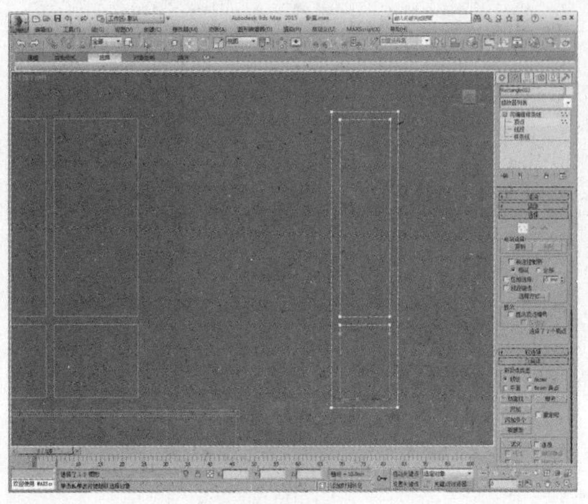

12 为其添加“挤出”修改器，设置挤出值为60，在顶视图中旋转角度，并调整到合适位置，如下图所示。

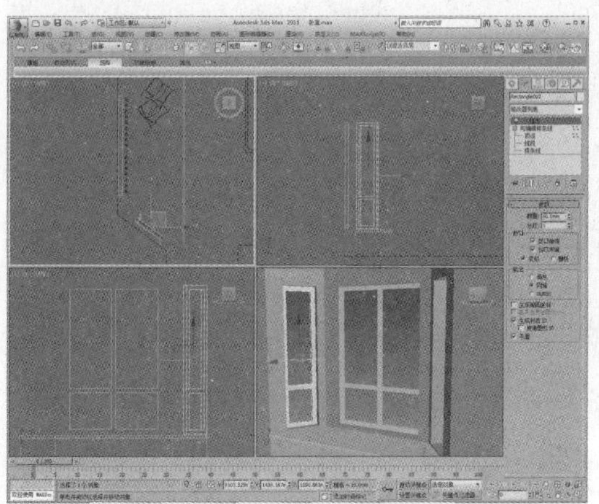

13 将上一步制作出的模型镜像复制到另外一侧，调整位置，完成窗户模型的制作，如右图所示。

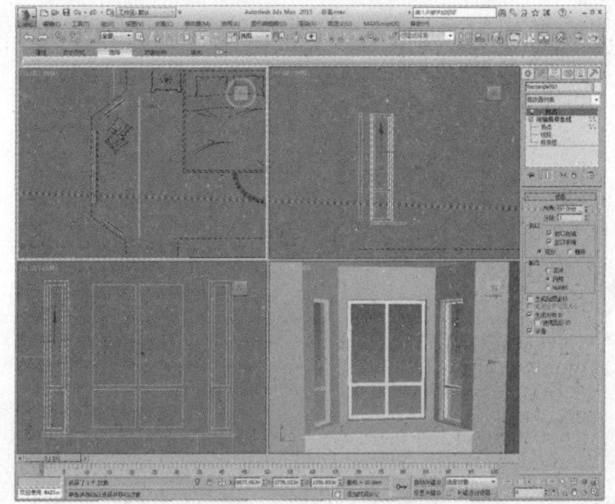

20.3 制作吊顶及墙面造型

下面来介绍场景中吊顶和墙面的制作过程。

01 制作吊顶模型。在顶视图中捕捉绘制一个矩形，如右图所示。

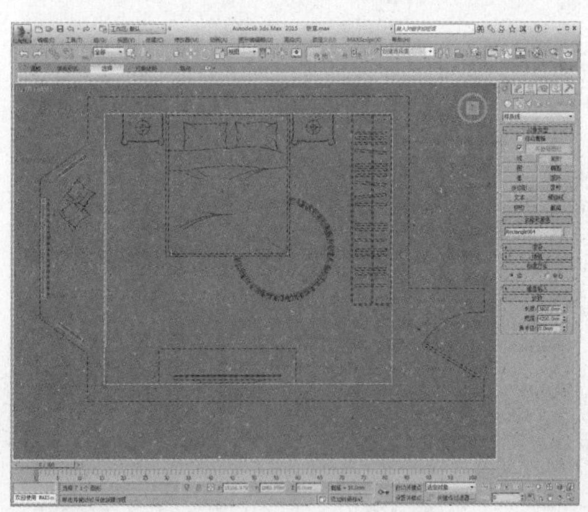

02 将其转换为可编辑样条线，进入“样条线”子层级，设置轮廓值为100，如下图所示。

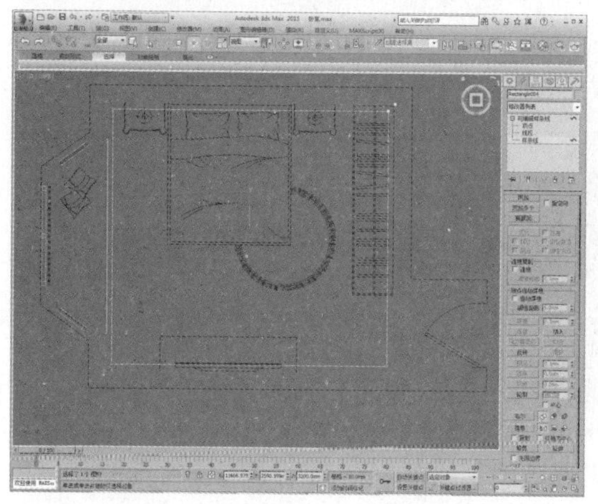

03 为其添加“挤出”修改器，设置挤出值为500，调整模型位置，如下图所示。

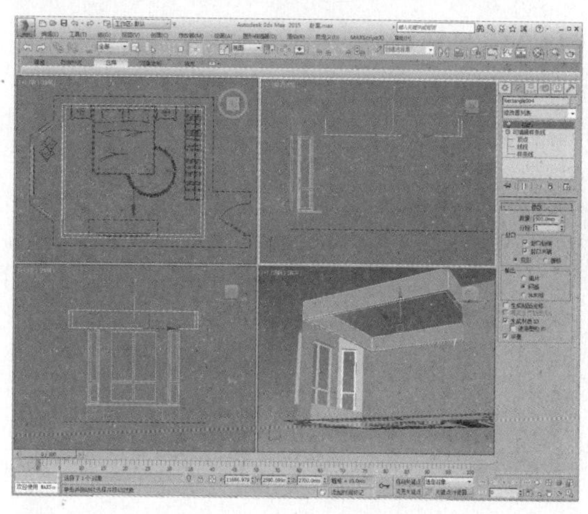

04 将其转换为可编辑多边形，进入“边”子层级，选择两条边，如下图所示。

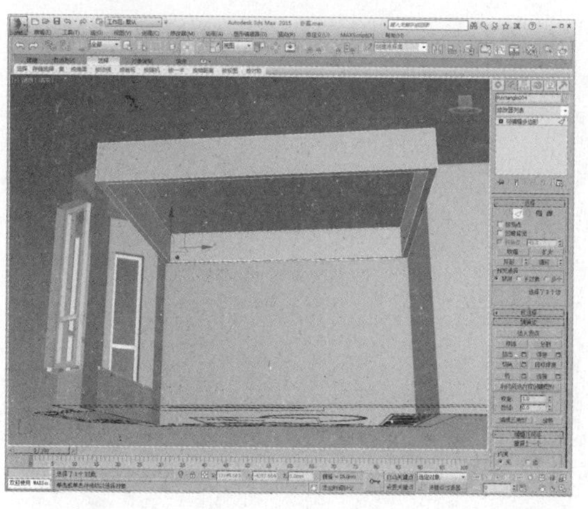

05 单击“连接”设置按钮，设置连接边数为1，如下图所示。

06 将创建的边沿X轴向下移动170，如下图所示。

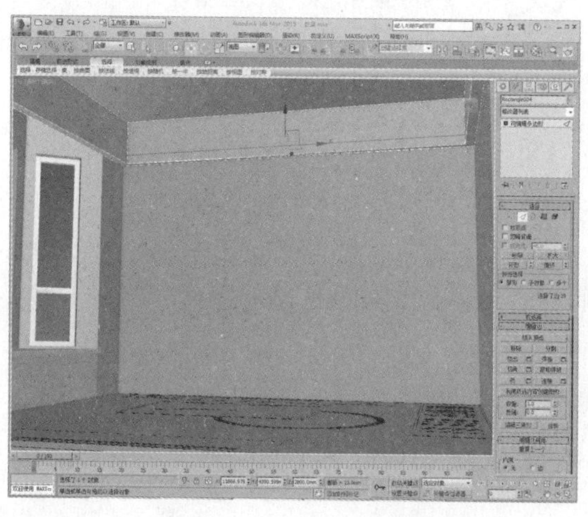

07 进入“多边形”子层级，选择多边形，如下图所示。

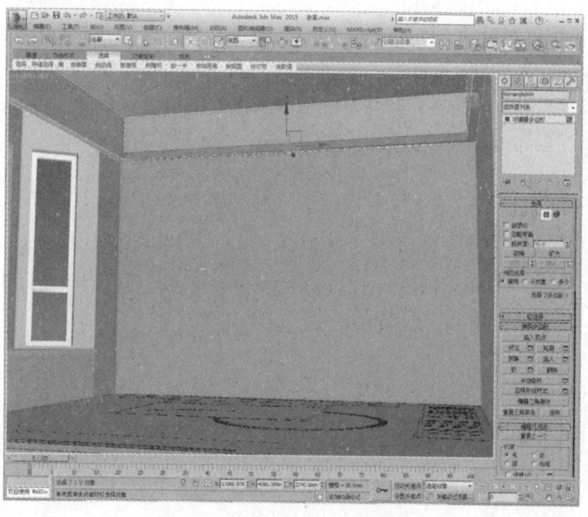

08 单击“挤出”设置按钮，设置挤出值为350，完成吊顶的制作，如下图所示。

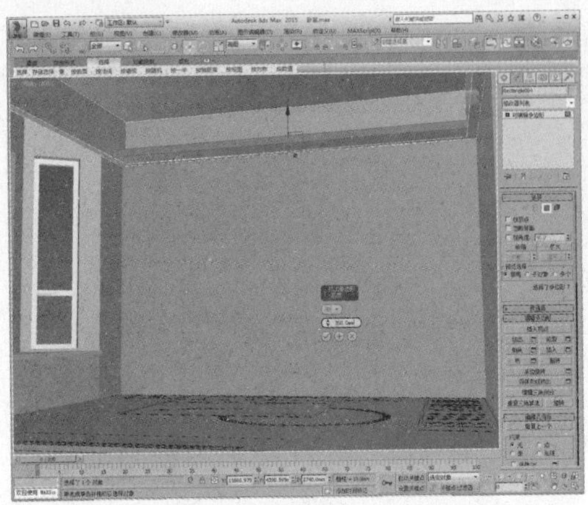

09 在顶视图中创建一个圆柱体，如下图所示。

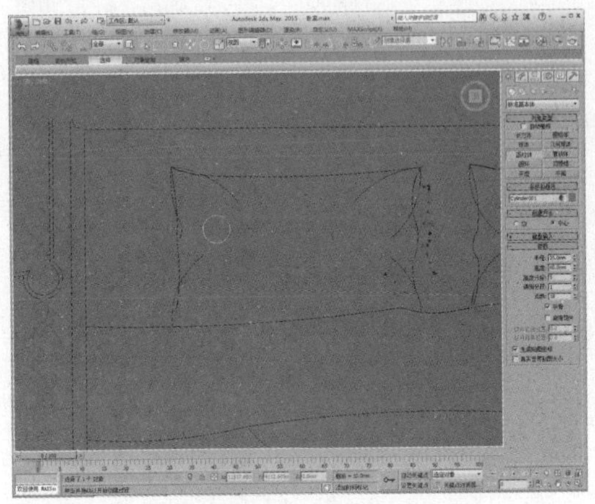

10 调整圆柱体位置，选择吊顶模型，在复合对象面板中单击“布尔”按钮，再单击“拾取操作对象”按钮，拾取圆柱体，如下图所示。

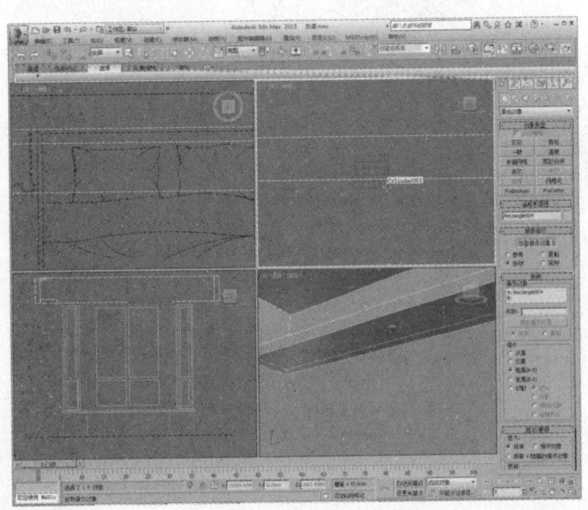

11 布尔差集运算后的效果如下图所示。

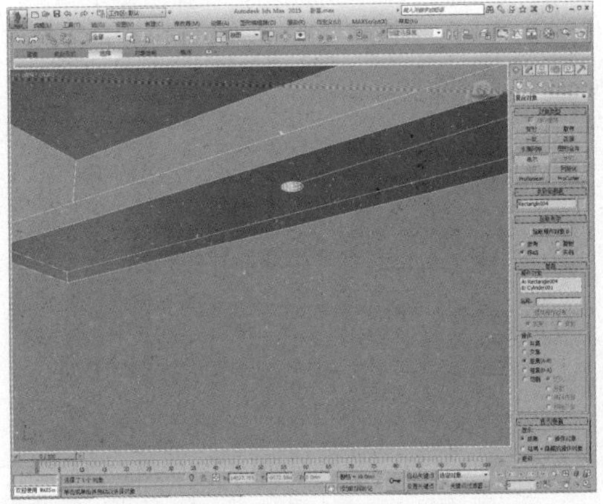

12 照此方法再制作一个灯洞，如下图所示。

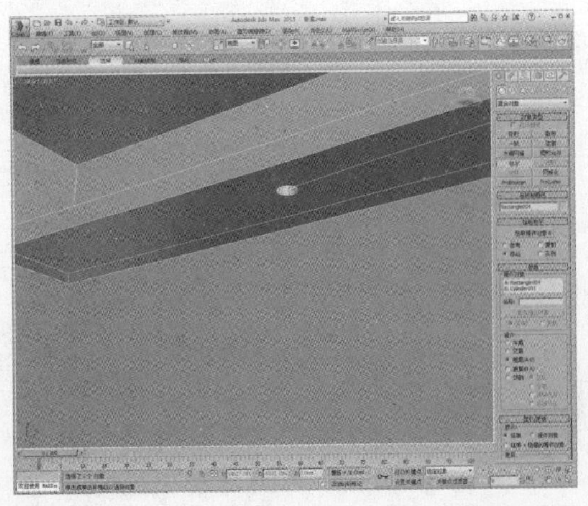

13 制作墙面造型。在顶视图中绘制一个矩形，调整长度、宽度及角半径，如下图所示。

14 为其添加“挤出”修改器，设置挤出值为2700，调整模型位置，如下图所示。

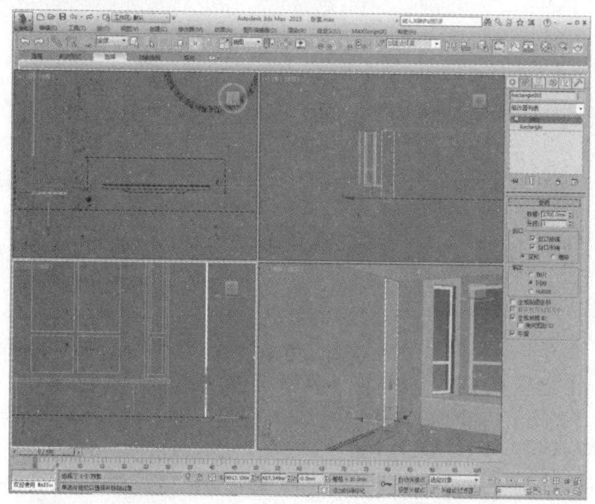

15 复制模型，并调整矩形的长度，如下图所示。

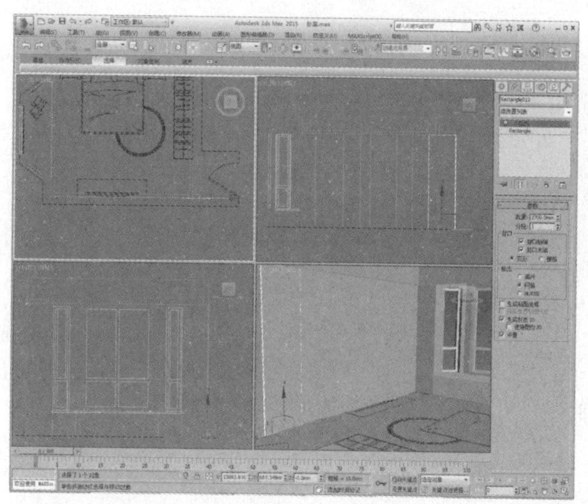

16 再复制模型到床头一侧，调整尺寸及位置，如下图所示。

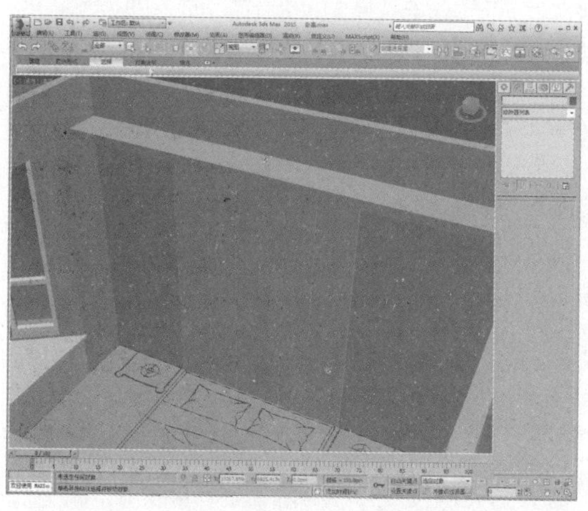

17 孤立显示墙体与床头背景墙造型，如下图所示。

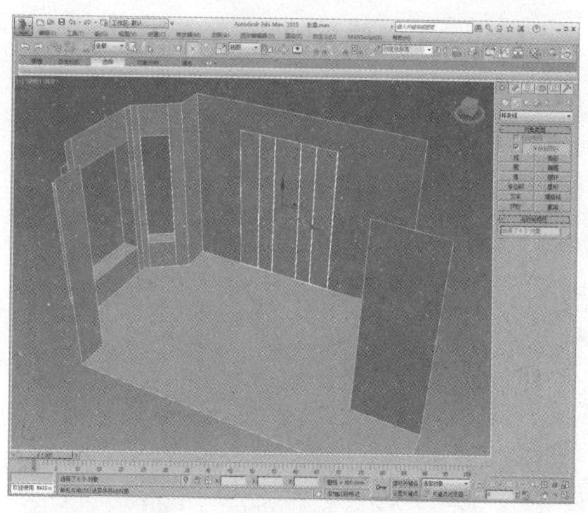

18 在前视图中捕捉绘制一个尺寸为2700×870的矩形，如下图所示。

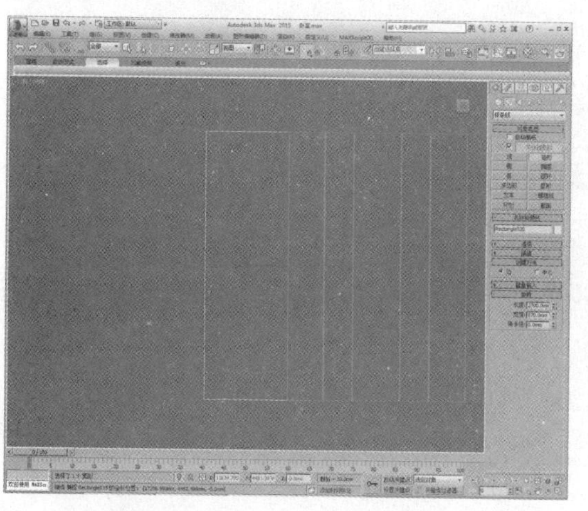

19 将矩形转换为可编辑样条线，进入“样条线”子层级，设置轮廓值为20，如下图所示。

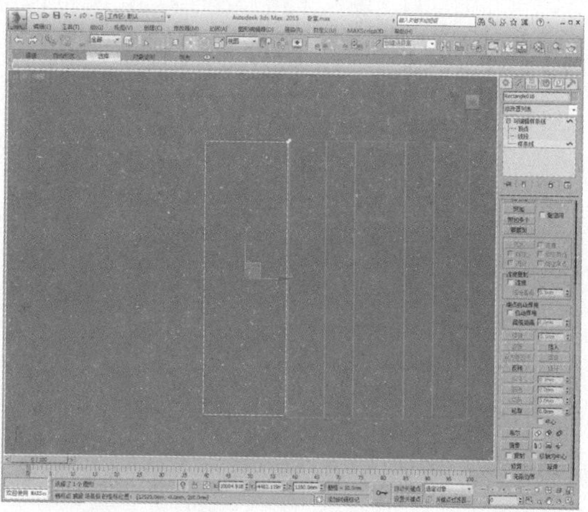

20 为其添加“挤出”修改器，设置挤出值为50，制作出一个框架，如下图所示。

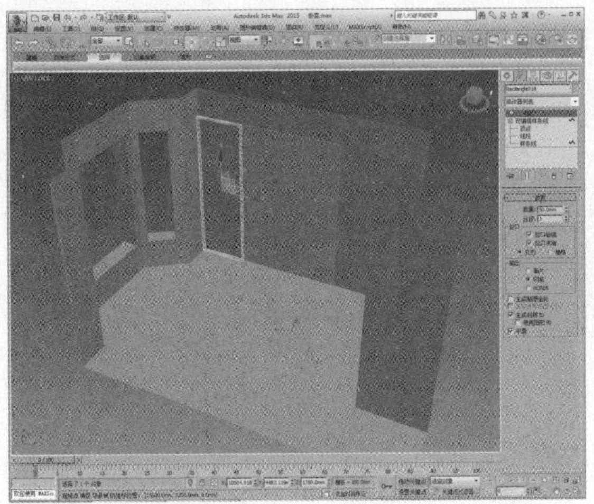

21 再次绘制一个尺寸为140×100×8的框架，调整到合适位置，如下图所示。

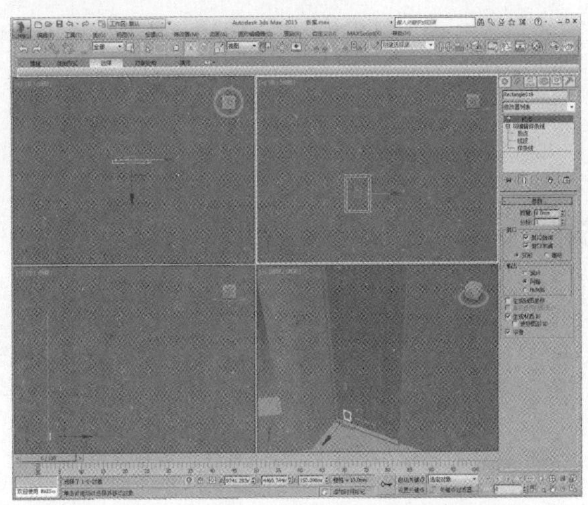

22 在前视图中复制框架，如下图所示。

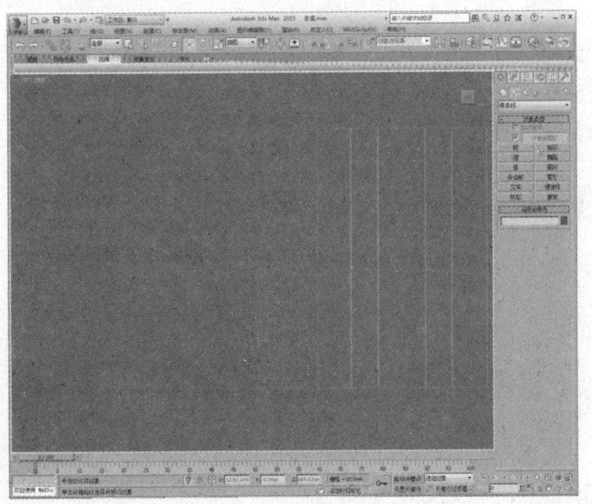

23 再制作一个尺寸为320×135×20的框架并进行复制，完成一扇屏风模型的制作，如下图所示。

24 将屏风模型成组，复制到另一侧，如右图所示。

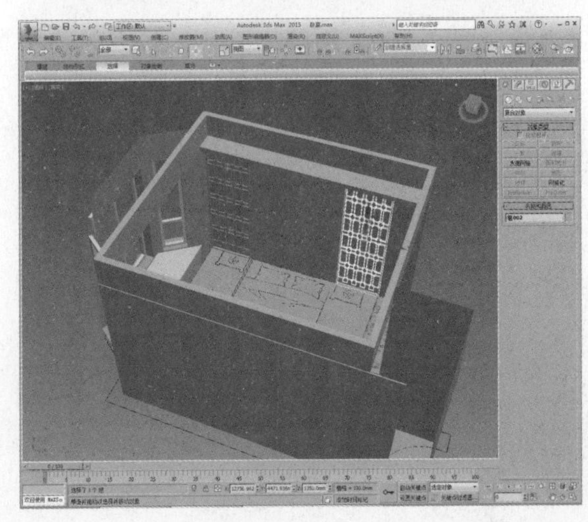

20.4 制作家具模型

本场景中需要制作的家具模型较多，通过这些模型的制作可以加强对之前所学知识的理解，具体的操作过程如下。

20.4.1 制作双人床模型

场景中的双人床模型分为床裙、床垫、被子、床尾巾等，下面分别进行模型的制作。

01 在顶视图中创建一个长方体，设置参数，如下图所示。

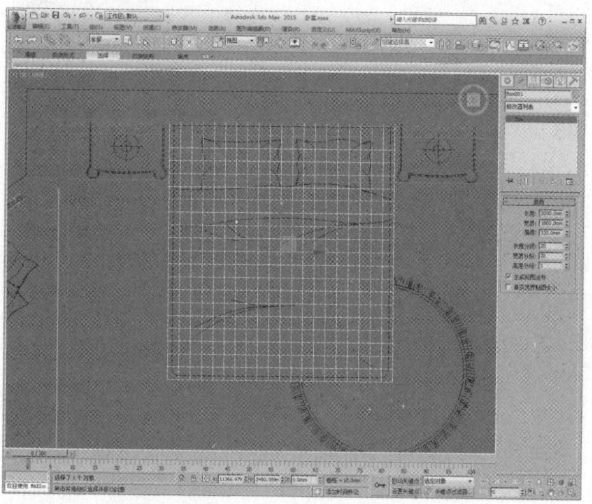

02 将其转换为可编辑多边形，进入“边”子层级，选择如下图所示的边。

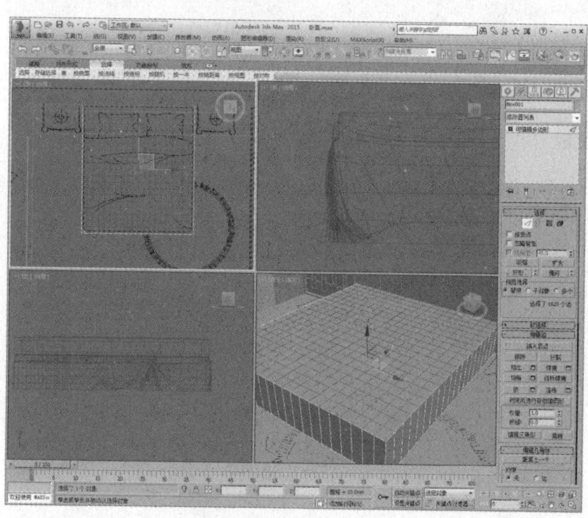

03 单击“移除”按钮，将边移除，如下图所示。

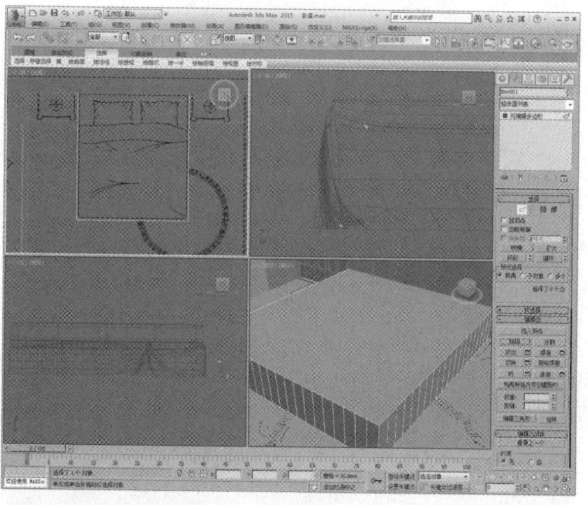

04 进入“多边形”子层级，选择多边形，单击“倒角”设置按钮，设置倒角轮廓和倒角高度，如下图所示。

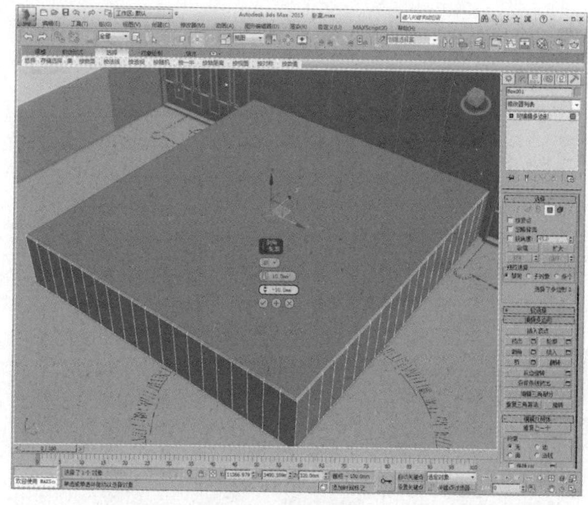

05 再次单击“倒角”设置按钮，对多边形进行倒角操作，如下图所示。

06 对模型进行孤立，将视角转到床头一侧，进入“边”子层级，选择如下图所示的边。

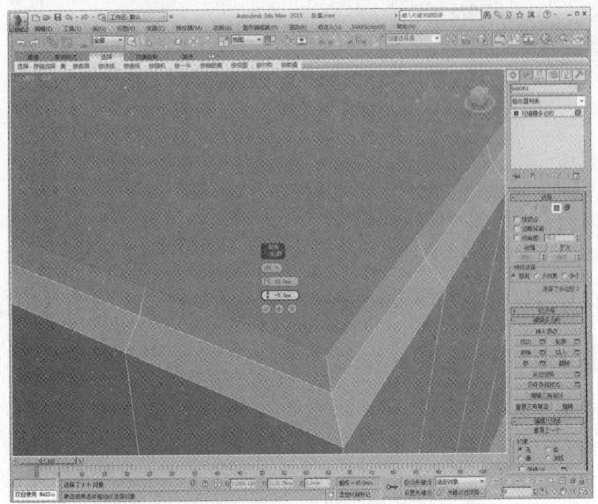

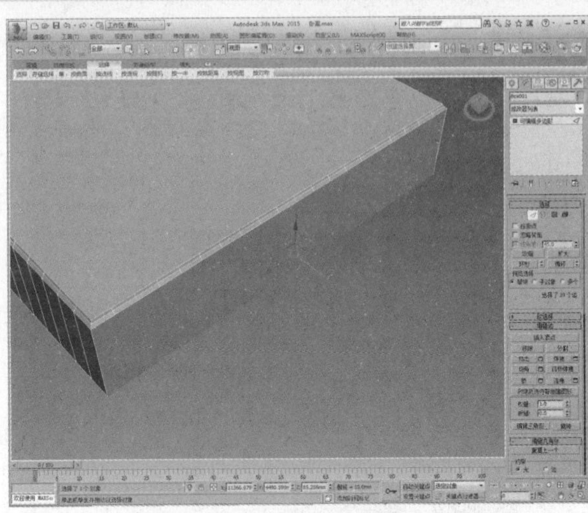

07 按Delete键删除，如下图所示。

08 进入“顶点”子层级，选择如下图所示的顶点。

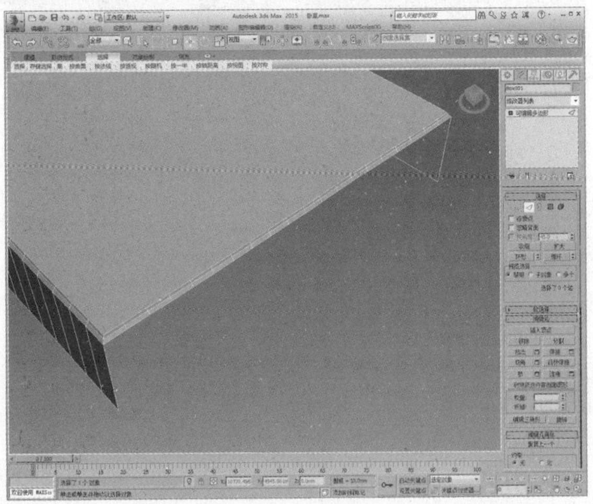

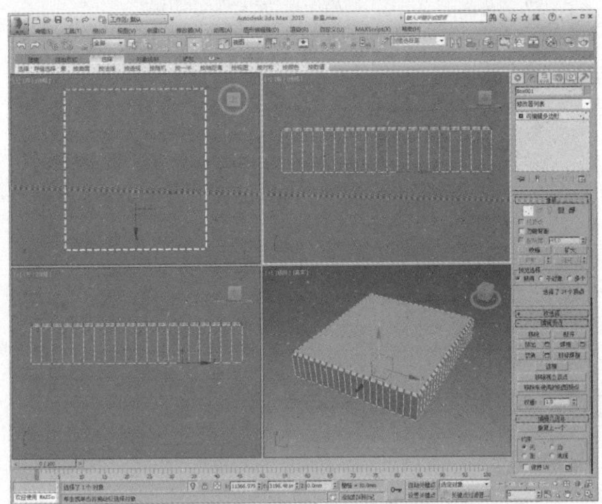

09 单击“选择并均匀缩放”按钮，在顶视图中对选中的顶点进行缩放，如下图所示。

10 对顶点进行再次调整，如下图所示。

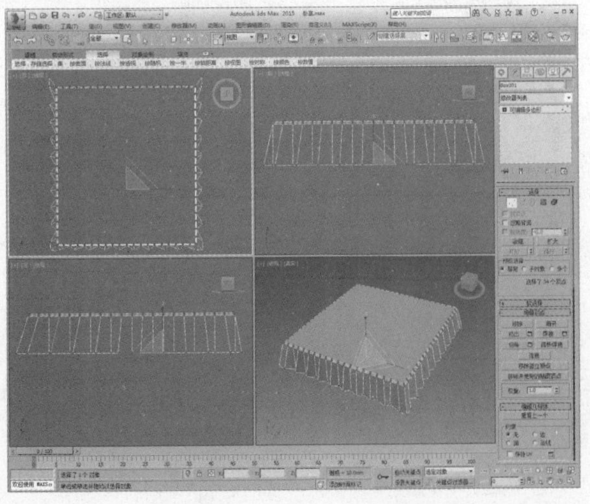

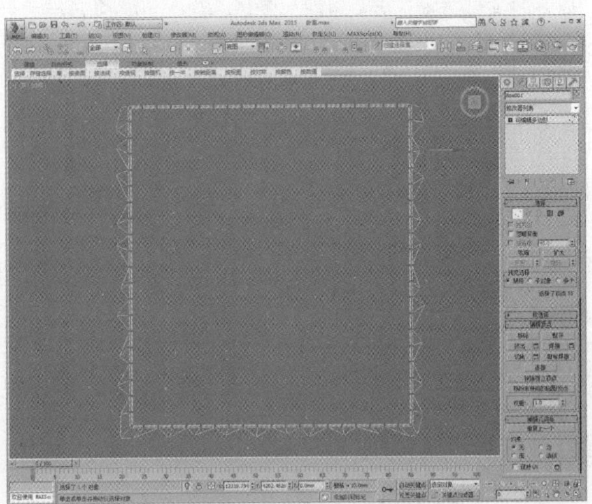

11 单击鼠标右键，在弹出的快捷菜单中选择“NURMS切换”命令，设置迭代次数为1，如下图所示。

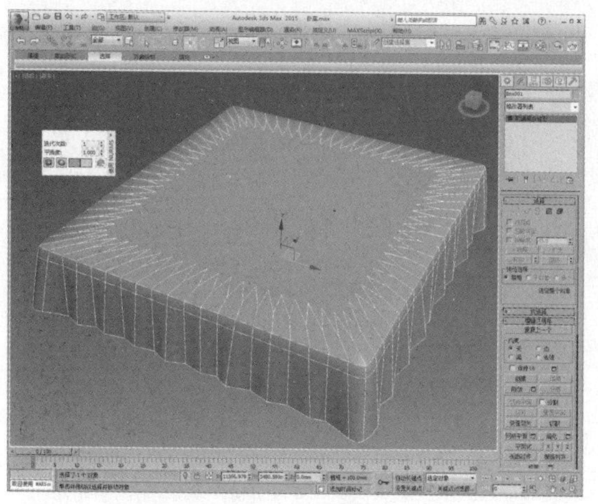

13 将其转换为可编辑多边形，进入“顶点”子层级，在顶视图中调整顶点，如下图所示。

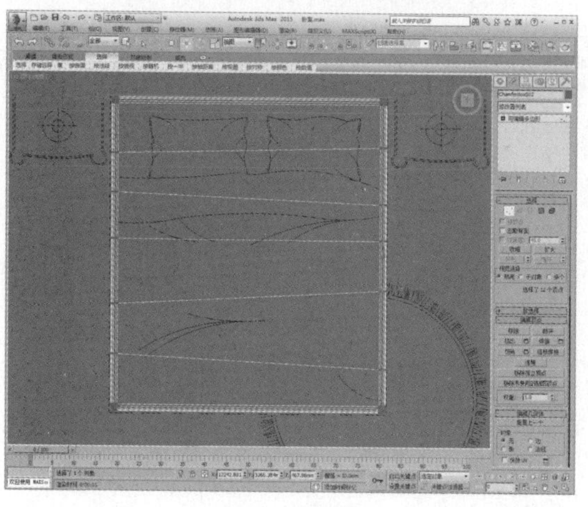

15 进入“边”子层级，选择如下图所示的边。

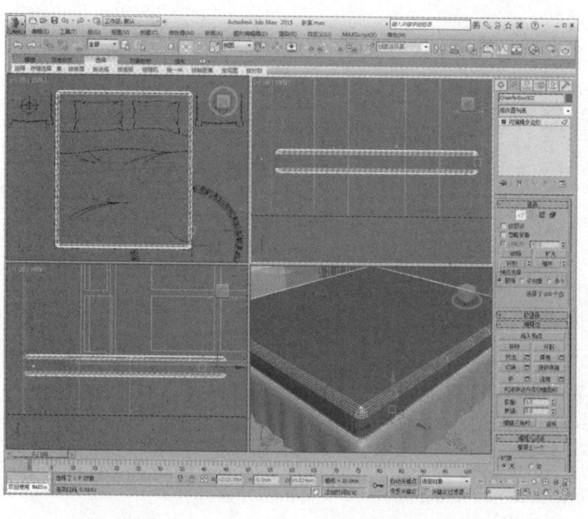

12 在顶视图创建一个切角长方体，设置参数并调整位置，如下图所示。

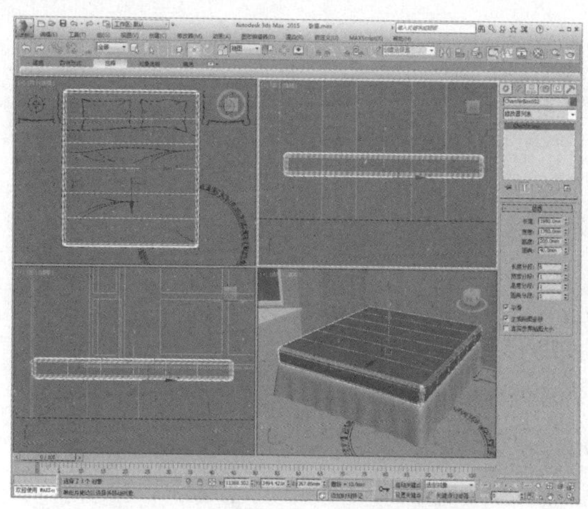

14 单击鼠标右键，在快捷菜单中选择“剪切”命令，在模型上创建连接线，如下图所示。

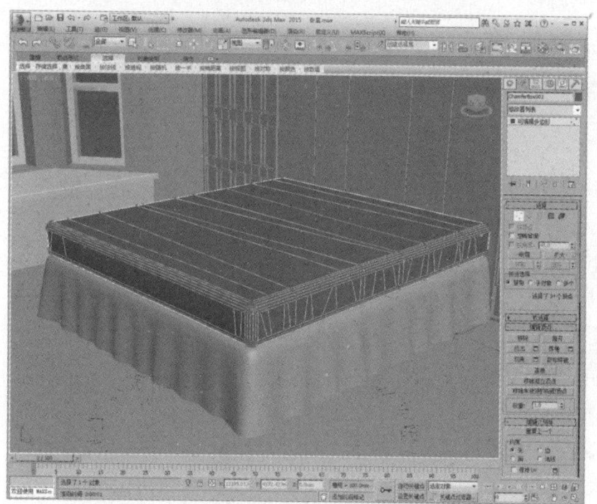

16 单击“挤出”设置按钮，设置挤出宽度及高度，如下图所示。

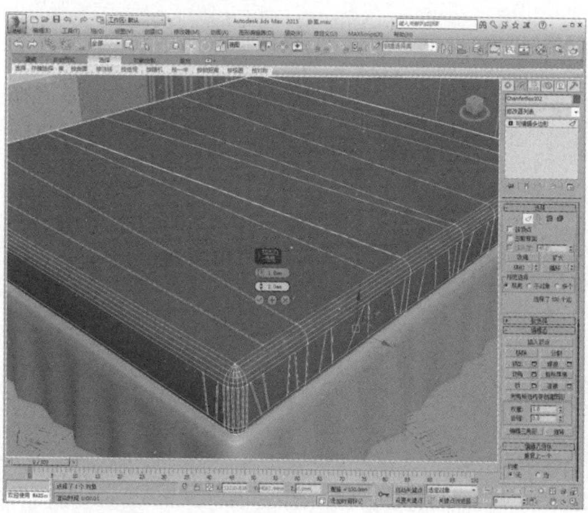

17 单击鼠标右键，为其添加NURMS切换，如下图所示。

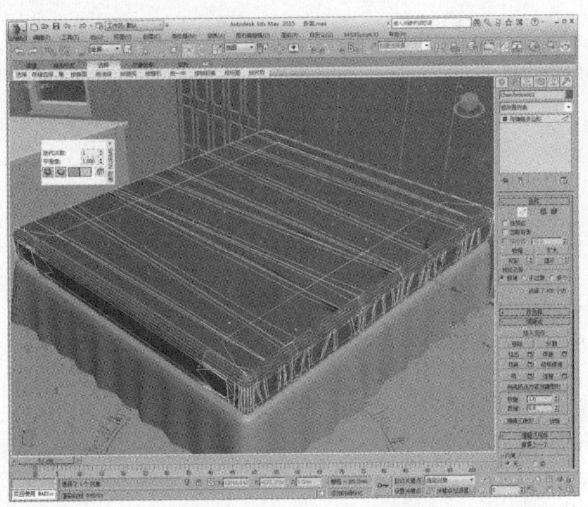

18 在前视图中绘制一条样条线，如下图所示。

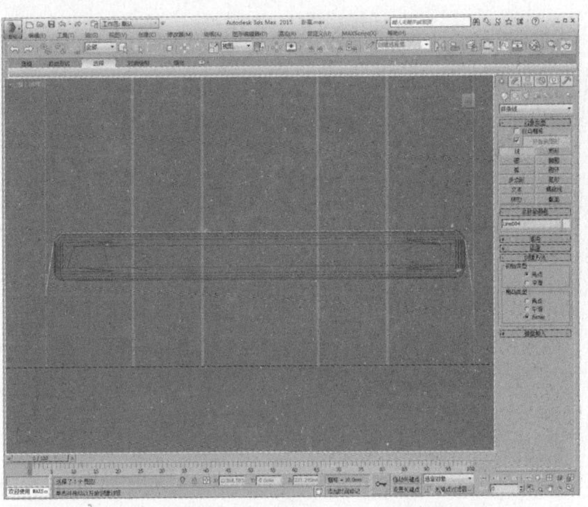

19 进入“顶点”子层级，设置顶点类型为Bezier角点，调整控制柄，如下图所示。

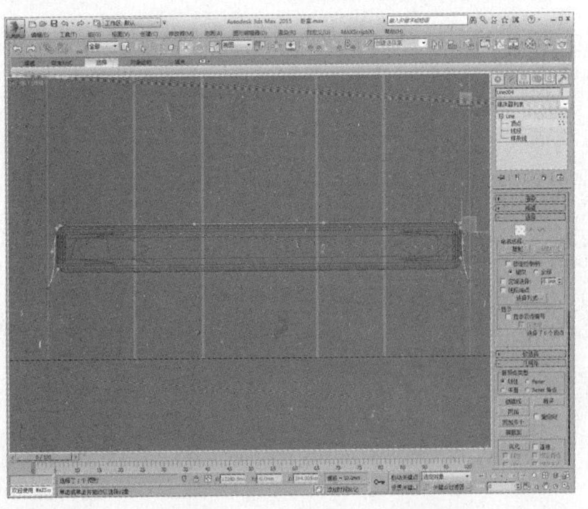

20 进入“样条线”子层级，设置轮廓值为20，如下图所示。

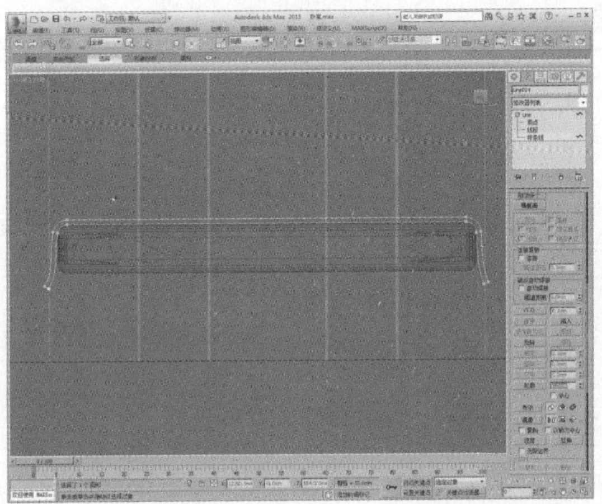

21 将模型转换为可编辑多边形，进入“多边形”子层级，选择多边形，如下图所示。

22 单击“挤出”设置按钮，设置挤出值为20，如下图所示。

23 在左视图中调整多边形位置，如下图所示。

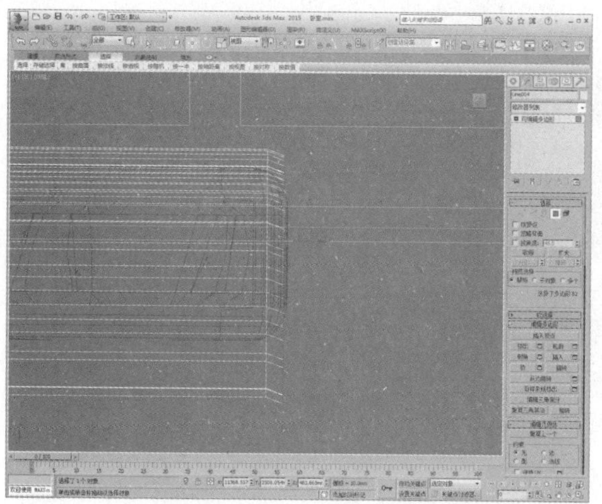

24 再次单击“挤出”设置按钮，设置挤出值为40，如下图所示。

25 进入“顶点”子层级，调整顶点，如下图所示。

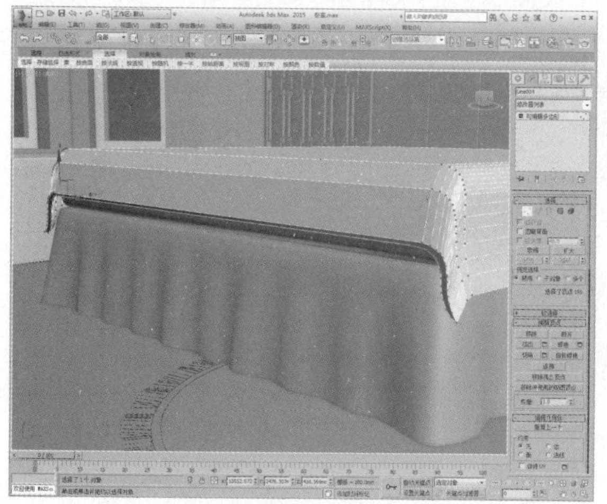

26 再次挤出多边形，如下图所示。

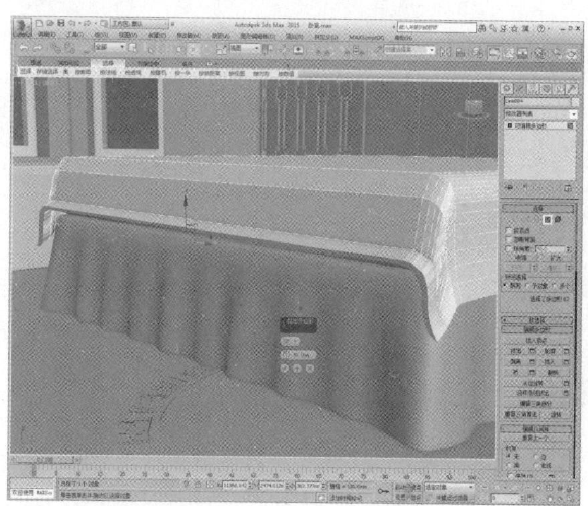

27 通过顶点调整模型造型，如下图所示。

28 单击“剪切”按钮，剪切多边形，如下图所示。

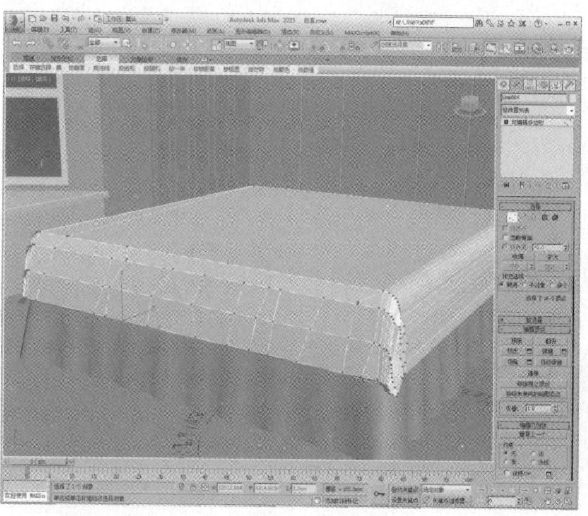

29 再次调整顶点，如下图所示。

30 添加“平滑”修改器，勾选“自动平滑”选项，设置阈值，如下图所示。

31 在前视图中绘制一条样条线，如下图所示。

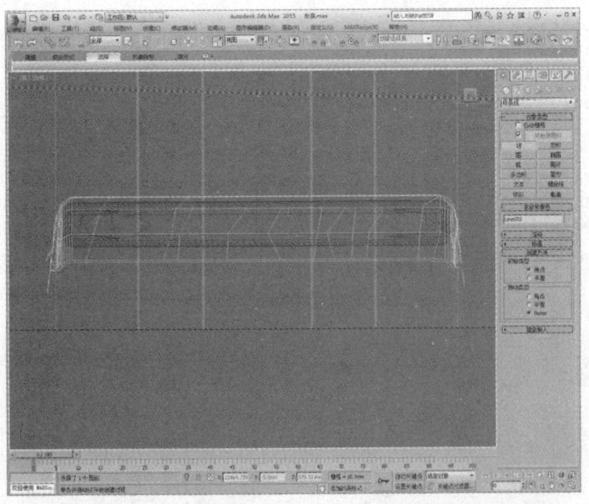

32 进入“顶点”子层级，设置顶点类型为Bezier角点，调整控制柄，如下图所示。

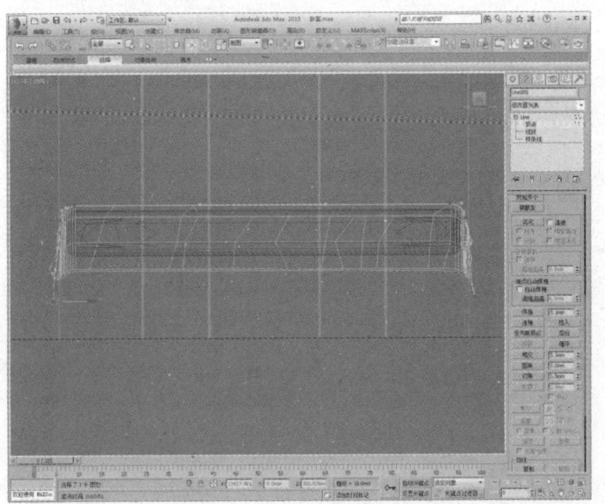

33 进入“样条线”子层级，设置轮廓值为20，如下图所示。

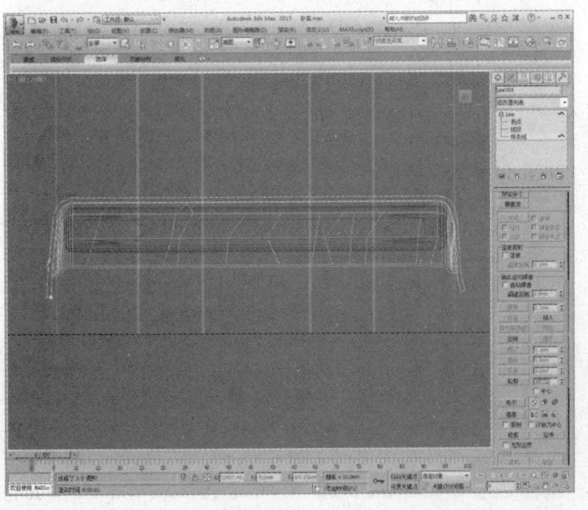

34 进入“顶点”子层级，对两侧的顶点进行圆角操作，如下图所示。

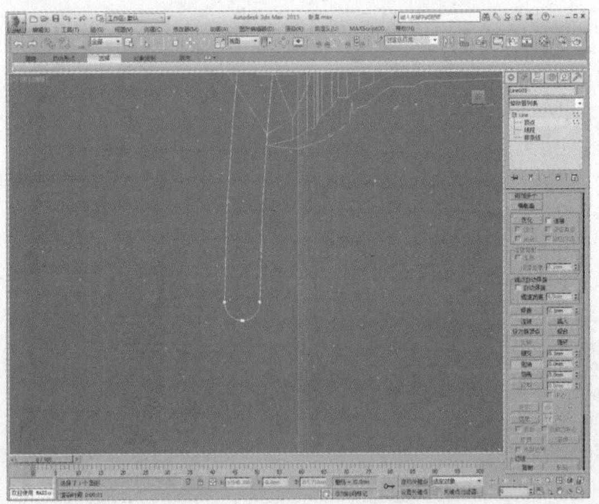

35 为其添加“挤出”修改器，设置挤出值以及分段数，如下图所示。

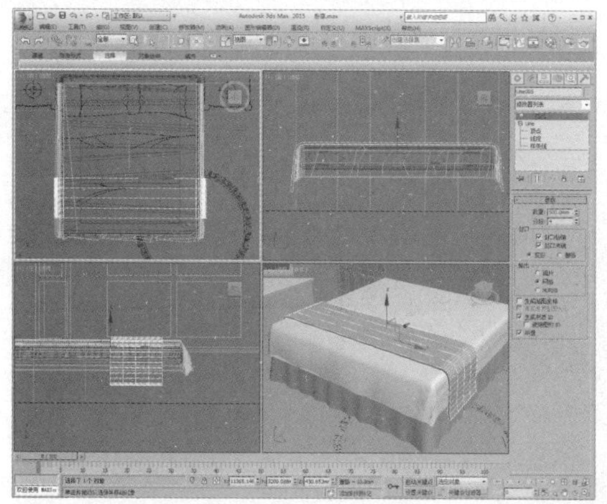

36 将其转换为可编辑多边形，进入“顶点”子层级，调整顶点，如下图所示。

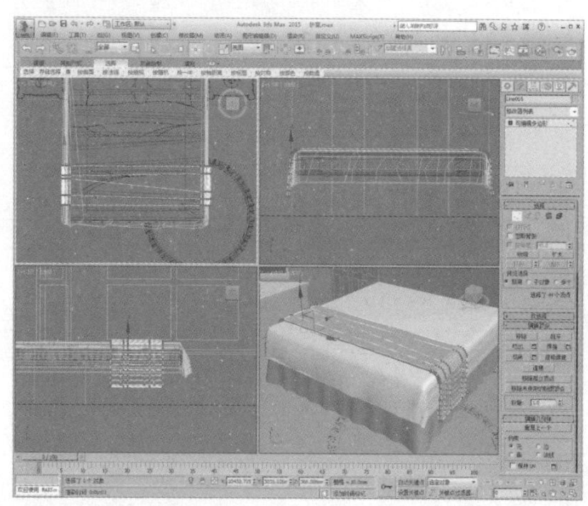

37 进入“多边形”子层级，选择多边形，如下图所示。

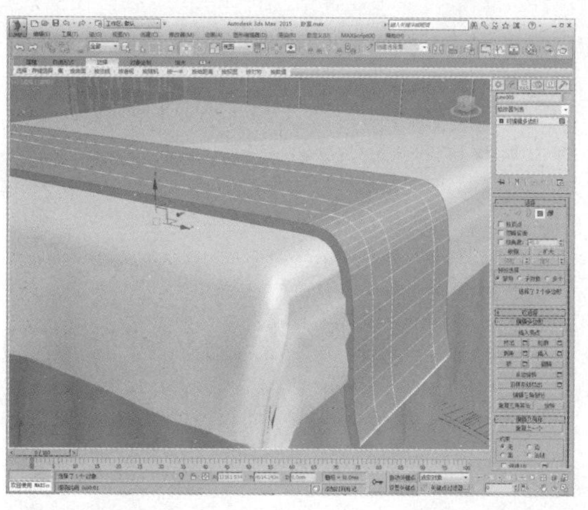

38 单击“倒角”设置按钮，设置倒角参数，如下图所示。

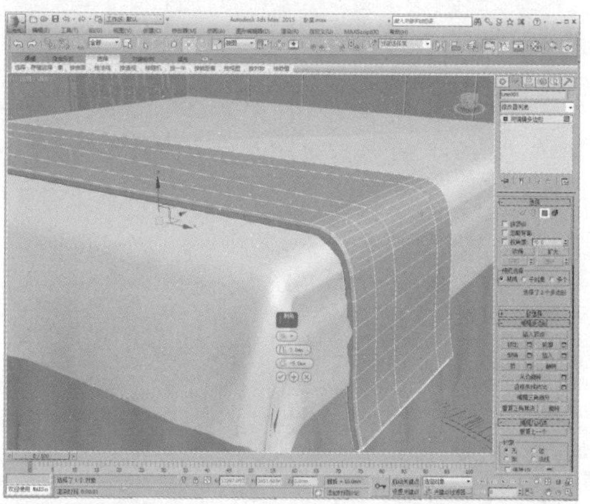

39 为其添加“平滑”修改器，勾选“自动平滑”选项，设置阈值，如右图所示。

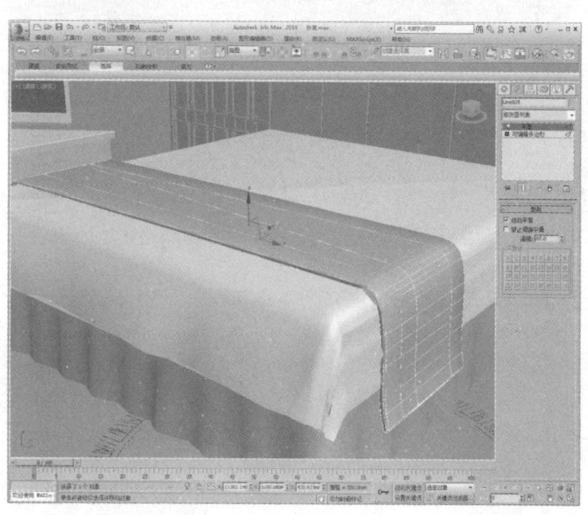

20.4.2 制作床头柜模型

床头柜造型简单大方，但是制作起来稍微复杂，需要利用到多边形建模中的多个操作命令，下面介绍具体操作步骤。

01 在顶视图中创建一个长方体，设置参数，如下图所示。

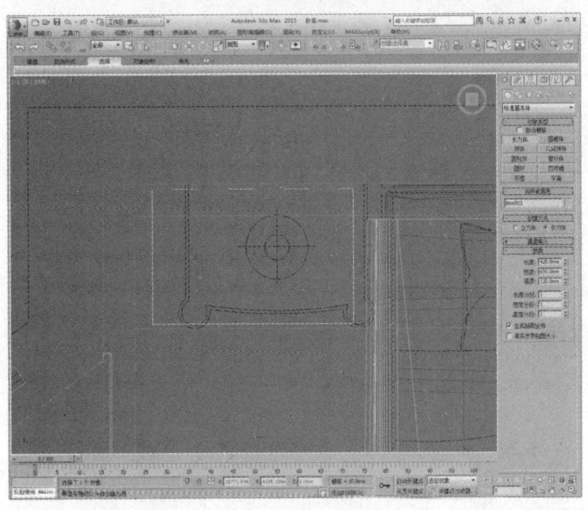

02 将其转换为可编辑多边形，进入“边”子层级，全选所有的边，如下图所示。

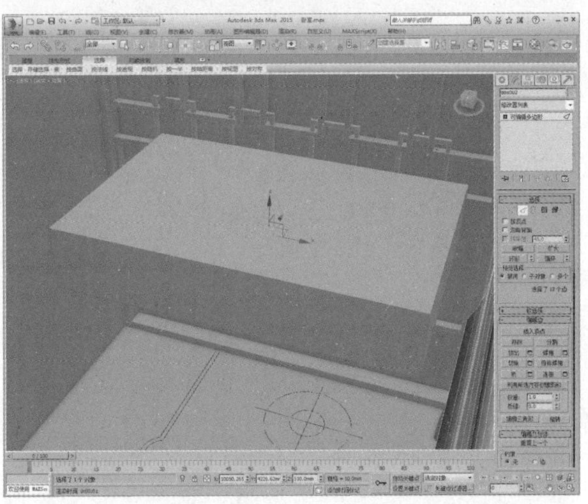

03 单击“切角”设置按钮，设置边切角量为0.5，如下图所示。

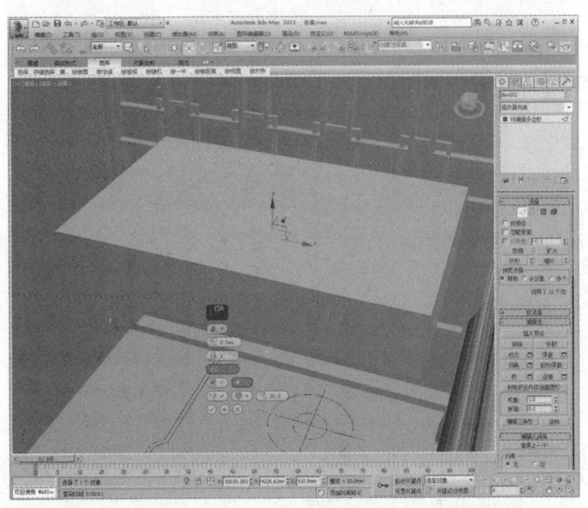

04 向上复制模型，如下图所示。

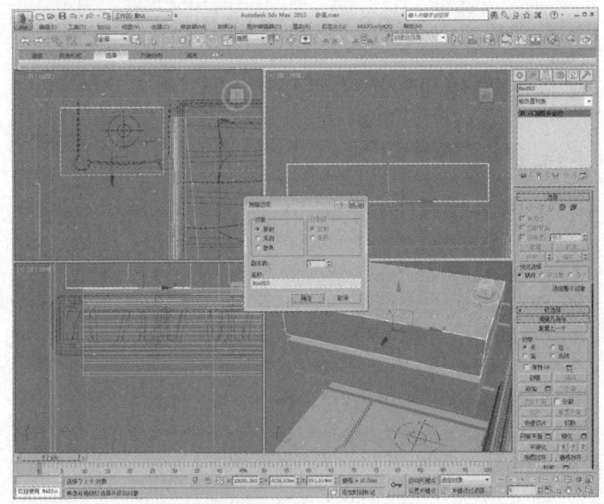

05 调整模型间距为20，再调整顶点，如下图所示。

06 选择下方模型，进入“多边形”子层级，选择如下图所示的多边形。

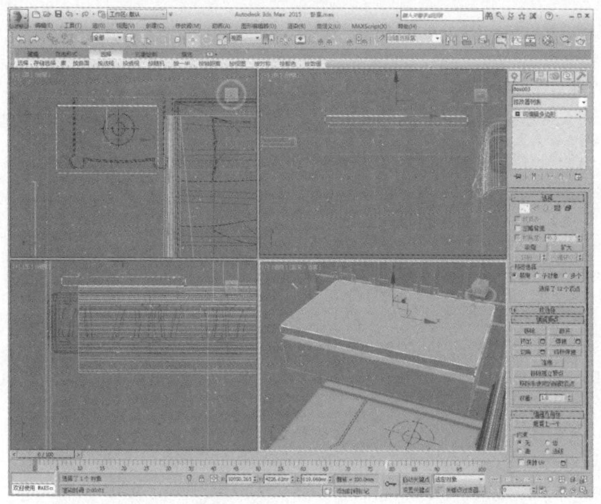

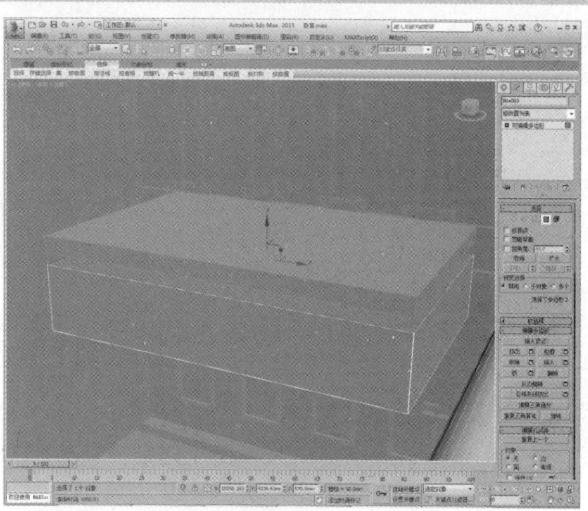

07 单击“插入”设置按钮，设置插入值为19.5，如下图所示。

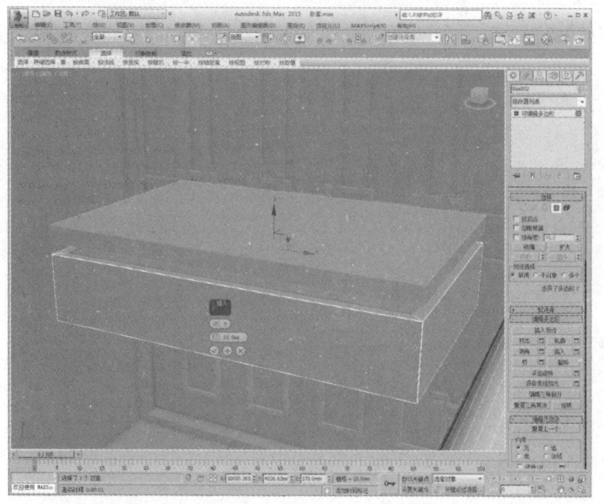

08 单击“挤出”设置按钮，设置挤出值为20，如下图所示。

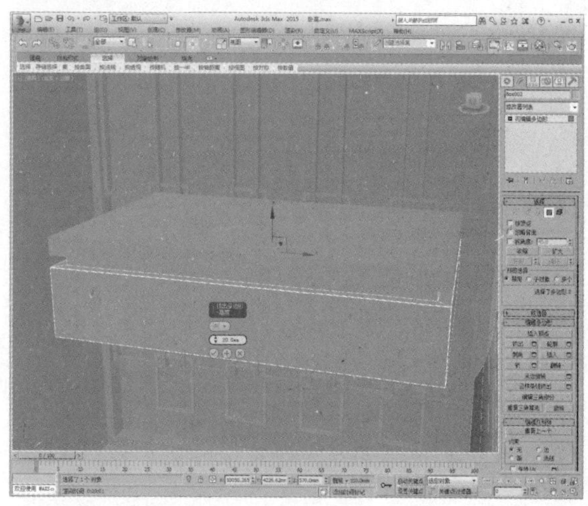

09 单击“附加”按钮，附加选择上方的模型，使其成为一个整体，如下图所示。

10 进入“多边形”子层级，选择多边形，如下图所示。

11 单击“插入”设置按钮，设置插入数值为50，如下图所示。

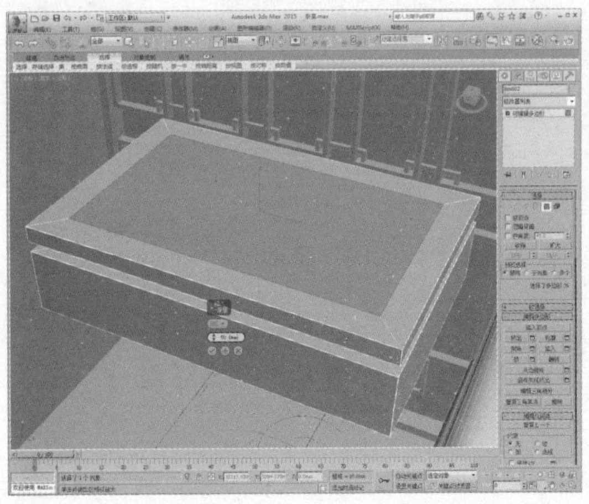

12 进入“边”子层级，选择如下图所示的边。

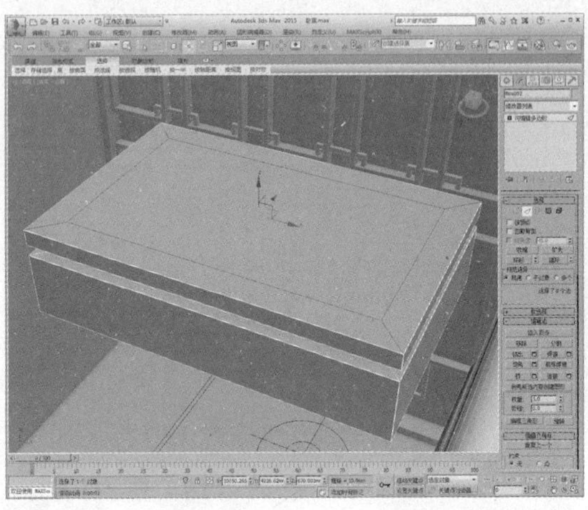

13 单击“切角”设置按钮，设置切角量为0.5，如下图所示。

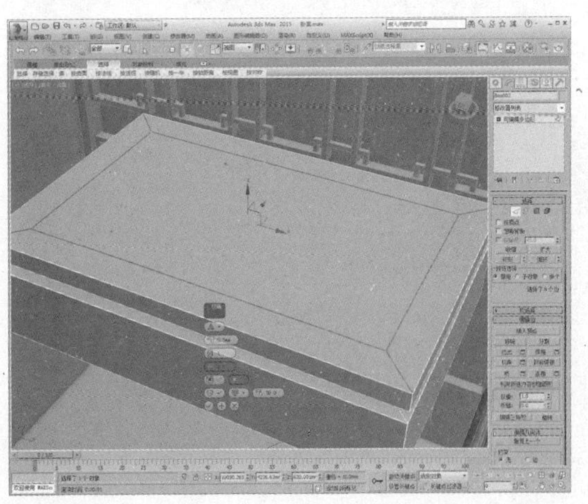

14 进入“多边形”子层级，选择如下图所示的多边形。

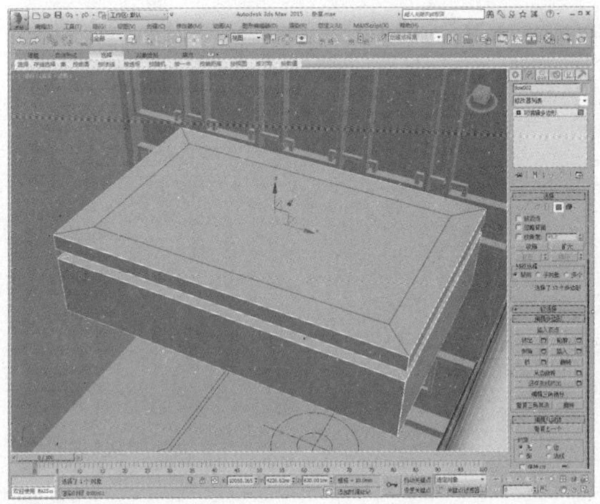

15 单击“挤出”设置按钮，设置挤出值为-0.5，如下图所示。

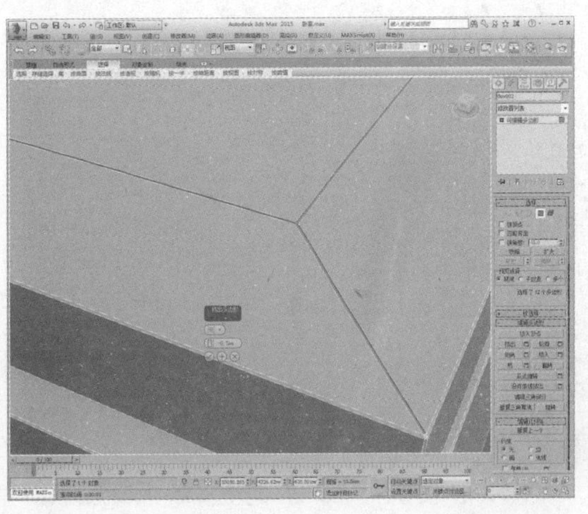

16 在顶视图中创建一个长方体，如下图所示。

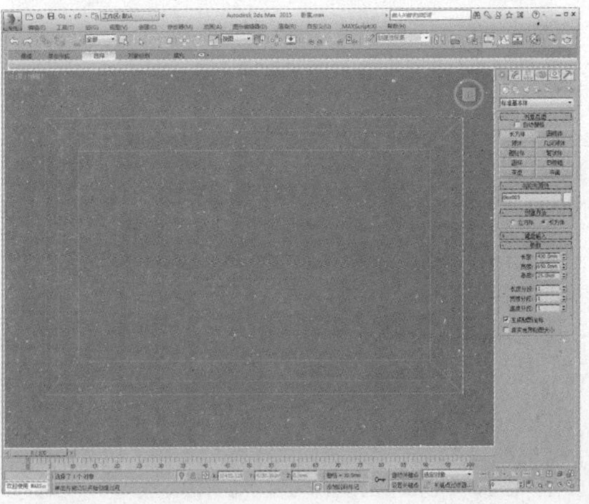

17 设置具体参数并调整位置，如下图所示。

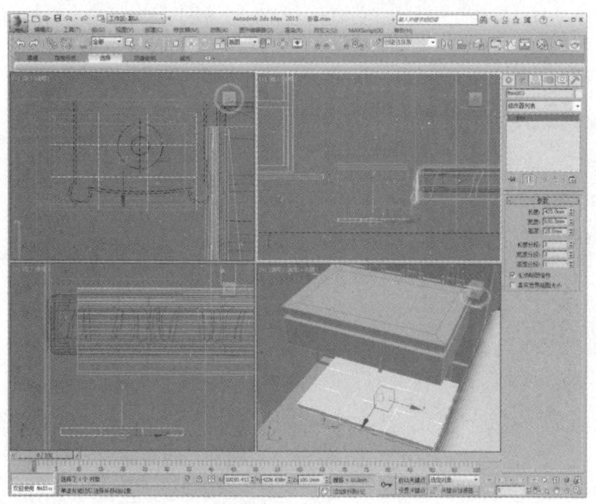

18 将其转换为可编辑多边形，进入“顶点”子层级，在顶视图中调整顶点位置，如下图所示。

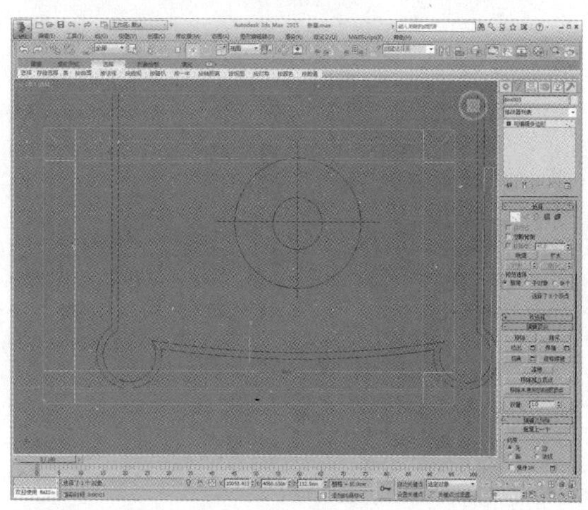

19 进入“多边形”子层级，选择如下图所示的多边形。

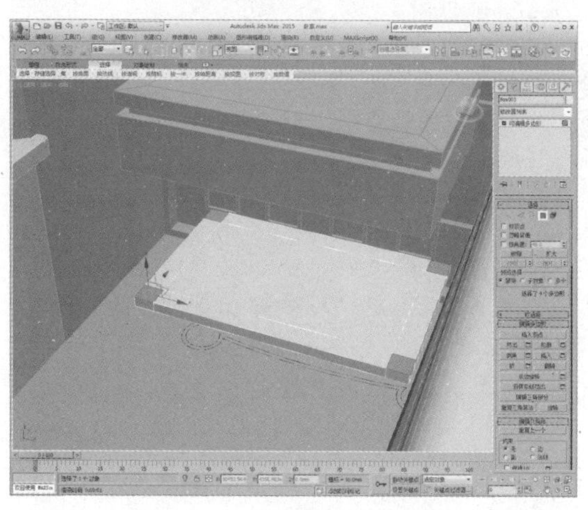

20 单击“挤出”设置按钮，设置挤出值为325，如下图所示。

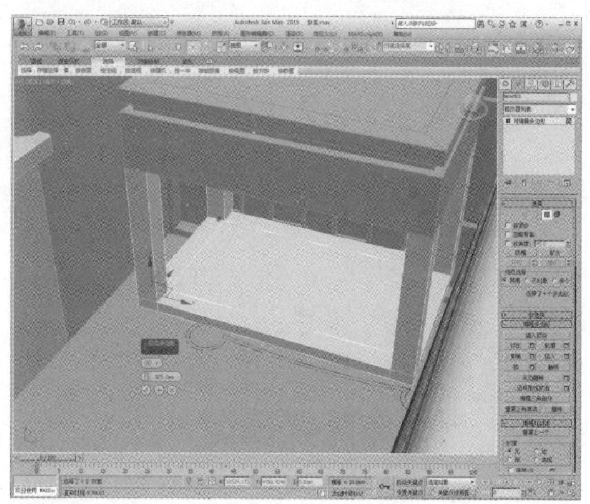

21 再选择底部的多边形，将其挤出100，如下图所示。

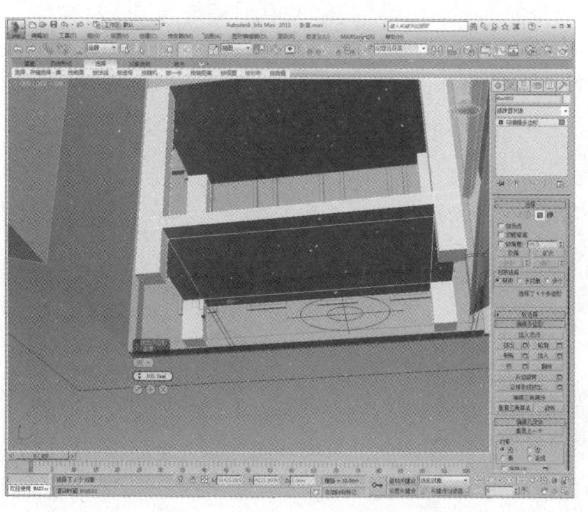

22 进入“边”子层级，选择如下图所示的边。

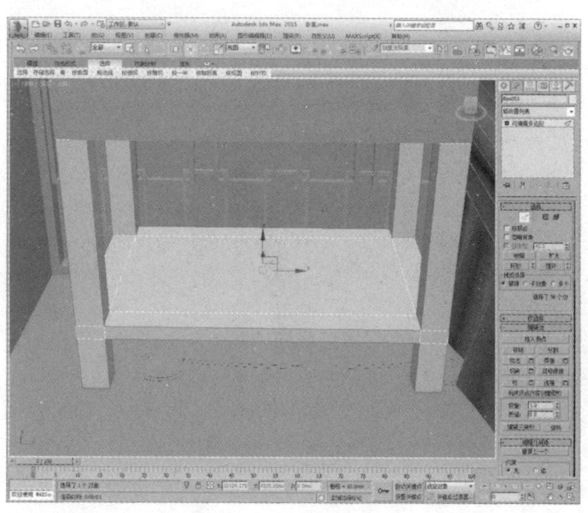

23 单击“切角”设置按钮，设置边切角量为0.5，如下图所示。

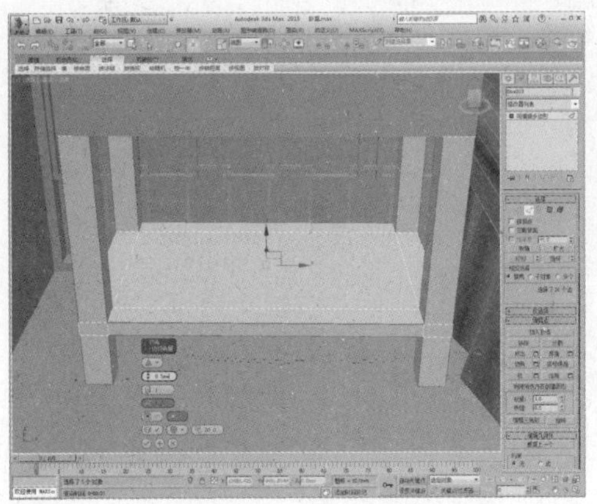

24 单击“附加”按钮，附加选择上方的模型，使其成为一个整体，完成床头柜模型的制作，如下图所示。

25 复制床头柜模型，如右图所示。

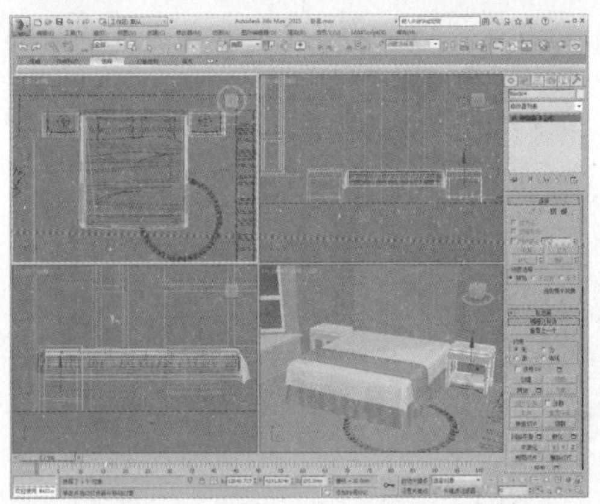

20.4.3 制作床尾凳模型

床尾凳在卧室中起着不小的作用，可以放置晚间阅读的书籍、茶具糕点或者换下的衣物等，也可以作为沙发凳使用，非常方便。具体的创建过程介绍如下。

01 在顶视图中床尾位置创建一个长方体，如下图所示。

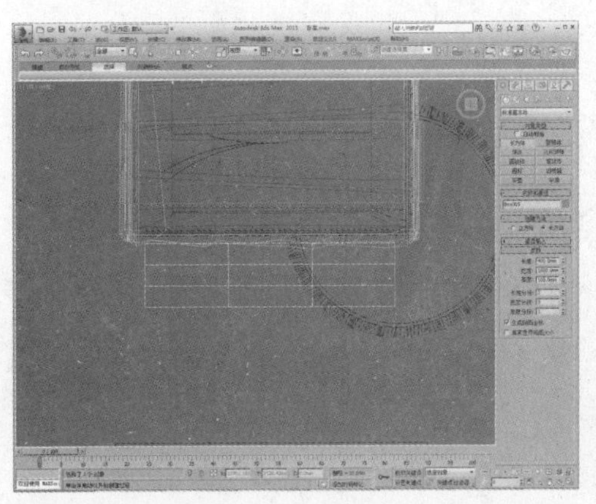

02 将其转换为可编辑多边形，进入“顶点”子层级，调整顶点，如下图所示。

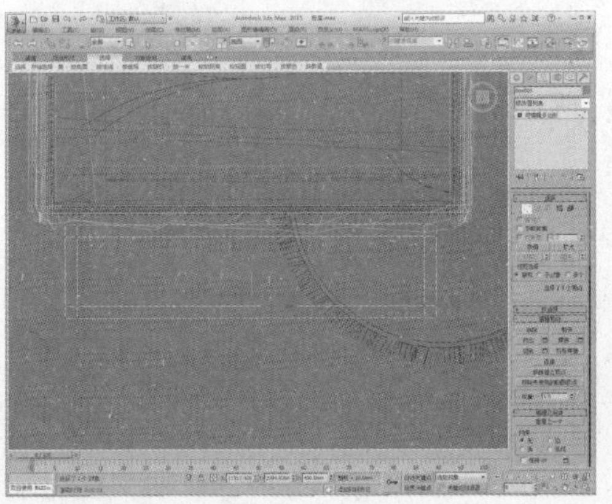

03 进入“多边形”子层级，选择多边形，如下图所示。

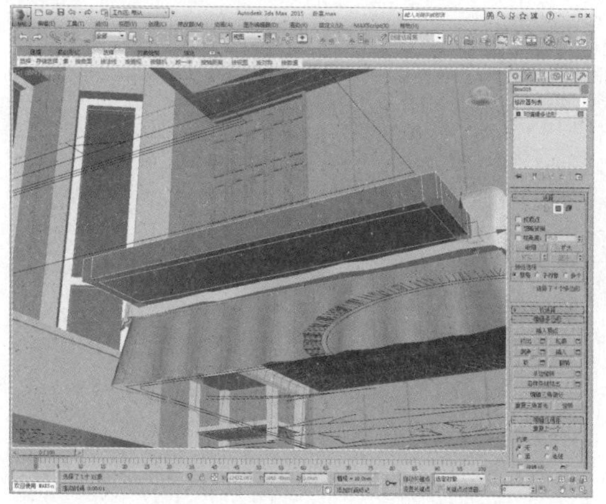

04 单击“挤出”设置按钮，设置挤出值为350，如下图所示。

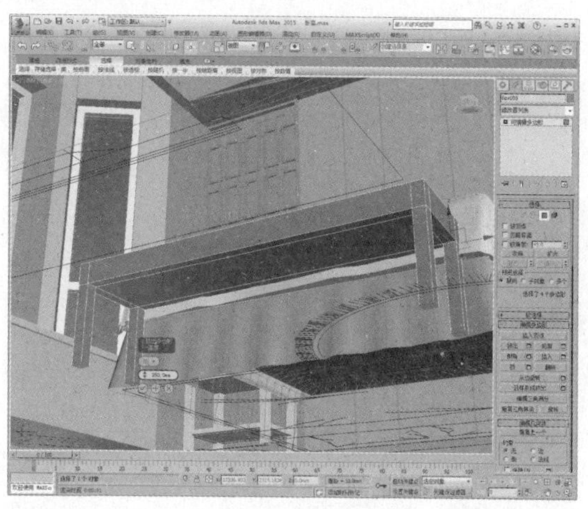

05 进入“顶点”子层级，调整凳子腿部的顶点，如下图所示。

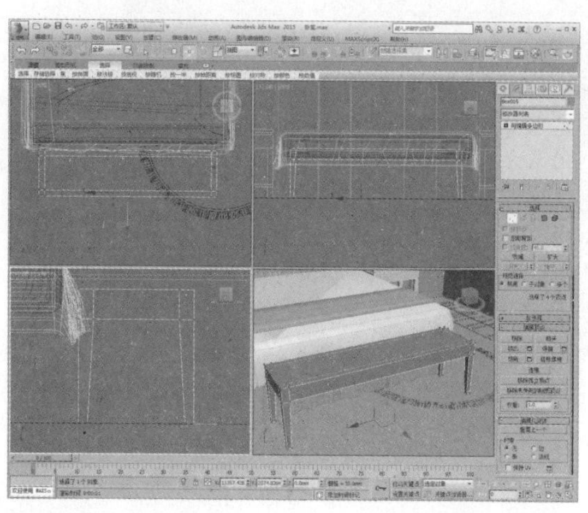

06 进入“边”子层级，选择部分边，单击“移除”按钮，如下图所示。

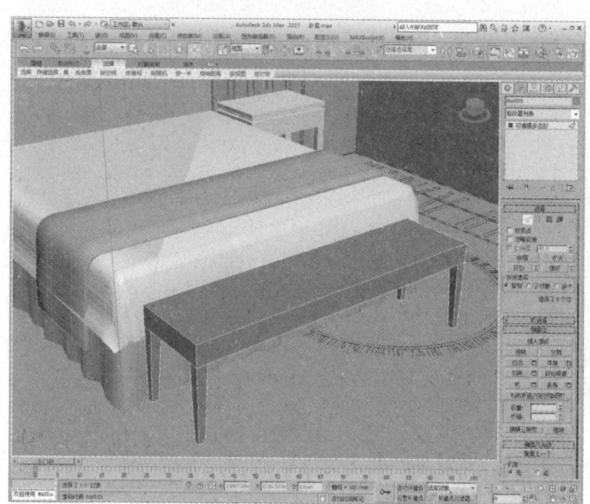

07 进入“多边形”子层级，选择多边形，如下图所示。

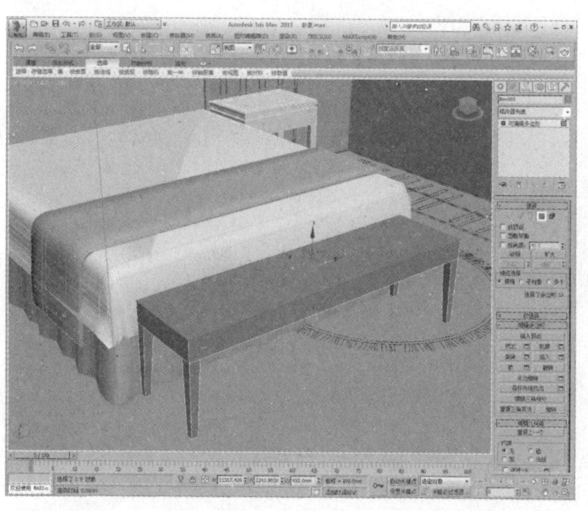

08 单击“插入”设置按钮，设置插入值为10，如下图所示。

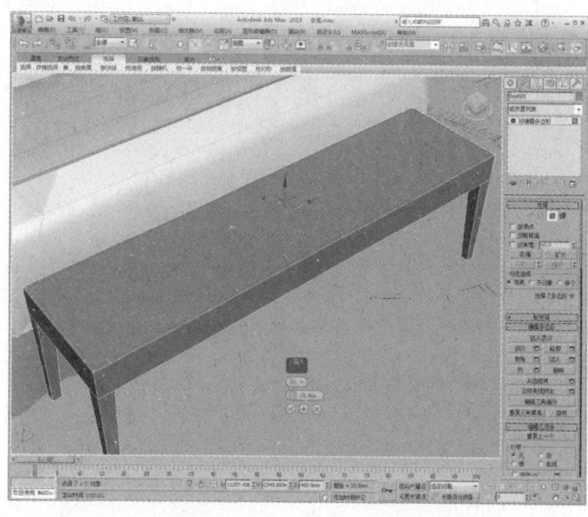

09 再单击“挤出”设置按钮，设置挤出值为-20，如下图所示。

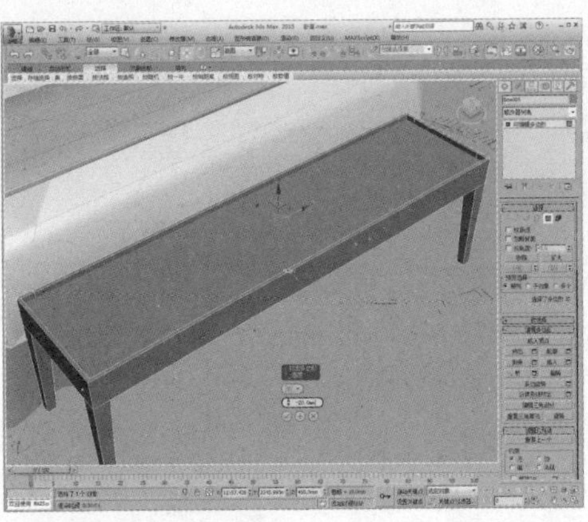

10 进入“边”子层级，选择如下图所示的边。

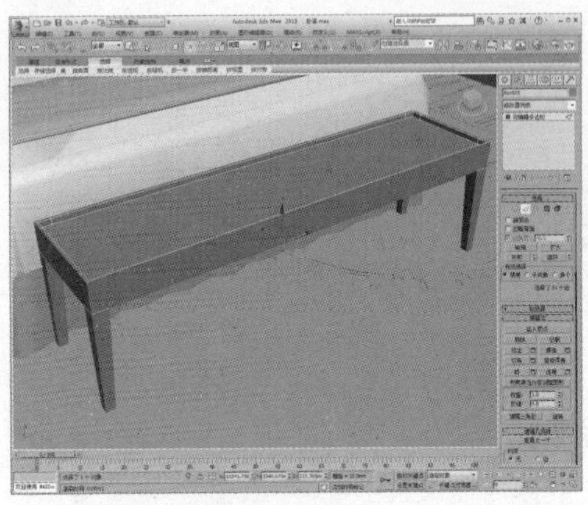

11 单击“切角”设置按钮，设置边切角量为0.5，如下图所示。

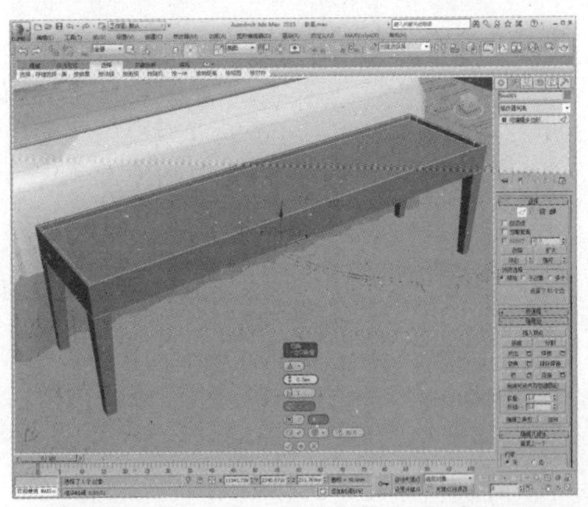

12 在顶视图中捕捉创建一个切角长方体，调整参数及位置，完成床尾凳的制作，如下图所示。

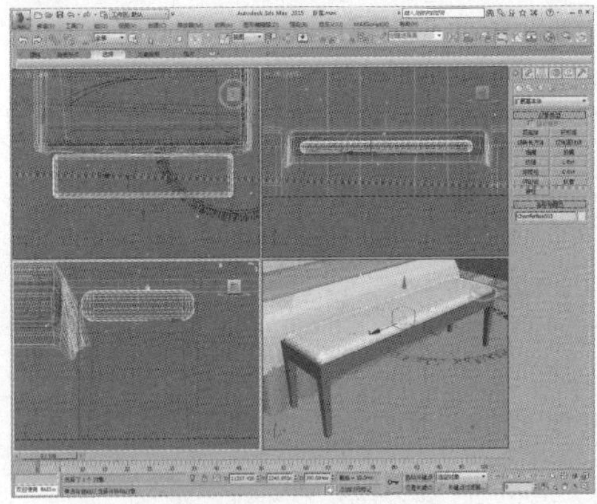

20.4.4 制作台灯及地毯模型

台灯在卧室设计中起到了装饰点缀的作用，同时又具有实用性，是卧室设计中不可少的装饰物品，接下来制作台灯及地毯模型，操作步骤如下。

01 在顶视图中创建一个长方体，如下图所示。

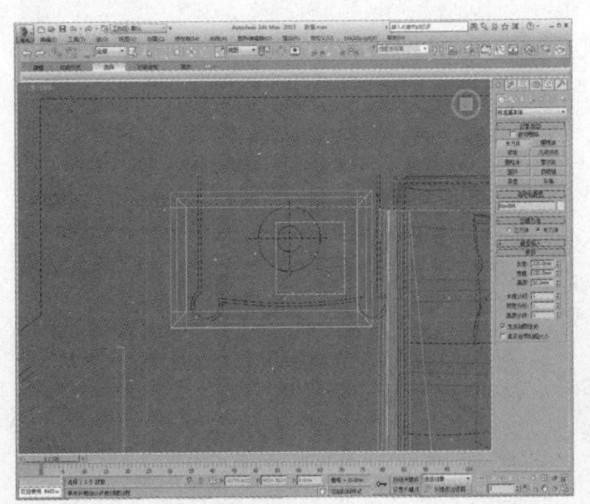

02 在前视图中向上复制长方体，如下图所示。

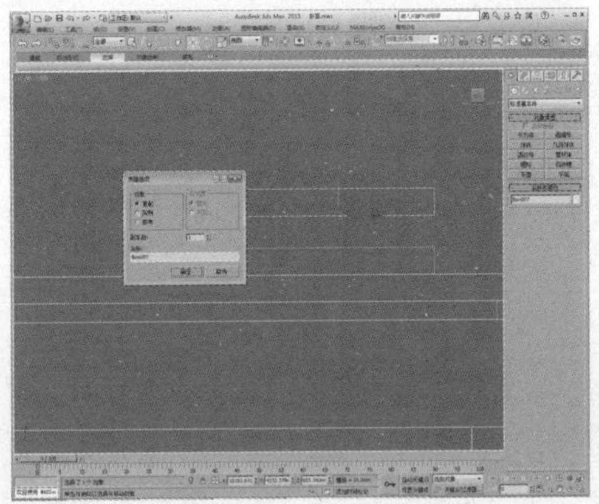

03 调整长方体参数以及位置，如下图所示。

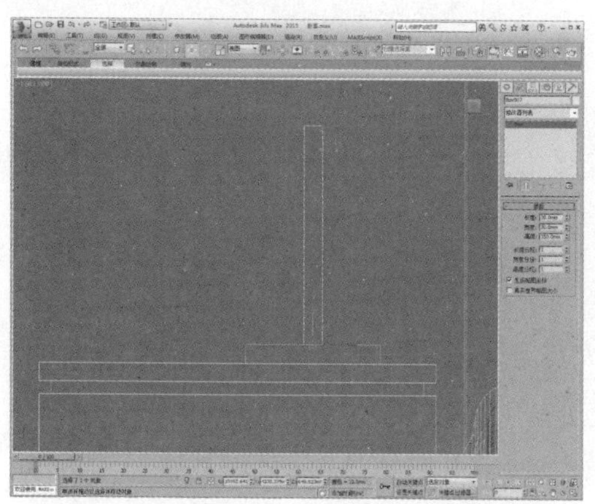

04 继续向上复制长方体，调整其参数及位置，完成简易台灯模型的制作，如下图所示。

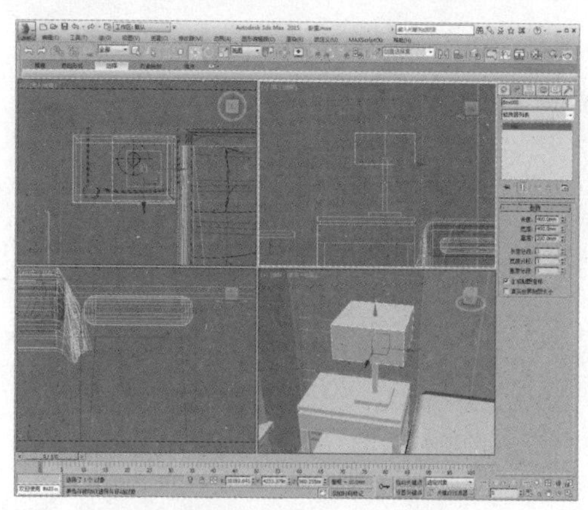

05 将台灯模型成组，并复制到床头另一侧，如下图所示。

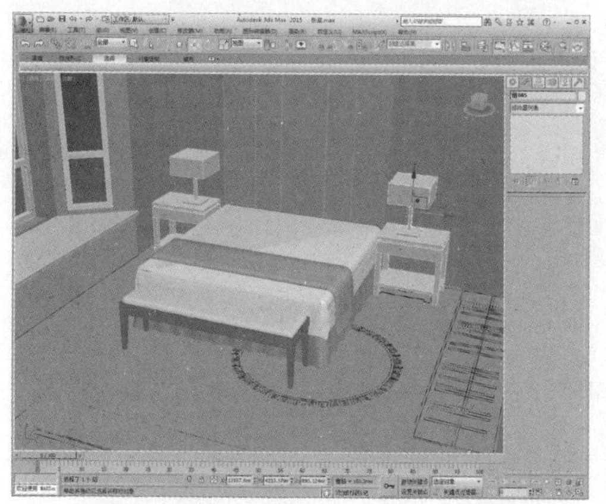

06 接着在顶视图中创建一个切角长方体，设置参数，作为地毯模型，如下图所示。

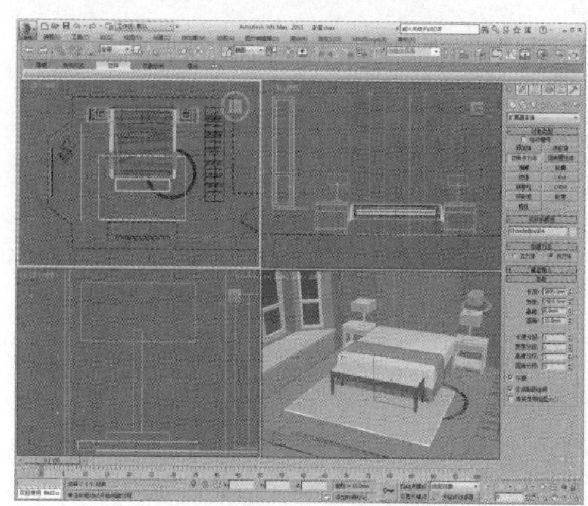

20.4.5 制作电视柜组合模型以及踢脚线

电视柜及踢脚线模型的制作较为简单，电视机模型的制作需要利用到多边形建模命令，并要进行多项操作，具体操作过程介绍如下。

01 在前视图中绘制一个矩形，如右图所示。

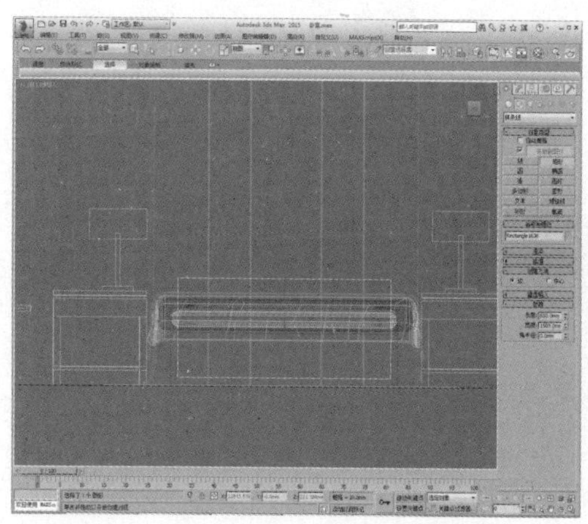

02 将其转换为可编辑样条线，进入“线段”子层级，选择并删除一条线段，如下图所示。

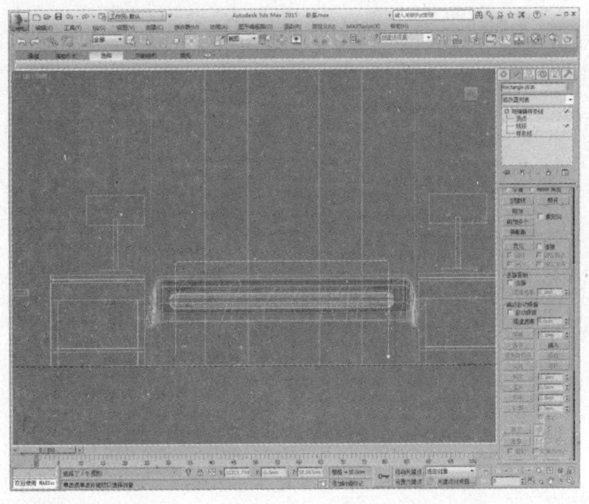

03 进入“样条线”子层级，设置轮廓值为40，如下图所示。

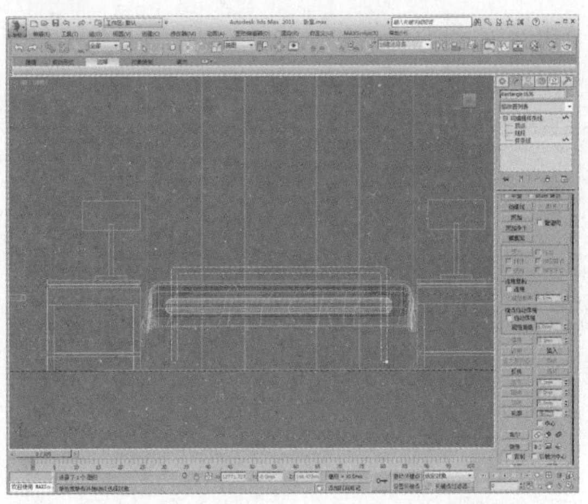

04 为其添加“挤出”修改器，设置挤出值为350，调整位置，如下图所示。

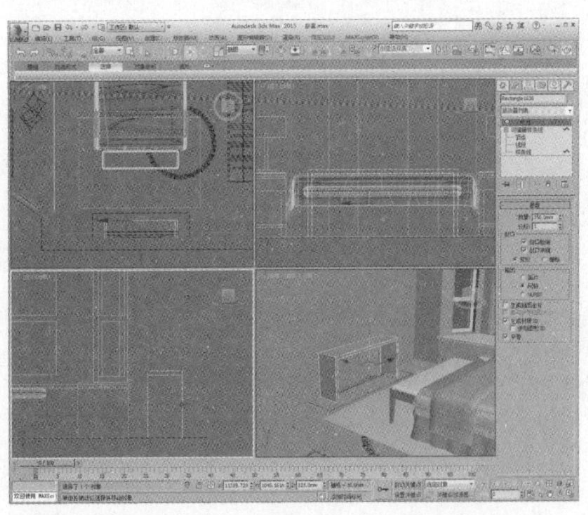

05 在前视图中创建一个长方体，如下图所示。

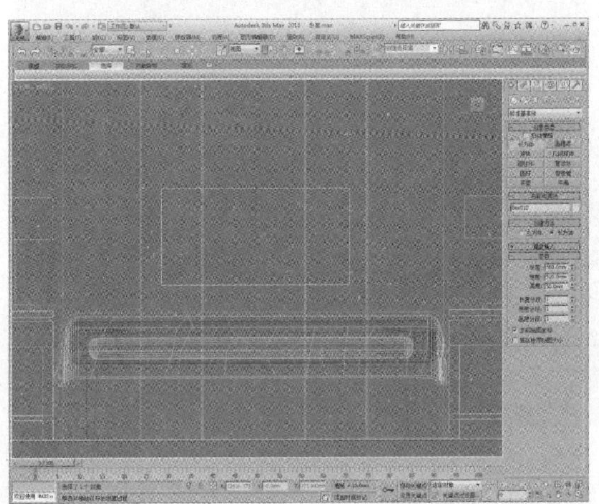

06 将其转换为可编辑多边形，进入“多边形”子层级，选择多边形，如下图所示。

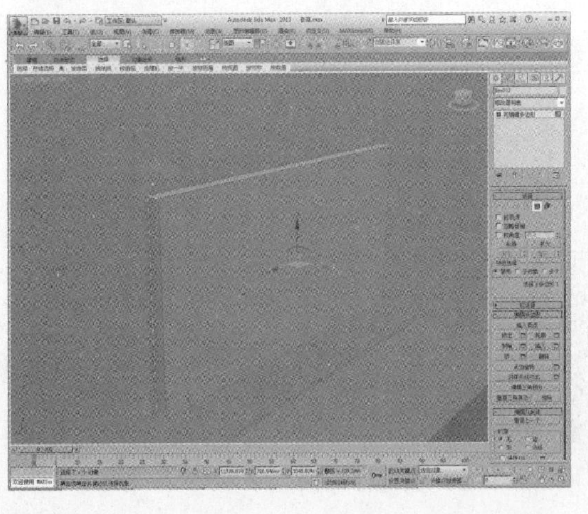

07 单击“插入”设置按钮，设置插入值为25，如下图所示。

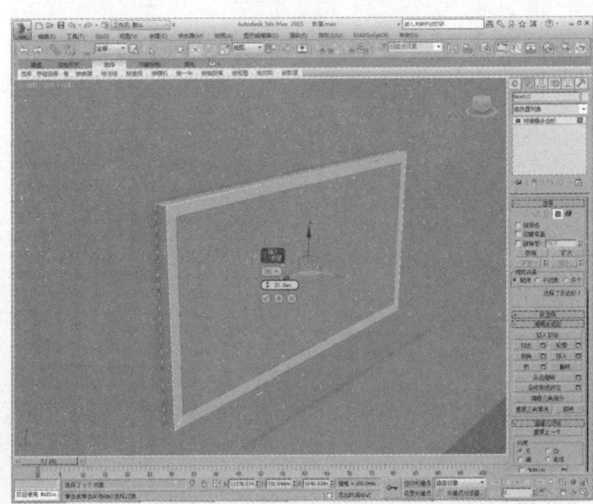

08 再单击“倒角”设置按钮，设置倒角轮廓值及高度值，如下图所示。

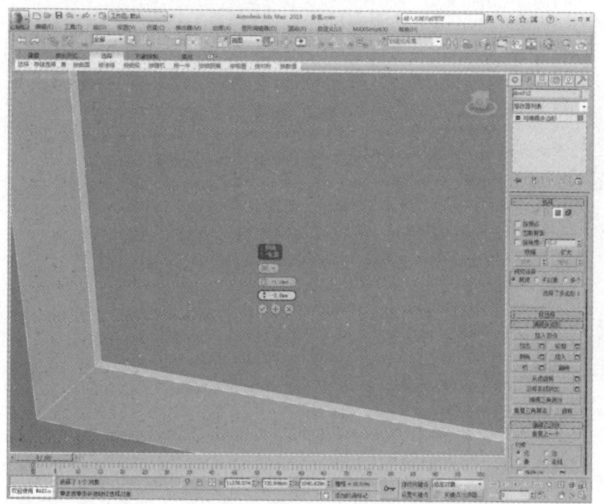

09 再进入“边”子层级，选择四条边，如下图所示。

10 单击“切角”设置按钮，设置边切角量，如下图所示。

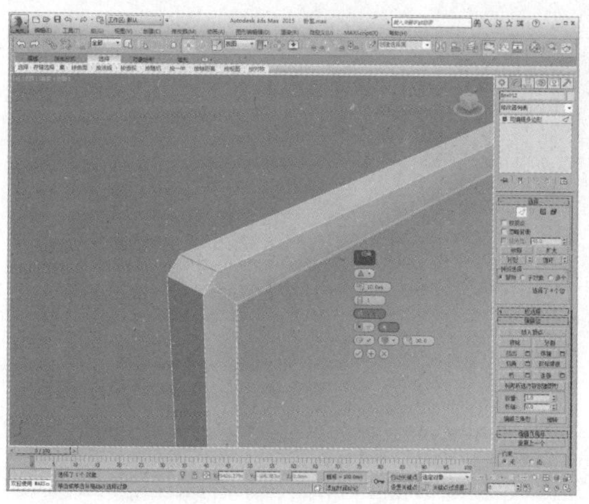

11 保持边的选择，继续单击“切角”设置按钮，设置边切角量为4，如下图所示。

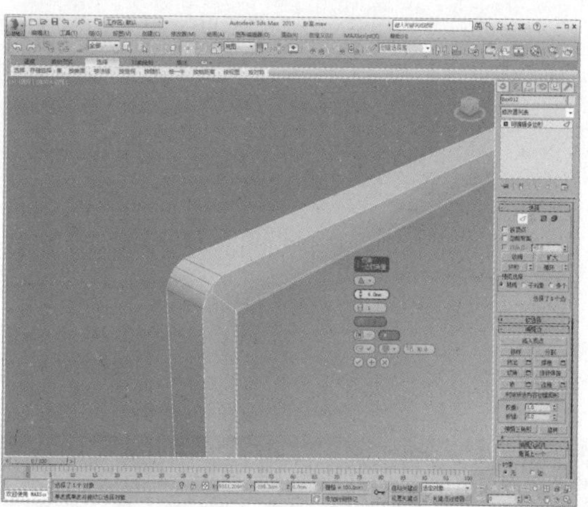

12 继续选择边线，如下图所示。

13 单击“切角”设置按钮，设置边切角量为4，完成电视机模型的制作，如下图所示。

14 在顶视图中捕捉绘制样条线，进入“样条线”子层级，如下图所示。

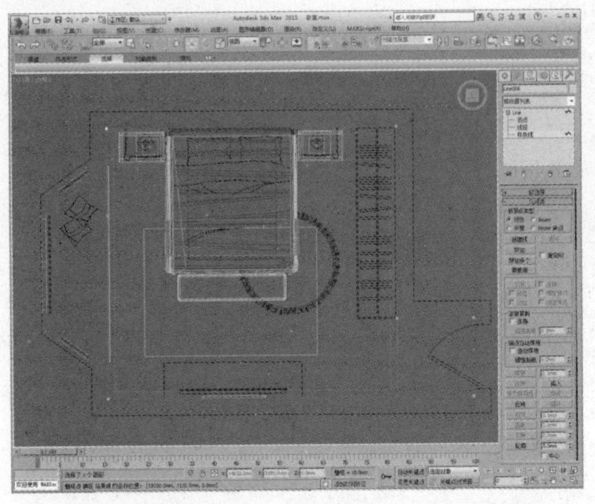

15 设置轮廓值为12，如下图所示。

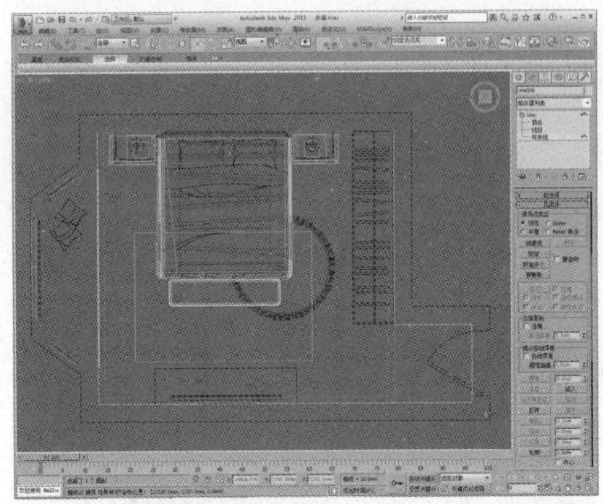

16 为其添加“挤出”修改器，设置挤出值为80，调整踢脚线位置，如右图所示。

20.5 合并成品模型

场景中的抱枕、电话机、盆栽花瓶等模型，我们可以直接合并已经下载好的成品模型，提高建模的效率，操作步骤如下。

01 执行“文件>导入>合并”命令，在弹出的“合并文件”对话框中选择窗帘模型，如右图所示。

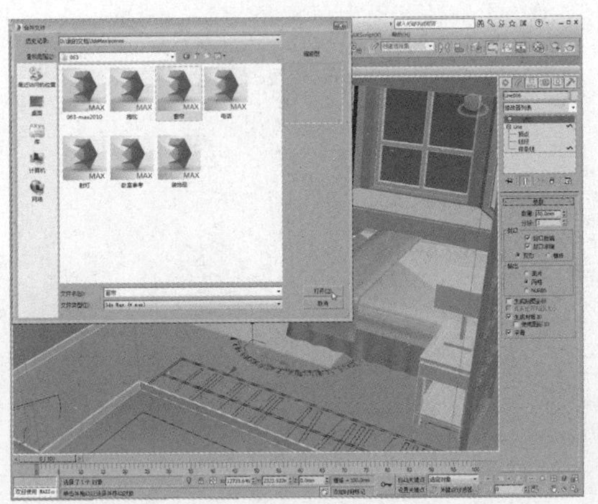

02 将窗帘模型合并到当前场景中，如下图所示。

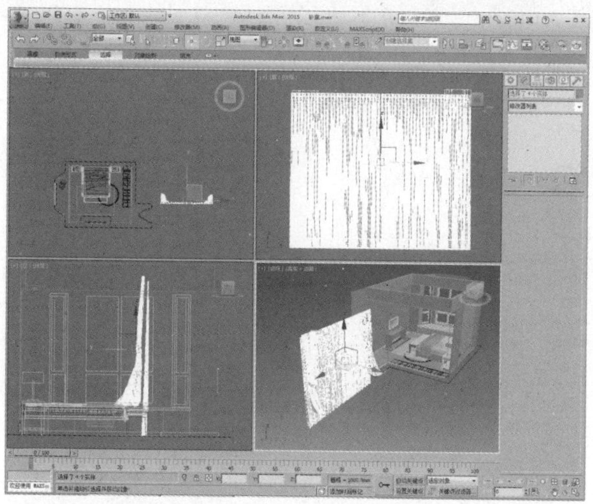

03 根据当前窗户形状调整窗帘，如下图所示。

04 合并射灯模型，调整到合适位置，如下图所示。

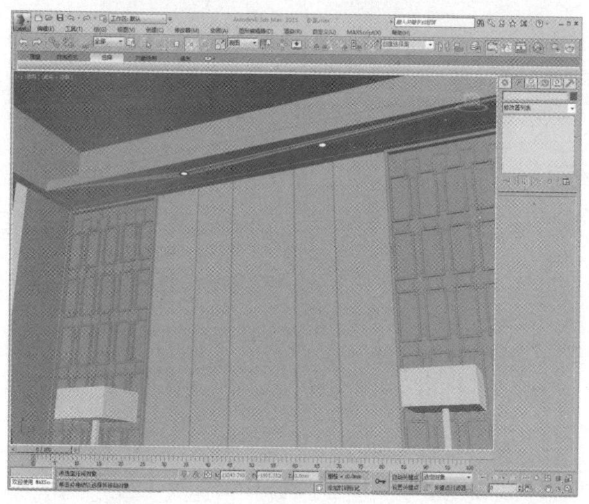

05 合并多种抱枕模型，并移动到合适位置，如下图所示。

06 合并电话机以及其他装饰品模型，如右图所示。

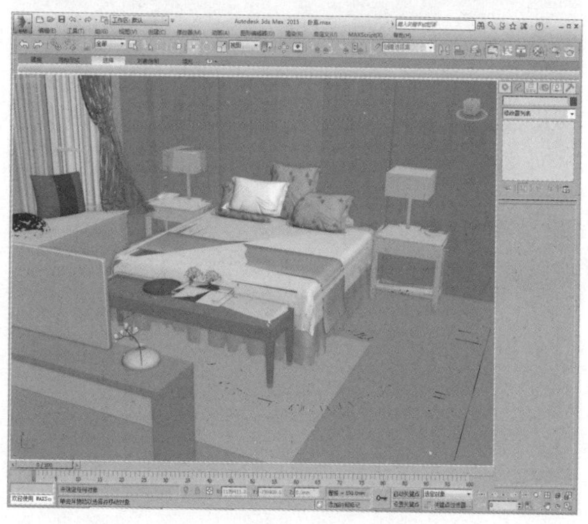

20.6 创建摄影机以及模型材质

接下来要创建摄影机以及模型材质，以便于后期渲染出图。所导入的成品模型本身具有材质，这里就只对新创建的模型材质进行创建，操作过程如下。

01 在“显示”面板中勾选“图形”选项，隐藏图形类别，如下图所示。

02 在顶视图中创建一架VR-物理摄影机，如下图所示。

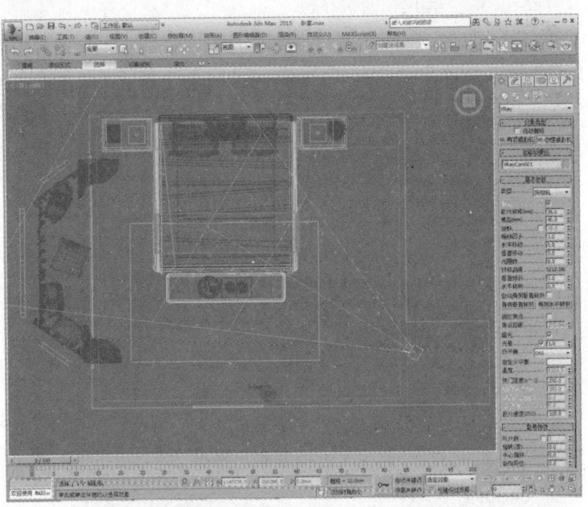

03 调整摄影机参数以及位置角度，如下图所示。

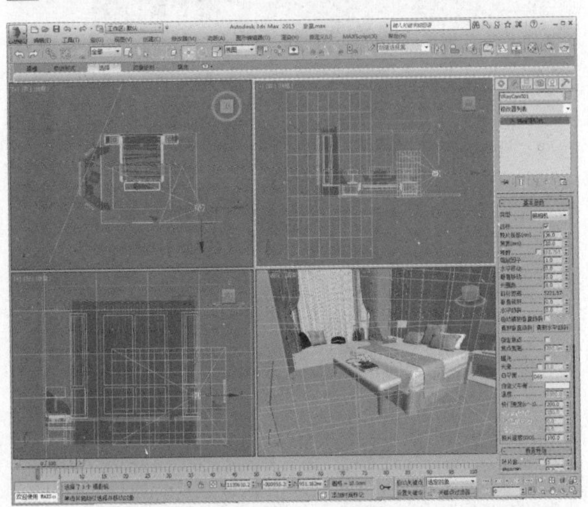

04 在透视视口按C键进入摄影机视口，如下图所示。

05 转到摄影机视口后，设置摄影机视口显示安全框，如下图所示。

06 按M键打开材质编辑器，选择一个空白材质球，将其设置为VRayMtl材质，设置漫反射颜色为白色，如下图所示。

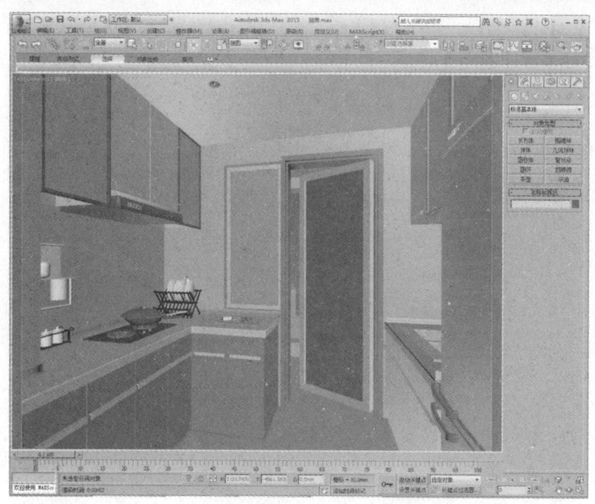

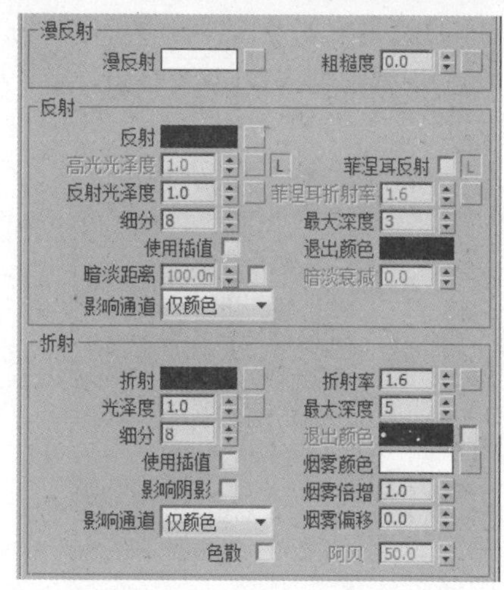

07 创建好的白色乳胶漆材质示例窗效果如下图所示。

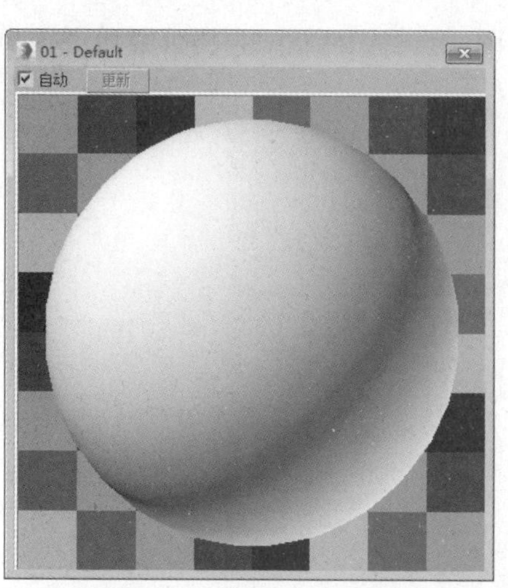

08 选择一个空白材质球，将其设置为VRayMtl材质，为漫反射通道及凹凸通道添加位图贴图，取消勾选“菲涅耳反射”选项，如下图所示。

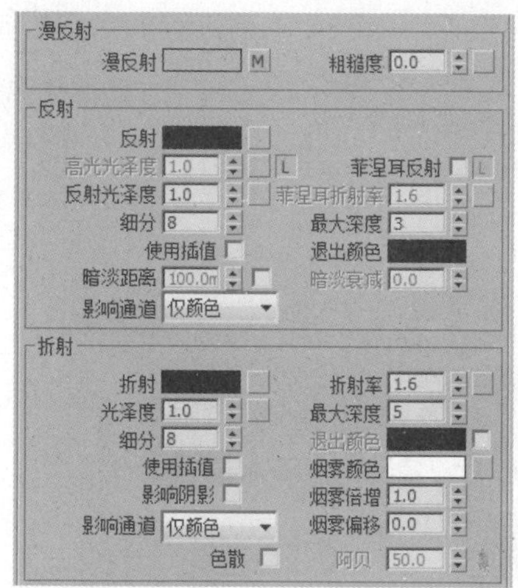

09 在“贴图”卷展栏中设置凹凸值，如下图所示。

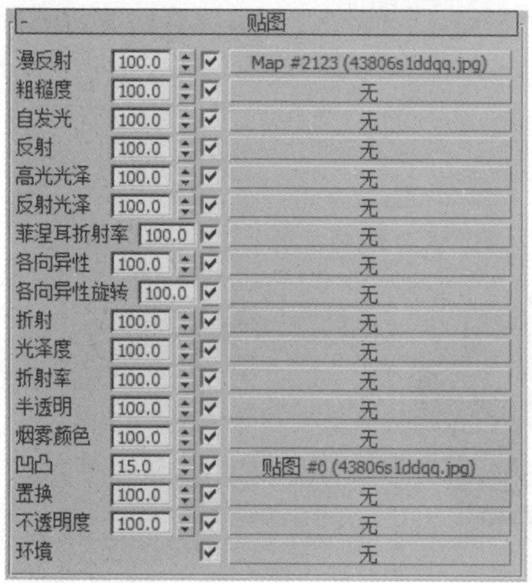

10 创建好的墙纸材质示例窗效果如下图所示。

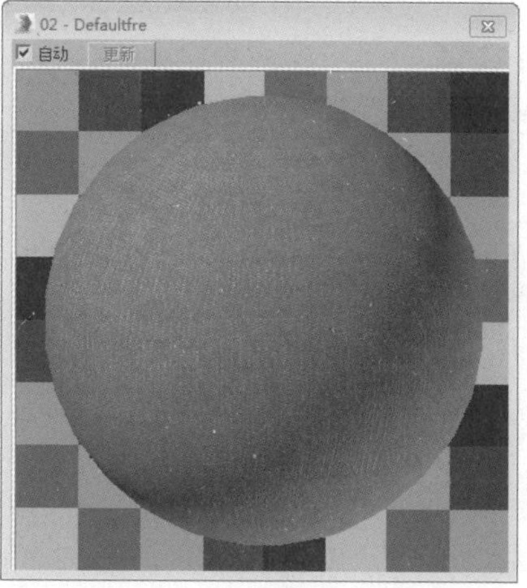

11 将创建好的乳胶漆材质以及墙纸材质指定给场景中的对象，并为墙纸模型添加UVW贴图，设置参数，如下图所示。

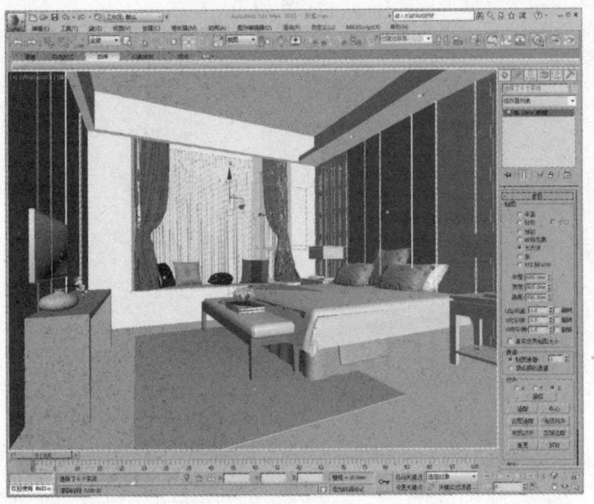

13 反射颜色设置如下图所示。

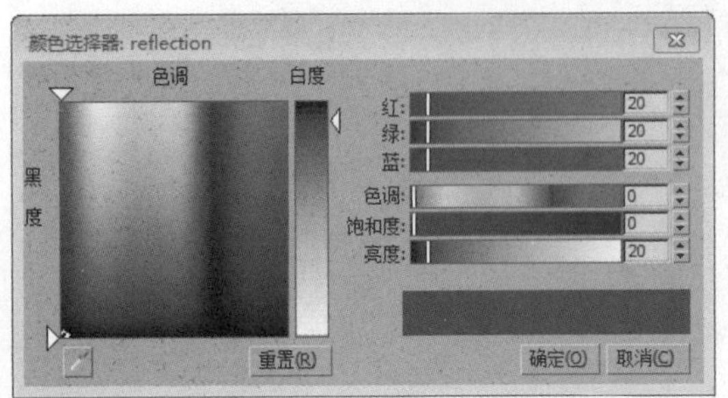

15 在“衰减参数”卷展栏中设置衰减颜色，如下图所示。

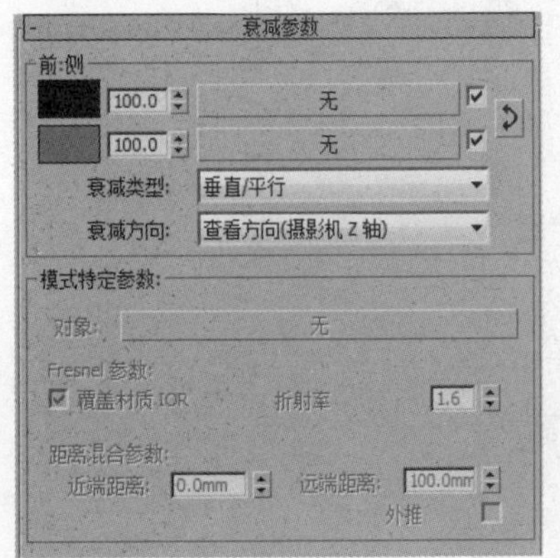

12 选择一个空白材质球，将其设置为VRayMtl材质，设置漫反射颜色为黑色，再设置反射颜色及反射参数，如下图所示。

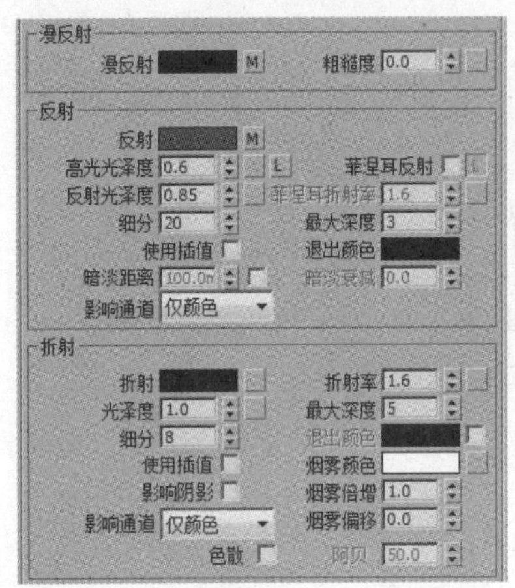

14 在“贴图”卷展栏中为漫反射通道及凹凸通道添加位图贴图，设置凹凸值，再为反射通道添加衰减贴图，如下图所示。

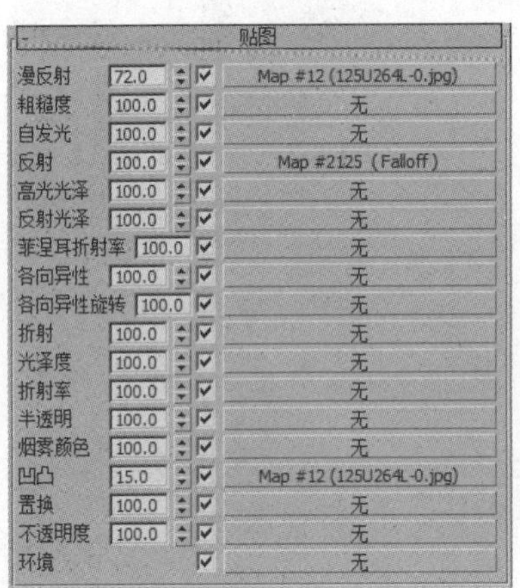

16 衰减颜色设置如下图所示。

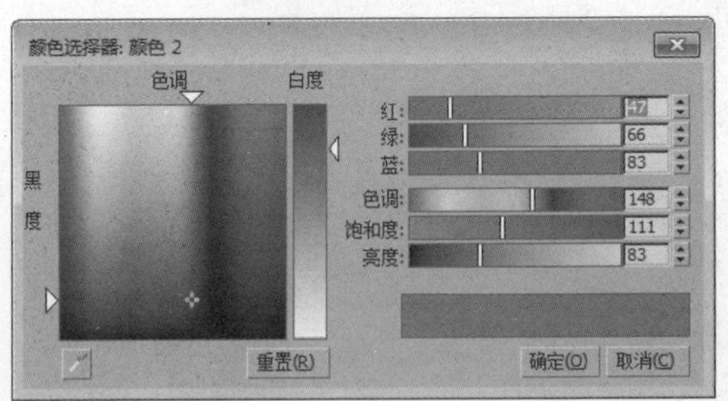

17 创建好的地板材质示例窗效果如下图所示。

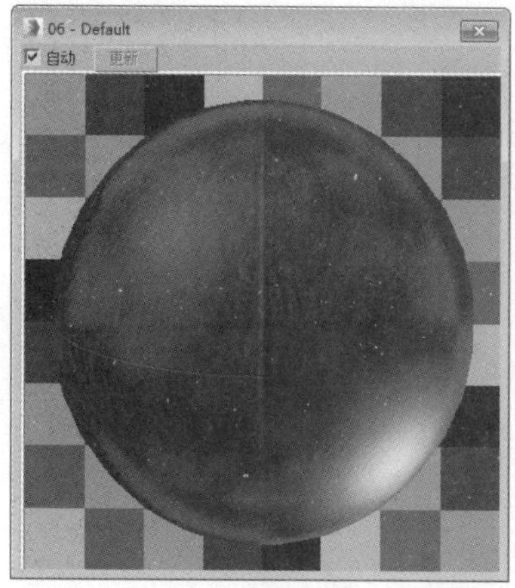

18 进入“多边形”子层级，选择地面多边形，单击“分离”按钮，如下图所示。

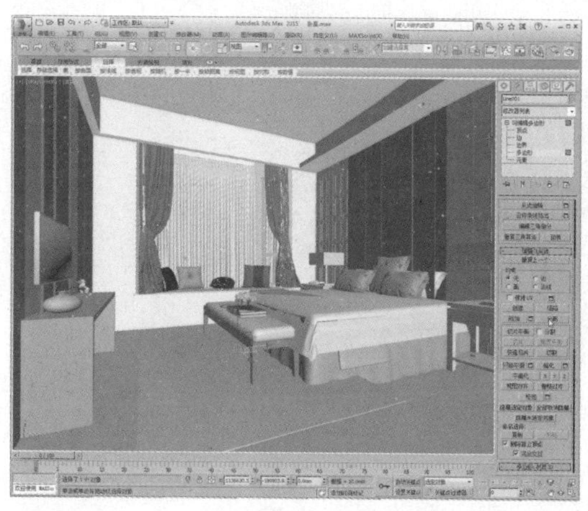

19 将创建好的地板材质指定给场景中的地面模型，并为其添加UVW贴图，设置参数，如下图所示。

20 选择一个空白材质球，将其设置为VRayMtl材质，为漫反射通道及凹凸通道添加位图贴图，如下图所示。

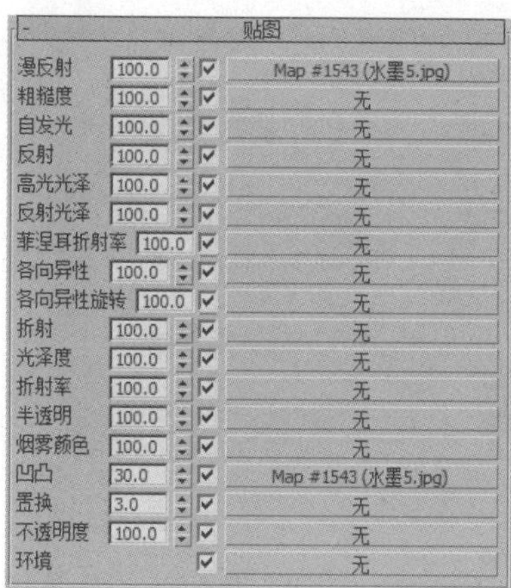

贴图

通道	数值	启用	贴图
漫反射	100.0	☑	Map #1543 (水墨5.jpg)
粗糙度	100.0	☑	无
自发光	100.0	☑	无
反射	100.0	☑	无
高光光泽	100.0	☑	无
反射光泽	100.0	☑	无
菲涅耳折射率	100.0	☑	无
各向异性	100.0	☑	无
各向异性旋转	100.0	☑	无
折射	100.0	☑	无
光泽度	100.0	☑	无
折射率	100.0	☑	无
半透明	100.0	☑	无
烟雾颜色	100.0	☑	无
凹凸	30.0	☑	Map #1543 (水墨5.jpg)
置换	3.0	☑	无
不透明度	100.0	☑	无
环境		☑	无

21 创建好的地毯材质示例窗效果如下图所示。

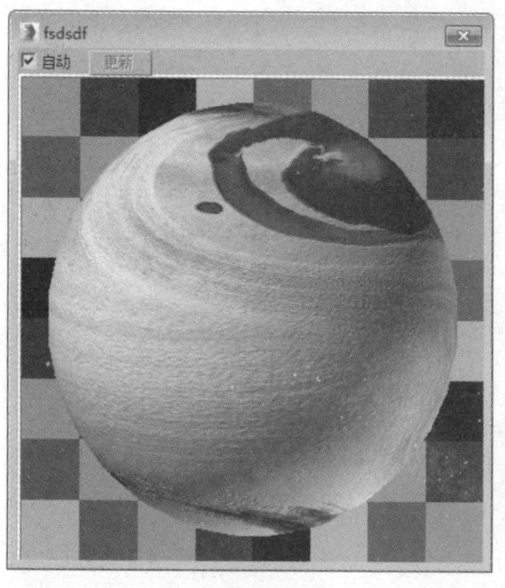

22 将材质指定给场景中的地毯模型，并为其添加UVW贴图，设置参数，如下图所示。

23 选择一个空白材质球，将其设置为VRayMtl材质，为漫反射添加位图贴图，为反射通道添加衰减贴图，设置反射参数，如下图所示。

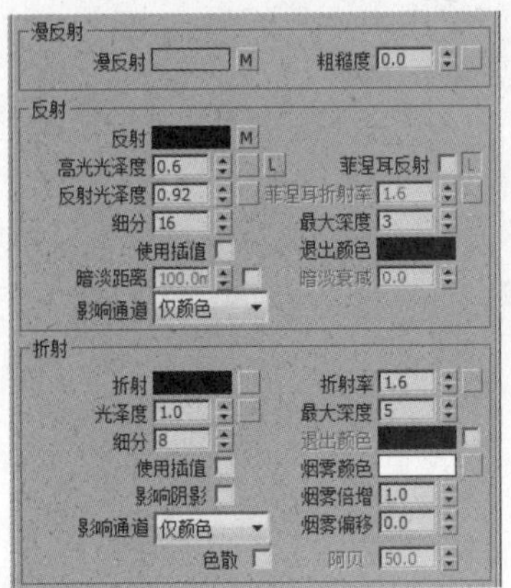

24 在“衰减参数”卷展栏中设置衰减颜色，如下图所示。

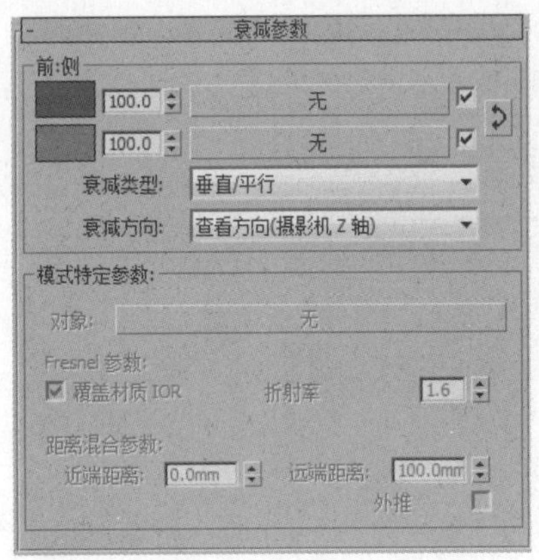

25 衰减颜色设置如下图所示。

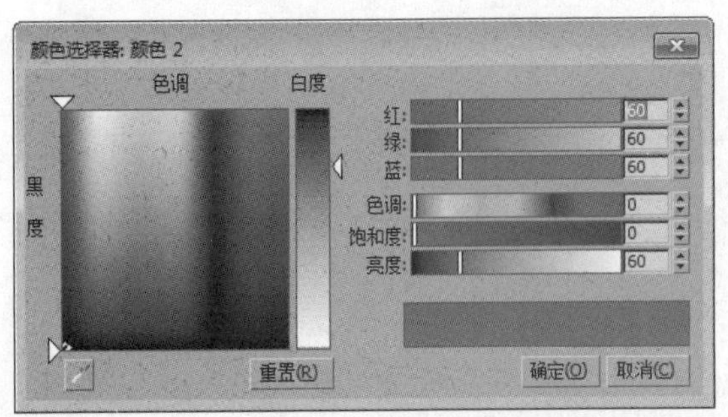

26 创建好的黑漆材质示例窗效果如下图所示。

27 将材质指定给场景中的家具及背景墙造型等模型，如下图所示。

28 选择一个空白材质球，将其设置为VRayMtl材质，为漫反射通道添加衰减贴图，设置反射颜色及反射参数，如下图所示。

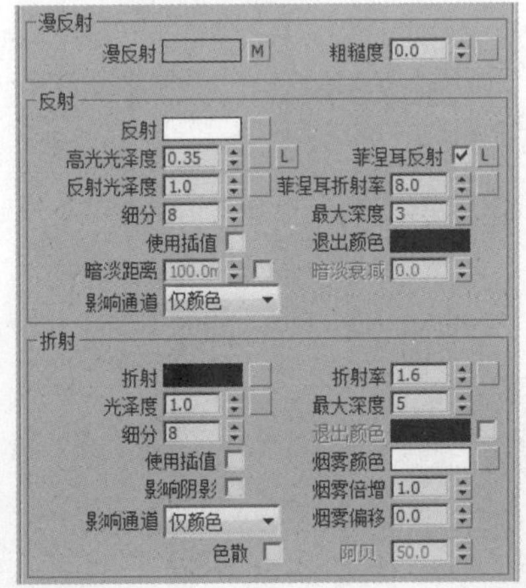

29 在“衰减参数”卷展栏中为其添加位图贴图，如下图所示。

30 创建好的床罩材质示例窗效果如下图所示。

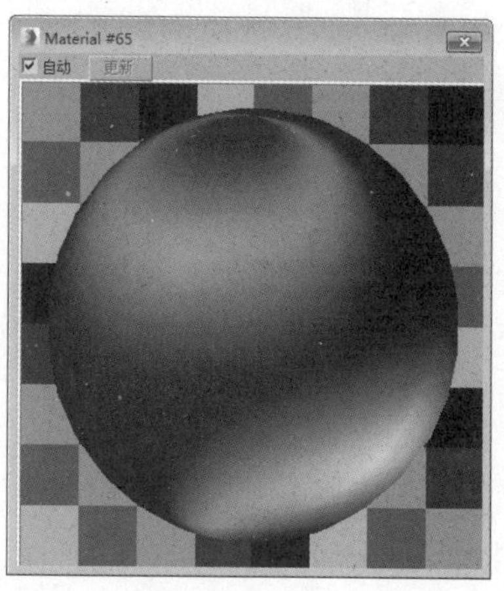

31 将创建好的材质指定给床罩模型，并为其添加UVW贴图，设置参数，如下图所示。

32 选择一个空白材质球，将其设置为VRayMtl材质，为漫反射通道添加位图贴图，其余保持默认设置，如下图所示。

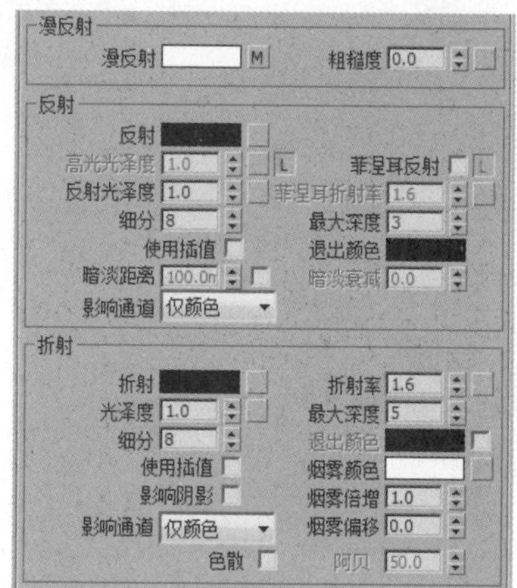

33 创建好的布料材质1示例窗效果如下图所示。

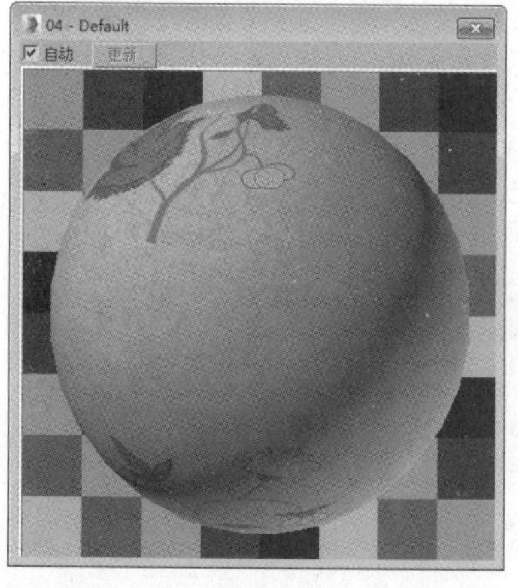

34 将材质指定给场景中的床尾巾模型，为其添加UVW贴图，设置参数，如下图所示。

35 再为其添加“壳”修改器，设置外部量值，如下图所示。

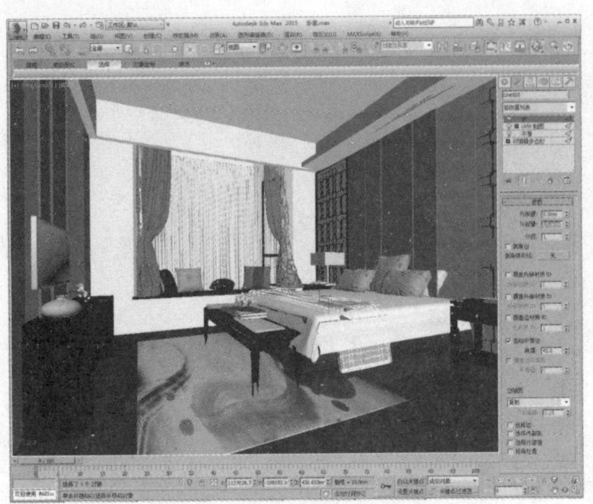

36 选择一个空白材质球，将其设置为混合材质，设置材质1和材质2为VRayMtl材质，为遮罩通道添加位图贴图，如下图所示。

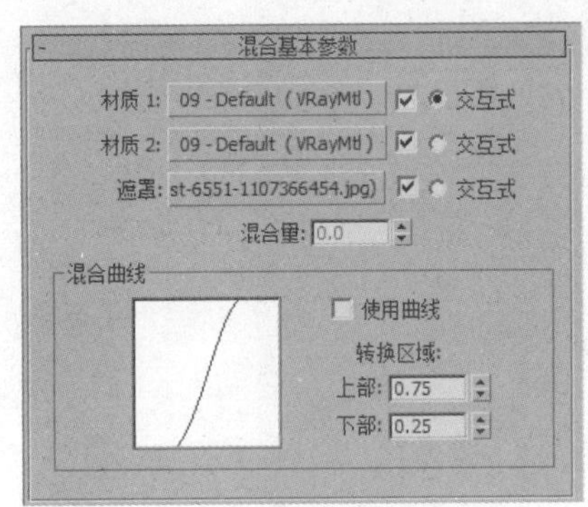

37 打开材质1设置面板，设置反射颜色及反射参数，如下图所示。

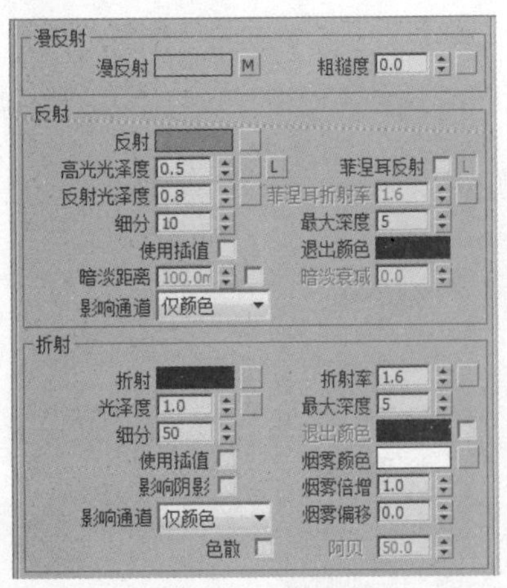

38 在“贴图”卷展栏中为漫反射通道及凹凸通道添加位图贴图，并设置凹凸值，如下图所示。

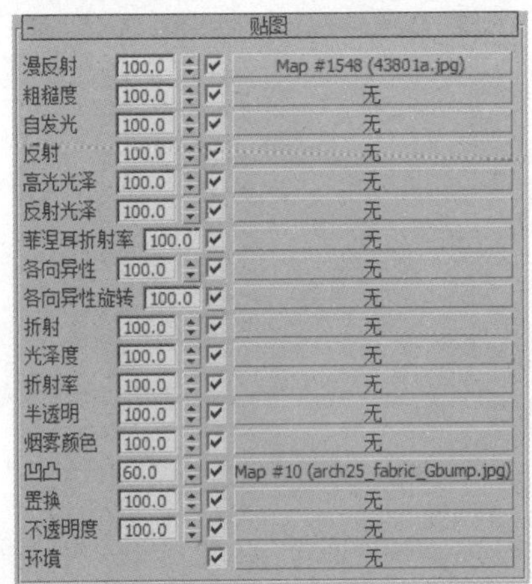

39 打开材质2设置面板，为漫反射通道添加位图贴图，如下图所示。

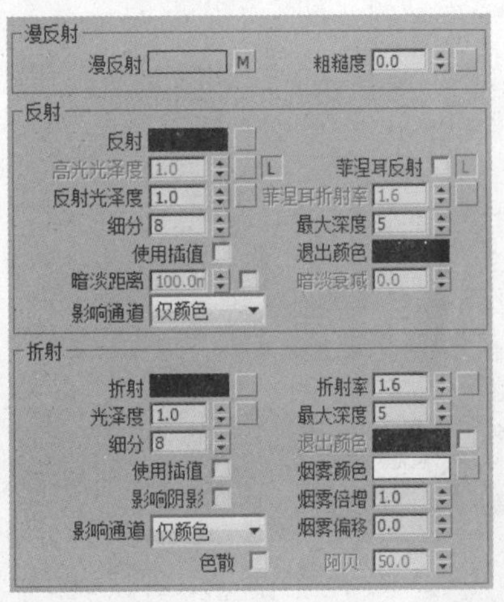

40 创建好的床尾凳坐垫材质示例窗效果如下图所示。

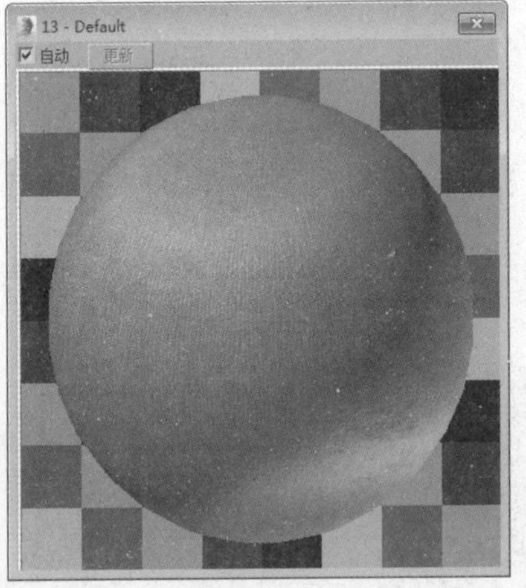

41 将乳胶漆材质指定给被罩模型，再将创建好的材质指定给床尾凳坐垫模型，为其添加UVW贴图，设置参数，如下图所示。

42 选择一个空白材质球，将其设置为VRayMtl材质，设置漫反射颜色及反射颜色，再设置反射参数，如下图所示。

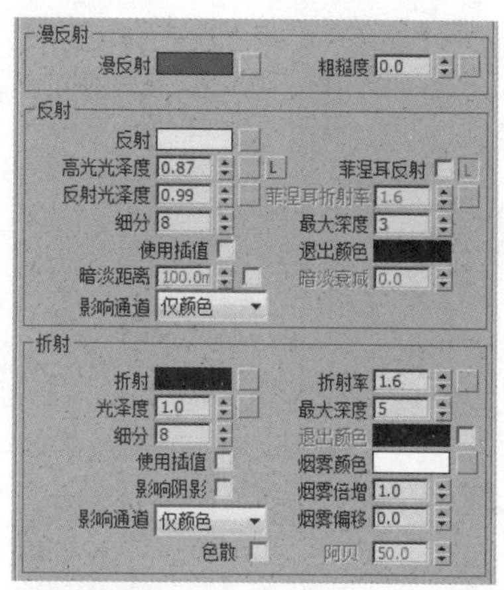

43 漫反射颜色及反射颜色设置如下图所示。

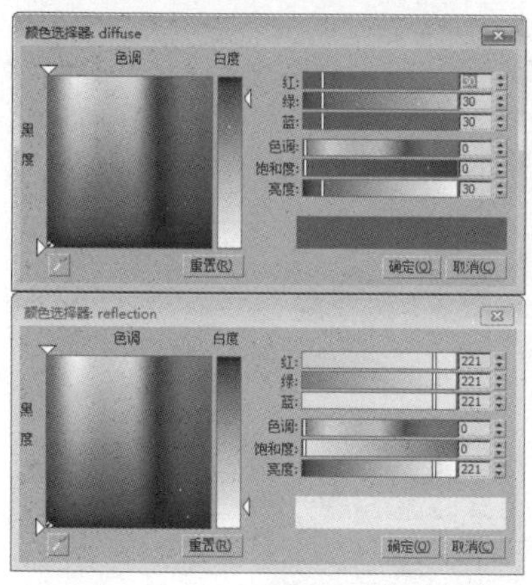

44 创建好的不锈钢材质示例窗效果如下图所示。

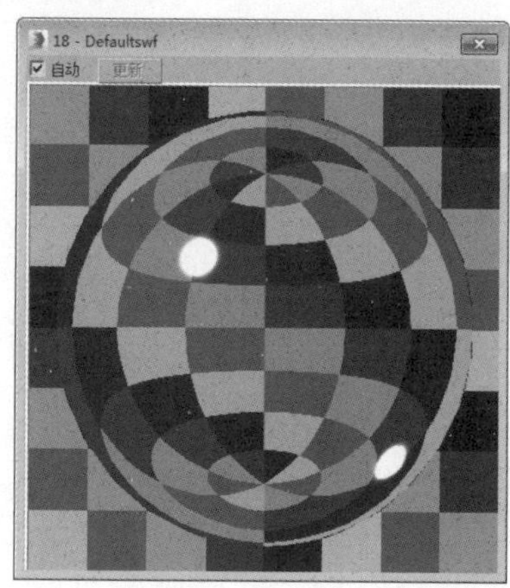

45 选择一个空白材质球，将其设置为VRayMtl材质，设置漫反射颜色及折射颜色，再设置折射参数，如下图所示。

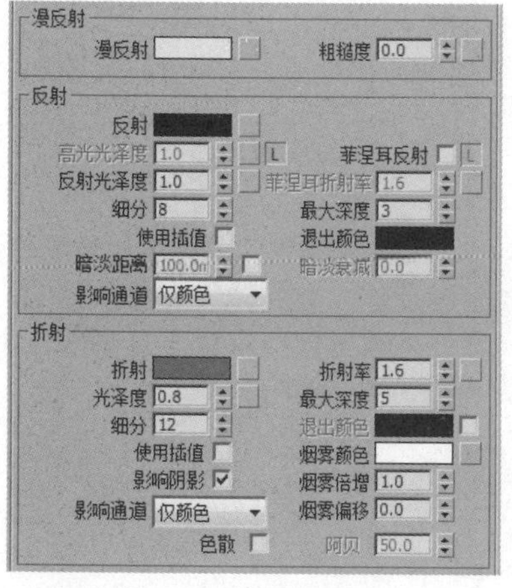

46 漫反射颜色及折射颜色设置如下图所示。

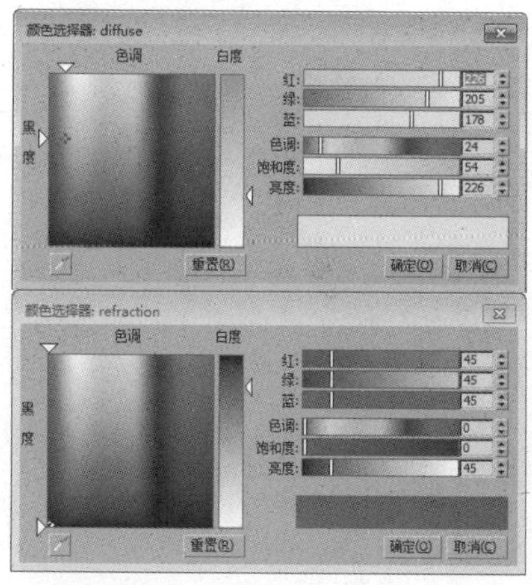

47 创建好的灯罩材质示例窗效果如下图所示。

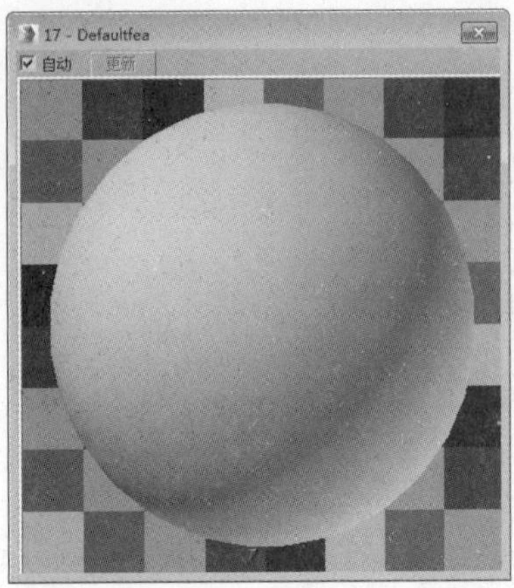

48 将创建好的不锈钢材质及灯罩材质指定给场景中的台灯模型，如下图所示。

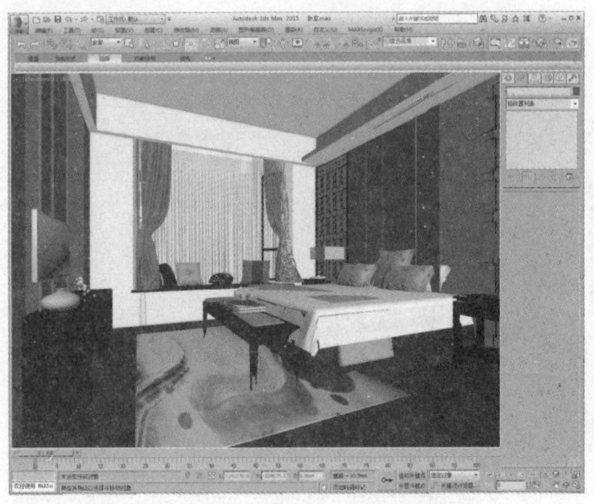

49 选择一个空白材质球，将其设置为VRayMtl材质，设置漫反射颜色及反射颜色，设置反射参数，如下图所示。

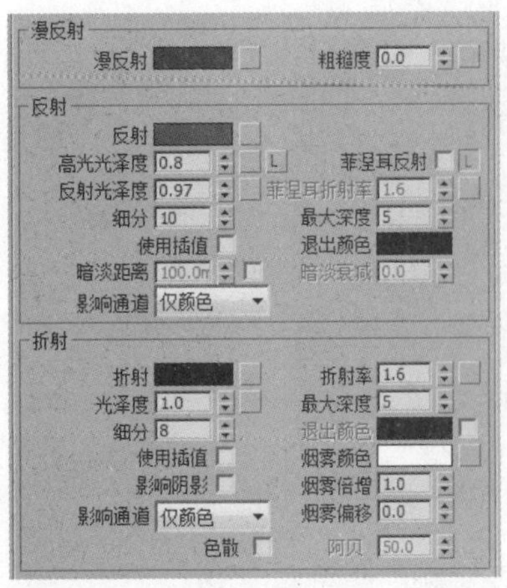

50 漫反射颜色及反射颜色设置如下图所示。

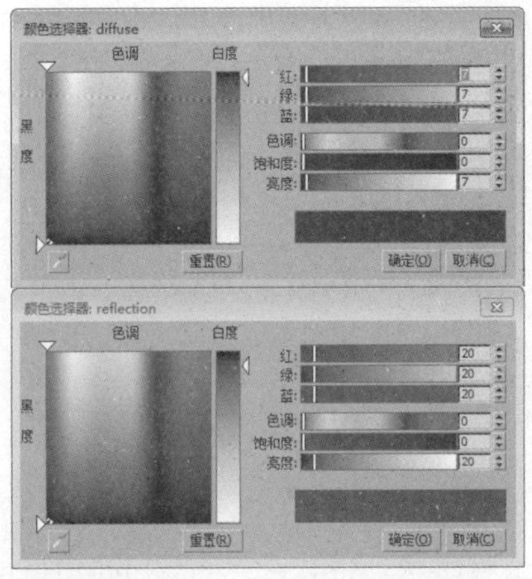

51 创建好的电视机壳材质示例窗效果如下图所示。

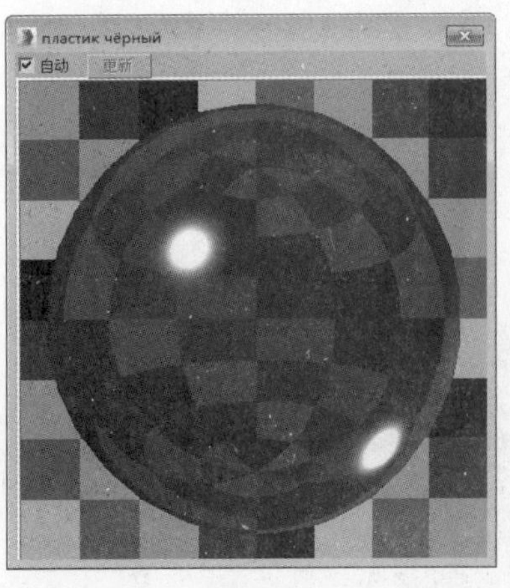

52 选择一个空白材质球，将其设置为VRayMtl材质，设置漫反射颜色及反射颜色，如下图所示。

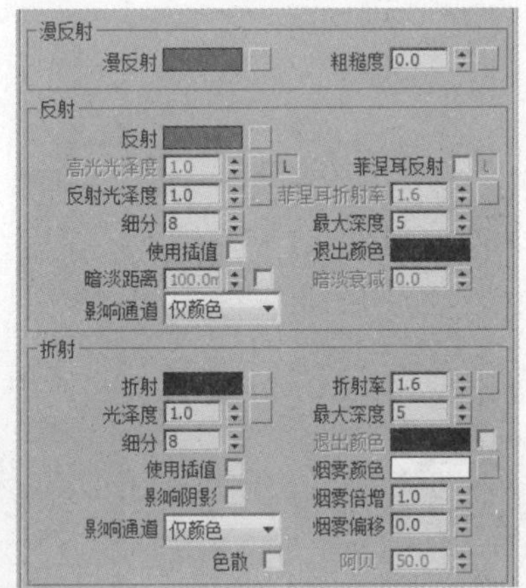

53 漫反射颜色及反射颜色设置如下图所示。

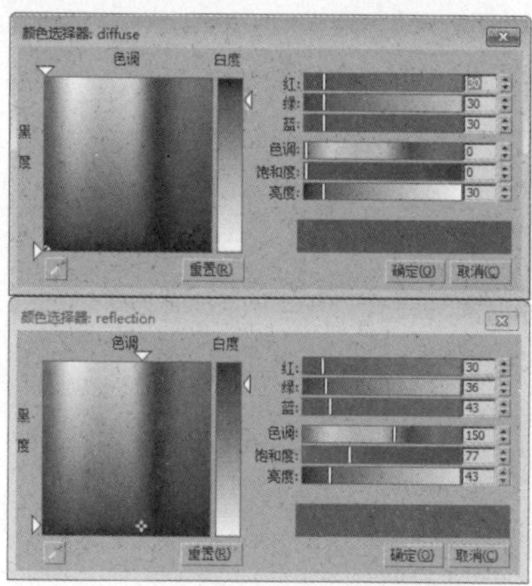

54 创建好的电视机屏幕材质示例窗效果如下图所示。

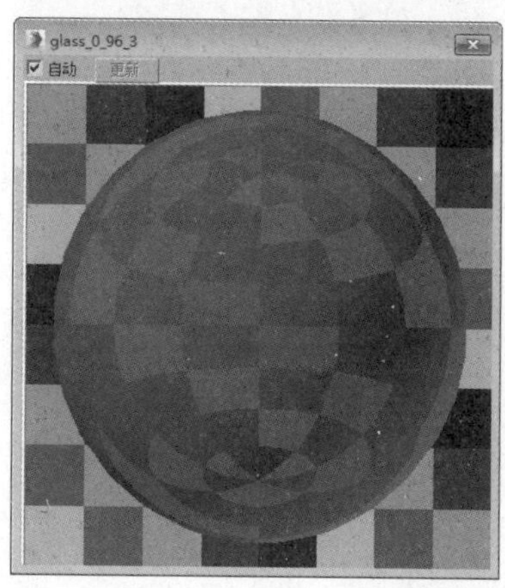

55 将创建好的壳材质和屏幕材质分别指定给电视机的不同部分，如下图所示。

56 渲染摄影机视口，效果如下图所示。这是未设置渲染参数以及没有光源下的效果。

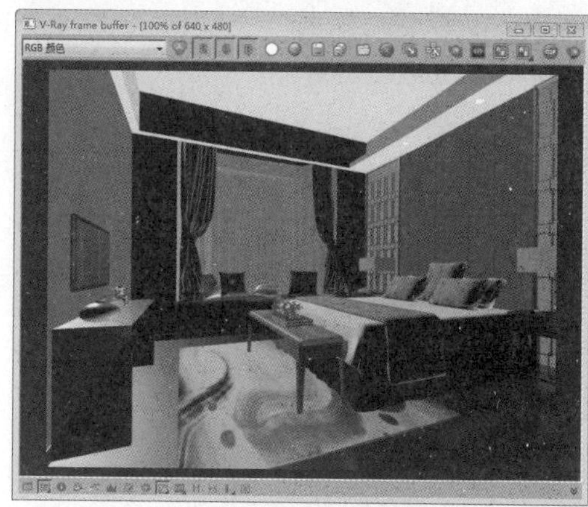

20.7 创建场景光源以及渲染设置

本小节中将对场景进行室内和室外光源的创建，另外再进行测试渲染参数的设置，操作过程如下。

01 打开“渲染设置”窗口，在“帧缓冲区”卷展栏中取消勾选“启用内置帧缓冲区”选项，在“图像采样器”卷展栏中设置最小着色速率为1，设置过滤器类型，如右图所示。

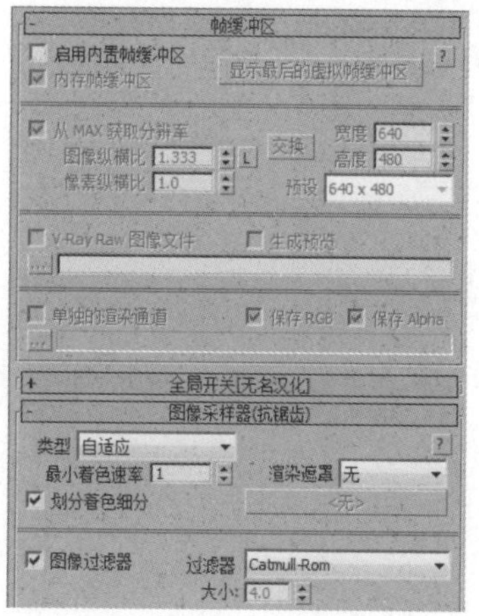

02 在“全局照明”卷展栏中启用全局照明，设置二次引擎为灯光缓存，在“发光图”卷展栏中设置预设值模式及细分采样值等，在“灯光缓存”卷展栏中设置细分值，如下图所示。

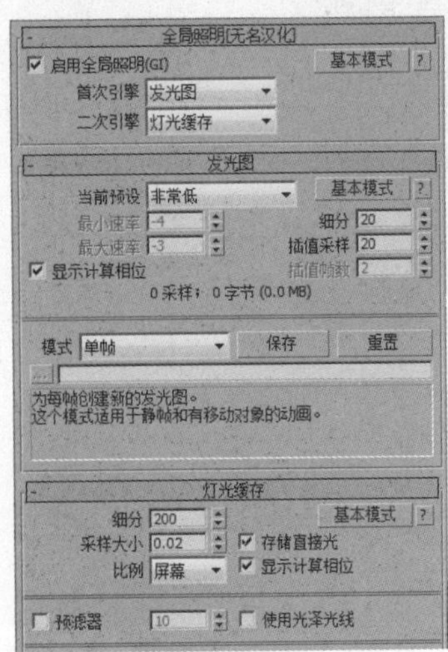

03 在“系统”卷展栏中设置序列模式以及动态内存限制值，如下图所示。

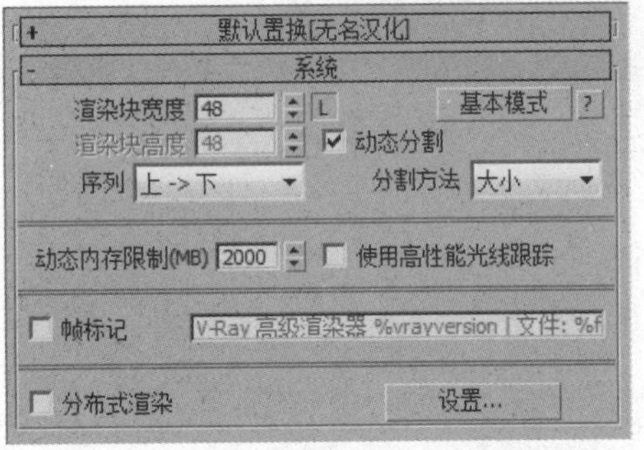

04 在左视图中创建一盏VRay灯光，调整到合适位置，如下图所示。

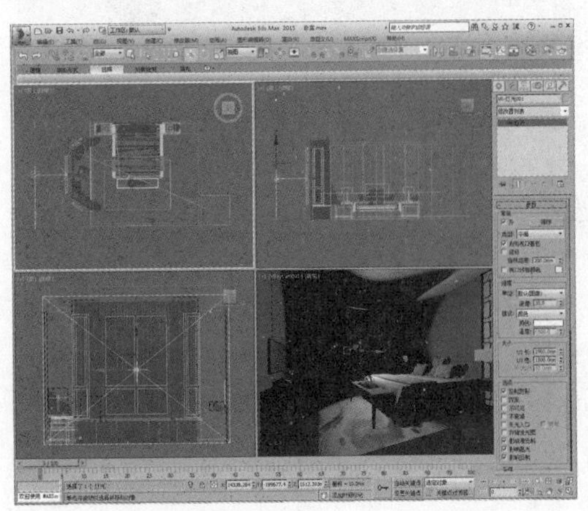

05 渲染摄影机视口，效果如下图所示。

06 设置灯光颜色及其他参数，再调整灯光位置，如右图所示。

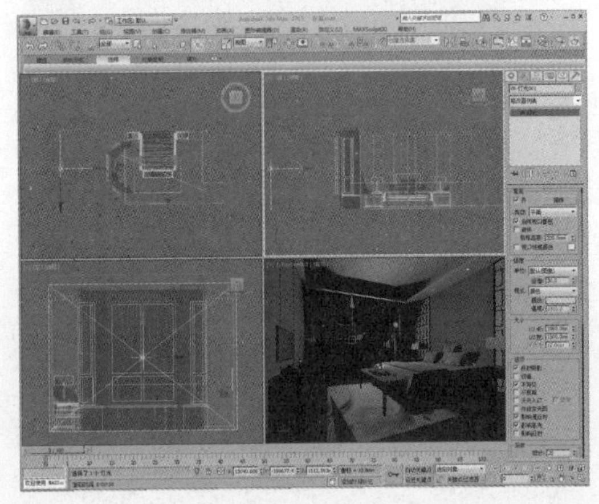

07 灯光颜色设置如下图所示。

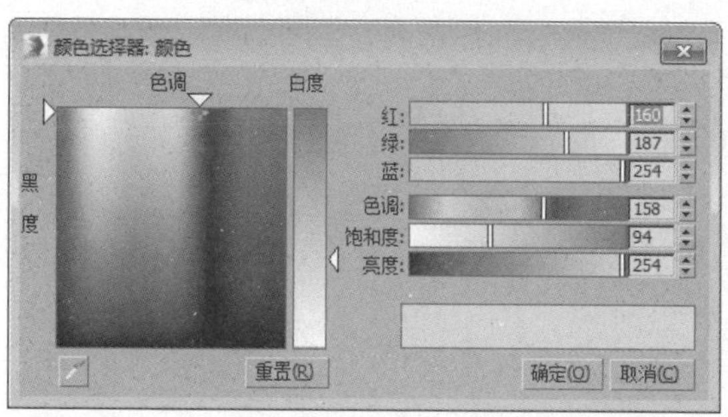

08 再次渲染摄影机视口，效果如下图所示。

09 复制灯光，调整灯光强度及大小，再调整到合适位置，如下图所示。

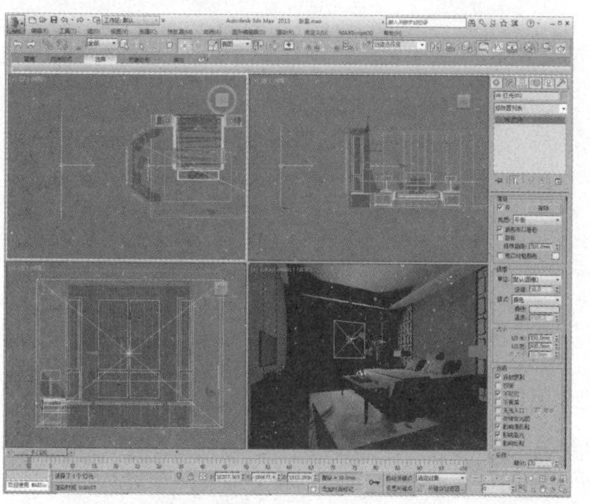

10 渲染摄影机视口，效果如下图所示。

11 在顶视图中复制灯光并调整灯光角度，再调整灯光颜色及强度，如下图所示。

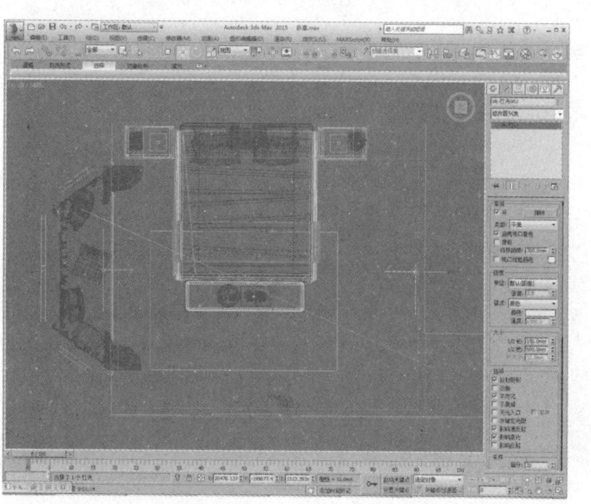

12 灯光颜色设置如下图所示。

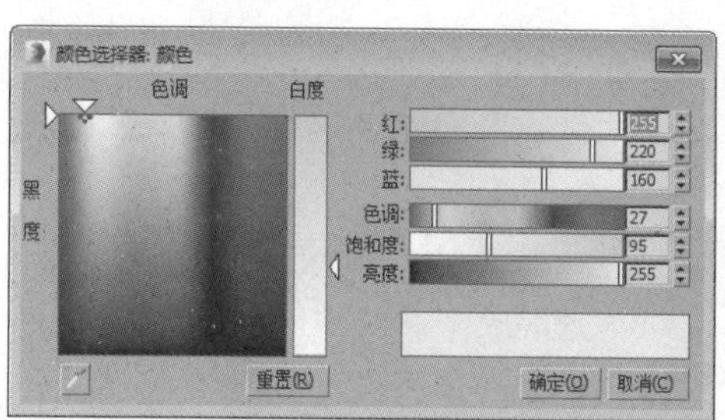

13 渲染摄影机视口，效果如下图所示。

14 在前视图中创建一盏VR灯光，调整灯光参数及角度，如下图所示。

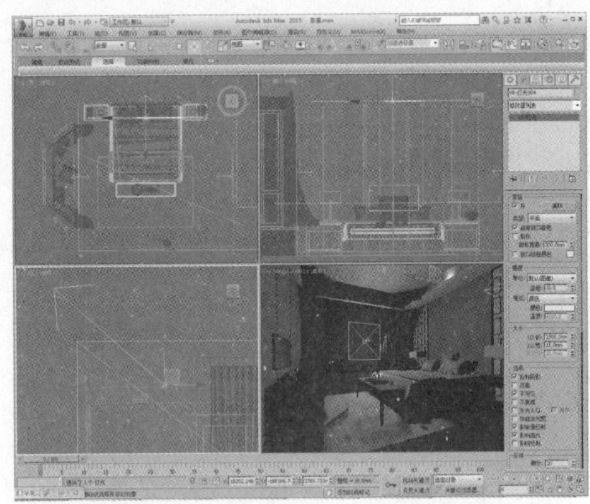

15 渲染摄影机视口，效果如下图所示。

16 在前视图中创建一盏目标灯光，调整到合适位置，如下图所示。

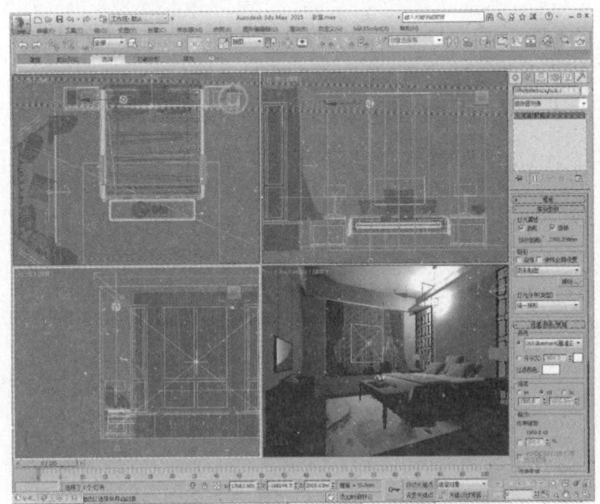

17 渲染摄影机视口，效果如下图所示。

18 为目标灯光启用VR-阴影，添加光域网并调整灯光强度，再调整灯光颜色，如下图所示。

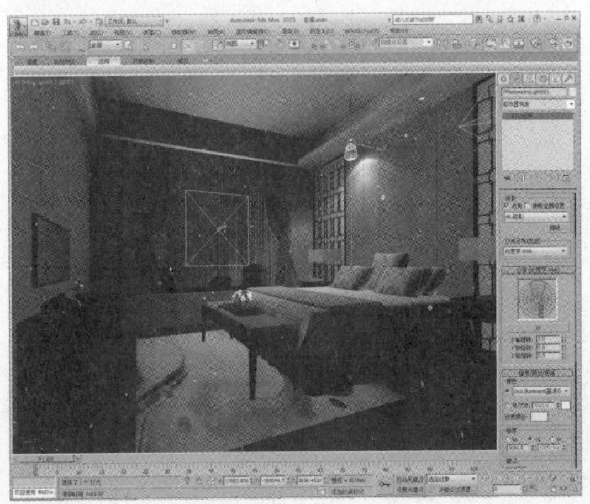

19 渲染摄影机视口，效果如下图所示。

20 实例复制灯光到另一侧，再复制灯光到其他位置，并更改光域网类型，如下图所示。

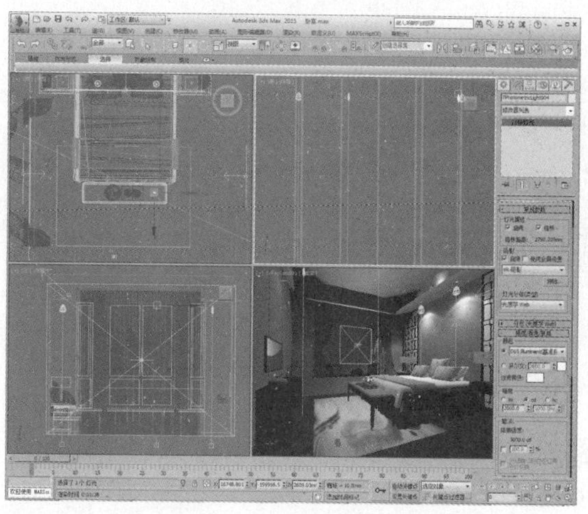

21 渲染摄影机视口，效果如下图所示。

22 创建一盏VR灯光，设置灯光类型为球体、半径为30，如下图所示。

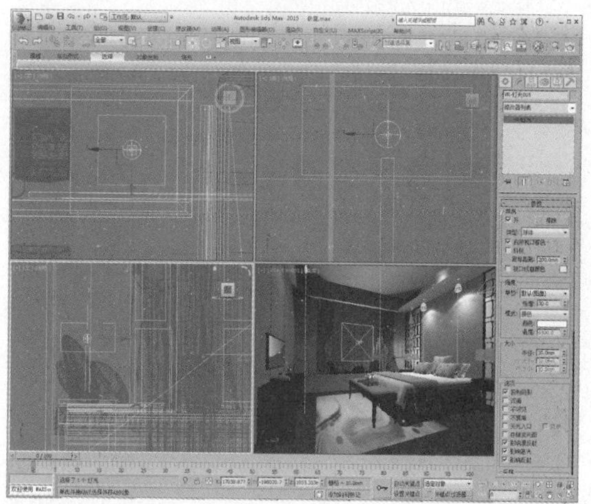

23 渲染摄影机视口，效果如下图所示。

24 调整灯光颜色及强度等参数，如下图所示。

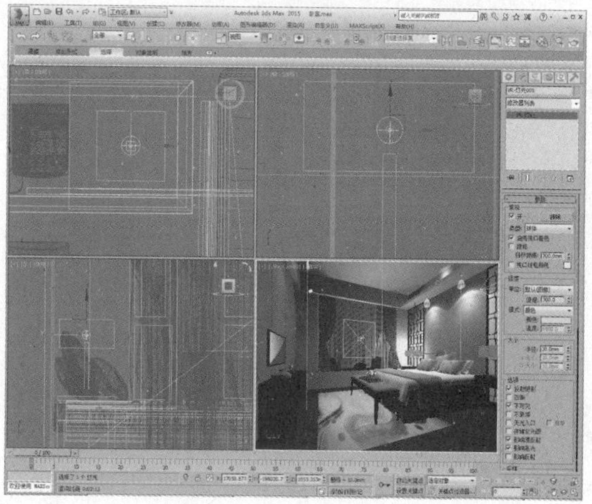

25 渲染摄影机视口，效果如下图所示。

26 复制灯光到床头另一侧位置，如下图所示。

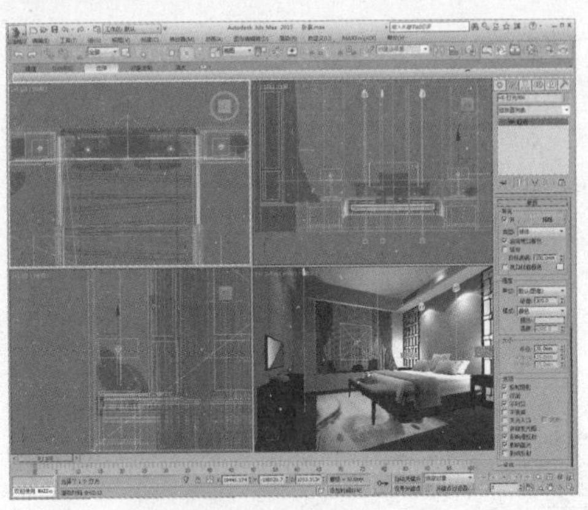

27 在“渲染设置”窗口中设置输出尺寸为1200×800，如下图所示。

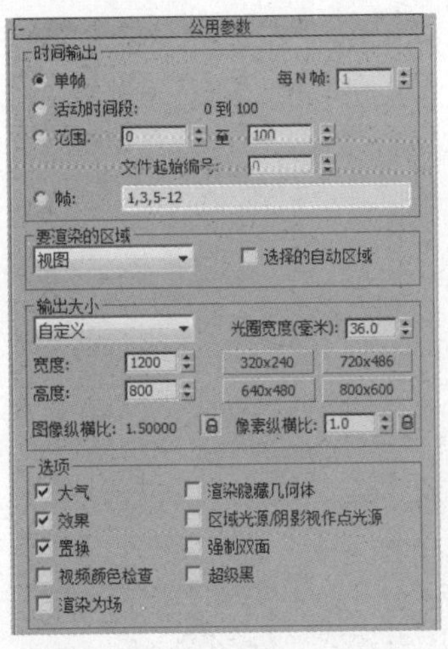

28 在“全局确定性蒙特卡洛”卷展栏中设置噪波阈值及最小采样值，勾选“时间独立”选项，再设置颜色贴图类型为指数，如下图所示。

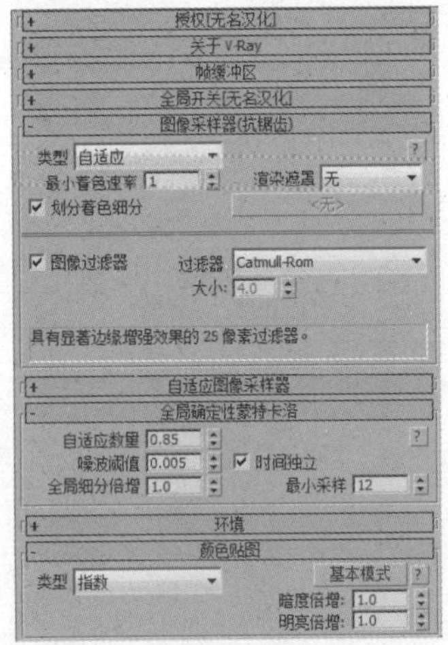

29 设置发光图预设等级为中，设置细分值及插值采样值，再设置灯光缓存细分值，如下图所示。

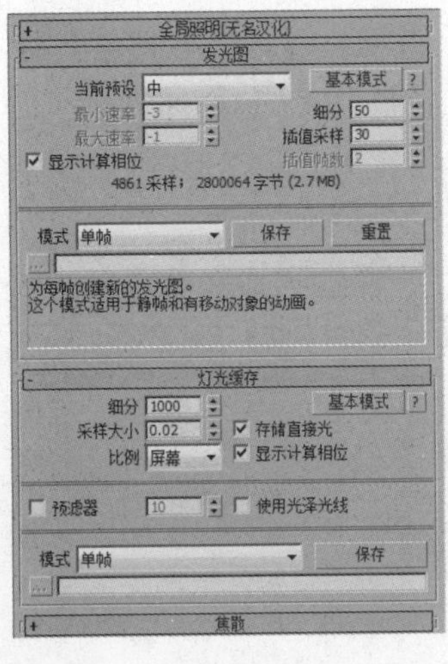

30 渲染摄影机视口，最终渲染效果如下图所示。

20.8 效果图后期处理

效果图后期处理是效果图制作过程中一个十分重要的环节，此时可以弥补渲染效果中的一些不足。这里使用Photoshop软件来进行效果图后期处理，具体操作步骤如下。

01 打开渲染效果图，如下图所示。

02 执行“图像>调整>亮度/对比度”命令，打开“亮度/对比度”对话框，调整增加亮度及对比度值，勾选“预览”选项，可以看到图片整体效果变亮，并且明暗对比增强，如下图所示。

03 执行“图像>调整>色相/饱和度”命令，在打开的对话框中调整黄色的饱和度，如下图所示。

04 继续调整红色的饱和度，如下图所示。

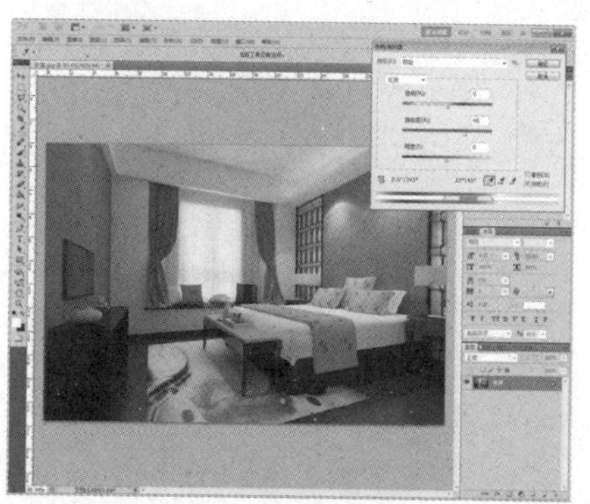

05 执行“图像>调整>色彩平衡”命令，打开“色彩平衡”对话框，调整色调，如下图所示。

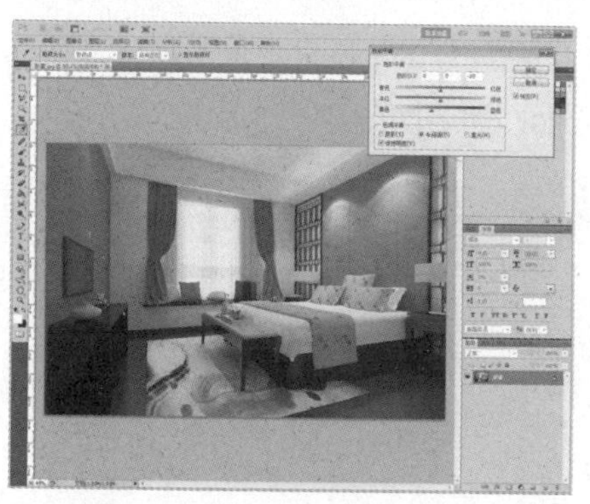

06 执行“图像>调整>曲线”命令，打开“曲线”对话框，调整曲线，最后调整完成的效果如下图所示。

客厅效果的制作

本章中创建的是一个欧式田园风格的客厅场景，场景中带有一个较大的阳台，从而拥有了充足的光线。为了扮靓客厅区域，在此还创建了很多家具模型，比如沙发、茶几、灯具等。最终该区域呈现出了美观大方、宽敞明亮、色彩统一、出入方便的效果。

知识点

1. 样条线的使用
2. 多边形建模
3. VR太阳光的使用

21.1 制作客厅主体建筑模型

下面对客厅主体建筑模型的创建过程进行介绍。

01 执行“文件>导入>导入”命令，导入客厅CAD平面图，如下图所示。

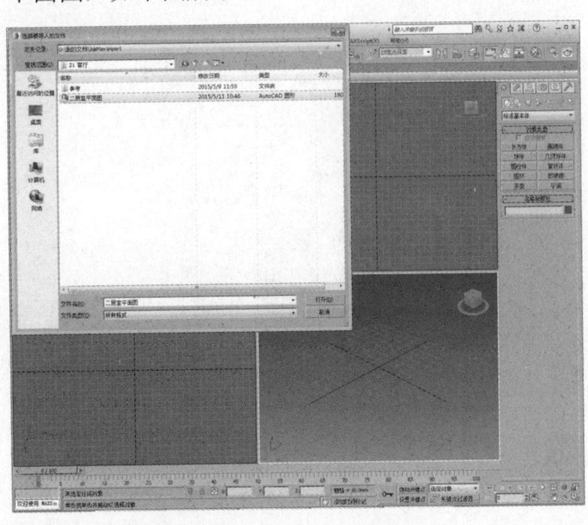

02 将平面图导入到当前视图中，如下图所示。

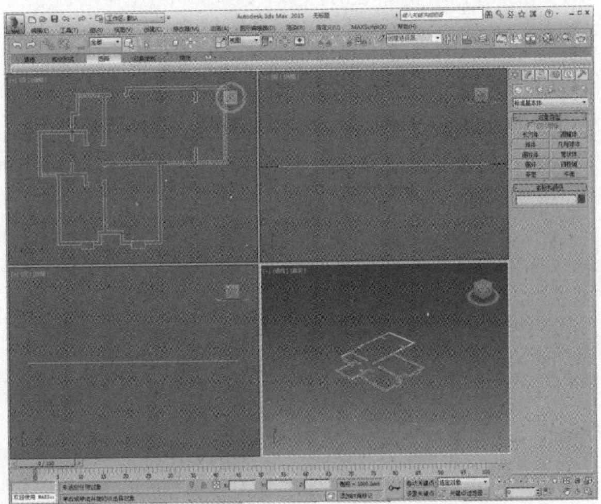

03 开启捕捉开关，在创建命令面板中单击“线”按钮，在顶视图中捕捉绘制室内框线，如下图所示。

04 关闭捕捉开关，为其添加“挤出”修改器，设置挤出值为3000，如下图所示。

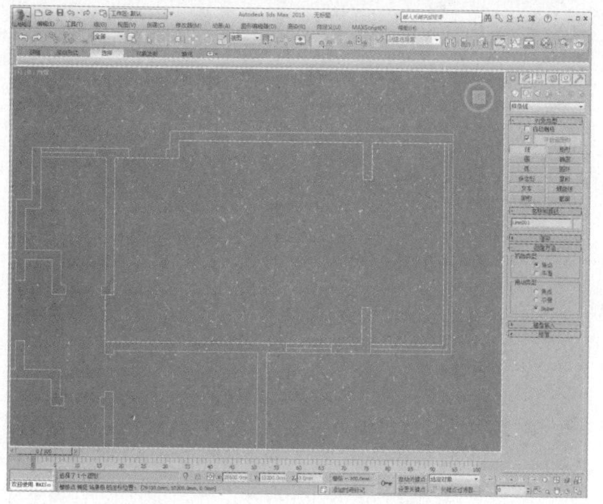

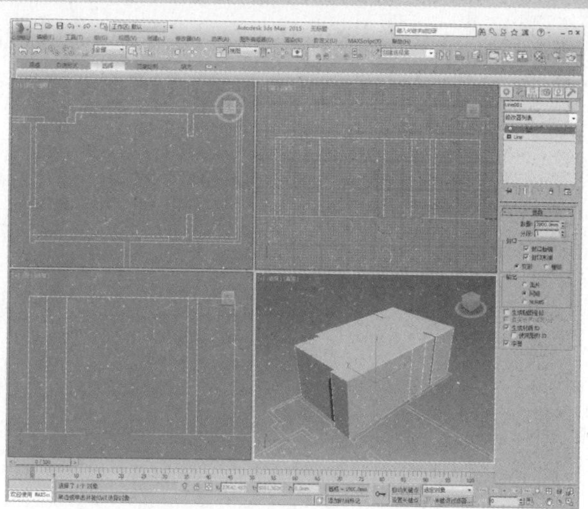

05 将其转换为可编辑多边形，进入“边”子层级，选择两条边，如下图所示。

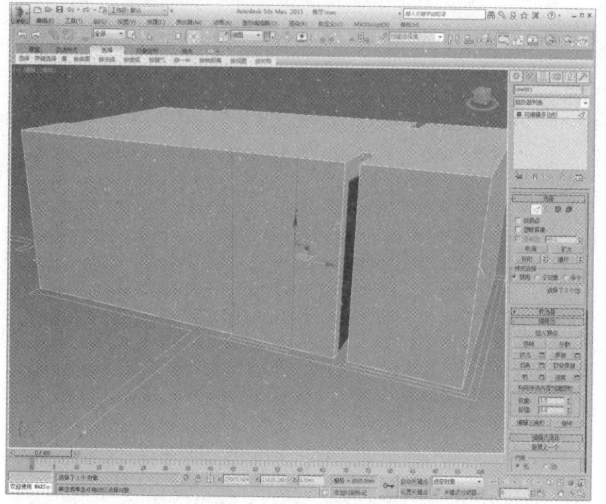

06 单击“连接”设置按钮，设置连接边数为2，如下图所示。

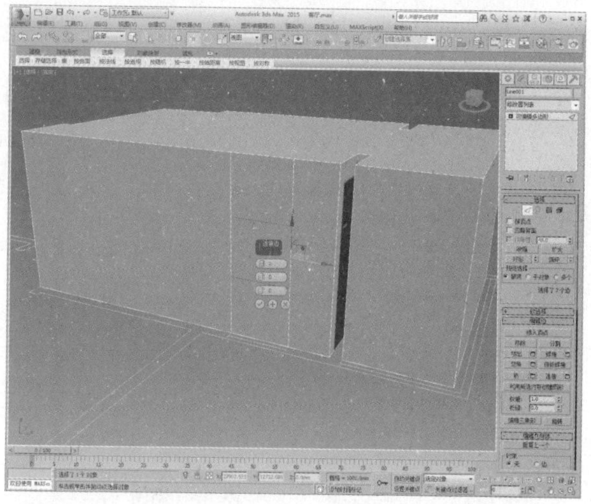

07 调整新创建的两条边的高度，如下图所示。

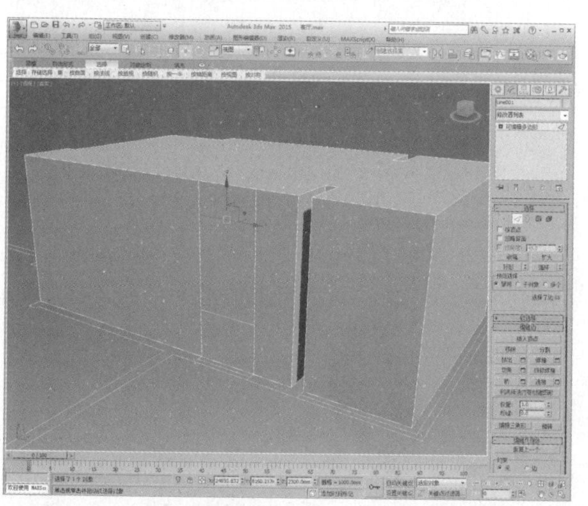

08 再制作阳台位置的边并调整高度，如下图所示。

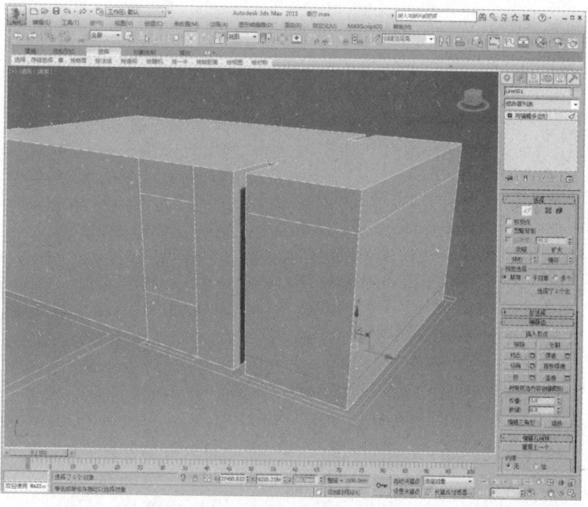

09 进入“多边形”子层级，选择多边形，如下图所示。

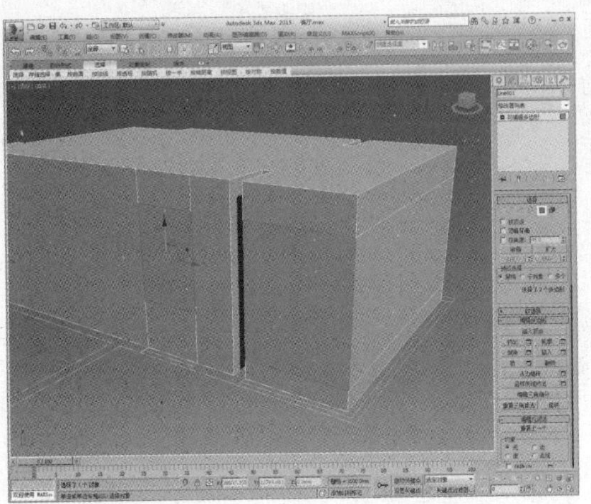

10 单击“挤出”设置按钮，设置挤出值为200，如下图所示。

11 再挤出另一侧多边形，如下图所示。

12 选择多边形并按Delete键将其删除，如下图所示。

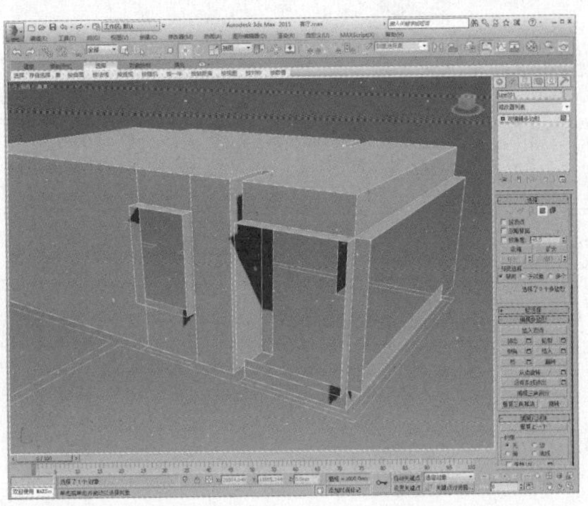

13 按快捷键Ctrl+A全选所有多边形，如下图所示。

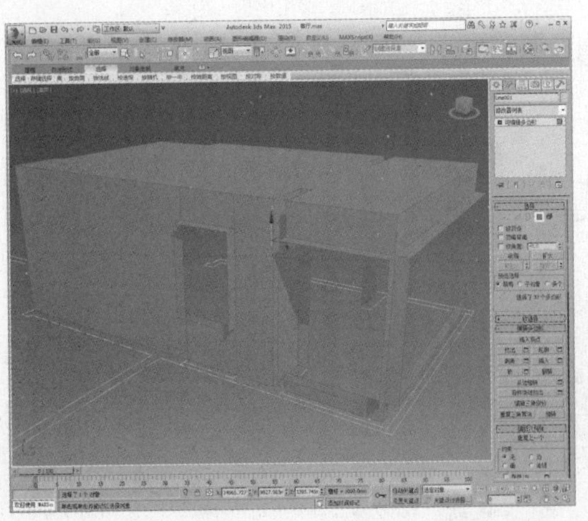

14 单击“翻转”按钮，即可透视看到模型内部，如下图所示。

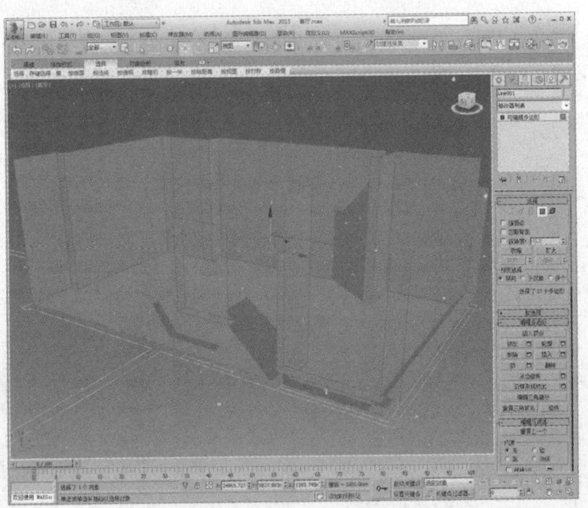

15 在左视图中绘制一条样条线，如下图所示。

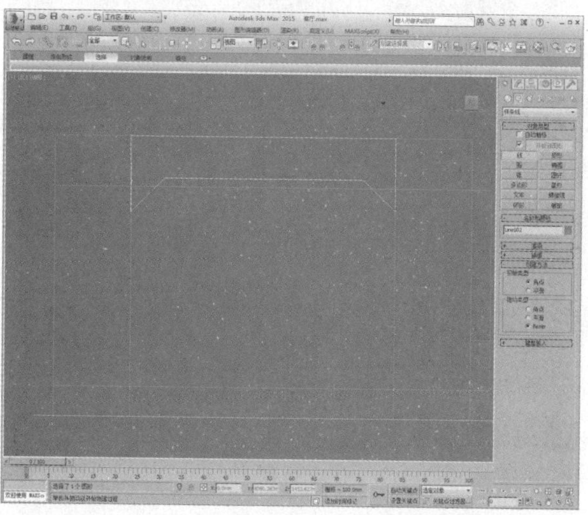

16 进入“顶点”子层级，设置顶点类型为Bezier角点，调整控制柄，如下图所示。

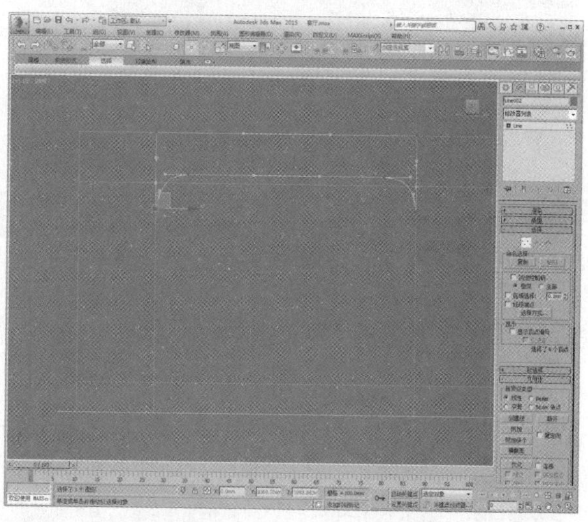

17 为其添加“挤出”修改器，设置挤出值为200，调整位置，如下图所示。

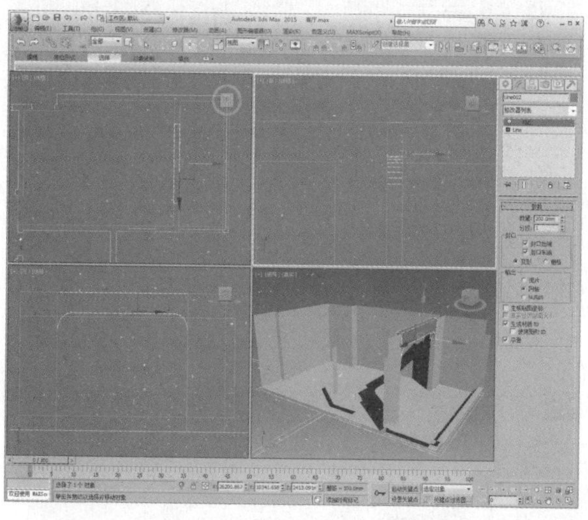

18 选择建筑多边形，单击“附加”按钮，附加选择刚才创建的模型，使其成为一个整体，如下图所示。

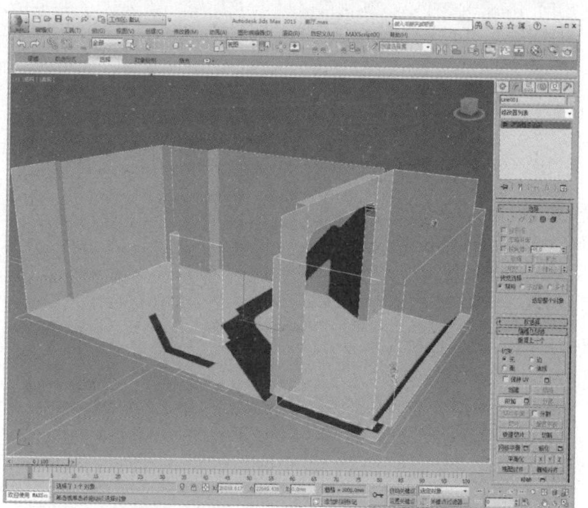

21.2 制作窗户造型

场景中除了阳台的落地窗，在客厅沙发背景墙位置还留了一扇小一些的窗户，本小节主要介绍该窗户模型的制作，阳台位置后期会利用窗帘来遮挡，可以省去创建步骤，具体的操作过程如下。

01 在顶视图中绘制一个矩形，设置参数，如下图所示。

02 在前视图中捕捉绘制一个矩形，如下图所示。

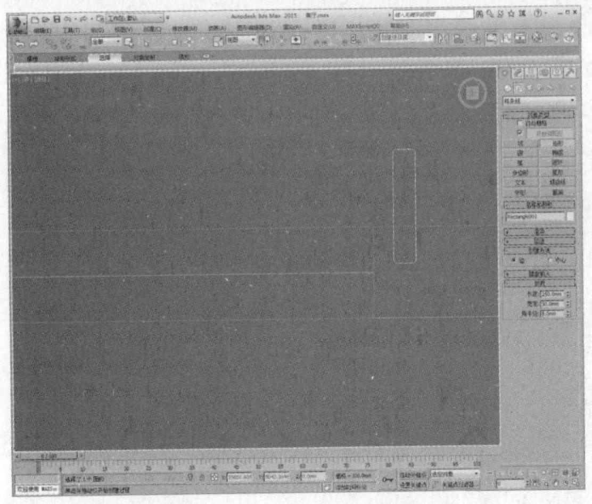

03 保持选择矩形，在复合对象面板中单击“放样”按钮，再单击“获取图形”按钮，单击选择另一个矩形，如下图所示。

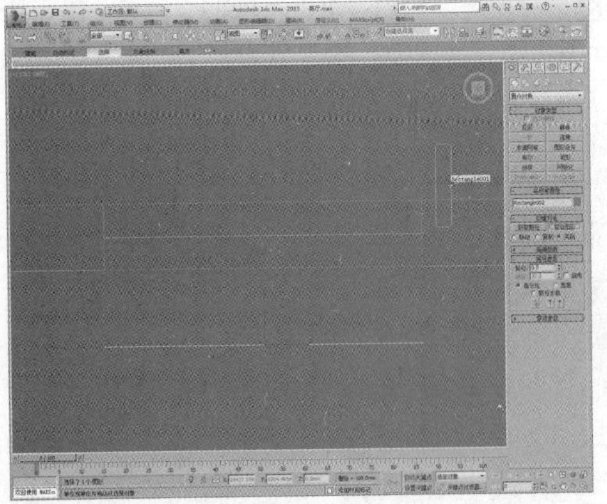

05 在前视图中捕捉绘制一个矩形，如下图所示。

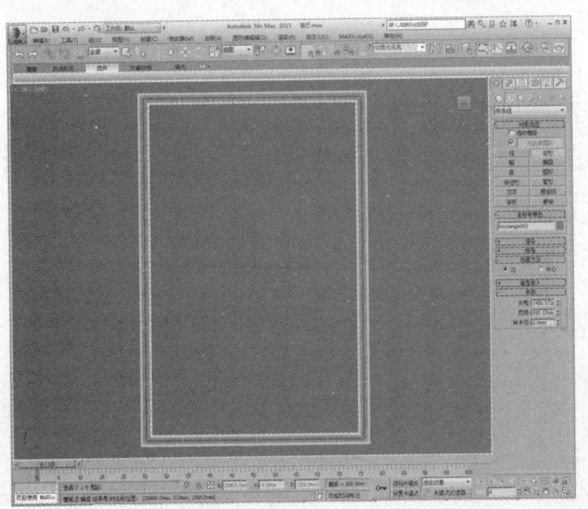

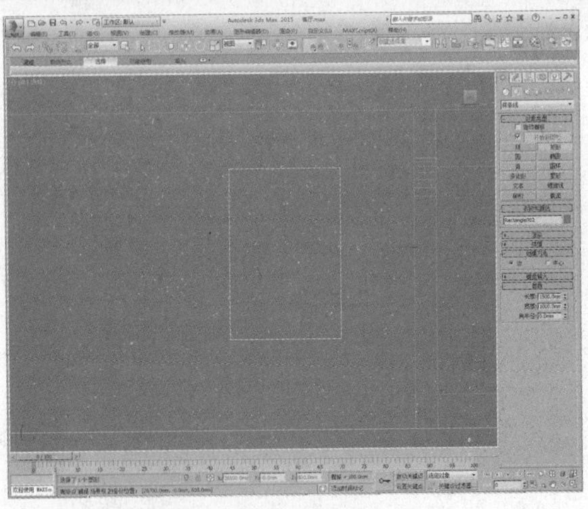

04 这样就制作出窗套模型，将其移动到合适位置，如下图所示。

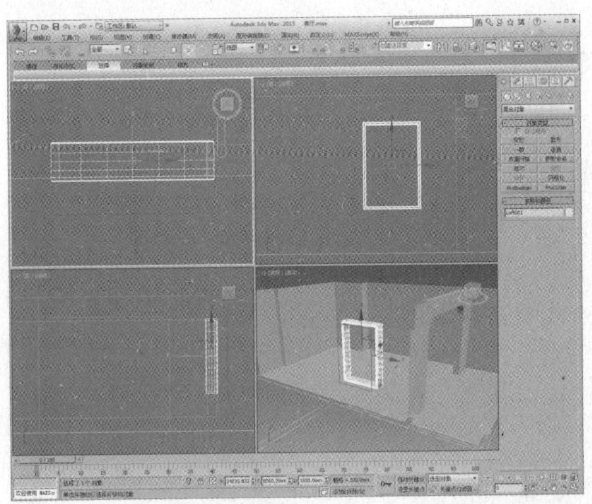

06 将其转换为可编辑样条线，进入“样条线”子层级，如下图所示。

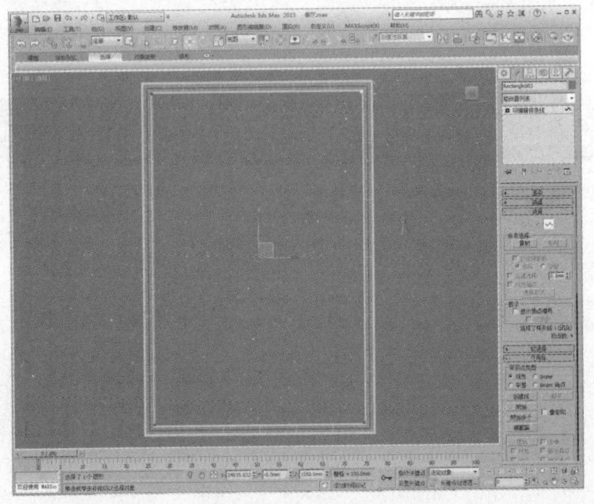

07 选择样条线并进行复制，再进入“顶点”子层级，调整顶点，如下图所示。

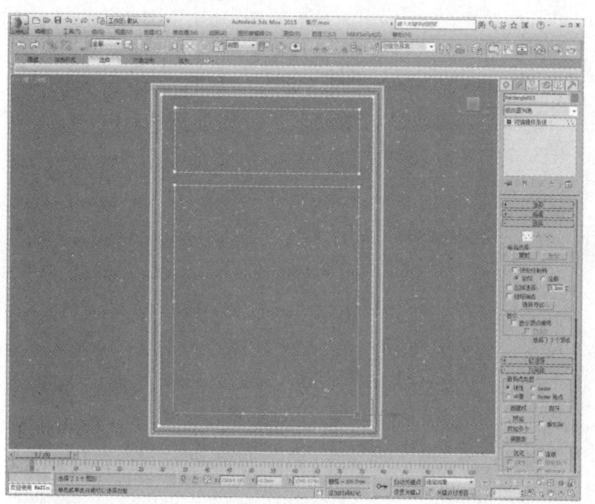

08 为其添加“挤出”修改器，设置挤出值为60，调整模型到合适位置，如下图所示。

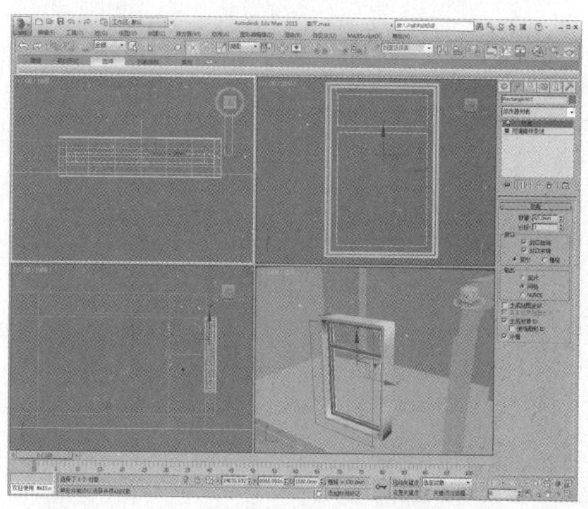

09 将模型转换为可编辑多边形，进入“边”子层级，选择如下图所示的边。

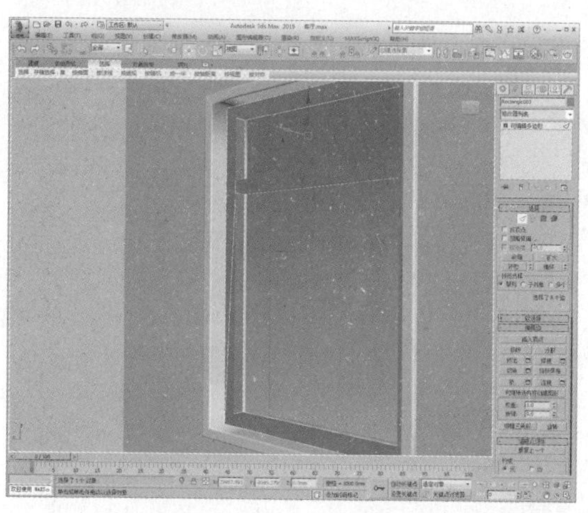

10 单击“切角”设置按钮，设置边切角量为5，如下图所示。

11 在前视图中捕捉绘制一个矩形，如下图所示。

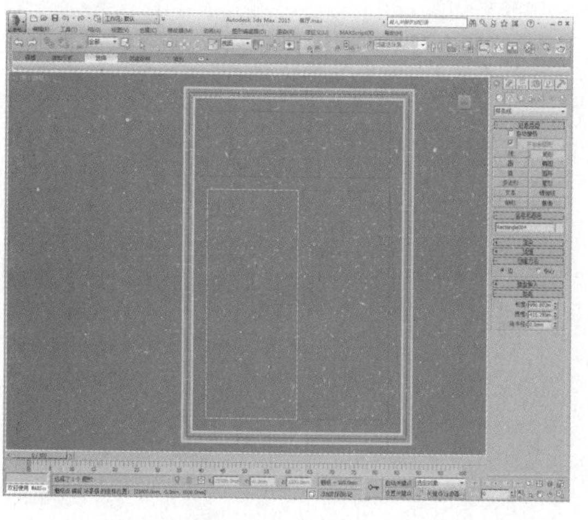

12 将其转换为可编辑样条线，进入“样条线”子层级，设置轮廓值为60，如下图所示。

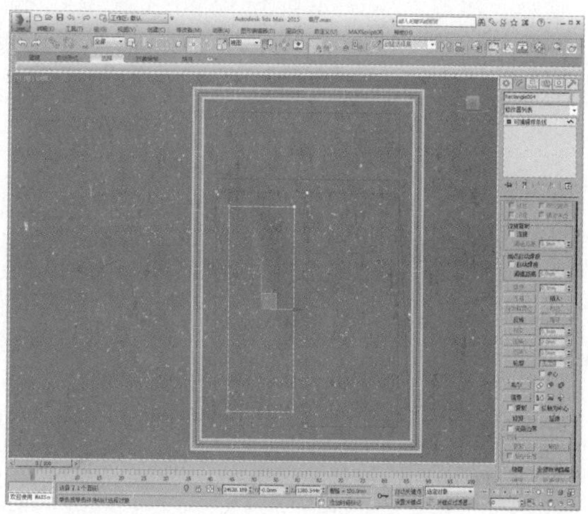

13 为其添加“挤出”修改器，设置挤出值为30，移动到合适位置，如下图所示。

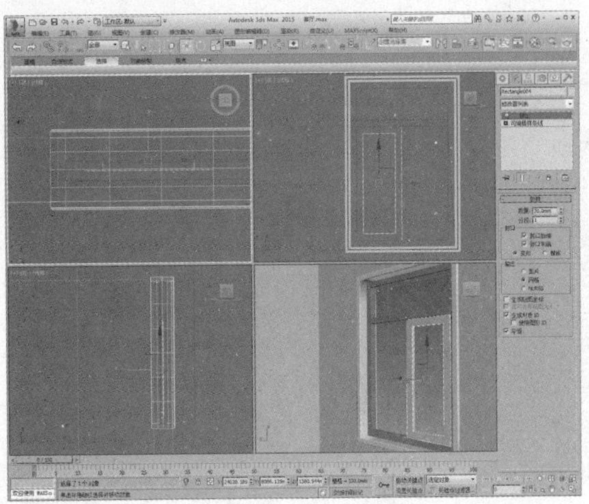

14 将其转换为可编辑多边形，进入“边”子层级，选择如下图所示的边。

15 单击“切角”设置按钮，设置边切角量为5，如下图所示。

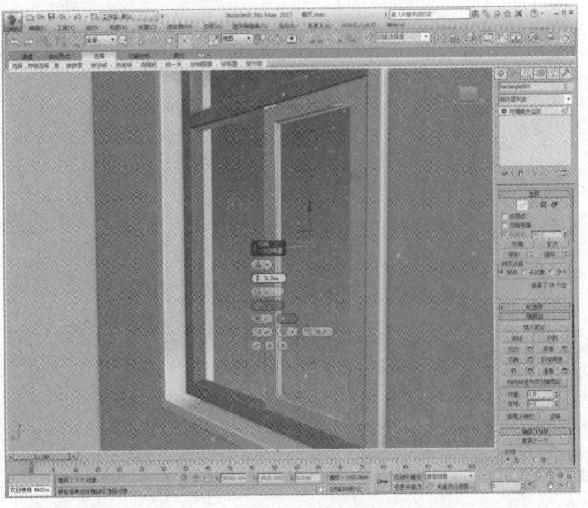

16 捕捉绘制矩形，并将其挤出8个单位，作为玻璃模型，再将其移动到合适位置，制作出一扇窗户的模型，如下图所示。

17 复制窗户模型，如右图所示。

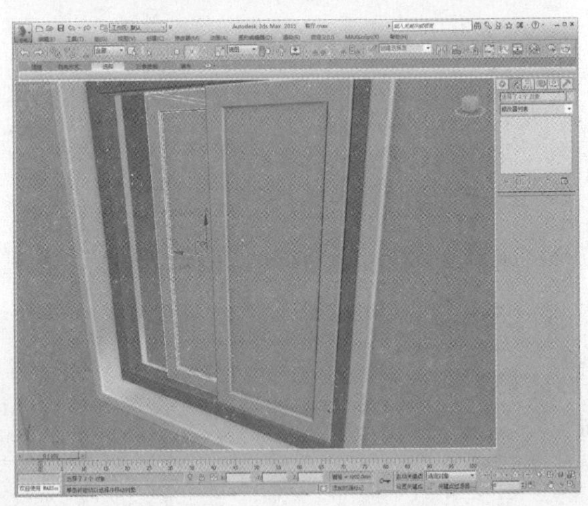

21.3 制作吊顶、墙面及踢脚线造型

场景中的吊顶和墙面采用了田园风格中常用的造型，下面来介绍具体制作过程。

01 制作吊顶模型。在顶视图中捕捉绘制一个矩形，如下图所示。

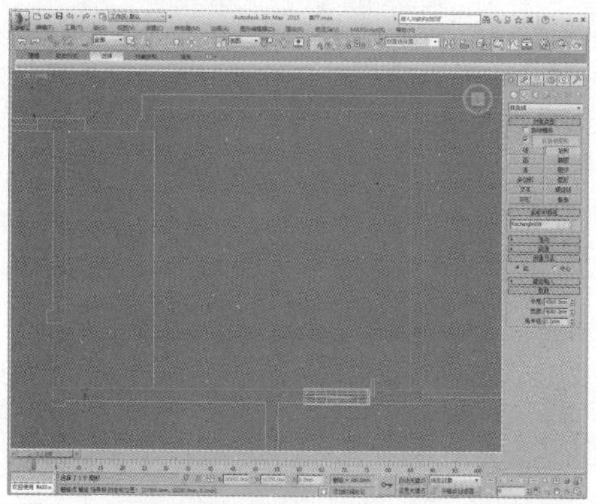

02 将其转换为可编辑样条线，进入“样条线”子层级，设置轮廓值为500，如下图所示。

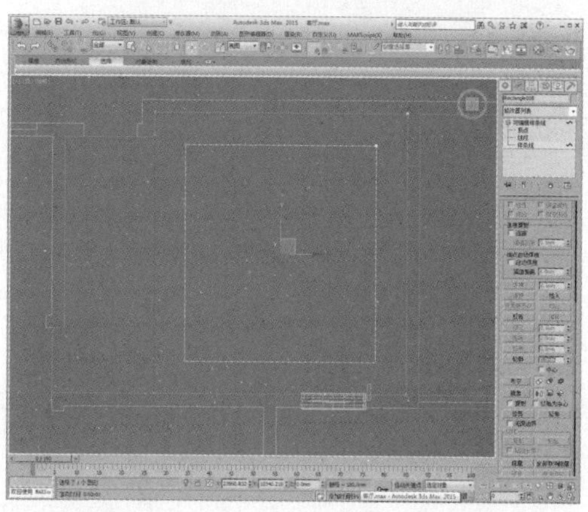

03 进入“顶点”子层级，选择所需的顶点，如下图所示。

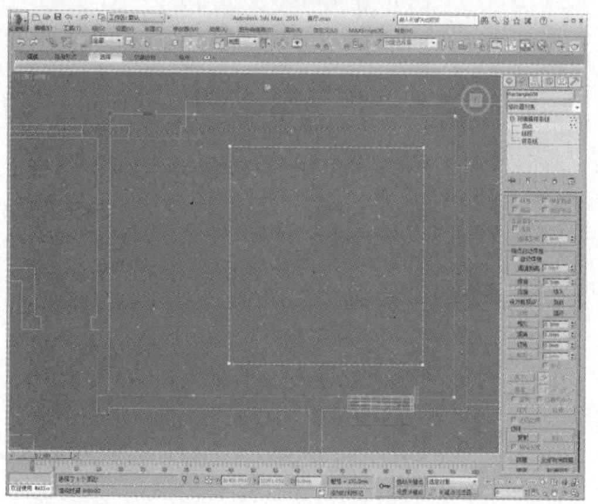

04 为其添加“挤出”修改器，设置挤出值为250，调整模型位置，如下图所示。

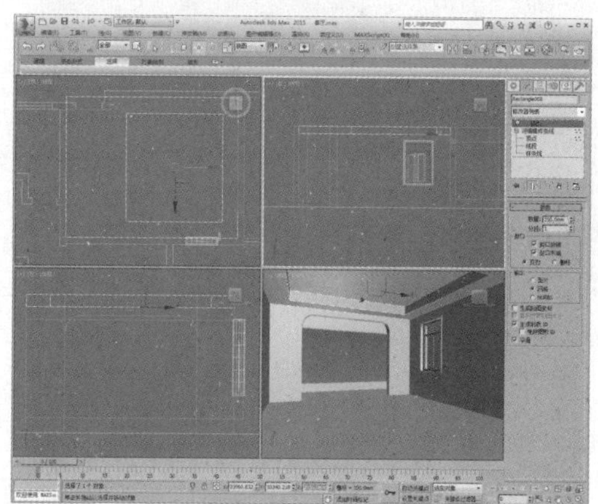

05 在顶视图中捕捉绘制一个矩形，如右图所示。

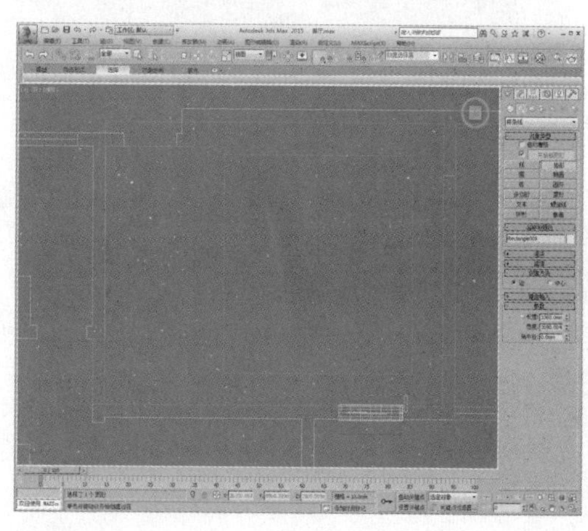

06 为其添加“挤出”修改器，设置挤出值为10，如下图所示。

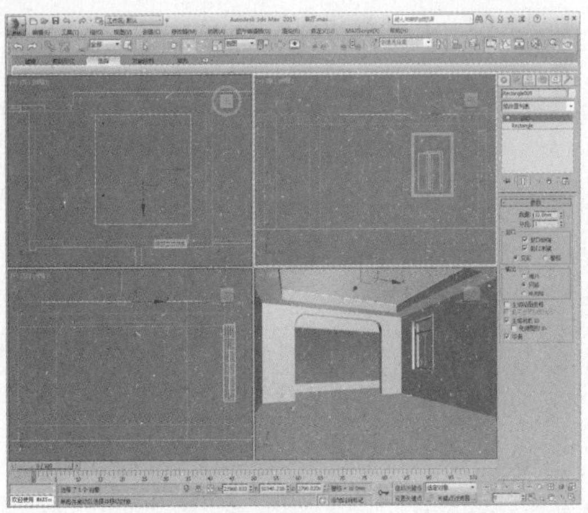

07 孤立对象，将其转换为可编辑多边形，进入“边”子层级，选择边，如下图所示。

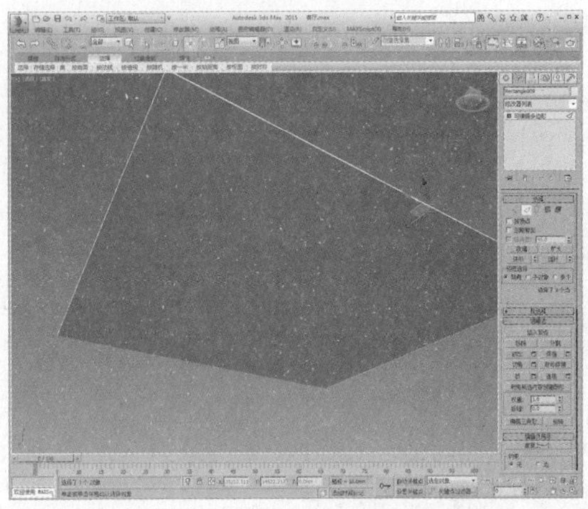

08 单击“连接”设置按钮，设置连接边数为20，如下图所示。

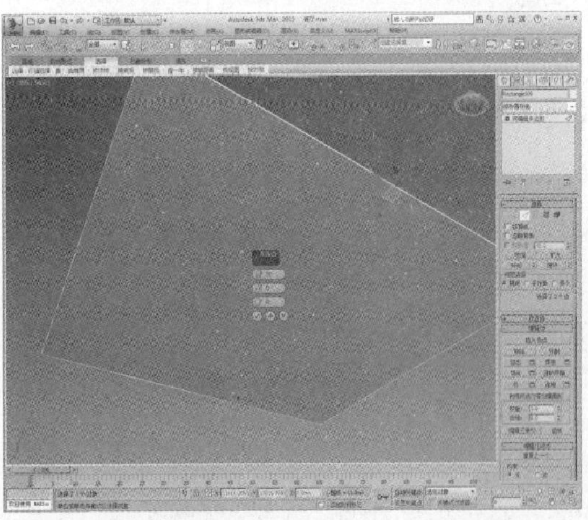

09 再单击“挤出”设置按钮，设置挤出高度及宽度，如下图所示。

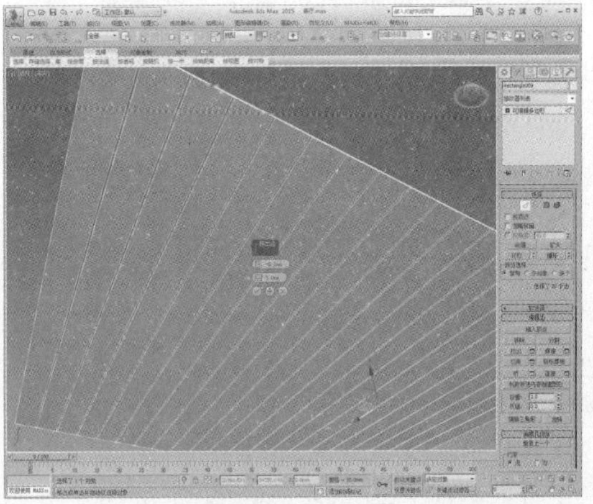

10 结束隔离，如下图所示。

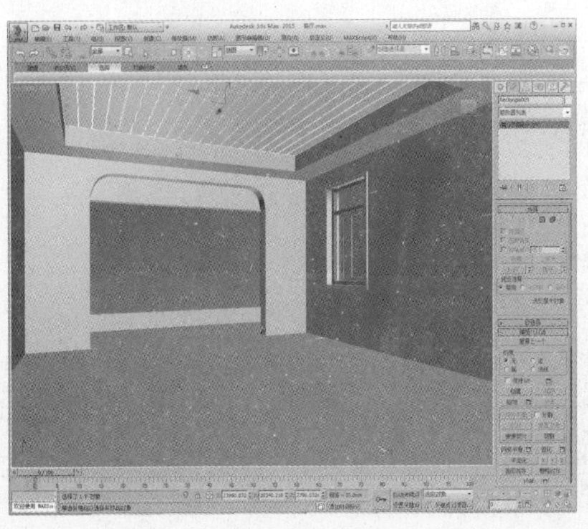

11 在顶视图中捕捉绘制客厅区域的踢脚线路径，如下图所示。

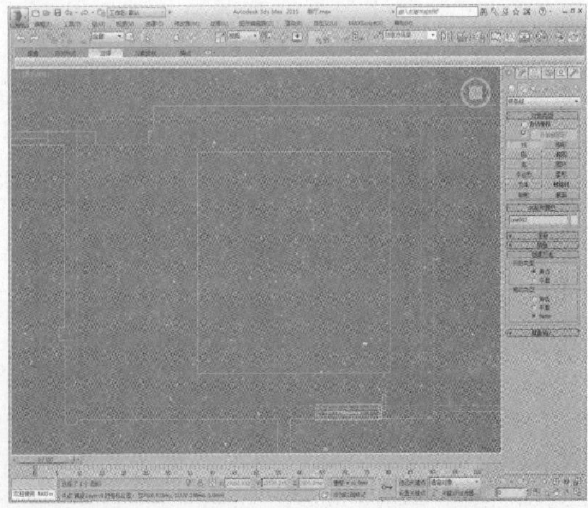

12 在前视图中绘制一个矩形，如下图所示。

13 将其转换为可编辑样条线，进入“顶点”子层级，选择顶点，如下图所示。

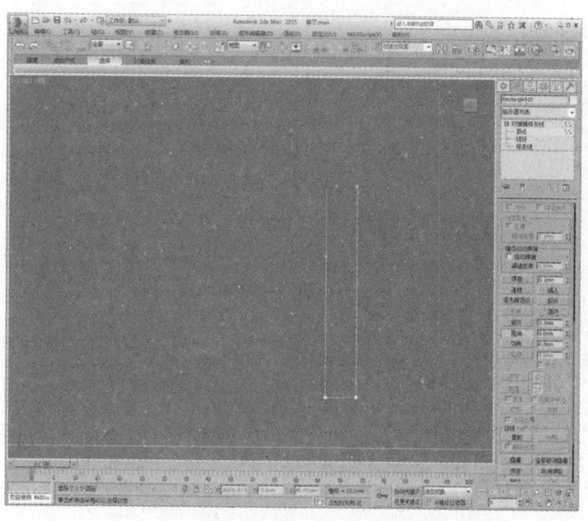

14 设置圆角值为6，再单击“圆角”按钮，如下图所示。

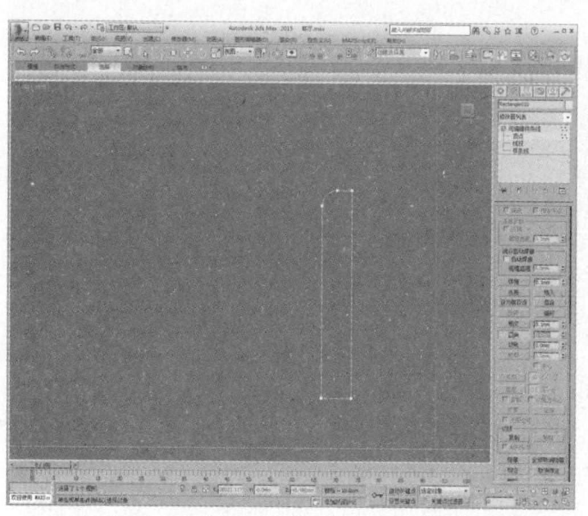

15 保持选择，单击“放样”按钮，进行放样操作，制作出踢脚线模型，如下图所示。

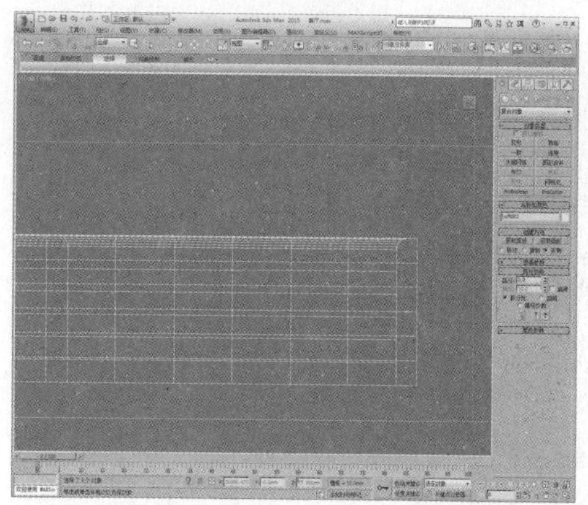

16 在“蒙皮参数”卷展栏中设置图形步数及路径步数，再勾选“优化图形”选项，调整踢脚线位置，如下图所示。

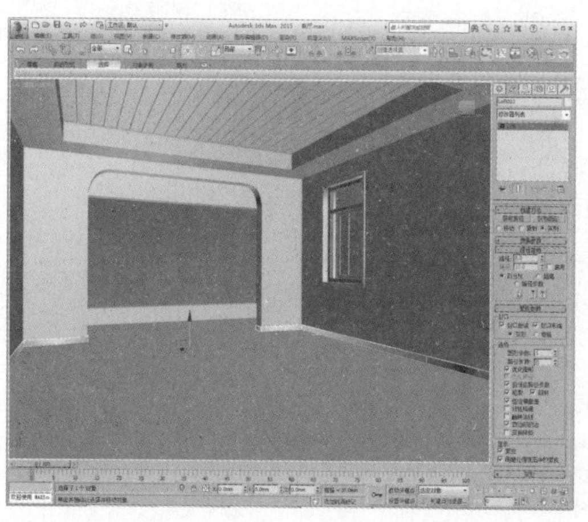

17 选择墙体多边形，进入“多边形”子层级，选择如下图所示的多边形。

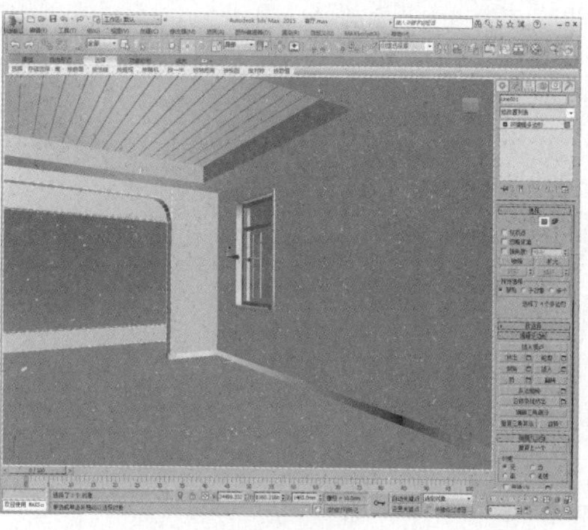

18 单击“分离”按钮，将该面墙进行分离，如下图所示。

19 孤立墙体多边形，在前视图中创建一个长方体，如下图所示。

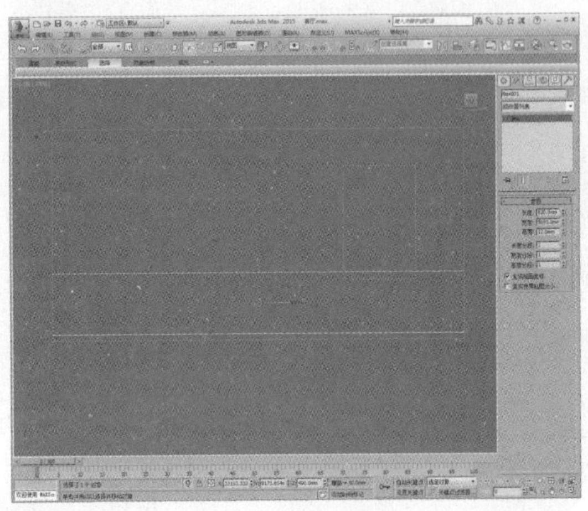

20 将其转换为可编辑多边形，进入“边”子层级，选择边，如下图所示。

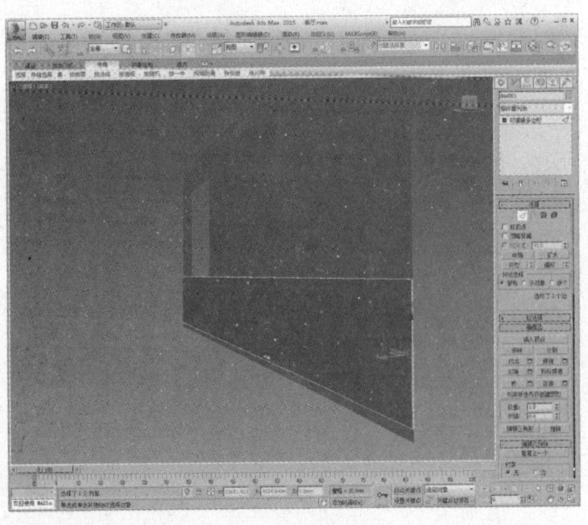

21 单击“连接”设置按钮，设置连接数为1，如下图所示。

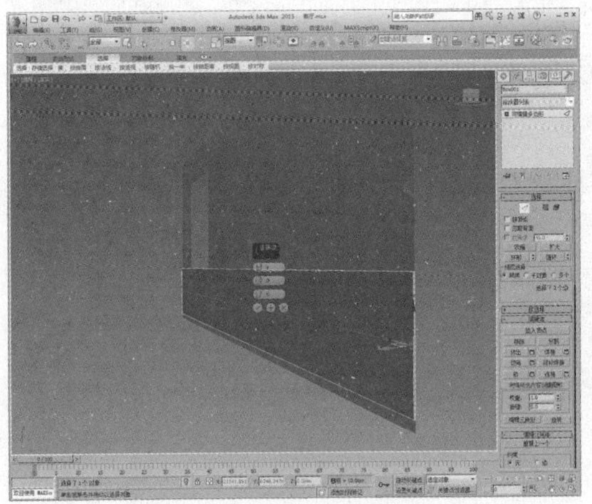

22 调整边的高度，如下图所示。

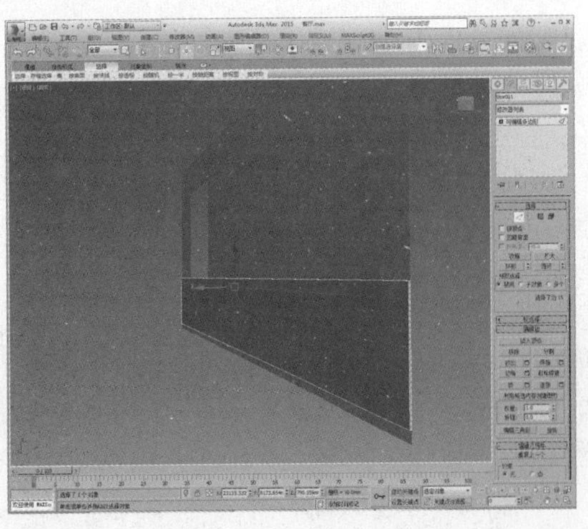

23 进入“多边形”子层级，选择多边形，单击“挤出”设置按钮，设置挤出值为15，如下图所示。

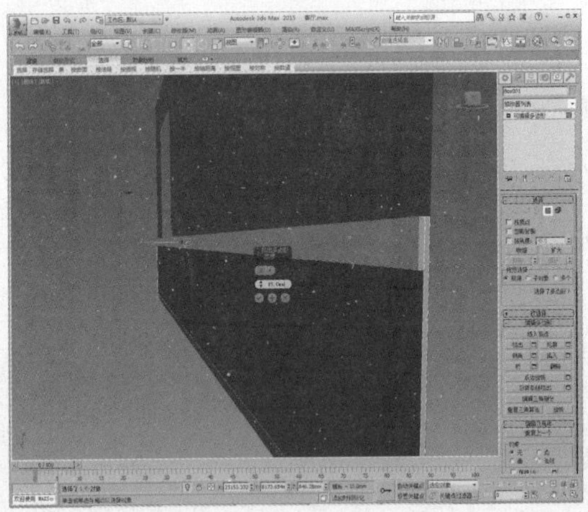

24 再进入“边”子层级，选择如下图所示的边。

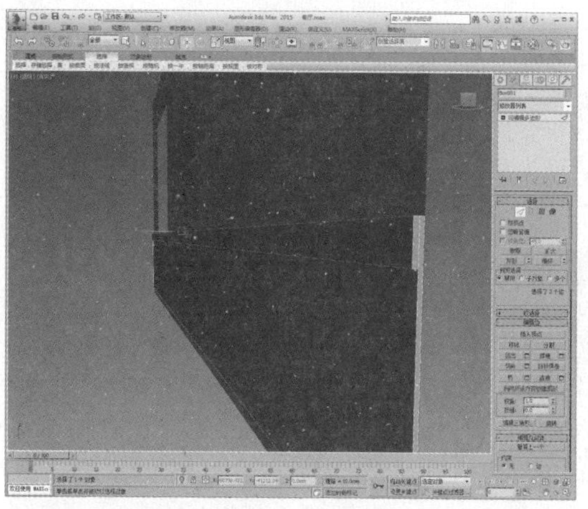

25 单击“切角”设置按钮，设置边切角量为5，制作出墙板模型，如下图所示。

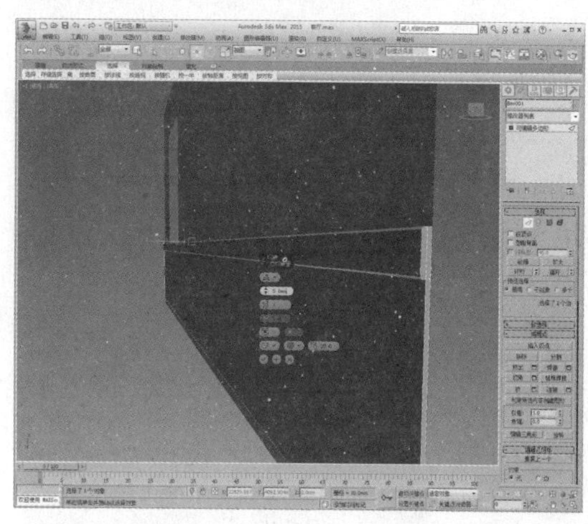

26 进入“边”子层级，选择如下图所示的边。

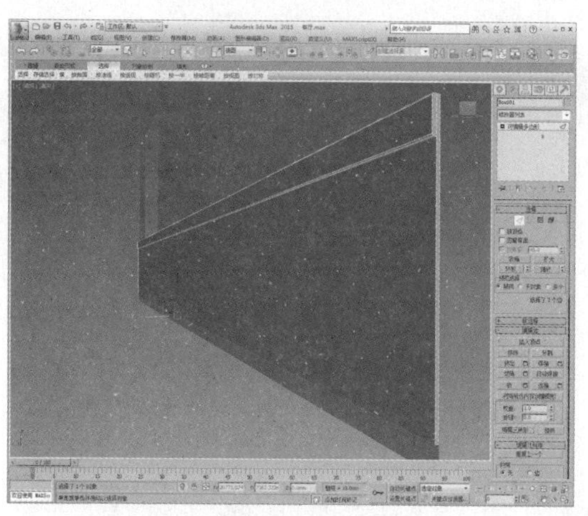

27 单击“连接”设置按钮，设置连接数为45，如下图所示。

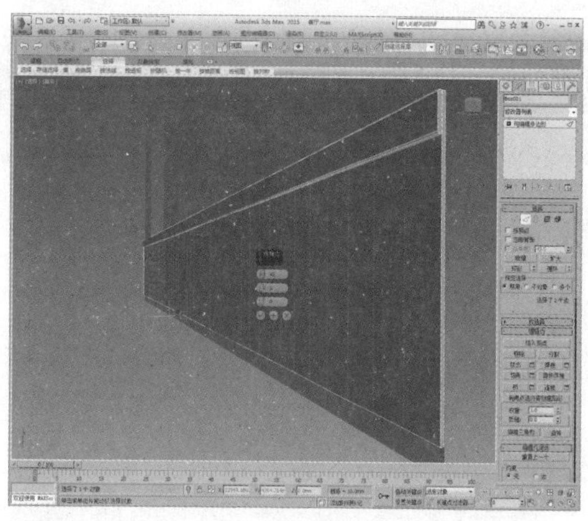

28 单击“挤出”设置按钮，设置挤出高度及宽度，制作出墙板模型，如下图所示。

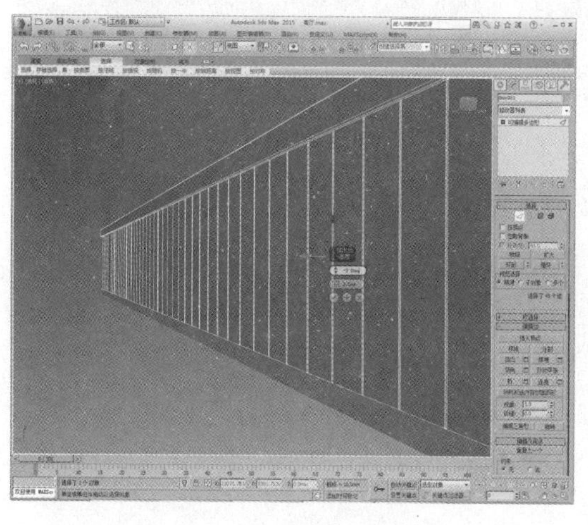

29 创建一个长方体，移动到合适位置，如下图所示。

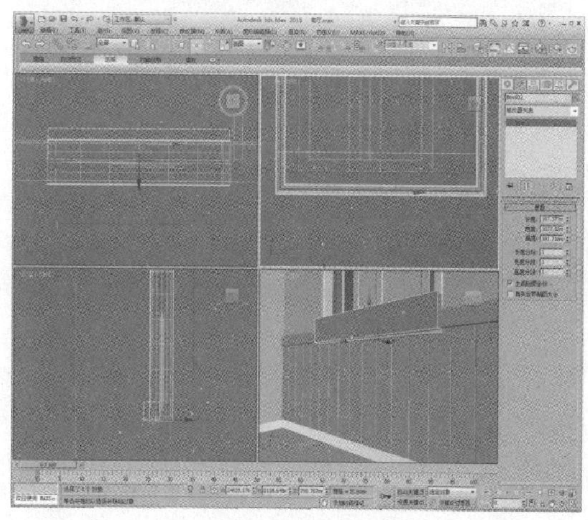

30 选择墙板模型，在复合对象面板中单击“布尔”按钮，再单击“拾取操作对象”按钮，在视图中单击选择长方体，如下图所示。

31 制作完成的效果如下图所示。

21.4 制作室内物品模型

本小节仅介绍沙发模型及茶几模型的制作，操作过程如下。

21.4.1 制作沙发模型

沙发模型的具体制作步骤介绍如下。

01 创建一个长方体，设置参数，如下图所示。

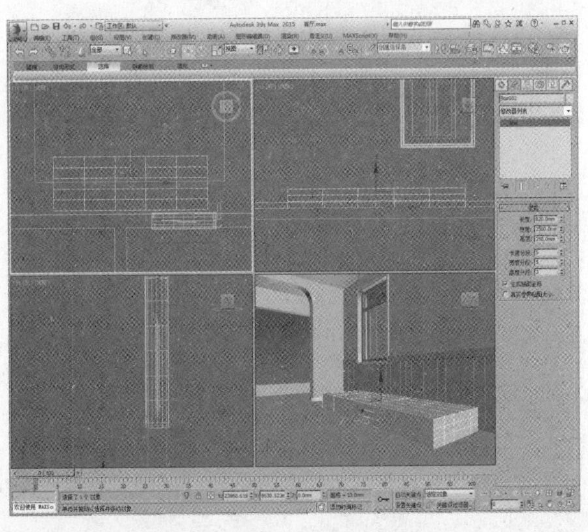

02 将其转换为可编辑多边形，进入“边”子层级，选择如下图所示的边。

03 单击“切角”设置按钮，设置边切角量为5，如下图所示。

04 进入“多边形”子层级，选择多边形，如下图所示。

05 按住Shift键拖动鼠标，克隆多边形到单独的对象，如下图所示。

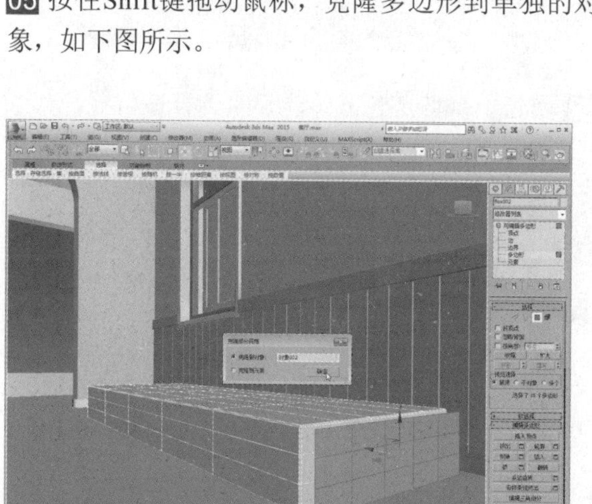

07 进入“顶点”子层级，调整顶点位置以调整多边形形状，如下图所示。

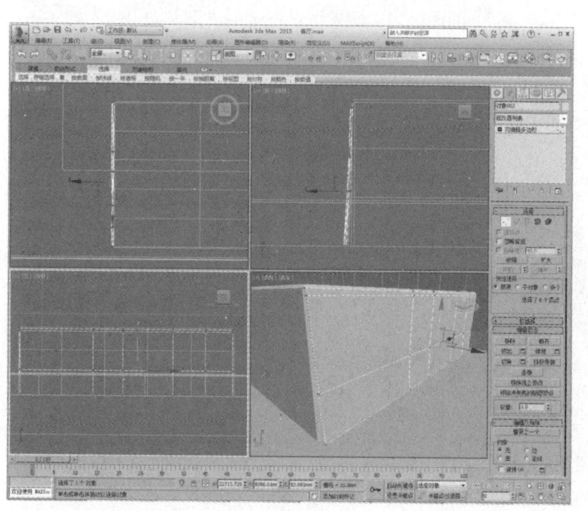

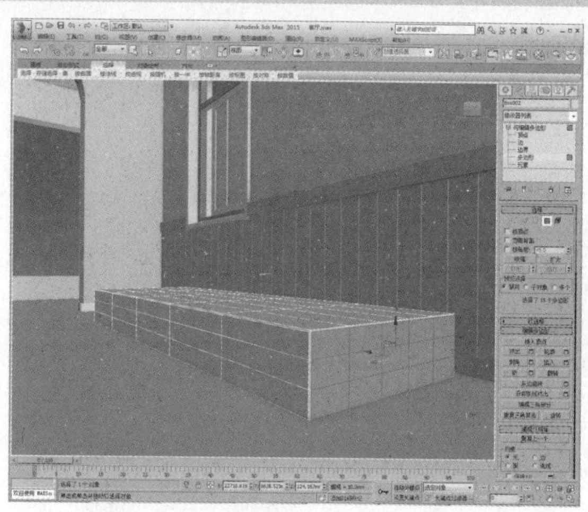

06 进入“多边形”子层级，选择多边形并单击“挤出”设置按钮，设置挤出高度为3，如下图所示。

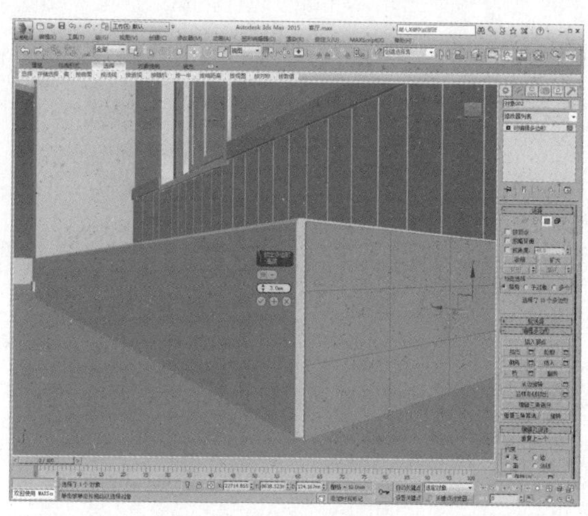

08 照此方法再制作其他三面的沙发裙模型，如下图所示。

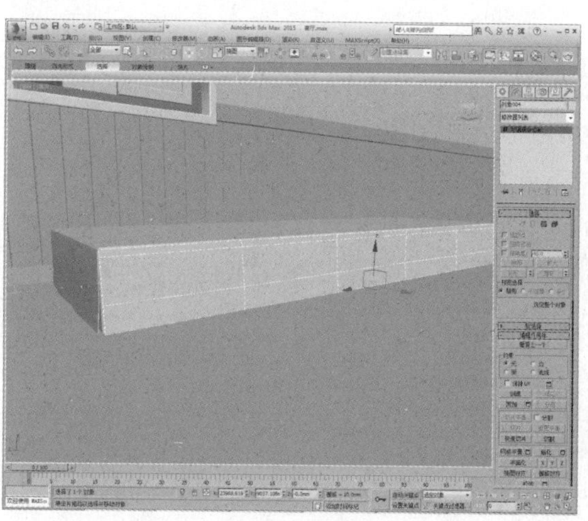

09 选择主体多边形，单击“附加”按钮，附加选择新创建的三个多边形，使其成为一个整体，如下图所示。

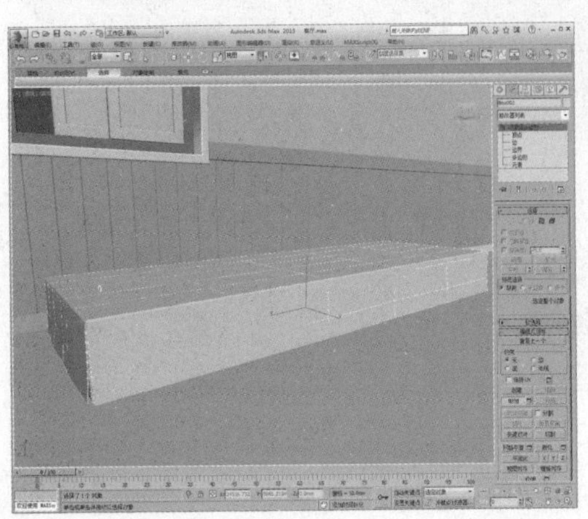

10 为其添加“细分”修改器，设置细分大小值为50，如下图所示。

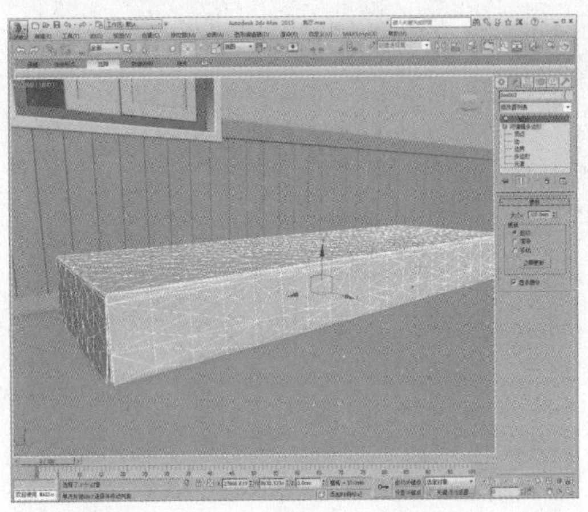

11 再添加一个“网格平滑”修改器，设置平滑度为0.1，如下图所示。

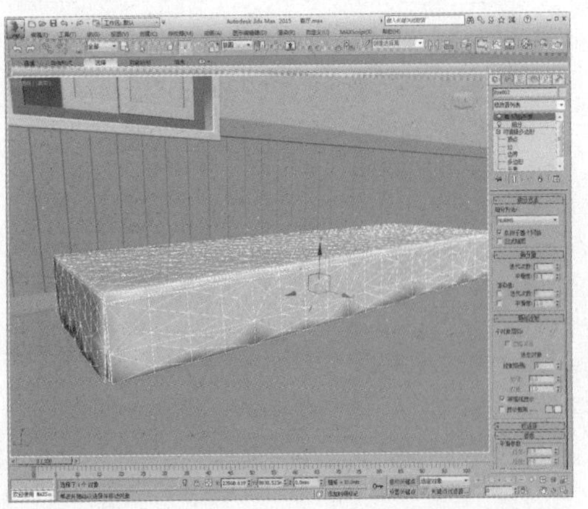

12 创建一个切角长方体，调整到合适位置，如下图所示。

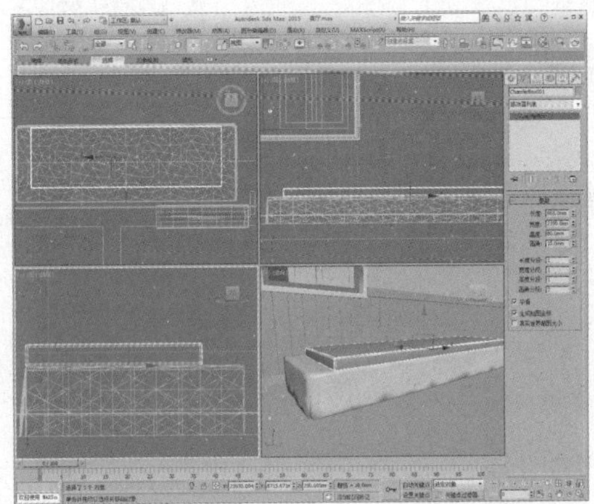

13 在视图中创建一段样条线轮廓，如下图所示。

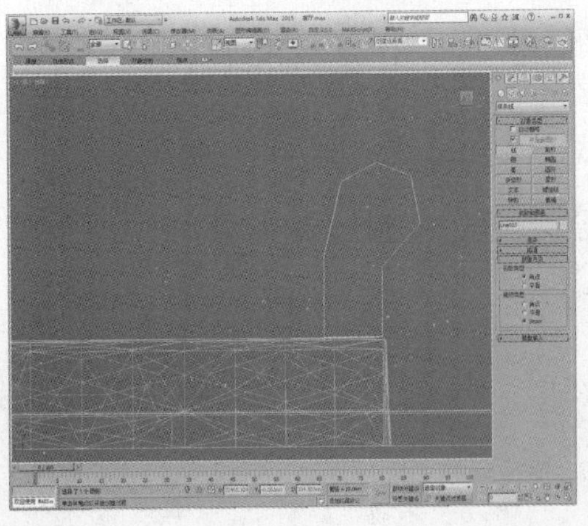

14 进入“顶点”子层级，将顶点类型设置为Bezier角点，调整控制柄以调整样条线轮廓，如下图所示。

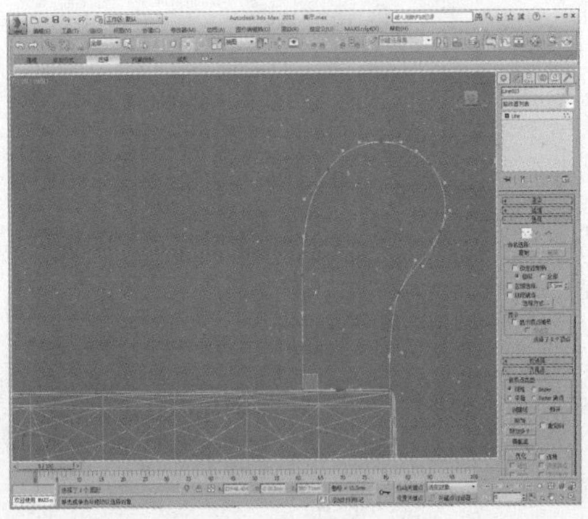

15 添加“挤出”修改器，设置挤出值为660、分段数为10，调整模型位置，如下图所示。

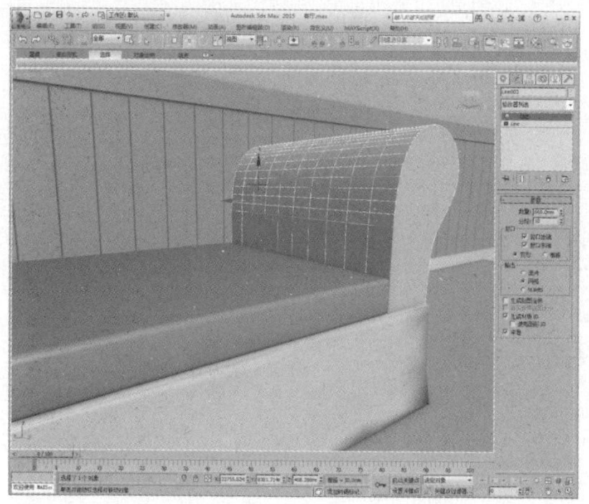

16 将其转换为可编辑多边形，进入“边”子层级，选择如下图所示的边。

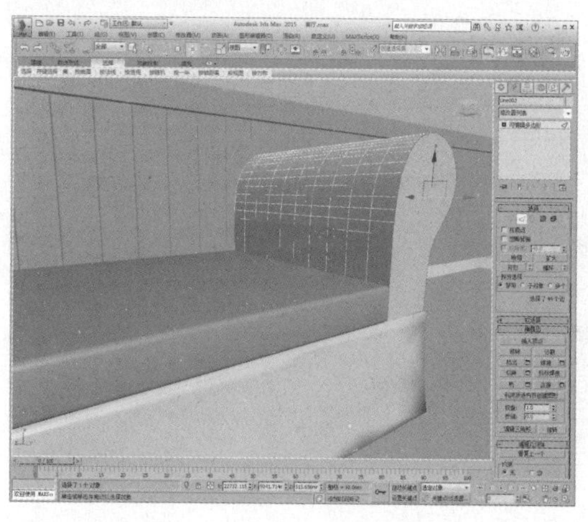

17 单击“切角”设置按钮，设置边切角量为5，如下图所示。

18 单击“剪切”按钮，对多边形进行剪切操作，如下图所示。

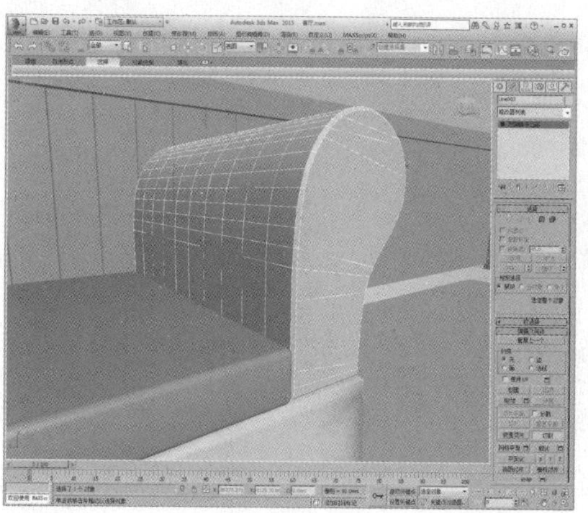

19 将模型复制到另一侧，调整位置及角度，制作出沙发两侧扶手，如下图所示。

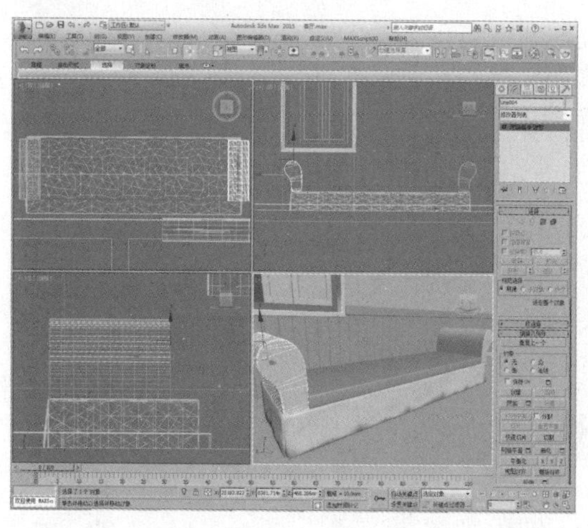

20 按照与之前相同的操作步骤制作沙发靠背，如下图所示。

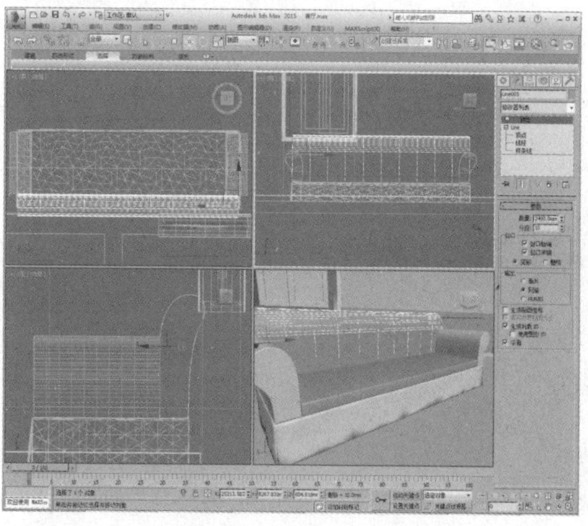

21 将靠背模型转换为可编辑多边形，进入“边”子层级，选择如下图所示的边。

22 单击“切角”设置按钮，设置边切角量为5，如下图所示。

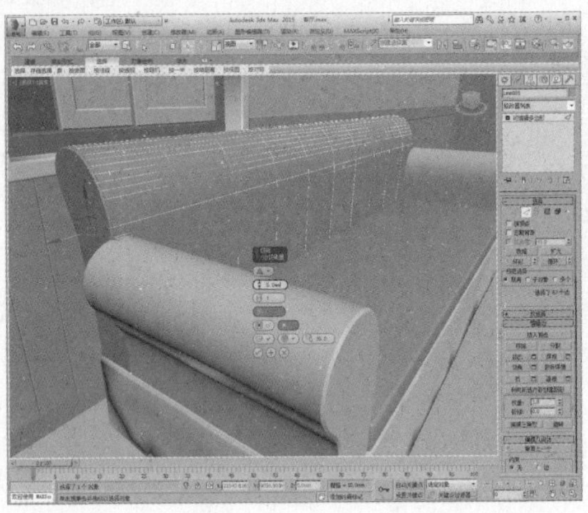

23 单击“剪切”按钮，对靠背模型进行剪切操作，如下图所示。

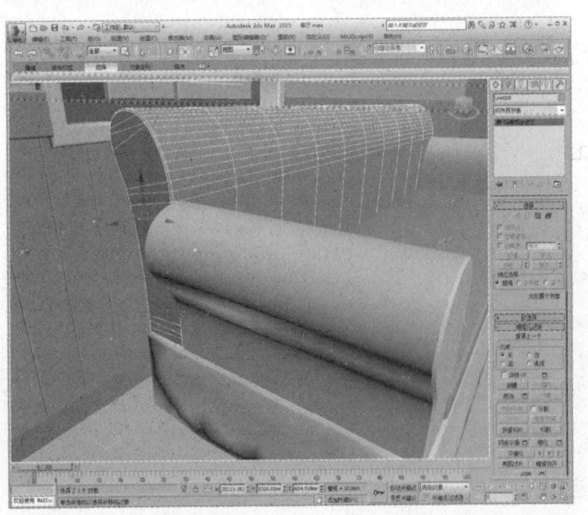

24 单击“附加”按钮，附加选择两侧扶手模型，使其成为一个整体，如下图所示。

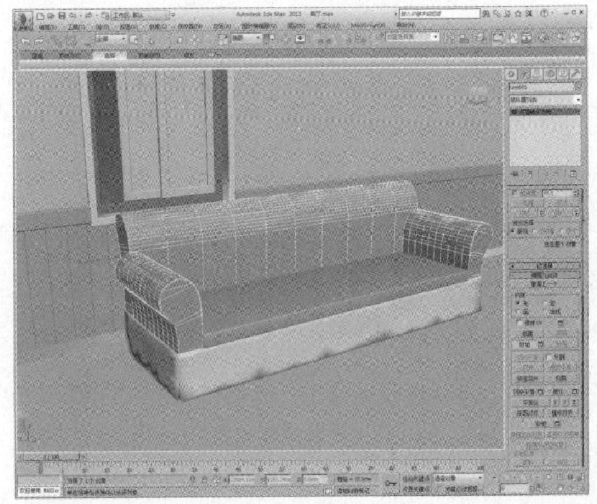

25 添加“网格平滑”修改器，参数设置保持默认，如下图所示。

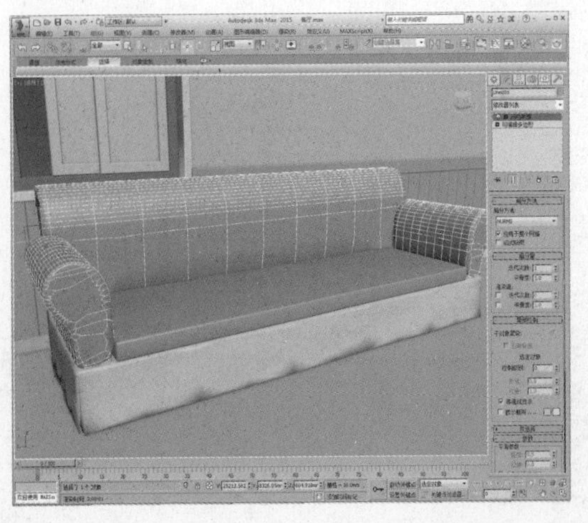

26 创建一个切角长方体，设置参数并移动到合适位置，如下图所示。

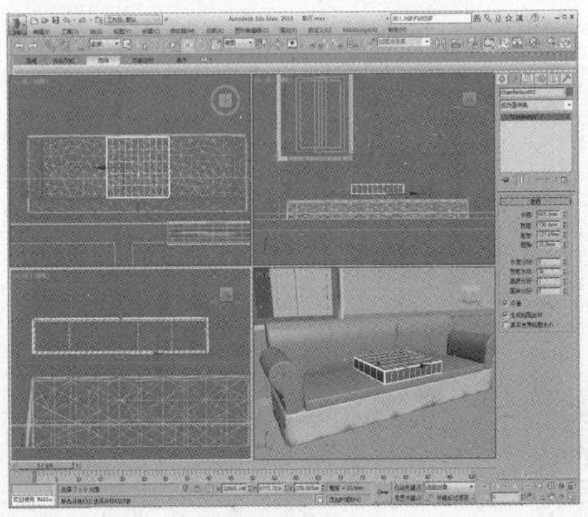

27 为其添加FFD修改器，如下图所示。

28 进入“控制点”子层级，选择控制点，调整模型形状，如下图所示。

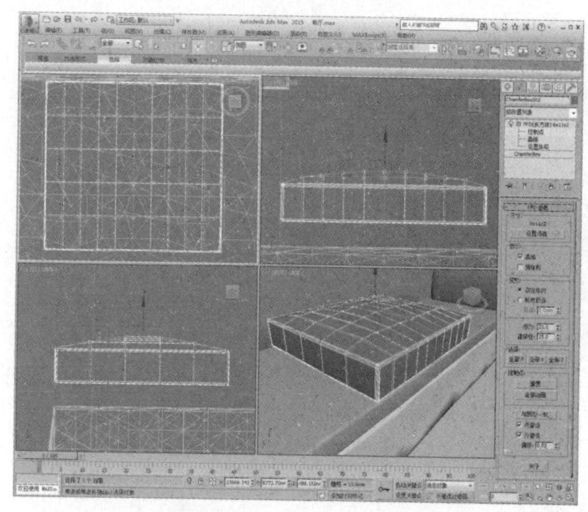

29 孤立坐垫模型，在顶视图中绘制一个截面并移动到合适位置，如下图所示。

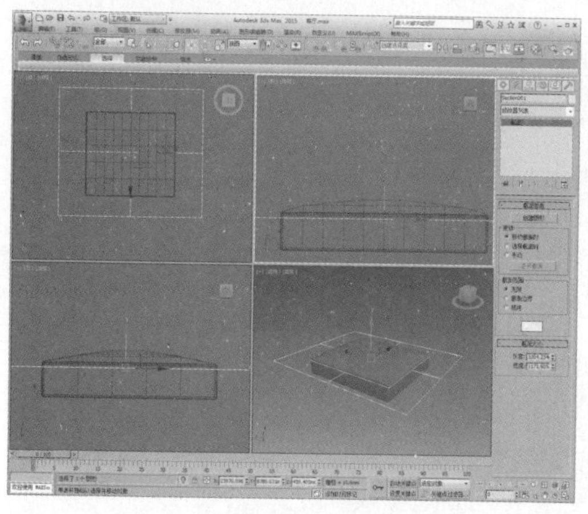

30 单击“创建图形”按钮，创建一个截面图形，如下图所示。

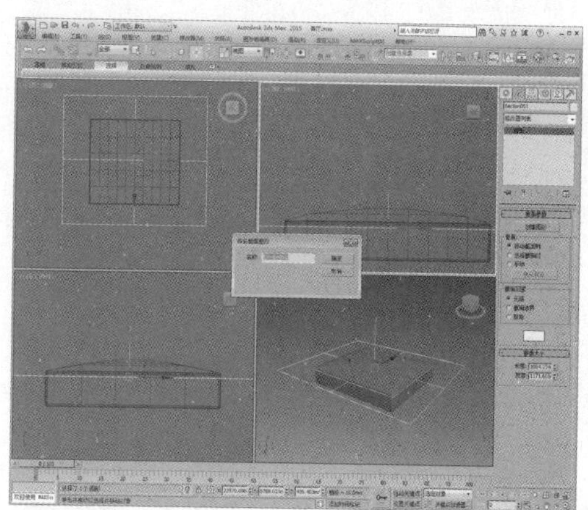

31 在“渲染”卷展栏中勾选“在渲染中启用”及“在视口中启用”选项，设置径向厚度值，并移动图形到适当位置，如下图所示。

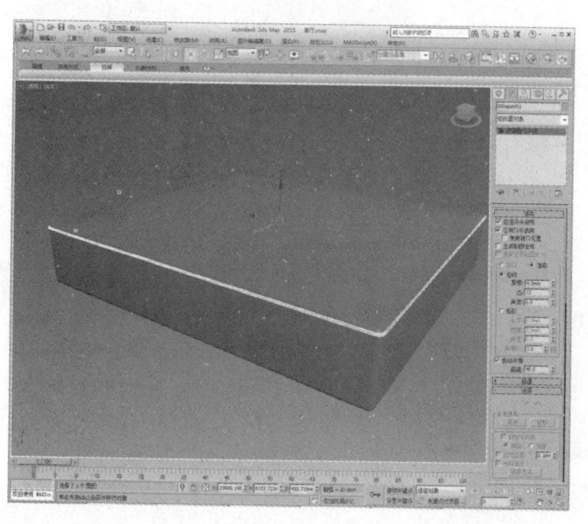

32 复制图形，如下图所示。

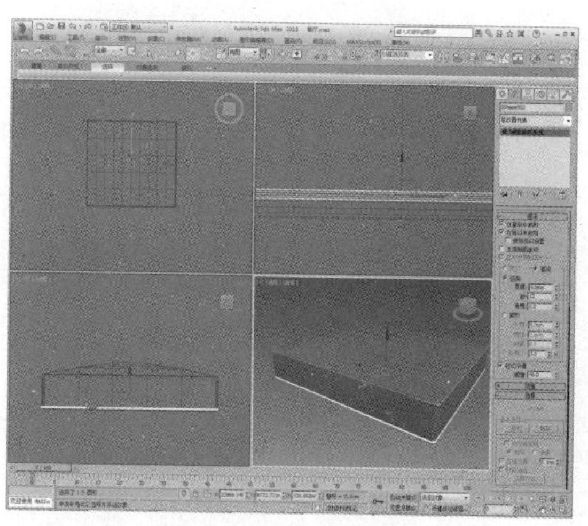

33 结束隔离，复制坐垫模型，如下图所示。

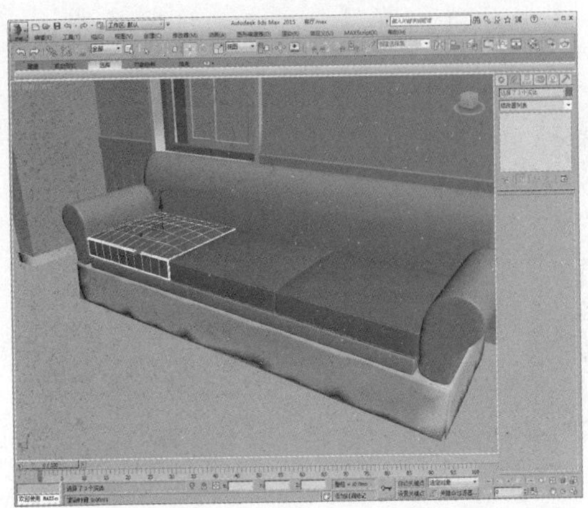

34 在顶视图中创建一个长方体，设置参数，如下图所示。

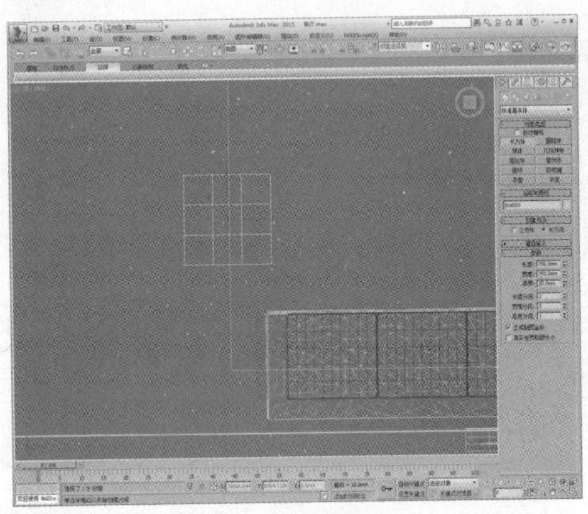

35 将其转换为可编辑多边形，进入“顶点”子层级，调整顶点位置，如下图所示。

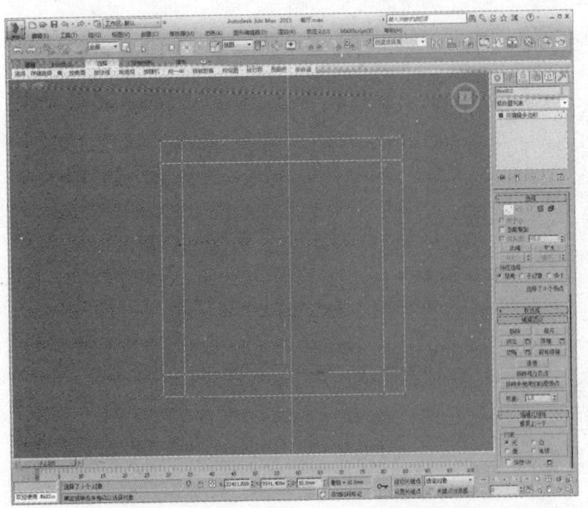

36 进入“多边形”子层级，选择下方的多边形，如下图所示。

37 单击“挤出”设置按钮，设置挤出值为120，如下图所示。

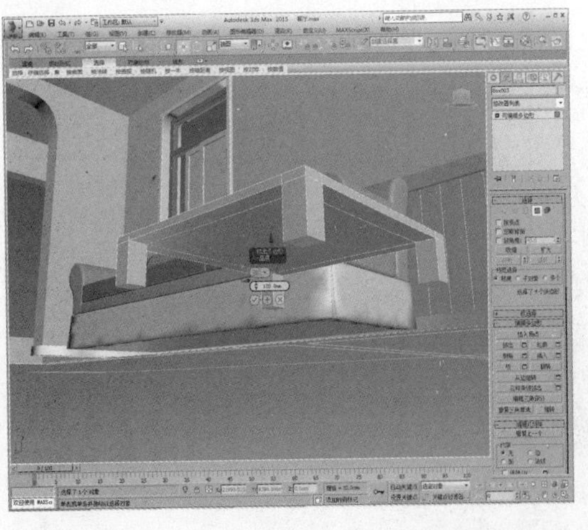

38 进入“顶点”子层级，调整顶点改变四条腿的轮廓，如下图所示。

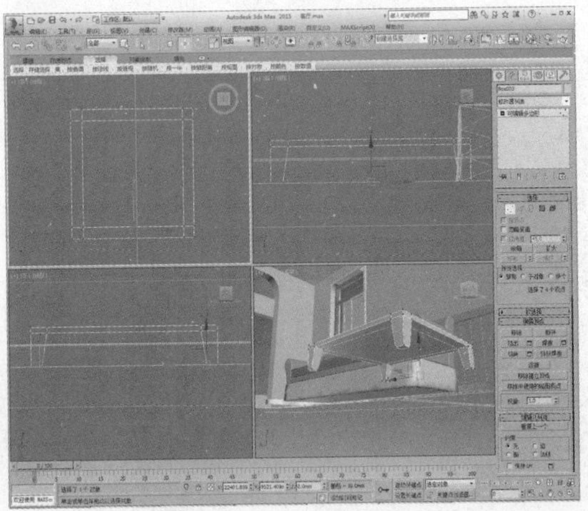

39 进入“边”子层级，选择如下图所示的边。

40 单击“切角”设置按钮，设置边切角量为3，如下图所示。

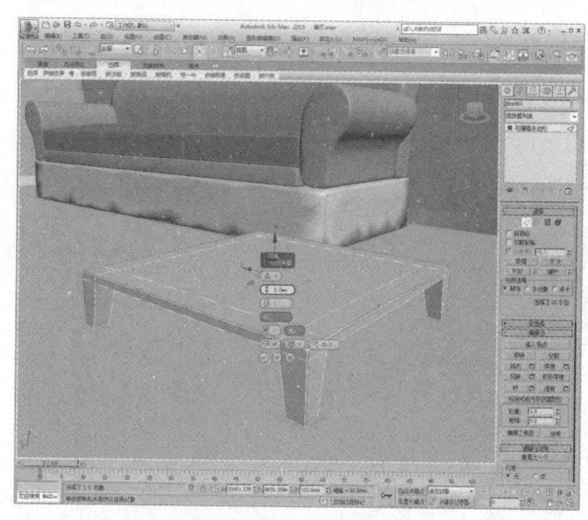

41 复制沙发坐垫模型，适当调整大小，如下图所示。

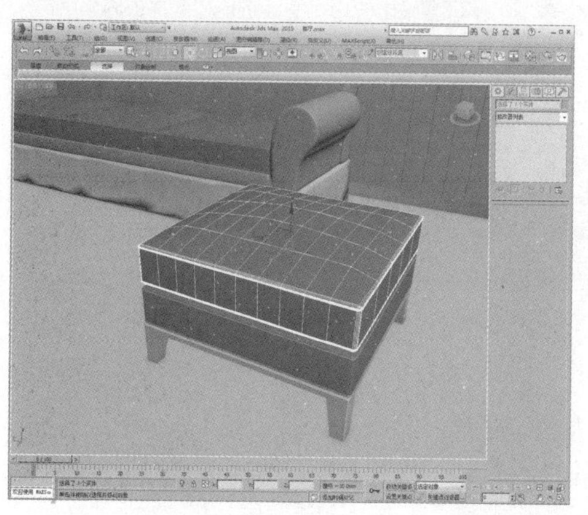

42 复制沙发凳模型，如下图所示。

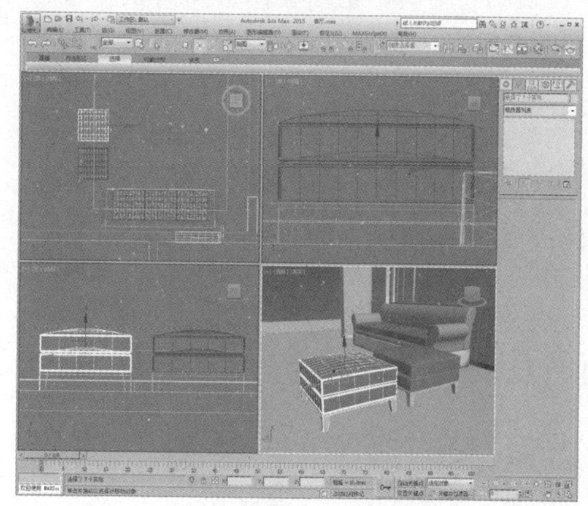

21.4.2 制作沙发边几与茶几模型

沙发边几与茶几模型的造型都比较简单，到后期会利用材质来突显其特点，下面介绍操作步骤。

01 在顶视图中创建一个长方体，如下图所示。

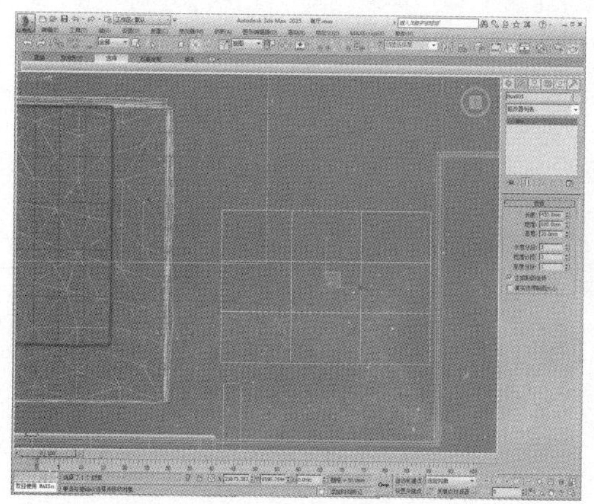

02 将其转换为可编辑多边形，进入“顶点”子层级，调整顶点，如下图所示。

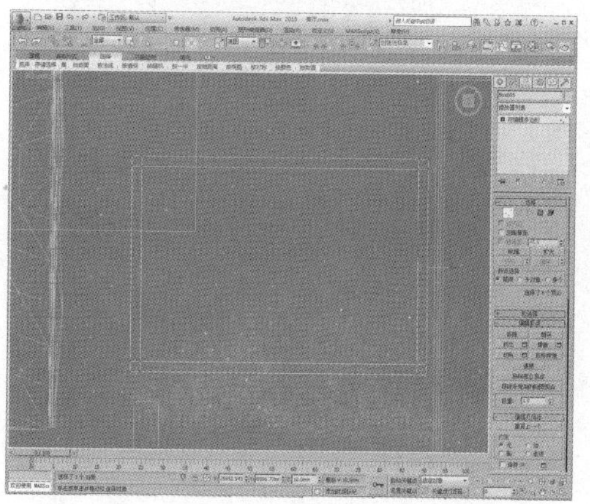

03 进入“多边形”子层级，选择如下图所示的多边形。

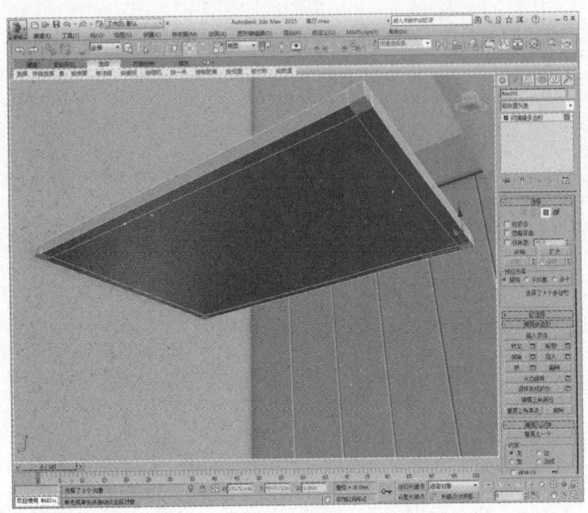

04 单击“挤出”设置按钮，设置挤出值为550，如下图所示。

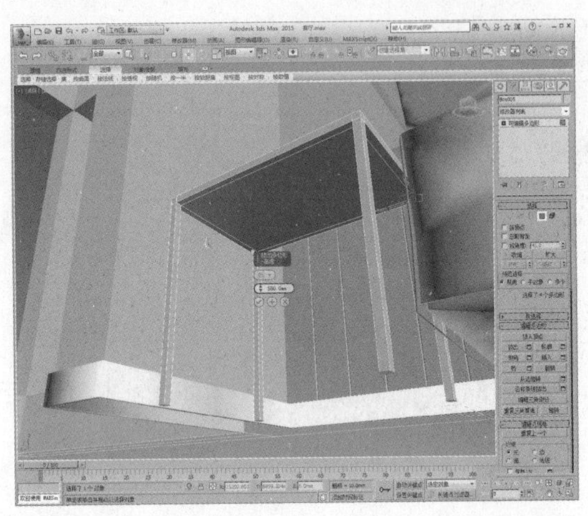

05 在顶视图中绘制一个矩形，如下图所示。

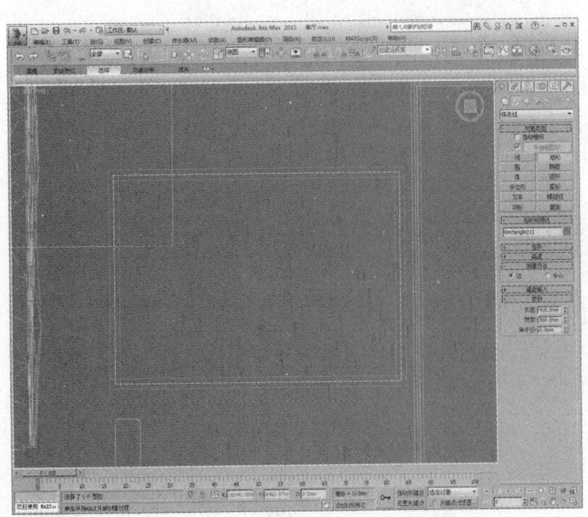

06 将其转换为可编辑样条线，进入“样条线”子层级，设置轮廓值为7.5，如下图所示。

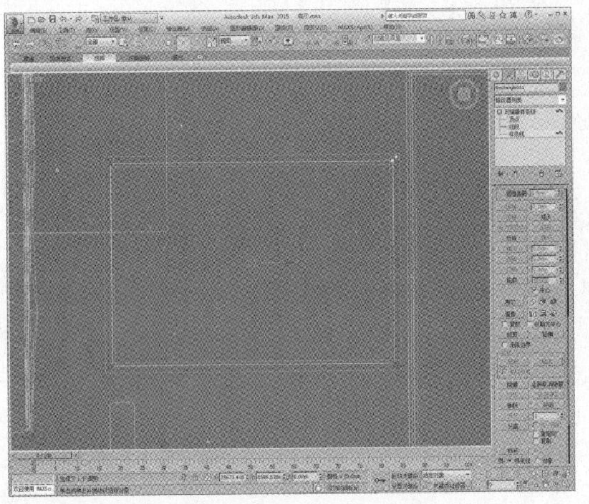

07 添加“挤出”修改器，设置挤出值为15，调整到合适位置，如下图所示。

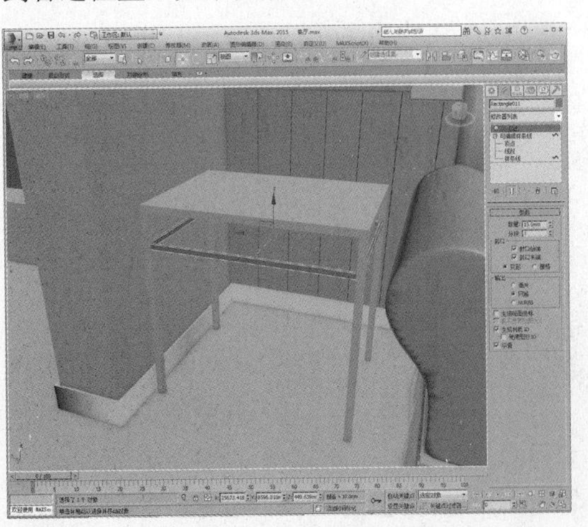

08 复制模型，如下图所示。

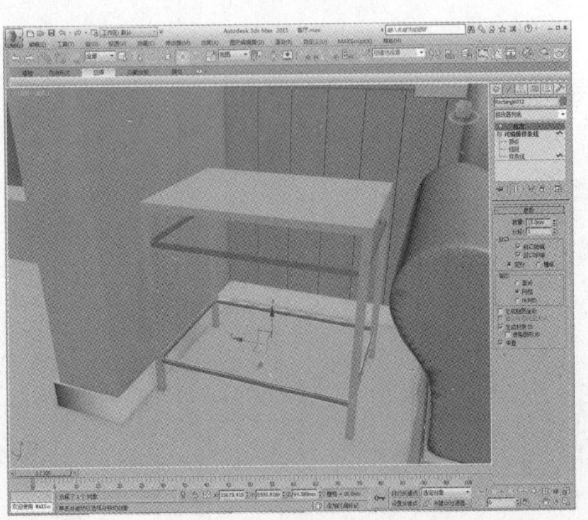

09 创建一个长方体作为沙发边几的台面，如下图所示。

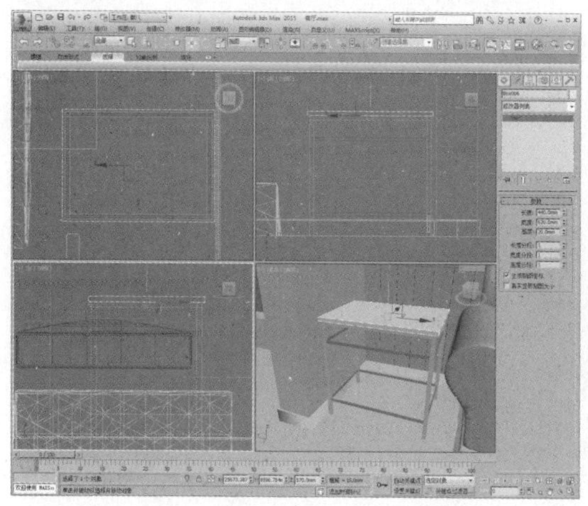

10 进入“多边形”子层级，选择多边形，如下图所示。

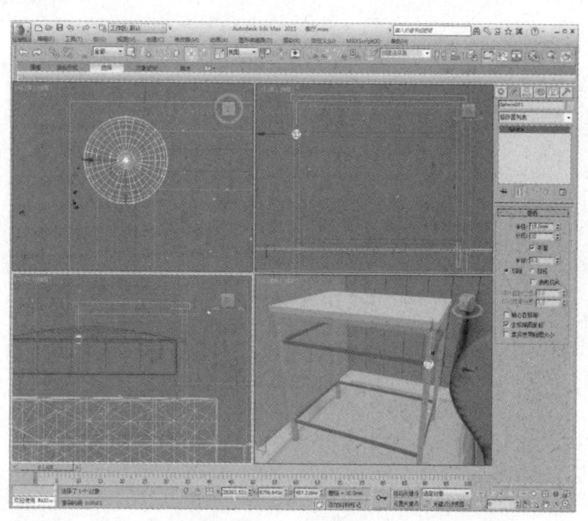

11 单击“插入”设置按钮，设置插入数值为50，如下图所示。

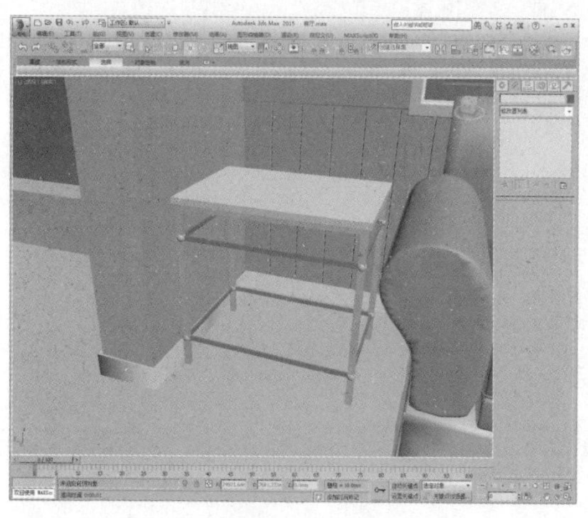

12 选择边几模型主体，单击“附加”按钮，附加选择其他部位的模型，使其成为一个整体，如下图所示。

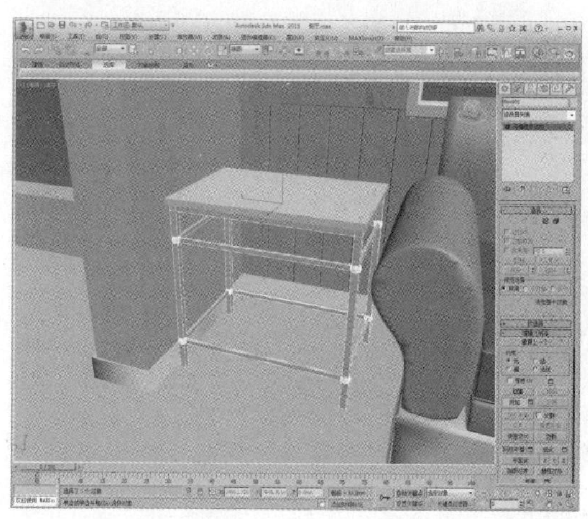

13 复制边几模型到沙发另一侧，如下图所示。

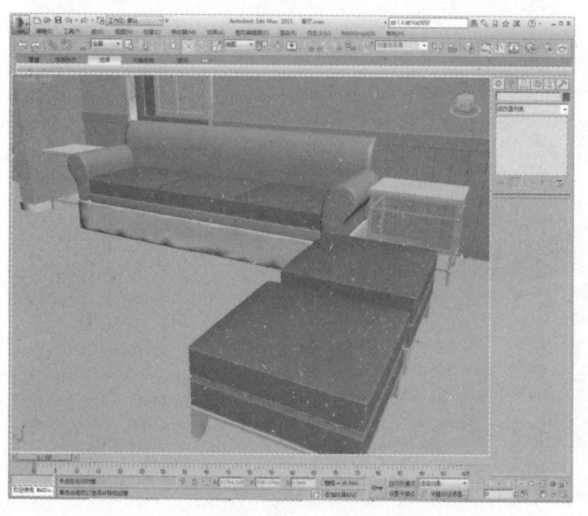

14 在顶视图中创建一个长方体，如下图所示。

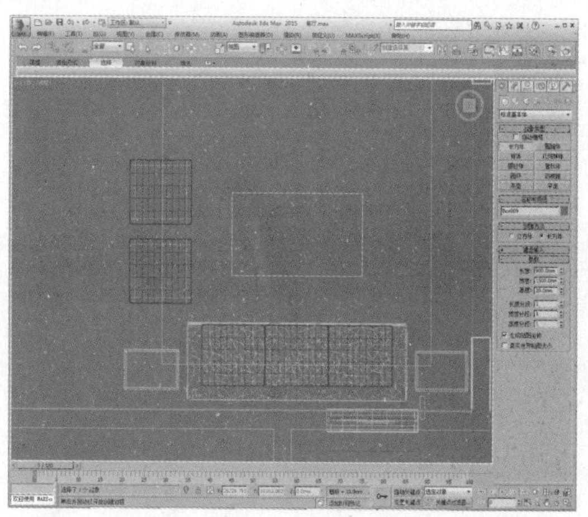

15 向上复制模型，再调整参数，如下图所示。

16 将其转换为可编辑多边形，进入“顶点”子层级，调整顶点位置，如下图所示。

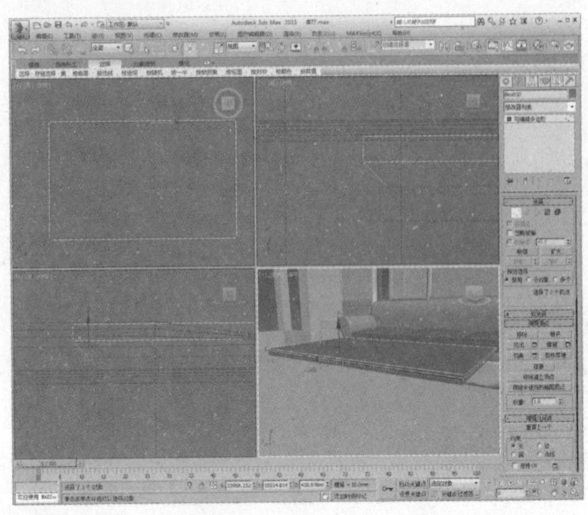

17 进入“多边形”子层级，选择多边形，如下图所示。

18 单击“插入”设置按钮，设置插入值为60，如下图所示。

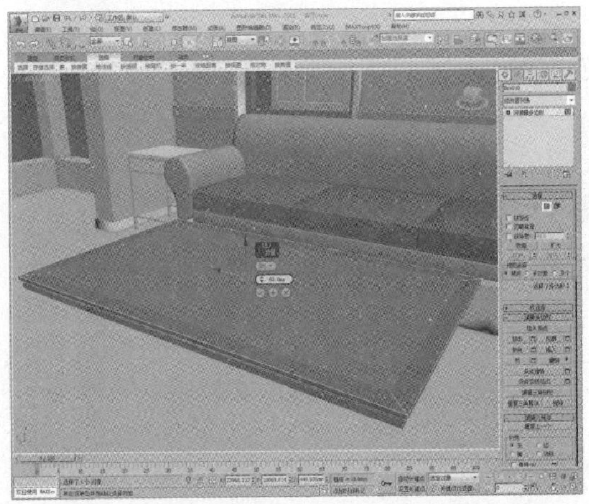

19 进入“边”子层级，选择如下图所示的边。

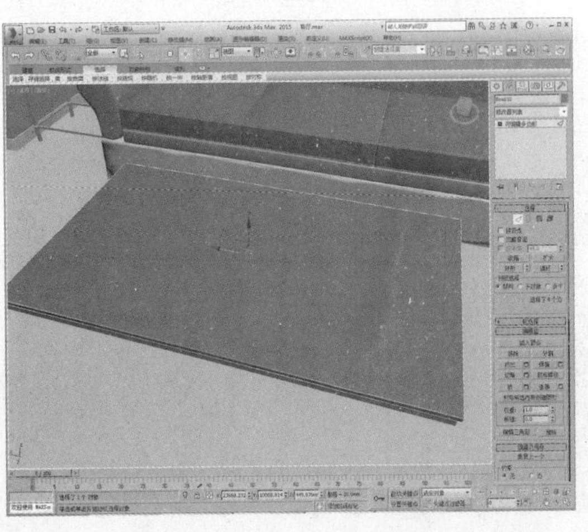

20 单击“挤出”设置按钮，设置挤出宽度及高度，如下图所示。

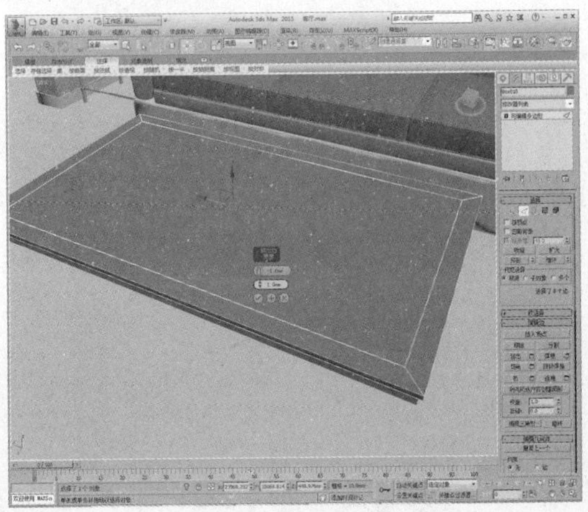

21 在一角创建一个圆柱体，作为茶几腿，如下图所示。

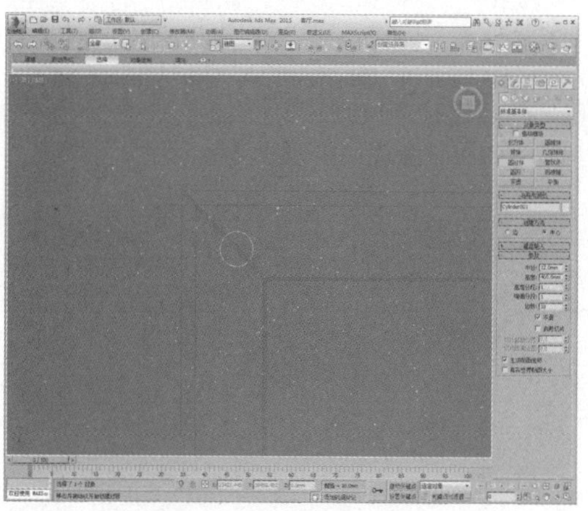

22 复制圆柱体模型，如下图所示。

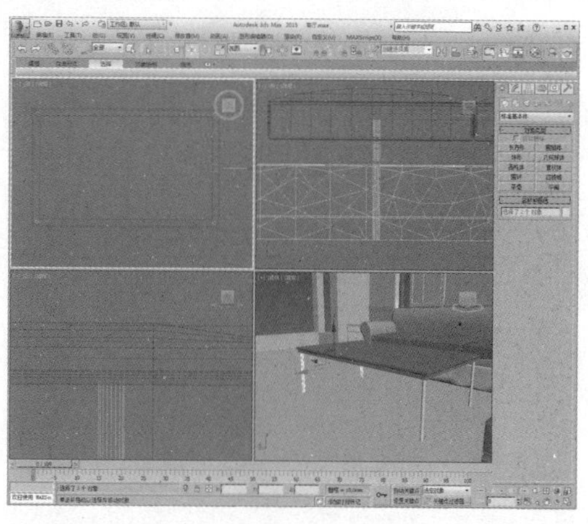

23 在顶视图中绘制一个矩形，如下图所示。

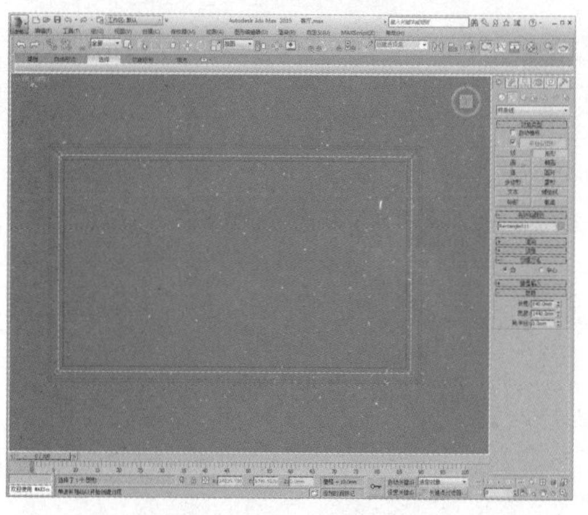

24 在“渲染”卷展栏中勾选“在渲染中启用”、“在视口中启用”选项，设置径向厚度为15，并调整图形高度，如下图所示。

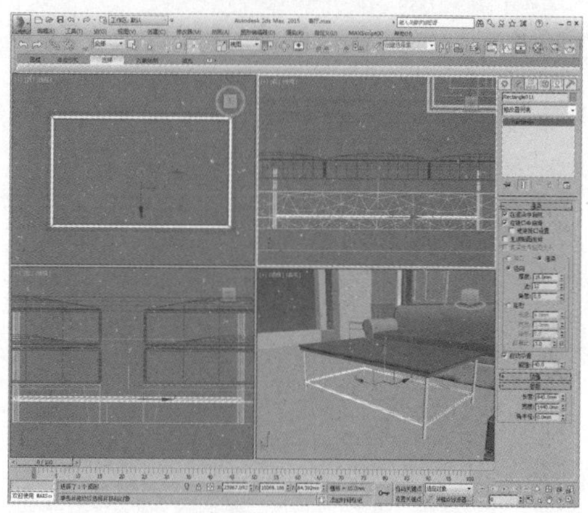

25 再创建一个长方体，调整到合适位置，完成茶几模型的制作，如下图所示。

26 创建一个长方体模型作为地毯，如下图所示。

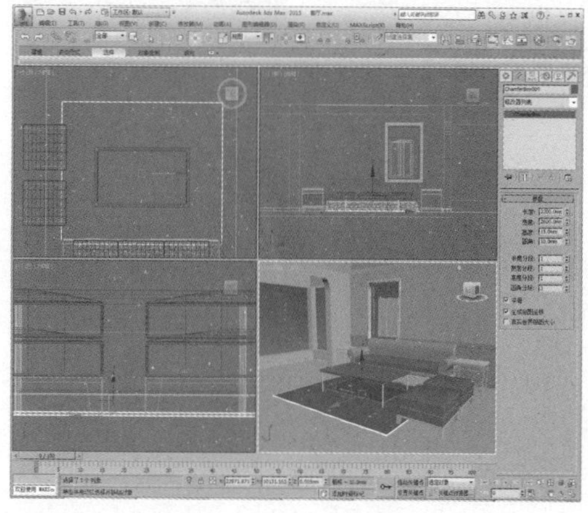

21.5 合并成品模型

下面直接合并已经下载好的灯具、抱枕、装饰品等成品模型，以提高建模效率，操作步骤如下。

01 执行“文件>导入>合并”命令，在弹出的“合并文件”对话框中选择窗帘模型，如下图所示。

02 将窗帘模型合并到当前场景中，调整模型大小并复制多个，调整位置，如下图所示。

03 继续导入抱枕模型，调整到合适的位置，如下图所示。

04 导入灯具模型，如下图所示。

05 继续合并装饰品模型，如下图所示。

06 合并装饰画模型，完成本次场景模型的制作，如下图所示。

21.6 创建摄影机以及模型材质

接下来要创建摄影机以及模型材质，以便于后期渲染出图。由于所导入的成品模型本身具有材质，这里就只对新创建的模型材质进行创建，操作过程如下。

01 在顶视图中创建一架目标摄影机，如下图所示。

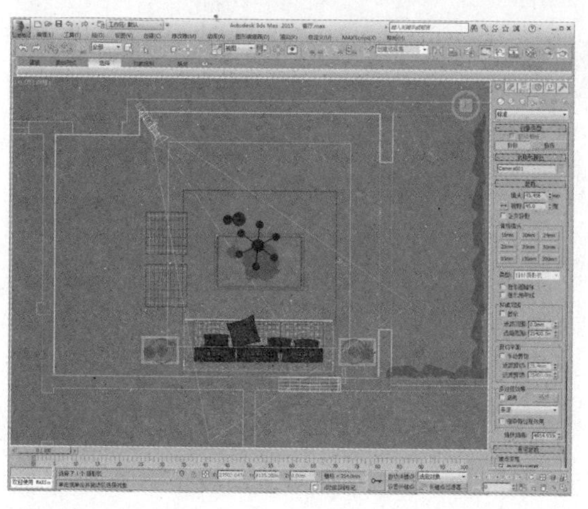

02 调整摄影机参数以及位置角度，如下图所示。

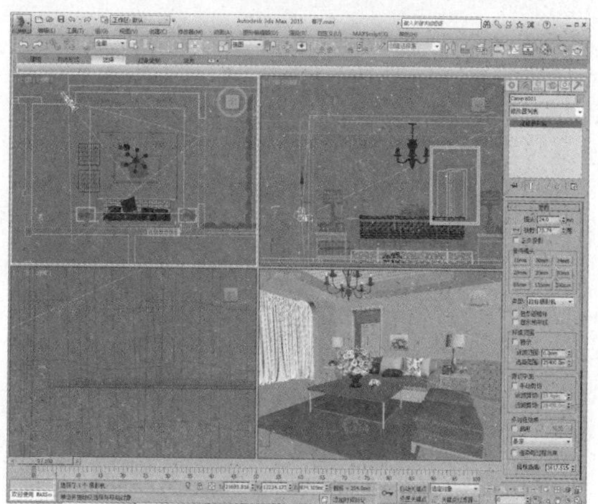

03 在透视视口按C键切换到摄影机视口，如右图所示。

04 按M键打开材质编辑器，选择一个空白材质球，将其设置为VRayMtl材质，设置漫反射颜色为白色，如下图所示。

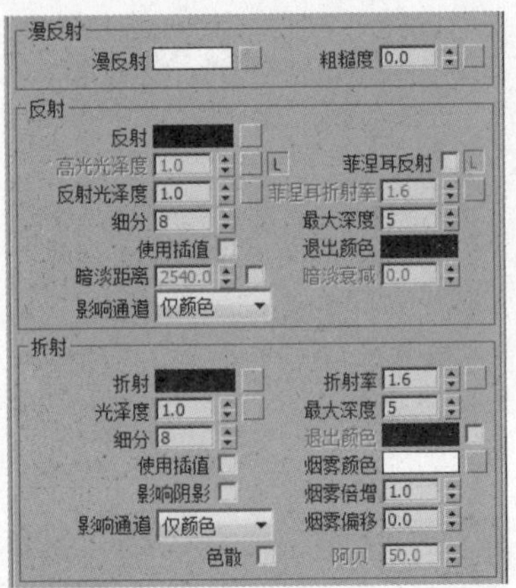

05 将新创建的乳胶漆材质指定给场景中的墙面及吊顶模型，如下图所示。

06 选择一个空白材质球，将其设置为VRayMtl材质，设置漫反射颜色为白色，为反射通道添加衰减贴图，再设置反射参数，如下图所示。

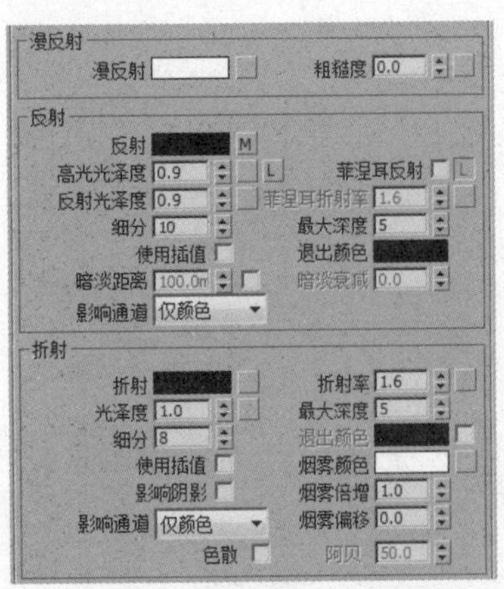

07 在“衰减参数”卷展栏中设置衰减颜色，如下图所示。

08 衰减颜色2设置如下图所示。

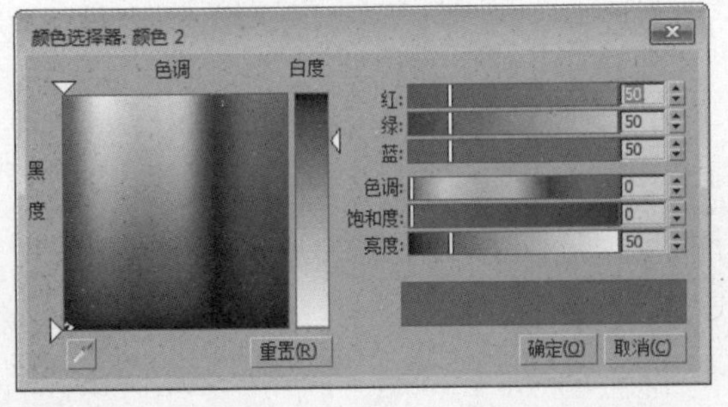

09 创建好的白漆材质示例窗效果如下图所示。

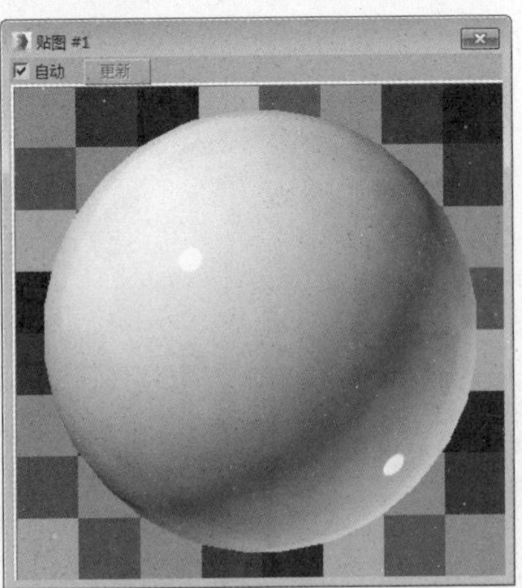

10 将创建好的白漆材质指定给场景中的窗框、墙板、踢脚线、吊顶模型，如下图所示。

11 选择一个空白材质球，将其设置为VRayMtl材质，为漫反射通道添加位图贴图，取消勾选“菲涅耳反射”选项，如下图所示。

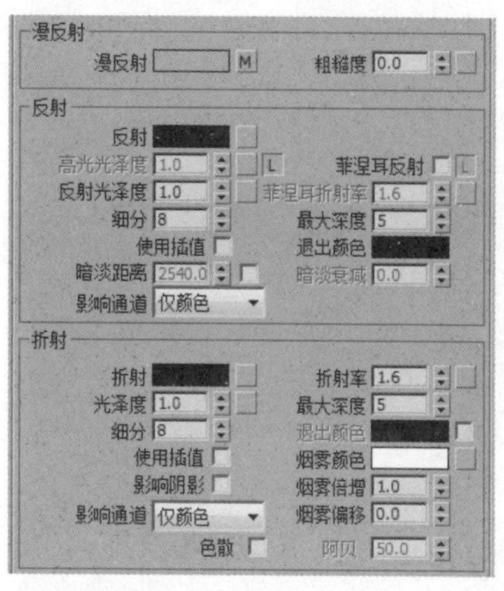

12 创建好的墙纸贴图示例窗效果如下图所示。

13 将创建好的材质指定给场景中的模型，如下图所示。

14 选择一个空白材质球，将其设置为VRayMtl材质，为漫反射通道和凹凸通道添加平铺贴图，设置凹凸值为20，为反射通道添加衰减贴图，设置反射参数及反射颜色，如右图所示。

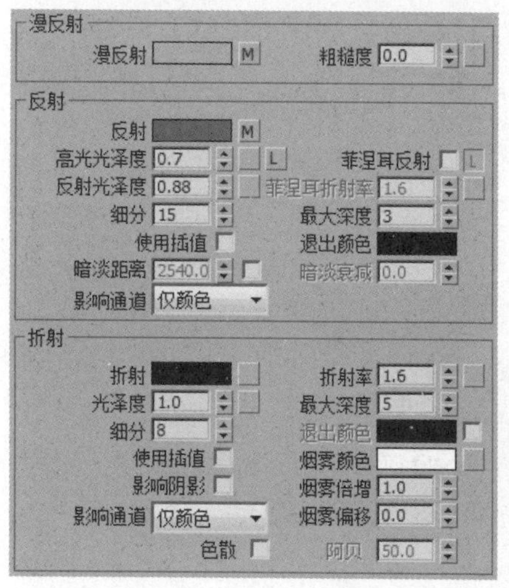

15 反射颜色设置如下图所示。

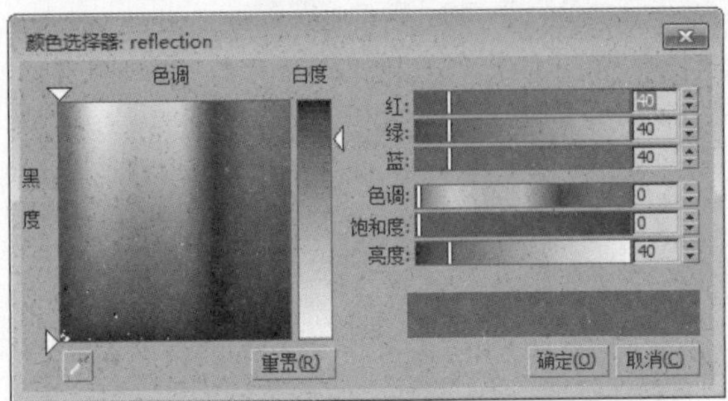

16 在“衰减参数”卷展栏中设置衰减颜色及类型，如下图所示。

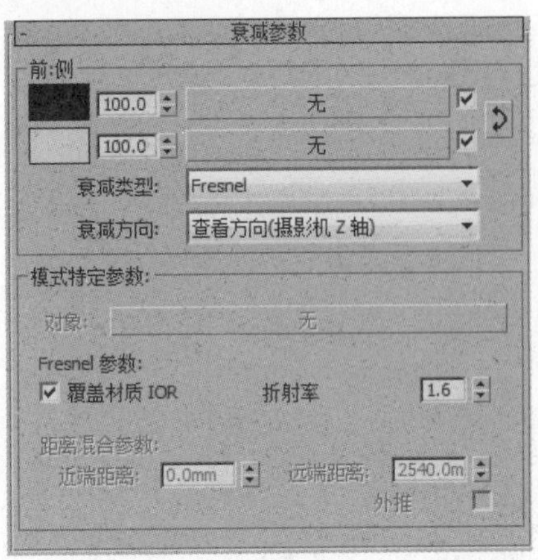

17 衰减颜色设置如下图所示。

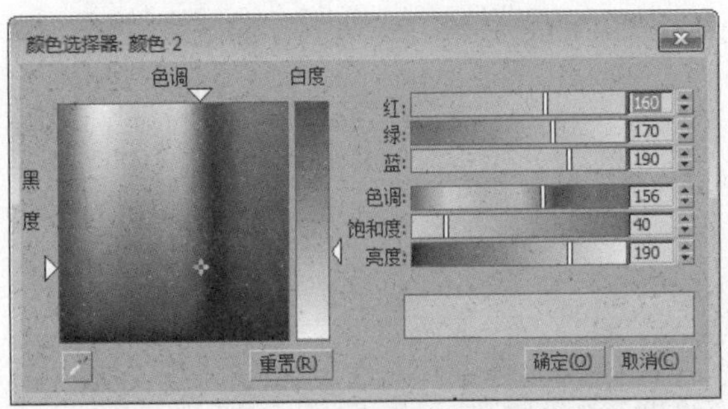

18 创建好的仿古砖材质示例窗效果如下图所示。

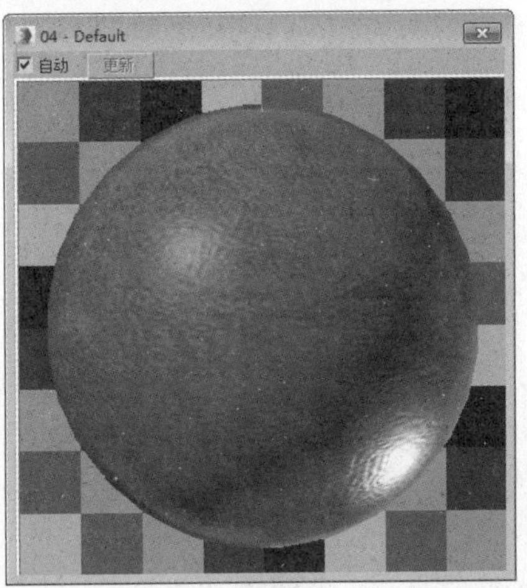

19 将材质指定给场景中的地面，为其添加UVW贴图，设置贴图参数，如下图所示。

20 选择UVW贴图层级，在顶视图中将贴图旋转45°，如下图所示。

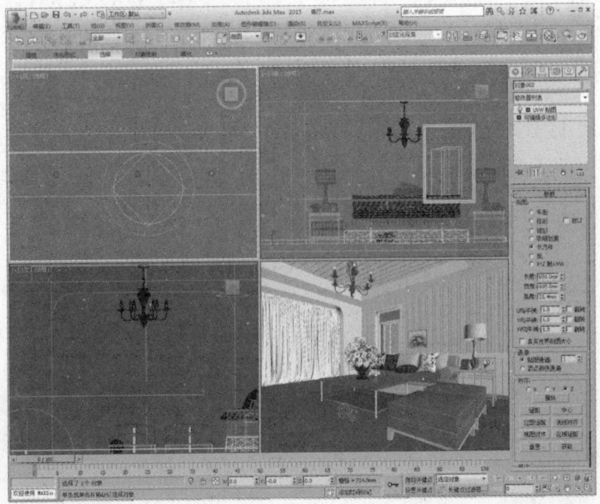

21 选择一个空白材质球，将其设置为VRayMtl材质，设置漫反射颜色和折射颜色为白色，再设置反射颜色及反射参数，如下图所示。

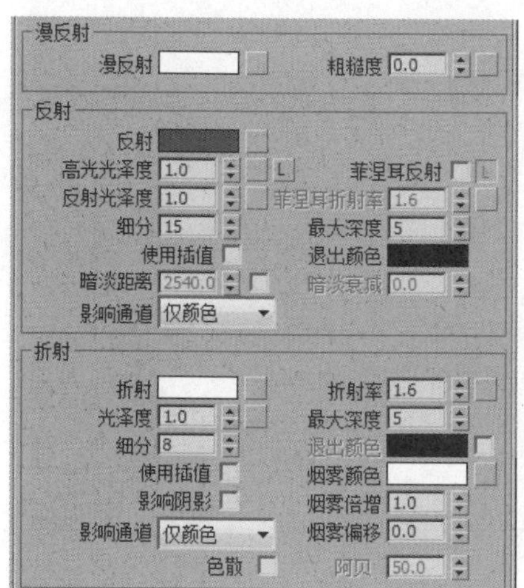

22 反射颜色设置如下图所示。

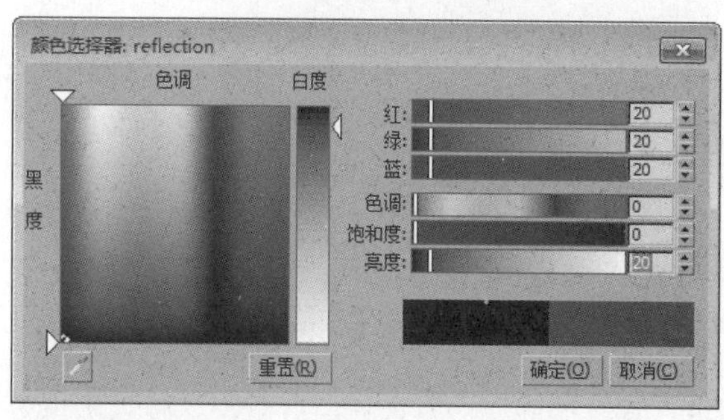

23 创建好的玻璃材质示例窗效果如下图所示。

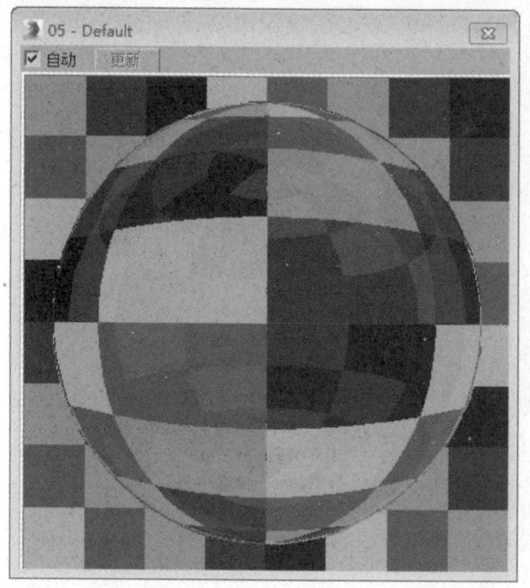

24 将材质指定给场景中的玻璃对象，如下图所示。

25 选择一个空白材质球，将其设置为VRayMtl材质，在“贴图”卷展栏中为漫反射通道和凹凸通道添加位图贴图，如右图所示。

贴图			
漫反射	100.0	☑	Map #34730 (092.jpg)
粗糙度	100.0	☑	无
自发光	100.0	☑	无
反射	100.0	☑	无
高光光泽	100.0	☑	无
反射光泽	100.0	☑	无
菲涅耳折射率	100.0	☑	无
各向异性	100.0	☑	无
各向异性旋转	100.0	☑	无
折射	100.0	☑	无
光泽度	100.0	☑	无
折射率	100.0	☑	无
半透明	100.0	☑	无
烟雾颜色	100.0	☑	无
凹凸	30.0	☑	Map #34730 (092.jpg)
置换	100.0	☑	无
不透明度	100.0	☑	无
环境		☑	无

26 创建好的地毯材质示例窗效果如下图所示。

27 将创建好的材质指定给场景中的地毯模型，如下图所示。

28 在场景中吸取沙发抱枕的材质，材质示例窗效果如下图所示。

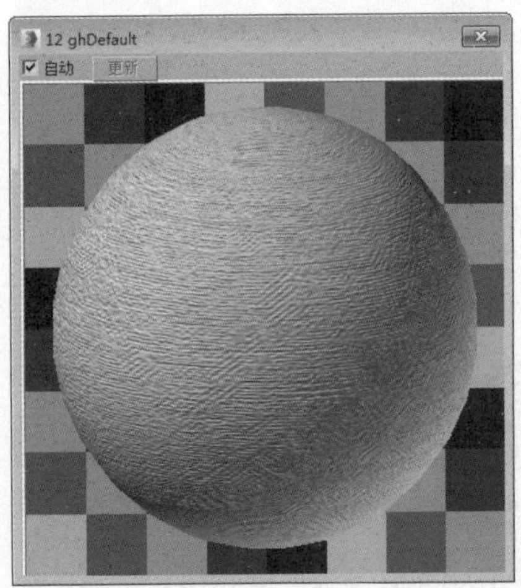

29 将该材质指定给场景中的沙发模型，如下图所示。

30 选择一个空白材质球，将其设置为VRayMtl材质，为漫反射通道添加衰减贴图，设置反射颜色及反射参数，如右图所示。

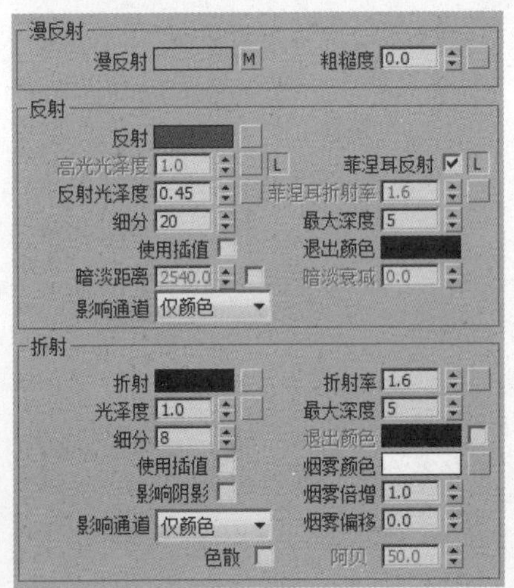

31 反射颜色设置如下图所示。

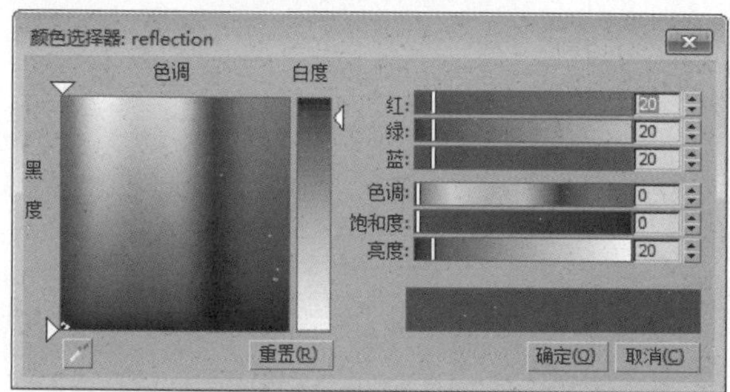

33 设置衰减颜色及衰减类型，如下图所示。

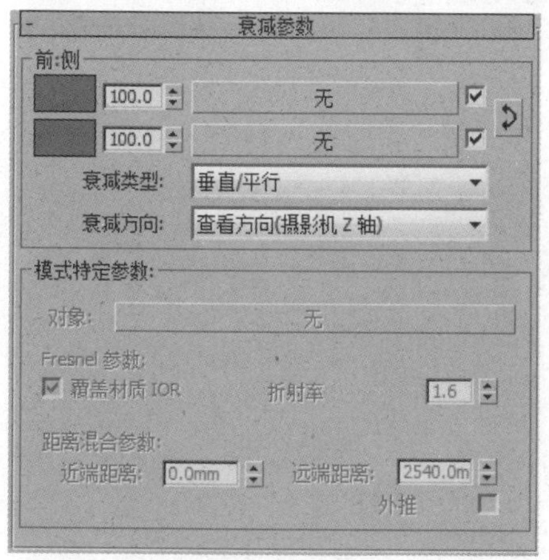

35 创建好的沙发布材质示例窗效果如下图所示。

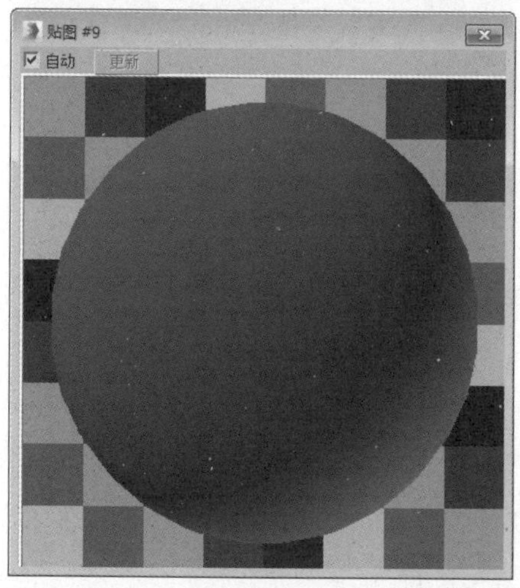

37 选择一个空白材质球，将其设置为VRayMtl材质，设置漫反射颜色为黑色，再设置反射颜色及反射参数，如下图所示。

32 在“选项”卷展栏中设置参数，如下图所示。

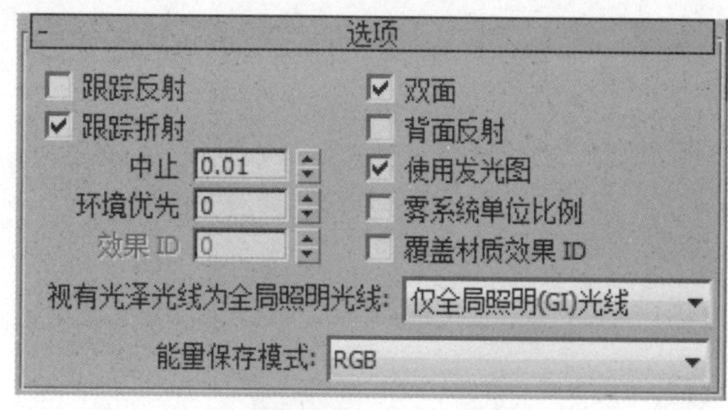

34 衰减颜色设置如下图所示。

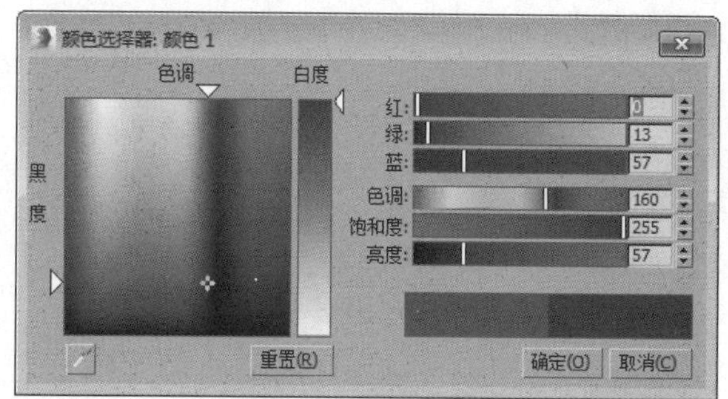

36 将材质指定给场景中的对象，如下图所示。

38 反射颜色设置如下图所示。

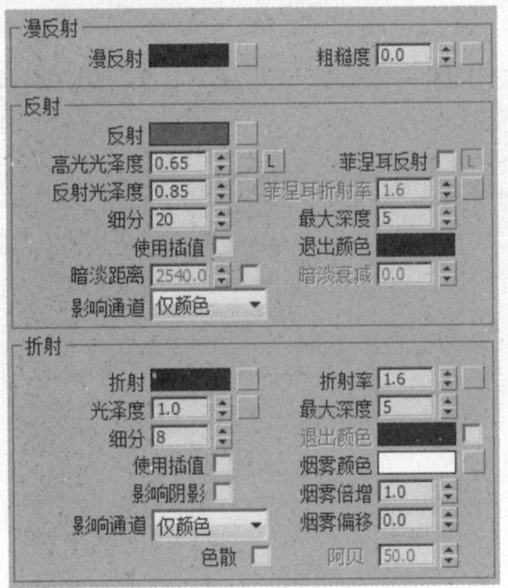

39 创建好的黑漆材质如下图所示。

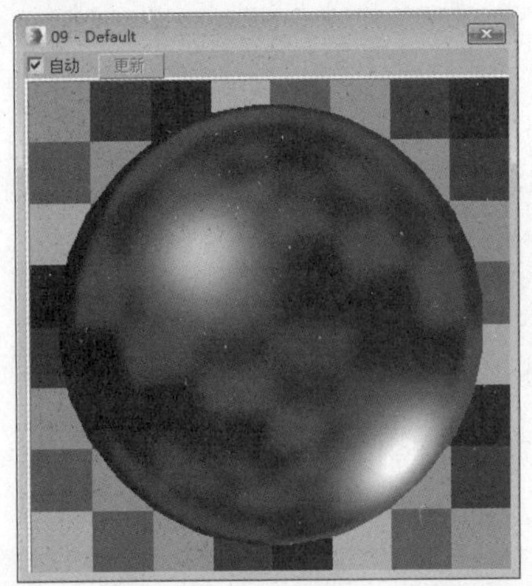

40 将材质指定给场景中的模型对象，如下图所示。

41 选择一个空白材质球，将其设置为VRayMtl材质，为漫反射通道和凹凸通道添加位图贴图，为反射通道添加衰减贴图，设置反射参数，如下图所示。

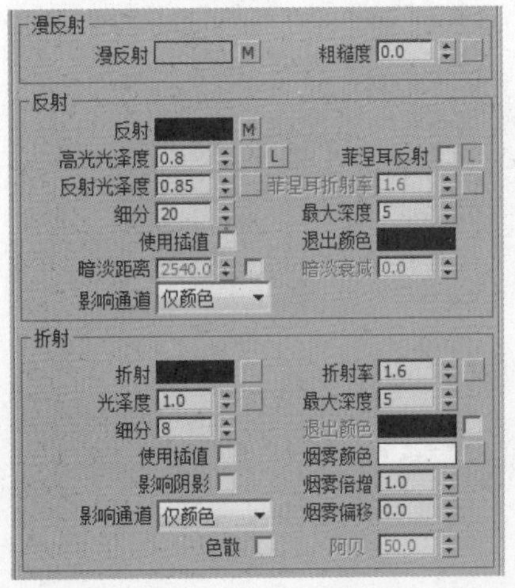

42 在“贴图”卷展栏中设置凹凸值，如下图所示。

贴图			
漫反射	100.0	☑	贴图 #10 (105c.jpg)
粗糙度	100.0	☑	无
自发光	100.0	☑	无
反射	100.0	☑	贴图 #11 (Falloff)
高光光泽	100.0	☑	无
反射光泽	100.0	☑	无
菲涅耳折射率	100.0	☑	无
各向异性	100.0	☑	无
各向异性旋转	100.0	☑	无
折射	100.0	☑	无
光泽度	100.0	☑	无
折射率	100.0	☑	无
半透明	100.0	☑	无
烟雾颜色	100.0	☑	无
凹凸	10.0	☑	贴图 #10 (105c.jpg)
置换	100.0	☑	无
不透明度	100.0	☑	无
环境		☑	无

43 在“衰减参数”卷展栏中设置衰减颜色及类型，如下图所示。

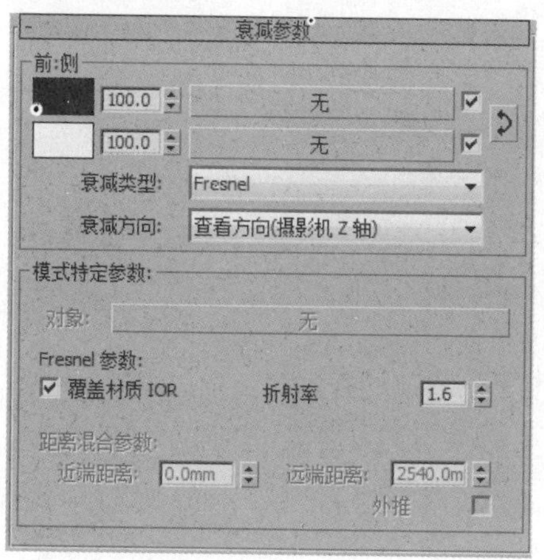

44 衰减颜色2设置如下图所示。

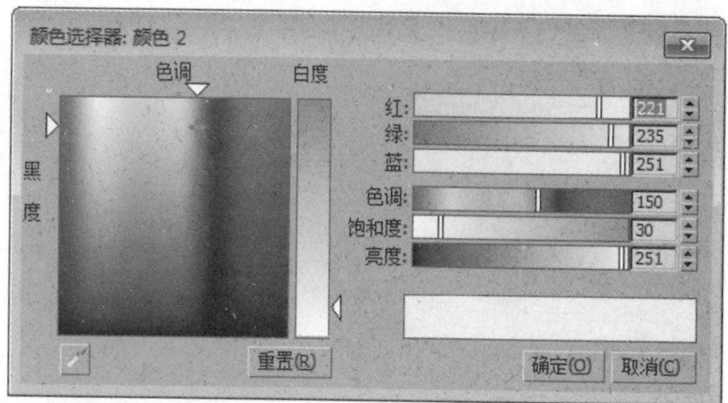

45 创建好的木纹材质示例窗效果如下图所示。

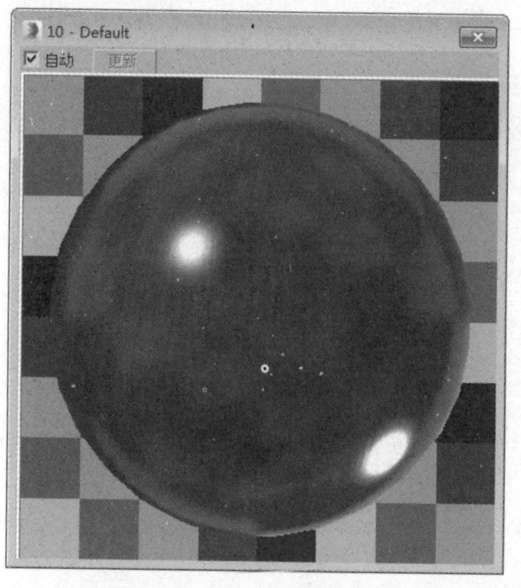

46 将材质指定给场景中的木质模型对象，如下图所示。

21.7 创建场景光源以及渲染设置

本小节中将对场景进行室内和室外光源的创建，然后进行测试渲染参数的设置，操作过程如下。

01 打开“渲染设置”窗口，在“帧缓冲区”卷展栏中取消勾选“启用内置帧缓冲区”选项，在“图像采样器”卷展栏中设置最小着色速率为1，设置过滤器类型，再设置颜色贴图类型为“指数”，如下图所示。

02 在“全局照明”卷展栏中启用全局照明，设置二次引擎为“灯光缓存”，在“发光图”卷展栏中设置预设值模式及细分采样值等，在“灯光缓存”卷展栏中设置细分值，如下图所示。

03 在“系统”卷展栏中设置序列模式以及动态内存限制值，如下图所示。

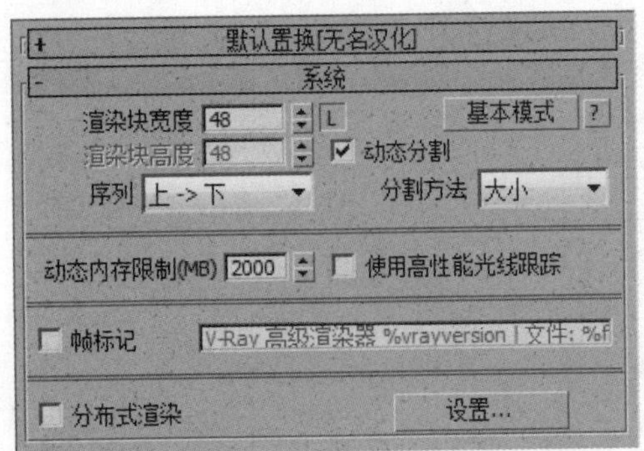

05 渲染摄影机视口，效果如下图所示。

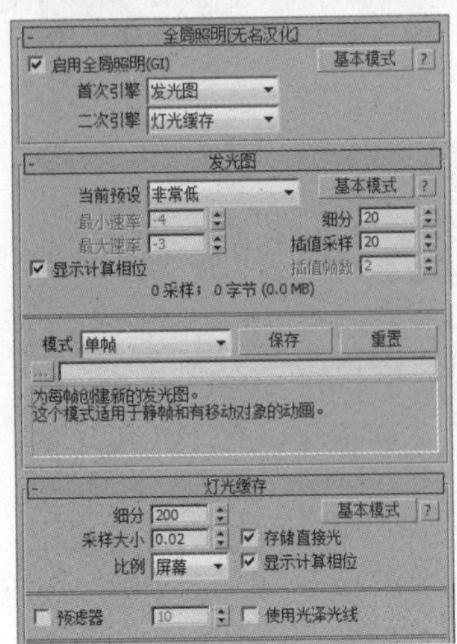

04 在左视图中创建一盏VRay灯光，调整到合适位置，如下图所示。

06 设置灯光颜色及其他参数，如下图所示。

07 灯光颜色设置如下图所示。

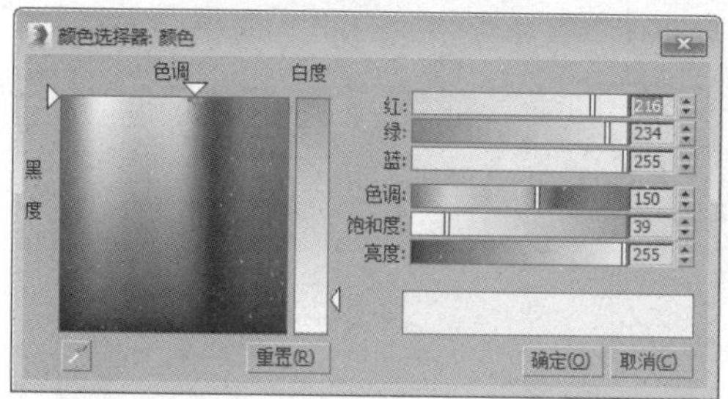

08 再次渲染摄影机视口，效果如下图所示。

09 在前视图中创建一个VR太阳光，自动添加VR天空环境贴图，如下图所示。

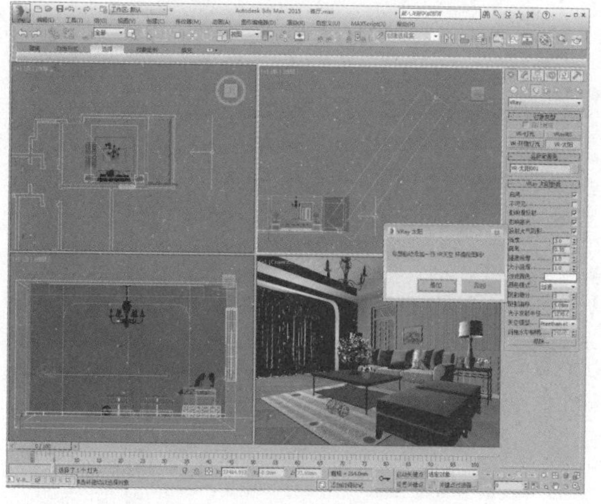

10 在修改命令面板中调整VR太阳光的参数，效果如下图所示。

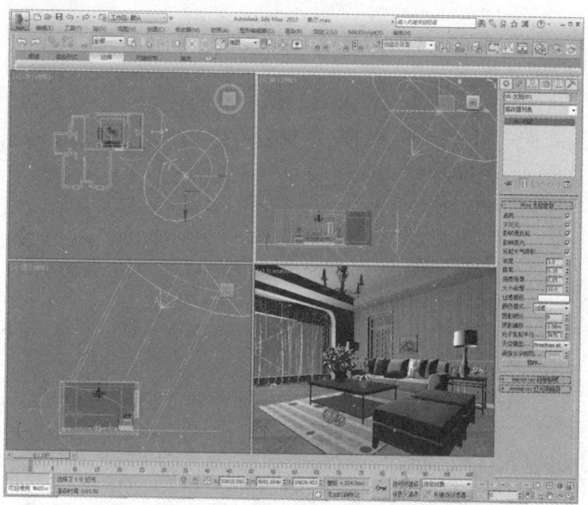

11 渲染摄影机视口，效果如下图所示。

12 在前视图中创建一盏目标灯光，如下图所示。

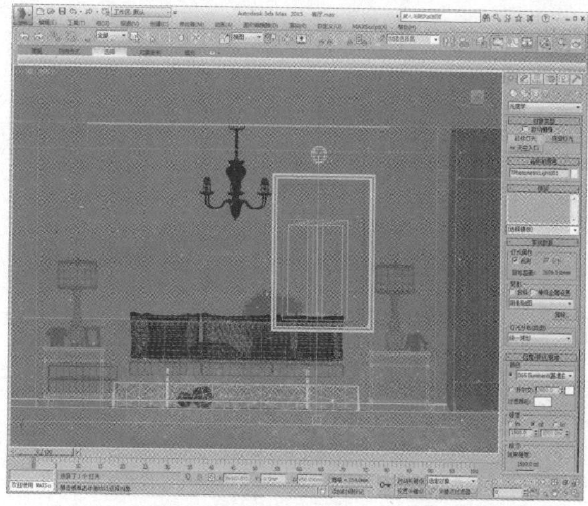

13 调整灯光到合适位置，再为目标灯光添加光域网，设置灯光颜色和强度，如下图所示。

14 复制灯光，如下图所示。

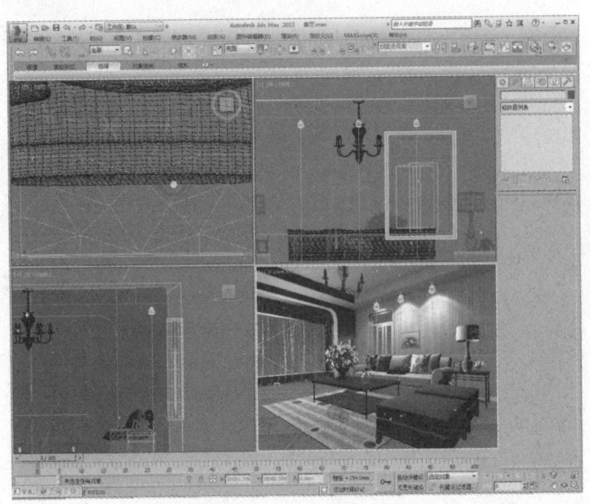

15 渲染摄影机视口，效果如下图所示。

16 创建一盏球形VR灯光，调整灯光颜色及位置，如下图所示。

17 渲染摄影机视口，效果如下图所示。

18 复制灯光到另一侧台灯，如下图所示。

19 渲染摄影机视口，效果如下图所示。

20 在“渲染设置”窗口中设置输出尺寸为1200×1000，如下图所示。

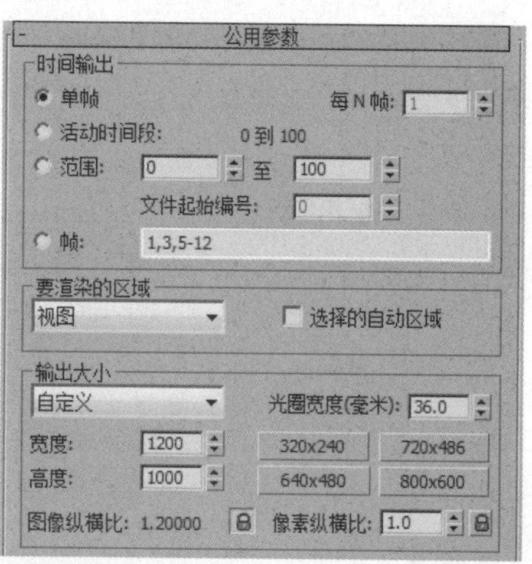

21 在“全局确定性蒙特卡洛”卷展栏中设置噪波阈值及最小采样值，勾选“时间独立”选项，如下图所示。

授权[无名汉化]
关于 V-Ray
帧缓冲区
图像采样器(抗锯齿)
颜色贴图
全局开关[无名汉化]
自适应图像采样器
全局确定性蒙特卡洛
自适应数量 0.85
噪波阈值 0.005 时间独立
全局细分倍增 1.0 最小采样 12
环境
摄影机

22 设置发光图预设级别及细分采样值，再设置灯光缓存细分值，如下图所示。

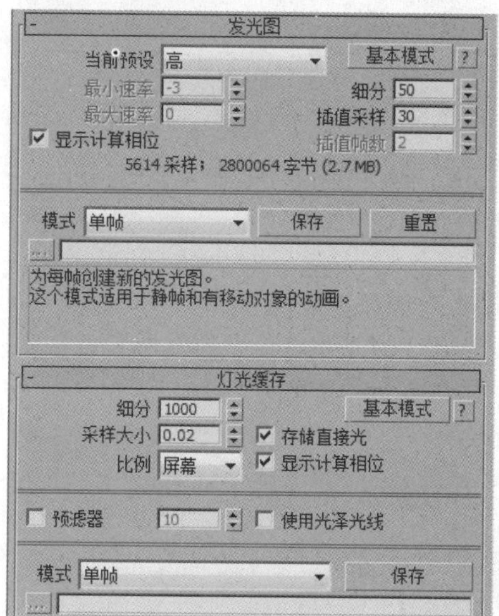

23 渲染摄影机视口，最终渲染效果如右图所示。

21.8 效果图后期处理

效果图后期处理是效果图制作较为重要的一个部分，可以弥补渲染效果中的一些不足，比如整体亮度、颜色饱和度的调整以及一些瑕疵的处理，这需要用户对Photoshop软件有一定的掌握。下面介绍操作步骤。

01 打开渲染效果图，如下图所示。

02 执行“图像>调整>亮度/对比度”命令，打开“亮度/对比度”对话框，调整增加亮度及对比度值，勾选“预览”选项，可以看到整体效果变亮，并且明暗对比增强，如下图所示。

03 执行“图像>调整>色相/饱和度”命令，打开“色相/饱和度”对话框，调整整体饱和度和明度，如下图所示。

04 执行“图像>调整>曲线”命令，打开“曲线”对话框，调整曲线，最后调整完成的效果如下图所示。

下　篇

室外模型的制作与渲染

古塔场景效果图的制作

本章中将创建一个古塔模型，通过对创建流程的讲解，让读者更加熟练地掌握样条线建模的方法。

知识点

1. 挤出修改器的使用
2. 车削修改器的使用
3. FFD修改器的使用

22.1 古塔模型的创建

由于本场景模型尺寸较大，为了便于模型制作的流畅，这里将模型尺寸缩小到原尺寸的10%。古塔模型分为塔座、塔身和塔刹三部分，下面分别对其创建过程进行介绍。

22.1.1 创建古塔塔座模型

建筑具有一定的自身重量，为保证建筑物建成后不会沉降塌陷，就需要先制作一个平整坚硬的基础，称为台基，而塔的台基又称为塔座。下面介绍具体创建步骤。

01 在创建命令面板中单击“多边形”按钮，在顶视图中绘制一个八边形，如下图所示。

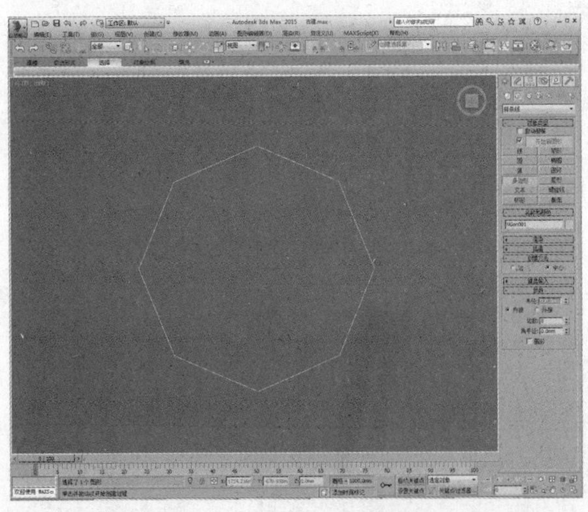

02 在顶视图中旋转图形，如下图所示。

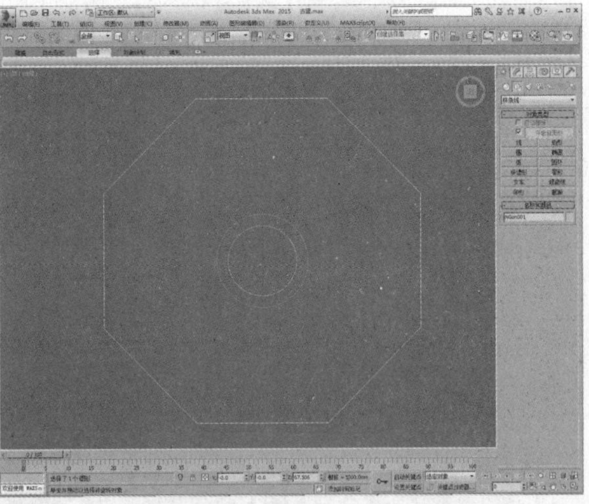

03 为其添加“挤出”修改器，设置挤出值为125，如下图所示。

04 在前视图中绘制一个矩形，如下图所示。

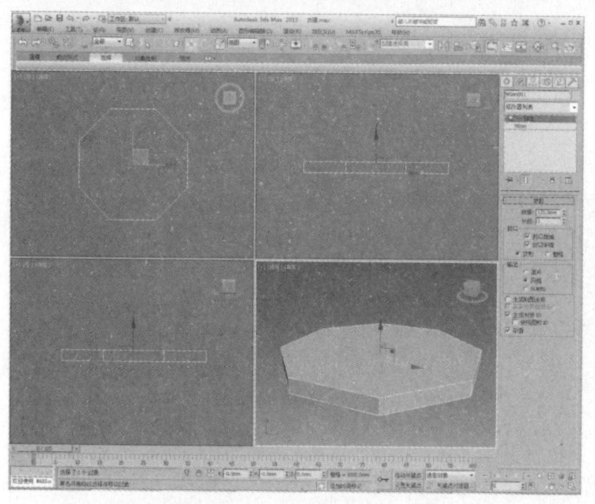

05 开启捕捉开关，将矩形与多边体对齐，再按住Shift键，沿矩形对角点进行实例复制，设置副本数为9，如下图所示。

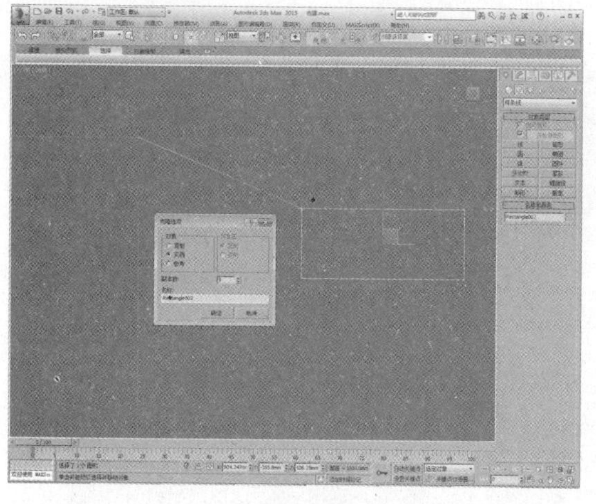

07 将最后一个矩形转换为可编辑样条线，单击“附加”按钮，附加选择其他矩形，使其成为一个整体，如下图所示。

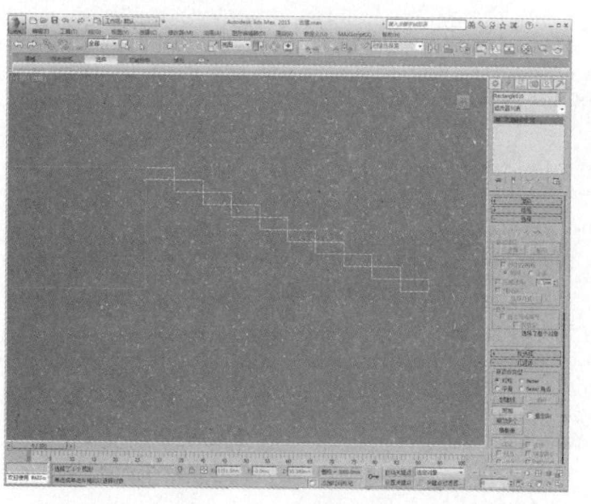

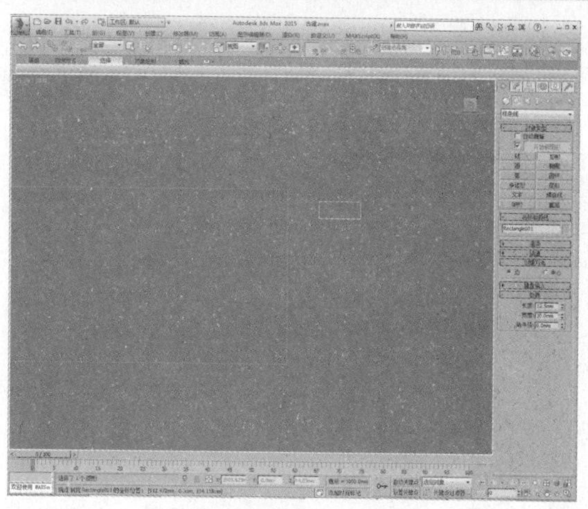

06 单击“确定”按钮，完成矩形的复制，如下图所示。

08 添加“挤出”修改器，设置挤出值为400，制作出阶梯模型，并将模型居中对齐，如下图所示。

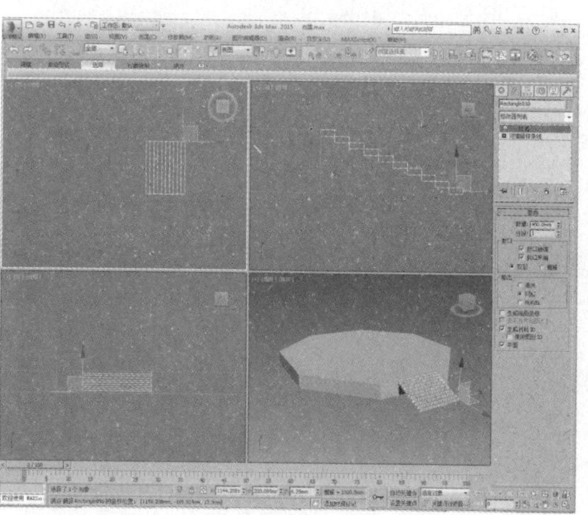

09 复制阶梯模型，分别对齐到多面体的其他四个方向，如下图所示。

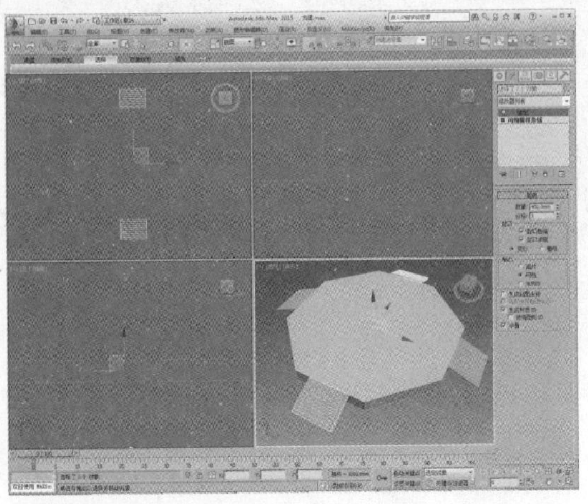

10 在顶视图中捕捉绘制一段样条线，如下图所示。

11 取消勾选“开始新图形”选项，继续捕捉绘制样条线，如下图所示。

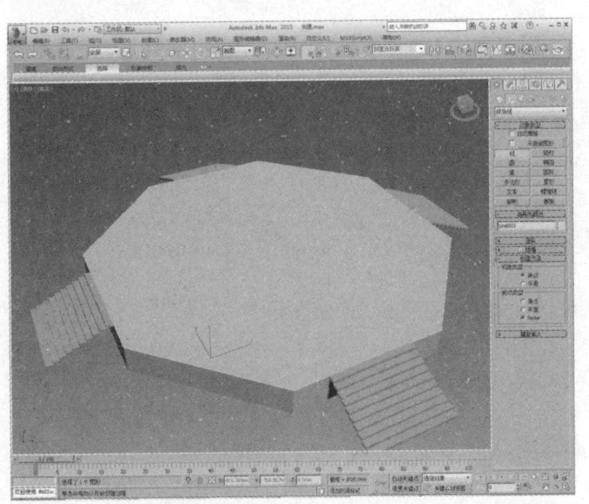

12 进入“样条线”子层级，设置轮廓值为30，如下图所示。

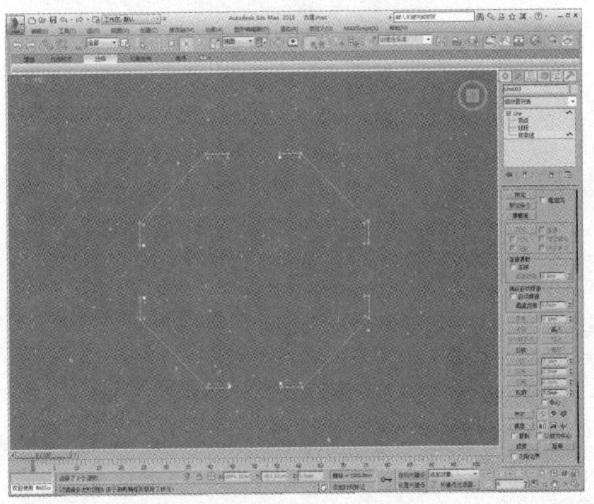

13 添加“挤出”修改器，设置挤出值为130，调整模型位置，如下图所示。

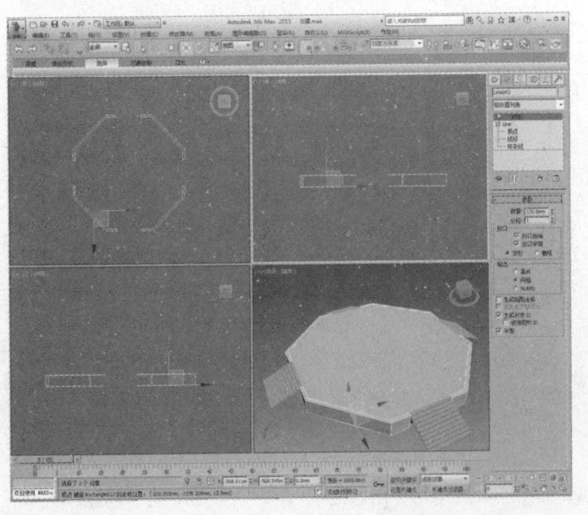

14 在前视图中捕捉绘制一段样条线，如下图所示。

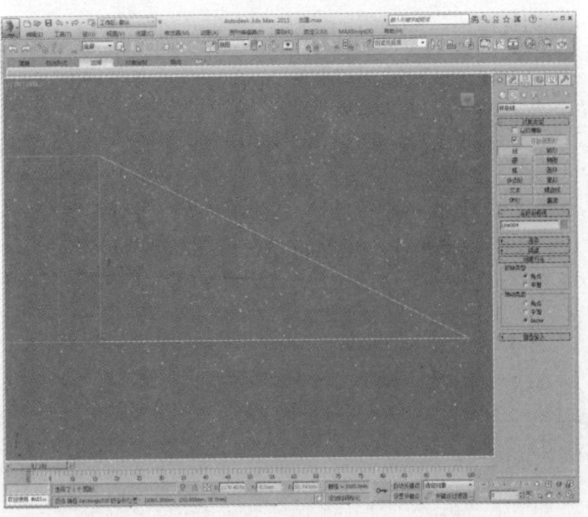

15 可以看到样条线的顶点并未在一个平面上，如下图所示。

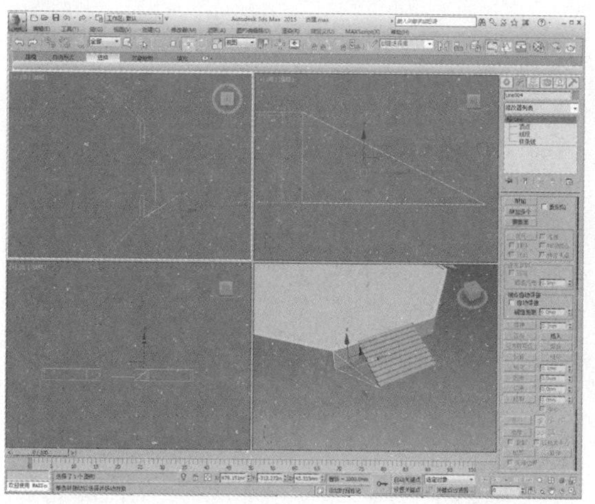

16 进入“顶点”子层级，调整顶点的Y轴位置，如下图所示。

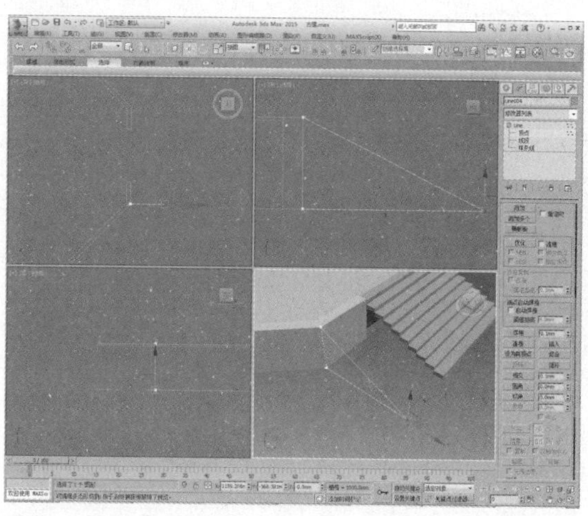

17 继续在前视图中调整顶点，如下图所示。

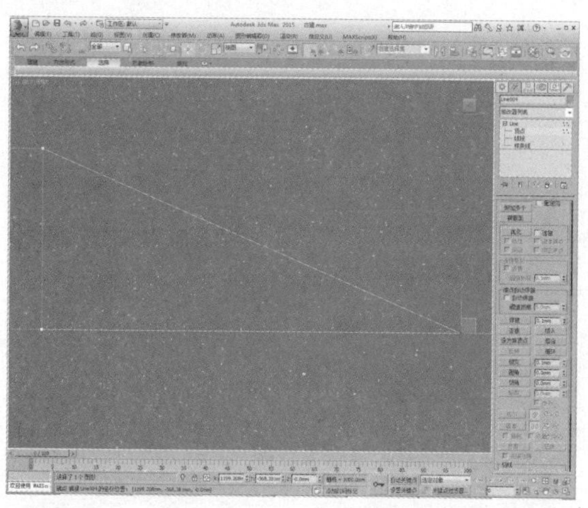

18 添加“挤出”修改器，设置挤出值为30，调整位置，如下图所示。

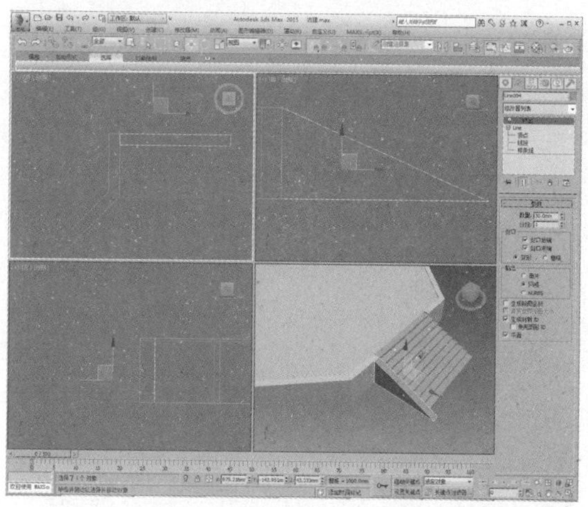

19 复制模型到阶梯另一侧，如下图所示。

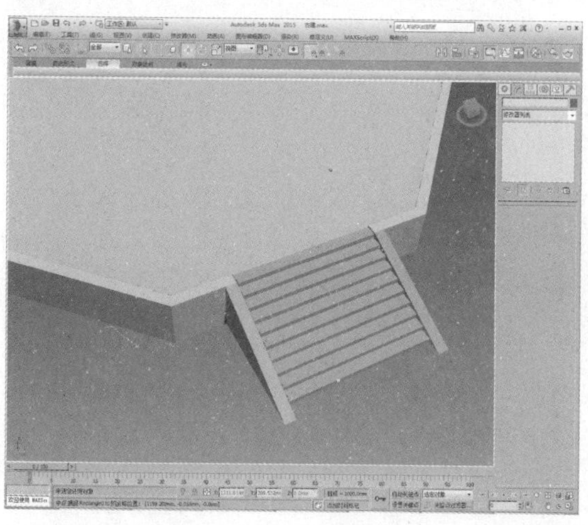

20 再继续复制模型到其他阶梯位置，如下图所示。

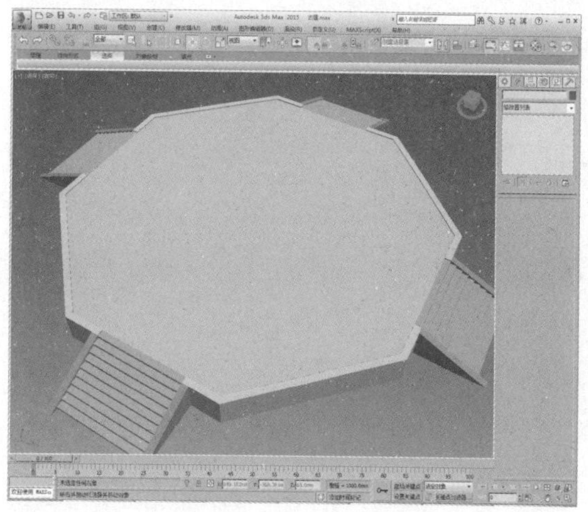

21 在顶视图中捕捉绘制样条线，如下图所示。

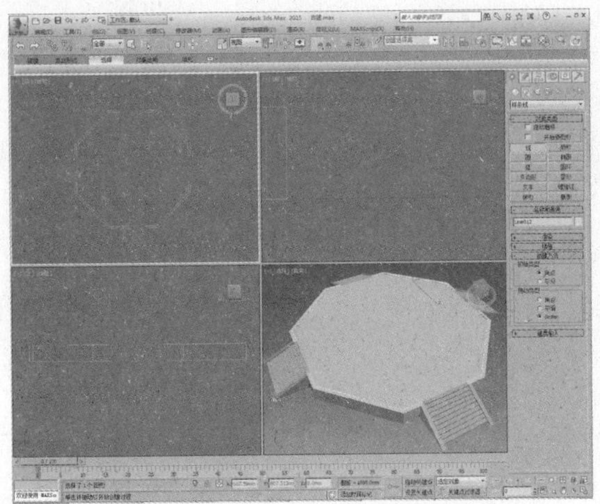

22 进入“样条线”子层级，设置轮廓值为-10，如下图所示。

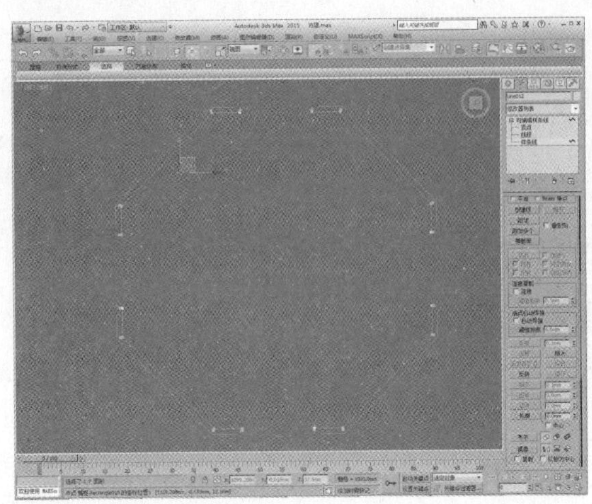

23 添加“挤出”修改器，设置挤出值为10，如下图所示。

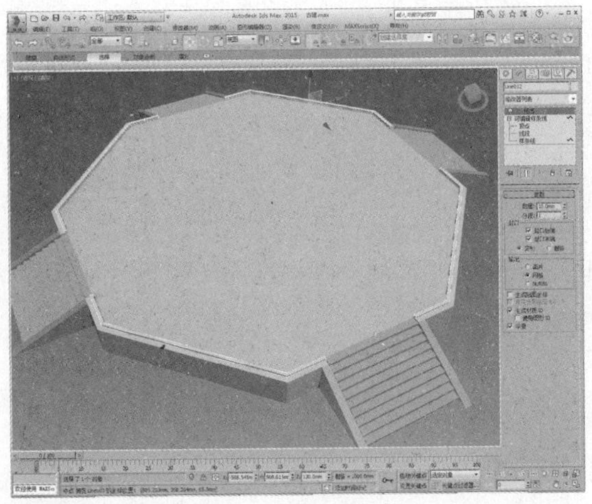

24 按住Shift键向上复制模型，设置副本数为2，如下图所示。

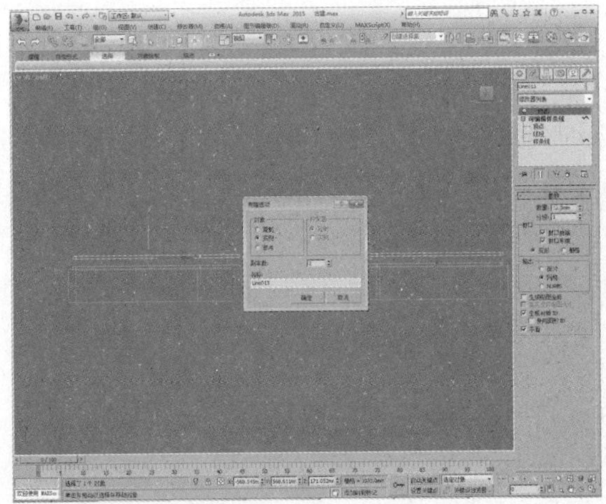

25 复制好的效果如下图所示。

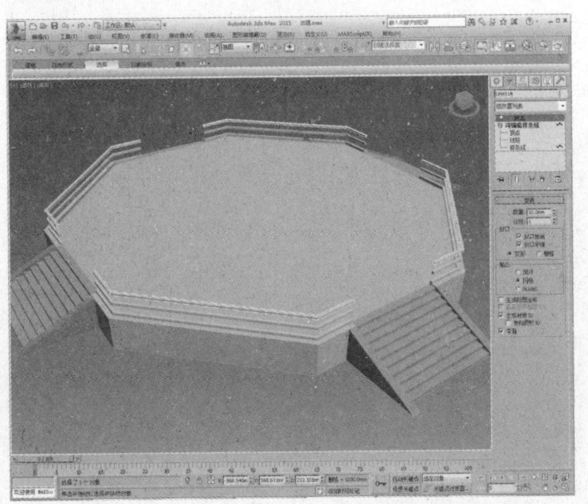

26 在前视图中绘制样条线，如下图所示。

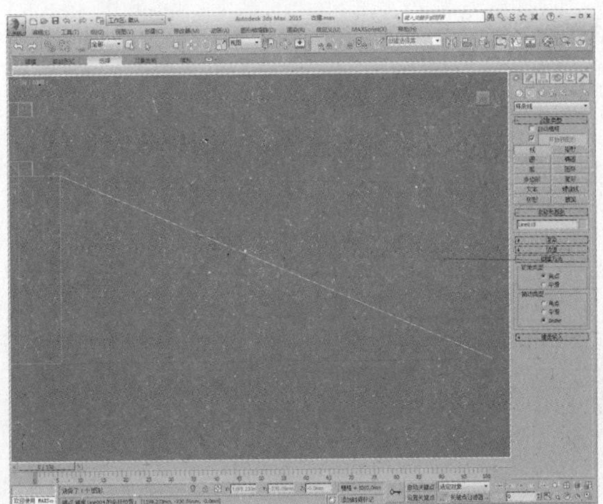

27 进入“样条线”子层级，设置轮廓值为10，如下图所示。

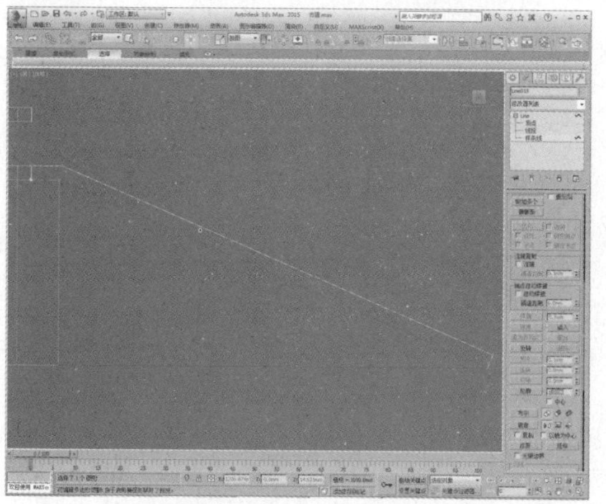

28 添加“挤出”修改器，设置挤出值为10，如下图所示。

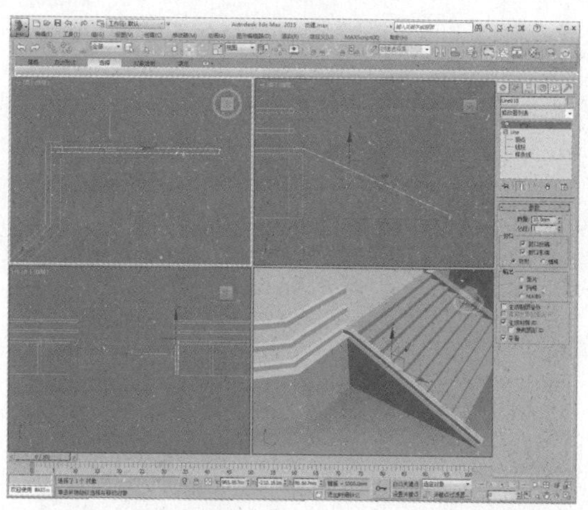

29 向上复制模型，再复制到阶梯另一侧，如下图所示。

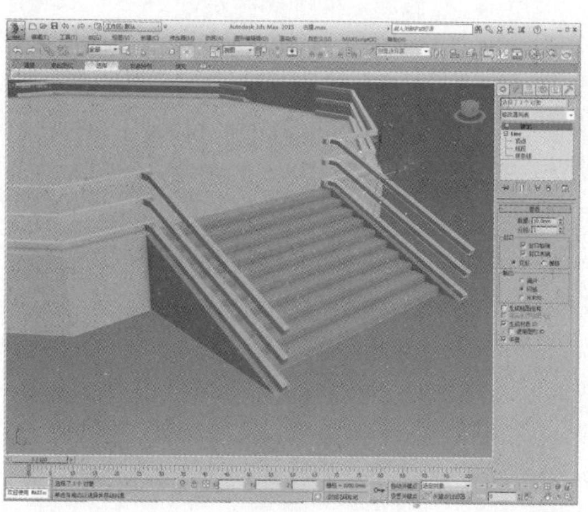

30 复制模型到其他方向的阶梯，如下图所示。

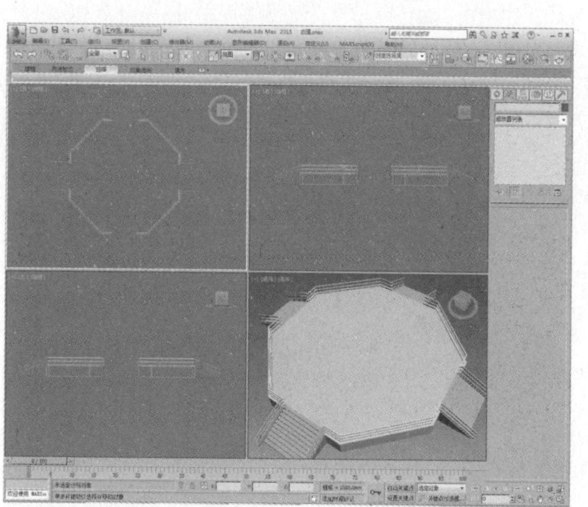

31 创建一个长方体，将其调整到合适位置，如下图所示。

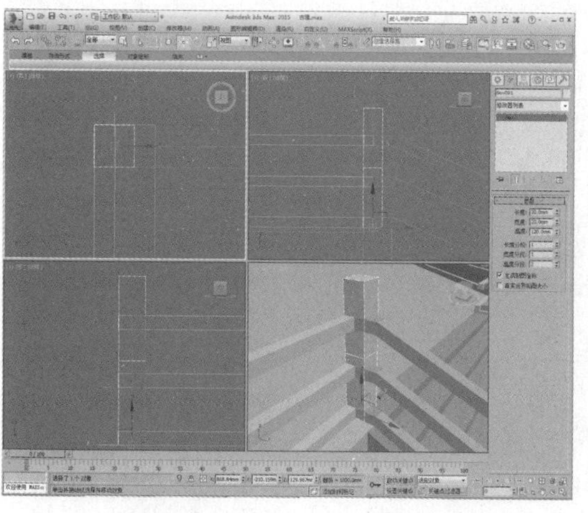

32 将长方体转换为可编辑多边形，进入“顶点”子层级，调整顶点位置，如下图所示。

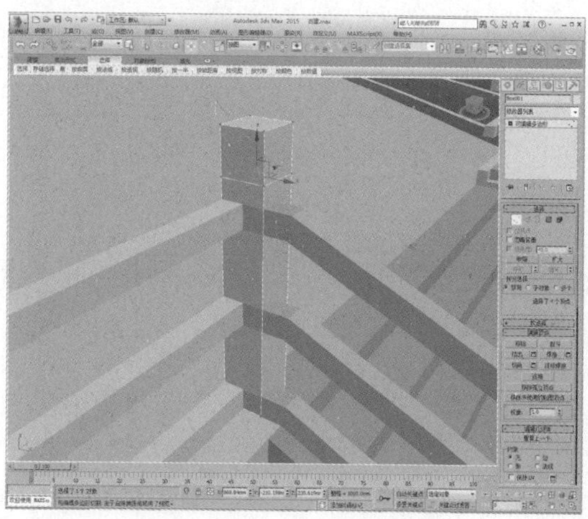

33 进入“边”子层级，选择如下图所示的边。

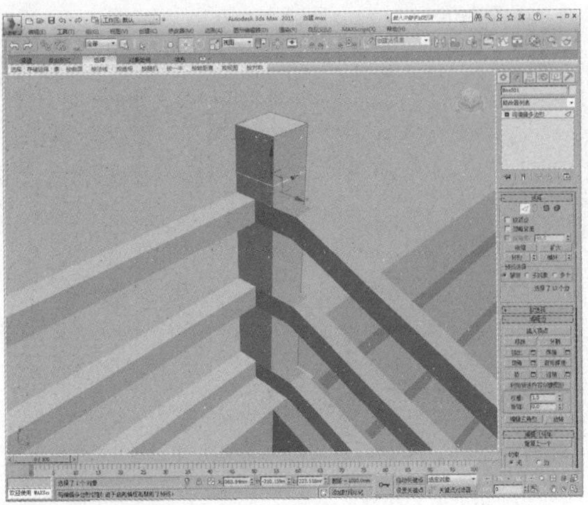

34 单击“切角”设置按钮，设置边切角量为1，如下图所示。

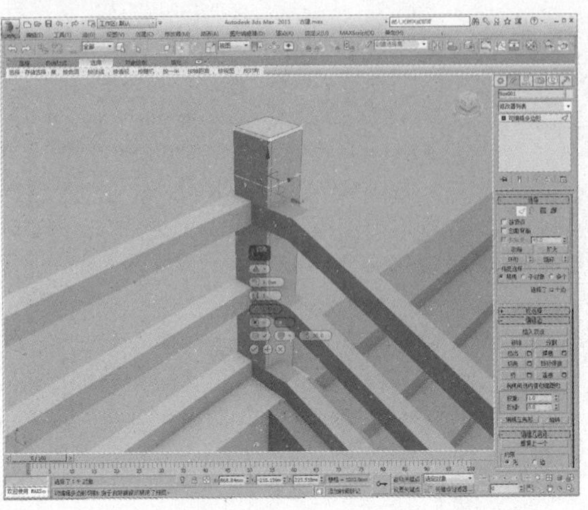

35 再选择如下图所示的边。

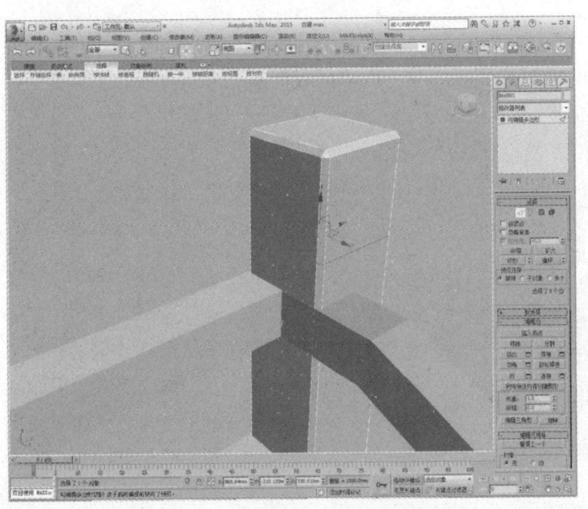

36 单击“挤出”设置按钮，设置挤出高度及宽度值，制作出柱墩模型，如下图所示。

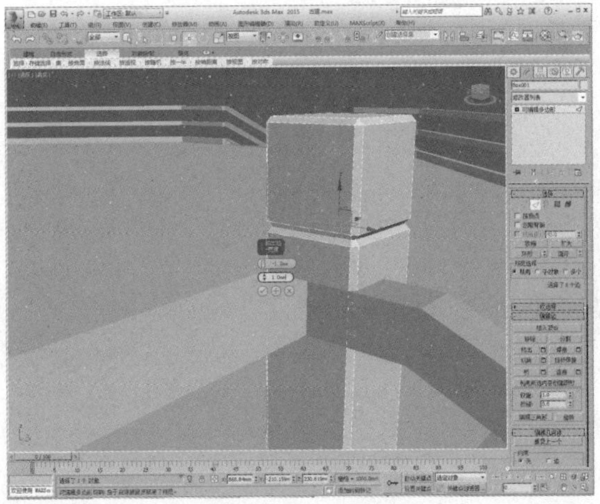

37 在顶视图中复制平台上的柱墩模型，如下图所示。

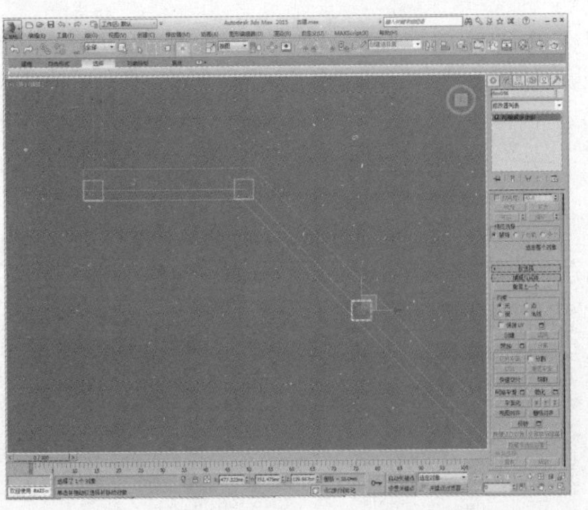

38 将柱墩模型旋转45°，如下图所示。

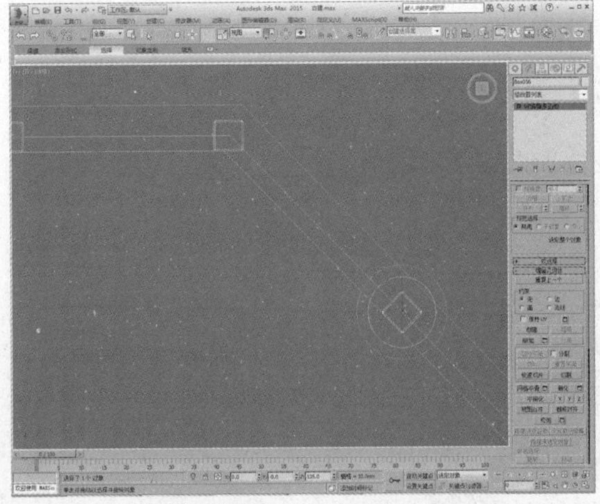

39 继续复制柱墩模型，如下图所示。

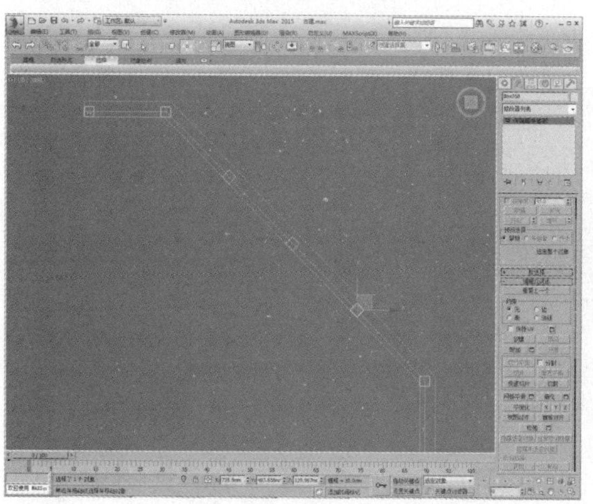

40 将平台一侧的墩柱模型复制到平台其他位置，如下图所示。

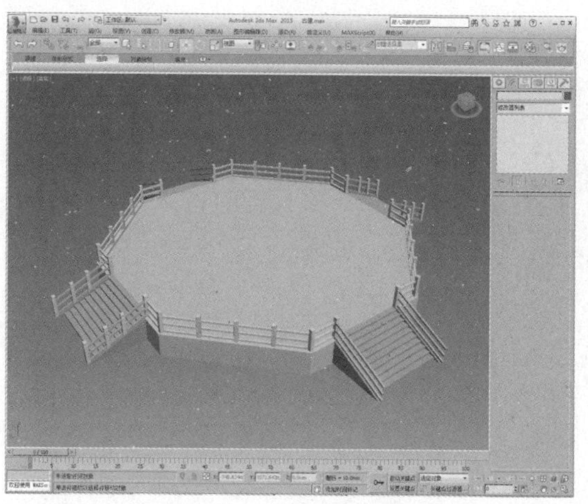

41 将平台上的墩柱模型向阶梯位置复制，如下图所示。

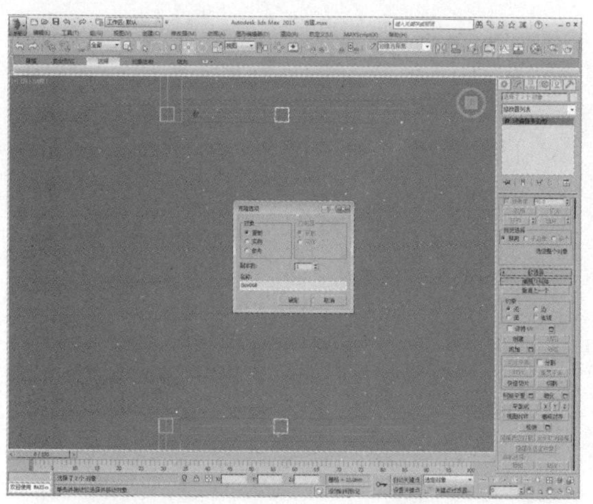

42 在前视图中调整柱墩模型位置，再进入“顶点”子层级，调整顶点位置，如下图所示。

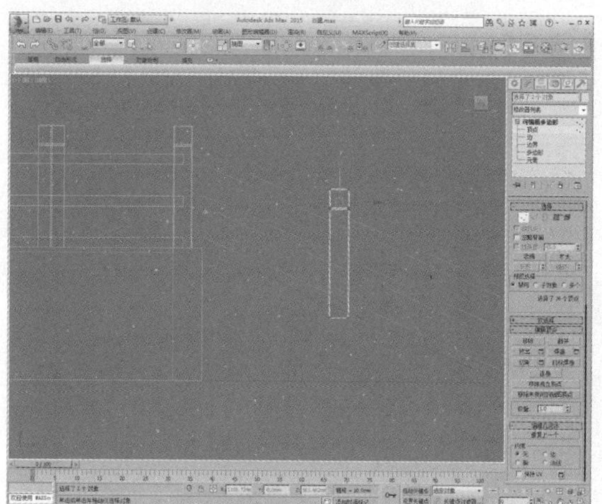

43 继续复制模型，调整到合适位置，如下图所示。

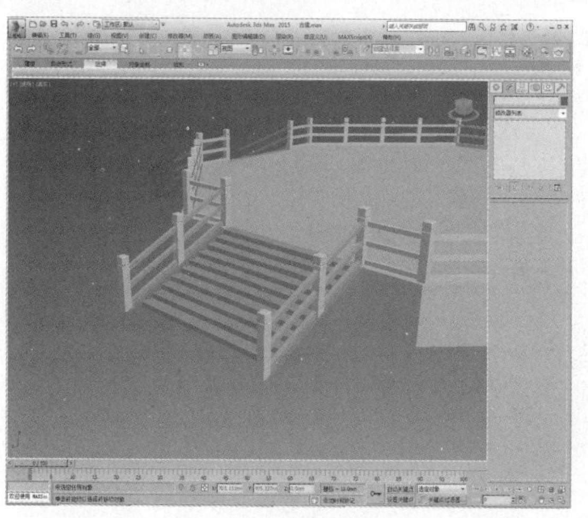

44 复制模型到其他阶梯位置，如下图所示。

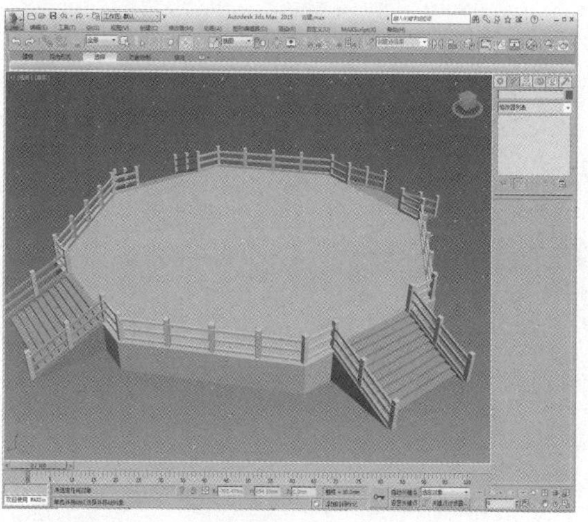

45 在前视图中绘制一段样条线，如下图所示。

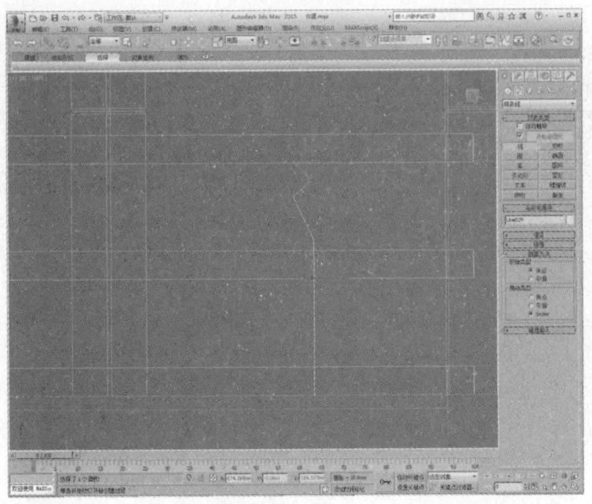

46 进入“顶点”子层级，设置顶点类型为Bezier角点，调整控制柄，如下图所示。

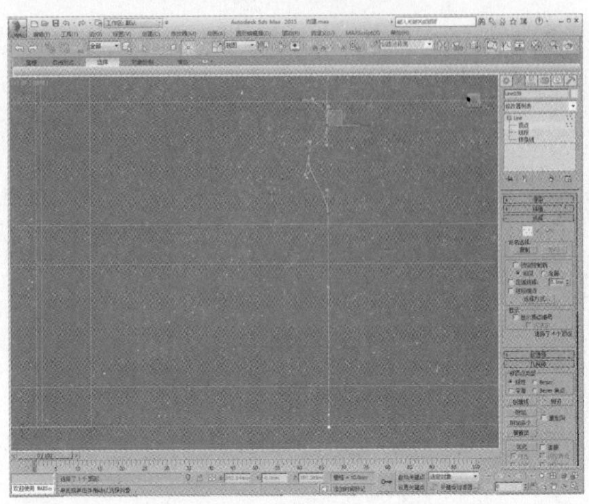

47 进入“样条线”子层级，设置轮廓值为1，如下图所示。

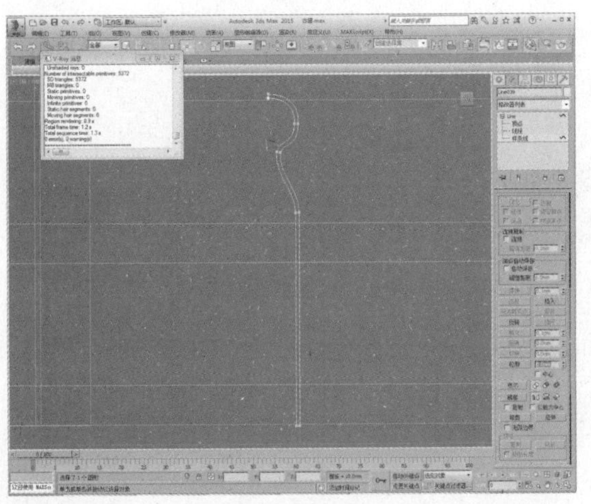

48 添加“车削”修改器，设置分段数为4，制作出小柱墩模型，调整模型位置，如下图所示。

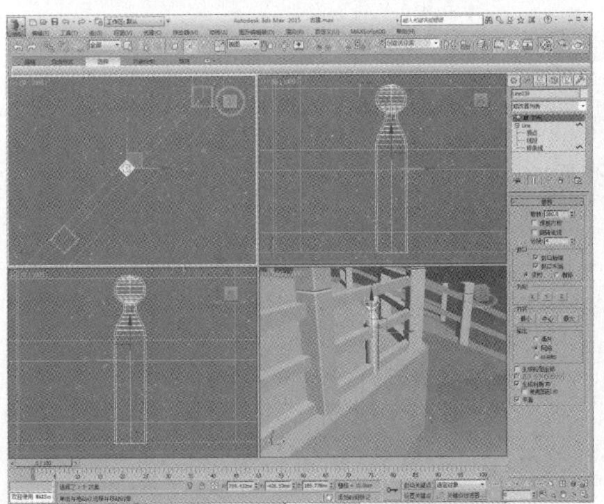

49 复制模型到平台位置的栏杆，如下图所示。

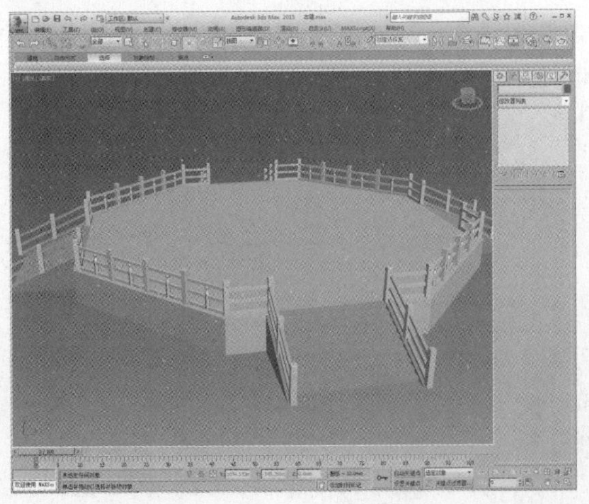

50 复制模型到阶梯位置，如下图所示。

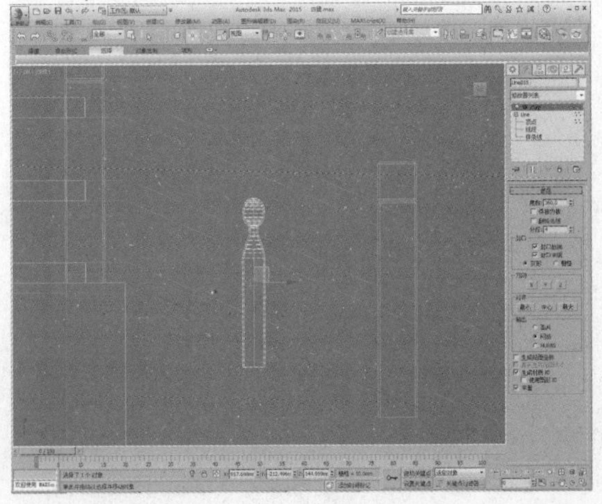

51 进入“顶点”子层级，调整顶点位置，如下图所示。

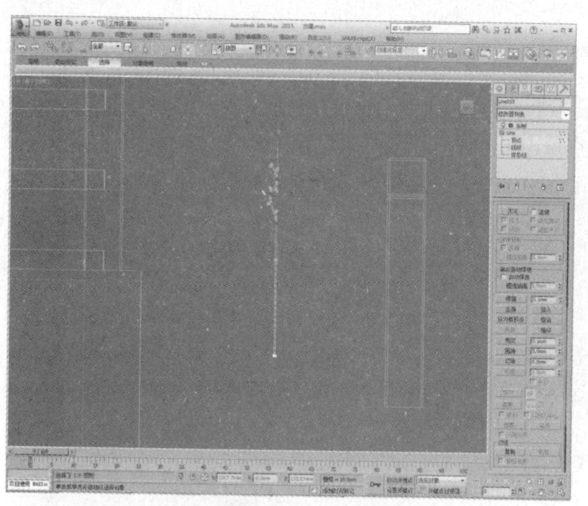

52 复制小柱墩模型到所有阶梯位置的栏杆。至此完成了古塔塔座模型的制作，如下图所示。

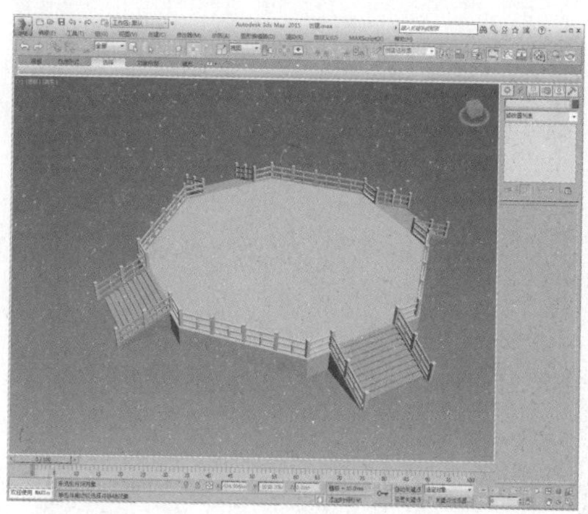

22.1.2 创建塔身模型

塔身是古塔结构的主体，本章中所制作的塔为阁楼式佛塔，有木结构的门窗与柱子，可供人们拾级而上，登高望远。下面介绍创建步骤：

01 在顶视图中捕捉绘制两条样条线，如下图所示。

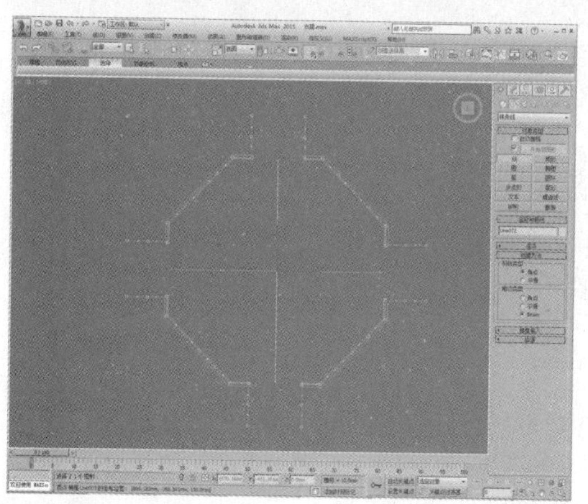

02 捕捉中点绘制一个多边形，如下图所示。

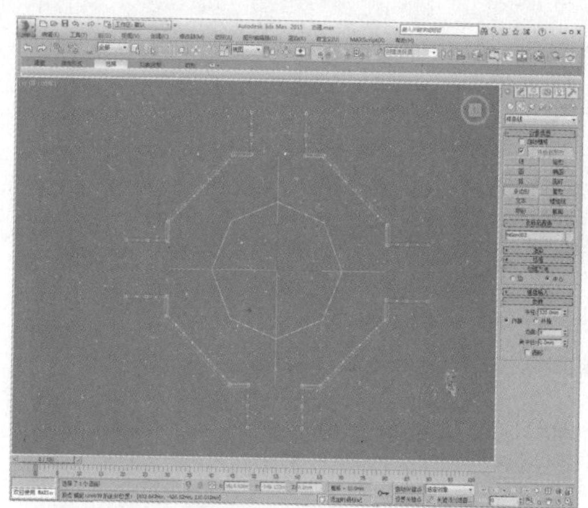

03 将多边形旋转22.5°，如右图所示。

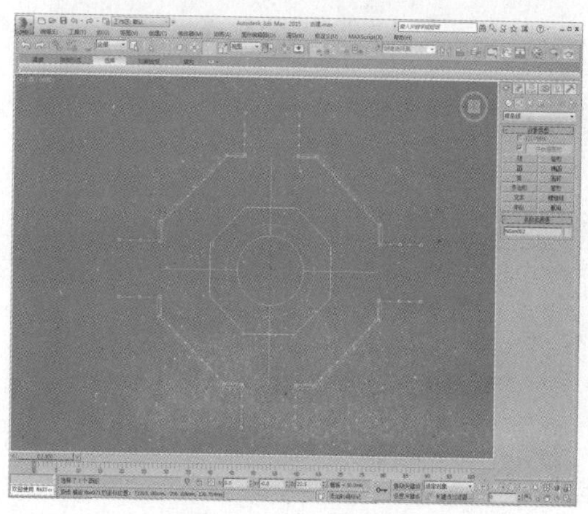

04 删除垂直的样条线，为多边形添加“挤出”修改器，设置挤出值为320，如下图所示。

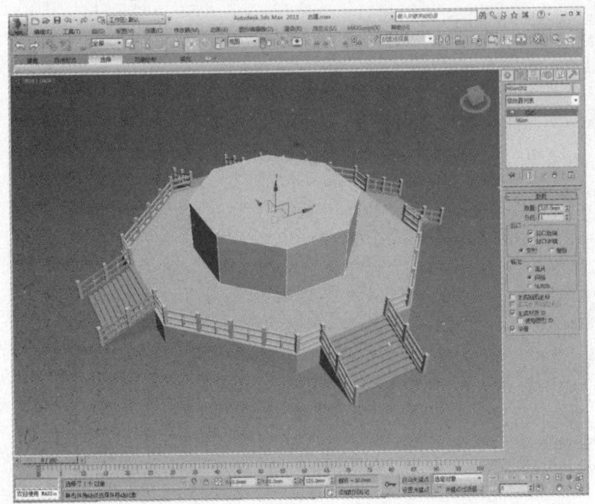

05 在“参数”卷展栏中取消勾选“封口始端”和“封口末端”选项，如下图所示。

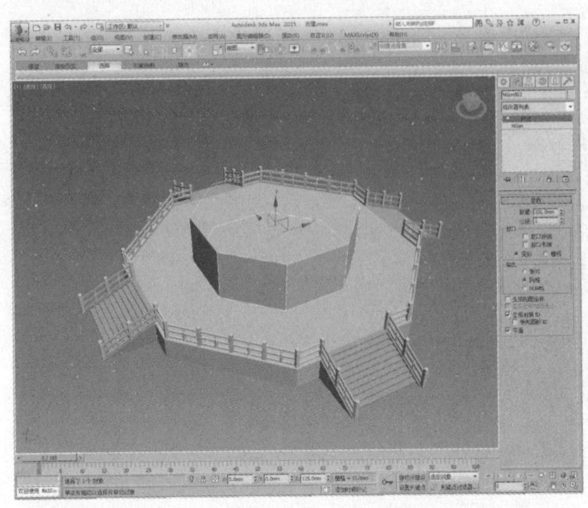

06 在顶视图中绘制一个矩形，如下图所示。

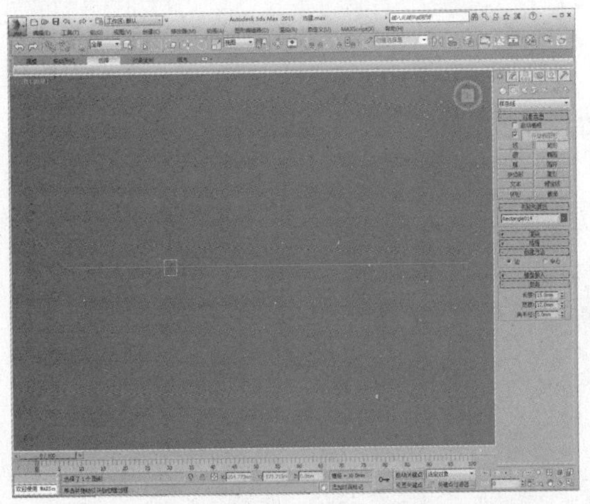

07 向右复制矩形，调整位置，如下图所示。

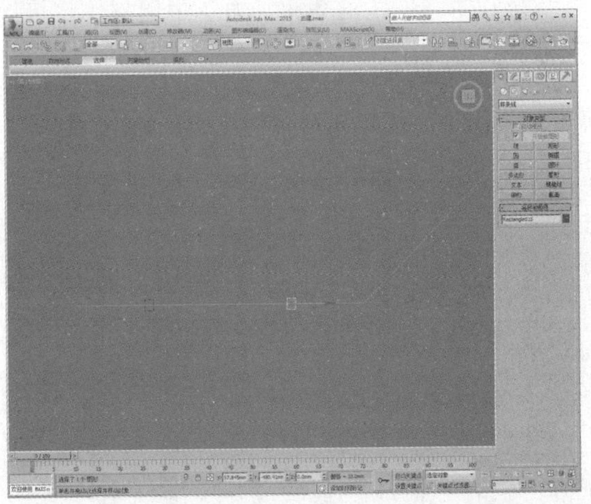

08 捕捉绘制一个半径为20的圆形，如下图所示。

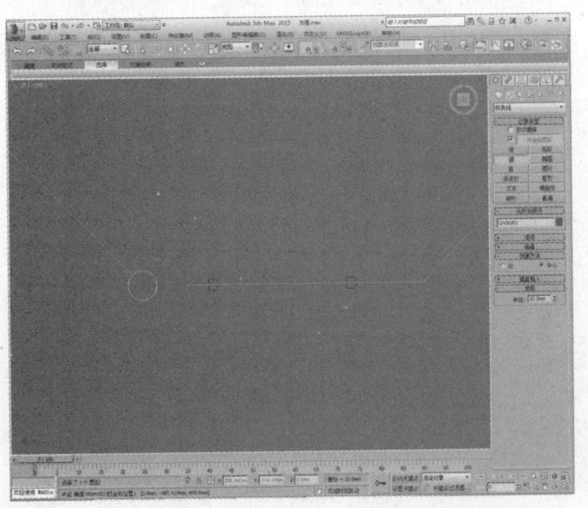

09 将圆形转换为可编辑多边形，附加选择两个矩形，如下图所示。

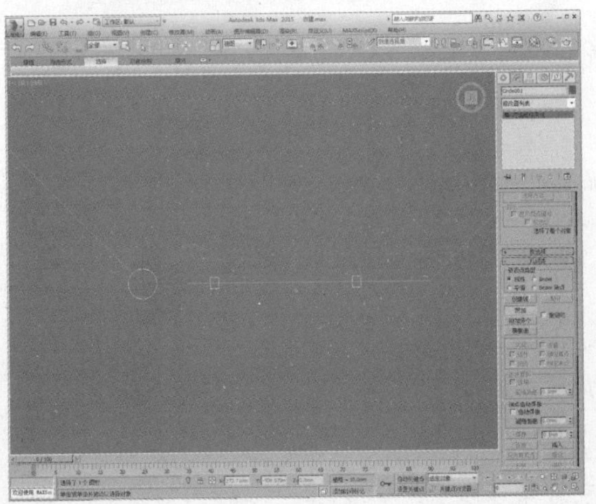

10 添加“挤出”修改器，设置挤出值为330，如下图所示。

11 在左视图中绘制一个矩形，如下图所示。

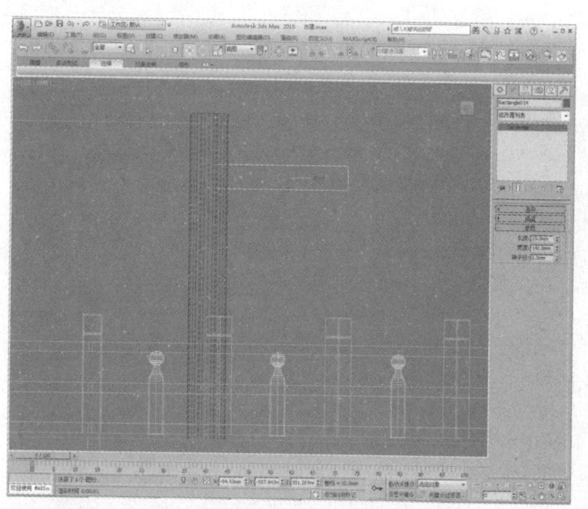

12 添加“挤出”修改器，设置挤出值为10，调整到合适位置，如下图所示。

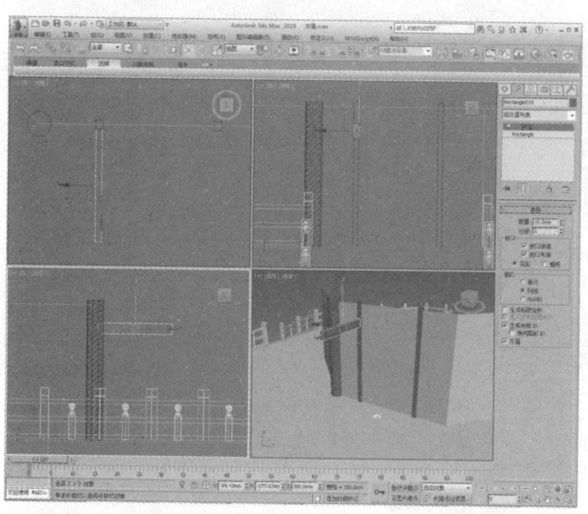

13 实例复制模型，如下图所示。

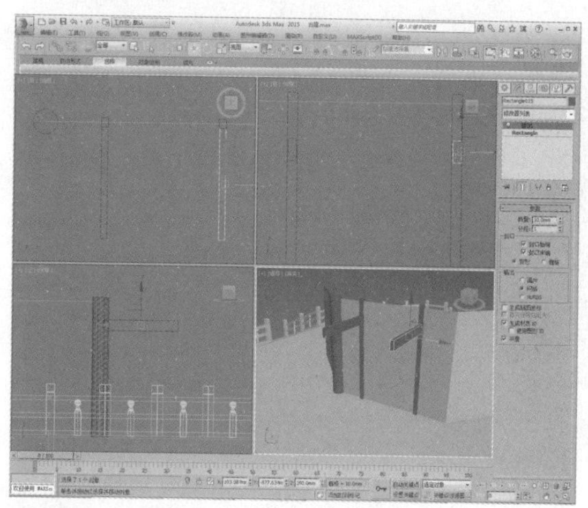

14 继续复制模型，如下图所示。

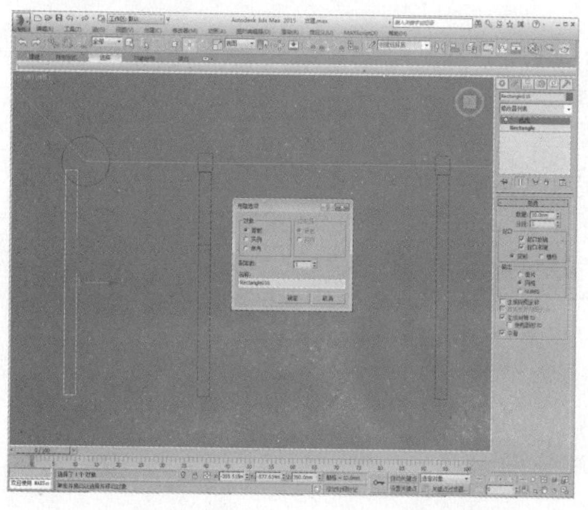

15 将模型旋转-22.5°，如下图所示。

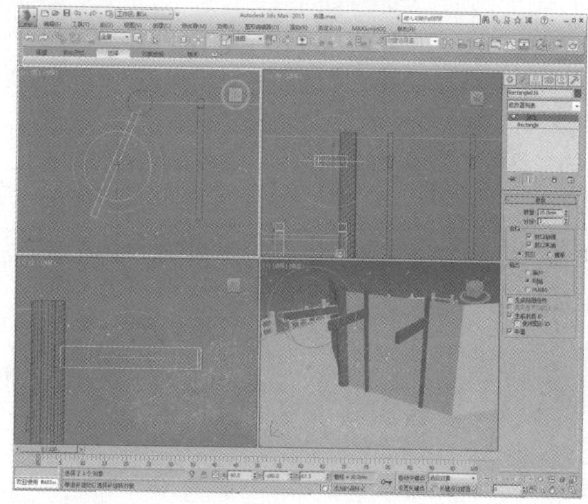

16 在“Rectangle”层级下调整矩形的宽度值，在左视图中可以看到调整后与其他两个模型基本上对齐，如下图所示。

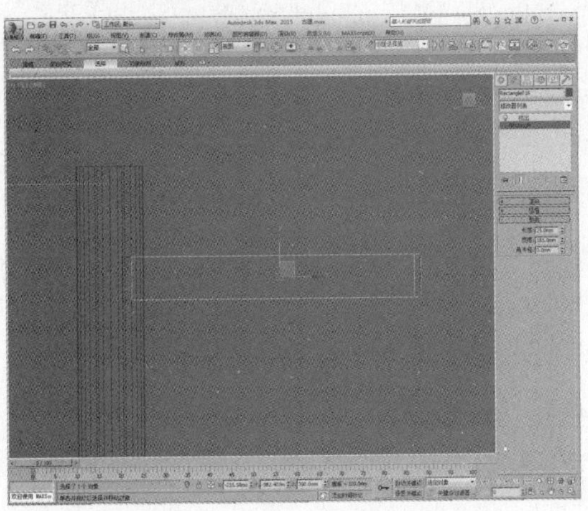

17 将创建的模型成组，如下图所示。

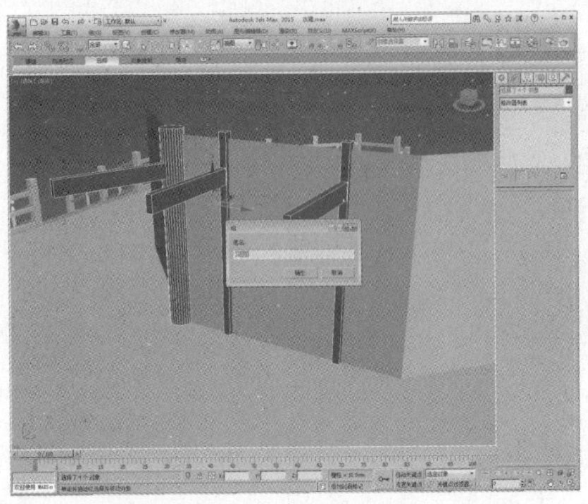

18 复制组模型到周围一圈，如下图所示。

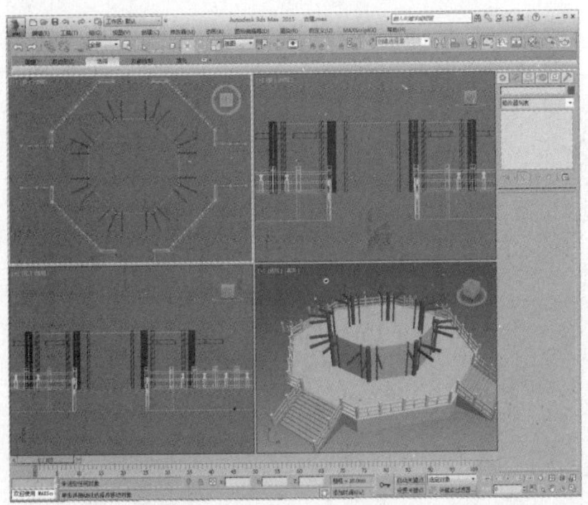

19 在前视图中绘制一段样条线，如下图所示。

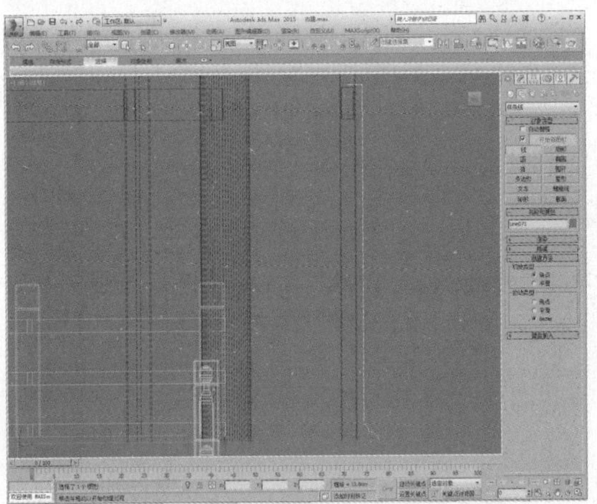

20 进入“顶点”子层级，设置部分顶点类型为Bezier角点，调整控制柄，如下图所示。

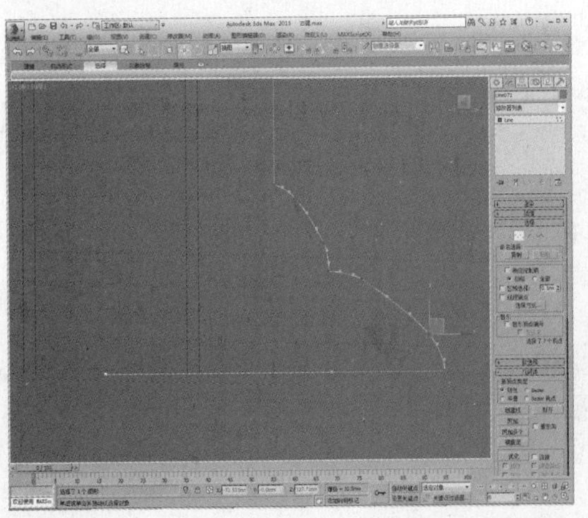

21 添加“车削”修改器，设置分段数为28，勾选“翻转法线”选项，调整位置，如下图所示。

22 在左视图中绘制样条线，如下图所示。

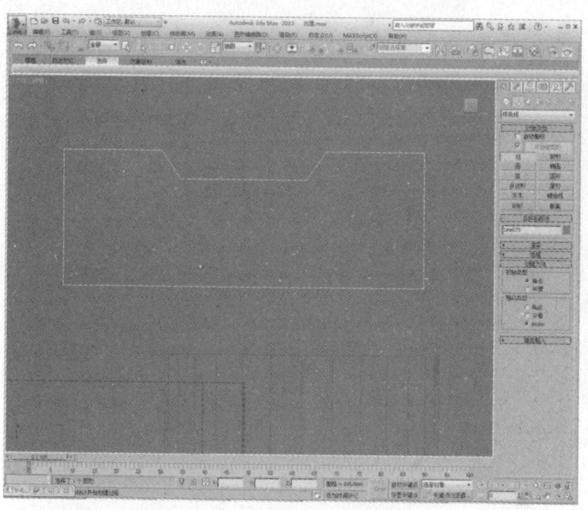

23 进入“顶点”子层级，对下方的两个顶点进行圆角操作，设置圆角值为8，如下图所示。

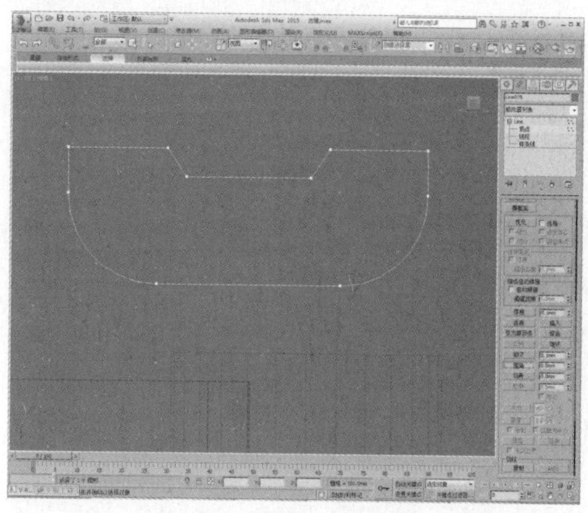

24 添加“挤出”修改器，设置挤出值为8，如下图所示。

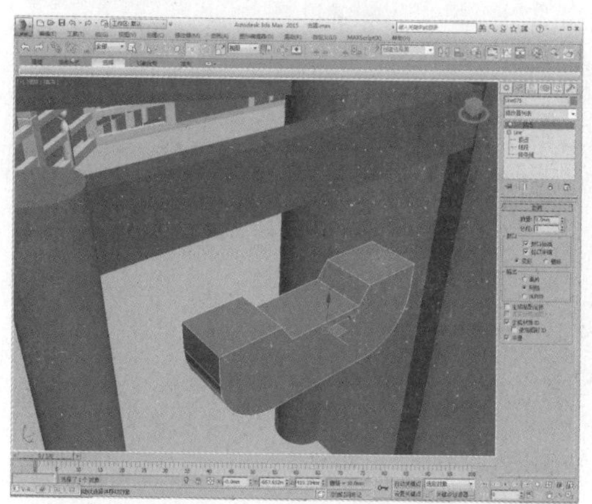

25 将模型转换为可编辑多边形，进入“顶点”子层级，选择顶点并单击“选择并均匀缩放”按钮，在左视图中缩放顶点，如下图所示。

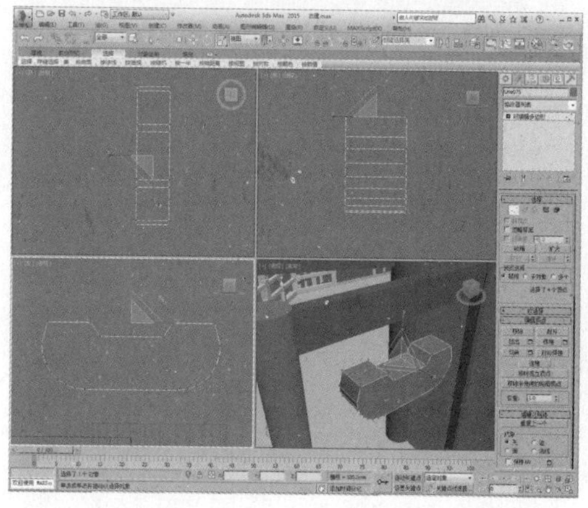

26 进入“多边形”子层级，选择如下图所示的多边形。

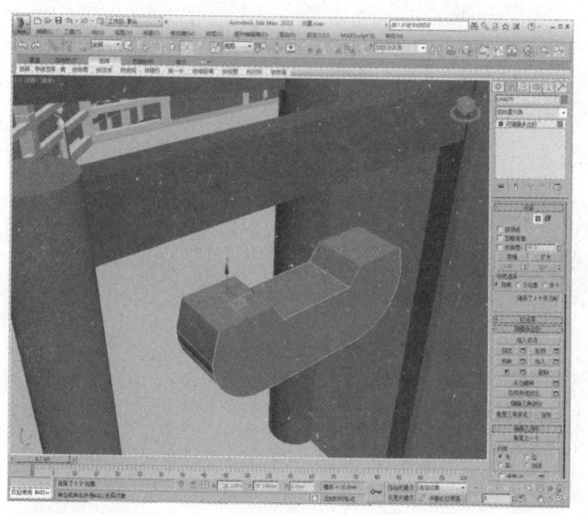

27 单击“倒角”设置按钮，设置倒角值，如下图所示。

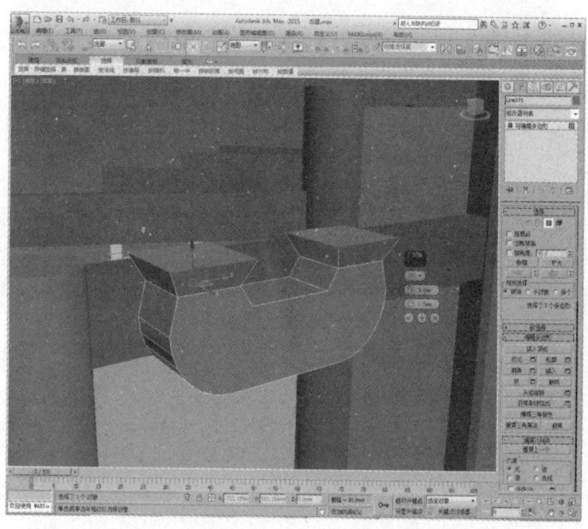

28 再单击“挤出”设置按钮，设置挤出值为5，如下图所示。

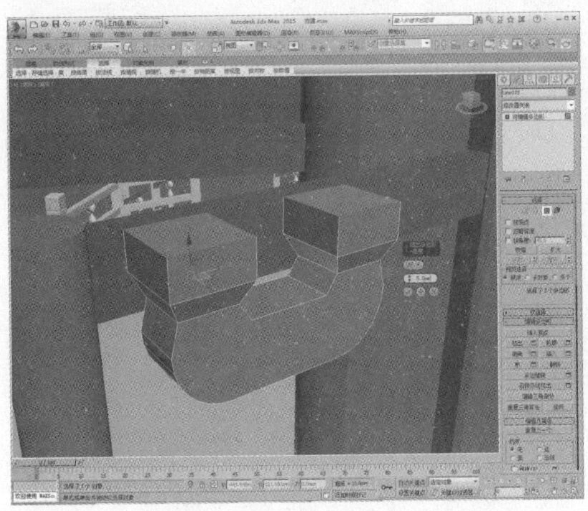

29 复制模型并调整角度，如下图所示。

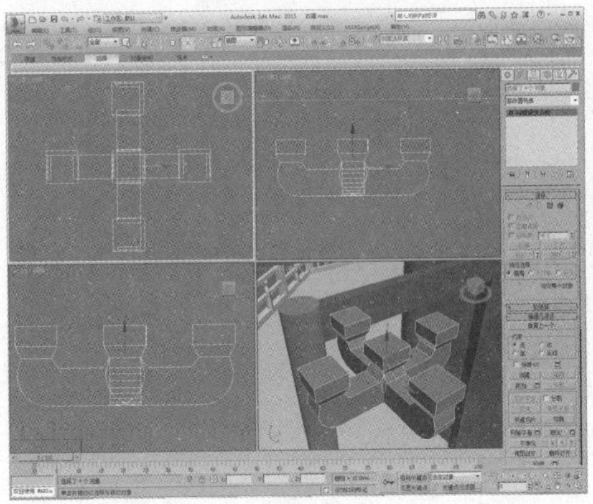

30 向上复制模型，如下图所示。

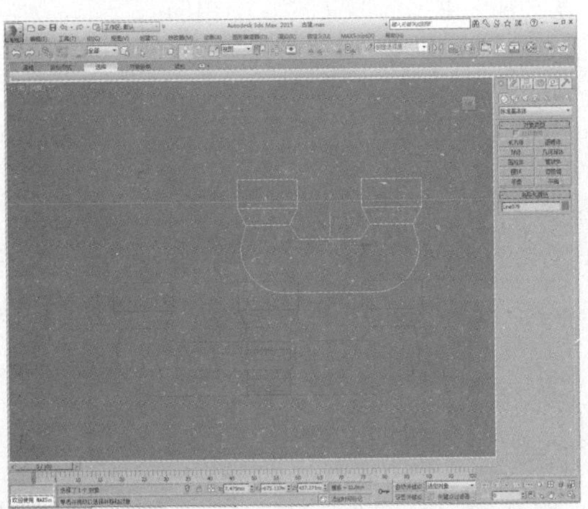

31 进入“顶点”子层级，选择顶点并进行调整，如下图所示。

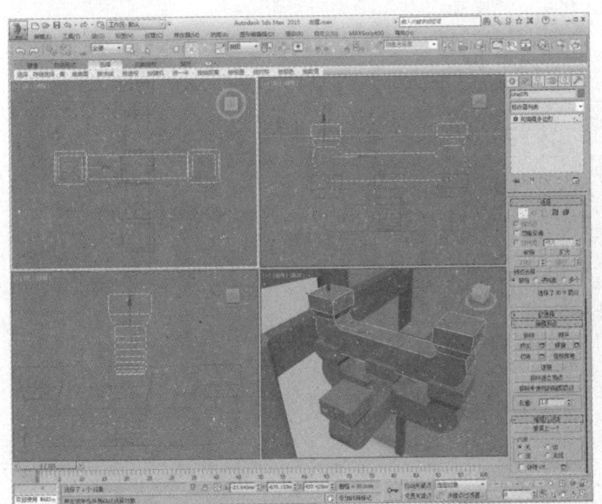

32 调整模型位置，并复制到另一侧，如下图所示。

33 复制模型，并在“顶点”子层级中调整顶点，如下图所示。

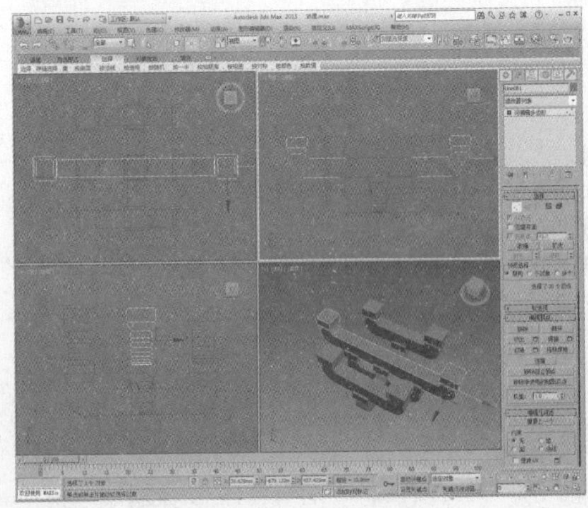

34 复制模型，将其旋转90°，如下图所示。

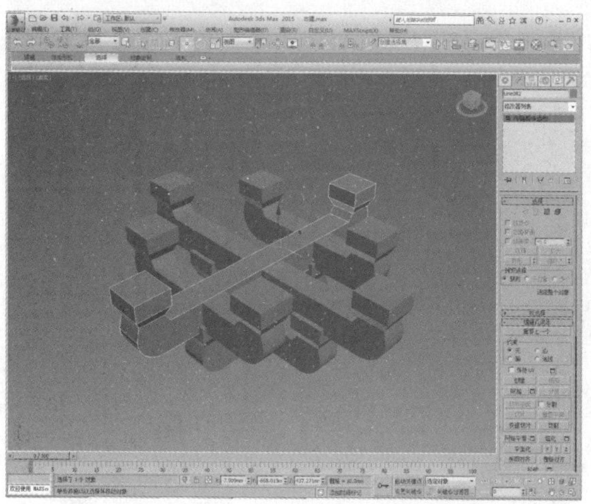

35 在左视图中绘制一个样条线轮廓，如下图所示。

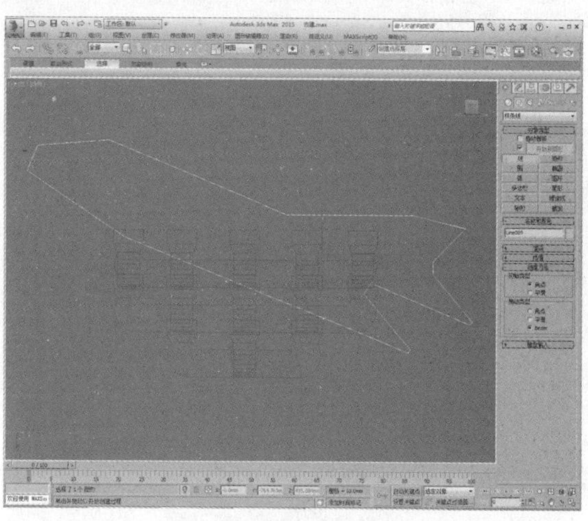

36 进入“顶点”子层级，设置顶点类型为Bezier角点，调整控制柄，如下图所示。

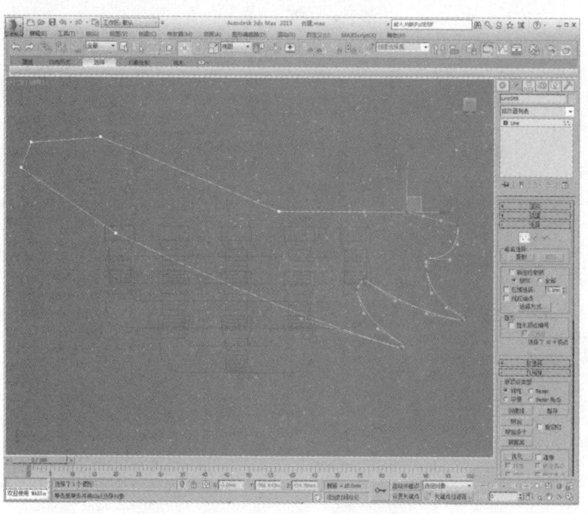

37 添加“挤出”修改器，设置挤出值为5，调整模型位置，如下图所示。

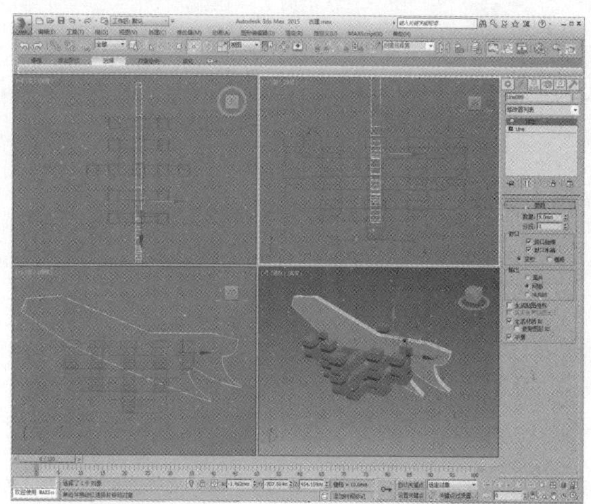

38 复制一个模型并调整到合适位置，如下图所示。

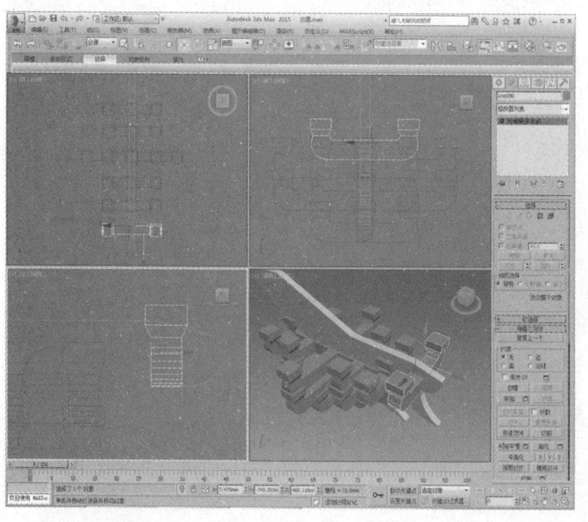

39 在顶视图中创建一个长方体，如下图所示。

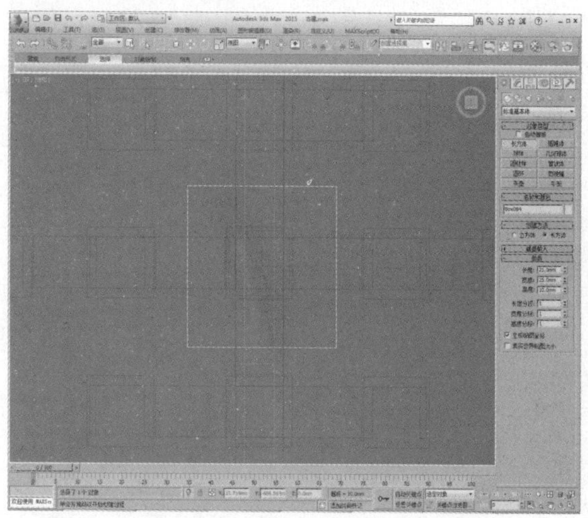

40 将其转换为可编辑多边形，进入“多边形”子层级，选择多边形，如下图所示。

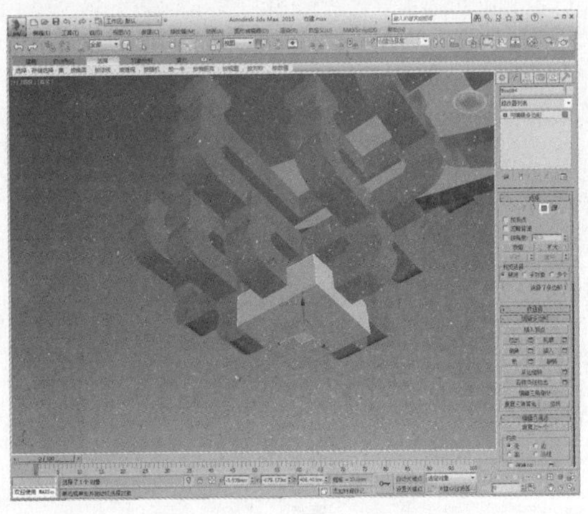

41 单击“倒角”设置按钮，设置倒角值，完成斗拱模型的制作，如下图所示。

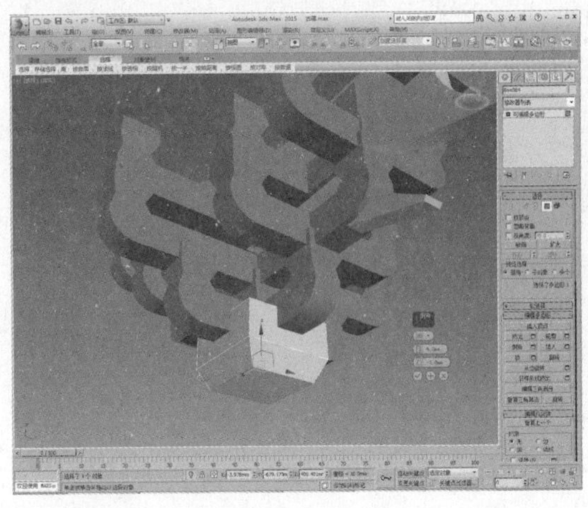

42 将模型成组，取消孤立，移动模型到合适位置，如下图所示。

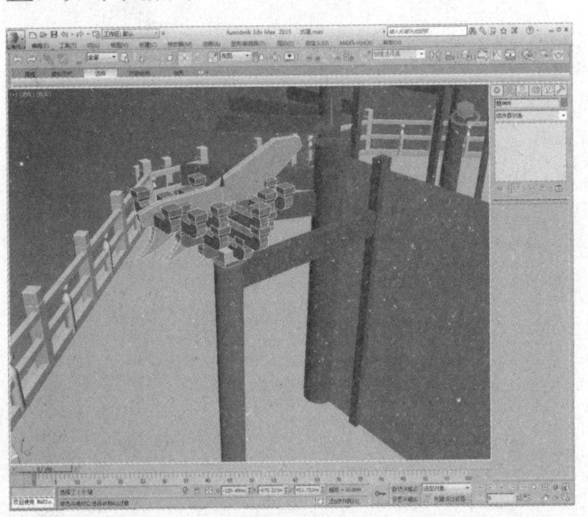

43 复制柱子模型及斗拱模型，如下图所示。

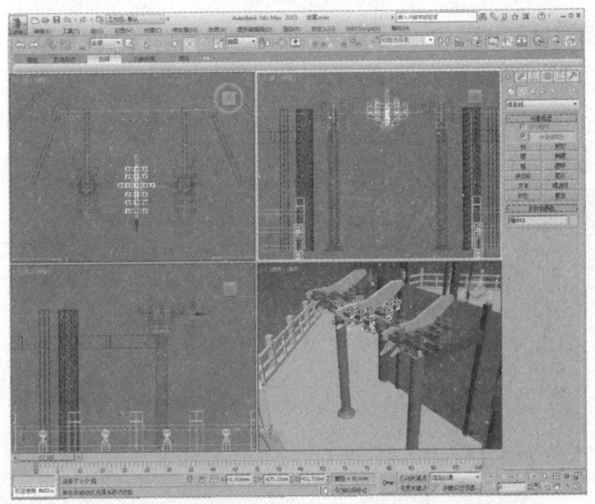

44 继续沿着周围一圈复制柱子及斗拱模型，如下图所示。

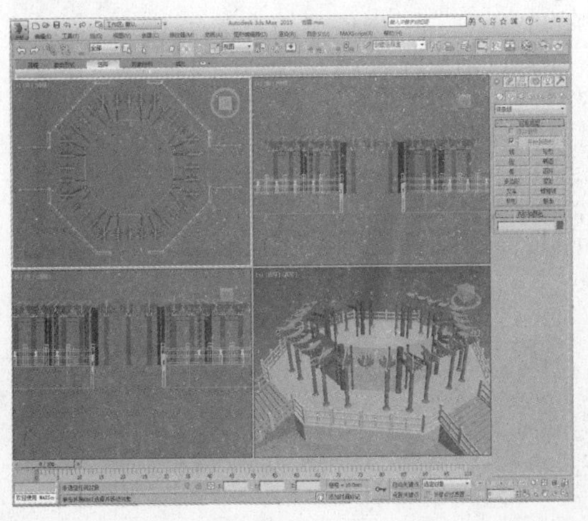

45 在顶视图中绘制5个多边形，调整半径及位置高度，如下图所示。

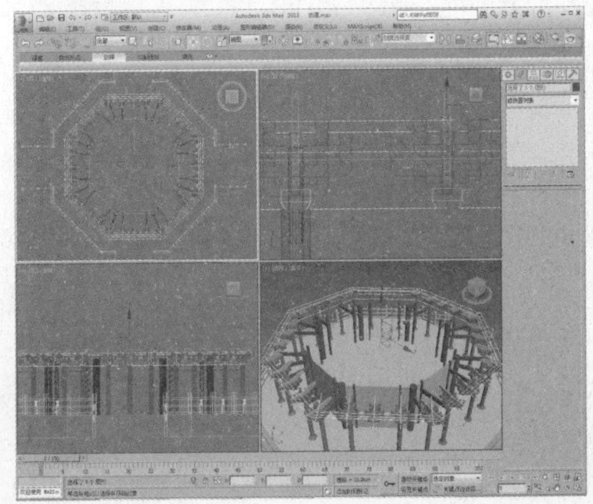

46 在前视图中绘制样条线及4个矩形，调整位置，如下图所示。

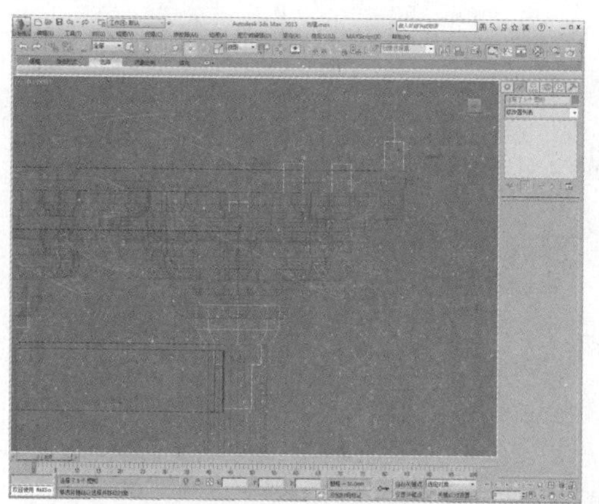

47 在复合对象面板中单击“放样”按钮，为绘制的图形进行放样操作，调整放样得到的模型的位置，如下图所示。

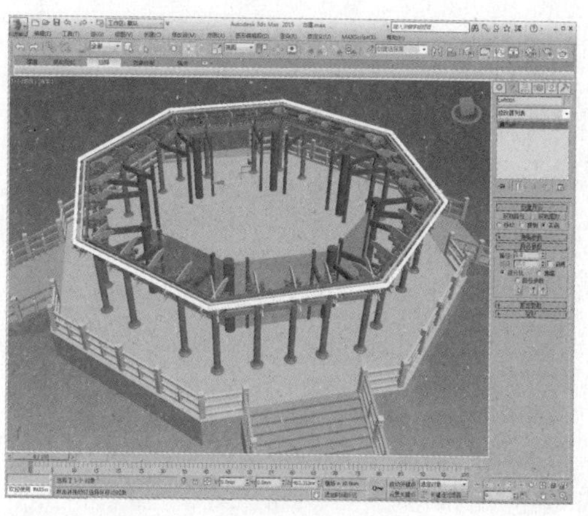

48 打开“蒙皮参数”卷展栏，设置“图形步数”和“路径步数”均为0，勾选“优化图形”选项，为5个模型皆进行此操作，如下图所示。

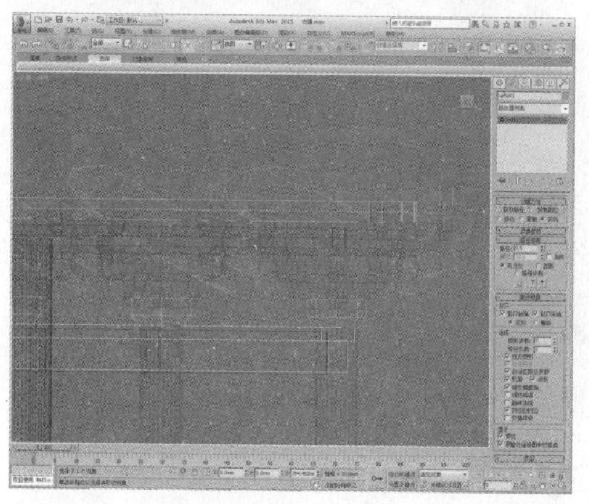

49 在前视图中绘制一段样条线，如下图所示。

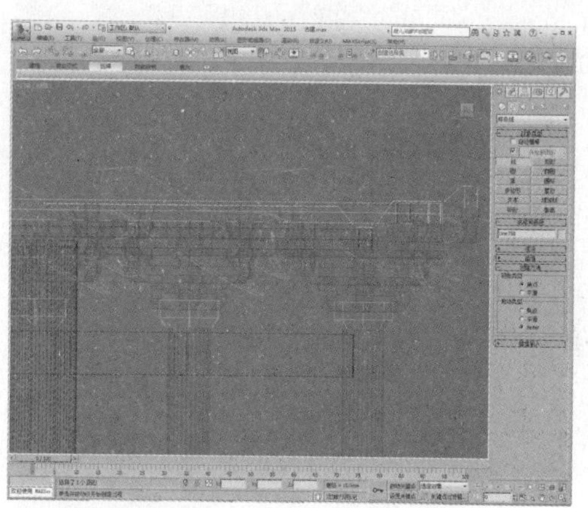

50 进入“样条线”子层级，设置轮廓值为1.5，如下图所示。

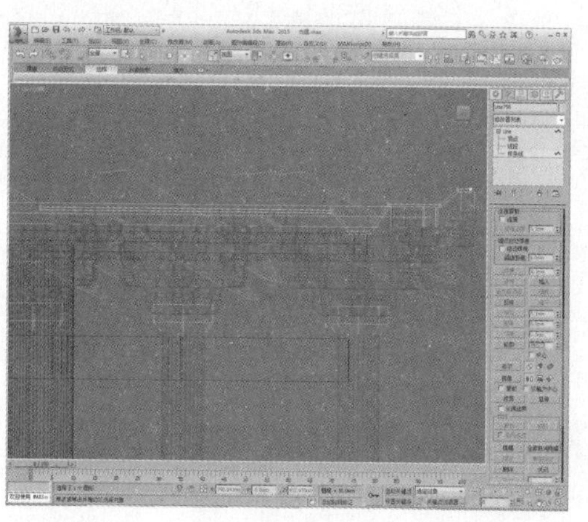

51 在顶视图中绘制一个多边形，将其旋转22.5°，如下图所示。

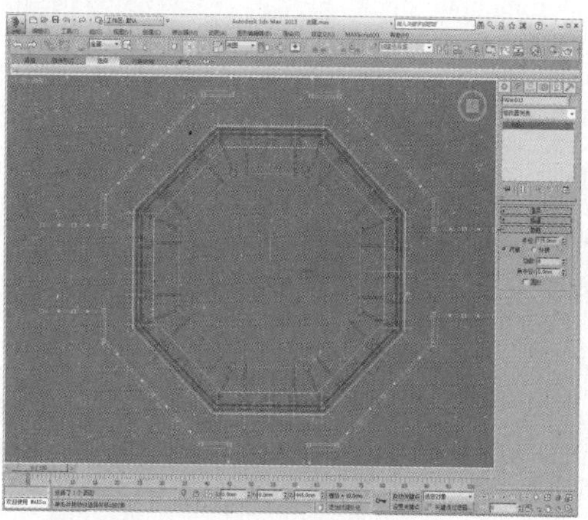

52 选择样条线轮廓，在复合对象面板中单击“放样”按钮，再拾取视图中的多边形作为路径，如下图所示。

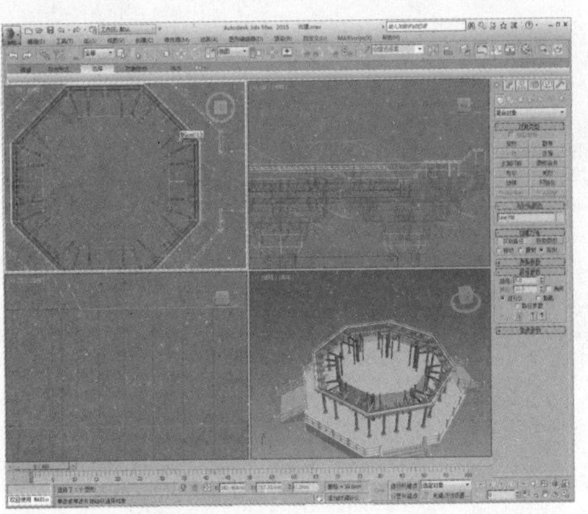

53 将放样制作出的模型调整到合适位置，如下图所示。

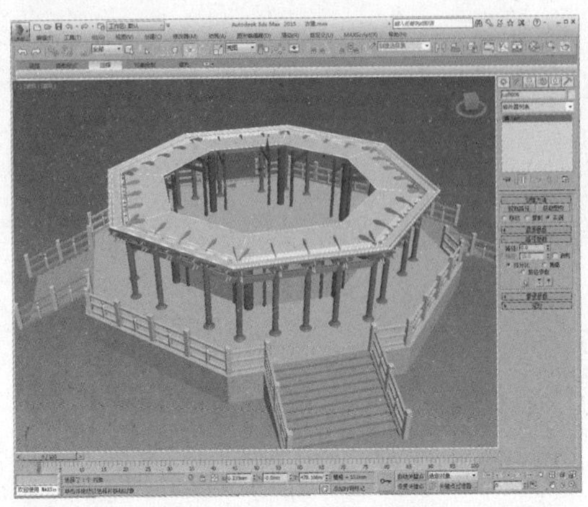

54 在前视图中绘制一条弧线，如下图所示。

55 添加“挤出”修改器，设置挤出值为620，如下图所示。

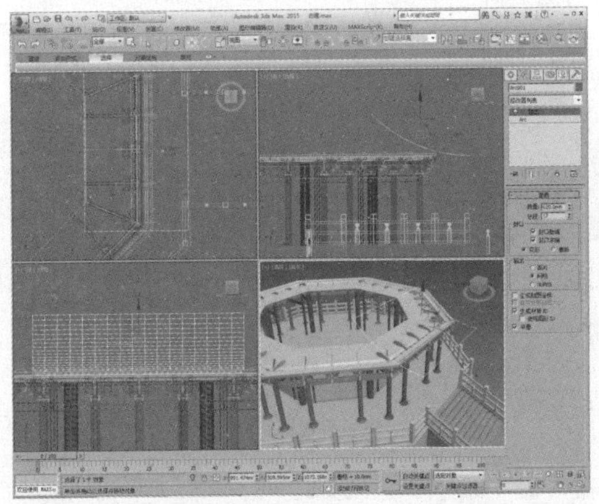

56 将其转换为可编辑多边形，选择顶点，如下图所示。

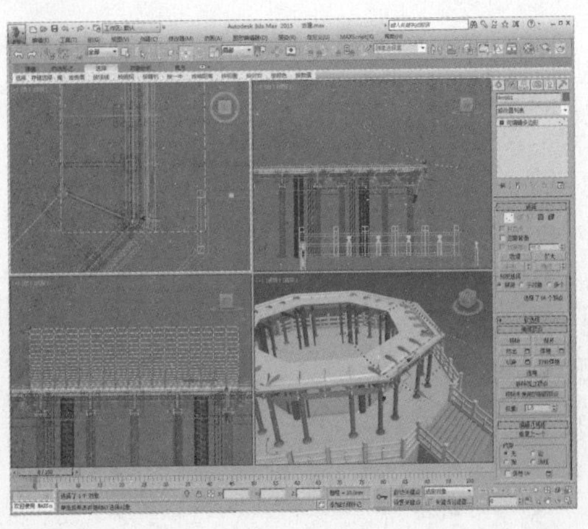

57 添加FFD 2×2×2修改器，如下图所示。

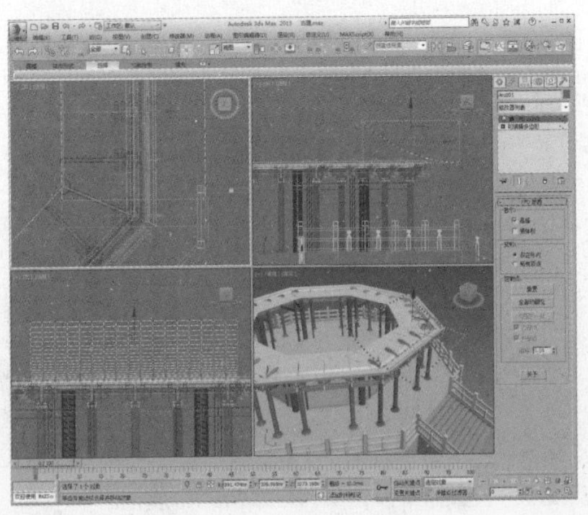

58 进入“控制点”子层级，调整控制点，如下图所示。

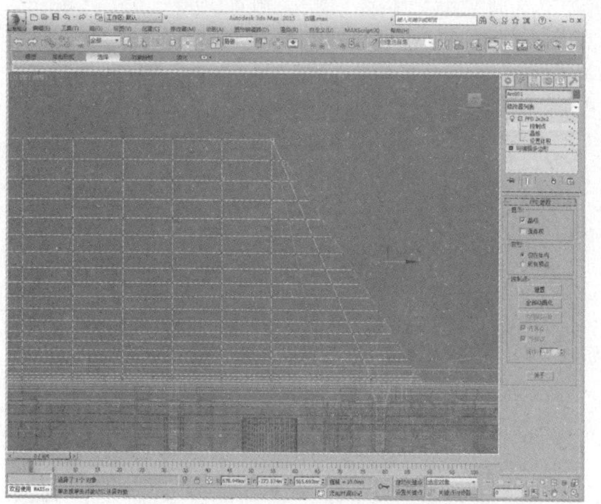

59 将其转换为可编辑多边形，选择顶点，并单击“塌陷”按钮，如下图所示。

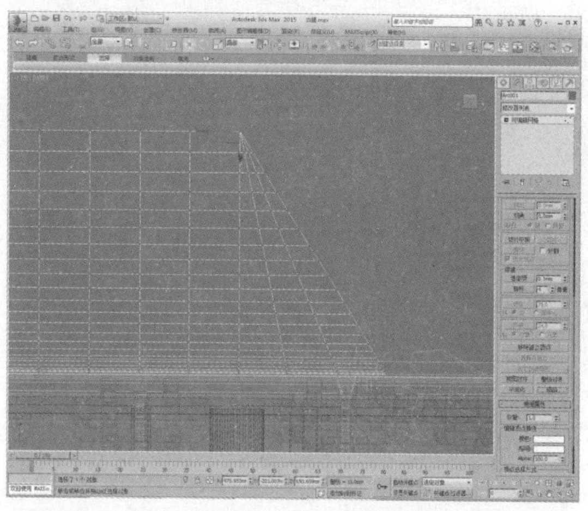

60 同样制作另一侧的造型，如下图所示。

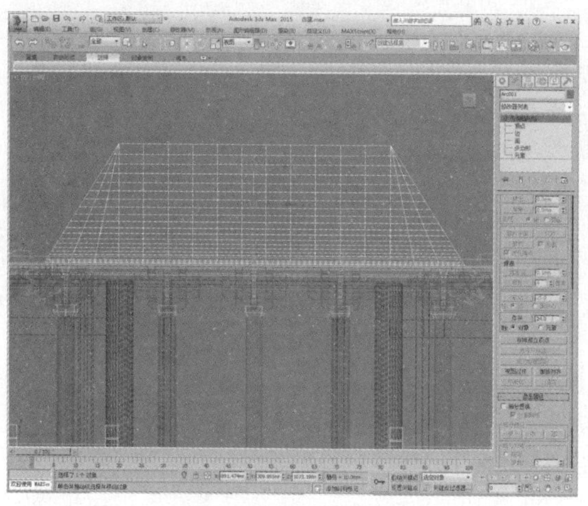

61 添加FFD长方体修改器，设置点数，如下图所示。

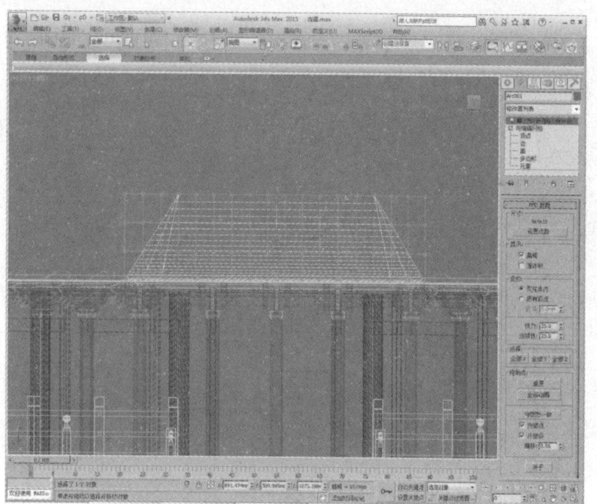

62 进入“控制点”子层级，通过控制点改变模型造型，如下图所示。

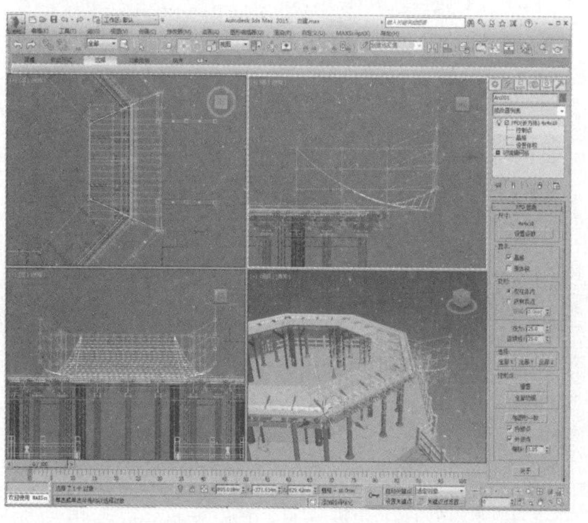

63 孤立模型，在前视图中绘制一个截面，如下图所示。

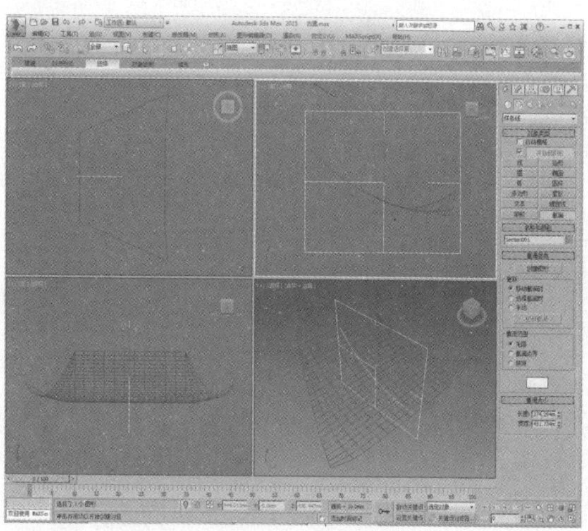

64 调整截面位置，如下图所示。

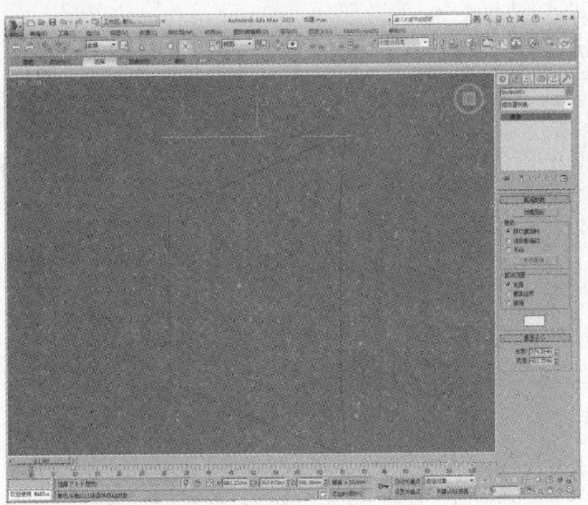

65 复制截面，如下图所示。

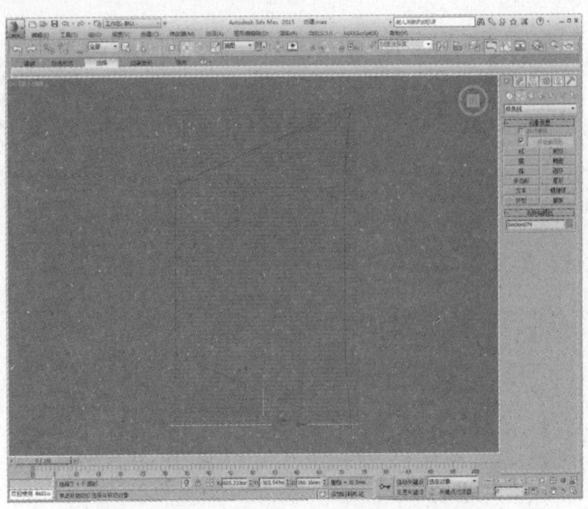

66 选择一个截面，单击“创建图形”按钮，如下图所示。

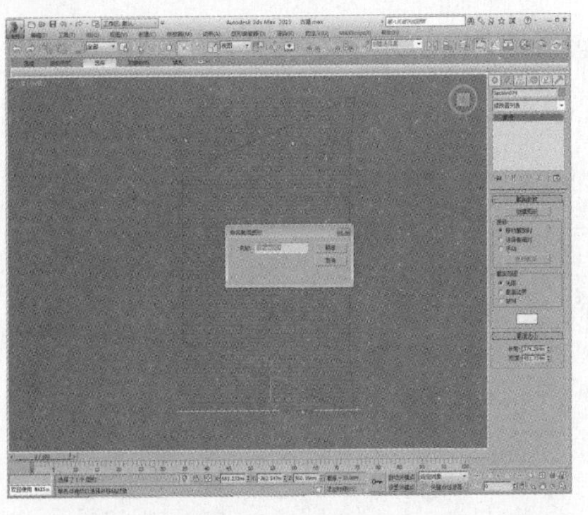

67 用同样的方法制作出其他截面的图形，并删除截面，如下图所示。

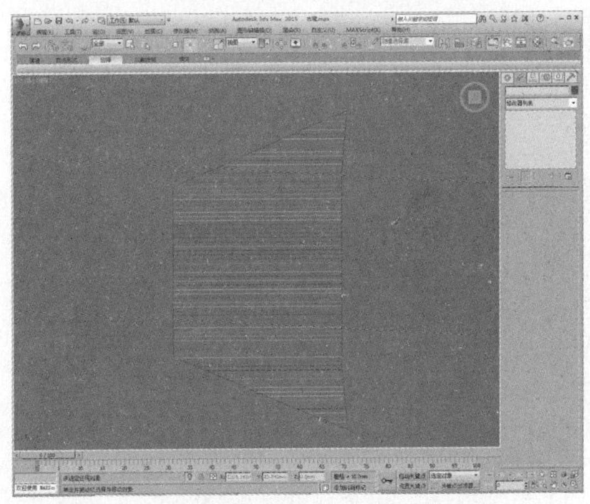

68 在左视图中绘制一个样条线轮廓，如下图所示。

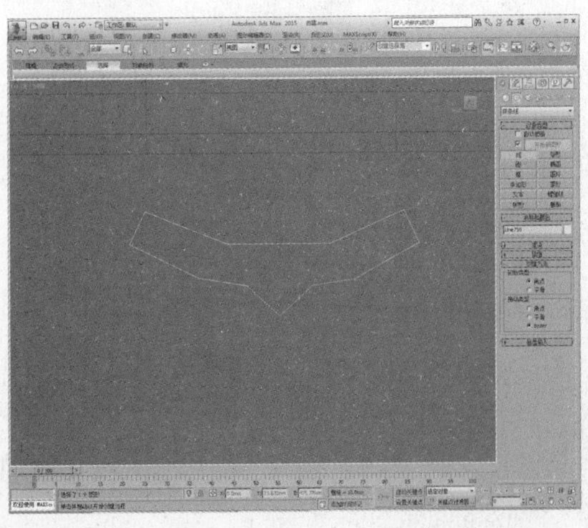

69 选择一个轮廓线，在“渲染”卷展栏中勾选“在渲染中启用”及“在视口中启用”选项，设置径向厚度值为10，如下图所示。

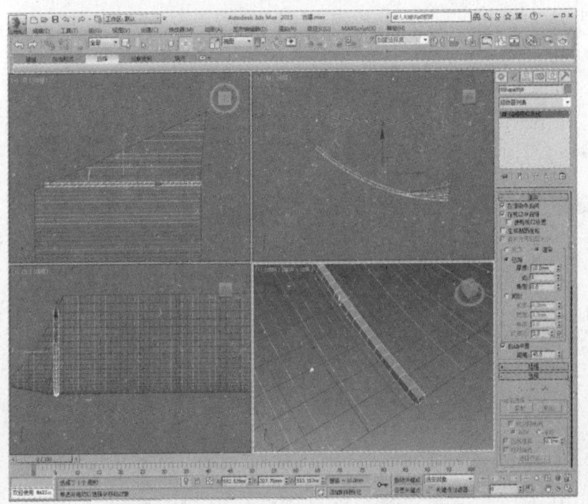

70 再对旁边的样条线及轮廓线进行放样操作，如下图所示。

71 在“蒙皮参数”卷展栏中设置图形步数和路径步数，并勾选“优化图形”选项，如下图所示。

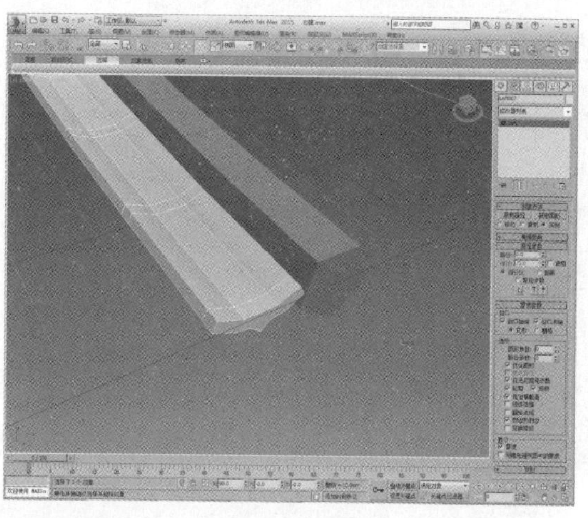

72 同理制作出其他模型，如下图所示。

73 在前视图中绘制一段样条线，如下图所示。

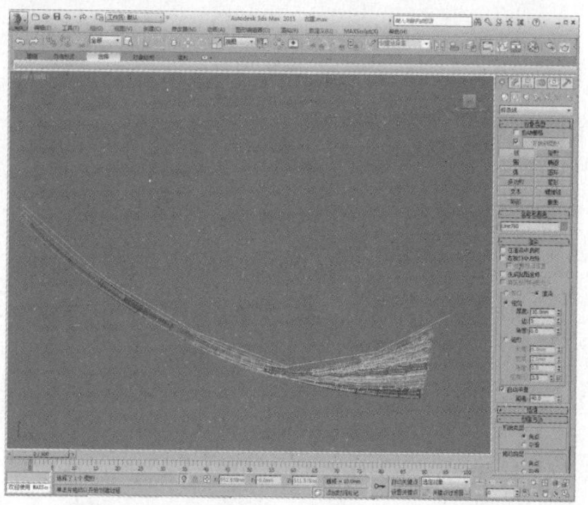

74 调整样条线角度及位置，如下图所示。

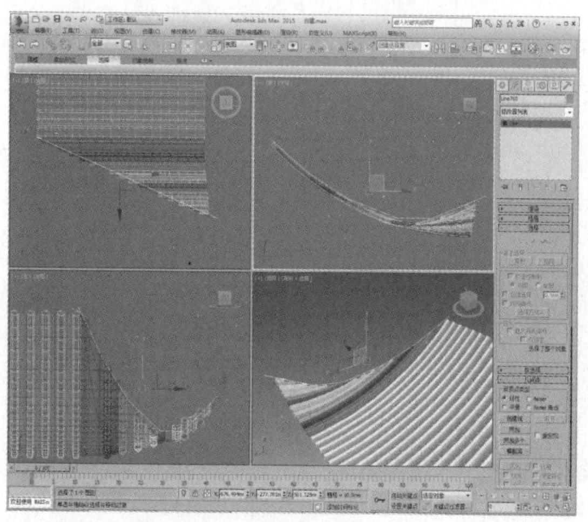

75 进入“顶点”子层级，将顶点类型设置为Bezier角点，调整控制柄，使其平滑，如下图所示。

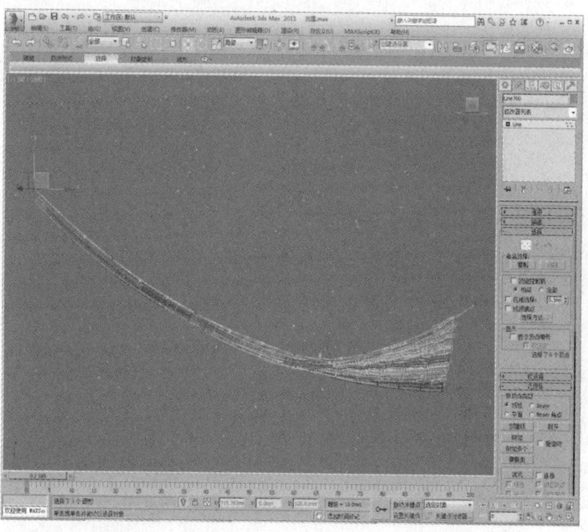

76 复制样条线，并调整长短，如下图所示。

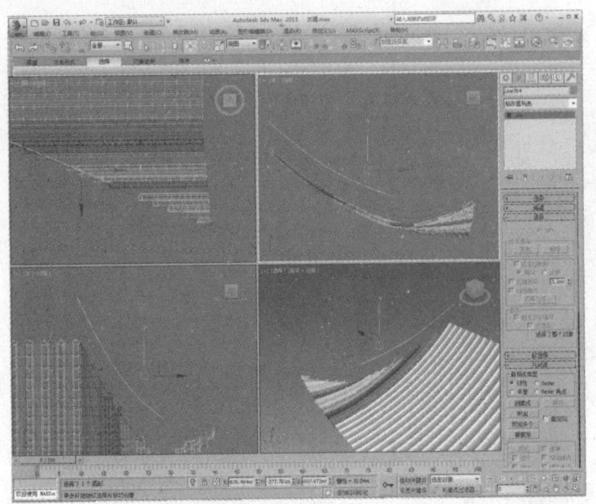

77 选择样条线，进入“样条线”子层级，设置轮廓值为6，如下图所示。

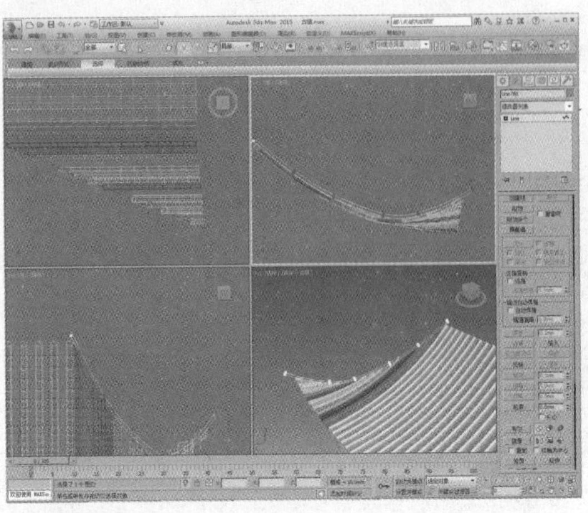

78 进入“顶点”子层级，对顶点进行圆角操作，如下图所示。

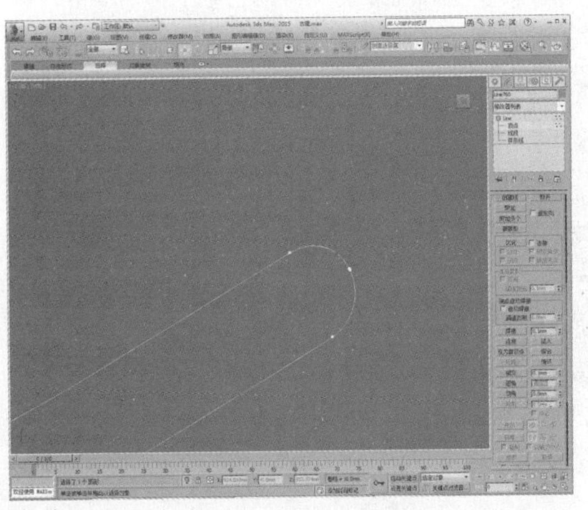

79 添加“挤出”修改器，设置挤出值为12，如下图所示。

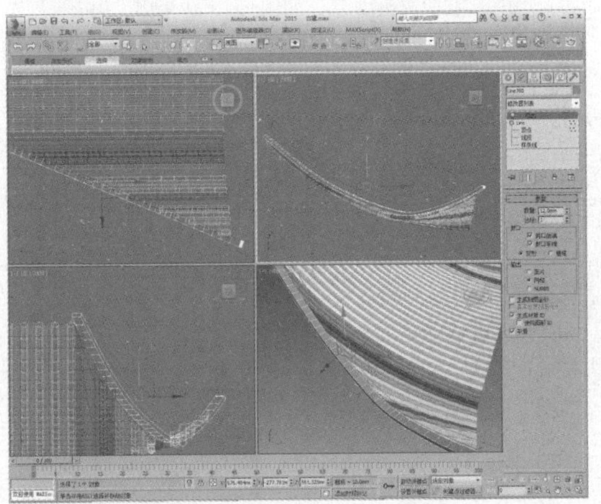

80 使用相同的方法制作出其他模型，调整位置，如下图所示。

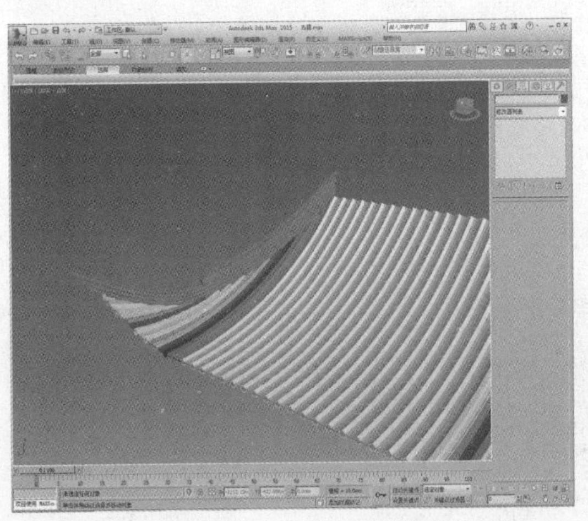

81 在前视图中绘制两个样条线轮廓，如下图所示。

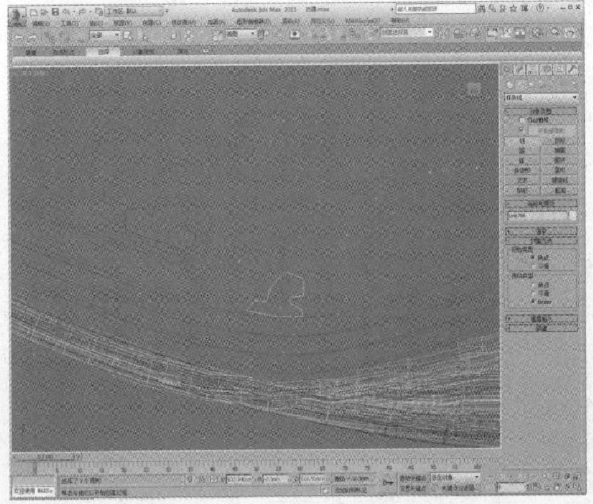

82 进入“顶点”子层级，调整样条线形状，如下图所示。

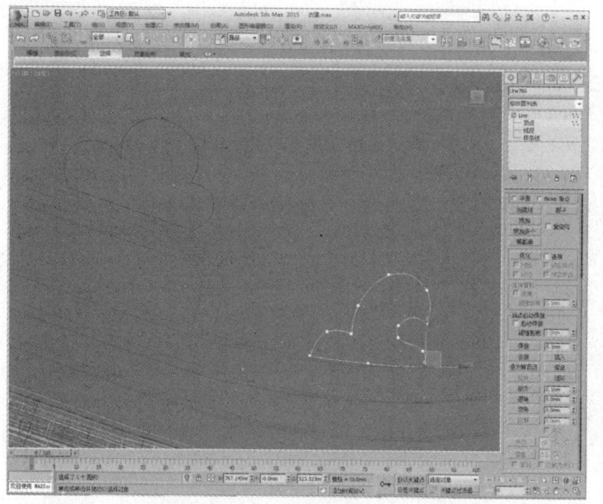

83 添加“挤出”修改器，设置挤出值为10，如下图所示。

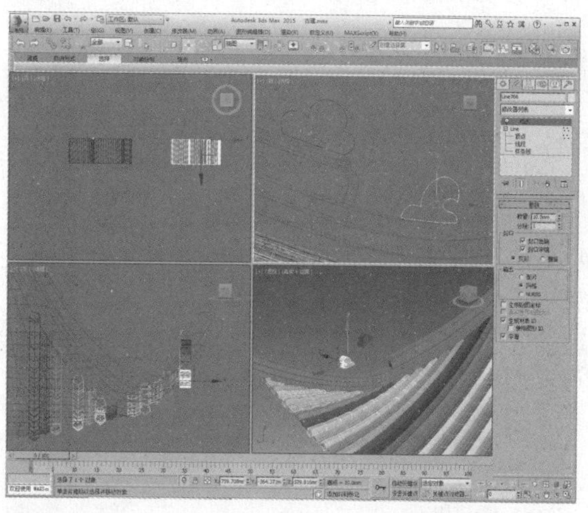

84 复制模型并调整到合适位置，如下图所示。

85 将创建的屋檐模型成组，进行复制，如下图所示。

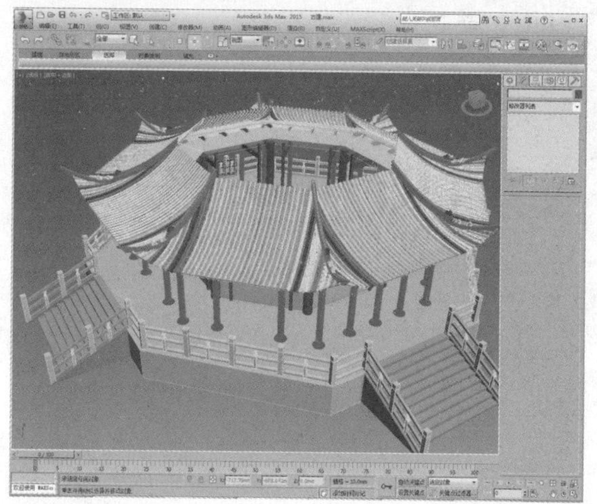

86 在顶视图中绘制一个多边形，如下图所示。

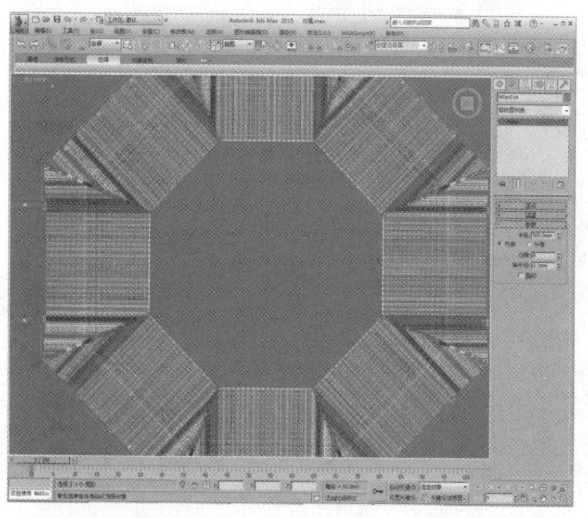

87 在前视图中绘制一个样条线轮廓，如下图所示。

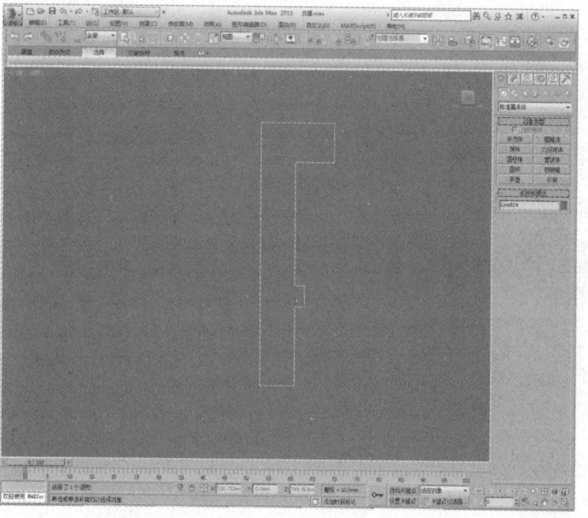

88 为多边形和样条线执行放样操作，制作出模型并调整到合适位置，如下图所示。

89 选择本小节第41步中所制作的斗拱模型，对齐并稍作调整，如下图所示。

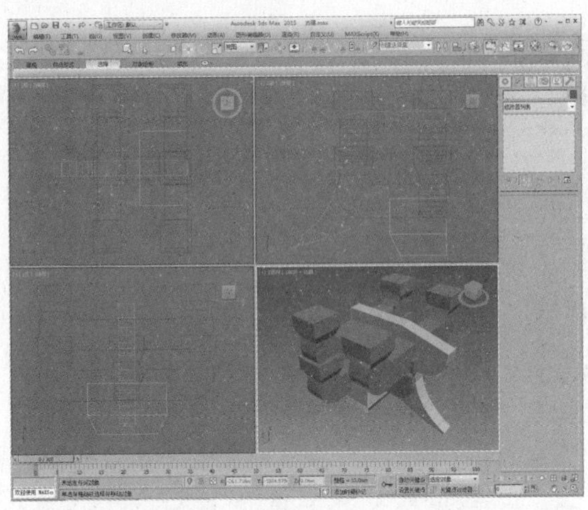

90 复制斗拱模型，如下图所示。

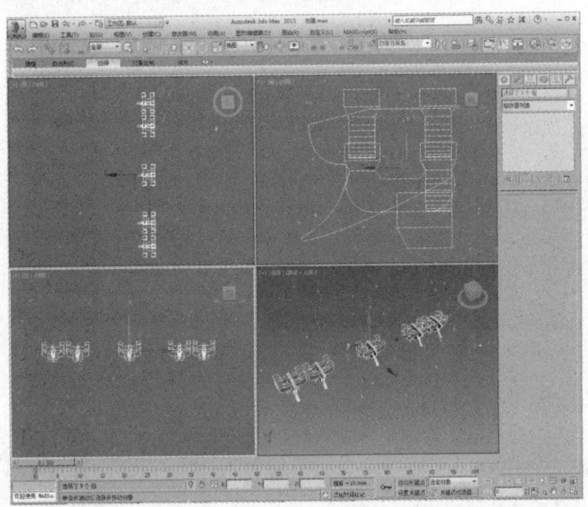

91 再将模型沿四周进行复制，如下图所示。

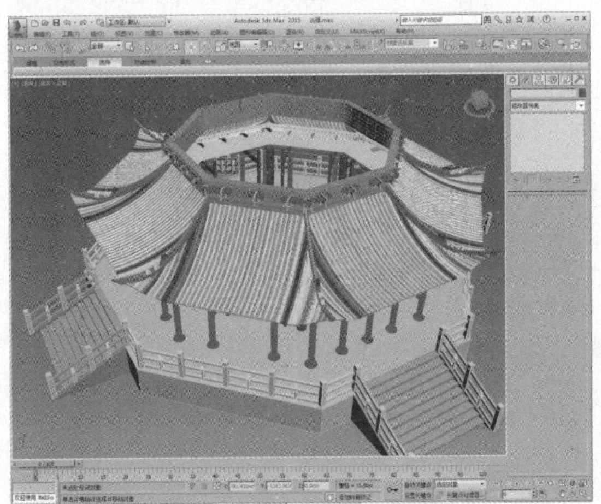

92 选择屋檐模型，向上进行复制，如下图所示。

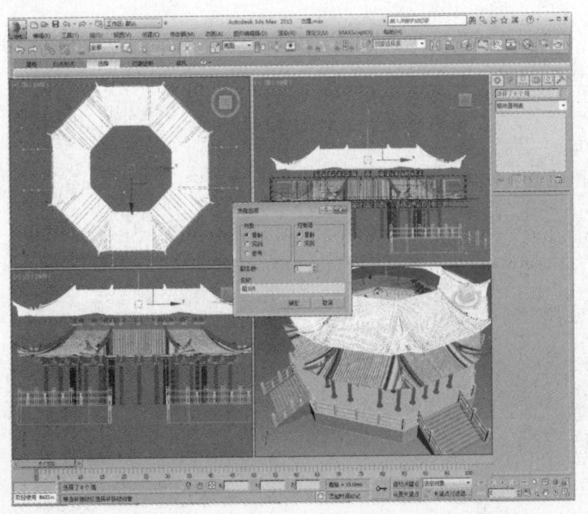

93 将模型成组，为其添加FFD 2×2×2修改器，如下图所示。

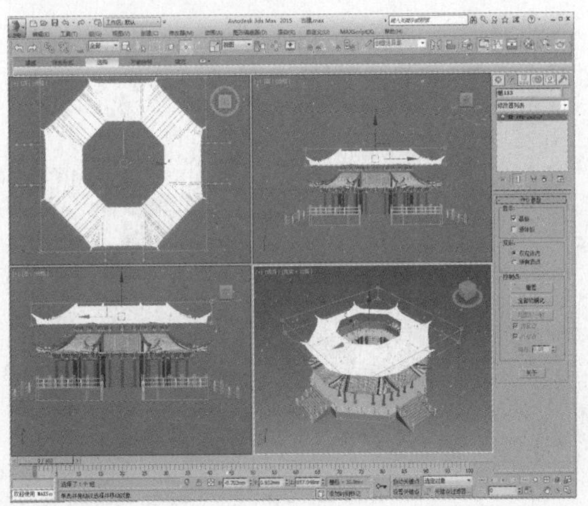

94 调整控制点，改变模型的大小，然后调整到合适位置，如下图所示。

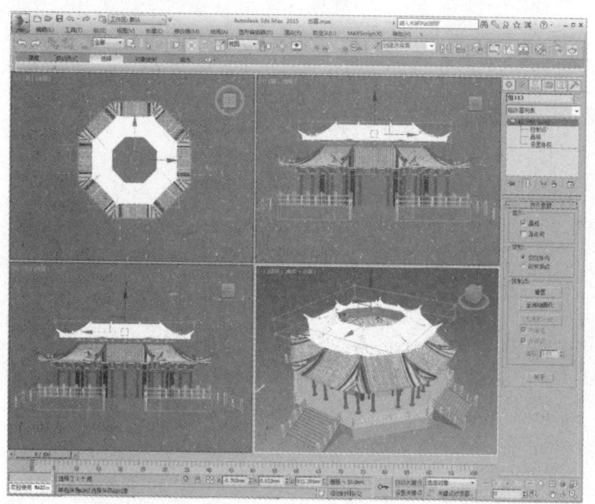

95 选择上层的斗拱和围栏模型，成组后向上进行复制，如下图所示。

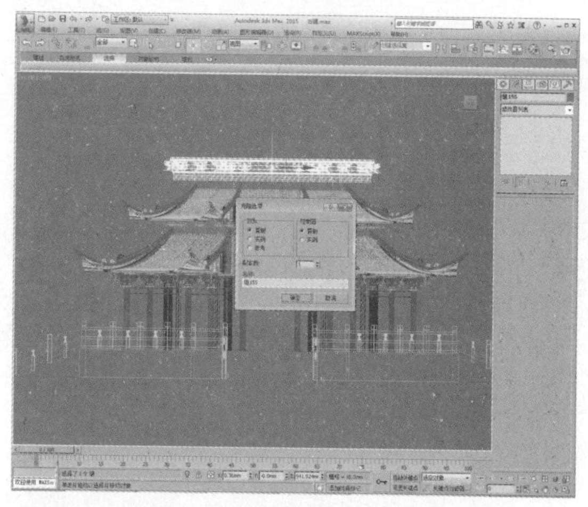

96 为其添加FFD 2×2×2修改器，如下图所示。

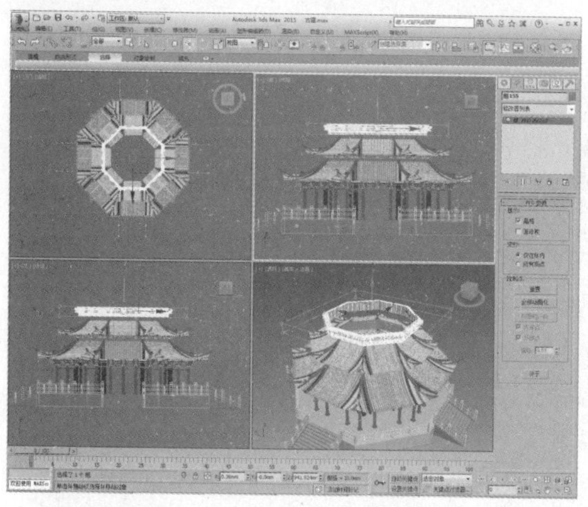

97 调整控制点改变模型形状，如下图所示。

98 在顶视图中绘制一个多边形，如下图所示。

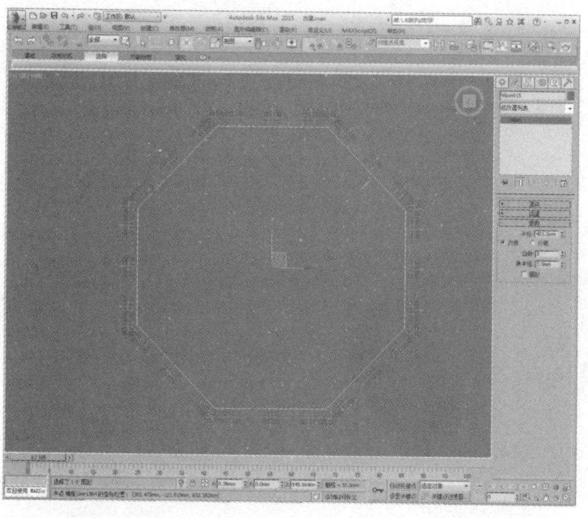

99 添加“挤出”修改器，设置挤出值为18，制作平台模型，然后移动到合适位置，如下图所示。

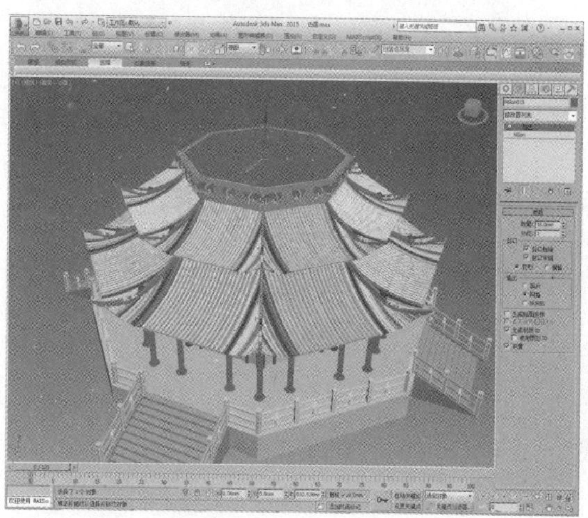

100 再绘制一个多边形，如下图所示。

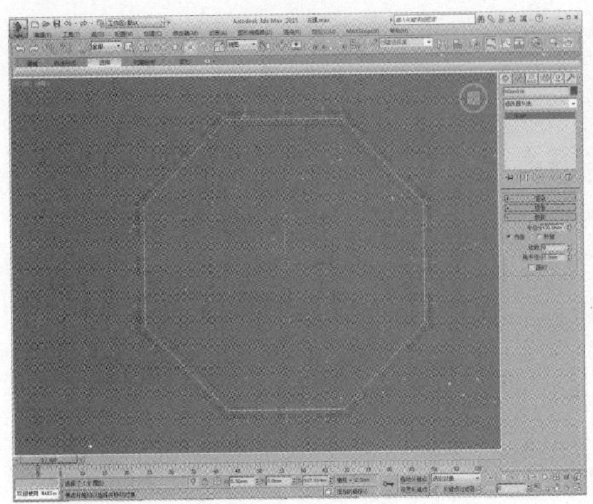

101 将其转换为可编辑样条线，进入“样条线”子层级，设置轮廓值为10，如下图所示。

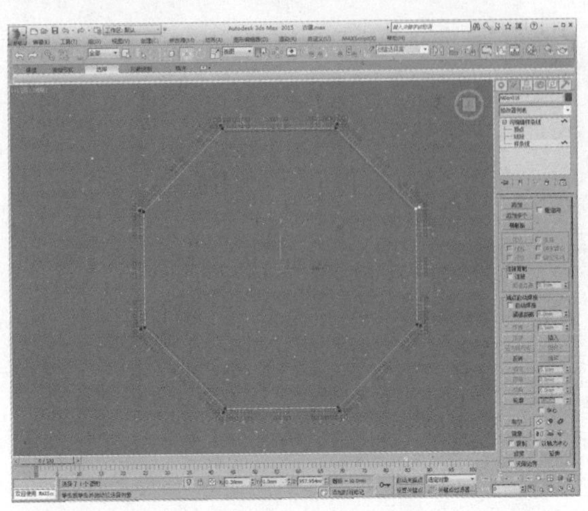

102 添加“挤出”修改器，设置挤出值为5，调整模型位置，如下图所示。

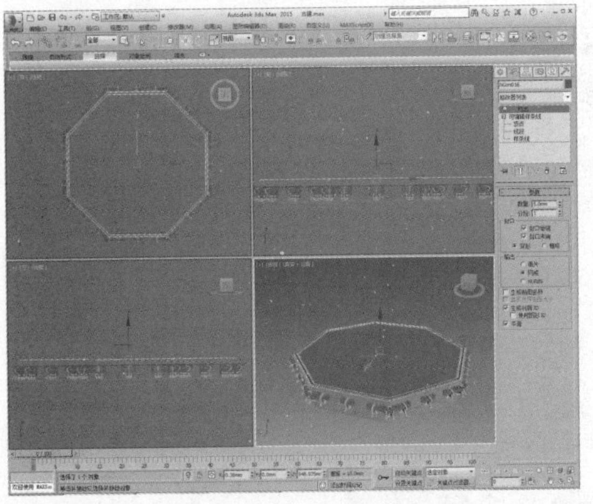

103 向上复制模型，设置副本数为2，如下图所示。

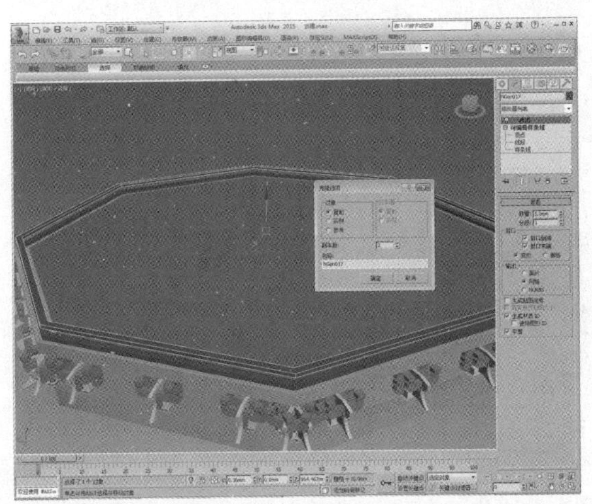

104 设置最上方的模型挤出高度为8，如下图所示。

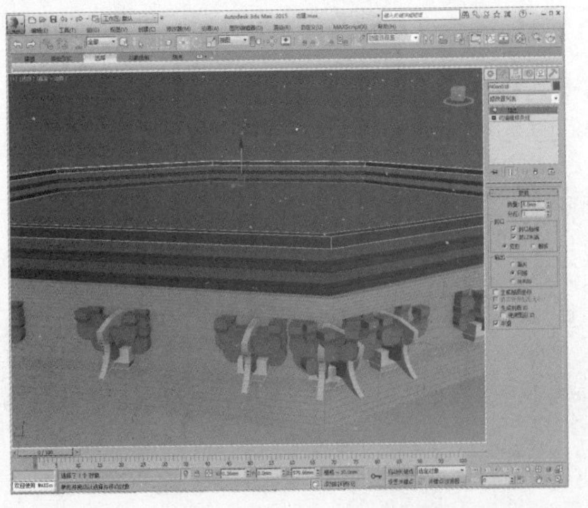

105 创建一个长方体，调整到合适位置，如下图所示。

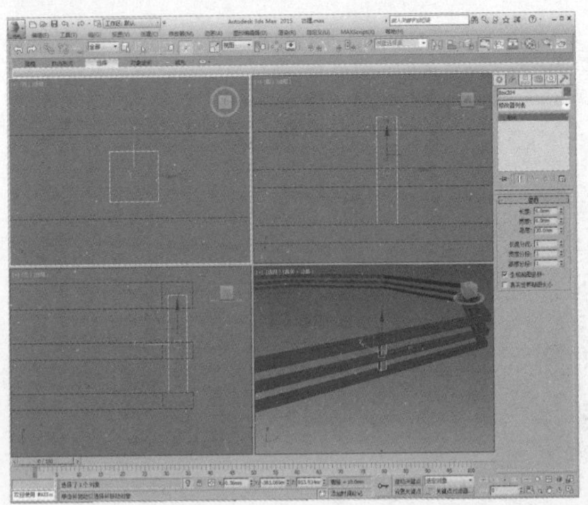

106 复制长方体模型到围栏的各个位置，如下图所示。

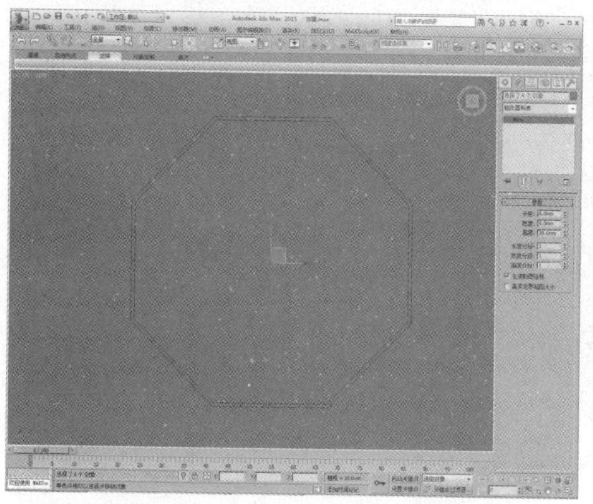

107 从一层台基处复制栏杆立柱模型，对模型的尺寸稍作改动，并进行复制，如下图所示。

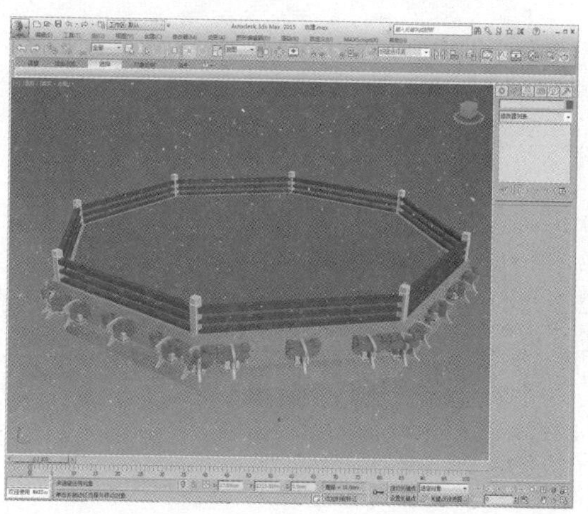

108 在顶视图中绘制一个多边形，如下图所示。

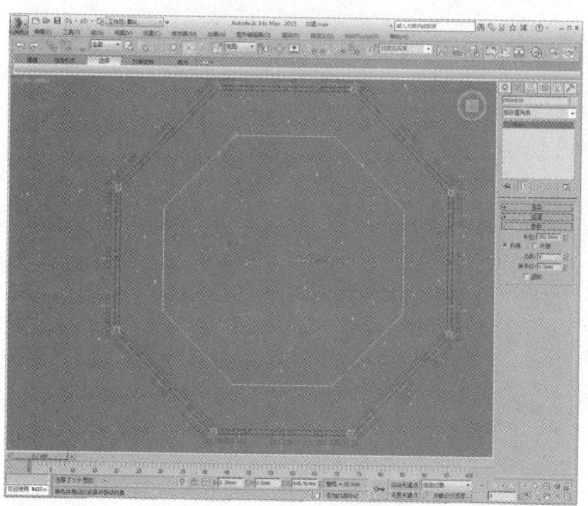

109 添加“挤出”修改器，设置挤出值为240，并勾选“封口始端”与“封口末端”，如下图所示。

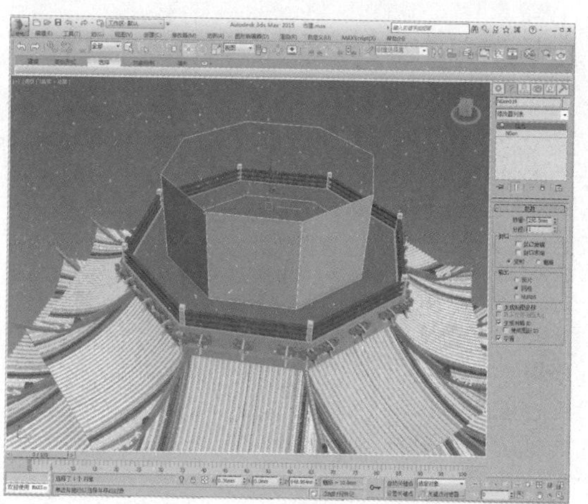

110 选择楼层及栏杆斗拱等模型，向上复制，调整位置，如下图所示。

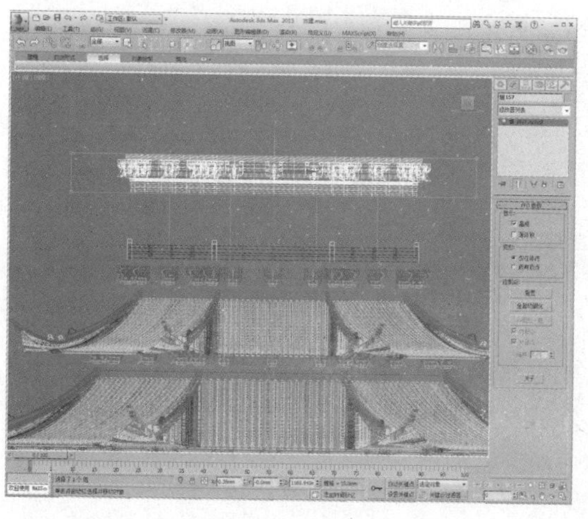

111 将模型成组，添加FFD 2×2×2修改器，调整控制点改变模型大小，如下图所示。

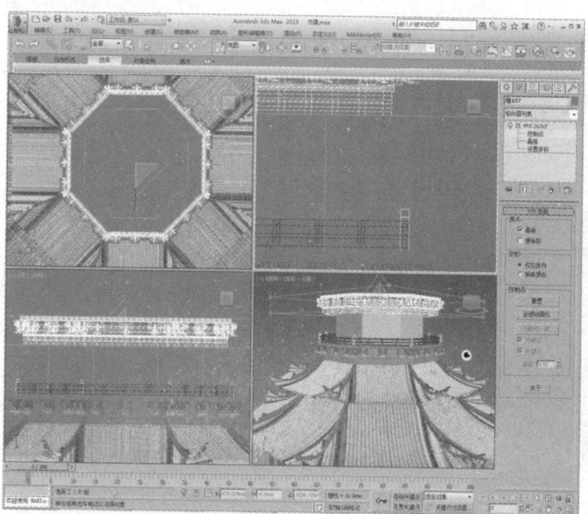

112 在顶视图中创建一个圆柱体，调整到合适位置，如下图所示。

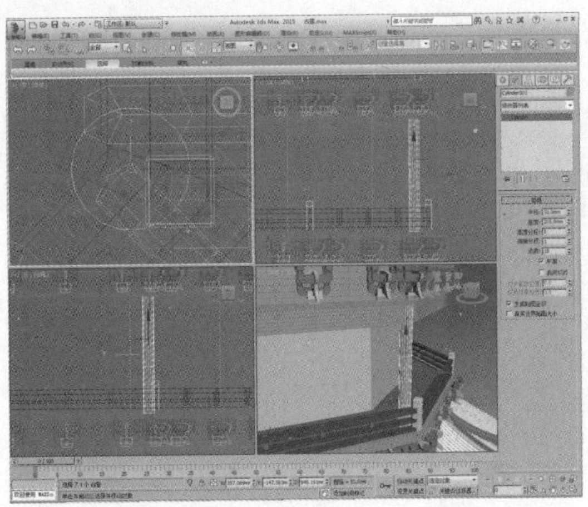

113 复制圆柱体，调整到合适的位置，如下图所示。

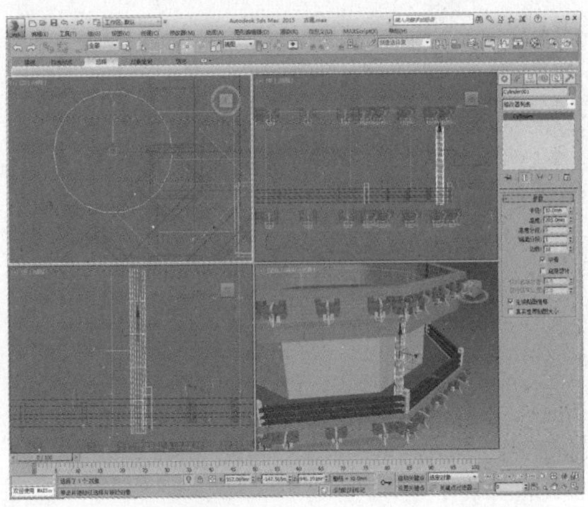

114 复制圆柱体到栏杆四周，如下图所示。

115 向上复制屋檐模型，并通过控制点调整其大小，移动到合适位置，如下图所示。

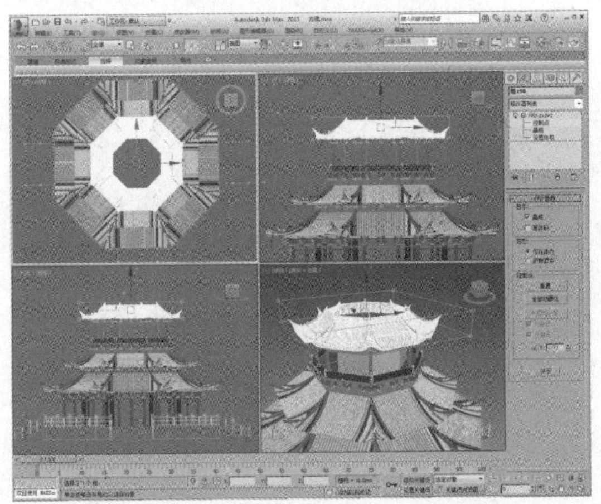

116 继续复制模型，如下图所示。

117 添加FFD 2×2×2修改器，调整模型大小，移动到合适位置，如下图所示。

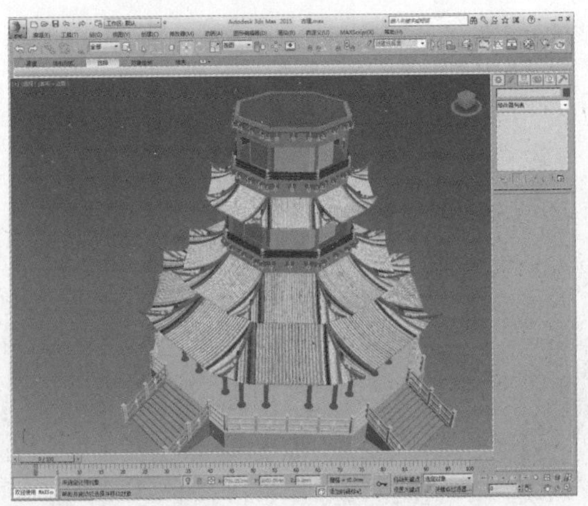

118 按照前面介绍的屋檐的制作方法，制作出顶部的屋檐，如右图所示。

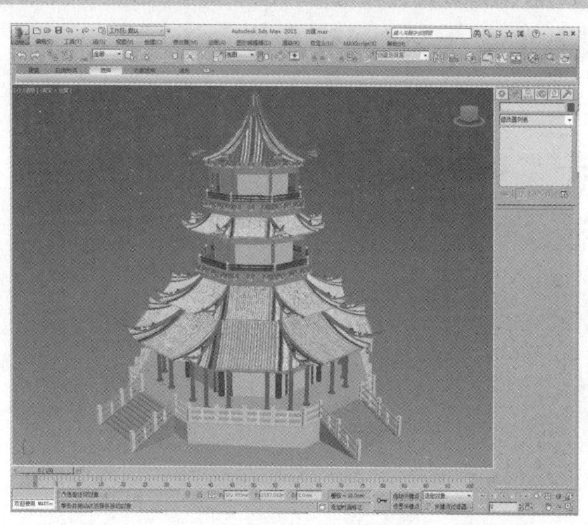

22.1.3 创建塔刹模型

塔刹俗称塔顶，就是安设在塔身上的顶子。它是古塔重要的、位置最高的组成部分。

01 在前视图中绘制一段样条线，如下图所示。

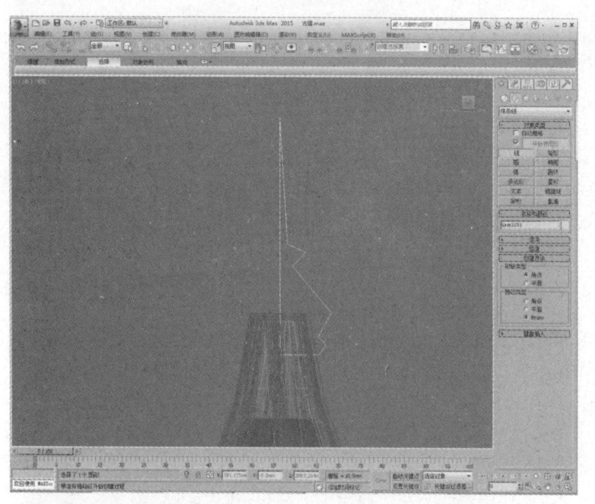

02 进入“顶点”子层级，调整顶点，如下图所示。

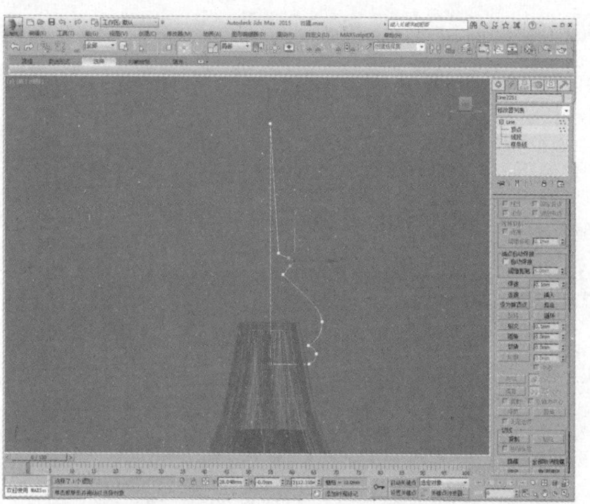

03 添加“车削”修改器，设置分段数为24，完成古塔模型的制作，如右图所示。

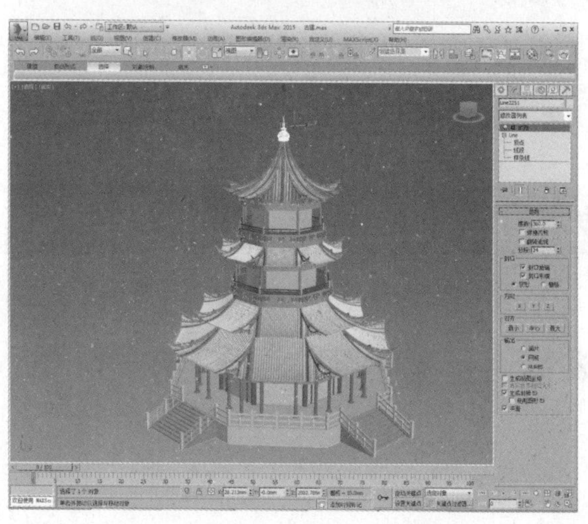

22.1.4 创建天空及地面模型

接下来制作天空和地面模型，绘制步骤如下。

01 在顶视图中创建一个平面，如下图所示。

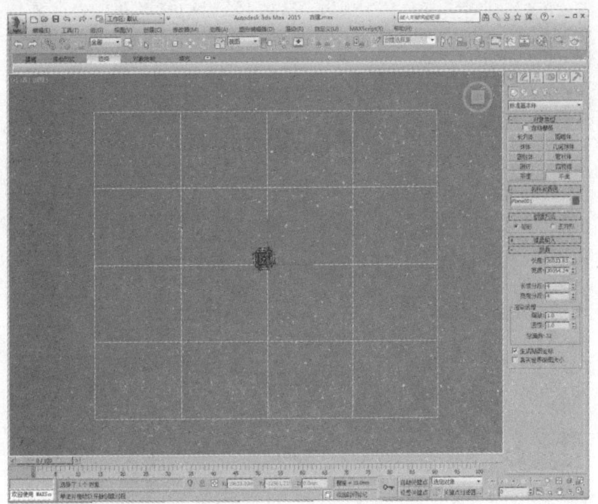

02 继续创建一个球体，如下图所示。

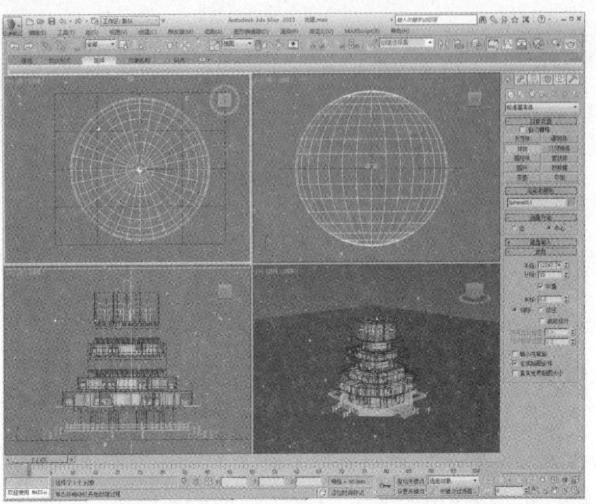

03 将球体转换为可编辑多边形，进入“多边形”子层级，选择如下图所示的多边形。

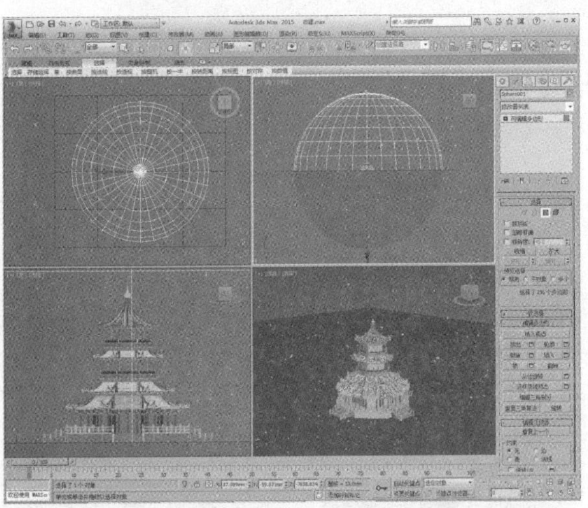

04 按Delete键删除所选部分，再选择剩下部分的多边形，单击“翻转”按钮，即可透视看到其中的场景，如下图所示。

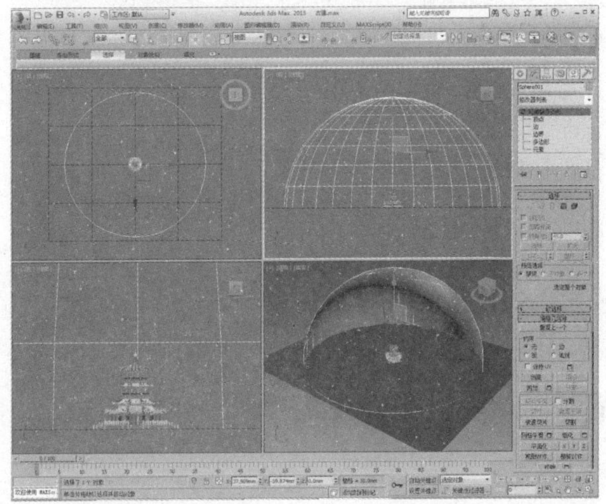

22.2 创建摄影机以及模型材质

由于模型较为复杂，场景较大，在材质上使用3ds Max自带的材质，以加快渲染速度，操作过程如下。

01 在顶视图中创建一架目标摄影机，如下图所示。

02 调整摄影机参数以及位置角度，在透视视口中按C键切换到摄影机视口，如下图所示。

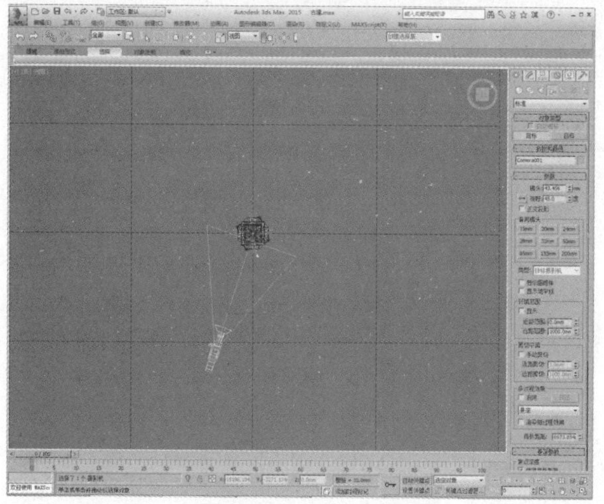

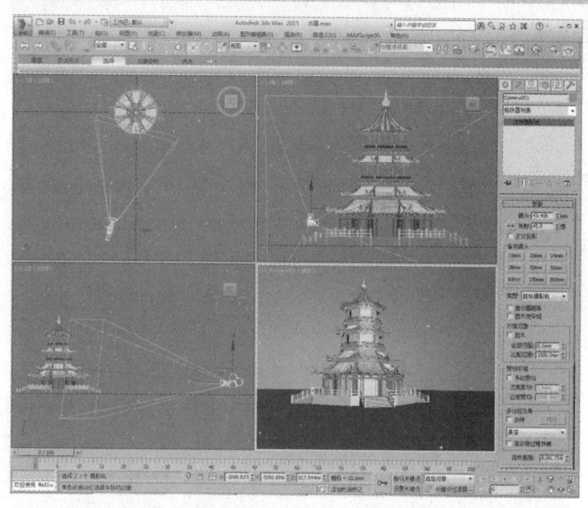

03 按M键打开材质编辑器，选择一个空白材质球，为漫反射通道添加位图贴图，设置反射高光参数，如下图所示。

明暗器基本参数
(B)Blinn 线框 双面 面贴图 面状
Blinn 基本参数
环境光： 自发光 颜色 0
漫反射： M
高光反射： 不透明度： 100
反射高光
高光级别： 34
光泽度： 36
柔化： 0.1
扩展参数
超级采样
贴图
mental ray 连接

05 创建好的外墙砖材质示例窗效果如右图所示。

04 在“贴图”卷展栏中为凹凸通道也添加位图贴图，如下图所示。

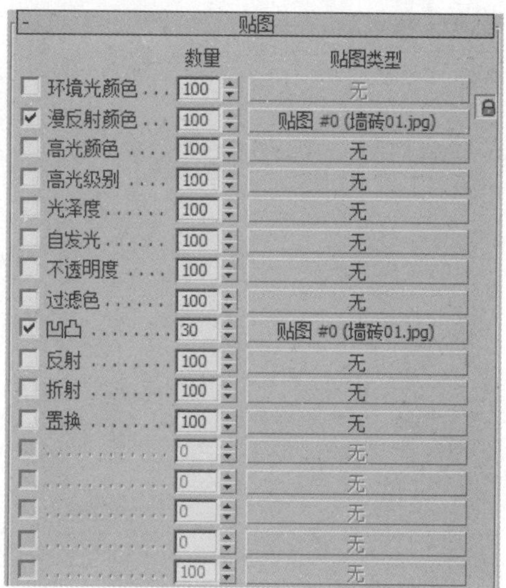

06 将创建好的材质指定给场景中的模型，添加UVW贴图，设置贴图参数，如下图所示。

07 选择一个空白材质球，设置漫反射颜色及反射高光参数，如下图所示。

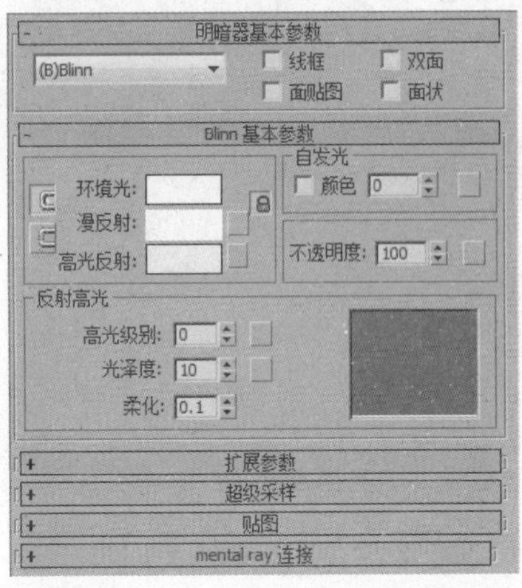

08 漫反射颜色设置如下图所示。

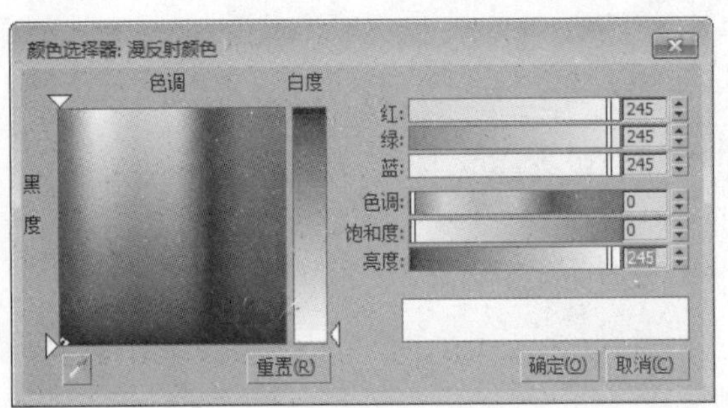

09 将材质指定给场景中的地面，如下图所示。

10 选择一个空白材质球，设置漫反射颜色及反射高光参数，如下图所示。

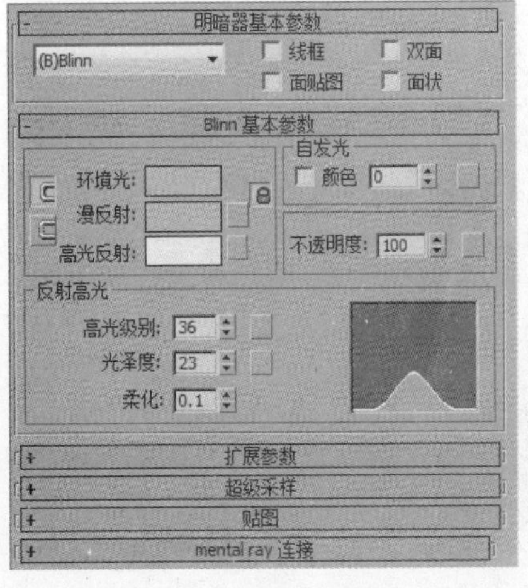

11 创建好的材质示例窗效果如下图所示。

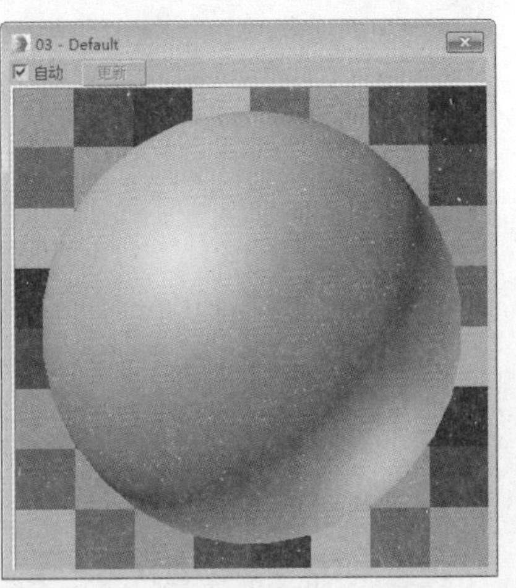

12 将创建好的材质指定给场景中的栏杆模型，如下图所示。

13 选择一个空白材质球，设置漫反射颜色及反射高光参数，如下图所示。

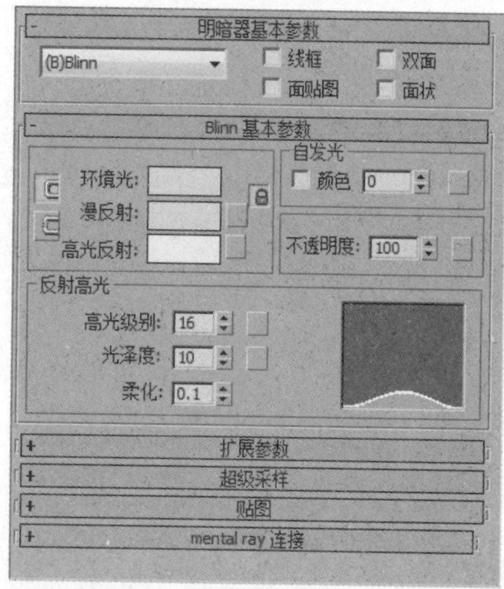

14 漫反射颜色设置如下图所示。

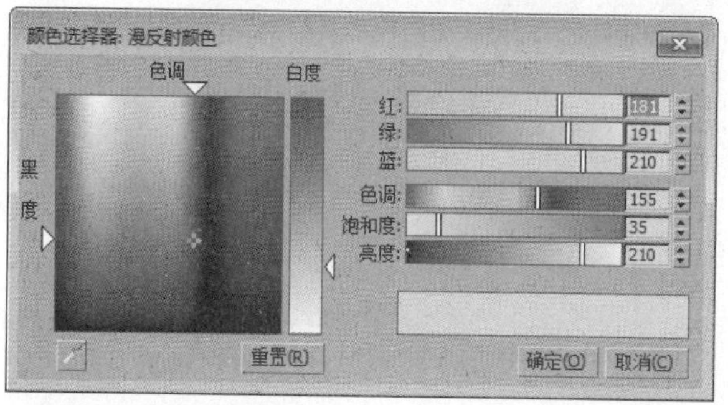

15 将材质指定给场景中的地面，如下图所示。

16 选择一个空白材质球，设置漫反射颜色及反射高光参数，如右图所示。

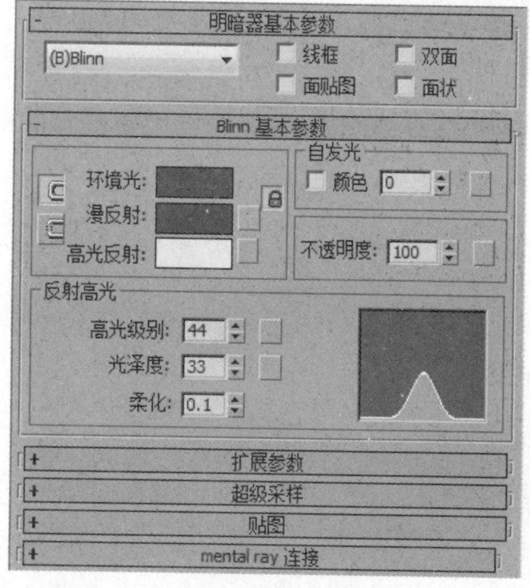

17 漫反射颜色设置如下图所示。

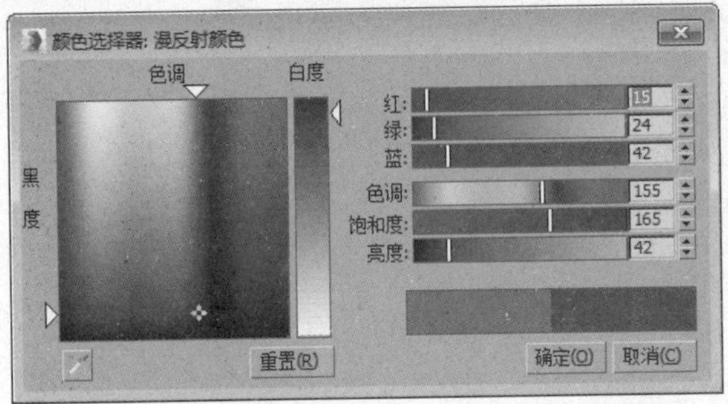

18 创建好的灰瓦材质示例窗效果如下图所示。

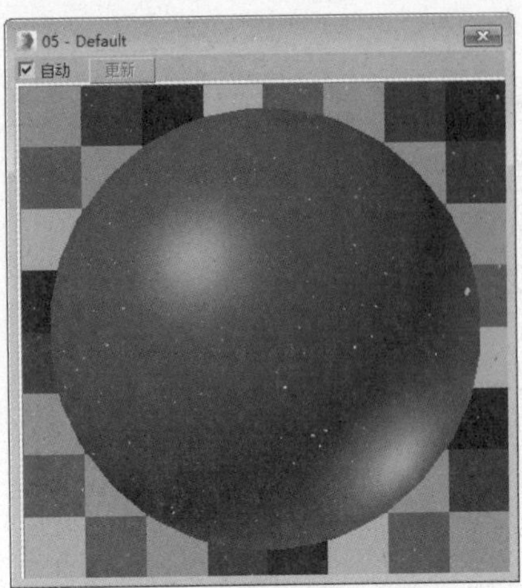

19 将创建好的材质指定给场景中的屋檐模型，如下图所示。

20 选择一个空白材质球，设置漫反射颜色及反射高光参数，如下图所示。

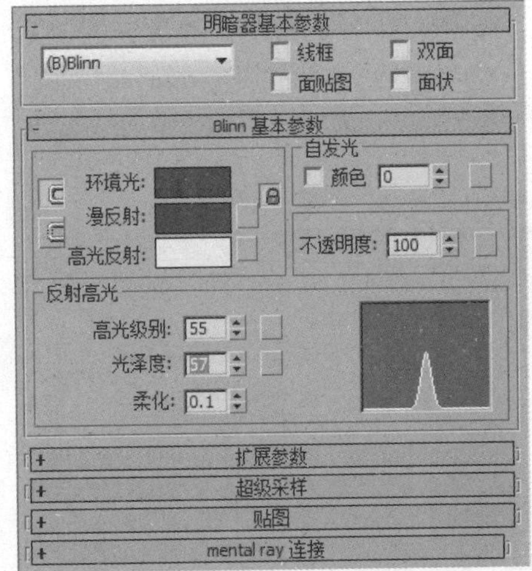

21 漫反射颜色设置如下图所示。

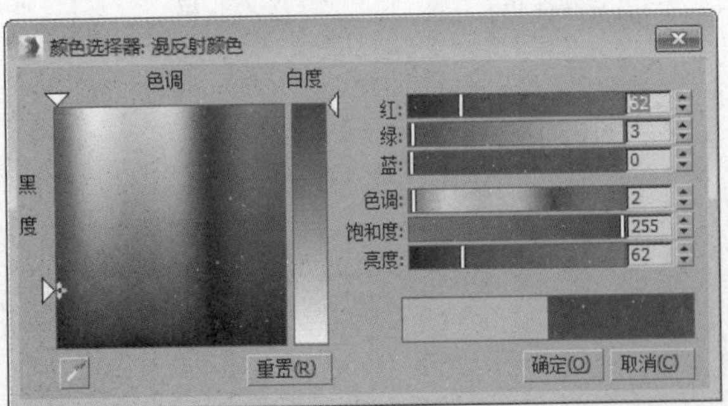

22 创建好的红漆材质示例窗效果如下图所示。

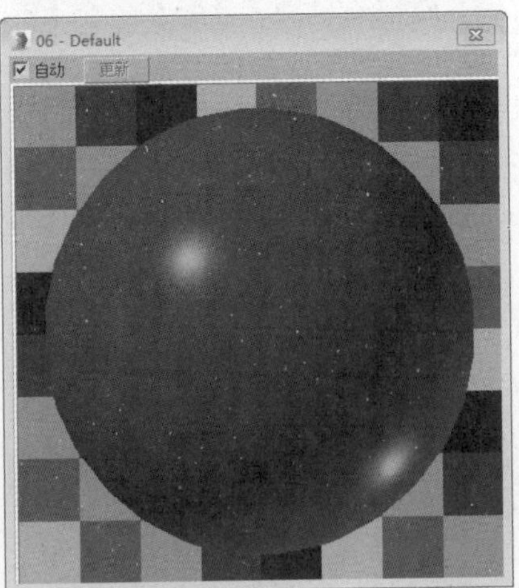

23 将材质指定给场景中的模型，如下图所示。

24 选择一个空白材质球，为漫反射通道添加位图贴图，再设置反射高光参数，如下图所示。

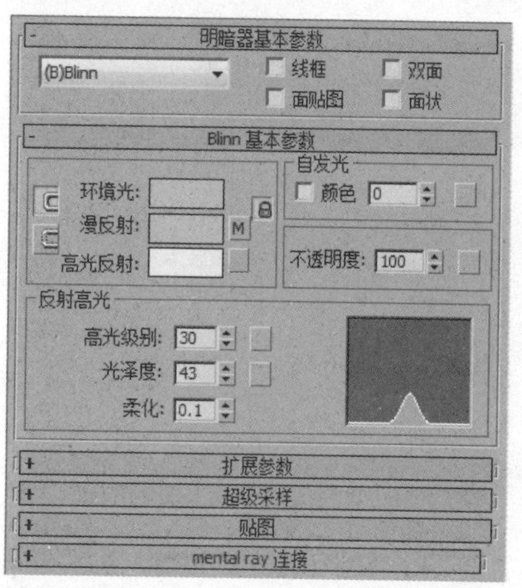

25 选择一个空白材质球，将其设置为VrayMtl材质，为漫反射通道和凹凸通道添加位图贴图，创建好的材质球示例窗效果，如下图所示。

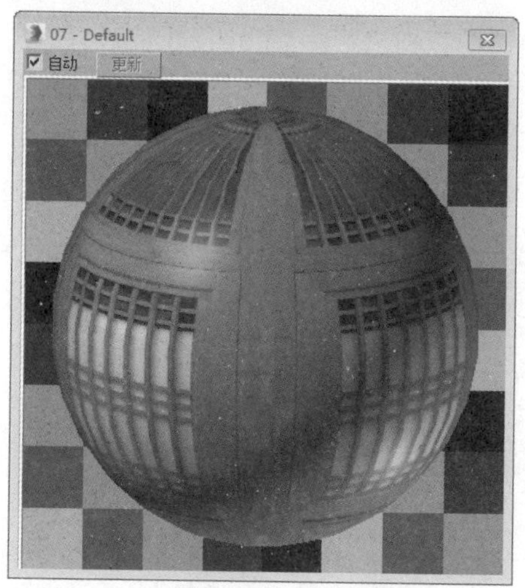

26 将材质指定给场景中的模型对象，并添加UVW贴图，设置贴图参数，如下图所示。

27 选择一个空白材质球，将其设置为VRayMtl材质，设置漫反射颜色，如右图所示。

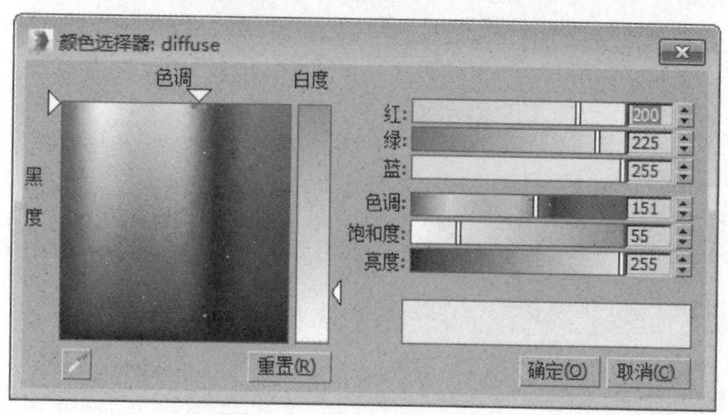

28 添加VR材质包裹器，设置生成全局照明，如下图所示。

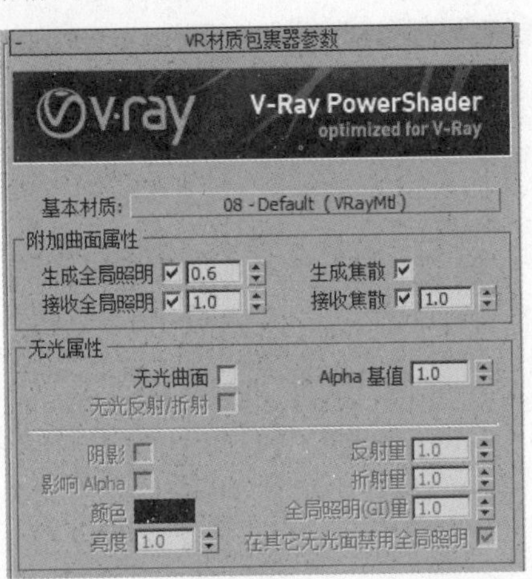

29 将材质指定给场景中的模型，如下图所示。

22.3 创建场景光源以及渲染设置

接下来创建场景光源，并进行渲染设置，操作过程如下。

01 打开“渲染设置”窗口，在“帧缓冲区”卷展栏中取消勾选“启用内置帧缓冲区”选项，在“图像采样器”卷展栏中设置“最小着色速率”为1，再设置过滤器类型，如下图所示。

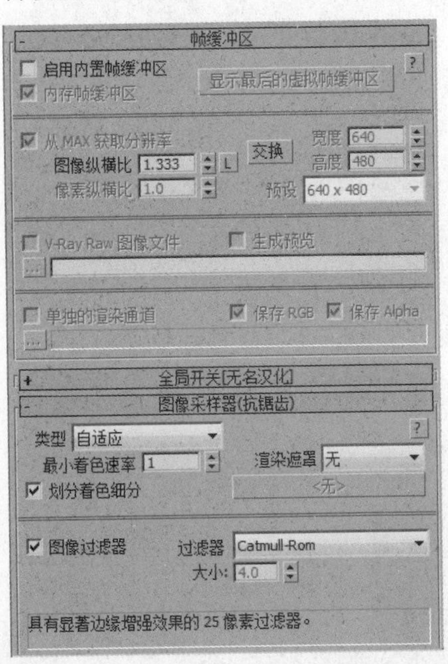

02 在“全局照明”卷展栏中启用全局照明，设置二次引擎为“灯光缓存”，在“发光图”卷展栏中设置预设值模式及细分采样值等，在“灯光缓存”卷展栏中设置细分值，如下图所示。

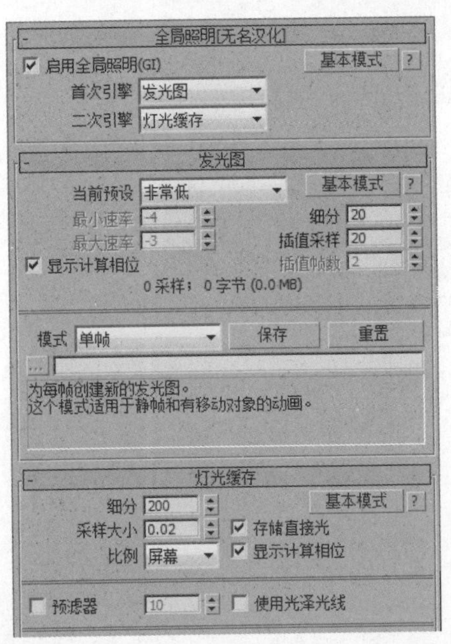

03 在“系统”卷展栏中设置序列模式以及动态内存限制值，如下图所示。

04 在前视图中创建一束目标平行光，如下图所示。

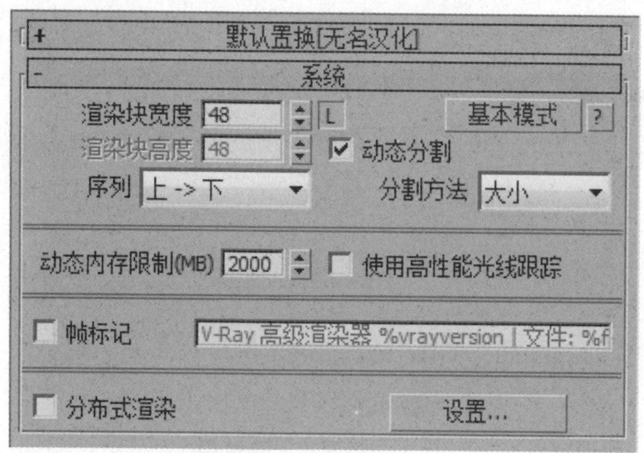

05 启用VR-阴影，设置灯光强度，再设置平行光光锥大小，效果如下图所示。

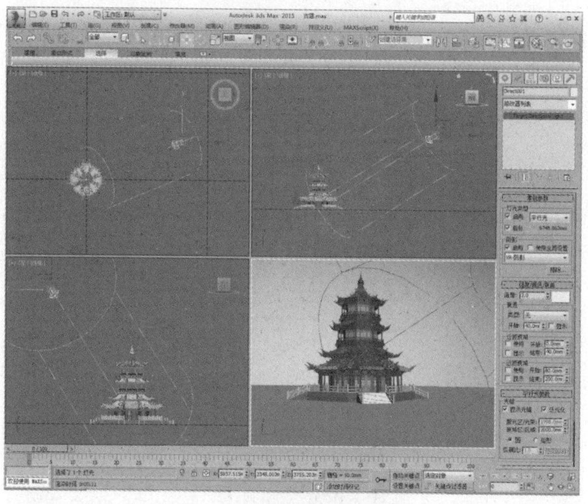

07 调整灯光强度及颜色，如下图所示。

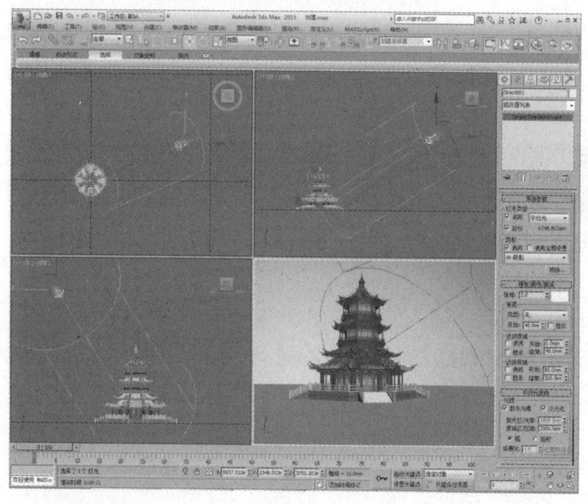

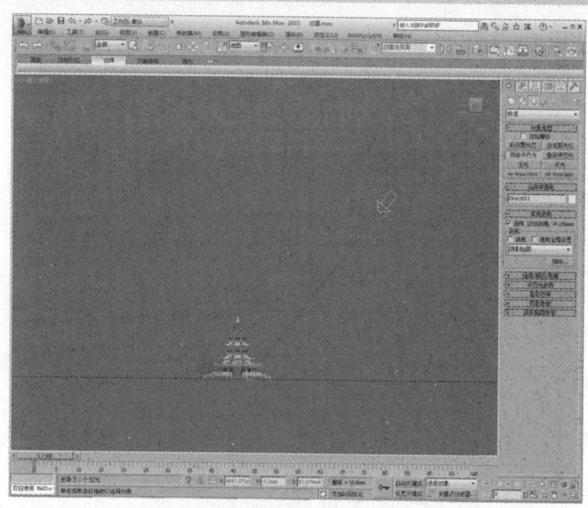

06 渲染摄影机视口，效果如下图所示。

08 再次渲染摄影机视口，效果如下图所示。

09 在“渲染设置”窗口中重新设置输出尺寸，如下图所示。

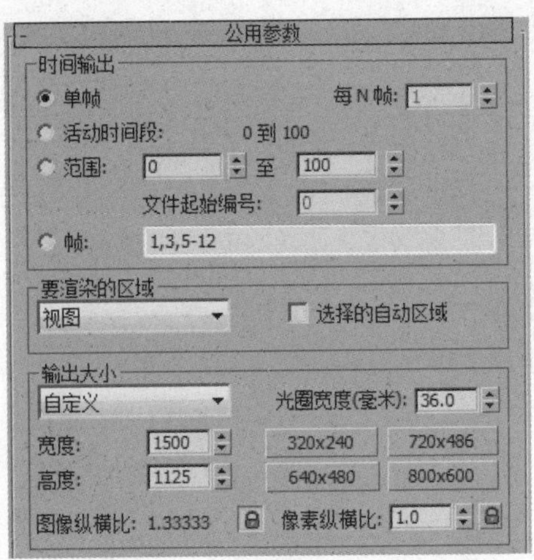

10 在“全局确定性蒙特卡洛”卷展栏中设置噪波阈值及最小采样值，勾选“时间独立”选项，如下图所示。

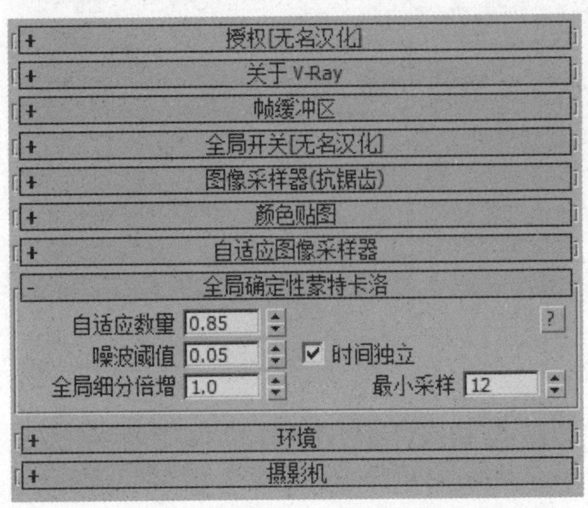

11 设置发光图预设级别及细分采样值，再设置灯光缓存细分值，如下图所示。

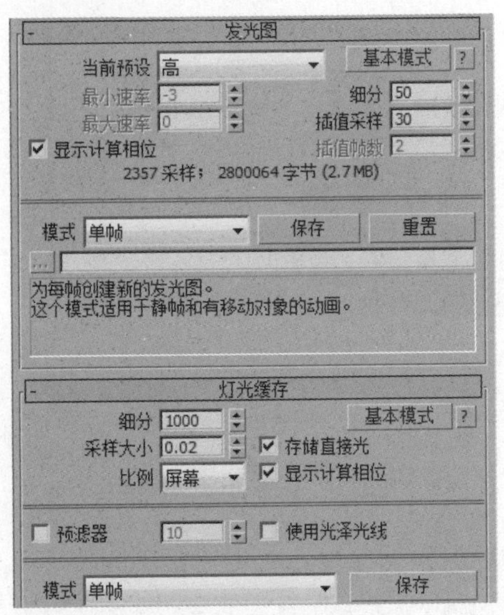

12 渲染摄影机视口，最终渲染效果如下图所示。

22.4 效果图后期处理

本章的效果图后期处理较为重要，处理时要合理运用素材图片来对效果图进行丰富点缀，以最终达到需要的效果。下面介绍操作步骤。

01 在Photoshop中打开渲染效果图，如下图所示。

02 复制背景图层，使用魔棒工具选择出选区，如下图所示。

03 按Delete键删除选区中的画面，隐藏背景图层，如下图所示。

05 复制背景副本图层，选择背景副本2图层，打开“亮度/对比度”对话框，调节对比度，如下图所示。

04 插入一张黄昏时刻的风景素材，如下图所示。

06 设置图层混合模式为“叠加”，再设置图层不透明度为50%，如下图所示。

07 选择背景副本图层，打开“曲线”对话框，调节曲线，如下图所示。

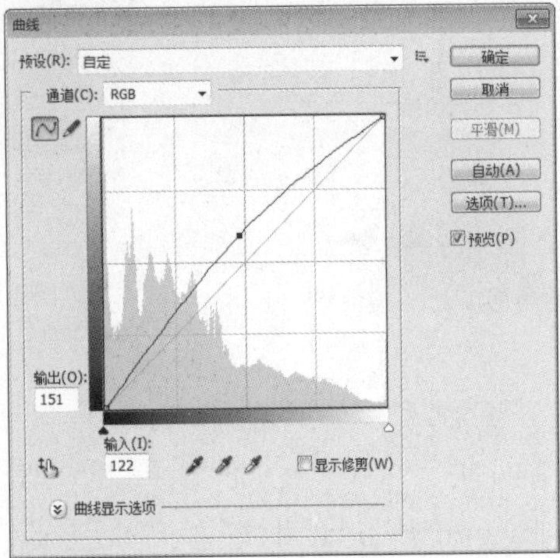

08 调整后效果如下图所示。

09 添加树木素材，调整位置，如下图所示。

10 利用“曲线”对话框调节素材亮度，如下图所示。

11 隐藏植物素材，从背景图层上复制阶梯图并进行复制调整，制作出一条长长的阶梯，如下图所示。

12 取消隐藏植物素材，如下图所示。

13 再添加一个植物素材，遮盖阶梯下方露出的部分，如下图所示。

14 新建图层，绘制一个矩形选区，如下图所示。

15 设置前景色为灰色，执行渐变填充，如下图所示。

16 设置图层不透明度为60%，如下图所示。

17 单击橡皮擦工具，调整画笔不透明度和流量，对图像进行擦除，如下图所示。

18 新建图层，绘制一个椭圆形选区并进行反选，如下图所示。

19 单击鼠标右键，选择“羽化”命令，在“羽化选区”对话框中设置羽化半径为150，如下图所示。

20 在选区内进行渐变填充，如下图所示。

21 调整图层不透明度为60%，完成场景效果的制作，如右图所示。

别墅场景效果图的制作

本章中将会创建一个别墅群的效果，通过对创建流程的讲解，让读者更加熟练地掌握样条线建模的方法。

知识点

1. 样条线的绘制
2. 多边形建模
3. 3D标准材质的使用

23.1 别墅模型的创建

本场景中的主要模型将分为两个部分来创建，分别是别墅主体模型和门窗屋顶两个部分。

23.1.1 创建别墅主体模型

每个别墅都有其构造和特点，别墅和别墅之间不尽相同。在建模时，要抓住模型的特点可以创建出好的模型。接下来介绍具体操作步骤：

01 在左视图中绘制一个样条线图形，如下图所示。

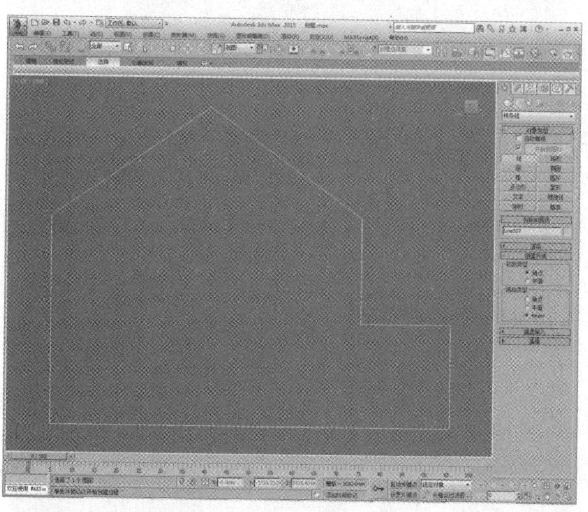

02 在右侧“对象类型”卷展栏中取消勾选“开始新图形”复选框，继续绘制两个矩形，如下图所示。

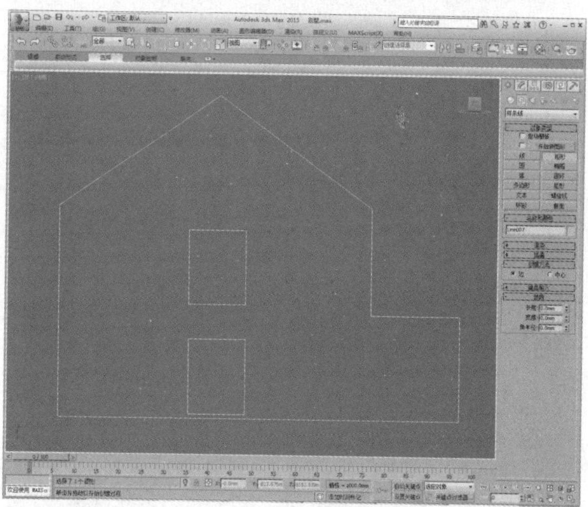

03 进入“顶点”子层级，选择所有顶点，如下图所示。

04 单击鼠标右键，将顶点类型设置为角点，如下图所示。

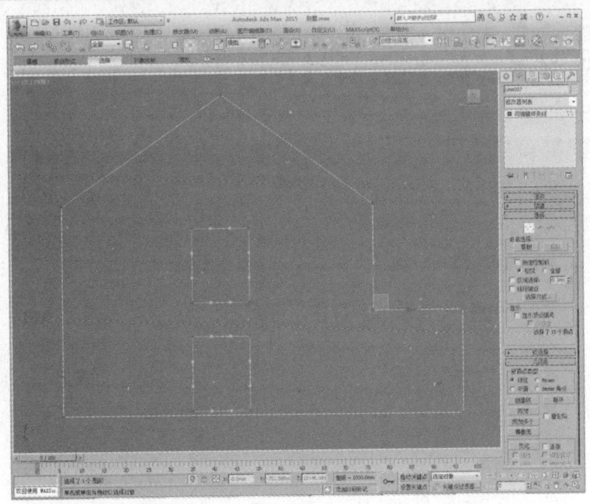

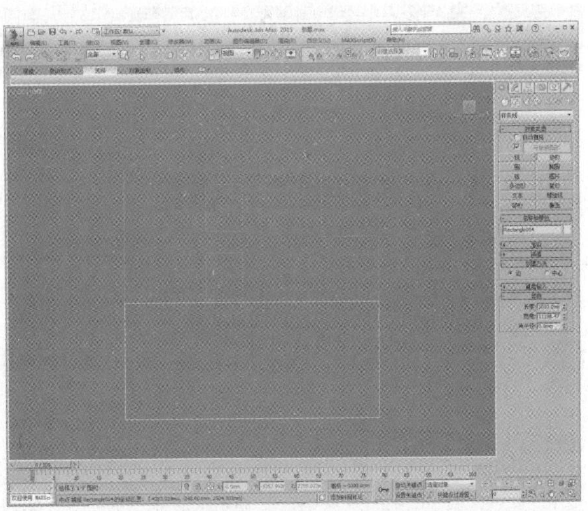

05 添加“挤出”修改器，设置挤出值为240，制作出西墙二层墙体，如下图所示。

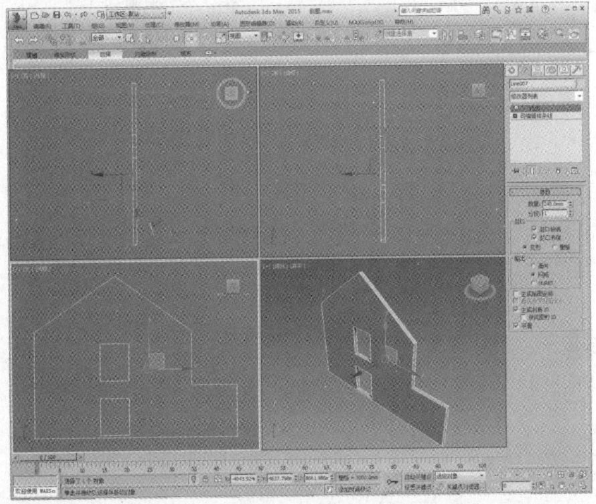

06 在左视图中绘制一个矩形，如下图所示。

07 添加“挤出”修改器，设置挤出值为240，制作出西墙一层墙体，如下图所示。

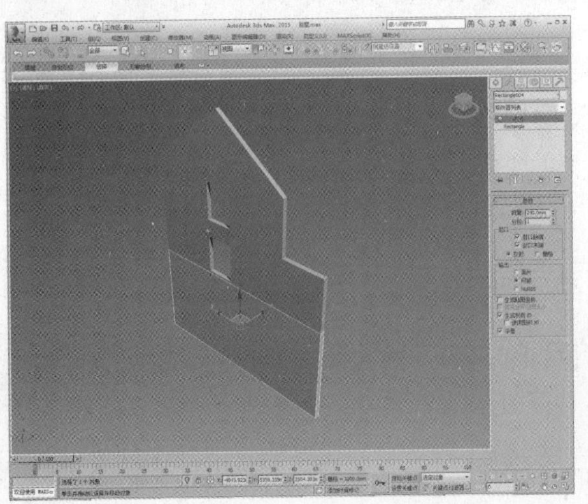

08 在前视图中绘制一个样条线图形，如下图所示。

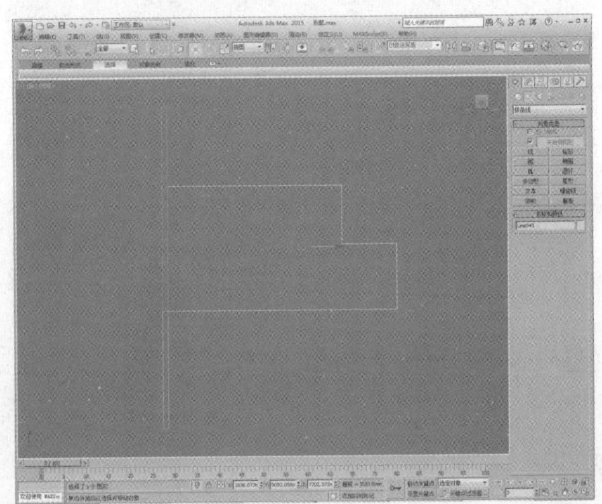

09 取消勾选“开始新图形”复选框，继续绘制矩形，如下图所示。

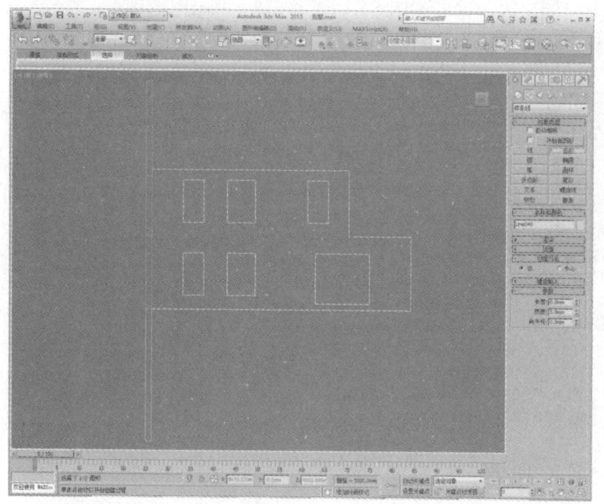

10 将所有顶点类型都设置为角点，如下图所示。

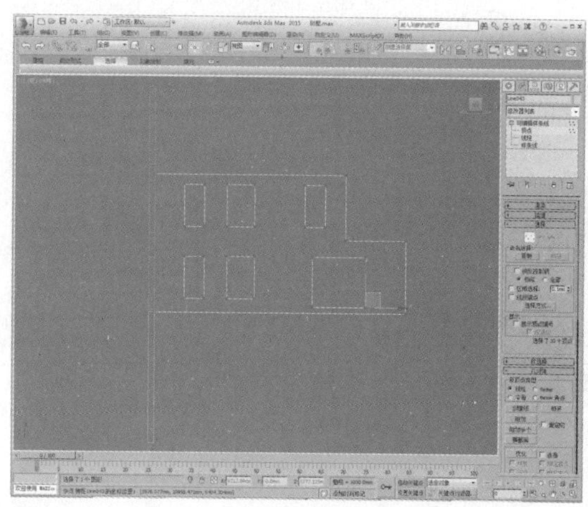

11 添加“挤出”修改器，设置挤出值为240，制作出北墙二层墙体，如下图所示。

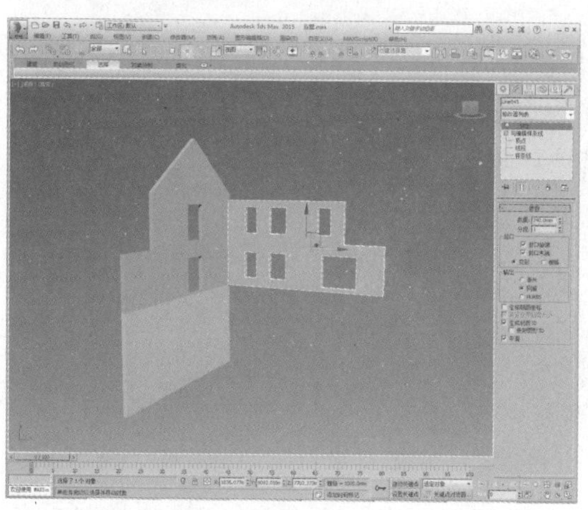

12 使用同样的操作方法制作北墙一层的墙体，如下图所示。

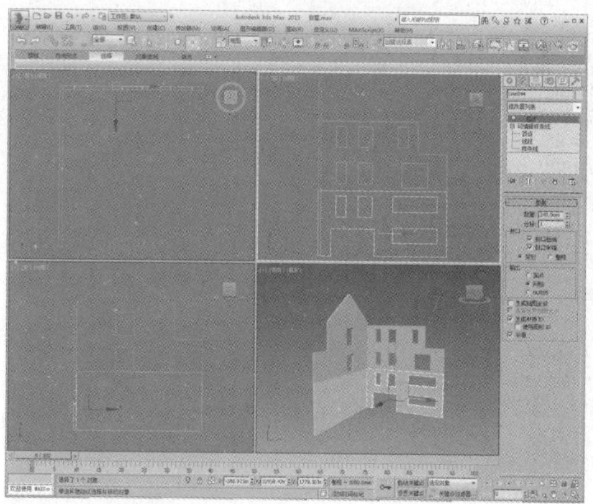

13 调整北墙模型位置，如下图所示。

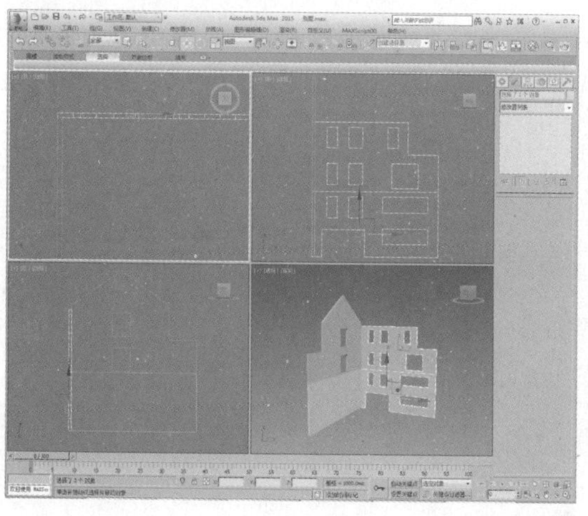

14 隐藏西墙模型，在左视图中绘制一个样条线图形，如下图所示。

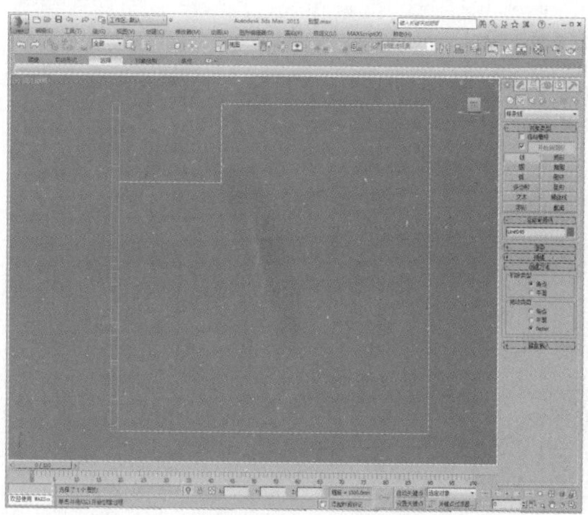

15 取消勾选“开始新图形”复选框，继续绘制矩形，如下图所示。

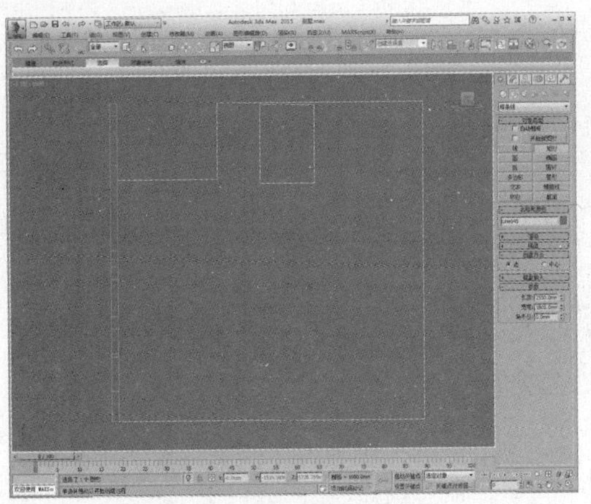

16 进入“样条线”子层级，选择样条线，如下图所示。

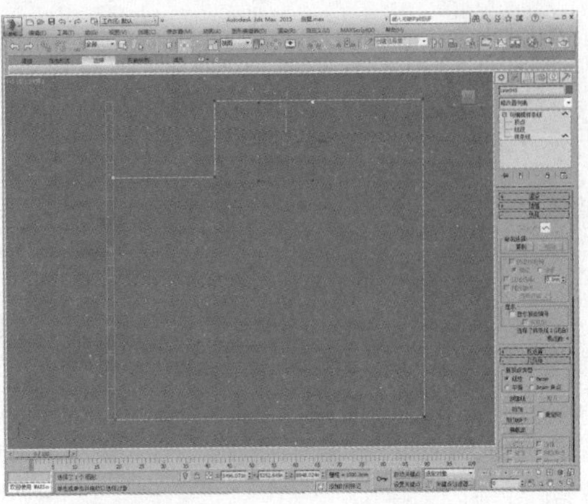

17 按住Shift键向下复制样条线，如下图所示。

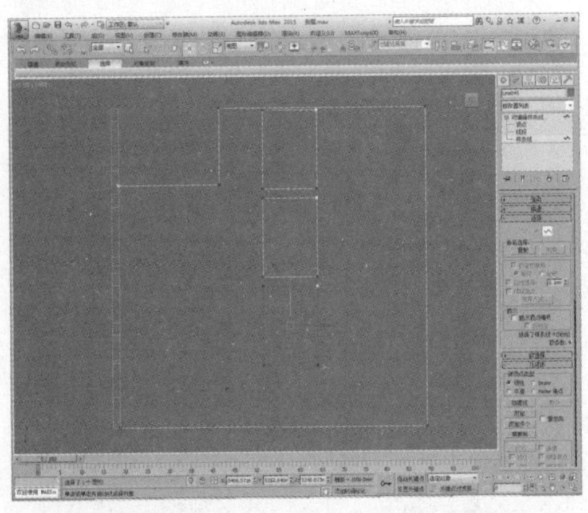

18 添加“挤出”修改器，设置挤出值为240，调整模型位置，如下图所示。

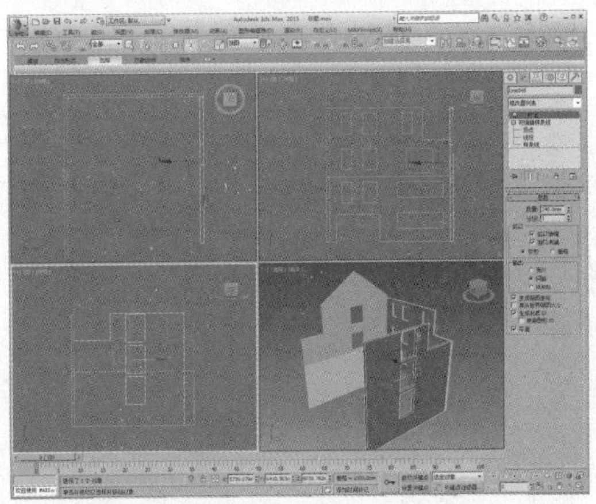

19 在创建命令面板中单击“长方体”按钮，在顶视图中捕捉创建一个长方体，调整高度值为1000，如下图所示。

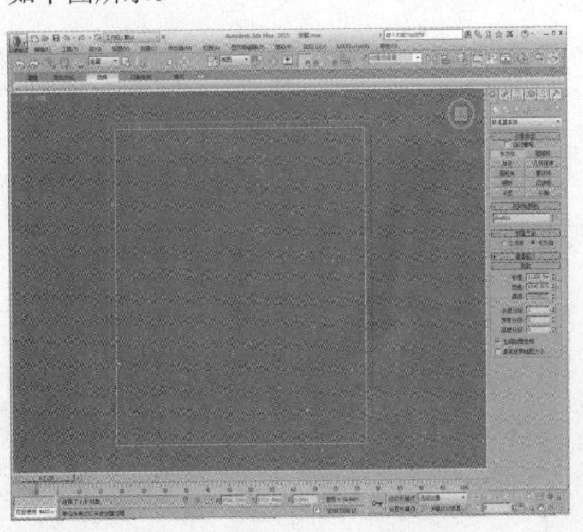

20 设置模型Z轴高度为0，调整位置，如下图所示。

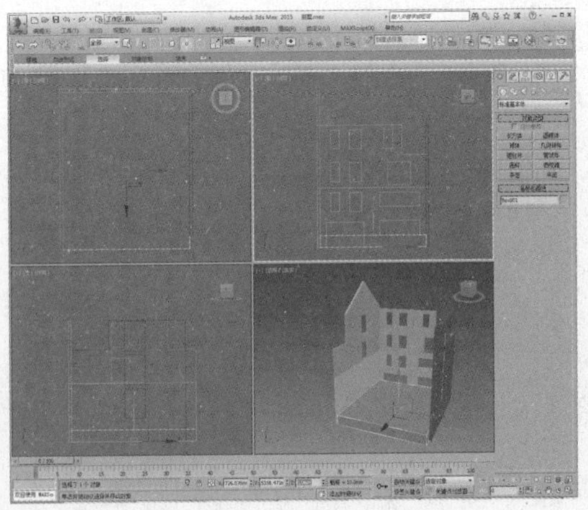

21 调整两个长方体的位置，如下图所示。

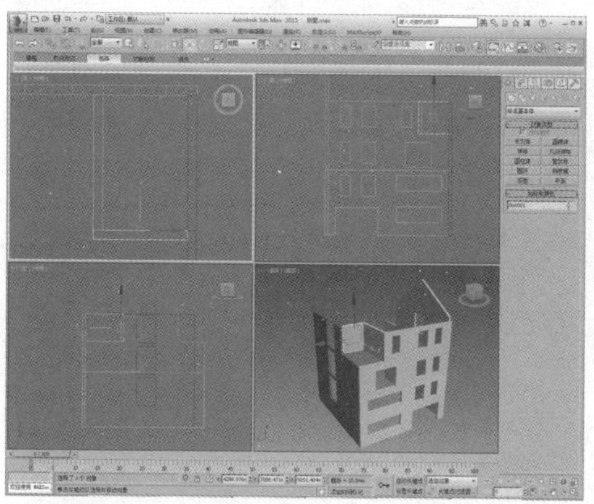

22 在顶视图中捕捉创建一个长方体，调整位置，如下图所示。

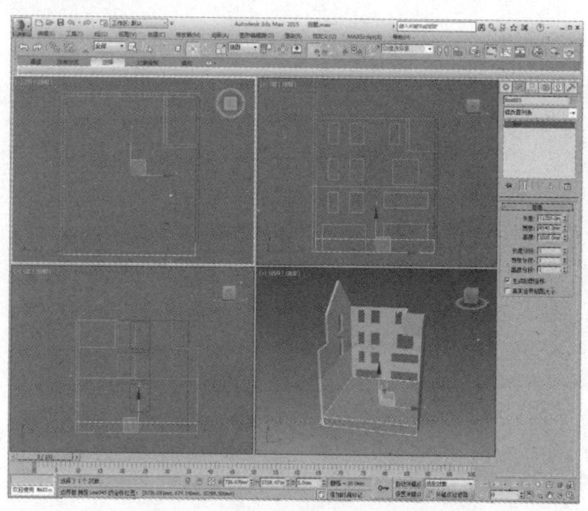

23 隐藏北墙模型，在前视图中绘制一个样条线图形，如下图所示。

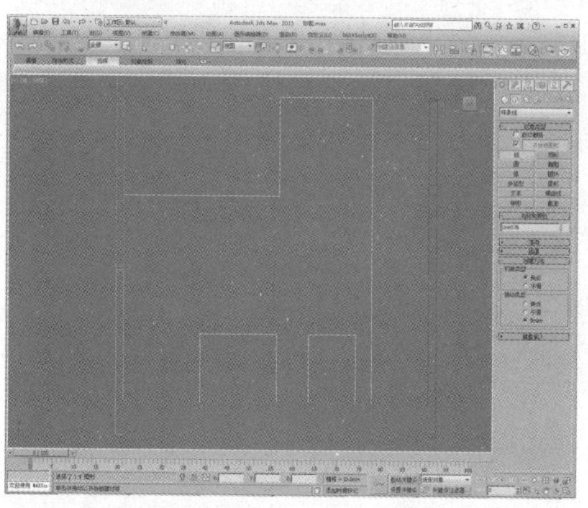

24 在“对象类型”卷展栏中取消勾选“开始新图形”复选框，继续在前视图中的合适位置绘制矩形，如下图所示。

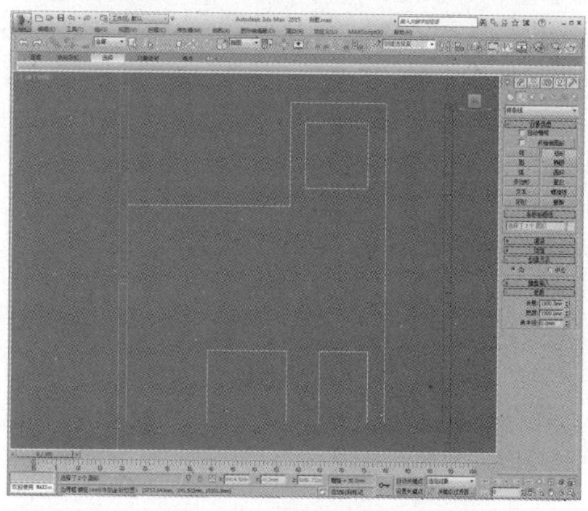

25 进入“样条线”子层级，复制矩形样条线，如下图所示。

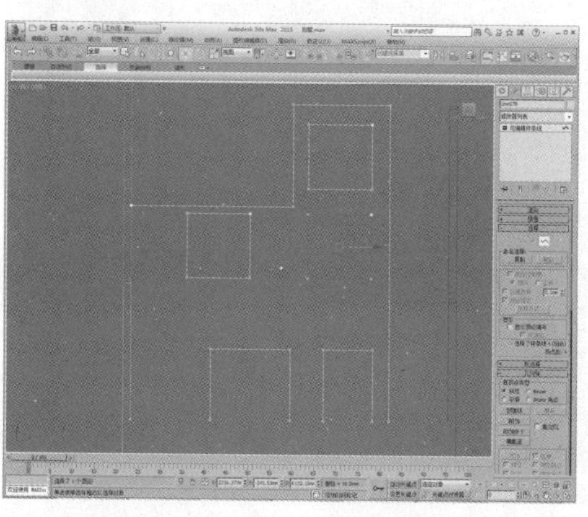

26 进入“顶点”子层级，将所有顶点类型设置为角点，如下图所示。

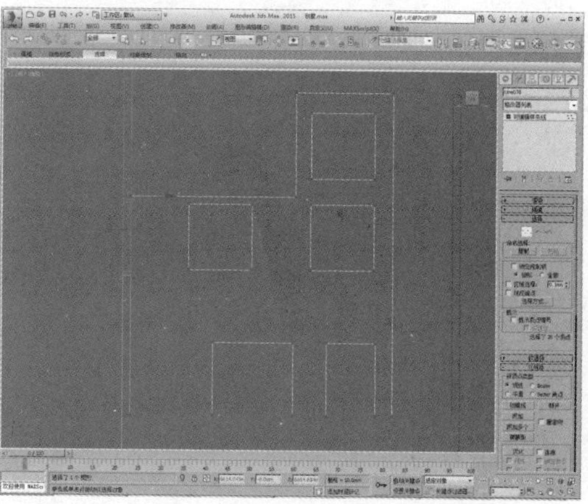

27 添加“挤出”修改器，设置挤出值为240，调整模型位置，如下图所示。

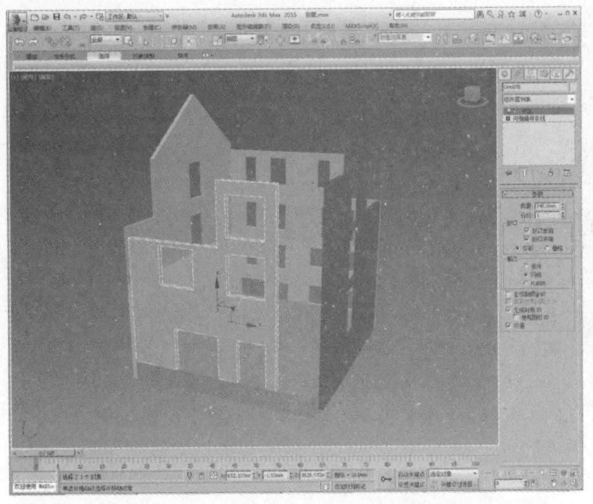

28 在前视图中向上复制模型，如下图所示。

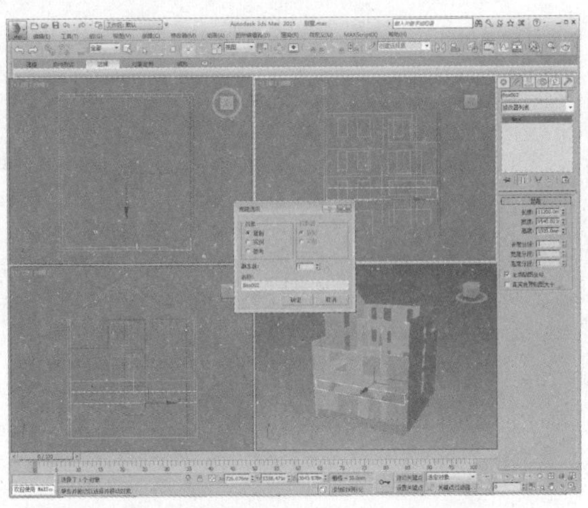

29 更改模型高度为120，并调整位置，如下图所示。

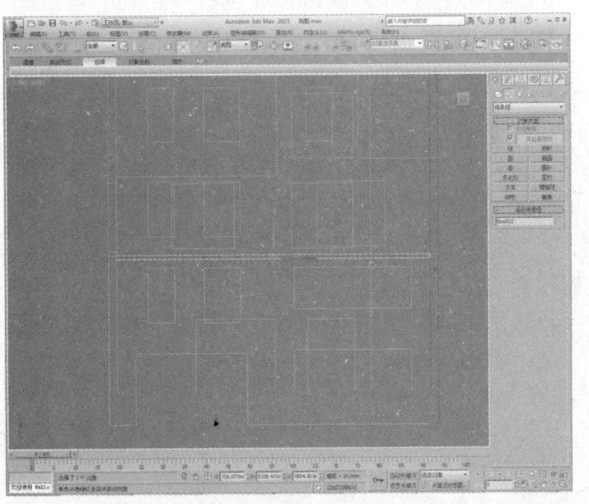

30 继续向上实例复制模型，如下图所示。

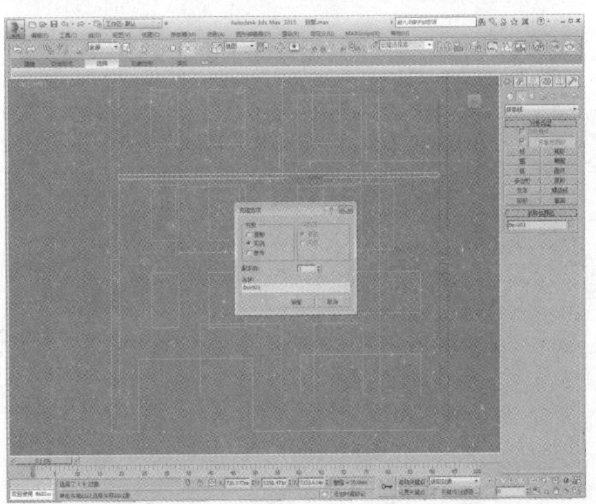

31 调整模型位置，然后取消隐藏全部模型，如下图所示。

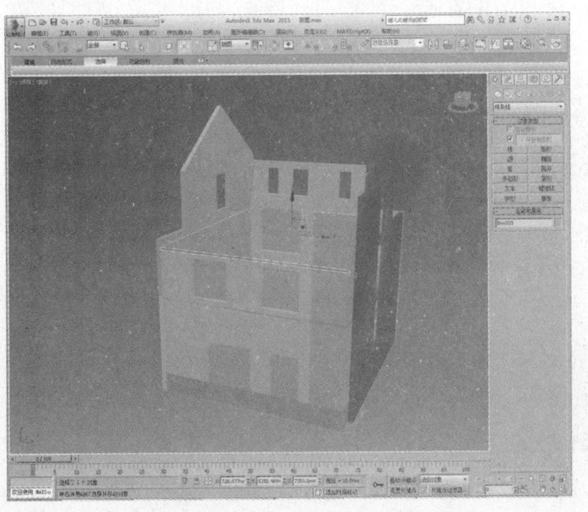

32 在前视图中捕捉创建长方体，设置高度值为240，如下图所示。

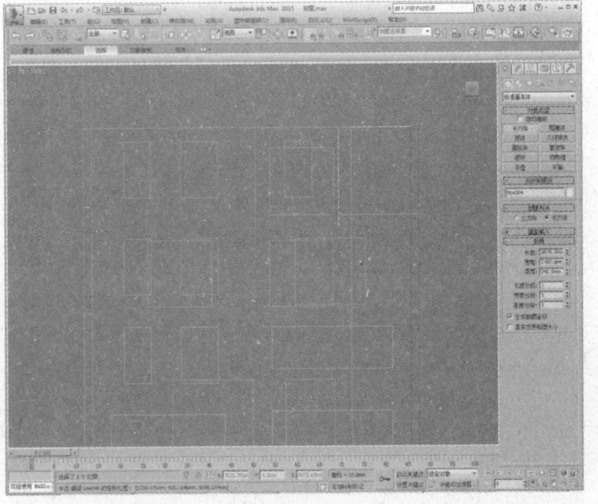

33 接着在左视图中捕捉创建长方体，调整高度为240，如下图所示。

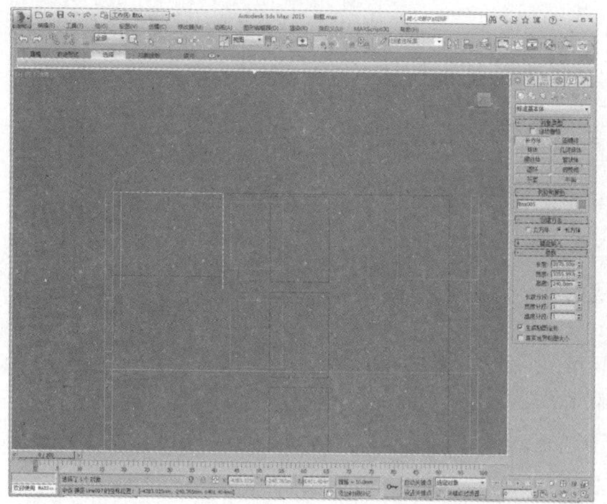

34 在顶视图中调整长方体模型的位置，效果如下图所示。

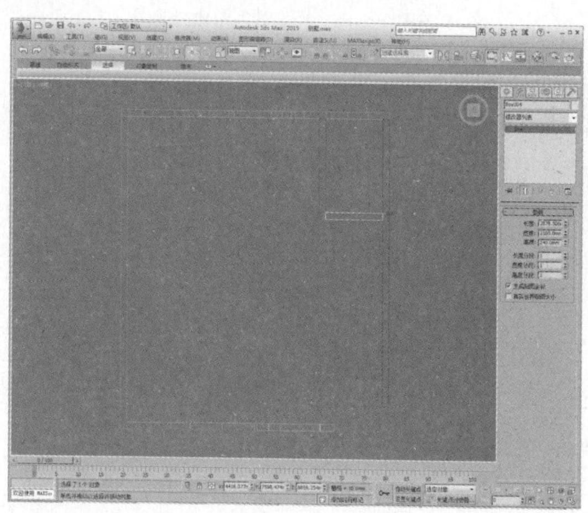

35 调整长方体宽度尺寸，再调整到合适的位置，如下图所示。

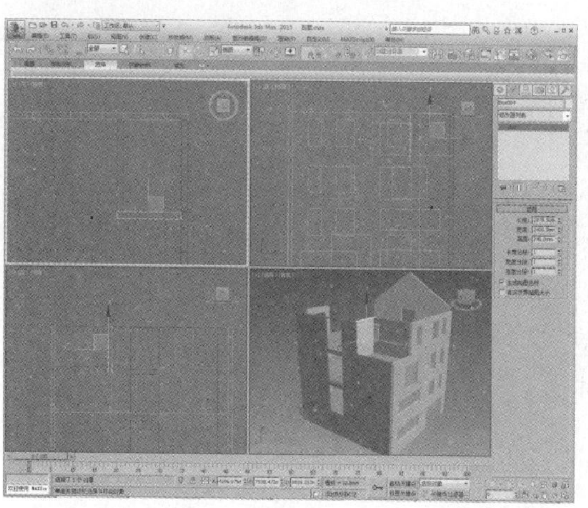

36 继续在左视图中捕捉创建长方体，设置高度为240，如下图所示。

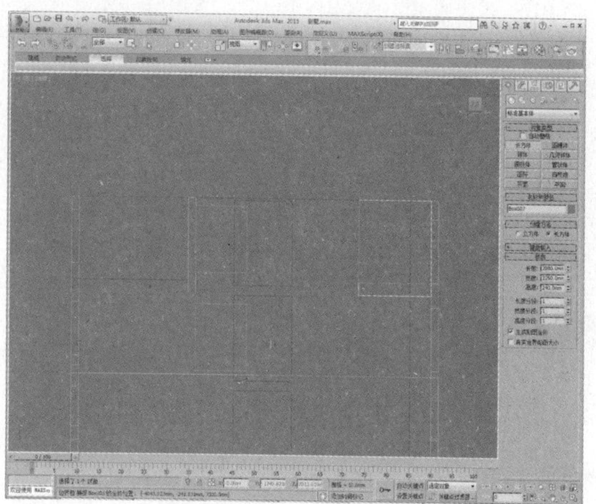

37 在前视图中捕捉创建长方体，调整高度值，如下图所示。

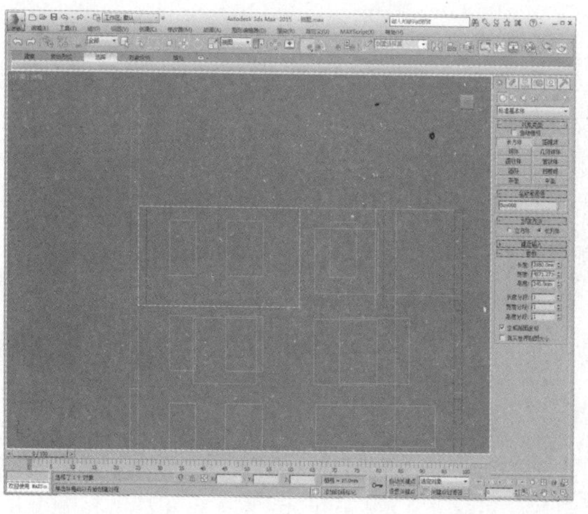

38 重新设置模型宽度值并调整两个模型的位置，如下图所示。

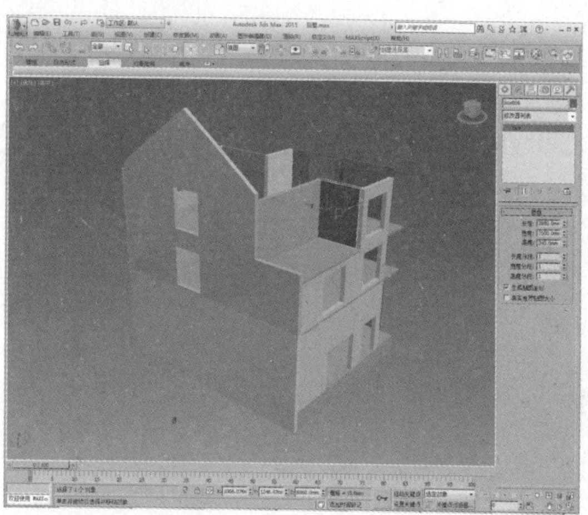

39 选择一个长方体并将其转换为可编辑多边形，进入“边”子层级，选择如下图所示的边。

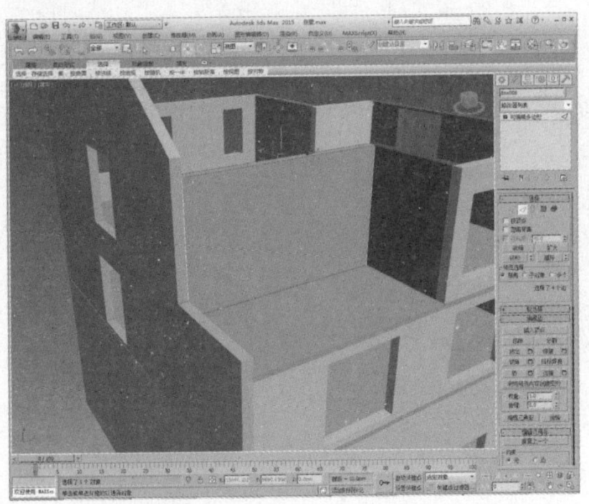

40 单击“连接”设置按钮，设置连接边数为2，如下图所示。

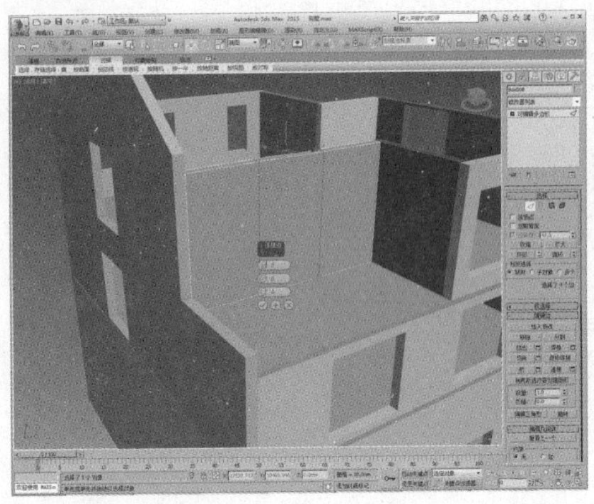

41 沿X轴调整边的位置，如下图所示。

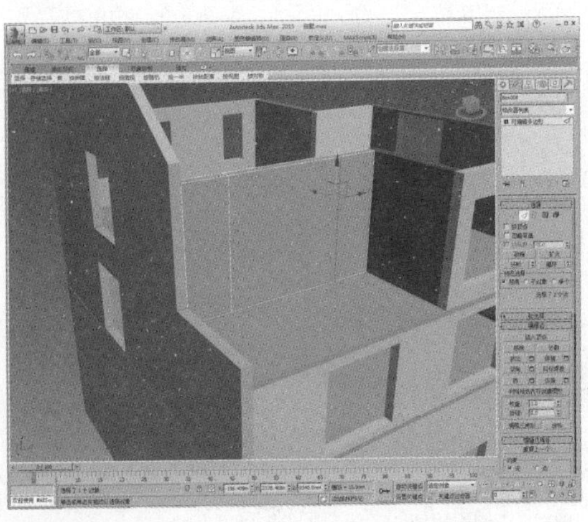

42 选择两侧的四条边，再次单击“连接”设置按钮，设置连接边数为1，如下图所示。

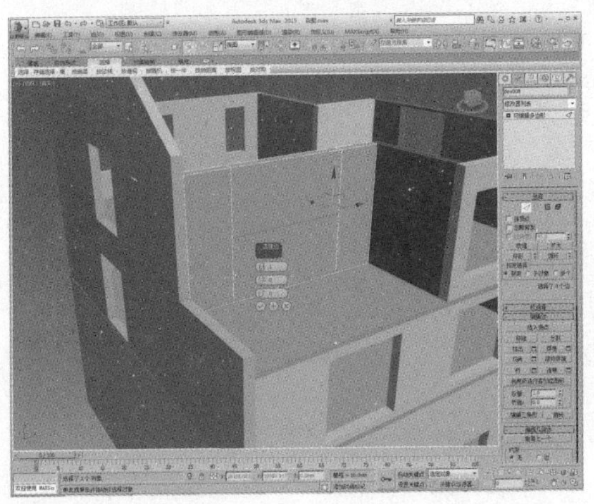

43 沿Z轴调整两侧连接边的高度位置，如下图所示。

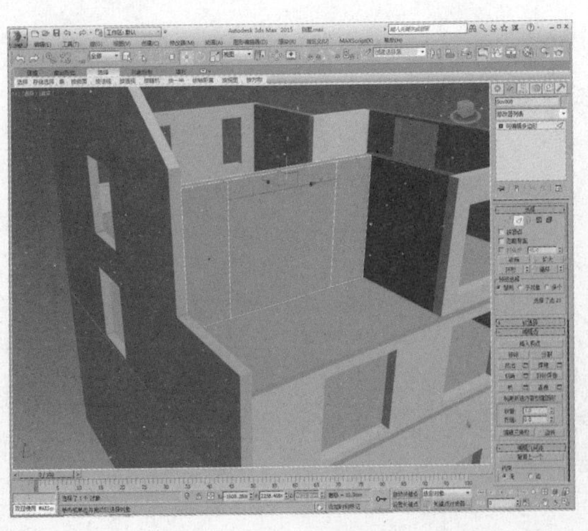

44 进入“多边形”子层级，选择两侧的多边形，如下图所示。

45 单击“桥”按钮制作出门洞，如下图所示。

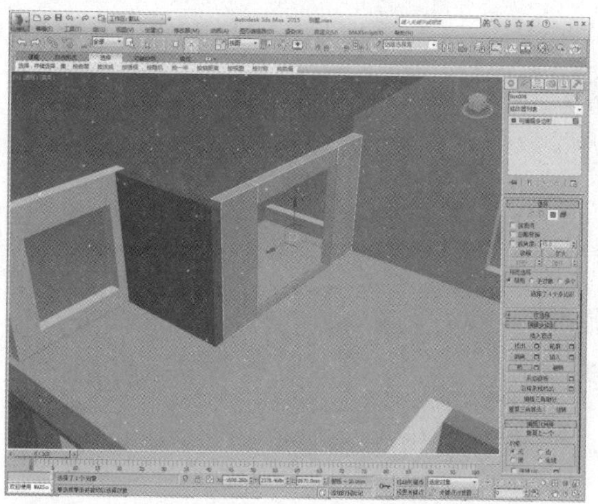

46 利用同样的创建方法制作出二层另一侧的门洞，如下图所示。

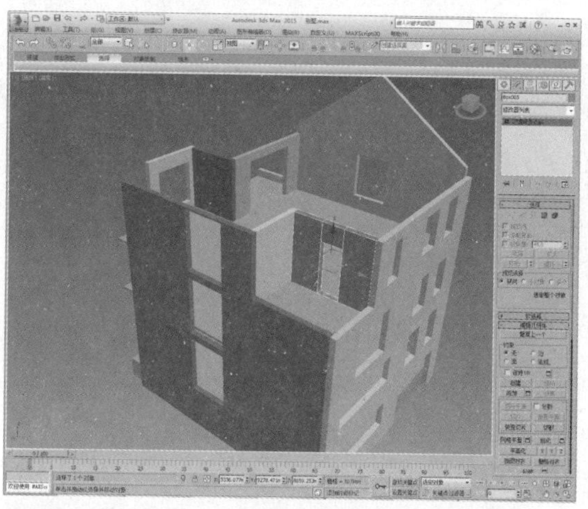

47 在顶视图中创建一个长方体，如下图所示。

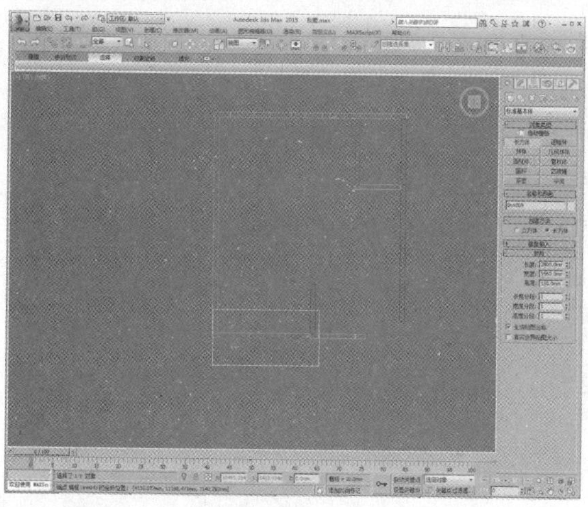

48 沿Z轴调整长方体高度位置，如下图所示。

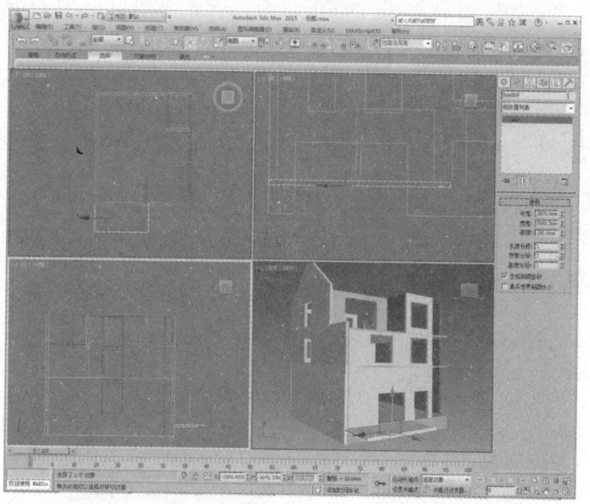

49 将其转换为可编辑多边形，进入“边”子层级，选择如下图所示的边。

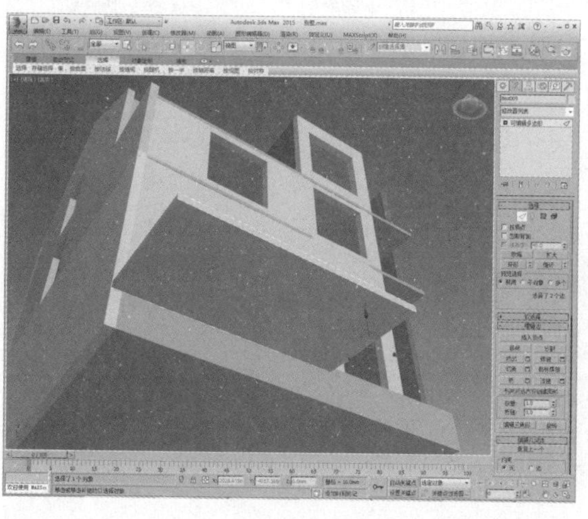

50 单击“连接”设置按钮，设置连接边数为1，如下图所示。

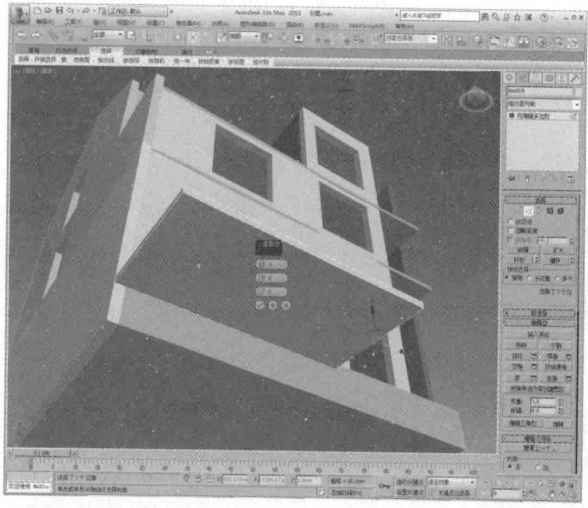

51 调整边的位置，如下图所示。

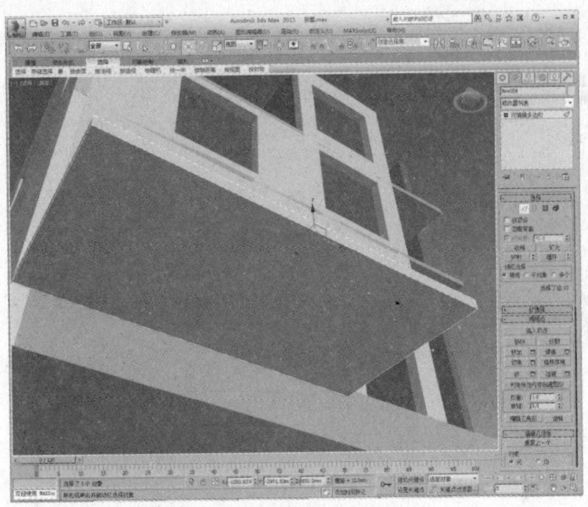

52 进入“多边形”子层级，选择多边形，并单击“挤出”设置按钮，设置挤出值为850，如下图所示。

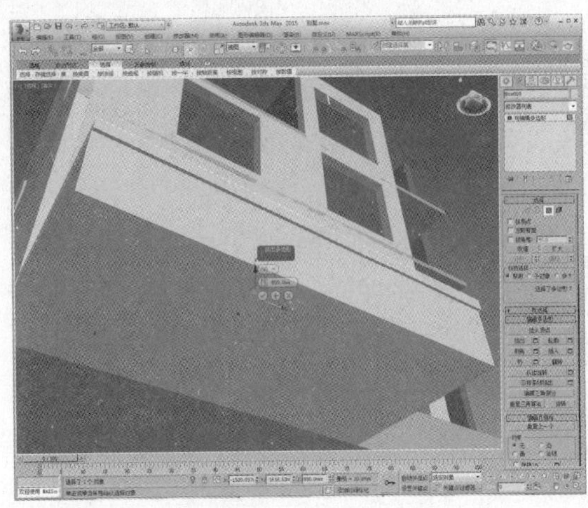

53 复制模型，如下图所示。

54 进入“顶点”子层级，调整顶点位置，如下图所示。

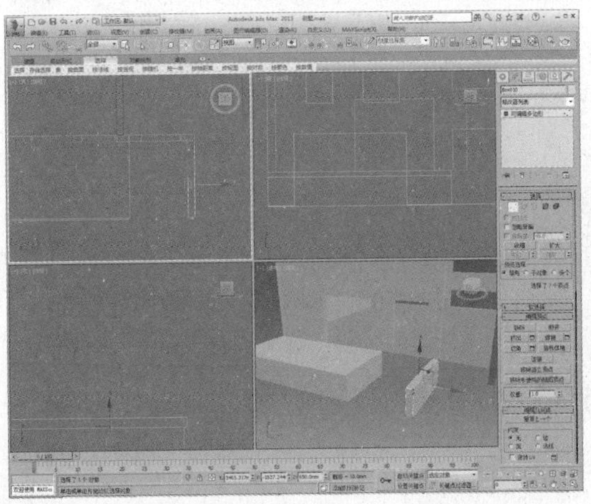

55 在顶视图中捕捉创建一个长方体，调整高度以及长度分段，如下图所示。

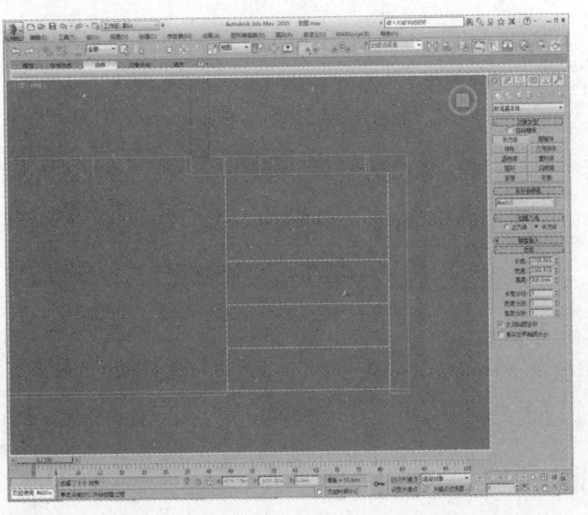

56 将其转换为可编辑多边形，进入“顶点”子层级，选择并调整顶点位置，如下图所示。

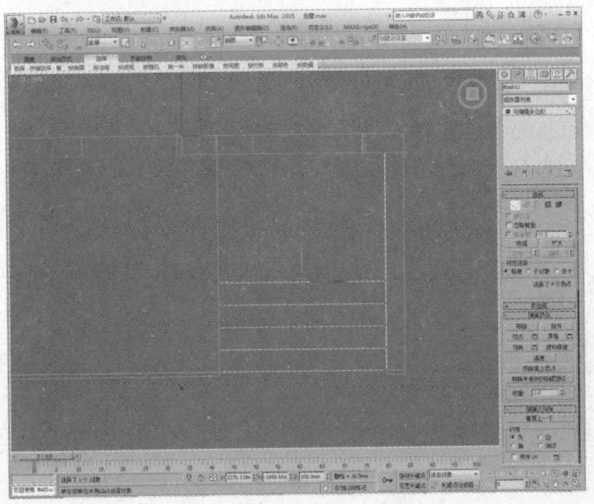

57 进入“多边形”子层级，选择如下图所示的多边形。

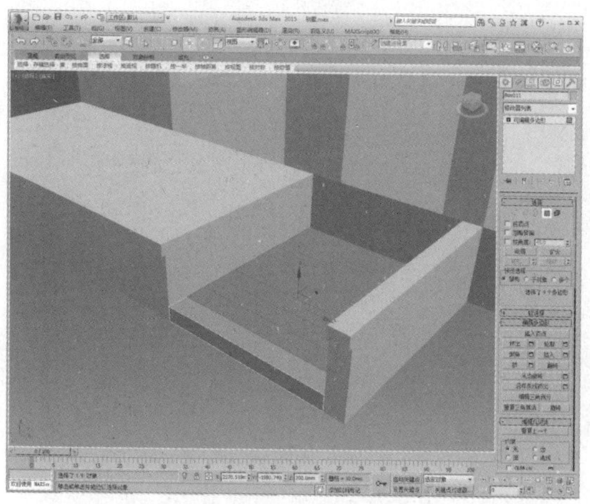

58 单击“挤出”设置按钮，设置挤出值为200，如下图所示。

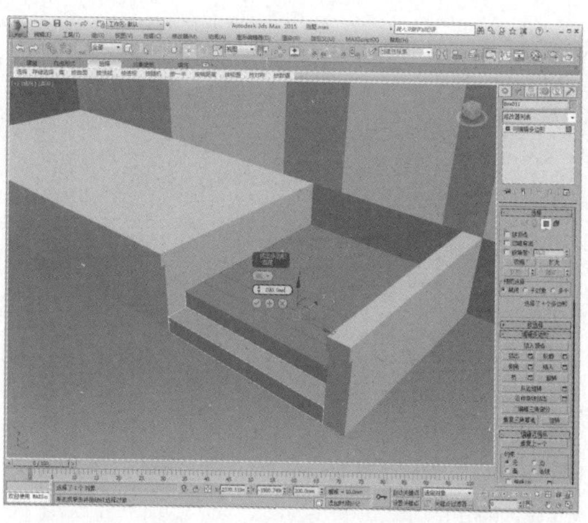

59 再次选择多边形，如下图所示。

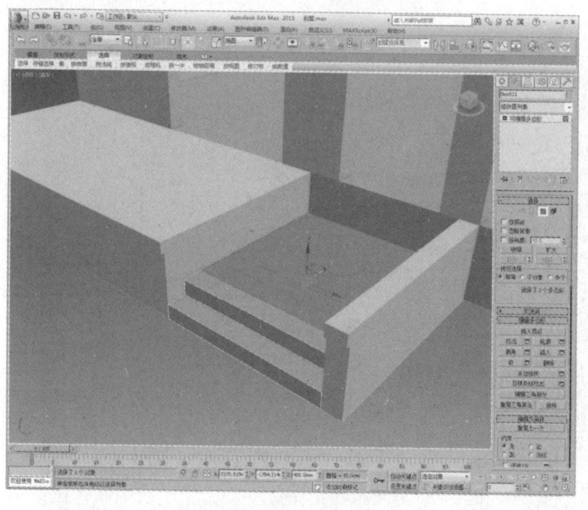

60 再次单击“挤出”设置按钮，默认挤出值为200，如下图所示。

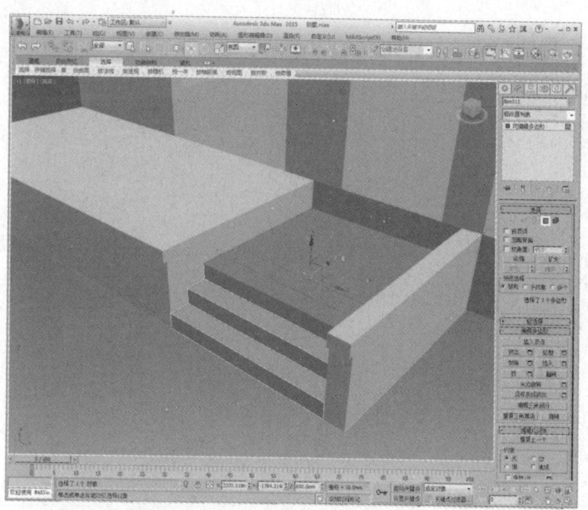

61 使用与前面相同的操作步骤，完成阶梯模型的制作，如下图所示。

62 在顶视图中捕捉绘制一个矩形，如下图所示。

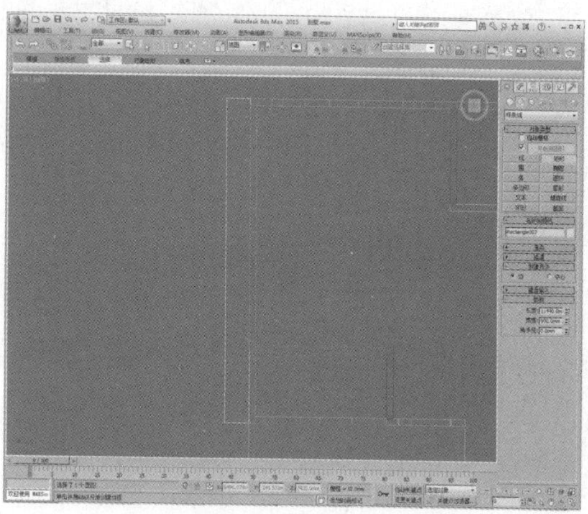

63 将其转换为可编辑样条线，进入“样条线”子层级，如下图所示。

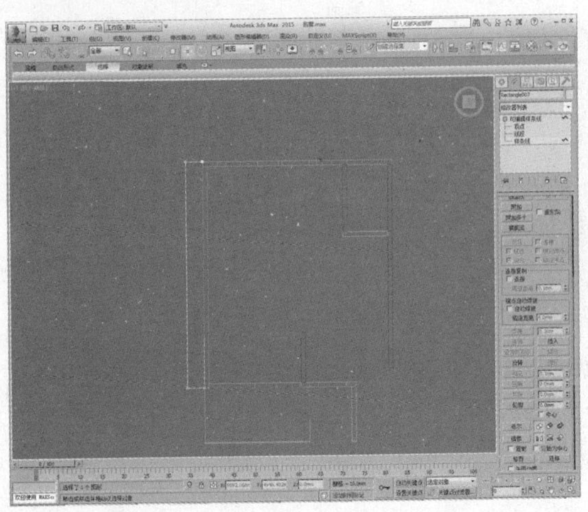

64 设置轮廓值为100，如下图所示。

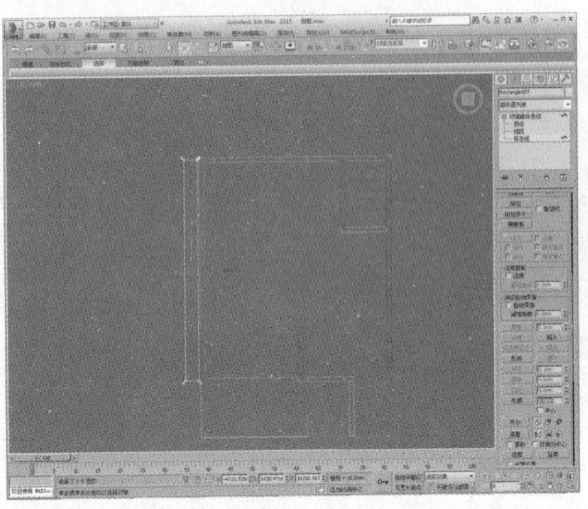

65 添加“挤出”修改器，设置挤出值为500，如下图所示。

66 在顶视图中捕捉创建一个长方体，如下图所示。

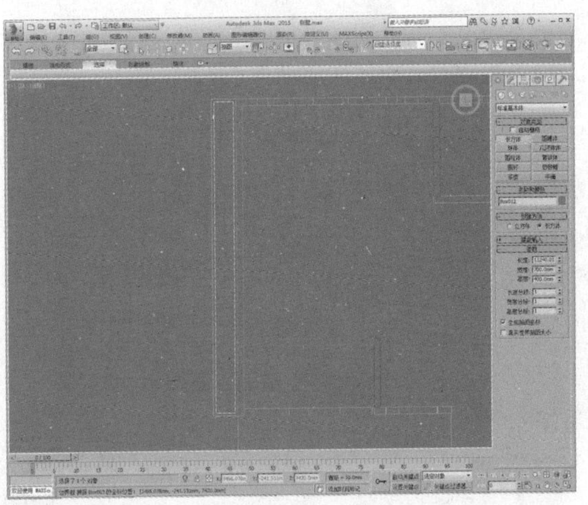

67 在前视图中绘制一个样条线轮廓，如下图所示。

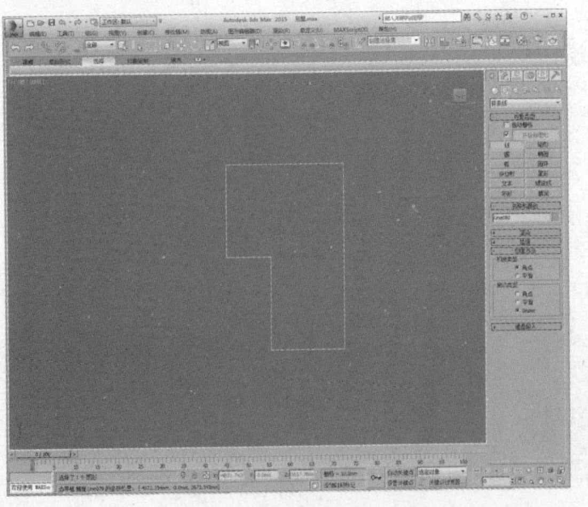

68 在顶视图中捕捉绘制一个矩形，如下图所示。

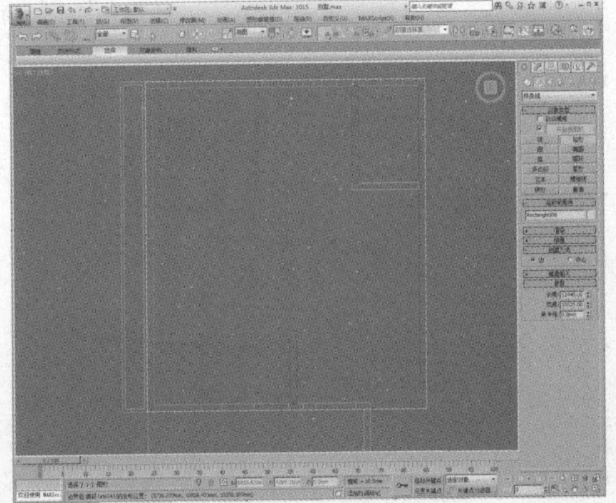

69 将矩形转换为可编辑样条线，进入“线段”子层级，选择线段，如下图所示。

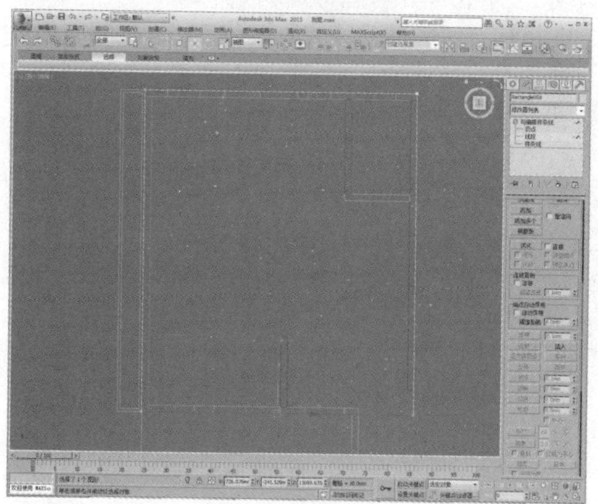

70 删除该线段，进入“顶点”子层级，选择顶点，如下图所示。

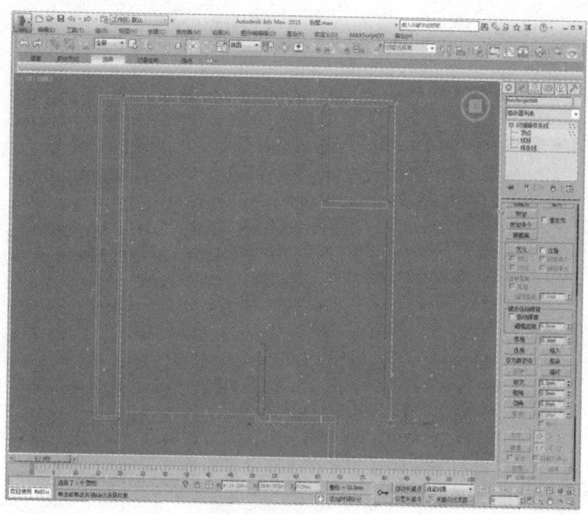

71 调整顶点位置，如下图所示。

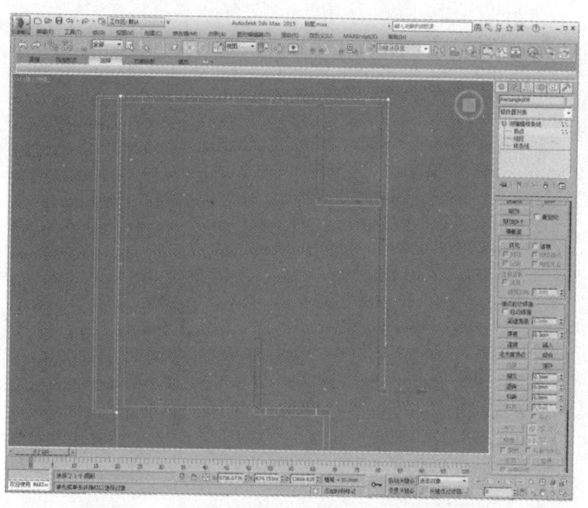

72 选择样条线，在复合对象面板中单击“放样”按钮，再在“创建方法”卷展栏中单击“获取图形”按钮，在视图中单击选择样条线轮廓，如下图所示。

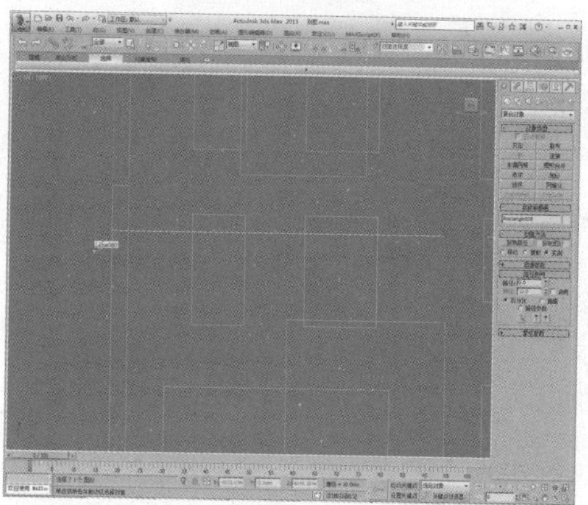

73 放样制作出模型，如下图所示。

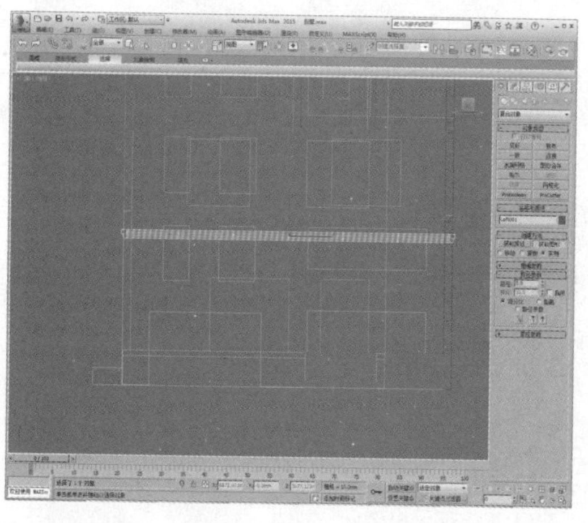

74 进入“顶点”子层级，调整路径顶点位置，如下图所示。

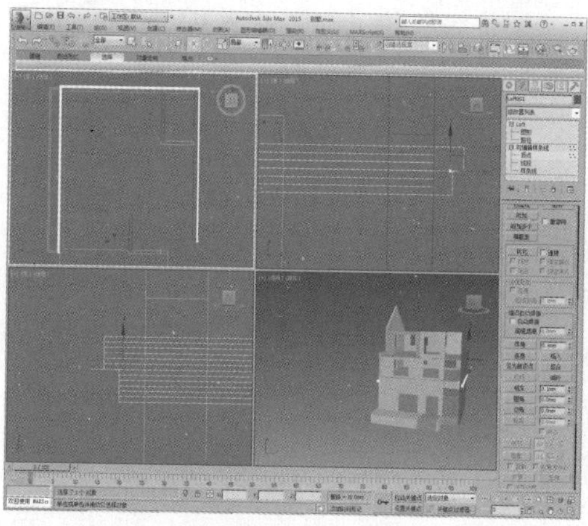

75 调整模型位置，制作出别墅建筑模型的大致造型，如右图所示。

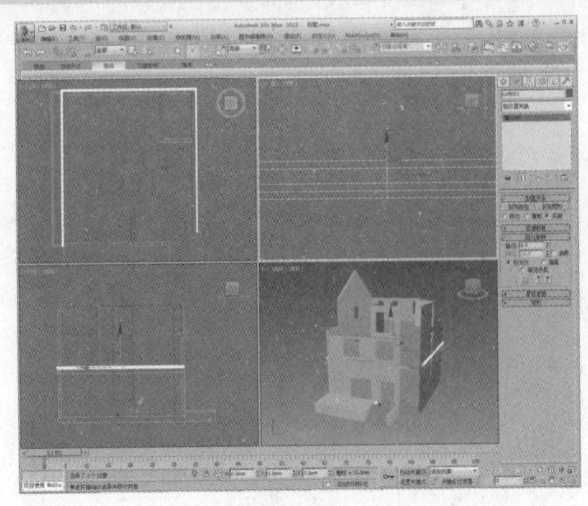

23.1.2 创建别墅门窗及屋顶模型

通常别墅模型中的门窗较多，屋顶造型也较为复杂，所涉及的操作命令很多，如样条线的绘制、挤出修改器、多边形建模等。具体操作步骤如下：

01 在顶视图中绘制一个矩形，如下图所示。

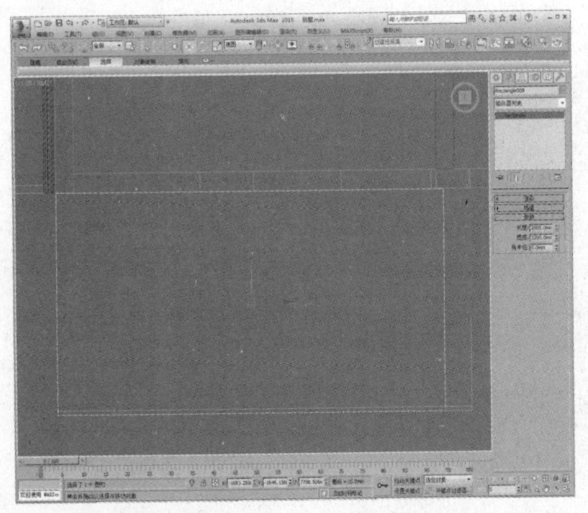

02 在左视图中向上复制矩形，如下图所示。

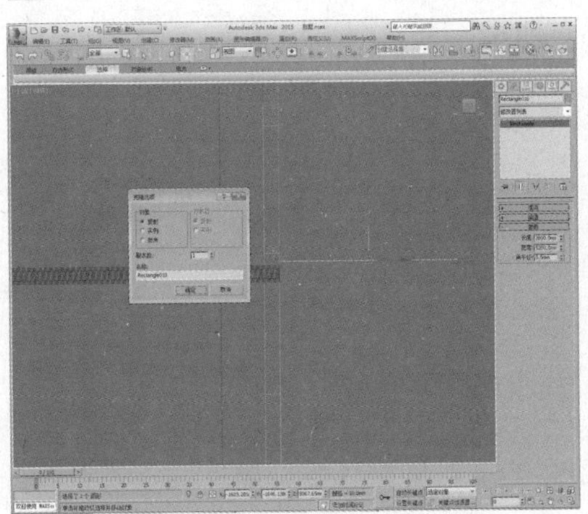

03 将上方矩形转换为可编辑样条线，进入“样条线”子层级，如下图所示。

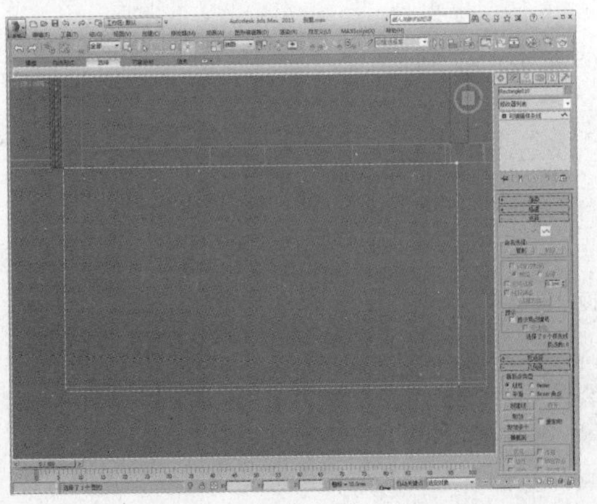

04 设置轮廓值为80，如下图所示。

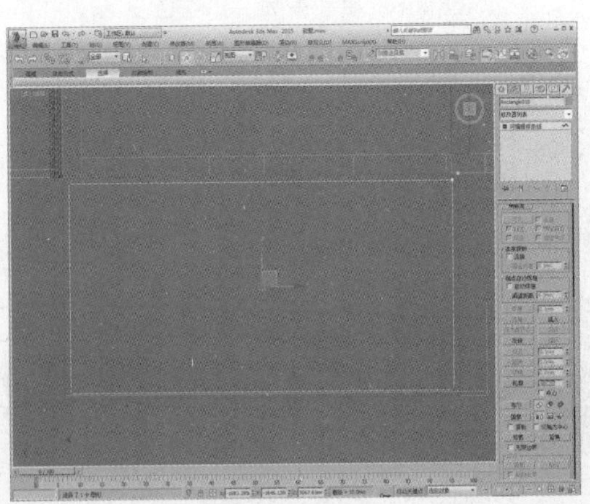

05 添加“挤出”修改器，设置挤出值为200，如下图所示。

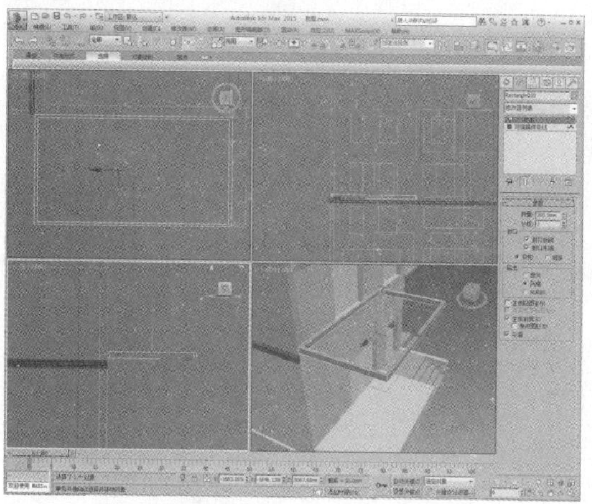

06 再选择下方矩形，添加“挤出”修改器，设置挤出值为160，如下图所示。

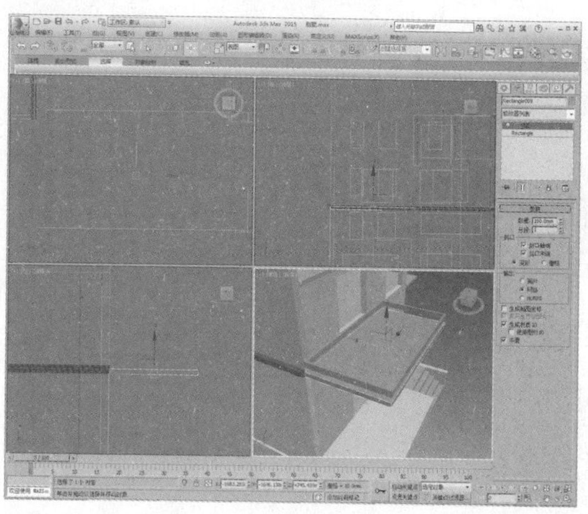

07 将模型转换为可编辑多边形，进入“边”子层级，选择如下图所示的边。

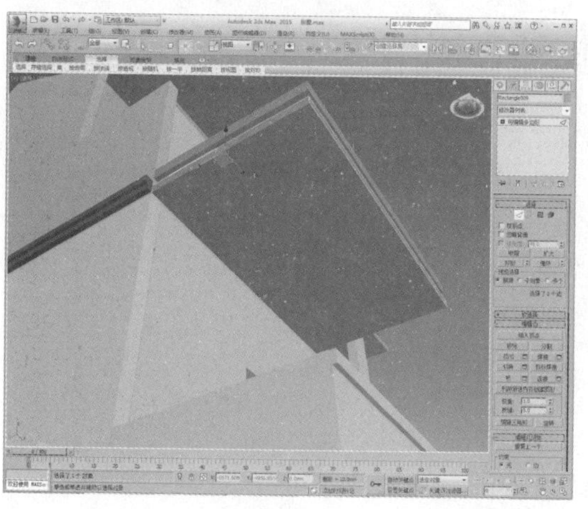

08 单击“连接”设置按钮，设置连接边数为1，如下图所示。

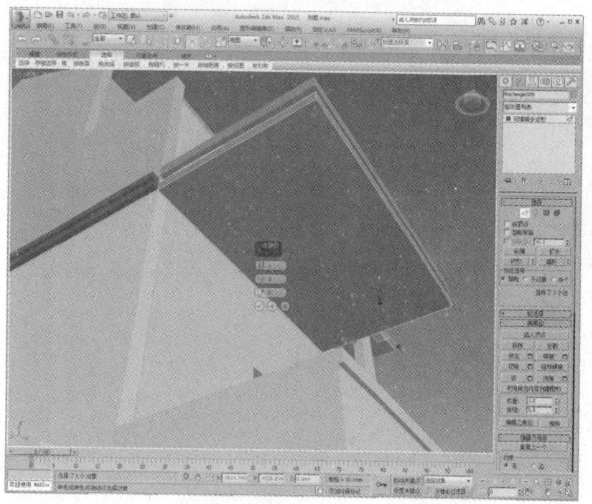

09 沿Y轴调整边的位置，如下图所示。

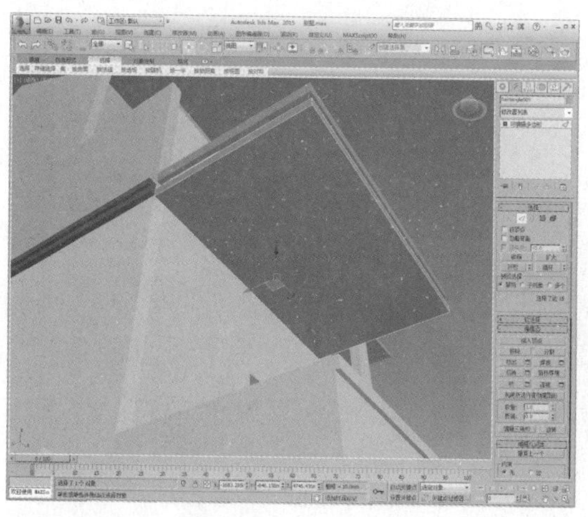

10 进入“多边形”子层级，选择多边形，如下图所示。

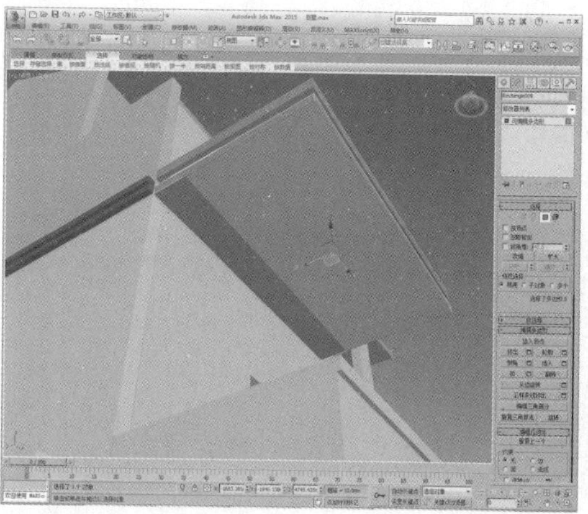

11 单击“插入”设置按钮，设置插入值为50，如下图所示。

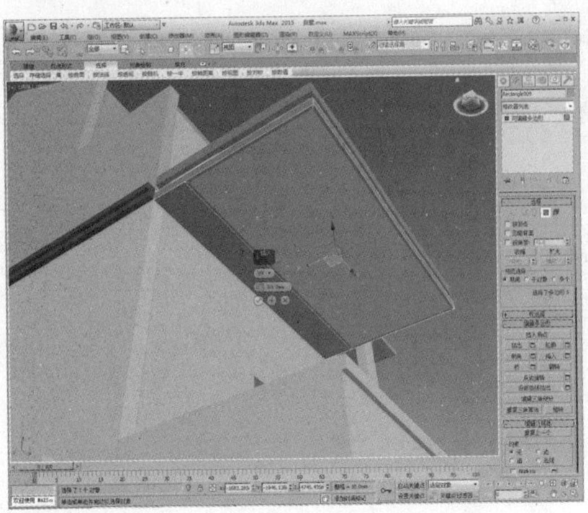

12 再对另一边的多边形执行同样的操作，如下图所示。

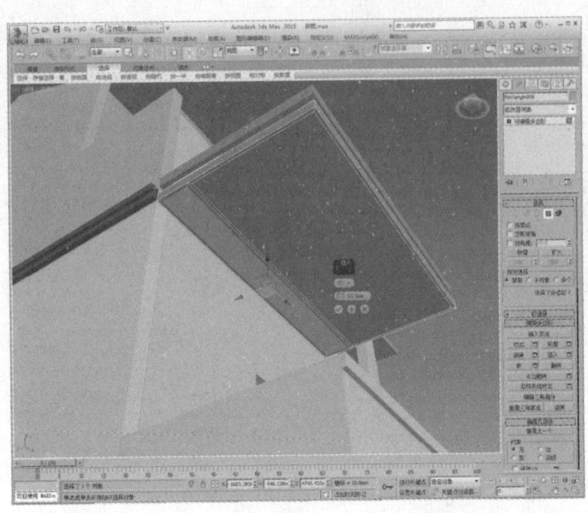

13 选择如下图所示的多边形。

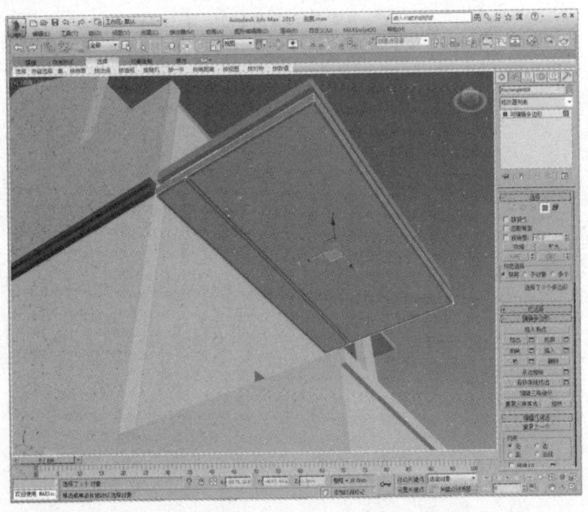

14 单击“挤出”设置按钮，设置挤出值为-10，如下图所示。

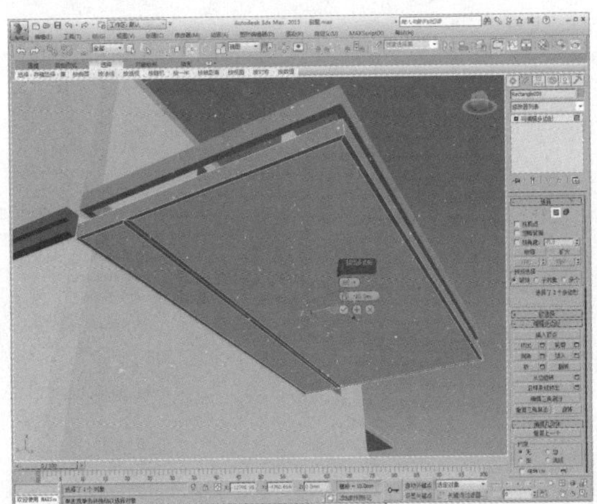

15 选择制作好的模型，移动到合适位置，如下图所示。

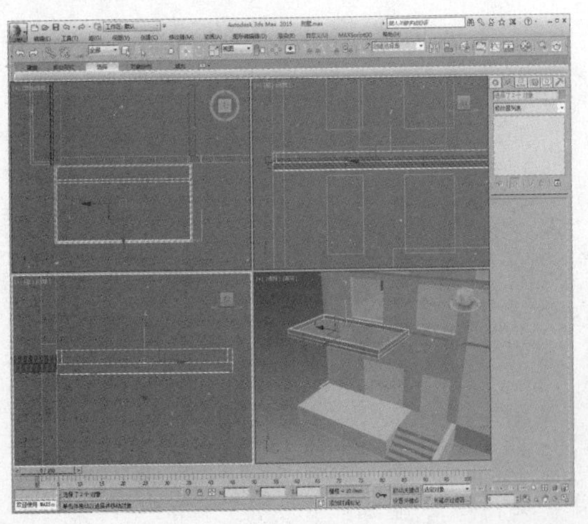

16 在顶视图中绘制一个星形，调整参数，如下图所示。

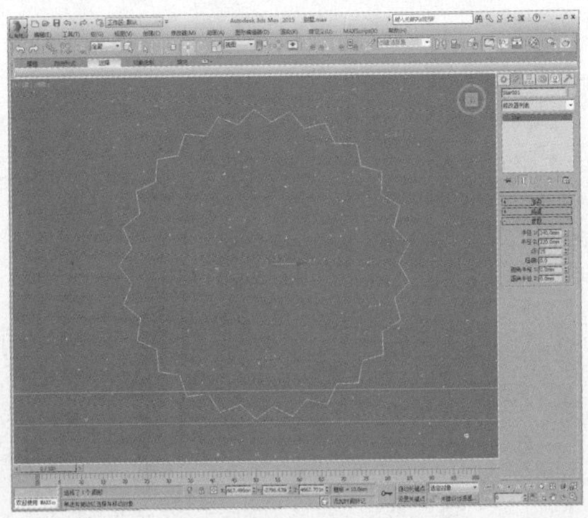

17 添加“挤出”修改器，设置挤出值为60，如下图所示。

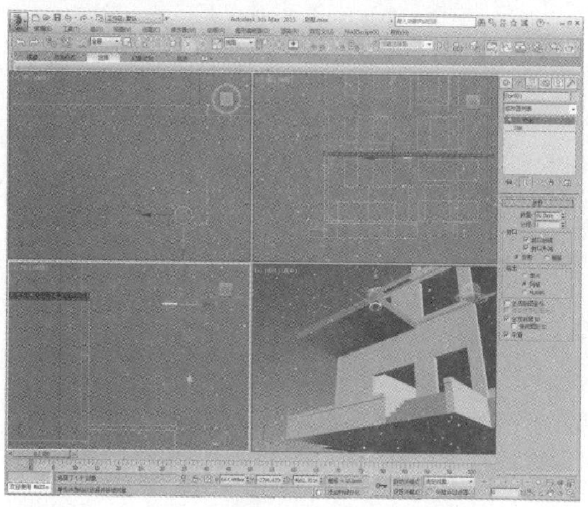

18 复制组模型到周围，如下图所示。

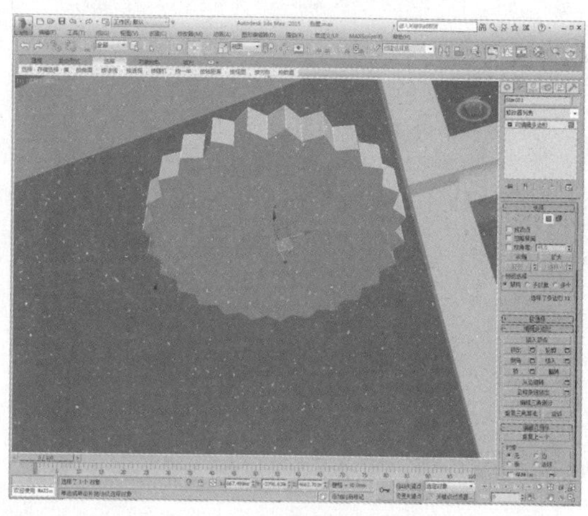

19 单击“插入”设置按钮，设置插入值为15，如下图所示。

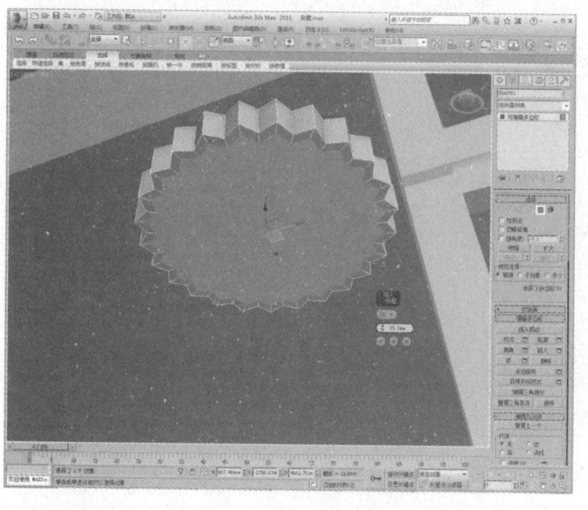

20 单击“挤出”设置按钮，设置挤出值为40，如下图所示。

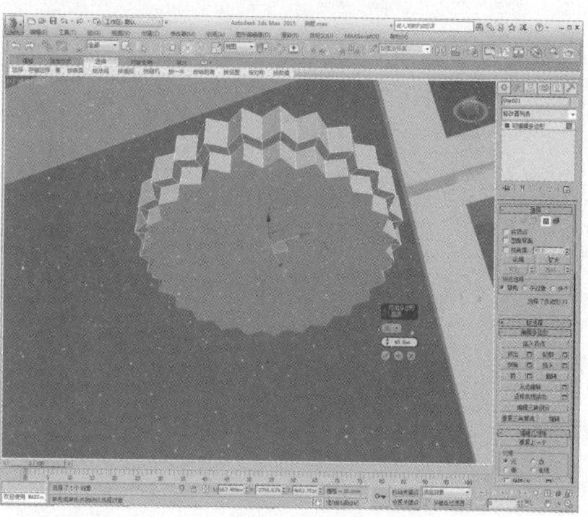

21 再次单击“插入”设置按钮，设置插入值为10，如下图所示。

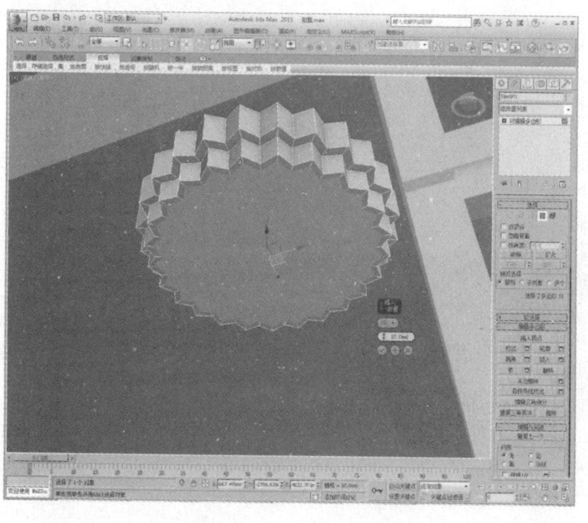

22 单击“挤出”设置按钮，设置挤出值为3625，制作出一个柱子模型，如下图所示。

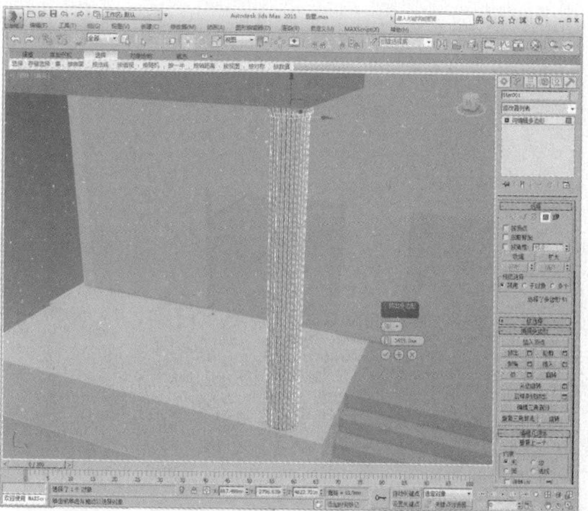

23 向另一侧实例复制柱子模型，如下图所示。

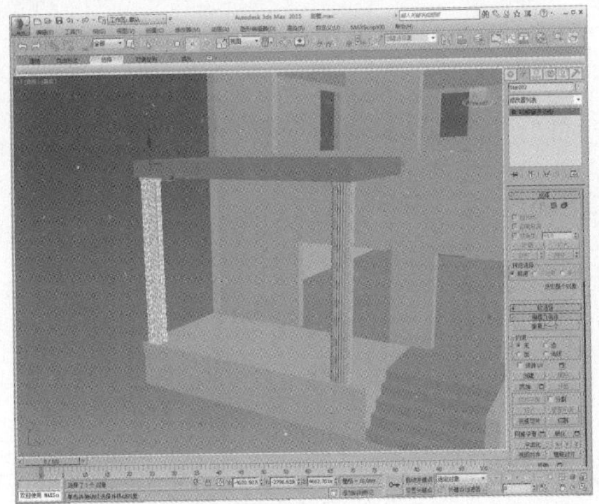

24 在顶视图中捕捉绘制一个矩形，如下图所示。

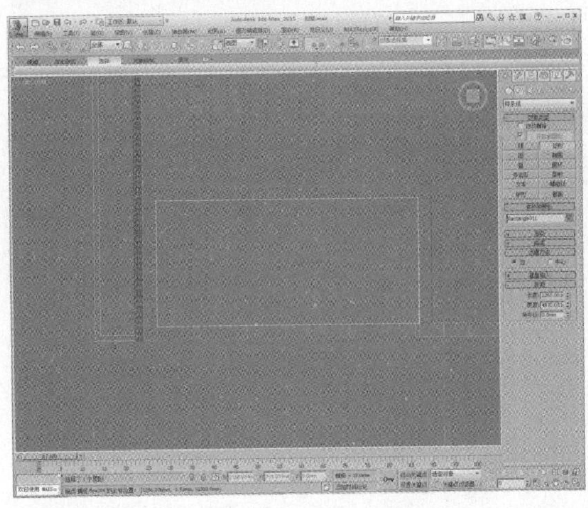

25 将矩形转换为可编辑样条线，进入“线段”子层级，选择线段，如下图所示。

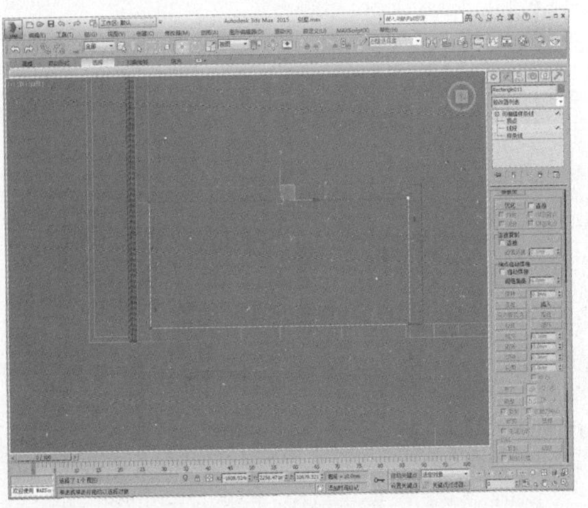

26 删除线段，再进入“多边形”子层级，如下图所示。

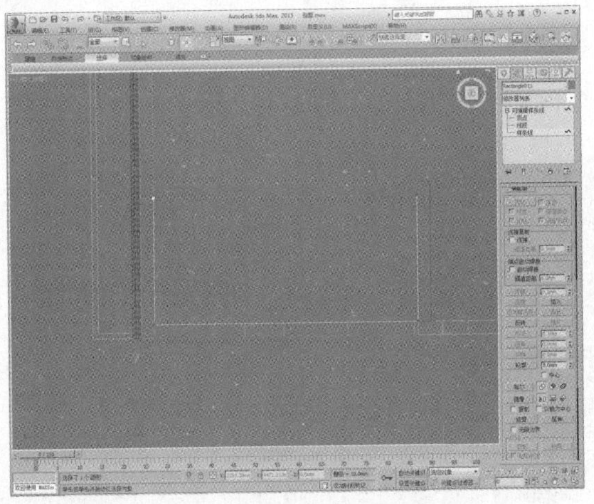

27 设置轮廓值为-400，如下图所示。

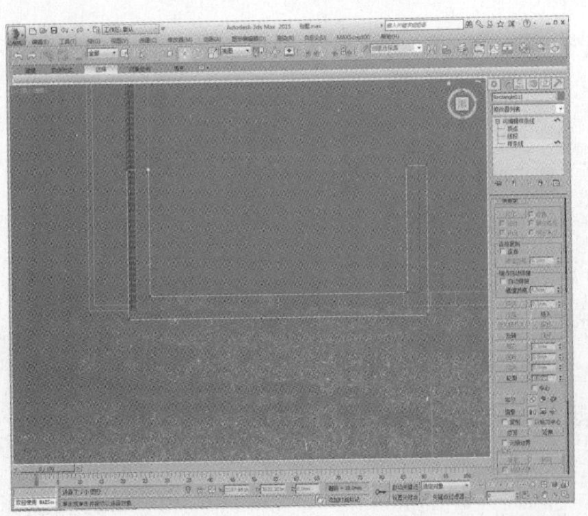

28 进入“顶点”子层级，调整顶点类型及位置，如下图所示。

29 添加"挤出"修改器，设置挤出值为100，调整模型位置，如下图所示。

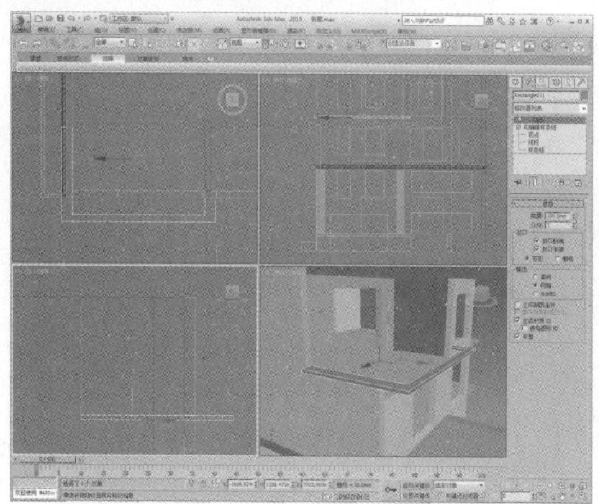

30 在顶视图中绘制一段样条线，如下图所示。

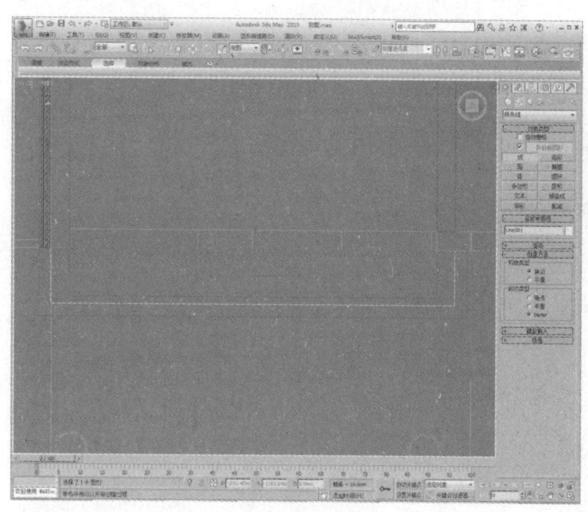

31 进入"样条线"子层级，设置轮廓值为100，如下图所示。

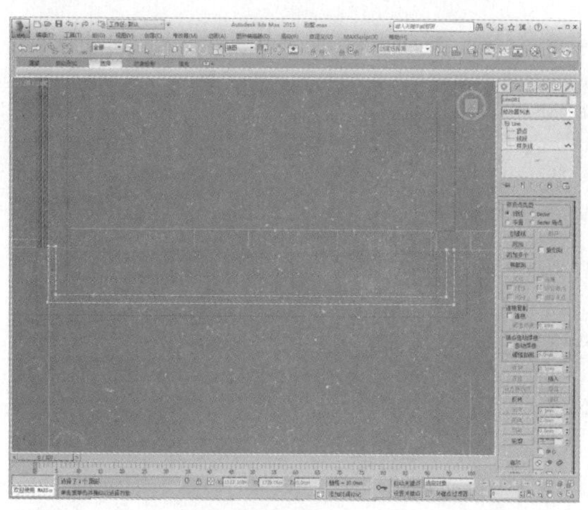

32 进入"顶点"子层级，调整顶点位置，如下图所示。

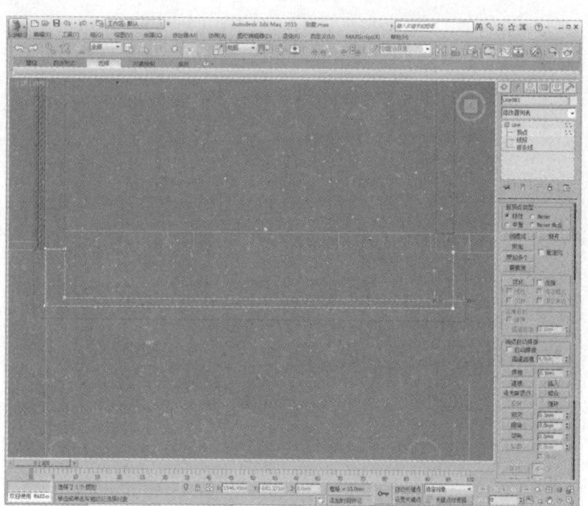

33 添加"挤出"修改器，设置挤出值为500，调整模型位置，如下图所示。

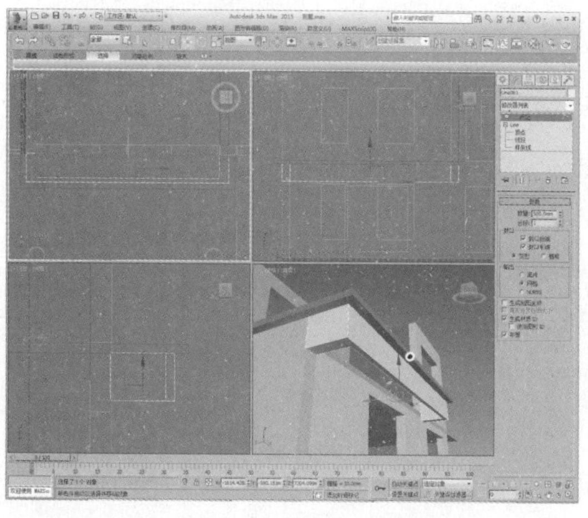

34 创建一个长方体，调整到合适位置，如下图所示。

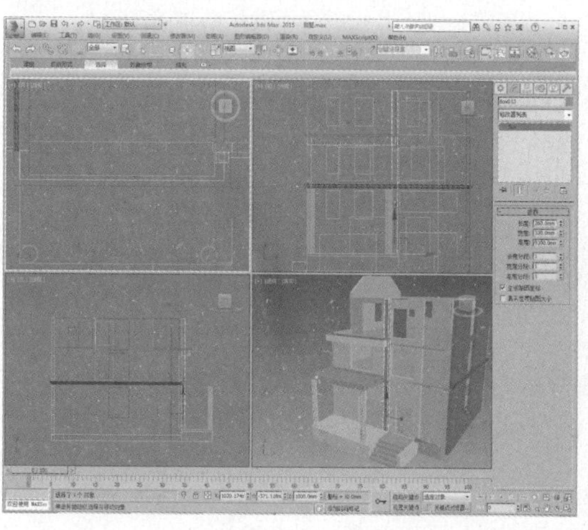

35 在顶视图中绘制一个矩形，如下图所示。

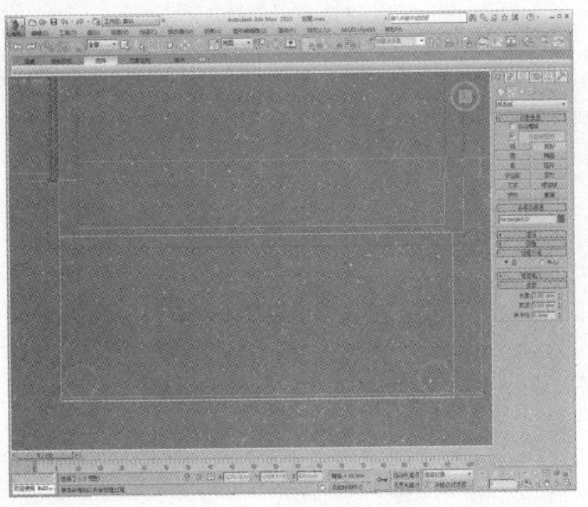

36 将其转换为可编辑多边形，进入“多边形”子层级，选择多边形，如下图所示。

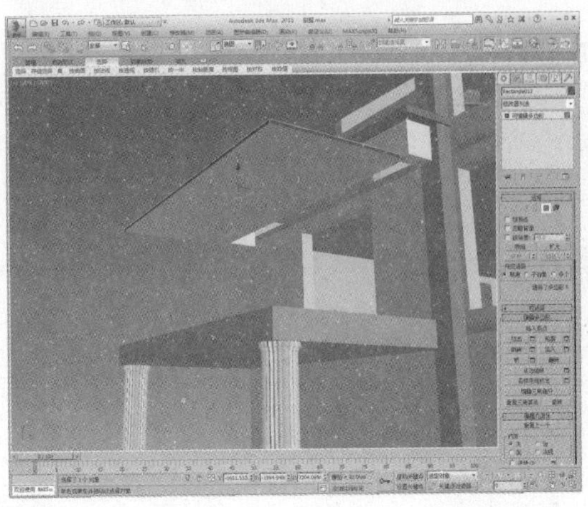

37 单击“插入”设置按钮，设置插入值为50，如下图所示。

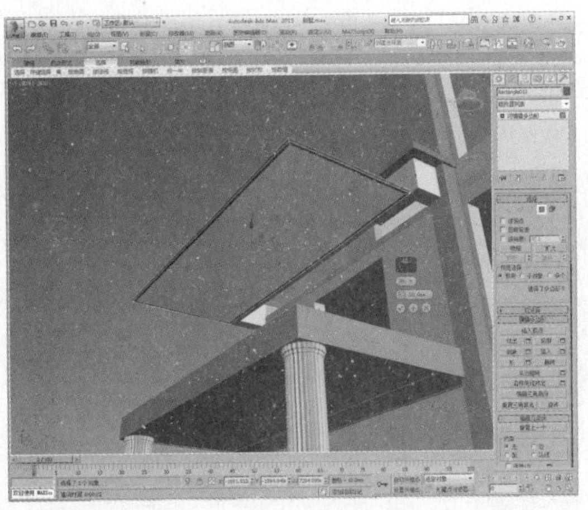

38 单击“挤出”设置按钮，设置挤出值为30，如下图所示。

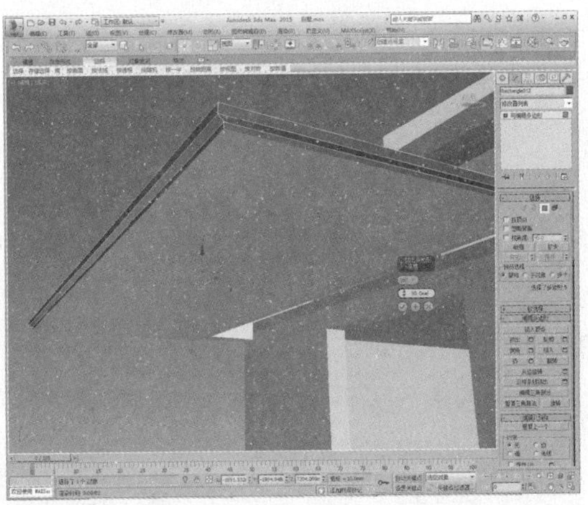

39 进入“边”子层级，选择如下图所示的边。

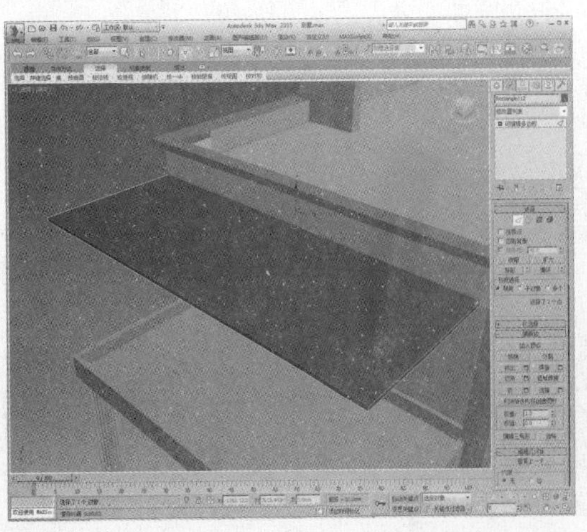

40 单击“连接”设置按钮，设置连接边数为2，再调整边的位置，如下图所示。

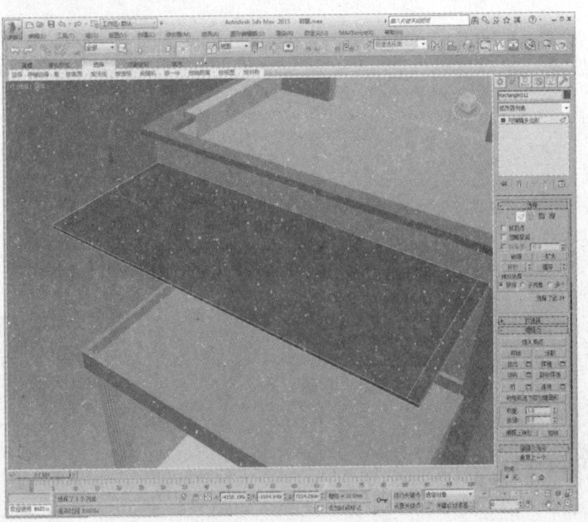

41 再次单击“连接”设置按钮，设置连接边数为1，如下图所示。

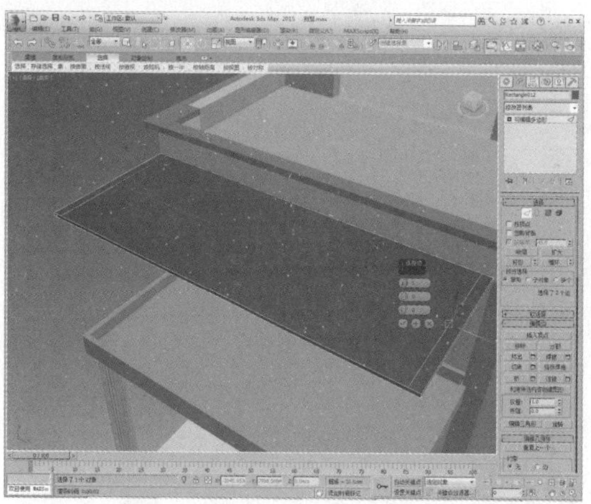

42 调整边的位置，如下图所示。

43 进入“多边形”子层级，选择多边形，如下图所示。

44 单击“挤出”设置按钮，设置挤出值为40，如下图所示。

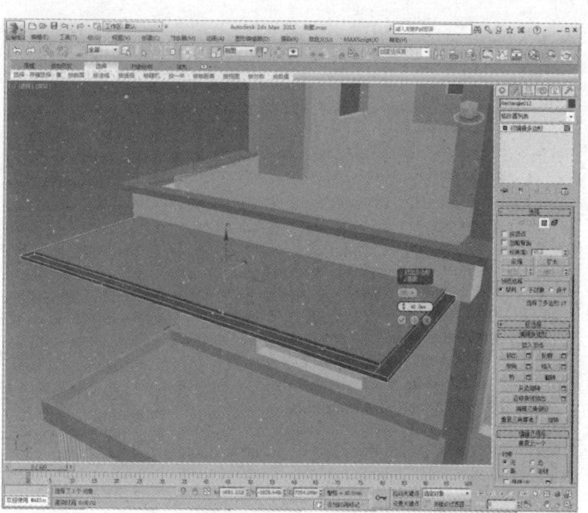

45 单击“插入”设置按钮，设置插入值为600，如下图所示。

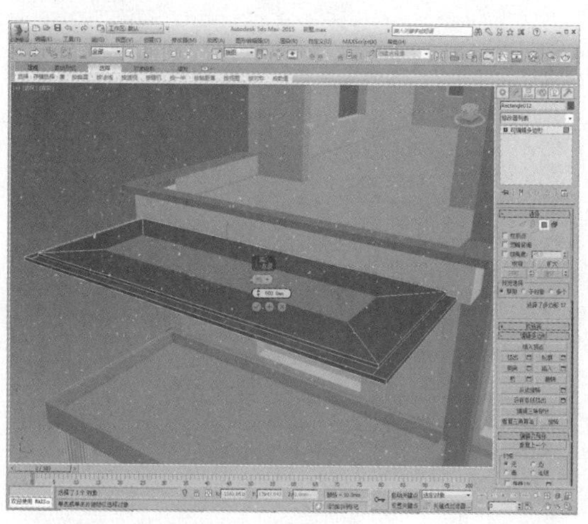

46 将多边形沿Z轴向上移动300，如下图所示。

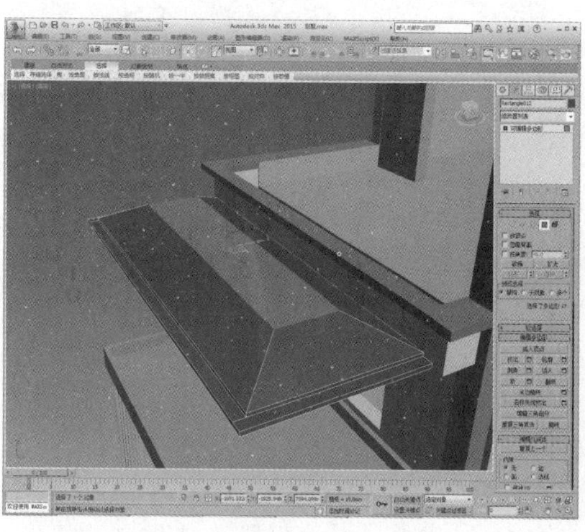

47 再对旁边的样条线及轮廓线进行放样操作，如下图所示。

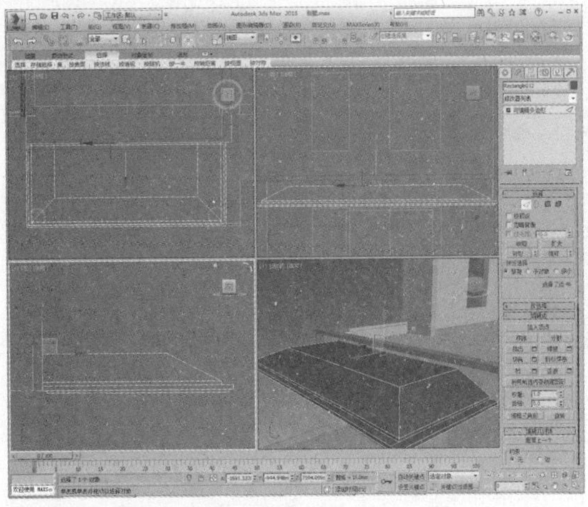

48 在“蒙皮参数”卷展栏中设置图形步数和路径步数，并勾选“优化图形”选项，如下图所示。

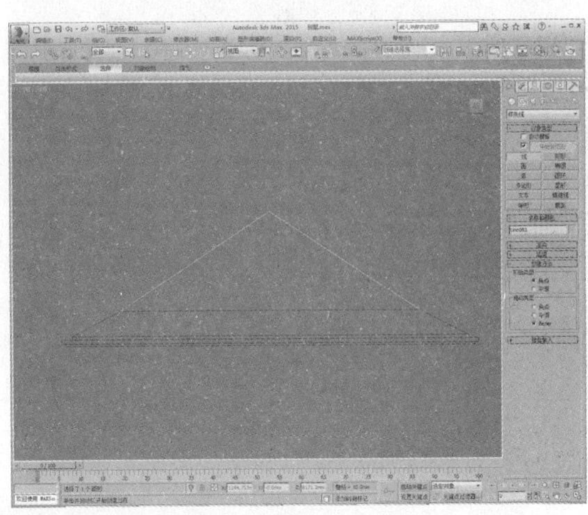

49 用同样方法制作出其他模型，如下图所示。

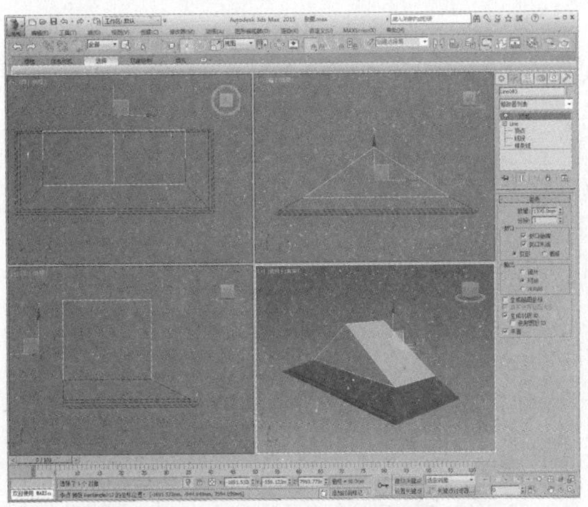

50 在前视图中绘制一段样条线，如下图所示。

51 调整样条线角度及位置，如下图所示。

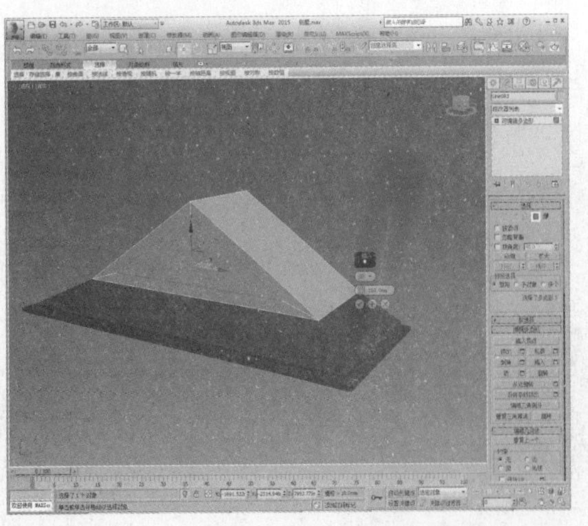

52 进入“顶点”子层级，将顶点类型设置为Bezier角点，调整控制柄，使其平滑，如下图所示。

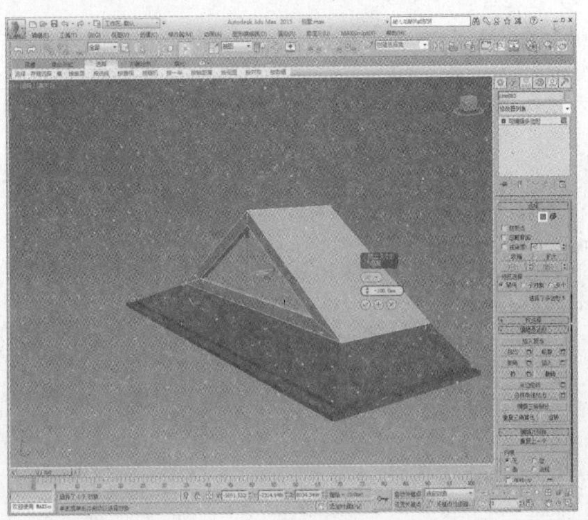

53 复制样条线，并调整长短，如下图所示。

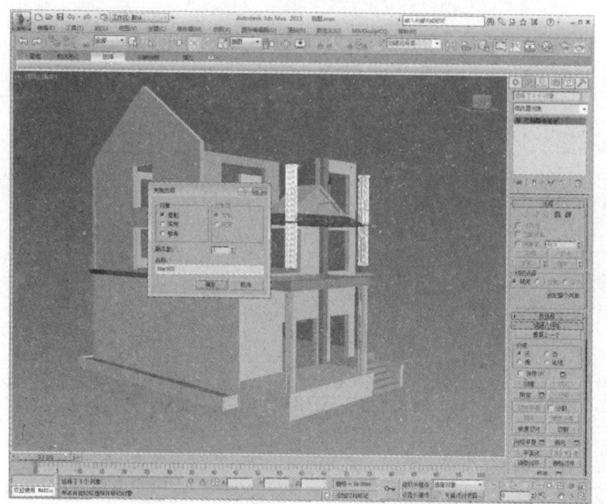

54 选择样条线，进入“样条线”子层级，设置轮廓值为6，如下图所示。

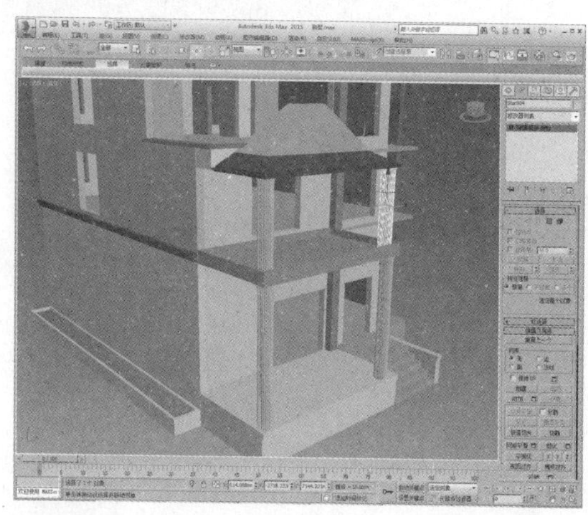

55 进入“顶点”子层级，对顶点进行圆角操作，如下图所示。

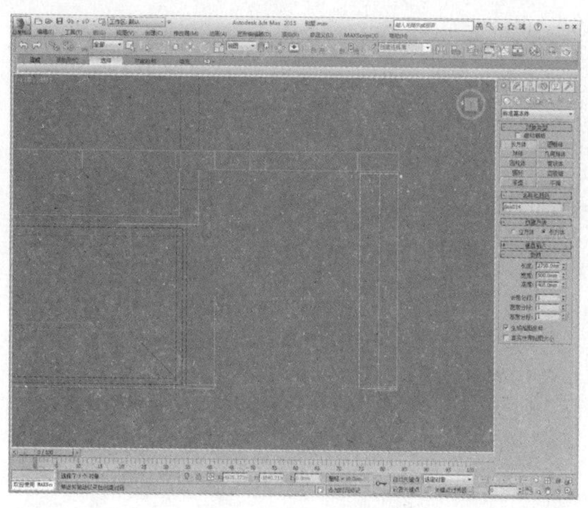

56 添加“挤出”修改器，设置挤出值为12，如下图所示。

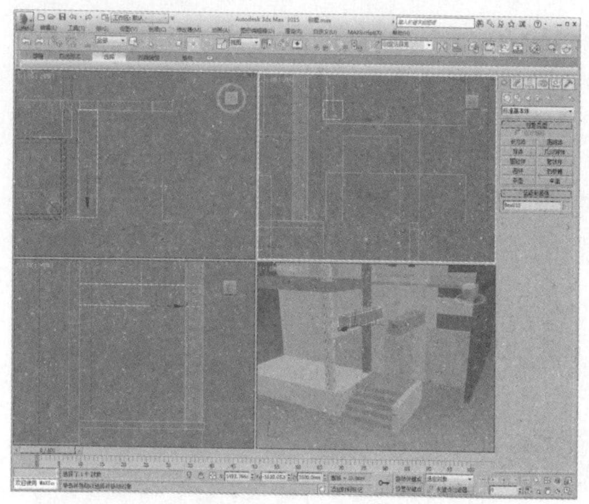

57 用同样的方法制作出其他模型，调整位置，如下图所示。

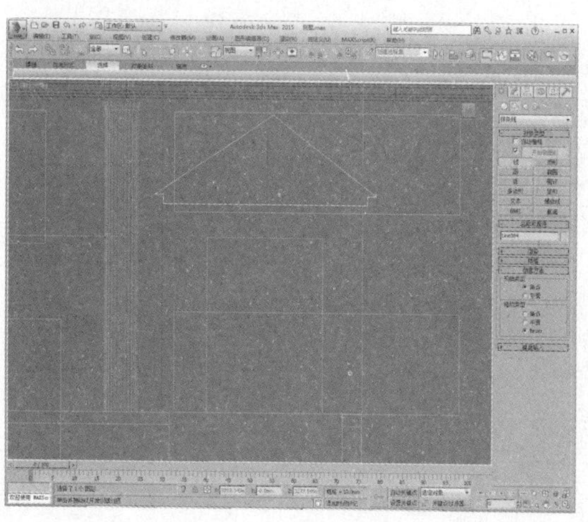

58 在前视图中绘制两个样条线轮廓，如下图所示。

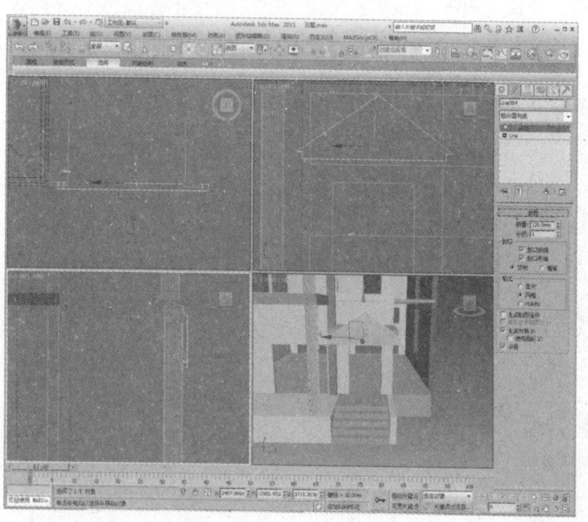

59 将其转换为可编辑多边形，选择顶点，并单击“塌陷”按钮，如下图所示。

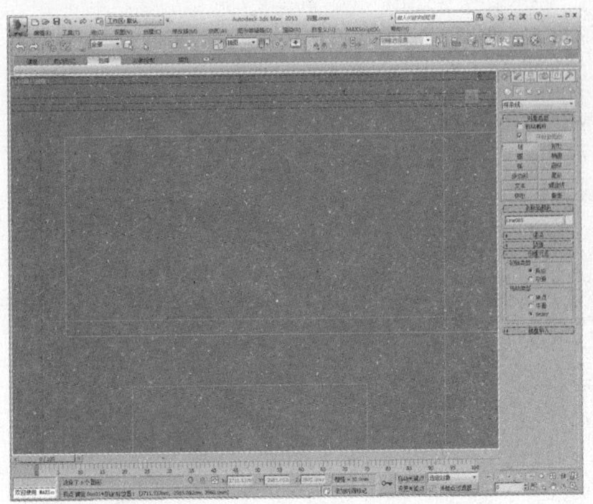

60 进入“样条线”子层级，设置轮廓值为200，如下图所示。

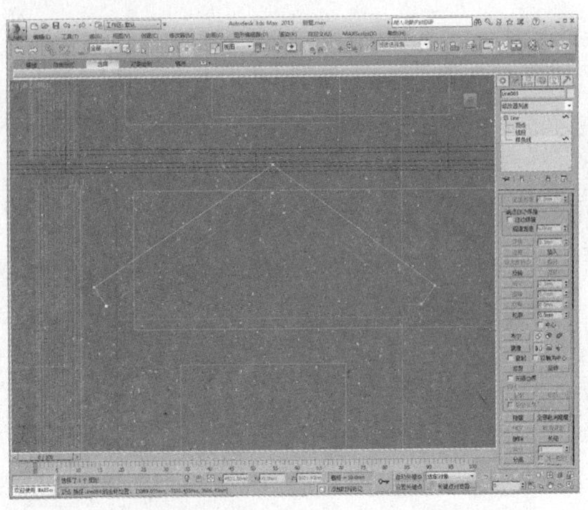

61 添加“挤出”修改器，设置挤出值为160，调整模型位置，如下图所示。

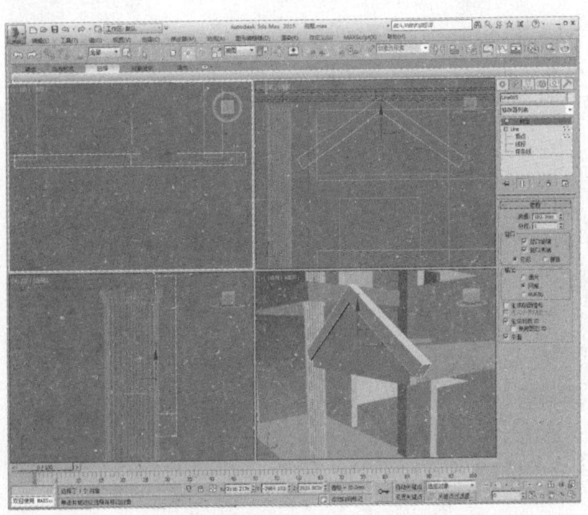

62 继续在前视图中绘制一个样条线，如下图所示。

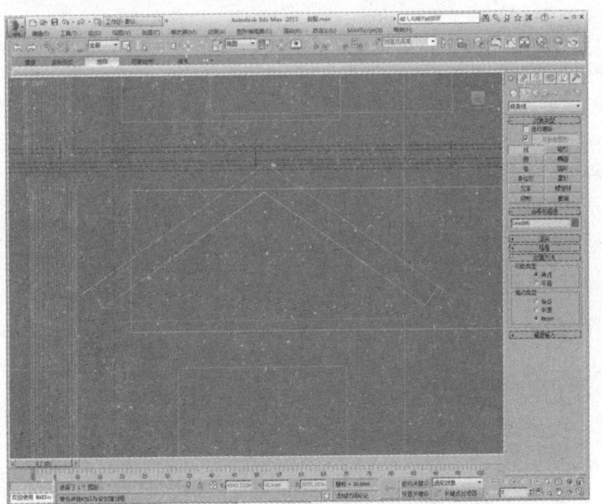

63 向上复制样条线，如下图所示。

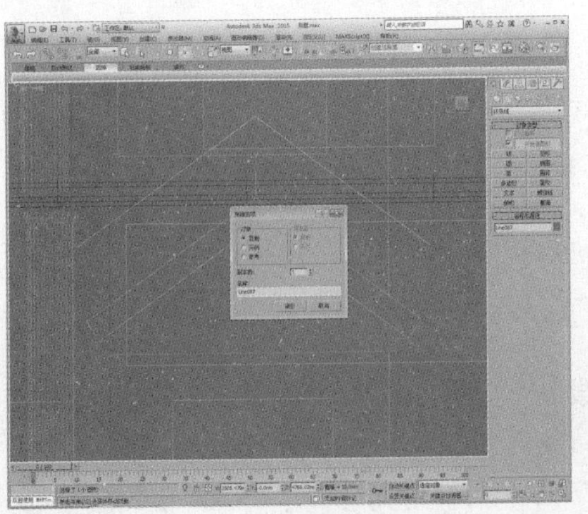

64 选择下方样条线，进入“样条线”子层级，设置轮廓值为100，如下图所示。

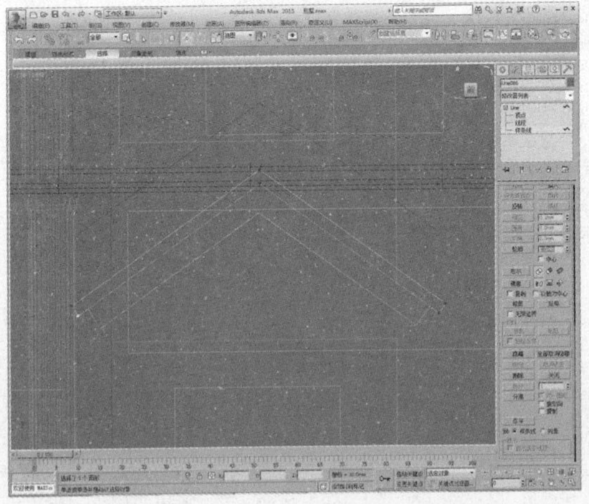

65 添加“挤出”修改器，设置挤出值为180，调整模型位置，如下图所示。

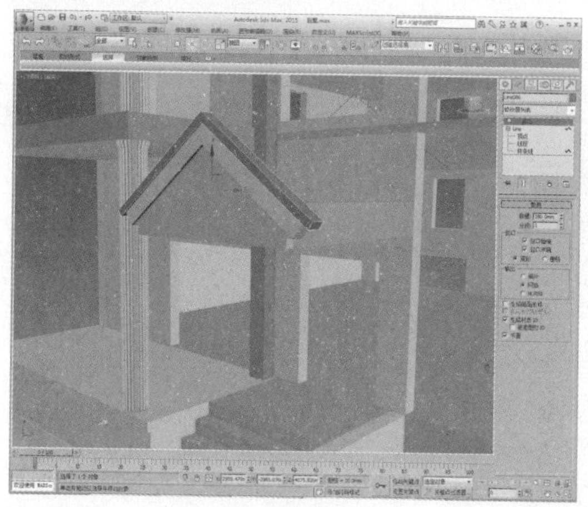

66 选择上方样条线，进入“样条线”子层级，设置轮廓值为5，如下图所示。

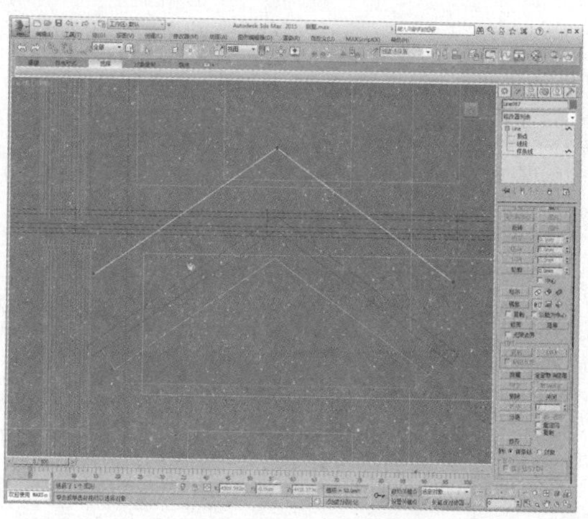

67 添加“挤出”修改器，设置挤出值为2750，调整模型位置，如下图所示。

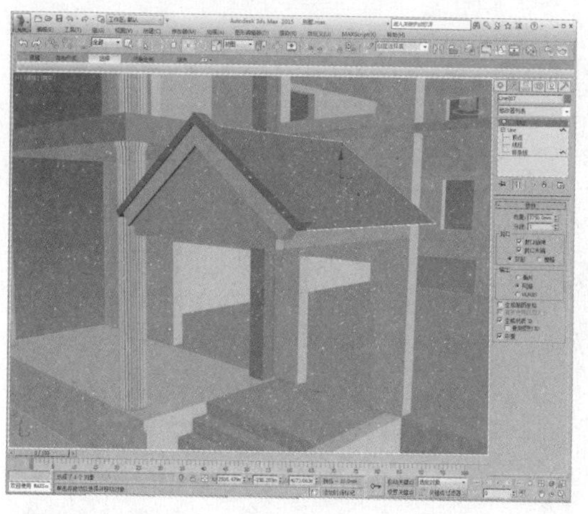

68 在左视图中绘制一个样条线轮廓，如下图所示。

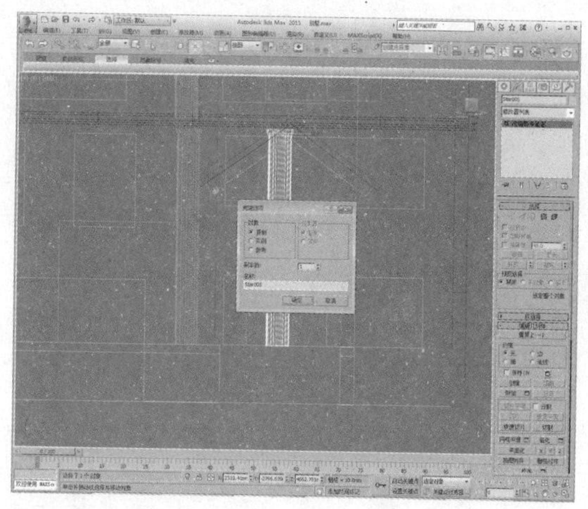

69 进入“顶点”子层级，删除多余的顶点，并调整顶点位置，如下图所示。

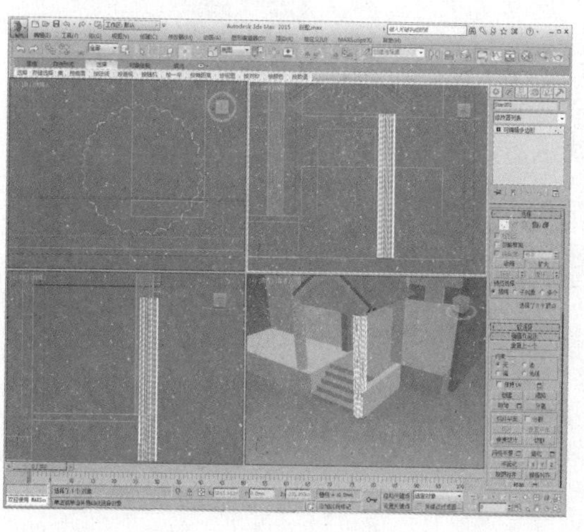

70 再将改造好的柱子模型复制到另外一侧，如下图所示。

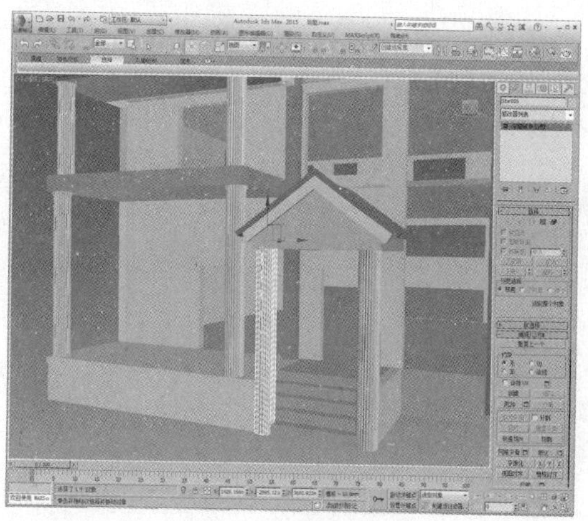

71 在左视图中绘制一条样条线，如下图所示。

72 进入“样条线”子层级，设置轮廓值为120，如下图所示。

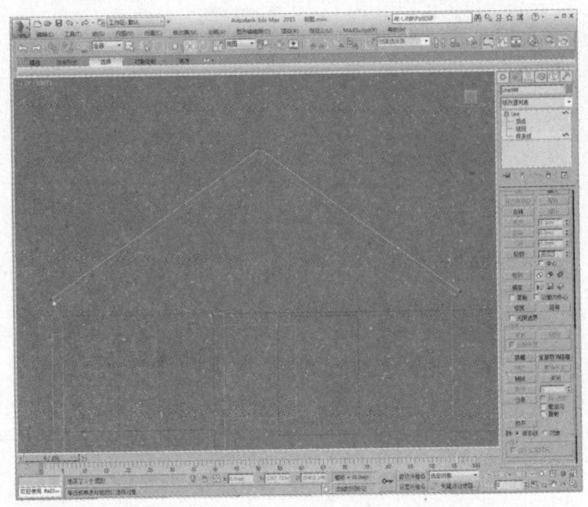

73 添加“挤出”修改器，设置挤出值为7500，如下图所示。

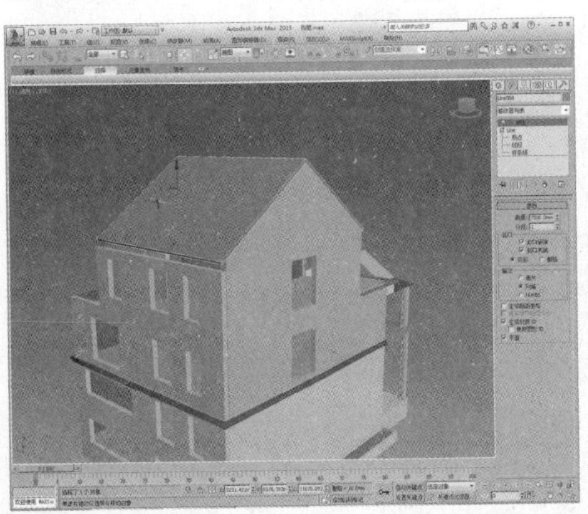

74 在前视图中绘制一段样条线，如下图所示。

75 进入“样条线”子层级，设置轮廓值为240，如下图所示。

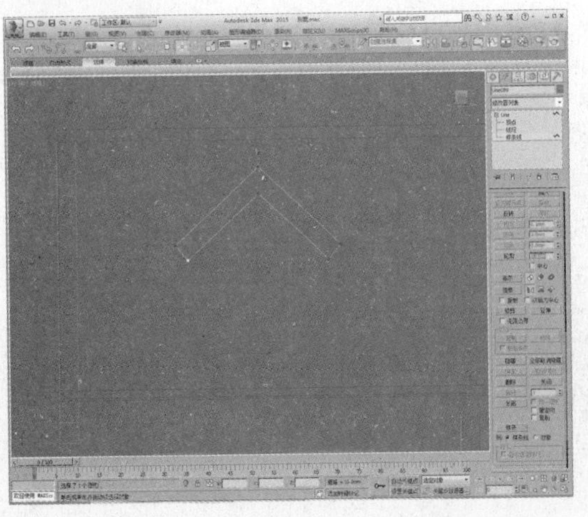

76 添加“挤出”修改器，设置挤出值为3200，如下图所示。

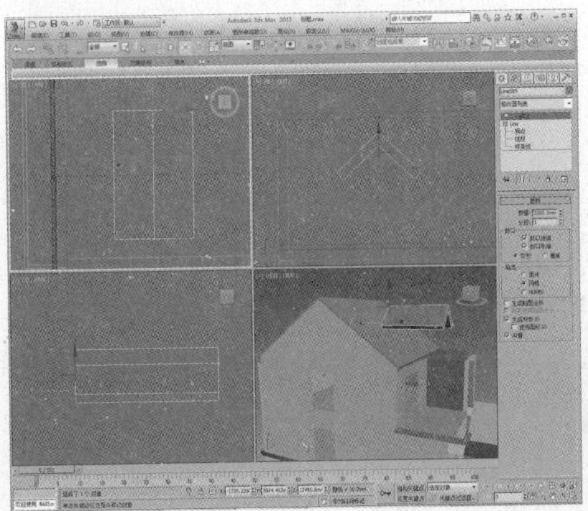

77 继续绘制样条线轮廓，如下图所示。

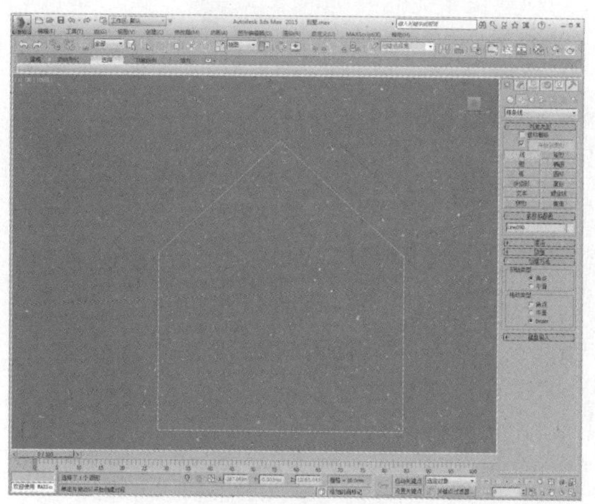

78 进入“样条线”子层级，设置轮廓值为-150，如下图所示。

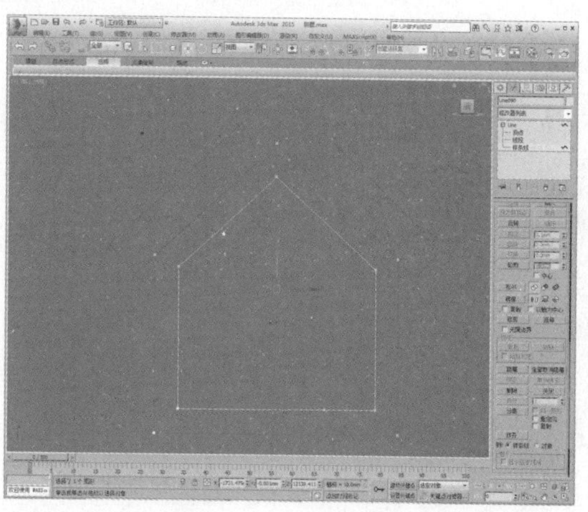

79 添加“挤出”修改器，设置挤出值为3000，调整两个模型的位置，如下图所示。

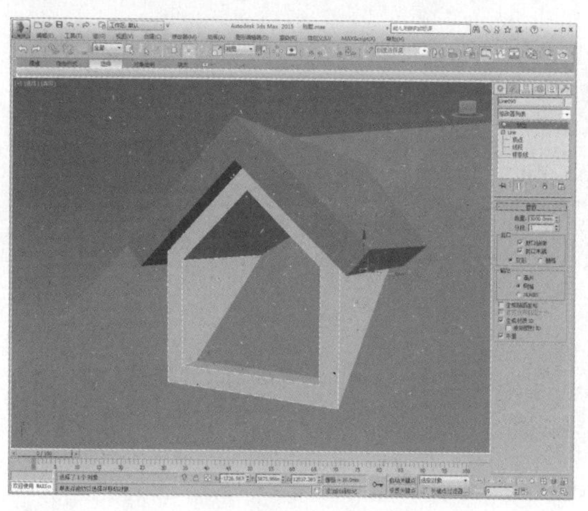

80 创建一个长方体并调整到合适位置，如下图所示。

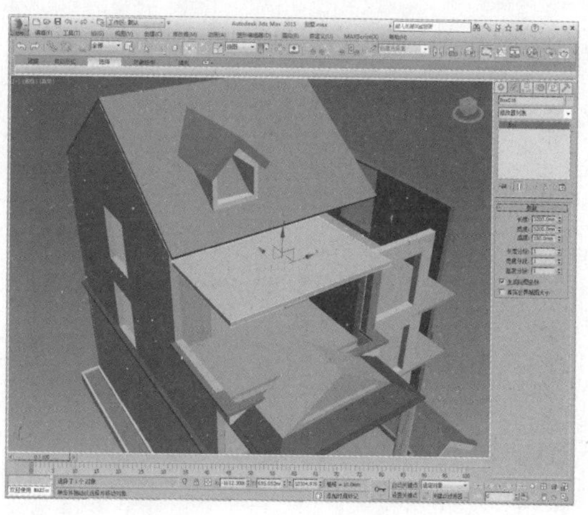

81 将其转换为可编辑多边形，单击“剪切”按钮，为多边形添加两条对角线，如下图所示。

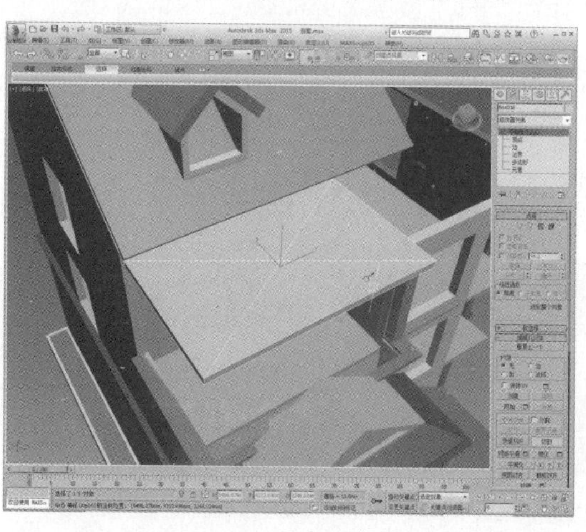

82 进入“顶点”子层级，选择顶点，如下图所示。

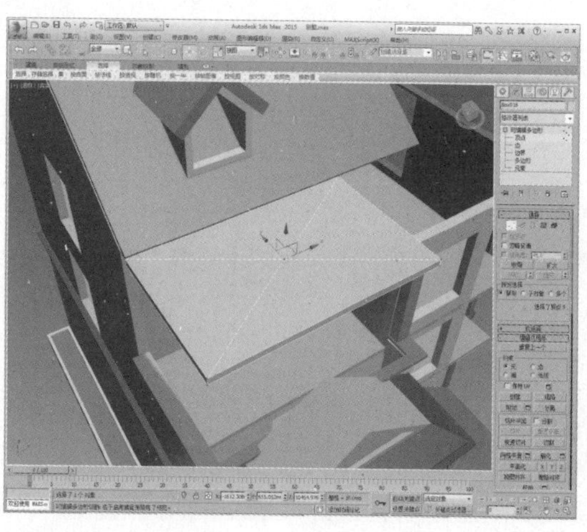

83 调整顶点改变模型形状，制作出一片屋顶的模型，如下图所示。

84 利用同样的操作步骤制作出另外一片屋顶的模型，如下图所示。

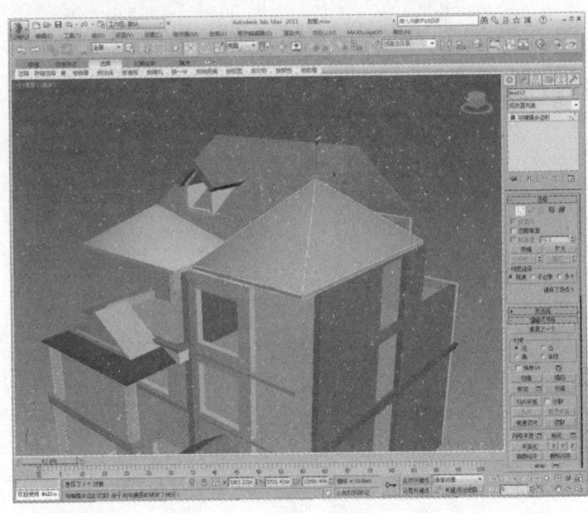

85 移动顶点位置，改变屋顶造型，如下图所示。

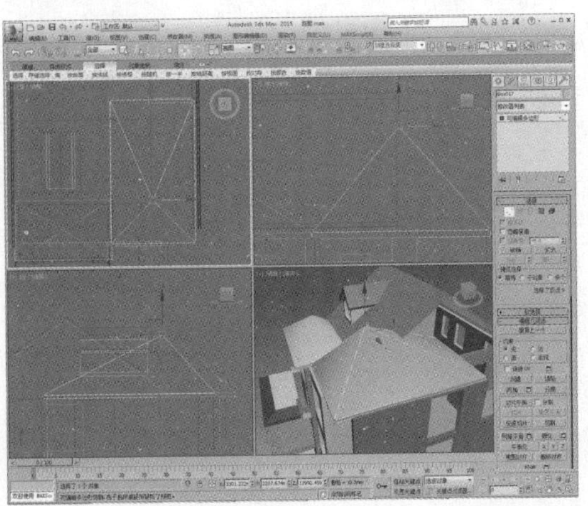

86 添加“挤出”修改器，设置挤出值为200，如下图所示。

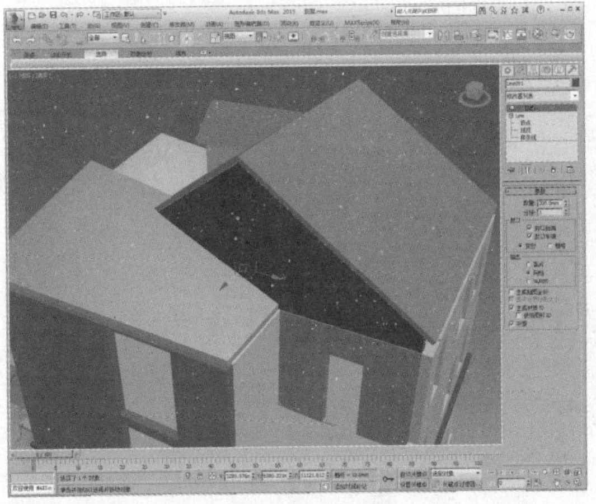

87 在顶视图中绘制一个八边形，如下图所示。

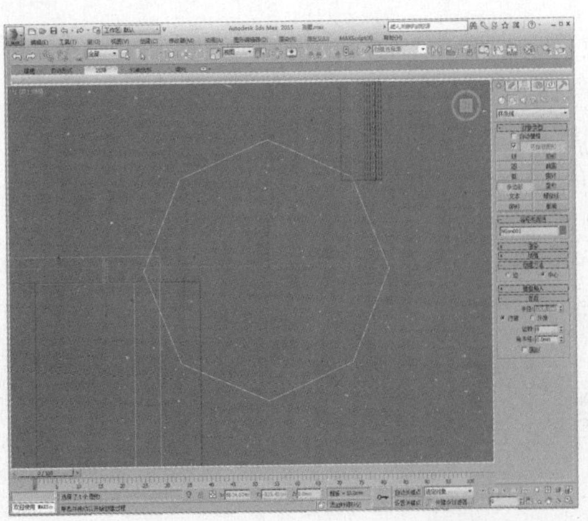

88 添加“挤出”修改器，设置挤出值为200，调整到合适位置，如下图所示。

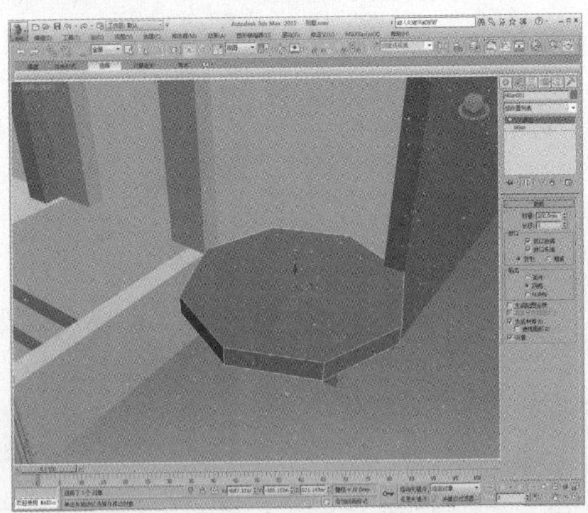

89 向上实例复制模型，如下图所示。

90 继续复制一个模型，更改半径尺寸，如下图所示。

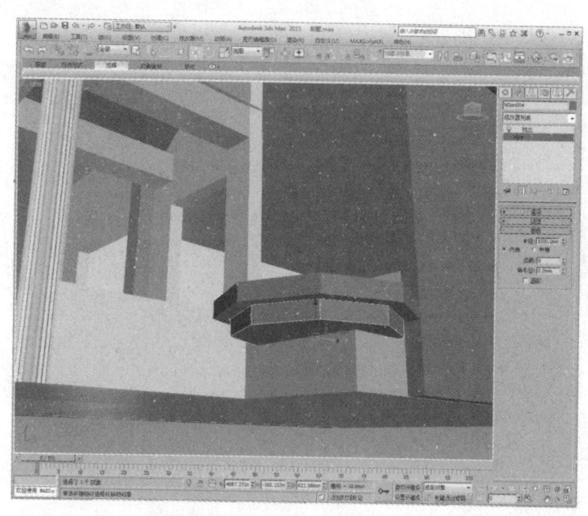

91 在左视图中绘制一段样条线，如下图所示。

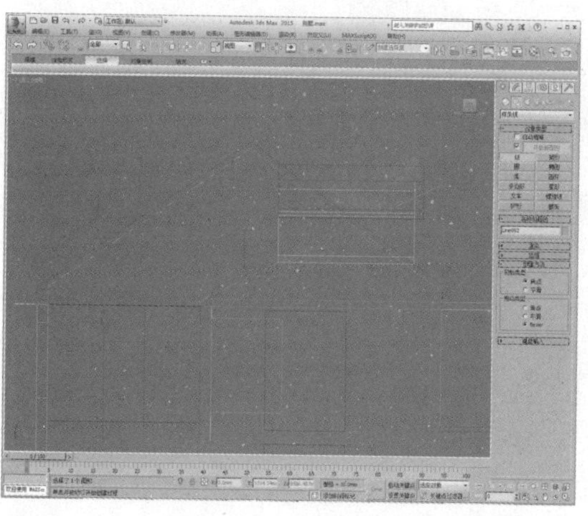

92 进入“样条线”子层级，设置轮廓值为150，如下图所示。

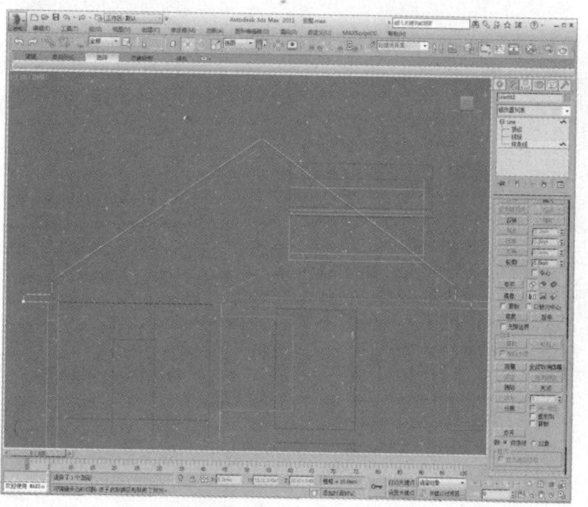

93 添加“挤出”修改器，设置挤出值为700，如下图所示。

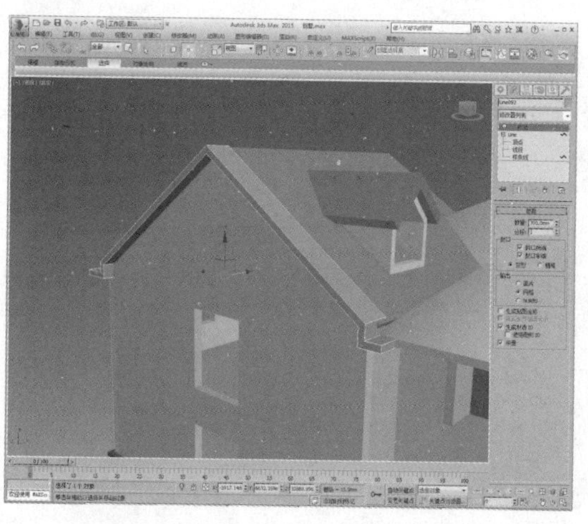

94 继续创建一条样条线，如下图所示。

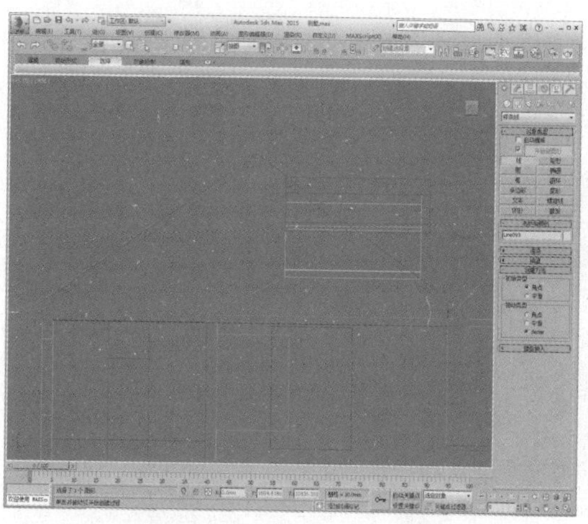

95 进入“样条线”子层级，设置轮廓值为200，如下图所示。

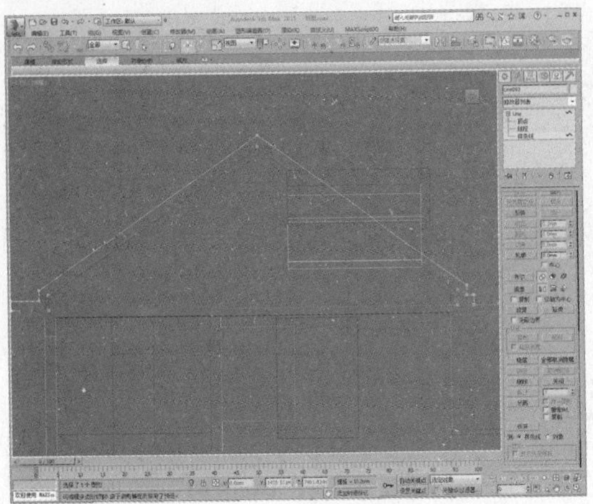

96 添加“挤出”修改器，设置挤出值为900，如下图所示。

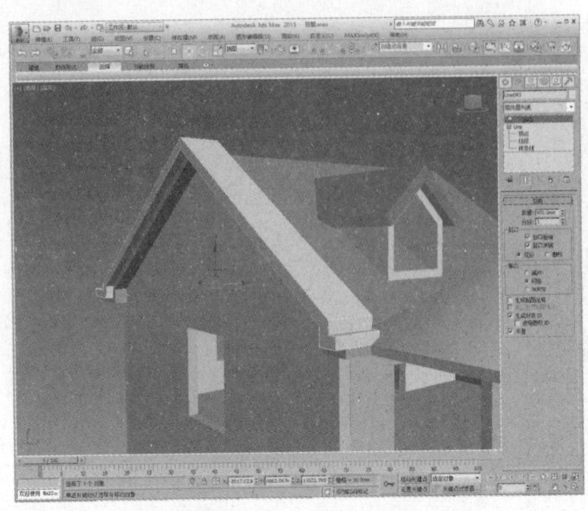

97 在顶视图中绘制一个样条线，如下图所示。

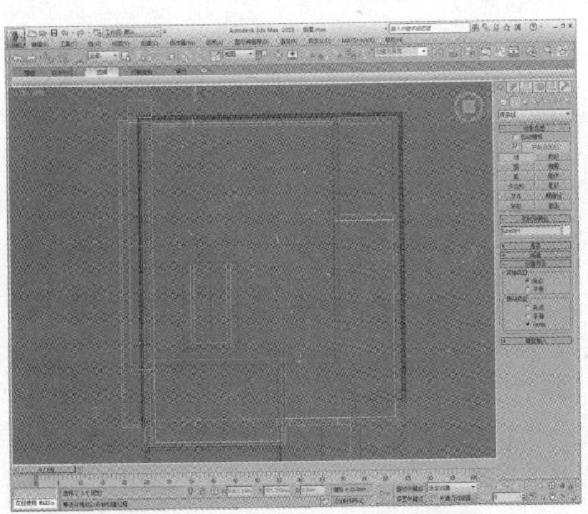

98 向上复制样条线，如下图所示。

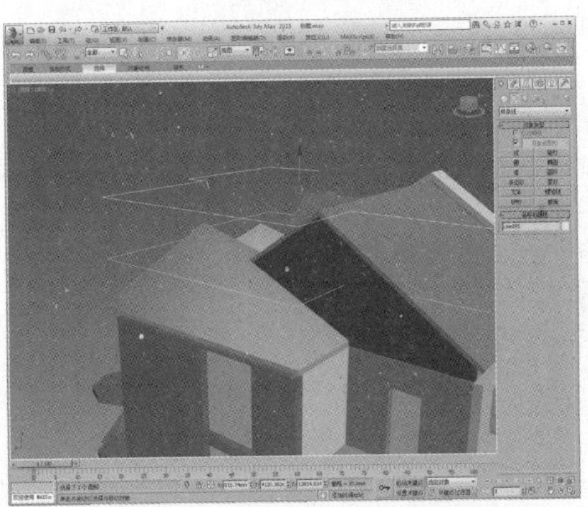

99 进入“样条线”子层级，设置轮廓值为-700，如下图所示。

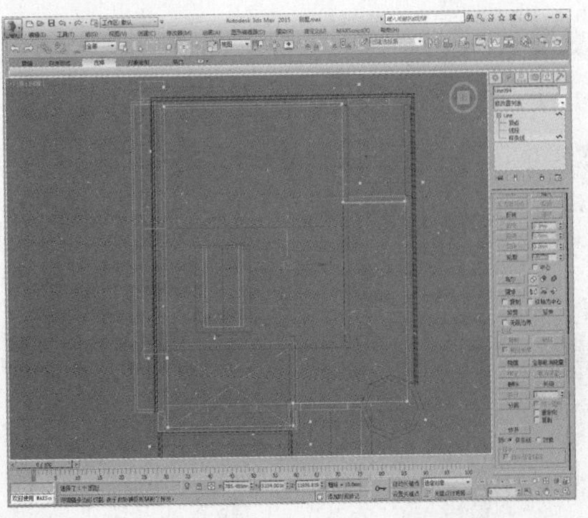

100 添加“挤出”修改器，设置挤出值为150，如下图所示。

101 再选择另外一条样条线，设置轮廓值为-900、挤出值为200，如下图所示。

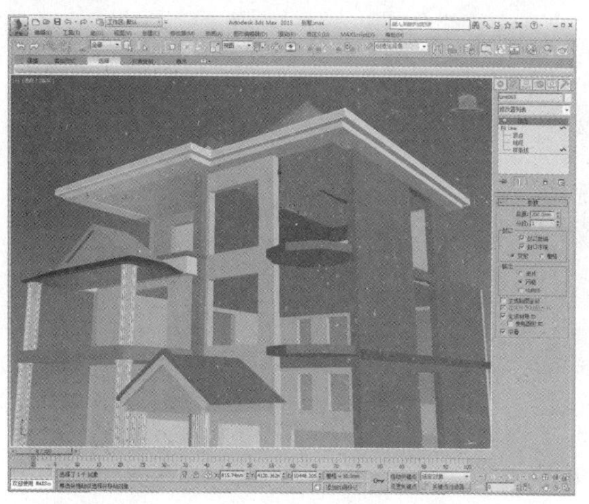

102 创建并复制长方体模型，如下图所示。

103 创建一个长方体，移动到合适位置，如下图所示。

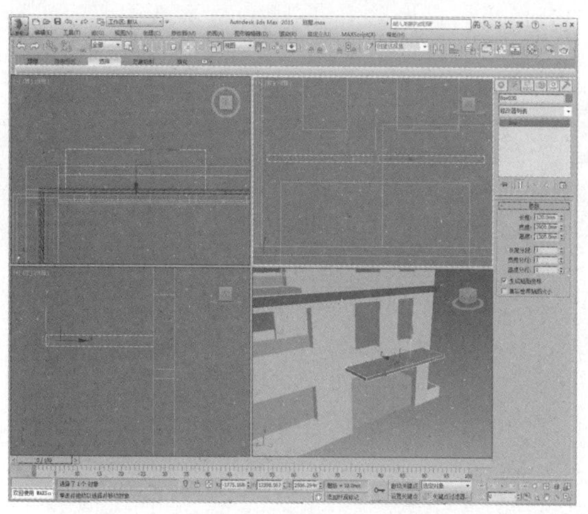

104 设置最上方的模型挤出高度为8，如下图所示。

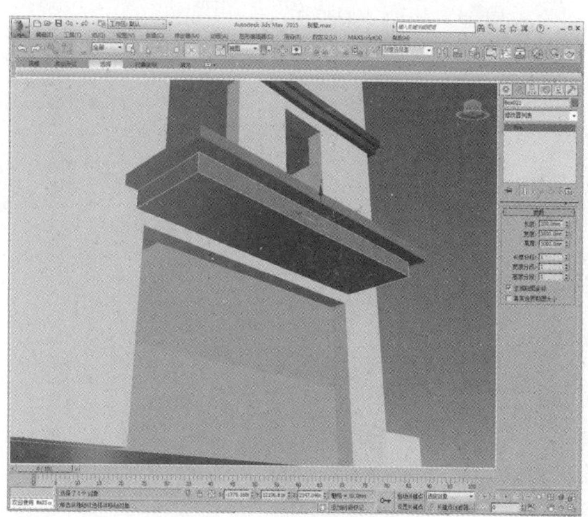

105 创建长方体并进行实例复制，调整到合适位置，如下图所示。

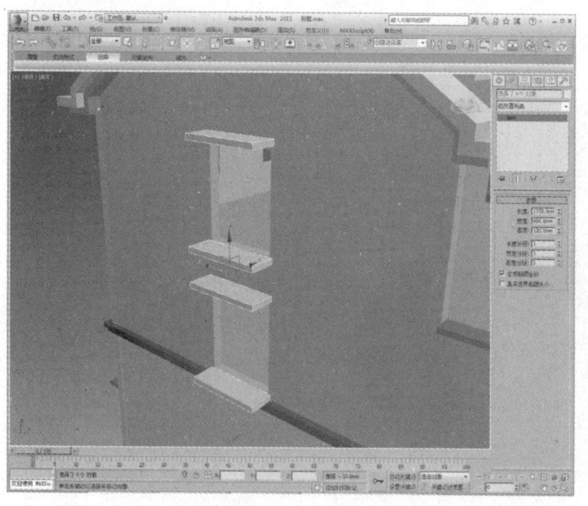

106 绘制一个八边形，调整角度及位置，如下图所示。

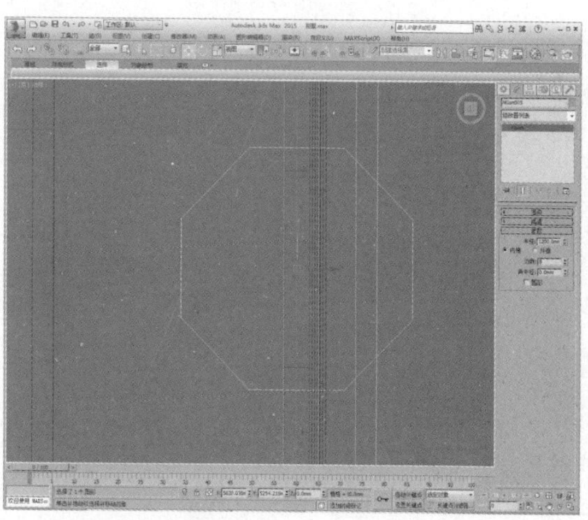

107 添加“挤出”修改器，设置挤出值为120，并向上复制模型，如下图所示。

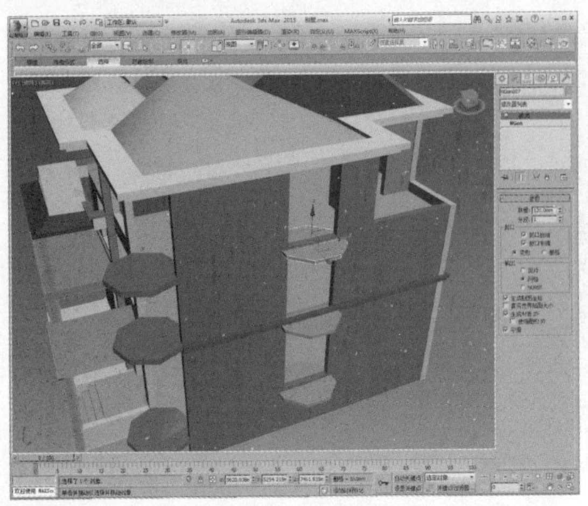

108 向上复制模型，调整模型挤出多边形的半径尺寸，调整到合适位置，如下图所示。

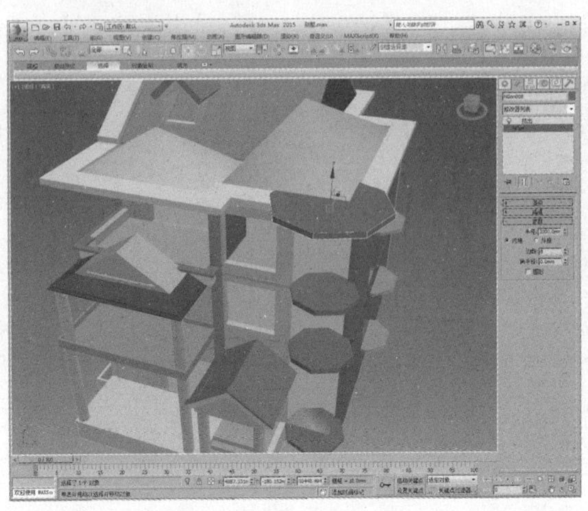

109 复制模型，调整挤出多边形半径及挤出值，调整到合适位置，如下图所示。

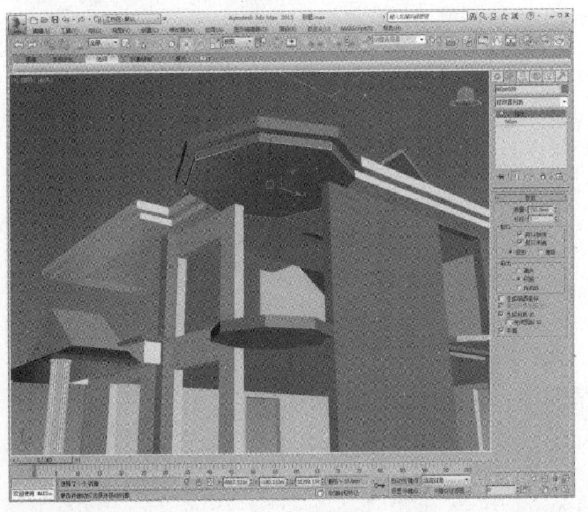

110 同样制作另一处窗户的屋檐模型，调整多边形半径及挤出值，如下图所示。

111 创建一个长方体，调整到合适位置，如下图所示。

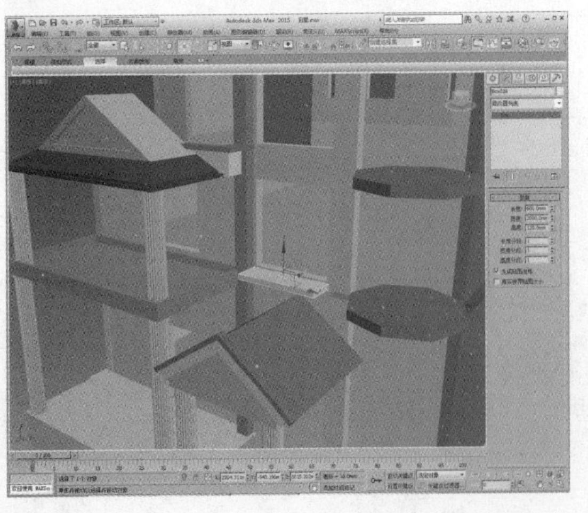

112 向上实例复制模型到合适位置，如下图所示。

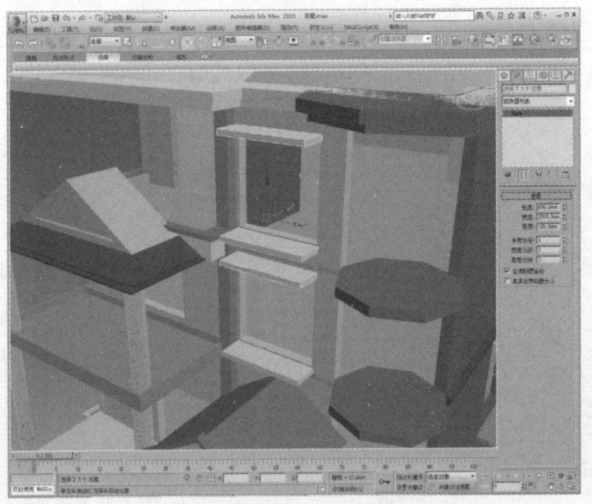

113 在顶视图中绘制一段样条线，如下图所示。

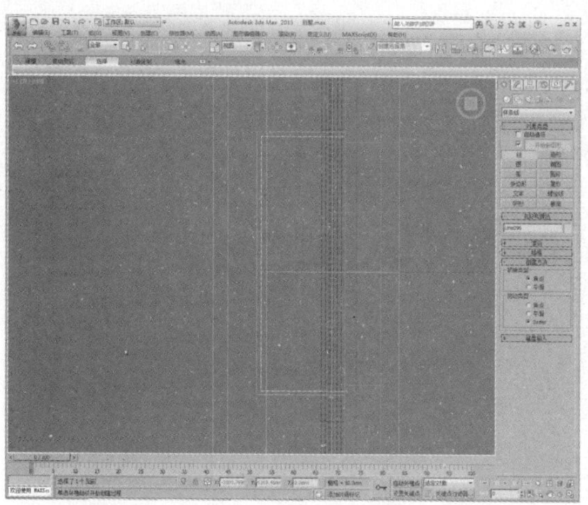

114 在顶视图中创建一个圆柱体，调整到合适位置，如下图所示。

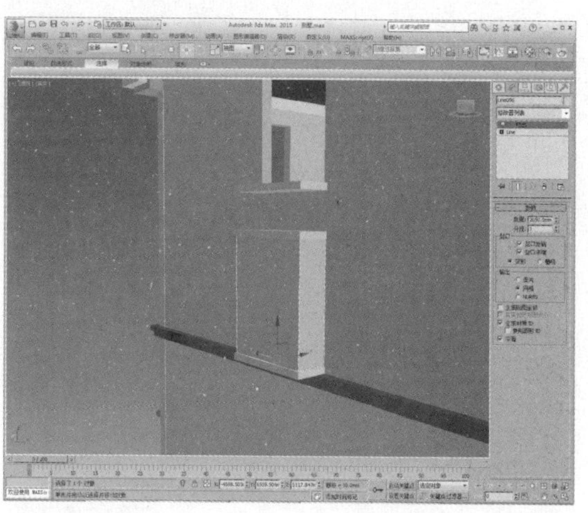

115 将其转换为可编辑多边形，进入“边”子层级，选择如下图所示的边。

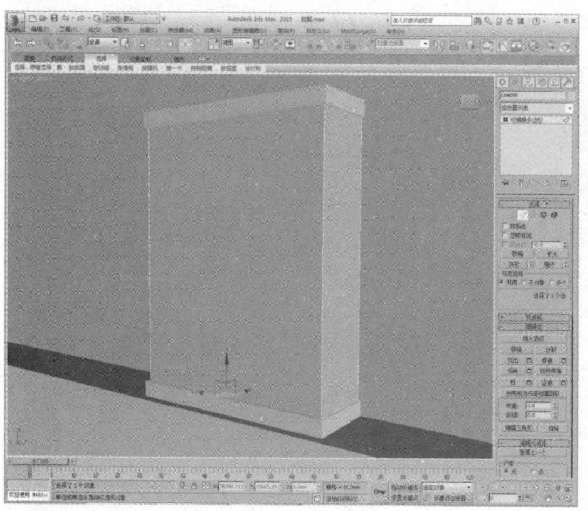

116 单击“连接”设置按钮，设置连接边数为1，如下图所示。

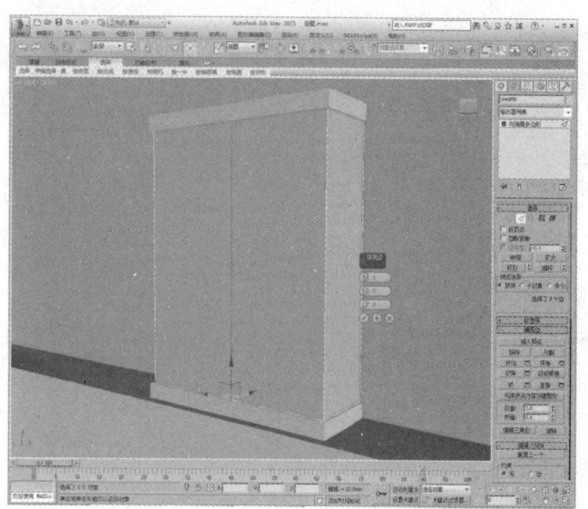

117 再选择如下图所示的边。

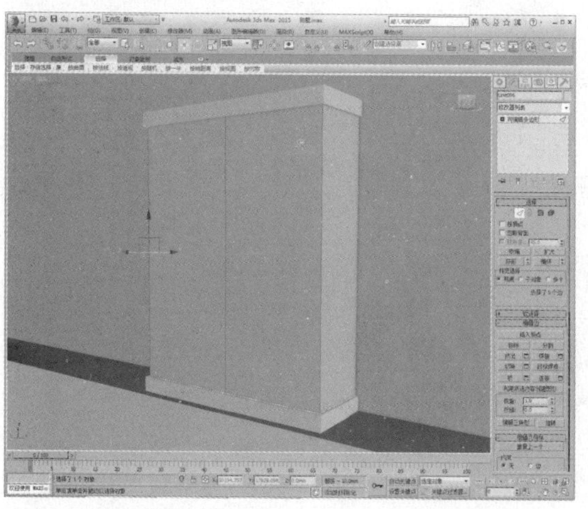

118 单击“连接”设置按钮，如下图所示。

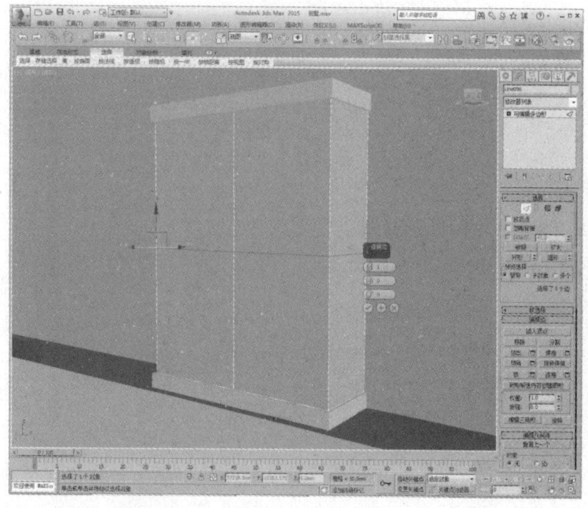

119 调整边位置，如下图所示。

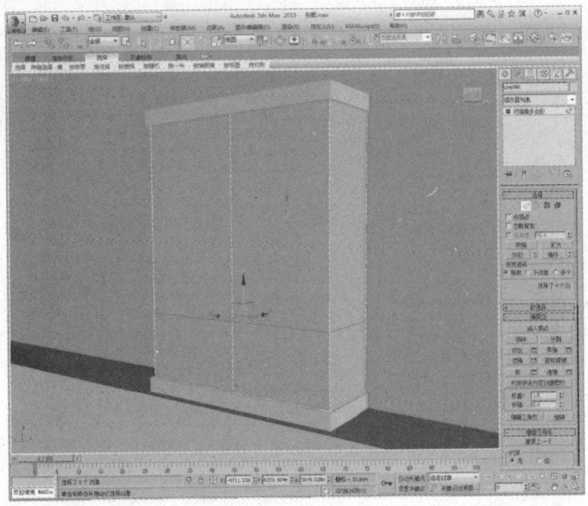

120 进入“多边形”子层级，选择多边形，如下图所示。

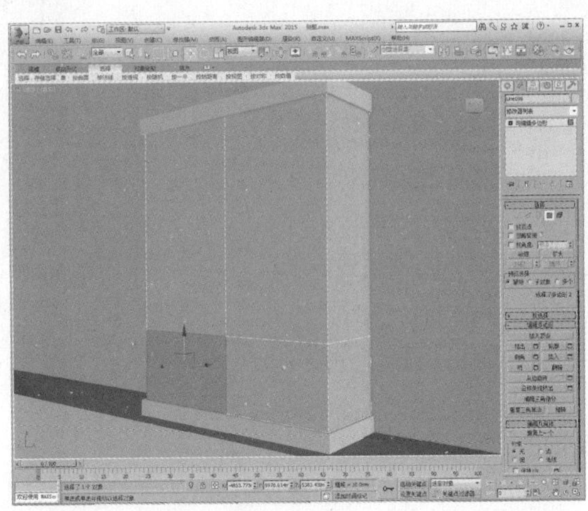

121 单击“插入”设置按钮，设置插入值为30，如下图所示。

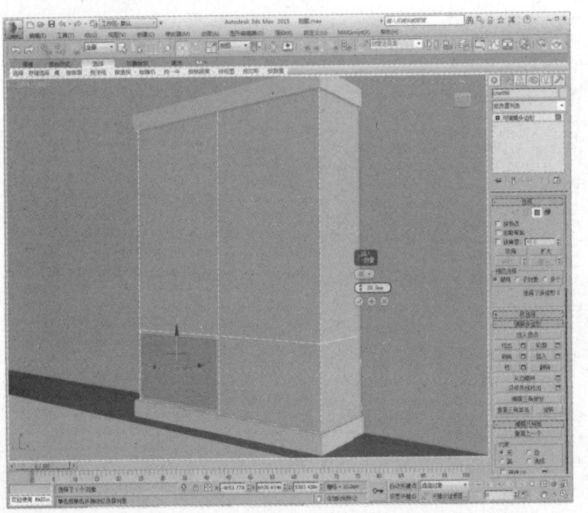

122 再单击“挤出”设置按钮，设置挤出值为-20，如下图所示。

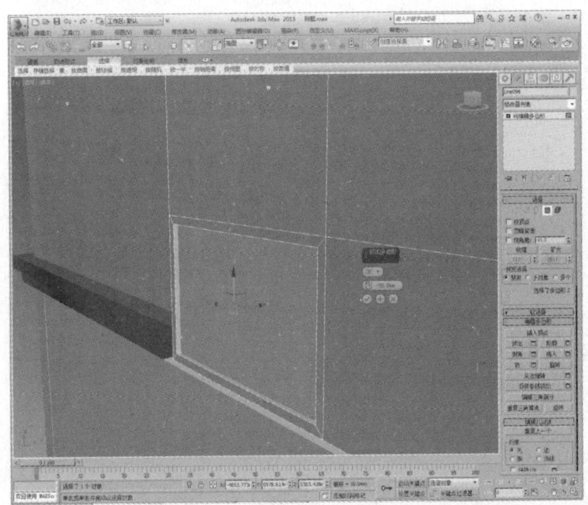

123 照此操作步骤完成飘窗模型的制作，如下图所示。

124 再制作其他位置的飘窗模型，如下图所示。

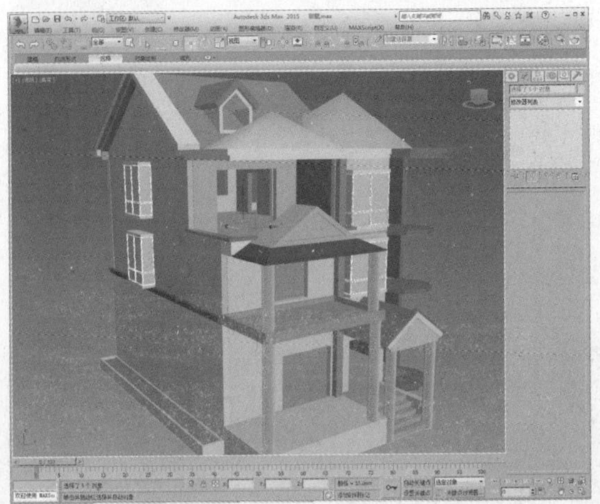

125 在前视图中捕捉创建一个平面，如下图所示。

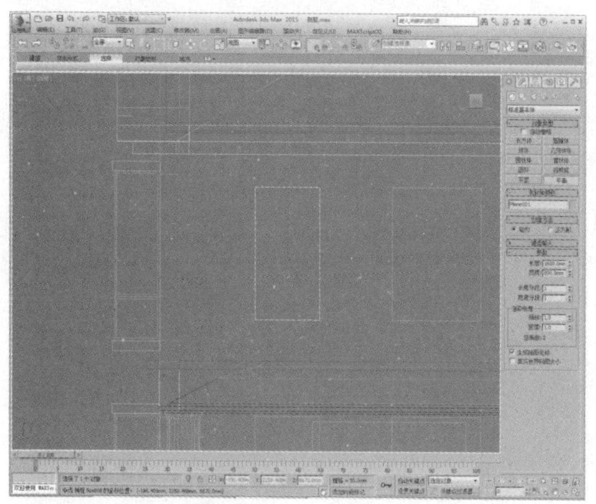

126 将其转换为可编辑多边形，进入“多边形”子层级，选择多边形，如下图所示。

127 单击“插入”设置按钮，设置插入值为40，如下图所示。

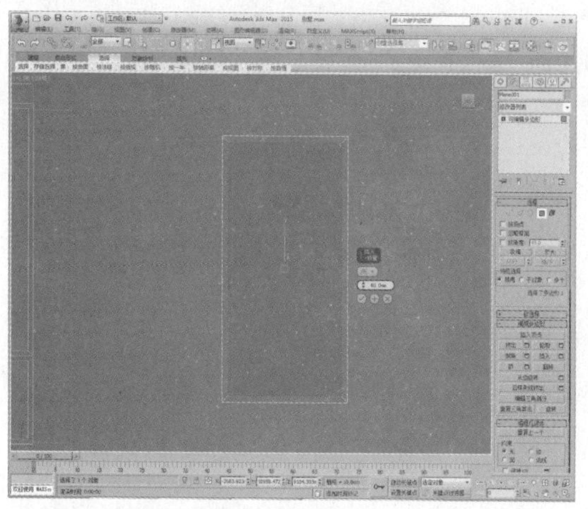

128 单击“挤出”设置按钮，设置挤出值为-30，如下图所示。

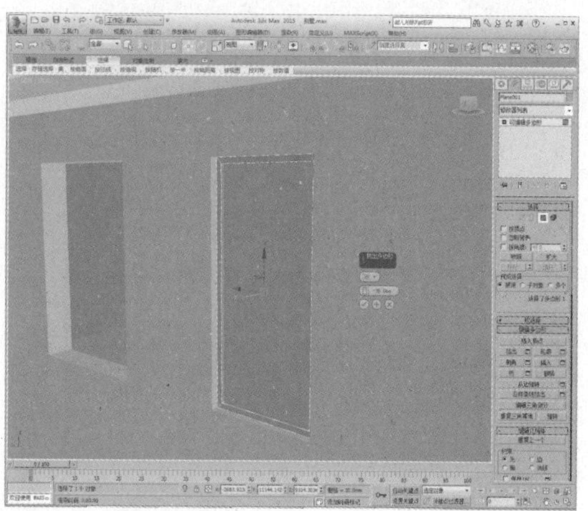

129 进入“边”子层级，选择如下图所示的边。

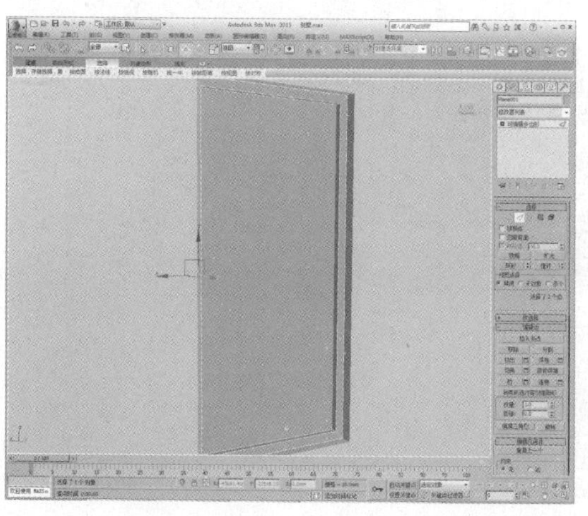

130 单击“连接”设置按钮，设置连接数为3，如下图所示。

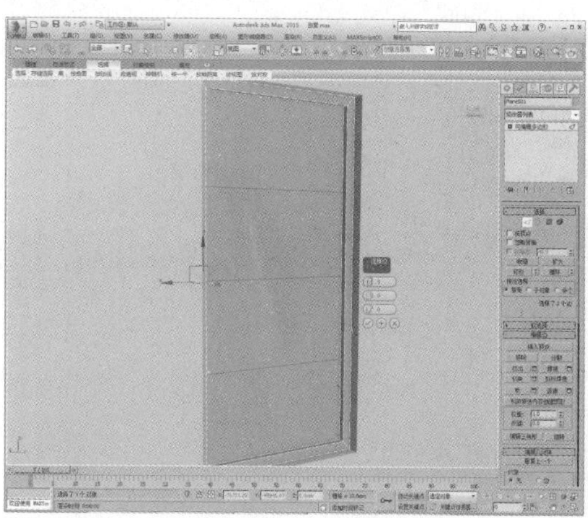

131 进入“多边形”子层级，选择多边形，并单击“插入”设置按钮，设置插入值为30，如下图所示。

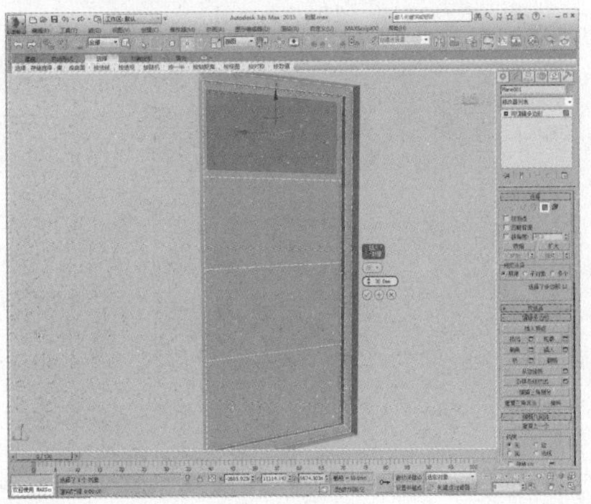

132 继续单击“挤出”设置按钮，设置挤出值为-30，如下图所示。

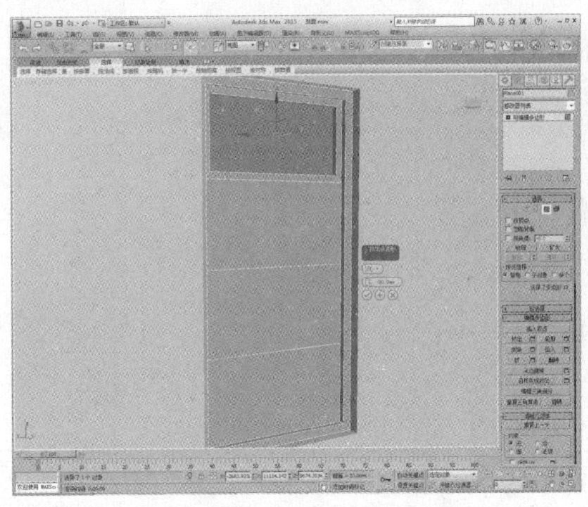

133 照此步骤完成窗户模型的制作，如下图所示。

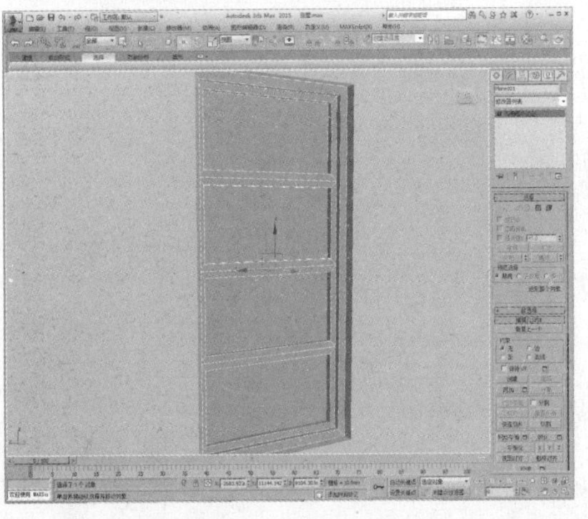

134 复制窗户模型，如下图所示。

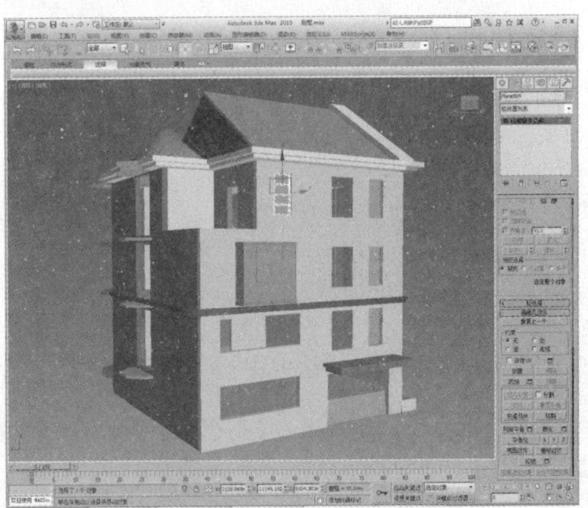

135 如此再制作其他位置的窗户模型，操作方法同上，如下图所示。

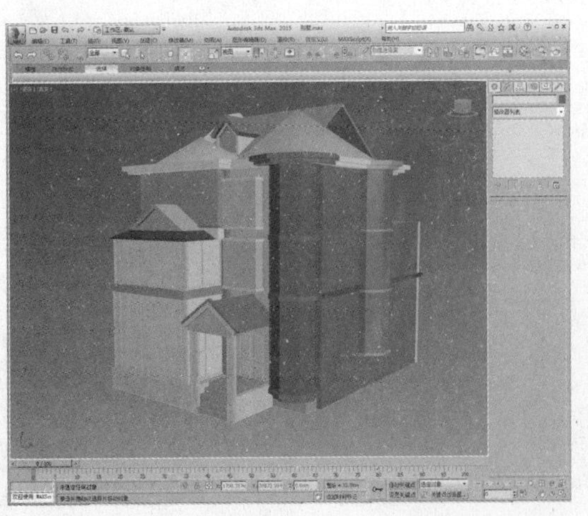

136 执行“文件＞导入＞合并”命令，为模型合并进欧式雕花模型，完成别墅整体模型的制作，如下图所示。

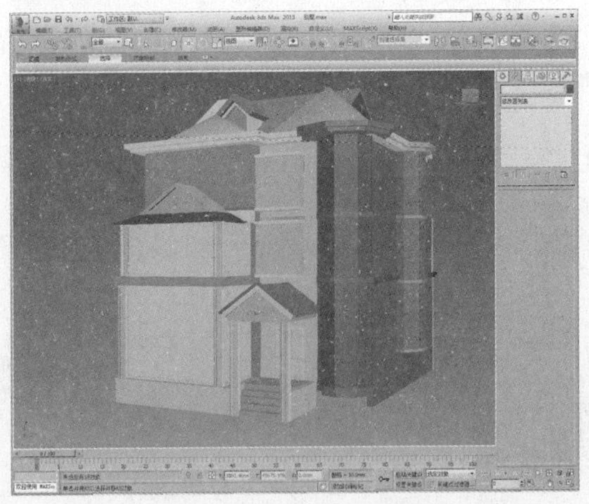

23.2 创建摄影机及测试渲染设置

对采样值和渲染参数进行最低级别的设置，可以达到既能观察渲染效果又能快速渲染的目的。下面就是渲染测试参数设置。

01 在顶视图中创建一个平面模型，如下图所示。

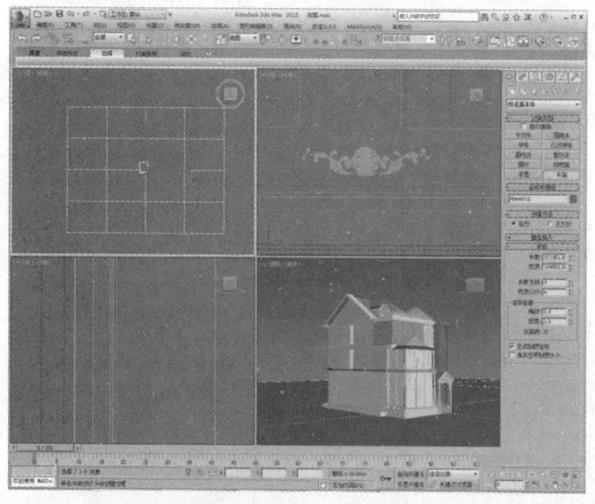

02 创建一盏摄影机，如下图所示。

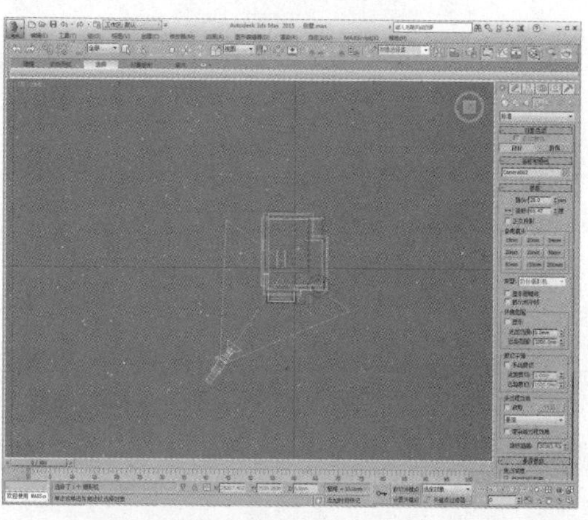

03 调整参数及角度等，如下图所示。

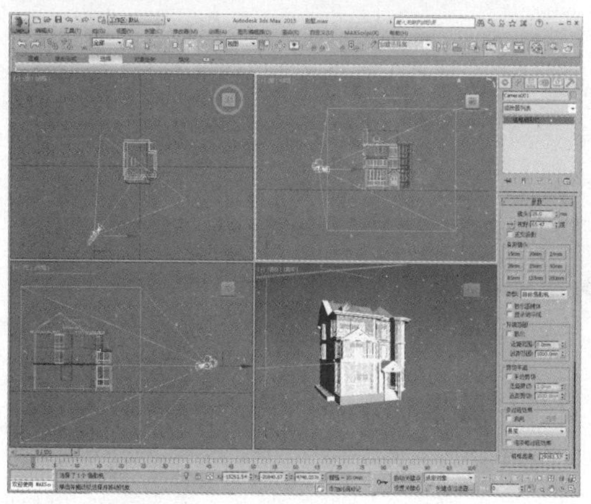

04 在透视视口按C键进入摄影机视口，如下图所示。

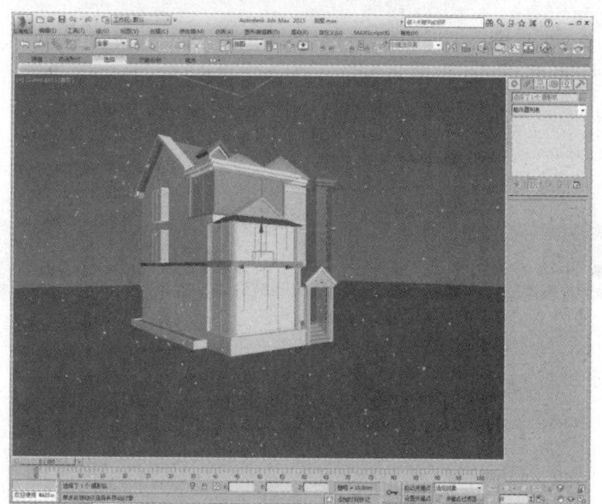

05 按M键打开材质编辑器，选择一个空白材质球，将其设置为VRayMtl材质，再设置漫反射颜色为白色，为漫反射通道添加VR边纹理贴图，如右图所示。

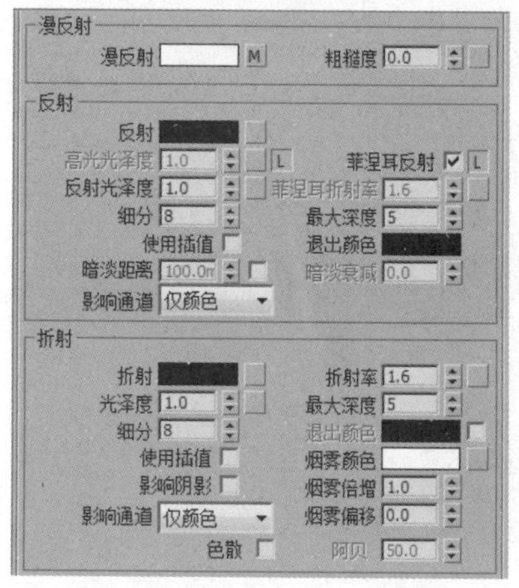

06 在“VRay边纹理参数”卷展栏中设置颜色为黑色，如右图所示。

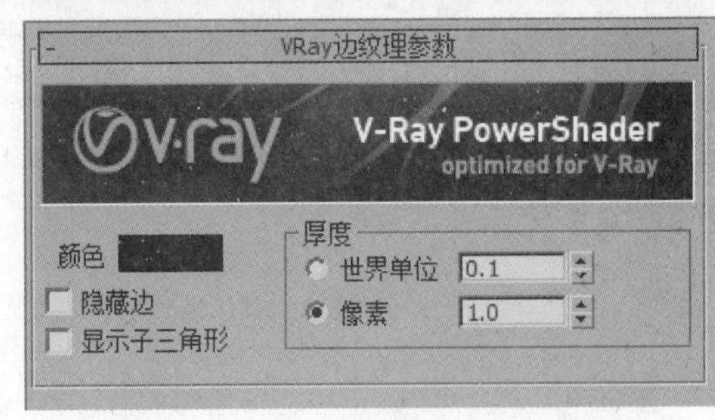

07 打开“渲染设置”窗口，在“全局开关”卷展栏中勾选“覆盖材质”选项，将新创建材质实例复制到覆盖材质中，如下图所示。

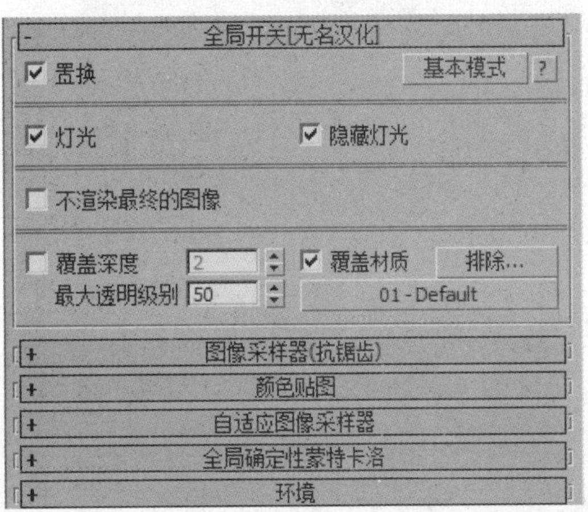

08 渲染摄影机视口，效果如下图所示。

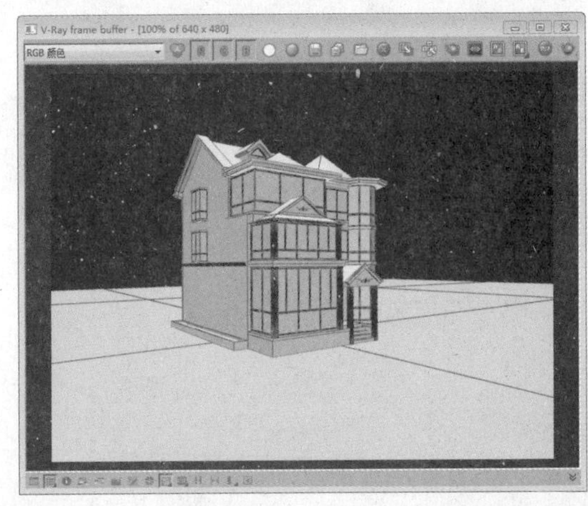

23.3 创建材质及光源

由于模型较为复杂，场景较大，在材质上使用3ds Max自带的材质，以节省渲染时间，操作过程如下。

01 按M键打开材质编辑器，选择一个空白材质球，为漫反射颜色通道添加位图贴图，设置反射高光参数，如下图所示。

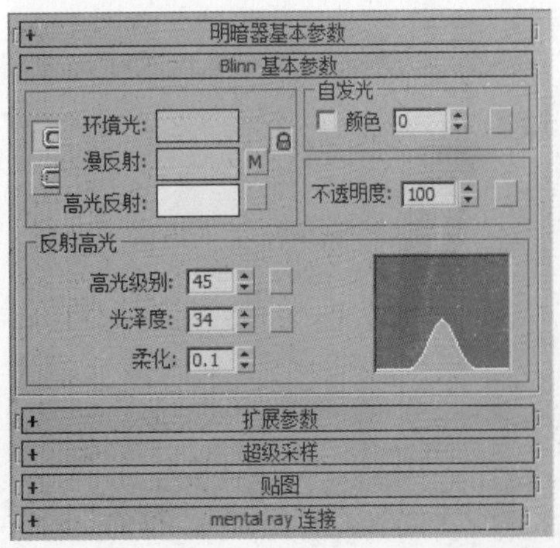

02 在“贴图”卷展栏中为凹凸通道也添加位图贴图，如下图所示。

贴图

	数量	贴图类型
环境光颜色	100	无
☑ 漫反射颜色	100	贴图 #1 (地砖瓷砖03.jpg)
高光颜色	100	无
高光级别	100	无
光泽度	100	无
自发光	100	无
不透明度	100	无
过滤色	100	无
☑ 凹凸	30	贴图 #2 (地砖瓷砖01本.jpg)
反射	100	无
折射	100	无
置换	100	无
	0	无
	0	无
	0	无

03 创建好的外墙砖材质示例窗效果如下图所示。

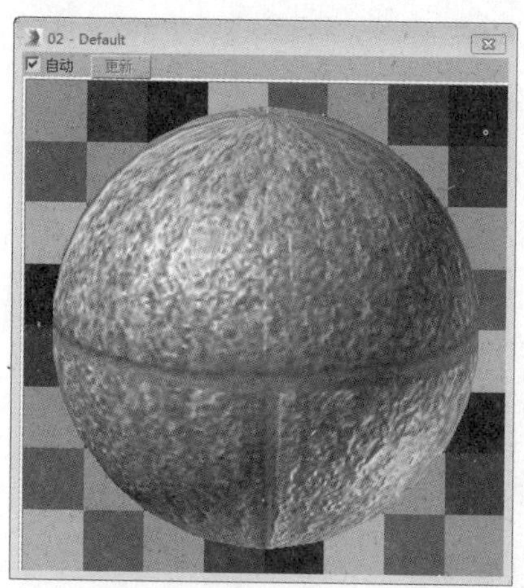

04 将材质指定给场景中的墙面模型，添加UVW贴图，设置贴图参数，如下图所示。

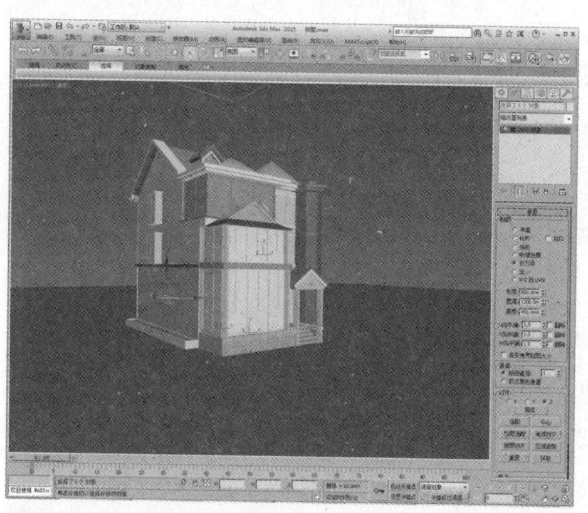

05 选择一个空白材质球，为漫反射通道添加位图贴图，设置反射高光参数，如下图所示。

明暗器基本参数
(B)Blinn
线框
双面
面贴图
面状
Blinn 基本参数
自发光
环境光:
颜色 0
漫反射:
M
高光反射:
不透明度: 100
反射高光
高光级别: 50
光泽度: 32
柔化: 0.1
扩展参数
超级采样
贴图
mental ray 连接

06 在“贴图”卷展栏中为漫反射颜色通道及凹凸通道添加位图贴图，如下图所示。

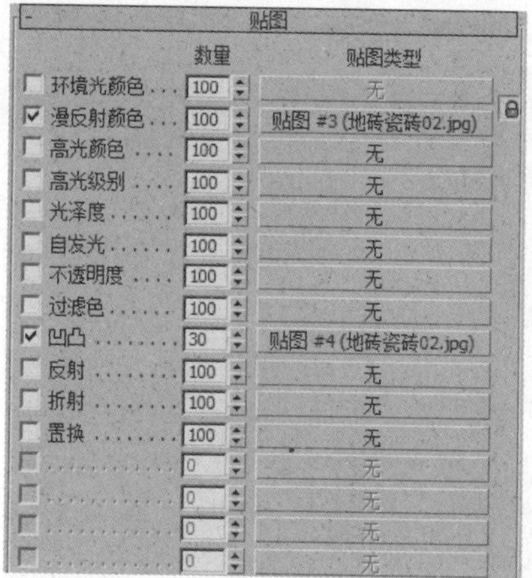

07 创建好的材质示例窗效果如下图所示。

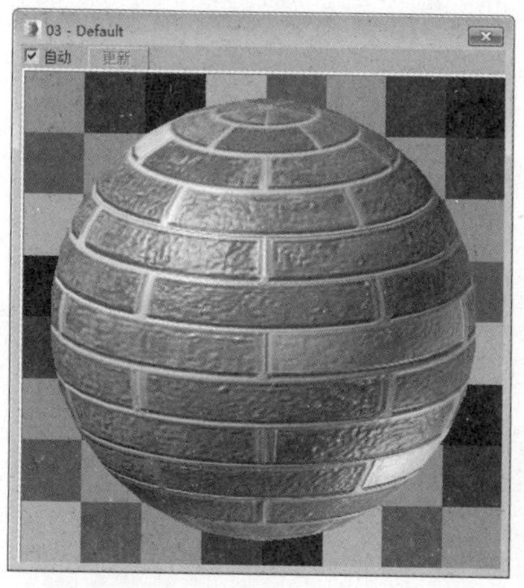

08 将创建好的材质指定给场景中的墙面模型，添加UVW贴图，设置贴图参数，如下图所示。

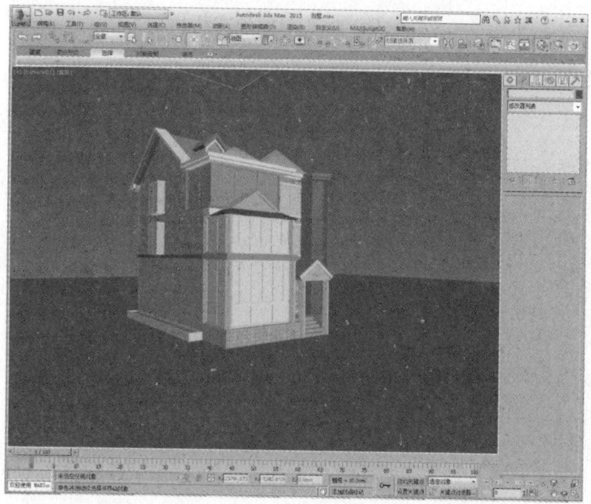

09 选择一个空白材质球，设置漫反射颜色为白色，设置反射高光参数，如下图所示。

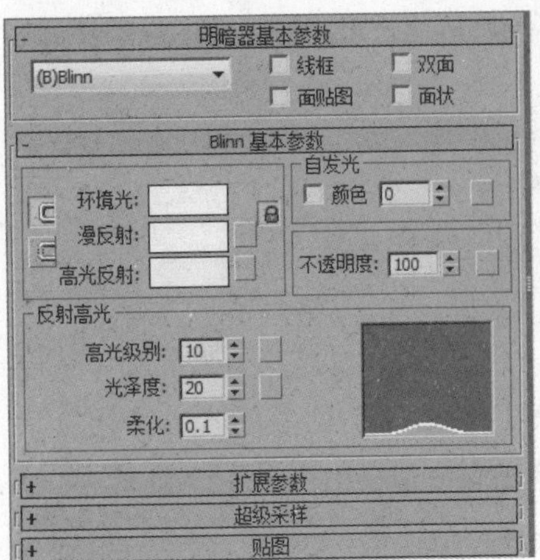

10 创建好的材质示例窗效果如下图所示。

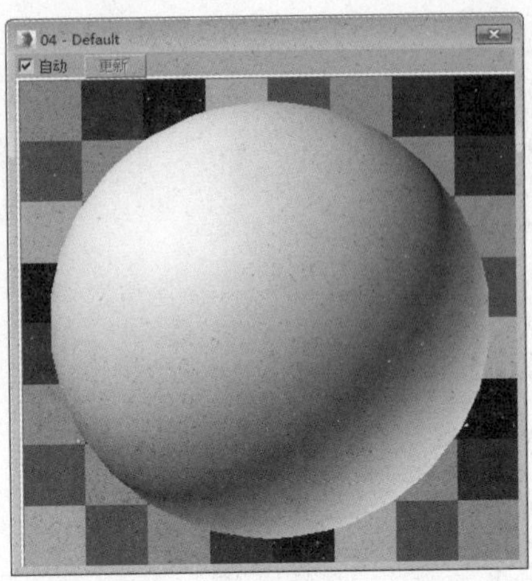

11 将创建好的材质指定给场景中的模型，如下图所示。

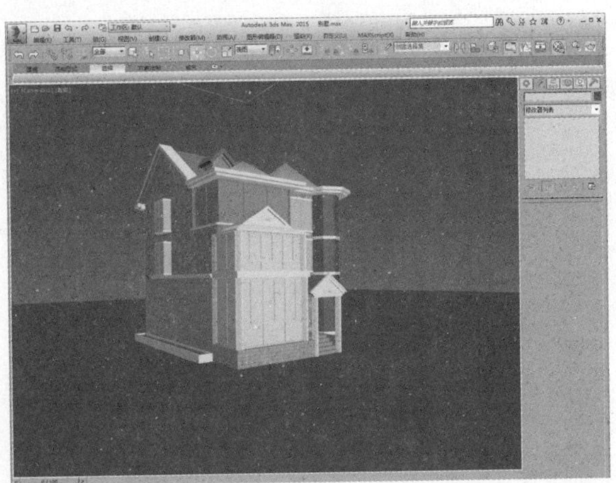

12 选择一个空白材质球，设置漫反射颜色及反射高光参数，如下图所示。

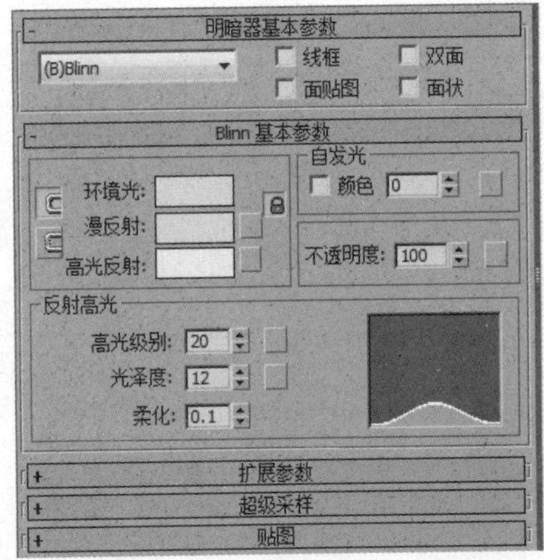

13 漫反射颜色设置如下图所示。

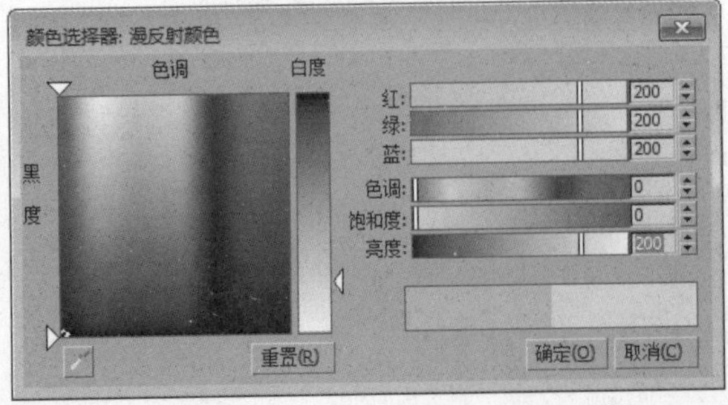

14 创建好的白色窗框材质如下图所示。

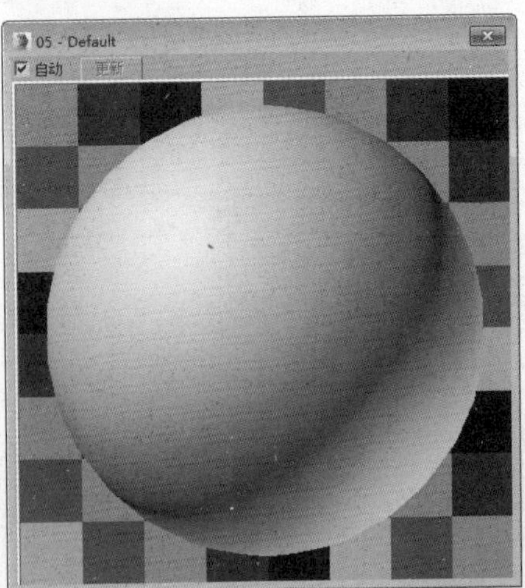

15 选择一个空白材质球，设置为VRayMtl材质，设置漫反射颜色、反射颜色及折射颜色，再设置反射参数，如下图所示。

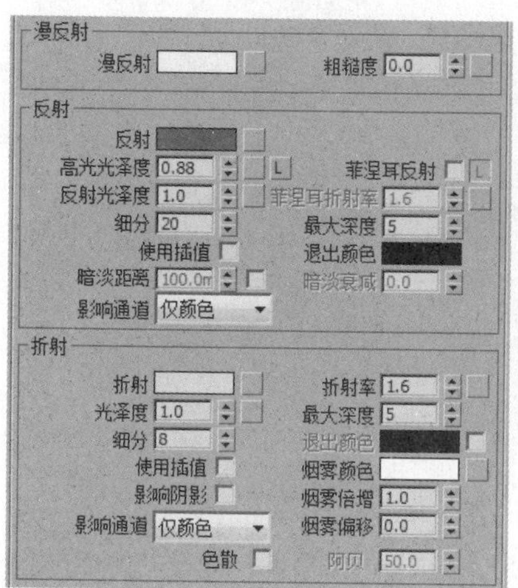

16 漫反射颜色、反射颜色及折射颜色设置如下图所示。

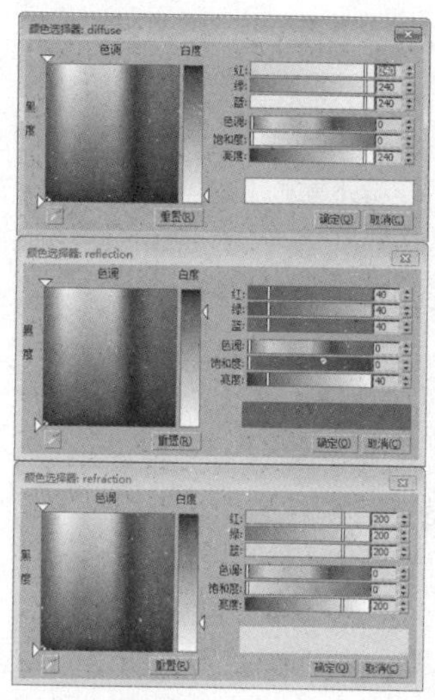

17 创建好的材质示例窗效果如下图所示。

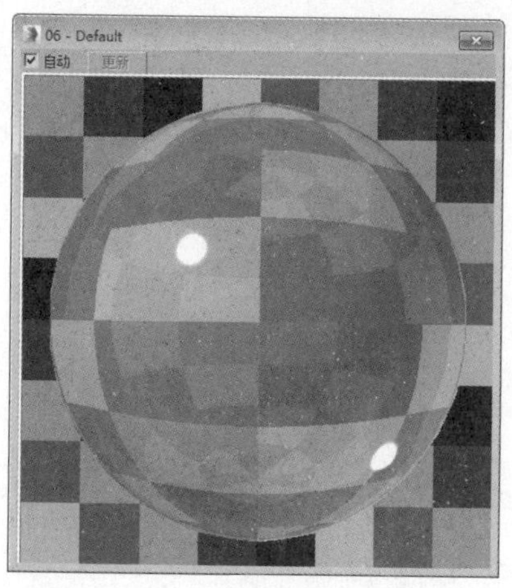

18 将创建好的材质指定给场景中的窗户及玻璃模型，如下图所示。

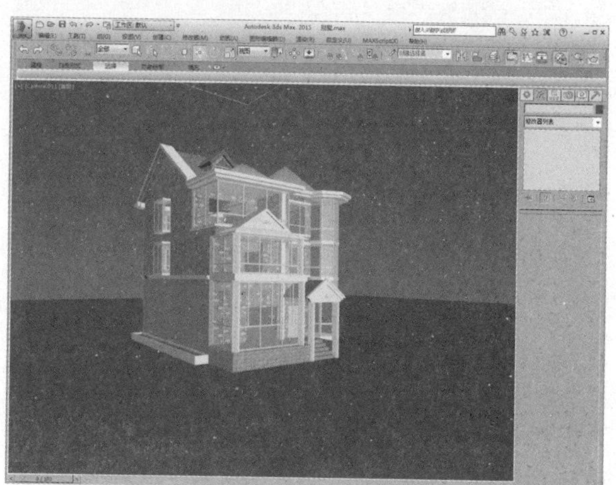

19 选择一个空白材质球，为漫反射颜色通道添加位图贴图，设置反射高光参数，如下图所示。

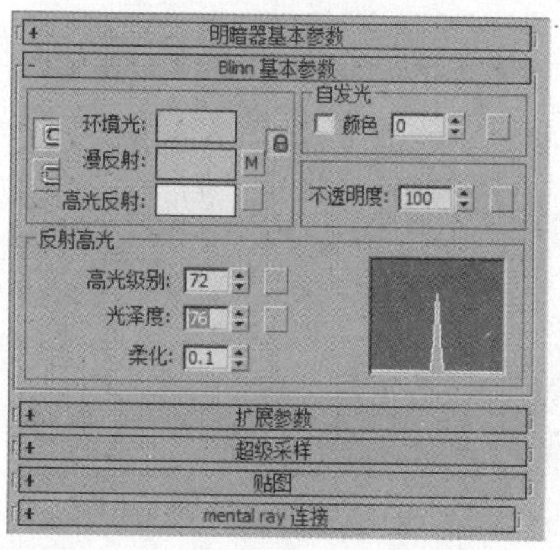

20 在“贴图”卷展栏中复制漫反射颜色通道的贴图到凹凸通道，如下图所示。

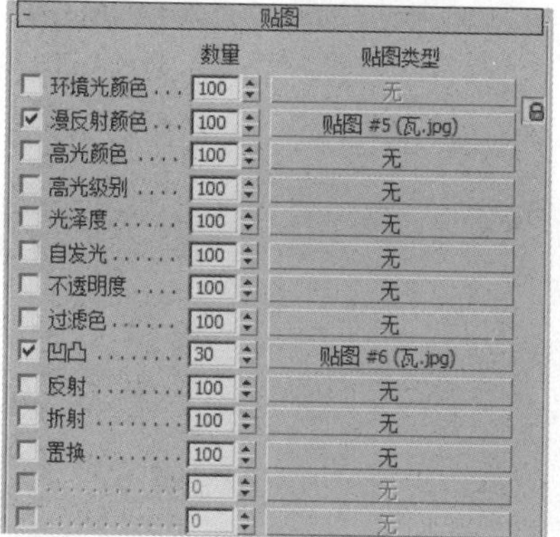

21 创建好的屋顶材质示例窗效果如下图所示。

22 将创建好的材质指定给场景中的屋顶模型，如下图所示。

23 选择一个空白材质球，将其设置为VRayMtl材质，在“贴图”卷展栏中为漫反射通道和凹凸通道添加位图贴图，如下图所示。

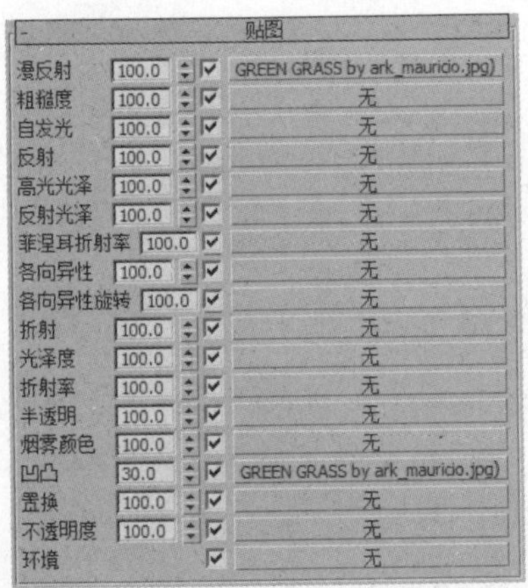

24 再为材质添加VR材质包裹器，设置“生成全局照明”值为0.5，如下图所示。

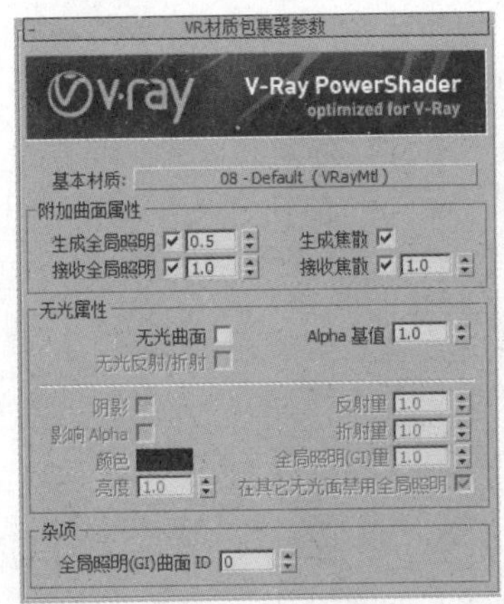

25 创建好的植被材质示例窗效果如下图所示。

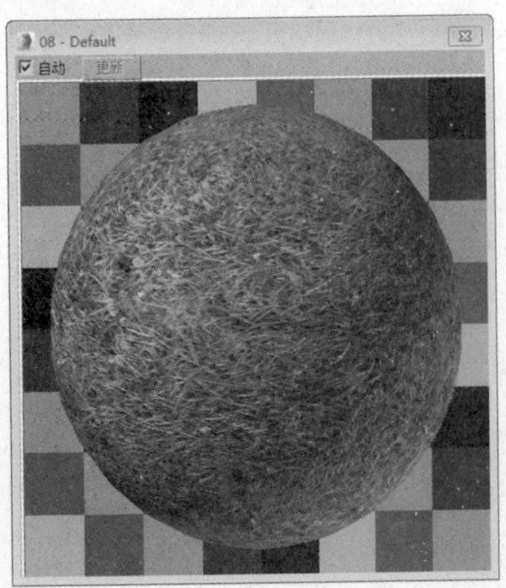

26 将创建好的植被材质指定给场景中的模型，添加UVW贴图，设置贴图参数，如下图所示。

27 选择一个空白材质球，为漫反射通道添加位图贴图，设置反射高光参数，如下图所示。

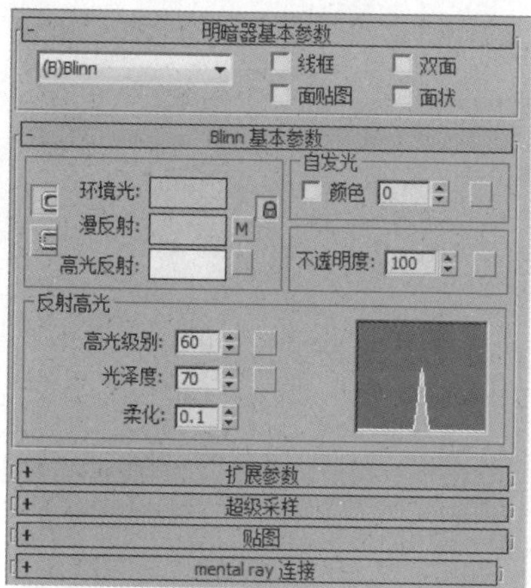

28 创建好的地砖材质示例窗效果如下图所示。

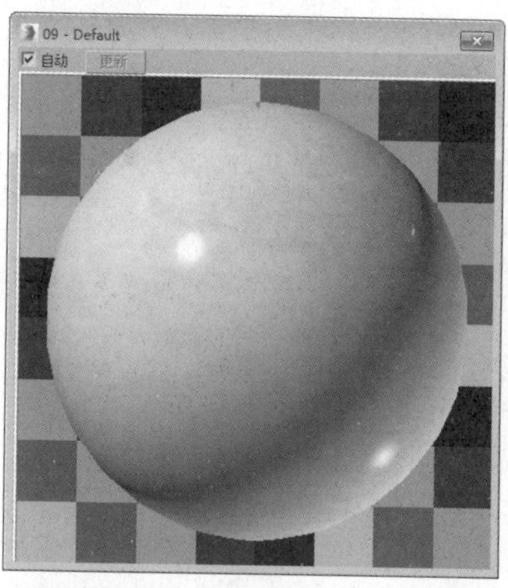

29 将材质指定给场景中的阶梯模型，添加UVW贴图并设置贴图参数，如下图所示。

30 选择一个空白材质球，指定材质给场景中的平面模型，如下图所示。

31 在顶视图中创建一束目标平行光，如下图所示。

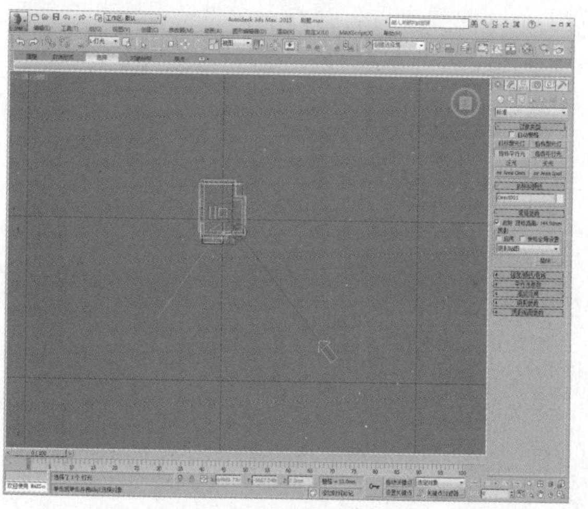

32 调整平行光参数及角度等，如下图所示。

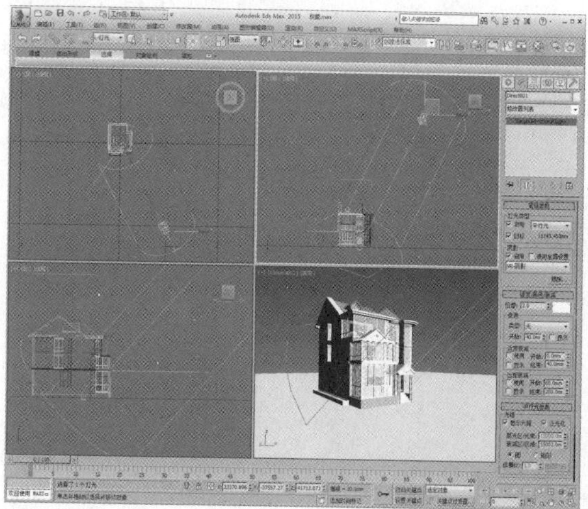

33 在顶视图中创建一盏穹顶类型的VR灯光，如下图所示。

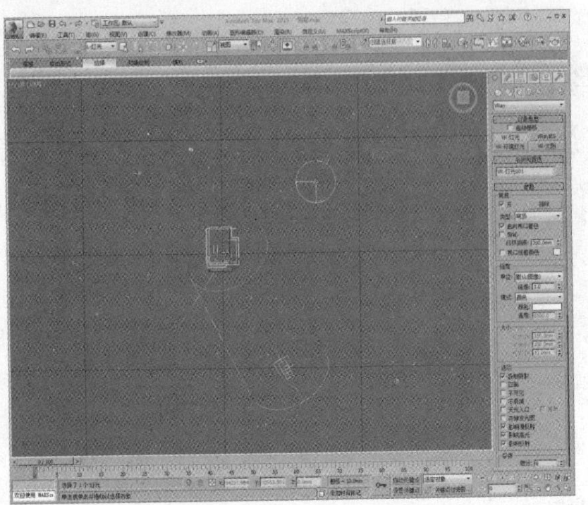

34 调整灯光颜色等参数，如下图所示。

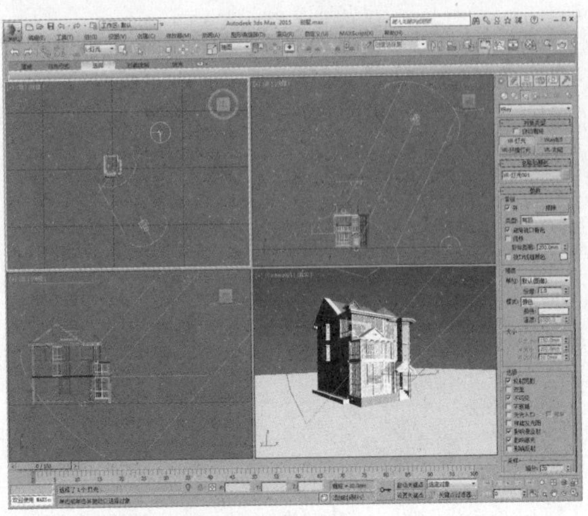

35 灯光颜色设置如下图所示。

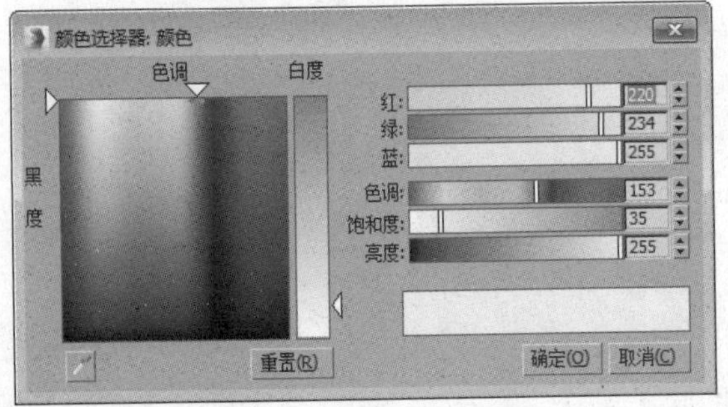

36 打开“环境和效果”窗口，勾选“使用贴图”选项，添加渐变贴图，如下图所示。

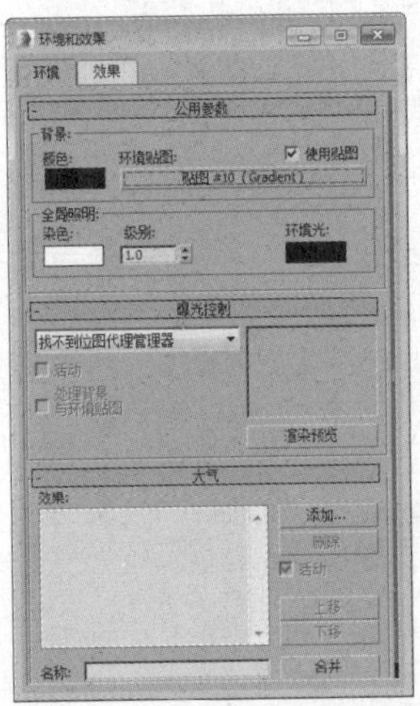

37 将该贴图拖动复制到材质编辑器，在“渐变参数”卷展栏中设置三种颜色，如下图所示。

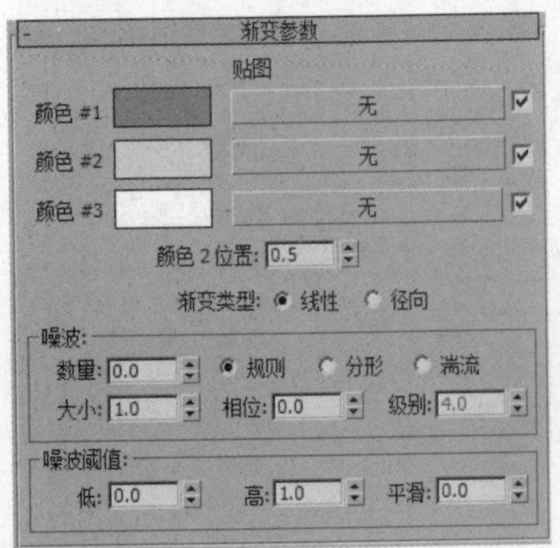

38 打开“渲染设置”窗口，在“全局开关”卷展栏中取消勾选“覆盖材质”选项，如下图所示。

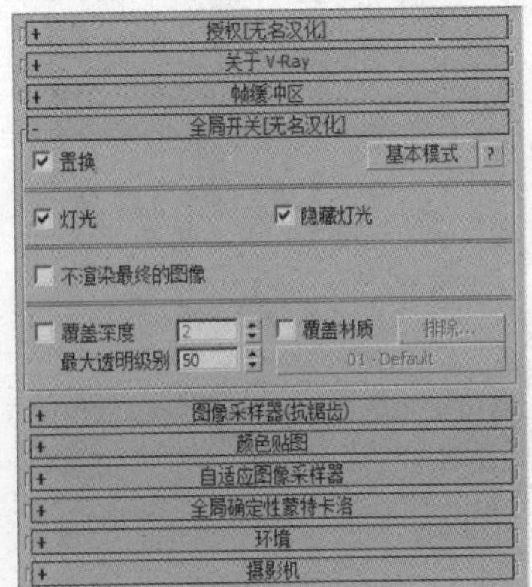

39 渲染摄影机视口，效果如下图所示。

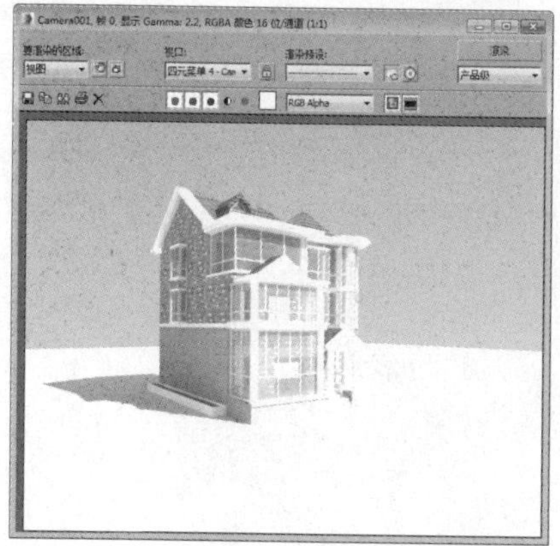

40 效果图中光线太亮，显得有些曝光过度，选择平行光，调整灯光强度，如下图所示。

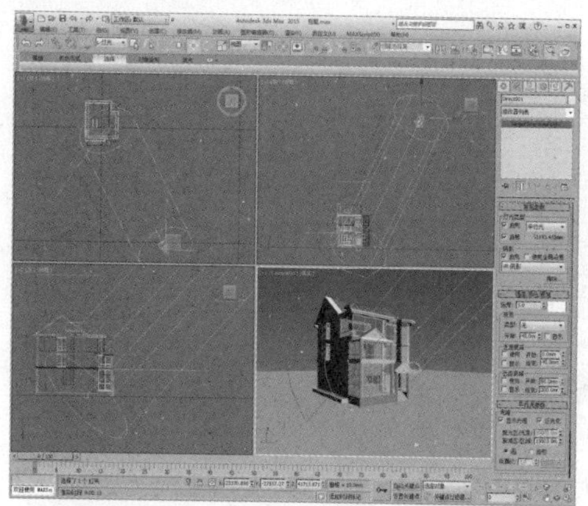

41 再次渲染摄影机视口，效果如右图所示。

23.4 渲染设置

接下来进行渲染设置，操作过程如下。

01 在“图像采样器”卷展栏中设置最小着色速率为1，设置过滤器类型，在“颜色贴图”卷展栏中设置贴图类型为指数，在“全局确定性蒙特卡洛”卷展栏中设置噪波阈值及最小采样值，如右图所示。

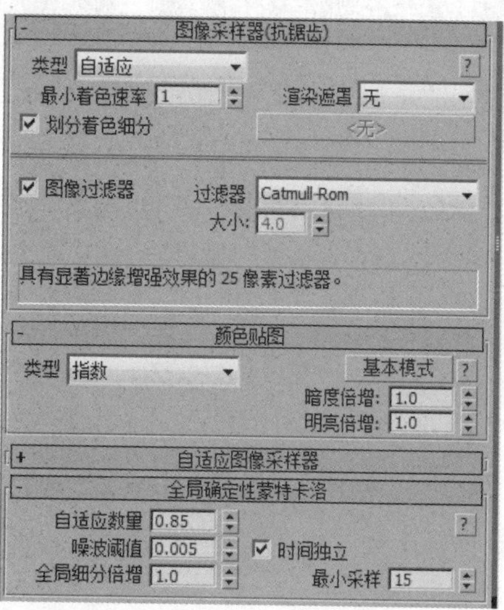

02 在“发光图”卷展栏中设置预设模式及细分采样值，在“灯光缓存”卷展栏中设置细分值，如下图所示。

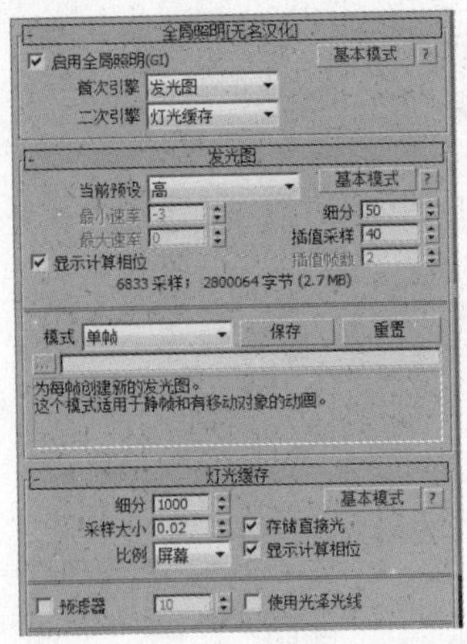

03 在“系统”卷展栏中设置序列模式以及动态内存限制值，如下图所示。

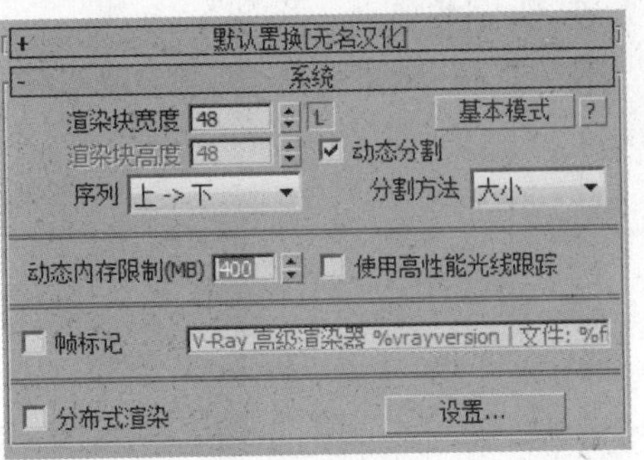

04 最后设置效果图输出大小，如下图所示。

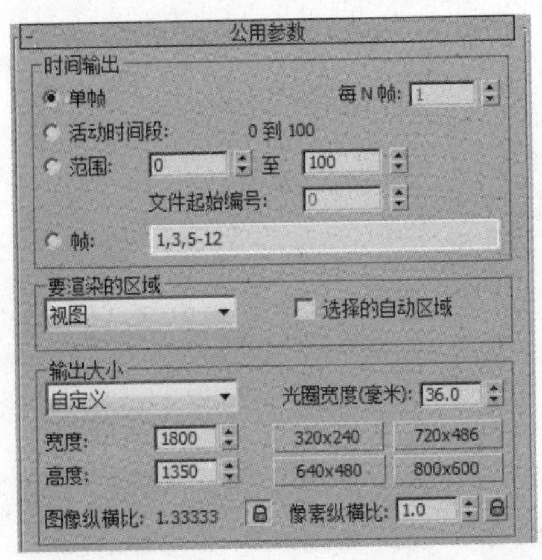

05 渲染摄影机视口，最终渲染效果如下图所示。

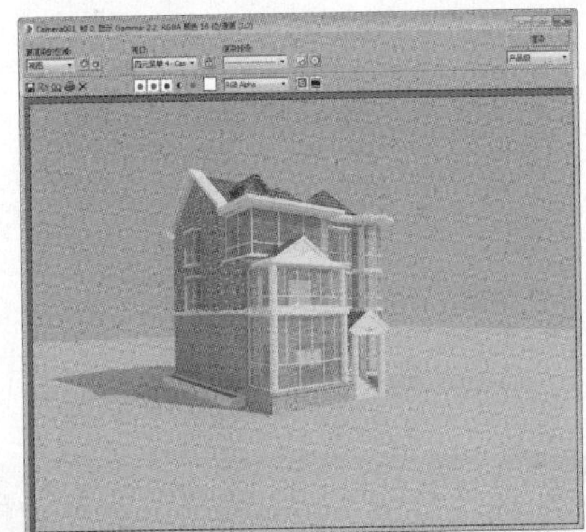

23.5 效果图后期处理

本章的效果图后期处理较为重要，处理时要合理运用素材图片来对效果图进行丰富点缀，最终达到需要的效果。下面介绍操作步骤。

01 在Photoshop中打开渲染效果图，如右图所示。

02 双击背景图层，打开“新建图层”对话框，直接单击“确定”按钮将锁定的背景图层转换为正常图层，如右图所示。

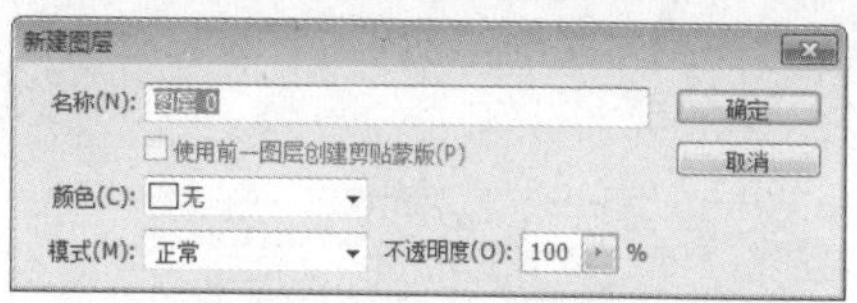

03 选择天空和地面区域，将其删掉，仅留单独的别墅模型，如下图所示。

04 执行“图像>画布大小”命令，打开“画布大小”对话框，设置新的宽度和高度，如下图所示。

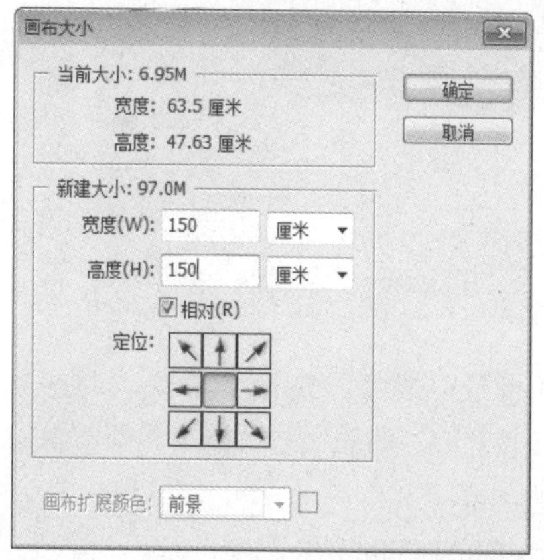

05 扩大画布大小后，可以方便后期添加素材，如下图所示。

06 添加天空背景素材，调整图层顺序，再调整素材大小及位置，如下图所示。

07 添加地面素材，并调整素材大小，如右图所示。

08 使用裁剪工具，裁剪图形，如下图所示。

09 复制别墅素材，并调整大小及位置，添加各种植物素材，调整到合适位置，如下图所示。

10 别墅模型在场景中偏亮，执行“图像>调整>曲线”命令，在打开的“曲线”对话框中调整图像的明暗，如下图所示。

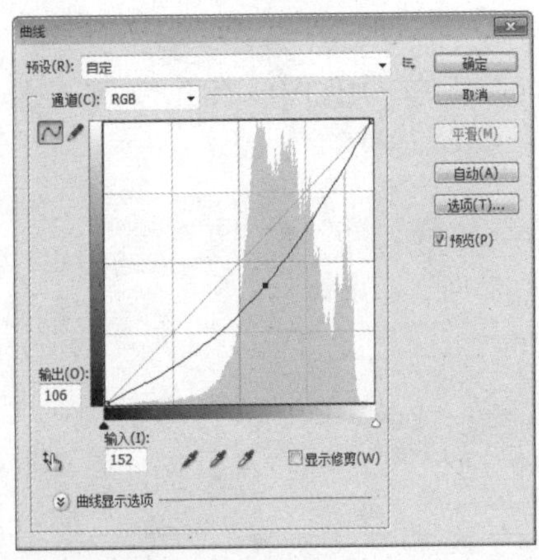

11 再添加人物素材，如下图所示。

12 在图层面板中执行“亮度/对比度”命令，添加“亮度/对比度”调整图层，在弹出的调整面板中调整对比度，如下图所示。

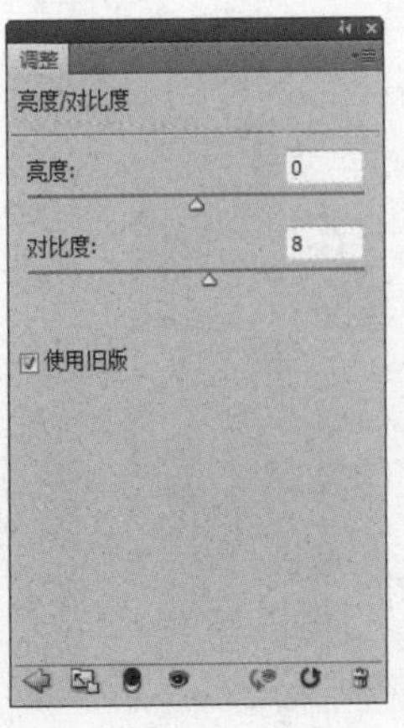

13 完成最终场景效果的制作，如下图所示。

CHAPTER 24

办公楼场景效果图的制作

在本章中，我们来制作一个办公楼场景效果，通过整体模型的创建、后期素材的添加与调整，使读者掌握多边形建模知识、PS后期处理知识。

知识点

1. 挤出修改器的使用
2. 多边形建模
3. 室外光源的创建

24.1 办公楼模型的创建

办公楼模型的创建是3D建模中较常见到的，门窗的重复较多，因此建模时利用多边形建模功能可以很好的创建模型。除了办公楼主体模型，另外还有室外地面场景的制作，用户可以制作出更加逼真的场景效果。

24.1.1 创建建筑主体模型

建筑主体的门窗重复较多，因此在进行墙体建模时利用多边形建模的连接线功能可以很好的创建模型。下面介绍创建步骤：

01 在左视图中绘制一个样条线图形，如下图所示。

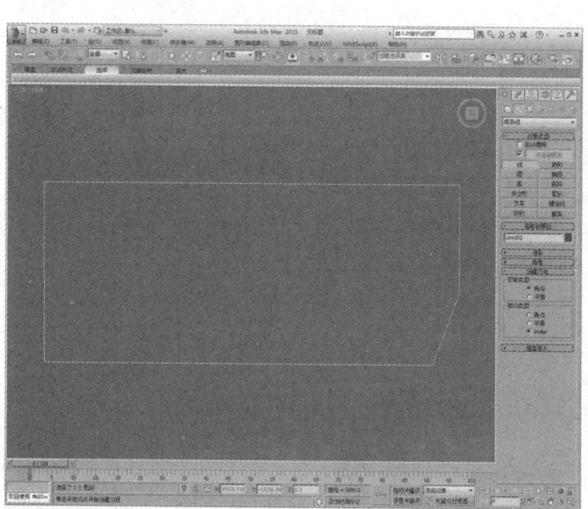

02 添加“挤出”修改器，设置挤出值为17000，如下图所示。

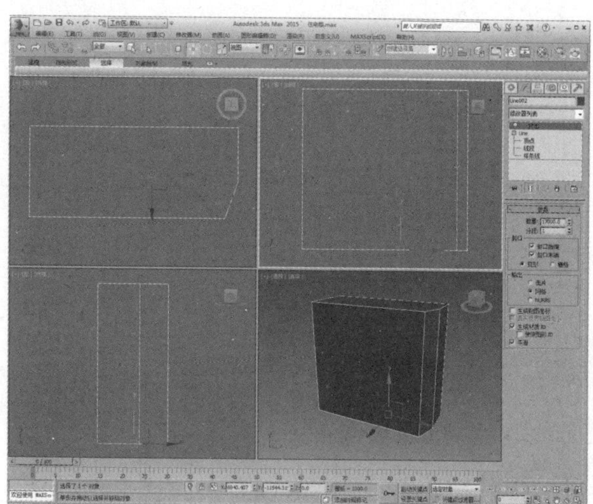

03 将模型转换为可编辑多边形，进入“边”子层级，选择边，如下图所示。

04 单击“连接”设置按钮，设置连接数为21，如下图所示。

05 调整边的位置，如下图所示。

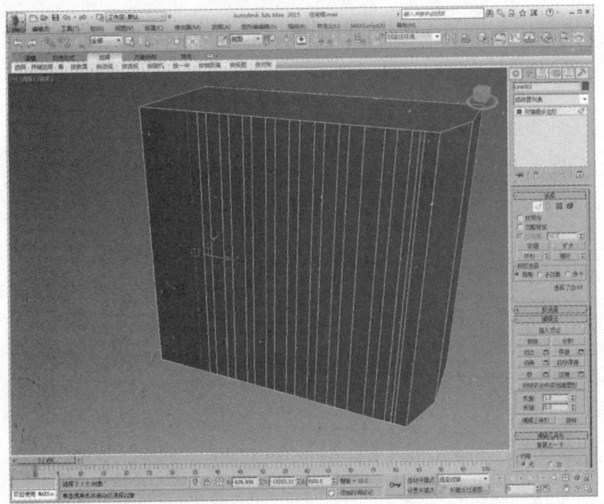

06 选择如下图所示的边。

07 单击“连接”设置按钮，设置连接数，如下图所示。

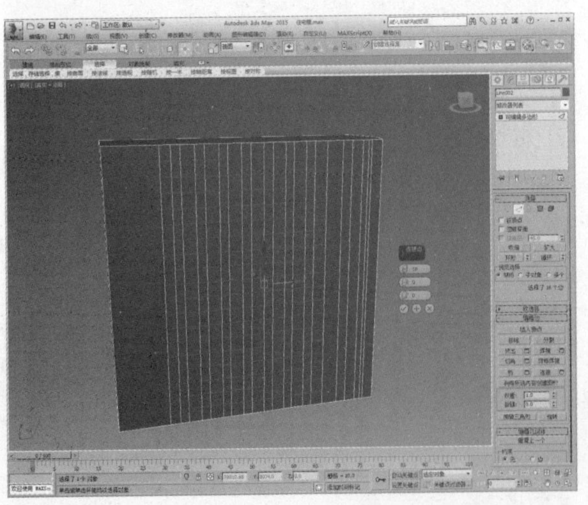

08 在前视图中绘制一个样条线图形，如下图所示。

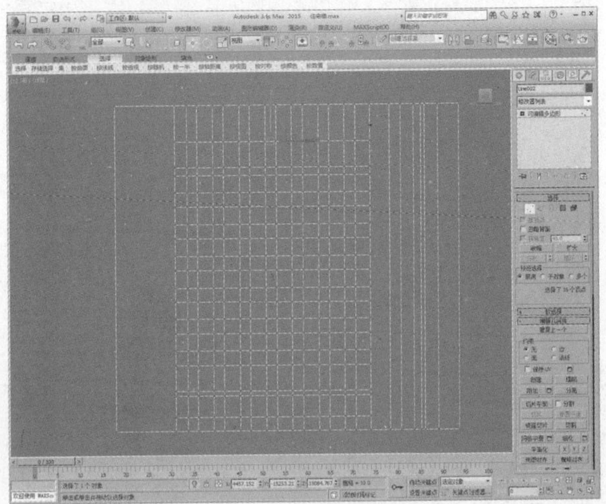

09 进入“边”子层级，选择边，如下图所示。

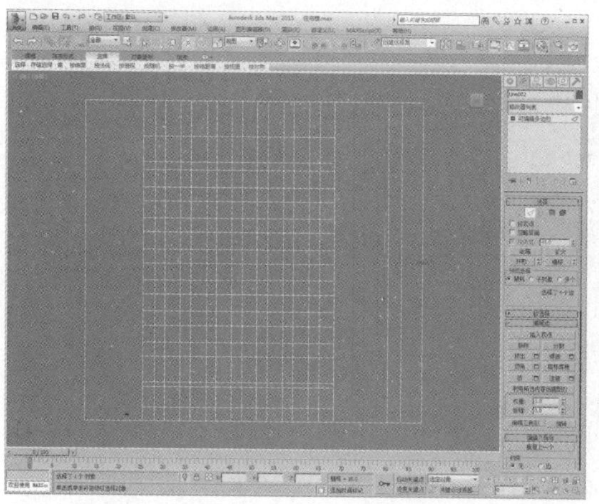

10 单击“连接”设置按钮，设置连接数为21，如下图所示。

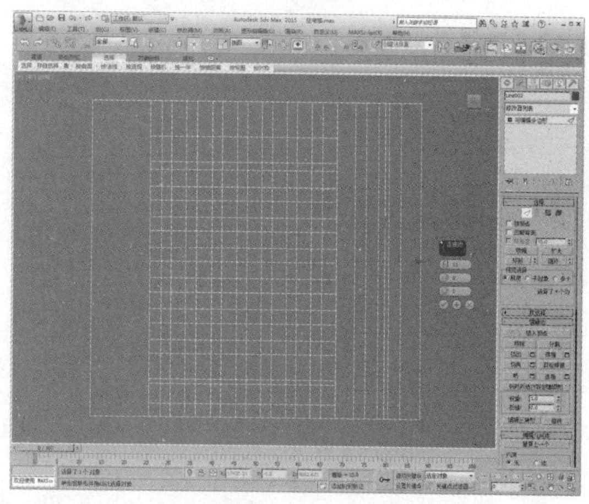

11 进入“顶点”子层级，调整顶点位置，如下图所示。

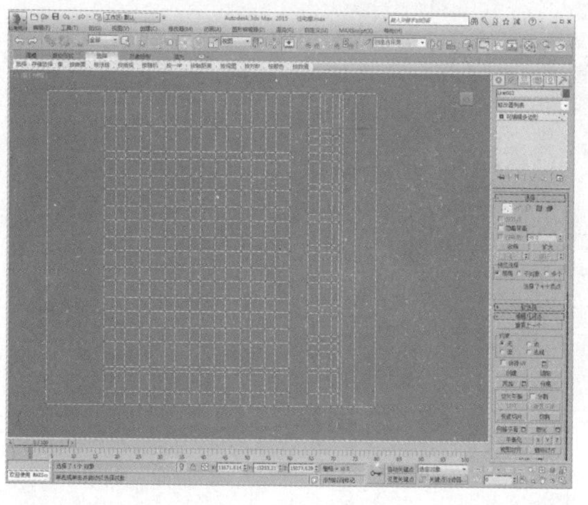

12 进入“边”子层级，选择如下图所示的边。

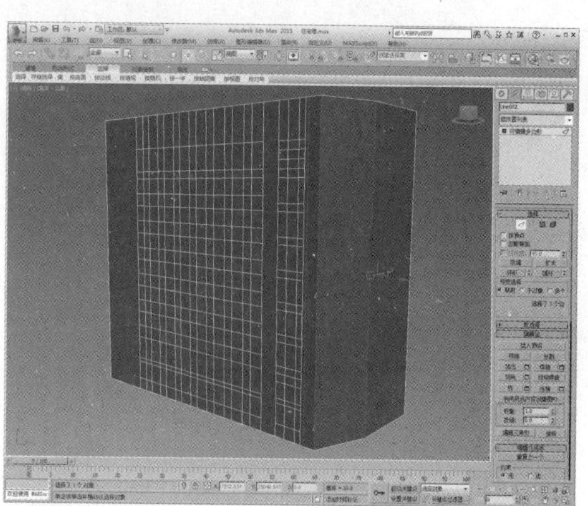

13 单击“连接”设置按钮，设置连接数为12，如下图所示。

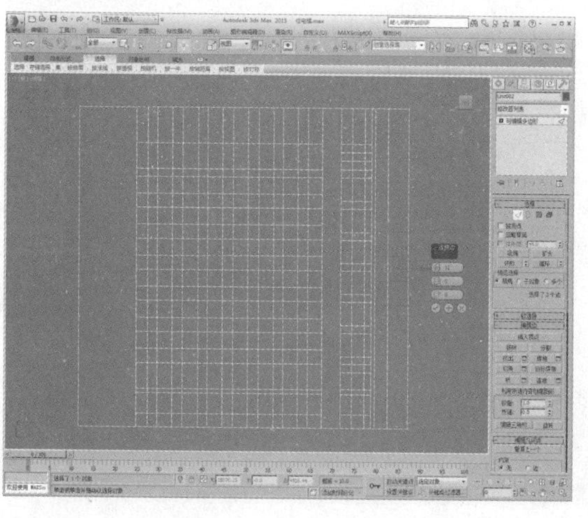

14 进入“顶点”子层级，调整顶点位置，如下图所示。

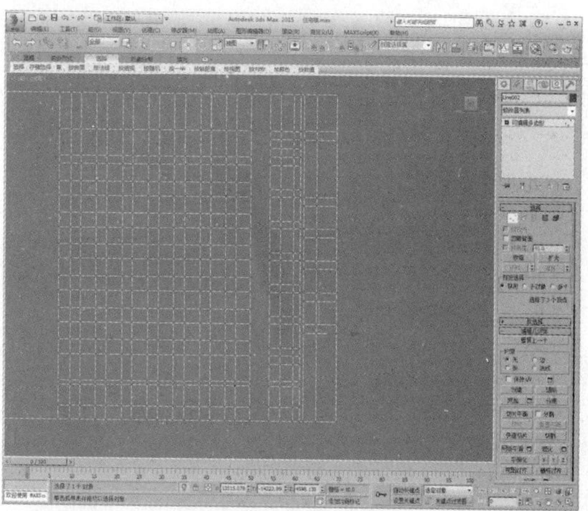

15 进入“多边形”子层级，选择如下图所示的多边形。

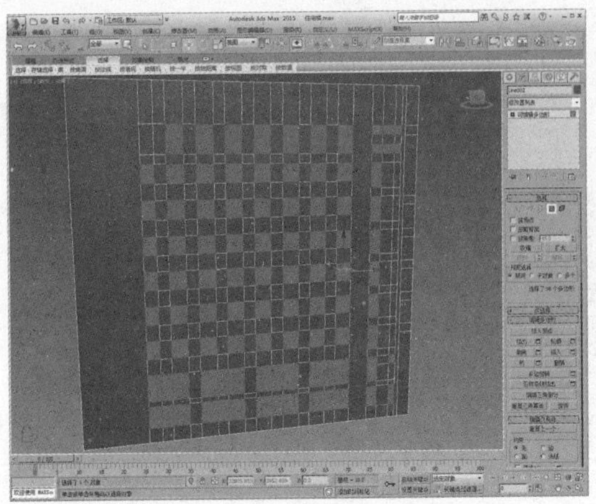

16 单击“挤出”设置按钮，设置挤出值为-300，如下图所示。

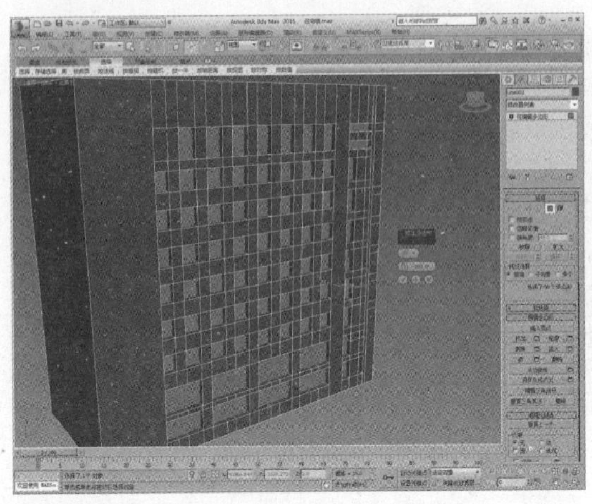

17 按Delete键删除所选多边形，如下图所示。

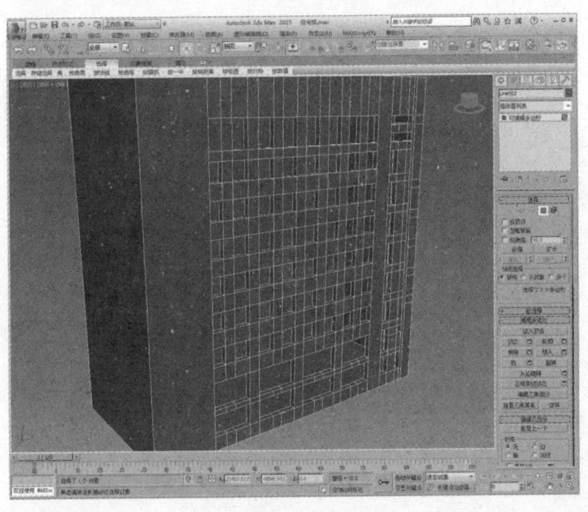

18 继续选择多边形，如下图所示。

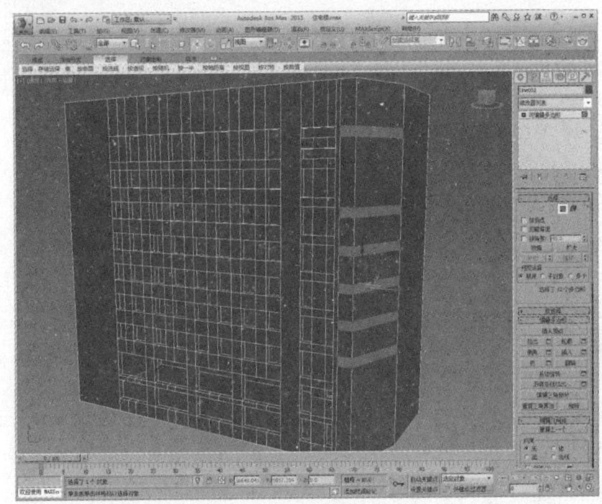

19 单击“挤出”设置按钮，设置挤出值为-300，可以看到由于角度问题，所挤出的多边形出现了变形，如下图所示。

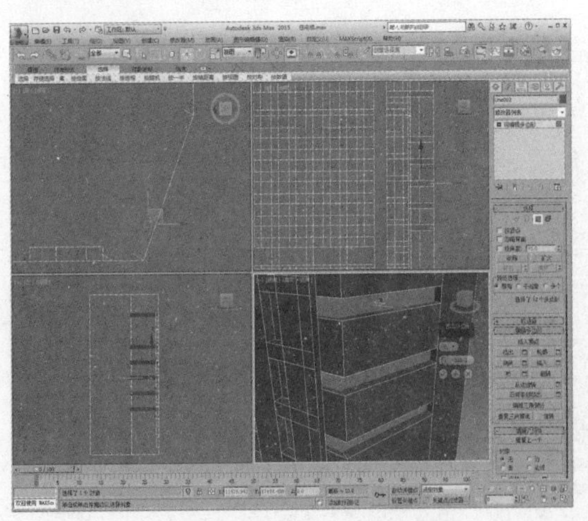

20 进入“顶点”子层级，在顶视图中调整顶点位置，如下图所示。

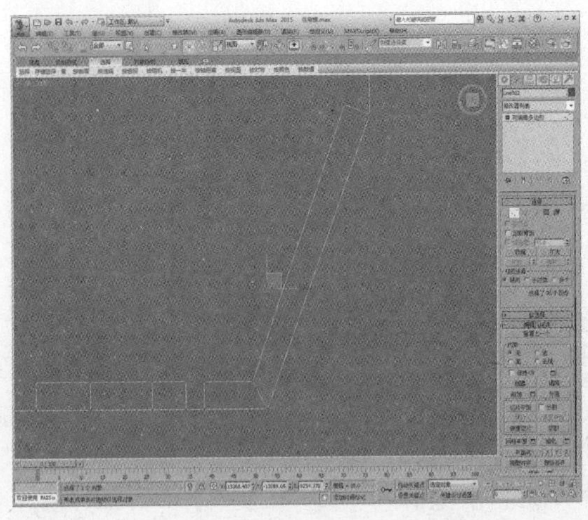

21 进入“多边形”子层级，按Delete键删除多边形，如下图所示。

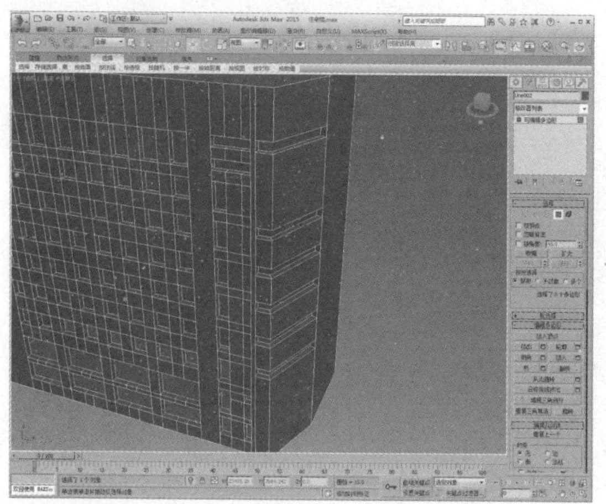

22 选择顶部的多边形，如下图所示。

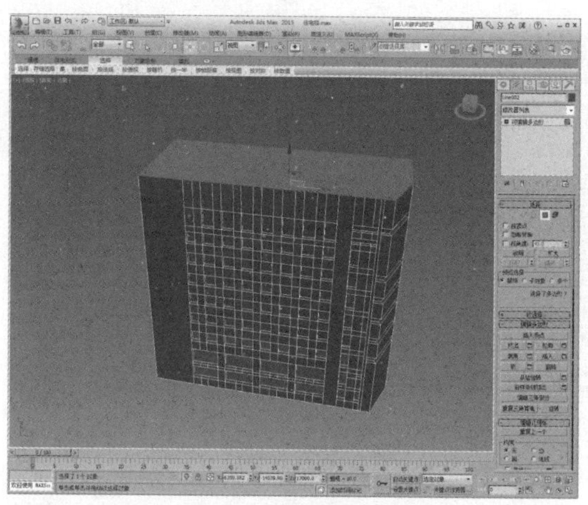

23 单击“插入”设置按钮，设置插入值为300，如下图所示。

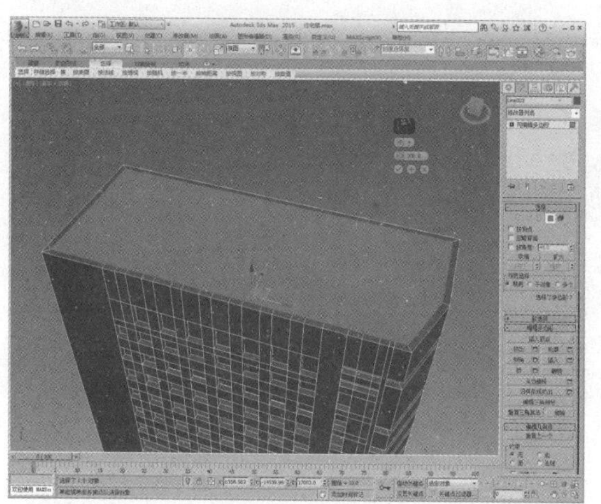

24 再选择如下图所示的多边形。

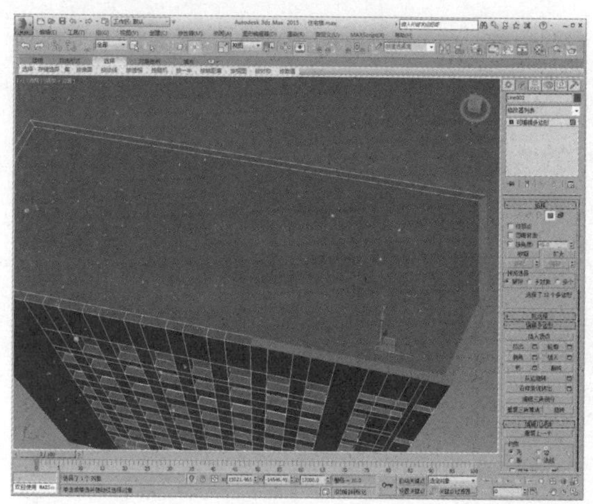

25 单击“挤出”设置按钮，设置挤出值为1500，如下图所示。

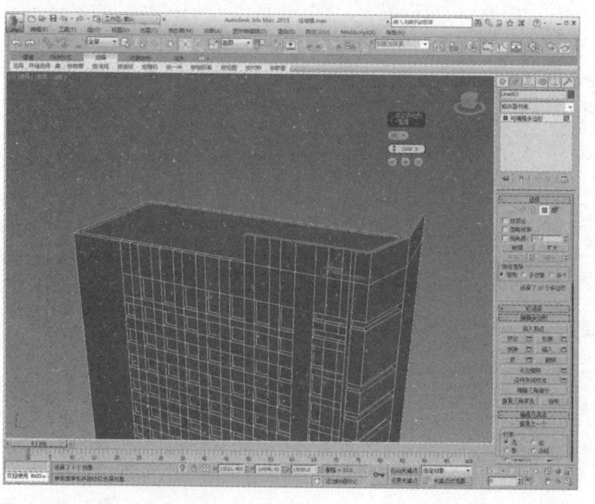

26 进入“顶点”子层级，将所有顶点类型设置为角点，如下图所示。

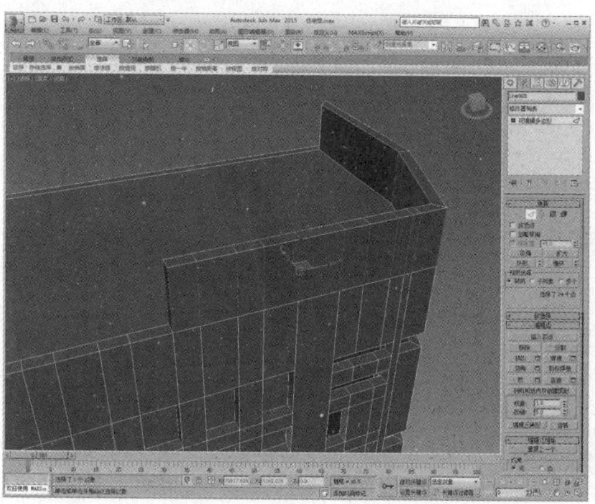

27 单击“连接”设置按钮，设置连接数为2，如下图所示。

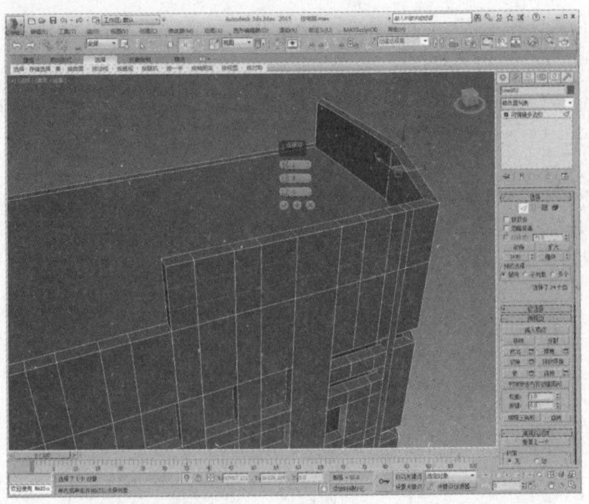

28 在前视图中向上复制模型，如下图所示。

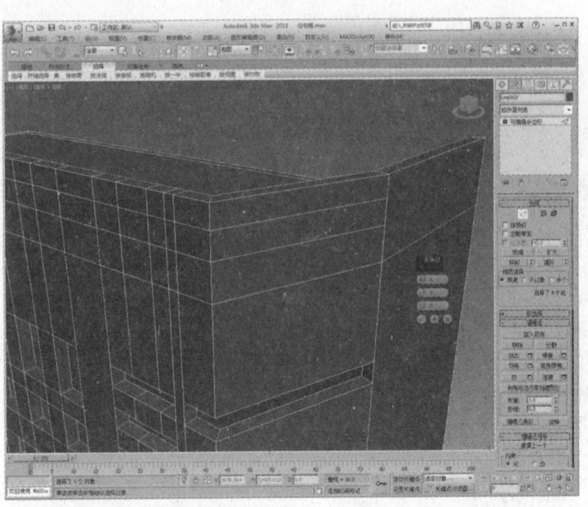

29 进入“多边形”子层级，选择墙体两侧的多边形，如下图所示。

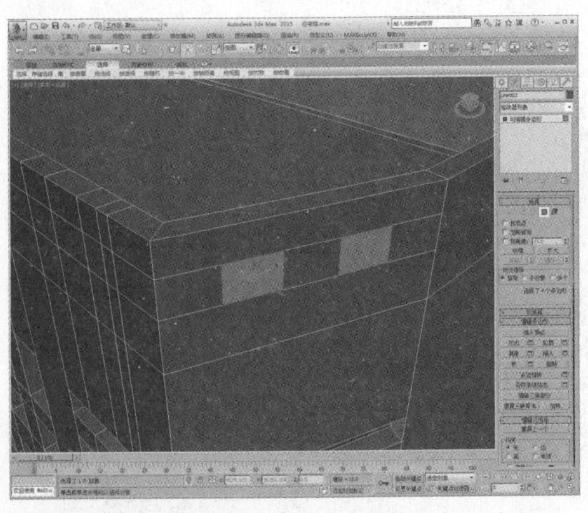

30 单击“桥”按钮，制作出窗洞，如下图所示。

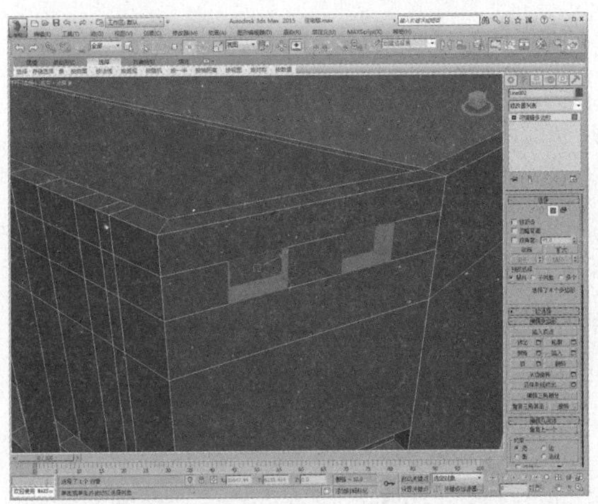

31 在顶视图中捕捉绘制一个样条线，如下图所示。

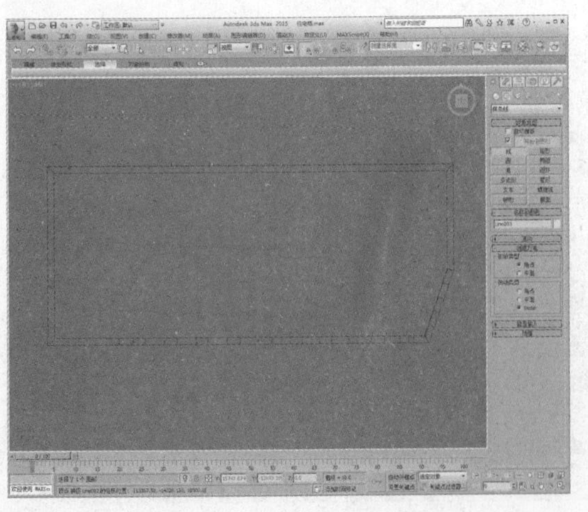

32 添加“挤出”修改器，设置挤出值为200，调整到合适位置，如下图所示。

33 向上复制多个模型，调整到合适位置，如下图所示。

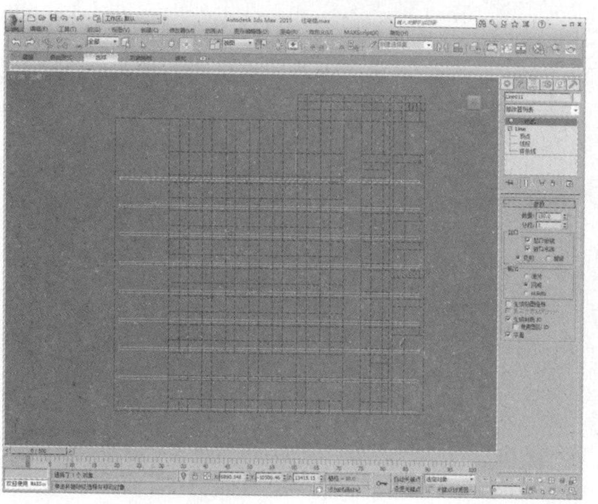

34 创建一个圆柱体，调整参数及位置，如下图所示。

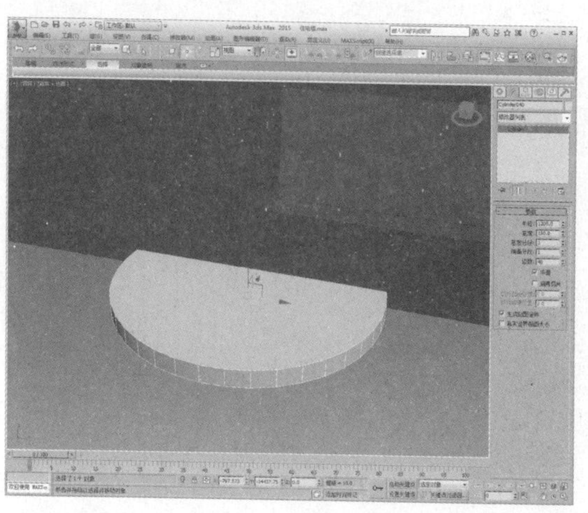

35 向上复制多个模型，分别调整半径参数，如下图所示。

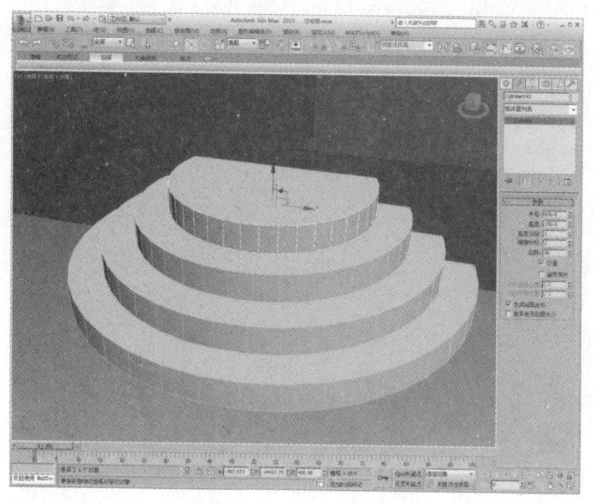

36 继续向上复制多个圆柱体，调整参数及位置，如下图所示。

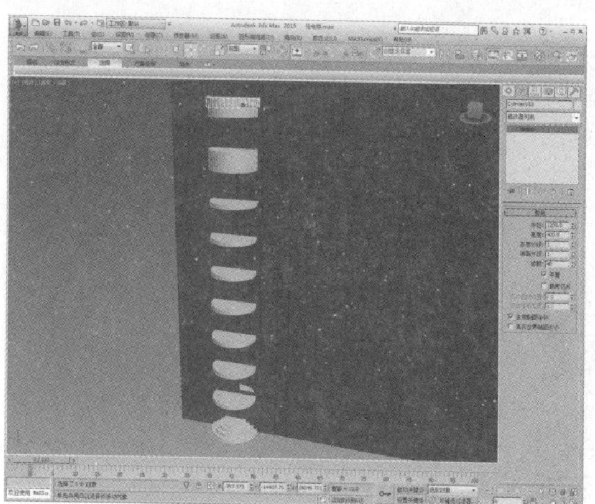

37 选择最上方圆柱体，将其转换为可编辑多边形，进入“边”子层级，选择竖向的边，如下图所示。

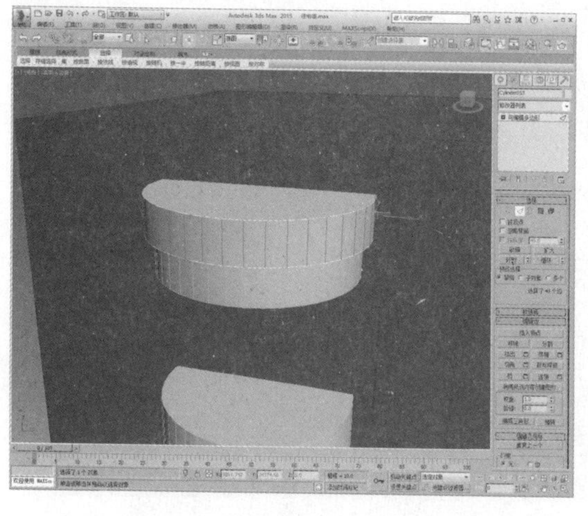

38 单击“连接”设置按钮，设置连接数为1，如下图所示。

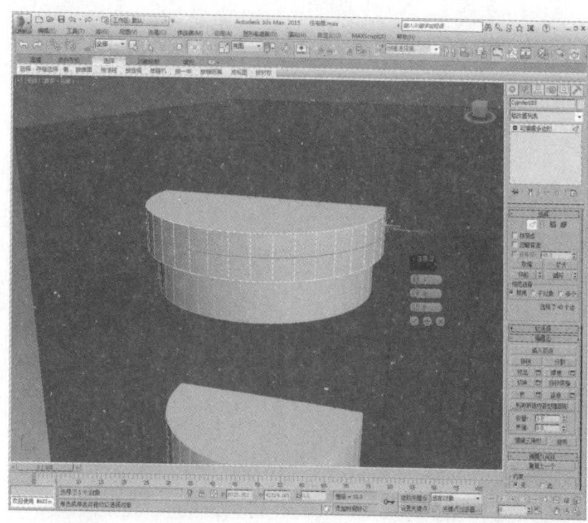

39 调整边的位置，如下图所示。

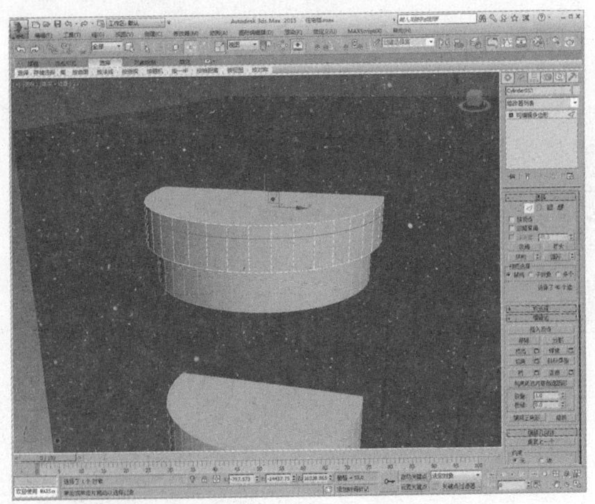

40 进入“顶点”子层级，选择如下图所示的顶点。

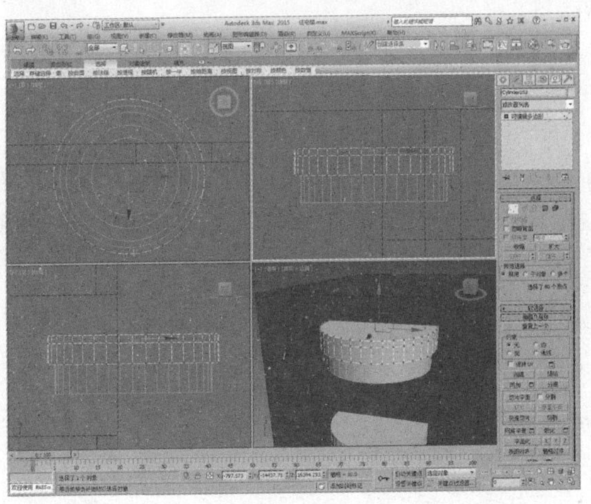

41 选择“选择并均匀缩放”工具，在顶视图中对所选顶点进行缩放，如下图所示。

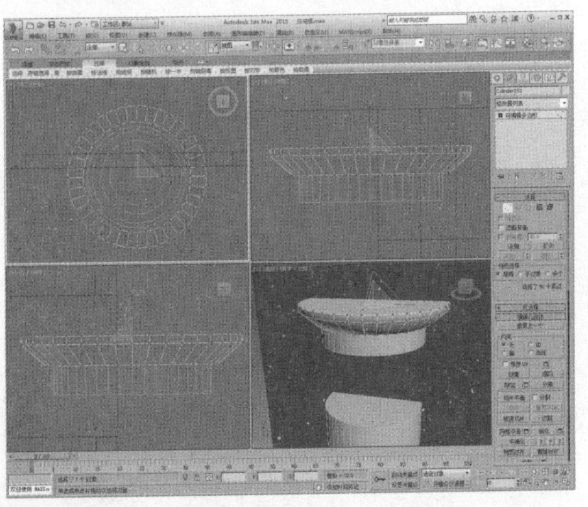

42 创建一个长方体，移动到合适位置，如下图所示。

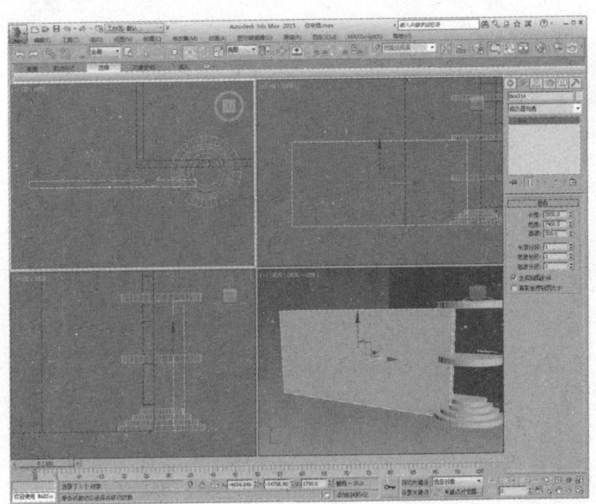

43 将其转换为可编辑多边形，选择如下图所示的边。

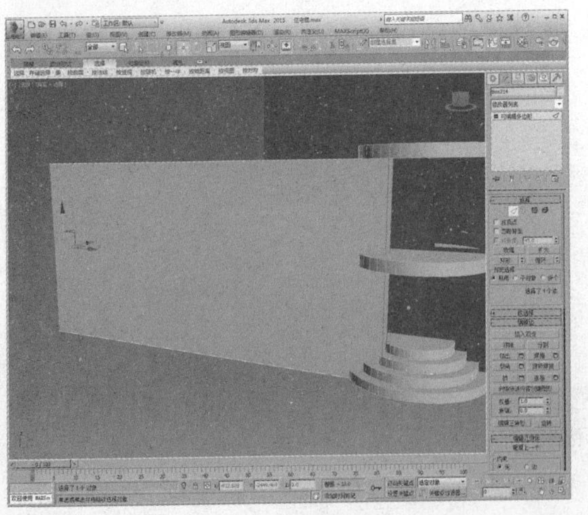

44 单击“连接”设置按钮，设置连接数为2，如下图所示。

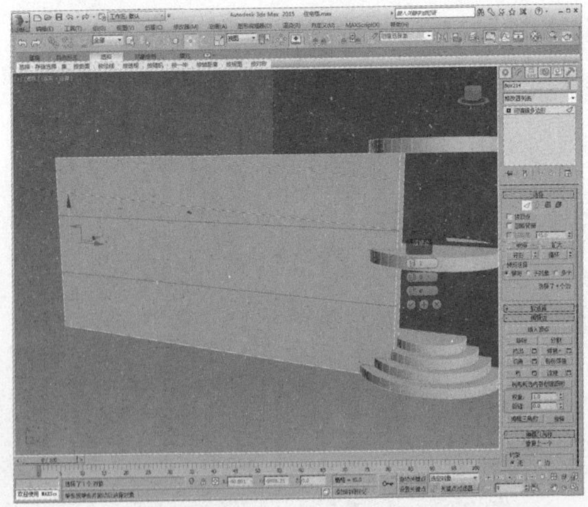

45 调整边的位置，如下图所示。

46 选择如下图所示的边。

47 单击“连接”设置按钮，设置连接数为9，如下图所示。

48 进入“顶点”子层级，调整顶点位置，如下图所示。

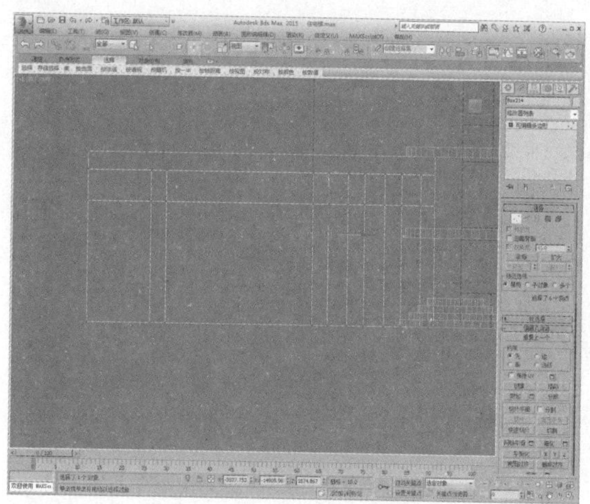

49 进入“多边形”子层级，选择两侧的多边形，如下图所示。

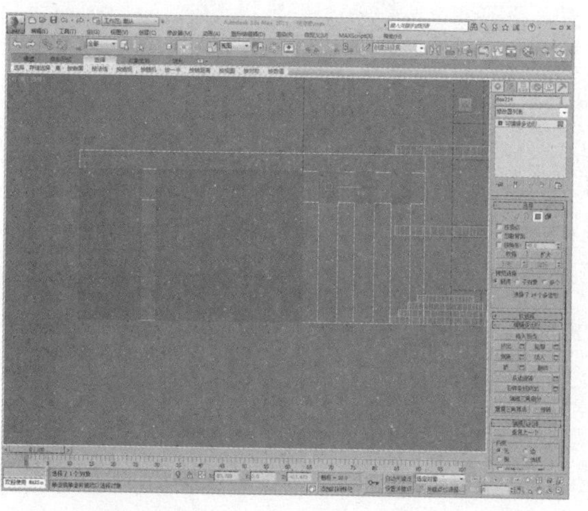

50 单击“桥”按钮，制作出窗洞以及门洞，如下图所示。

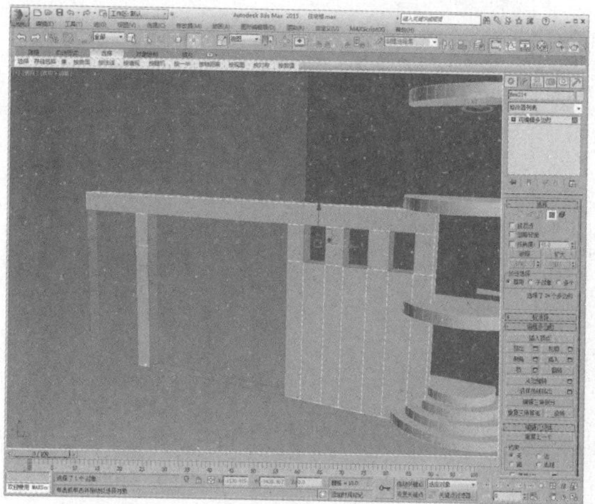

51 删除多余的多边形，如下图所示。

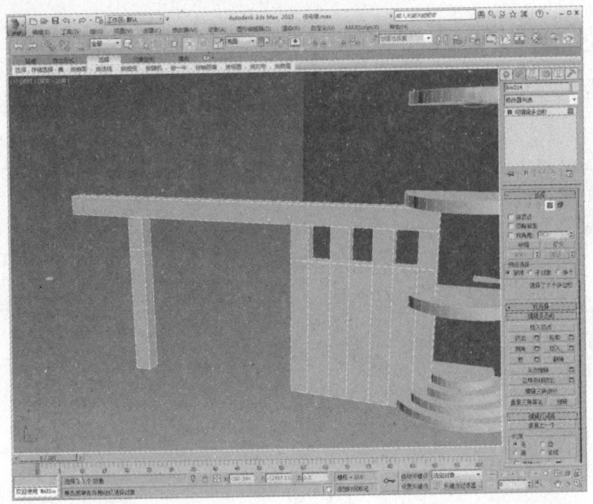

52 创建一个长方体，移动到合适位置，如下图所示。

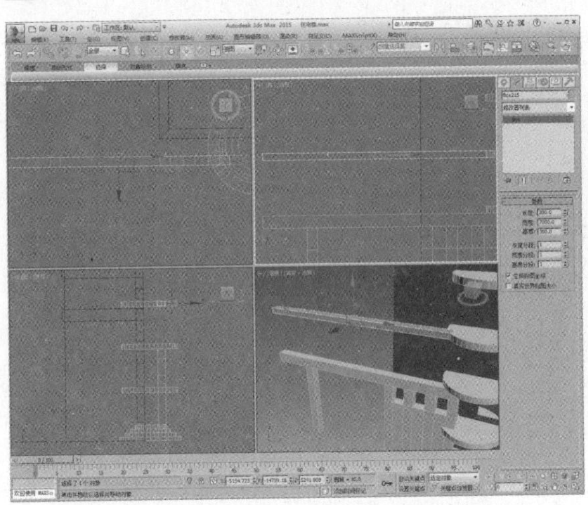

53 向上复制多个模型，并调整位置，如下图所示。

54 在顶视图中绘制样条线，如下图所示。

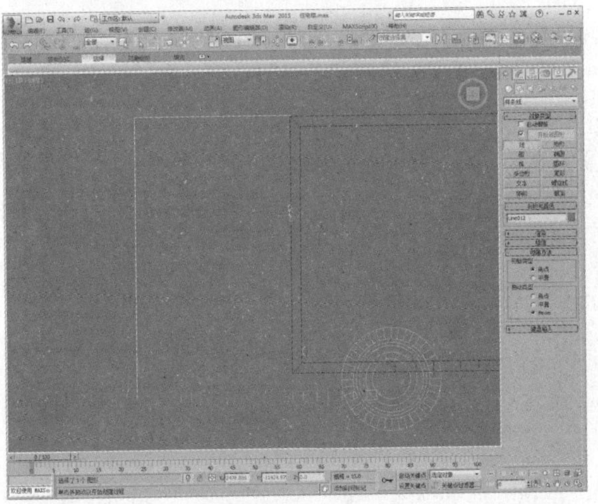

55 进入“样条线”子层级，设置轮廓值为200，如下图所示。

56 添加“挤出”修改器，设置挤出值为12800，调整模型位置，如下图所示。

57 继续绘制一个样条线图形，如下图所示。

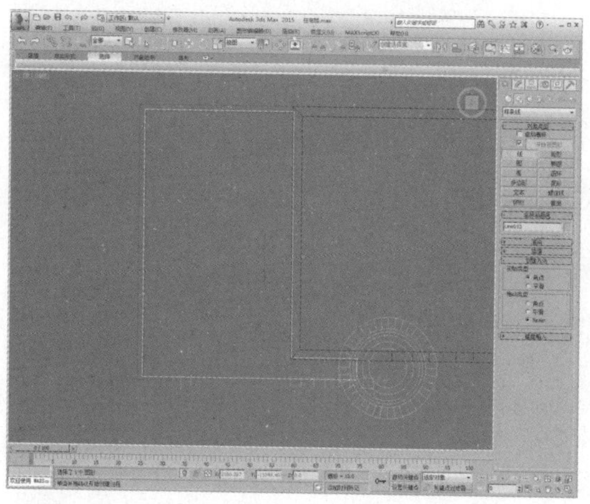

58 添加“挤出”修改器，设置挤出值为150，如下图所示。

59 向上复制多个模型，调整到合适位置，如下图所示。

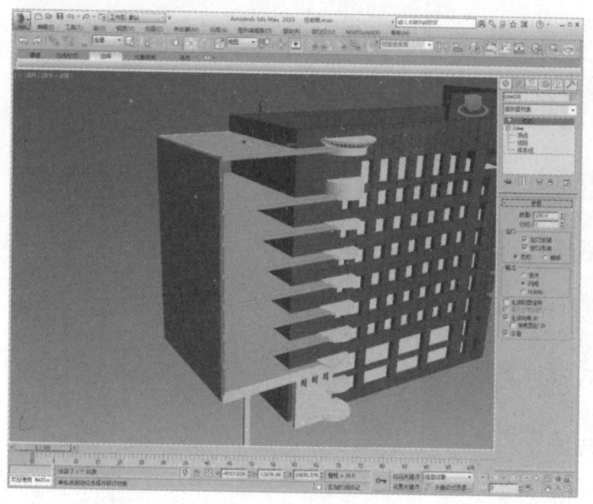

60 创建一个圆柱体模型，调整到合适位置，如下图所示。

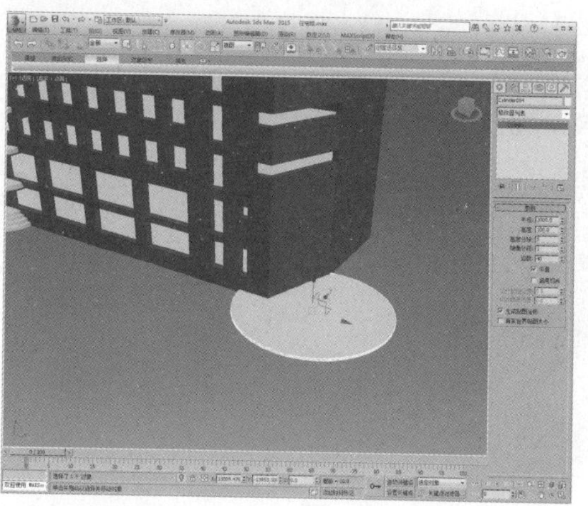

61 向上复制圆柱体，调整半径，如下图所示。

62 在顶视图中绘制一个圆，调整步数值，如下图所示。

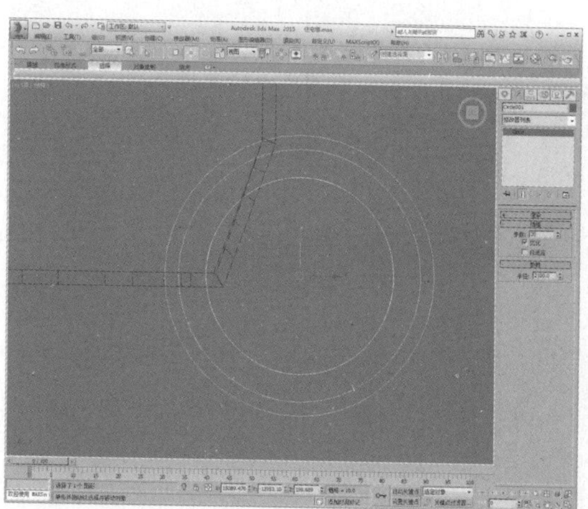

63 将其转换为可编辑样条线，进入“样条线”子层级，设置轮廓值为300，如下图所示。

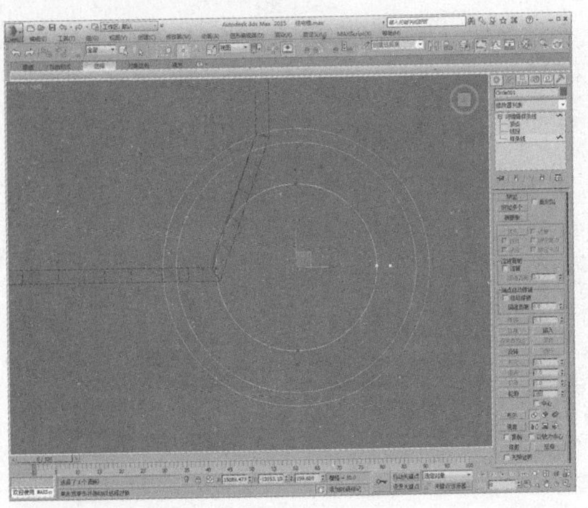

64 单击“插入”设置按钮，设置插入值为300，如下图所示。

65 将其转换为可编辑多边形，进入“边”子层级，选择如下图所示的边。

66 单击“连接”设置按钮，设置连接数为3，如下图所示。

67 进入“顶点”子层级，调整顶点位置，如下图所示。

68 进入“多边形”子层级，选择如下图所示的内外两侧的多边形。

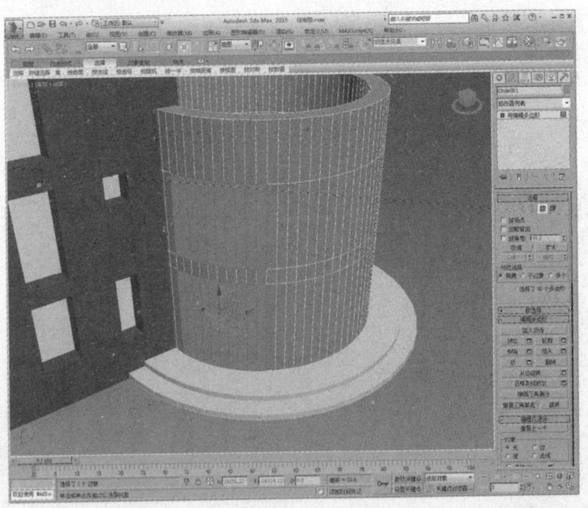

69 单击“桥”按钮，制作出门洞和窗洞，如下图所示。

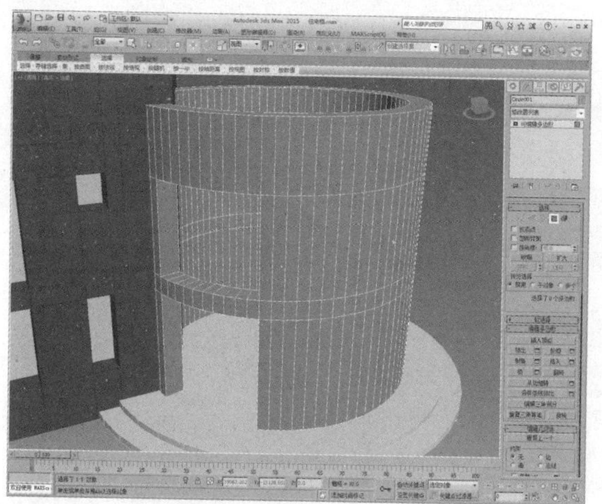

70 按照此操作方法完成该部分建筑门洞和窗洞的制作，如下图所示。

71 创建一个圆柱体，调整到合适位置，如下图所示。

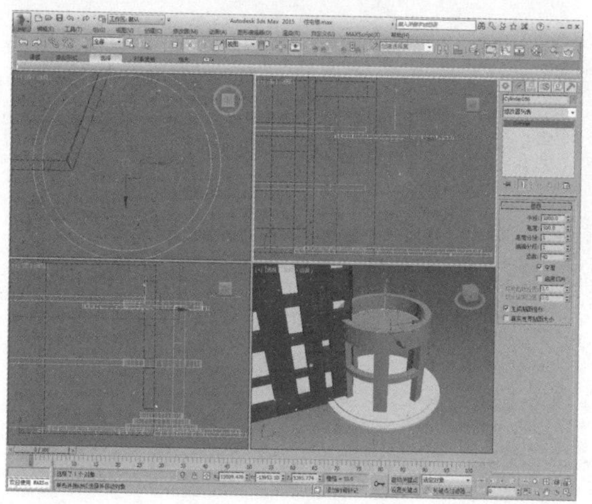

72 向下复制圆柱体，调整到合适位置，如下图所示。

73 在顶视图中绘制一个样条线图形，如下图所示。

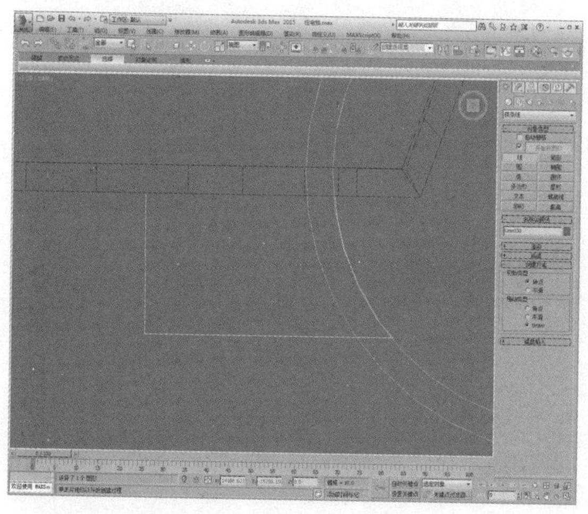

74 进入“顶点”子层级，调整路径顶点位置，如下图所示。

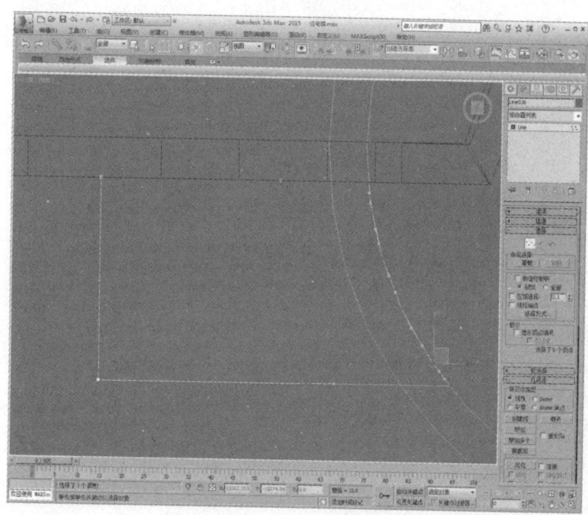

75 添加“挤出”修改器，设置挤出值为200，如下图所示。

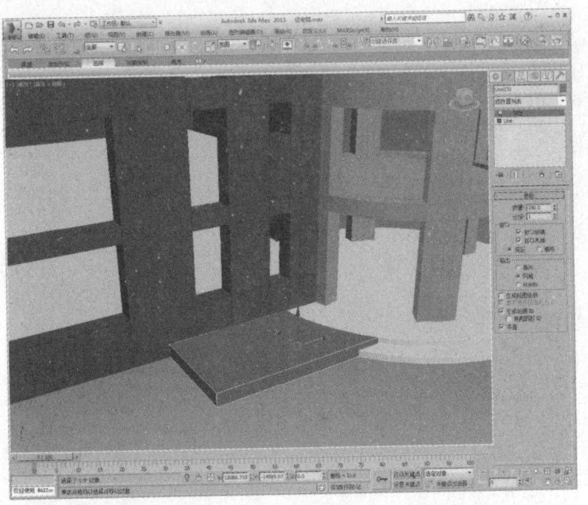

76 将其转换为可编辑多边形，进入“顶点”子层级，选择顶点，如下图所示。

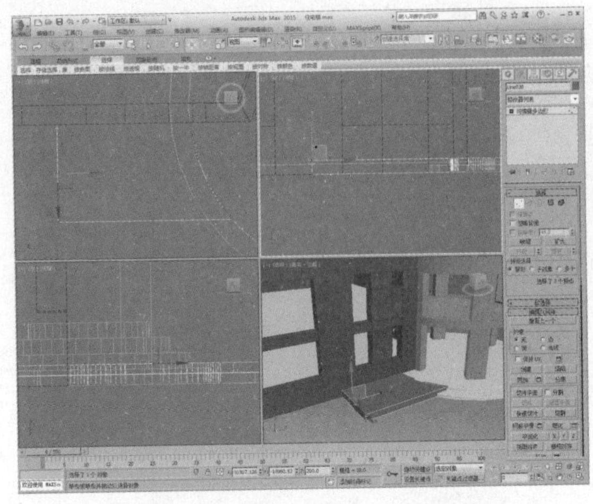

77 调整顶点在Z轴向上的高度为0，如下图所示。

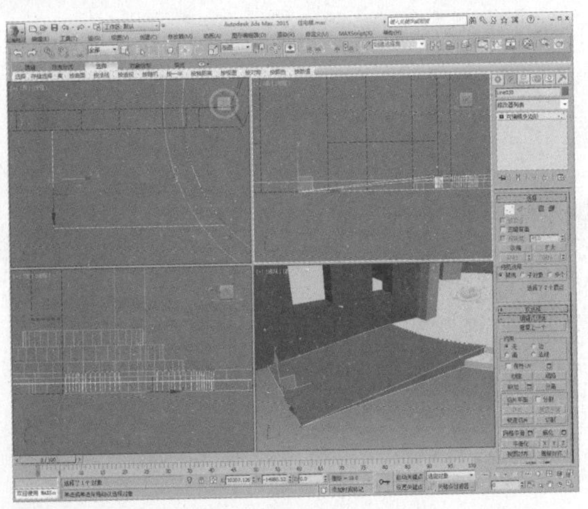

78 在前视图中绘制一个矩形，如下图所示。

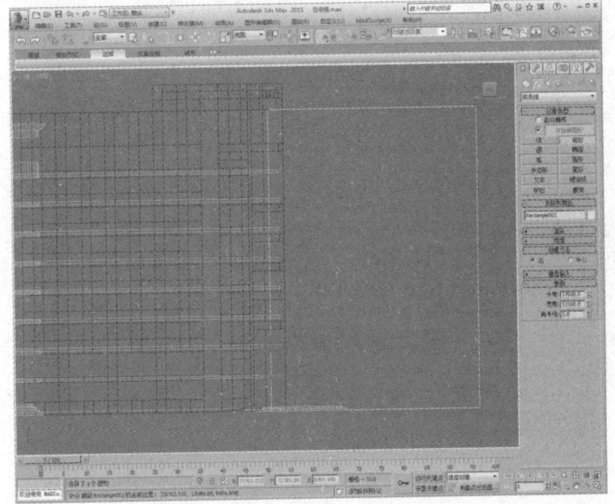

79 添加“挤出”修改器，设置挤出值为300，如下图所示。

80 将其转换为可编辑多边形，进入“边”子层级，选择如下图所示的边。

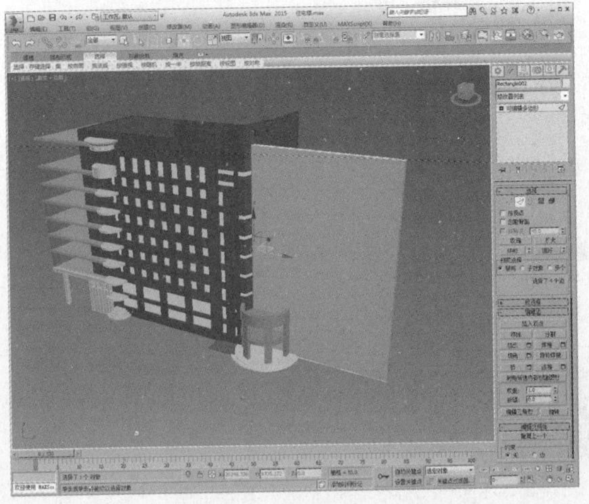

81 单击“连接”设置按钮，设置连接数为20，如下图所示。

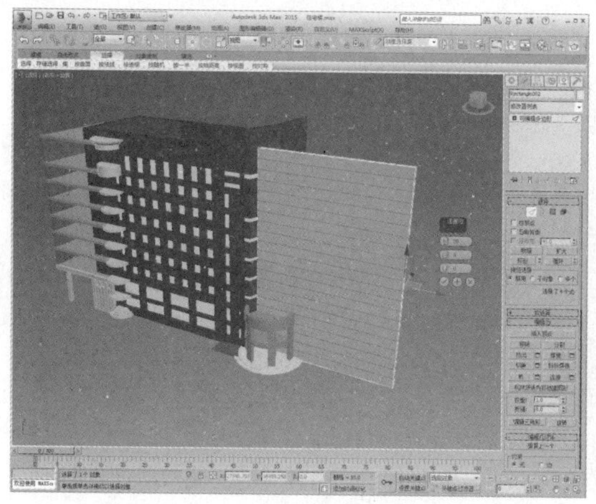

82 再选择横向的边，如下图所示。

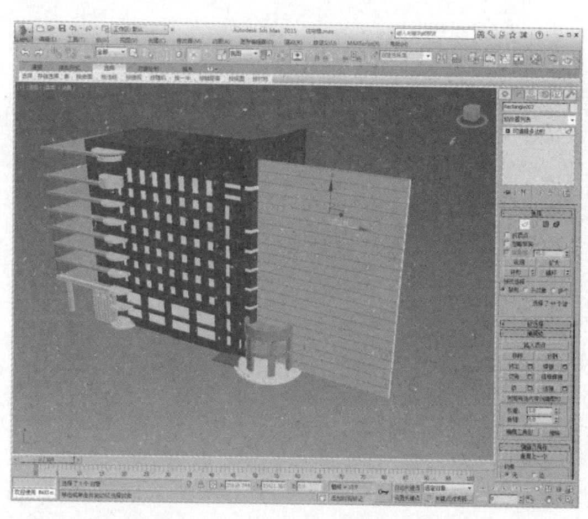

83 单击“连接”设置按钮，设置连接数为14，如下图所示。

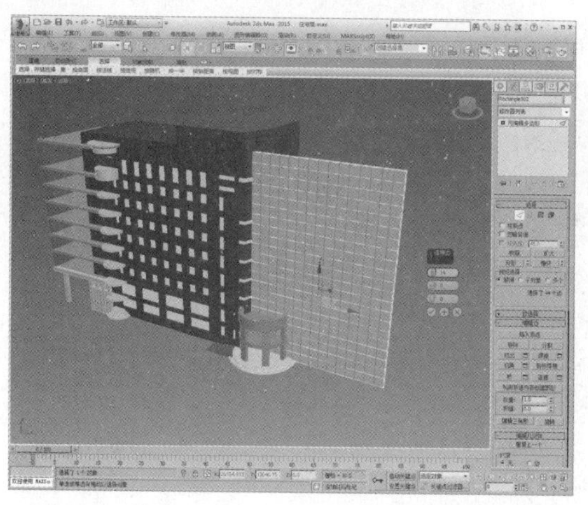

84 进入“顶点”子层级，在前视图中调整顶点位置，如下图所示。

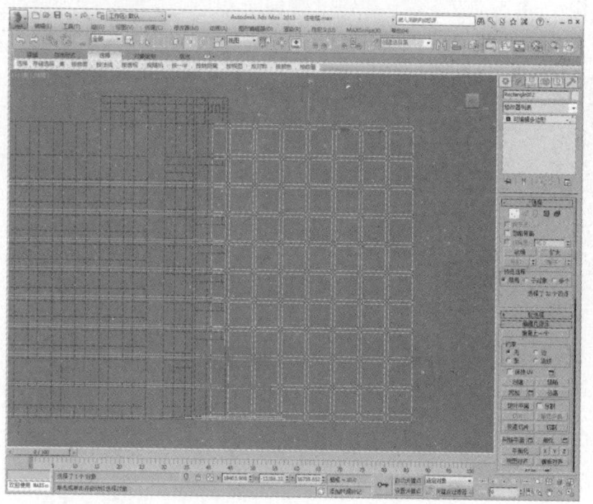

85 进入“多边形”子层级，选择如下图所示的两面多边形。

86 单击“桥”按钮，效果如下图所示。

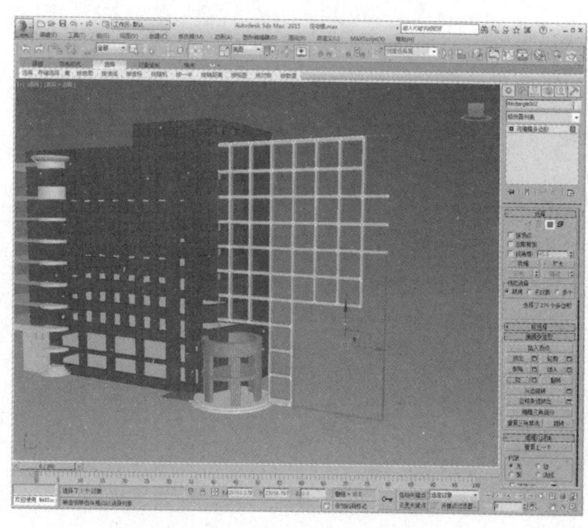

87 删除多余的多边形，如下图所示。

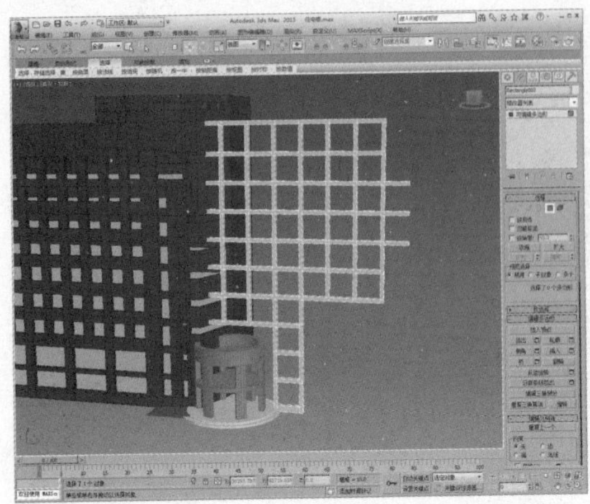

88 进入“边”子层级，选择如下图所示的边。

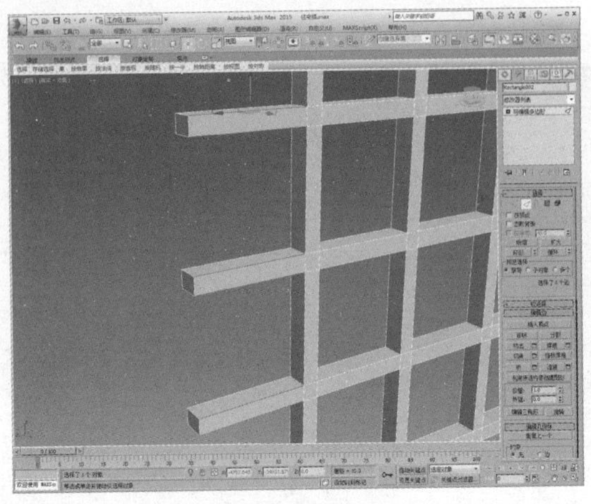

89 单击“连接”设置按钮，设置连接数为1，如下图所示。

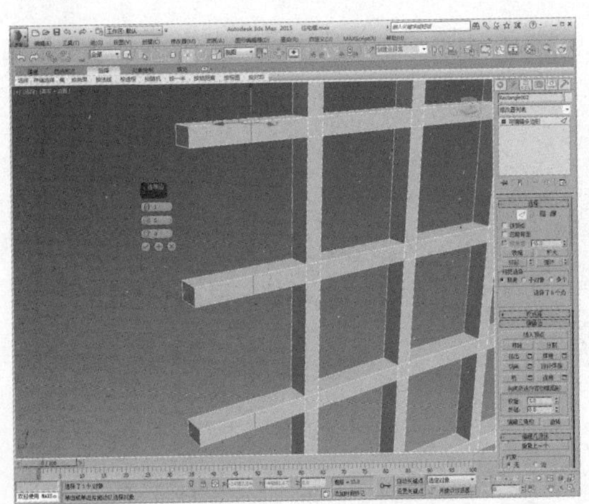

90 调整边的位置，如下图所示。

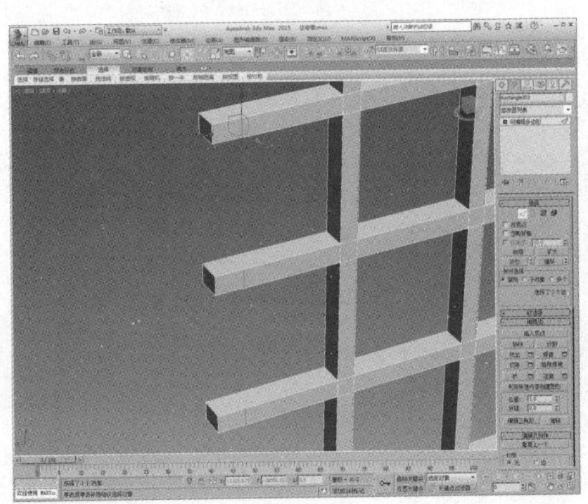

91 进入“多边形”子层级，选择如下图所示的多边形。

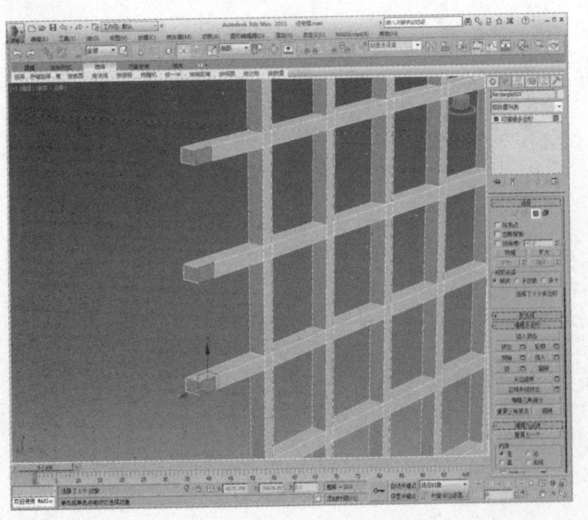

92 单击“挤出”设置按钮，设置挤出值为2550，如下图所示。

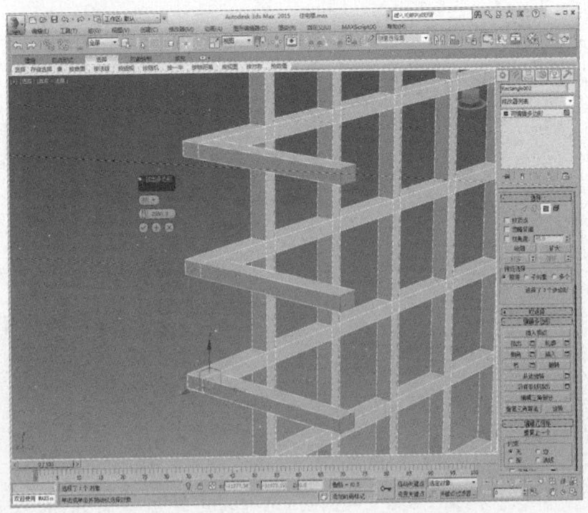

93 在顶视图中绘制一条样条线，如下图所示。

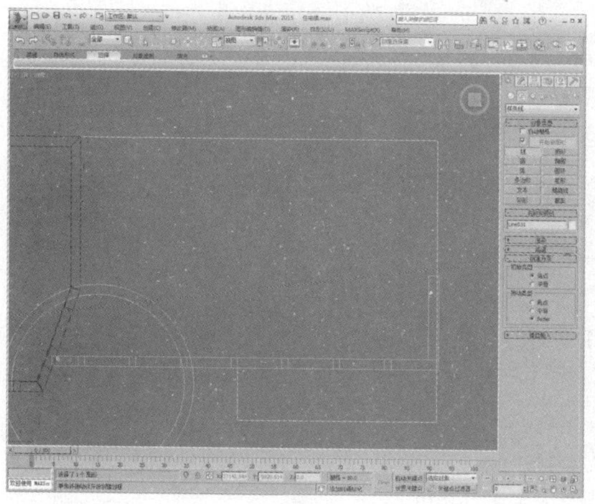

94 进入“样条线”子层级，设置轮廓值为250，如下图所示。

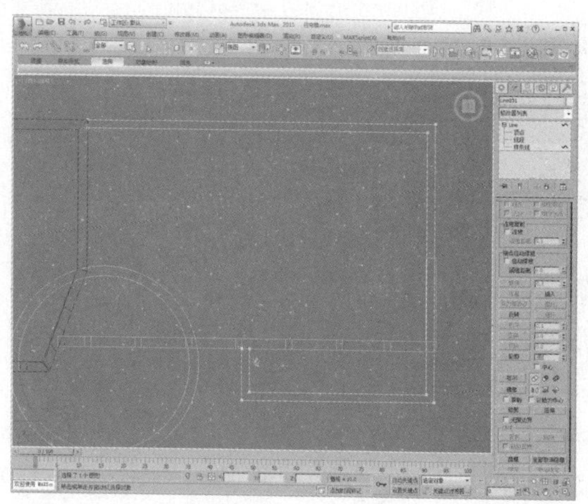

95 添加“挤出”修改器，设置挤出值为7400，如下图所示。

96 将其转换为可编辑多边形，进入“边”子层级，选择边，如下图所示。

97 单击“连接”设置按钮，设置连接数为1，如下图所示。

98 进入“多边形”子层级，选择多边形，如下图所示。

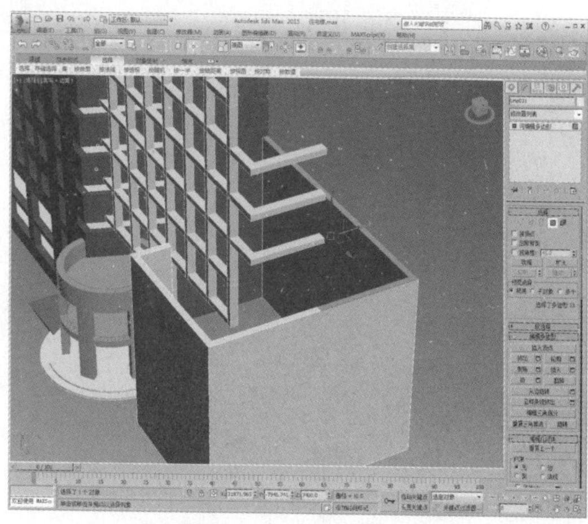

99 单击“挤出”设置按钮，设置挤出值为9600，如下图所示。

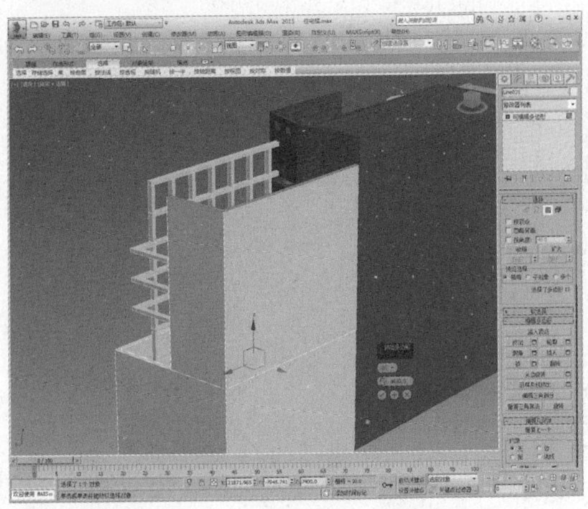

100 创建一个长方体，如下图所示。

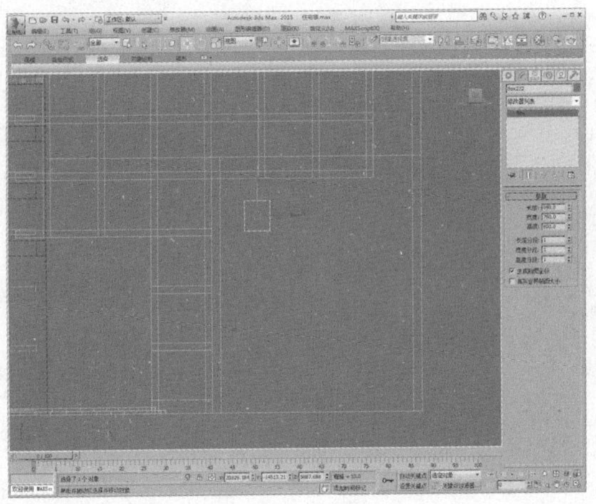

101 复制长方体并调整到合适位置，如下图所示。

102 再创建两个长方体，调整位置，如下图所示。

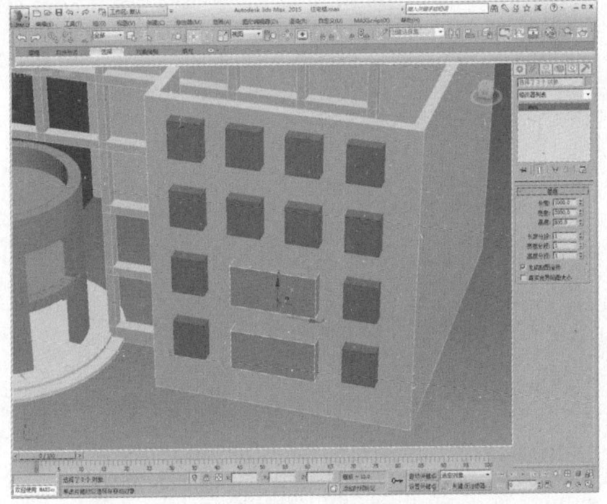

103 将一个长方体转换为可编辑多边形，单击“附加”按钮，附加选择其他长方体，使其成为一个整体，如下图所示。

104 选择墙体模型，在复合对象面板中单击“布尔”按钮，再单击“拾取操作对象B”按钮，在视图中拾取模型，如下图所示。

105 对模型进行布尔差集运算，制作出窗洞，如下图所示。

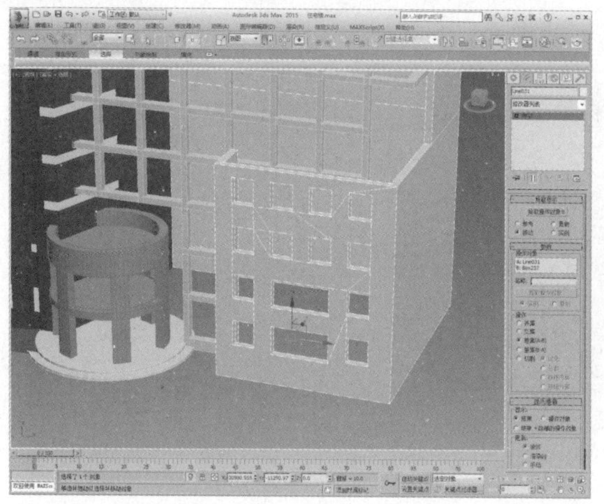

107 在顶视图中绘制一个样条线图形，如下图所示。

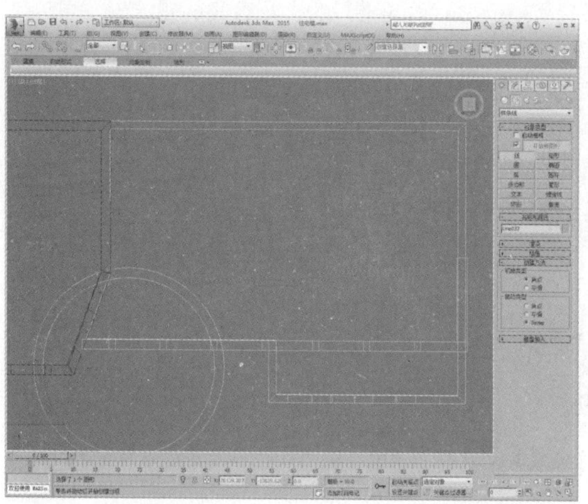

109 向上复制模型，如下图所示。

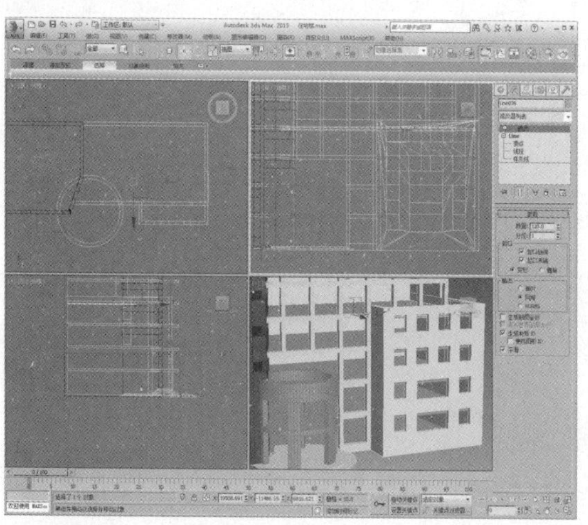

106 按照此操作步骤，制作出另一侧墙体的门洞，如下图所示。

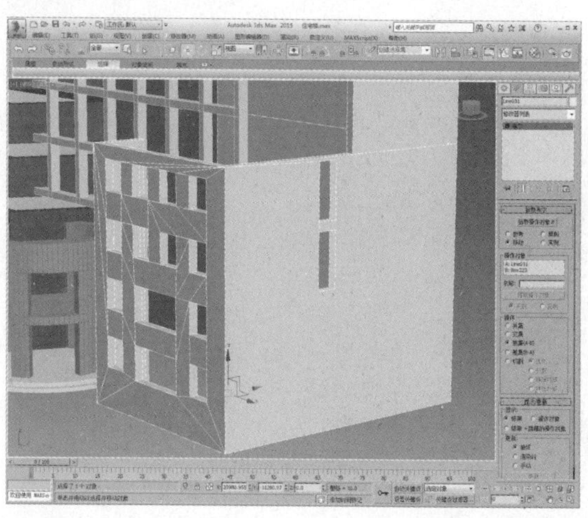

108 添加“挤出”修改器，设置挤出值为120，如下图所示。

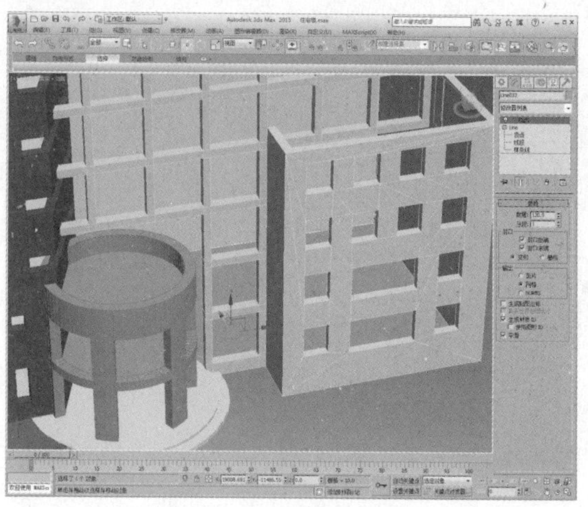

110 在顶视图中再绘制一个样条线，如下图所示。

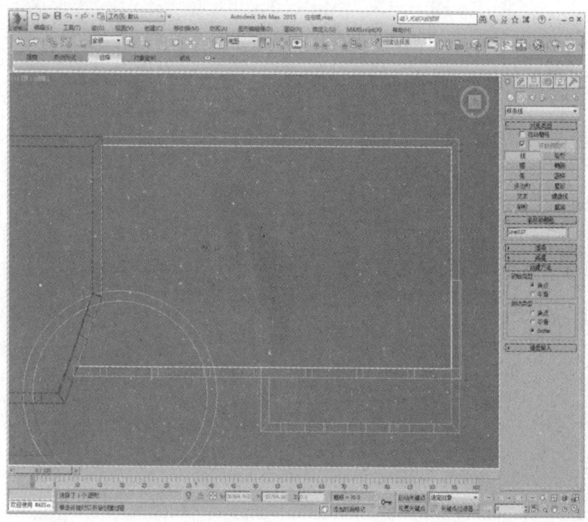

111 添加“挤出”修改器，设置挤出值为120，如下图所示。

112 向上复制模型，调整位置，如下图所示。

113 在顶视图中绘制一个圆，调整参数，如下图所示。

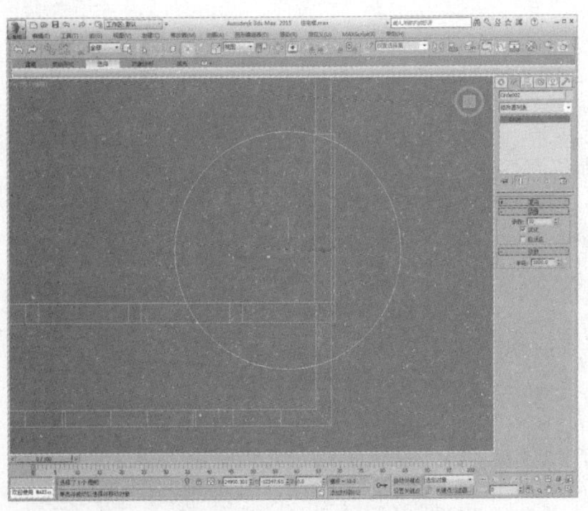

114 取消勾选“开始新图形”选项，开启捕捉开关，捕捉一点绘制一个矩形，如下图所示。

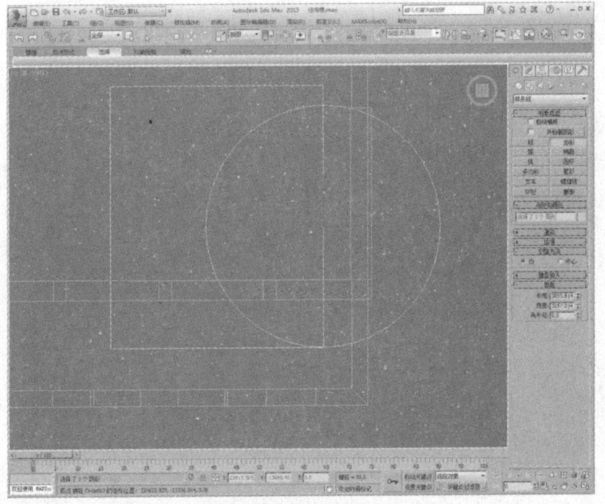

115 在修改命令面板中进入“样条线”子层级，单击“修剪”按钮，修剪图形，如下图所示。

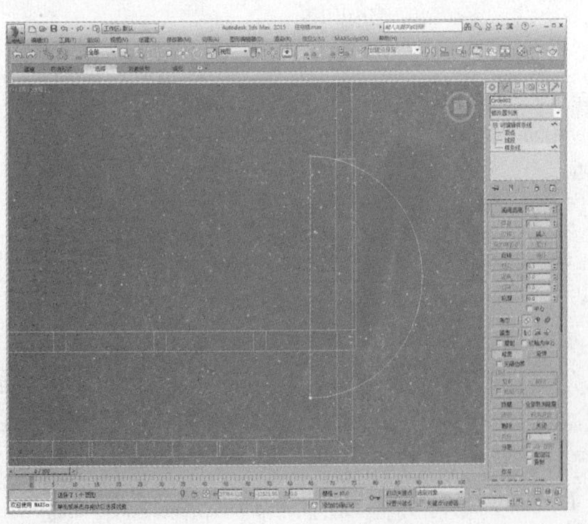

116 进入“顶点”子层级，全选顶点，单击“焊接”按钮，如下图所示。

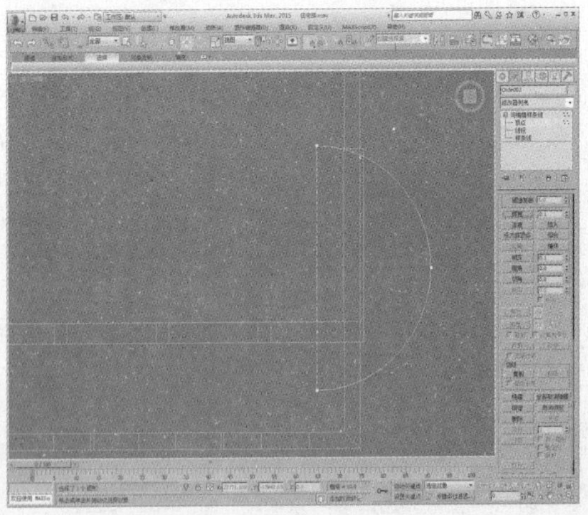

117 添加“挤出”修改器，设置挤出值为120，调整模型位置，如下图所示。

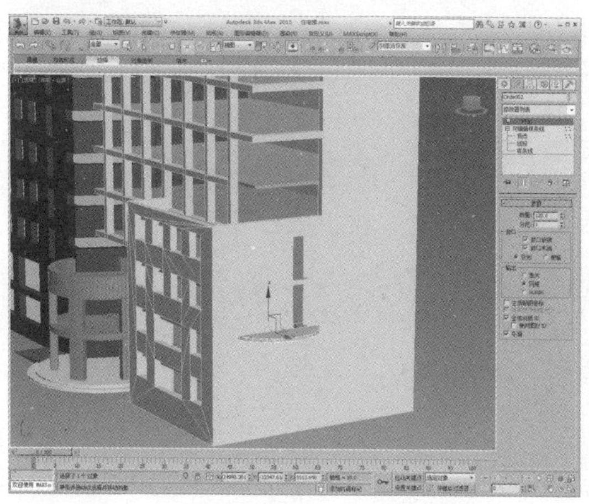

118 向上复制模型，如下图所示。

119 创建一个圆柱体，调整参数集位置，如下图所示。

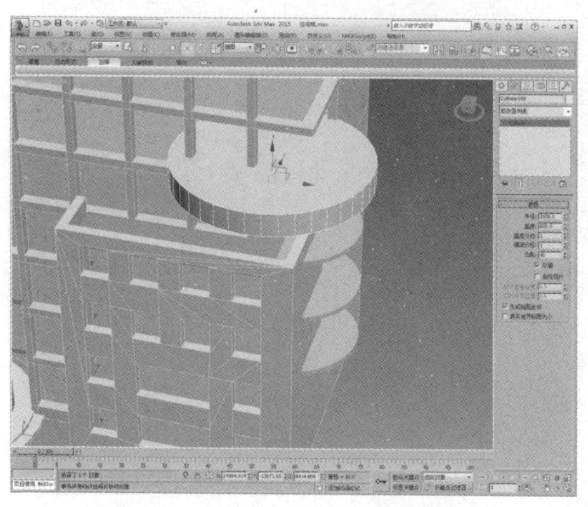

120 向上复制模型，调整模型高度与高度分段值，如下图所示。

121 将其转换为可编辑多边形，进入“顶点”子层级，调整顶点位置，如下图所示。

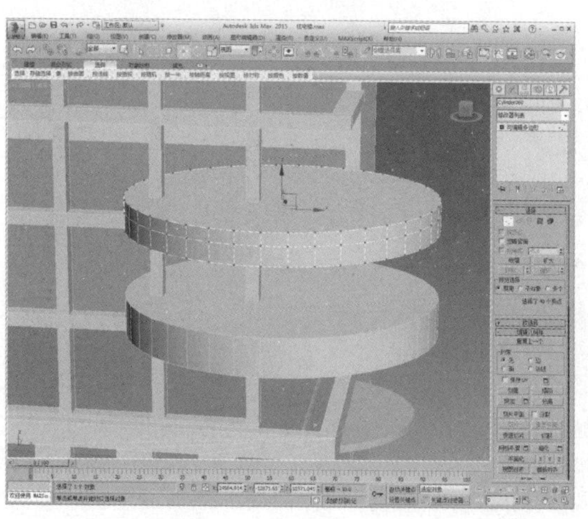

122 再选择顶点，如下图所示。

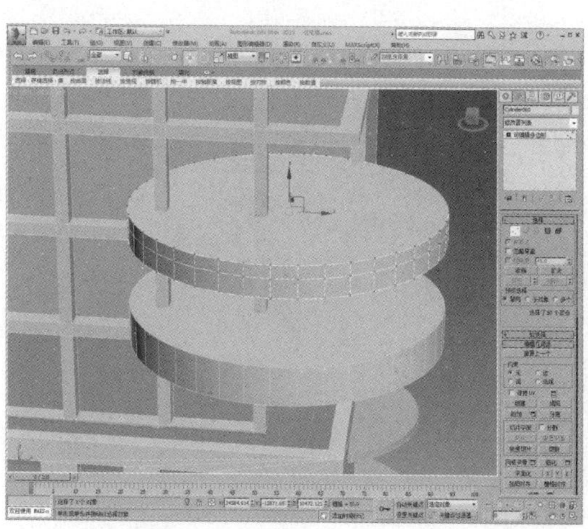

123 利用“选择并均匀缩放”工具，缩放顶点，如下图所示。

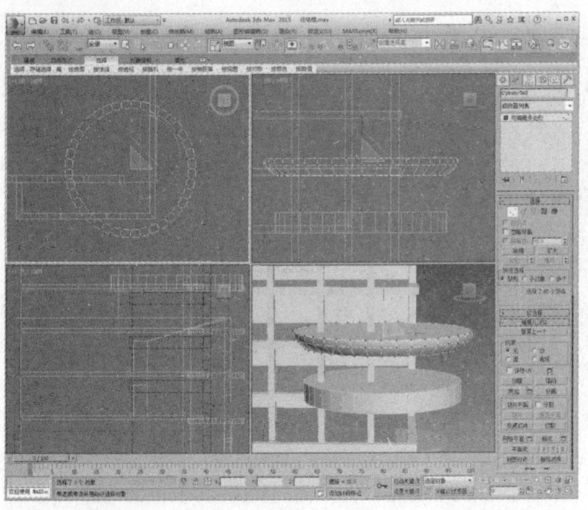

124 创建一个圆柱体，调整位置，作为柱子，如下图所示。

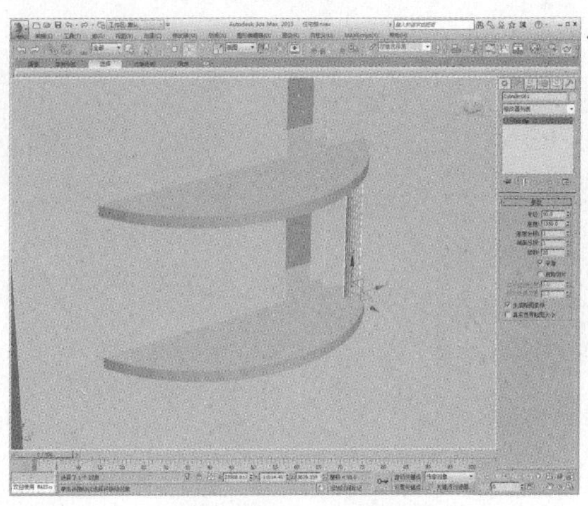

125 复制模型，调整到合适位置，并适当调整模型尺寸，如下图所示。

126 创建一个管状体模型，调整参数及位置，如下图所示。

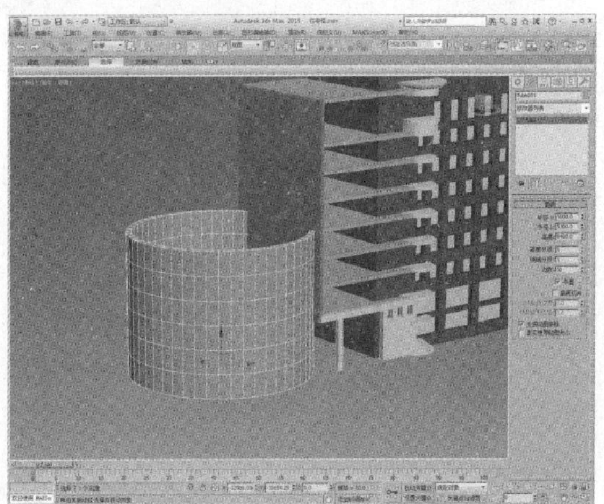

127 将其转换为可编辑多边形，进入“顶点”子层级，调整顶点位置，如下图所示。

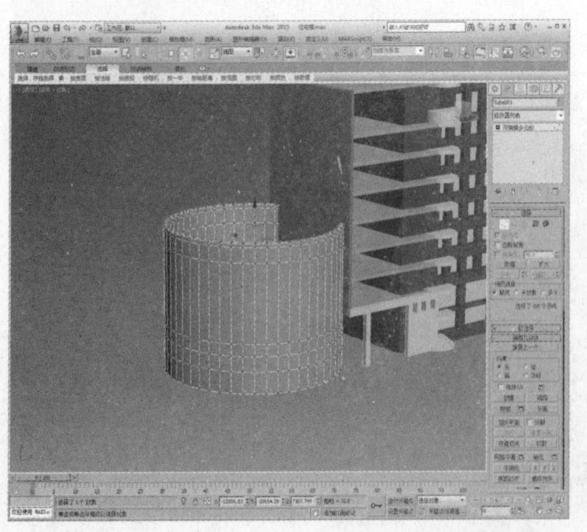

128 进入“多边形”子层级，选择模型内外对应的多边形，如下图所示。

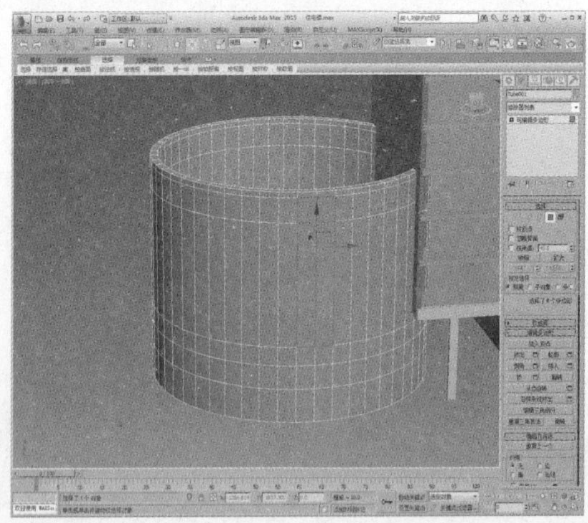

129 单击“桥”按钮，制作出窗洞模型，如下图所示。

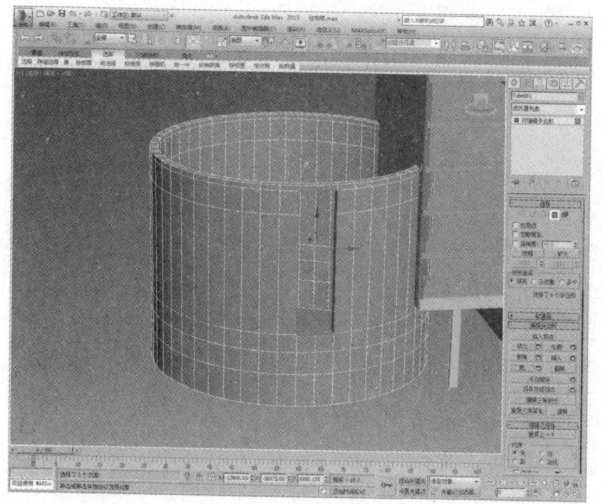

130 再制作其他门洞及窗洞，如下图所示。

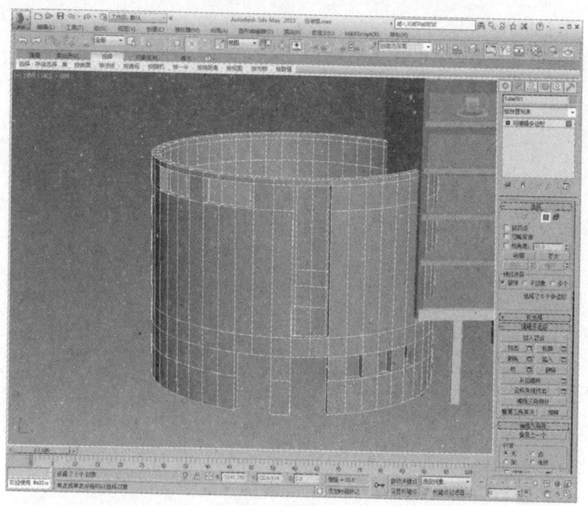

131 选择如下图所示的多边形。

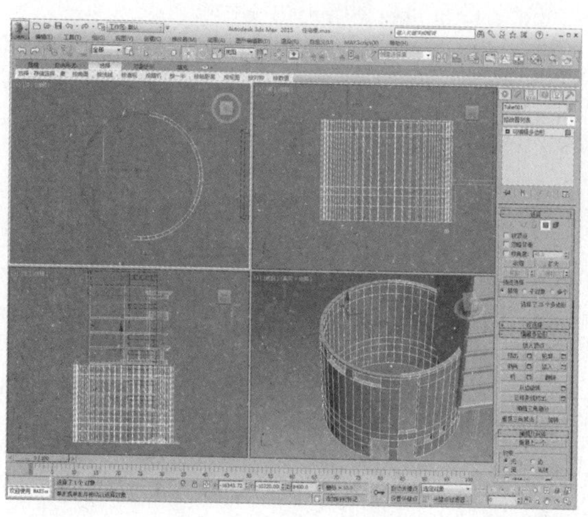

132 单击“挤出”设置按钮，设置挤出值为2200，如下图所示。

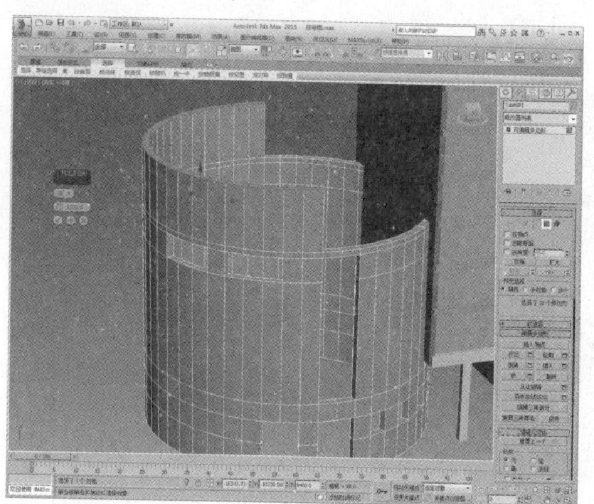

133 进入“样条线”子层级，选择如下图所示的样条线。

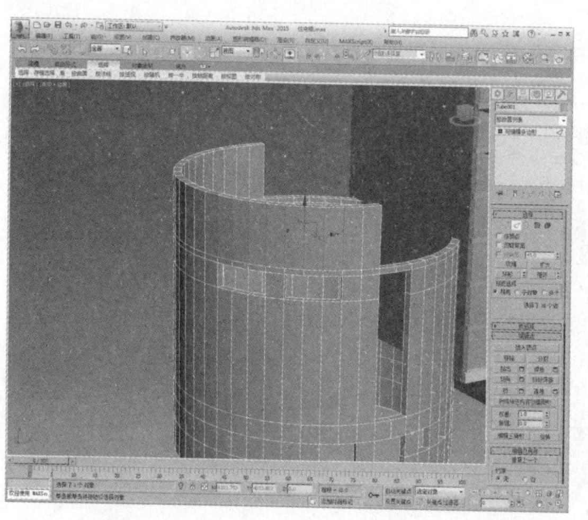

134 单击“连接”设置按钮，设置连接数为1，如下图所示。

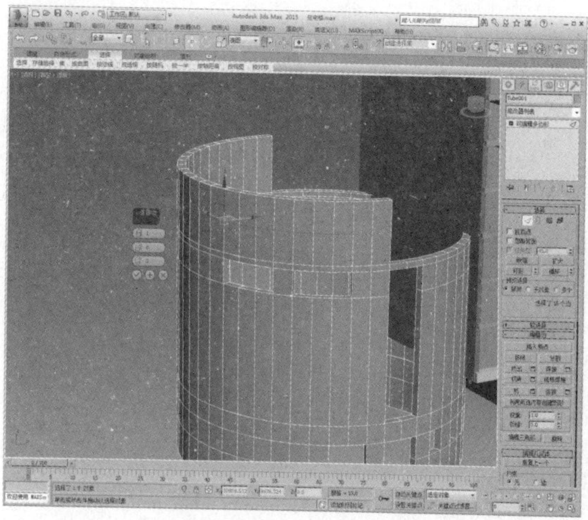

135 调整边的位置，如下图所示。

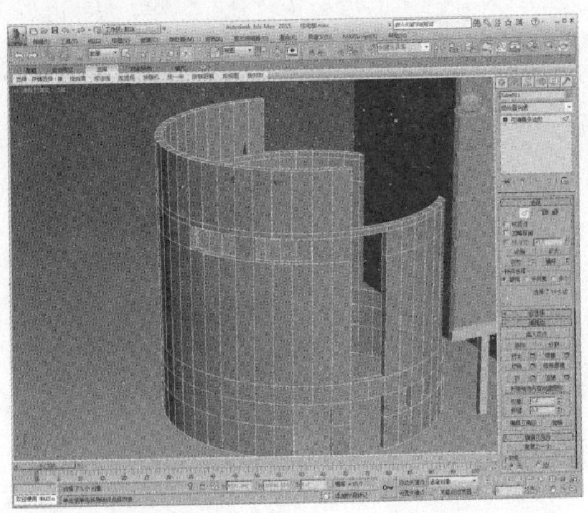

136 进入“多边形”子层级，选择相应的多边形，单击“桥”按钮，制作出窗洞，如下图所示。

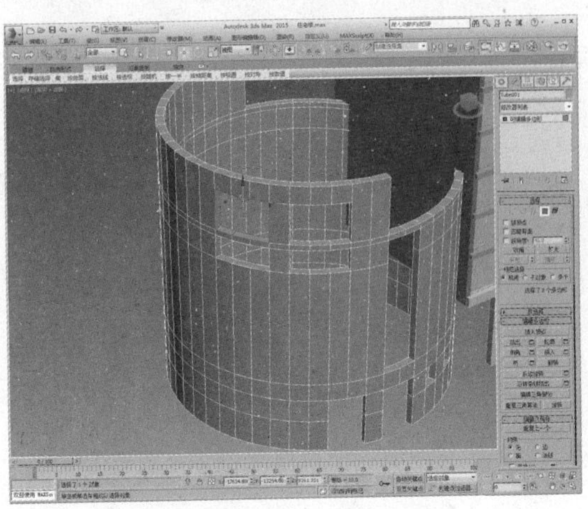

137 创建一个圆柱体，将其调整到合适位置，如下图所示。

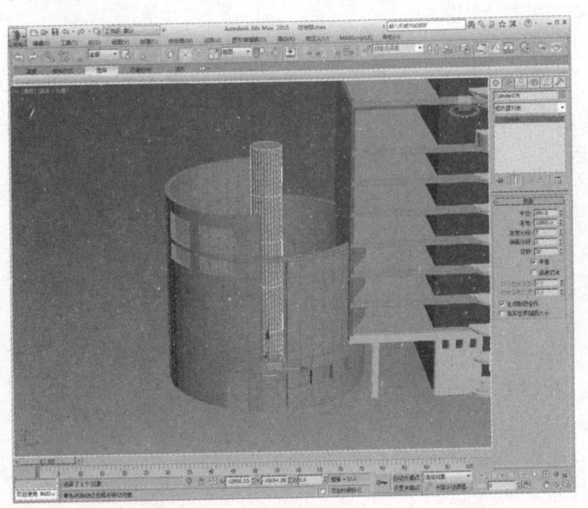

138 将其转换为可编辑多边形，进入“顶点”子层级，选择一个顶点，如下图所示。

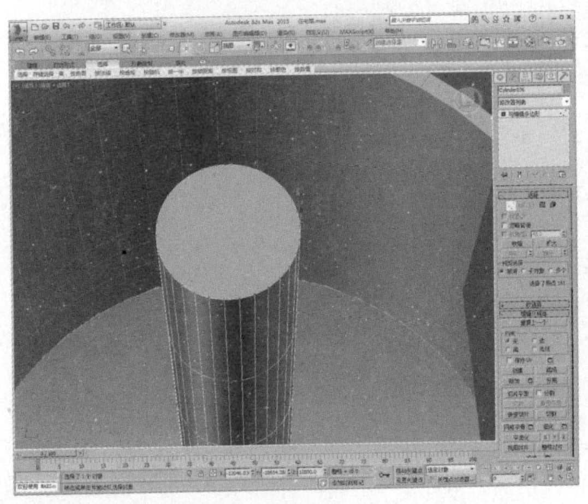

139 在“软选择”卷展栏中勾选“使用软选择”选项，设置衰减值为2000，如下图所示。

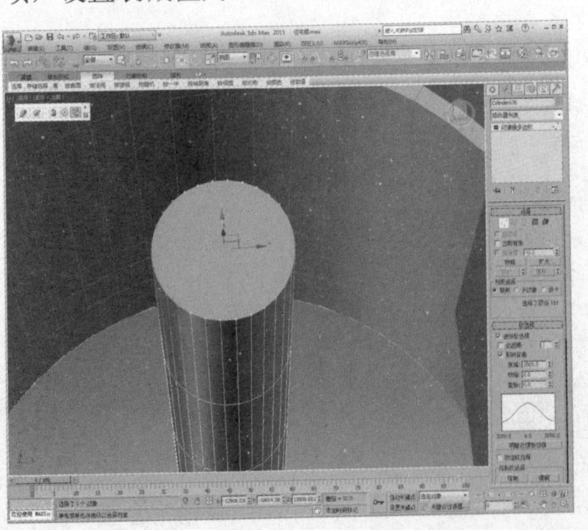

140 调整顶点位置，如下图所示。

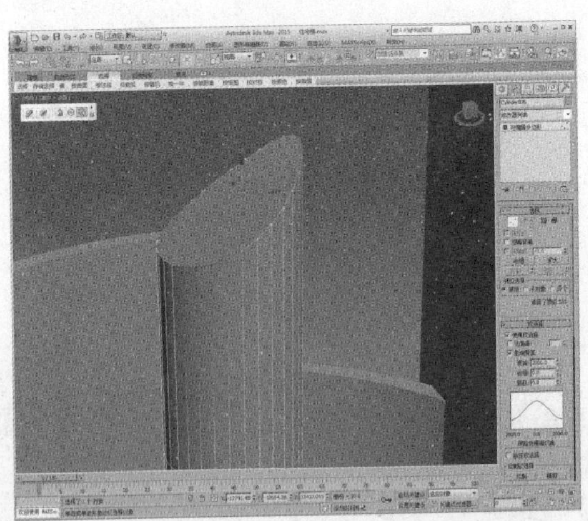

141 创建一个圆柱体，调整到合适位置，如下图所示。

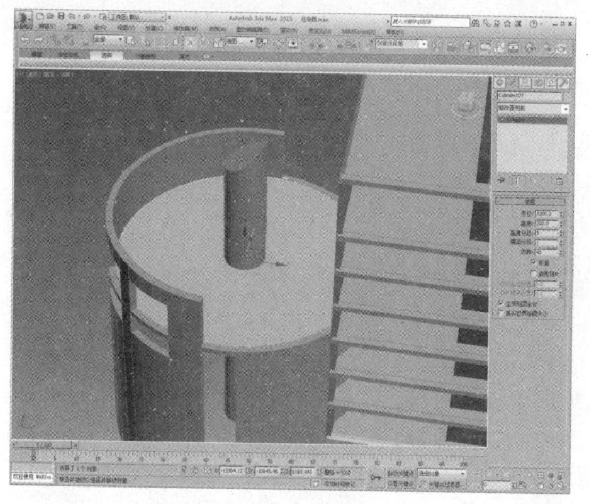

142 向上复制圆柱体，调整参数及位置，如下图所示。

143 将其转换为可编辑多边形，进入“顶点”子层级，调整顶点位置，如下图所示。

144 再选择顶点，在顶视图中对其进行缩放操作，如下图所示。

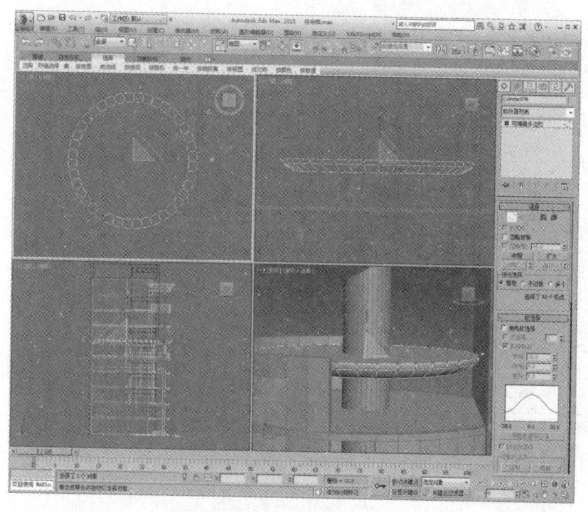

145 创建一个圆柱体，调整到合适位置，作为屋顶的支柱，如下图所示。

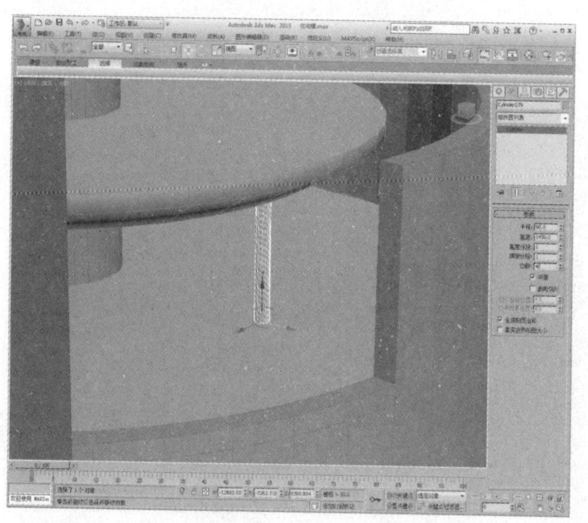

146 单击“使用变换坐标中心”按钮，在顶视图中调整图形，如下图所示。

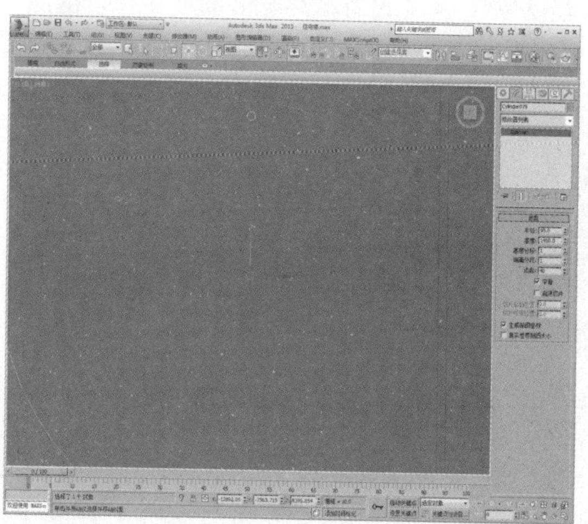

147 执行“工具>阵列”命令，打开“阵列”对话框，调整阵列变换等参数，如下图所示。

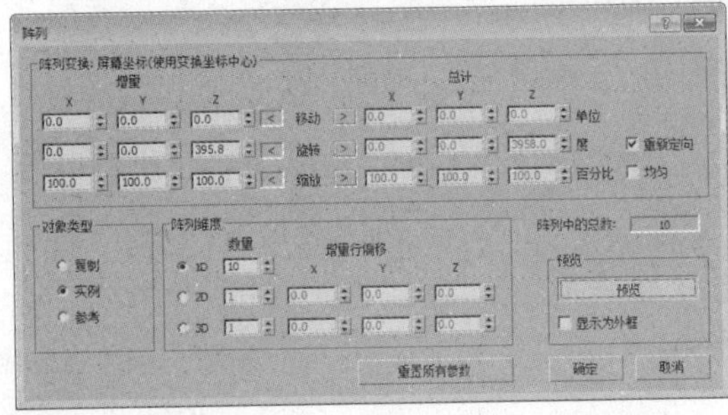

148 单击“确定”按钮，完成圆柱体的环形阵列操作，如下图所示。

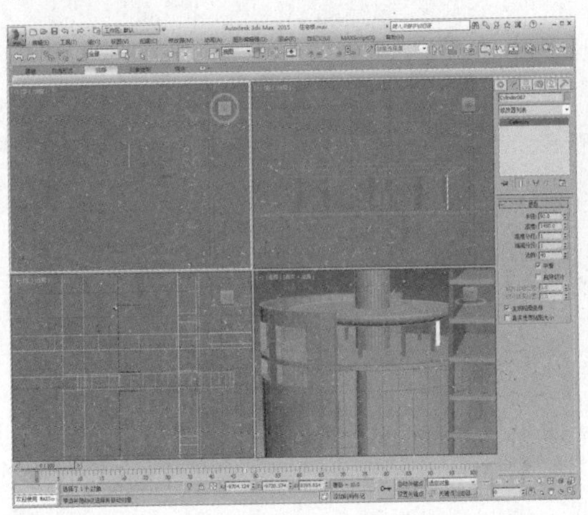

149 在顶视图中绘制一段样条线，如下图所示。

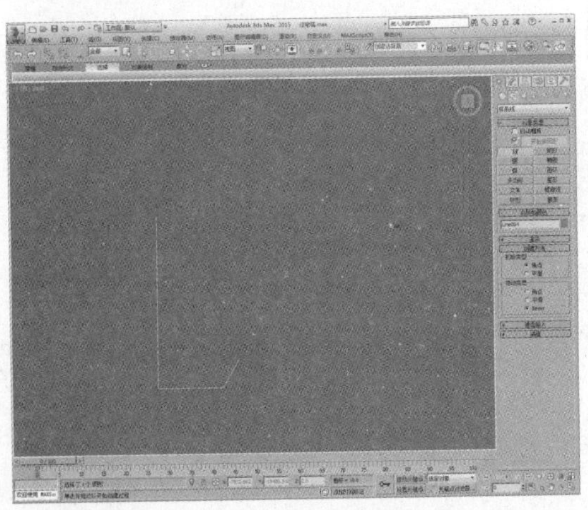

150 进入“样条线”子层级，设置轮廓值为250，如下图所示。

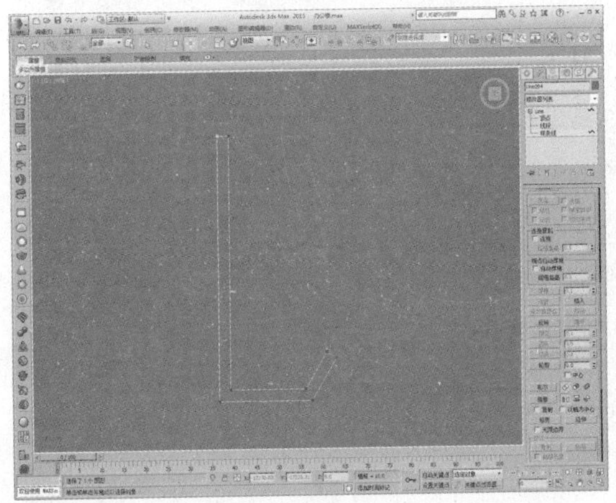

151 添加“挤出”修改器，设置挤出值为2800，再设置分段数，如下图所示。

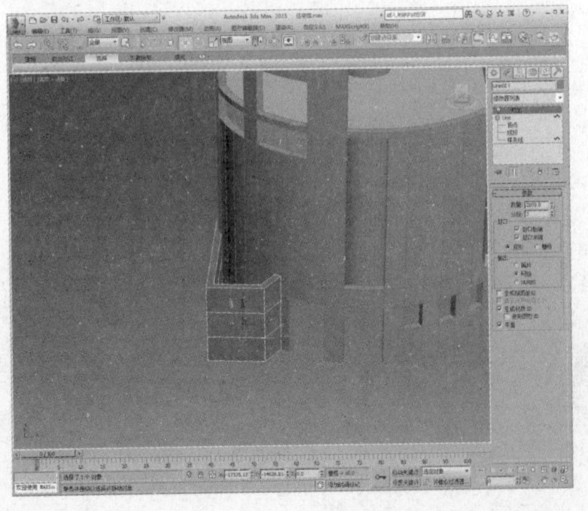

152 将其转换为可编辑多边形，进入“边”子层级，选择边，如下图所示。

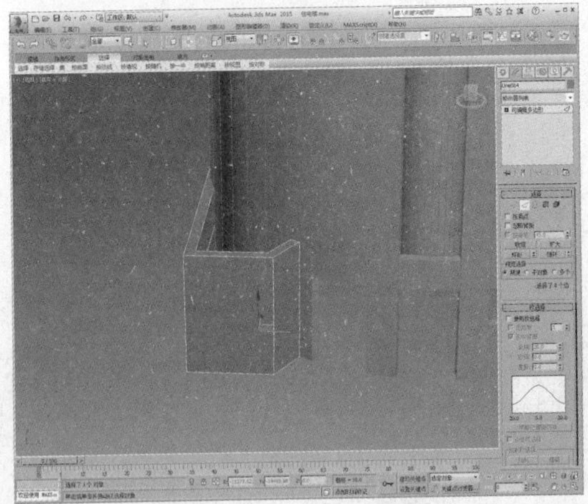

153 单击“连接”设置按钮，设置连接数为1，如下图所示。

154 进入“多边形”子层级，选择里外两侧的多边形，如下图所示。

155 单击“桥”按钮，制作出窗洞，如下图所示。

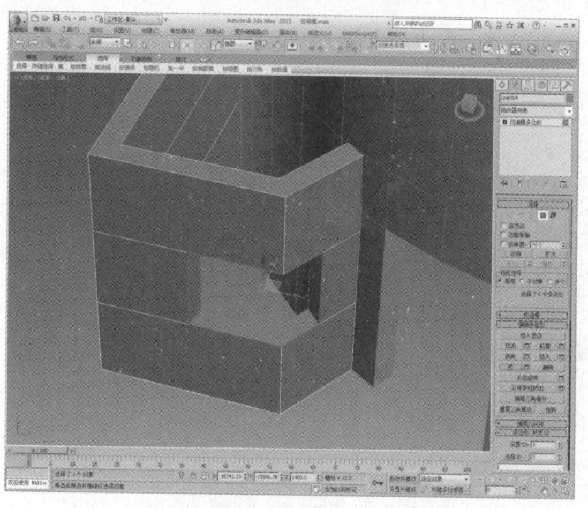

156 在顶视图中绘制一个样条线图形，如下图所示。

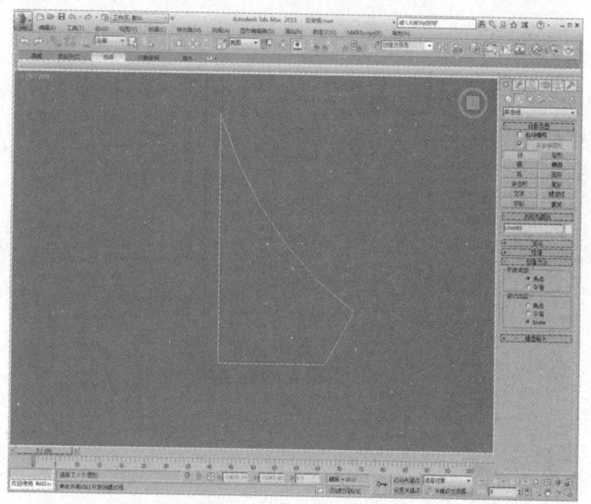

157 添加“挤出”修改器，设置挤出值为200，作为屋顶模型，调整到合适位置，如下图所示。

158 再创建一个长方体，旋转角度并调整位置，作为屋檐，如下图所示。

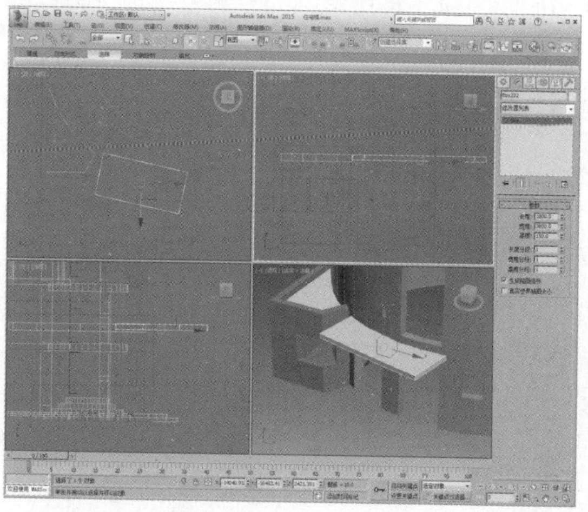

159 创建一个圆柱体，调整到合适位置，完成建筑主体模型的制作，如右图所示。

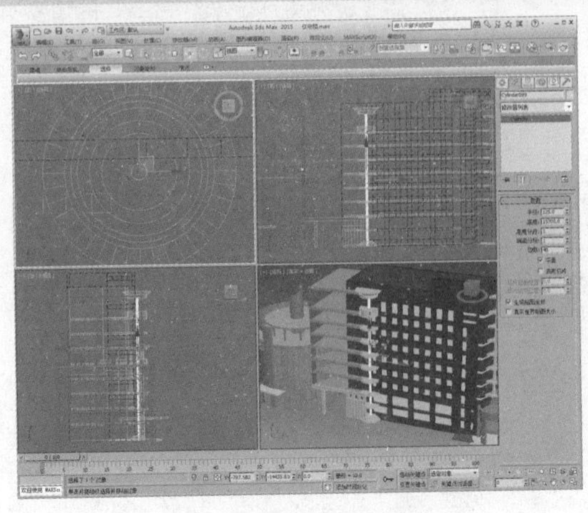

24.1.2 创建门窗及栏杆模型

办公楼模型中门窗及栏杆模型较多，造型统一，创建起来比较简单。操作步骤如下：

01 在前视图中捕捉绘制一个矩形，如下图所示。

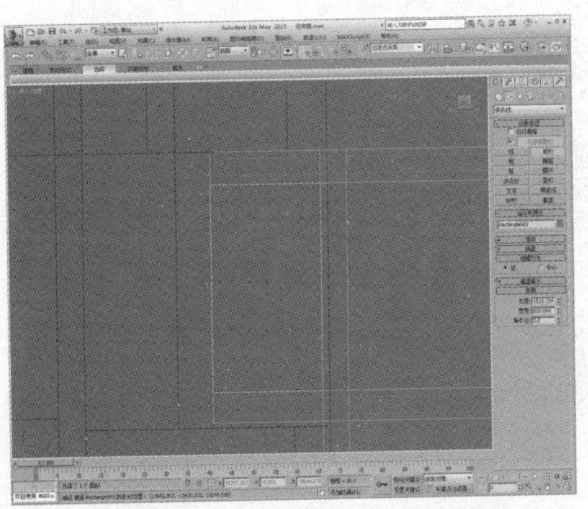

02 将其转换为可编辑样条线，进入“样条线”子层级，设置轮廓值为50，如下图所示。

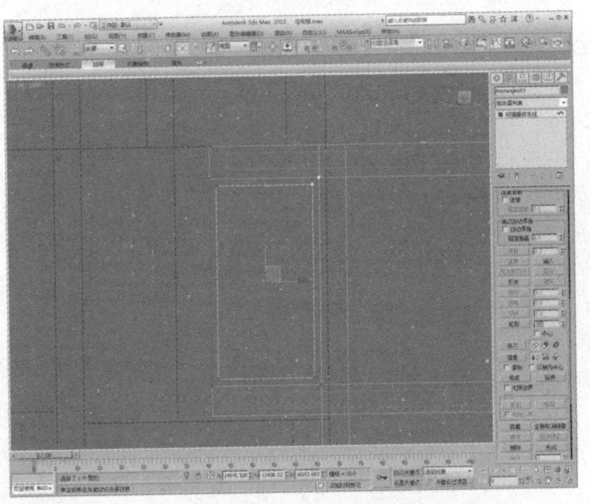

03 添加“挤出”修改器，设置挤出值为50，并调整模型位置，如下图所示。

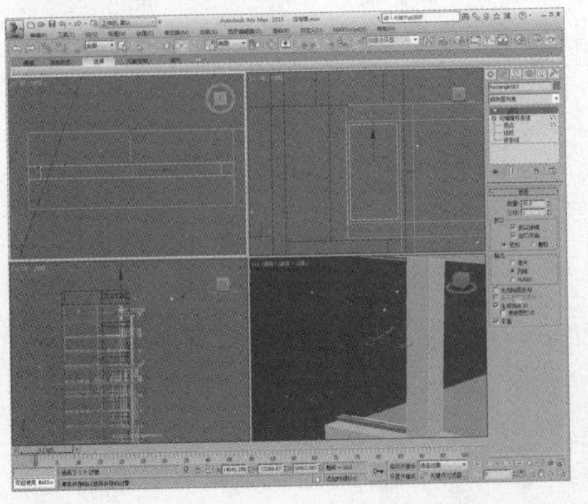

04 进入“顶点”子层级，调整样条线，改变模型尺寸，如下图所示。

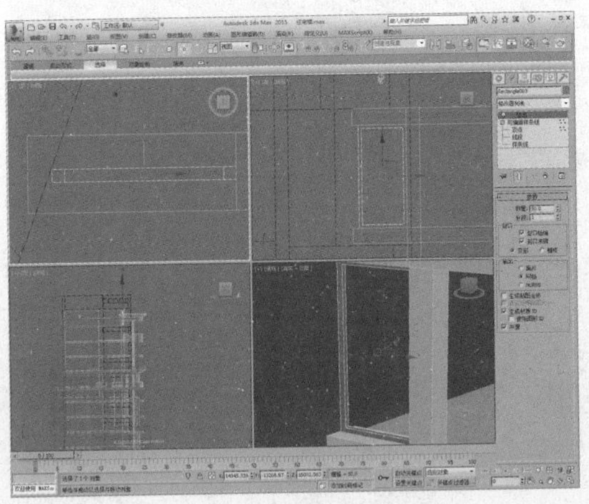

05 将其转换为可编辑网格，进入“面”子层级，在前视图中选择面，如下图所示。

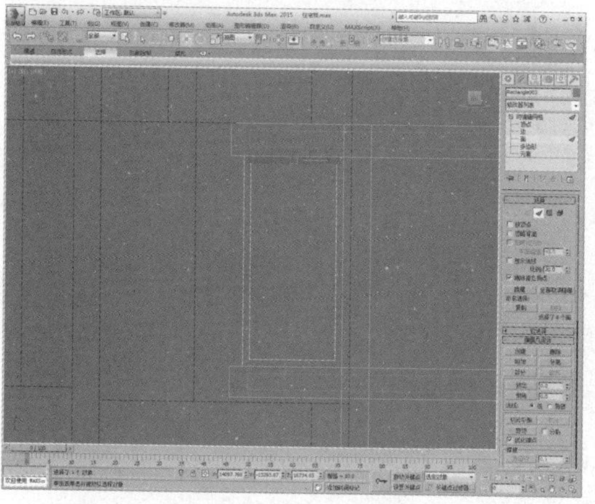

06 按住Shift键向下复制，在弹出的对话框中选择“克隆到元素”选项，如下图所示。

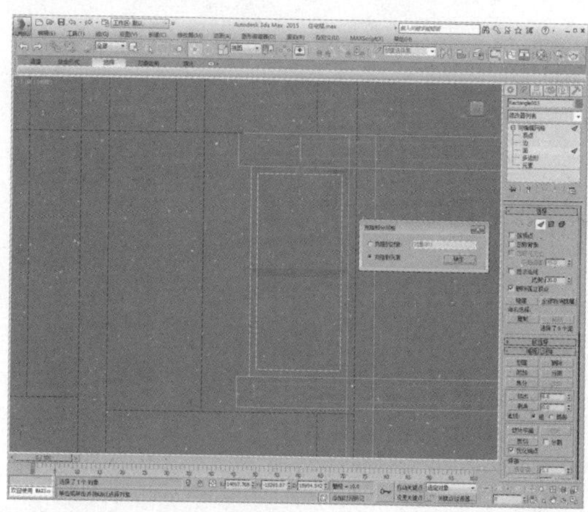

07 复制窗户模型，如下图所示。

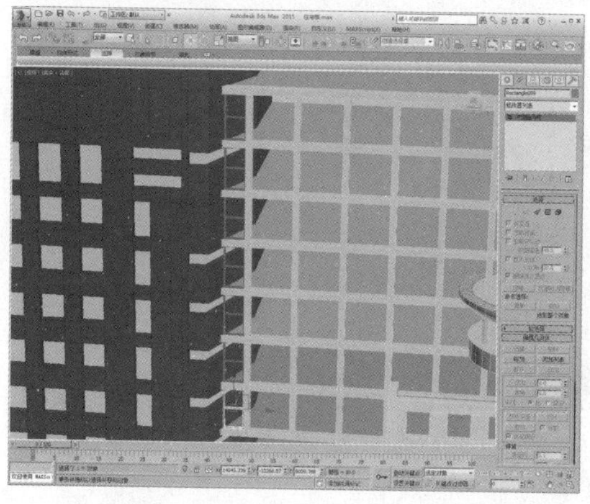

08 按照此操作方法制作其他平面墙体的窗户模型并进行复制，如下图所示。

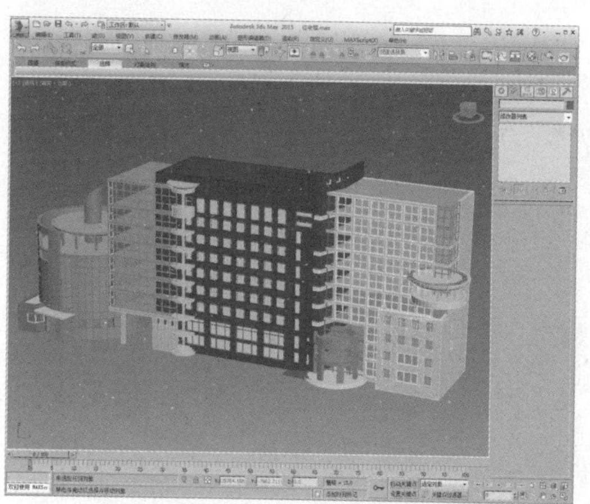

09 接下来制作环形墙体上的窗户模型，在顶视图中绘制一段弧线，如下图所示。

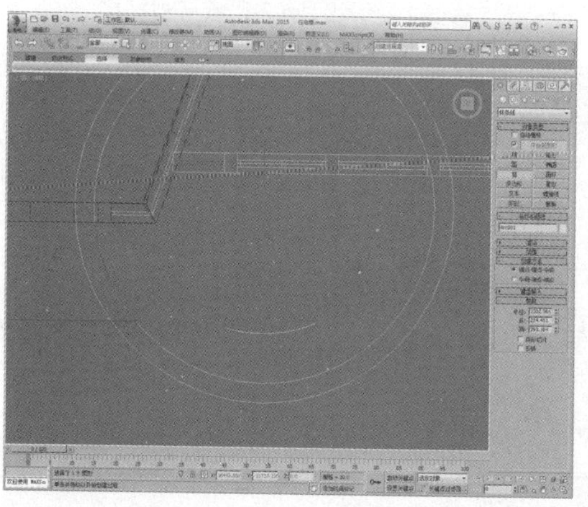

10 将其转换为可编辑样条线，进入“样条线”子层级，在“几何体”卷展栏中勾选“中心”按钮，再设置轮廓值为50，如下图所示。

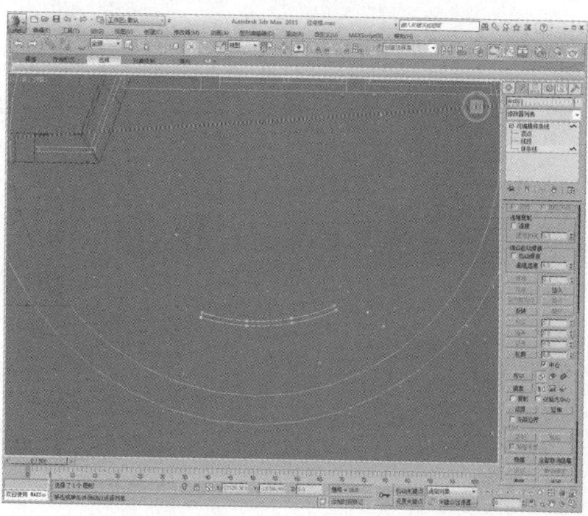

11 添加“挤出”修改器，设置挤出值为1300，调整模型位置，如下图所示。

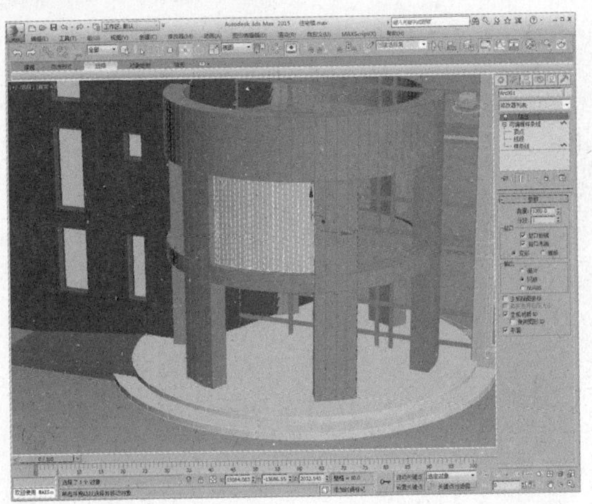

12 将其转换为可编辑多边形，进入“边”子层级，选择如下图所示的边。

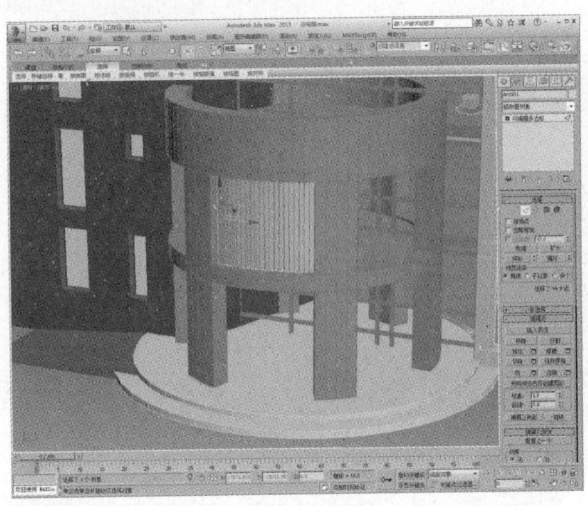

13 单击“连接”设置按钮，设置连接数为4，如下图所示。

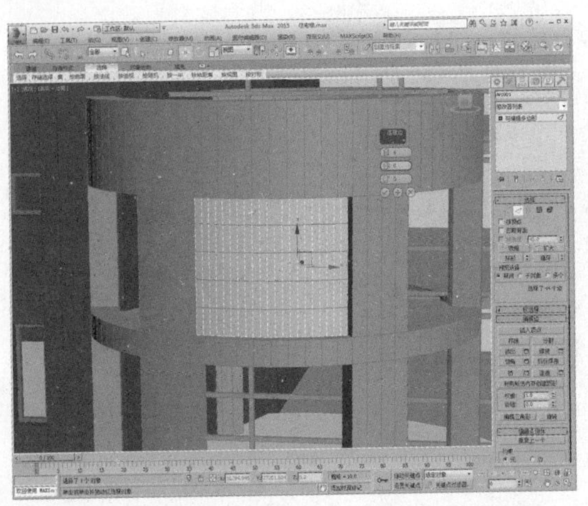

14 进入“顶点”子层级，调整顶点位置，如下图所示。

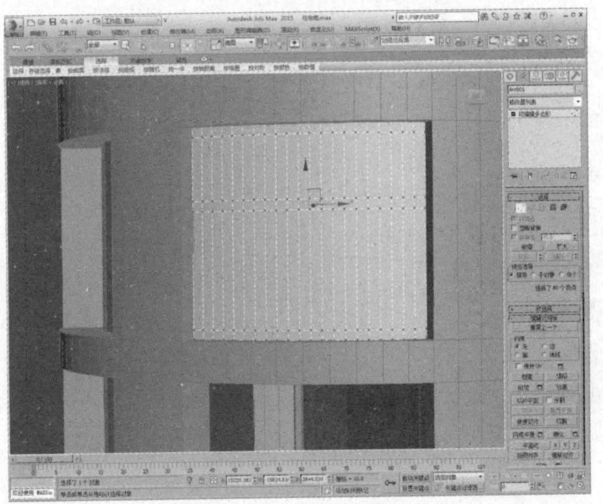

15 进入“多边形”子层级，选择内外两侧的多边形，如下图所示。

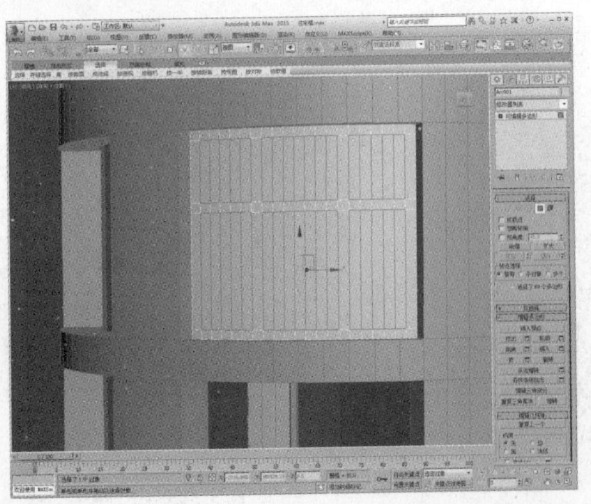

16 单击“桥”按钮，制作出窗框模型，如下图所示。

17 按照此操作方法，制作出其他位置的窗框，如下图所示。

18 创建两个长方体作为门模型，如下图所示。

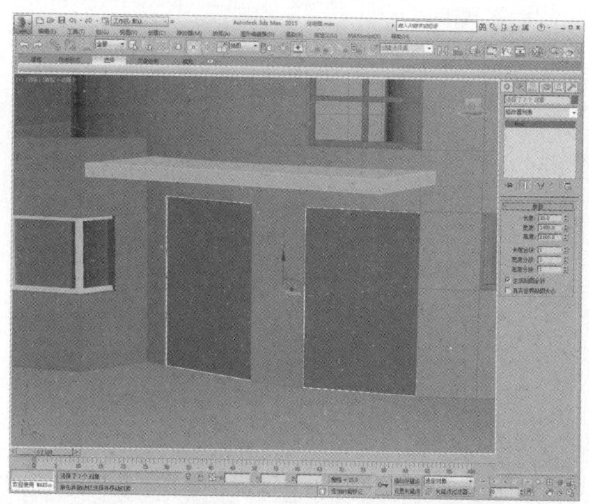

19 捕捉绘制一个矩形，如下图所示。

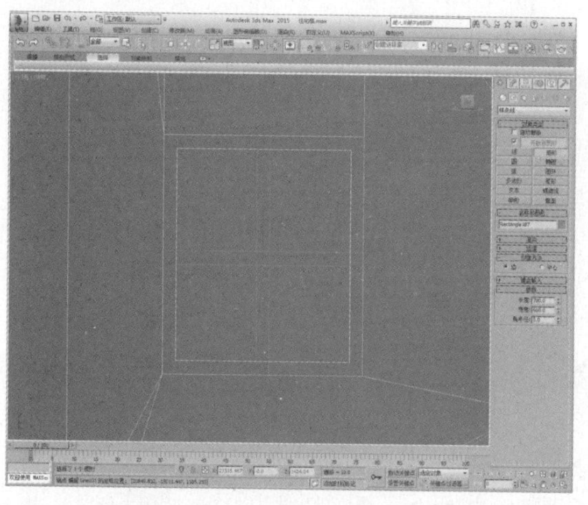

20 添加“挤出”修改器，设置挤出值为5，作为玻璃模型，如下图所示。

21 使用与上述相同的操作方法制作所有的玻璃模型，如下图所示。

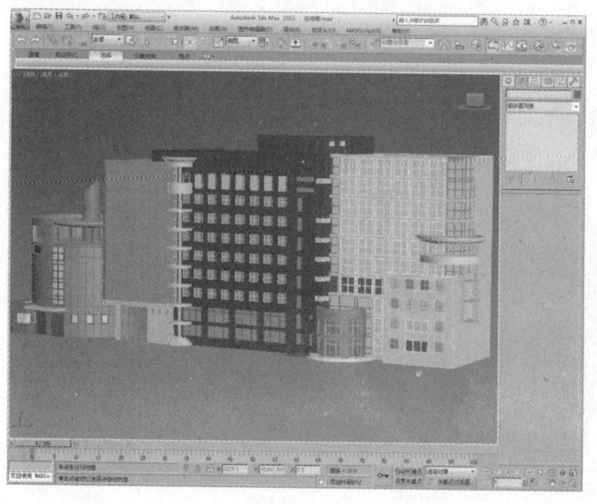

22 接下来制作栏杆模型。在顶视图中绘制一个圆形，如下图所示。

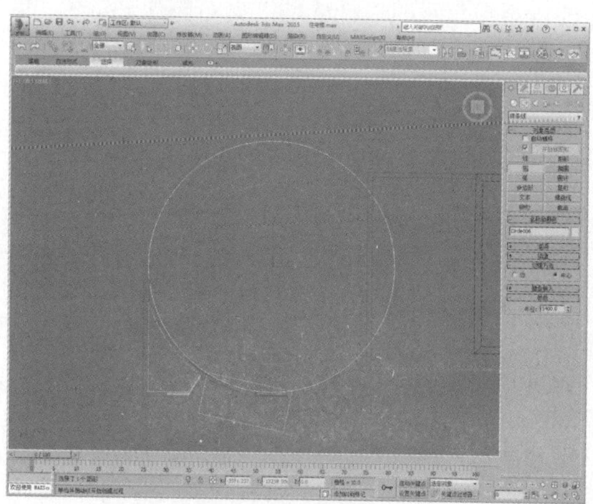

23 在“渲染”卷展栏中勾选“在渲染中启用”、“在视口中启用”选项，设置径向厚度为60，调整圆形位置，如下图所示。

24 向下复制图形，并重新设置圆形的镜像厚度为12，如下图所示。

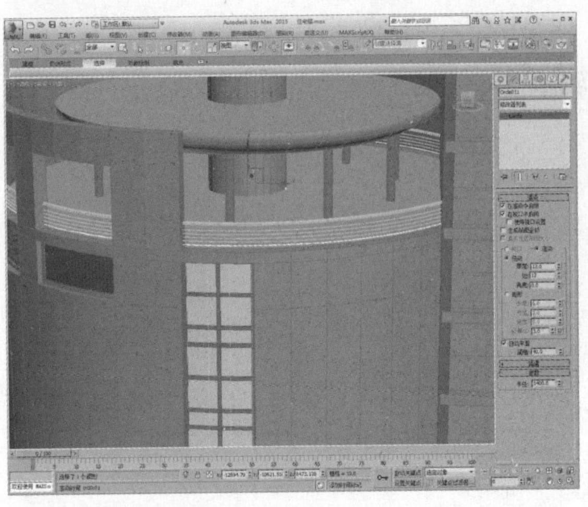

25 创建一个圆柱体模型，调整到合适位置作为栏杆支柱，如下图所示。

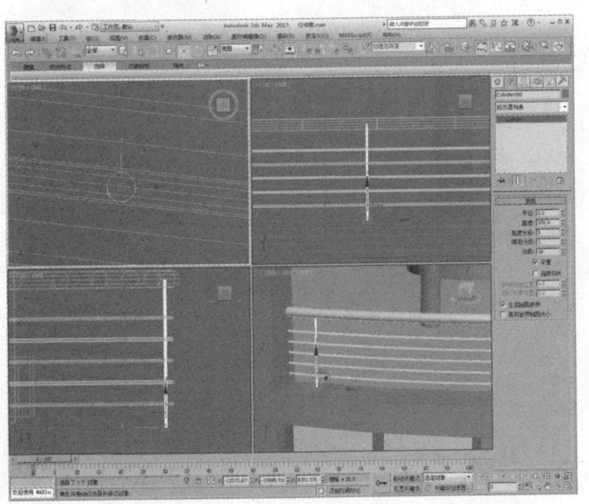

26 复制支柱模型，如下图所示。

27 制作其他位置的栏杆模型，如右图所示。

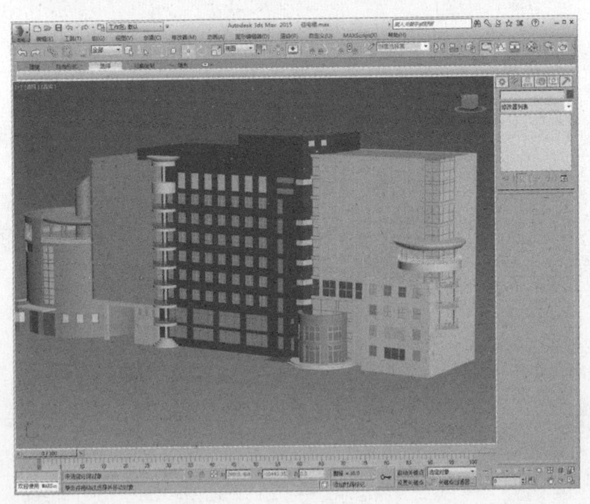

24.1.3 创建室外地面模型

室外地面模型的创建是必不可少的，为后期场景处理的基础。操作步骤如下：

01 在顶视图中绘制多个矩形，设置角半径为1000，如下图所示。

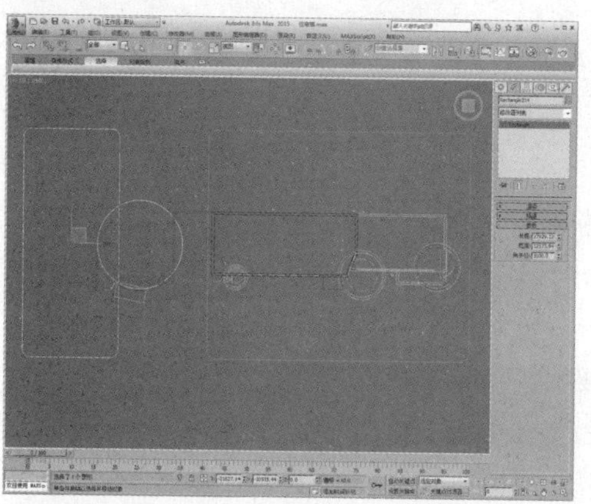

02 将矩形向上复制，如下图所示。

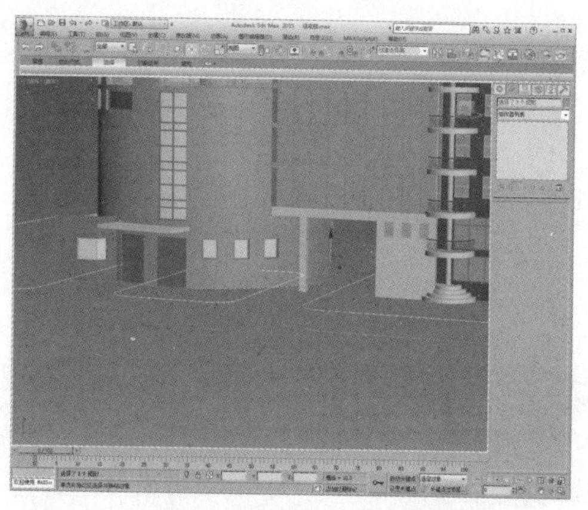

03 选择一个矩形，将其转换为可编辑样条线，进入“样条线”子层级，设置轮廓值为200，如下图所示。

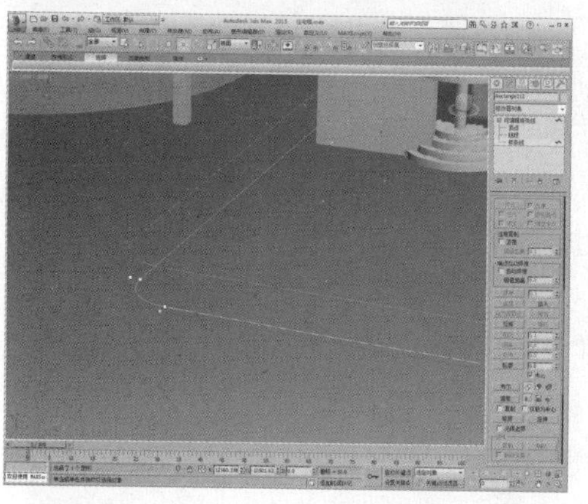

04 添加“挤出”修改器，设置挤出值为150，如下图所示。

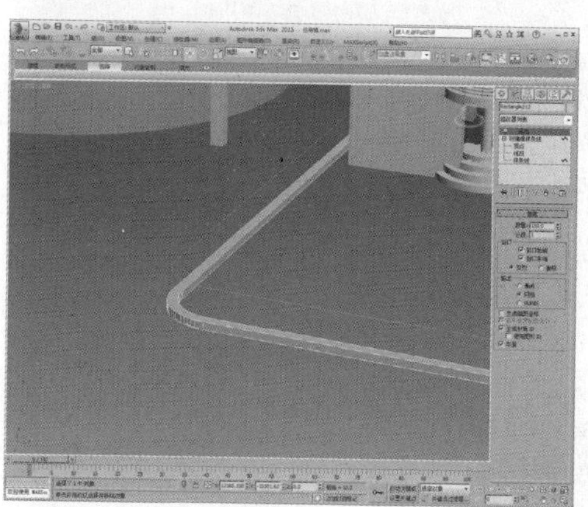

05 用同样的方法制作出另外两个矩形，如下图所示。

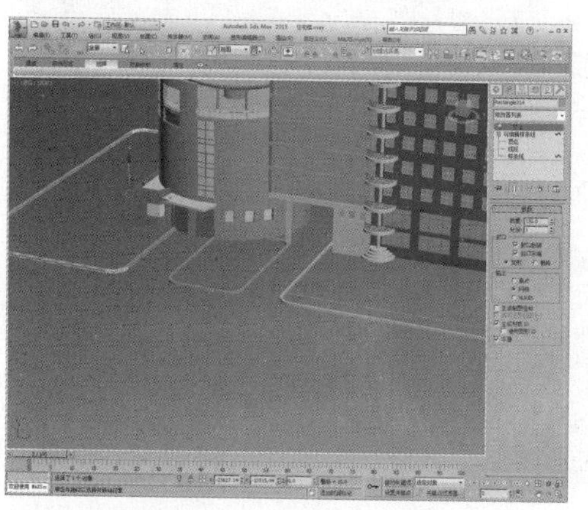

06 为复制的矩形添加“挤出”修改器，设置挤出值为20，并调整到合适位置，如下图所示。

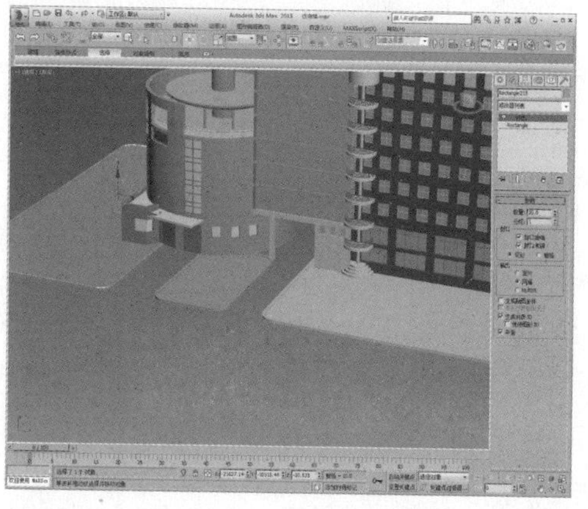

07 创建一个平面模型，调整位置，如右图所示。

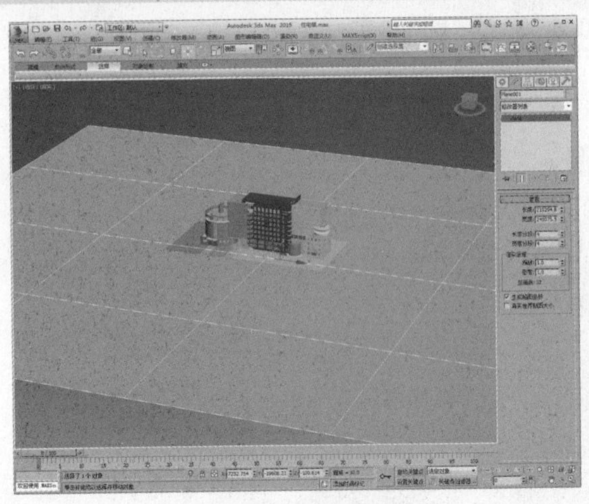

24.2 摄影机的创建

摄影机的创建很大程度上影响了渲染效果的构图角度等因素，能够表现出透视图所不能表现的场景。

01 在顶视图中创建一盏目标摄影机，如下图所示。

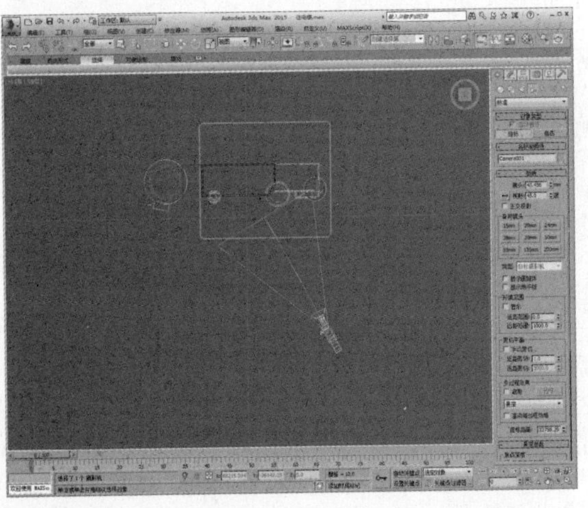

02 设置摄影机参数及角度位置等，如下图所示。

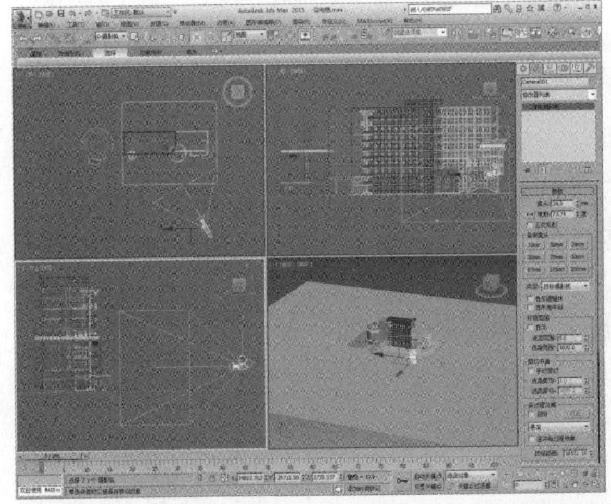

03 在透视视口按C键进入摄影机视口，如右图所示。

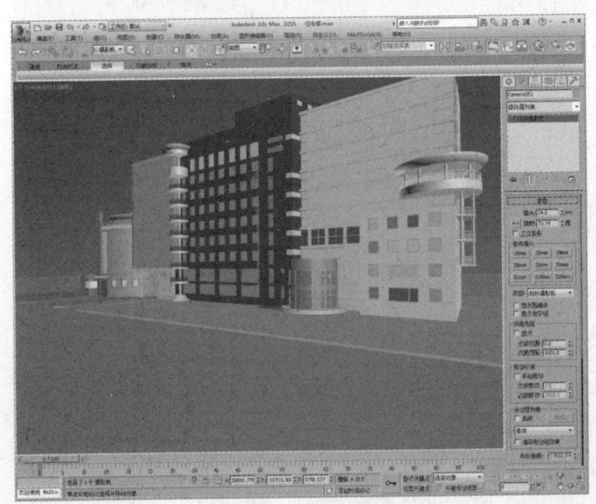

24.3 材质与光源的创建以及测试渲染设置

材质与光源的创建在整个效果制作过程中起到至关重要的作用，它们是体现场景真实性的要素。接下来为场景创建材质与光源，操作过程如下：

01 按M键打开材质编辑器，选择一个空白材质球，设置为VRayMtl材质，为漫反射通道添加位图贴图，设置反射颜色及反射参数，如下图所示。

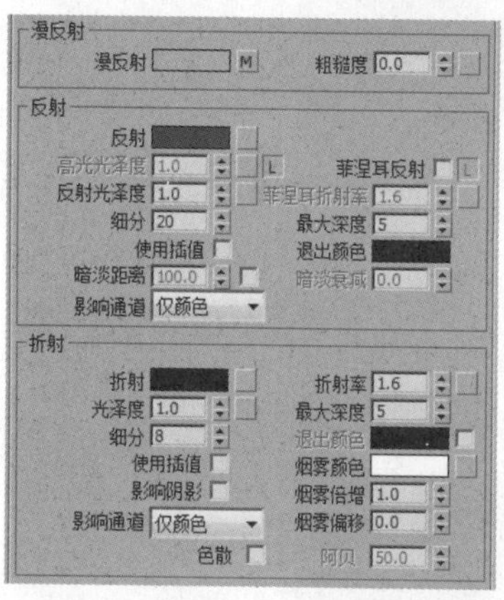

02 反射颜色设置如下图所示。

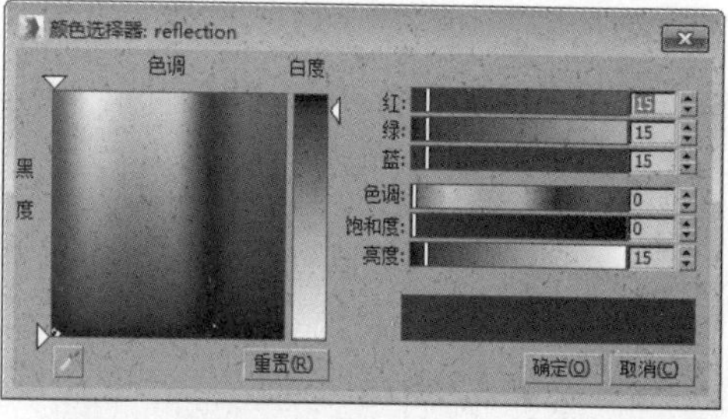

03 创建好的外墙砖材质示例窗效果如下图所示。

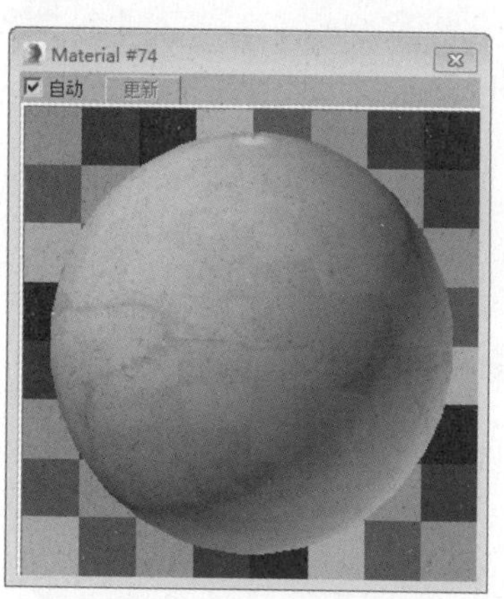

04 将材质指定给场景中的墙面模型，添加UVW贴图，设置贴图参数，如下图所示。

05 选择一个空白材质球，设置为VRayMtl材质，设置漫反射颜色及反射颜色，再设置反射参数，如右图所示。

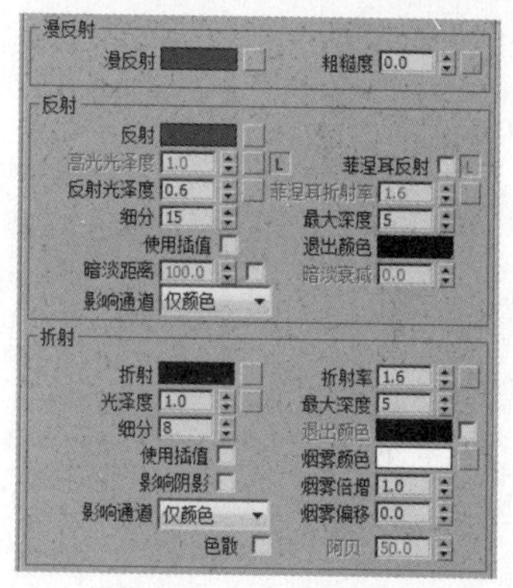

06 漫反射颜色及反射颜色设置如下图所示。

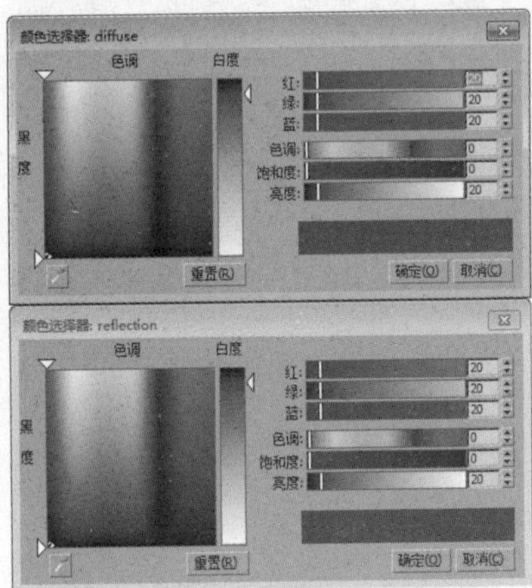

07 创建好的外墙漆材质示例窗效果如下图所示。

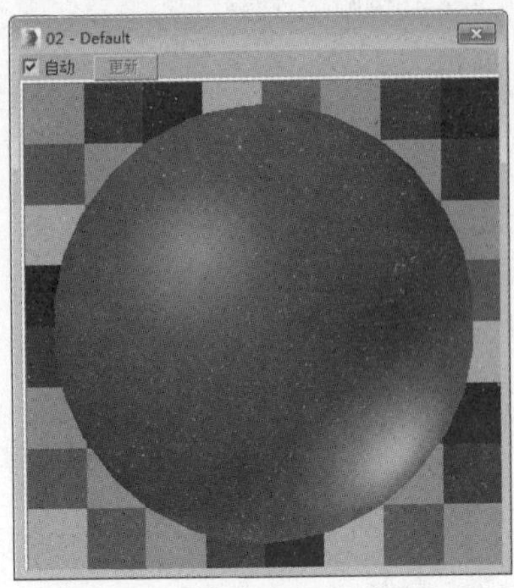

08 将创建的材质指定给场景中的对象，如下图所示。

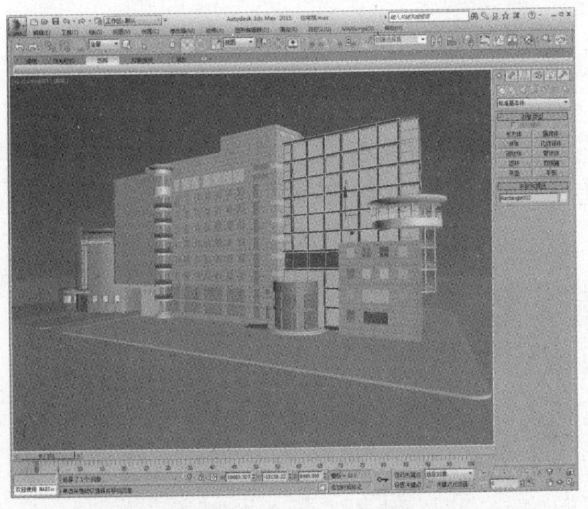

09 选择一个空白材质球，设置为VR材质包裹器，设置基本材质为VRayMtl材质，再设置生成全局照明值以及接收全局照明值，如下图所示。

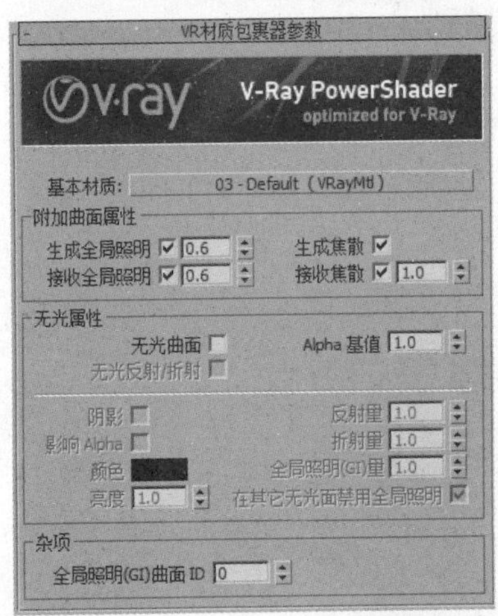

10 打开基本材质，为漫反射通道添加位图贴图，设置反射颜色及参数，如下图所示。

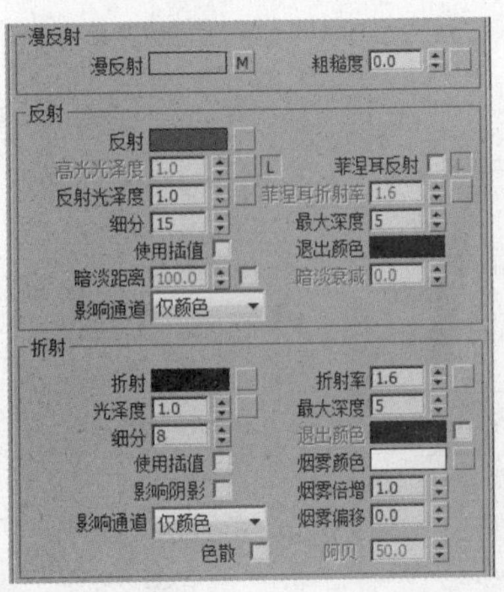

11 创建好的材质示例窗效果如下图所示。

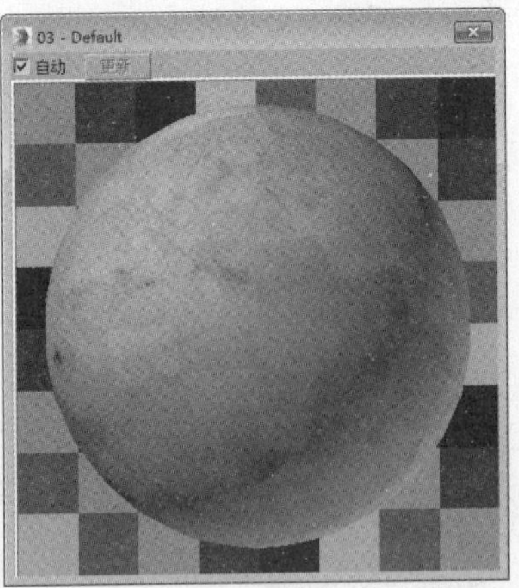

12 将材质指定给场景中的模型，添加UVW贴图，设置贴图参数，如下图所示。

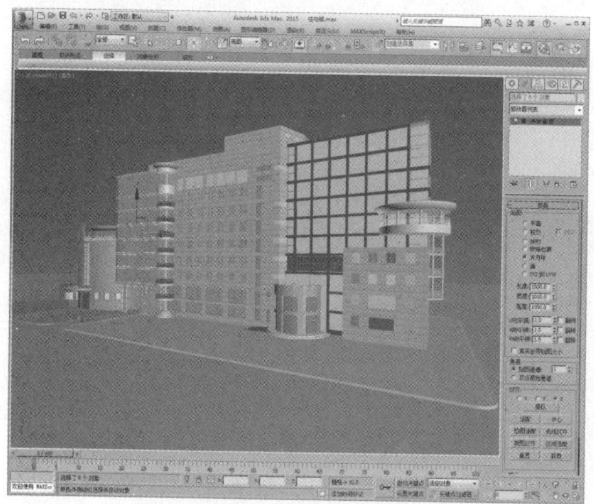

13 同样再创建一个石材材质，参数设置同上，材质示例窗效果如下图所示。

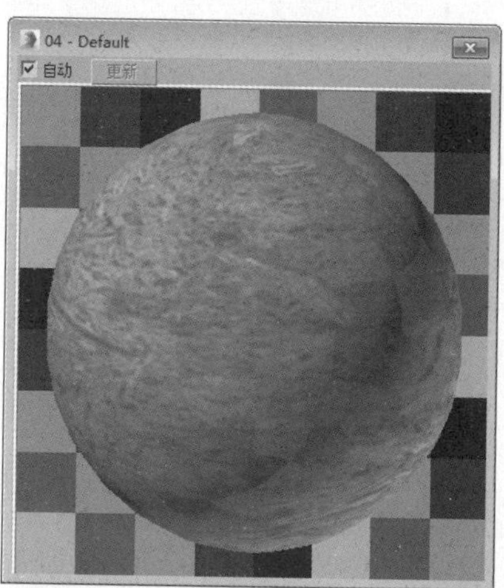

14 将创建好的材质指定给场景中的模型，添加UVW贴图，设置贴图参数，如下图所示。

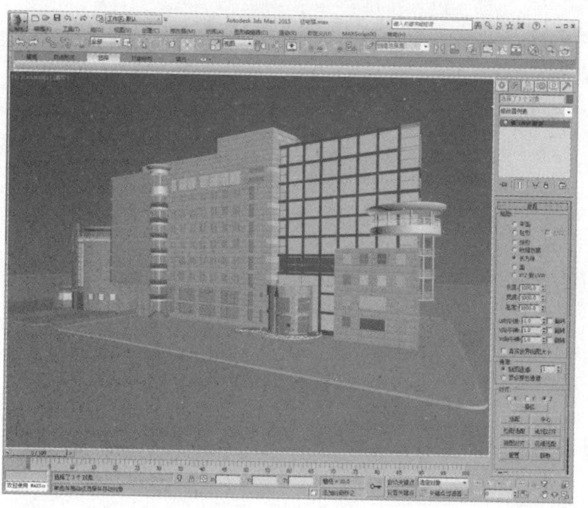

15 选择一个空白材质球并设置为VRayMtl材质，设置漫反射颜色为白色，其余参数保持默认。创建好的外墙白漆材质示例窗效果如下图所示。

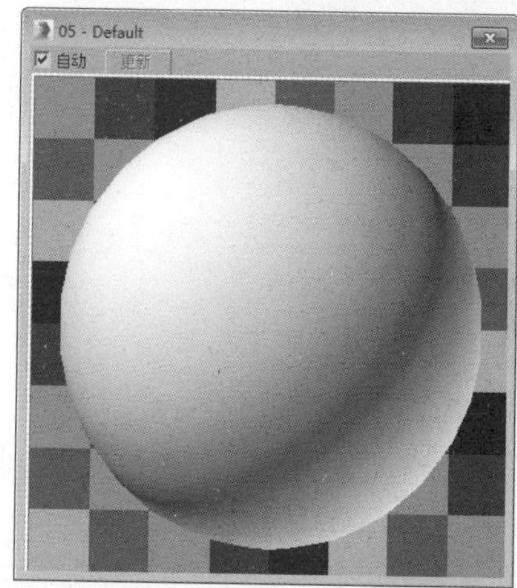

16 将材质指定给场景中的对象，效果如右图所示。

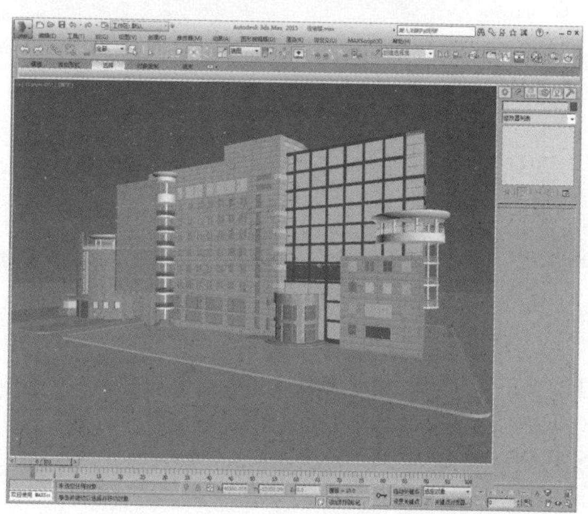

17 选择一个空白材质球并设置为VRayMtl材质，设置漫反射颜色及反射颜色，再设置反射参数，如下图所示。

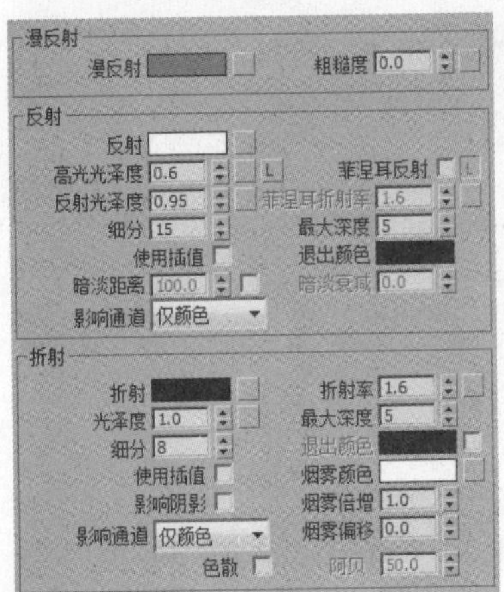

18 漫反射颜色及反射颜色设置如下图所示。

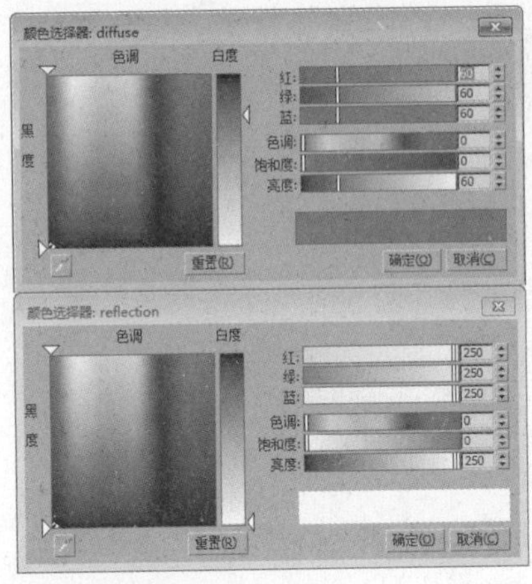

19 创建好的不锈钢材质示例窗效果如下图所示。

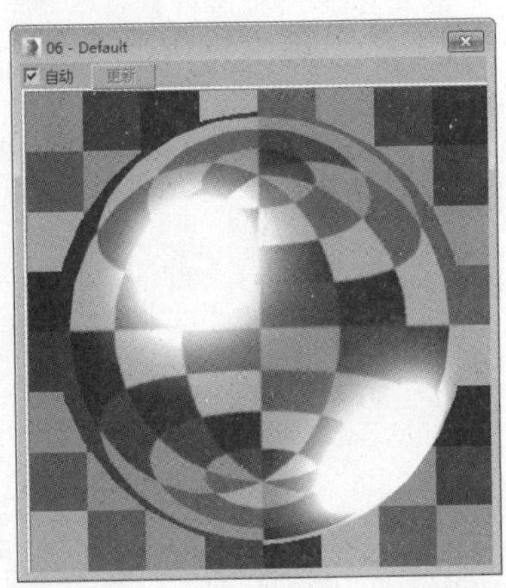

20 将材质指定给场景中的对象，如下图所示。

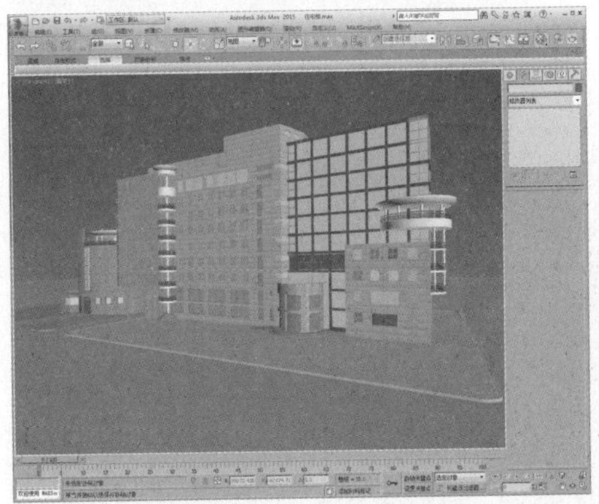

21 选择一个空白材质球并将其设置为VRayMtl材质，设置漫反射颜色及反射颜色，再设置反射参数，如下图所示。

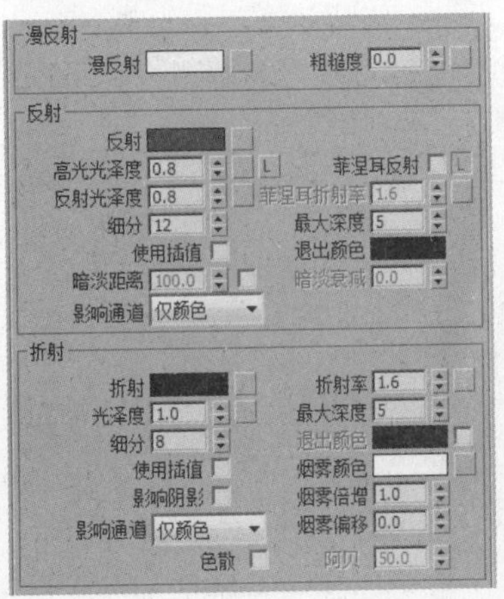

22 漫反射颜色及反射颜色设置如下图所示。

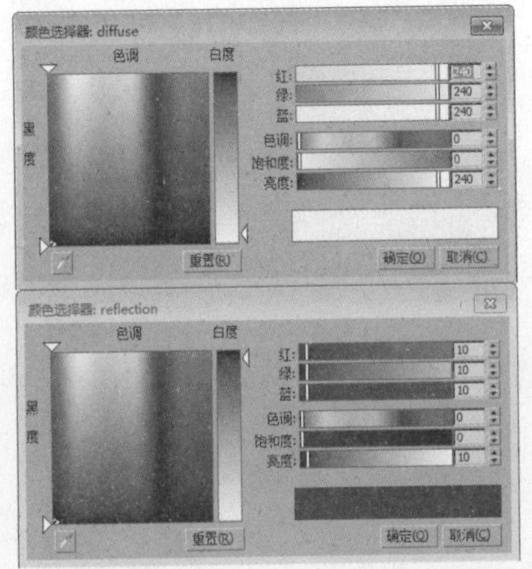

23 创建好的窗户材质示例窗效果如下图所示。

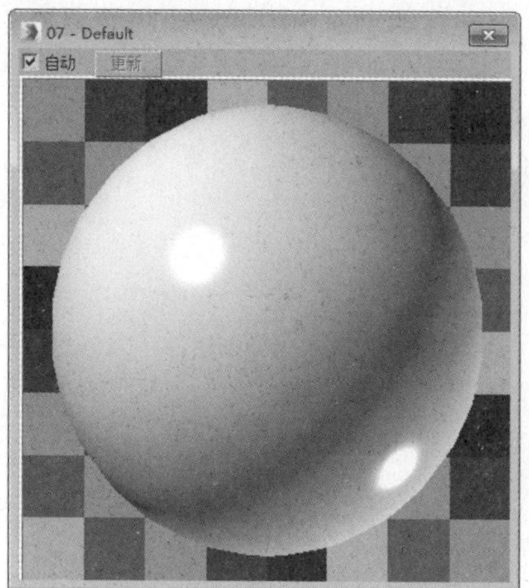

24 将材质指定给场景中的对象，效果如下图所示。

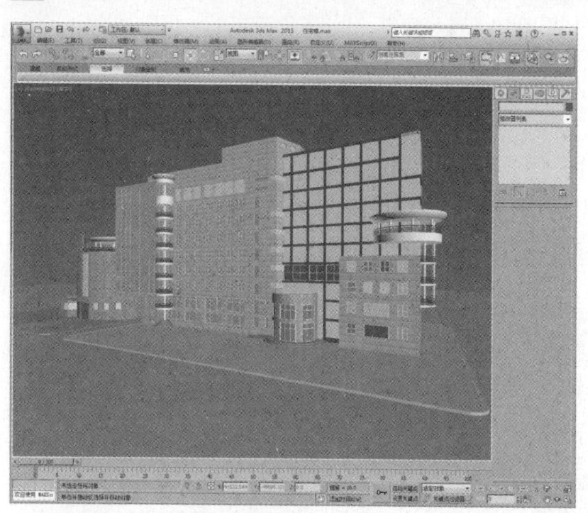

25 选择一个空白材质球，将其设置为VRayMtl材质，设置漫反射颜色、反射颜色及折射颜色，再设置反射参数，如下图所示。

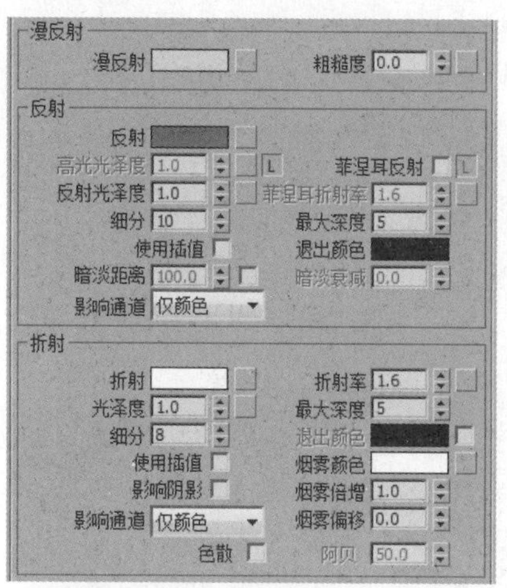

26 漫反射颜色、反射颜色及折射颜色设置如下图所示。

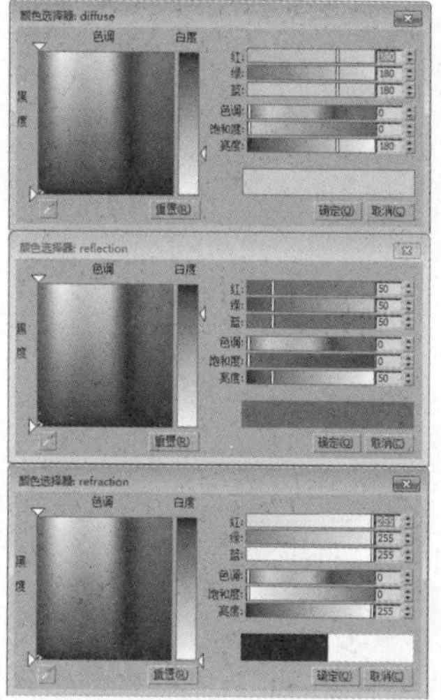

27 创建好的玻璃材质示例窗效果如下图所示。

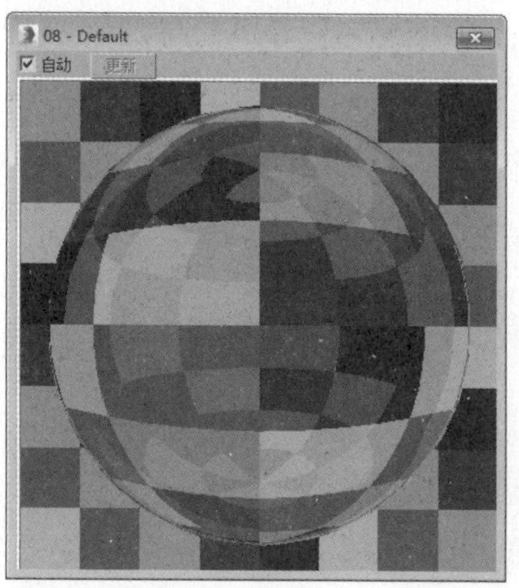

28 将材质指定给场景中的对象，效果如下图所示。

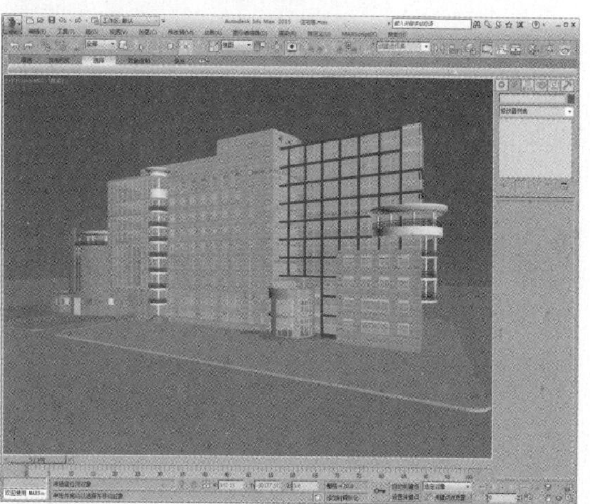

29 选择一个空白材质球，将其设置为VRayMtl材质，设置漫反射颜色，如下图所示。

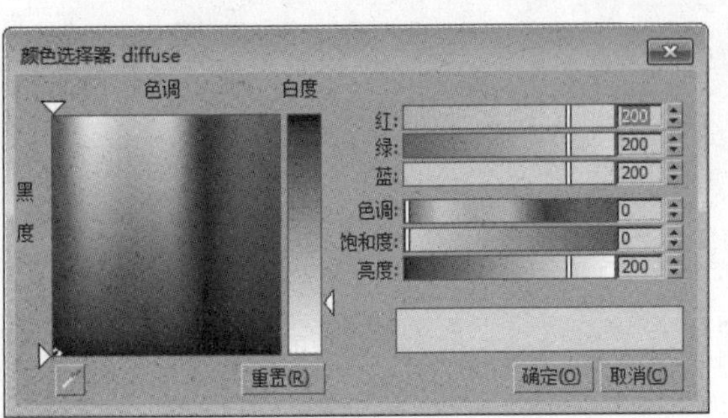

31 在基本材质中设置漫反射颜色，如下图所示。

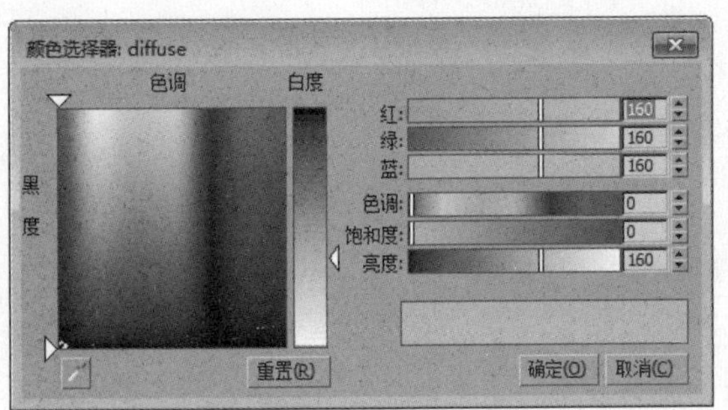

33 选择一个空白材质球，将其设置为VRayMtl材质，在“贴图”卷展栏中为漫反射通道及凹凸通道添加位图贴图，如右图所示。

30 选择一个空白材质球，将其设置为VR包裹材质，再将基本材质设置为VRayMtl材质，设置“接收全局照明”值，如下图所示。

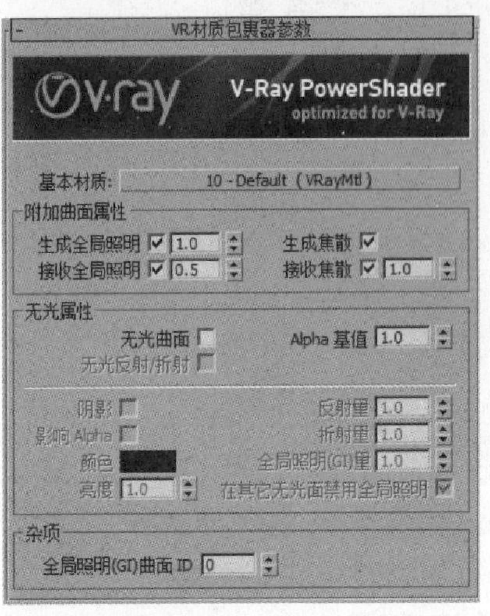

32 将创建好的两种材质指定给场景中的对象，如下图所示。

贴图			
漫反射	100.0	☑	GREEN GRASS by ark_mauricio.jpg)
粗糙度	100.0	☑	无
自发光	100.0	☑	无
反射	100.0	☑	无
高光光泽	100.0	☑	无
反射光泽	100.0	☑	无
菲涅耳折射率	100.0	☑	无
各向异性	100.0	☑	无
各向异性旋转	100.0	☑	无
折射	100.0	☑	无
光泽度	100.0	☑	无
折射率	100.0	☑	无
半透明	100.0	☑	无
烟雾颜色	100.0	☑	无
凹凸	30.0	☑	GREEN GRASS by ark_mauricio.jpg)
置换	100.0	☑	无
不透明度	100.0	☑	无
环境		☑	无

34 创建好的材质示例窗效果如下图所示。

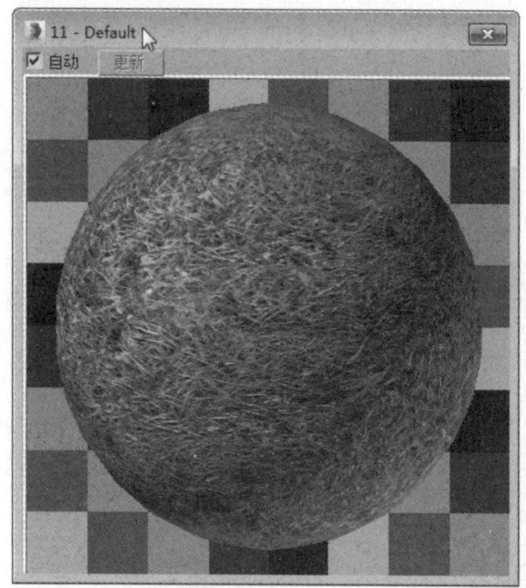

35 将创建好的材质指定给场景中的对象，添加UVW贴图，设置贴图参数，如下图所示。

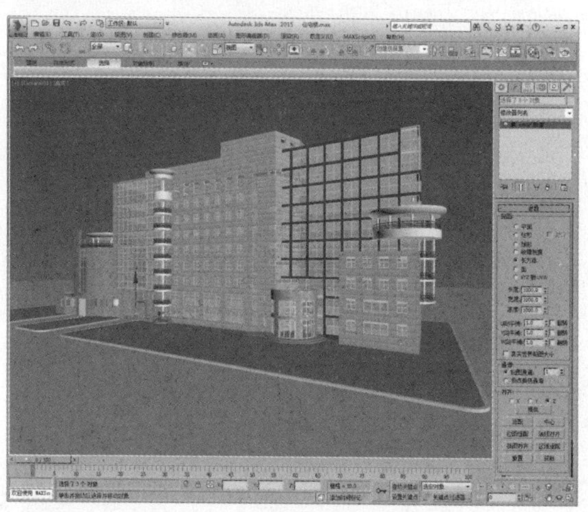

36 打开“环境和效果”窗口，为背景添加“渐变”环境贴图，如下图所示。

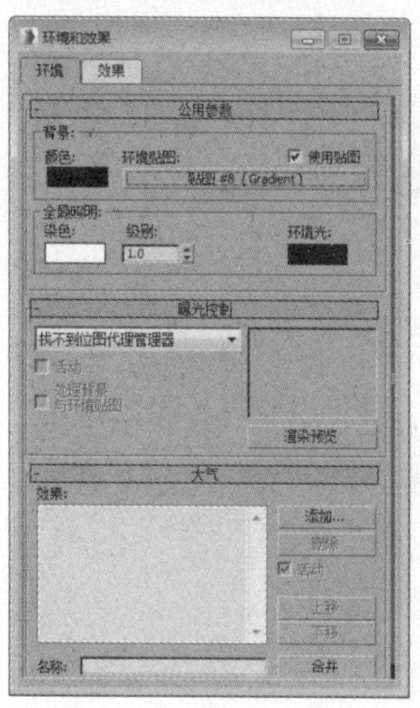

37 将该贴图拖动复制到材质编辑器，在“渐变参数”卷展栏中设置三种颜色，如下图所示。

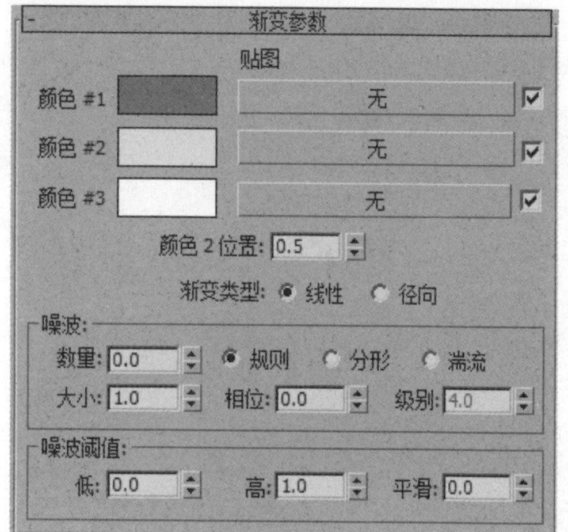

38 打开“渲染设置”窗口，在“帧缓冲区”卷展栏中取消勾选“启用内置帧缓冲区”选项，在“图像采样器”卷展栏中设置最小着色速率为1，并设置过滤器类型，如右图所示。

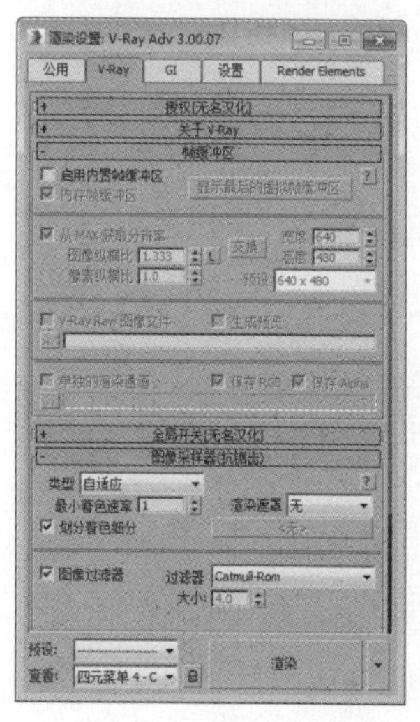

39 启用全局照明，在“发光图”卷展栏中设置发光图预设为“非常低”，并设置细分值及采样值，再在“灯光缓存”卷展栏中设置细分值，如下图所示。

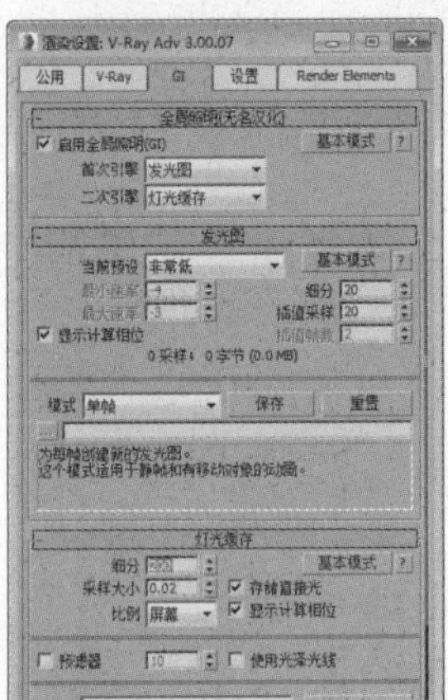

40 渲染摄影机视口，效果如下图所示。

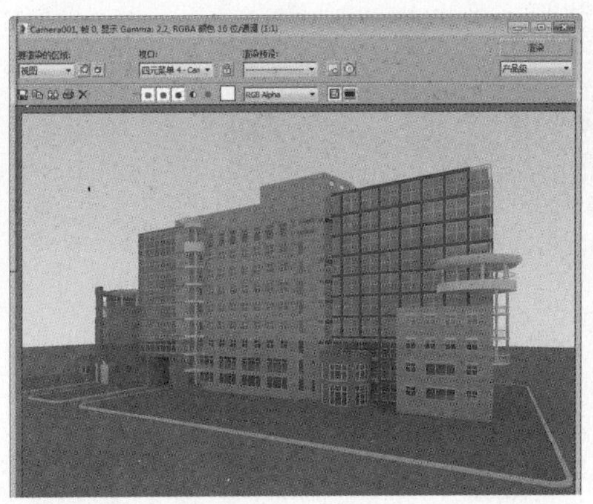

41 在顶视图中创建一盏VRay太阳灯光，在弹出的对话框中单击“否”按钮，不要自动添加环境贴图，如下图所示。

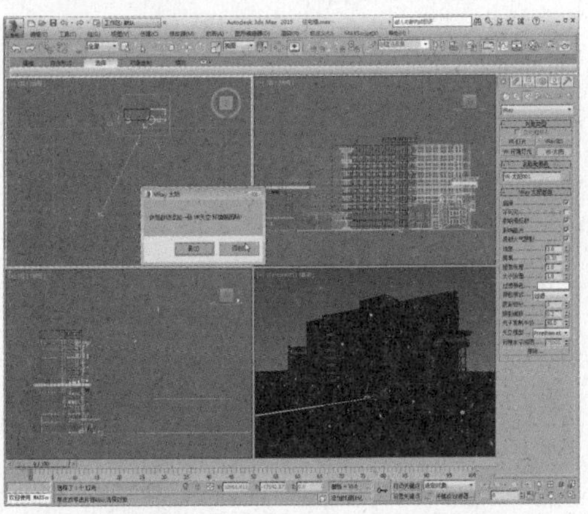

42 调整灯光角度及参数等，如下图所示。

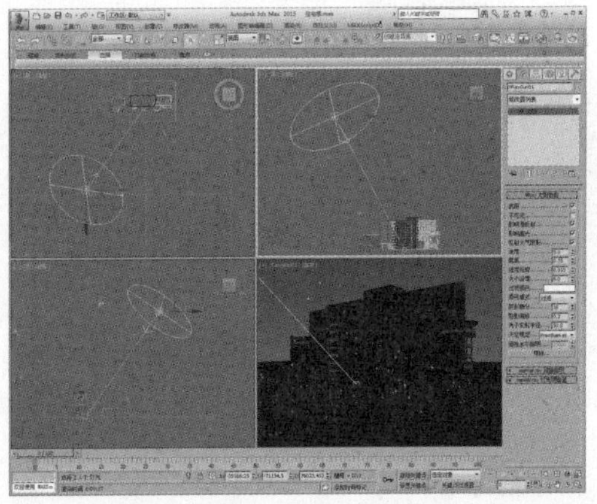

43 渲染摄影机视口，效果如下图所示。

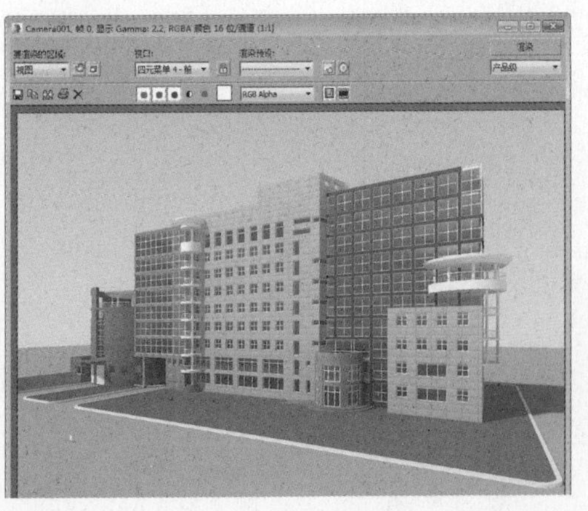

44 在前视图中创建一盏VR灯光，调整位置及参数，如下图所示。

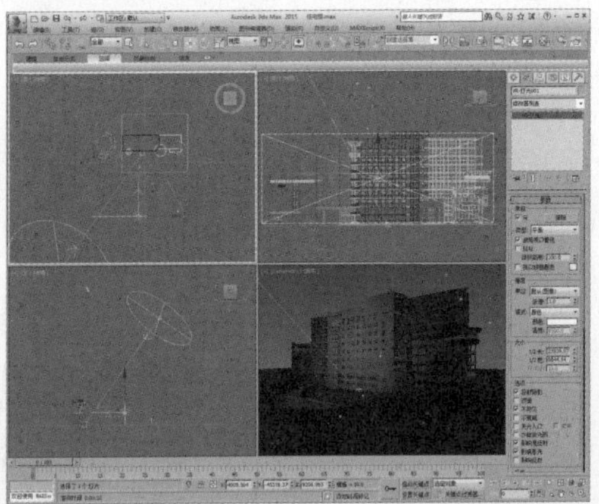

45 渲染摄影机视口，效果如下图所示。

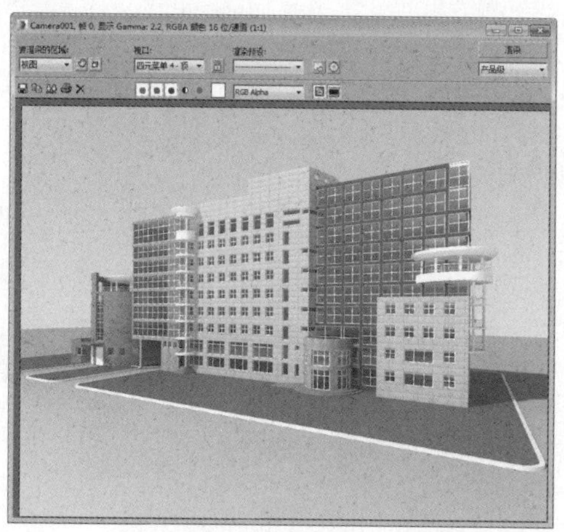

46 重新调整摄影机角度及位置，如下图所示。

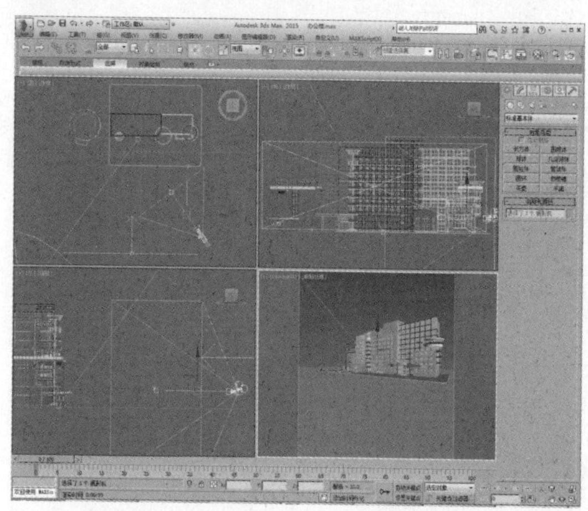

24.4 渲染设置

接下来进行渲染设置，具体操作过程如下。

01 重新设置输出尺寸，如下图所示。

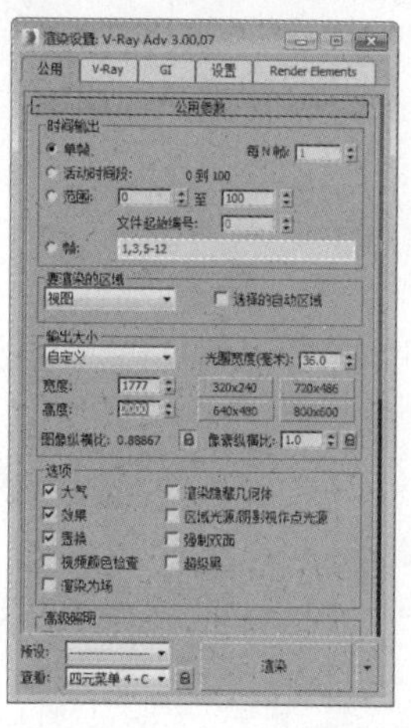

02 最大化摄影机视口，并显示安全框，如下图所示。

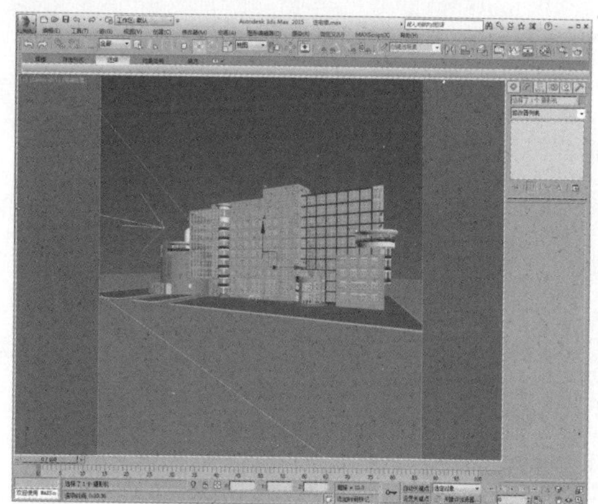

03 在“发光图”卷展栏中设置预设等级以及细分值、采样值，再在“灯光缓存”卷展栏中设置灯光缓存细分值，如右图所示。

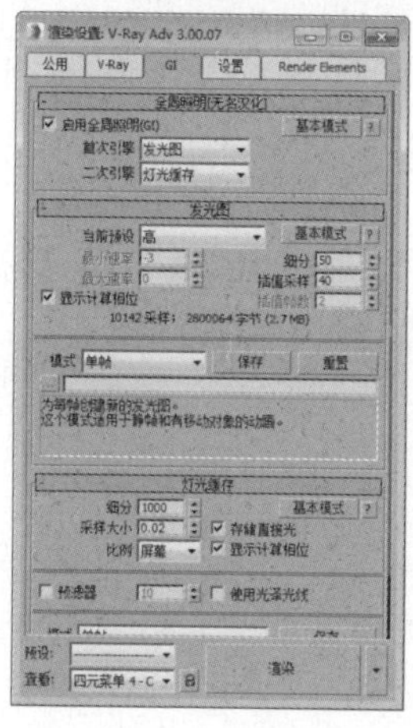

04 在“系统”卷展栏中设置序列方式以及动态内存限制值，如下图所示。

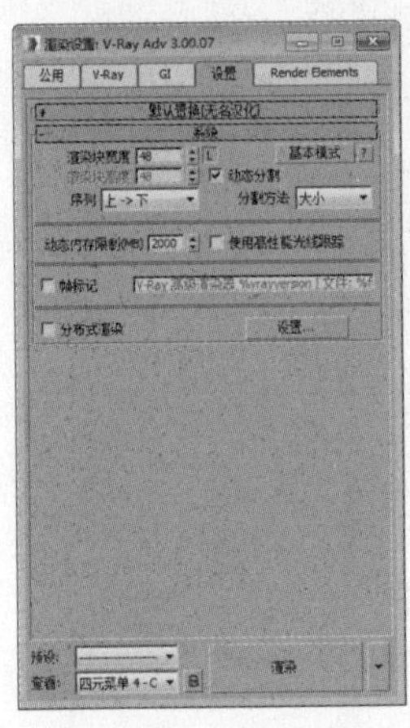

05 渲染摄影机视口，最终渲染效果如下图所示。

24.5 效果图后期处理

本章的效果图后期处理较为重要，处理时要合理运用素材图片来对效果图进行丰富点缀，最终达到需要的效果。下面介绍操作步骤。

01 打开渲染效果图，如下图所示。

02 复制背景图层，在副本图层中将天空区域抠掉，如下图所示。

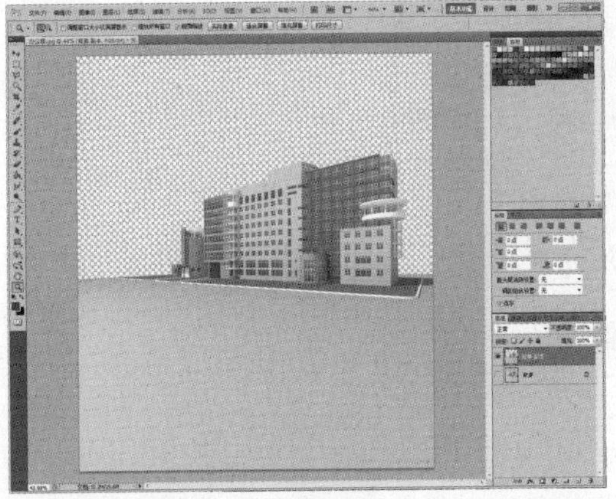

03 添加天空素材，如右图所示。

04 执行“图像>调整>色相/饱和度”命令，打开“色相/饱和度”对话框，调整蓝色的色相和饱和度，如下图所示。

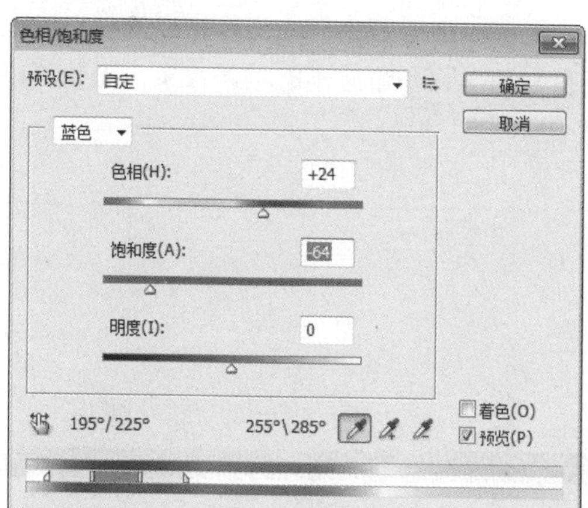

05 调整后的天空效果如下图所示。

06 添加植物素材，调整到合适的位置和大小，如下图所示。

07 再添加汽车、飞鸟、人物素材，调整位置及大小，如下图所示。

08 使用裁剪工具，裁剪图形，如下图所示。

09 再次添加植物素材，调整大小及位置等，完成场景效果的制作，如下图所示。

CHAPTER 25

游戏场景效果图的制作

本章将以一款游戏场景为例，对渲染出的效果图像进行后期处理，通过添加素材、亮度及色彩的调整，来得到一个饱满的场景效果，而整体模型的创建过程将不再赘述。

知识点

1. 测试渲染的参数设置
2. 室外光源的创建
3. 游戏场景材质的制作

25.1 环境的制作以及测试渲染设置

本节中的场景模型为预先准备好，首先设置好测试渲染参数，以便于后面在创建材质和灯光时更好地观察场景效果。

01 打开创建好的模型，如下图所示。

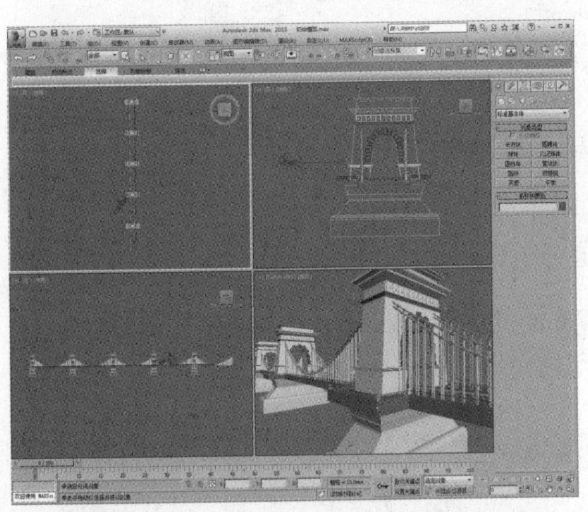

02 在顶视图中创建一个平面，调整到合适位置，作为水平面，如下图所示。

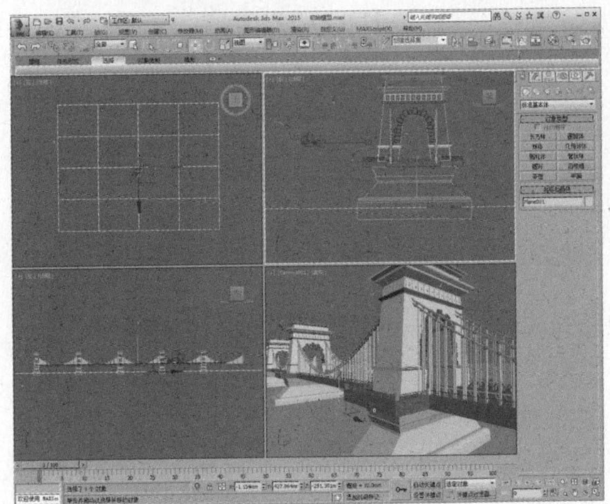

知识点

在3dsmax制作渲染过程中，每调整一个灯光、模型或是材质，都要进行一次渲染（即测试渲染），为了在测试渲染阶段节省大量时间，可以通过调整渲染设置的参数来完成。

03 打开"渲染设置"窗口，在"全局开关"卷展栏中取消勾选"隐藏灯光""光泽效果"选项，可以加快渲染速度，如下图所示。

04 在"图像采样器"卷展栏中设置过滤器类型为"Mitchell-Netravali"，如下图所示。

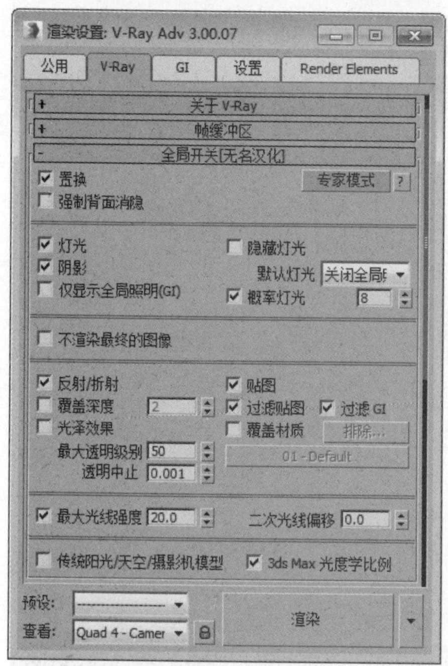

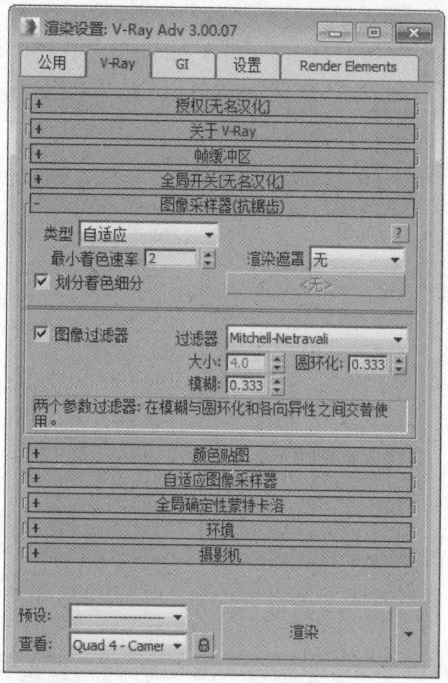

05 在“颜色贴图”卷展栏中设置贴图类型及伽玛值，如下图所示。

06 在“全局照明”卷展栏中设置二次引擎为“灯光缓存”，如下图所示。

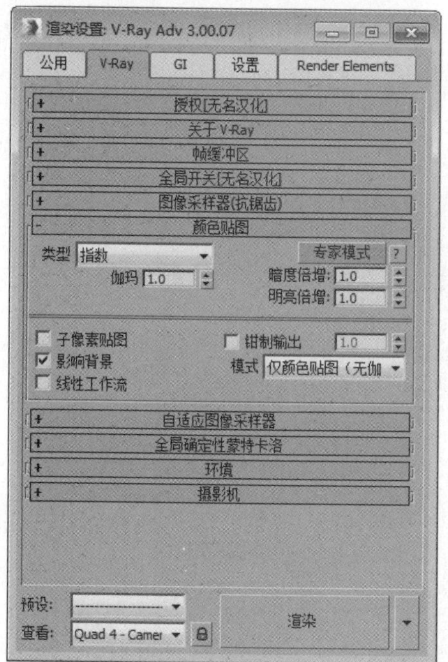

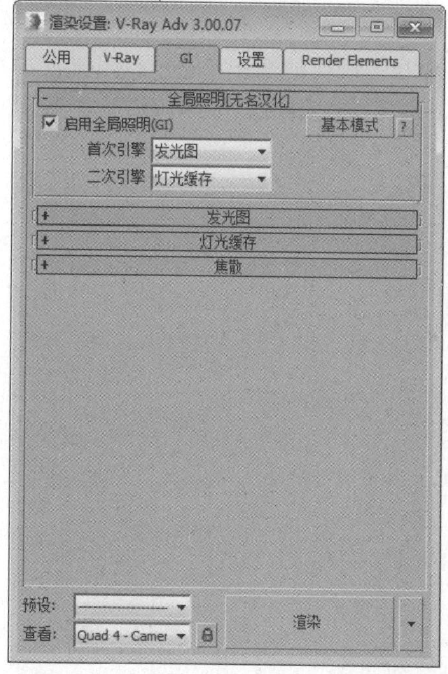

07 在“发光图”卷展栏中设置预设等级为“自定义”，设置细分值和插值采样值，如下左图所示。

08 在“灯光缓存”卷展栏中设置细分值为200，如下中图所示。

09 在“系统”卷展栏中设置“渲染块宽度”为64、序列模式为“上->下”、“动态内存限制”为400、“最大树向深度”为100，如下右图所示。

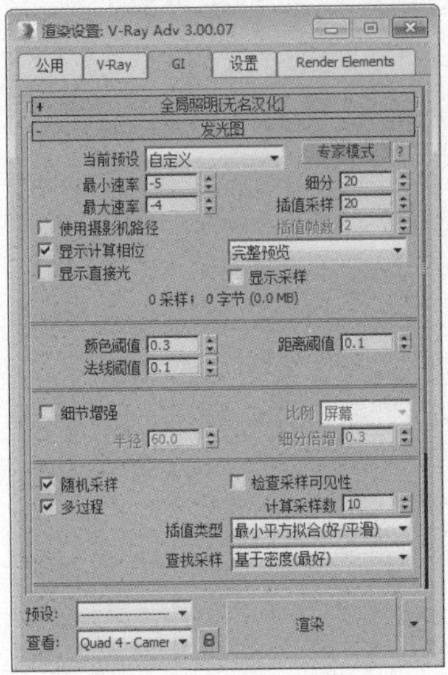

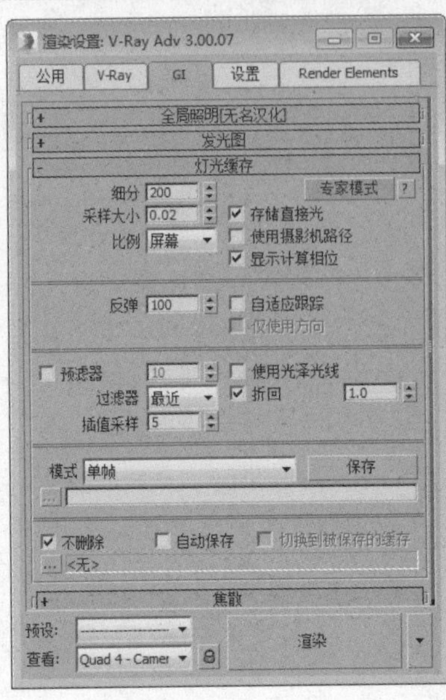

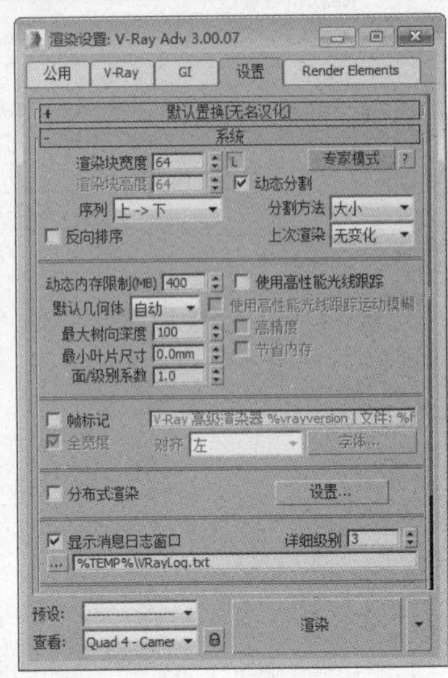

25.2 场景灯光设置

目前已经关闭了场景默认灯光，所以我们需要再建立灯光。这里我们使用目标平行光来模拟白天的日光效果。具体操作过程如下。

01 首先来制作一个统一的测试材质。按M键打开材质编辑器，选择一个空白材质球，将其设置为VRayMtl材质，如下图所示。

02 设置漫反射颜色为灰白色，如下图所示。

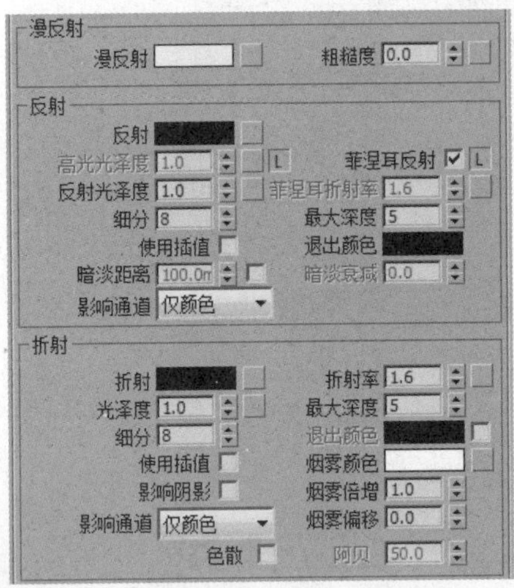

03 漫反射颜色设置如下图所示。

04 为漫反射通道添加“VRay边纹理”贴图，在设置面板中设置边的颜色为黑色，如下图所示。

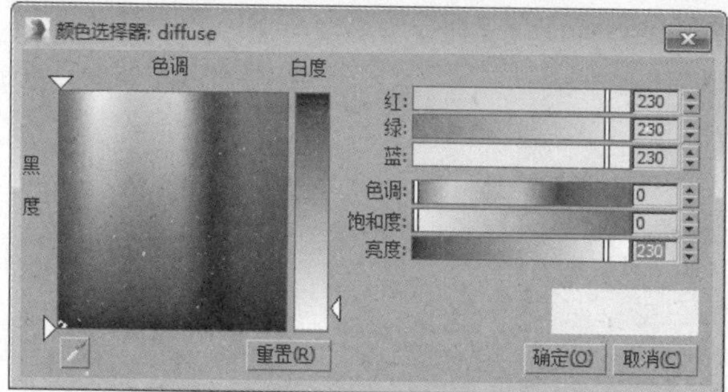

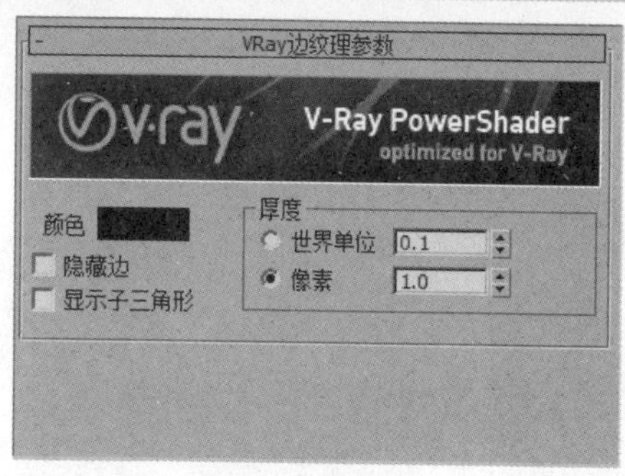

05 创建好的材质示例窗效果如下图所示。

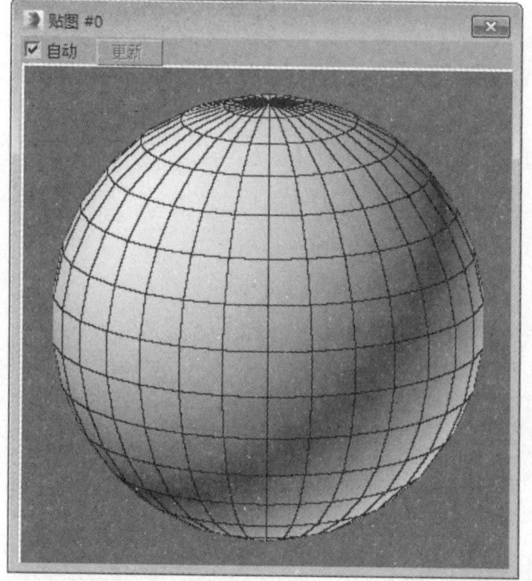

06 打开“渲染设置”窗口，勾选“覆盖材质”选项，将创建的材质球实例复制到“全局开关”卷展栏中，如下图所示。

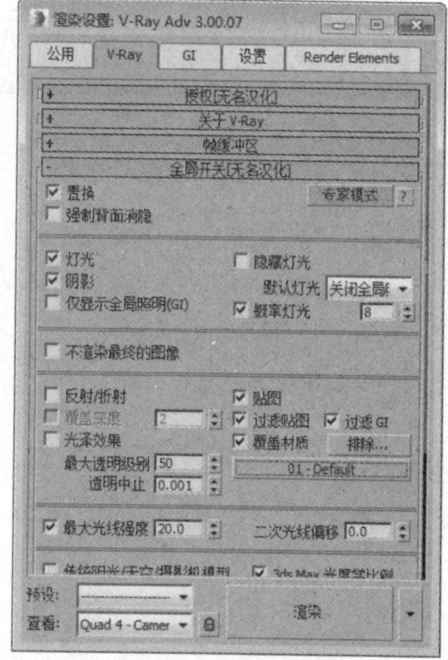

07 在顶视图中创建一个目标平行光用来模拟日光，如下图所示。

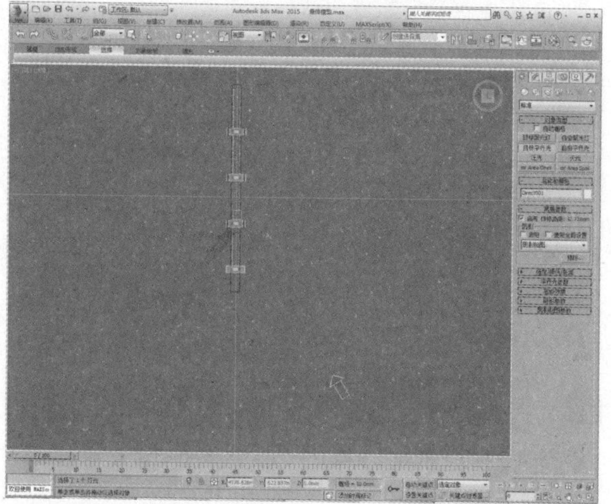

08 调整灯光位置及角度，再调整灯光参数，如下图所示。

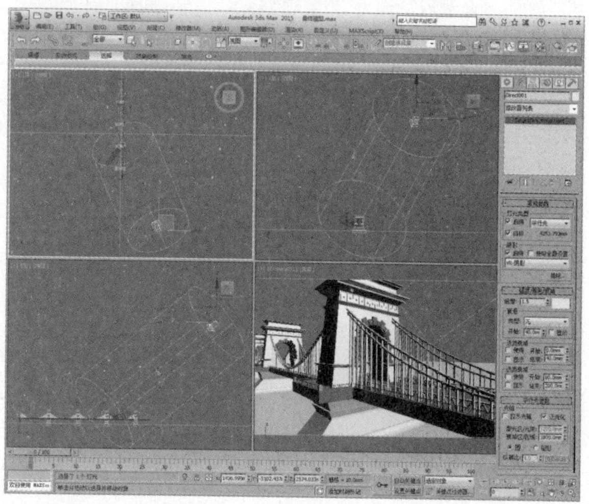

09 灯光颜色设置如下图所示。

10 渲染摄影机视口，效果如下图所示。

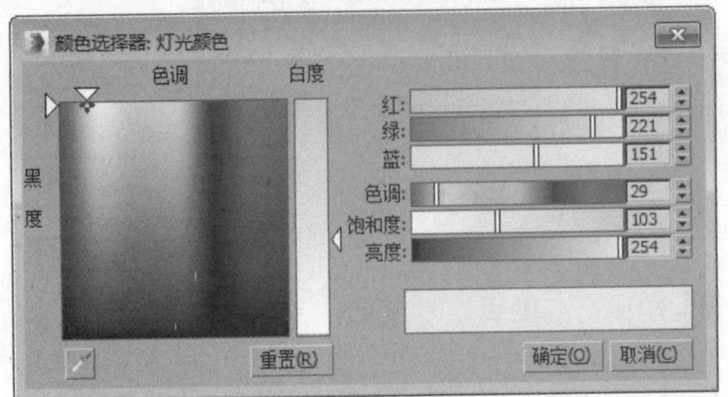

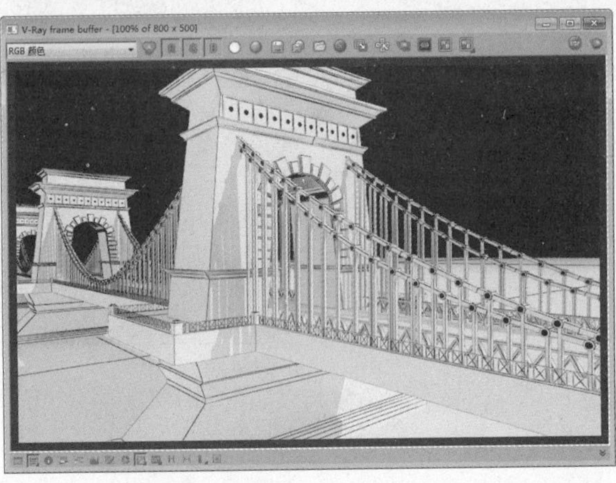

25.3 场景材质设置

本小节中将会通过混合材质等材质类型，对场景中的材质一一进行调节，具体操作步骤如下。

01 按M键打开材质编辑器，选择一个空白材质球，在“Blinn基本参数”卷展栏中设置漫反射颜色及反射高光参数，再在“扩展参数”卷展栏中设置过滤颜色，如下图所示。

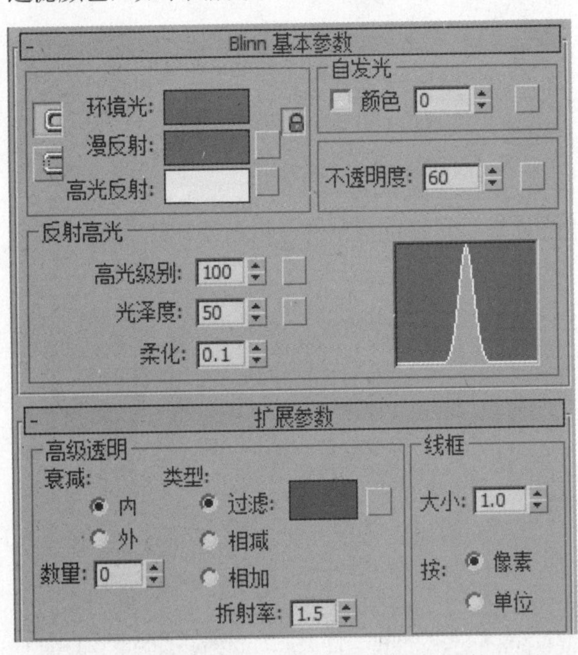

02 漫反射颜色及过滤颜色设置如下图所示。

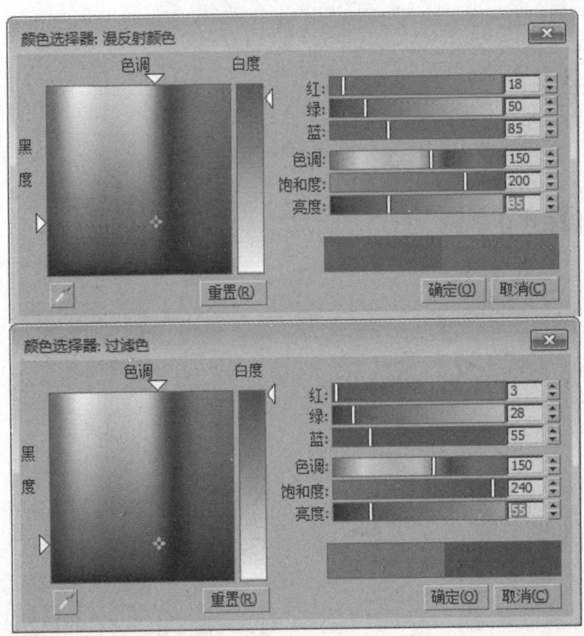

03 为了使水面更加有质感，在“贴图”卷展栏中为反射通道添加“VR-贴图”来模拟玻璃的反射，设置反射数量为50，再为凹凸通道添加“噪波贴图”，设置凹凸数量为30，如下图所示。

04 在“噪波参数”卷展栏中设置噪波类型为“分形”、大小为300，如下图所示。

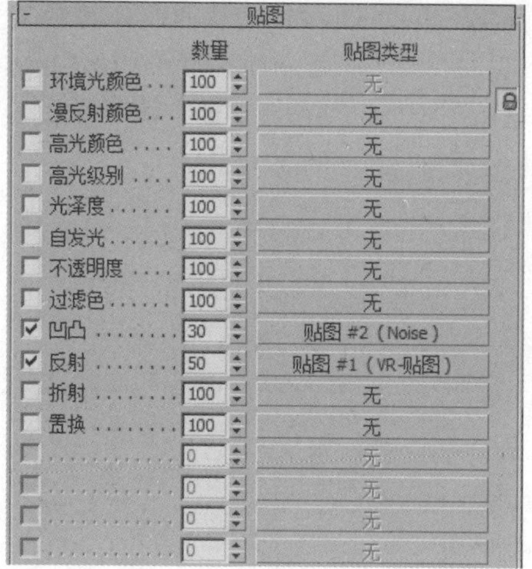

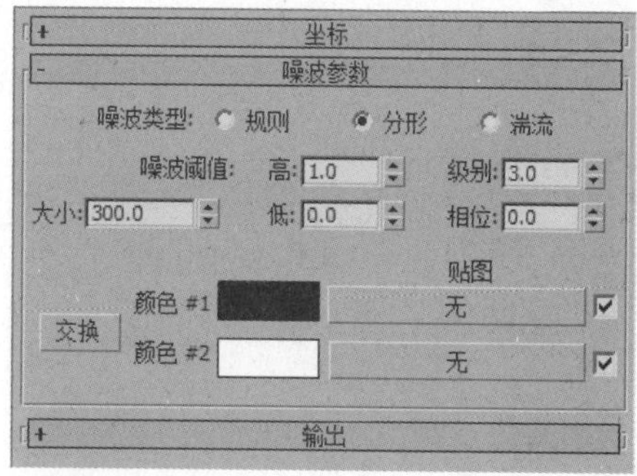

05 打开“VR-贴图”设置面板，设置“细分值”与“中止阈值”，如下图所示。

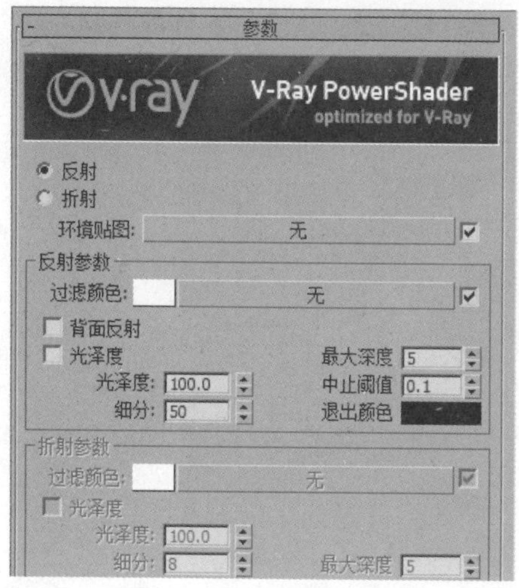

06 创建好的水材质球示例窗效果如下图所示。

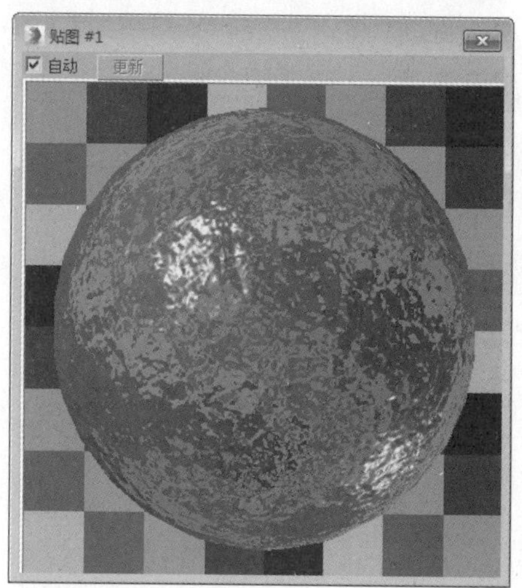

07 选择一个空白材质球，设置为混合材质，设置材质1为混合材质、材质2为标准材质、混合量为60，再设置转换区域上部和下部的值，如下图所示。

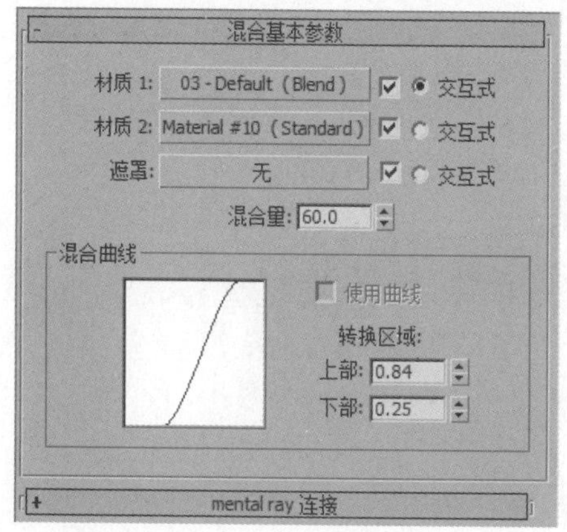

08 打开材质2设置面板，设置漫反射颜色及反射高光光泽度，如下图所示。

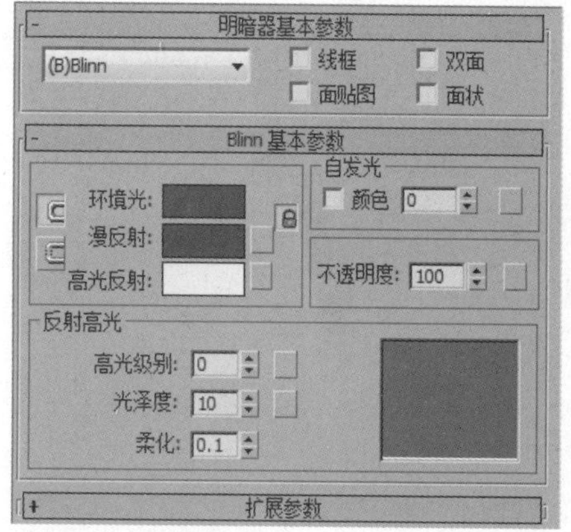

09 漫反射颜色设置如下图所示。

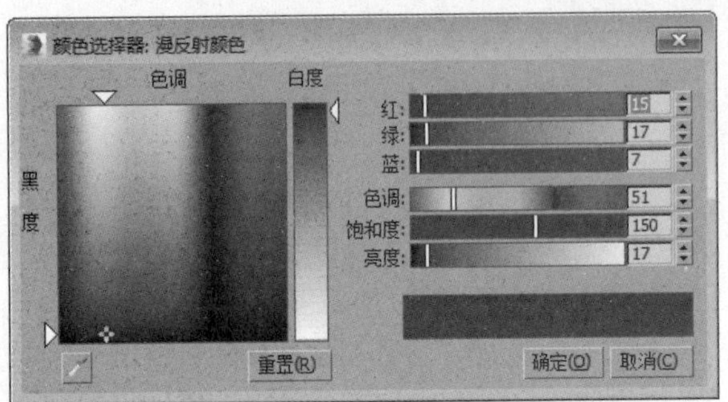

11 继续打开二级材质1设置面板，设置反射高光参数，如下图所示。

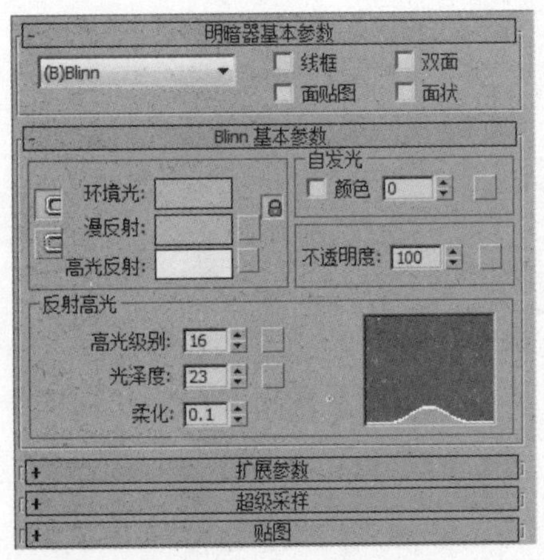

13 进入三级材质1设置面板，设置反射高光参数，并为漫反射颜色通道和凹凸通道添加位图贴图，如下图所示。

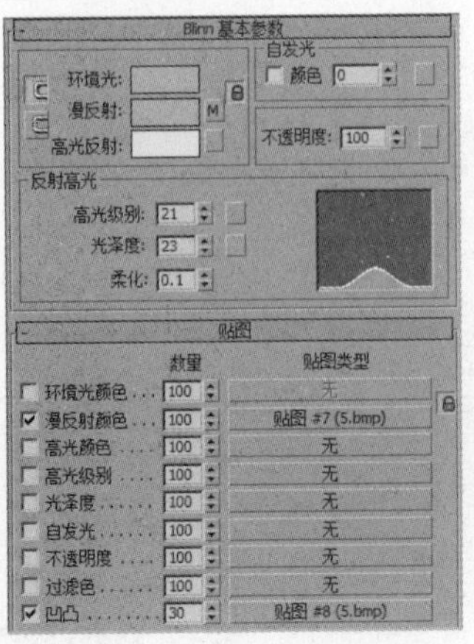

10 回到上一级，再进入材质1设置面板，设置其二级混合材质的材质1为标准材质、材质2为混合材质，并为遮罩贴图添加位图贴图，如下图所示。

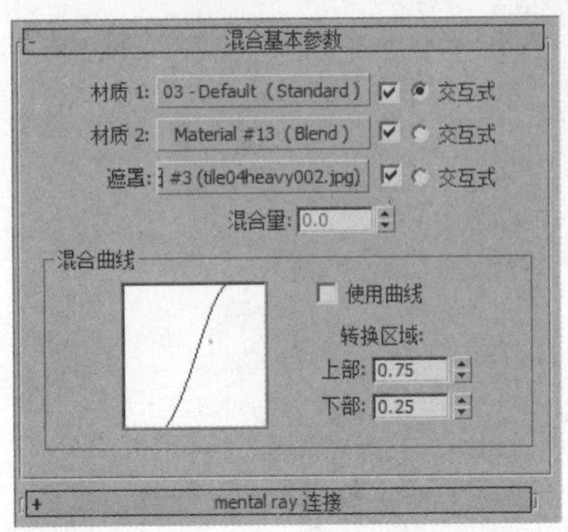

12 回到上一级，进入二级材质2设置面板，设置三级混合材质的材质1和材质2都为标准材质，为遮罩贴图添加位图贴图，如下图所示。

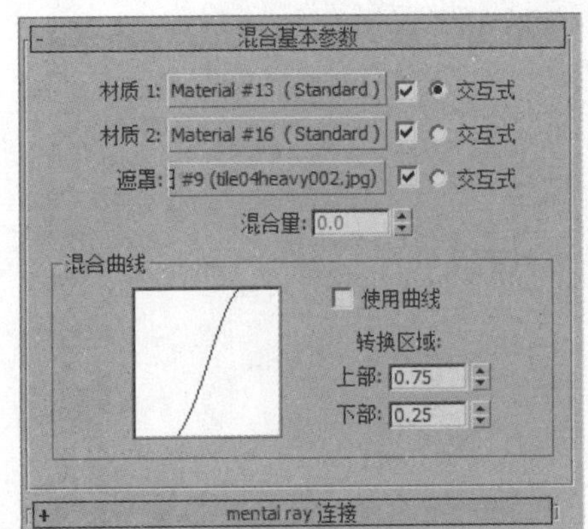

14 进入三级材质2设置面板，为漫反射通道添加位图贴图，如下图所示。

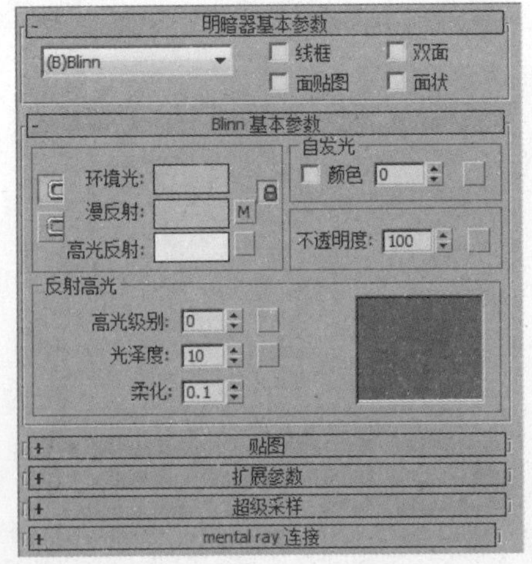

15 创建好的墙体材质示例窗效果如下图所示。

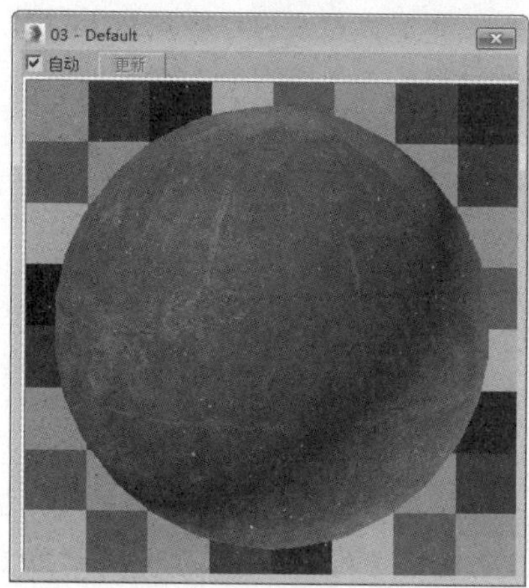

16 选择一个空白材质球，设置为混合材质，将旧材质保存为子材质，如下图所示。

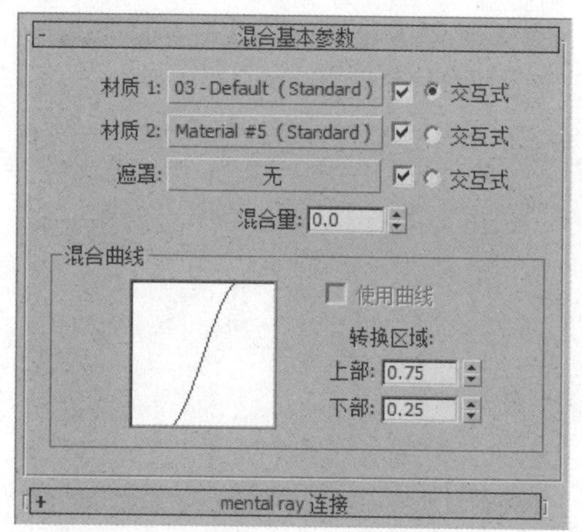

17 进入材质1设置面板，设置漫反射颜色及反射高光参数，如下图所示。

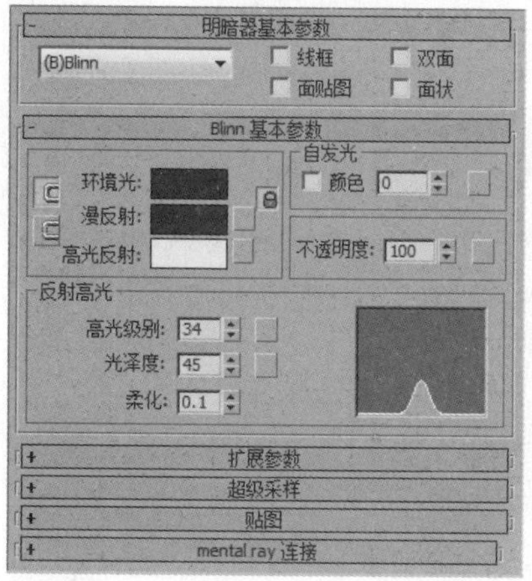

18 漫反射颜色设置如下图所示。

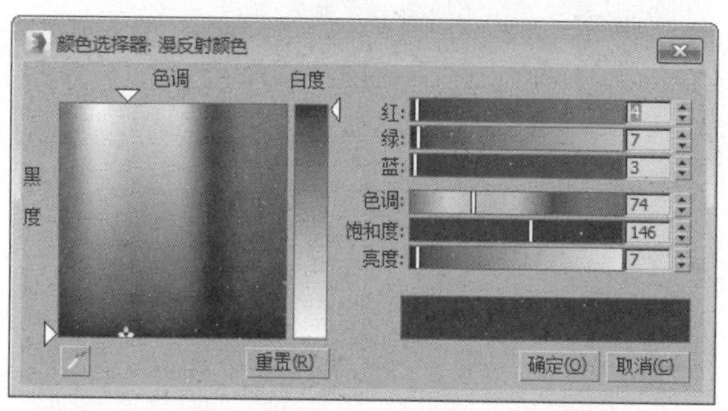

19 创建好的材质示例窗效果如下图所示。

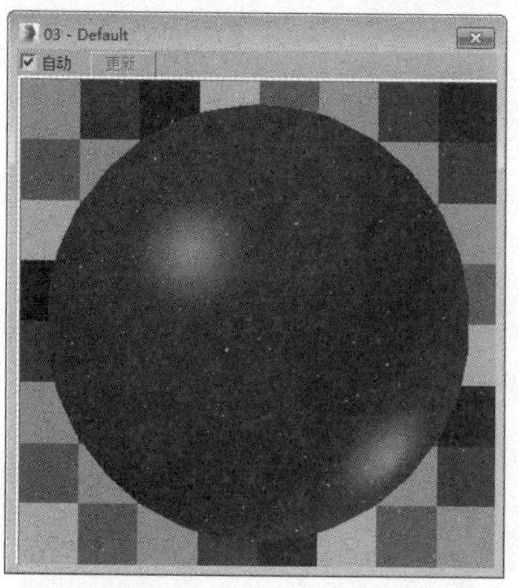

20 选择一个空白材质球，设置漫反射颜色，再设置反射高光参数，如下图所示。

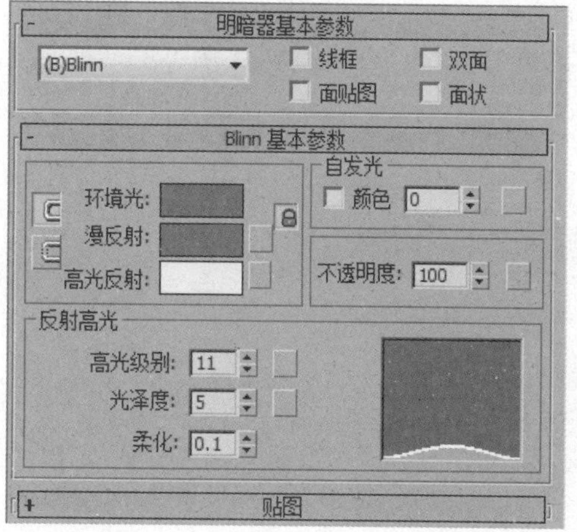

21 漫反射颜色设置如下图所示。

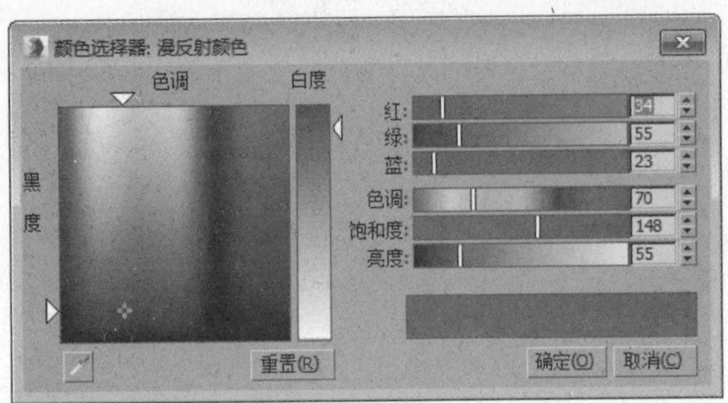

22 创建好的小围栏材质示例窗效果如下图所示。

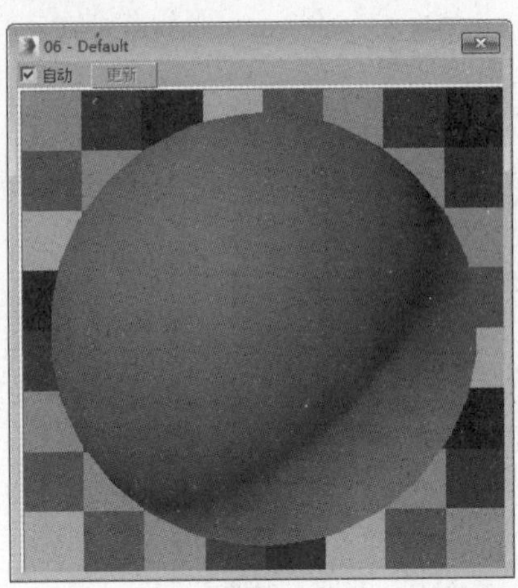

23 选择一个空白材质球，设置漫反射颜色，再设置反射高光参数，如下图所示。

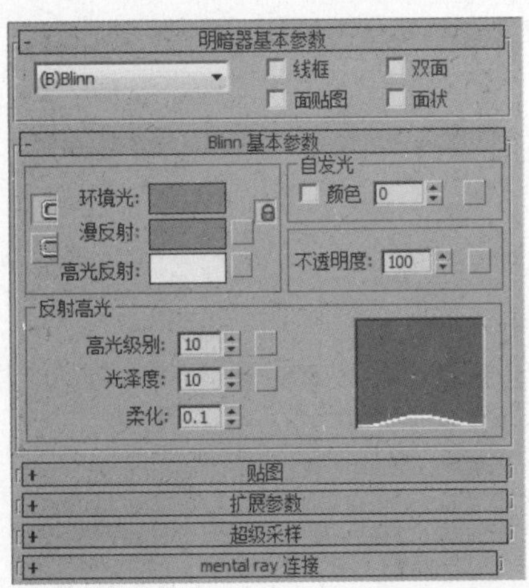

24 漫反射颜色设置如下图所示。

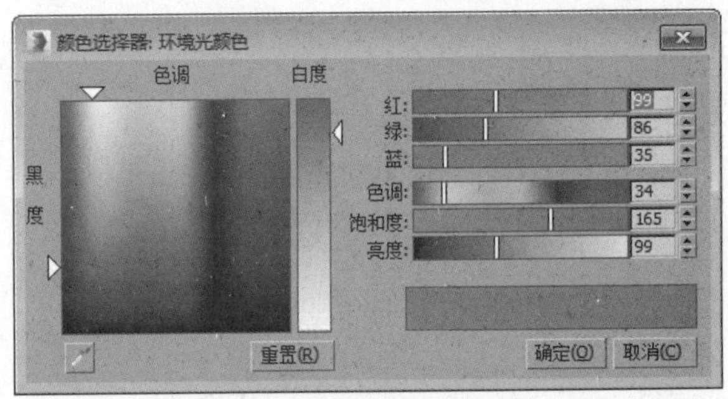

25 创建好的装饰石头材质示例窗效果如下图所示。

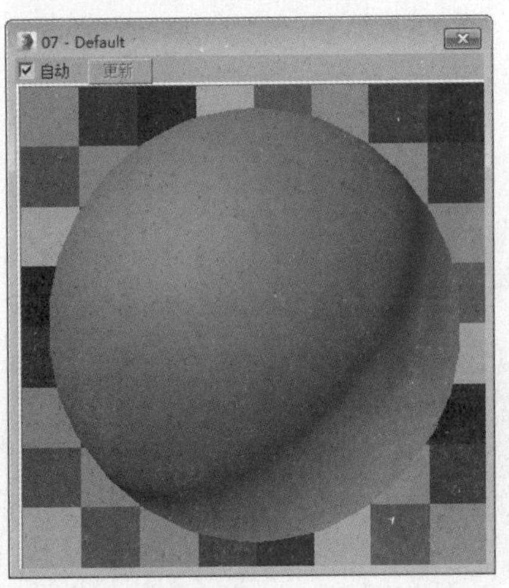

26 打开“环境和效果”窗口，勾选“使用贴图”选项，添加渐变贴图，如下图所示。

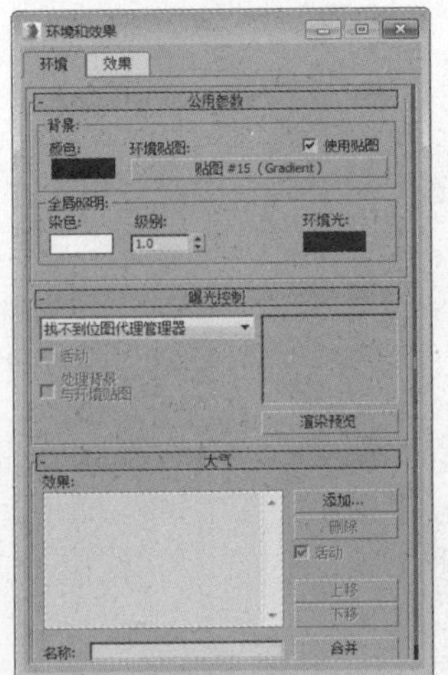

27 按M键打开材质编辑器，将贴图实例复制到材质编辑器中的一个空白材质球上，在“坐标”卷展栏中设置贴图方式为“屏幕”，再设置V向的偏移值和瓷砖值，最后在“渐变参数”卷展栏中设置三种颜色，如下图所示。

28 将创建好的材质分别指定给场景中的对象，并添加UVW贴图，设置贴图参数。此时渲染摄影机视口，测试渲染效果如下图所示。

25.4 渲染最终参数设置

接下来要进行最终渲染参数的设置，以便于得到更好的效果，操作过程如下。

01 打开“渲染设置”窗口，重新设置输出尺寸，如下左图所示。

02 在“全局开关”卷展栏中勾选“光泽效果”选项，如下中图所示。

03 在“图像采样器”卷展栏中设置“最小着色速率”为1，再设置过滤器类型为“Catmull-Rom”，在“全局确定性蒙特卡洛”卷展栏中设置噪波阈值和最小采样值，勾选“时间独立”选项，如下右图所示。

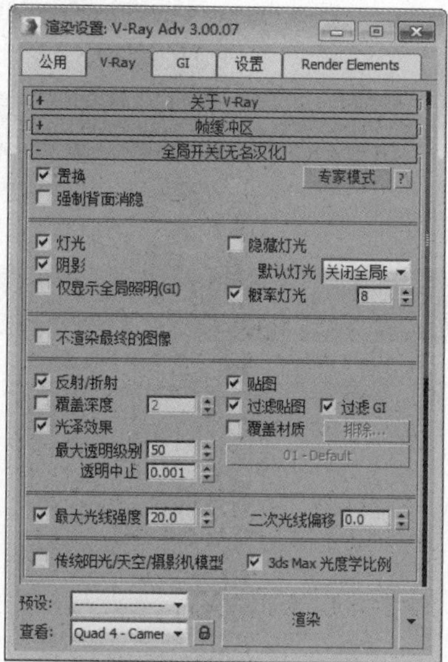

04 在“发光图”卷展栏中设置预设等级为“高”，并设置细分值、插值采样值，勾选“细节增强”选项，设置半径值为40，如下左图所示。

05 在“灯光缓存”卷展栏中设置细分值为1000，如下中图所示。

06 在“系统”卷展栏中设置“渲染块宽度”为48、“最大树向深度”为60，如下右图所示。

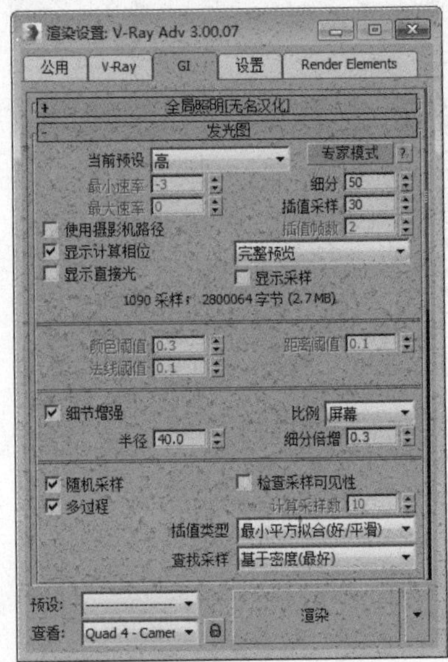

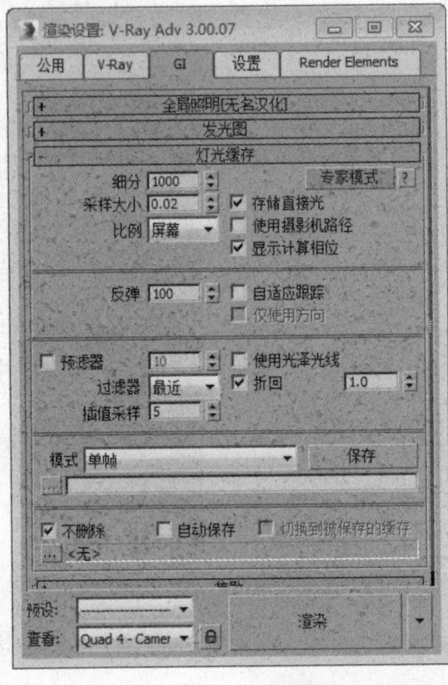

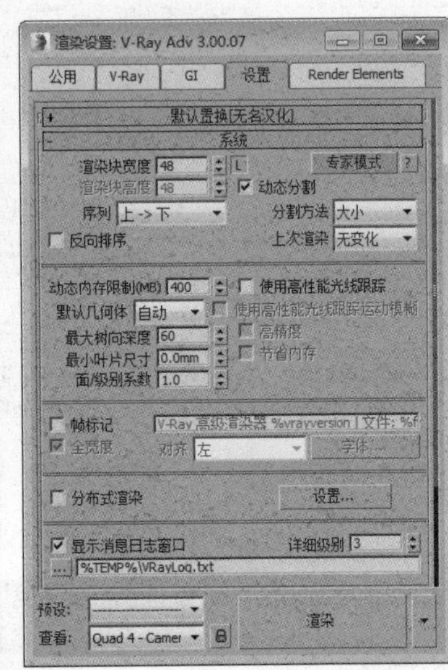

07 渲染摄影机视口，成图效果如右图所示。

25.5 后期处理

本章的效果图后期处理较为重要，合理运用素材图片来对效果图进行丰富点缀，最终达到需要的效果。下面介绍操作步骤：

01 打开渲染效果图，如下图所示。

02 复制背景图层，再创建一个新的图层，如下图所示。

03 选中图层1，选择套索工具，单击并拖动鼠标创建选区，如下图所示。

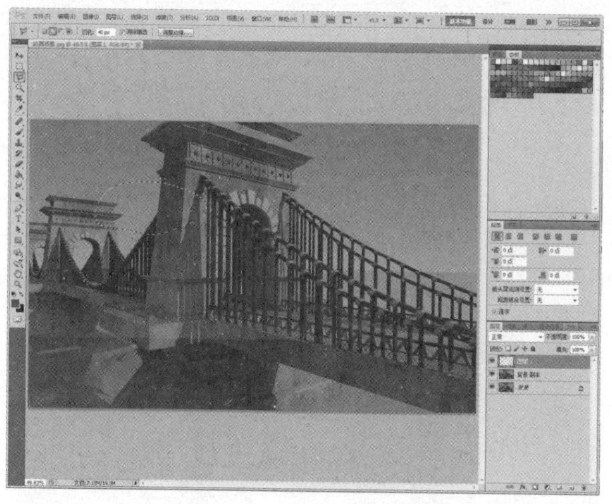

04 按快捷键Alt+Delete填充前景色为白色，制作一个云朵图层，如下图所示。

05 按快捷键Ctrl+D取消选区，并按快捷键Ctrl+J复制图层，调整各图层图像位置，如下图所示。

06 按快捷键Ctrl+T调整所有云朵图像的大小和形状，如下图所示。

07 选择一个云朵图层，执行“滤镜>模糊>动感模糊”命令，打开“动感模糊”对话框，调整角度和距离值，勾选“预览”选项，可以看到所选白色云朵的形态已经发生了变化，如下图所示。

09 选择背景副本图层，按快捷键Ctrl+L打开“色阶”对话框，调整色阶参数，如下图所示。

11 保留背景图层和背景副本图层，隐藏其他图层，在背景副本图层中创建选区，如下图所示。

08 使用同样的方法调整其他云朵的形态，如下图所示。

10 按快捷键Ctrl+B打开“色彩平衡”对话框，调整色彩平衡，如下图所示。

12 按Delete键删除选区，再双击背景图层，打开“新建图层”对话框，直接单击“确定”按钮即可，如下图所示。

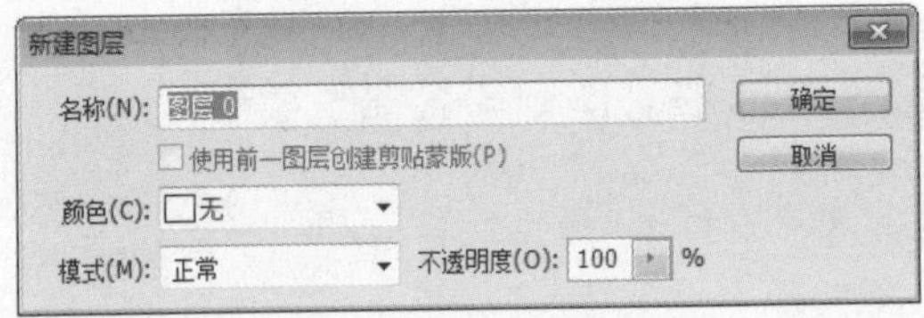

13 背景图层变成图层0，按Delete键删除选区内容，如下图所示。

14 取消选区，新建一个图层2，调整到图层0下方，设置前景色和背景色，对图层进行渐变填充，如下图所示。

15 打开“亮度/对比度”对话框，调整亮度及对比度，如下图所示。

16 按照前面步骤4～8的操作方法，再次制作浅黄色的云彩，如下图所示。

17 隐藏所有云彩图层，选择背景副本图层，利用魔棒工具选择水面部分的选区，如下图所示。

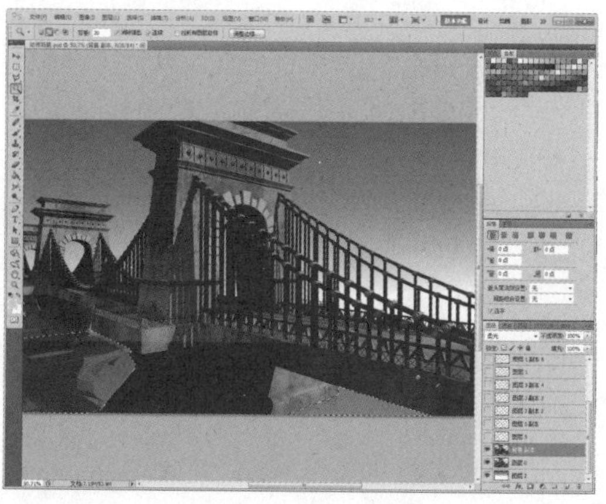

18 执行“滤镜>扭曲>海洋波纹”命令，打开“海洋波纹”对话框，分别对背景副本图层和图层0进行调整，如下图所示。

19 保持选区，分别对背景副本图层和图层0进行色彩平衡调整，如下图所示。

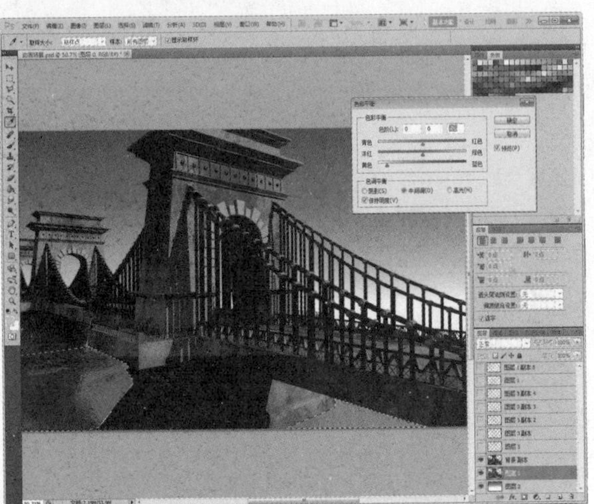

20 再分别对背景副本图层和图层0进行亮度和对比度的调整，如下图所示。

21 取消隐藏云朵图层，如下图所示。

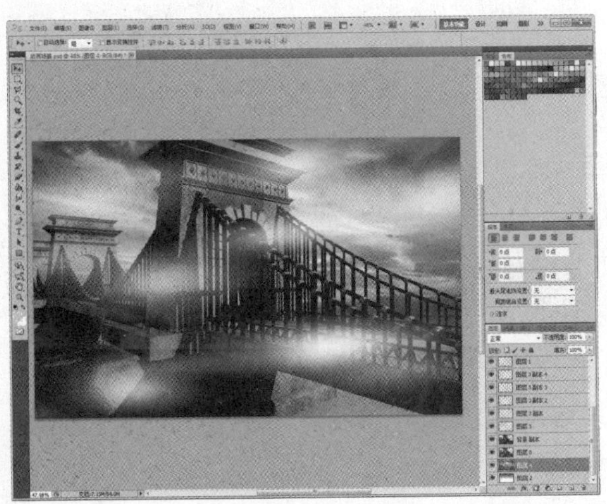

22 调整部分云朵图层的不透明度，完成本次游戏场景效果的制作，最终效果如下图所示。